FUNDAMENTOS DE
Física Conceitual

Aviso ao leitor

A capa original deste livro, em formato capa dura, foi substituída por nova versão, em formato brochura.
Alertamos para o fato de que o conteúdo da obra é o mesmo e que a nova versão da capa decorre da adequação mercadológica do produto.

H611f Hewitt, Paul G.
Fundamentos de física conceitual / Paul G. Hewitt ; tradução Trieste Ricci. – Porto Alegre : Bookman, 2009.
440 p. ; 28 cm.

ISBN 978-85-7780-275-3

1. Física - Fundamentos. I. Título.

CDU 53

Catalogação na publicação: Mônica Ballejo Canto – CRB 10/1023 escrito e ilustrado por

Paul G. Hewitt
City College de San Francisco

com contribuições de

Phillip R. Wolf
Mt. San Antonio College

FUNDAMENTOS DE Física Conceitual

Tradução:
Trieste Freire Ricci
Doutor em Ciências pela UFRGS
Professor Adjunto do Instituto de Física da UFRGS

Consultoria, supervisão e revisão técnica desta edição:
Maria Helena Gravina
Especialista em Ciências pela UFRGS
Professora do Colégio Militar de Porto Alegre

bookman®

2009

Obra originalmente publicada sob o título *Conceptual Physics Fundamentals, 1st. Edition*
ISBN 978032150136

Capa: *Gustavo Demarchi, arte sobre capa original*

Leitura final: *Andréa Czarnobay Perrot*

Supervisão editorial: *Denise Weber Nowaczyk*

Editoração eletrônica: *Techbooks*

SÃO PAULO
Av. Angélica, 1091 - Higienópolis
01227-100 São Paulo SP
Fone (11) 3665-1100 Fax (11) 3667-1333

SAC 0800 703-3444

IMPRESSO NO BRASIL
PRINTED IN BRAZIL
Impresso sob demanda na Meta Brasil a pedido do Grupo A Educação.

À minha esposa Lillian,
aos
maravilhosos pais Wai Tsan e Siu Bik Lee,
aos
estudantes que valorizam a física em sua formação
e aos
professores que ajudam a desenvolver o amor pela ciência

AGRADECIMENTOS

Sou enormemente agradecido a Ken Ford por suas inúmeras sugestões esclarecedoras. Muitos anos atrás, um dos livros admiráveis de Ken, *Basic Physics*, inspirou-me a escrever o *Física Conceitual*. Mais recentemente, senti-me honrado que ele tenha dedicado tanto de seu tempo e de sua energia ajudando-me a refinar minhas explicações de física. Invariavelmente, os erros aparecem após a publicação de um livro, de modo que eu sou inteiramente responsável por qualquer erro que tenha sobrevivido ao seu exame.

Pelo amplo *feedback* proporcionado, agradeço a Diane Riendeau e a Phil Wolf. Phil é o arquiteto de vários problemas encontrados em finais de capítulos. Pelas sugestões valiosas, agradeço aos amigos Dean Baird, Tsing Bardin, Howie Brand, George Curtis, Marshall Ellenstein, Mona El Tawil-Nassar, Herb Gottlieb, Jim Hicks, David Housden, John Hubisz, Dan Johnson, Evan Jones, Iain McInnes, Fred Myers, Kenn Sherey, Chuck Stone, John Sochocki, Paul Robinson e David Williamson. Agradeço as sugestões de Michael Crivello, Mike Diamond, Matthew Griffiths, Paul Hammer, Kevin Hope, Francisco Izaguirre, Serhii Klaynovs´kyi, Homer Neal, Mary Page Ouzts, Rex Paris, Ethel Petrou, Les Sawyer, Stan Schiocchio, Dan Sulke, Richard W. Tarara, Lawrence Weinstein, David Williamson e Dean Zollman. Agradeço também à capacidade de superação dos problemas de meus amigos e colegas do *Exploratorium*: Judith Brand, Paul Doherty, Ron Hipschman e Modesto Tamez. Pelas fotografias, agradeço a meu cunhado Bob Abrams, Keith Bardin, Mark Clark, Burl Grey, meu irmão Dave Hewitt, minha esposa Lillian, meu filho Paul, Will Maynez, Fred Myers, Jay Pasachoff e o falecido Milo Patterson.

Meus agradecimentos também para os seguintes revisores:
Christopher Roddy, *Broward Community College*
Rex Ramsier, *University of Akron*
Tom McCaffrey, *SUNY Oswego*
Sulakshana Plumley, *CC Allegheny*
Wayne Hayes, *Greenville Tech*
Jennifer Leigh Burris, *Aims University*
Mary Paige Ouzts, *Lander University*
Patrick Hecking, *Thiel University*
Serhii Klaynovs'kyi, *Columbia Union College*
Ethel Petrou, *Erie Community College South*
Homer Neal, *Yale University*
Kevin M. Hope, *University of Montevallo*
Charles W. Rogers, *Southwestern Oklahoma State University*
Renee Lathrop, *Dutchess Community College*
Ethan Bourkoff, *Baruch College, CUNY*
John Hauptman, *Iowa State University*
John Hopkins, *Penn State University*
Rex Paris, *Grossmont College*
Michael Crivello, *San Diego Mesa College*

Mantenho-me em dívida com os autores dos livros que me influenciaram e que serviram de referência para mim muitos anos atrás: Theodore Ashford, *From Atoms to Stars*; Albert Baez, *The New College Physics: A Spiral Approach*; John N. Cooper e Alpheus W. Smith, *Elements of Physics*; Richard P. Feynman, *The Feynman Lectures on Physics*; Kenneth Ford, *Basic Physics*; Eric Rogers, *Physics for the Inquiring Mind*; Alexander Taffel, *Physics: Its Methods and Meanings*; UNESCO, *700 Science Experiments for Everyone*; e Harvey E. White, *Descriptive College Physics*. Agradeço também a Bob Park, cujo livro *Voodoo Science* motivou-me a incluir os boxes sobre a pseudociência.

Sou todo agradecido à minha criativa esposa, Lillian, por sua ajuda em todas as fases do livro.

Por sua dedicação a esta edição, agradeço à equipe da Addison Wesley em San Francisco, EUA. Agradeço especialmente a Ashley Anderson Taylor, Adam Black, Lothlorien Homet e Chandrika Madhavan. Minha admiração por Claire Masson, pelo desenvolvimento de componentes virtuais para este e para meus outros livros. Por seus tutoriais esclarecedores, agradeço a David Vasquez, um amigo querido de longa data. E quero agradecer também a Crystal Clifton, MarshaHall e à equipe de produção da Progressive Publishing Alternatives, por sua paciência com minhas alterações de última hora. Obrigado a todos vocês!

Paul G. Hewitt
St. Petersburg, Florida, EUA

SUMÁRIO RESUMIDO

SUMÁRIO DETALHADO

ÁLBUM DE FOTOS

Este é um livro muito pessoal, o que se reflete nas diversas fotografias da família e de amigos que enfeitam suas páginas. Quem mais ofereceu sugestões e *feedback* foi Kenneth Ford, outrora CEO* do Instituto Americano de Física, a quem a oitava edição do *Física Conceitual*, e a terceira, da versão universitária desta obra foram dedicadas. O passatempo preferido de Ken, voar de planador, é apropriadamente mostrado na página **275**. Participante da produção de todos os meus livros nos últimos anos, minha esposa Lillian Lee aparece nas páginas **19**, **196** e **269**. Nós dois demonstramos a terceira lei de Newton na página **84**. Na página **299**, Lil segura nosso papagaio colorido de estimação. Na página **234**, ela também aparece com seu amigo Sushi Shah em um supermercado britânico. Na página **247**, aparece seu pai, Wai Tsan Lee, segurando pregos de ferro; na página **210** aparece sua mãe, Siu Bik Lee, usando energia solar e, na página **207**, sua sobrinha e seu sobrinho, Allison e Erik Wong, aparecem demonstrando a termodinâmica.

A foto de abertura com balão de história de quadrinhos na página **47** é de meu sobrinho-neto Evan Suchocki segurando um pintinho de estimação enquanto está sentado em meu colo. A Parte Dois inicia na página **177** com meu sobrinho Terrence Jones. Na Parte Três, página **215**, aparece minha neta Megan Abrams. A Parte Quatro inicia na página **263** com meu neto Alexander Hewitt. Alexander e Grace Hewitt abrem a Parte Cinco, na página **337**.

Na página 104, Will Maynez faz uma demonstração com um trilho de ar idealizado e construído por ele no City College of San Francisco, e na página **194** ele aparece queimando um amendoim. Mashall Ellenstein, ex-professor de Ensino Médio e meu amigo íntimo, aparece caminhando de pés descalços sobre cacos de vidro na página **173**. Por muitos anos Marshall tem sido e continua sendo um colaborador para o *Física Conceitual*. Recentemente ele converteu para vídeo minhas aulas no CCSF, em 1982, para uma caixa de 3 discos de DVD, *Conceptual Physics Alive! – The San Francisco Years* (que antecede as aulas no Havaí, editadas em 34 DVDs). O ex-professor e amigo Howard Brand aparece realizando uma demonstração sobre momentum na página **96**, na época em que excercia a profissão. A página **153** mostra o professor Paul Robinson da escola de Ensino Médio San Mateo pondo em risco seu corpo em prol da ciência, imprensado entre camas de pregos. Ele também aparece novamente na página **298**. A esposa de Paul, Ellin, autora de *Biotechnology: Science for the New Millenium*, EMC-Paradigm Publishing, 2006, aparece na página **178**.

As fotos de família iniciam na página **93** com a foto tocante de meu irmão Steve com sua filha Gretchen em sua fazenda de café na Costa Rica. Meu filho Paul aparece nas páginas **183** e **198**. Sua adorável esposa, Ludmila, aparece segurando polaróides cruzados na página **330**. A moça adorável da página **36** é minha filha Leslie, co-autora dos livros didáticos *Conceptual Physical Science*. Leslie e os filhos do marido Bob, Megan e Emily, junto com os filhos de Paul (Alex e Grace), compõem o conjunto colorido de fotos da página **298**. Uma foto de meu filho caçula James aparece na página **326**. Ele me deu meu primeiro neto, Manuel, que aparece na página **287**. A avó de Manuel, minha última esposa Millie, antes de falecer no início de 2004, mantém corajosamente sua mão sobre a válvula de escape de uma panela de pressão na página **198**. Meu irmão Dave e sua esposa Barbara demonstram a pressão atmosférica na página **163**. Seu filho David aparece na página **235**. Minha irmã Marjorie Hewitt Suchocki, autora e teóloga emérita da Clarement School of Theology, ilustra a reflexão na página **313**. O filho de Marjorie, Joh Sochocki, autor de *Conceptual Chemistry*, Benjamim Cummings, terceira edição, e meu co-autor em química dos livros didáticos *Conceptual Physical Science*, caminha destemido sobre carvões em brasa na página **195**. Meu sobrinho John, um vocalista e guitarrista talentoso, conhecido como John Andrew em seus CDs populares, aparece tocando sua guitarra na página **253**. O grupo que aparece escutando música na página **283** se encontra na festa de casamento de John e Tracy; da esquerda para a direita, Butch Orr, minha sobrinha Cathy Candler, a noiva e o noivo, minha sobrinha Joan Lucas, a irmã Marjorie, os pais de Tracy, Sharon e David Hopwood, os colegas professores Kellie Dippel e Mark Werkmeister, e eu próprio.

Professores de física amigos incluem Tsing Bardin, ilustrando a pressão de um líquido na página 154; Bob Greenler, usando a gigantesca bolha colorida de sabão na página 307; Ron Hipschman, congelando água na página 208; Peter Hopkinson, com seu hilário espelho na página 312; David Housden, com um interessante circuito de visualização na página 216; David Kagan, com seu modelo ondulatório na página 338; Darlene Librero e Paul Doherty, ilustrando a terceira lei de Newton na página 70; Chelscie Liu, com seus novos trilhos na página 48; Jennie McKelvie, produzindo ondas na página 289; Fred Myers, demonstrando a força produzida por um pequeno ímã na página 243; Sheron Snyder, gerando luz na página 258; Jim Stith, com seu impressionante gerador de Wimshurst na página 224; Neil deGrasse Tyson, exaltando as maravilhas da gravidade na página 123; Roy Unruh, com um carro elétrico na página 236; Lynda Williams, cantando com emoção na página 280; Per Olof e Johan Zetterberg, fazendo uma demonstração com os hemisférios de Magdeburg na página 151; e Dean Zollman, realizando medições nucleares na página 364.

Amigos pessoais e que foram meus primeiros estudantes iniciam com Tenny Lim, uma "cientista de foguete" do

* N. de T.: Sigla consagrada para *chief executive officer*, funcionário executivo superior.

Jet Propulsion Lab, em Pasadena, EUA, que aparece esticando seu arco na página **107**. Na página **202** aparece outra amiga e assistente de ensino naquela época, Helen Yan, que desenvolve satélites para a Lockheed Martin, em Suynnyvale, EUA, além de ensinar física em tempo parcial no CCSF. A foto do golpe de caratê da página **100** é de um dos meus primeiros estudantes no CCSF, Cassy Cosme.

Ernie Brown, amigo de longa data, cartunista e designer de logotipos de capas para todos os meus livros conceituais, é visto na página **401** em um cartum. Meu amigo e Burl Grey, que desde o início de meus dias de pintor de painéis me influenciou na direção da ciência, é visto na página **55**. Outros amigos estimados são Tim Gardner, aplicando o princípio de Bernoulli na página **168** e demonstrando a indução na página **261**; Lori Patterson, em uma pose energética na página **222**; e seu filho Ryan, na página **273**. Há também Paul Ryan, enfiando o dedo em chumbo derretido na página **210**, e Suzanne Lyons, co-autora de *Conceptual Integrated Science*, posando com seus filhos Tristan e Simone na página **310**. O compadre físico John Hubisz aparece na foto sobre entropia na página **184**. Charlie Spiegel demonstra a refração na página **294**. Os amigos Larry e Tammy Tunison aparecem usando crachás de detecção de radiação na página **368**, e seus cachorros aparecem na página **205**. Phil Wolf, um colaborador neste livro e co-autor do livro *Problem Solving in Conceptual Physics*, décima edição (um suplemento recomendado a este livro), é mostrado na página **339**. Ajudando a criar este livro, na página **264** aparece a professora Diane Riendeau.

Entre meus queridos amigos havaianos estão incluídos Walter Steiger, na página **374**, Jean e George Curtis, nas páginas **255** e **340**, Chiu Man Wu, na página **204**, e sua filha Andrea, na página **120**.

A inclusão dessas pessoas que me são tão caras mostra que o *Fundamentos de Física Conceitual* é acima de tudo um trabalho realizado com amor.

AO ESTUDANTE

Você sabe que não conseguirá se divertir com um jogo a menos que conheça suas regras, seja ele um jogo de bola, um jogo de computador ou simplesmente uma brincadeira de festa. Da mesma forma, você não poderá avaliar direito tudo o que o cerca até que tenha compreendido as leis da natureza. A física é o estudo dessas leis, que lhe mostrará como tudo na natureza está maravilhosamente conectado. Assim, a principal razão para estudar a física é aperfeiçoar a maneira como você enxerga o mundo. Você verá a estrutura matemática da física em várias equações, porém, mais do que receitas para realizar cálculos, você as verá como guias do pensamento.

Eu me divirto com a física, e você também se divertirá – pois a compreenderá. Se você for "fisgado" e fizer um curso mais avançado de física, então poderá concentrar-se em problemas matemáticos. Vamos agora à compreensão dos conceitos, e se surgirem cálculos, será junto com o entendimento. Divirta-se com a física!

Paul G. Hewitt

AO PROFESSOR*

Diferentemente das edições do *Física Conceitual*, imediatamente após o capítulo introdutório sobre a ciência, neste livro começamos com os átomos. Isso servirá como o pano de fundo necessário para o estudo dos fluidos, do calor e da eletricidade.

A Parte Um, "Mecânica", começa com o capítulo sobre equilíbrio mecânico (evitando iniciar com a cinemática, o que muito costumeiramente conduz ao atoleiro com a distinção entre velocidade e aceleração – e suas unidades). Seus alunos terão seu primeiro gosto da física através de um tratamento compreensível de vetores-força paralelos. Eles iniciarão por uma parte confortável da física antes de serem introduzidos à cinemática, a qual é abordada rapidamente na parte final do capítulo – na dose exata para preparar o estudante para o próximo capítulo sobre as leis de Newton. Eu aconselho fortemente a passar rapidamente pela cinemática. Afinal, ela precede Newton e é desprovida de conteúdo físico. Eu aconselho a fazer a distinção entre velocidade e aceleração sem grande alarde, e seguir para as leis de Newton.

O Capítulo 5 aborda momentum antes de energia, tendo em mente que o estudante acha mv muito mais simples e mais fácil de compreender do que $\frac{1}{2}mv^2$. Outra razão para abordar primeiro o momentum é que os vetores considerados no capítulo anterior são usados no momentum, mas não na energia. Momentum, trabalho, energia e potência também são abordados generosamente no livro *Practicing Physics*.

Por brevidade, o movimento de rotação é abordado rapidamente no Apêndice B. A gravidade e o movimento de projéteis foram combinados no Capítulo 6, incluindo o movimento de satélites. Os estudantes ficam fascinados ao aprender que qualquer projétil suficientemente rápido pode se tornar um satélite da Terra. E que, movendo-se ainda mais rápido, pode tornar-se um satélite do Sol. Gravidade, movimento de projéteis e movimento de satélites são indissociáveis. A Mecânica é concluída com fluidos.

A Parte Dois aborda calor, seguido pela eletricidade e pelo magnetismo, na Parte Três. Ondas, som e luz constituem a Parte Quatro. O livro termina com uma abordagem panorâmica sobre a física quântica, chegando na física nuclear.

Pequenas seções, em forma de boxes, sobre tecnologia e pseudociência, encontram-se espalhadas por este livro. Para uma pessoa que trabalha no campo científico e que sabe dos cuidados, dos testes e dos contra-testes envolvidos na compreensão de algo, o furor e as concepções equivocadas da pseudociência são ridículos. Mas para aqueles que não trabalham na arena da ciência, incluindo mesmo alguns dos melhores estudantes, a pseudociência pode parecer atraente, quando os vendedores vestem seus produtos com a linguagem científica ao mesmo tempo em que põem de lado as doutrinas da ciência. É minha esperança que esses boxes possam ajudar a virar esta maré montante.

São característicos deste livro os "Cálculos Simples", conjuntos de problemas diretos cujas soluções requerem apenas um passo. Eles aparecem mais em capítulos que usam muitas equações. Os estudantes se tornam familiares com as equações por meio de substituições de valores numéricos fornecidos. Mais desafios físico-matemáticos são encontrados nos conjuntos de problemas. Estes são precedidos por exercícios qualitativos.

Muitos dos problemas físicos contêm duas partes: uma parte a, expressa mais por símbolos do que por números, para promover a compreensão conceitual, seguida de uma parte b, onde os valores são fornecidos. Se você conseguir que seus alunos resolvam os problemas sem usar valores numéricos, estará abordando a física conceitualmente. Mais problemas estão disponíveis no suplemento do estudante *Problem Solving in Conceptual Physics*, em co-autoria com Phil Wolf. Trata-se de um suplemento ao *Física Conceitual*, décima edição, e pode complementar qualquer curso introdutório de física. Phil e eu achamos que muitos professores se divertirão com as opções oferecidas neste suplemento do estudante.

Em apoio a esta edição, existe o *Instructor's Manual*, em formato Word editável, com sugestões de leitura, demonstrações e respostas de todo material de fim de capítulo. O livro *Next-Time Questions* traz um número maior de questões de discernimento, que estão no formato horizontal a fim de que sejam mais compatíveis com os monitores de computador e telas de PowerPoint®. Como sugere o título, eu aconselho fortemente um longo tempo antes que os estudantes vejam a questão e sua resposta. Embora o livro impresso seja ainda em preto-e-branco, a versão eletrônica é colorida. O suplemento do estudante, o *Practicing Physics*, inclui as respostas aos exercícios e problemas com numeração ímpar, e também estão disponíveis eletronicamente. Também está disponível *Test Bank* (tanto em formato impresso quanto computadorizado). Talvez o mais importante, todavia, seja a ambiciosa gama de meios de ensino e aprendizagem desenvolvida em apoio a este livro

Outro suplemento para auxiliar em atividades em sala de aula é o *The Conceptual Physics Fundamentals Lecture Launcher*. Este CD-ROM oferece uma riqueza de ferramentas de apresentação para ajudá-lo a manter suas aulas divertidas e dinâmicas. Ele contém mais de 100 *clips* de minhas demonstrações em vídeo favoritas, mais de 100 *applets* interativos desenvolvidos especificamente para ilustrar conceitos particularmente difíceis de apreender e testes semanais de verificação para cada capítulo para uso conjunto com o *Classroom Response Systems*. Estes sistemas de votação

* Todos os materiais complementares a este livro-texto estão em inglês e são de responsabilidade da editora original. Para verificar material disponível pela Bookman, os professores interessados devem acessar a Área do Professor no site www.bookman.com.br.

a distância e de fácil utilização permitem propor questões para uma turma, verificar como os estudantes "votam" e, então, mostrar e discutir os resultados em tempo real. Este CD-ROM também contém todas as imagens do livro (em alta resolução).

Para ajudar seus alunos fora de sala de aula, um *website* aclamado criticamente, http://www.physicsplace.com, fornece fontes adicionais para estudo. O *Physics Place* é o *website* disponível mais avançado do ponto de vista educacional, o mais cotado entre os estudantes e o mais usado pelos estudantes deste curso. O *website* aperfeiçoado oferece agora um maior número dos tutoriais interativos *online* preferidos dos estudantes (cobrindo muitos tópicos que requerem um professor), e uma nova livraria de *Interactive Figures* (diagramas-chaves de cada capítulo deste livro que são melhor compreendidos por meio de experimentação interativa devido a razões de escala, de geometria, de evolução temporal ou de múltipla representação). Testes, fichas de estudo e uma variedade de auxílios no estudo de outros capítulos específicos estão também disponíveis.

Todos estes meios inovadores, direcionados e efetivos de aprendizagem podem ser facilmente integrados em seu curso usando um diário de classe *online* que lhe permite designar tutoriais, testes e outras atividades, como trabalhos de casa ou projetos, que são automaticamente organizados em seqüência e gravados. Ícones simples ao longo do texto chamam sua atenção e a de seus estudantes para tutoriais, *Interactive Figures* e outros recursos *online*. Uma nova seção de recursos *online* do *Physics Place* resume os meios disponíveis a você e a seus alunos, capítulo por capítulo, semana a semana.

Capítulo 1

Sobre a Ciência

As manchas claras circulares ao redor de Lillian são imagens do Sol, projetadas no piso através de pequenas aberturas entre folhas de uma árvore. Durante um eclipse parcial do Sol, as manchas adquirem a forma de lua crescente.

Em primeiro lugar, ciência é o corpo de conhecimentos que descreve a ordem na natureza e a origem desta ordem. Segundo, ciência é uma atividade humana dinâmica que representa as descobertas, os saberes e os esforços coletivos da raça humana, uma atividade dedicada a reunir conhecimento sobre o mundo, a organizá-lo e a condensá-lo em leis e teorias testáveis. A ciência teve início antes da história escrita, quando as pessoas começaram a descobrir as regularidades e as relações da natureza, tais como padrões de estrelas no céu noturno e padrões de clima – quando a estação chuvosa começava ou quando os dias tornavam-se mais longos. A partir dessas regularidades, os homens aprenderam a fazer previsões, o que lhes dava um tipo de controle sobre o que os cercava.

A ciência tomou grande impulso na Grécia, nos séculos III e IV a.C. Depois, se espalhou pelo mundo Mediterrâneo. O avanço científico chegou quase a ser interrompido, na Europa, após a queda do Império Romano, no século V d.C. Hordas de bárbaros destruíram quase tudo em seu caminho enquanto se espalhavam pela Europa. A razão deu lugar à religião, o que veio a ser conhecido como a Idade das Trevas. Durante esse tempo, os chineses e os polinésios estavam catalogando estrelas e planetas. Antes do surgimento da religião islâmica, as nações árabes haviam desenvolvido a matemática e aprendido a produzir vidro, papel, metais e vários produtos químicos. A ciência grega foi reintroduzida na Europa através das influências islâmicas que penetraram na Espanha durante os séculos X, XI e XII.

As universidades emergiram na Europa durante o século XIII, e a introdução da pólvora mudou a estrutura social e política do continente durante o século XIV. O século XV assistiu à arte e à ciência maravilhosamente mescladas por Leonardo da Vinci. O conhecimento científico foi favorecido pelo advento da imprensa no século XVI.

O astrônomo polonês Nicolau Copérnico, no século XVI, causou grande controvérsia quando publicou um livro em que propunha o Sol estacionário e a Terra girando ao seu redor. Essas idéias entraram em conflito com a visão popular de que a Terra era o centro do universo. Também entraram em conflito com os ensinamentos da Igreja e foram banidas por 200 anos. O físico italiano Galileu Galilei foi preso por divulgar a teoria de Copérnico e por suas outras contribuições ao pensamento científico. Mesmo assim, os defensores de Copérnico foram aceitos um século depois.

Esse tipo de ciclo ocorre era após era. No início do século XIX, geólogos sofreram violentas condenações por discordarem do Gênesis em relação à criação. Mais tarde, no mesmo século, a geologia foi aceita, mas as teorias evolucionárias foram condenadas, e seu ensino, proibido. Cada época tem seus grupos de intelectuais rebeldes que são desacreditados, condenados e, algumas vezes, até mesmo perseguidos, os quais mais tarde, porém, parecerão inofensivos e, com freqüência, essenciais para a elevação das condições humanas. "Em toda encruzilhada da estrada que leva ao futuro, a cada espírito progressista se opõem mil homens determinados a salvaguardar o passado."[1]

1.1 Matemática – a linguagem da ciência

A ciência e as condições de vida humana avançaram significativamente depois que a ciência e a matemática integraram-se há cerca de quatro séculos. Quando as idéias da ciência são expressas em termos matemáticos, elas não contêm ambigüidades. As equações da ciência provêem expressões compactas para relações entre conceitos. Elas não possuem os múltiplos significados que freqüentemente tornam confusa a discussão de idéias expressas em linguagem comum. Quando as descobertas sobre a natureza são expressas matematicamente, é mais fácil comprová-las ou negá-las através de experimentos. A estrutura matemática da física ficará evidente através das muitas equações que você encontrará ao longo deste livro. Elas são guias para o pensamento, mostrando as conexões entre os conceitos sobre a natureza. O método matemático e a experimentação levaram a ciência a um enorme sucesso.[2]

Os físicos têm uma necessidade inerente de saber *por que e o que aconteceria se*. Os matemáticos preocupam-se mais com o conjunto de ferramentas que eles desenvolvem para resolver estas questões.

1.2 Medições científicas

As medições constituem um indicador da boa ciência. O quanto você conhece sobre algo depende normalmente de quão bem você pode medi-lo. Isto foi claramente expresso pelo famoso físico Lord Kelvin, no século XIX: "Digo freqüentemente que quando se pode medir algo e expressá-lo em números, alguma coisa se conhece sobre ele. Quando não se pode medi-lo, quando não se pode expressá-lo em números, o conhecimento que se tem dele é estéril e insatisfatório. Ele pode até ser um início para o conhecimento, mas ainda se avançou muito pouco em direção ao estágio da ciência, seja ele qual for". As medições científicas não são algo novo, ao contrário, remetem aos tempos antigos.

Uma medição simples e desafiadora é a do tamanho do Sol. Você já notou que, com o Sol diretamente acima de sua cabeça, as regiões iluminadas do chão, abaixo de árvores, são perfeitamente redondas, e que elas se alargam, tornando-se elípticas, quando o Sol está mais baixo no céu? As regiões iluminadas do chão são imagens do Sol produzidas quando a luz solar passa por pequenas aberturas nas

D
150.000.000 Km
h
d
$\frac{d}{h} = \frac{D}{150.000.000\ Km} = \frac{1}{110}$

FIGURA 1.1
A mancha arredondada luminosa projetada através do pequeno furo é uma imagem do Sol. Sua razão *diâmetro/distância* é igual à razão *diâmetro do Sol/distância do Sol*: 1/110. O diâmetro do Sol é 1/110 de sua distância da Terra.

[1] Conde Maurice Maeterlinck, na obra *Our Social Duty* ("Nosso Dever Social").

[2] Fazemos distinção entre a estrutura matemática da física e a prática de resolução de problemas matemáticos – o foco da maioria dos cursos não-conceituais. Observe o número relativamente pequeno de problemas comparado ao de exercícios propostos nos finais de capítulos deste livro. O foco aqui é a compreensão antes da computação.

FIGURA 1.2
Renoir pintou as manchas luminosas de luz solar sobre as roupas e o entorno de seus personagens – imagens do Sol projetadas através das aberturas relativamente pequenas entre as folhas acima deles.

folhas, pequenas se comparadas à distância até o chão abaixo delas, e depois incide no chão. Uma região iluminada com diâmetro de 5 centímetros, por exemplo, foi projetada por uma abertura que se encontra a 110 × 10 centímetros acima do chão. Árvores altas produzem imagens grandes; as baixas, produzem pequenas imagens. Usando um pouco de geometria elementar, você pode medir o diâmetro do Sol. Isto é feito no livro *Practicing Physics**.

É interessante notar que durante um eclipse parcial do Sol, as imagens têm a forma de um crescente (Figura 1.3).

FIGURA 1.3
As manchas luminosas em forma de lua crescente são imagens do Sol quando está ocorrendo um eclipse solar parcial.

1.3 Os métodos da ciência

Não existe *um* método científico. Entretanto, existem características comuns na maneira como os cientistas procedem em seus trabalhos. Todas elas remontam ao físico italiano Galileu Galilei (1564-1642) e ao filósofo inglês Francis Bacon (1561-1626). Eles se libertaram dos métodos usados pelos gregos, que operavam "para cima ou para baixo", dependendo das circunstâncias, tirando conclusões acerca do mundo natural, por meio de raciocínio, a partir de hipóteses arbitrárias (axiomas). Os cientistas modernos operam "para cima", inicialmente examinando a maneira segundo a qual a natureza efetivamente funciona e, então, construindo uma estrutura que explique as descobertas realizadas.

Embora não exista um livro de receitas realmente adequado para descrição do **método científico**, alguns dos seguintes passos, ou todos eles, provavelmente são encontrados na maneira como os cientistas conduzem seus trabalhos.

1. **Observação:** observe atentamente o mundo físico em torno de você. Identifique uma questão ou um enigma – tal como uma observação para a qual não se tem uma explicação.
2. **Questão:** Proponha uma explicação bem-formulada – uma **hipótese** – que possa resolver o enigma.
3. **Predição:** preveja as conseqüências da hipótese.
4. **Teste das predições:** realize experimentos ou cálculos a fim de testar as conseqüências previstas.
5. **Obtenção de uma conclusão:** formule a regra geral mais simples que organize os três ingredientes principais: hipótese, efeitos previstos e resultados experimentais.

Embora estes passos sejam convidativos, muito do progresso científico adveio de tentativas e erros, da experimentação sem qualquer hipótese ou simplesmente de uma descoberta acidental inequívoca feita por uma mente bem-treinada. O sucesso da ciência baseia-se mais em uma atitude compartilhada pelos cientistas do que em um método particular. Essa atitude é a de questionamento, experimentação e humildade – ou seja, a de disposição em reconhecer erros.

* N. de T.: Obra do mesmo autor deste livro, não traduzida para o português.

1.4 A atitude científica

É comum pensar em um fato como algo imutável e absoluto, mas, em ciência, um **fato** significa geralmente uma estreita concordância entre observadores competentes acerca de uma série de observações de um mesmo fenômeno. Por exemplo, se já foi fato que o universo era imutável e eterno, hoje é considerado fato que ele esteja se expandindo e evoluindo. Por outro lado, uma hipótese científica é uma suposição bem-formulada que somente pode ser considerada factual depois de testada por meio de experimentos. Após ser testada muitas e muitas vezes e não ser negada, essa hipótese pode se tornar uma **lei** ou *princípio*.

Se um cientista descobre evidências que contradigam uma dada hipótese, lei ou princípio, então, de acordo com o espírito científico, ela deve ser abandonada – não importa a reputação ou a autoridade das pessoas que a defendam (a menos que a evidência negativa mostre-se errônea – como acontece, às vezes). Por exemplo, o filósofo grego altamente respeitável Aristóteles (384-322 a.C.) afirmava que um objeto cai com uma velocidade proporcional ao seu peso. Esta idéia foi aceita como verdadeira por quase 2.000 anos devido à grande autoridade de Aristóteles. Galileu supostamente demonstrou a falsidade da afirmativa de Aristóteles por meio de um experimento – mostrando que objetos leves e pesados caíam da Torre Inclinada de Pisa com valores de rapidez aproximadamente iguais. De acordo com o espírito científico, um único experimento comprovadamente contrário tem mais valor do que qualquer autoridade, não importa sua reputação ou o número de seus seguidores ou defensores. Na ciência moderna, argumentos de autoridade possuem pouco valor.[3]

São os experimentos, e não, as discussões filosóficas, que decidem o que é correto em ciência.

Os cientistas devem aceitar descobertas experimentais mesmo quando gostariam que elas fossem diferentes. Eles devem se esforçar em distinguir o que vêem e o que desejam ver, pois os cientistas, como as pessoas, têm grande capacidade de enganar a si mesmos[4]. As pessoas têm sempre tendência de adotar regras, crenças, credos, idéias e hipóteses sem questionar profundamente sua validade e de mantê-las por muito tempo após terem se mostrado sem significado, falsas ou no mínimo questionáveis. As suposições mais difundidas são freqüentemente as menos questionadas. Muitas vezes, quando uma idéia é adotada, é dada uma atenção especial aos casos que parecem corroborá-la, ao passo que aqueles casos que parecem refutá-la são distorcidos, depreciados ou ignorados.

Os cientistas empregam a palavra *teoria* com significado diferente daquele da linguagem cotidiana. Na linguagem do dia-a-dia, uma teoria é o mesmo que uma hipótese – ou seja, uma suposição que ainda não foi comprovada. Uma **teoria** científica, por outro lado, é uma síntese para um grande corpo de informações que englobam hipóteses comprovadas e bem-testadas sobre determinados aspectos do mundo natural. Os físicos, por exemplo, falam na teoria dos quarks para os núcleos atômicos, os químicos falam na teoria das ligações metálicas para os metais e os biólogos falam na teoria celular.

Fatos são dados sobre o mundo passíveis de revisões.
Teorias são interpretações dos fatos.

As teorias científicas não são imutáveis, ao contrário, elas sofrem mudanças. Elas evoluem enquanto passam por estágios de redefinição e de refinamento. Durante os últimos cem anos, por exemplo, a teoria atômica tem sido refinada muitas vezes, sempre que se obtém uma nova evidência sobre o comportamento atômico. Os modelos atômicos são aperfeiçoados sempre que uma nova informação é descoberta. De maneira semelhante, os químicos aperfeiçoam suas visões acerca de como as moléculas se ligam. Os astrônomos se referem à teoria do *Big Bang* para explicar a observação de que as galáxias estão se afastando umas das outras. Os biólogos têm refinado a teoria celular e realizado enormes avanços para a compreensão acerca da vida. O aperfeiçoamento das teorias é uma força da ciência, e não, uma fraqueza. Muitas pessoas consideram um sinal de fraqueza mudar suas opiniões. Cientistas competentes devem ser especialistas em saber alterar suas opiniões. Eles trocam de opinião, entretanto, apenas quando se deparam com evidências experimentais sólidas ou quando uma hipótese conceitualmente mais simples força-os a adotar um novo ponto de vista. Mais importante que defender crenças, é melhorá-las. As melhores hipóteses são as mais honestas em face da evidência experimental.

Fora de suas profissões, os cientistas não são inerentemente mais honestos ou mais éticos que a maioria das

[3] Mas o apelo ao *estético* tem valor na ciência. Em tempos recentes, mais de um resultado experimental se contrapôs a uma teoria fascinante, que mais tarde, após pesquisas mais detalhadas, mostrou-se errônea. Isso tem reforçado a crença dos cientistas de que a descrição correta da natureza, em última instância, deva envolver a concisão de expressão e economia de conceitos – uma combinação que pode ser chamada de bela.

[4] Em sua formação, não é suficiente estar atento a pessoas que tentem fazê-lo de bobo; mais importante é estar atento à própria tendência de enganar a si mesmo.

pessoas. Mas, em suas profissões, eles trabalham em um meio que dá alto valor à honestidade. A regra que norteia a ciência é a de que todas as hipóteses devem ser testáveis – devem ser passíveis, pelo menos em princípio, de ser *negadas*. Na ciência, é mais importante que exista um modo de provar que uma idéia está errada do que uma maneira de provar que ela é correta. Este é um dos principais fatores que distingue a ciência da não-ciência. À primeira vista, isso pode soar estranho, pois quando nos indagamos sobre a maioria das coisas, preocupamo-nos em encontrar maneiras de revelar se elas são verdadeiras. Com as hipóteses científicas é diferente. De fato, se você deseja descobrir se uma hipótese é científica ou não, verifique se existe um teste capaz de comprovar que ela é errônea. Se não existir teste algum capaz de provar sua falsidade, a hipótese é não-científica. Albert Einstein expressou isso muito bem quando declarou que "Nenhum número de experimentos pode provar que estou certo; um único experimento pode provar que estou errado".

Considere a hipótese do biólogo Charles Darwin de que a vida evolui de formas mais simples para mais complexas. Isso poderia ser negado se os paleontologistas descobrissem que formas de vida mais complexas surgiram antes de suas contrapartidas mais simples. Einstein criou a hipótese de que a luz é desviada pela gravidade. Isso poderia ser negado se a luz das estrelas, que passa muito próximo ao Sol durante um eclipse solar e que pode ser vista durante o fenômeno, não fosse desviada de sua trajetória normal. Como foi constatado, as formas de vida menos complexas precederam suas contrapartidas mais complexas e a luz das estrelas desviou-se ao passar perto do Sol, o que confirma as afirmativas feitas. Se e quando uma hipótese ou alegação científica for confirmada, ela será encarada como útil e como sendo um ponto de partida para um conhecimento adicional.

Considere a hipótese de que "O alinhamento dos planetas no céu determina a melhor ocasião para tomar decisões". Muitas pessoas acreditam nela, mas essa hipótese é não-científica. Não se pode provar que ela esteja errada ou correta. Trata-se de uma *especulação*. Analogamente, a hipótese de que "Existe vida inteligente em outros planetas em algum lugar do universo" não é científica. Embora possa ser considerada correta pela comprovação de um único exemplo de vida inteligente em algum outro lugar do universo, não existe maneira de se provar que ela está errada se nenhuma vida inteligente for encontrada. Se procurássemos nas regiões mais longínquas do universo ao longo de eras e não descobríssemos vida, isso não provaria que ela não existe "na próxima esquina" por investigar. Uma hipótese possível de ser comprovada como correta, mas impossível de ser negada, não constitui uma hipótese científica. Inúmeras dessas afirmações são completamente razoáveis e úteis, mas estão fora do domínio da ciência.

Antes de uma teoria ser aceita, ela deve ser testada através de experimentos e fazer pelo menos uma nova predição – diferente daquelas já previstas por teorias anteriores.

Nenhum de nós dispõe de tempo, energia ou recursos para testar cada idéia; assim, na maior parte do tempo, estamos nos baseando na palavra de alguém. Como descobrir qual é a opinião a considerar? Para reduzir a possibilidade de erro, os cientistas aceitam somente a opinião daqueles cujas idéias, teorias e descobertas são testáveis – se não na prática, pelo menos em princípio. Especulações não-testáveis são consideradas como "não-científicas". Isto tem o efeito, a longo prazo, de incentivar a honestidade – as descobertas divulgadas largamente entre colegas da comunidade científica estão geralmente sujeitas a testes adicionais. Mais cedo ou mais tarde, erros (e fraudes) são descobertos: o pensamento tendencioso é desmascarado. Um cientista desacreditado não consegue uma segunda chance dentro da comunidade científica. A penalidade por uma fraude é a excomunhão profissional. A honestidade, tão importante para o progresso da ciência, torna-se assim um assunto de interesse próprio dos cientistas. Há relativamente pouco logro em um jogo no qual todas as apostas são declaradas. Em campos de estudo onde o certo e o errado não são facilmente reconhecíveis, a pressão para ser honesto é consideravelmente menor.

A essência da ciência é expressa em duas questões: como se pode obter conhecimento e quais evidências provam que determinada idéia é errônea? Afirmações desprovidas de evidências são não-científicas e podem ser descartadas sem evidência.

As idéias e os conceitos mais importantes de nossa vida cotidiana freqüentemente são não-científicos; sua veracidade ou falsidade não pode ser determinada no laboratório. Curiosamente, parece que as pessoas acreditam honesta-

PARE E
TESTE A SI MESMO

Qual destas afirmações constitui uma hipótese científica?

a. **Os átomos são as menores partículas existentes de matéria.**
b. **O espaço é permeado com uma essência não-detectável.**
c. **Albert Einstein foi o maior físico do século vinte.**

VERIFIQUE SUA RESPOSTA

Reflita sobre as questões propostas acima ***antes*** *de ler as respostas. Ao formular primeiro suas próprias respostas, você notará que aprendeu mais – muito mais!*

Apenas a hipótese *a* é científica, pois existe uma maneira de testar sua falsidade. A afirmação não apenas é *possível* de ser negada, como *foi* de fato negada. Não existe um teste para provar a falsidade da hipótese *b* e ela, portanto, é não-científica. O mesmo vale para qualquer princípio ou conceito para o qual não exista uma maneira, um procedimento ou um teste através do qual ele possa ser negado (se for errado). Alguns pseudocientistas e outros fraudadores do saber nem mesmo se preocupam com a existência de um teste capaz de verificar a possível falsidade de suas afirmativas. A afirmativa *c* é uma das que não podem ser testadas em sua possível falsidade. Se Einstein não tivesse sido o maior dos físicos, como poderíamos sabê-lo? É importante notar que, como o nome de Einstein geralmente é muito considerado, ele é o preferido dos pseudocientistas. Portanto, não deveríamos ficar surpresos que o nome de Einstein, como os de Jesus e de outras fontes altamente respeitadas, seja freqüentemente mencionado por charlatões que querem agregar respeito a si mesmos e a seus pontos de vista. Em todos os campos, é prudente ser cético com aqueles que querem dar crédito a si mesmos apelando para a autoridade de outros.

mente que suas idéias sobre as coisas estejam corretas, e quase todo mundo conhece pessoas que sustentam pontos de vista inteiramente opostos – logo, as idéias de alguns (ou de todos) devem estar incorretas. Como saber se *você* é ou não um daqueles que sustentam crenças errôneas? Existe um teste para isso. Antes de estar razoavelmente convencido de que você está certo acerca de uma idéia particular, deveria estar seguro de que compreendeu bem as objeções e as posições de seus adversários mais articulados. Deveria descobrir se suas próprias opiniões são sustentadas pelo conhecimento adequado das idéias oponentes ou pelas *falsas concepções* delas. Faça esta distinção, comprovando se você pode ou não enunciar as objeções e as posições de seus opositores de forma que *eles* fiquem satisfeitos. Mesmo que consiga fazê-lo, você não terá certeza absoluta de estar correto acerca de suas próprias idéias, mas se passar no teste, suas chances de estar certo serão consideravelmente maiores.

PARE E
TESTE A SI MESMO

Suponha que durante uma discordância entre duas pessoas, designadas por A e B, você nota que a pessoa A repetidamente enuncia seu ponto de vista, enquanto a B enuncia claramente tanto a sua própria posição como a da pessoa A. Quem provavelmente estará correta? (*Pense antes de ler a resposta abaixo!*)

VERIFIQUE SUA RESPOSTA

Quem sabe com certeza? A pessoa B pode ter a perspicácia de um advogado, que pode sustentar vários pontos de vista e ainda assim estar incorreto. Não podemos ter certeza acerca do "outro cara". O teste para correção ou incorreção sugerido aqui não é um teste para os outros, mas de e para *você*. Ele pode auxiliar em seu desenvolvimento pessoal. Quando você tenta articular as idéias de seus antagonistas, esteja preparado, como os cientistas, para alterar suas opiniões e descobrir evidências contrárias às suas próprias idéias – evidências que podem modificar seus pontos de vista. O desenvolvimento intelectual freqüentemente é alcançado dessa maneira.

Cada um de nós necessita de um "filtro de conhecimento" que permita distinguir entre o que é válido e o que tem a pretensão de ser válido. O melhor filtro de conhecimento já inventado é a ciência.

Embora a noção de respeito e reconhecimento dos pontos de vista contrários pareça razoável à maioria das pessoas pensantes, a noção oposta – proteger-nos, e a outros, de idéias contrárias – tem sido mais amplamente praticada. Temos sido ensinados a desacreditar idéias não-populares sem tentar entendê-las no contexto apropriado. Em retrospectiva, podemos agora afirmar que muitas das "profundas verdades", pedras-mestras de civilizações inteiras, eram meros reflexos da ignorância que na época prevalecia. Muitos dos problemas que importunavam as sociedades provinham da ignorância e das falsas concepções daí resultantes; muito do que foi sustentado como verdade simplesmente não é verdadeiro. E isso não é restrito ao passado. Cada avanço científico é necessariamente incompleto e parcialmente impreciso, pois o descobri-

Aqueles que são capazes de levá-lo a crer em absurdos podem também fazê-lo cometer atrocidades.
— *Voltaire*

dor enxerga com os antolhos* de sua época e consegue se livrar apenas de uma parte dos impedimentos.

1.5 Ciência, arte e religião

A procura por ordem e significado no mundo em nossa volta tem tomado diferentes formas: uma é a ciência, outra é a arte e outra é a religião. Embora as raízes das três remetam a milhares de anos, as tradições científicas são relativamente recentes. Mais importante, os domínios da ciência, da arte e da religião são diferentes, embora exista freqüentemente uma superposição entre elas. A ciência está principalmente engajada em descobrir e registrar fenômenos naturais; as artes dizem respeito à interpretação pessoal e à expressão criativa; e a religião remete à origem, propósito e significado de tudo.

Ciência e arte são comparáveis. Na literatura, encontramos o possível para a experiência humana. Podemos aprender a respeito das emoções, que vão da angústia ao amor, mesmo que não as tenhamos experimentado. As artes não necessariamente promovem aquelas experiências, mas as descrevem e sugerem o que delas pode ser retido para nós mesmos. A ciência nos diz o que é possível na natureza. O conhecimento científico nos ajuda a prever as possibilidades contidas na natureza, mesmo antes que elas tenham sido experimentadas. Ela nos fornece uma maneira de conectar as coisas, de enxergar as relações entre elas e de dar sentido à miríade de eventos naturais que ocorrem a nosso redor. A ciência alarga nossa perspectiva do ambiente natural, do qual somos uma parte. Os conhecimentos, tanto em arte quanto em ciência, formam um todo que afeta a maneira de vermos o mundo, bem como as decisões que tomamos a respeito dele e de nós mesmos. Uma pessoa realmente culta deve ser versada tanto em arte quanto em ciência.

Ciência e religião também têm similaridades, mas são basicamente diferentes – principalmente porque seus domínios são distintos: a ciência diz respeito ao reino físico; a religião, ao reino espiritual. O domínio da ciência é a ordem natural; o domínio da religião é o sentido da natureza. Crenças e práticas religiosas normalmente envolvem fé e reverência a um ser supremo. Por sua própria natureza, a religião opera com as partes da experiência humana que não podem ser reproduzidas por experimentos controlados. Nestes aspectos, ciência e religião são tão diferentes quanto maçãs e laranjas: são dois campos distintos, ainda que complementares, da atividade humana.

A arte diz respeito à beleza do cosmo. A ciência diz respeito à ordem do cosmo. A religião diz respeito ao sentido do cosmo.

Quando, mais adiante neste livro, estudarmos a natureza da luz, a trataremos inicialmente como se fosse uma onda, e depois, como sendo formada por partículas. Para uma pessoa que sabe um pouco sobre ciência, ondas e partículas são entidades contraditórias; a luz pode ser uma ou outra apenas, e temos de escolher entre as duas possibilidades. Mas para uma pessoa esclarecida, ondas e partículas são noções que se complementam mutuamente, promovendo uma compreensão mais profunda da luz. De maneira análoga, são principalmente as pessoas desinformadas ou mal-informadas acerca das naturezas mais profundas da ciência e da religião que se sentem obrigadas a optar entre acreditar na religião ou na ciência. A menos que se tenha uma compreensão superficial de uma ou de ambas, não existe contradição em ser religioso e ser científico em seu modo de pensar[5].

Muitas pessoas ficam preocupadas por não conhecerem as respostas para questões religiosas e filosóficas. Algumas evitam a incerteza adotando acriticamente qualquer resposta confortadora. Um recado importante da ciência, entretanto, é que a incerteza é algo aceitável. Por exemplo, no capítulo 15 você aprenderá que não é possível conhecer simultaneamente e com toda precisão a posição e o momentum de um elétron em um átomo. Quanto mais você sabe sobre um, menos sabe sobre o outro. A incerteza faz parte do processo científico. É aceitável não saber as respostas para as questões fundamentais. Por que as maçãs são atraídas gravitacionalmente pela Terra? Por que os elétrons se repelem mutuamente? Por que um ímã interage com outros ímãs? Por que a energia possui massa? Em nível mais profundo, os cientistas não sabem as respostas para tais questões – pelo menos não ainda. Nós sabemos um bocado a respeito de onde estamos, mas nada sabemos realmente sobre o *porquê* de estarmos aqui. Tudo bem se não soubermos as respostas a essas questões religiosas. Entre escolher uma mente fechada e possuidora de respostas reconfortantes e uma mente aberta e exploradora, sem possuir as respostas, a maioria dos cientistas opta pela segunda atitude. Eles geralmente se sentem confortáveis em não saber.

A crença de que existe apenas uma verdade, e de que se está em posse dela, me parece ser a raiz mais profunda de tudo de ruim que existe no mundo.

— Max Born

* N. de T.: Peças de couro, ou de outro material opaco, colocadas do lado dos olhos de um cavalo, para limitar seu campo de visão e evitar que se assustem.

5 Obviamente, isso não se aplica a certas religiões extremistas que decididamente afirmam que não se pode abraçar simultaneamente sua religião e a ciência.

CIÊNCIA E SOCIEDADE

PSEUDOCIÊNCIA

Nos tempos pré-científicos, qualquer tentativa de dominar a natureza significava forçá-la contra sua própria vontade. A natureza tinha de ser subjugada, geralmente por meio de algum tipo de magia ou do que estivesse acima da natureza – ou seja, o sobrenatural. A ciência faz o oposto, trabalhando com leis da natureza. Os métodos empregados pela ciência revelam uma progressiva perda de confiança no sobrenatural – mas não inteiramente. Velhas crenças persistem com força total nas culturas primitivas e sobrevivem em culturas tecnologicamente avançadas também, às vezes disfarçadas de ciência. Isso é a falsa ciência – ou **pseudociência.** O notável de uma pseudociência é a falta dos ingredientes-chave da evidência e de um teste capaz de provar sua falsidade. No reino da pseudociência, ceticismo e testes para comprovar uma possível falsidade são descartados ou categoricamente ignorados.

Existem várias maneiras de enxergar relações de causa e efeito no universo. O misticismo é uma delas, talvez apropriada para a religião, mas não aplicável em ciência. A astrologia é um antigo sistema de crenças que supõe haver uma correspondência mística entre os indivíduos e o universo como um todo – que assuntos humanos são influenciados pelas posições e pelos movimentos dos planetas e de outros corpos celestes. Essa visão de mundo não-científica pode ter um grande apelo. Não importa quão insignificante possamos nos sentir, às vezes os astrólogos nos asseguram que estamos em íntima conexão com os mecanismos do cosmo e que este foi criado para os humanos – particularmente para os humanos que pertencem à nossa própria tribo, comunidade ou grupo religioso. A astrologia como magia antiga é uma coisa, mas a astrologia disfarçada de ciência é outra. Quando posa de ciência relacionada à astronomia, ela se torna uma pseudociência. Alguns astrólogos apresentam sua arte com um disfarce científico. Quando eles usam informação astronômica atualizada e computadores para calcular os movimentos dos corpos celestes, estão operando no reino científico. Mas quando eles usam esses dados para forjar revelações astrológicas, adentram na mais pura pseudociência.

Como a ciência, a pseudociência faz previsões. Um indivíduo que usa uma varinha mágica para fazer previsões – um rabdomante –consegue localizar água no subsolo com altas taxas de sucesso – aproximadamente 100%. Sempre que um rabdomante realiza seu ritual e aponta para um lugar no solo, o escavador de poços está certo de que encontrará água. A rabdomancia funciona. Um rabdomante dificilmente pode errar, claro, pois existe água a 100 metros da superfície em aproximadamente qualquer lugar da Terra. (O verdadeiro teste para um rabdomante seria ele apontar um lugar onde não se encontrasse água!)

Um xamã que estuda as oscilações de um pêndulo suspenso sobre o abdômen de uma mulher grávida pode prever o sexo do feto com precisão de 50%. Isso significa que se ele usar sua mágica muitas vezes, para muitos fetos, metade de suas previsões estarão certas e metade erradas – ou seja, a previsibilidade de uma adivinhação comum. Em comparação, ao determinar o sexo de não-nascidos por meios científicos, obtém-se uma taxa de 95% de acertos usando ecografia e de 100% usando amniocentese. O melhor que pode ser dito em favor dos xamãs é que a taxa de sucesso de 50% é um bocado melhor que as taxas de sucesso obtidas por astrólogos, leitores de mão ou por outros pseudocientistas que prevêem o futuro.

Um exemplo de pseudociência com zero de sucesso é a das máquinas multiplicadoras de energia. A respeito dessas máquinas, que supostamente fornecem mais energia do que a que lhes é fornecida, alguns afirmam que "elas ainda estão nas pranchetas de projeto, e são necessárias verbas para seu desenvolvimento completo". As verbas são angariadas por charlatões que vendem ações a um público ignorante que sucumbe a promessas fantasiosas de sucesso. Isso é refugo científico. Pseudocientistas estão em todo lugar, geralmente bem-sucedidos em recrutar aprendizes por dinheiro ou por trabalho, e podem parecer muito convincentes mesmo para pessoas aparentemente maduras. Nas livrarias, seus livros suplantam grandemente, em número, os livros sobre ciência. A falsa ciência está prosperando.

Há quatro séculos, durante suas curtas e difíceis existências, a maioria dos seres humanos era dominada por superstições, demônios, doenças e magia. Somente através de um enorme esforço eles adquiriram conhecimentos científicos e abandonaram suas superstições. Temos ainda de percorrer um longo caminho na compreensão da natureza e em nossa libertação da ignorância. Deveríamos estar orgulhosos com o que aprendemos. Não estamos mais condenados à morte sempre que uma doença infecciosa ataca ou a viver com medo de demônios. Nos tempos medievais, a vida era cruel. Hoje não precisamos fingir que a superstição é algo mais do que superstição ou que noções viciadas são algo além de noções viciadas – sejam elas atribuídas a pretensos xamãs, a charlatões de esquina, a pensadores vagos que escrevem livros de saúde recheados de promessas de saúde completa, a vendedores de tratamentos com terapias magnéticas ou a demagogos que incutem medo.

Porém ainda existe razão para temor quando superstições, que no passado as pessoas lutaram para apagar, são resgatadas a força, seduzindo um número crescente de pessoas. Em seu livro *Flim-Flam!*, James Randi registra que há mais de 20.000 astrólogos praticantes nos Estados Unidos atendendo milhões de crentes crédulos. O escritor de ciência Martin Gardner registra que a percentagem de americanos

(Continua)

contemporâneos que acredita em astrologia e em fenômenos ocultos é maior do que a que existia entre os europeus da Idade Média. Poucos jornais mantêm uma coluna científica diária, mas aproximadamente todos eles apresentam horóscopos diariamente. Embora os benefícios e os remédios ao nosso redor tenham melhorado com os avanços da ciência, muitas pessoas acreditam que não.

Muitos crêem que a condição humana está regredindo por causa do desenvolvimento tecnológico. É mais provável regredirmos, porém, se a ciência e a tecnologia vierem a se curvar diante da irracionalidade, das superstições e das demagogias do passado. Em nossas salas de aula, "tempo igual"* será destinado ao ensino da irracionalidade. Preste atenção em seus arautos. A pseudociência é um gigantesco e lucrativo negócio.

CIÊNCIA E SOCIEDADE

AVALIAÇÃO DE RISCOS

Os inúmeros benefícios da tecnologia são sempre acompanhados de riscos. Quando os benefícios proporcionados por uma inovação tecnológica excedem seus riscos, ela passa a ser aceita e utilizada. Os raios X, por exemplo, continuam sendo usados para diagnósticos médicos, a despeito de seu potencial cancerígeno. Entretanto, uma vez que se perceba que os riscos advindos de uma tecnologia suplantam os benefícios proporcionados, ela deve ser usada com parcimônia ou, até mesmo, nunca ser empregada.

O risco pode variar para diferentes grupos de pessoas. A aspirina, por exemplo, é um medicamento útil para adultos, mas em crianças muito novas pode causar uma doença potencialmente letal, conhecida como *Síndrome de Reye.* Despejar água de esgoto sem tratamento num rio local representa pouco risco para uma cidade localizada rio acima do ponto de despejo, mas, para as cidades localizadas rio abaixo, a água não-tratada dos esgotos representará um sério risco para a saúde pública. Analogamente, armazenar lixo radioativo no subsolo pode ser de pouco risco para nós, hoje em dia, mas para as gerações futuras os riscos do armazenamento serão maiores se existir um vazamento que atinja o lençol de água subterrânea do local. As tecnologias que envolvem diferentes riscos para diferentes grupos de pessoas, bem como diferentes benefícios, levantam questões que com freqüência suscitam discussões acaloradas. Quais medicamentos deveriam ser vendidos sem restrições para o público em geral e quais deles deveriam ter venda controlada? Os alimentos deveriam ser expostos à radiação para evitar a contaminação, que mata mais de 5.000 americanos por ano? Os riscos de todos os membros da sociedade precisam ser levados em conta quando se decidem políticas públicas.

Nem sempre os riscos de uma tecnologia são imediatamente visíveis. No início do século passado, quando o petróleo foi escolhido como combustível para os automóveis, ninguém percebeu claramente os perigos dos produtos da sua combustão. A partir de uma visão retrospectiva, teria sido uma escolha mais apropriada do ponto de vista ambiental, neste caso, usar como combustível os vários tipos de alcoóis obtidos da biomassa, mas estes estavam banidos pelo pensamento dominante na época.

Como agora temos mais consciência dos custos ambientais advindos da combustão dos combustíveis fósseis, aqueles derivados da biomassa estão tendo um lento retorno. Estão sendo desenvolvidas fontes de energia menos agressivas do ponto de vista ambiental. É muito importante que se tenha uma compreensão dos riscos de curto e também de longo prazo de cada tecnologia.

As pessoas parecem ter dificuldade em aceitar a impossibilidade de risco zero. Não se pode garantir, por exemplo, que as viagens de avião sejam totalmente seguras. Nem que alimentos processados sejam completamente livres de toxidade, pois todos são tóxicos em algum grau. Você não pode freqüentar uma praia sem aumentar o risco de ter um câncer de pele, por mais protetor solar que aplique à pele. Tampouco pode evitar a radioatividade, pois ela está no ar que se respira e nas comidas que se come, e assim tem sido desde que os humanos caminharam sobre a Terra pela primeira vez. Mesmo a chuva mais límpida contém algum carbono-14 radioativo, para não mencionar o que existe em nossos corpos. Entre duas batidas do coração humano ocorrem naturalmente 10.000 decaimentos radioativos. Você poderia se esconder nas colinas, comer apenas alimentos naturais, praticar a higiene obsessivamente e, ainda assim, morrer de um câncer causado pela radioatividade que emana de seu próprio corpo. A probabilidade de se morrer algum dia é 100%. Ninguém está livre disso.

A ciência nos ajuda a determinar o que é mais provável. Quando as ferramentas da ciência melhoram, a avaliação do mais provável torna-se mais precisa. A aceitação do risco, por outro lado, é um tema social. Fixar o risco zero como objetivo social não é apenas impraticável, mas também egoísta. Qualquer sociedade que praticasse uma política de risco zero consumiria seus recursos econômicos presentes e futuros. Não seria mais nobre de nossa parte aceitar um risco não-nulo, procurando minimizá-lo ao máximo dentro dos limites do praticável? Uma sociedade incapaz de aceitar riscos também não receberá benefício algum.

* N. de T.: "*Equal-time-rule*", regra dos meios de comunicação norte-americanos segundo a qual tempo igual será destinado a candidatos de partidos diferentes.

1.6 Ciência e tecnologia

Ciência e tecnologia também diferem uma da outra. A ciência diz respeito à obtenção de conhecimento e à sua organização. A tecnologia possibilita aos humanos usarem este conhecimento com propósitos práticos e provê as ferramentas necessárias aos cientistas em suas pesquisas futuras.

A tecnologia é como uma faca de dois gumes, ela pode tanto ser útil quanto nociva. Por exemplo, dispomos da tecnologia para extrair combustíveis fósseis do solo e depois queimá-los para produzir energia. A produção de energia a partir de combustíveis fósseis tem beneficiado nossa sociedade de inúmeras maneiras. Em contrapartida, a queima de combustíveis fósseis ameaça o meio ambiente. Hoje tende-se a culpar a tecnologia por problemas tais como poluição, esgotamento de recursos e até mesmo superpopulação. Esses problemas, no entanto, não representam um defeito da tecnologia, assim como um ferimento de tiro não constitui um defeito das armas de fogo. São os humanos que usam a tecnologia e são eles os responsáveis pela maneira como ela é empregada.

Sem dúvida, já dispomos de tecnologia para resolver muitos problemas ambientais. O século XXI provavelmente assistirá a uma guinada entre o uso de combustíveis fósseis e o de fontes de energia renováveis, tais como as células fotoelétricas, a geração termo-solar de eletricidade ou a conversão de biomassa. O maior obstáculo para a solução dos problemas contemporâneos está na inércia social, mais do que na falta de tecnologia. A tecnologia é nossa ferramenta. O que fazemos com ela está acima de nós. O que a tecnologia promete é um mundo mais limpo e saudável. O uso sensato da tecnologia *pode* levar a um mundo melhor.

1.7 Física – a ciência básica

A ciência, que já foi chamada de *filosofia natural*, abrange o estudo de coisas vivas e inanimadas: as ciências da vida e as ciências exatas. As ciências da vida incluem a biologia, a zoologia e a botânica. As ciências exatas incluem a geologia, a astronomia, a química e a física.

A física é mais do que um simples ramo das ciências da natureza. A física é uma ciência *básica*. Ela se refere a fatos básicos tais como o movimento, as forças, a energia, a matéria, o calor, o som, a luz e a estrutura interna dos átomos. A química diz respeito a questões tais como a razão por que a matéria se mantém unida, como se combinam os átomos para formar moléculas e como estas se combinam para formar a variedade da matéria que nos cerca. A biologia é mais complexa e envolve a questão do que é vida. Assim, a química é subjacente à biologia, e a física é subjacente à química. Os conceitos da física fundamentam essas ciências mais complicadas. É por essa razão que a física é uma ciência mais fundamental.

A compreensão da ciência inicia com a compreensão da física. Os capítulos seguintes apresentam a física de forma conceitual a fim de que você possa se divertir compreendendo-a.

PARE E
TESTE A SI MESMO

Qual das seguintes atividades envolve a mais elevada expressão humana de paixão, talento e inteligência?

a. pintura e escultura
b. literatura
c. música
d. religião
e. ciência

VERIFIQUE SUA RESPOSTA

Todas elas! O valor humanístico da ciência, entretanto, é menos compreendido pela maioria dos indivíduos em nossa sociedade. As razões para isso são variadas, indo desde a noção ordinária de que a ciência é incompreensível para pessoas com habilidades medianas até a visão extrema segundo a qual a ciência é uma força desumanizadora em nossa sociedade. A maioria das falsas concepções sobre ciência provavelmente provém da confusão entre os *abusos* da ciência e a ciência em si.

A ciência é uma atividade encantadora, compartilhada por uma grande variedade de pessoas que, com as ferramentas e o *know-how* contemporâneos, estão indo além e descobrindo mais sobre si mesmas e sobre o ambiente em que vivem do que as pessoas do passado jamais foram capazes. Quanto mais se sabe sobre a ciência, mais apaixonados nos sentimos pelo que nos cerca. Há física em cada coisa que vemos, escutamos, cheiramos, provamos e tocamos!

1.8 Em perspectiva

Apenas alguns séculos atrás, os mais talentosos e habilidosos artistas, arquitetos e artesãos do mundo inteiro dirigiram seus gênios e esforços para a construção de grandes catedrais, sinagogas, templos e mesquitas. Algumas dessas estruturas arquitetônicas levaram séculos para ser construídas, o que significa que ninguém testemunhou a construção do início ao fim. Mesmo os arquitetos e os construtores iniciais que viveram até uma idade avançada, jamais puderam ver os resultados finais de seus trabalhos. Vidas inteiras foram gastas nas sombras de construções que deviam parecer sem começo ou fim. Essa enorme concentração de energia humana era inspirada numa visão que ia além dos interesses mundanos – uma visão do cosmo. Para as pessoas daquela época, as estruturas que elas erigiam eram suas "espaçonaves de fé", ancoradas firmemente, mas apontando para o cosmo.

Hoje em dia os esforços de muitos de nossos mais habilidosos cientistas, engenheiros, artistas e artesãos são direcionados para construir espaçonaves que orbitam a Terra e outras que viajarão além. O tempo requerido para se construir essas espaçonaves é extremamente breve, comparado ao tempo que era gasto construindo as estruturas de pedra e mármore do passado. Muitas pessoas que hoje trabalham em espaçonaves nasceram antes que os primeiros jatos de carreira levassem passageiros. O que verão os mais jovens em um tempo comparável?

Parece que vivemos na alvorada de uma grande transformação no desenvolvimento da humanidade, pois, como a pequena Evan sugere na foto que está no início da Parte Um deste livro, podemos ser como o pintinho em incubação, que exauriu os recursos de seu ambiente interno no ovo e que está perto de penetrar em um novo mundo cheio de possibilidades. A Terra é nosso berço e nos tem servido muito bem. Mas berços, embora confortáveis, tornam-se pequenos demais. Assim, com uma inspiração em vários aspectos semelhante à daqueles que construíram as primeiras catedrais, sinagogas, templos e mesquitas, nós também almejamos o cosmo.

Vivemos numa época realmente excitante!

A ciência é uma maneira de ensinar como algo pode ser conhecido, o que não é conhecido, em que grau as coisas são conhecidas (pois nada é conhecido de forma absoluta), como conviver com a dúvida e a incerteza, quais são as regras a seguir, como pensar sobre as coisas de maneira que se possa fazer julgamentos e como distinguir a verdade da falsidade e da aparência.

— Richard Feynman

SUMÁRIO DE TERMOS

Método científico Princípios e procedimentos para aquisição sistemática de conhecimento, envolvendo o reconhecimento e a formulação de um problema, a coleta de dados por meio de observação e de experimentação e a formulação e o teste de hipóteses.

Hipótese Uma especulação culta; uma explicação razoável para uma observação ou resultado experimental, que não é plenamente aceita como factual até que seja testada inúmeras vezes por meio de experimentos.

Fato Um fenômeno sobre o qual observadores competentes estão em concordância após realizarem uma série de observações.

Lei Uma hipótese ou afirmação geral a respeito da relação entre quantidades naturais que foi testada inúmeras vezes sem ter sido negada. Também conhecida como *princípio.*

Teoria Uma síntese de um grande volume de informações, que abrange hipóteses bem-testadas e comprovadas acerca de determinados aspectos do mundo natural.

Pseudociência A falsa ciência que finge ser verdadeira.

LEITURA SUGERIDA

Bodanis, David. *E = mc²: A Biography of the World's Most Famous Equation.* New York: Berkeley Publishing Group, 2002.

Bryson, Bill. *A Short History of Nearly Everything.* New York: Broadway Books, 2003.

Cole, K. C. *First You Build a Cloud.* New York: Morrow, 1999.

Feynman, Richard P. *Surely You're Joking, Mr. Feynman.* New York: Norton, 1986.

Gleick, James. *Genius – The Life and Science of Richard Feynman.* New York: Pantheon Books, 1992.

Sagan, Carl. *The Demon-Haunted World.* New York: Random House, 1995.

QUESTÕES DE REVISÃO

1.1 Matemática – a linguagem da ciência

1. Neste curso, qual é a função das equações?

1.2 Medições científicas

2. O que são as regiões circulares e iluminadas vistas sobre o piso abaixo de uma árvore, em um dia ensolarado?

1.3 Os métodos da ciência

3. Resuma os passos básicos do método científico clássico.

1.4 A atitude científica

4. Faça distinção entre um fato científico e uma lei científica.
5. Em que uma teoria científica difere daquilo que, em linguagem comum, chamamos de teoria?
6. Na vida cotidiana, as pessoas muitas vezes sentem prazer em sustentar um ponto de vista particular pela "coragem de suas convicções". Uma mudança de opinião é vista como um sinal de fraqueza. Como isso é diferente na ciência?
7. Qual o teste para descobrir se uma hipótese é científica ou não?
8. Na vida cotidiana, conhecemos muitos casos de pessoas surpreendidas deturpando fatos e que logo depois foram perdoadas e aceitas por seus contemporâneos. Como isso é diferente na ciência?
9. Que teste você poderia realizar, mentalmente, a fim de aumentar a chance de estar julgando corretamente uma determinada idéia?

1.5 Ciência, arte e religião

10. Dê uma razão para encorajar os estudantes de arte a aprenderem sobre ciência, e os de ciência, a aprenderem sobre artes.
11. Por que muitas pessoas acreditam que precisam escolher entre ciência e religião?
12. O conforto psicológico é um benefício de se possuir respostas sólidas para questões religiosas. Que benefício advém da posição de não possuir tais respostas?

1.6 Ciência e tecnologia

13. Faça uma clara distinção entre ciência e tecnologia.

1.7 Física – a ciência básica

14. Por que a física é considerada uma ciência básica?

1.8 Em perspectiva

15. Na introdução da Parte Um, a pequena Evan propõe uma questão ao autor. Qual a mensagem implícita nesta questão?

EXERCÍCIOS

1. Dentro da comunidade científica, qual é a penalidade para uma fraude científica?
2. Quais das seguintes hipóteses são científicas?
   a. A clorofila faz a grama ser verde.
   b. A Terra gira em torno de um eixo porque as coisas precisam de uma alternância entre luz e escuridão.
   c. As marés são causadas pela Lua.
3. Em resposta à questão "Quando uma planta cresce, de onde vem o material?", usando a lógica, Aristóteles formulou a hipótese de que todo o material viria do solo. Você considera tal hipótese como correta, incorreta ou parcialmente correta? Que experimentos você proporia a fim de validar a hipótese?
4. O grande filósofo e matemático Bertrand Russel (1872-1970) escreveu sobre as idéias de sua juventude, que ele rejeitara na fase mais avançada de sua vida. Você encara isso como um sinal de fraqueza ou de força, em Bertrand Russel? (Você acha que suas idéias atuais, acerca do mundo e sobre você próprio, mudarão com o decorrer de seu aprendizado e com a maior experiência adquirida ou você acha que conhecimento e experiência adicionais solidificarão seu presente entendimento?)
5. Bertrand Russel escreveu: "Eu penso que devemos manter a crença de que o conhecimento científico é uma das glórias do homem. Eu não sustentarei que o conhecimento jamais possa causar danos. Penso que tais proposições gerais podem quase sempre ser refutadas através de experimentos bem-escolhidos. O que eu sustentarei – e sustentarei vigorosamente – é que o conhecimento é freqüentemente muito mais útil que danoso e que o temor do conhecimento é freqüentemente mais danoso que útil". Pense em exemplos que confirmem esta afirmação.
6. Quando você sai da sombra para a luz solar, o calor do Sol é tão evidente quanto aquele emitido por um pedaço de carvão em brasa numa sala fria. Sente-se o calor do Sol não por causa da sua temperatura alta (mais alta mesmo do que aquelas encontradas em maçaricos de soldagem), mas porque o Sol é grande. O que você estima ser maior, o raio do Sol ou a distância entre a Lua e a Terra? Cheque sua resposta consultando os dados contidos na parte interna da capa deste livro.
7. Quando alguém diz "Mas isso é apenas uma teoria científica!", o que provavelmente está sendo mal compreendido pela pessoa?
8. Uma teoria que unifica muitas idéias de uma maneira simples é chamada de "bela" pelos cientistas. Fora da ciência, há unidade e simplicidade entre os critérios de beleza? Fundamente sua resposta.

CAPÍTULO 2

Átomos

O extraordinário físico do século XX, Richard Feynman, que contribuiu imensamente para a nossa compreensão dos átomos e da física em geral.

Se, devido a algum cataclismo, todo o conhecimento científico fosse destruído e apenas uma única sentença pudesse ser transmitida às próximas gerações, que enunciado conteria o máximo de informação em um mínimo de palavras? O físico norte-americano Richard Feynmann respondeu que a sentença seria: "Todas as coisas são feitas de átomos – pequenas partículas que se movem pelo espaço em perpétuo movimento, atraindo-se quando estão muito distantes, mas repelindo-se quando estão sendo esmagadas umas contra as outras". Toda matéria – sapatos, navios, goma-laca, couve, reis ou qualquer material que você possa imaginar – é formada por **átomos**. Veremos que um átomo é a menor partícula de um elemento que possui todas as propriedades químicas desse elemento.

2.1 A hipótese atômica

A idéia de que a matéria é composta de átomos remonta aos gregos do século V a.C. Os que então se dedicavam a investigar a natureza preocupavam-se em descobrir se a matéria era contínua ou não. Podemos quebrar uma rocha em pedaços, e os pedaços, em cascalho fino. Este ainda pode ser moído até virar areia fina, que pode então ser transformada em pó. Para os gregos do século V, havia um mínimo pedaço de rocha, um "átomo", que não poderia ser dividido ainda mais.

Aristóteles, o mais conhecido dos filósofos da Grécia antiga, discordava da idéia de átomos. No século IV a.C. ele ensinava que toda matéria é formada por diferentes combinações de quatro elementos – terra, ar, fogo e água. Essa concepção parecia razoável, pois no mundo que nos cerca a matéria é vista em apenas quatro formas: sólida (terra), gasosa (ar), líquida (água) ou no estado de labaredas (fogo). Os gregos viam o fogo como o elemento da mudança, pois o observavam promover transformações nas substâncias que

FIGURA 2.1

Um dos primeiros modelos atômicos, com elétrons orbitando um núcleo, muito semelhante a um sistema de planetas em órbita de uma estrela.

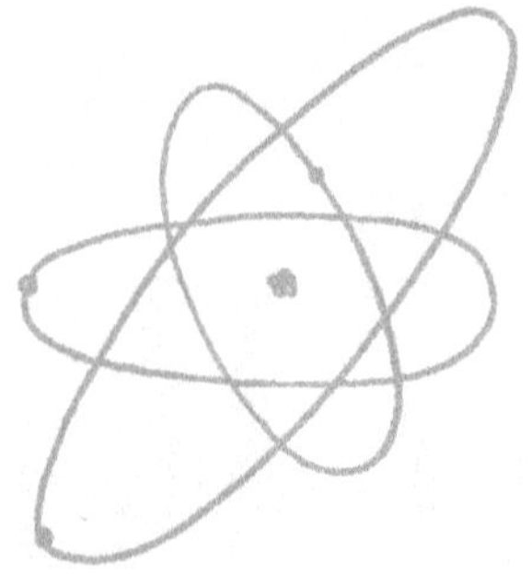

Não podemos "enxergar" os átomos porque eles são pequenos demais. Também não conseguimos ver as estrelas mais longínquas, Existem muitas coisas que não conseguimos ver. Mas isso não impede que se pesquise sobre essas coisas ou mesmo que se obtenham evidências indiretas.

eram queimadas. As idéias de Aristóteles acerca da natureza da matéria perduraram por mais de 2.000 anos.

A concepção atômica foi ressuscitada no início dos anos 1800 por um químico e professor inglês, John Dalton. Ele explicava as reações químicas supondo que toda matéria fosse formada de átomos. Mas ele e outros da época não dispunham de evidência convincente da realidade dos átomos. Então, em 1827, um botânico escocês, Robert Brown, notou algo muito estranho em seu microscópio. Ele estava analisando grãos de pólen em suspensão na água e viu que os grãos moviam-se e "saltavam" sem parar. No início Brown pensou que os grãos fossem alguma forma de vida, porém, mais tarde, descobriu que partículas de poeira e de pó de fuligem se comportavam da mesma maneira. Esse movimento incessante, aleatório e irregular das minúsculas partículas – atualmente conhecido como **movimento Browniano** – é o resultado visível das colisões entre as partículas visíveis com os átomos invisíveis. Os átomos são invisíveis porque são pequenos demais. Embora Brown não pudesse enxergar os átomos, podia ver o efeito que eles tinham sobre as partículas que ele *podia* enxergar com seu microscópio. É como ver um balão gigante ser movimentado por uma multidão em um campo de futebol. Olhando a partir de um avião voando alto, você não enxergaria as pessoas porque elas são pequenas, comparadas ao balão, o qual você enxergaria. Os grãos de pólen que Brown observou movem-se assim porque estão sendo constantemente abalroados pelos átomos (na verdade, pelas combinações de átomos chamadas de moléculas) que formam a água ao seu redor.

O movimento browniano foi explicado por Albert Einstein em 1905, mesmo ano em que anunciou sua Teoria Especial da Relatividade. Até a época dessa explicação – que tornou possível a obtenção das massas atômicas – muitos cientistas proeminentes mantinham-se céticos quanto aos átomos. Vemos, portanto, que a realidade dos átomos não foi estabelecida até os primeiros anos do século XX.

Toda matéria, não importa quão sólida pareça, é feita de minúsculos blocos formadores, os quais, por sua vez, são espaço vazio em sua maior parte. Estes são os átomos.

2.2 Características atômicas

Os átomos são *incrivelmente pequenos*. Um átomo é tantas vezes menor do que você quanto uma estrela média é maior do que você. Uma boa maneira de expressar isto é dizer que estamos a meio caminho, em tamanho, entre os átomos e as estrelas. Outra maneira de expressar a pequenez de um átomo é dizer que o diâmetro de um átomo está para o de uma maçã assim como o diâmetro desta está para o diâmetro da Terra. Assim, para conceber uma maçã cheia de átomos, imagine o interior da Terra totalmente preenchido com maçãs. Ambas conteriam aproximadamente o mesmo número de átomos ou maçãs.

Os átomos são numerosos

Existem cerca de 100.000.000.000.000.000.000.000 átomos em um grama de água (aproximadamente um dedal de costura cheio d'água). Em notação científica, isso é igual a 10^{23} átomos. Este é um número enorme, maior do que o número de gotas de água em todos lagos e rios do mundo. Assim, existem mais átomos em um dedal de costura cheio com água do que o número de gotas de água contidas em todos os lagos e rios do mundo. Na atmosfera, existem cerca de 10^{22} átomos em cada litro de ar. Curiosamente, o volume da atmosfera contém cerca de 10^{22} litros de ar. Isso corresponde a um número incrivelmente grande de átomos, o mesmo número incrivelmente grande de litros de ar na atmosfera. Os átomos são tão pequenos e tão numerosos que existem tantos átomos de ar no interior de seus pulmões, em qualquer momento, quanto o número de inspirações que corresponderia à atmosfera toda do planeta.

psc

Quanto tempo levaria para você contar até um milhão? Se cada contagem levasse um segundo, sua contagem só terminaria em 11,6 dias. Para contar até um bilhão (10^9), levaria 31,7 anos. Para contar até um trilhão (10^{12}) levaria 31.700 anos. E para contar até 10^{22}, levaria cerca de dez mil vezes mais tempo do que a idade do universo!

psc

Descobriu-se que o salmão é capaz de discriminar odores medidos em partes por *trilhão* – algo realmente incrível. Quando chega a época de retornar do oceano para seu hábitat original, o salmão guia-se por seu olfato. Ele nada na direção onde a concentração de água familiar torna-se maior. E acaba encontrando a fonte daquela água onde passou seus dois primeiros anos de vida.

Os átomos estão em contínuo movimento

Em sólidos, os átomos vibram em torno de posições fixas; em líquidos, eles migram de um lugar para outro; e em gases, a taxa de migração é ainda maior. Gotas de corante jogadas dentro de um copo com água, por exemplo, logo se espalham pela água até colori-la igualmente por inteiro. O mesmo ocorreria com um copo de corante atirado no oceano: ele se espalharia ao redor e mais tarde seria encontrado em cada parte dos oceanos do mundo.

Os átomos e moléculas da atmosfera movem-se ao redor de nós com velocidades cerca de dez vezes maiores que a do som no ar. Eles se espalham rapidamente, de modo que o oxigênio que nos rodeia hoje poderia, dias atrás, estar a meio país de distância de nós. Como ilustra a Figura 2.2, o ar exalado em uma expiração sua logo se mistura por completo com os outros átomos da atmosfera. Depois dos poucos anos que ele leva para se misturar uniformemente na atmosfera, qualquer pessoa, em qualquer lugar da Terra, que inspire uma quantidade de ar levará para dentro de si, em média, um dos átomos que você exalou de seus pulmões. Mas você expira muitas e muitas vezes, de modo que outras pessoas inspiram muitos e muitos dos átomos que já estiveram em seu pulmão – que já fizeram parte de você; e, é claro, o inverso também é verdadeiro. Acredite ou não, a cada inspiração que você realiza, inala átomos que já fizeram parte de alguém que morreu! Considerando que os átomos que exalamos fizeram parte de nossos corpos (o nariz de um cachorro não tem problemas em discernir isso), poderia ser verdadeira a afirmação de que estamos literalmente nos respirando uns aos outros.

FIGURA 2.2

Em uma expiração normal, o número de átomos expelidos é igual ao número de expirações correspondente ao volume da atmosfera inteira da Terra.

A vida não é medida pelo número de respirações que realizamos, mas pelos momentos que ficamos sem nossa respiração.

— George Carlin

Os átomos não têm idade

Muitos dos átomos de nosso corpo são tão antigos quanto o próprio universo. Quando você respira, por exemplo, apenas alguns dos átomos que inala são exalados na próxima expiração. Os átomos remanescentes ficam em seu corpo e tornam-se parte de você; mais tarde, deixam seu corpo de diversas maneiras. Você não é o "proprietário" dos átomos que formam seu corpo; você apenas os toma emprestados. Todos nós compartilhamos a mesma "piscina" de átomos, enquanto eles migram eternamente ao nosso redor, para dentro de nós e entre nós. Ao respirarmos, os átomos passam de pessoa para pessoa. Nós reciclamos átomos em grande escala.

A origem dos átomos mais leves remete ao início do universo, e a maior parte dos átomos mais pesados é mais antiga do que o Sol e a Terra. Seu corpo contém átomos que existem desde o início do tempo, sendo reciclados através do universo de inúmeras maneiras, tanto em seres vivos quanto inanimados. Você é o atual zelador dos átomos de seu corpo. Haverá muitos outros que o substituirão.

2.3 Imagens de átomos

Os átomos são pequenos demais para serem vistos com luz visível. Por causa da difração, não se pode discernir detalhes menores do que o comprimento de onda da luz usada para vê-los. Pode-se compreender isso através de uma analogia com ondas na água. Um navio é bem maior do que as ondas que passam por ele. Como ilustrado na Figura 2.3, as ondas na água podem revelar algumas características do navio. As ondas se *difratam* ao passarem pelo barco. Mas a difração causada pela corrente da âncora é praticamente nula, pouco ou nada revelando sobre ela. Analogamente, as ondas de luz visível são grosseiras demais comparadas ao tamanho de um átomo para que possam revelar detalhes do tamanho e da forma atômica.

Na Figura 2.4 temos uma imagem de átomos – a imagem histórica de uma cadeia de átomos de tório, obtida em 1970. Não se trata de uma fotografia, mas de uma imagem obtida com um microscópio eletrônico – feita não com luz visível, mas com um feixe estreito de elétrons em um microscópio eletrônico de varredura, desenvolvido por Albert Crewe no Instituto Enrico Fermi da Universidade de Chica-

PARE E TESTE A SI MESMO

1. Quais são os mais antigos, os átomos no corpo de uma pessoa idosa ou aqueles que formam o corpo de um bebê?
2. A população mundial aumenta a cada ano. Isso significa que a massa da Terra cresce a cada ano?
3. Nos cérebros de toda sua família há átomos que já pertenceram a Albert Einstein?

VERIFIQUE SUA RESPOSTA

1. A idade dos átomos em ambos é a mesma – a maior parte deles foi fabricada nas estrelas que explodiram antes do sistema solar se formar.
2. Um maior número de pessoas em nada aumenta a massa da Terra. Os átomos que formam nossos corpos são os mesmos que aqui estavam antes de nascermos – somos nada além de pó, e ao pó voltaremos. As células humanas são meros rearranjos de material que já estava presente. Os átomos que formam um bebê em gestação no útero da mãe devem ter sido obtidos dos alimentos que a mãe comeu. E aqueles átomos se originaram nas estrelas – algumas pertencentes a galáxias distantes. (Curiosamente, a massa da Terra realmente aumenta por causa da incidência de cerca de 40.000 toneladas de poeira interplanetária a cada ano. Mas não porque existam mais pessoas no mundo.)
3. De fato há, assim como outros vindos de Oprah Winfrey, embora as configurações desses átomos com relação aos outros sejam completamente diferentes. Se você está em um daqueles dias nos quais sentimos que jamais serviremos para nada, conforte-se sabendo que muitos dos átomos que agora o constituem existirão para sempre nos corpos de todas as pessoas na Terra que ainda estão por vir. Nossos átomos são imortais.

FIGURA 2.3
As ondas que passam por um navio dão informação acerca do mesmo, pois a distância entre cristas sucessivas é pequena se comparada ao tamanho do navio. As mesmas ondas, porém, nada revelam sobre a corrente da âncora.

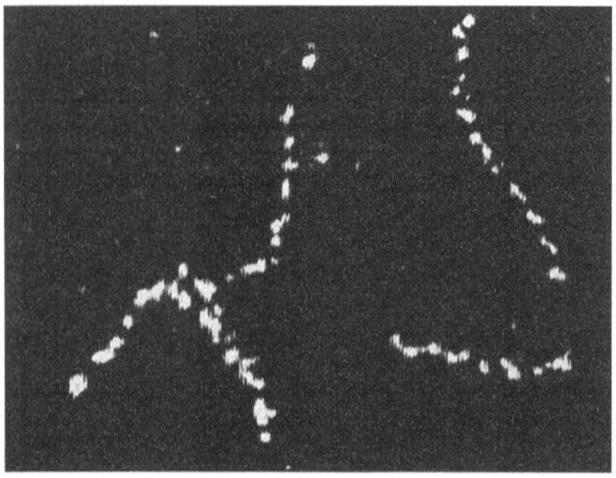

FIGURA 2.4
As cadeias de pontos são formadas por seqüências de imagens de átomos de tório obtidas com um microscópio eletrônico de varredura. Esta fotografia histórica de átomos individuais foi obtida em 1970 por pesquisadores do Instituto Enrico Fermi da Universidade de Chicago.

go. Um feixe de elétrons, como o que desenha uma imagem sobre a tela de uma televisão comum, é um fluxo de partículas que possuem propriedades ondulatórias. O comprimento de onda de um feixe de elétrons é menor do que o comprimento de onda da luz visível, e os átomos são maiores do que os minúsculos comprimentos de onda de um feixe de elétrons. A imagem eletrônica obtida por Crewe é a primeira imagem de átomos individuais com alta resolução.

Em meados da década de 1980, pesquisadores desenvolveram um novo tipo de microscópio – o microscópio de *tunelamento* ou STM*. Ele utiliza uma agulha microscópica que esquadrinha uma superfície a uma distância de alguns poucos diâmetros atômicos, ponto a ponto e linha por linha. Em cada ponto, ele mede a corrente elétrica microscópica que passa entre a superfície e a agulha, a chamada corrente de tunelamento. As variações do valor dessa corrente revelam a topologia da superfície. A imagem da Figura 2.5 mostra maravilhosamente a posição de um anel de átomos. As ondulações que aparecem no interior do anel revelam a natureza ondulatória da matéria. Essa imagem, entre muitas outras, realça a encantadora interação entre arte e ciência.

Às vezes um determinado modelo é útil mesmo sendo incorreto. No século XVIII, o escocês James Watt construiu uma máquina a vapor viável usando um modelo para o calor que se revelou completamente incorreto.

* N. de T.: Do inglês "Scaning Tunneling Microscope".

FIGURA 2.5

Uma imagem de 48 átomos de ferro posicionados formando um anel circular que "encurrala" elétrons de uma superfície de cobre cristalino; a imagem foi obtida com um microscópio de varredura por tunelamento do Laboratório IBM Almaden em San Jose, Califórnia, EUA.

É porque não podemos enxergar o interior de um átomo que construímos modelos. Um modelo é uma abstração que nos ajuda a visualizar aquilo que não conseguimos enxergar, e, o que é muito importante, ele nos capacita a fazer previsões sobre partes invisíveis do mundo natural. Um dos primeiros modelos atômicos (e o mais familiar para o público leigo) é aparentado do sistema solar. Como neste sistema, a maior parte do volume ocupado por um átomo é espaço vazio. No centro existe um núcleo minúsculo e muito denso onde se concentra a maior parte da massa atômica. Ao redor do núcleo, existem "camadas" onde orbitam partículas. São os **elétrons**, unidades básicas da matéria eletricamente carregadas (os mesmos elétrons que formam a corrente elétrica de sua calculadora). Embora os elétrons se repilam uns aos outros, eles são atraídos eletricamente pelo núcleo, que possui uma carga elétrica positiva. Quando o tamanho e a carga do núcleo aumentam, os elétrons são atraídos para mais perto do núcleo, fazendo com que as camadas se tornem menores. Curiosamente, o átomo de urânio, com seus 92 elétrons, não é significativamente maior do que o mais leve dos átomos, o do hidrogênio. Este foi o primeiro modelo, proposto no início do século XX, e reflete uma compreensão subjacente simplificada do átomo. Logo se descobriu, por exemplo, que os elétrons não orbitam em torno do centro do átomo como os planetas orbitam em torno do Sol. Como a maioria dos primeiros modelos, entretanto, o modelo atômico planetário serviu como uma pedra inicial para a futura compreensão e para modelos atômicos mais precisos. Qualquer modelo atômico, não importa quão refinado seja, nada mais é do que uma representação simbólica do átomo, e não, uma imagem física do átomo real.

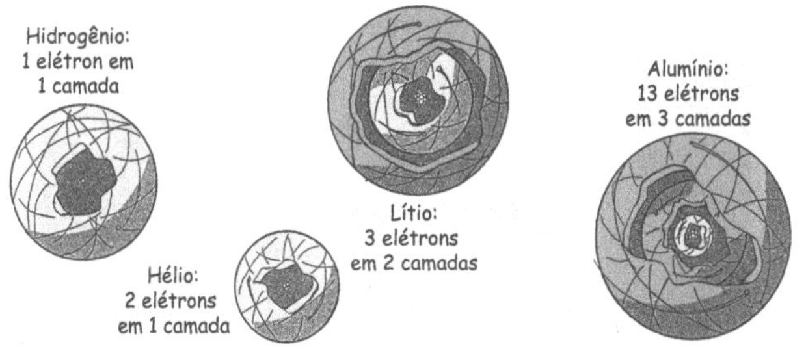

Hidrogênio:
1 elétron em
1 camada
Hélio:
2 elétrons
em 1 camada
Lítio:
3 elétrons
em 2 camadas
Alumínio:
13 elétrons
em 3 camadas

FIGURA 2.6

O modelo atômico clássico consiste em um minúsculo núcleo rodeado por elétrons que o orbitam em camadas esféricas. Quando aumenta a carga do núcleo, os elétrons são puxados para mais perto dele, o que diminui o tamanho das camadas.

Os artistas e os cientistas sempre procuram padrões na natureza, buscando descobrir as conexões que sempre existiram, ainda que nossos olhos não as possam ver.

2.4 A estrutura atômica

Aproximadamente toda a massa de um átomo está concentrada no **núcleo atômico**, que ocupa apenas um milésimo de um trilionésimo do volume atômico. O núcleo, portanto, é extremamente denso. Se os núcleos atômicos pudessem ser "empacotados" uns com os outros, formando uma bola com 1 centímetro de diâmetro (praticamente o tamanho de uma ervilha grande), o pedaço pesaria 133.000.000 toneladas! O surgimento de enormes forças elétricas repulsivas tornaria impossível este empacotamento apertado dos núcleos atômicos, pois cada núcleo é eletricamente carregado e repele os outros. Apenas sob circunstâncias especiais os núcleos de dois ou mais átomos entram em contato, compactando-se. Quando isso acontece, pode ocorrer um tipo violento de reação nuclear. Essa reação, chamada de *fusão termonuclear*, ocorre nas partes centrais de estrelas e é, em última análise, o que as faz brilhar. (Discutiremos essas reações nucleares no Capítulo 16.)

O principal bloco constituinte do núcleo é o *núcleon*, que por sua vez é formado por partículas fundamentais chamadas de *quarks*. Quando um núcleon encontra-se em um estado eletricamente neutro, ele é um *nêutron*; quando se encontra em um estado positivamente carregado, ele é um **próton**. Todos os prótons são idênticos, são cópias perfeitas uns dos outros. O mesmo ocorre com os nêutrons: cada qual é como os demais nêutrons. Os núcleos mais leves possuem um número aproximadamente igual de prótons e de nêutrons; núcleos mais pesados possuem mais nêutrons do que prótons. Os prótons possuem uma carga elétrica positiva que repele outras cargas positivas, mas atrai cargas negativas. Portanto, cargas de mesmo tipo se repelem, e cargas de tipos diferentes se atraem. São os prótons positivos do núcleo que atraem uma nuvem de elétrons negativamente carregados que o rodeia, constituindo assim o átomo. (A intensa força nuclear, que mantém os prótons ligados aos nêutrons e aos outros prótons do núcleo, será descrita no Capítulo 16.)

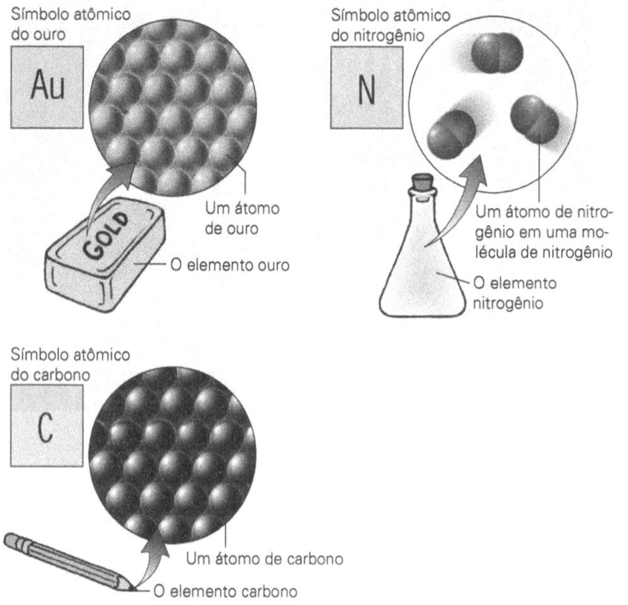
Símbolo atômico do ouro
Au
Um átomo de ouro
GOLD
O elemento ouro
Símbolo atômico do nitrogênio
N
Um átomo de nitrogênio em uma molécula de nitrogênio
O elemento nitrogênio
Símbolo atômico do carbono
C
Um átomo de carbono
O elemento carbono

FIGURA 2.7
Qualquer elemento é formado por um mesmo tipo de átomos. O ouro é formado apenas por átomos de ouro, um frasco de nitrogênio gasoso contém apenas átomos de nitrogênio e o carbono do grafite de um lápis é formado apenas por átomos de carbono.

2.5 Os elementos

Quando uma substância é formada por apenas um tipo de átomo, a chamamos de **elemento**. Um anel de ouro de 24 quilates, por exemplo, é composto apenas por átomos de ouro. Um anel de ouro com menor valor de quilates é composto de ouro e de outros elementos, como o níquel. O líquido prateado dentro de um barômetro ou um termômetro é o elemento mercúrio. O líquido inteiro contém apenas átomos de mercúrio. O átomo de um determinado elemento é a menor amostra possível daquele elemento. Embora *átomo* e *elemento* normalmente sejam usados como sinônimos, *elemento* refere-se a um tipo de substância (contendo somente um tipo de átomo), ao passo que átomo refere-se às partículas individuais que constituem aquela substância. Por exemplo, falamos em isolar um *átomo* de mercúrio a partir de um frasco com o *elemento* mercúrio.

O elemento mais leve de todos é o hidrogênio. Em grandes escalas, o hidrogênio é o mais abundante dos elementos – mais de 90% dos átomos do universo conhecido são de hidrogênio. A maior parte do percentual restante é de hélio, o segundo elemento mais leve que existe. Os átomos mais pesados que nos cercam foram formados por meio da fusão de elementos leves no "caldeirão" do interior das estrelas, onde a pressão é gigantesca. Os elementos mais pesados provêm de estrelas gigantes que implodem e depois explodem – as supernovas. Aproximadamente todos os elementos encontrados na Terra são remanescentes de estrelas que explodiram muito antes do sistema solar começar a se formar.

psc
É interessante observar que, de cada 200 átomos encontrados no nosso corpo, 126 são de hidrogênio, 51 de oxigênio e apenas 19 de carbono.

Até esta data, são conhecidos apenas 115 elementos. Destes, cerca de 90 são encontrados na natureza. Os outros são produzidos em laboratório por meio de aceleradores atômicos de alta energia ou de reatores nucleares. Esses elementos artificiais são instáveis (radiativos) demais para que sejam encontrados naturalmente em quantidades apreciáveis. Em uma despensa caseira, contendo menos de 100 elementos, temos os átomos que formam cada substância simples, complexa, viva ou inanimada do universo conhecido. Mais de 99% da matéria encontrada na Terra é formada por átomos de apenas 12 elementos. Os outros elementos são extremamente raros. Os seres vivos são constituídos basicamente por cinco elementos: oxigênio (O), carbono (C), hidrogênio (H), nitrogênio (N) e cálcio (Ca). As letras entre parênteses são os símbolos químicos para estes elementos.

FIGURA 2.8
Tanto você quanto Leslie são formados por "poeira das estrelas" – no mesmo sentido em que os átomos de carbono, oxigênio, nitrogênio e de outros elementos que formam seu corpo se originaram nas profundezas de antigas estrelas que há muito tempo explodiram.

Grupo

Metal

Metalóide

Não-metal

Período	1	2	3	4	5	6	7	8	9	10	11	12	13	14	15	16	17	18
1	1 **H** Hidrogênio 1,0079																	2 **He** Hélio 4,003
2	3 **Li** Lítio 6,941	4 **Be** Berílio 9,012											5 **B** Boro 10,811	6 **C** Carbono 12,011	7 **N** Nitrogênio 14,007	8 **O** Oxigênio 15,999	9 **F** Flúor 18,998	10 **Ne** Neônio 20,180
3	11 **Na** Sódio 22,990	12 **Mg** Magnésio 24,305											13 **Al** Alumínio 26,982	14 **Si** Silício 28,086	15 **P** Fósforo 30,974	16 **S** Enxofre 32,066	17 **Cl** Cloro 35,453	18 **Ar** Argônio 39,948
4	19 **K** Potássio 39,098	20 **Ca** Cálcio 40,078	21 **Sc** Escândio 44,956	22 **Ti** Titânio 47,88	23 **V** Vanádio 50,942	24 **Cr** Cromo 51,996	25 **Mn** Manganês 54,938	26 **Fe** Ferro 55,845	27 **Co** Cobalto 58,933	28 **Ni** Níquel 58,69	29 **Cu** Cobre 63,546	30 **Zn** Zinco 65,39	31 **Ga** Gálio 69,723	32 **Ge** Germânio 72,61	33 **As** Arsênio 74,922	34 **Se** Selênio 78,96	35 **Br** Bromo 79,904	36 **Kr** Criptônio 83,8
5	37 **Rb** Rubídio 85,468	38 **Sr** Estrôncio 87,62	39 **Y** Ítrio 88,906	40 **Zr** Zircônio 91,224	41 **Nb** Nióbio 92,906	42 **Mo** Molibdênio 95,94	43 **Tc** Tecnécio 98	44 **Ru** Rutênio 101,07	45 **Rh** Ródio 102,906	46 **Pd** Paládio 106,42	47 **Ag** Prata 107,868	48 **Cd** Cádmio 112,411	49 **In** Índio 114,82	50 **Sn** Estanho 118,71	51 **Sb** Antimônio 121,76	52 **Te** Telúrio 127,60	53 **I** Iodo 126,905	54 **Xe** Xenônio 131,29
6	55 **Cs** Césio 132,905	56 **Ba** Bário 137,327	57 **La** Lantânio 138,906	72 **Hf** Háfnio 178,49	73 **Ta** Tântalo 180,948	74 **W** Tungstênio 183,84	75 **Re** Rênio 186,207	76 **Os** Ósmio 190,23	77 **Ir** Irídio 192,22	78 **Pt** Platina 195,08	79 **Au** Ouro 196,967	80 **Hg** Mercúrio 200,59	81 **Tl** Tálio 204,383	82 **Pb** Chumbo 207,2	83 **Bi** Bismuto 208,980	84 **Po** Polônio 209	85 **At** Astatínio 210	86 **Rn** Radônio 222
7	87 **Fr** Frâncio 223	88 **Ra** Rádio 226,025	89 **Ac** Actínio 227,028	104 **Rf** Ruterfórdio (261)	105 **Db** Dúbnio (262)	106 **Sg** Seabórgio (266)	107 **Bh** Bóhrio (264)	108 **Hs** Hássio (269)	109 **Mt** Meitnério (268)	110 **Ds** Darmstácio (269)	111 **Rg** Roentgênio (272)	112 **Uub** (285)		114 **Uuq** (289)		116 **Uuh** (292)		

Lantanídeos	58 **Ce** Cério 140,115	59 **Pr** Praseodímio 140,908	60 **Nd** Neodímio 144,24	61 **Pm** Promécio 145	62 **Sm** Samário 150,36	63 **Eu** Európio 151,964	64 **Gd** Gadolínio 157,25	65 **Tb** Térbio 158,925	66 **Dy** Disprósio 162,5	67 **Ho** Hólmio 164,93	68 **Er** 68 Érbio 167,26	69 **Tm** Túlio 168,934	70 **Yb** Itérbio 173,04	71 **Lu** Lutécio 174,967
Actinídeos	90 **Th** Tório 232,038	91 **Pa** Protactínio 231,036	92 **U** Urânio 238,029	93 **Np** Netúnio (237)	94 **Pu** Plutônio (244)	95 **Am** Amerício (243)	96 **Cm** Cúrio (247)	97 **Bk** Berquélio (247)	98 **Cf** Califórnio (251)	99 **Es** Einstéinio (252)	100 **Fm** Férmio (257)	101 **Md** Mendelévio (258)	102 **No** Nobélio (259)	103 **Lr** Laurêncio (262)

FIGURA 2.9

A tabela periódica dos elementos. O número acima do símbolo químico é o *número atômico*, e o número abaixo é a média das *massas atômicas* dos isótopos do elemento, ponderada de acordo com suas abundâncias na superfície terrestre, expressa em unidades de massa atômica (u). Para um elemento radiativo, a massa atômica, mostrada entre parênteses, é expressa pelo número inteiro mais próximo da massa atômica do isótopo mais estável daquele elemento.

2.6 A tabela periódica dos elementos

Os elementos são classificados segundo o número de prótons que seus átomos contêm – o **número atômico**. O hidrogênio, contendo um próton por átomo, tem número atômico 1; o hélio, com dois prótons por átomo, tem número atômico 2; e assim por diante, até chegar ao elemento mais pesado que ocorre na natureza, o urânio, com número atômico 92. Os números atômicos seguem aumentando com os elementos transurânicos (além do urânio), produzidos artificialmente. O arranjo dos elementos de acordo com seus números atômicos constitui a **tabela periódica dos elementos** (Figura 2.9).

A tabela periódica é uma carta que lista os átomos pelos seus números atômicos e também pelos seus arranjos eletrônicos. Como as colunas de calendário que listam os dias da semana, quando você a lê da esquerda para a direita cada elemento possui um próton e um elétron a mais do que o elemento precedente. Quando você a lê de cima para baixo, cada elemento tem uma camada a mais de elétrons do que o elemento acima dele na coluna. As camadas mais internas são preenchidas até suas capacidades, e a camada mais externa pode ou não estar cheia, dependendo de qual elemento se trata. Apenas os elementos situados na extremidade direita da tabela, como os da coluna do sábado de um calendário, têm suas camadas mais externas preenchidas até sua capacidade máxima. Esses elementos são os *gases nobres* – hélio, néon, argônio, criptônio, xenônio e radônio. A tabela periódica é o mapa rodoviário da química – e muito mais. A maioria dos cientistas considera que a tabela periódica é o mapa mais elegante já concebido. O enorme esforço humano e a ingenuidade por trás da descoberta de suas regularidades constituem uma fascinante história de detetives atômicos[1].

psc

A maior parte dos elementos da tabela periódica é encontrada em nuvens de gases interestelares.

[1] A criação da tabela periódica é atribuída ao professor de química russo Dmitri Mendeleev (1834-1907). Usando sua tabela, Mendeleev previu a existência de elementos então desconhecidos. Ele era um professor devotado e muito estimado, cujas aulas eram lotadas por estudantes atentos ao que ele falava. Mendellev foi tanto um grande professor quanto um cientista. O elemento 101 tem nome em sua homenagem.

Os elementos podem ter até sete camadas, e cada uma delas pode conter determinado número máximo de elétrons. A primeira e mais interna camada tem capacidade para dois elétrons, enquanto a segunda camada tem capacidade para oito. A disposição dos elétrons em camadas determina as propriedades da substância, tais como suas temperaturas de fusão e de congelamento, sua condutividade elétrica e seu sabor, textura, aparência e cor. O arranjo dos elétrons literalmente dá vida e cor ao mundo.

Os modelos atômicos evoluem com as novas descobertas. O modelo clássico do átomo deu lugar a um modelo no qual o elétron é encarado como uma onda estacionária – uma idéia completamente diferente daquela de elétrons descrevendo órbitas. Este é o modelo quantum-mecânico do átomo, introduzido na década de 1920, o qual é uma teoria do mundo microscópico que prevê propriedades ondulatórias para a matéria. Ela trabalha com "pedaços" que existem em nível subatômico – pedaços de matéria ou pedaços de coisas tais como energia e momentum angular. (O Capítulo 15 apresenta mais detalhes sobre o quantum).

2.7 Tamanhos relativos de átomos

Os diâmetros das camadas mais externas dos átomos são determinados pela quantidade de carga elétrica existente no núcleo. Por exemplo, o próton positivamente carregado do átomo de hidrogênio mantém apenas um elétron numa órbita com certo raio. Se houvesse no núcleo o dobro de carga positiva, o elétron em órbita seria atraído para uma órbita mais baixa, com raio igual à metade do anterior, pois a atração elétrica dobrou de valor. Isso ocorre com o hélio, que possui o dobro da carga elétrica no núcleo para atrair cada elétron. Curiosamente, o segundo elétron adicional não é atraído para a mesma distância do núcleo porque o primeiro elétron anula parcialmente a atração do núcleo duplamente carregado. Assim é constituído um átomo neutro de hélio, que é um pouco menor do que o de hidrogênio.

Um átomo com carga elétrica desbalanceada – por exemplo, um núcleo com mais carga positiva do que a carga total dos elétrons que o circundam – é chamado de **íon**. Trata-se de um átomo eletricamente carregado. Um átomo de hélio com um elétron apenas, por exemplo, é um íon de hélio. Dizemos que o íon é positivo porque ele possui mais carga positiva do que negativa.

Um átomo com dois elétrons ligados a um núcleo tem uma configuração característica do hélio. Dois elétrons circundando um núcleo de hélio constituem um átomo neutro. Se um terceiro próton é adicionado ao núcleo atômico, este atrairá os dois elétrons para uma órbita mais próxima e, portanto, um terceiro elétron será adicionado em uma órbita um pouco maior. Este é o átomo de lítio, com número atômico 3. Podemos continuar com este processo, aumentando a carga positiva do núcleo e adicionando sucessivamente mais elétrons e mais órbitas até atingir números atômicos maiores do que 100, os dos "elementos artificiais radiativos"[2].

Descobriu-se que quando a carga nuclear aumenta e novos elétrons são adicionados em órbitas mais externas, as órbitas mais internas encolhem por causa da atração nuclear mais intensa. Isso significa que os elementos mais pesados não possuem átomos significativamente maiores em tamanho do que os mais leves. O diâmetro do átomo de xenônio, por exemplo, equivale apenas ao de quatro átomos de hélio juntos, embora ele possua 33 vezes mais massa. Os tamanhos relativos dos átomos ilustrados na Figura 2.10 estão aproximadamente na mesma escala.

PARE E TESTE A SI MESMO

Qual é a força fundamental que determina o tamanho de um átomo?

VERIFIQUE SUA RESPOSTA

A força elétrica.

2.8 Isótopos

Enquanto em um átomo neutro o número de prótons do núcleo é igual ao número de elétrons ao redor dele, o número de prótons dos núcleos não é necessariamente igual ao de nêutrons. Por exemplo, a maioria dos núcleos de ferro, com 26 prótons, contém 30 nêutrons, enquanto uma percentagem pequena deles contém apenas 29 nêutrons. Os átomos do mesmo elemento que contêm diferentes números de nêutrons são **isótopos** desse elemento. Todos os vários isótopos de um elemento possuem o mesmo número de elétrons, e assim, em quase tudo, eles se comportam identicamente. Retornaremos a este assunto no Capítulo 16.

Identificamos os isótopos por seu *número de massa*, que é o número total de prótons e nêutrons contido (em outras

[2] Cada órbita contém um determinado número máximo de elétrons. Uma regra da mecânica quântica é que uma órbita é preenchida até que contenha $2n^2$ elétrons, onde n vale 1 para a primeira órbita, 2 para a segunda, 3 para a terceira e assim por diante. Para $n = 1$ existem 2 elétrons; para $n = 2$, existem $2(2)^2$ ou 8 elétrons; para $n = 3$, um máximo de $2(3)^2$ igual a 18 elétrons etc. O número n é chamado de *número quântico principal*.

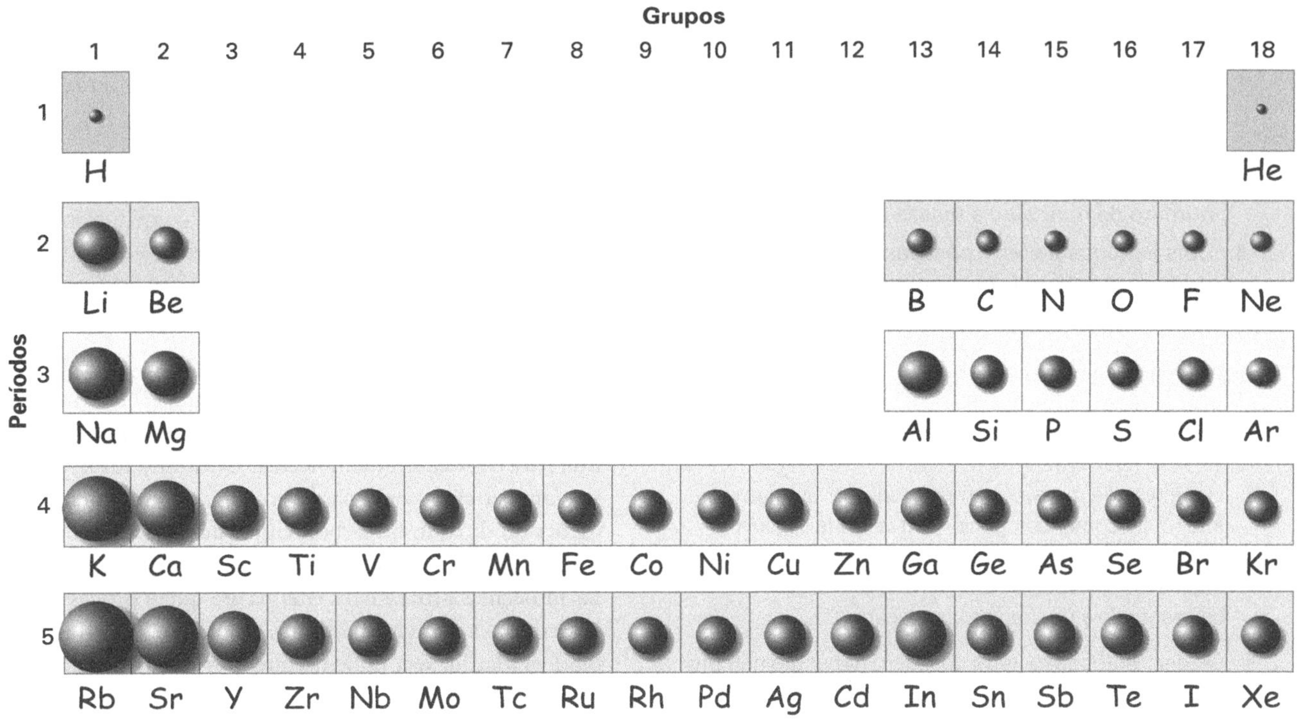
Grupos
1 2 3 4 5 6 7 8 9 10 11 12 13 14 15 16 17 18
Períodos
1 H He
2 Li Be B C N O F Ne
3 Na Mg Al Si P S Cl Ar
4 K Ca Sc Ti V Cr Mn Fe Co Ni Cu Zn Ga Ge As Se Br Kr
5 Rb Sr Y Zr Nb Mo Tc Ru Rh Pd Ag Cd In Sn Sb Te I Xe

FIGURA 2.10
Os tamanhos dos átomos diminuem gradualmente da esquerda para a direita, ao longo da tabela periódica (somente os 5 primeiros períodos são mostrados aqui).

palavras, o número de núcleons) em seu núcleo. Um isótopo de hidrogênio com um próton e sem nêutrons, por exemplo, tem número de massa igual a 1 e é conhecido como hidrogênio-1. Analogamente, um átomo com 26 prótons e 30 nêutrons tem número de massa 56 e é conhecido como ferro-56. Um átomo de ferro com 26 prótons e apenas 29 nêutrons seria o ferro-55.

Não confunda um isótopo com um íon, que é um átomo com carga elétrica não-nula devido a um excesso ou a uma falta de elétrons.

A massa total de um átomo é chamada de *massa atômica*. Trata-se da soma das massas de todos os constituintes do átomo (elétrons, prótons e nêutrons). Uma vez que os elétrons possuem massas muito menores do que as de prótons e nêutrons, sua contribuição para a massa atômica é desprezível. Os átomos são tão pequenos que não é prático expressar suas massas em gramas ou quilogramas. Em vez disso, os cientistas usam uma unidade de massa especialmente definida, conhecida como **unidade de massa atômica** ou **u**. Um núcleon possui massa atômica aproximada de 1 u. Um átomo com 12 núcleons, como o carbono-12, portanto, terá massa de 12 u. A tabela periódica lista as massas atômicas em unidades de massa atômica.

A maioria dos elementos tem uma variedade de isótopos. A massa atômica de cada elemento listado na tabela periódica é a média das massas de seus isótopos ponderada pelos percentuais de ocorrência dos isótopos na Terra. Por exemplo, o carbono, com 6 prótons e 6 nêutrons, tem massa atômica igual a 12,000 u. Cerca de 1% da totalidade de átomos de carbono, entretanto, contém 7 nêutrons. Este isótopo mais pesados eleva o valor da massa atômica média do carbono de 12,000 u para 12,011 u.

Não confunda número de massa com massa atômica. *Número de massa* é um inteiro que especifica um isótopo e não tem unidade – ele é simplesmente igual ao número de núcleons de um núcleo. A *massa atômica* é uma média das massas dos isótopos de um determinado elemento, com unidades de quilogramas. Uma *unidade de massa atômica* é sempre expressa em unidades de u.

PARE E TESTE A SI MESMO

1. O que contribui mais para a massa atômica, elétrons ou prótons? O que contribui mais para o volume de um átomo (seu tamanho)?
2. O que é representado por um número inteiro – o número de massa ou a massa atômica?
3. Dois isótopos de ferro possuem o mesmo *número atômico*? O mesmo *número de massa atômica*?

VERIFIQUE SUAS RESPOSTAS

1. Os prótons contribuem mais para a massa atômica; os elétrons determinam mais o tamanho do átomo.
2. O número de massa é sempre dado por um número inteiro, tal como hidrogênio-1 ou carbono-12. Em contraste, a massa atômica é a massa média dos vários isótopos de um elemento e, assim, corresponde a um número fracionário.
3. Os dois isótopos de ferro possuem o mesmo número atômico, 26, pois ambos contêm 26 prótons no núcleo. Eles têm diferentes números de massa atômica quando contêm diferentes números de nêutrons no núcleo.

2.9 Moléculas

Uma **molécula** consiste em dois ou mais átomos ligados por meio do compartilhamento de pares de elétrons. (Dizemos que esses átomos estão *ligados covalentemente*.) Uma molécula pode ser simplesmente uma combinação de dois átomos de oxigênio, O_2, ou de dois átomos de nitrogênio, N_2, que são os elementos que constituem a maior parte do ar que respiramos. Dois átomos de hidrogênio se combinam com um de oxigênio para formar uma molécula de água, H_2O. Mudar um átomo em uma molécula pode fazer uma grande diferença. Substituir o átomo de oxigênio da água por um de enxofre produz sulfeto de hidrogênio, H_2S, um gás tóxico de cheiro forte.

psc **Moléculas orgânicas, tanto simples quanto complexas, são encontradas em gases interestelares.**

Para dissociar moléculas é necessário energia. Isso pode ser

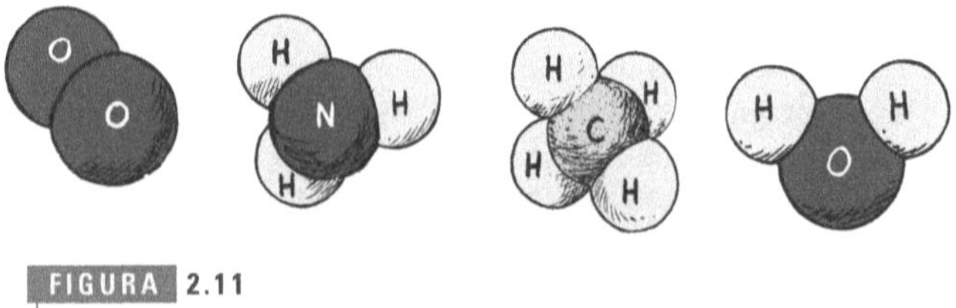
O
O
H
N
H
H
H
H
C
H
H
H
O
H

FIGURA 2.11
Modelos de moléculas simples. Em uma molécula, os átomos não estão agrupados de qualquer maneira, mas de uma maneira bem-definida.

PARE E TESTE A SI MESMO

Quantos núcleos atômicos existem em um átomo de oxigênio? E em uma molécula de oxigênio?

VERIFIQUE SUA RESPOSTA

No átomo de oxigênio, O, existe somente um núcleo, enquanto existem dois na combinação de dois átomos de oxigênio – uma molécula de oxigênio, O_2.

compreendido considerando-se um par de ímãs juntos, atraindo-se. Da mesma forma que alguma "energia muscular" é necessária para separar os ímãs, energia é requerida para dissociar uma molécula. Durante a fotossíntese, as plantas usam a energia da luz solar para quebrar as ligações do dióxido de carbono atmosférico e da água para produzir oxigênio gasoso e moléculas de carboidratos. Essas moléculas armazenam energia até que o processo seja invertido – a planta é oxidada, seja lentamente, através da biodegradação, seja rapidamente, por queima. Depois, a energia proveniente do Sol é liberada de volta ao meio ambiente. Assim, o lento aquecimento do composto em degradação ou o rápido aquecimento produzido por uma fogueira é realmente o aquecimento produzido por luz solar!

Outras coisas podem queimar além daquelas que contêm carbono e hidrogênio. O ferro também "queima" (oxida). Este é o processo de enferrujamento – a lenta combinação dos átomos de oxigênio com os do ferro, liberando energia. Acelerando-se a oxidação do ferro, pode-se fabricar práticos aquecedores de mãos para esquiadores e excursionistas de inverno*. Qualquer processo em que os átomos se rearranjam para formar novas moléculas pode ser chamado de *reação química*.

Nosso sentido do olfato é sensível a quantidades extremamente pequenas de moléculas. Nossos órgãos olfativos detectam claramente gases nocivos, tais como o dióxido de enxofre (que cheira como ovo podre), amônia e éter. A fragrância de perfume que podemos sentir resulta das moléculas que rapidamente evaporam e se difundem pelo ar em todas as direções, até que algumas cheguem próximo o suficiente para serem inaladas pelo nariz. Elas são apenas algumas das bilhões de moléculas agitadas que, movimentando-se ao acaso, acabam parando dentro do nariz. Você pode ter uma idéia da rapidez da difusão

* N. de T.: Aquecedores portáteis que produzem calor a partir de uma reação química envolvendo ferro e oxigênio do ar. As outras substâncias envolvidas no processo de aquecimento, além do ferro e do ar, são: sal, carbono ativado, vermiculite, celulose e água. O sal atua como um catalisador, acelerando a reação; o carbono ajuda a dispersar o calor; a vermiculite (mineral tipo mica) é usada como isolante para reter o calor; e a celulose, como um filtro. Todos estes ingredientes estão contidos em um saco de polipropileno que, ao mesmo tempo, permite que o ar permeie a mistura dos ingredientes.

CIÊNCIA E SOCIEDADE

O EFEITO PLACEBO*

As pessoas sempre procuraram curandeiros para ajudá-las com o sofrimento físico e com o medo. Como tratamento, os curandeiros tradicionais normalmente administram ervas, entoam cantos ou agitam as mãos sobre o corpo do paciente. E é mais freqüente que a melhora realmente ocorra do que não! Isso é chamado de *efeito placebo*. Um placebo pode ser uma prática terapêutica ou uma substância (pílula) contendo elementos ou moléculas sem nenhum valor medicinal. Mas, notavelmente, o efeito placebo de fato tem uma base biológica. Quando você está cheio de temores ou em pânico, a resposta de seu cérebro *não* é a de mobilizar os mecanismos de cura que seu próprio corpo possui – ao invés disso, ele prepara seu corpo para alguma ameaça. Isso é uma adaptação evolutiva que garante a mais alta prioridade à prevenção de malefícios adicionais. Os hormônios de estresse liberados na corrente sangüínea aumentam a freqüência da respiração, a pressão sangüínea e a taxa de batimentos cardíacos – alterações que normalmente o *impedem* de se recuperar. O cérebro prepara seu corpo para a ação; a recuperação pode esperar.

Eis porque o primeiro objetivo de um bom curandeiro ou médico é aliviar o estresse. A maioria de nós começa a se sentir melhor logo após ter deixado o consultório do terapeuta ou médico. Antes de 1940, a maior parte da medicina era baseada no efeito placebo, quando praticamente os únicos remédios que os médicos dispunham em suas malas eram laxantes, aspirinas e pílulas de açúcar. Em aproximadamente metade dos casos, uma pílula de açúcar é tão eficiente para parar a dor quanto uma aspirina. Isso porque o sofrimento é um sinal para o cérebro de que algo está errado e precisa de atenção. O sinal é induzido no local de inflamação por prostaglandinas liberadas pelos glóbulos brancos do sangue. A aspirina inibe a produção de prostaglandina e, portanto, alivia o sofrimento. O mecanismo que alivia a dor, no caso do placebo, é inteiramente diferente. O placebo engana o cérebro, fazendo-o crer que, seja o que for que estiver errado, está sendo resolvido. Então o sinal de dor é diminuído pela liberação de endorfinas, proteínas parecidas com o ópio e encontradas naturalmente no cérebro. Portanto, em vez de inibir a *produção* de prostaglandinas, as endorfinas bloqueiam seus *efeitos*. Com o alívio da dor, o corpo pode se concentrar na cura.

O efeito placebo sempre foi usado (e ainda é!) pelos curandeiros e outros que afirmam possuir o poder de realizar curas maravilhosas fora da medicina moderna. Eles se beneficiam da tendência das pessoas a acreditar que se *B* segue a *A*, então *B é causado* por *A*. A cura poderia se dever ao curandeiro, mas também poderia ser meramente o resultado da ação do corpo reparando a si mesmo. Embora o efeito placebo possa certamente influenciar a percepção da dor, não foi demonstrado que ele possa influenciar a habilidade do corpo para combater a doença ou reparar ferimentos.

O efeito placebo funciona com quem acredita que usar cristais, ímãs ou braceletes de metais traz melhorias à saúde? Em caso afirmativo, existe algum mal em pensar assim – ainda que não exista evidência científica para tal? Normalmente não existe mal algum em manter crenças positivas – mas nem sempre. Se uma pessoa tem um problema sério que requer tratamento médico moderno, a fé naquele tipo de ajuda pode ser desastrosa se ela for usada como substituta para a ajuda médica. O efeito placebo tem limitações que são reais.

* Adaptado de *Voodoo Science – The Road from Foolishness to Fraud*, Robert L. Park, Oxford University Press, New York, 2000.

molecular no ar quando, estando em seu quarto, sente o cheiro da comida logo após a porta do forno ter sido aberta na cozinha.

Embora a água seja o principal gás do efeito estufa na atmosfera, as moléculas de CO_2, o segundo gás mais abundante do efeito estufa, são famosas porque sua abundância está aumentando rapidamente. Infelizmente, mais aquecimento produzido por CO_2 pode produzir também mais H_2O. Assim, a preocupação presente está concentrada na combinação das quantidades crescentes de ambas as moléculas na atmosfera.

2.10 Antimatéria

Enquanto a matéria é composta por átomos com núcleos carregados positivamente e elétrons carregados negativamente, a **antimatéria** é composta por átomos com núcleos negativos e elétrons positivos, ou *pósitrons*.

Os pósitrons foram descobertos em 1932, em raios cósmicos que bombardeiam a atmosfera da Terra. Hoje em dia, antipartículas de todos os tipos são produzidas regularmente em laboratórios, usando-se para isso grandes aceleradores de partículas. Um pósitron tem a mesma massa que um elétron e o mesmo valor absoluto de carga elétrica, mas de sinal oposto. Antiprótons possuem a mesma massa que os prótons, mas são carregados negativamente. O primeiro anti-átomo completo foi produzido em 1995. Cada partí-

FIGURA 2.12
Um átomo de antimatéria possui um núcleo negativamente carregado rodeado por pósitrons.

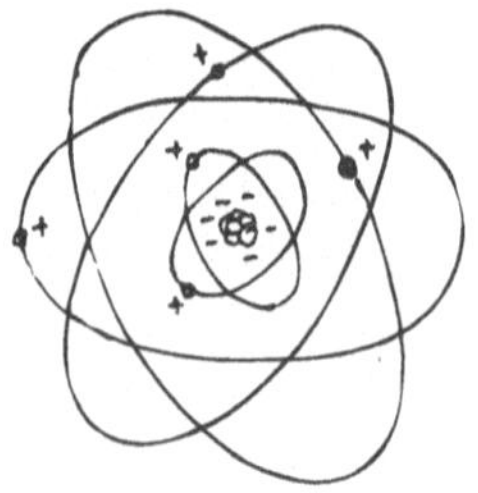

cula carregada possui uma antipartícula de mesma massa e com carga oposta. Partículas neutras (tais como o nêutron) também possuem antipartículas, com massa e outras propriedades iguais, mas opostas quanto a outras propriedades. Para cada partícula, existe uma antipartícula. Existem até mesmo antiquarks.

A força gravitacional não diferencia entre matéria e antimatéria – cada uma atrai a outra. Também não existe meio de afirmar se algo é feito de matéria ou antimatéria pela luz que ele emite. Somente através de efeitos nucleares muito sutis e difíceis de medir se poderia dizer se uma galáxia distante é feita de matéria ou de antimatéria. Mas se uma anti-estrela encontrasse uma estrela, a história seria bem diferente. Elas se aniquilariam, com a maior parte da matéria convertendo-se em energia radiante (o que imediatamente aconteceu com o anti-átomo criado em 1995, quando ele encontrou a matéria ordinária e rapidamente foi aniquilado em um "sopro" de energia). Este processo, mais do que qualquer outro conhecido, resulta na máxima liberação de energia por grama de substância – $E = mc^2$, com 100% de conversão de massa em energia[3]. (A fissão e a fusão nucleares, em contraste, convertem em energia menos de 1% da massa envolvida.)

Matéria e antimatéria não podem coexistir em nossa vizinhança, pelo menos em quantidades ou tempos consideráveis, pois qualquer coisa feita de antimatéria seria completamente transformada em energia radiante logo que entrasse em contato com a matéria, consumindo uma quantidade igual de matéria nesse processo. Se a Lua, por exemplo, fosse feita de antimatéria, veríamos um flash de radiação assim que nossas sondas espaciais tocassem nela. Desapareceriam tanto a espaçonave quanto uma quantidade igual de antimatéria da Lua, em uma descarga de energia radiante. Sabemos que a Lua não é feita de antimatéria porque nada disso aconteceu durante as missões espaciais lunares. (De fato, os astronautas não correram este tipo de risco, pois as evidências previamente obtidas mostraram que a Lua é feita de matéria ordinária). Mas e quanto às outras galáxias? Existe forte evidência para se crer que, na parte do universo que conhecemos (o chamado "universo observável"), as galáxias são formadas apenas por matéria ordinária – com exceção das antipartículas transitórias ocasionais. Mas e quanto ao restante do universo? E quanto a outros possíveis universos? Nada sabemos.

PARE E TESTE A SI MESMO

Se um corpo formado por 1 grama de antimatéria encontrasse um corpo formado por 10 gramas de matéria, qual a quantidade de massa que sobreviveria?

VERIFIQUE SUA RESPOSTA

Sobreviveriam 9 gramas de matéria (os outros 2 gramas são transformados em energia radiante).

2.11 Matéria escura

Sabemos que os elementos da tabela periódica não existem apenas no planeta Terra. A partir do estudo da radiação vinda de outras partes do universo, descobrimos que as estrelas e os outros objetos "lá fora" são compostos das mesmas partículas que existem na Terra. As estrelas emitem luz que produz as mesmas "impressões digitais" (*espectros atômicos*, Capítulo 15) que os produzidos pelos elementos da tabela periódica. Que maravilha deve ter sido descobrir que as leis que governam a matéria na Terra são válidas através de todo o universo observável. Mas ainda resta um detalhe problemático: para que as forças gravitacionais no interior das galáxias sejam tão grandes quanto os valores medidos, deve existir lá muito mais matéria do que a visível.

Os astrofísicos se referem, então, à **matéria escura** – a matéria que não podemos ver, mas que atrai estrelas e galáxias que *podemos* ver. Nos anos finais do século XX, os astrofísicos confirmaram que aproximadamente 23% do universo é composto de matéria escura. Seja o que for a matéria escura, a maior parte dela, se não sua totalidade, provavelmente é formada por matéria "exótica" – muito diferente dos elementos que formam a tabela periódica e também de qualquer dos elementos artificiais com os quais o homem ampliou a lista dos elementos. Muito do restante do universo é *energia escura*, que mantém a expansão do universo. Juntos, matéria escura e energia escura constituem cerca de 90% do universo. Somente neste século

[3] Alguns físicos especulam se, logo após o "*Big Bang*", o universo recém-nascido não teria bilhões de vezes mais partículas do que hoje possui e se, da quase total extinção de matéria com antimatéria causada por sua mútua aniquilação, restou apenas a quantidade de matéria ordinária relativamente pequena agora existente no universo.

XXI este tipo de energia tornou-se aparente. No momento, nem sequer foi identificada. Sobre a matéria escura e a energia escura abundam especulações, mas não sabemos o que elas são.

Richard Feynman costumava balançar a cabeça e dizer que não sabia nada sobre isso. Quando ele e outros físicos de ponta dizem que nada sabem, estão querendo dizer que o que eles *realmente sabem* é próximo a nada comparado ao que eles *podem* vir a saber. Os cientistas sabem o suficiente para perceber que têm lidado com uma parte relativamente pequena de um universo enorme e ainda cheio de mistérios. Em retrospectiva, os cientistas de hoje sabem imensamente mais do que seus predecessores de um século atrás, e os cientistas daquela época sabiam muito mais do que *seus próprios* predecessores. Mas a partir de nossa presente e vantajosa posição, olhando para a frente, há muito por ser aprendido ainda. O físico John A. Wheeler, orientador de pós-graduação de Feynman, enxerga o próximo estágio da física indo além do *como*, em direção ao *porquê* – até o significado. Nós apenas arranhamos um pouco a superfície.

Descobrir a natureza da matéria escura e da energia do vácuo são questões altamente prioritárias atualmente. O que aprenderemos até a metade deste século provavelmente colocará tudo que já sabemos na posição de um anão.

Podemos viver com a dúvida e a incerteza e sem o saber. Penso que é muito mais interessante viver sem saber todas as respostas do que possuir respostas que podem estar erradas.

— Richard Feynman

SUMÁRIO DE TERMOS

Átomo A menor partícula de um elemento que possui todas as propriedades químicas do mesmo.

Movimento Browniano Movimento aleatório de pequenas partículas em suspensão num gás ou líquido, resultante de seu bombardeamento pelas moléculas em rápido movimento através do gás ou líquido.

Elétron A partícula de carga elétrica negativa que ocupa uma camada atômica.

Núcleo atômico O "caroço" de um átomo, que consiste de duas partículas subatômicas básicas – prótons e nêutrons.

Próton A partícula positivamente carregada de um núcleo atômico.

Elemento Uma substância pura formada por apenas um tipo de átomo.

Número atômico O número que designa a identidade de um elemento, igual ao número de prótons no núcleo atômico; em um átomo neutro, o número atômico também é igual ao número de elétrons que ele possui.

Tabela periódica dos elementos Tabela onde os elementos são listados em linhas horizontais, de acordo com seu número atômico, e em colunas verticais, de acordo com as semelhanças de seus arranjos eletrônicos e suas propriedades químicas. (Veja a Figura 2.9.)

Íon Um átomo eletricamente carregado; um átomo onde existe um excesso ou uma falta de elétrons.

Isótopos Um átomo do mesmo elemento que contém um número diferente de nêutrons.

Unidade de massa atômica (u) A unidade padrão de massa atômica, igual a um doze avos da massa do átomo comum de carbono, à qual é arbitrariamente atribuído o valor exato de 12. Uma u equivale a $1{,}661 \times 10^{-24}$ gramas.

Molécula Dois ou mais átomos que se ligam através de compartilhamento de elétrons. Os átomos se combinam para formar moléculas.

Antimatéria Uma forma "complementar" de matéria, formada por átomos com núcleos negativos e elétrons positivos.

Matéria escura Matéria invisível e ainda não identificada, evidenciada pela atração gravitacional exercida sobre as estrelas das galáxias. A matéria escura, junto com a energia escura, constitui talvez 90% do universo.

LEITURA SUGERIDA

Feynman, R. P., R. B. Leighton e M. Sands. *The Feynman Lectures on Physics*.vol. 1, cap. 1. Reading, MA.: Addison-Wesley, 1963.

Rigden, John S. *Hydrogen: The Essential Element*, Cambridge, MA: Harvard University Press, 2002.

Suchocki, J. *Conceptual Chemistry*. 3ª. Ed., cap. 5. San Francisco, CA: Benjamin Cummings, 2006. Apresenta uma excelente abordagem da tabela periódica.

QUESTÕES DE REVISÃO

2.1 A hipótese atômica

1. O que faz as partículas de poeira e os minúsculos grãos de fuligem se moverem em movimento Browniano?
2. Quem explicou pela primeira vez o movimento Browniano e forneceu uma razão convincente para a existência de átomos?
3. De acordo com Richard Feynman, em que situação os átomos se atraem ou se repelem?

2.2 Características atômicas

4. Como se compara o número aproximado de átomos no ar de seus pulmões com o número de respirações de ar que cabem na atmosfera da Terra?
5. A maior parte dos átomos que nos rodeia são mais novos ou mais antigos do que o Sol?

2.3 Imagens de átomos

6. Por que os átomos não podem ser visualizados por meio de um microscópio óptico potente?
7. Por que os átomos podem ser visualizados por meio de um feixe eletrônico?
8. Na ciência, qual é a finalidade de um modelo?

2.4 A estrutura atômica

9. Como se compara a massa de um núcleo atômico com a massa do átomo correspondente como um todo?
10. O que é um núcleon?
11. Como se comparam a massa e a carga elétrica de um próton com a massa e a carga de um elétron, respectivamente?
12. Uma vez que os átomos são espaço vazio em sua maior parte, por que eles não atravessam o piso ao cair?

2.5 Os elementos

13. Qual é o elemento mais leve?
14. Qual é o elemento mais abundante do universo conhecido?
15. Como foram formados os elementos mais pesados que o hidrogênio?
16. Onde se originaram os elementos mais pesados?
17. Quais são os cinco elementos mais abundantes nos seres vivos?

2.6 A tabela periódica de elementos

18. O que nos informa o número atômico de um dado elemento?
19. O que é característico das colunas da tabela periódica?

2.7 Tamanhos relativos de átomos

20. Que tipo de força fundamental atrai os elétrons para o núcleo atômico?
21. Por que os átomos dos elementos mais pesados não são muito maiores do que os dos elementos mais leves?

2.8 Isótopos

22. Em que um isótopo difere de um átomo normal?
23. Faça distinção entre *número de massa* e *massa atômica.*

2.9 Moléculas

24. De que maneira uma molécula difere de um átomo?
25. Comparada à energia gasta para dissociar água em oxigênio e hidrogênio, quanta energia é liberada quando eles se recombinam? (No Capítulo 15 você estudará a conservação de energia.)

2.10 Antimatéria

26. Em que diferem a matéria e a antimatéria?
27. O que acontece quando uma partícula de matéria e outra de antimatéria se encontram?

2.11 Matéria escura

28. Qual é a evidência da existência de matéria escura?

ATIVIDADES EXPLORATÓRIAS

1. Uma vela só queima se houver oxigênio presente. Ela queimará pelo dobro do tempo se estiver no interior de uma garrafa de um litro, invertida, do que em uma garrafa de meio litro, também invertida? Experimente e comprove.
2. Escreva uma carta à sua avó ou ao seu avô acerca do longo tempo de existência dos átomos de seus corpos. Escreva também sobre o longo tempo de existência de que eles ainda dispõem.

EXERCÍCIOS

1. Quantos tipos de átomos você espera encontrar em uma amostra pura de um elemento qualquer?
2. Quantos átomos individuais existem em uma molécula de água?
3. Quando se aquece um recipiente contendo gás, o que ocorre com a rapidez média de suas moléculas?
4. A rapidez média das moléculas de vapor de um perfume, na temperatura ambiente, pode alcançar 300 m/s, mas você comprova que a rapidez com a qual o aroma atravessa a sala é muito menor do que isso. Por quê?

5. Um gato vagueia pelo seu quintal. Uma hora mais tarde, um cachorro segue a pista deixada pelo gato, rastreando o chão com o focinho. Explique isso do ponto de vista molecular.
6. Se nenhuma das moléculas de um corpo pudesse escapar, ele teria algum cheiro?
7. Onde foram "fabricados" os átomos que formam um recém-nascido?
8. Qual das seguintes substâncias não é um elemento: hidrogênio, carbono, oxigênio ou água?
9. Quais das seguintes substâncias são elementos: H, H_2O, He, Na, NaCl, H_2SO_4 e U?
10. Um amigo seu afirma que aquilo que faz um elemento diferente do outro é o número de elétrons em torno do núcleo atômico. Você concorda inteiramente, parcialmente ou discorda totalmente? Explique.
11. Qual é a causa do movimento Browniano exibido por partículas de poeira? Por que objetos maiores, tais como bolas de beisebol, não são afetados da mesma maneira?
12. Por que massas iguais de bolas de golfe e de bolas de pingue-pongue não contêm o mesmo número de bolas?
13. Por que massas iguais de carbono e de oxigênio não contêm o mesmo número de partículas?
14. O que contém mais átomos: 1 kg de chumbo ou 1 kg de alumínio?
15. Quantos átomos existem na molécula de etanol, C_2H_6O?
16. As massas atômicas de dois isótopos de cobalto são 59 e 60.
    a. Qual é o número de prótons e de nêutrons de cada um deles?
    b. Qual é o número de elétrons que orbitam o núcleo de cada um dos isótopos quando eles são eletricamente neutros?
17. Um determinado átomo possui 29 elétrons, 34 nêutrons e 29 prótons. Qual é o número atômico desse elemento e qual é o seu nome?
18. Se dois prótons e dois nêutrons são removidos do núcleo de um átomo de oxigênio, qual é o núcleo que resta?
19. Que elemento resulta da adição de um par de prótons ao núcleo de mercúrio? (Consulte a tabela periódica.)
20. Que elemento resulta quando dois prótons e dois nêutrons são ejetados por um núcleo de rádio?
21. Para tornar-se um íon negativo, um átomo deve perder ou ganhar elétrons?
22. Para tornar-se um íon positivo, um átomo deve perder ou ganhar elétrons?
23. Você poderia engolir uma cápsula de germânio sem sofrer qualquer efeito nocivo. Mas se um próton fosse adicionado a cada núcleo de germânio, você não deveria querer engolir a cápsula. Por quê? (Consulte a tabela periódica dos elementos.)
24. O hélio é um gás inerte, o que significa que ele não combina espontaneamente com outros elementos. Quais são os cinco outros elementos que você esperaria que também fossem gases inertes? (Consulte a tabela periódica.)
25. Qual dos seguintes elementos você prevê que tenha propriedades mais parecidas com as do silício (Si): alumínio (Al), fósforo (P) ou germânio (Ge)? (Consulte a tabela periódica.)
26. Com sua camada mais externa semipreenchida com elétrons – quatro, numa camada em que cabem oito –, o carbono prontamente compartilha seus elétrons com outros átomos e, com isso, forma um enorme número de moléculas, muitas das quais são moléculas orgânicas que constituem a espinha dorsal da matéria viva. Olhando para a tabela periódica, que outros elementos poderiam desempenhar um papel parecido com o do carbono para as formas de vida de outro planeta?
27. O que contribui mais para a massa de um átomo: os elétrons ou os prótons? O que contribui mais para o tamanho de um átomo?
28. Um átomo de hidrogênio e outro de carbono movem-se com a mesma rapidez. Qual deles possui maior energia cinética?
29. Em uma mistura gasosa de hidrogênio e oxigênio, ambos com mesma energia cinética média, quais dessas moléculas se movem mais rapidamente, em média?
30. Os átomos que formam seu corpo são essencialmente espaços vazios, e estruturas tais como a cadeira em que você está sentado também são formadas por átomos que são essencialmente espaços vazios. Então por que você não cai, atravessando a cadeira?
31. Em que sentido você pode realmente dizer que é parte de cada pessoa que já viveu? Em que sentido você pode dizer que contribuirá materialmente para cada futura pessoa que surgir sobre a Terra?
32. Quais são as chances de que pelo menos um dos átomos exalados em uma primeira respiração esteja presente na próxima?
33. Hidrogênio e oxigênio sempre reagem em uma proporção 1:8 de massa para formar água. Pesquisadores do passado pensavam que isso significasse que o oxigênio tem massa oito vezes maior do que a do hidrogênio. Que fórmula química esses pesquisadores propunham para a água?
34. Alguém afirma a seu amigo que, se algum alienígena de antimatéria tivesse algum dia posto os pés sobre a Terra, o mundo inteiro teria explodido e se transformado em pura energia radiante. Seu amigo o procura para comprovar ou refutar essa afirmação. O que você lhe diz?
35. Elabore uma questão de múltipla escolha para testar seus colegas de turma acerca da distinção entre quaisquer dois termos presentes na lista do Sumário de Termos.

PROBLEMAS

● INICIANTE ■ INTERMEDIÁRIO ♦ AVANÇADO

1. ■ Mostre que, em 18 gramas de água, existem 16 gramas de oxigênio.
2. ■ Mostre que, em 16 gramas de gás metano, existem 4 gramas de hidrogênio. (A fórmula química do metano é CH_4.)
3. ■ Determinado gás A é composto de moléculas diatômicas (dois átomos em cada molécula) de um elemento puro. Outro gás B é composto por moléculas monoatômicas (um átomo para cada "molécula") de outro elemento puro. Para um mesmo volume e nas mesmas condições de temperatura e pressão,

o gás A possui três vezes mais massa do que o gás B. Como se comparam as massas atômicas dos elementos A e B?

4. ■ Uma colher de chá de óleo orgânico, despejada sobre a superfície de uma lagoa, espalha-se até cobrir quase um acre da superfície. Nesta situação, a película de óleo tem espessura igual ao tamanho de uma única molécula do óleo. No laboratório, quando você despeja 0,001 milímetros cúbicos (10^{-9} m^3) do óleo orgânico sobre a superfície calma da água, você descobrirá que ele se espalhará até cobrir uma área de 1,0 m^2. Se a película de óleo tem a espessura de uma molécula, mostre que o tamanho de uma molécula individual é 10^{-9} m (aproximadamente 10 diâmetros atômicos).
5. ■ Existem aproximadamente 10^{23} moléculas de H_2O em um dedal de costura cheio com água, e 10^{46} dessas moléculas nos oceanos da Terra. Suponha que Colombo tivesse atirado no mar a água contida em um dedal, e que agora essas moléculas já se misturaram uniformemente com as moléculas de água dos oceanos. Mostre que, se você recolher com um dedal a mesma quantidade de água que Colombo, de qualquer lugar do oceano, provavelmente apanhará pelo menos uma das moléculas que estavam no dedal de Colombo. (Dica: a razão entre o número de moléculas em um dedal e o número de moléculas no oceano é igual à razão entre o número de moléculas em questão e o número de moléculas que um dedal pode conter.)
6. ■ Existem aproximadamente 10^{22} moléculas em uma única respiração média de ar, e aproximadamente 10^{44} moléculas na atmosfera inteira da terra. O número 10^{22} elevado ao quadrado é igual a 10^{44}. Assim, quantas respirações cabem na atmosfera do planeta? Como se compara esse número com o número de moléculas envolvidas em uma única respiração? Se todas as moléculas do último suspiro dado por Júlio César se encontram agora espalhadas na atmosfera, quantas delas, em média, nós inalamos cada vez que inspiramos ar?
7. ■ Suponha que a atual população mundial, cerca de 6×10^9 pessoas, seja equivalente a aproximadamente 1/20 do número de pessoas que já viveram na Terra. Como se compara o número de pessoas que já viveram na Terra com o número de moléculas de ar envolvidas em uma única respiração?

PARTE UM

Mecânica

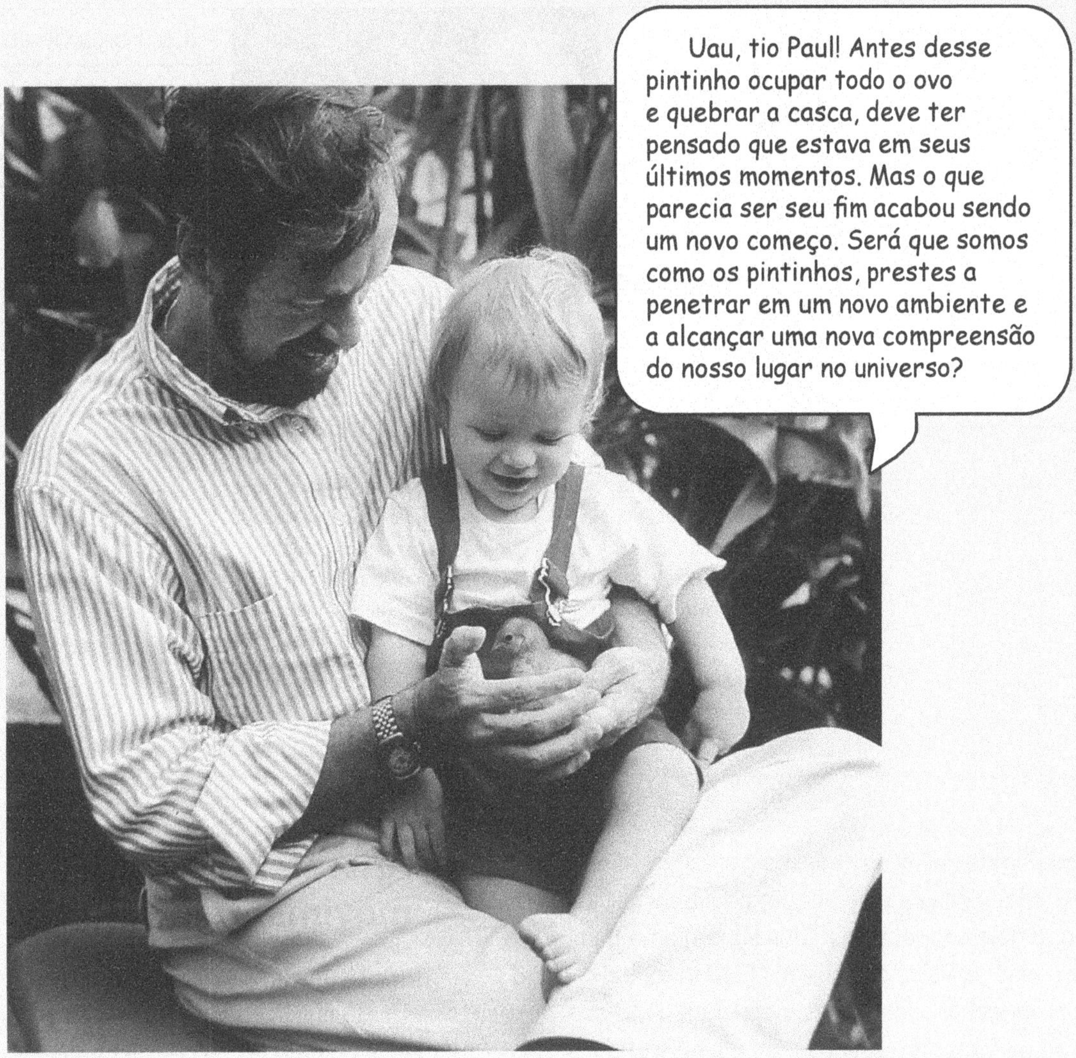
Uau, tio Paul! Antes desse pintinho ocupar todo o ovo e quebrar a casca, deve ter pensado que estava em seus últimos momentos. Mas o que parecia ser seu fim acabou sendo um novo começo. Será que somos como os pintinhos, prestes a penetrar em um novo ambiente e a alcançar uma nova compreensão do nosso lugar no universo?

Capítulo 3

Equilíbrio e Movimento Linear

Chelsie Liu pede a seus alunos que discutam com os colegas vizinhos como prever qual das bolas chegará primeiro ao fim dos trilhos, correspondentes ao mesmo deslocamento final.

Cerca de dois mil anos atrás, os cientistas gregos compreenderam um pouco da física que hoje conhecemos. Eles tinham uma boa compreensão da física dos objetos flutuantes e de algumas propriedades luminosas, mas eram confusos quanto ao movimento. Um dos primeiros a estudar seriamente o movimento foi Aristóteles, o mais proeminente filósofo-cientista da Grécia antiga. Ele tentou explicar o movimento através da classificação.

psc

Em vez de simplesmente ler os capítulos deste livro lentamente, tente lê-los rapidamente e mais de uma vez. Você aprenderá melhor a física lendo o material diversas vezes. A cada vez, ela fará mais sentido para você. Não se preocupe se você não consegue compreender imediatamente as coisas – apenas continue a leitura.

3.1 Aristóteles explica o movimento

Aristóteles dividiu o movimento em duas grandes classes: a do movimento natural e a do movimento violento. Vamos considerar brevemente cada uma delas, não como um material de estudo, mas apenas como um pano de fundo para introduzir as idéias sobre o movimento.

Aristóteles acreditava que o *movimento natural* decorresse da "natureza" de um objeto, dependendo de qual combinação dos quatro elementos – terra, água, ar e fogo – ele fosse feito. Para ele, cada objeto no universo tem seu lugar apropriado, determinado pela sua "natureza"; qualquer objeto que não esteja em seu lugar apropriado se "esforçará" para alcançá-lo. Por exemplo, sendo feito do elemento terra, um pedaço de argila cai apropriadamente no solo quando solto; por ser constituída do elemento ar, uma baforada de fumaça sobe apropriadamente se não for impedida; sendo uma mistura de terra e ar, mas predominantemente terra, uma pena de ave cai no chão, mas não tão rápido quanto um pedaço de barro. Ele ensinava que um objeto mais pesado deveria esforçar-se mais e cair mais rapidamente do que os mais leves.

HISTÓRIA DA CIÊNCIA

■ ARISTÓTELES (384 – 322 a.C.)

Aristóteles foi o mais proeminente filósofo, cientista e educador de sua época. Nascido na Grécia, era filho de um médico que cuidava pessoalmente do rei da Macedônia. Aos 17 anos, Aristóteles ingressou na Academia de Platão, onde trabalhou e estudou por 20 anos, até a morte deste. Tornou-se então tutor do jovem Alexandre, o Grande. Oito anos mais tarde, fundou sua própria escola. O propósito de Aristóteles era sistematizar o conhecimento existente, exatamente como Euclides fizera com a geometria. Ele realizou observações críticas, coletou espécimes e reuniu, sumariou e classificou quase todo o conhecimento então existente do mundo físico. Sua abordagem sistemática tornou-se o método do qual mais tarde a ciência ocidental surgiria. Após sua morte, seus volumosos cadernos de anotações foram preservados em cavernas próximas à sua casa e, mais tarde, vendidos para a biblioteca de Alexandria. A atividade acadêmica cessou na maior parte da Europa durante a Idade das Trevas, e os trabalhos de Aristóteles foram esquecidos e perdidos na erudição que se manteve nos impérios Bizantino e Islâmico. Diversos desses textos foram reintroduzidos na Europa durante os séculos XI e XII, traduzidos para o Latim. A Igreja, força cultural e politicamente dominante na Europa Ocidental, inicialmente proibiu os trabalhos de Aristóteles, mas depois os aceitou, incorporando-os à doutrina Cristã.

O movimento natural poderia ser diretamente para cima ou para baixo, no caso de todos os objetos terrestres. O movimento natural de objetos celestes seria circular. Tanto o Sol quanto a Lua circulariam continuamente a Terra, descrevendo trajetórias sem começo ou fim. Aristóteles ensinava que leis diferentes se aplicavam aos céus e afirmava que os corpos celestes seriam esferas perfeitas, e formados por uma substância perfeita e imutável, que ele denominou *quintessência*[1].

O *movimento violento*, a outra classe de movimento de acordo com Aristóteles, resultaria de forças que puxavam ou empurravam. O movimento violento seria o movimento imposto. Uma pessoa que empurra um carro de mão ou sustenta um objeto pesado está impondo um movimento, como faz alguém quando atira uma pedra ou vence um cabo-de-guerra. O vento impõe movimento aos navios. Enchentes forçam rochas enormes e grandes troncos de árvores a se moverem. O fato essencial sobre o movimento violento é que ele teria uma causa externa que era comunicada aos objetos; eles se moviam não por si mesmos, não por sua "natureza", mas por causa de empurrões e puxões a ele comunicados.

FIGURA 3.1
Alguma força mantém a bala de canhão em movimento depois que ela deixa o cano da arma?

O conceito de movimento violento enfrentava suas dificuldades, pois as forças responsáveis por ele nem sempre eram evidentes. Por exemplo, a corda de um arco move a flecha até que esta tenha deixado o arco; a explicação do movimento posterior da flecha parecia requerer algum outro agente propulsor. Assim, Aristóteles imaginou que o ar expulso do caminho da flecha em movimento originasse um efeito de compressão sobre a parte traseira da flecha, quando o ar investisse para trás a fim de evitar a formação de um vácuo. A flecha seria propelida pelo ar como um sabonete é propelido numa banheira quando se aperta uma de suas extremidades.

Para resumir, Aristóteles pensava que todos os movimentos ocorressem devido à natureza do objeto movido ou devido a empurrões ou puxões mantidos. Uma vez que o objeto se encontrasse em seu lugar natural, ele não se move-

PARE E TESTE A SI MESMO

Não é senso comum se pensar que a Terra esteja em seu lugar natural, que seja inconcebível uma força capaz de movê-la, como pensava Aristóteles, e que a Terra *esteja* em repouso no universo?

VERIFIQUE SUA RESPOSTA

O senso comum é relativo ao tempo e ao lugar. As concepções de Aristóteles eram lógicas e consistentes com as observações cotidianas. Assim, a menos que você torne-se familiarizado com a física apresentada no restante deste livro, as concepções de Aristóteles sobre o movimento fazem parte *de fato* de nosso senso comum (e são mantidas por muitas pessoas desinformadas hoje em dia). Porém, quando adquirir informação nova sobre as leis da natureza, você provavelmente comprovará que seu senso comum vai além do pensamento de Aristóteles.

[1] A quintessência é a *quinta* essência, as outras quatro sendo terra, água, ar e fogo.

ria mais, a não ser que fosse obrigado a isso por uma força exercida. Com exceção dos corpos celestes, o estado normal seria o de repouso.

FIGURA 3.2
A famosa demonstração de Galileu.

Inclinação para baixo - a rapidez aumenta
Inclinação para cima - a rapidez diminui
Sem inclinação - a rapidez muda?

FIGURA 3.3
Movimentos de bolas em diferentes planos.

3.2 A concepção de inércia de Galileu

As idéias de Aristóteles foram aceitas como fatos por aproximadamente 2.000 anos. Então, no início dos anos 1500, o cientista italiano Galileu demoliu a crença de Aristóteles de que corpos mais pesados caem sempre mais rapidamente do que os mais leves. De acordo com a lenda, Galileu deixou cair objetos pesados e leves a partir da Torre Inclinada de Pisa. Ele mostrou que, a não ser pelos efeitos da resistência do ar, objetos de pesos diferentes chegaram juntos ao solo.

Galileu fez outra grande descoberta. Ele mostrou que Aristóteles estava também errado quando considerava que fosse necessário exercer forças sobre os objetos para mantê-los em movimento. No sentido mais simples da palavra, uma **força** é um empurrão ou um puxão. Embora seja necessária uma força para dar início ao movimento, Galileu mostrou que, uma vez em movimento, nenhuma força é necessária para manter o movimento – exceto a força necessária para sobrepujar o atrito (veremos mais sobre isso logo adiante, neste capítulo). Quando o atrito está ausente, um objeto em movimento mantém-se em movimento sem a necessidade de qualquer força.

Galileu testou sua idéia revolucionária por meio da *experimentação*. Foi o início da ciência moderna. Ele pôs bolas a descer planos inclinados em rolamento e observou e registrou o ganho de velocidade das mesmas durante o movimento (Figura 3.3). Quando estão rolando plano inclinado abaixo, a força da gravidade faz com que as velocidades das bolas aumentem de valor. Quando rolam plano acima, a gravidade as faz perder velocidade. Então o que aconteceria se uma bola rolasse sobre uma superfície plana horizontal? Nesta situação, a bola não está rolando a favor e nem contra a força vertical da gravidade – ela nem acelera nem desacelera. A bola em rolamento mantém uma velocidade de valor constante. Galileu raciocinou que uma bola rolando horizontalmente se manteria em movimento perpétuo se o atrito estivesse inteiramente ausente. Uma bola se moveria por si mesma – sem ser empurrada ou puxada.

Inércia não é um tipo de força; é uma propriedade de toda matéria de resistir a alterações em seu movimento.

Galileu notou que os objetos em movimento tendem a manter-se assim sem a necessidade de uma

PARE E TESTE A SI MESMO

Uma bola rolando sobre uma superfície plana horizontal acaba parando. Como Aristóteles explicaria este comportamento? Como Galileu explicaria a mesma situação? Como você a explicaria?

VERIFIQUE SUA RESPOSTA

Aristóteles provavelmente diria que a bola acaba parando porque ela busca seu estado natural, que é o de repouso. Já Galileu provavelmente diria que o atrito suplanta a tendência natural da bola em continuar rolando – que o atrito suplanta a inércia da bola, terminando por levá-la ao repouso. Quanto à última pergunta, só você pode respondê-la!

FIGURA 3.4
Uma bola que desce rolando a rampa esquerda tende a subir rolando a rampa direita até atingir a mesma altura inicial. E deverá rolar por uma distância ainda maior se o ângulo de inclinação da rampa direita for reduzido.

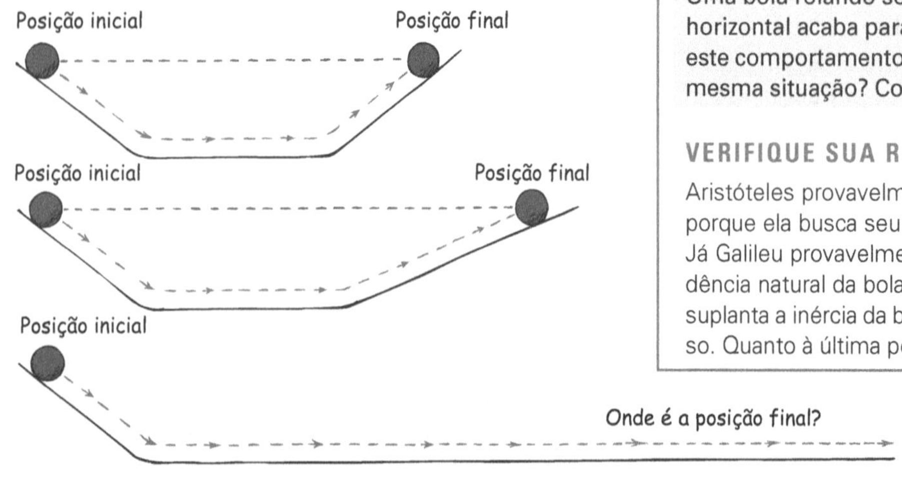

Posição inicial
Posição final
Posição inicial
Posição final
Posição inicial
Onde é a posição final?

HISTÓRIA DA CIÊNCIA

■ GALILEU GALILEI (1564-1642)

Galileu nasceu em Pisa, Itália, no mesmo ano do nascimento de Shakespeare e da morte de Michelangelo. Estudou medicina na Universidade de Pisa e depois mudou para matemática. Cedo desenvolveu interesse pelo movimento e logo estava em conflito com seus contemporâneos, que sustentavam as idéias aristotélicas sobre a queda dos corpos. Abandonou Pisa para lecionar na Universidade de Pádua e tornou-se um defensor da nova teoria do astrônomo polonês Copérnico para o sistema solar. Galileu foi um dos primeiros a construir um telescópio e o primeiro a dirigi-lo para o céu noturno e descobrir as montanhas da Lua e as luas de Júpiter. Como publicou suas descobertas em Italiano, e não, em Latim, a língua que um acadêmico respeitável ordinariamente usaria, e por causa da então recente invenção da imprensa, as idéias de Galileu alcançaram um grande número de leitores. Logo ele caiu em desgraça com a Igreja e foi advertido a não ensinar e nem a sustentar as opiniões de Copérnico. Manteve-se longe do público por 15 anos e, então, desafiadoramente, publicou suas observações e conclusões, contrárias à doutrina da Igreja. Em decorrência, Galileu enfrentou um julgamento onde foi considerado culpado, após o qual ele foi forçado a renegar suas descobertas. Já velho, com saúde e espírito abalados, foi sentenciado a prisão perpétua domiciliar. Apesar disso, terminou seus estudos sobre o movimento, e seus escritos foram contrabandeados da Itália e publicados na Holanda. Anteriormente danificara os olhos observando o Sol através de seu telescópio, o que o levou à cegueira aos 74 anos de idade. Galileu morreu 4 anos mais tarde.

força exercida. Os objetos que estão em repouso tendem a manter-se assim. Essa propriedade dos objetos manterem seu estado de movimento é chamada de **inércia**.

3.3 Massa – uma medida da inércia

Quando o estado de movimento de um objeto varia – quando sua rapidez aumenta, diminui ou quando seu curso é alterado –, dizemos que ele sofre uma *aceleração*. Quanta aceleração o corpo sofre depende das forças exercidas sobre ele e de sua inércia – a resistência que ele oferece à alteração de seu movimento. A quantidade de inércia que um objeto possui depende da quantidade de matéria contida nele – quanto mais matéria, mais inércia. Para expressarmos a matéria contida em algo, usamos o termo *massa*: quanto maior for a massa de um objeto, maior será sua inércia. A **massa** é uma medida da inércia de um objeto.

A massa corresponde à nossa noção intuitiva de **peso**. Informalmente, dizemos que algo contém muita matéria se ele pesa muito. Mas existe uma diferença fundamental entre massa e peso. Vamos definir cada um desses termos da seguinte maneira:

Massa: quantidade de matéria contida em um objeto. Ela também é a medida da inércia, ou "letargia", que um objeto exibe em resposta a um esforço feito para pô-lo em movimento, detê-lo ou alterar seu estado de movimento de alguma maneira.

Peso: força exercida sobre um objeto devido à gravidade.

A unidade padrão de massa é o **quilograma**, abreviado por kg. O peso é medido em unidades de força. A unidade científica de força é o **newton**, abreviado por N, que usaremos neste livro. A abreviação é escrita com letra maiúscula porque ela é o nome de uma pessoa homenageada. Massa e peso são diretamente proporcionais entre si[2]. Se a massa de um objeto for dobrada, seu peso também dobrará de valor; se a massa torna-se duas vezes menor, o mesmo acontecerá com o peso. Por isso, costumamos usar massa e peso como sinônimos. Massa e peso são também algumas vezes confundidos porque é comum medir a quantidade de matéria de um objeto (sua massa) pela atração gravitacional da Terra sobre ele (seu peso). Mas a massa não depende da gravidade. A gravidade da Lua, por exemplo, é muito menor do que a da Terra.

Massa (quantidade de matéria) e peso (força da gravidade) são diretamente proporcionais entre si.

FIGURA 3.5
No espaço exterior – longe do Sol, por exemplo – uma bigorna pode não ter peso, mas ainda tem massa.

[2] *Diretamente proporcional* significa diretamente relacionados. Se você altera um, o outro se altera em proporção. A constante de proporcionalidade é *g*, a aceleração da gravidade. Como veremos a seguir, peso = *mg* (ou massa × aceleração da gravidade), de modo que 9,8 N = (1 kg)(9,8 m/s^2). No Capítulo 6, estenderemos nossa definição de peso como sendo a força gravitacional com a qual um corpo pressiona um suporte que o sustenta (contra o prato de uma balança, por exemplo).

Enquanto seu peso na superfície da Lua é muito menor do que seu peso na superfície da Terra, sua massa é a mesma nos dois lugares. A massa é uma grandeza fundamental cuja compreensão escapa à maioria das pessoas.

Você consegue estimar quanta massa existe em um objeto sentindo a sua inércia. Ao balançar um objeto para a frente e para trás, você consegue sentir sua inércia. Se ele possui muita massa, será difícil alterar o sentido de seu movimento. Se ele possui pouca massa, será fácil chacoalhar o objeto. Sacudi-lo para a frente e para trás requer a mesma força mesmo em lugares onde a gravidade é diferente – sobre a superfície da Lua, por exemplo. A inércia de um objeto, ou massa, é uma propriedade intrínseca do mesmo, e não, de sua localização.

Se um objeto possui grande massa, ele pode ou não ter um grande volume. Não se deve confundir massa com volume. Volume é uma medida de espaço, medido em unidades tais como centímetros cúbicos, metros cúbicos ou litros. Quantos quilogramas de matéria um objeto contém e quanto espaço ele ocupa são duas coisas diferentes. Massa é diferente de volume.

Uma boa demonstração para diferenciar massa de volume envolve uma bola maciça suspensa por um barbante, como ilustrado na Figura 3.7. O barbante superior se rompe quando o barbante inferior é puxado com uma força que aumenta gradualmente, mas é o barbante inferior que se rompe se ele é puxado repentinamente. Qual desses dois casos ilustra o peso da bola e qual ilustra sua massa? Observe que é o barbante superior que sustenta o peso da bola. Portanto, quando o barbante inferior é puxado com força gradualmente maior, a tensão devido ao puxão é transmitida para o barbante superior. Assim, a tensão total neste barbante é igual ao puxão para baixo mais o peso da bola. O barbante superior se romperá

FIGURA 3.6
O astronauta no espaço descobre que tem a mesma dificuldade em sacudir a bigorna "sem peso" do que quando está na Terra. Se a bigorna tivesse maior massa que o astronauta, qual sacudiria mais – a bigorna ou o astronauta?

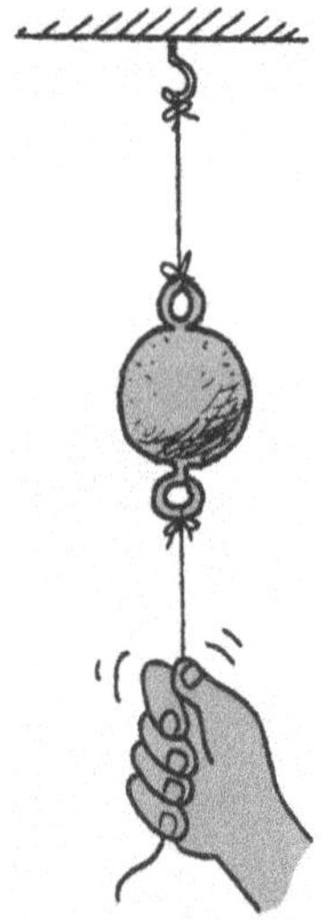

FIGURA 3.7
Por que um aumento lento e gradual da força orientada para baixo rompe o barbante acima da bola maciça, enquanto um aumento repentino da força para baixo rompe o barbante inferior?

FIGURA 3.8
Por que a batida de martelo não machuca a menina?

PARE E TESTE A SI MESMO

1. Uma barra de ouro de 2 kg possui duas vezes mais *inércia* que uma barra de ouro de 1 kg? Duas vezes mais *massa*? Possui *volume* duas vezes maior? Possui o dobro do *peso*, quando ambos são pesados no mesmo local?
2. Uma barra de ouro de 2 kg possui o dobro de *inércia* que um cacho de bananas de 1 kg? Possui o dobro de *volume*? Possui o dobro do *peso*, quando ambos são pesados no mesmo local?
3. De que maneira a massa de uma barra de ouro varia com a localização?

VERIFIQUE SUA RESPOSTA

1. A resposta é sim para todas as questões. Uma barra de ouro de 2 kg possui o dobro de átomos e portanto, o dobro de matéria, de massa e de peso. As barras são feitas do mesmo material, de modo que a barra de 2 kg tem o dobro do volume da outra.
2. Dois quilogramas de *qualquer coisa* têm o dobro de inércia e de massa que um quilograma de qualquer outra coisa. Uma vez que massa e peso são proporcionais em um mesmo local, dois quilogramas de qualquer coisa pesarão o dobro do que um quilograma de qualquer outra coisa. Exceto para o volume, a resposta para todas as questões é sim. Volume e massa são proporcionais somente quando os materiais são idênticos – quando eles possuem a mesma *densidade* (densidade é massa/volume, como veremos no Capítulo 7). O ouro é muito mais denso do que as bananas, de modo que dois quilogramas de ouro devem ocupar menor volume do que um quilograma de bananas.
3. Ela não varia! A barra consiste do mesmo número de átomos de ouro em qualquer que seja a localização. Embora seu peso varie com a localização, ela possui a mesma massa em qualquer lugar. Essa é a razão por que, em pesquisas científicas, se prefere expressar a massa, e não, o peso.

Um travesseiro é maior do que uma bateria de carro, mas qual dos dois objetos possui mais matéria? Qual deles possui mais inércia? Qual tem mais massa?

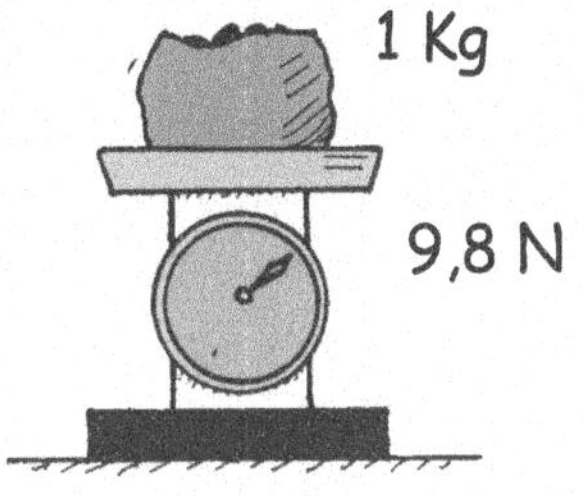
1 Kg
9,8 N

FIGURA 3.9
Um quilograma de pregos pesa 9,8 newtons, que equivale a 2,2 libras-peso.

quando seu ponto de ruptura for atingido. No entanto, quando o barbante inferior é puxado repentinamente para baixo, a massa da bola – sua tendência em permanecer parada – é a responsável pelo rompimento do barbante inferior.

Um quilograma pesa 9,8 newtons

Um saco com 1 quilograma de qualquer material, na superfície da Terra, tem peso de 9,8 newtons. Distante da superfície terrestre, onde a força da gravidade for menor (na superfície da Lua, por exemplo), o saco pesará menos.

Exceto nos casos em que é necessário alto grau de precisão, nós arredondaremos 9,8 por 10. Assim, na superfície da Terra, um quilograma de alguma coisa pesa cerca de 10 newtons. Se você conhece a massa em quilogramas e deseja saber o peso em newtons, multiplique o número de quilogramas por 10. Ou, se você conhece o peso em newtons, divida-o por 10 e terá sua massa em quilogramas. Como já foi mencionado, peso e massa são mutuamente proporcionais.

A relação entre quilogramas e libras-peso é que 1 kg pesa 2,2 lb na superfície da Terra. (isso significa que 1 lb equivale a 4,45 N.)

3.4 Força resultante

Expressa em termos simples, uma força significa um empurrão ou um puxão. Os objetos não aceleram nem desaceleram ou mudam a orientação de seu movimento a menos que uma força seja exercida sobre ele. Quando dizemos "força", implicitamente estamos nos referindo à força *líquida*, ou força *resultante*, exercida sobre um objeto. Normalmente mais de uma força está sendo exercida. Por exemplo, quando você arremessa uma bola de beisebol, sobre ela é exercida a força da gravidade, a força de resistência do ar e a força impulsionadora gerada por seus músculos enquanto atuam sobre a bola. A **força resultante** sobre a bola é a combinação de todas essas forças. É a força resultante que altera o movimento de um objeto.

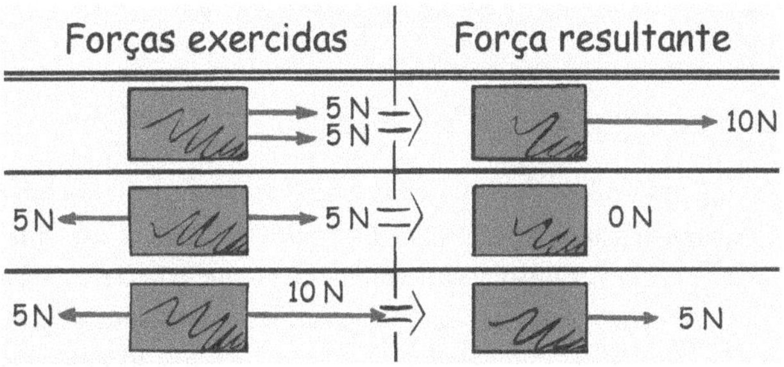
Forças exercidas
Força resultante
5 N
5 N
10N
5N
5 N
0 N
10 N
5N
5 N

FIGURA 3.10
Força resultante.

Por exemplo, suponha que você puxe um caixote com uma força de 5 N (ligeiramente maior do que 1 libra-peso). Se um amigo também puxar com 5 N na mesma direção e sentido que você, a força resultante sobre o caixote será de 10 N. Se seu amigo puxar o caixote com o mesmo valor de força que você, mas em sentido oposto, a força resultante será nula neste caso. Agora, se você aumentar seu puxão para 10 N e seu amigo puxar em sentido contrário com apenas 5 N, a força resultante será de 5 N no sentido do puxão que você exerce. Isso está ilustrado na Figura 3.10.

As forças da Figura 3.10 foram representadas por setas. Forças são grandezas vetoriais. Uma **grandeza vetorial** é aquela que possui tanto módulo (valor absoluto) quanto orientação (direção e sentido). Quando uma seta representa uma grandeza vetorial, o comprimento da seta representa seu módulo, enquanto sua orientação espacial representa a direção e o sentido daquela grandeza. Essa seta é chamada de **vetor**. (Você encontrará mais sobre vetores no próximo capítulo, no Apêndice C e no livro *Practice Book for Conceptual Physics Fundamentals*.)

Uma força resultante nula sobre um dado objeto não significa que ele esteja em repouso, e sim que seu estado de movimento mantém-se constante. Ou seja, ele pode estar em repouso ou se movendo uniformemente em uma linha reta.

3.5 A condição de equilíbrio

Se você amarrar um barbante ao redor de um pacote de açúcar de 2 libras e suspendê-lo por um dinamômetro (Figura 3.11), a mola dentro deste se esticará até que a es-

CIÊNCIA E SOCIEDADE

EXPERIÊNCIA PESSOAL

Quando eu era aluno de Ensino Médio, meu orientador educacional aconselhou-me a não ter aulas de ciência e matemática e, em vez disso, a concentrar-me no que parecia ser meu dom para a arte. Eu segui seu conselho. Nesta época estava interessado em desenhar tiras de histórias em quadrinhos e em boxear, atividades em que não consegui qualquer sucesso. Depois de um período no exército, tentei a sorte como pintor de painéis, e os invernos gelados de Boston dirigiram-me para o sul, para a morna Miami, Flórida. Lá, com 26 anos de idade, consegui um emprego pintando painéis de anúncios e conheci meu mentor intelectual, Burl Grey. Como eu, Burl jamais havia estudado física no Ensino Médio. Mas ele era um apaixonado pela ciência em geral e partilhava sua paixão através das muitas questões que propunha quando pintávamos juntos.

Lembro-me de Burl perguntando-me sobre as tensões nas cordas que sustentavam o andaime onde estávamos. O andaime era simplesmente uma pesada tábua horizontal suspensa por um par de cordas. Burl tangeu a corda na extremidade do andaime que estava mais próxima dele e pediu-me para fazer o mesmo com a corda que estava mais próxima de mim. Ele estava comparando as tensões nas duas cordas – para ver qual era maior. Burl era mais pesado do que eu, naquela época, e achava que a tensão em sua corda fosse maior. Como uma corda de violão que está mais fortemente esticada, a corda mais tensionada emitia som de maior altura quando tangida. A descoberta de que a corda de Burl emitia um som mais alto parecia razoável porque a sua corda era a que suportava uma carga maior.

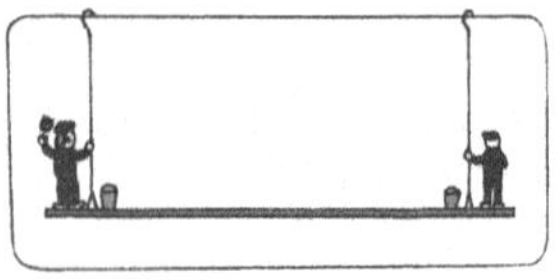

Quando caminhei na direção de Burl para pegar emprestado um de seus pincéis, ele me perguntou se as tensões nas cordas haviam mudado. A tensão em sua corda aumentara quando eu cheguei mais perto? Ele concordava que devia ser assim, pois nesta caso uma parte ainda maior da carga seria sustentada pela corda de Burl. E sobre a minha corda? Sua tensão teria diminuído? Nós dois concordamos que sim, pois ela agora estaria sustentando a menor parte da carga total. Eu não tinha consciência de que estava discutindo física.

Burl e eu nos utilizamos do exagero para apoiar nosso raciocínio (exatamente como fazem os físicos). Se ambos ficássemos em um dos extremos do andaime e nos inclinássemos para fora, seria fácil imaginar o outro extremo do andaime elevando-se como a extremidade de uma gangorra – com a corda oposta tornando-se frouxa. Não haveria, então, tensão alguma naquela corda. Assim, deduzimos que a tensão em minha corda gradualmente diminuía quando eu caminhava na direção de Burl. Foi divertido nos propormos essas questões e ver se conseguíamos respondê-las.

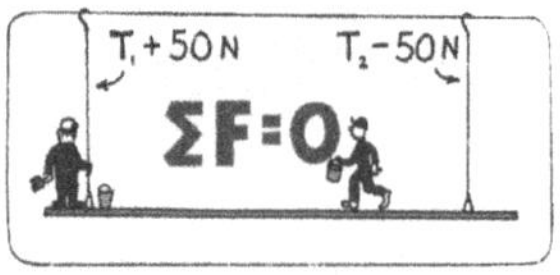
$T_1 + 50$ N
$T_2 - 50$ N
$\Sigma F = 0$

Uma questão que não conseguíamos então responder era se a diminuição na tensão da minha corda, quando eu caminhava para longe dela, seria ou não compensada *exatamente* por um aumento na tensão da corda de Burl. Por exemplo, se minha corda sofresse uma diminuição de 50 newtons, será que a corda de Burl experimentaria um aumento de 50 newtons? O ganho seria de *exatamente* 50 N? E se fosse, não seria isso uma grande coincidência? Não soube a resposta por mais de um ano, até que o estímulo de Burl resultou no abandono de minha dedicação integral à pintura e no ingresso na universidade para aprender mais sobre a ciência[3].

Lá eu aprendi que qualquer objeto em repouso, como o andaime de pintar painel de anúncios em que eu trabalhava com Burl, é dito estar em equilíbrio. Isto é, todas as forças exercidas sobre ele se equilibram, resultando em zero. Assim, as forças apontando para cima, fornecidas pelas cordas de sustentação do andaime, de fato compensavam nossos pesos mais o peso do andaime. Um ganho de 50 N em uma corda seria acompanhado pela perda de 50 N em outra.

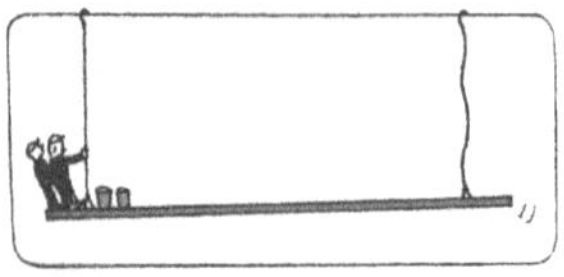

Narrei esta história verídica para mostrar que o nosso pensamento é muito diferente quando existe uma regra para

[3] Estou em débito eterno com Burl Grey pelo estímulo que me deu, pois quando voltei a ter uma educação formal estava entusiasmado. Perdi contato com Burl por 40 anos. Um aluno meu no Exploratorium de San Francisco, Jayson Wechter, que era um detetive particular, localizou-o em 1998 e nos pôs em contato. A amizade renovou-se e novamente retomamos nossas animadas conversas.

guiá-lo. Agora, quando eu olho para qualquer objeto em repouso, imediatamente eu sei que todas as forças exercidas sobre ele se cancelam. Enxergamos a natureza de maneira diferente quando conhecemos suas leis. Elas tornam mais simples e fácil entender a natureza. Sem as leis da física, tendemos a ser supersticiosos e a enxergar magia onde não existe. De maneira absolutamente maravilhosa, cada coisa está conectada a cada outra coisa por um número surpreendentemente pequeno de leis, de uma maneira muito simples. As leis da natureza são o objeto de estudo da física.

cala marque 2 libras-peso. A mola esticada está submetida a uma "força de estiramento" chamada de *tensão*. Uma escala é calibrada em um laboratório de ciências de modo a marcar 9 newtons para a mesma força. Tanto a libra-peso quanto o newton são unidades de peso, que por sua vez são unidades de *força*. O pacote de açúcar é atraído pela Terra por uma força gravitacional de 2 libras-peso – equivalente a 9 newtons. Suspenda o dobro dessa quantidade de açúcar e a escala marcará 18 newtons.

Observe que são duas as forças exercidas sobre o pacote de açúcar – a força de tensão, para cima, e o peso, para baixo. Como as duas forças sobre o pacote são iguais e opostas, elas se anulam. Daí o pacote permanece em repouso.

Tudo que não está sofrendo variação em seu movimento encontra-se em equilíbrio mecânico. Isto porque $\Sigma F = 0$.

FIGURA 3.11
Burl Gray, quem primeiro ensinou o autor sobre forças de tensão, sustenta um saco de farinha de 1 kg em uma balança de mola, que marca o peso do objeto e a tensão na mola como aproximadamente 10 newtons.

Quando a força resultante sobre alguma coisa é nula, dizemos que ela está em *equilíbrio mecânico*[4]. Usando notação matemática, a **condição de equilíbrio** é dada por

$$\Sigma \mathbf{F} = 0$$

O símbolo Σ significa "soma vetorial de" e **F** significa "forças" (usamos **F** em negrito para indicar que se trata de uma grandeza vetorial). Para um objeto suspenso em repouso, como um saco de farinha, as leis exigem que as forças agindo para cima sobre um objeto devem ser compensadas pelas outras que agem para baixo – de modo que a soma vetorial delas seja nula. (Grandezas vetoriais levam em conta a orientação, de modo que, se as forças orientadas para cima forem consideradas positivas, as que forem orientadas para baixo serão negativas, e a soma resultante será igual a zero.)

Na Figura 3.12 vemos as forças envolvidas com o andaime que Burl e Paul usam para pintar painéis de anúncios. A soma das tensões orientadas para cima é igual à soma dos seus pesos e do peso do andaime. Note como os valores dos dois vetores orientados para cima se igualam, em módulo, aos três vetores orientados para baixo. A força resultante sobre o andaime é zero, e assim dizemos que ele está em equilíbrio mecânico.

Você consegue ver evidências de que $\Sigma F = 0$ em pontes e outras estruturas que o cercam?

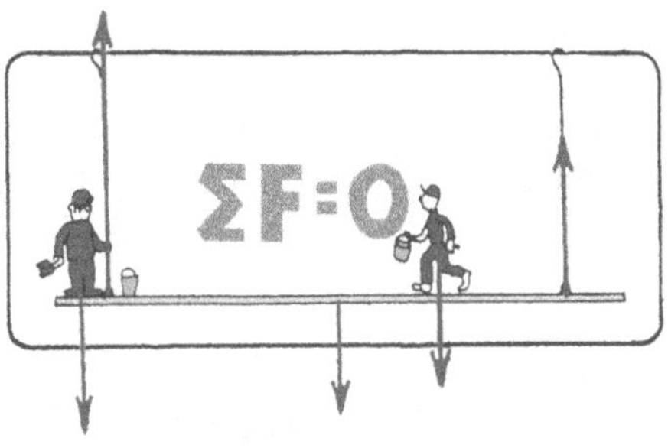
ΣF=O

FIGURA 3.12
A soma dos vetores orientados para cima se iguala à soma dos vetores orientados para baixo. $\Sigma \mathbf{F} = 0$, e o andaime encontra-se em equilíbrio.

[4] Veremos no Apêndice B que existe outra condição para o equilíbrio mecânico: que o ***torque*** líquido também seja nulo.

RESOLUÇÃO DE PROBLEMAS

Problemas

1. Quando Burl fica parado, sozinho, bem no meio do andaime, o dinamômetro da esquerda marca 500 N. Complete a leitura do dinamômetro da direita. O peso total de Burl mais o do andaime deve ser __________ N.

500 N
_____ N

2. Burl fica parado mais afastado da esquerda. Complete a leitura do dinamômetro da direita.

170 N
_____ N

3. Agindo como um bobo, Burl pendura-se na extremidade da direita. Complete a leitura do dinamômetro da direita.

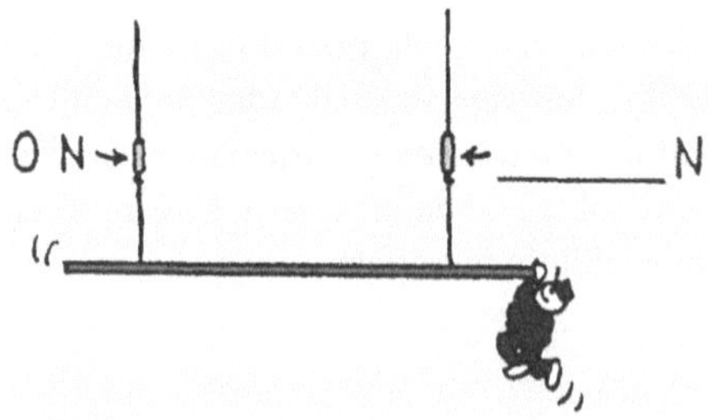
0 N
_____ N

Soluções

Suas respostas ilustram a condição de equilíbrio?

1. *O peso total é de* 1.000 N. A corda direita deve estar sob tensão de 500 N porque Burl está no meio, e ambas as cordas sustentam seu peso da mesma maneira. Uma vez que a soma das tensões orientadas para cima é de 1.000 N, o peso total de Burl e do andaime deve ser de 1.000 N. Vamos denominar as forças de tensão orientadas para cima de +1.000 N. Então os pesos orientados para baixo serão de –1.000 N. O que ocorre quando se soma +1.000 N com –1.000 N? A resposta é que se anulam. Assim, vemos que $\Sigma F = 0$.
2. *Você chegou à resposta de* 830 N? Raciocine: da questão 1, sabemos que a soma das tensões das cordas é igual a 1.000 N, e como a corda esquerda está sob tensão de 170 N, a outra deve estar sob a diferença – que é de 1.000 N – 170 N = 830 N. Entendeu? Se sim, ótimo. Se não, discuta com seus colegas até compreender. Depois leia mais sobre o assunto.
3. *A resposta é* 1.000 N. Você percebe que isto ilustra a condição $\Sigma F = 0$?

PARE E TESTE A SI MESMO

Considere a ginasta Nellie Newton pendurada nas argolas.

1. Se ela se pendura de modo que seu peso seja igualmente dividido entre as duas argolas, como as leituras das tensões nas duas cordas de sustentação se comparam com o peso da ginasta?

2. Suponha que ela se pendura de modo que um pouco mais que a metade de seu peso seja sustentada pela argola da esquerda. Como a leitura da tensão na corda da direita se compara com o peso da ginasta?

VERIFIQUE SUAS RESPOSTAS

1. A leitura de cada tensão seria igual à *metade do peso* da ginasta. A soma das duas leituras, então, se igualaria ao peso dela.
2. Quando a maior parte do peso dela for sustentada pela argola esquerda, a leitura da tensão na corda direita será *menor do que a metade do peso da ginasta.* Não importa como ela se pendure, a soma das leituras das tensões se iguala ao seu peso. Por exemplo, se uma leitura marcar dois terços do peso da ginasta, a outra leitura marcará um terço do peso dela. Entendeu?

3.6 Força de apoio

Considere um livro colocado em repouso sobre uma mesa. Ele se encontra em equilíbrio. Que forças são exercidas sobre ele? Uma é aquela devido à gravidade – o *peso* do livro. Uma vez que o livro está em equilíbrio, deve haver outra força exercida sobre ele para tornar nula a resultante – uma força orientada para cima e oposta à força da gravidade. É a mesa que exerce essa segunda força. Nós a chamaremos de *força de apoio*. Esta força, orientada para cima, é com freqüência chamada de *força normal*, e deve se igualar ao peso do livro[5]. Se atribuirmos o sinal positivo à força orientada para cima, então o peso será considerado negativo, e os dois se somarão resultando em zero. A força resultante sobre o livro é nula, portanto. Outra maneira de expressar a mesma coisa é $\Sigma \boldsymbol{F} = 0$.

Para compreender melhor por que a mesa empurra o livro para cima, compare esta situação com o caso de uma mola comprimida (Figura 3.13). Se você empurrar a mola para baixo, sentirá que ela empurra de volta a sua mão para cima. Analogamente, o livro colocado sobre a mesa comprime os átomos desta, os quais se comportam como se fossem minúsculas molas. O peso do livro pressiona os átomos da mesa para baixo e eles empurram o livro para cima. Dessa maneira, os átomos comprimidos produzem uma força de apoio.

Quando você fica de pé numa balança de banheiro, duas forças são exercidas sobre ela. Uma delas é a força da gravidade, orientada de cima para baixo, ou o seu peso; a outra é a força de apoio do piso, orientada para cima. Essas forças comprimem uma mola que foi calibrada para medir seu peso (Figura 3.14). Com isso, a escala da balança assinala o valor da força de apoio. Quando você está se pesando numa balança em repouso, a força de apoio e seu peso possuem o mesmo valor.

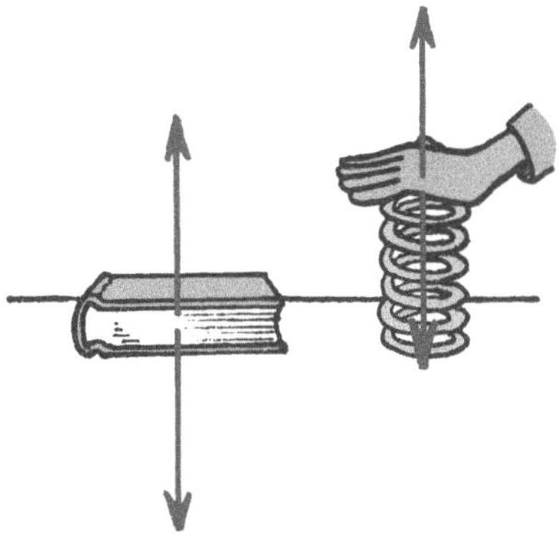

FIGURA 3.13
A mesa empurra o livro com tanta força sobre o livro quanto a força da gravidade, orientada para baixo. A mola empurra sua mão com tanta força quanto a que você exerce sobre ela, de cima para baixo.

[5] Esta força atua em ângulos retos com a superfície. Quando dizemos "normal a", estamos nos referindo a "em ângulo reto com", que é a razão pela qual esta força é chamada de normal.

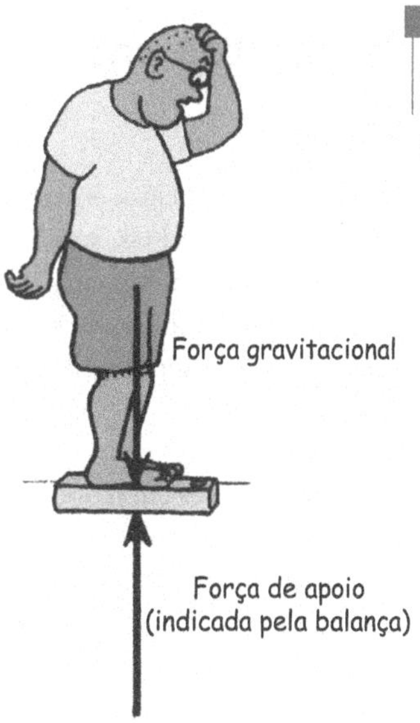
Força gravitacional
Força de apoio
(indicada pela balança)

FIGURA 3.14
A força de apoio, orientada para cima, é igual à força gravitacional, para baixo.

PARE E TESTE A SI MESMO

1. Qual é a força resultante sobre uma balança de banheiro quando uma pessoa de 68 kg está de pé sobre ela?
2. Suponha que você esteja parado sobre duas balanças de banheiro, com seu peso igualmente dividido entre as duas. O que marcará cada uma delas? E se você ficar com a maior parte de seu peso sobre um dos pés?

VERIFIQUE SUAS RESPOSTAS

1. Zero, pois a balança se encontra em repouso. A escala de uma balança registra não a força resultante, mas a *força de apoio*, que tem o mesmo valor que o peso.
2. A leitura em cada balança será a metade de seu peso. Isso porque a soma das leituras das balanças, igual à força de apoio do piso, deve equilibrar seu peso de modo que a força resultante seja nula. Se você apoiar-se mais sobre uma das balanças, mais da metade de seu peso será registrado na escala dessa balança, e menos da metade aparecerá na escala da outra, de modo que a soma dessas duas leituras será igual ao seu peso. Como no exemplo da ginasta Nellie, pendurada em duas argolas com um dinamômetro cada uma, se um deles registrar dois terços do peso de Nellie, o outro dinamômetro registrará um terço do peso.

3.7 Equilíbrio de objetos em movimento

Quando um objeto não está em movimento, encontra-se em equilíbrio. As forças nele exercidas, somadas, resultam em zero. Mas o estado de repouso é somente uma das formas de equilíbrio. Um objeto que se mova com rapidez constante, em uma trajetória reta, também se encontra em equilíbrio. Uma vez em movimento, se não existe uma força resultante para alterar o estado de movimento, o corpo encontra-se em equilíbrio. Sempre que estiver em repouso ou em movimento uniforme em linha reta, $\Sigma \boldsymbol{F} = 0$.

O equilíbrio é um estado de *ausência de variação*. Um disco de hóquei que desliza sobre a superfície lisa de uma pista de gelo ou uma bola de boliche rolando com velocidade constante está em equilíbrio – até que experimente uma força resultante não-nula. Sempre que houver corpos em repouso ou em movimento uniforme em trajetória reta, a soma das forças exercidas sobre os corpos deverá ser nula: $\Sigma \boldsymbol{F} = 0$.

Curiosamente, um objeto sob influência de apenas uma força não pode estar em equilíbrio. A força resultante não pode ser nula. Somente quando não existir força alguma, ou quando duas ou mais forças combinam-se para resultar em zero, um objeto pode estar em equilíbrio. Podemos testar se um dado objeto está ou não em equilíbrio observando se ocorre ou não variação de seu movimento.

Considere um refrigerador sendo empurrado horizontalmente ao longo do piso de uma cozinha. Se ele se mover com rapidez constante, sem alterar o movimento, estará em equilíbrio. Isso nos informa que mais de uma força horizontal está sendo exercida sobre o refrigerador – provavelmente a força de atrito entre o aparelho e o piso. O fato de a força resultante exercida sobre o refrigerador ser nula significa que a força de atrito sobre ele deve ser de mesmo módulo que a força que o empurra, mas de sentido contrário.

Dizemos que objetos em repouso se encontram em equilíbrio *estático*, e objetos em movimento retilíneo uniforme, em equilíbrio *dinâmico*. Ambas as situações são exemplos de equilíbrio mecânico. No Capítulo 8 falaremos mais sobre o equilíbrio térmico, e no Apêndice B discutiremos o equilíbrio rotacional.

FIGURA 3.15

Quando a força que empurra o refrigerador for tão grande quanto a força de atrito entre ele e o piso, a força resultante sobre o aparelho será nula e ele se manterá escorregando com rapidez inalterada.

3.8 A força de atrito

O **atrito** ocorre sempre que um objeto escorrega sobre qualquer outra coisa[6]. Ele ocorre com sólidos, líquidos e gases. Uma regra importante quanto ao atrito é que ele sempre atua em sentido contrário ao do movimento. Se você empurrar um bloco sólido para a direita ao longo de um piso qualquer, a força de atrito sobre o bloco estará orientada para a esquerda. Um barco propelido pelo motor em direção ao leste experimenta o atrito da água orientado para o oeste. Quando um objeto está caindo através do ar, a força de atrito, a **resistência do ar**, aponta para cima. De novo, para enfatizar, vamos estabelecer que o atrito sempre atua em sentido contrário ao do movimento.

PARE E TESTE A SI MESMO

Você empurra uma peça da mobília e ela escorrega com velocidade constante sobre o piso da cozinha. Noutras palavras, ela está em equilíbrio. Duas forças horizontais são nela exercidas. Uma delas é o seu empurrão, a outra é a força de atrito em sentido oposto. Qual delas é maior?

VERIFIQUE SUA RESPOSTA

Nenhuma, ambas possuem o mesmo módulo. Se você considerar seu empurrão como positivo, a força de atrito será negativa. Uma vez que a peça de mobília encontra-se em equilíbrio, você consegue entender que as duas forças se combinam para resultar em zero?

A quantidade de atrito entre duas superfícies depende do tipo dos materiais e da força com a qual elas são pressionadas uma contra a outra. O atrito decorre de minúsculas irregularidades das superfícies e também da "aderência" en-

FIGURA 3.16

O atrito resulta do contato mútuo de irregularidades nas superfícies em contato de objetos que escorregam um contra o outro. Mesmo superfícies que pareçam perfeitamente lisas revelam irregularidades quando vistas com um microscópio.

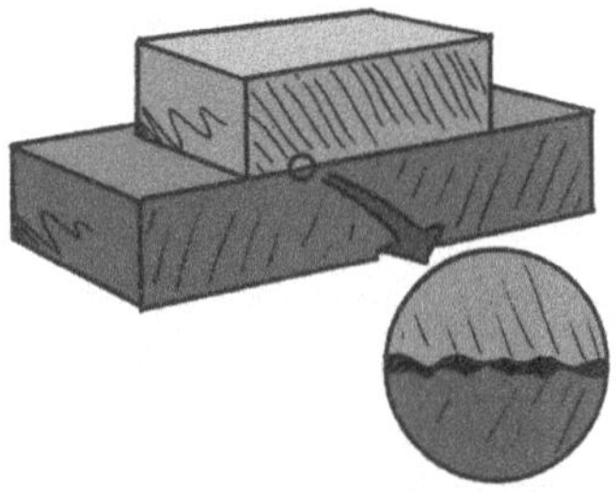

[6] O atrito é um fenômeno muito complicado. As descobertas são empíricas (obtidas a partir de uma vasta gama de experimentos) e as previsões são aproximadas (também baseadas em experimentos).

tre os dois materiais (Figura 3.16). O atrito existente entre um tijolo e um piso liso de madeira é menor do que o atrito entre esse mesmo tijolo e um piso áspero. E se a superfície for inclinada, o atrito será menor porque o tijolo não pressionará tanto a superfície inclinada.

Quando você empurra horizontalmente um caixote e ele escorrega sobre o piso da loja, tanto a força que você exerce quanto a força de atrito afetam o movimento. Quando você empurra com força suficiente para compensar a força de atrito contrária, a força resultante sobre o caixote é nula, e ele escorrega com velocidade constante. Observe que estamos falando sobre o que aprendemos recentemente – que não ocorre qualquer variação de movimento quando $\Sigma F = 0$.

PARE E TESTE A SI MESMO

1. Suponha que você exerça uma força horizontal de 100 N sobre um pesado caixote de material de computador que se mantém em repouso sobre o piso do escritório. O fato de ele se manter em repouso indica que os 100 N não constituem força grande o suficiente para fazê-lo escorregar. Como se compara a força de atrito entre o caixote e o piso com o seu empurrão?
2. Você empurra mais forte - com110 N, digamos - e o caixote ainda não escorrega. Qual é o atrito sobre o caixote?
3. Você o empurra ainda mais forte, e o caixote se move. Uma vez em movimento, para mantê-lo escorregando com velocidade constante você o empurra com 115 N. Quanto vale o atrito sobre o caixote?
4. Que força resultante o caixote experimenta quando você o empurra com força de 125 N e o atrito entre ele e o piso vale 115 N?

VERIFIQUE SUAS RESPOSTAS

1. Uma força de 100 N em sentido oposto. O atrito se opõe ao movimento que ocorreria. O fato de que o caixote se mantém em repouso é evidência de que $\Sigma F = 0$.
2. O atrito aumenta para 110 N, e novamente $\Sigma F = 0$.
3. Vale 115 N, pois mover-se com velocidade constante significa que $\Sigma F = 0$.
4. Uma resultante de 10 N, pois $\Sigma F = 125\ N - 115\ N$. Neste caso, o caixote ganha velocidade – ele acelera.

3.9 Rapidez e velocidade

Rapidez

Antes da época de Galileu, as pessoas descreviam objetos em movimento simplesmente como "lentos" ou "rápidos".

FIGURA 3.17
Um leopardo consegue manter uma rapidez muito alta, mas somente por um breve período de tempo.

Eram descrições vagas demais. Galileu foi o primeiro a medir a rapidez comparando a distância percorrida com o tempo gasto para percorrê-la. Ele definiu **rapidez** como sendo a distância percorrida dividida pela quantidade de tempo do percurso.

$$\text{Rapidez} = \frac{\text{distância percorrida}}{\text{tempo de viagem}}$$

Por exemplo, se uma ciclista percorre 20 quilômetros em 1 hora, sua rapidez é de 20 km/h. Se ela percorre 6 metros em 1 segundo, sua rapidez vale 6 m/s.

Qualquer combinação deste tipo de unidades de distância e de tempo pode ser usada para expressar a rapidez – quilômetros por hora (km/h), centímetros por dia (a rapidez de um caramujo) ou qualquer outra que seja útil e adequada. A barra inclinada (/) deve ser lida como "por", e significa "dividido por". Em Física, a unidade preferida para rapidez é metros por segundo (m/s). A Tabela 3.1 traz comparações entre valores de rapidez expressos em diferentes unidades.

Rapidez instantânea

Objetos em movimento normalmente sofrem variação em sua rapidez. Um carro, por exemplo, pode trafegar em uma rua a 50 km/h, diminuir para 0 km/h quando o semáforo está vermelho e depois acelerar até somente 30 km/h por causa do tráfego. Em cada instante você pode dizer qual a rapidez do carro olhando o velocímetro do painel. A rapidez em um instante qualquer é sua *rapidez instantânea.*

Se você recebe uma multa por excesso de velocidade, o que o guarda de trânsito escreve no formulário correspondente, sua *rapidez instantânea* ou sua *rapidez média*?

TABELA 3.1

Valores aproximados de rapidez em diferentes unidades

12 mi/h = 20 km/h = 6 m/s (bola de boliche)
25 mi/h = 40 km/h = 11 m/s (corredor de muito bom nível)
37 mi/h = 60 km/h = 17 m/s (coelho em disparada)
50 mi/h = 80 km/h = 22m/s (tsunami)
62 mi/h = 100 km/h = 28 m/s (leopardo em disparada)
75 mi/h = 120 km/h = 33m/s (bola de softball rebatida)
100 mi/h = 160 km/h = 44 m/s (bola de beisebol rebatida)

Rapidez média

Ao planejar uma viagem de carro, normalmente o motorista deseja saber o tempo que a viagem levará. Ele está interessado na *rapidez média* da viagem. Como é definida a rapidez média?

$$\text{Rapidez média} = \frac{\text{distância total percorrida}}{\text{tempo de viagem}}$$

35 45 55
25 65
15 75
5 85
60 80
40 100
20 120
km/h
MPH
4035
R N D 2 1

FIGURA 3.18

O velocímetro de um automóvel comum. Observe que a escala está calibrada em km/h ou mph (milhas por hora).

É muito fácil calcular a rapidez média. Por exemplo, se você dirige seu carro por 80 quilômetros durante 1 hora, sua rapidez média é de 80 quilômetros por hora. Analogamente, se você viaja 320 quilômetros durante 4 horas,

$$\text{Rapidez média} = \frac{\text{distância total percorrida}}{\text{tempo de viagem}}$$

$$= \frac{320 \text{ km}}{4 \text{ h}} = 80 \text{ km/h}$$

Note que, quando a distância expressa em quilômetros (km) é dividida pelo tempo em horas (h), o resultado está em quilômetros por hora (km/h).

Uma vez que a rapidez média é igual à distância total percorrida dividida pelo tempo total da viagem, ela não revela os diferentes valores de rapidez instantânea, assim como as variações que podem ter ocorrido durante intervalos de tempo mais curtos que a viagem. Durante viagens, normalmente experimentamos uma variedade de valores de rapidez, de modo que a rapidez média geralmente é completamente diferente da rapidez instantânea.

Se conhecermos a rapidez média e o tempo de viagem, a distância viajada pode ser facilmente determinada. Um simples rearranjo na definição acima fornece

Distância total percorrida = rapidez média × tempo de viagem

PARE E TESTE A SI MESMO

1. **Qual é a rapidez média de um leopardo que corre 100 m em 4 s? E se ele der um pique de 50 m em 2 s?**
2. **Se um carro move-se com rapidez média de 60 km/h durante uma hora, ele percorrerá uma distância de 60 km.**
   a. **Quão longe ele viajaria se continuasse se movendo nesta rapidez durante 4 horas?**
   b. **E durante 10 h?**
3. **Além do velocímetro, no painel de cada carro existe um odômetro, que registra a distância percorrida. Se o odômetro for zerado no início da viagem e meia hora depois registrar 40 km, qual terá sido a rapidez média do carro?**
4. **Seria possível atingir essa rapidez média e jamais ultrapassar 80 km/h?**

VERIFIQUE SUAS RESPOSTAS

(*Você está lendo isto antes de ter respondido mentalmente às questões? Como já foi mencionado,* ***pense*** *antes de ler as respostas. Você não apenas aprenderá mais; você se divertirá aprendendo mais.*)

1. Em ambos os casos, a resposta é 25 m/s:

$$\text{Rapidez média} = \frac{\text{distância total percorrida}}{\text{tempo de viagem}}$$

$$= \frac{100 \text{ metros}}{4 \text{ segundos}} = \frac{50 \text{ metros}}{2 \text{ segundos}} = 25 \text{ m/s}$$

2. A distância percorrida é a rapidez média × tempo da viagem, de modo que
   (a) Distância = 60 Km/h × 4 h = 240 km
   (b) Distância = 60 km/h × 10 h = 600 km
3. $$\text{Rapidez média} = \frac{\text{distância total percorrida}}{\text{tempo de viagem}} = \frac{40 \text{ km}}{0.5\text{h}} = 80 \text{ km/h}$$
4. Não, não se a viagem começar do repouso e terminar no repouso. Existem instantes em que os valores da rapidez instantânea são menores do que 80 km/h; logo, o motorista deverá dirigir, em outros intervalos de tempo, com rapidez maior do que 80 km/h a fim de atingir a média de 80 km/h. Na prática, os valores de rapidez média são geralmente muito menores do que os valores altos de rapidez instantânea alcançados.

FIGURA 3.19
Embora o carro possa manter uma rapidez constante numa pista circular, ele não pode manter constante sua velocidade. Por quê?

Por exemplo, se sua rapidez média for de 80 quilômetros por hora numa viagem de 4 horas, você percorrerá uma distância total de 320 quilômetros na viagem.

Velocidade

Quando conhecemos tanto a rapidez quanto a orientação do movimento de um objeto, conhecemos sua **velocidade**. Por exemplo, se um veículo trafega a 60 km/h, nós conhecemos sua *rapidez*. Mas se dizemos que ele se movimenta a 60 km/h para o norte, estamos especificando sua *velocidade*. A rapidez nos informa quão rápido algo é; a velocidade dá uma descrição de quão rápido algo é *e* em que direção e sentido ele se move. Como já mencionado, uma grandeza deste tipo, que especifica tanto a orientação quanto o módulo, é chamada de **grandeza vetorial**. A velocidade é uma grandeza vetorial. (Vetores serão abordados no próximo capítulo e no Apêndice D, e são habilmente desenvolvidos em *Practice Book for Conceptual Physics Fundamentals*.)

Rapidez constante significa rapidez uniforme, sem aceleração ou freamento. Velocidade constante, por outro lado, implica tanto rapidez constante *quanto* orientação constante. Orientação constante significa uma linha reta – o objeto não faz curvas. Assim, velocidade constante significa movimento em linha reta com rapidez constante – ou movimento sem aceleração.

A velocidade é a rapidez "orientada".

PARE E TESTE A SI MESMO

"Ela se move com rapidez constante em uma mesma orientação." Expresse a mesma sentença com menos palavras.

VERIFIQUE SUA RESPOSTA

"Ela se move com velocidade constante."

O movimento é relativo

Tudo está sempre em movimento. Mesmo quando você pensa que se encontra parado, de fato está se movendo através do espaço. Você está se movendo em relação ao Sol e às estrelas – embora esteja em repouso relativo à Terra. Neste momento, sua rapidez em relação ao Sol é de aproximadamente 100.000 quilômetros por hora, e sua rapidez em relação ao centro de nossa galáxia é ainda maior.

FIGURA 3.20
Embora esteja em repouso em relação à superfície da Terra, você está se movendo a cerca de 100.000 km/h em relação ao Sol.

Quando nos referimos à rapidez ou à velocidade de um objeto, queremos expressar a rapidez ou a velocidade em relação a alguma outra coisa. Por exemplo, quando dizemos que o ônibus espacial norte-americano viaja a 30.000 quilômetros por hora, estamos nos referindo à sua velocidade relativa à Terra abaixo dele. Quando dizemos que um carro de corrida atinge a rapidez de 300 quilômetros por hora, isso significa sua rapidez em relação à pista. A menos que algo seja mencionado em contrário, toda rapidez discutida neste livro é relativa à superfície da Terra. O movimento é relativo.

PARE E TESTE A SI MESMO

Um mosquito faminto vê você descansando em uma rede enquanto sopra uma brisa a 3 m/s. Com que rapidez e em que orientação o mosquito deveria voar a fim de ficar flutuando sobre sua cabeça, preparando-se para o almoço?

VERIFIQUE SUA RESPOSTA

O mosquito deveria voar em sua direção para o interior da brisa. Para permanecer sobre sua cabeça, ele deveria voar a 3 m/s. Depois de ter pousado sobre sua cabeça, a menos que ele conseguisse prender-se à pele com bastante força, o mosquito deveria manter-se voando a 3 m/s para não ser arrastado com o vento. Por isso uma brisa nos protege de forma eficaz das picadas de mosquitos.

3.10 Aceleração

A maior parte dos objetos sofre variações em seus movimentos. Dizemos, então, que eles possuem *aceleração*. A primeira pessoa a formular o conceito de aceleração foi Galileu, que desenvolveu o conceito em seus experimentos com planos inclinados. Ele descobriu que bolas que rolam descendo rampas tornam-se cada vez mais rápidas. Suas velocidades sofrem variações durante a descida. Além disso, as bolas ganham a mesma quantidade de velocidade durante iguais intervalos de tempo. Galileu definiu a taxa de variação de velocidade como a **aceleração**[7].

$$\text{Aceleração} = \frac{\text{variação de velocidade}}{\text{intervalo de tempo}}$$

Você experimenta a aceleração quando se encontra dentro de um carro ou ônibus. Quando o motorista pisa no pedal de injeção de combustível, a veículo ganha rapidez. Dizemos que o ônibus acelera. Por isso o pedal correspondente é chamado de "acelerador"! Quando o motorista pisa no freio, a veículo torna-se mais lento. Isso também é uma aceleração, pois a velocidade do veículo está variando. Quando algo se torna mais lento, normalmente chamamos isso de *desaceleração*.

Você consegue perceber por que um carro possui três controles que alteram a velocidade – o pedal de injeção de combustível (acelerador), os freios e o volante de direção?

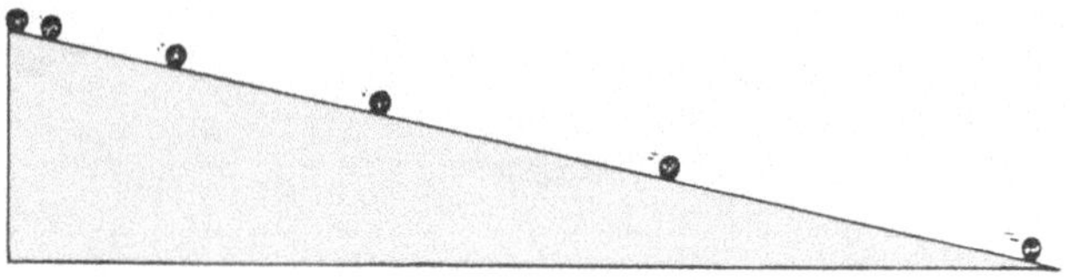

FIGURA 3.21
Uma bola ganha o mesmo valor de rapidez durante intervalos de tempos iguais. Neste caso, sua aceleração é constante.

FIGURA 3.22
Dizemos que um corpo sofre aceleração quando existe uma *variação* em seu estado de movimento.

Imagine que você esteja dirigindo um carro cuja rapidez está aumentando de maneira constante. Suponha que, em 1 segundo, você aumenta sua velocidade de 30 quilômetros por hora para 35 quilômetros por hora. No segundo seguinte, você passa de 35 quilômetros por hora para 40 quilômetros por hora, e assim por diante. Você está aumentando sua velocidade em 5 quilômetros por hora a cada segundo. Vemos, então, que

$$\text{Aceleração} = \frac{\text{variação de velocidade}}{\text{intervalo de tempo}} = \frac{5\text{ km/h}}{1\text{ s}} = 5\text{ km/h}\cdot\text{s}$$

Neste exemplo, a aceleração é de 5 quilômetros por hora-segundo (abreviada para 5 km/h·s)[8]. Note que a unidade de tempo comparece duas vezes: uma na unidade de velocidade, outra na de intervalo de tempo durante o qual a velocidade varia. Observe também que a aceleração não é igual simplesmente à variação da velocidade; ela é a *variação de velocidade por segundo*. Se ou a rapidez ou a orientação variar, ou se ambos variarem, então a velocidade também irá variar.

Quando um carro faz uma curva, mesmo que sua rapidez não sofra variação, ele está acelerando. Você consegue perceber por quê? Ocorre aceleração porque a direção do movimento do carro está mudando. A aceleração se refere à variação da velocidade. Assim, aceleração pode envolver a variação da rapidez, da orientação ou da rapidez *e* da orientação. Isto é ilustrado pela Figura 3.22.

Segure uma pedra acima de sua cabeça (mas um pouco para o lado da mesma) e solte-a. Ela acelera durante a queda. Quando a única força exercida sobre o objeto em queda for a da gravidade, quando a resistência do ar não afeta o movimento, dizemos que o objeto encontra-se em *queda livre*. Qualquer objeto em queda livre numa mesma vizinhança possui a mesma aceleração que qualquer outro. Próximo à superfície da Terra, um objeto em queda livre ganha rapidez a uma taxa de 10 m/s a cada segundo, como mostra a Tabela 3.2.

TABELA 3.2
Velocidade adquirida e distância percorrida em queda livre

Tempo de queda (s)	Velocidade adquirida (m/s)	Distância de queda (m)
0	0	0
1	10	5
2	20	20
3	30	45
4	40	80
5	50	125

[7] A letra grega Δ (delta) é normalmente usada como símbolo para "variação de" ou "diferença em". Com esta notação, $a = \frac{\Delta v}{\Delta t}$, onde Δv é a variação de velocidade, e Δt é a variação de tempo (intervalo de tempo). A partir disso, vemos que $v = at$. Veja mais detalhes sobre o movimento linear no Apêndice B.

[8] Quando dividimos $\frac{\text{km}}{\text{h}}$ por s ($\frac{\text{km}}{\text{h}} \div \text{s}$), podemos expressar isso como $\frac{\text{km}}{\text{h}} \times \frac{1}{\text{s}} = \frac{\text{km}}{\text{h}\cdot\text{s}}$ (alguns livros didáticos expressam isto como km/h/s). Ou quando dividimos $\frac{\text{m}}{\text{s}}$ por s ($\frac{\text{m}}{\text{s}} \div \text{s}$), podemos expressar isto como $\frac{\text{m}}{\text{s}} \times \frac{1}{\text{s}} = \frac{\text{m}}{\text{s}\cdot\text{s}} = \frac{\text{m}}{\text{s}^2}$ (o que também pode ser escrito como (m/s)/s ou m/s^{-2}).

$$\text{Aceleração} = \frac{\text{variação da rapidez}}{\text{intervalo de tempo}} = \frac{10 \text{ m/s}}{1 \text{s}}$$
$$= 10 \text{ m/s} \cdot \text{s} = 10 \text{ m/s}^2$$

Lemos a aceleração de queda livre como 10 metros por segundo ao quadrado. (Mais precisamente, 9,8 m/s^2.) Isso é o mesmo que dizer que a aceleração é de 10 metros por segundo por segundo. Observe novamente que a unidade de tempo, o segundo, aparece duas vezes: uma vez por causa da unidade de velocidade, e mais outra por causa do intervalo de tempo durante o qual a velocidade varia.

Quando se está sobre uma colina é que se ganha velocidade.
– Quincy Jones

PARE E
TESTE A SI MESMO

Em 2,0 segundos, um carro aumenta a rapidez de 60 km/h para 65 km /h, enquanto uma bicicleta vai do repouso a 5 km/h. Qual dos dois veículos tem maior aceleração?

VERIFIQUE SUA RESPOSTA

Ambos possuem a mesma aceleração porque ambos ganham a mesma rapidez no mesmo tempo. Ambos aceleram a 2,5 km/h·s.

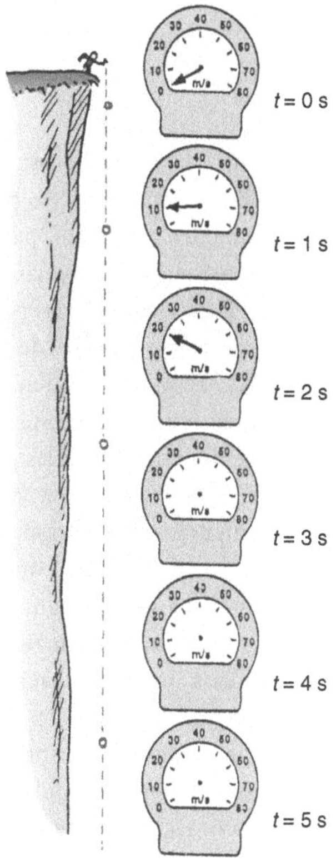
t = 0 s
t = 1 s
t = 2 s
t = 3 s
t = 4 s
t = 5 s

FIGURA 3.23
Imagine que uma pedra em queda esteja equipada com um velocímetro. A cada segundo de queda, você verificaria que a rapidez da pedra está aumentando pela mesma quantidade: 10 m/s. Esboce a posição do ponteiro do velocímetro para $t = 3$ s, $t = 4$ s e $t = 5$ s.

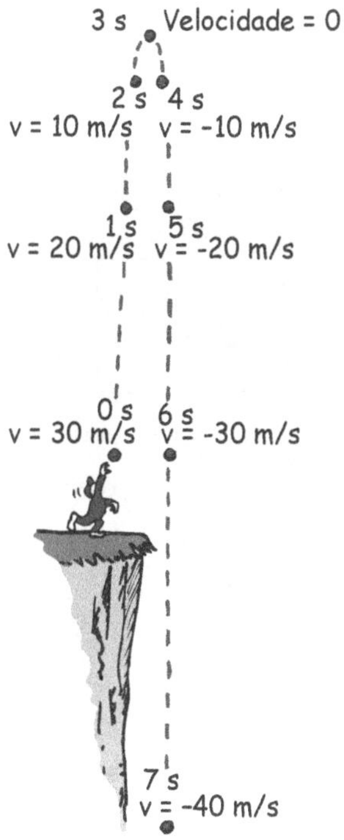
3 s Velocidade = 0
2 s 4 s
v = 10 m/s v = -10 m/s
1 s 5 s
v = 20 m/s v = -20 m/s
0 s 6 s
v = 30 m/s v = -30 m/s
7 s
v = -40 m/s

FIGURA 3.24
A taxa segundo a qual varia a velocidade a cada segundo é sempre a mesma.

Na Figura 3.23, imaginamos uma pedra em queda livre com um velocímetro fixado a ela. Durante a queda, o velocímetro revela que a pedra fica 10 m/s mais rápida a cada segundo. Este ganho de 10 m/s a cada segundo é a aceleração da pedra. A velocidade adquirida e a distância de queda[9] são mostradas na Tabela 3.2. (A aceleração de queda livre é desenvolvida mais ainda no Apêndice B.) Dizemos que a distância de queda livre a partir do repouso é diretamente proporcional ao quadrado do tempo de queda. Em forma de equação,

$$d = \frac{1}{2}gt^2$$

O movimento de subida e de descida está ilustrado na Figura 3.24. A bola deixa a mão do arremessador com 20 m/s. Vamos chamá-la de velocidade inicial. Na figura usa-se a convenção de sinal + durante a subida e de sinal – durante a descida. Observe que as posições a intervalos de 1 segundo correspondem a variações de 10 m/s na velocidade.

Aristóteles usou a lógica para estabelecer suas idéias acerca do movimento, enquanto Galileu usou a experimentação. Galileu mostrou que os experimentos são superiores à lógica para testar o conhecimento. Galileu estava interessado em *como* as coisas se movem, em vez de *por que* elas se movem. Essa estrada terminou pavimentada por Isaac Newton, que estabeleceu conexões adicionais entre conceitos do movimento.

Por que todos os objetos em queda livre caem com a mesma aceleração? A resposta para esta questão aguarda por você no Capítulo 4.

[9] Distância de queda a partir do repouso: d = velocidade média × tempo

$$d = \frac{\text{velocidade inicial} + \text{velocidade final}}{2} \times \text{tempo}$$

$$d = \frac{0 + gt}{2} \times t$$

$$d = \frac{1}{2}gt^2 \text{ (Consulte o Apêndice B para explicações adicionais.)}$$

APLICAÇÕES COTIDIANAS

TEMPO DE VÔO

Alguns atletas e dançarinos possuem grande habilidade em saltar. Ao pularem diretamente para cima, parecem "manter-se no ar", desafiando a gravidade. Peça a seus colegas para estimarem o "tempo de vôo" de alguns grandes saltadores – o tempo durante o qual um saltador está no ar com os pés fora do chão. Eles poderão dizer 2 ou 3 segundos. Mas, surpreendentemente, o tempo de vôo dos maiores saltadores é quase sempre menor do que 1 segundo! Um tempo aparentemente maior é uma das muitas ilusões que temos sobre a natureza.

As pessoas freqüentemente têm a ilusão relacionada quanto à altura vertical que um homem consegue pular. A maioria de seus colegas de turma provavelmente não consegue saltar mais alto do que 0,5 metro. Eles facilmente conseguem saltar uma cerca de 0,5 metro de altura, mas ao fazerem isso seus corpos se elevarão apenas ligeiramente. A altura da barreira é diferente da altura atingida pelo "centro de gravidade" de um saltador. Muitas pessoas podem saltar por cima de uma cerca de 1 metro, mas raramente aparece alguém capaz de elevar em 1 metro seu próprio "centro de gravidade". Mesmo a estrela do basquete Michael Jordan, no auge de sua forma, não conseguia elevar seu corpo a 1,25 metros, embora pudesse facilmente alcançar a cesta com mais de 3 metros de altura.

A habilidade de saltar é medida melhor através de um salto vertical. Fique de frente e próximo a uma parede, com pés plantados no chão e braços esticados para cima. Faça uma marca na parede assinalando o lugar mais alto que sua mão alcança. Então salte para cima e faça uma marca na parede no lugar mais alto que sua mão conseguiu alcançar. A distância entre essas duas marcas mede seu salto vertical. Se ele mede mais do que 0,6 metros, você é excepcional.

Aqui está a Física. Quando você salta para cima, a força do salto existe apenas enquanto seus pés estão em contato com o chão. Quanto maior for a força, maior será a sua velocidade de lançamento, e mais alto será o salto. Quando seus pés deixam o chão, sua velocidade para cima começa imediatamente a diminuir, a uma taxa constante de g, qual é a de 10 m/s^2. No topo do salto, ela terá se tornado nula. Então você inicia a descida, tornando-se mais rápido exatamente na mesma razão, g. Se você aterrissar da mesma forma que decolou, de pé e com as pernas estendidas, o tempo de subida será igual ao de descida, e o tempo de vôo será a soma dos dois. Enquanto está no ar, nenhum impulso de perna ou braço ou qualquer outro movimento do corpo que você fizer poderá mudar seu tempo de vôo.

Como será demonstrada no Apêndice B, a relação entre o tempo de subida ou de descida e a altura vertical atingida é dada por

$$d = \frac{1}{2}gt^2$$

Se conhecemos a altura vertical d, podemos reescrever esta expressão como

$$t = \sqrt{\frac{2d}{g}}$$

O recorde mundial para salto vertical de pé é de 1,25 metro. Vamos usar a altura 1,25 metro como o valor de d, e o valor mais preciso de 9,8 m/s^2 para g. Isolando t, que equivale à metade do tempo de vôo (subida ou descida), obtemos

$$t = \sqrt{\frac{2d}{g}} = \sqrt{\frac{2(1{,}25\ \text{m})}{9{,}8\ \text{m/s}^2}} = 0{,}50\ \text{s}$$

Multiplicando isto por dois (pois este é o tempo de subida ou de descida), vemos que o tempo recorde para o tempo de vôo é de 1 segundo.

Estamos falando aqui de movimento vertical. E quanto a saltos realizados quando se está correndo? O tempo de vôo depende apenas da rapidez vertical do atleta no instante do salto. Enquanto ele estiver no ar, a rapidez do saltador na direção horizontal permanecerá constante, ao passo que a rapidez na direção vertical sofrerá aceleração. Como a Física é interessante!

SUMÁRIO DE TERMOS

Força No sentido mais simples, um empurrão ou um puxão.

Inércia A propriedade dos objetos de resistirem a mudanças em seu movimento.

Massa A quantidade de matéria de um objeto. Mais precisamente, a medida da inércia ou "letargia" que um objeto oferece em resposta a qualquer esforço feito para pô-lo em movimento, pará-lo ou alterar seu estado de movimento de alguma maneira.

Peso Em termos simples, a força da gravidade sobre um dado objeto. Mais especificamente, a força gravitacional com a qual um corpo pressiona a superfície que o sustenta.

Quilograma A unidade de massa. Um quilograma (símbolo kg) é a massa de 1 litro (L) de água a 4°C.

Newton A unidade científica de força.

Força resultante A combinação de todas as forças exercidas sobre um dado objeto.

Grandeza vetorial Uma grandeza cuja descrição completa requer tanto o conhecimento do módulo quanto o de sua orientação.

Força de apoio A força que sustenta um objeto contra a gravidade, geralmente chamada de *força normal.*

Condição de equilíbrio Para qualquer objeto ou sistema de objetos não-acelerado, a soma vetorial das forças é nula. É expressa pela equação $\Sigma F = 0$.

Atrito A força de resistência que se opõe ao movimento ou à tendência de movimentação de um objeto sobre outro com o qual ele está em contato ou quando se movimenta em um fluido.

Resistência do ar A força de atrito exercida sobre um objeto causada pelo seu movimento no ar.

Rapidez A distância percorrida dividida pelo tempo.

Velocidade A rapidez de um objeto juntamente com a especificação de sua orientação de movimento.

Aceleração A taxa segundo a qual a velocidade varia com o tempo; a variação da velocidade pode ser em módulo, em orientação ou em ambos, normalmente medida em m/s^2.

QUESTÕES DE REVISÃO

Cada capítulo deste livro termina com um conjunto de questões de revisão e exercícios, e, em alguns casos, com problemas. Em alguns capítulos, existe um conjunto de problemas numéricos simples incluídos para que você adquira familiaridade com as equações vistas no capítulo – as questões de ***Cálculos Simples****. As* ***Questões de Revisão*** *foram preparadas para ajudá-lo a fixar idéias e a reter a essência do conteúdo de cada capítulo. Você perceberá que as respostas das questões se encontram dentro dos capítulos. Mais do que simplesmente fixar informações, os* ***Exercícios*** *servem para forçar o raciocínio, e exigem uma compreensão das definições, dos princípios e das conexões do conteúdo do capítulo. Em muitos casos, a intenção por trás de um determinado exercício é ajudá-lo a aplicar as idéias da física a situações familiares. A menos que você estude apenas alguns poucos capítulos em seu curso, espera-se que você provavelmente se envolva com pelo menos alguns exercícios por capítulo. As respostas devem ser em forma de sentenças completas, trazendo uma explicação ou esboços, quando for o caso. O grande número de exercícios é para possibilitar ao instrutor uma grande variedade de escolhas de tarefas. Questões designadas como* ***Problemas*** *vão além das questões de Cálculos Simples e tratam de conceitos que são entendidos com mais clareza através de cálculos desafiadores. Problemas adicionais podem ser encontrados na décima edição do livro* Conceptual Physics: Problem Solving in Conceptual Physics.

3.1 Aristóteles explica o movimento

1. Quais eram as duas principais classificações do movimento segundo o ponto de vista da ciência de Aristóteles?
2. Aristóteles acreditava que seriam necessárias forças para manter em movimento os objetos ou acreditava que, uma vez postos em movimento, eles se moveriam por si mesmos?

3.2 A concepção de inércia de Galileu

3. Quais são as duas principais idéias de Aristóteles que Galileu colocou em descrédito?
4. O que predominava na maneira de Galileu fazer avançar o conhecimento, a discussão filosófica ou a experimentação?
5. Qual é o nome dado à propriedade dos objetos de manterem seus estados de movimento?

3.3 Massa – uma medida da inércia

6. O que depende da localização onde se está: o peso ou a massa?
7. Onde seu peso é maior: sobre a Terra ou sobre a Lua? E quanto à sua massa?
8. Quais são as unidades de medida para peso e para massa?
9. Um quilograma pesa 9,8 newtons sobre a Terra. Sobre a Lua, ele pesaria mais ou menos?

3.4 Força resultante

10. Qual é a força resultante sobre um caixote que é empurrado para a direita por uma força de 50 N, e, simultaneamente, para o lado contrário por uma força de 20 N?
11. Quais são as duas grandezas necessárias para especificar uma grandeza vetorial?

3.5 A condição de equilíbrio

12. Qual é o nome da força exercida em uma corda quando as extremidades da mesma são puxadas em sentidos opostos?
13. Qual é a tensão existente em uma corda vertical que sustenta em repouso um saco com 20 N de maçãs?
14. O que significa a equação $\Sigma F = 0$?

3.6 Força de apoio

15. Por que a força de apoio sobre um objeto normalmente é chamada de força normal?
16. Quando você se pesa, como se compara a força de apoio da balança sobre você com a força gravitacional entre você e a Terra?

3.7 Equilíbrio de objetos em movimento

17. Uma bola de boliche encontra-se em repouso. Outra bola do mesmo tipo rola por um canalete com rapidez constante. Qual delas, ou ambas, está em equilíbrio? Justifique sua resposta.
18. Quando empurramos um caixote com velocidade constante, como se compara a força de atrito sobre o caixote com a força com a qual o empurramos?

3.8 A força de atrito

19. Como se compara o sentido da força de atrito com o da velocidade de um objeto que escorrega?
20. Se você empurra um caixote pesado para a direita e ele escorrega, qual é a orientação da força de atrito sobre o mesmo?
21. Suponha que você esteja empurrando um caixote pesado para a direita, mas não consegue força suficiente para pô-lo em movimento. Existe um força de atrito exercida sobre ele?

3.9 Rapidez e velocidade

22. Faça distinção entre rapidez e velocidade.
23. Por que dizemos que a velocidade é um vetor e que a rapidez não é?
24. O velocímetro marca a rapidez média ou a rapidez instantânea de um veículo?
25. Como você pode estar em repouso e, ao mesmo tempo, estar em movimento a 100.000 km/h?

3.10 Aceleração

26. Faça distinção entre velocidade e aceleração.
27. Qual é a aceleração de um objeto que se move com velocidade constante? Qual é a força resultante exercida sobre este objeto?
28. Qual é a aceleração de um objeto em queda livre próximo à superfície da Terra?

ATIVIDADES EXPLORATÓRIAS

1. Sua avó tem interesse em seu progresso educacional. Como muitas avós, ela pode possuir pouco conhecimento geral científico e pode não ser familiarizada com matemática avançada. Sem usar equações, escreva uma carta para sua avó explicando a diferença entre velocidade e aceleração. Explique-lhe por que alguns de seus colegas de classe confundem os dois conceitos e dê alguns exemplos que ajudem a esclarecer a confusão. Enderece a carta para seu avô também.
2. Fique de pé próximo a uma parede, com os pés plantados no chão, e faça uma marca nela indicando o ponto mais alto que você consegue alcançar. Depois, salte diretamente para cima e marque o ponto mais alto que alcançou. A distância entre as duas marcas é a altura de seu salto vertical. Use-a para calcular seu tempo de vôo.
3. Empregando o método que preferir, determine sua rapidez tanto ao caminhar quanto ao correr.
4. Vá além do que foi pedido na atividade anterior e tente caminhar através de uma sala com aceleração constante. (Não é fácil!)

CÁLCULOS SIMPLES

Estas são atividades do tipo "entre com o número", com a finalidade de familiarizá-lo com as equações que conectam conceitos da física. São questões que envolvem simples substituições, sendo menos desafiadoras do que os Problemas.

$$\text{Rapidez} = \frac{\text{distância}}{\text{tempo}}$$

1. Determine a rapidez de sua caminhada quando você caminha 1 metro em 0,5 segundo.
2. Determine a rapidez de uma bola de boliche que percorre 4 metros em 2 segundos.

$$\text{Rapidez média} = \frac{\text{distância total percorrida}}{\text{intervalo de tempo}}$$

3. Determine sua rapidez média se você corre 50 metros em 10 segundos.
4. Determine a rapidez média de uma bola de tênis que percorre o comprimento total da quadra, 24 metros, em 0,5 segundo.
5. Determine a rapidez média de um leopardo que consegue correr 140 metros em 5 segundos.
6. Determine a rapidez média (em km/h) de Larry, que consegue correr até uma loja, a 4 quilômetros de distância, em 30 minutos.

$$\text{Distância} = \text{rapidez média} \times \text{tempo}$$

7. Determine a distância (em km) que Larry corre se ele mantém uma rapidez média de 8 km/h durante 1 hora.
8. Determine a distância que você terá percorrido se mantiver uma rapidez média de 10 m/s durante 40 segundos.

9. Determine a distância que você terá percorrido se mantiver uma rapidez média de 10 km/h durante meia hora.

$\text{Aceleração} = \dfrac{\text{variação de velocidade}}{\text{intervalo de tempo}}$

10. Determine a aceleração de um carro (em km/h.s) que pode ir do repouso a 100 km/h em 10 s.
11. Determine a aceleração de um ônibus que consegue passar de 10 km/h para 50 km/h em 10 segundos.
12. Determine a aceleração de uma bola que parte do repouso e, rolando rampa abaixo, ganha 25 m/s de rapidez em 5 segundos.
13. Em um planeta distante, um objeto em queda livre adquire rapidez a uma taxa uniforme de 20 m/s a cada segundo de queda. Determine sua aceleração.

Rapidez instantânea = aceleração × tempo

14. Determine a rapidez instantânea (em m/s) de um carro, na marca de 10 segundos, se ele acelera 2 m/s^2 a partir do repouso.
15. Determine a rapidez instantânea (em m/s) de um garoto sobre um skate que, partindo do repouso, adquire 5 m/s de rapidez em 3 segundos de descida na rampa.

Velocidade adquirida em queda livre, a partir do repouso: $v = gt$ (onde $g = 10$ m/s^2)

16. Determine a rapidez instantânea de uma maçã que, partindo do repouso, cai livremente e acelera 10 m/s^2 durante 1,5 segundo.
17. Solta-se um objeto a partir do repouso e ele cai livremente. Depois de 7 segundos de queda, determine sua rapidez instantânea.
18. Um pára-quedista salta de um helicóptero a uma grande altura. Na ausência de resistência do ar, com que rapidez ele estaria caindo ao final de 12 segundos?

Distância percorrida em queda livre, a partir do repouso: $d = 1/2\, gt^2$

19. Um côco cai de uma árvore e chega ao solo em 1,5 segundo. Determine a distância percorrida na queda.
20. Determine a distância vertical percorrida por um côco, solto a partir do repouso, após 12 segundos de queda livre.

EXERCÍCIOS

Não se sinta intimidado frente ao grande número de exercícios deste livro. Se seu curso cobre muitos capítulos, seu professor provavelmente selecionará apenas alguns deles por capítulo.

1. Uma bola de boliche está rolando em um canalete e desacelera gradualmente, até parar. Como Aristóteles interpretaria essa constatação? Como o faria Galileu?
2. Que idéia aristotélica foi desacreditada por Galileu em sua fabulosa demonstração na Torre Inclinada de Pisa? E em seus experimentos com planos inclinados?
3. Quando uma bola desce rolando um plano inclinado, ela ganha rapidez devido à gravidade. Quando ela rola rampa acima, perde rapidez devido também à gravidade. Por que a gravidade não desempenha nenhum papel quando a bola rola sobre uma superfície horizontal?
4. Qual é a grandeza física que mede a quantidade de inércia que um corpo possui?
5. O que possui maior massa, um travesseiro de plumas de 2 kg ou um pequeno pedaço de ferro de 3 kg? Qual ocupa maior volume? Por que suas respostas diferem?
6. A rigor, uma pessoa em dieta perde massa ou perde peso?
7. Uma das demonstrações preferidas do autor em sala de aula é deitar de costas com uma bigorna de ferreiro sobre o peito. Quando um ajudante martela a bigorna com uma pesada marreta, Hewitt não se machuca. Em que a física envolvida na demonstração se parece com a da situação ilustrada pela Figura 3.8?
8. Quanto vale sua massa em quilogramas? E seu peso em newtons?
9. A força gravitacional na superfície da Lua corresponde a apenas 1/6 da força gravitacional na superfície terrestre. Qual seria o peso de um objeto de 10 kg na superfície lunar e na terrestre? Qual seria sua massa nesses mesmos lugares?
10. Considere um par de forças, uma com 25 N de módulo e outra com módulo de 15 N. Qual seria a máxima força resultante possível dessas duas forças? Qual seria a mínima força resultante possível?
11. O esboço a seguir mostra um andaime de pintura em equilíbrio mecânico. Uma pessoa que pesa 250 N está parada no meio do andaime, e a tensão em cada corda é de 200 N. Qual é o peso do andaime?

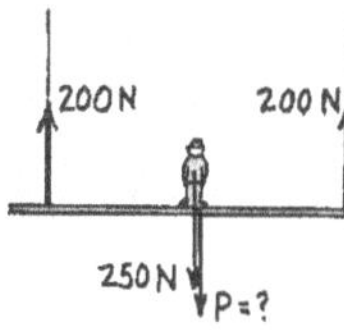
200N
200N
250N
P=?

12. Um andaime diferente, que pesa 300 N, sustenta dois pintores, um de 250 N e outro de 300 N. A tensão na corda esquerda é de 400 N. Qual é a tensão na corda direita?

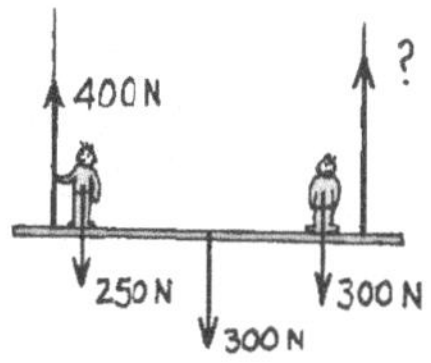
400N
?
250N
300N
300N

13. Nellie Newton está pendurada, em repouso, pelas extremidades de uma corda, como mostrado na ilustração. Como a leitura do dinamômetro se compara ao peso de Nellie?

14. Harry, o pintor, balança-se ano após ano em sua cadeirinha de pintor. Ele pesa 500 N e a corda, sem que ele saiba, tem ponto de ruptura de 300 N. Por que a corda não se rompe quando ele é sustenta-

do como ilustrado no lado esquerdo da figura a seguir? Um dia Harry está pintando próximo a um mastro de bandeira e, para variar, resolve amarrar a extremidade livre da corda ao mastro em vez de amarrá-la à sua cadeira, como ilustrado à direita.

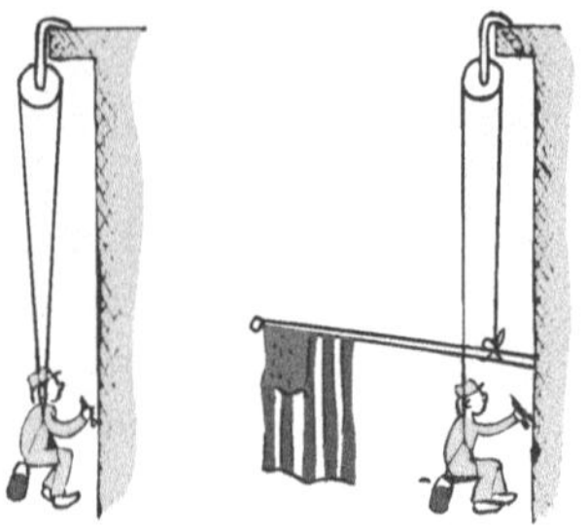

Por que Harry acaba saindo de férias mais cedo?

15. Um disco de hóquei desliza sobre o gelo com uma velocidade constante. Ele se encontra em equilíbrio mecânico? Justifique sua resposta.
16. Se você empurra um caixote horizontalmente e ele escorrega sobre o piso ganhando velocidade lentamente, como se compara o atrito exercido sobre ele à força com a qual você o empurra?
17. Quando você coloca um livro pesado sobre uma mesa, esta o empurra de volta para cima. Por que esta força não faz o livro saltar da mesa?
18. Um garrafão vazio de peso P repousa sobre uma mesa. Qual é a força de apoio que a mesa exerce sobre o garrafão? Qual será a força de apoio quando água com peso igual a p for colocada dentro do garrafão?
19. A fim de fazer um armário escorregar sobre o piso com rapidez constante, você precisa exercer nele uma força de 600 N. Neste caso, a força de atrito sobre o armário é maior, menor ou igual a 600 N? Justifique sua resposta.
20. Considere um caixote em repouso sobre o piso de uma fábrica. Quando um par de trabalhadores começa a erguê-lo, a força de apoio do piso sobre ele aumenta, diminui ou se mantém inalterada? O que ocorre com a força de apoio do piso sobre os pés dos trabalhadores?
21. Corrija seu colega quando ele afirma que "O carro de corrida fez a curva com velocidade constante de 100 km/h".
22. Qual é a rapidez de impacto quando um carro, movendo-se a 100 km/h, bate no pára-choque traseiro de outro carro que estava se deslocando a 98 km/h no mesmo sentido?
23. Harry Hotshot consegue remar numa canoa, em água parada, a 8 km/h. Que sucesso ele teria em remar contra a correnteza de um rio que flui a 8 km/h?
24. Um lugar de destino a 120 milhas de distância é indicado em uma placa de sinalização, e a rapidez limite permitida é de 60 milhas/hora. Se você dirigisse com a velocidade indicada na placa, conseguiria chegar ao destino em 2 horas? Ou levaria mais de 2 horas?
25. Suponha que um objeto em queda livre fosse equipado de alguma maneira com um velocímetro. Como aumentariam as leituras do velocímetro durante cada segundo de queda?
26. Suponha que o objeto em queda livre do exercício anterior também fosse equipado com um odômetro. As leituras das distâncias percorridas a cada segundo de queda seriam iguais ou diferentes durante sucessivos segundos decorridos? Explique.
27. Quando um arremessador atira uma bola diretamente para cima, em quanto diminui a rapidez da bola a cada segundo, durante a subida? Na ausência de resistência do ar, em quanto aumentaria sua rapidez a cada segundo da descida?
28. Uma pessoa em pé, na borda de um penhasco (como ilustrado na Figura 3.24), arremessa uma bola diretamente para cima com um determinado valor de velocidade inicial, e outra, diretamente para baixo, com o mesmo valor de velocidade inicial. Se a resistência do ar for desprezível, qual das bolas terá maior rapidez ao chegar ao solo na base do penhasco?
29. Qual é a aceleração de um carro que se move com velocidade constante de 100 km/h durante 100 segundos? Explique sua resposta e diga por que esta questão constitui um exercício de leitura cuidadosa tanto quanto de física.
30. Para um objeto em queda livre a partir do repouso, qual é a aceleração ao final do quinto segundo de queda? E ao final do décimo segundo? Justifique suas respostas (e faça distinção entre velocidade e aceleração).
31. Duas bolas, A e B, são simultaneamente liberadas, a partir do repouso, nas extremidades esquerdas dos trilhos A e B, de mesmo comprimento, como ilustrado. Qual delas chegará primeiro à extremidade direita de seu trilho?

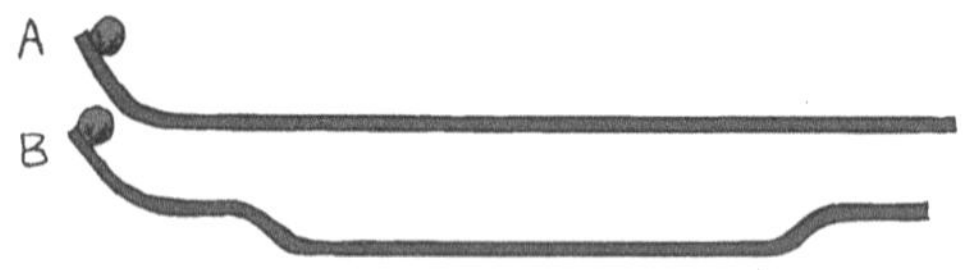
A
B

32. Esta questão se refere aos trilhos mencionados acima.
    a. A bola B rola mais rápida na parte baixa do trilho B do que a bola A rola no trilho A?
    b. O ganho de velocidade da bola B, ao descer para a parte mais baixa de seu trilho, é igual à perda de velocidade quando ela sobe a parte inclinada do lado direito do trilho. Isso não significa que os módulos das velocidades das duas bolas serão iguais no final dos trilhos?
    c. No trilho B, os módulos da velocidade média na descida e na subida não serão maiores do que a rapidez média da bola A durante os mesmos intervalos de tempo?
    d. Assim, no percurso inteiro, será a bola A ou a bola B que terá maior rapidez média? (Você não deseja alterar sua resposta para o item anterior?)

PROBLEMAS

● INICIANTE ■ INTERMEDIÁRIO ♦ AVANÇADO

1. ● Determine a força resultante de uma força de 30 N e outra de 20 N em cada um dos seguintes casos:
    a. Ambas as forças são exercidas numa mesma orientação.
    b. As forças são exercidas em sentidos opostos.
2. ● É necessária uma força horizontal de 100 N para empurrar uma caixa sobre um piso com velocidade constante.
    a. Qual é a força resultante exercida sobre a caixa?
    b. Quanto vale a força de atrito sobre a caixa?

3. ● Um bombeiro com massa de 100 kg escorrega para baixo, com rapidez constante, ao longo de um poste vertical. Qual é a força de atrito exercida pelo poste?
4. ● O nível dos oceanos atualmente sobe cerca de 1,5 mm por ano. Se esta taxa se mantiver constante, sem aumentar, mostre que levará 2.000 anos para que o nível do mar fique 3 metros mais alto do que está hoje.
5. ● A velocidade de um veículo é diminuída de 100 km/h para zero em 10 s. Mostre que a aceleração da parada foi de –10 km/h·s.
6. ● Estenda a Tabela 3.2 (que fornece valores entre 0 e 5 s) até 10 s, considerando nula a resistência do ar.
7. ● Uma bola é arremessada diretamente para cima com rapidez inicial de 30 m/s.
   a. Mostre que o tempo que ela leva para atingir a altura máxima da subida será de 3 s.
   b. Mostre que ela atingirá uma altura de 45 m (desprezando-se a resistência do ar).
8. ■ Uma bola é arremessada diretamente para cima com rapidez suficiente para que permaneça no ar por vários segundos.
   a. Qual será a velocidade da bola quando ela atingir a altura máxima?
   b. Qual será sua velocidade 1 s antes dela ter atingido a altura máxima?
   c. Qual será a variação de velocidade durante este intervalo de 1 s?
   d. Qual será sua velocidade 1 s após ter atingido a altura máxima?
   e. Qual será a variação de velocidade durante este intervalo de 1 s?
   f. Qual é a variação de velocidade durante o intervalo de 2 s que começa 1 s após ela ter atingido a altura máxima? (Cuidado: estamos perguntando a respeito da velocidade, não da rapidez.)
   g. Qual será a aceleração da bola durante qualquer desses intervalos de tempo e no momento em que a bola tem velocidade nula?
9. ♦ Partindo do repouso, a variação de velocidade de um objeto, $a = at$. Ou seja, $v_f - v_o = at$, ou

$$t = \frac{v_f - v_0}{a}.$$

A distância percorrida por um objeto é dada por $d = v_{\text{média}}\, t$, onde

$$v_{\text{média}} = \frac{v_f + v_0}{2}.$$

Partindo da relação $d = v_{\text{média}}\, t$ e realizando substituições apropriadas, mostre que

$$d = \frac{v_f^2 - v_0^2}{2a}.$$

Note que esta equação de fato não inclui o tempo, de modo que é adequado usá-la quando, em um problema, não é fornecido o tempo decorrido!

10. ♦ Uma partícula dotada de carga elétrica acelera uniformemente a partir do repouso e atinge uma rapidez igual a v depois de percorrer uma distância x.
   a. Mostre que a aceleração dessa partícula é dada por $a = \frac{v^2}{2x}$.
   b. Se a partícula inicia em repouso e atinge a rapidez de $1{,}8 \times 10^7$ m/s ao longo de uma distância de 0,10 m, mostre que sua aceleração vale $1{,}6 \times 10^{15}$ m/s^2.

Capítulo 4

As Leis de Newton do Movimento

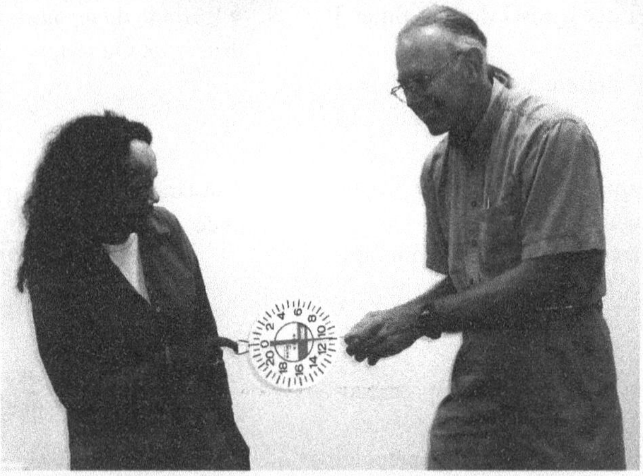

Darlene Librero puxa com um dedo; Paul Doherty puxa com ambas as mãos. Eis o que eles perguntam à classe: "Quem exerce maior força sobre a balança de molas"?

O trabalho de Galileu criou o palco para Isaac Newton, que nasceu pouco depois da morte de Galileu, em 1642. Quando Newton tinha 23 anos, já havia elaborado suas três leis do movimento, que completaram a derrocada da física aristotélica. Essas três leis apareceram pela primeira vez em um dos mais famosos livros já escritos, *Philosophiae Naturalis Principia Mathematica*[1] de Newton, com freqüência conhecido simplesmente como *Principia*. A primeira lei é uma re-elaboração do conceito de inércia, devido a Galileu; a segunda relaciona a aceleração a suas causas – forças; e a terceira é a lei da ação e reação.

4.1 A primeira lei de Newton do movimento

A **primeira lei de Newton**, geralmente chamada de **lei da inércia**, é uma re-elaboração de uma idéia de Galileu. **Todo objeto permanece em repouso ou em movimento com rapidez uniforme em linha reta a menos que seja exercida sobre ele uma força diferente de zero.**

Pode-se conceber inércia como sendo outra palavra para "letargia" (ou resistência a alterações).

A palavra-chave nesta lei é *permanece*: um objeto *permanece* como estava a menos que uma força seja exercida sobre ele. Se ele estava em repouso, permanece neste em estado. Isto é ilustrado quando uma toalha de mesa é habilidosamente puxada de súbito, por baixo dos pratos e sobre uma mesa, deixando os mesmos em seus estados iniciais de repouso[2]. Por outro lado, se

[1] Traduzido do latim como "Princípios Matemáticos de Filosofia Natural" e editado no Brasil pela EDUSP. Veja a biografia de Newton na página 89.

[2] Uma inspeção rigorosa mostrará que o breve atrito entre os pratos e a toalha de mesa em rápido movimento dá início ao movimento dos pratos, mas, então, o atrito entre os pratos e a mesa os detém antes que eles escorreguem significativamente. Se você deseja experimentar isso, use pratos inquebráveis!

WOOSH!

FIGURA 4.1
Inércia em ação.

um objeto está se movendo, ele *continua* em movimento sem alterar sua rapidez nem sua orientação, como evidenciado por um disco de hóquei quando desliza sobre um colchão de ar de um laboratório ou por sondas espaciais que se movem permanentemente no espaço exterior. Essa propriedade de os objetos resistirem a variações em seu movimento é chamada de **inércia**.

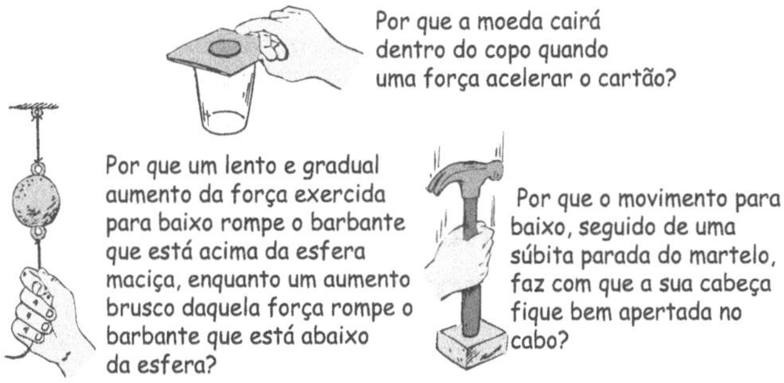
Por que a moeda cairá dentro do copo quando uma força acelerar o cartão?
Por que um lento e gradual aumento da força exercida para baixo rompe o barbante que está acima da esfera maciça, enquanto um aumento brusco daquela força rompe o barbante que está abaixo da esfera?
Por que o movimento para baixo, seguido de uma súbita parada do martelo, faz com que a sua cabeça fique bem apertada no cabo?

FIGURA 4.2
Exemplos de inércia.

FIGURA 4.3
A rápida desaceleração é sentida pelo motorista, que se projeta bruscamente para a frente – inércia em ação!

PARE E TESTE A SI MESMO

Quando um ônibus espacial percorre uma órbita circular em torno da Terra, é preciso uma força exercida sobre ele a fim de manter sua alta rapidez? Se, subitamente, a força da gravidade fosse "desligada", que tipo de trajetória a nave seguiria?

VERIFIQUE SUAS RESPOSTAS

Nenhuma força é exercida na orientação de movimento do ônibus. Ele "segue o curso" devido à sua própria inércia. A única força exercida sobre ele é a da gravidade, que atua em ângulo reto (ou seja, em direção ao centro da Terra) com o movimento do satélite. Mais tarde você verá que esta força ortogonal mantém o ônibus espacial em uma trajetória circular. Se ela fosse "desligada", a nave se moveria com uma rapidez constante e em linha reta (velocidade constante).

A Terra móvel

Em 1543, o astrônomo polonês Copérnico causou grande polêmica ao publicar um livro onde propunha que a Terra girava em torno do Sol[3]. Esta idéia estava em conflito com o ponto de vista popular de que a Terra seria o centro do universo. A concepção de Copérnico de um sistema solar centrado no Sol resultava de anos de estudo dos movimentos planetários. Copérnico havia mantido sua teoria oculta do público por duas razões. A primeira era que ele temia ser perseguido; uma teoria assim, tão diferente da opinião comum, certamente seria interpretada como um ataque à ordem estabelecida. A segunda razão eram as reservas que ele próprio tinha a respeito da teoria; Copérnico não conseguia reconciliar a idéia de uma Terra em movimento com as idéias prevalecentes acerca do movimento. O conceito de inércia era desconhecido para ele e outros de sua época. Nos últimos dias de sua vida, encorajado pelos amigos próximos, ele enviou seu manuscrito, *De Revolutionibus Orbium Coelestium*[4], para impressão. A primeira cópia impressa deste famoso trabalho chegou-lhe às mãos somente no dia de sua morte – 24 de maio de 1543.

[3] Copérnico não foi certamente o primeiro a pensar em um sistema solar centrado no Sol. No século V, por exemplo, o astrônomo indiano Aryabhatta ensinava que a Terra circula o Sol, e não, o contrário (como a maioria das pessoas de então acreditava).

[4] Traduzido do latim como "Sobre as Revoluções das Esferas Celestes".

A idéia de uma Terra móvel foi muito debatida. Os europeus de então pensavam como Aristóteles, e a existência de uma força enorme capaz de manter a Terra se movendo estava além de sua imaginação. Eles não tinham a mínima idéia acerca do conceito de inércia. Um dos argumentos contra o movimento da Terra era o seguinte:

Considere um pássaro em repouso no ramo de uma árvore alta. Sobre o solo abaixo dele se encontra uma gorda e suculenta minhoca. O pássaro enxerga a minhoca, mergulha verticalmente no ar e a captura. O argumento é que isto seria impossível se a Terra estivesse em movimento. Uma Terra móvel teria de mover-se com uma velocidade enorme a fim de circular o Sol durante um ano. Enquanto o pássaro desce de seu galho para o solo, a minhoca passaria rapidamente abaixo dele, seguindo junto com a Terra em movimento abaixo do pássaro. Parecia que apanhar uma minhoca sobre uma Terra em movimento era algo impossível. O fato de que os pássaros realmente apanham minhocas partindo de ramos das árvores soava como evidência clara de que a Terra deveria estar em repouso.

A força *altera* o movimento, ela não o *causa*.

Você consegue encontrar o erro deste argumento? Sim, se invocar a idéia de inércia. Veja, não apenas a Terra se move a grande velocidade, mas também a árvore, o galho da árvore, o pássaro parado nele, a minhoca abaixo, no solo, e até mesmo o ar entre eles. Todos estão se movendo a 30 quilômetros por segundo. As coisas que estão em movimento assim permanecem se nenhum conjunto de forças for exercido de forma não-equilibrada. Portanto, quando o pássaro mergulha do galho, seu movimento lateral inicial permanece inalterado. Ele apanha a minhoca sem ser em nada afetado pelo movimento global do ambiente.

Nós vivemos sobre uma Terra em movimento. Se você ficar de pé próximo a uma parede e saltar de maneira que seus pés não estejam mais em contato com o solo, a parede em movimento colidirá com você? Por que não? Isso não ocorre porque você também está se movendo com a mesma rapidez que a Terra, antes, durante e depois do salto. A rapidez da Terra em relação ao Sol não é igual à rapidez da parede em relação a você.

FIGURA 4.4
O pássaro pode mergulhar e apanhar a minhoca se a Terra se move a uma taxa de 30 km/s?

FIGURA 4.5
Quando você tira cara ou coroa com uma moeda dentro de um avião a jato muito veloz, ela se comporta como quando o aeroplano está parado. A moeda acompanha você – inércia em ação!

As pessoas de 400 anos atrás tinham dificuldades com idéias como essa, não apenas porque elas desconheciam o conceito de inércia, mas por não estarem acostumadas a se locomover em veículos velozes. Carruagens lentas, puxadas por cavalos em estradas esburacadas, não os conduziram aos experimentos capazes de revelar os efeitos da inércia. Hoje nós atiramos uma moeda para cima, dentro de um carro, um ônibus ou um avião veloz e a conseguimos apanhar de volta como se o veículo estivesse em repouso. Nós enxergamos a evidência da lei da inércia quando o movimento horizontal da moeda antes, durante e depois do lançamento é o mesmo. A moeda nos acompanha.

4.2 A segunda lei de Newton do movimento

Isaac Newton foi o primeiro a perceber a conexão que existe entre força e massa na produção da aceleração, que é uma das leis mais centrais da natureza. Ele a expressou em sua famosa *segunda lei do movimento*. A **segunda lei de Newton** estabelece que:

A aceleração produzida por uma dada força resultante sobre um objeto é diretamente proporcional à força resultante, tem a mesma orientação da força resultante e é inversamente proporcional à massa do objeto.

Ou, em notação sintética,

$$\text{Aceleração} \sim \frac{\text{força resultante}}{\text{massa}}$$

Usando unidades consistentes, tais como newtons (N) para força, quilogramas (kg) para massa e metros por segundo ao quadrado (m/s^2) para aceleração, escrevemos a equação exata:

$$\text{Aceleração} = \frac{\text{força resultante}}{\text{massa}}$$

Assim é diretamente proporcional.

Assim é inversamente proporcional.

Em uma forma mais condensada, onde a representa a aceleração, F_R é a força resultante e m é a massa:

$$a = \frac{F_R}{m}$$

Quando usamos o símbolo F para denotar a força resultante, podemos encurtar isto para

$$a = \frac{F}{m}$$

A aceleração é igual à força resultante dividida pela massa. Se a força resultante exercida sobre o objeto for duplicada, a aceleração dele dobrará de valor. Suponha, em vez disso, que a massa seja duplicada. Neste caso, a aceleração diminuirá pela metade. Se tanto a força resultante quanto a massa forem duplicadas, a aceleração ficará inalterada. (Estas relações são desenvolvidas de maneira agradável em *Practice Book for Conceptual Physics Fundamentals*.)

FIGURA 4.6
A aceleração depende tanto do valor do empurrão quanto da massa do que está sendo empurrado.

A força da mão acelera o tijolo
Força duas vezes maior produz duas vezes mais aceleração
Força duas vezes maior exercida sobre duas vezes mais massa produz a mesma aceleração

FIGURA 4.7
A aceleração é diretamente proporcional à força.

PARE E TESTE A SI MESMO

1. No capítulo anterior, definimos aceleração como a taxa de variação da velocidade, ou seja, $a = \frac{\text{variação de } v}{\text{tempo}}$. Não estamos agora afirmando que, em vez disso, a aceleração é a razão entre a força e a massa isto é, $a = \frac{F}{m}$? Qual delas é a correta?
2. Um jato jumbo voa com velocidade constante de 1.000 km/h quando a força de empuxo fornecida pelos motores é de 100.000 N. Qual é a aceleração do jato? Qual é a força de resistência do ar sobre ele?
3. Suponha que você exerça o mesmo valor de força sobre dois carros de kart separados, um deles com massa de 1 kg, outro com massa de 2 kg. Qual deles acelerará mais, e quão maior será essa aceleração?

VERIFIQUE SUAS RESPOSTAS

1. Ambas. A aceleração é *definida* como a taxa de variação temporal da velocidade, e é *produzida por* uma força. O valor da razão força/massa (normalmente a causa) é que determina a taxa de variação dada por velocidade/tempo (normalmente o efeito). Assim, devemos primeiro definir a aceleração e, então, definir os fatores que a produzem.
2. A aceleração é nula, como evidenciado pela velocidade constante. Uma vez que é nula a aceleração, conforme a segunda lei de Newton, a força resultante é nula também, o que significa que a força de resistência do ar deve ser exatamente igual à força de empuxo de 100.000 N, mas exercida em orientação contrária à desta. Portanto, a resistência do ar sobre o jato vale 100.000 N. Isto está de acordo com $\Sigma \mathbf{F} = 0$. (Note que não precisamos conhecer a velocidade do jato para responder a esta questão, mas apenas saber que ela é constante – nossa pista de que a aceleração e, portanto, a força resultante, são nulas.)
3. O kart de 1 kg terá maior aceleração – duas vezes maior, na verdade – porque ele possui a metade da massa do outro – o que significa a metade da resistência oferecida a alterações no movimento.

FIGURA 4.8
A aceleração é inversamente proporcional à massa.

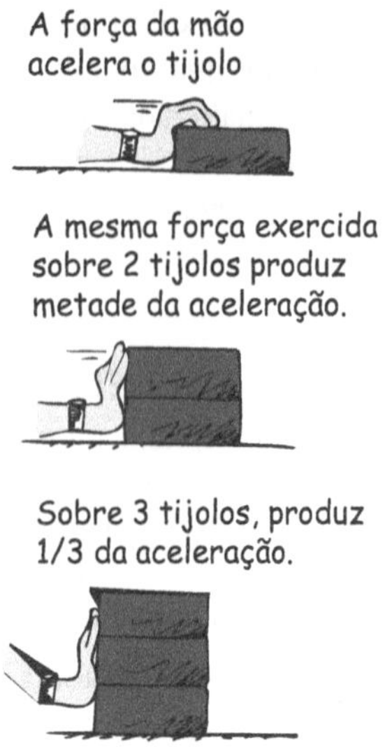
A força da mão acelera o tijolo
A mesma força exercida sobre 2 tijolos produz metade da aceleração.
Sobre 3 tijolos, produz 1/3 da aceleração.

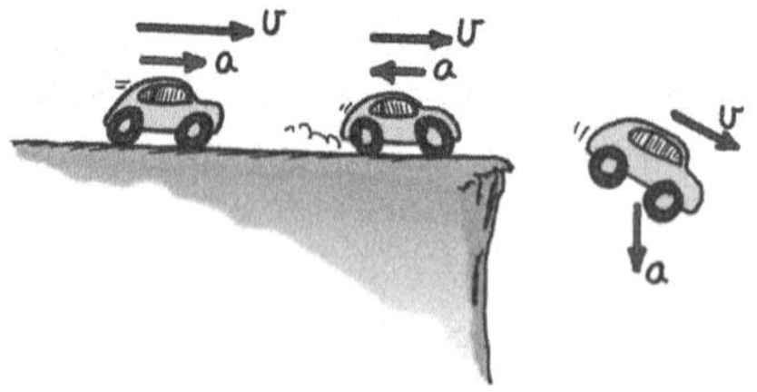
v
a
v
a
v
a

FIGURA 4.9
Quando você acelera no mesmo sentido de sua velocidade, sua rapidez aumenta; em sentido oposto à velocidade, sua rapidez diminui; e em um determinado ângulo com a velocidade, sua direção é alterada.

FIGURA 4.10
A razão entre o peso (F) e a massa (m) é a mesma para todos os objetos em uma mesma localidade; daí, na ausência de resistência do ar, suas acelerações serão as mesmas.

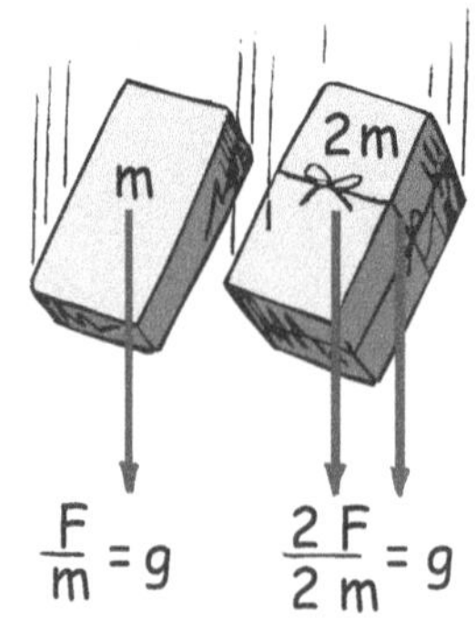
m
2m
F/m = g
2 F/2 m = g

Quando a aceleração é igual a g – queda livre

Embora Galileu tenha concebido os conceitos de inércia e de aceleração e tenha sido o primeiro a medir a aceleração de objetos em queda, ele foi incapaz de explicar por que objetos com massas diferentes caem com a mesma aceleração. A segunda lei de Newton fornece a explicação para isso.

Sabemos que um objeto em queda acelera em direção à Terra por causa da força de atração gravitacional entre ele e o planeta. Como observado anteriormente, quando a força da gravidade for a única força exercida – ou seja, quando a resistência do ar for desprezível – dizemos que o objeto está em um estado de **queda livre.** Um objeto em queda livre acelera em direção à Terra a 10 m/s^2 (ou, mais precisamente, 9,8 m/s^2).

Quanto maior for a massa de um objeto, maior será a força de atração gravitacional entre ele e a Terra. O tijolo duplo da Figura 4.10, por exemplo, sofre duas vezes mais atração gravitacional do que o tijolo único. Por que, então, o tijolo duplo não cai duas vezes mais rápido, como supôs Aristóteles? A resposta é evidente, conforme a segunda lei de Newton: a aceleração do objeto depende não apenas da força nele exercida – neste caso, o peso –, mas também da resistência que ele oferece ao movimento – sua inércia. Enquanto uma força produz aceleração, a inércia *resiste* à aceleração. Assim, duas vezes mais força exercida sobre um corpo com inércia duas vezes maior produz a mesma aceleração que a metade da força exercida sobre o corpo com metade da inércia. Ambas aceleram igualmente. A aceleração devido à gravidade é simbolizada por g, ao invés de a. Usamos este símbolo, em lugar de a, para indicar que a aceleração, neste caso, se deve apenas à gravidade.

Quando Galileu tentou explicar por que os objetos caíam todos com mesma aceleração, não teria ele adorado saber que $a = F/m$?

A razão do peso para a massa, para objetos em queda livre, é igual à constante g. Isto é análogo à razão da circunferência para o diâmetro dos círculos, que é igual à constante π. A razão do peso para a massa é a mesma tanto para objetos pesados quanto para objetos leves, da mesma forma que a razão entre a circunferência e o diâmetro de um círculo é a mesma para círculos grandes ou pequenos (Figura 4.11).

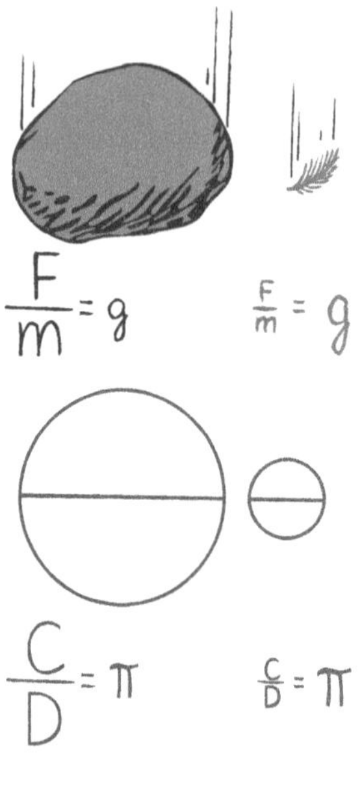
F/m = g
F/m = g
C/D = π
C/D = π

FIGURA 4.11
A razão do peso (F) para a massa (m) é a mesma para a grande rocha e para a pequena pena; analogamente, a razão entre a circunferência (C) e o diâmetro (D) é a mesma para o círculo grande e para o pequeno.

RESOLUÇÃO DE PROBLEMAS

EXEMPLOS DE RESOLUÇÃO DE PROBLEMAS

Em quase todas as partes da física você se depara com equações, que são basicamente guias para o pensamento. Quando se está resolvendo problemas, você deve pensar primeiro em termos dos conceitos e dos símbolos. Nas equações, os símbolos orientam o caminho. A solução delas é uma reexpressão desses símbolos e de outros. Com freqüência você desejará expressar sua resposta em números. Através destes, você aprenderá a respeito de unidades, magnitudes e incertezas, e desenvolverá um "sentimento" do que é "grande" e do que é "pequeno". Assim, depois de obter uma solução expressa em símbolos, entre com os números. Consideremos agora dois problemas.

Problemas

1. Uma força F é exercida para a frente sobre um kart de massa m. Uma força de atrito f se opõe ao movimento.

a. Use a segunda lei de Newton e mostre que a aceleração do kart é dada por $\frac{F-f}{m}$.

b. Se a massa do kart for de 4,0 kg, a força exercida sobre ele for de 12,0 N e a força de atrito valer 6,0 N, mostre que a aceleração do kart é de 1,5 m/s^2.

2. O ônibus de uma banda de rock em excursão, de massa M, está acelerando a partir de um sinal de parada, com uma taxa a, quando um grande pedaço de metal pesado, de massa $M/5$, cai do ônibus. A força exercida sobre o ônibus mantém-se inalterada.

a. Mostre que a aceleração do ônibus é, então, $\frac{5}{4}$ a.

b. Se a aceleração inicial do ônibus era de 1,2 m/s^2, mostre que a aceleração do ônibus será de 1,5 m/s^2 quando ele não estiver mais carregando o metal pesado.

Soluções

1. a. Foi pedido que encontremos a aceleração. Da segunda lei de Newton, sabemos que $a = \frac{F_R}{m}$. Neste, caso a força resultante é $F - f$. Portanto, a solução é $a = \frac{F-f}{m}$ (onde todas as grandezas representadas têm valores conhecidos). Note que esta resposta se aplica a todas as situações em que a força constante exercida é contrabalançada por uma força de atrito também constante. Ela, portanto, cobre muitas possibilidades.

b. Aqui basta substituir os valores numéricos fornecidos:

$$a = \frac{F-f}{m} = \frac{12{,}0\ \text{N} - 6{,}0\ \text{N}}{4{,}0\ \text{kg}}$$
$$= 1{,}5\frac{\text{N}}{\text{kg}} = 1{,}5\ \text{m/s}^2.$$

(A unidade N/kg é equivalente a m/s^2.) Note que a resposta, aproximadamente 15 por cento de g, é razoável.

2. a. Novamente, foi pedido que determinemos a aceleração. Da segunda lei de Newton, sabemos que $a = \frac{F_R}{m}$, de modo que $F_R = ma$. Antes da queda do pedaço de metal, a massa do ônibus era M, assim a força resultante era Ma, a massa do ônibus multiplicada por sua aceleração. Nos foi informado que esta também é a força depois que o pedaço de metal já caiu, de modo que a aceleração final é

$$a = \frac{\text{a mesma força}}{\text{a nova massa}} = \frac{Ma}{M - M/5}$$
$$= \frac{Ma}{\left(\frac{5M - M}{5}\right)} = \frac{Ma}{\left(\frac{4M}{5}\right)} = \frac{5Ma}{4M} = \frac{5}{4}a.$$

Faz sentido que a aceleração, depois da queda do pedaço de metal, seja maior do que era inicialmente.

b. Novamente, basta aqui substituir os valores numéricos fornecidos:

$$\text{Nova aceleração} = \frac{5}{4}a = \frac{5}{4}1{,}2\ \text{m/s}^2$$
$$= 1{,}5\ \text{m/s}^2,$$

que, de novo, constitui uma resposta razoável. Toda a física envolvida neste problema se encontra no item (a). O foco está nos conceitos e no raciocínio, e não, nos números. No item (b), a resposta foi encontrada através da substituição dos valores numéricos para as grandezas representadas por letras no item (a). O discernimento quanto a unidades de medida e algarismos significativos, bem como quanto à razoabilidade das respostas obtidas, pode ser empregado no item (b). Para informação acerca de unidades de medida e algarismos significativos, consulte o Apêndice A.

Agora compreendemos por que a aceleração de um objeto em queda livre independe da massa do objeto. Uma grande rocha, com massa 100 vezes maior que a de um pedregulho, cai com a mesma aceleração que este porque, embora a força sobre a grande rocha (seu peso) seja 100 vezes maior do que a força (peso) sobre

FIGURA 4.12
No vácuo, uma pena e uma moeda caem com a mesma aceleração.

o pedregulho, a resistência que ele oferece a alterações do movimento (massa) é também 100 vezes maior que a do pedregulho. A maior força é compensada pela massa igualmente maior.

PARE E TESTE A SI MESMO

No vácuo, uma moeda e uma pena caem da mesma maneira, lado a lado. Seria correto dizer que *forças gravitacionais iguais* são exercidas sobre a moeda e a pena, quando estão no vácuo?

VERIFIQUE SUA RESPOSTA

Não, não e não – mil vezes não! Esses objetos aceleram da mesma maneira não porque as forças da gravidade sobre eles sejam iguais, e sim porque as *razões* entre seus pesos e suas correspondentes massas são iguais. Embora a resistência do ar não esteja presente no vácuo, a gravidade lá está. (Você saberia disso se enfiasse sua mão em uma câmara de vácuo e se um caminhão de cimento passasse sobre ela.) Se você respondeu sim a esta questão, que sirva de advertência para que seja mais cuidadoso quando pensar em física!

A rapidez de uma bola arremessada verticalmente para cima, quando ela se encontra no topo da trajetória, é nula. Será que sua aceleração também é nula? (A resposta começa com um "N".)

Quando a aceleração é menor do que *g* – queda não-livre

É mais comum que a resistência do ar sobre objetos em queda não seja desprezível. Neste caso, a aceleração da queda é menor. A resistência do ar depende fundamentalmente de duas coisas: da rapidez e da área superficial. Quando um *skydiver** salta de um aeroplano a grande altura, a resistência do ar sobre seu corpo aumenta à medida que a velocidade de queda aumenta. O efeito é uma aceleração que diminui. A aceleração pode ser diminuída mais ainda através do aumento da área superficial. Um *skydiver* faz isso orientando o corpo de maneira que ele encontre o máximo de ar pelo caminho – estendendo seus braços e pernas à maneira de um esquilo voador. Portanto, a resistência do ar depende da rapidez e da área frontal oferecida ao ar.

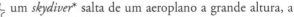

Em queda livre, apenas uma força é exercida – a força da gravidade. Sempre que existir a força de resistência do ar, o objeto não estará em queda livre.

Na queda livre, a força resultante orientada para baixo é o peso – apenas o peso. Mas quando o ar está presente, força resultante orientada para baixo = peso – resistência do ar. Você consegue perceber que a existência da resistência do ar reduz a força resultante? E que uma menor força resultante significa menor aceleração? Assim, quando um *skydiver* cai com velocidade progressivamente maior, a aceleração vai se tornando cada vez menor[5].O que acontece com a força resultante se a resistência do ar aumentar e se igualar ao peso do *skydiver*? A resposta é que a força resultante torna-se nula. De novo nos deparamos com $\Sigma F = 0$! A aceleração torna-se nula. Isso significa que o *skydiver* pára? Não! Isso significa que ele pára de ganhar velocidade. A aceleração acaba – e não volta a existir. Dizemos então que o *skydiver* atingiu sua **velocidade terminal**.

O valor da velocidade terminal de um *skydiver* varia entre 150 e 200 km/h aproximadamente, dependendo do peso, do tamanho e da orientação corporal do saltador. Uma pessoa mais pesada tem de atingir uma velocidade maior para que a resistência do ar contrabalanceie seu peso[6]. Um

* N. de T.: O *skydiver* é o praticante de uma modalidade de pára-quedismo que consiste em cair sem puxar o pára-quedas durante o maior tempo possível, durante o qual são realizadas manobras corporais, individualmente ou em grupo. A roupa apropriada é feita de tecido sintético altamente leve e resistente e é dotada de membranas entre os braços e o tronco e entre as pernas, o que facilita as manobras e aumenta a velocidade horizontal de queda. Com isso o tempo de duração do salto livre é prolongado.

5 Em notação matemática,

$$a = \frac{F_R}{m} = \frac{mg - R}{m}$$

onde mg é o peso e R é a resistência do ar. Note que quando $R = mg$, $a = 0$; então, sem haver aceleração, o objeto segue caindo com velocidade constante. Usando álgebra elementar, mais um passo nos leva a

$$a = \frac{F_R}{m} = \frac{mg - R}{m} = g - \frac{R}{m}$$

Vemos que quando a resistência do ar, R, retarda a queda, a aceleração a é sempre menor do que g. Somente quando $R = 0$ é que $a = g$.

6 A resistência do ar sobre um *skydiver* é proporcional ao quadrado da velocidade.

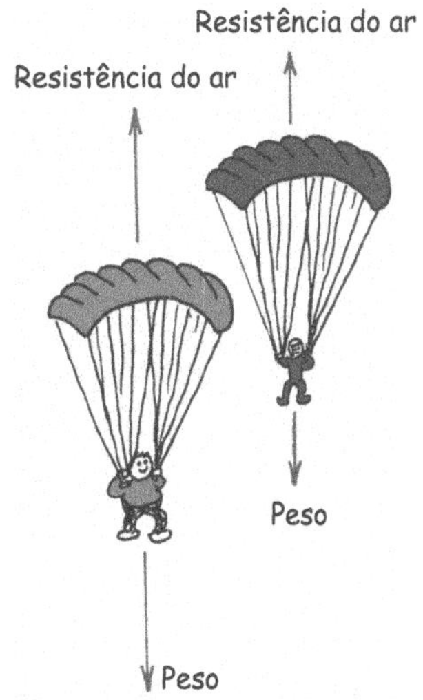
Resistência do ar
Resistência do ar
Peso
Peso

FIGURA 4.13

O pára-quedista mais pesado deve cair mais rápido do que o pára-quedista mais leve a fim de que a resistência do ar anule seu peso maior.

FIGURA 4.14

Ao saltar, um esquilo voador aumenta sua área frontal.

peso maior é mais eficiente em "cortar o ar" durante uma queda, resultando em uma velocidade terminal maior para uma pessoa mais pesada. O aumento da área frontal reduz o valor da velocidade terminal. É por isso que um pára-quedas funciona. O grande aumento de área frontal quando um pára-quedas é aberto produz um enorme aumento da resistência do ar, reduzindo a velocidade terminal para seguros 15 ou 25 km/h na aterrissagem.

Considere a curiosa demonstração da queda simultânea de uma moeda e de uma pena de ave no interior de um tubo de vidro (Figura 4.12). Quando existe ar dentro dele, constatamos que a pena cai mais lentamente por causa da

PARE E TESTE A SI MESMO

Uma *skydiver* salta de um helicóptero que paira no ar. Enquanto ela cai cada vez mais rápida através do ar, sua aceleração aumenta, diminui ou se mantém inalterada?

VERIFIQUE SUA RESPOSTA

A aceleração diminui porque a força resultante exercida sobre a *skydiver* diminui. A força resultante é igual ao peso da *skydiver* menos a resistência do ar sobre ela; uma vez que a resistência do ar aumenta com o crescimento da velocidade, a força resultante diminui e, portanto, a aceleração diminui. Pela segunda lei de Newton,

$$a = \frac{F_R}{m} = \frac{mg - R}{m}$$

onde mg é o peso da moça e R é a resistência do ar com a qual ela se depara. Quando R aumenta, tanto a força resultante quanto a aceleração $\boldsymbol{a}$ diminuem. Note que, se ela cai com rapidez suficiente para que $R = mg$, $a = 0$ e, então, sem haver aceleração, ela passa a cair com rapidez constante.

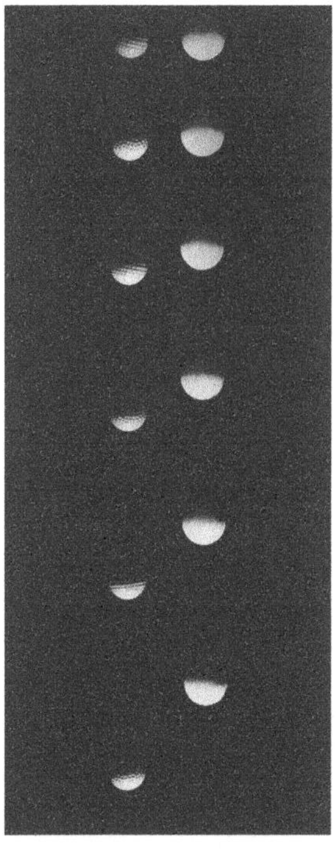

FIGURA 4.15

Um estudo fotográfico de uma bola de golfe (*esquerda*) e de uma bola de isopor (*direita*) em queda no ar, feito com luz estroboscópica. A resistência do ar é desprezível para a bola de golfe, mais pesada, e sua aceleração é aproximadamente igual a g. A resistência do ar não é desprezível para a bola de isopor, mais leve, que cedo atinge sua velocidade terminal.

resistência do ar. O peso da pena é tão pequeno que ela logo atinge sua velocidade terminal. Você consegue perceber que ela não precisa cair tanto ou atingir grande velocidade para que a resistência do ar aumente o suficiente para se igualar ao seu pequeno peso? A moeda, ao contrário, não dispõe de tempo suficiente para atingir a velocidade na qual a resistência do ar torne-se igual ao seu próprio peso. Notavelmente, se deixarmos uma moeda cair de um lugar muito alto, tal como o terraço de um arranha-céu, sua velocidade terminal seria atingida quando ela estivesse a cerca de 200 km/h. Isso é um valor de velocidade terminal muito maior do que a de uma pena em queda no ar!

PARE E TESTE A SI MESMO

Considere dois pára-quedistas, um pesado e outro leve, que saltam de uma mesma altitude e com pára-quedas de mesmo tamanho.

1. Qual deles atinge primeiro a velocidade terminal?
2. Qual deles tem maior velocidade terminal?
3. Qual deles chega primeiro ao solo?
4. Se não existisse resistência do ar, tal como na Lua, como suas respostas para as questões anteriores difeririam?

VERIFIQUE SUA RESPOSTA

Para responder a essas questões, pense em uma moeda e em uma pena em queda no ar.

1. Da mesma forma que uma pena atinge a velocidade terminal em pouco tempo, a pessoa mais leve atinge sua velocidade terminal primeiro.
2. Da mesma forma que uma moeda cai através do ar mais rapidamente que uma pena, a pessoa mais pesada cai mais rapidamente e atinge uma velocidade terminal que é maior.
3. Da mesma forma como a corrida entre a moeda e a pena em queda, a pessoa mais pesada cai mais rapidamente e chega primeiro ao solo.
4. Se não existisse qualquer resistência do ar, também não existiria nenhuma velocidade terminal. Ambos estariam em queda livre e chegariam juntos ao solo.

Quando Galileu, alegadamente, deixou cair objetos com pesos diferentes a partir da Torre Inclinada de Pisa, eles de fato não chegaram simultaneamente ao solo. Quase chegaram juntos ao solo, mas, devido à resistência do ar, os mais pesados chegaram uma fração de segundo antes dos outros. De qualquer forma, isso contrariava a expectativa dos seguidores de Aristóteles, que previam uma diferença de tempos bem maior. O comportamento de objetos em queda só foi realmente compreendido depois que Newton enunciou sua segunda lei do movimento.

psc

Dependendo do tamanho e do peso de pacotes arremessados de um avião, o valor típico para a velocidade terminal é de 160 km/h (100 milhas por hora). Isso é tão rápido quanto uma bola de beisebol arremessada muito velozmente ou quase tão rápido quanto uma bola de tênis durante um saque. Objetos como sacos de arroz ou de farinha são capazes de sobreviver a esta velocidade terminal, de modo que raramente são usados pára-quedas para lançá-los. Na verdade, não se usam pára-quedas quando suprimentos de alimentos se destinam aos cidadãos em meio a um exército cujas tropas confiscariam os suprimentos lançados.

4.3 Forças e interações

Até aqui temos abordado força em seu sentido mais simples – um empurrão ou um puxão. Num sentido mais amplo, uma força não é uma coisa em si mesma, mas constitui uma interação entre uma coisa e outra. Se você empurra uma parede com os dedos, outras coisas estão ocorrendo além de seu empurrão. Enquanto você estiver interagindo com a parede, ela também o empurrará de volta. O fato de que seus dedos e a parede se empurram mutuamente é evidenciado pela curvatura de seus dedos, que se dobram (Figura 4.16). Essas duas forças são de mesmo módulo (valor), mas seus sentidos são opostos. Este **par de forças** constitui uma única interação. De fato, você não consegue empurrar uma parede sem que ela o empurre de volta. Existe aqui um par de forças envolvido: seu empurrão sobre a parede e o empurrão dela de volta sobre você[7].

FIGURA 4.16
Quando você se escora em uma parede, exerce uma força sobre ela. Simultaneamente, a parede exerce sobre você uma força de mesmo módulo e orientação contrária. Por isso você não tomba.

[7] Tendemos a pensar que apenas os seres vivos possam empurrar ou puxar. Mas seres inanimados também podem fazer o mesmo. Assim, por favor, não se confunda com a idéia de que uma parede inanimada possa empurrá-lo. Ela o faz da mesma forma que outra pessoa, inclinando-se, o empurraria também.

WHAP!
PiFF

FIGURA 4.17
O boxeador pode bater em um saco maciço com uma força consideravelmente grande. Mas, com o mesmo golpe, ele consegue exercer apenas uma pequena força sobre uma folha de papel no ar.

Na Figura 4.17, vemos um boxeador bater primeiro em um saco de areia. O atleta bate no saco de areia maciço (e o amassa), ao mesmo tempo em que o saco bate no boxeador de volta (e assim detém o movimento do punho). Este par de forças é de grande valor. Mas e se o boxeador batesse em um pedaço de papel? Seu punho pode exercer tanta força quanto a que o pedaço de papel exerce sobre o punho do boxeador. Além disso, o punho não é capaz de exercer qualquer força a menos que aquilo que está sendo atingido por ele exerça o mesmo valor de força de reação. Uma interação é constituída por um *par* de forças exercidas sobre *dois* objetos.

Pode um boxeador machucar sua mão quando ela atinge um pedaço de papel fino?

Quando uma marreta atinge uma estaca, fincando-a no solo, a estaca exerce sobre a marreta uma força de igual valor que a faz parar subitamente. E quando você puxa um carrinho e o acelera, o carrinho também o puxa de volta, como talvez fique evidenciado pelo tensionamento da corda enrolada em sua mão. Uma coisa interage com a outra; a marreta interage com a estaca, e você interage com o carrinho.

Quem exerce a força e sobre quem é exercida a força? A resposta de Isaac Newton para isso foi que nenhuma força pode ser identificada como "ação" ou "reação", e ele concluiu que ambos os objetos devem ser tratados igualmente. Por exemplo, quando uma marreta exerce força sobre uma estaca, a marreta é levada ao repouso pela força que a estaca exerce sobre ela. As duas forças são de mesmo valor e têm sentidos contrários. Quando você puxa o carrinho, este, simultaneamente, o puxa de volta. Este par de forças, seu puxão sobre o carrinho e o puxão do carrinho sobre você, constituem uma única interação entre você e ele. Tais observações conduziram Newton à sua terceira lei do movimento.

4.4 A terceira lei de Newton do movimento

A **terceira lei de Newton** estabelece que:

Sempre que um objeto exercer uma força sobre outro objeto, este exercerá uma força igual e oposta sobre o primeiro.

Podemos chamar uma das forças de *força de ação*, e a outra, de *força de reação*. Com isso, podemos expressar a terceira lei de Newton da seguinte forma:
A cada ação sempre corresponde uma reação de mesmo valor, mas em sentido oposto.

Não importa qual força é chamada de *ação* e qual é chamada de *reação*. O que importa é que elas são partes conjuntas de uma única interação e que nenhuma delas existe sem a outra estar presente. As forças de ação e de reação são iguais em módulo, mas opostas em orientação. Elas ocorrem em pares e constituem uma interação entre duas coisas.

Quando caminhamos, interagimos com o piso. Seu empurrão sobre ele é acompanhado do empurrão do piso sobre você. O par de forças surge simultaneamente. Analogamente, os pneus de um carro empurram o piso da rodovia para trás, enquanto este empurra de volta os pneus – pneus e piso se empurram mutuamente. Ao nadar, você interage com a água que empurra para trás, enquanto ela o empurra de volta para a frente – você e a água se empurram. As forças de reação são responsáveis pelo nosso movimento nos dois casos. Essas forças dependem do atrito; sobre o gelo,

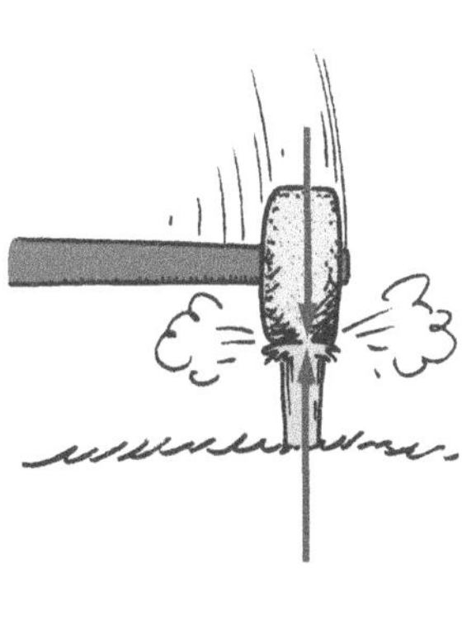

FIGURA 4.18
Na interação entre a marreta e a estaca, cada um dos objetos exerce uma força de mesmo módulo sobre o outro.

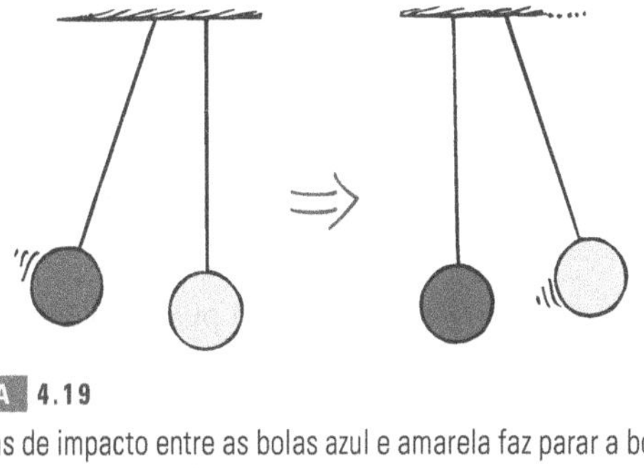

FIGURA 4.19
As forças de impacto entre as bolas azul e amarela faz parar a bola azul e movimenta a bola amarela.

uma pessoa ou um carro, por exemplo, não são capazes de exercer a força de ação para produzir a força de reação necessária. Nenhuma das forças existe sem a outra.

Regra prática para identificar o par ação-reação

Há uma regra prática para identificar as forças ação e reação. Primeiro, identifique a interação – uma coisa (objeto A) interage com outra (objeto B). Em seguida, as forças ação e reação podem ser especificadas da seguinte forma:

Ação: o objeto A exerce uma força sobre o objeto B.

Reação: o objeto B exerce uma força sobre o objeto A.

A regra é fácil de lembrar. Se a ação é A atuando sobre B, a reação é B atuando sobre A. Vemos que A e B podem ser simplesmente intercambiados. Considere o caso em que sua mão está empurrando uma parede. A interação é entre sua mão e a parede. Definiremos a ação como sua mão (objeto A) exercendo uma força sobre a parede (objeto B). Então a reação será a parede exercendo uma força sobre sua mão.

Saiba que uma força de ação e sua força de reação sempre são exercidas sobre objetos *diferentes*. Duas forças externas exercidas sobre o mesmo objeto, mesmo se elas são de mesmo módulo e contrárias, *não podem* constituir um par ação-reação. Esta é a lei!

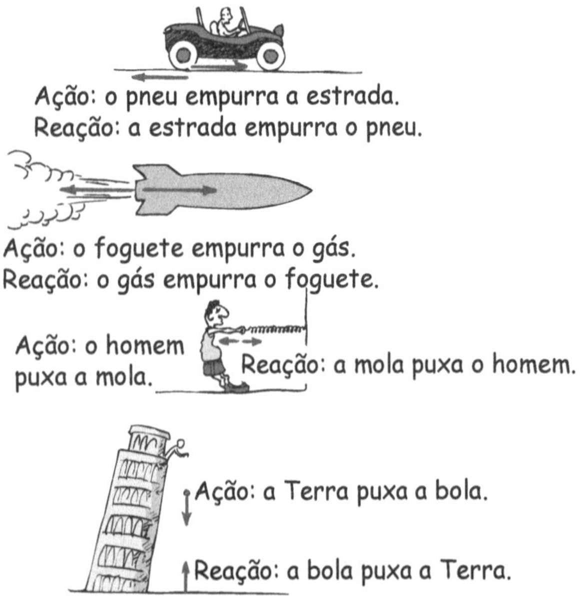
Ação: o pneu empurra a estrada.
Reação: a estrada empurra o pneu.
Ação: o foguete empurra o gás.
Reação: o gás empurra o foguete.
Ação: o homem puxa a mola.
Reação: a mola puxa o homem.
Ação: a Terra puxa a bola.
Reação: a bola puxa a Terra.

FIGURA 4.20

Forças de ação e reação. Note que, quando a ação é "A exerce força sobre B", a reação é simplesmente "B exerce força sobre A".

APLICANDO A FÍSICA

Abaixo vemos dois vetores representados sobre o esboço de uma mão empurrando uma parede: a parede também empurra a mão de volta. Observe que as outras figuras mostram apenas a força de ação. Desenhe setas que representem corretamente as forças de reação correspondentes que faltam. Você consegue especificar o par ação-reação em cada caso?

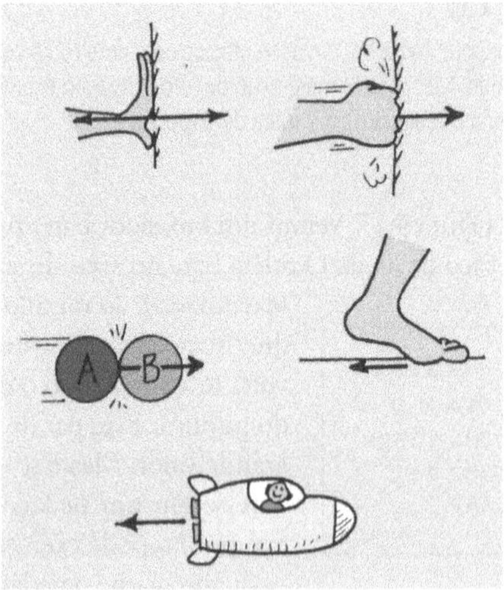
A
B

PARE E TESTE A SI MESMO

1. Um carro acelera numa rodovia. Identifique a força que o movimenta.
2. Identifique as forças ação e reação para o caso de um objeto em queda livre (sem resistência do ar).

VERIFIQUE SUAS RESPOSTAS

1. É a rodovia que empurra o carro para a frente. É verdade! A não ser pela resistência do ar, apenas a rodovia produz uma força horizontal sobre o carro. Como isto é feito? Os pneus do carro, em rotação, empurram a rodovia para trás (ação). Simultaneamente, a rodovia empurra os pneus para a frente (reação). Que tal?

2. Para identificar um par ação-reação em qualquer situação, comece identificando o par de objetos interagentes correspondente. No presente caso, a Terra interage com o objeto em queda através da força da gravidade. Assim, a Terra puxa para baixo o objeto em queda (chamemos esta força de *ação*). Logo, a *reação* é o objeto em queda atraindo a Terra para cima. Você só não nota a aceleração da Terra, para cima, porque a massa do planeta é enorme.

Quando empurro um dedo contra o outro, vejo a mesma deformação em cada um deles. Aha! - uma evidência de que cada um experimenta a mesma quantidade de força.

FIGURA 4.22
Qual dos planetas cai em direção ao outro? As acelerações de cada um se relacionam com suas massas relativas?

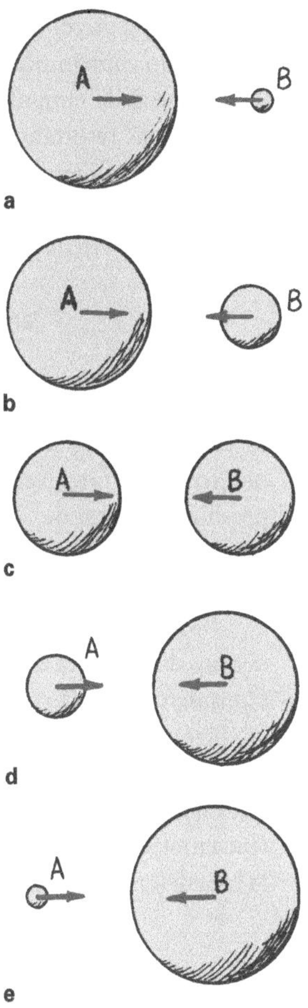
A
B
a
A
B
b
A
B
c
A
B
d
A
B
e

Ação e reação sobre diferentes corpos

É completamente surpreendente, mas um objeto em queda puxa a Terra para cima com tanta força quanto a Terra o puxa para baixo. A aceleração resultante de um objeto em queda é evidente, ao passo que a aceleração da Terra, para cima, é pequena demais para se detectar.

Considere os exemplos exagerados, para as situações de *a* até *e* da Figura 4.22, entre dois corpos planetários A e B. As forças exercidas sobre estes são iguais em módulo, mas orientadas contrariamente. Se a aceleração do planeta A for imperceptível no caso *a*, ela será mais perceptível em *b*, onde a diferença entre as massas não é tão extrema. Em *c*, caso em que os planetas têm mesma massa, a aceleração do planeta A é tão evidente quanto a do planeta B. Continuando, vemos que a aceleração de A torna-se mais evidente em *d*, e ainda mais em *e*. Assim, rigorosamente falando, quando você desce o degrau de uma calçada, a rua eleva-se, embora muito ligeiramente, em direção a você.

Quando se dispara um canhão, existe uma interação entre ele e a bala. A força súbita que o canhão exerce sobre a bala é exatamente de mesmo valor que a força contrária que a bala exerce sobre o canhão. É por isso que o canhão recua (dá um "coice"). Mas os efeitos causados por estas forças de mesmo valor são bastante diferentes. Isso ocorre porque as forças são exercidas sobre corpos de massas diferentes. Pense nisso em termos da segunda lei de Newton.

$$a = \frac{F}{m}$$

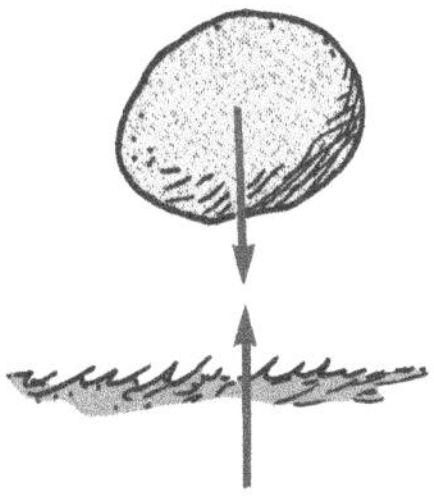

FIGURA 4.21
A Terra é puxada para cima pela rocha com tanta força quanto a rocha é puxada para baixo pela Terra.

BAM!

FIGURA 4.23
A força exercida sobre o canhão em recuo é exatamente tão grande quanto a força que impulsiona a bala ao longo do comprimento do canhão. Por que, então, a bala de canhão acelera mais do que o canhão?

Vamos representar tanto a ação quanto a reação por F, a massa do canhão por $\mathcal{M}$ e a massa da bala por m. Foram usados letras de tamanhos diferentes para indicar as massas relativas e as resultantes acelerações. Então, as acelerações da bala e do canhão podem ser representadas por:

$$\text{bala de canhão}: \frac{F}{m} = \mathcal{A}$$

$$\text{canhão}: \frac{F}{\mathcal{M}} = a$$

Assim, vemos por que a variação de velocidade da bala de canhão é tão grande comparada com a do canhão. Uma determinada força, exercida sobre uma massa pequena, produz uma grande aceleração, enquanto a mesma força, exercida sobre uma grande massa, produz uma pequena aceleração.

Podemos ampliar a idéia do recuo de um canhão com o disparo da bala para compreender a propulsão de um foguete. Considere um balão de borracha recuando enquanto expele ar (Figura 4.24). Se o ar é expelido para baixo, o balão acelera para cima. O mesmo princípio se aplica a um foguete, que está continuamente "recuando" com a exaustão dos gases. Cada molécula do gás exaurido é como se fosse uma minúscula bala de canhão disparada a partir do foguete (Figura 4.25).

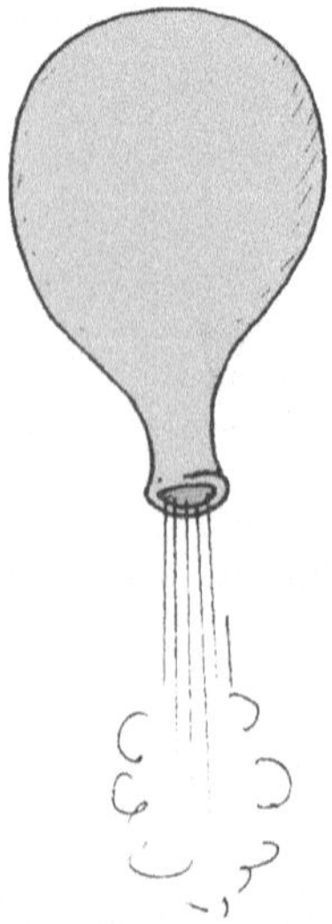

FIGURA 4.24
O balão recua por causa do ar expelido, e com isso sobe.

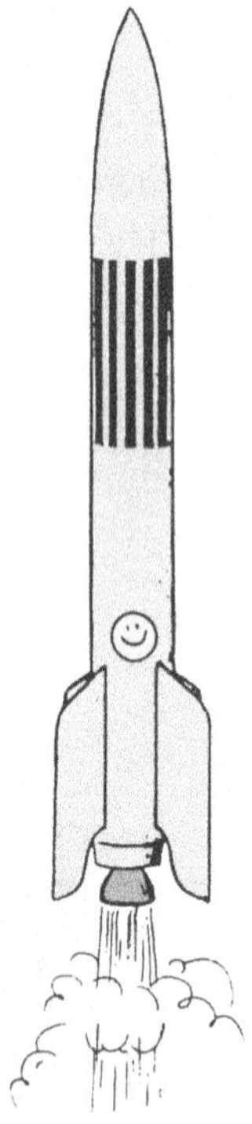

FIGURA 4.25
O foguete recua por causa das "balas moleculares" que ele dispara, e com isso sobe.

Uma falsa concepção, muito comum, é a de que um foguete seja propelido pelo impacto dos gases ejetados contra a atmosfera. No início do século XX, antes do advento dos foguetes, muitas pessoas realmente pensavam que fosse impossível mandar um foguete para a Lua. Por quê? Por causa da inexistência de uma atmosfera que o foguete pudesse empurrar. Mas pensar assim é como afirmar que uma arma de fogo não recuaria a menos que houvesse ar contra o qual ela pudesse empurrar. Nada disso! Tanto o foguete como a arma de fogo que recua aceleram não por causa de qualquer empurrão que exercem sobre o ar, mas por causa das forças de reação geradas ao atirarem "balas" – com ou sem a presença do ar. Um foguete funciona melhor, aliás, acima da atmosfera, onde não existe ar para oferecer resistência ao seu movimento.

psc

Quando uma granada explode, gases e fragmentos são arremessados em todas as direções. Quando o combustível queima em um foguete, o que constitui uma explosão mais lenta, ele ejeta gases em uma mesma direção.

PARE E TESTE A SI MESMO

1. Quem puxa mais forte: a Lua, ao atrair a Terra, ou a Terra, ao atrair a Lua?
2. Um ônibus em alta velocidade e um besouro azarado colidem frontalmente. A força exercida pelo ônibus esmaga o besouro contra o pára-brisa. A força correspondente, do besouro sobre o pára-brisa, é menor, maior ou igual à mencionada anteriormente? A desaceleração decorrente do ônibus é maior, menor ou igual à do besouro?

VERIFIQUE SUA RESPOSTA

1. Os dois puxões são iguais em módulo. A pergunta feita é análoga a indagar qual é a maior distância, de Reno a Miami ou de Miami a Reno? Assim, vemos que a Terra e a Lua se puxam uma à outra, cada uma com o *mesmo* valor de força.
2. Os módulos das duas forças são iguais, pois elas formam um par ação-reação que constitui a interação entre o ônibus e o besouro. As acelerações, entretanto, são enormemente diferentes porque as massas são muito diferentes! O besouro sofre uma aceleração enorme e fatal, enquanto o ônibus passa por uma desaceleração minúscula – tão pequena que a freada nem é notada pelos passageiros. Mas se o besouro tivesse maior massa, tanta quanto o ônibus, por exemplo, a freada seria completamente perceptível.

APLICANDO A FÍSICA

■ Cabo-de-guerra

Promova uma disputa de cabo-de-guerra entre moças e rapazes sobre um piso polido e meio escorregadio, com os rapazes calçando meias, e as moças, sapatos de solado de borracha. Quem certamente ganharia, e por quê? (Dica: Quem vence o cabo-de-guerra, aqueles que puxam a corda com maior força ou aqueles que empurram o chão com maior força?)

Definindo seu sistema

Uma questão importante surge com freqüência: uma vez que a ação e a reação são iguais em módulo e de sentidos contrários, por que elas não se anulam? A resposta é que devemos considerar qual o *sistema* envolvido. Considere, por exemplo, um sistema formado por uma laranja, Figura 4.26. A linha tracejada que envolve a laranja define o sistema. O vetor que aponta para fora da linha tracejada repre-

FIGURA 4.26
Uma força é exercida sobre o sistema laranja e ele acelera para a direita.

senta a força externa exercida sobre o sistema. Ele acelera de acordo com a segunda lei de Newton. Na Figura 4.27, vemos que esta força é produzida por uma maçã, o que não altera nossa análise. O fato de que a laranja exerce simultaneamente uma força sobre a maçã, que é externa ao sistema, pode afetar a maçã (outro sistema), mas não afeta a laranja. Não se pode cancelar uma força sobre a laranja com uma força exercida sobre a maçã. Logo, neste caso, a ação e a reação não se anulam.

Um sistema pode ser tão minúsculo quanto um átomo ou tão grande quanto o universo.

Vamos considerar agora um sistema maior, incluindo tanto a laranja quanto a maçã. Na Figura 4.28, vemos este sistema delimitado pela linha tracejada. Note que o par de forças é *interno* ao sistema laranja-maçã. Estas forças *realmente* se cancelam. Elas não desempenham qualquer papel na aceleração do sistema. É necessária uma força externa ao sistema para haver aceleração do mesmo. É aqui que o atrito com o piso desempenha um papel (Figura 4.29). Quando a maçã empurra o piso, este simultaneamente empurra a maçã de volta – uma força externa sobre o sistema. O sistema, então, acelera para a direita.

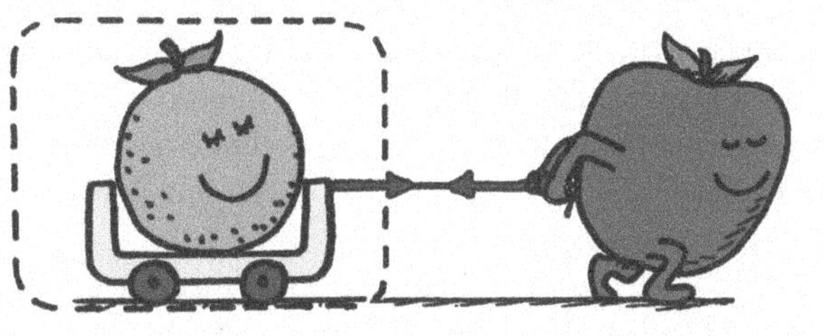

FIGURA 4.27
A força sobre a laranja, exercida pela maçã, não é anulada pela força de reação sobre a maçã. A laranja ainda acelera.

Dentro de uma bola de beisebol existem trilhões e trilhões de forças interatômicas em ação. Elas mantêm a bola inteira, mas não desempenham qualquer papel na ace-

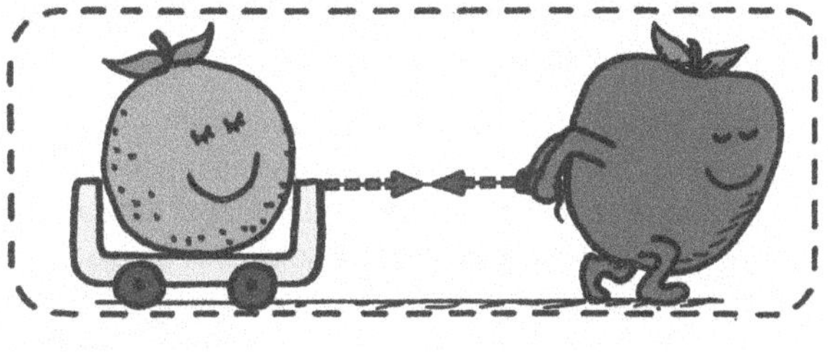

FIGURA 4.28
Para o sistema maior formado pela laranja e pela maçã, as forças de ação e reação são internas e realmente se cancelam. Se elas forem as únicas forças horizontais, sem nenhuma força externa exercida, não ocorre nenhuma aceleração do sistema.

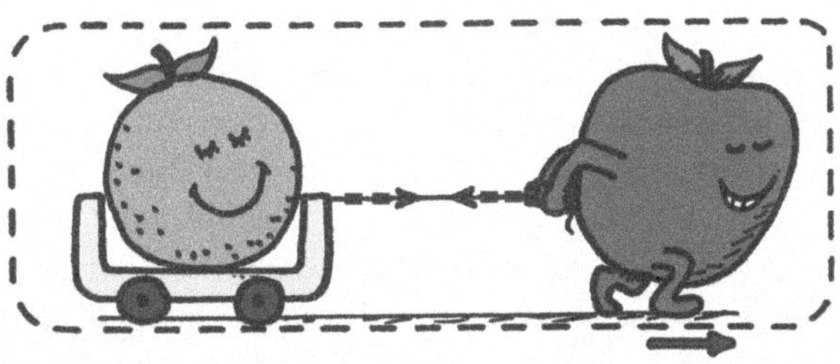

FIGURA 4.29
Uma força externa horizontal ocorre quando o piso empurra a maçã (reação ao empurrão da maçã sobre o piso). O sistema laranja-maçã acelera.

leração da bola. Embora cada uma das forças interatômicas faça parte de um par ação-reação interno à bola, eles se combinam para resultar em zero, não importa qual seja seu número. Para acelerar a bola de beisebol é necessário que uma força externa seja exercida sobre ela, como quando um bastão a rebate.

Se isto lhe parece confuso, é bom saber que o próprio Newton teve dificuldades com a terceira lei.

PARE E TESTE A SI MESMO

1. Num dia frio e chuvoso a bateria de seu carro não funciona, e você tem de empurrar o veículo até que o motor de arranque pegue. Por que você não pode colocar o carro em movimento permanecendo sentado confortavelmente no banco e empurrando contra o painel de instrumentos do veículo?
2. Uma bola de beisebol muito veloz possui força?

VERIFIQUE SUAS RESPOSTAS

1. Neste caso, o sistema a ser acelerado é o carro. Se você fica dentro dele e empurra o painel de instrumentos para a frente, o par de forças que você produz atua e reage no interior do sistema. Elas se anulam no que diz respeito ao movimento do carro. Para acelerar o carro deve haver uma interação entre o carro e algo externo a ele – por exemplo, você, de fora, empurrando contra o piso da rodovia.
2. Não. Uma força não é algo que um objeto *possua*, como a massa, e sim, uma parte da interação entre um objeto e outro. Uma bola de beisebol rápida tem a capacidade de exercer força sobre outro objeto quando ocorre uma interação, mas não possui força em si mesma. Como veremos no capítulo seguinte, objetos em movimento possuem momentum e energia cinética.

FIGURA 4.30
Patos selvagens voam em formação de V porque o ar empurrado para baixo pelas pontas de suas asas espirala e acaba subindo, gerando uma corrente ascendente que é mais intensa para o lado do pássaro. Posicionando-se sobre essa corrente ascendente, outro pássaro que o siga consegue uma sustentação extra, empurra o ar para baixo e cria, assim, outra corrente ascendente para o pássaro seguinte, e assim por diante. O resultado é um agrupamento de aves voando em formação de V.

Usando a terceira lei de Newton, podemos compreender como um helicóptero obtém sua força de sustentação. As lâminas giratórias possuem a forma adequada para forçar as partículas de ar para baixo (ação), enquanto o ar força as lâminas para cima (reação). Essa força de reação, exercida para cima, é chamada de *sustentação*. Quando a sustentação é igual ao peso da nave, o helicóptero plana no ar. Quando a sustentação é maior, o helicóptero ganha altura.

Isso é verdadeiro para pássaros e aeroplanos. Os pássaros voam empurrando o ar para baixo. O ar, por sua vez, simultaneamente empurra o pássaro para cima. Quando o pássaro está voando alto, as asas devem assumir uma forma tal que as partículas do ar sejam desviadas para baixo. Inclinadas ligeiramente, as asas desviam para baixo o ar incidente e produzem, assim, a sustentação de um aeroplano. O ar continuamente desviado para baixo gera a sustentação. Este suprimento de ar é obtido a partir do movimento da nave para a frente, resultado da ação dos motores a hélice ou a jato que impulsionam para trás o ar recolhido. Quando os motores empurram o ar recolhido para trás, este simultaneamente empurra os motores de volta para a frente. No Capítulo 7 aprenderemos que a superfície curva de uma asa é um aerofólio, capaz de intensificar a força de sustentação.

Vemos a terceira lei de Newton em ação em todos os lugares. Um peixe propele a água para trás com suas nadadeiras, e a água o empurra para a frente. O vento empurra os galhos de uma árvore, e eles o desviam suavemente, produzindo farfalhos. Forças são interações entre diferentes

FIGURA 4.31
Você não consegue tocar sem ser tocado – terceira lei de Newton.

coisas. Cada contato requer no mínimo duas vias; não existe maneira de um objeto exercer força sobre nada. As forças, sejam elas grandes empurrões ou rápidos e leves toques, sempre ocorrem aos pares, cada uma oposta à outra. Assim, não podemos tocar sem sermos tocados.

4.5 Vetores

Lembre-se de que grandezas tais como velocidade, força e aceleração requerem tanto módulo quanto orientação (direção e sentido) para serem descritas de maneira completa. Uma grandeza desse tipo é uma *grandeza vetorial*. Diferentemente, uma grandeza que pode ser descrita apenas por seu valor, sem envolver orientação, é chamada de *grandeza escalar*. Massa, volume e rapidez são grandezas escalares.

Como discutido brevemente em capítulos anteriores, uma grandeza vetorial é representada por uma seta. Se o comprimento da seta for traçado em escala para representar o valor da grandeza, e a orientação da seta representar a direção e o sentido, nos referiremos à seta como um **vetor**.

Somar vetores que estão ao longo de direções paralelas é muito simples: se eles possuem o mesmo sentido, trata-se de uma soma; se possuem sentidos opostos, de uma subtração. A soma de dois ou mais vetores é a sua **resultante**. Para encontrar a resultante de dois vetores que não possuem a mesma orientação ou orientações contrárias, usamos a *regra do paralelogramo*[8]. Construa um paralelogramo no qual os dois vetores sejam lados adjacentes – a diagonal do paralelogramo será a resultante. Na Figura 4.33 os paralelogramos são retângulos.

O vetor valentina diz, "Eu era apenas uma grandeza escalar até você entrar em cena e me dar uma orientação".

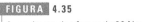

FIGURA 4.32
Este vetor, desenhado numa escala em que 1 cm equivale a 20 N, representa uma força de 60 N orientada para a direita.

[8] Um paralelogramo é uma figura de quatro lados com lados opostos de mesmo tamanho e paralelos um ao outro. Pode-se determinar o comprimento da diagonal por medição, mas no caso em que os dois vetores **V** e **H** são perpendiculares, formando um quadrado ou retângulo, pode-se aplicar o teorema de Pitágoras, $\mathbf{R}^2 = \mathbf{V}^2 + \mathbf{H}^2$, para obter a resultante: $|\mathbf{R}| = \sqrt{\mathbf{V}^2 + \mathbf{H}^2}$. Note que expressamos grandezas vetoriais por letras em negrito.

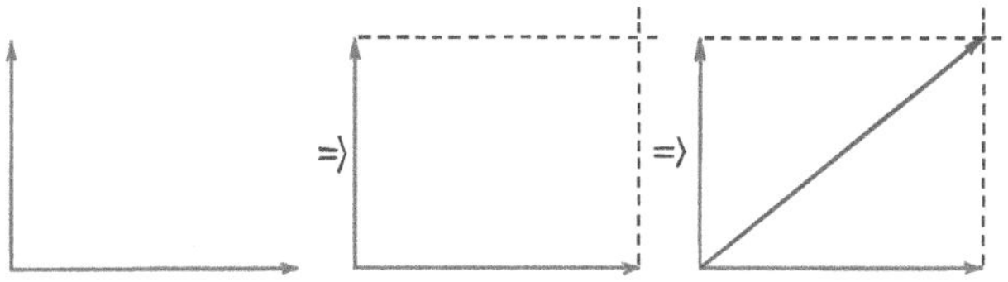

FIGURA 4.33
O par de vetores em ângulo reto um com o outro formam dois lados de um retângulo, do qual a diagonal é a sua resultante.

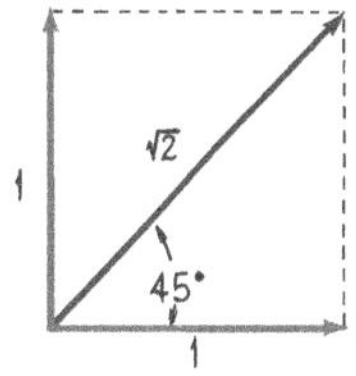
√2
1
45°
1

FIGURA 4.34
Quando um par de vetores de mesmo comprimento e mutuamente ortogonais são somados, eles constituem um quadrado. A diagonal desse quadrado é a resultante, com comprimento $\sqrt{2}$ vezes maior do que seu lado.

No caso especial de dois vetores de mesmo valor e mutuamente perpendiculares, o paralelogramo é um quadrado. Como em qualquer quadrado o comprimento da diagonal é $\sqrt{2}$, aproximadamente 1,41 vezes o comprimento dos lados, a resultante será $\sqrt{2}$ vezes mais comprida que qualquer dos vetores. Por exemplo, a resultante de dois vetores com módulos iguais a 100, em ângulo reto um com o outro, é cerca de 141.

Vetores força

A Figura 4.35 mostra a vista de cima de um par de forças mutuamente ortogonais exercidas sobre uma caixa. Uma delas vale 30 newtons; a outra, 40 newtons. Uma simples medição mostra que a resultante vale 50 newtons.

A Figura 4.36 mostra Nellie Newton em repouso, pendurada por um par de cordas que formam ângulos diferentes com a vertical. Qual das cordas está sob maior tensão?

FIGURA 4.35
A resultante das forças de 30 N e 40 N é 50 N.

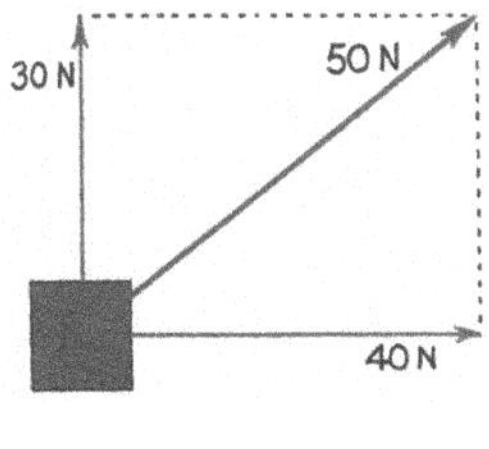
30 N
50 N
40 N

FIGURA 4.36
Nellie Newton está parada, pendurando-se por uma mão em um varal de roupas. Se a corda está prestes a romper-se, em qual dos lados é mais provável que isso ocorra?

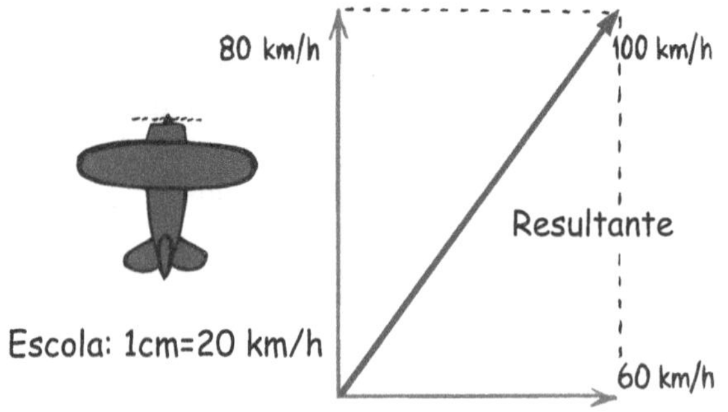
80 km/h
100 km/h
Resultante
Escola: 1cm=20 km/h
60 km/h

FIGURA 4.38
Um vento lateral de 60 km sopra sobre um avião a 80 km/h, tirando-o do curso a 100 km/h.

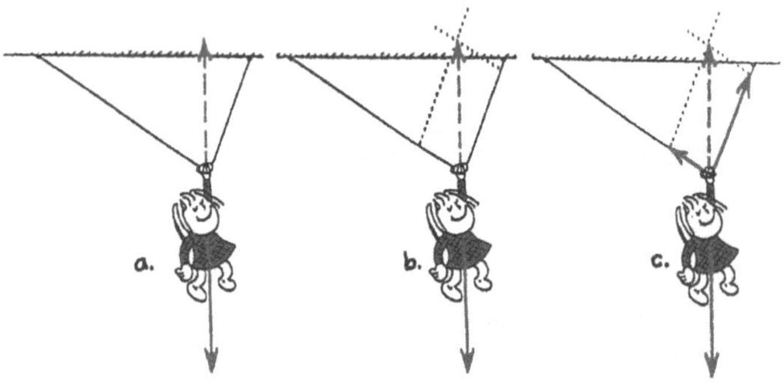
a.
b.
c.

FIGURA 4.37
(a) O peso de Nellie é representado por um vetor vertical apontando para baixo. É necessário um vetor de mesmo comprimento e sentido contrário para equilibrá-lo, representado por um vetor tracejado. (b) Este vetor tracejado é a diagonal de um paralelogramo definido pelas linhas pontilhadas. (c) As tensões nas duas cordas são representadas pelos vetores traçados. A tensão é maior na corda direita, que é a mais provável de romper-se.

Uma rápida investigação revelará que existem três forças exercidas sobre Nellie: o seu peso, a tensão da corda da esquerda e a tensão da corda da direita. Como as cordas estão esticadas em diferentes ângulos, suas tensões serão diferentes. A Figura 4.37 mostra a solução passo a passo. Como Nellie está pendurada em equilíbrio, seu peso deve ser sustentado pelas tensões das cordas, que se adicionam vetorialmente de modo a se igualar ao peso de Nellie. O uso da regra do paralelogramo mostra que a tensão na corda direita é maior do que na esquerda. Se você medir os vetores, verificará que a tensão na corda direita é cerca de duas vezes maior do que a na corda esquerda. Como se compara a tensão da corda direita com o peso de Nellie? (Vetores força serão abordados com mais profundidade no Apêndice C, e no livro *Practice Book for Conceptual Physics* são tratados de forma agradável.)

Vetores velocidade

Lembre-se de que rapidez é uma medida de "quão ligeiro" é algo, e velocidade é uma medida de quão ligeiro *e* de que "em que direção e sentido" algo se move. Se o velocímetro de um carro marca 100 quilômetros por hora, você sabe a *rapidez*. Se existir uma bússola no painel de instrumentos, indicando que o carro está se movendo na direção norte, por exemplo, você sabe qual é a sua *velocidade* – 100 quilômetros por hora para o norte. Saber qual é sua velocidade é conhecer a rapidez *e* a orientação de seu movimento.

Considere um aeroplano voando em direção ao norte, a 80 quilômetros por hora em relação ao ar da vizinhança. Suponha que o avião seja apanhado por um vento de través (que sopra formando um ângulo reto com a direção do aeroplano), de 60 quilômetros por hora, que tira o avião da rota pretendida. Este exemplo está ilustrado por vetores na Figura 4.38, onde os vetores foram traçados numa escala em que 1 centímetro representa 20 quilômetros por hora. Logo, os 80 km/h de velocidade são representados pelo vetor de 4 centímetros, e o vento de través de 60 km/h, pelo de 3 centímetros. A diagonal do paralelogramo formado (neste caso, um retângulo) mede 5 cm, o que representa 100 km/h. Assim, o aeroplano move-se a 100 km/h em relação ao solo, numa direção entre norte e nordeste.

Um par de vetores de 6 e de 8 unidades em ângulo reto um com o outro dizem: "Podemos ser um seis e um oito, mas juntos formamos um exato dez".

APLICANDO A FÍSICA

■ Vetores traçados a mão

Aqui vemos de cima um aeroplano que está sendo desviado de sua rota por ventos que sopram em diversas direções. Com um lápis, usando a regra do paralelogramo, trace os vetores e mostre qual será a velocidade resultante em cada caso. Em que caso o aeroplano move-se mais rapidamente em relação ao solo? E menos rapidamente?

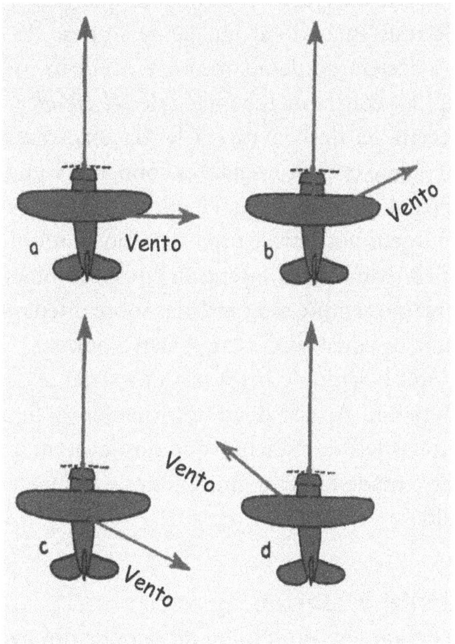
a
Vento
b
Vento
c
Vento
Vento
d

APLICANDO A FÍSICA

Aqui vemos de cima três barcos a motor atravessando um rio. Todos têm a mesma rapidez em relação à água, e o fluxo da água é o mesmo para todos. Trace vetores resultantes que representem a rapidez e a orientação dos barcos. Depois responda às questões:

(a) Que barco descreve o caminho mais curto até a margem oposta?

(b) Que barco chega primeiro à margem oposta?

(c) Que barco oferece o passeio mais veloz?

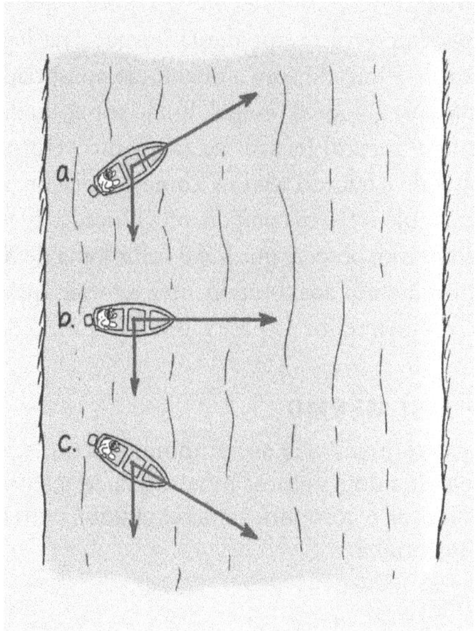
a.
b.
c.

PARE E TESTE A SI MESMO

Considere um barco a motor que normalmente desloca-se a 10 km/h em água parada. Se o barco for orientado em ângulo reto com a correnteza, que também flui a 10 km/h, qual será sua velocidade em relação à margem?

VERIFIQUE SUA RESPOSTA

Quando o barco aponta perpendicularmente à correnteza, sua velocidade é de 14,1 km/h e forma 45 graus com a correnteza, rio abaixo (de acordo com o diagrama da Figura 4.34).

Componentes de vetores

Exatamente da mesma forma como dois vetores perpendiculares podem ser combinados em um vetor resultante, qualquer vetor pode ser, em um processo inverso, "decomposto" em dois vetores *componentes* mutuamente perpendiculares. Estes vetores são conhecidos como os componentes daquele vetor, que eles são capazes de substituir. O processo de determinação dos componentes de certo vetor é conhecido como *decomposição*. Qualquer vetor traçado sobre um pedaço de papel pode ser decomposto em uma componente horizontal e outra vertical.

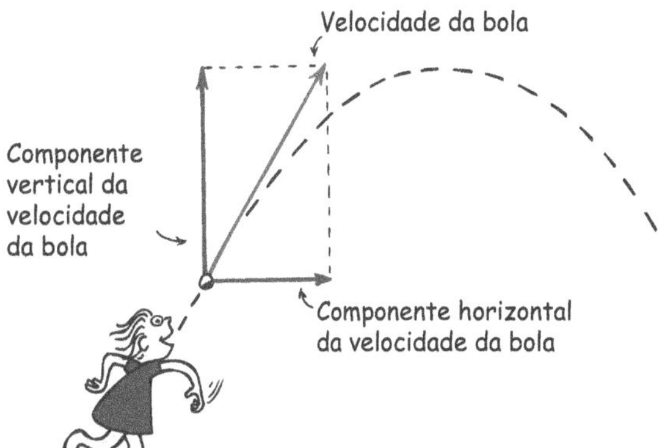
Velocidade da bola
Componente vertical da velocidade da bola
Componente horizontal da velocidade da bola

FIGURA 4.39
Componente horizontal e componente vertical da velocidade de uma bola.

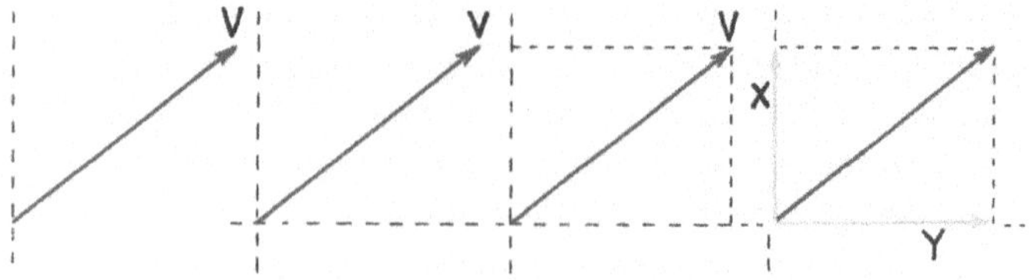
V
V
V
X
Y

FIGURA 4.40
Traçado dos componentes horizontal e vertical de um vetor.

A decomposição vetorial está ilustrada na Figura 4.40. Um vetor **V** é traçado com a orientação apropriada para representar uma grandeza vetorial. Então se traçam duas linhas, horizontal e vertical (eixos), na cauda dos vetores. Depois, um retângulo é traçado tendo V como sua diagonal. Os lados deste retângulo serão os componentes buscados os vetores **X** e **Y**. Ao contrário, observe que **V** é o vetor soma de **X** e **Y**.

Retornaremos aos componentes vetoriais quando abordarmos o movimento de projéteis, no Capítulo 8.

PARE E TESTE A SI MESMO

Com uma régua. Trace os componentes horizontal e vertical dos dois vetores mostrados. Meça os componentes e compare seus resultados com as respostas abaixo.

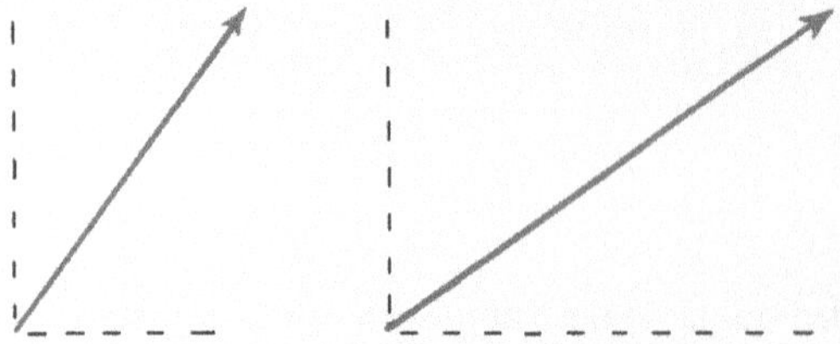

VERIFIQUE SUA RESPOSTA

Vetor da esquerda: o componente horizontal tem 1,8 cm; o componente vertical, 2,3 cm. Vetor da direita: o componente horizontal tem 3,5 cm; o vertical, 2,3 cm.

4.6 Resumo das três leis de Newton do movimento

Primeira lei de Newton, a lei da inércia: um objeto que se encontra em repouso tende a continuar assim; um objeto que está em movimento também tende a continuar assim, movendo-se com rapidez constante ao longo de uma linha reta. Essa tendência dos objetos resistirem a alterações de seu movimento é chamada de *inércia*. A massa é uma medida da inércia. Os objetos sofrem alterações no movimento somente se uma força resultante for exercida.

Segunda lei de Newton, a lei da aceleração: quando uma força resultante for exercida sobre um objeto, ele será acelerado. A aceleração é diretamente proporcional à força resultante e inversamente proporcional à massa. Simbolicamente, $a \sim F/m$. A aceleração tem sempre a mesma orientação da força resultante. Quando um objeto cai na ausência de ar, a força resultante é, simplesmente, o peso, e a aceleração é g (este símbolo denota a aceleração decorrente apenas da gravidade). Quando um objeto cai em presença do ar, a força resultante é o peso menos a força de resistência do ar, e a aceleração é menor do que g. Se e quando a força de resistência do ar igualar-se ao peso do objeto em queda, a aceleração desaparecerá, e o objeto passará a cair com rapidez constante (chamada de *velocidade terminal*).

Terceira lei de Newton, a lei da ação-reação: sempre que um objeto exercer uma força sobre um segundo objeto, este exercerá uma força igual e oposta sobre o primeiro. As forças surgem aos pares, uma de ação e outra de reação, as duas constituindo a interação entre um objeto e outro. Ação e reação sempre são exercidas sobre diferentes objetos. Nenhuma das duas forças existe sem a outra.

Há um bocado de física nova e excitante desde a época de Newton. Apesar disso, curiosamente, foram principalmente as leis de Newton que nos levaram à Lua. Isaac Newton verdadeiramente mudou nossa maneira de encarar o mundo.

APLICANDO A FÍSICA

Se você deixar cair uma folha de papel e um livro, lado a lado, o livro será mais rápido do que o papel. Por quê? O livro cai mais rápido porque seu peso é grande comparado com a resistência do ar que ele enfrenta. Se você colocar o papel sobre a superfície inferior do livro erguido e deixá-los cair, não ficará surpreso que eles atinjam juntos o solo. O livro simplesmente empurrará o papel para baixo durante a queda. Agora repita isso com a folha de papel colocada sobre o *topo* do livro, sem colá-los. Como se comparam as acelerações do livro e da folha? Eles estarão separados e cairão diferentemente? Terão eles as mesmas acelerações? Tente e descubra! E depois explique o que aconteceu.

HISTÓRIA DA CIÊNCIA

ISAAC NEWTON (1642-1727)

Isaac Newton nasceu prematuramente, e quase não sobreviveu, no Natal de 1642, mesmo ano da morte de Galileu. O lugar do nascimento foi a casa de fazenda de sua mãe, em Woolsthorpe, Inglaterra. O pai de Newton morrera alguns meses antes do seu nascimento, e ele cresceu sob os cuidados de sua mãe e de sua avó. Quando criança, não revelou qualquer sinal de brilho, e na idade de 14 anos e meio foi retirado da escola para trabalhar na fazenda de sua mãe. Como fazendeiro, Newton revelou-se um fracasso, preferindo ler os livros que tomava emprestado de um vizinho farmacêutico. Percebendo o potencial acadêmico do jovem Isaac, um tio o persuadiu a ir estudar na Universidade de Cambridge, o que Newton fez por cinco anos, graduando-se sem qualquer distinção particular.

Uma peste irrompeu pela Inglaterra, e Newton retirou-se para a fazenda de sua mãe – mas desta vez para continuar os estudos. Foi na fazenda, com idade entre 23 e 24 anos, que ele estabeleceu os alicerces do trabalho que o tornaria imortal. A visão da queda de uma maçã ao chão levou-o a considerar que a força da gravidade se estenderia até a Lua e mais além. Newton formulou a lei da gravitação universal. Inventou o cálculo, uma ferramenta matemática indispensável à ciência. Estendeu o trabalho de Galileu e formulou as três leis fundamentais do movimento. Também formulou uma teoria sobre a natureza da luz e mostrou, com prismas, que a luz branca é composta de todas as cores do arco-íris. Foram estes experimentos com prismas que primeiro o tornaram famoso.

Quando a peste cedeu, Newton retornou a Cambridge e logo estabeleceu reputação de matemático de primeira classe. Seu professor de matemática renunciou em seu favor, e Newton foi escolhido Professor Lucasiano desta disciplina. Ele manteve o posto por 28 anos. Em 1672, foi eleito para a *Royal Society*, onde exibiu o primeiro telescópio refletor do mundo. O instrumento ainda pode ser visto, preservado na biblioteca da *Royal Society*, em Londres, com a inscrição: "O primeiro telescópio refletor, inventado por Sir Isaac Newton e construído por suas próprias mãos".

Foi somente quando Newton estava com 42 anos que começou a escrever o que é considerada, em geral, a maior obra científica já escrita, *Principia Mathematica Philosophiae Naturalis*. A obra foi escrita em Latim e terminada em 18 meses. Apareceu impressa em 1687, e não foi impressa em inglês até 1729, dois anos depois da morte de Newton. Quando lhe perguntaram como fora capaz de fazer tantas descobertas, Newton respondeu que encontrara as soluções após pensar dura e continuamente por muito tempo – e não, em uma súbita iluminação.

Com a idade de 46 anos, Newton foi eleito para o Parlamento. Compareceu às sessões por 2 anos e jamais fez um discurso. Certo dia, levantou-se, e a Casa caiu em silêncio para ouvir o grande homem discursar. A fala de Newton, entretanto, foi muito breve; ele apenas requisitou que uma janela fosse fechada por causa de uma corrente de ar.

Um afastamento maior do trabalho científico ocorreu quando Newton foi escolhido guardião e, depois, mestre da Casa da Moeda. Renunciou ao cargo de professor e seus esforços foram voltados a melhorar muito o funcionamento da Casa da Moeda, para consternação dos falsificadores, que naquela época prosperavam. Manteve seu lugar na *Royal Society*, foi eleito seu presidente e desde então se reelegeu todos os anos pelo resto da vida. Com idade de 62 anos, escreveu a obra *Opticks*, onde sintetizou seu trabalho sobre a luz. Nove anos mais tarde, escreveu a segunda edição do *Principia*.

Embora o cabelo de Newton tenha se tornado grisalho a partir dos 30 anos, ele o conservou volumoso, longo e ondulado por toda a vida e, diferentemente de outros de seu tempo, não usava peruca. Foi um homem modesto, muito sensível à crítica e que jamais casou. Permaneceu saudável em corpo e mente até idade avançada. Aos 80 anos, ainda possuía todos os dentes, visão e audição aguçadas e mente alerta. Em sua época, foi considerado por seus compatriotas o maior cientista jamais nascido. Em 1705 foi condecorado cavaleiro pela rainha Anne. Newton morreu aos 85 anos e foi enterrado na abadia de Westminster, próximo aos reis e heróis da Inglaterra.

Newton "abriu" o universo, mostrando que as leis que se aplicam à Terra são as mesmas que governam o cosmo maior. Para a humanidade isso significou um aumento da humildade, mas também da esperança e da inspiração por causa da evidência de uma ordem racional. Newton foi o precursor da Idade da Razão. Suas idéias e vislumbres transformaram verdadeiramente o mundo e elevaram a condição humana.

SUMÁRIO DE TERMOS

Primeira lei de Newton do movimento Todo objeto permanece em estado de repouso ou de movimento em linha reta com rapidez constante, a menos que uma força resultante seja exercida sobre o mesmo.

Inércia A propriedade de objetos resistirem a alterações de seus movimentos.

Segunda lei de Newton do movimento A aceleração produzida por uma força resultante exercida sobre um objeto é diretamente proporcional à força resultante, possui a mesma orientação desta e é inversamente proporcional à massa do objeto.

Queda livre Movimento sob influência apenas da gravidade.

Velocidade terminal A velocidade atingida quando cessa a aceleração de um objeto, quando a resistência do ar equilibra seu peso.

Interação Ação mútua entre dois objetos, em que cada um exerce uma força de mesmo módulo e orientação oposta sobre o outro.

Par de forças O par de forças de ação e reação que ocorre durante uma interação.

Terceira lei de Newton do movimento Sempre que um objeto exercer uma força sobre um segundo objeto, este exercerá uma força de mesmo módulo e orientação contrária sobre o primeiro.

Vetor Uma seta traçada em escala para representar uma grandeza vetorial.

Resultante O resultado líquido da combinação de dois ou mais vetores.

Vetor força Uma seta traçada em escala de modo que seu comprimento representa o módulo de uma força, e sua orientação, a orientação da força.

Vetor velocidade Uma seta traçada em escala cujo comprimento representa o módulo de uma velocidade, e sua orientação, a direção e o sentido do movimento.

Componente vetorial As partes nas quais um vetor pode ser separado e que atuam em orientações diferentes daquela do vetor.

QUESTÕES DE REVISÃO

4.1 A primeira lei de Newton do movimento

1. Enuncie a lei da inércia.
2. Qual conceito estava ausente da mente das pessoas do século XVI que não podiam aceitar que a Terra se movesse?
3. Quando um pássaro sai do galho de uma árvore e mergulha em direção ao solo, por que a Terra em movimento não a carrega para longe do pássaro em queda?
4. Que tipo de trajetória os planetas seguiriam se, subitamente, a atração do Sol sobre eles deixasse de existir?

4.2 A segunda lei de Newton do movimento

5. Enuncie a segunda lei de Newton do movimento.
6. A aceleração é direta ou inversamente proporcional à força? Dê um exemplo.
7. A aceleração é direta ou inversamente proporcional à massa? Dê um exemplo.
8. Qual é a força resultante exercida sobre um objeto de 10 N em queda livre?
9. Por que um objeto mais pesado não acelera mais do que um objeto mais leve quando ambos estão em queda livre?
10. Qual é a força resultante sobre um objeto de 10 N em queda quando ele se depara com 4 N de resistência do ar? E com 10 N de resistência do ar?
11. Quais são os dois principais fatores que afetam a força de resistência do ar sobre um objeto em queda?
12. Qual é a aceleração de um objeto em queda que já atingiu sua velocidade terminal?
13. Se dois objetos de mesmo tamanho caem através do ar com diferentes valores de velocidade, qual deles enfrenta maior resistência do ar?
14. Por que um pára-quedista pesado cai mais rápido do que uma pára-quedista mais leve que usa o mesmo tamanho de pára-quedas?

4.3 Forças e interações

15. Anteriormente, dissemos que uma força era um empurrão ou um puxão; agora dizemos que força é uma interação. O que ela é afinal? Um empurrão ou puxão, ou uma interação? E o que queremos dizer quando nos referimos a uma *interação*?
16. Quantas forças estão envolvidas em uma única interação?
17. Quando se empurra uma parede com os dedos, eles se dobram porque experimentam uma força. Identifique essa força.
18. Um boxeador pode bater em um saco pesado com uma grande força. Por que ele não consegue bater em uma folha de papel solta no ar com o mesmo valor de força?

4.4 A terceira lei de Newton do movimento

19. Enuncie a terceira lei de Newton.
20. Considere o impacto de uma bola de beisebol contra um bastão. Se chamarmos de ação a força do bastão contra a bola, identifique a correspondente força de reação.
21. Se as forças exercidas sobre uma bala de canhão e sobre o canhão que recua são de mesmo valor, por que a bala e o canhão têm acelerações diferentes?
22. As forças de ação e reação são exercidas sempre sobre corpos diferentes? Justifique sua resposta.
23. Pode-se anular uma força exercida sobre um corpo A com uma força exercida sobre outro corpo B? Justifique sua resposta.
24. Como um helicóptero obtém sua força de sustentação?

25. Que lei da física está implícita quando se diz que não se pode tocar sem ser tocado?

4.5 Vetores

26. De acordo com a regra do paralelogramo, o que representa a diagonal de uma figura deste tipo?
27. Considere Nellie na Figura 4.36. Se as cordas forem perfeitamente verticais, quais serão as suas tensões?
28. Pode-se dizer que, quando um par de vetores forma um ângulo reto entre si, a resultante é maior do que qualquer dos vetores individualmente? Justifique sua resposta.
29. Quando um vetor inclinado é decomposto em componentes horizontal e vertical, pode-se afirmar que cada componente tem módulo menor do que o do vetor original? Justifique sua resposta.

4.6 Resumo das três leis de Newton do movimento

30. Sintetize rapidamente as três leis de Newton do movimento.

ATIVIDADES EXPLORATÓRIAS

1. Escreva uma carta a seu avô, parecida com aquela da Atividade Exploratória do Capítulo 3. Explique-lhe que Galileu introduziu os conceitos de aceleração e de inércia e que estava familiarizado com forças, mas não percebeu a conexão existente entre estes conceitos. Explique como Newton realizou isso, e como essa conexão explica por que corpos pesados e leves em queda livre ganham a mesma quantidade de rapidez durante o mesmo tempo de queda. Na carta, tudo bem se você usar uma ou duas equações, desde que deixe claro ao seu avô que uma equação é apenas uma notação sintética para expressar as idéias que você está lhe explicando.
2. A força resultante exercida sobre um objeto e a aceleração dela decorrente têm sempre a mesma orientação. Você pode demonstrar isso com um carretel. Se ele é puxado horizontalmente para a direita, em que direção rolará?

3. Coloque sua mão para fora da janela de um automóvel em movimento, com a palma virada para baixo, como se fosse uma asa. Então incline-a ligeiramente para cima e observe o efeito de sustentação causado pelo ar que é desviado para baixo pela palma da mão. Você consegue perceber as leis de Newton envolvidas na situação?

CÁLCULOS SIMPLES

Efetue estes cálculos simples e familiarize-se com as equações que relacionam os conceitos de força, massa e aceleração.

Relações de conversão: 1 kg pesa 10 N na superfície da Terra; 1 N = 0,22 libra-peso. (Pode-se expressar g como 10 N/kg ou como 10 m/s^2, que são equivalentes.)

Peso = mg

1. Determine, em newtons, o peso de uma pessoa com 50 kg de massa.
2. Determine, em newtons, o peso de um elefante com 2.000 kg. Qual é o peso dele em libras-peso?
3. Uma maçã pesa cerca de 1 N. Qual é sua massa em quilogramas? Qual é o seu peso em libras-peso?
4. Susie Small descobre que está pesando 300 N. Determine sua massa.

Aceleração: $a = \frac{F_R}{m}$

5. Determine a aceleração de um aeroplano monomotor de 2.000 kg um pouco antes de levantar vôo, quando o empuxo gerado pelo motor for de 500 N.
6. a. Determine a aceleração de um bloco de 2 kg sobre um trilho de ar horizontal livre de atrito quando você exercer sobre ele uma força de 20 N.
   b. Qual seria a aceleração se a força de atrito fosse de 4 N?

Força: $F = ma$

7. Determine a força horizontal que deve ser exercida sobre um disco de 1 kg a fim de acelerá-lo sobre um trilho de ar horizontal sem atrito com a mesma aceleração que ele teria se estivesse caindo em queda livre.
8. Determine a força horizontal que deve ser exercida sobre um disco de 1,2 kg a fim de produzir uma aceleração de 1,8g movendo-o sobre um trilho de ar horizontal livre de atrito.

Resultante de dois vetores mutuamente ortogonais: $R = \sqrt{V^2 + H^2}$

9. Determine a resultante de um par de vetores velocidade de 100 km/h que formam um ângulo reto um com o outro.
10. Determine a velocidade resultante de um aeroplano, que normalmente voa a 200 km/h, se ele se depara com um vento de 50 km/h que sopra lateralmente (em ângulo reto com o avião).

EXERCÍCIOS

Novamente, não se sinta intimidado frente ao grande número de exercícios e problemas deste e de outros capítulos deste livro. Se seu curso cobrir muitos capítulos, seu professor provavelmente selecionará apenas alguns deles por capítulo.

1. Dentro de um ônibus espacial em órbita no espaço, você tem em suas mãos duas caixas idênticas, uma cheia de areia e a outra cheia de penas. Você pode dizer qual é qual sem abri-las?
2. Sua mão vazia não seria machucada se você batesse com ela levemente em uma parede. Por que ela seria machucada se você fizesse a mesma coisa segurando com ela algo pesado? Qual das leis de Newton é mais aplicável a esta situação?
3. Por que um cutelo é mais efetivo para cortar vegetais do que uma faca igualmente afiada?
4. Cada uma das vértebras que formam sua espinha está separada de suas vizinhas por discos de tecido elástico. O que acontece, então, quando você salta até o chão a partir de uma posição elevada? Consegue imaginar a razão pela qual você está um pouco menos alto de noite do que de manhã? (Dica: pense na marreta da Figura 4.2.)
5. Antes da época de Galileu e Newton, a maioria dos acadêmicos ensinava que uma pedra, deixada cair a partir do topo de um mastro alto de um navio em movimento, cairia verticalmente e bateria no convés em um ponto situado atrás do mastro por uma distância igual àquela que o navio percorreu para a frente durante a queda da pedra. A partir de sua compreensão das leis de Newton, o que você pensa dessa idéia?
6. Enquanto você está de pé, em repouso sobre o piso, este está exercendo uma força orientada para cima, sobre seus pés? Quanta força o piso exerce? Por que você não é elevado por esta força?
7. Para empurrar uma van ao longo de um gramado, com velocidade constante, você deve exercer uma força constante. Reconcilie este fato com a primeira lei de Newton, que estabelece que movimento com velocidade constante indica ausência de força.
8. Quando seu carro se move em uma rodovia com velocidade constante, a força resultante exercida sobre ele é nula. Por que, então, você continua com o pé no acelerador?
9. Um foguete torna-se progressivamente mais fácil de acelerar quando se desloca no espaço. Por que isso ocorre? (Dica: cerca de 90 % da massa de um foguete recém-lançado é de combustível.)
10. Quando você está saltando para cima a partir do solo, como se compara a força que você está exercendo sobre o solo com seu peso?
11. Um ditado popular diz que "Não é a queda que o machuca, e sim, a súbita parada". Traduza isso em relação à segunda lei de Newton.
12. Sobre qual das pistas seguintes a bola rolará com rapidez crescente e aceleração decrescente? (Use este exemplo se deseja explicar a alguém a diferença entre rapidez e aceleração.)

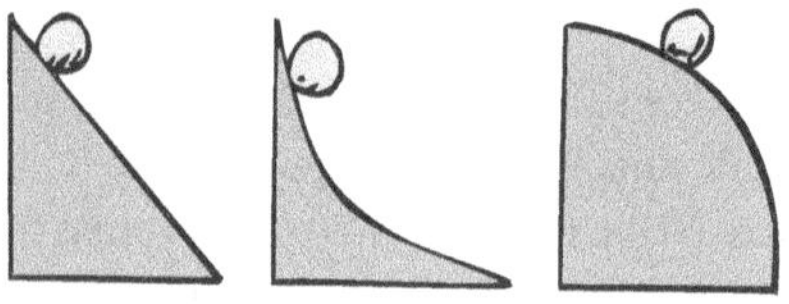

13. Se você deixar um objeto cair, sua aceleração em direção ao solo será de 10 m/s^2. Se, em vez disso, você o arremessasse para baixo, após o arremesso sua aceleração seria maior do que 10 m/s^2? Ignore a resistência do ar. Explique em caso afirmativo ou negativo.
14. Suponha que o objeto do exercício precedente fosse arremessado para baixo em presença da resistência do ar. Você consegue imaginar uma razão para que a aceleração do objeto fosse menor do que 10 m/s^2?
15. Dois pesos de 100 N são presos a um dinamômetro, como ilustrado na figura. A escala do aparelho marcará 0 N, 100 N, 200 N ou algum valor diferente destes? (Dica: a leitura seria diferente se você amarrasse uma das extremidades da corda a uma parede, ao invés de pendurar a ela um peso de 100 N?)

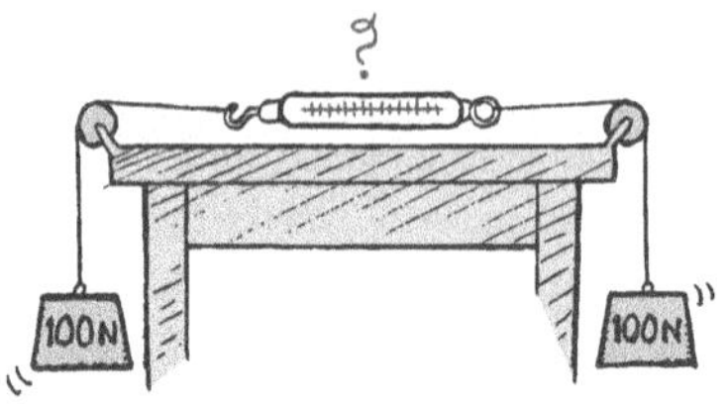
?
100N
100N

16. Qual é a força resultante sobre uma maçã que pesa 1 N quando você a sustenta em repouso acima de sua cabeça? Qual será a força resultante quando você soltá-la?
17. Você mantém uma maçã sobre sua cabeça.
    a. Identifique todas as forças exercidas sobre a maçã e suas correspondentes forças de reação.
    b. Quando você deixa a maçã cair, identifique todas as forças exercidas sobre ela durante sua queda, e as correspondentes forças de reação.
18. Aristóteles afirmava que a velocidade de um objeto em queda dependeria de seu peso. Agora sabemos que objetos em queda livre, seja qual for o seu peso, experimentam o mesmo ganho de velocidade. Por que o peso não afeta a aceleração?
19. Um bastão de dinamite contém força? Justifique sua resposta.
20. Um cachorro pode puxar sua cauda sem que ela "puxe o cachorro" de volta? (Considere um cachorro com uma cauda dotada de massa considerável.)
21. Quando um atleta sustenta um haltere acima da cabeça, a força de reação será o peso do haltere sobre suas mãos. Como variará esta força quando o haltere for acelerado para cima? E para baixo?

22. Por que você consegue exercer uma força maior sobre os pedais de uma bicicleta quando puxa o guidão para cima?

23. Se a Terra exercer uma força gravitacional de 1.000 N sobre um satélite de comunicações em órbita, quanta força o satélite exercerá sobre a Terra?
24. O homem forte separa os dois vagões de mesma massa, inicialmente parados, antes que ele próprio caia em linha reta em direção ao solo. É possível que ele impulsione um dos vagões com velocidade maior que a do outro? Justifique em caso afirmativo ou negativo.

25. Suponha que dois carrinhos, um deles com massa duas vezes maior que a do outro, separem-se depois que a mola entre eles for liberada. Como se compara a rapidez de movimento do carrinho mais pesado com a do carrinho mais leve?

m
2m

26. Se você exercer uma força horizontal de 200 N sobre um caixote para fazê-lo escorregar com velocidade constante sobre o piso de uma fábrica, que força de atrito o piso exercerá sobre o caixote? A força de atrito é de mesmo valor, mas contrária, ao seu empurrão de 200 N? A força de atrito é a força de reação ao seu empurrão? Por que não?
27. Se um caminhão e uma motocicleta colidem frontalmente, sobre qual dos veículos é maior a força de impacto? Qual deles sofre maior variação de movimento? Explique suas respostas.
28. Duas pessoas de mesma massa praticam cabo-de-guerra com uma corda de 12 m sobre uma pista de gelo. Quando eles puxam a corda, cada qual desliza em direção ao outro. Como se comparam suas acelerações, e que distância cada pessoa percorre antes de se encontrar com a outra?
29. Suponha que uma das pessoas do exercício anterior tenha massa duas vezes maior que a da outra. Que distância cada qual percorrerá antes de se encontrar com a outra?
30. Que equipe vencerá um cabo-de-guerra – aquela que puxa a corda com mais força ou a que empurra o solo com mais força? Explique.
31. A foto mostra Steve Hewitt e sua filha Gretchen. Ela está tocando seu pai ou é ele que a toca? Explique.

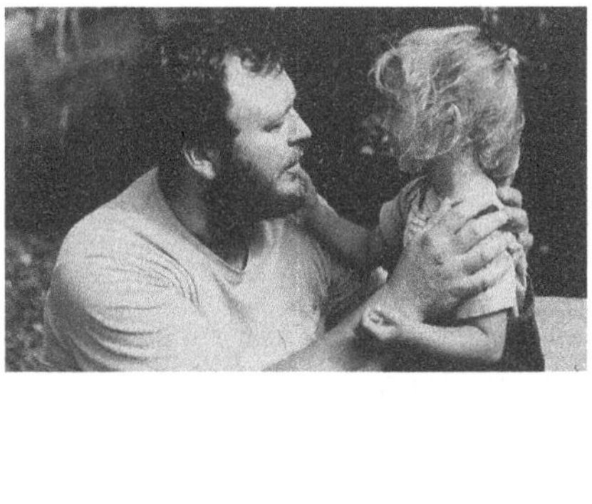

32. Quando sua mão gira uma torneira, a água flui. A força que você exerce sobre a torneira e a força da água que escoa formam um par ação-reação? Justifique sua resposta.
33. Por que um gato que cai do topo de um edifício de 50 andares aterrissará a salvo sem estar mais rápido do que se tivesse caído do vigésimo andar?

34. Queda livre é o movimento em que a gravidade é a única força exercida.
    a. Um *skydiver* que já atingiu sua velocidade terminal está em queda livre?
    b. Um satélite circulando a Terra, acima da atmosfera, está em queda livre?
35. Como se compara o peso de um objeto em queda com a resistência do ar que ele enfrenta antes de atingir a velocidade terminal? E depois de ele atingir a velocidade terminal?
36. Você diz a um amigo que a aceleração de um *skydiver* diminui durante a queda. Seu amigo, então, indaga se isso significa que o *skydiver* está se tornando mais lento. Qual é sua resposta?
37. Quando Galileu deixou cair duas bolas a partir do topo da Torre Inclinada de Pisa, a resistência do ar não era desprezível, de fato. Considerando que ambas as bolas tivessem o mesmo tamanho ainda que uma fosse bem mais pesada que a outra, qual delas se chocaria primeiro com o solo? Por quê?
38. Se você deixasse cair simultaneamente um par de bolas de tênis a partir do topo de um edifício, elas chegariam ao solo com a mesma velocidade. Se uma das bolas fosse preenchida com bolinhas de chumbo, qual delas chegaria primeiro ao solo? Qual delas enfrentaria maior resistência do ar? Justifique suas respostas.
39. Qual é mais provável de romper, as cordas que sustentam uma rede de dormir bem-esticada entre duas árvores ou as de uma rede que se verga mais quando se senta nela? Justifique suas respostas.
40. Quando um pássaro pousa sobre um cabo elétrico bem-esticado, a tensão do cabo varia? Em caso afirmativo, o aumento é maior, menor ou aproximadamente igual ao peso do pássaro?
41. Quando você nada atravessando um rio, o tempo gasto para alcançar a outra margem depende da taxa de fluxo da água? Justifique sua resposta.
42. Por que a chuva que cai verticalmente deixa riscos inclinados nas janelas laterais de um carro? Se os riscos formam 45°, o que isso significa acerca da rapidez da chuva em relação ao carro?
43. A figura mostra uma pedra em repouso sobre o solo.

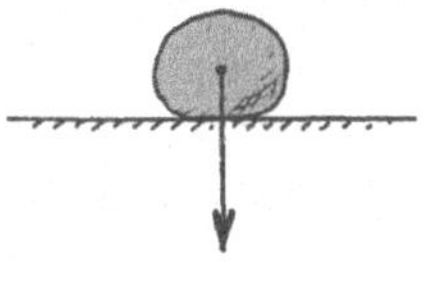

    a. O vetor representa o peso da pedra. Complete o diagrama vetorial mostrando o outro vetor que torna nula a força resultante sobre a pedra.

b. Qual é o nome convencional do vetor que você traçou?

44. A figura mostra uma pedra suspensa por um barbante.

a. Trace vetores para representar todas as forças exercidas sobre a pedra.
b. Seus vetores deveriam ter resultante nula?
c. Por que sim, ou não?

45. Agora a mesma pedra está sendo acelerada verticalmente para cima.

a. Usando uma escala adequada, desenhe vetores que representem as forças relativas exercidas sobre a pedra.
b. Qual é o vetor mais longo, e por quê?

46. Suponha que o barbante do exercício precedente rompa-se e que a pedra desacelere em sua subida. Desenhe um diagrama vetorial de forças para a pedra quando ela atinge o ponto mais alto da trajetória.

47. Qual é a força resultante sobre a pedra do exercício precedente quando ela se encontra no ponto mais alto da trajetória? Qual é sua velocidade instantânea? E sua aceleração?

48. A figura a seguir mostra a mesma pedra dos exercícios anteriores deslizando sobre uma rampa livre de atrito.

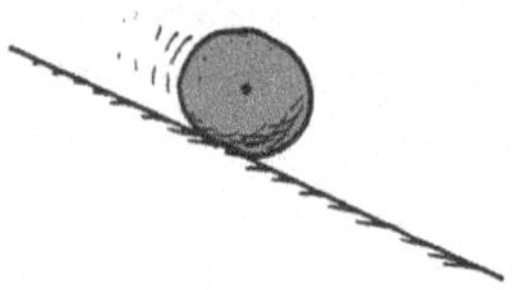

a. Identifique as forças exercidas sobre a pedra, e trace os vetores que as representem corretamente.
b. Usando a regra do paralelogramo, construa a força resultante sobre a pedra (mostrando detalhadamente que ela possui orientação paralela à rampa – a mesma orientação da aceleração da pedra).

49. Aqui está representada a mesma pedra em repouso, interagindo com a superfície da rampa e com o bloco.

a. Identifique todas as forças exercidas sobre a pedra, e desenhe vetores que as representem corretamente.
b. Mostre que a força resultante sobre a pedra é nula. (Dica 1: existem duas forças normais exercidas sobre ela. Dica 2: esteja certo de ter desenhado os vetores para as forças exercidas sobre a pedra, e não para as que a pedra exerce sobre a superfície da rampa.)

50. Formule três questões de múltipla escolha, uma para cada lei de Newton, para testar a compreensão de um colega de classe a respeito dessas leis.

PROBLEMAS

● INICIANTE ■ INTERMEDIÁRIO ♦ AVANÇADO

1. ● Quando duas forças horizontais são exercidas sobre um carrinho, uma de 600 N orientada para a frente, e outra de 400 N, para trás, o veículo acelera. Que força adicional é necessária para produzir um movimento sem aceleração?

2. ● Você empurra uma caixa de bolachas de 2 kg, inicialmente parada sobre uma superfície horizontal, com uma força horizontal de 20 N. A força de atrito com o piso vale 12 N. Mostre que a aceleração da caixa será de 4 m/s^2.

3. ● Suponha que você empurre um boneco ventríloquo de 4 kg, com uma força horizontal de 40 N, sobre o tampo de uma mesa, contra uma força de atrito de 24 N. Mostre que a aceleração do boneco será de 4 m/s^2.

4. ● Um astronauta com 100 kg de massa afasta-se de sua espaçonave ativando uma pequena unidade de propulsão presa a suas costas. A força gerada pelo foguete é de 25 N. Mostre que a aceleração do astronauta vale 0,25 m/s^2.

5. ● Um jato jumbo 747 com massa de 330.000 kg tem quatro turbinas que desenvolvem, cada uma, um empuxo de 250.000 N durante a decolagem. Mostre que sua aceleração é de 3 m/s^2.

6. ● Arranhando-a com suas garras, um urso de 400 kg escorrega por uma árvore com velocidade constante. Qual é o valor do atrito exercido sobre o urso?

7. ■ Um bombeiro com 80 kg de massa escorrega por um poste vertical com aceleração de 4 m/s^2. Mostre que a força de atrito exercida sobre ele vale 480 N.

8. ■ Um boxeador dá um soco em uma folha de papel no ar e com isso aumenta sua rapidez de zero para 25 m/s em 0,05 s. A massa da folha de papel é de 0,003 kg. Mostre que o valor da força do soco sobre o papel vale somente 1,5 N.

9. ● A *skydiver* Susie, junto com seu pára-quedas, tem massa de 50 kg.
   a. Antes de abrir o pára-quedas, qual é a força de resistência do ar que ela enfrenta quando atinge a velocidade terminal?
   b. Que força de resistência do ar ela enfrentará quando, com o pára-quedas aberto, atingir uma velocidade terminal menor?
   c. Discuta por que suas respostas são as mesmas ou são diferentes.

10. ● Suponha que você se encontre em pé sobre um *skate* próximo a uma parede e que você a empurre com força de 30 N.

Com que força ela o empurrará de volta? Se sua massa for de 60 kg, mostre que sua aceleração, enquanto empurra a parede, será de 0,5 m/s^2.

11. ■ Considere gotas de chuva que caem verticalmente com 3 m/s de rapidez enquanto você está correndo horizontalmente a 4 m/s. Mostre que as gotas atingirão sua face com uma rapidez de 5 m/s.

12. ■ Forças de 3 N e 4 N são exercidas sobre um bloco com massa de 5 kg, formando um ângulo reto uma com a outra. Mostre que a aceleração resultante vale 1 m/s^2.

13. ■ Considere um aeroplano voando com rapidez de 120 km/h, com o nariz apontando para o norte, e sofrendo ação de um vento de 90 km/h que sopra lateralmente vindo do oeste. Mostre que a rapidez da aeronave com relação ao solo é de 150 km/h.

14. ♦ Uma força resultante F, exercida sobre uma massa m, produz nela uma aceleração a.
    a. Mostre que a mesma força, exercida sobre outra massa M, produz uma aceleração igual a $a\left(\frac{m}{M}\right)$.
    b. Suponha que a força resultante F produza uma aceleração de 2,5 m/s^2 em uma massa de 6 kg. Mostre que a mesma força, exercida sobre uma massa de 5 kg, produz nela aceleração de 3,0 m/s^2.

15. ♦ Phil e seu carrinho de rolimã impulsionado por foguete possuem uma massa conjunta M e estão acelerando com uma taxa a. Então o carrinho bate em Zeprham, de massa m, que cai sobre o carrinho. Despreze o atrito.
    a. Mostre que o carrinho de rolimã agora acelera a uma taxa igual a $\frac{M}{M + m}a$.
    b. Se Phil e seu carrinho possuem massa conjunta de 70 kg, e Zephran uma massa de 45 kg, e se a aceleração inicial do carrinho for de 3,6 m/s^2, mostre que, quando Zephram juntar-se a Phil, a aceleração do carrinho será de 2,2 m/s^2.

16. ♦ O ônibus de excursão de uma banda de rock, com massa M, está se afastando de um semáforo e acelerando a taxa a quando um matacão com massa $M/6$ cai sobre o teto do veículo e ali permanece em repouso.
    a. Mostre que a aceleração do ônibus agora será $\frac{6}{7}a$.
    b. Se a aceleração inicial do ônibus era de 1,2 m/s^2, mostre que, quando o ônibus carrega consigo o matacão, sua aceleração será de 1,0 m/s^2.

CAPÍTULO 5

Momentum e Energia

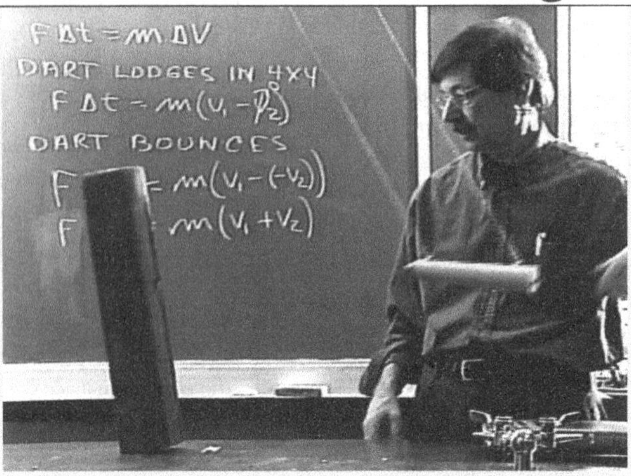

DART LODGES IN 4X4
DART BOUNCES

Howie Brand demonstra os diferentes resultados obtidos quando um bastão de madeira ricocheteia num bloco de madeira, em vez de apenas grudar-se nele.

No Capítulo 3, introduzimos o conceito de inércia de Galileu e, no Capítulo 4, mostramos como ele foi incorporado na primeira lei de Newton do movimento. Lá discutimos a inércia em relação a objetos que estão em repouso e em movimento. Neste capítulo, nos restringiremos apenas à inércia de objetos em movimento. Quando combinamos as idéias de inércia e de movimento, estamos tratando do momentum. O *momentum* é uma propriedade dos corpos em movimento. Objetos em movimento também possuem energia de movimento – *energia cinética*. Este capítulo aborda dois dos conceitos mais centrais da mecânica – momentum e energia. Começaremos com o primeiro deles – momentum.

5.1 Momentum

Todos sabem que é muito mais difícil parar um pesado caminhão do que um carro que esteja se movendo com a mesma rapidez. Enunciamos este fato dizendo que o caminhão tem mais momentum do que o carro. **Momentum** significa *inércia em movimento*. Mais precisamente, o momentum é definido como o produto da massa de um objeto pela sua velocidade, isto é,

$$\text{Momentum} = \text{massa} \times \text{velocidade}$$

Ou, em notação sintética,

$$\text{Momentum} = mv$$

Quando a orientação não é um fator importante, podemos dizer que

$$\text{Momentum} = \text{massa} \times \text{rapidez}$$

que também pode ser abreviado por mv[1].

[1] O símbolo do momentum é p. Na maioria dos livros didáticos, $p = mv$.

A partir dessa definição, vemos que um objeto em movimento pode possuir um grande momentum se sua massa for grande, se sua velocidade for grande ou se ambos forem grandes. Um caminhão em movimento possui mais momentum do que um carro se movendo com a mesma rapidez porque ele tem uma massa maior. Mas um carro veloz pode possuir momentum maior do que um caminhão lento. E um caminhão em repouso não possui momentum algum.

FIGURA 5.1
A rocha, infelizmente, possui mais momentum do que o corredor.

5.2 Impulso

Se o momentum de um objeto varia, é porque ou sua massa ou sua velocidade ou ambas estão variando. Se a massa se mantém constante enquanto o momentum varia, é porque a velocidade está variando e existe uma aceleração. O que produz a aceleração? Sabemos a resposta: uma *força*. Quanto maior for a força exercida sobre um objeto, maior será a variação de sua velocidade e, portanto, maior será a variação de seu momentum.

FIGURA 5.2
Ao empurrar com a mesma força durante um tempo duas vezes maior, você transmitirá o dobro de impulso e produzirá uma variação de momentum duas vezes maior.

Mas há outra coisa importante na variação do momentum: o *tempo* – quão longo é o tempo durante o qual a força é exercida. Exercendo brevemente uma força sobre um carro enguiçado, você conseguirá produzir uma alteração em seu momentum. Exercendo uma mesma força por um longo período de tempo, você produzirá uma grande variação no momentum do automóvel. Uma força mantida por um longo período de tempo produz mais alteração no momentum do que a mesma força aplicada por um breve período de tempo. Assim, para alterar o momentum de um objeto são importantes tanto a força quanto o tempo durante o qual ela é exercida.

A grandeza *força* × *intervalo de tempo* é chamada de **impulso**. Em notação sintética,

$$\text{Impulso} = Ft$$

5.3 O impulso modifica o momentum

Quanto maior for o impulso exercido sobre algo, maior será a variação produzida em seu momentum. A relação exata é

$$\text{Impulso} = \text{variação do momentum}$$

ou[2]

$$Ft = \Delta(mv)$$

onde Δ é o símbolo que significa "variação de".

A relação impulso-momentum nos ajuda a analisar uma variedade de situações nas quais o momentum sofre variação. Aqui consideraremos alguns exemplos comuns em que o impulso está relacionado a um aumento ou a uma diminuição do momentum.

Caso 1: Aumentando o momentum

Se você deseja aumentar o momentum de um objeto, deve exercer a maior força possível durante o maior tempo que puder. Tanto um jogador de golfe quando vai dar a tacada inicial quanto um jogador de beisebol que pretende realizar um *home run** fazem a mesma coisa quando, respectivamente, aumentam ao máximo o arco descrito por seus braços durante os arremessos, procurando prolongar ao máximo o tempo de contato com a bola.

As forças envolvidas em impulsos normalmente variam de instante a instante. Por exemplo, ao dar uma tacada, um jogador de golfe não estará exercendo força alguma enquanto não fizer contato com ela; a partir deste instante, a

* N. de T.: *Home run* é a jogada do beisebol na qual o rebatedor, localizado na base principal, consegue passar correndo, depois de uma rebatida e em seqüência, por todas as bases e retornar à base principal antes da bola ser apanhada e devolvida à base principal pelo time adversário. Para atrasar ao máximo o trabalho da equipe adversária, o rebatedor precisa rebater a bola o mais longe que puder, desde que a mesma não ultrapasse as laterais que delimitam o campo de jogo.

2 Esta relação pode ser derivada a partir do rearranjo da segunda lei de Newton de modo a tornar mais explícito o fator tempo. Se escrevermos a fórmula da aceleração, $a = F/m$, usando a definição de aceleração $a = \Delta v/\Delta t$, obtemos $F/m = \Delta v/\Delta t$. A partir daí, obtemos $F\Delta t = \Delta(mv)$. Chamando o intervalo de tempo Δt simplesmente de t, obtemos $Ft = \Delta(mv)$.

força exercida sobre a bola aumenta rapidamente enquanto a bola vai sendo progressivamente deformada (Figura 5.3). Depois, a força diminui enquanto a bola acelera e retorna à sua forma original. Portanto, ao longo deste capítulo, quando falarmos de tais forças, estaremos nos referindo à força *média*.

PARE E TESTE A SI MESMO

1. Compare o momentum de um carro de 1 tonelada que se move a 100 km/h com o de um caminhão de 2 toneladas que se move a 50 km/h.
2. Um objeto em movimento possui impulso?
3. Um objeto em movimento possui momentum?
4. Para um mesmo valor de força exercida, qual canhão dá maior impulso a uma bala – um canhão comprido ou um curto?

VERIFIQUE SUAS RESPOSTAS

1. Ambos possuem o mesmo momentum.

   (1 ton × 100 km/h = 2 ton × 50 km/h).
2. Não, impulso não é algo que um objeto *possua*, como é o caso do momentum.

   O impulso é o que um objeto pode *prover* ou *experimentar* ao interagir com outro objeto. Um objeto não pode possuir impulso, assim como também não pode possuir força.
3. Sim, mas como o caso da velocidade, em sentido relativo – isto é, em relação a um dado sistema de referência escolhido, que costumeiramente é a superfície da Terra. O momentum que um objeto possui em relação a um ponto estacionário na Terra é completamente diferente do momentum que ele possui em relação a outro objeto em movimento.
4. Um canhão comprido dará um impulso maior porque a força será exercida durante um tempo maior. (Um impulso maior produz maior variação de momentum, de modo que um canhão comprido irá imprimir maior velocidade à bala do que um canhão curto.

Caso 2: Diminuindo o momentum em um longo intervalo de tempo

Imagine que você está dentro de um carro fora de controle e que você pode escolher entre bater contra um muro de concreto ou contra um monte de feno. Você não precisa saber muita física para tomar a melhor decisão. O senso comum lhe diz que é melhor escolher o monte de feno. Porém saber um pouco de física o ajuda a entender *por que* bater em algo macio é completamente diferente de bater em algo duro. Seja no caso de bater contra um muro de concreto ou contra um monte de feno, vindo a parar, seu momentum sofrerá a mesma diminuição, o que significa que o impulso requerido para detê-lo é o mesmo em ambos os casos. Um mesmo impulso requerido não significa um mesmo valor da força ou um mesmo intervalo de tempo; em vez disso, significa um mesmo valor do *produto* da força pelo tempo. Ao escolher bater contra o monte de feno em vez de contra a parede, você prolonga *o tempo durante o qual seu momentum é reduzido à zero*. Um intervalo de tempo maior reduz a força e diminui a desaceleração produzida. Por exemplo, se você prolongar o tempo de duração do impacto em 100 vezes, a força de impacto será reduzida pelo mesmo valor. Assim, quando queremos diminuir muito a força de contato, devemos prolongar o tempo

O intervalo de tempo é de fundamental importância para a variação do momentum.

FIGURA 5.3
A força de impacto sobre uma bola de golfe varia ao longo da duração do impacto.

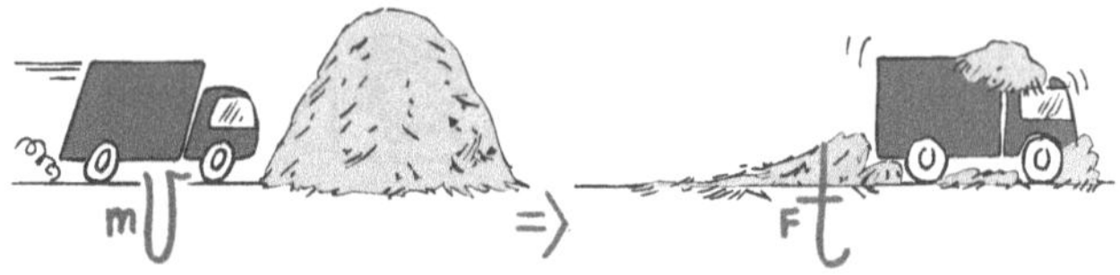
m
F

FIGURA 5.4
Se a variação de momentum ocorrer durante um longo tempo, a força de impacto será pequena.

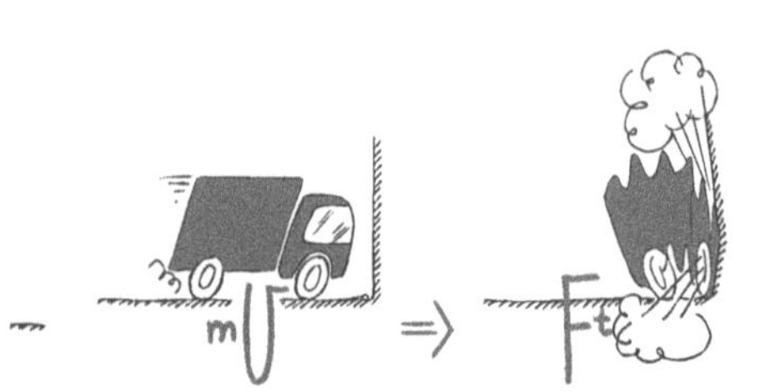
m
F

FIGURA 5.5
Se a variação de momentum ocorrer durante um tempo curto, a força de impacto será grande.

de contato. Essa é a razão pela qual os automóveis modernos possuem painéis acolchoados e *airbags*.

Ao saltar de uma posição elevada para o solo, o que ocorreria se você mantivesse suas pernas esticadas e rígidas? Ai! Em vez disso, você flexiona os joelhos quando os pés entram em contato com o piso. Ao proceder assim, você prolonga o tempo durante o qual seu momentum diminui a zero por um fator de 10 a 20 vezes em relação ao que duraria se as pernas fossem mantidas esticadas, parando bruscamente o corpo. Com isso, a força resultante sobre seu corpo é reduzida em 10 a 20 vezes. Quando cai e vai à lona, um boxeador procura prolongar o tempo de impacto contra o revestimento acolchoado do ringue, relaxando os músculos e distribuindo o impacto por uma série de pequenos impactos quando seus pés, joelhos, costelas e ombros sucessivamente batem no ringue. Claro, é preferível cair em um ringue acolchoado do que num piso duro porque o revestimento macio aumenta o tempo durante o qual as forças são exercidas.

A rede de segurança usada por acrobatas de circo é um bom exemplo de como conseguir o impulso necessário para uma aterrissagem segura. A rede reduz a força experimentada pelo acrobata em queda, aumentando substancialmente o intervalo de tempo durante o qual a força é exercida.

Se você vai apanhar uma bola de beisebol muito rápida sem estar com as luvas de jogo, primeiro estende o braço e põe a mão bem à frente, de modo que disponha de bastante espaço livre para deixar sua mão mover-se para trás depois de fazer contato com a bola. Com isso, você prolonga ao máximo a duração do impacto, reduzindo a força do mesmo. Analogamente, ao receber um soco, um boxeador executa o "pêndulo", recuando propositadamente o tronco a fim de reduzir a força de contato (Figura 5.6).

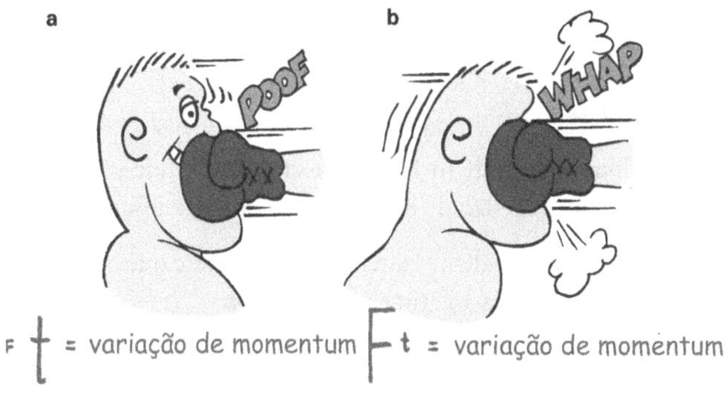
a
b
POOF
WHAP
F t = variação de momentum
F t = variação de momentum

FIGURA 5.6

Em ambos os casos, o maxilar do boxeador transmite um impulso que reduz o momentum do golpe. (a) Quando o boxeador atingido recua ("faz o pêndulo", no jargão do boxe), ele prolonga o tempo de contato e, assim, diminui a força do impacto. (b) Se o boxeador a ser atingido mover-se em direção à luva do outro, a tempo é reduzido e ele deve sofrer um impacto mais forte.

Caso 3: Diminuindo o momentum em um curto intervalo de tempo

Quando se pratica boxe, mover-se de encontro ao soco, ao invés de recuar, é pôr-se em apuros. Acontece a mesma coisa se você apanhar uma bola de beisebol em alta velocidade com sua mão movendo-se para a frente. Dentro de um carro fora de controle, você estará realmente em sérios apuros se resolver direcioná-lo contra um muro de concreto ao invés de contra um monte de feno. Nestes casos, em que os tempos de impacto são curtos, as forças de impacto são grandes. Lembre-se de que, para deter um objeto em movimento, sem importar a rapidez com que ele é parado, o impulso será o mesmo. Porém, se o tempo de parada for mais curto, a força será maior.

A idéia de um curto tempo de contato explica por que uma especialista em caratê consegue quebrar uma pilha de tijolos com um golpe com a mão desprotegida (Figura 5.7).

PARE E TESTE A SI MESMO

1. Se o boxeador da Figura 5.6 for capaz de tornar três vezes maior a duração do impacto, recuando junto com o golpe recebido, em quanto diminuirá a força do impacto?
2. Se, ao invés disso, o boxeador se movesse *de encontro* ao punho do adversário durante o soco, de modo que a duração do impacto diminuísse para a metade, em quanto aumentaria a força do impacto?
3. Um boxeador que está sendo atingido por um soco dá um jeito de prolongar o tempo de impacto para obter melhores resultados, ao passo que um especialista em caratê procura exercer uma força durante o menor tempo possível para obter melhores resultados. Não há uma contradição aqui?

VERIFIQUE SUAS RESPOSTAS

1. A força de impacto será um terço da que ocorreria se ele não tivesse recuado.
2. A força de impacto será três vezes maior da que ocorreria se ele tivesse mantido sua cabeça parada. Impactos desse tipo são responsáveis pela maioria dos nocautes.
3. Não existe contradição porque os melhores resultados para cada um são completamente diferentes. O melhor resultado para o boxeador é que a força seja reduzida, por meio do prolongamento do tempo, ao passo que para a carateca o melhor resultado consiste em aumentar a força gerada, minimizando o tempo.

RESOLUÇÃO DE PROBLEMAS

Problemas

1. Um pedaço de rocha de massa m desprende-se do topo de um paredão de escalada e cai durante um tempo t.

a. Desprezando a resistência do ar, mostre que o momentum da pedra ao atingir o solo é $\boldsymbol{mgt}$.

b. Se a pedra se desprendesse de um lugar mais alto, de modo que o tempo de queda fosse $2t$, mostre que o momentum da pedra ao atingir o solo seria $\boldsymbol{2mgt}$.

c. Se a pedra em queda tivesse mais massa, de que modo isso afetaria a duração da queda?

d. Mostre que a altura do ponto de desprendimento de uma rocha que caiu durante 3 s é de 45 m. (Use a aceleração da queda livre, $g = 10\ \text{m/s}^2$.)

2. Um ovo de avestruz de massa m é arremessado com rapidez v sobre um cobertor de cama dobrado. Ele atinge o repouso em um intervalo de tempo t.

a. Mostre que a força média de impacto do ovo é $\dfrac{\boldsymbol{mv}}{\boldsymbol{t}}$.

b. Se a massa do ovo for 1,0 kg, sua velocidade ao atingir o cobertor dobrado for 2,0 m/s e o tempo de parada nele for 0,2 s, mostre que a força média do impacto é 10 N.

c. Por que é menos provável que o ovo se quebre se cair sobre o cobertor dobrado do que sobre um que esteja esticado?

Soluções

1. a. Ao bater no solo, seu momentum é dado pelo produto *massa* × *velocidade*. Como aprendemos no Capítulo 3, o módulo da velocidade depois de uma queda a partir do repouso é $v = gt$. Logo, o momentum após um tempo t em queda é $mv = \boldsymbol{mgt}$.

b. Momentum =?

O dobro do tempo no ar ⟹ dobro de impulso sobre a pedra ⟹ dobro de variação do momentum. Portanto, o momentum final seria o dobro, $\boldsymbol{2mgt}$.

c. Exceto pelos efeitos da resistência do ar, o tempo de queda não depende da massa (como vimos no Capítulo 4). A pedra teria maior momentum por causa de sua massa maior, e não, devido a uma maior rapidez.

d. Do Capítulo 3, recorde-se que, ao cair a partir do repouso, $d = 1/2\,gt^2 = 1/2\,(10\ \text{m/s}^2)(3\ \text{s})^2 = 45\ \text{m}$.

2. a. A partir da equação impulso-momentum, $Ft = \Delta mv$, onde, neste caso, o ovo termina em repouso, $\Delta mv = mv$ e um simples rearranjo algébrico fornece $F = \dfrac{\boldsymbol{mv}}{\boldsymbol{t}}$.

b. $$F = \frac{mv}{t} = \frac{(1{,}0\ \text{kg})\left(2{,}0\ \frac{\text{m}}{\text{s}}\right)}{(0{,}2\ \text{s})} = 10\ \text{kg}\cdot\frac{\text{m}}{\text{s}^2} = \mathbf{10\ N}.$$

c. Quando se deixa cair um ovo sobre um cobertor dobrado, o tempo durante o qual o momentum do ovo vai a zero é prolongado. Um tempo maior de parada significa menor força no impulso que levará o ovo ao repouso. Menor força significa menor chance de quebra.

FIGURA 5.7
Cassy transmite um grande impulso aos tijolos durante um tempo curto, produzindo uma força consideravelmente grande.

Ela levanta o braço e investe velozmente a mão contra os tijolos com um momentum consideravelmente grande. O momentum é rapidamente reduzido a zero enquanto ela exerce um impulso sobre os tijolos. Neste caso, o impulso é o produto da força exercida pela mão pelo tempo durante o qual ela tem contato com os tijolos. Por causa da execução rápida do golpe, ela torna o tempo de contato muito breve e, analogamente, produz uma força do impacto enorme. Se sua mão repicar após o impacto, como veremos adiante, a força será ainda maior.

5.4 Ricocheteando

Você sabe que estará em sérios apuros se um vaso de flores despencar de uma prateleira elevada sobre sua cabeça. Sabendo ou não, se o vaso ricochetear em sua cabeça, seus apuros serão ainda maiores. Isso porque os impulsos

PARE E
TESTE A SI MESMO

1. Em relação à Figura 5.7, como se compara a força exercida por Cassy sobre o tijolo com a força exercida sobre sua mão?
2. Como diferirá o impulso resultante do impacto se a mão dela ricochetear de volta após golpear os tijolos?

VERIFIQUE SUAS RESPOSTAS

1. De acordo com a terceira lei de Newton, elas serão de mesmo valor. Somente a flexibilidade da mão humana e o treino da carateca para endurecer a musculatura em torno do punho permitem que isto seja realizado sem ossos quebrados. Golpear tijolos não é recomendado!
2. O impulso produzido será maior se a mão dela ricochetear nos tijolos após o impacto. Se o tempo de duração do impacto não for aumentado na mesma proporção, uma força maior será, então, exercida sobre os tijolos (e sobre a mão da moça!).

são maiores quando ocorre o ricochete. O impulso requerido para levar algo ao repouso e, depois, efetivamente "arremessá-lo de volta" é maior do que o impulso requerido para tão-somente levá-lo ao repouso. Suponha, por exemplo, que você apanhe o vaso em queda com suas mãos. Assim, você estará fornecendo o impulso necessário para reduzir o seu momentum a zero. Se você ainda tivesse que, imediatamente, arremessá-lo de volta para cima, teria de dar um impulso adicional. Este impulso extra é o mesmo que sua cabeça deverá fornecer se o vaso de flores nela ricochetear.

A foto de abertura deste capítulo mostra o professor de física Howie Brand dando o impulso inicial em um bastão que irá colidir com um bloco de madeira. Quando o bastão contém um prego voltado para fora em sua extremidade, ele é detido e gruda no bloco. Neste caso, o bloco mantém-se de pé. Se o prego for removido, e na extremidade do bastão uma metade de bola de borracha sólida for fixada, o bastão ricocheteará após o contato com o bloco. Este, então, tombará. O impulso contra o bloco é realmente maior quando ocorre o ricochete.

Uma aplicação interessante do maior impulso produzido quando há um ricochete teve grande sucesso na época da corrida do ouro na Califórnia. As rodas d'água usadas na mineração eram muito ineficazes. Um homem chamado Lester A. Pelton, então, percebeu que o problema tinha algo a ver com a forma chata das pás de rodas usadas. Pelton projetou as pás com forma curva, as quais faziam a água incidente descrever uma curva em "U" após o impacto – o "ricochete". Dessa maneira, o impulso exercido sobre as rodas d'água aumentou substancialmente. Pelton patenteou sua idéia e provavelmente ganhou mais dinheiro com a invenção, chamada roda de Pelton, do que qualquer minerador ganhou com o ouro. A física pode realmente enriquecer sua vida em muitos sentidos!

FIGURA 5.8
A roda de Pelton. As pás curvas fazem com que a água ricocheteie e dê uma volta em "U", o que produz um impulso maior para girar a roda.

5.5 Conservação do momentum

Somente um impulso externo dado a um sistema é capaz de alterar o seu momentum. Forças e impulsos internos não são capazes disso. Por exemplo, as forças moleculares internas de uma bola de beisebol não têm efeito sobre o momentum da bola, da mesma forma que um empurrão dado no painel do carro onde você está sentado não afeta o momentum do veículo. As forças moleculares no interior da borracha da bola e o empurrão no painel do carro são forças internas. Elas surgem sempre em pares conjugados que se anulam dentro dos objetos. Para alterar o momentum da bola ou do carro, é necessário um empurrão ou um puxão de origem externa. Se nenhuma força externa estiver presente, nenhum impulso externo existirá, e nenhuma variação de momentum será possível.

Como outro exemplo, considere o canhão sendo disparado na Figura 5.9. A força sobre a bala dentro do canhão é de mesmo módulo e de sentido contrário à força que causa o recuo da arma. Uma vez que essas forças são exercidas simultaneamente, os impulsos gerados por elas são também de mesmo módulo, porém opostos. Lembre-se da terceira lei de Newton, acerca da ação e da reação. Ela também se aplica a impulsos. Estes impulsos são internos ao sistema formado pelo canhão e pela bala disparada, de modo que não alteram o momentum do sistema canhão-bala. Antes do disparo, o siste-

BLAM

FIGURA 5.9
O momentum total antes do disparo é zero. Após o mesmo, o momentum total ainda é zero, pois o momentum do canhão é de mesmo módulo que o da bala, mas contrário a este.

ma encontra-se em repouso, e seu momentum é zero. Depois do disparo, o momentum resultante, ou total, *continua* sendo zero. O momentum total nem aumenta nem diminui.

Como as grandezas velocidade e força, o momentum possui tanto módulo quanto orientação. Ele é uma *grandeza vetorial*. Como velocidade e força, o momentum pode ser anulado. Assim, embora a bala do exemplo anterior ganhe momentum durante o disparo enquanto o canhão ganha momentum em sentido oposto, não existe ganho de momentum pelo *sistema* canhão-bala. O momenta (plural de momentum) da bala e do canhão são iguais em módulo, mas opostos[3]. Eles

sistema bola-8
sistema bola de jogo
sistema bola-8 + bola de jogo

FIGURA 5.10
A bola de jogo de uma partida de bilhar atinge a bola 8 frontalmente. Considere o que acontece em três sistemas durante este evento: (a) uma força externa é exercida sobre o sistema formado pela bola 8, fazendo seu momentum aumentar; (b) uma força externa é exercida sobre o sistema formado pela bola de jogo, fazendo seu momentum diminuir; (c) nenhuma força externa é exercida sobre o sistema formado pelas duas bolas, e o seu momentum é conservado (simplesmente ocorre transferência de momentum de uma parte para outra do sistema.)

[3] Neste exemplo estamos desprezando o momentum dos gases ejetados pela explosão da pólvora. Disparar uma arma usando balas de festim a partir de uma distância curta definitivamente não é uma boa idéia por causa do momentum considerável dos gases ejetados. Mais de uma pessoa já morreram por disparos com balas de festim feitos de curta distância. Em 1998, em Jacksonville, Florida, para dramatizar seu sermão perante centenas de membros da congregação religiosa, incluindo sua família, um pastor disparou contra a própria cabeça usando uma Magnum calibre 0,357 armada com balas de festim. Embora nenhum fragmento tenha saído da arma, os gases de exaustão o fizeram – e de forma letal. Portanto, estritamente falando, o momentum da bala (qualquer que seja) + o momentum dos gases ejetados tem mesmo módulo, mas contrário ao momentum de recuo da arma.

se anulam para o sistema como um todo. *Se nenhuma força ou impulso resultante for exercido sobre um sistema, seu momentum não poderá variar.*

Quando o momentum ou qualquer grandeza da física não varia, dizemos que ela é *conservada*. A idéia de que o momentum é conservado quando não existe força externa resultante exercida tem o *status* de uma lei central da física, chamada de **princípio da conservação do momentum**, enunciado como:

Na ausência de uma força externa, o momentum de um sistema mantém-se inalterado.

Em qualquer sistema sobre o qual todas as forças exercidas são internas – como, por exemplo, carros que colidem, núcleos atômicos que sofrem decaimento radiativo ou estrelas que explodem –, o momentum total do sistema é o mesmo antes e depois do evento.

PARE E TESTE A SI MESMO

1. A segunda lei de Newton estabelece que se nenhuma força resultante for exercida sobre um sistema, não ocorre qualquer aceleração do mesmo. Segue daí que não ocorre variação de momentum?
2. A terceira lei de Newton estabelece que a força exercida pelo canhão sobre a bala é de mesmo módulo e contrária à força da bala sobre o canhão. Segue daí que o *impulso* que o canhão exerce sobre a bala é de mesmo módulo e contrário ao *impulso* que a bala exerce sobre o canhão?

VERIFIQUE SUAS RESPOSTAS

1. Sim, pois ausência de aceleração significa que a velocidade não varia e nem o momentum (massa × velocidade). Outra linha de raciocínio consiste simplesmente em argumentar que se nenhuma força resultante for exercida não existirá impulso resultante nem, portanto, variação de momentum.
2. Sim, pois a interação entre ambos ocorre durante o mesmo intervalo de *tempo*. Se o tempo é igual, e as forças são de mesmo módulo e opostas, os impulsos, *Ft*, também são de mesmo módulo e opostos. O impulso é uma grandeza vetorial e pode ser cancelado.

5.6 Colisões

A conservação do momentum é claramente demonstrada na colisão de objetos. Sempre que eles colidem uns com os outros na ausência de força externa resultante, o momentum total dos objetos antes da colisão é igual ao momentum total dos mesmos após a colisão.

$$\text{momentum total}_{\text{antes da colisão}} = \text{momentum total}_{\text{depois da colisão}}$$

Isto é verdadeiro, não importa como possam estar se movimentando os objetos envolvidos antes da colisão.

Quando uma bola de bilhar em movimento colide frontalmente com outra idêntica, mas em repouso, a primeira atinge o repouso após a colisão, enquanto a que estava em repouso passa a mover-se com a velocidade que a outra tinha antes do choque. Isto é o que chamamos de uma **colisão elástica**; de modo ideal, neste tipo de colisão os objetos desviam-se uns dos outros sem que se produzam quaisquer deformações permanentes nos corpos ou qualquer geração de calor (Figura 5.11). Mas o momentum é conservado mesmo quando os objetos envolvidos se deformam e permanecem juntos após a colisão. Esta é uma **colisão inelástica**, caracterizada por deformação, geração de calor ou ambos. Numa colisão perfeitamente inelástica, os objetos envolvidos se grudam. Considere, por exemplo, o caso de um vagão de carga que se move ao longo de um trilho e colide com outro vagão em repouso (Figura 5.12). Se os vagões tiverem a mesma massa e se acoplarem durante a colisão, poderemos prever qual a velocidade dos carros acoplados após o impacto?

Suponha que um único carro esteja se movendo a 10 metros por segundo, e que a massa de cada carro seja m. Então, da conservação de momentum,

$$(mv\ \text{total})_{\text{antes}} = (mv\ \text{total})_{\text{depois}}$$

$$(m \times 10\ \text{m/s})_{\text{antes}} = (2m \times V)_{\text{depois}}$$

Usando um pouco de álgebra, obtemos $V = 5$ m/s. Isto faz sentido, pois como uma massa duas vezes maior está se movendo após a colisão, a velocidade final deve ser a metade da inicial. Os dois membros da equação são, dessa maneira, iguais.

Observe as colisões inelásticas ilustradas na Figura 5.13. Se A e B estiverem se movendo com mesmo valor de

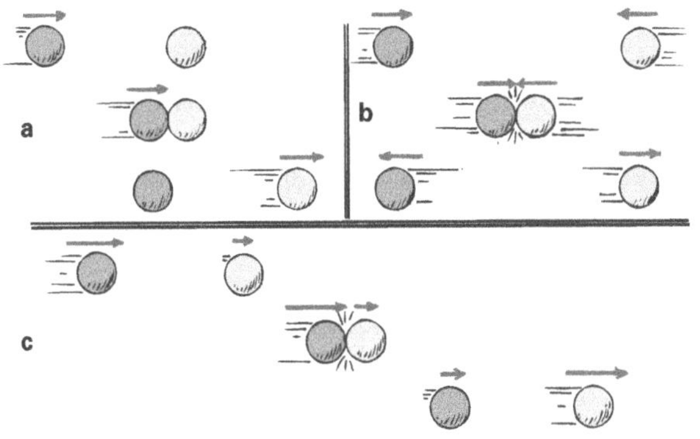
a
b
c

FIGURA 5.11
Colisões elásticas entre bolas de mesma massa. (a) Uma bola verde colide com uma bola amarela em repouso. (b) Uma colisão cara-a-cara. (c) Uma colisão entre bolas que se movem no mesmo sentido. Em cada caso, ocorre transferência de momentum de uma bola para outra.

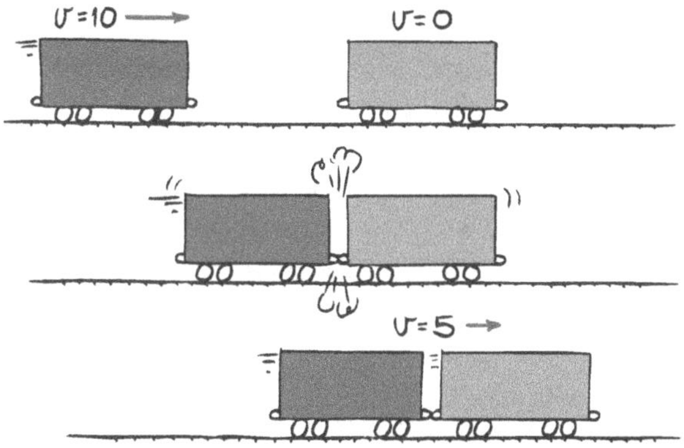
v=10
v=0
v=5

FIGURA 5.12
Colisão inelástica. O momentum do vagão esquerdo é compartilhado com outro vagão de mesma massa logo após a colisão.

CIÊNCIA E SOCIEDADE

LEIS DE CONSERVAÇÃO

Uma lei ou princípio de conservação estabelece que determinadas grandezas de um sistema mantém-se precisamente constantes, não importa que mudanças possam ocorrer no interior do sistema. É uma lei de permanência durante a variação. Neste capítulo, vimos que o momentum não varia durante as colisões. Dizemos que o momentum é conservado. No próximo capítulo, aprenderemos que a energia é conservada enquanto sofre transformações – uma quantidade de energia luminosa, por exemplo, transforma-se completamente em energia térmica quando a luz é absorvida. No Apêndice B veremos que o momentum angular é conservado – seja qual for o movimento de rotação de um sistema planetário, se ele se mantém livre de influências externas seu momentum angular também se mantém constante. No Capítulo 10, aprenderemos que a carga elétrica também é conservada, o que significa que ela não pode ser criada nem destruída. Quando estudarmos a física nuclear, veremos que estas e outras leis de conservação valem também no mundo microscópico. As leis de conservação fornecem explicações para as regularidades simples existentes na natureza e normalmente são consideradas como as leis mais fundamentais da física. Você consegue lembrar-se de coisas de sua própria vida que se mantêm constantes enquanto outras estão mudando?

A
B
A
B
A B
A B
A B
A B

FIGURA 5.13

Colisões inelásticas. O momentum total dos caminhões é o mesmo, antes e após cada colisão.

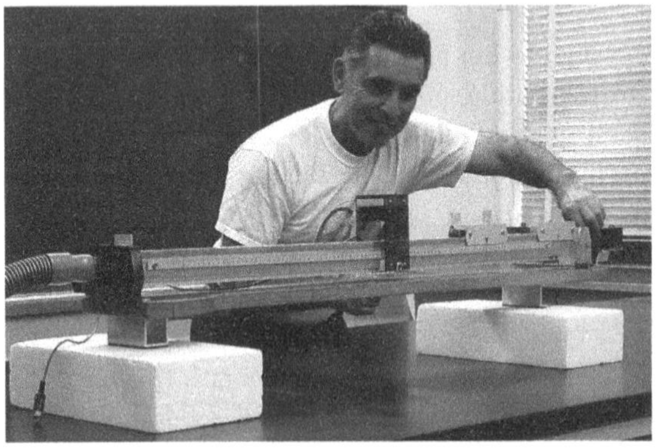

FIGURA 5.14

Will Mayner realiza uma demonstração com um trilho de ar. Pequenos jatos de ar lançados de pequenos furos permitem que os carrinhos deslizem sobre o trilho sem atrito.

momentum, mas em sentidos opostos (A e B em colisão cara-a-cara), então um dos momenta pode ser considerado como negativo, de modo que os dois momenta somados resultem em zero. Após a colisão, os vagões acoplados mantêm-se parados no local do impacto, com momentum nulo.

O momentum é conservado em todas as colisões, sejam elas elásticas ou inelásticas (desde que forças externas não interfiram).

Se, por outro lado, A e B estão se movendo no mesmo sentido (e A alcança B), o momentum total é simplesmente a soma de seus momenta individuais.

5.7 Energia

Talvez o conceito mais central de toda a ciência seja o de energia. A combinação de energia com matéria constitui todo o universo; a matéria é substância, e a energia é o que move a substância. A idéia de matéria é fácil de entender. Ela é o conteúdo das coisas que podemos ver, provar e sentir. Matéria possui massa e ocupa espaço. A energia, por outro lado, é abstrata. Não podemos ver, provar ou sentir a maior parte das formas de energia. Curiosamente, a idéia de

PARE E TESTE A SI MESMO

Considere o trilho de ar mostrado na Figura 5.14. Suponha que um carrinho de 0,5 kg esteja deslizando pelo trilho, colida e grude em outro carrinho estacionário de 1,5 kg de massa. Se a velocidade do primeiro carrinho, antes do impacto, for v_{antes}, quais serão as velocidades dos carros após a colisão?

VERIFIQUE SUA RESPOSTA

De acordo com a conservação do momentum, o carrinho de 0,5 kg possui um momentum antes da colisão igual ao momentum dos dois carrinhos grudados após se encontrarem.

$$0{,}5\ \text{kg}\ v_{antes} = (0{,}5\ \text{kg} + 1{,}5\ \text{kg})\ v_{depois}$$

$$v_{depois} = \frac{0{,}5\ \text{kg}\ v_{antes}}{(0{,}5\ \text{kg} + 1{,}5\ \text{kg})} = \frac{0{,}5\ v_{antes}}{2} = \frac{v_{antes}}{4}$$ [note o kg na equação]

Isso faz sentido, pois uma massa quatro vezes maior estará se movendo após a colisão, de modo que, após a colisão, os carrinhos acoplados deslizarão mais lentamente. O mesmo momentum corresponde a quatro vezes mais massa movendo-se quatro vezes mais lentamente.

Assim, vemos que a variação de movimento de um objeto depende tanto da força quanto do tempo durante o qual ela é exercida. Enquanto "quão longo" se refere ao tempo de duração, nos referimos à grandeza "força × tempo" como o impulso. Mas "quão longo" pode significar distância também. Quando consideramos a grandeza "força × distância", estamos falando acerca de algo inteiramente diferente – o conceito de *energia*.

energia era desconhecida por Isaac Newton, e sua existência ainda era debatida na década de 1850. Embora a energia seja familiar para nós, é difícil defini-la porque ela não é apenas uma "coisa", mas também um processo – similar a ser tanto um substantivo quanto um verbo. Pessoas, lugares e coisas possuem energia, mas normalmente só observamos a energia quando ela está sendo transferida ou transformada. Ela aparece sob a forma de ondas eletromagnéticas provenientes do Sol, e a sentimos como energia térmica; ela é capturada pelas plantas e mantém ligadas as moléculas da matéria; ela se encontra nos alimentos que ingerimos e que transformamos durante nosso metabolismo. A própria matéria é energia

Uma definição alternativa de energia: algo que pode ser transformado em calor.

armazenada e condensada, como estabelecido pela famosa fórmula de Einstein, $E = mc^2$, à qual retornaremos na parte final deste livro. De modo geral, **energia** é a propriedade de um sistema que o capacita a realizar *trabalho*.

5.8 Trabalho

Quando se empurra um caixote sobre um piso, está se realizando trabalho. Por definição, *força* × *distância* é igual à grandeza que chamamos de **trabalho.**

Quando erguemos um objeto, contrariando a força da gravidade, realizamos trabalho. Quanto mais pesada for a carga e quanto mais alto a erguermos, mais trabalho será realizado. Dois ingredientes entram em cena sempre que for realizado trabalho: (1) uma força exercida e (2) o movimento de alguma coisa causado pela força exercida. No caso mais simples, em que a força é constante e o movimento é retilíneo e com a mesma orientação da força[4], definimos o trabalho realizado pela força sobre o objeto como o produto do valor da força pela distância ao longo da qual o objeto é movimentado. Em forma sintética,

$$\text{Trabalho} = \text{força} \times \text{distância}$$
$$T = Fd$$

Se você levar para o andar de cima duas cargas idênticas, estará realizando o dobro do trabalho que faria se erguesse apenas uma delas ao longo da mesma distância, pois a *força* necessária para elevar duas vezes mais peso é duas vezes maior. Analogamente, se subirmos com uma carga dois andares, em vez de apenas um, realizaremos duas vezes mais trabalho porque a *distância* dobrou.

Vemos que a definição de trabalho envolve tanto força quanto distância. Um halterofilista que sustenta um haltere de 1.000 newtons de peso acima de sua cabeça não está realizando trabalho algum sobre o haltere. Ao fazer isso, ele pode realmente ficar muito cansado, mas se o haltere não se mover pela força que o halterofilista exerce, este não estará realizando qualquer trabalho *sobre o haltere*. O trabalho está sendo feito sobre os músculos, esticando-os e contraindo-os, o que significa força vezes distância em uma escala biológica, mas este trabalho não é realizado sobre o haltere. Erguer o haltere, no entanto, é outra história. Enquanto o ergue a partir do piso, o halterofilista está realizando trabalho sobre o haltere.

A unidade de medida para trabalho combina uma unidade de força (N) com uma unidade de distância (m); a unidade de trabalho, então, é o newton-metro (N·m), também chamada de *joule* (J). Um joule de trabalho é realizado quando uma força de 1 newton é exercida ao longo de uma distância de 1 metro, como ao erguer uma maçã sobre sua cabeça. Para valores maiores de energia, falamos em quilojoules (kJ, milhares de joules) ou megajoules (MJ, milhões de joules). O halterofilista da Figura 5.15 realiza um trabalho da ordem de quilojoules. Para fazer parar um caminhão carregado que está se movendo inicialmente a 100 km/h, deve-se realizar um trabalho da ordem de megajoules.

ATHENS 2004

FIGURA 5.15
Um trabalho é realizado para erguer um haltere.

FIGURA 5.16
Ele pode gastar energia enquanto empurra a parede, mas, se ela não se mover, nenhum trabalho será realizado sobre ela. Energia dissipada torna-se *energia térmica*.

A palavra *trabalho*, em linguagem ordinária, significa esforço físico ou mental. Não confunda a definição da física para trabalho com a noção cotidiana que temos dessa palavra.

5.9 Energia potencial

Um objeto pode armazenar energia em virtude de sua posição com relação a outro objeto. Esta energia armazenada e prontamente disponível é chamada de **energia potencial** (EP), porque nesta forma ela tem o potencial de realizar trabalho. Por exemplo, uma mola esticada ou comprimida tem o potencial de realizar trabalho. Quando um arco é vergado, energia é armazenada nele. Ele, então, pode realizar trabalho sobre a flecha. Uma tira de borracha esticada possui energia potencial por causa das posições relativas de suas partes. Se for parte de um estilingue, ela é capaz de realizar trabalho.

A energia química dos combustíveis também é energia potencial. Ela é, de fato, energia de posição em escala microscópica. Essa energia está disponível quando as posições das cargas elétricas, no interior e entre as moléculas, são

[4] De maneira mais geral, o trabalho é o produto apenas do componente da força, ao longo da direção do movimento, pela distância percorrida. Por exemplo, quando uma força é exercida perpendicularmente à direção do movimento, nenhum trabalho é realizado. Um exemplo comum é o de um satélite em uma órbita circular: a força da gravidade forma um ângulo reto com a trajetória circular do satélite, em cada ponto dela, e nenhum trabalho é realizado sobre o satélite. Assim, ele orbita o planeta sem sofrer qualquer alteração de rapidez.

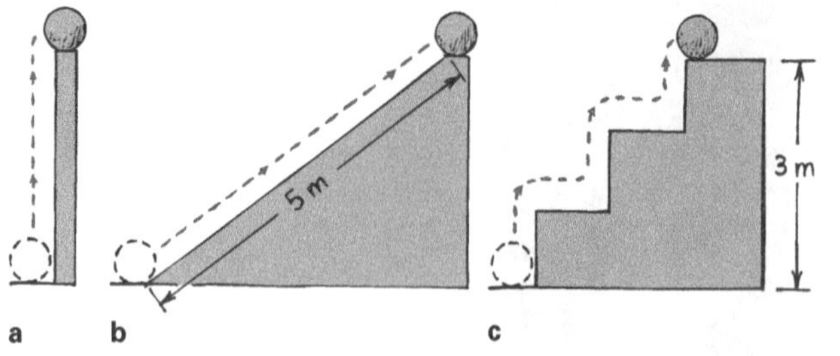
5 m
3 m
a
b
c

FIGURA 5.17

A energia potencial de uma bola de 10 N é a mesma (30 J) nos três casos ilustrados, pois o trabalho realizado ao erguê-la 3 m é o mesmo, seja ela (a) erguida por 10 N de força, (b) empurrada rampa acima por 6 N de força ao longo de 5 m ou (c) erguida por 10 N a cada degrau de altura de 1 m. Nenhum trabalho é realizado ao mover-se horizontalmente (desprezando-se o atrito).

alteradas – ou seja, quando ocorre uma alteração química. Qualquer substância capaz de realizar trabalho por meio de ação química possui energia potencial. Energia deste tipo é encontrada em combustíveis fósseis, em baterias elétricas e na comida que ingerimos.

É necessário realizar trabalho para erguer objetos contra a gravidade terrestre. A energia de um corpo devido a posições elevadas em que se encontre é chamada de *energia potencial gravitacional.* A água contida em um reservatório elevado ou em um bate-estaca erguido possui energia potencial gravitacional. Sempre que trabalho for realizado, energia será trocada.

A quantidade de energia potencial gravitacional de um objeto elevado é igual ao trabalho feito, contra a gravidade, para erguê-lo até aquela altura. O trabalho realizado é igual à força necessária para movê-lo para cima vezes a distância vertical ao longo da qual ele foi erguido (lembre-se de que $T = Fd$). A força vertical necessária para erguer um objeto com velocidade constante é igual ao seu peso, mg, de modo que o trabalho feito ao erguê-lo a uma altura vertical h é mgh.

$$\text{energia potencial gravitacional} = \text{peso} \times \text{altura}$$

$$\text{EP} = mgh$$

Note que a altura é a distância acima de algum nível escolhido como referência, tal como o solo ou o piso de um edifício. A energia potencial gravitacional, mgh, é relativa ao nível escolhido e depende apenas de mg e de h. Na Figura 5.17, podemos ver que a energia potencial da bola elevada não depende do caminho tomado para levá-la até lá.

EP = EP

FIGURA 5.18

Ambos realizam o mesmo trabalho para elevar o bloco.

A energia potencial gravitacional sempre envolve *dois* objetos interagentes – um em relação ao outro. O peso erguido de um bate-estaca, por exemplo, interage com a Terra via força gravitacional.

5.10 Energia cinética

Se empurrarmos um objeto, poderemos colocá-lo em movimento. Se ele estiver em movimento, então, o objeto será capaz de realizar trabalho. Isso porque ele possui energia de movimento. Dizemos, então, que o objeto possui **energia cinética** (EC). A energia cinética de um objeto depende de sua massa e da rapidez com que se move. A energia cinética é igual à massa vezes o quadrado do módulo de sua velocidade multiplicado pelo fator $\frac{1}{2}$.

$$\text{Energia cinética} = \frac{1}{2}\,\text{massa} \times \text{velocidade}^2$$

$$\text{EC} = \frac{1}{2}mv^2$$

Quando você arremessa uma bola, realiza trabalho sobre ela a fim de acelerá-la até que ela perca contato com a mão. A bola em movimento pode, então, colidir com algo e empurrá-lo, realizando trabalho sobre o objeto atingido. A energia cinética de um objeto é igual ao trabalho necessário para levá-lo do repouso até uma determinada velocidade final ou ao trabalho que aquele objeto pode realizar enquanto está sendo freado e levado ao repouso:

$$\text{Força resultante} \times \text{distância} = \text{energia cinética}$$

ou, em notação matemática,

$$Fd = \frac{1}{2}mv^2$$

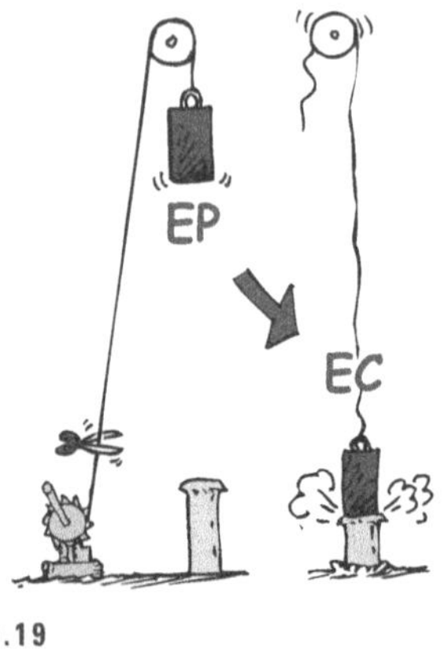
EP
EC

FIGURA 5.19

A energia potencial do peso do bate-estaca elevado é convertida em energia cinética durante a queda.

Observe que o módulo da velocidade (a rapidez) está elevado ao quadrado, de modo que, se a rapidez de um objeto duplicar, sua energia cinética se tornará quatro vezes maior ($2^2 = 4$). Conseqüentemente, será necessário um trabalho quatro vezes maior para dobrar a rapidez de um objeto. Sempre que se realizar trabalho, a energia mudará.

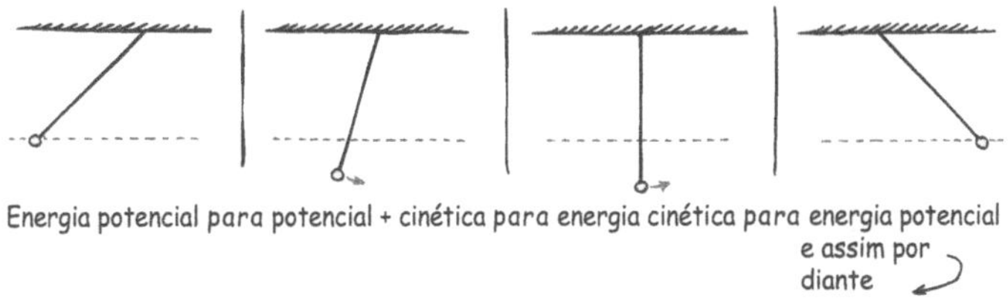
Energia potencial para potencial + cinética para energia cinética para energia potencial
e assim por diante

FIGURA 5.20
Transformações de energia em um pêndulo. A EP é relativa ao ponto mais baixo da trajetória do pêndulo, quando ele se encontra na vertical.

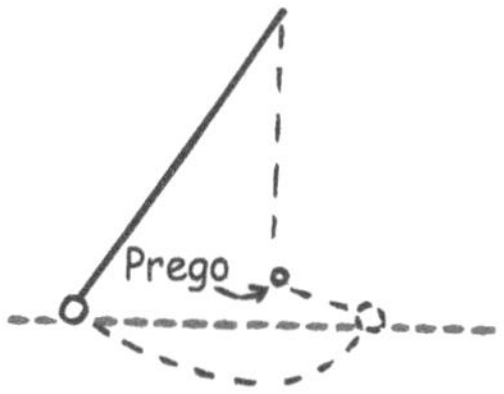
Prego

FIGURA 5.21
A bola do pêndulo oscilará até a altura inicial de onde foi solta, esteja o prego presente ou não.

FIGURA 5.22
A energia potencial contida no arco curvado de Tenny é igual ao trabalho (força média × distância) que ela realizou para trazer a flecha até a posição de lançamento. Quando ela for liberada, a maior parte da energia potencial do arco curvado será convertida em energia cinética da flecha.

FIGURA 5.23
O "despencar" do vagão de montanha-russa resulta em um máximo de velocidade na parte mais baixa do trilho, e esta energia cinética o envia para cima, mantendo-o no trilho até o próximo ponto máximo.

5.11 O teorema trabalho-energia

Quando um carro acelera, seu ganho de energia cinética provém do trabalho que foi realizado sobre ele. Quando um carro torna-se mais lento, é porque um trabalho foi realizado para reduzir sua energia cinética. Podemos estabelecer que[5]

$$\text{Trabalho} = \Delta \text{EC}$$

O trabalho é igual à *variação* de energia cinética. Este é o **teorema trabalho-energia.**

O teorema trabalho-energia enfatiza o papel da variação. Se não existir variação da energia de um objeto, então sabemos que nenhum trabalho líquido foi realizado sobre o mesmo. Este teorema aplica-se a variações de energia potencial também. Recorde-se de nosso exemplo anterior, o de um halterofilista levantando um haltere. Enquanto realizava trabalho sobre o haltere, sua energia potencial estava variando. Mas quando ele era mantido parado, nenhum trabalho estava sendo realizado sobre o haltere, como fica evidenciado por não haver variação de sua energia.

Analogamente, se você empurrar um caixote sobre um piso e ele não deslizar, então não estará realizando trabalho algum sobre o objeto. Não existe variação de sua energia cinética. Porém, se você fizer mais força e ele escorregar, então estará realizando trabalho sobre o caixote. Quando a quantidade de trabalho realizado para vencer o atrito for pequena, a quantidade de trabalho realizado sobre o caixote é praticamente igual à energia cinética ganha por ele.

O teorema trabalho-energia se aplica também para situações em que a rapidez diminui. É necessário energia para reduzir a rapidez de um objeto ou para levá-lo ao repouso. Quando pisamos no freio a fim de diminuir a velocidade de um carro, estamos realizando trabalho sobre ele. Este trabalho é igual à força de atrito provida pelos freios multiplicada pela distância percorrida enquanto ela é exercida. Quanto mais energia cinética algo possuir, maior trabalho será necessário realizar para detê-lo.

É interessante notar que a força exercida pelos freios é a mesma, esteja o carro se movendo muito veloz ou lentamente. O atrito entre superfícies sólidas não depende realmente da velocidade. A variável que faz diferença é a distância percorrida durante a freagem. Um carro que se mova com velocidade duas vezes maior do que a do outro requer quatro vezes ($2^2 = 4$) mais trabalho para ser parado. Portanto, a distância percorrida até parar será quatro vezes maior. Inves-

[5] Isto pode ser demonstrado assim: multiplicamos ambos os lados de $F = ma$ (segunda lei de Newton) por d, obtendo a relação $Fd = mad$. Lembre-se do Capítulo3 que, para uma aceleração constante, $d = \frac{1}{2}at^2$, podemos escrever $Fd = ma\left(\frac{1}{2}at^2\right) = \frac{1}{2}maat^2 = \frac{1}{2}m(at)^2$; e substituindo $v = at$, obtemos $Fd = \frac{1}{2}mv^2$. Isto é, trabalho = EC ou, mais precisamente, T = Δ EC.

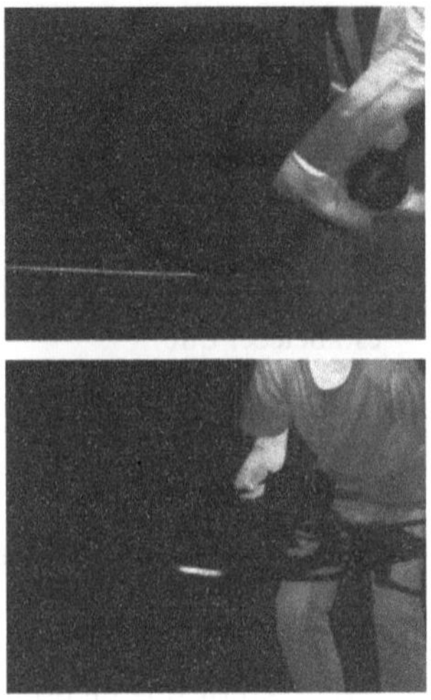

FIGURA 5.24

Devido ao atrito, a energia é transferida tanto para o piso quanto para a borracha do pneu quando a bicicleta é parada. Uma câmera de infravermelho revela o rastro quente do piso (a listra vermelha sobre o piso, foto superior) e do pneu (foto inferior). (Cortesia de Michael Vollmer.)

tigadores de acidentes sabem muito bem que um automóvel a 100 km/h possui energia cinética quatro vezes maior do que teria se estivesse a 50 km/h. Logo, um carro a 100 km/h derraparia por uma distância quatro vezes maior, quando se pisa fundo no freio, do que se estivesse a 50 km/h. A energia cinética depende da velocidade ao *quadrado*.

Os freios de um automóvel convertem energia cinética em calor. Pilotos profissionais estão familiarizados com outra maneira de frear um veículo – baixar a marcha usada a fim de que o motor ajude no freamento. Hoje os carros híbridos fazem a mesma coisa, convertendo a energia do freamento em energia elétrica, que é armazenada em baterias para complementar a energia produzida pela combustão da gasolina. (Mais sobre isto no Capítulo 11.) Um viva para os carros híbridos!

A energia cinética e a energia potencial são duas das muitas formas de energia e estão na base de todas as outras, tais como as energias química, nuclear, sonora e luminosa. A energia cinética do movimento molecular aleatório está relacionada à temperatura; as energias potenciais de cargas elétricas relacionam-se à voltagem; e as energias cinéticas e potenciais das vibrações do ar definem a intensidade do som. Até mesmo a luz origina-se do movimento de elétrons no interior dos átomos. Cada forma de energia pode ser convertida em cada uma das outras formas de energia.

Comparando energia cinética e momentum

Momentum e energia cinética são propriedades dos objetos em movimento, mas são diferentes um do outro. Como a velocidade, o momentum é uma grandeza vetorial e, portanto, dotado de orientação e capaz de ser inteiramente anulado. Porém a energia cinética é uma grandeza não-vetorial (escalar), como a massa, e nunca pode ser anulada. Os momenta de dois foguetes de rojão que estão se aproximando podem se anular, mas quando eles explodem não existe meio de suas energias se anularem. Energias se transformam em outras formas; os momenta, não. Outra diferença é quanto à dependência dessas duas grandezas com a velocidade. Enquanto o momentum depende da velocidade (mv), a energia cinética depende do módulo da velocidade ao quadrado ($1/2\ mv^2$). Um objeto que se mova com velocidade duas vezes maior que a de outro de mesma massa possui o dobro do momentum deste, mas quatro vezes mais energia cinética. Portanto, se um carro está trafegando duas vezes mais rápido ao sofrer uma colisão de trânsito, ele bate contra o outro com energia quatro vezes maior.

Se, para você, a distinção entre momentum e energia cinética não está realmente clara, você está em boa companhia. O erro em não fazer esta distinção resultou em discordâncias e discussões entre os melhores físicos britânicos e franceses durante dois séculos.

5.12 Conservação da energia

Sempre que a energia é convertida ou transferida, não ocorre ganho ou perda de energia. Na ausência de tra-

PARE E TESTE A SI MESMO

1. **Quando você está dirigindo a 90 km/h, que distância adicional será necessária para parar em relação à correspondente distância quando você está dirigindo a 30 km/h?**
2. **Para a mesma força exercida, por que um canhão comprido imprime uma velocidade maior à bala?**

VERIFIQUE SUAS RESPOSTAS

1. Uma distância nove vezes maior. O carro possui nove vezes mais energia cinética quando está trafegando três vezes mais rápido:

$$\frac{1}{2}m(3v)^2 = \frac{1}{2}m9v^2 = 9\left(\frac{1}{2}mv^2\right)$$

Em ambos os casos, a força de atrito será normalmente a mesma; portanto, um trabalho nove vezes maior requer uma distância de freagem nove vezes maior.

2. Como já aprendemos, um canhão com cano mais comprido transmite um impulso maior porque a força é exercida sobre a bala por um *tempo* maior. O teorema trabalho-energia analogamente nos garante que, quanto maior for a *distância* ao longo da qual a força é exercida, maior será a variação de sua energia cinética. Portanto temos duas razões para que canhões mais compridos disparem balas com velocidades maiores.

balho fornecido, de trabalho produzido ou de outras trocas de energia, a energia total de um sistema antes que algum processo ou evento ocorra é sempre igual à energia após o mesmo ter acontecido.

Considere as conversões de energia envolvidas durante a operação do bate-estaca da Figura 5.19. O motor realiza trabalho para erguer o peso, dando-lhe energia potencial, a qual converte em energia cinética quando o peso é solto. Essa energia é transferida para a estaca que sofre o impacto do peso do bate-estaca. A distância que a estaca penetra no chão durante uma batida multiplicada pela força de impacto média é quase igual à energia potencial inicial que o peso possuía. Dizemos *quase* porque uma pequena quantidade de energia é transferida para o solo, aquecendo-o um pouco, durante a penetração. Levando em conta a energia térmica, verificamos que a energia se transforma sem haver perda ou ganho líquido. É algo notável!

A energia é a maneira da natureza "manter o jogo em andamento".

O estudo das várias formas da energia e das transformações que ela sofre resultou em uma das maiores generalizações da física – o princípio de **conservação da energia**:

A energia não pode jamais ser criada ou destruída; ela pode ser transformada de uma forma em outra, mas a quantidade total de energia se mantém constante.

Quando consideramos um sistema qualquer em sua totalidade, seja ele tão simples quanto um pêndulo em oscilação ou tão complexo quanto uma supernova explodindo, há uma grandeza que não é criada nem destruída: a energia. Ela pode mudar de forma ou, simplesmente, ser transferida de um lugar para outro, mas a sabedoria convencional nos diz que a quantidade total de energia permanece inalterada. Essa quantidade de energia leva em conta o fato de que os átomos que formam a matéria são eles mesmos "cápsulas" de energia concentrada. Quando os núcleos (os caroços) dos átomos se redistribuem, quantidades enormes de energia são liberadas. O Sol brilha porque parte de sua energia nuclear é transformada em energia radiante.

A enorme compressão causada pela gravidade e as temperaturas extremamente altas no interior do Sol causam a fusão de núcleos de átomos de hidrogênio para formar núcleos de hélio. Este processo é a *fusão termonuclear*, que libera energia radiante, da qual uma pequena parte atinge a Terra. Parte dessa energia, por sua vez, incide nas plantas (e em outros organismos que realizam a fotossíntese), e parte é, mais tarde, estocada na forma de carvão mineral. Outra parcela dessa energia sustenta a vida na cadeia alimentar, que começa com as plantas (e outros organismos fotossintéticos), e parte dela é, mais tarde, armazenada sob a forma de petróleo. Parte da energia proveniente do Sol serve para evaporar água dos oceanos, e parte retorna à Terra como chuva, que pode ser acumulada no reservatório de uma represa. Em virtude de sua posição elevada, a água da represa tem energia que pode ser usada para alimentar uma usina elétrica situada mais abaixo, onde é transformada em energia elétrica. A energia viaja pelos cabos elétricos até as casas, onde é utilizada para iluminar, aquecer, cozinhar e fazer funcionar aparelhos elétricos. É formidável como a energia se transforma de uma forma para outra!

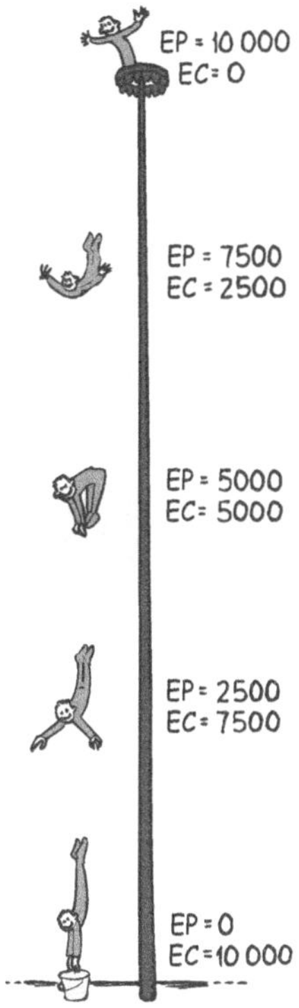
EP = 10 000
EC = 0
EP = 7500
EC = 2500
EP = 5000
EC = 5000
EP = 2500
EC = 7500
EP = 0
EC = 10 000

FIGURA 5.25
O mergulhador de circo, no topo de uma plataforma, possui 10.000 J de energia potencial. Quando ele mergulha, sua energia potencial é convertida em energia cinética. Note que, nas sucessivas posições correspondentes a um quarto, metade, três quartos da queda e a queda inteira, a energia total mantém-se constante.

5.13 Potência

A definição de trabalho não especifica nada quanto ao tempo durante o qual o trabalho é realizado. Uma mesma quantidade de trabalho é realizada quando levamos uma carga escada acima, não importando se fazemos isso caminhando ou correndo. Então por que ficamos mais ofegantes após subir a escada em apenas alguns segundos do que quando o fazemos caminhando, em alguns minutos? Para compreender a diferença, precisamos falar sobre uma grandeza que mede quão rapidamente o trabalho é realizado – a *potência*. **Potência** é igual à quantidade de trabalho realizado dividida pelo tempo levado para realizá-lo:

$$\text{Potência} = \frac{\text{trabalho realizado}}{\text{intervalo de tempo}}$$

O trabalho realizado ao subir uma escada requer mais potência quando a pessoa o faz correndo do que quando ela sobe lentamente. O motor de um automóvel de alta potência realiza trabalho rapidamente. Uma máquina capaz de fornecer uma potência duas vezes maior que outra, entretanto, não necessariamente moverá o carro duas vezes mais rápido

FIGURA 5.26

Os três motores principais do ônibus espacial podem desenvolver 33.000 MW de potência enquanto o combustível é queimado a uma taxa enorme de 3.400 kg/s. É como se esvaziássemos uma piscina de natação de tamanho médio em 20 s.

ou o fará ir duas vezes mais longe. O dobro de potência significa que a máquina pode realizar o dobro do trabalho em um mesmo período de tempo – ou que ela pode realizar a mesma quantidade de trabalho na metade do tempo. Uma máquina mais potente pode produzir maiores acelerações.

A potência é também a taxa segundo a qual a energia é convertida de uma forma para outra. A unidade de potência é o joule por segundo, chamada de *watt*. O nome desta unidade é uma homenagem a James Watt, engenheiro do século XVIII que desenvolveu a máquina a vapor. Um watt (W) de potência é usado quando um joule de trabalho é realizado em um segundo. Um quilowatt (kW) é igual a mil watts, e um megawatt (MW) é igual a um milhão de watts.

psc Para bombear o sangue pelo corpo, seu coração usa um pouco mais que 1 W de potência.

psc Uma máquina de movimento perpétuo (um aparelho que poderia realizar trabalho sem requerer fornecimento de energia) é algo impossível. Mas o movimento perpétuo em si mesmo, sim, é possível. Os átomos e seus elétrons, e as estrelas e seus planetas, por exemplo, encontram-se em estado de perpétuo movimento. Este tipo de movimento constitui a ordem natural das coisas.

RESOLUÇÃO DE PROBLEMAS

Problemas

1. O acrobata Art, de massa m, está em pé na extremidade esquerda de uma gangorra. O acrobata Bart, de massa M, salta de uma altura h sobre a extremidade direita da gangorra, lançando Art no ar.

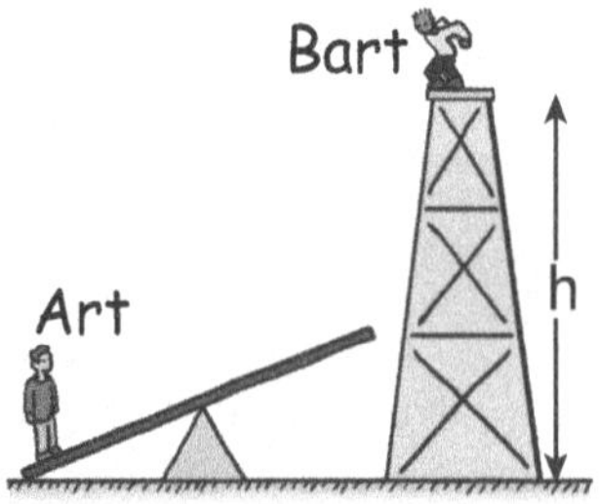
Bart
Art
h

a. Desprezando as perdas, como se compara a EP de Art no topo de sua trajetória com a EP de Bart antes do salto?

b. Desprezando as perdas, mostre que Art atinge a altura de $\dfrac{M}{m}h$.

c. Se a massa de Art for 40 kg, a de Bart for 70 kg e a altura inicial do salto for 4 m, mostre que Art se elevará a uma altura de 7 m.

2. Um elevador de carga é erguido a uma altura h durante um tempo t, por um motor de potência igual a P.

a. Mostre que a força exercida pelo motor é $\dfrac{Pt}{h}$.

b. Se o elevador for erguido 20 metros em um tempo de 30 s, e se a potência do motor for 60 kW, mostre que a força exercida pelo motor é de 90 kN.

Soluções

1. a. Desprezando as perdas, toda a EP inicial de Bart, antes do salto, converte-se em EP do acrobata Art quando este atinge a altura máxima – ou seja, no instante em que EC é zero.

b. A partir da relação $EP_{Bart} = EP_{Art} \Rightarrow Mgh_{Bart} = mgh_{Art} \Rightarrow \boldsymbol{h_{Art} = \dfrac{M}{m}h}$.

c. $h_{Art} = \dfrac{M}{m}h = \left(\dfrac{70\text{ kg}}{40\text{ kg}}\right)4\text{ m} = \mathbf{7\ m}$.

2. a. A partir da definição

$$\text{Potência} = \frac{\text{Trabalho}}{\text{tempo}} = \frac{\text{força} \times \text{distância}}{\text{tempo}},$$

vemos que $P = \dfrac{Fh}{t}$. Rearranjando os termos, obtemos $\boldsymbol{F = \dfrac{Pt}{h}}$.

b. $F = \dfrac{Pt}{h} = \dfrac{(60 \times 10^3\text{ W})(30\text{ s})}{20\text{ m}} =$

$$9{,}0 \times 10^4 \frac{\left(\dfrac{\text{N} \cdot \text{m}}{\text{s}}\right)\text{s}}{\text{m}} = \mathbf{9{,}0 \times 10^4\ N = 90\ kN}.$$

5.14 Máquinas

Uma máquina é um dispositivo para multiplicar forças ou, simplesmente, para alterar a orientação de forças. O princípio subjacente a toda máquina é o princípio da *conservação de energia*.

Considere uma das máquinas mais simples, a **alavanca** (Figura 5.27). Ao mesmo tempo em que realizamos trabalho sobre uma das extremidades da alavanca, a outra extremidade da mesma realiza trabalho sobre a carga. Vemos que a orientação da força é alterada, pois quando empurramos para baixo, a carga é deslocada para cima. Se o aquecimento produzido pelo atrito for suficientemente pequeno para que se possa desprezá-lo, o trabalho feito sobre a máquina de um lado será igual ao trabalho que ela realiza do outro lado.

Trabalho realizado sobre a máquina = trabalho realizado pela máquina

Uma vez que trabalho é força vezes distância, força exercida sobre a máquina × distância na entrada = força exercida pela máquina = distância na saída.

$$(\text{Força} \times \text{distância})_{\text{sobre a máquina}} = (\text{Força} \times \text{distância})_{\text{pela máquina}}$$

O ponto de apoio sobre o qual gira a alavanca é chamado de *fulcro*. Quando o fulcro de uma alavanca está relativamente próximo à carga, uma pequena força exercida sobre o outro lado da alavanca produzirá uma grande força sobre a carga. A razão é que a força inicial é exercida a uma distância grande do fulcro, enquanto a carga, do outro lado, é movimentada ao longo de uma distância comparativamente pequena. Assim, uma alavanca pode atuar como um amplificador de forças. Mas nenhuma máquina é capaz de amplificar trabalho ou energia. Isto violaria a conservação da energia!

Hoje, uma criança pode usar o princípio da alavanca para erguer a frente de um automóvel com um macaco hidráulico.

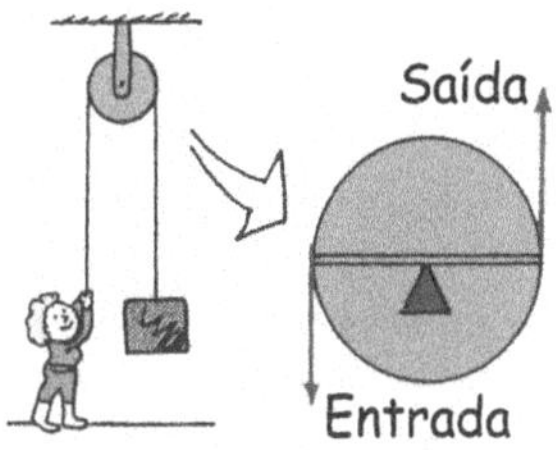
Saída
Entrada

FIGURA 5.29
Esta polia atua como uma alavanca de braços iguais. Ela apenas muda a orientação da força exercida originalmente.

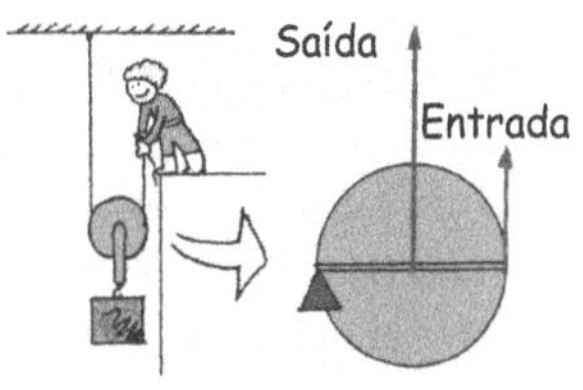
Saída
Entrada

FIGURA 5.30
Neste arranjo, uma carga pode ser erguida com a metade da força exercida. Note que o fulcro encontra-se na extremidade esquerda em vez do centro (como no caso da Figura 5.29).

Exercendo uma força pequena ao longo de uma grande distância, ela pode obter uma força grande exercida sobre o carro ao longo de uma pequena distância. Considere o exemplo idealizado ilustrado na Figura 5.28. Cada vez que ela empurra o braço do macaco hidráulico para baixo por cerca de 25 centímetros, o carro eleva-se em apenas um centésimo dessa distância, mas empurrado por uma força 100 vezes maior.

Outra máquina simples é a polia. Você consegue perceber que a polia é uma alavanca "disfarçada"? Quando usada como na Figura 5.29, ela apenas inverte o sentido da força. Mas quando usada como na Figura 5.30, a força produzida é duplicada. A força é aumentada e a distância percorrida é diminuída. Como ocorre em qualquer máquina, as forças podem ser alteradas enquanto permanecem inalterados o trabalho feito sobre a máquina e o trabalho que é por ela realizado do outro lado.

Uma talha é um conjunto de polias capaz de multiplicar a força mais do que uma única polia pode fazer. Com a talha ideal de polias ilustrada na Figura 5.31, o homem puxa 7 metros de corda com uma força de 50 newtons e, com isso, consegue erguer 500 newtons em uma distância vertical de 0,7 metro. Ao puxar a corda, a energia despendida pelo homem é numericamente igual ao aumento que ocorre na

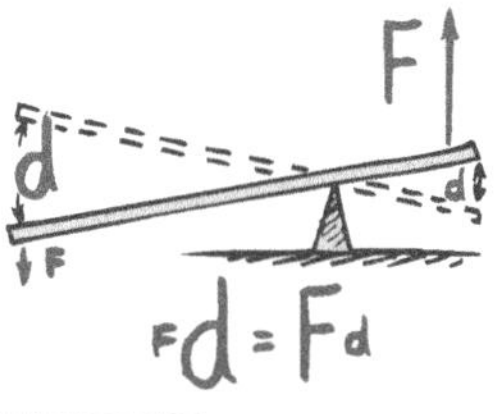
F
d
Fd = Fd

FIGURA 5.27
A alavanca.

5000 N
25cm
Fd = Fd
50×25 = 5000×0,25

FIGURA 5.28
Força exercida sobre a alavanca × distância correspondente percorrida pelo braço do macaco = força exercida sobre o carro × distância erguida.

FIGURA 5.31
Força exercida sobre a máquina × distância percorrida correspondente = força exercida pela máquina × distância percorrida correspondente.

500 N
Fd = Fd

energia potencial do bloco de 500 newtons. A energia foi apenas transferida, do homem para a carga.

Uma máquina é capaz de multiplicar uma força, mas jamais uma *energia* – de jeito nenhum!

Qualquer máquina que amplifique força o faz sempre à custa de distância. Analogamente, qualquer máquina que amplie distância, tal como seu antebraço ou seu cotovelo, o faz à custa de força. Nenhuma máquina ou dispositivo pode fornecer mais energia, na saída, do a que lhe foi fornecida, na entrada. Nenhuma máquina pode criar energia; o que ela pode fazer é apenas transferir energia ou convertê-la de uma forma em outra.

psc

O princípio da alavanca foi descoberto por Arquimedes, um famoso cientista grego do século III a.C. Ele afirmava: "Dê-me um ponto de apoio e eu moverei a Terra".

5.15 Rendimento

Os três exemplos anteriores eram de *máquinas ideais*; cem por cento do trabalho realizado por cada uma delas aparece como trabalho realizado pela máquina. Ou seja, uma máquina ideal opera com rendimento de 100%. Na prática, isso não acontece, e jamais podemos esperar que aconteça. Em qualquer transformação, alguma energia sempre é dissipada em energia cinética molecular – energia térmica. Isto torna mais quente tanto a máquina quanto sua vizinhança.

O **rendimento** pode ser expresso pela razão

$$\text{Rendimento} = \frac{\text{energia útil obtida}}{\text{energia total fornecida}}$$

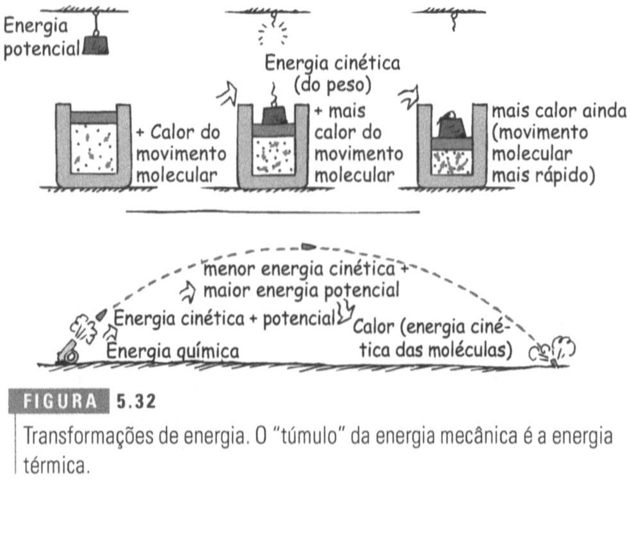

Energia potencial
Energia cinética (do peso)
+ Calor do movimento molecular
+ mais calor do movimento molecular
mais calor ainda (movimento molecular mais rápido)
menor energia cinética +
maior energia potencial
Energia cinética + potencial
Calor (energia cinética das moléculas)
Energia química

FIGURA 5.32
Transformações de energia. O "túmulo" da energia mecânica é a energia térmica.

Mesmo uma alavanca converte em calor uma pequena fração da energia a ela fornecida quando gira em torno do fulcro. Você pode realizar 100 joules de trabalho sobre a alavanca e conseguir que ela realize 98 joules de trabalho sobre uma carga. A alavanca, neste caso, tem rendimento de 98%, e descartamos 2 joules da energia fornecida na entrada degradando-a em calor. Em um sistema de polias, uma fração maior de energia fornecida transforma-se em calor. Se realizarmos 100 joules de trabalho, as forças de atrito, exercidas ao longo da distância em que as polias giram e escorregam sobre seus eixos, pode dissipar 60 joules de energia em calor. Portanto, o trabalho que ela realiza efetivamente é de apenas 40 joules, e o sistema de polias tem um rendimento de 40%. Quanto menor for o rendimento de uma máquina, maior será a quantidade de energia desperdiçada como calor[6].

psc

Comparando o rendimento dos meios de transporte, o mais eficiente de todos é o de um humano sobre uma bicicleta – de longe mais eficiente que viajar de trem ou de carro, e mesmo mais eficiente do que peixes e animais terrestres. Um viva para as bicicletas e para aqueles que as usam!

PARE E TESTE A SI MESMO

Considere um carro imaginário espetacular, dotado de um motor com rendimento de 100%, que queima um combustível com conteúdo energético de 40 megajoules por litro. Se a resistência aerodinâmica e a força de atrito total sobre o carro que trafega velozmente numa auto-estrada com uma dada rapidez totalizarem 500 N, mostre que a distância que o carro poderia percorrer para cada litro gasto de combustível seria de 80 quilômetros por litro.

VERIFIQUE SUA RESPOSTA

A partir da definição trabalho = força × distância, um simples rearranjo fornece distância = trabalho/força. Se todos os 40 milhões de J de energia em 1 L fossem usados para realizar trabalho a fim de vencer as forças de atrito e de resistência do ar, a distância seria:

$$\text{distância} = \frac{\text{trabalho}}{\text{força}} = \frac{40.000.000\ \text{J/L}}{500\ \text{N}}$$
$$= 80.000\ \text{m/L} = 80\ \text{km/L}$$

O ponto importante aqui é que, mesmo com uma máquina hipotética perfeita, existe um limite máximo de economia de combustível imposto pela conservação de energia.

[6] Quando você estudar termodinâmica, no Capítulo 8, aprenderá que uma máquina de combustão interna *deve* transformar parte da energia de seu combustível em energia térmica. Uma célula de combustível, por outro lado, que poderá mover os automóveis do futuro, não apresenta essa limitação. Fique de olho nos automóveis movidos por células de combustível no futuro próximo!

5.16 Fontes de energia

Com exceção da energia nuclear, a fonte de praticamente toda nossa energia é o Sol. Mesmo a energia que obtemos da combustão de petróleo, carvão, gás natural e madeira proveio do Sol. Isso ocorre porque esses combustíveis são resultado da fotossíntese – o processo biológico por meio do qual as plantas capturam energia da radiação solar e a armazenam nos tecidos da planta.

psc

A potência disponível na luz solar é aproximadamente um quilowatt por metro quadrado. Se toda a energia solar que incide em um metro quadrado pudesse ser coletada para produção de energia, a potência fornecida pela área seria de um quilowatt. Certas células solares conseguem converter cerca de 30% da potência da luz solar, ou cerca de 300 watts por metro quadrado. A geração de energia a partir de luz solar por meio de películas solares delgadas usadas em materiais de construção, incluindo telhado e vidraças, está revolucionando nossa maneira de produzir e de gerar energia.

A luz do Sol também é transformada diretamente em eletricidade por meio de células fotoelétricas, iguais àquelas encontradas em máquinas calculadoras com alimentação solar e em revestimentos flexíveis para tetos de construções. Elas também são capazes de coletar energia para fazer funcionar ferrovias (Figura 5.33). A luz solar evapora a água, que depois cai como chuva; a água da chuva flui para os rios e as represas, onde é direcionada para turbinas geradoras. Depois ela retorna ao mar, onde o ciclo reinicia. Mesmo o vento, causado pelo aquecimento desigual da superfície da Terra, é uma forma de energia solar. A energia do vento pode ser usada para movimentar turbinas geradoras dentro de moinhos de vento especialmente equipados. Como a energia dos ventos não pode ser ligada e desligada à vontade, atualmente ela constitui apenas um complemento à produção de energia, em grande escala, por combustível nuclear ou fóssil. Explorar a potência do vento é mais prático quando a energia produzida é armazenada para uso futuro, como na forma de hidrogênio.

O hidrogênio promete muito para o futuro, sendo o menos poluidor dos combustíveis. Como é preciso energia para obter hidrogênio (extraindo-o da água ou de compostos de carbono), ele não é uma *fonte* de energia. Em vez disso, como a eletricidade, ele necessita de uma fonte de energia e é uma maneira de armazenar e transportar esta energia. A energia obtida do vento ou da luz solar para produzir hidrogênio constitui uma opção atraente e de pouco impacto ambiental para o futuro. Novamente, para enfatizar, o hidrogênio *não* é uma fonte de energia.

A maior parte do hidrogênio dos EUA é produzida a partir de gás natural, onde altas temperaturas e pressões dissociam moléculas de hidrogênio ou de hidrocarbonetos. O mesmo é feito com combustíveis fósseis. Uma conseqüência negativa da separação do hidrogênio a partir de compostos de carbono é a produção indesejável de dióxido de carbono, um gás de efeito estufa. Um método mais simples e limpo, que não produz gases de efeito estufa, é a *eletrólise* – a separação da água em suas partes constituintes por meio da eletricidade. A Figura 5.34 mostra como se pode realizar isto em laboratório ou em casa: posicione dois fios conectados aos terminais de uma bateria comum

FIGURA 5.33

A potência fornecida por fotocélulas, aqui visíveis sobre os trilhos de uma ferrovia, pode ser usada na separação de hidrogênio para uso posterior em células de combustível. Existem projetos de trens, sendo atualmente desenvolvidos, que rodem movidos com energia coletada sobre os trilhos e nos telhados de estações e de vagões (www.SuntrainUSA.com).

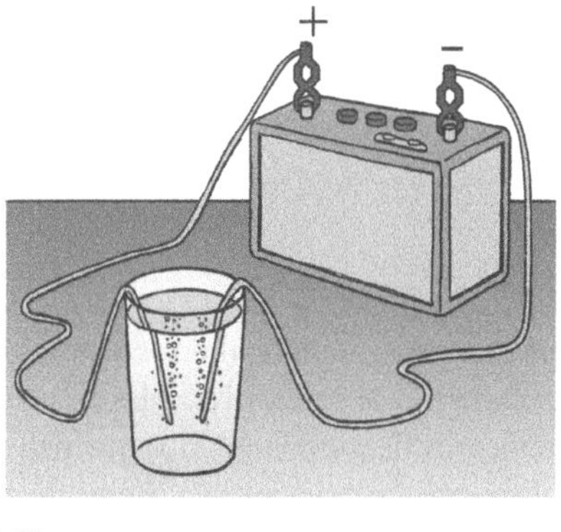
+
–

FIGURA 5.34

Quando uma corrente elétrica atravessa água salgada, em uma situação ideal, formam-se bolhas de hidrogênio sobre um dos fios, e bolhas de oxigênio sobre o outro. Este é o fenômeno da eletrólise. Uma célula de combustível funciona ao contrário – hidrogênio e oxigênio entram na célula combustível e são combinados para produzir eletricidade e água.

com as extremidades livres mergulhadas em água salgada. Cuide para que os fios não encostem um no outro. Em um dos fios se formam bolhas de hidrogênio, e no outro, de oxigênio. Uma célula de combustível é parecida, mas funciona ao contrário. Hidrogênio e oxigênio gasosos são comprimidos nos eletrodos e, por isso, forma-se uma corrente elétrica, juntamente com água. Um ônibus espacial usa células de combustível para suprir suas necessidades ao mesmo tempo em que produz água para os astronautas. Aqui, na Terra, pesquisadores estão desenvolvendo células de combustível para ônibus, automóveis e trens. Fique atento ao desenvolvimento da tecnologia das células de combustível. O principal obstáculo enfrentado por esta tecnologia não está no dispositivo em si mesmo, mas na obtenção de hidrogênio combustível de forma economicamente viável. A forma mais concentrada de energia disponível está armazenada no urânio e no plutônio, que são combustíveis nucleares. Para um mesmo peso de combustível, as reações nucleares liberam cerca de 1 milhão de vezes mais energia do que as reações químicas ou metabólicas. Observe com renovado interesse esta forma de geração de energia que não polui a atmosfera. É bom observar que o interior da Terra é mantido quente por causa de energia nuclear, como tem sido desde o primeiro instante. Um subproduto da energia nuclear liberada no núcleo da Terra é a energia geotérmica. Esta forma de energia está armazenada em reservatórios subterrâneos de água quente. A geração geotérmica de energia é limitada fundamentalmente a áreas de atividade vulcânica, tais como Islândia, Nova Zelândia, Japão e Havaí. Nesses lugares, a água quente próxima da superfície da Terra é canalizada e se transforma em um jato que faz girar turbinas geradoras.

Inventores, prestem atenção: quando propuserem uma idéia nova, primeiro se assegurem de que ela é consistente com a conservação de energia.

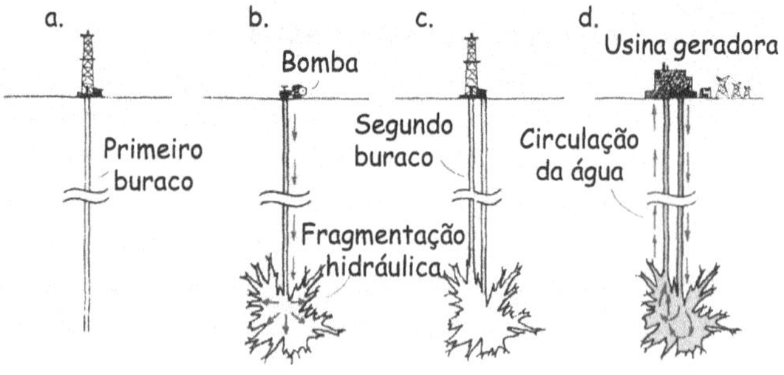
a.
b.
c.
d.
Usina geradora
Bomba
Primeiro buraco
Segundo buraco
Circulação da água
Fragmentação hidráulica

FIGURA 5.35

Geração de energia geotérmica na rocha-seca. (a) Um buraco de vários quilômetros de profundidade é perfurado no granito seco. (b) Água é bombeada para dentro do buraco, em alta pressão, fraturando a rocha ao redor de modo a formar uma cavidade com uma área superficial cada vez maior. (c) Um segundo buraco é perfurado de modo a interceptar a cavidade. (d) Água é introduzida por um dos buracos, passando pela cavidade, onde é superaquecida antes de sair pelo outro buraco. Após fazer girar uma turbina, ela é reintroduzida no primeiro buraco, fechando um ciclo.

Em locais onde o calor proveniente de atividade vulcânica está próximo da superfície da Terra, mas a água está ausente, outro método promissor é empregado para produzir eletricidade. Trata-se do gerador geotérmico de rocha-seca (Figura 5.35). Com este método, a água é injetada em cavidades profundas de rochas secas e quentes. A água converte-se em um jato de vapor, canalizado para uma turbina na superfície. Após girar a turbina, a água é reutilizada, retornando à cavidade. Dessa maneira, produz-se eletricidade barata e de maneira limpa.

Como a população está aumentando, o mesmo ocorre com nossas demandas por energia, especialmente porque a demanda per capita também está aumentando. Com as leis da física a guiá-los, os tecnólogos estão pesquisando maneiras inovadoras e mais limpas de gerar energia. Mas estão competindo cabeça a cabeça com o crescimento populacional mundial e com maiores demandas do mundo desenvolvido. Infelizmente, uma vez que o controle populacional é política e religiosamente

CIÊNCIA E SOCIEDADE

■ CIÊNCIA VICIADA

Os cientistas estão sempre abertos a novas idéias. É assim que a ciência se desenvolve. Mas existe um corpo de conhecimentos bem-estabelecidos que não se pode descartar. Isso inclui o princípio da conservação de energia, que fundamenta todos os ramos da ciência e é sustentado por incontáveis experimentos, desde escalas atômicas a escalas cósmicas. Nenhum conceito tem inspirado mais "ciência viciada" do que o de energia. Não seria maravilhoso se pudéssemos obter energia do nada ou se possuíssemos uma máquina que fornecesse mais energia do que a que lhe fornecemos como entrada? Isso é o que prometem muitos praticantes de ciência viciada. Os investidores ingênuos às vezes põem seu dinheiro nestes esquemas. Mas nenhum deles passa no teste para ser ciência verdadeira. Talvez algum dia seja descoberta alguma falha no princípio da conservação de energia. Se isso acontecer, os cientistas comemorarão a descoberta. Mas, até agora, a conservação da energia é tão sólida quanto qualquer outro conhecimento que temos. Não aposte contra ela.

incorreto, a miséria humana constitui a conta a ser paga pelo aumento irrestrito da população. H. G. Wells uma vez escreveu (em *The Outline of History*): "A história humana tornou-se cada vez mais uma corrida entre a educação e a catástrofe".

Outra fonte de energia é a energia das marés, quando o avanço das marés faz turbinas girarem para produzir eletricidade. Curiosamente, esta forma de energia não é de origem nuclear ou solar. Sua fonte é a energia de rotação de nosso planeta.

SUMÁRIO DE TERMOS

Momentum O produto da massa de um objeto por sua velocidade.

Impulso O produto da força pelo intervalo de tempo durante o qual ela é exercida.

Relação entre impulso e momentum O impulso é igual à variação do momentum do objeto sobre o qual ele é exercido. Em notação simbólica,

$$Ft = \Delta mv$$

Princípio de conservação do momentum Na ausência de uma força externa resultante, o momentum de um sistema não é alterado. Assim, o momentum antes de um evento que envolva apenas forças internas é igual ao momentum após o evento:

$$mv_{\text{(antes do evento)}} = mv_{\text{(depois do evento)}}$$

Colisão elástica Uma colisão em que os objetos envolvidos ricocheteiam sem sofrer deformações permanentes ou produzir calor.

Colisão inelástica Uma colisão em que os objetos envolvidos ficam deformados e/ou produzem calor durante a mesma e possivelmente acabam grudando-se.

Energia A propriedade pela qual um sistema é capaz de realizar trabalho.

Trabalho O produto da força pela distância percorrida sob ação da força:

$$T = Fd$$

(De forma mais geral, o trabalho é realizado pelo componente da força na direção do movimento multiplicado pela distância percorrida.)

Energia potencial A energia que a matéria possui por causa de sua posição:

$$\text{EP Gravitacional} = mgh$$

Energia cinética Energia de movimento, quantificada pela relação

$$\text{Energia cinética} = \tfrac{1}{2}mv^2$$

Teorema trabalho-energia O trabalho total realizado sobre um dado objeto é igual à variação de energia cinética do mesmo:

$$\text{Trabalho} = \Delta\text{EC}$$

(O trabalho também pode transferir outras formas de energia para o sistema.)

Conservação da energia A energia não pode ser criada nem destruída; ela pode apenas ser transformada de uma forma para outra, mas sua quantidade total jamais muda.

Potência A taxa segundo a qual o trabalho é realizado:

$$\text{Potência} = \frac{\text{trabalho realizado}}{\text{intervalo de tempo}}$$

(De forma mais geral, a potência é a taxa segundo a qual a energia é gasta.)

Máquina Um dispositivo, tal como uma alavanca ou uma polia, que aumenta (ou diminui) a força ou, simplesmente, muda sua orientação.

Alavanca Uma máquina simples formada por uma haste rígida colocada sobre um eixo em um ponto fixo chamado de fulcro

Rendimento A percentagem do trabalho realizado sobre uma máquina que é convertido em trabalho útil realizado por ela:

$$\text{Rendimento} = \frac{\text{energia útil obtida}}{\text{energia total fornecida}}$$

LEITURA SUGERIDA

Bodanis, David *E* = *mc*²: *A Biography of The World's Most Famous Equation.* New York: Berkley Publishing Group, 2002. Uma história agradável e estimulante acerca da nossa compreensão da energia, junto a uma panorâmica das personalidades por trás dessas descobertas.

QUESTÕES DE REVISÃO

5.1 Momentum

1. Qual dos objetos tem maior momentum, um caminhão pesado em repouso ou um *skate* em movimento?

5.2 Impulso

2. Para uma mesma força exercida, por que um canhão de cano comprido imprime uma maior velocidade à bala do que um canhão de cano curto?

5.3 O impulso modifica o momentum

3. Por que é uma boa idéia você estender sua mão para a frente quando se prepara para apanhar, sem a luva, uma bola de beisebol em alta velocidade?
4. Por que seria uma má idéia manter a costa de sua mão contra a parede que cerca o campo de beisebol ao apanhar uma bola arremessada de longe?
5. No caratê, por que é vantajoso exercer a força durante um curto tempo?
6. No boxe, por que é vantajoso recuar ao se receber um soco?

5.4 Ricocheteando

7. O que sofre a maior variação no momentum: (a) uma bola de beisebol ao ser apanhada no ar; (b) uma bola de beisebol ao ser arremessada; ou (c) uma bola de beisebol ao ser rebatida, se todas tiverem a mesma rapidez imediatamente antes e depois da batida?
8. Na questão precedente, em qual dos casos é maior o impulso requerido?

5.5 Conservação do momentum

9. O que significa dizer que o momentum (ou qualquer grandeza) é *conservado(a)?*
10. Quando um canhão dispara uma bala, o momentum do *sistema* canhão + bala é conservado. O momentum deste sistema seria conservado se o momentum não fosse uma grandeza vetorial? Explique.

5.6 Colisões

11. Um vagão ferroviário A desloca-se com certa velocidade e colide elasticamente com um vagão B de mesma massa. Após a colisão, observa- se que o vagão A está em repouso. Como se compara a velocidade do vagão B com a velocidade inicial do vagão A?
12. Se os vagões igualmente massivos da questão anterior se grudam após colidirem inelasticamente, como se comparam os valores das velocidades dos veículos, após a colisão, com o da velocidade inicial de A?

5.7 Energia

13. Quando a energia é mais evidente?

5.8 Trabalho

14. Cite um exemplo em que uma força seja exercida sobre um objeto sem realizar trabalho sobre o mesmo.
15. O que requer mais trabalho, se for o caso: erguer um pacote de 50 kg em 2 m verticais ou erguer um pacote de 25 kg em 4 m verticais?

5.7 Energia potencial

16. Um carro foi elevado em uma determinada distância vertical por meio do elevador hidráulico de um posto e, portanto, possui energia potencial com relação ao solo. Se ele fosse elevado em uma distância vertical duas vezes maior, quanta energia potencial ele teria?
17. Dois carros são elevados igualmente pelos elevadores hidráulicos de um posto. Se um dos veículos tiver massa duas vezes maior que a do outro, como se comparam suas energias potenciais?

5.10 Energia cinética

18. Um carro em movimento possui energia cinética. Se ele acelerar até ficar quatro vezes mais rápido, quanta energia cinética ele possuirá em comparação com a situação anterior?

5.11 O teorema trabalho-energia

19. Considerando-se uma mesma velocidade inicial de um carro, que trabalho os freios devem realizar a fim de parar o veículo em um tempo quatro vezes menor? Como se comparam as distâncias de freagem em cada caso?
20. Se você empurrar um caixote horizontalmente com força de 100 N ao longo de 10 m de piso de uma fábrica e a força de atrito entre ele e o piso for constante e igual a 70 N, quanta energia cinética o caixote ganhará?

5.12 Conservação da energia

21. Qual será a energia cinética do peso de um bate-estaca quando ele sofre uma diminuição de 10 kJ em sua energia potencial?
22. Uma maçã pendurada em um galho possui energia potencial devido à sua altura. Se ela cair, em que terá se transformado esta energia em um instante imediatamente anterior ao choque com o piso? E quando ela colide com o piso?

5.13 Potência

23. Se dois pacotes de mesma massa forem erguidos em iguais distâncias verticais, durante o mesmo tempo, como se compararão as potências necessárias em cada caso? Que potência será necessária para que o pacote mais leve seja movido ao longo dessa distância na metade do tempo?

5.14 Máquinas

24. Pode uma máquina amplificar a força exercida sobre ela? E quanto à distância ao longo da qual a força foi exercida sobre

a máquina? E quanto à energia que lhe é fornecida? (Se suas três respostas forem iguais, procure ajuda, pois a última questão é especialmente importante.)

25. Se uma máquina amplifica a força por um fator igual a quatro, que outra grandeza diminuirá, e de quanto será a sua variação?

5.15 Rendimento

26. Qual é o rendimento de uma máquina que, miraculosamente, converte toda a energia que lhe é fornecida, na entrada, em energia utilizável, na saída?

27. O que acontece ao percentual de energia utilizável quando a energia é transformada de uma forma em outra?

5.16 Fontes de energia

28. Qual é a fonte última das energias provenientes da queima de combustíveis fósseis, das represas e dos cata-ventos?
29. Qual é a fonte última da energia geotérmica?
30. É correto dizermos que uma nova fonte de energia é constituída pelo hidrogênio? Por que sim ou por que não?

ATIVIDADE EXPLORATÓRIA

Quando você tiver avançado bastante em seus estudos, visite a piscina de seu clube ou um salão de bilhar, e observe atentamente a conservação do momentum envolvida. Note que, não importando quão complicadas sejam as colisões das bolas, o momentum inicial da bola de jogo, ao longo da direção de sua trajetória, é igual à combinação dos momenta de todas as bolas após a colisão, e que os componentes de momentum perpendiculares à trajetória inicial da bola de jogo, após o impacto, se anulam mutuamente, resultando no mesmo valor de momentum nesta direção antes do impacto. Você observará mais claramente tanto a natureza vetorial do momentum quanto sua conservação se nenhum efeito giratório for imprimido à bola de jogo. Se esta fosse golpeada pelo taco em um ponto fora de seu centro geométrico, o momentum de rotação adquirido, que também é uma grandeza conservada, complicaria ainda mais a análise do fenômeno. Mas, sem importar a maneira como a bola de jogo é golpeada pelo taco, na ausência de uma força resultante externa exercida, tanto o momentum linear quanto o de rotação serão sempre conservados. Tanto uma piscina quanto uma mesa de bilhar permitem observar claramente a conservação do momentum.

CÁLCULOS SIMPLES

Momentum = mv

1. Qual é o momentum de uma bola de boliche de 8 kg que rola a 2 m/s?
2. Qual é o momentum de um caixote de 50 kg que desliza sobre uma superfície de gelo a 4 m/s?

Impulso = Ft

3. Que impulso será transmitido a um kart quando uma força média de 10 N for exercida sobre ele durante 2,5 s?
4. Que impulso será transmitido quando a mesma força de 10 N for exercida sobre o kart durante o dobro do tempo?

Impulso = variação de momentum: $Ft = \Delta\, mv$

5. Qual é o impulso comunicado a uma bola de 4 kg quando, rolando inicialmente a 3 m/s, ela se choca com uma pilha de feno e pára?
6. Que impulso detém um caixote de 50 kg que desliza a 4 m/s quando ele encontra uma superfície rugosa que o freia?

Conservação de momentum: $mv_{antes} = mv_{depois}$

7. Uma bola de 2 kg de massa de vidraceiro, movendo-se a 3 m/s, colide violentamente com outra bola de 2 kg do mesmo material, que se encontra em repouso. Determine a velocidade das duas porções que se grudam logo após a colisão.
8. Refaça o problema anterior supondo agora que a bola de massa de vidraceiro que se encontra em repouso tenha massa de 4 kg.

Trabalho = força × distância: $T = Fd$

9. Determine o trabalho realizado quando uma força de 20N empurra um carrinho por 3,5 m.
10. Determine o trabalho realizado ao erguer um haltere de 500 N a 2,2 m acima do solo. (Qual é a energia potencial do haltere quando ele está a esta altura?)

Energia potencial gravitacional = peso × altura: EP = mgh

11. Determine o aumento de energia potencial quando um bloco de gelo com massa de 20 kg for elevado por uma distância vertical de 2 m.
12. Determine a variação de energia potencial de 8 milhões de quilos de água que caem por 50 metros da catarata de Niágara.

Energia cinética = $\frac{1}{2}$ massa × velocidade^2: EC = $\frac{1}{2}mv^2$

13. Determine a energia cinética de um carrinho de brinquedo de 3 kg que se move a 4 m/s.

14. Determine a energia cinética do mesmo carrinho se ele estiver se movendo duas vezes mais rápido.

Teorema trabalho-energia: trabalho = ΔEC

15. Quanto trabalho é necessário realizar a fim de aumentar a energia cinética de um carro em 5.000 J?
16. Que variação de energia cinética um aeroplano experimenta durante a decolagem se ele se move por 500 m sob a ação de uma força resultante constante de 5.000 N?

$$\text{Potência} = \frac{\text{trabalho realizado}}{\text{intervalo de tempo}} : P = \frac{T}{t}$$

17. Determine a potência gasta quando uma força de 20 N empurra um carrinho por 3,5 m em 0,5 s.
18. Determine a potência gasta quando um haltere de 500 kg é erguido 2,2 m em 2 s.

EXERCÍCIOS

1. Para deter um superpetroleiro, suas máquinas são normalmente desligadas em torno de 25 km antes do porto. Por que é tão difícil parar ou fazer retornar um superpetroleiro?
2. Em termos de impulso e de momentum, por que os *airbags* dos carros reduzem os riscos de lesões em acidentes?
3. Por que os ginastas usam colchões espessos sobre o chão?
4. Em termos de impulso e de momentum, por que as cordas de nylon, que esticam consideravelmente sob tensão, são preferidas pelos alpinistas?
5. Antigamente, os automóveis eram fabricados para terem a maior rigidez possível, enquanto os carros de hoje são projetados para amassar ao sofrerem um impacto. Por quê?
6. Em termos de impulso e de momentum, por que é importante que as pás de um helicóptero desviem o ar para baixo?
7. Um veículo lunar é testado sobre a Terra a uma velocidade de 10 km/h. Quando ele se movimentar na Lua com essa rapidez, seu momentum será maior, menor ou o mesmo que na Terra?
8. Se você atirar um ovo cru contra uma parede, ele quebrará; mas se você o atirar, com a mesma rapidez, contra uma colcha de cama dobrada, o ovo não quebrará. Explique isso usando os conceitos deste capítulo.
9. Se uma bola for lançada para cima, a partir do solo, com 10 kg.m/s de momentum, qual será o momentum de recuo da Terra? Por que não sentimos isso?
10. Por que luvas de boxe de 6 onças batem com mais violência do que luvas de boxe de 16 onças*?
11. Um determinado boxeador consegue socar um saco pesado por mais de uma hora sem cansar, mas se cansa rapidamente, em apenas alguns minutos, quando está boxeando com um oponente. Por quê? (Dica: quando o punho do boxeador atinge o saco, o que fornece o impulso necessário para deter o soco? Quando o punho do boxeador se dirige contra o oponente, o que ou quem fornece o impulso necessário para deter o soco que não acerta o alvo?)
12. Vagões de trens são acoplados uns aos outros com folga, de forma que exista um tempo de atraso sensível entre o instante em que o primeiro vagão é movimentado pela locomotiva e o instante em que o último vagão finalmente entra em movimento. Discuta a conveniência desse tipo de acoplamento e das folgas deixadas em relação ao impulso e ao momentum.

13. Você se encontra na parte frontal de uma canoa que flutua próximo a uma doca. Em determinado instante, você salta da canoa para a terra esperando aterrissar tranquilamente no cais. Ao invés disso, porém, você acaba caindo na água. Explique.
14. Uma pessoa vestida por completo encontra-se em repouso no meio de uma lagoa congelada, com superfície perfeitamente lisa, desejando chegar à margem. Como isso pode ser feito? Explique em relação à conservação do momentum.
15. Se você, de pé sobre um *skate* parado, atirar uma bola horizontalmente, você e o *skate* começarão a recuar com um momentum de módulo exatamente igual ao do momentum da bola arremessada. Se você fizer todos os movimentos de arremesso de uma bola, mas, em vez de lançá-la, acabar retendo-a na mão, o *skate* recuará? Explique em relação à conservação de momentum.
16. Os exemplos dos dois exercícios anteriores podem ser explicados em relação à conservação do momentum e também à terceira lei de Newton. Explique suas respostas aos exercícios 14 e 15 em relação à terceira lei de Newton.
17. No capítulo anterior, a propulsão de foguetes foi explicada em relação à terceira lei de Newton, ou seja, a força que propele o foguete provém dos gases expelidos, que o empurram para a frente, como reação à força que o foguete exerce sobre os gases. Explique agora a propulsão de foguetes em relação à conservação do momentum.
18. Seu amigo lhe diz que a lei de conservação do momentum é violada quando uma bola adquire momentum à medida que desce uma rampa. O que você responde?
19. O momentum de uma maçã em queda não se conserva devido à força externa da gravidade, que é exercida sobre ela. Mas o momentum é conservado se considerarmos um sistema maior. Explique.
20. Deixe uma pedra cair do topo de um alto penhasco. Identifique o sistema para o qual é nulo o momentum total durante a queda da pedra.
21. Bronco salta de um helicóptero estacionário no ar e descobre que seu momentum está aumentando. Isto viola a conservação do momentum? Explique.

* N. de T.: 1 onça equivale a 28,4 gramas.

22. Em dia sem vento, um trenó de gelo movido a vela está parado sobre um lago congelado. O capitão resolve montar um ventilador como ilustrado na figura. Se todo o vento produzido pelo ventilador ricochetear na vela, o trenó será posto em movimento? Em caso afirmativo, em que sentido ele se movimentará?

23. Sua resposta para a questão anterior mudaria se, devido à ação da vela, o vento do ventilador parasse, sem ricochetear?
24. Discuta se não é mais vantajoso simplesmente remover a vela do barco dos exercícios precedentes.
25. Enquanto a areia se mantém caindo verticalmente sobre um vagão em movimento horizontal, o veículo torna-se mais lento. Despreze qualquer tipo de atrito entre o vagão e os trilhos. Dê duas razões para este comportamento, uma delas em relação à uma força horizontal exercida sobre o vagão, e outra em relação à conservação de momentum.

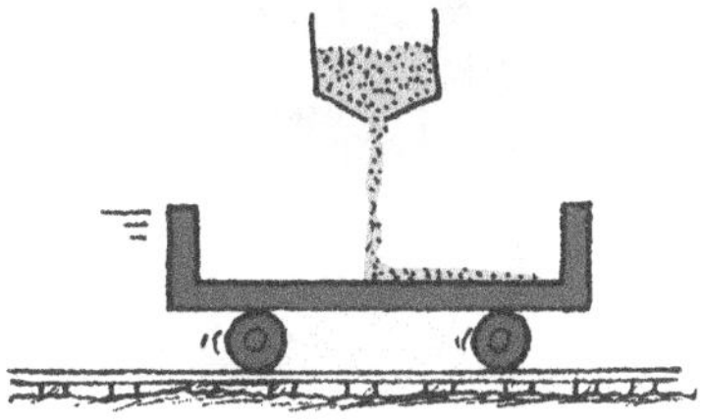

26. Em um filme, o herói salta verticalmente de uma ponte para um pequeno bote que continua a se mover sem qualquer variação de velocidade. Que lei da física está sendo violada aqui?
27. Suponha que três astronautas estejam fora de uma nave espacial e que eles decidam brincar de arremesso. Na Terra, todos possuem o mesmo peso e são igualmente fortes. O primeiro astronauta arremessa o segundo astronauta em direção ao terceiro deles, e a brincadeira tem início. Descreva o movimento de cada astronauta enquanto o jogo prossegue. Quanto tempo durará a brincadeira?

28. Para arremessar uma bola, você terá de exercer um impulso sobre ela? Você exerce um impulso para apanhá-la movendo-se no ar com a mesma rapidez? Aproximadamente quanto impulso você exercerá, comparativamente, se apanhar a bola no ar e imediatamente a arremessar de volta? (Imagine-se sobre um *skate*.)
29. Se seu colega empurrar um cortador de grama por uma distância quatro vezes maior do que a sua, porém exercendo metade da força que você exerce sobre o seu cortador, qual dos dois realizará mais trabalho? Quanto a mais?
30. O que requer mais trabalho: esticar uma mola dura a uma determinada distância ou esticar uma mola mole na mesma distância? Justifique sua resposta.
31. Duas pessoas de mesmo peso escalam uma escada de incêndio externa. A primeira delas escala a escada inteira em 30 s, e a segunda, em 40 s. Qual delas realiza maior trabalho? Qual delas desenvolve maior potência?
32. Quando um rifle de cano longo dispara, a força de expansão dos gases é exercida sobre a bala por uma longa distância. Que efeito isso tem sobre a velocidade de saída da bala? (Você consegue entender por que os canhões possuem canos longos?)
33. Um colega afirma que a energia cinética de um objeto depende do sistema de referência do observador. Explique por que você concorda ou discorda dele.
34. Você e um comissário de bordo jogam uma bola, um para o outro, no corredor de um avião em vôo. A energia cinética da bola depende da rapidez do avião? Explique detalhadamente.
35. Uma bola de beisebol e outra de golfe possuem o mesmo momentum. Qual delas possui maior energia cinética?
36. Em que ponto de seu movimento a EC da esfera de um pêndulo atinge valor máximo? Em que ponto sua EP é máxima? Quando sua energia cinética tiver a metade de seu valor máximo, quanta energia potencial ela possuirá?
37. Um professor de física faz uma demonstração da conservação de energia liberando a pesada bola de um pêndulo, como ilustrado no desenho, permitindo que ela oscile para a frente e para trás. O que aconteceria se, entusiasmado, ele desse um pequeno empurrão na bola ao liberá-la e deixasse seu nariz na mesma posição? Explique.

38. Por que a força da gravidade realiza trabalho sobre um carro que desce uma colina, porém não realiza trabalho quando o veículo se move ao longo de um trecho horizontal da estrada?
39. No escorregador de um playground, a energia potencial de uma criança diminui em 1.000 J enquanto sua energia cinética aumenta em 900 J. Que outra forma de energia está envolvida nesta situação, e qual é o seu valor?
40. Discuta o projeto da montanha-russa mostrada na figura em relação à conservação de energia.

41. Suponha que você e dois colegas de turma estejam discutindo o projeto de uma montanha-russa. Um deles afirma que cada topo da pista deve ser mais baixo do que o anterior. O outro colega diz que isso não faz sentido, pois, desde que o primeiro seja mais alto do que os demais, não importarão as alturas destes. O que você diz?
42. Considere duas bolas idênticas, soltas a partir do repouso nas pistas A e B, como mostrado. Quando alcançarem as extremidades finais das pistas, qual delas será a mais veloz? Por que essa questão é mais fácil de responder do que uma questão semelhante do Capítulo 3 (Exercício 31)?

A
B

43. Se uma bola de golfe e outra de pingue-pongue estiverem se movendo com a mesma energia cinética, você pode dizer qual delas é a mais veloz? Explique em relação à definição de EC. Analogamente, numa mistura gasosa de moléculas pesadas e leves com mesma energia cinética média EC, quais delas possuem maior rapidez?
44. Um carro queima mais gasolina quando seus faróis estão ligados? Enquanto o motor funciona, o consumo total dependerá dos faróis estarem ligados ou não? Justifique sua resposta.
45. Isto pode parecer uma questão muito fácil de responder para uma pessoa versada em física: com que força uma rocha com 10 N de peso baterá no chão se ela for liberada, do repouso, de uma altura de 10 m? De fato, a questão não pode ser respondida a menos que você disponha de mais informação sobre ela. Que informação?
46. Na ausência de resistência do ar, uma bola atirada verticalmente para cima com determinada energia cinética inicial EC retorna ao nível original com a mesma EC. Se a resistência do ar não for desprezível, ela retornará ao nível original com EC igual, maior ou menor do que a original? Sua resposta contradiz a lei da conservação da energia?
47. Você está de pé em um telhado e atira uma bola diretamente para baixo e outra diretamente para cima. A segunda bola, depois da subida, cai e também atinge o solo. Se a resistência do ar pode ser desprezada e se os arremessos para baixo e para cima forem feitos com a mesma velocidade, como se compararão os valores de velocidade das bolas ao baterem no solo? (Use a idéia de conservação da energia para chegar à resposta.)
48. Enquanto um motorista pisa no freio para manter constante a velocidade e a energia cinética do carro numa descida, a energia potencial do carro diminui. Para onde vai essa energia? Em um carro híbrido, onde aparece a maior parte dela? Explique.
49. A energia cinética de um carro varia mais quando ele passa de 10 para 20 km/h ou de 20 para 30 km/h?
50. Pode algo possuir energia sem ter momentum? Explique. Pode algo possuir momentum sem ter energia? Explique.
51. Quando a massa de um objeto em movimento é duplicada sem haver variação de sua rapidez, por que fator varia seu momentum? Por qual fator sua energia cinética varia?
52. Quando a velocidade de um objeto é duplicada, por que fator seu momentum é alterado? E por que fator sua energia cinética é alterada?
53. Qual dos dois objetos possui maior momentum, se for o caso: uma bola de 1 kg movendo-se a 2 m/s ou uma bola de 2 kg movendo-se a 1 m/s? Qual das duas possui maior energia cinética?
54. Se dois objetos de mesma massa possuem energias cinéticas iguais, eles possuem necessariamente o mesmo momentum? Justifique sua resposta.
55. Dois pedaços de argila com momenta de mesmo valor, mas de sentidos contrários, colidem frontalmente e param. O momentum é conservado? E a energia cinética? Por que suas respostas são iguais ou são diferentes?
56. Considere um dispositivo composto por um conjunto de pêndulos com bolas. Se duas bolas são erguidas e liberadas, o momentum é conservado quando duas bolas saltam do outro lado com a mesma rapidez do impacto das bolas liberadas. Mas o momentum também seria conservado se apenas uma bola saltasse do outro lado com o dobro de velocidade. Explique por que isso jamais ocorre.

57. Se um automóvel tivesse um motor 100% eficiente, transformando toda energia do combustível em trabalho, ele estaria quente ao seu toque? Ele despenderia calor para o ar ao seu redor? Ele faria algum barulho? Ele vibraria? Alguma fração do combustível queimado teria sido não-utilizada?
58. Para combater o desperdício, às vezes falamos em "conservação de energia", que significa desligar as luzes ou a torneira de água quente quando não estiverem sendo usadas ou ajustar o termostato do aquecedor em um nível moderado. Neste capítulo, também falamos em "conservação de energia". Faça distinção entre esses dois usos da palavra.
59. Seu colega afirma que uma maneira de melhorar a qualidade do ar em uma cidade é ter os semáforos sincronizados de modo que os motoristas possam trafegar por longas distâncias mantendo constante a rapidez. Qual princípio da física justifica essa afirmação?
60. A energia requerida para a vida provém da energia potencial armazenada quimicamente nos alimentos, que é transformada em outras formas de energia no processo do metabolismo. O que acontece a uma pessoa que fornece uma quantidade total de trabalho e de calor menor do que a energia que ela consumiu? E quando aquela quantidade for maior do que a energia consumida pela pessoa? Pode uma pessoa subnutrida realizar trabalho extra sem fornecimento extra de comida? Justifique sua resposta.

PROBLEMAS

● INICIANTE ■ INTERMEDIÁRIO ♦ AVANÇADO

1. ● No Capítulo 3 aprendemos que a aceleração é definida por $a = \frac{\Delta v}{\Delta t}$, e no Capítulo 4 aprendemos a física da aceleração: ela é igual à força dividida pela massa, $a = \frac{F}{m}$. Use essas duas equações para mostrar que, para uma massa constante, $F\Delta t = \Delta(mv)$.
2. ● Um saco de guloseimas de 5 kg é arremessado ao longo do tampo de uma mesa a 4 m/s e desliza até parar em 3 s. Mostre que a força de atrito média é de 6,7 N.
3. ● Uma bola de 8 kg, rolando a 2 m/s, colide com um travesseiro e pára em 0,5 s.
   a. Mostre que a força média exercida pelo travesseiro é de 32 N.
   b. Qual é a força que a bola exerce sobre o travesseiro?
4. ● Um carro colide com uma parede a 25 m/s, e tudo o que está dentro dele é levado ao repouso durante 0,1 s. Mostre que a força média exercida pelo cinto de segurança sobre um boneco de testes de 75 kg é maior do que 18.000 N.
5. ● Em um jogo de beisebol, considere que a bola de massa m = 0,15 kg esteja se movendo com rapidez v = 40 m/s quando é apanhada por um torcedor.
   a. Mostre que o impulso usado para levar a bola ao repouso foi de 6,0 N. s.
   b. Se a bola fosse parada em 0,03 s, mostre que a força média exercida por ela sobre a mão de quem a apanhasse seria de 200 N.
6. ■ Judy (massa de 40,0 kg), de pé sobre uma pista de patinação no gelo, agarra seu saltitante cachorro, Atti (massa de 15 kg), quando ele estava se movendo horizontalmente a 3,0 m/s. Mostre que, após tê-lo agarrado e o mantido consigo, a rapidez de Judy e do cachorro é de 0,8 m/s.
7. ■ Uma locomotiva a diesel pesa quatro vezes mais do que um vagão. Se a máquina movimenta-se a 5 km/h em direção a um vagão que se encontra em repouso, quão rapidamente os dois veículos estarão se movendo após terem se acoplado durante a colisão?
8. ■ Um peixe de 5 kg, nadando a 1 m/s, engole um peixe distraído de 1 kg, que nada em sentido contrário com uma velocidade tal que os dois peixes terminam parados imediatamente após o almoço. Mostre que a velocidade do peixe menor antes de ter sido engolido era 5 m/s.

9. ■ O herói de história em quadrinhos Super-Homem está no espaço exterior quando encontra um asteróide, que ele arremessa a 800 m/s, tão rápido quanto uma bala. A massa do asteróide é cerca de 1.000 vezes maior que a do Super-Homem. Na história, o herói é visto em repouso após o arremesso. Levando a física em conta, mostre que sua velocidade de recuo deveria ser 800.000 m/s.
10. ● O segundo andar de uma casa está 4 m acima do nível da rua. Mostre que o trabalho necessário para erguer um refrigerador de 300 kg até o segundo andar desta casa é de 12.000 J.
11. ● A saltadora de barriga (*belly-flop*) Bernie salta do topo de uma plataforma para uma piscina de natação diretamente abaixo dela. Sua energia potencial no topo é de 10.000 J, e na superfície da água é zero.
    a. Mostre que, quando sua energia potencial se reduzir para 1.000 J, a energia cinética será de 9.000 J.
    b. Comparada com a altura da plataforma, a que altura acima da água Bernie estará quando sua energia for de 9.000 J?
12. ● Esta questão é típica de exames para motoristas dos EUA: um carro que se move a 50 km/h derrapa 15 m com os freios totalmente travados. Mostre que, com os freios travados a 150 km/h, o carro deslizará 135 m antes de parar.
13. ● Uma alavanca é usada para erguer uma carga pesada. Enquanto uma força de 50 N empurra para baixo uma das extremidades da alavanca por 1,2 m, a carga sobe 0,2 m. Mostre que o peso da carga é 300 N.
14. ● Ao erguer um piano de 5.000 N com um sistema de polias, os trabalhadores observam que, para cada 2 m de corda que são puxados, o piano sobe 0,2 m. Considerando uma situação idealizada, mostre que a força necessária para erguer o piano é de 500 N.
15. ■ Se multiplicarmos por d ambos os lados da equação da segunda lei de Newton, F_R = ma, obteremos $F_R d = mad$. Neste capítulo aprendemos que Fd é igual ao trabalho, e no Capítulo 3 aprendemos que a distância percorrida por um objeto que parte do repouso e possui uma aceleração constante a é dada por $d = \frac{1}{2}at^2$. Mostre que, quando esta equação para a distância for substituída na equação anterior, o resultado será $F_R d$ (trabalho) $= \frac{1}{2}mv^2$ (energia cinética).
16. ■ Para deter um carro de massa m que se move com rapidez v em um tempo t, é necessária uma força de freagem.
    a. Mostre que a força de freagem é mv/t.
    b. A massa do carro é de 1.200 kg e sua velocidade inicial é de 25 m/s. Mostre que a força de freagem necessária para deter o carro em 12 s é de 2.500 N.
17. ■ Um bloco de massa m que está se movendo com velocidade v é detido por uma força constante F.
    a. Mostre que o tempo necessário para deter o bloco é mv/F.
    b. Se a massa do bloco for 20,0 kg, sua velocidade inicial 3,0 m/s e a força de freagem 15,0 N, mostre que o bloco atingirá o repouso em 4,0 s.
18. ■ Um papagaio brincalhão de massa m cai verticalmente sobre um skate de massa M que está se movendo horizon-

talmente com velocidade v. O papagaio agarra-se firmemente ao *skate* e passa a se mover horizontalmente com ele.

a. Mostre que a velocidade do *skate* com o papagaio é dada por $\frac{M}{M + m}v$.

b. Se a massa do papagaio for 2,0 kg, a massa do *skate* 8,0 kg e a velocidade inicial do *skate* for 4,0 m/s, mostre que a velocidade final será 3,2 m/s.

19. ♦ Um astronauta de massa M que está flutuando próximo a uma nave no espaço exterior desliga-se de sua nave. A fim de retornar a ela, ele arremessa um martelo de massa m com velocidade v para longe da nave.

a. Mostre que o astronauta recuará em direção à nave com velocidade dada por $\frac{mv}{M}$.

b. Se a massa do astronauta for 110 kg, a do martelo for 15 kg e se o martelo for arremessado a 4,5 m/s, mostre que a velocidade de recuo do astronauta será de 0,6 m/s.

20. ♦ Uma porção de argila de massa m_1 e velocidade v_1 colide frontalmente com outra porção de argila mais lenta, de massa m_2 e velocidade v_2, de mesma direção e sentido, grudando-se a ela. Depois de se grudarem, ambas compartilham da mesma velocidade.

a. Mostre que esta velocidade final é dada por $\frac{m_1v_1 + m_2v_2}{m_1 + m_2}$.

b. Se a massa da primeira porção for 2,2 kg e sua velocidade inicial, 3,2 m/s; e se a segunda porção tiver 2,8 kg de massa e velocidade inicial de 1,2 m/s, mostre que a velocidade final da combinação das porções será de 2,1 m/s.

21. ♦ Um navio-tanque de óleo, de massa M, percorre uma distância x durante um tempo t mantendo uma velocidade constante.

a. Mostre que o momentum do navio-tanque é dado por Mx/t.

b. Mostre que a EC do navio-tanque é dada por $\frac{Mx^2}{2t^2}$.

c. Se a massa do navio-tanque for $9{,}0 \times 10^7$ kg e ele navegar 250 km em 8 horas com uma rapidez constante, mostre que sua EC é $3{,}4 \times 10^9$ J. (Informação útil: 1 km = 1.000 m e 1 h = 3.600 s.)

22. ♦ Hank bate em uma bola de beisebol de peso p e ela deixa o bastão com uma rapidez v.

a. Mostre o momentum da bola de beisebol é dado por pv/g.

b. Mostre que a EC da bola de beisebol é dada por $\frac{pv^2}{2g}$.

c. Se a bola pesa 1,5 N, e deixa o bastão com 38 m/s de velocidade, mostre que sua EC é 110 J.

23. ♦ Quando uma força média F é exercida ao longo de certa distância sobre um carrinho de shopping de massa m, sua energia cinética aumenta em $\frac{1}{2}mv^2$.

a. Mostre que a distância ao longo da qual a força é exercida é dada por $\frac{mv^2}{2F}$.

b. Se o dobro de força for exercido ao longo de uma distância duas vezes maior, como se compara o correspondente aumento de energia cinética com o aumento original da mesma?

24. ♦ Manuel deixa cair um balão de massa m, cheio com água, a partir do repouso e do topo de um edifício de altura desconhecida. O balão leva um tempo t para atingir o solo.

a. Mostre que, se a resistência do ar for desprezível, a energia cinética do balão, imediatamente antes de ele bater no solo, é dada por $\frac{1}{2}mg^2t^2$.

b. Se o balão de água possui massa de 1,2 kg e se o tempo de queda a partir do repouso for igual a 2,1 s, mostre que sua energia cinética ao bater no solo será 230 J.

c. Por que não se pode determinar a força de impacto a partir da informação fornecida?

25. ♦ Um bloco de gelo de massa m está em repouso no topo de um plano inclinado de altura vertical h. Ele, então, começa a deslizar e atinge a base do plano com uma velocidade v.

a. Se a resistência do ar for desprezível, mostre que o valor da velocidade do bloco ao atingir o solo é dado por $\sqrt{2gh}$.

b. Se a massa do bloco for 27 kg e ele descer um plano inclinado de altura vertical de 1,5 m, mostre que a velocidade com a qual ele atingirá o solo será de 5,4 m/s.

26. ♦ Um motor com potência de pico P puxa um elevador de massa m.

a. Mostre que a rapidez máxima que o motor pode imprimir ao elevador ao elevá-lo é dada por P/mg.

b. O elevador tem massa de 900 kg e é erguido por um motor de 100 kW. Mostre que a velocidade máxima com que este elevador pode ser erguido é de 11 m/s.

Capítulo 6

Gravidade, Projéteis e Satélites

Neil deGrasse Tyson exemplifica a natureza universal da gravidade.

Newton não descobriu a gravidade. Essa descoberta remonta aos tempos imemoriais, quando os habitantes da Terra experimentavam as conseqüências de subir e cair. O que Newton descobriu foi que a gravidade é universal – que ela não é exclusiva da Terra, como outros de seu tempo pensavam.

Desde os tempos de Aristóteles, o movimento circular dos corpos celestes era encarado como natural. Os antigos acreditavam que as estrelas, os planetas e a Lua moviam-se em círculos divinos, sem qualquer força propulsora exercida sobre eles. No que diz respeito aos antigos, esse movimento circular não precisava de explicação. Isaac Newton, entretanto, percebeu que algum tipo de força devia atuar sobre os planetas (que descrevem órbitas elípticas); de outra maneira, suas trajetórias seriam linhas retas.

Outros daquela época, influenciados por Aristóteles, supunham que qualquer força exercida sobre um planeta deveria estar na direção da trajetória. Newton, no entanto, argumentava que a força sobre cada planeta deveria estar direcionada para um ponto fixo central – apontando para o Sol. A gravidade é a mesma força que puxa para baixo uma maçã no alto de uma árvore. A proeza da intuição de Newton, ou seja, a de que a força entre a Terra e a maçã é a mesma força que puxa luas e planetas e tudo mais em nosso universo, constituiu um rompimento revolucionário com a noção então prevalecente de que haveria dois conjuntos de leis naturais: um para as ocorrências terrestres, e outro, totalmente diferente, para os movimentos celestes. Essa união das leis terrestres e cósmicas foi chamada de síntese newtoniana.

6.1 A lei da gravitação universal

De acordo com uma lenda popular, Newton estaria sentado à sombra de uma macieira quando, repentinamente, ocorreu-lhe a idéia de que a gravidade se estendia além da Terra. Talvez ele tenha olhado através dos ramos da árvore para descobrir a origem da queda da maçã e tenha visto, então, a Lua. Talvez a maçã tivesse o atingido na cabeça, como nos contam as histórias populares. Qualquer que tenha sido o evento, Newton teve discernimento para perceber que a força entre a Terra e a maçã que caiu é a mesma força que atrai a Lua e a mantém em uma órbita em torno da Terra, uma trajetória semelhante à de um planeta em torno do Sol.

Para testar essa hipótese, Newton comparou a queda de uma maçã com a "queda" da Lua. Ele percebeu que a Lua cai, no sentido de que *ela sai da linha reta que deveria seguir se não houvesse a gravidade atuando nela.* Devido à sua velocidade tangencial, a Lua "cai em volta" da Terra (veremos mais sobre isso ainda neste capítulo). Usando geometria elementar, a distância de queda da Lua por segundo podia ser comparada à distância que uma maçã ou qualquer outra coisa cai durante 1 segundo. Os cálculos não conferiam. Desapontado, mas acreditando que os fatos concretos devessem sempre prevalecer sobre uma hipótese bonita, Newton guardou seus papéis numa gaveta, onde permaneceriam por cerca de 20 anos. Durante esse tempo, ele descobriu e desenvolveu o campo da óptica geométrica pelo qual se tornou famoso.

O interesse de Newton pela mecânica foi reacendido pelo aparecimento de um cometa espetacular em 1680 e de outro, dois anos mais tarde. Ele voltou ao problema da Lua com o incentivo de seu amigo e astrônomo Edmund Halley, em homenagem ao qual o segundo cometa foi denominado. Newton, então, fez correções nos dados experimentais usados em seu método inicial e obteve resultados excelentes. Somente então ele publicou o que é uma das mais abrangentes generalizações da mente humana: a **lei da gravitação universal**[1].

Cada objeto atrai todos os outros objetos de uma maneira simples, que envolve apenas massa e distância. De acordo com Newton, uma massa qualquer atrai cada outra massa com uma força que é diretamente proporcional ao produto das massas envolvidas e inversamente proporcional ao quadrado da distância que as separa.

Este enunciado pode ser expresso como

$$\text{Força} \sim \frac{\text{massa}_1 \times \text{massa}_2}{\text{distância}^2}$$

ou, simbolicamente, como

$$F \sim \frac{m_1 m_2}{d^2}$$

onde m_1 e m_2 são as massas dos corpos e d é a distância entre seus centros. Assim, quanto maiores forem as massas m_1 e m_2, maior será a força de atração entre elas, na proporção direta das massas[2]. Quanto maior for a distância de separação d, mais fraca será a força de atração, em proporção inversa ao quadrado da distância entre os centros de massa.

Da mesma forma que uma pauta musical guia um músico ao interpretar uma música, as equações servem como guias para um estudante de física compreender como os conceitos estão interligados.

FIGURA 6.1
A atração gravitacional que puxa a maçã poderia alcançar a Lua?

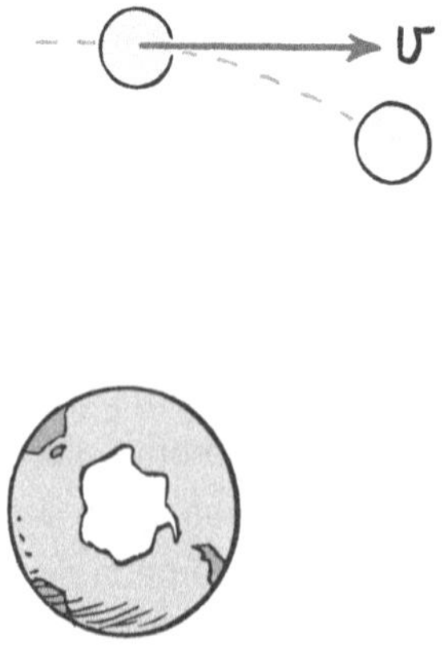

FIGURA 6.2
A velocidade tangencial da Lua em torno da Terra lhe possibilita cair ao redor da Terra ao invés de cair diretamente sobre ela.

[1] Esse é um exemplo significativo do esforço esmerado e da comprovação conjunta que embasam a formulação de uma teoria científica. Compare o procedimento de Newton com a falta de realização do "dever de casa", com as avaliações apressadas e com a ausência de comprovação conjunta, que tão freqüentemente caracterizam os pronunciamentos de pessoas que defendem teorias pseudocientíficas.

[2] Note o papel diferente desempenhado aqui pela massa. Até então havíamos considerado a massa como uma medida da inércia, por isso chamada de *massa inercial.* Agora vemos a massa como uma medida da força gravitacional que, neste contexto, é chamada de *massa gravitacional.* Comprovou-se experimentalmente que ambas são iguais e, como questão de princípio, a equivalência da massa inercial com a gravitacional é a fundamentação da teoria geral da relatividade de Einstein.

FIGURA 6.3
Quando um foguete se afasta da Terra, a intensidade da força gravitacional entre ele a Terra diminui.

PARE E TESTE A SI MESMO

1. Na Figura 6.2 vemos que a Lua cai ao redor da Terra em vez de cair diretamente sobre ela. Se sua velocidade tangencial fosse subitamente reduzida a zero, como a Lua se moveria?
2. De acordo com a equação da força gravitacional, o que acontece à força entre dois corpos se a massa de um deles for dobrada? E se ambas as massas forem dobradas?
3. A força gravitacional é exercida sobre todos os corpos em proporção às suas massas. Por que, então, um corpo pesado não cai mais rápido do que um leve?

VERIFIQUE SUAS RESPOSTAS

1. Se a velocidade tangencial da Lua fosse nula, ela cairia diretamente para baixo e se chocaria contra a superfície da Terra!
2. Quando uma das massas for dobrada, a força entre ela e a outra também dobrará de valor. Se ambas as massas forem dobradas, a força será quadruplicada.
3. A resposta remete ao Capítulo 4. Lembre-se da Figura 4.10, na qual tijolos leves e pesados caem com a mesma aceleração porque ambos possuem a mesma razão entre peso e massa. A segunda lei de Newton ($a = F/m$) nos lembra que uma força maior agindo sobre uma massa maior não necessariamente resulta em uma maior aceleração.

6.2 A constante da gravitação universal, G

A lei da gravitação universal, em forma de proporcionalidade, pode ser reescrita na forma de uma equação se uma constante de proporcionalidade G for introduzida, a chamada *constante da gravitação universal.* Com isso, a equação torna-se

$$F = G\frac{m_1 m_2}{d^2}$$

Da mesma forma como π relaciona a circunferência e o diâmetro dos círculos, a constante G relaciona a força gravitacional com a massa e a distância.

Em palavras, a força da gravidade entre dois objetos é obtida multiplicando-se suas massas, dividindo-se o resultado pelo quadrado da distância entre seus centros e depois multiplicando esse total pela constante G. O valor de G é dado pelo valor da força entre dois corpos de 1 kg cada que estão afastados 1 metro um do outro: 0,0000000000667 newtons. Este pequeno valor caracteriza uma força extremamente fraca. Em unidades-padrão e usando notação científica[3],

$$G = 6{,}67 \times 10^{-11}\ \text{N} \cdot \text{m}^2/\text{kg}^2$$

Curiosamente, Newton podia calcular o produto de G pela massa da Terra, mas nenhuma das duas isoladamente. O cálculo de G foi feito pela primeira vez pelo físico inglês Henry Cavendish no século XVIII, um século depois da época em que Newton viveu.

Cavendish determinou o valor de G medindo as minúsculas forças entre massas de chumbo, usando uma balança de torção extremamente sensível. Um método mais simples foi desenvolvido mais tarde por Philip von Jolly, que fixou um frasco esférico de mercúrio a um dos braços de uma balança sensível (Figura 6.4). Depois que a balança estava equilibrada, uma esfera de chumbo com 6 toneladas era colocada embaixo do frasco de mercúrio. A força gravitacional entre as massas era igual ao peso que tinha de ser colocado na extremidade oposta da balança para restabelecer o equilíbrio. Todas as quantidades m_1,

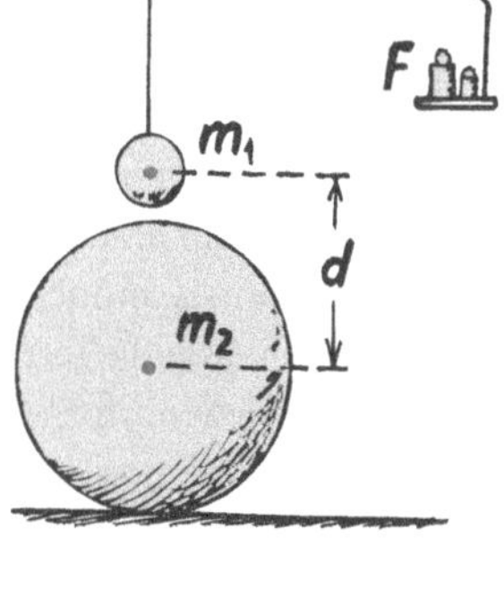
F
m_1
d
m_2

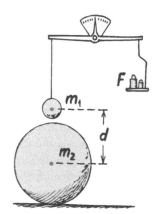

FIGURA 6.4
O método de Jolly para medir G. Esferas de massas m_1 e m_2 se atraem com uma força F igual aos pesos necessários para reequilibrar a balança.

[3] O valor numérico de G depende inteiramente das unidades de medida escolhidas para massa, distância e tempo. O sistema internacionalmente escolhido é quilograma para a massa, metro para distância e segundo para tempo. A notação científica é discutida no Apêndice A no final do livro.

m_2, F e d eram conhecidas, e a partir delas a quantidade G foi calculada:

$$G = \frac{F}{\left(\frac{m_1 m_2}{d^2}\right)} = 6{,}67 \times 10^{-11}\ \text{N/kg}^2/\text{m}^2$$

$$= 6{,}67 \times 10^{-11}\ \text{N} \cdot \text{m}^2/\text{kg}^2$$

O valor de G nos revela que a força da gravidade é uma força muito fraca. Ela é a mais fraca das quatro forças fundamentais conhecidas. (As outras são a força eletromagnética e os dois tipos de forças nucleares.) Sentimos a gravitação apenas quando enormes massas como a da Terra estão envolvidas. A força de atração entre você e um navio de guerra sobre o qual você se encontre é fraca demais para ser medida por métodos comuns. A força de atração entre você e a Terra, entretanto, pode ser medida. Ela é o seu peso.

Você jamais pode alterar apenas uma coisa! Cada equação nos lembra disso – você não pode alterar um termo de um lado de uma equação sem com isso afetar o outro.

Seu peso depende não apenas de sua massa, mas também de sua distância do centro da Terra. No topo de uma montanha, sua massa é a mesma que em qualquer outro lugar, mas seu peso é ligeiramente menor do que ao nível do solo. Isso ocorre porque, naquele caso, sua distância do centro da Terra é maior.

Uma vez que o valor de G seja conhecido, a massa da Terra pode ser calculada facilmente. A força que a Terra exerce sobre um corpo de 1 kg, em sua superfície, é de 9,8 newtons. A distância entre os centros de massa deste corpo e o centro da Terra é igual ao raio terrestre, que vale $6{,}4 \times 10^6$ metros. Portanto, a partir de $F = G(m_1\, m_2\, /d^2)$, onde m_1 é a massa da Terra,

$$9{,}8\ \text{N} = 6{,}67 \times 10^{-11}\ \text{N} \cdot \text{m}^2/\text{kg}^2 \frac{1\ \text{kg} \times m_1}{(6{,}4 \times 10^6 \text{m})^2}$$

de onde obtemos a massa da Terra, m_1, como sendo aproximadamente 6×10^{24} quilogramas.

Em 1798, muitas pessoas mundo afora ficaram entusiasmadas com a determinação do valor de G. Por todos os lugares, jornais anunciaram o feito como sendo a determinação da massa da Terra. É realmente fantástico que a fórmula de Newton forneça a massa do planeta inteiro, com todos seus oceanos, montanhas e partes internas ainda por serem descobertas. A constante G e a massa da Terra foram determinadas quando grande parte da superfície da Terra ainda era desconhecida.

psc

Por causa da intensidade relativamente pequena da gravidade, a constante *G* é a menos conhecida de todas as constantes fundamentais da física. Mesmo assim, atualmente (época da redação deste livro), seu valor é conhecido com precisão de cinco algarismos significativos.

6.3 Gravidade e distância: a lei do inverso do quadrado da distância

O espaço ao redor de todo objeto dotado de massa está energizado com um *campo gravitacional*[4]. Este campo torna-se mais fraco à medida que aumenta a distância a partir do objeto. A maneira como o campo gravitacional enfraquece com a distância é análoga a como um borrifo de tinta *spray* se espalha com o aumento da distância a partir da pistola de pintura que a borrifou (Figura 6.5). Suponha que posicionemos a ponta da pistola no centro de uma casca esférica de 1 metro de raio, com as gotículas do borrifo percorrendo 1 metro, espalhando-se sobre um retalho quadrado da casca e formando uma película de tinta de 1 mm de espessura. Qual seria a espessura do retalho se este experimento fosse realizado usando-se uma casca esférica com o dobro do raio da anterior? Se as gotículas constituintes do borrifo, correspondente à mesma quantidade de tinta do caso anterior, deslocam-se 2 metros em linhas retas a partir da ponta da pistola, elas agora se espalharão por um retalho quadrado com o dobro da altura e da largura daquele do caso anterior. A tinta, portanto, se espalhará sobre uma área quatro vezes maior, mas com espessura de somente um $\frac{1}{4}$ de mm.

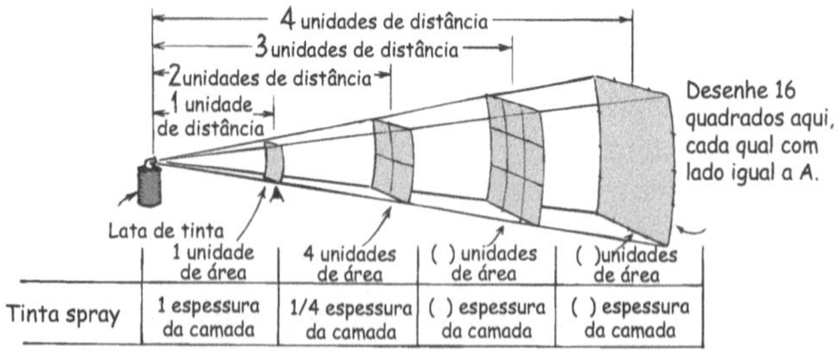
4 unidades de distância
3 unidades de distância
2 unidades de distância
1 unidade de distância
Desenhe 16 quadrados aqui, cada qual com lado igual a A.
A
Lata de tinta
1 unidade de área
4 unidades de área
( ) unidades de área
( ) unidades de área
Tinta spray
1 espessura da camada
1/4 espessura da camada
( ) espessura da camada
( ) espessura da camada

FIGURA 6.5

A lei do inverso do quadrado. A tinta de *spray* afasta-se radialmente do bico da lata descrevendo linhas retas. Como a gravidade, a "intensidade" do *spray* obedece à lei do inverso do quadrado da distância.

[4] O campo gravitacional em torno de um objeto com massa é definido como igual à força gravitacional exercida sobre um segundo objeto, colocado na vizinhança do primeiro, dividida pela massa deste segundo objeto. O símbolo usado para o campo gravitacional é a letra **g**, em negrito (com unidades de N/kg, tendo o mesmo módulo que a aceleração gravitacional naquele ponto, *g*).

Você consegue perceber pela ilustração que, usando uma casca esférica com 3 metros de raio, a espessura de tinta borrifada seria de apenas 1/9 de milímetro? Consegue perceber que a espessura da tinta borrifada decresce com o quadrado do aumento da distância? Esse comportamento é conhecido como a **lei do inverso do quadrado**. Ela vale para a gravidade e para todos os fenômenos em que o efeito de uma fonte localizada se espalha uniformemente no espaço ao redor: o campo elétrico em torno de um elétron isolado, a luz do palito de fósforo, a radiação de um pedaço de urânio e o som produzido por uma bola de críquete atingida durante um jogo.

A lei da gravidade como descrita acima se aplica a partículas e corpos esféricos, bem como para corpos não-esféricos que se encontrem suficientemente distantes. O termo de distância *d*, na equação de Newton, representa a distância entre os centros de massa dos objetos. Note a partir da Figura 6.6 que a maçã, a qual normalmente pesa 1 newton na superfície da Terra, pesa somente ¼ disso quando se encontra a uma distância duas vezes maior do centro do planeta. Quanto mais distante do centro da Terra um objeto estiver, menor será o seu peso. Uma criança que pese 300 newtons ao nível do mar pesaria apenas 299 newtons se estivesse no topo do Monte Everest. Para distâncias maiores, a força será menor ainda. E para distâncias muito grandes, a força gravitacional aproxima-se de zero. A força *aproxima-se* de zero, mas jamais atinge o valor nulo. Mesmo se você fosse transportado para os lugares mais remotos do universo, o campo gravitacional de casa ainda estaria com você. Ele pode ser suplantado pelos campos gravitacionais criados por objetos mais próximos e/ou dotados de maior massa, mas ele estaria lá.

O campo gravitacional gerado por cada objeto material, não importa quão pequeno ele seja ou a que distância se encontre, estende-se através de todo o espaço.

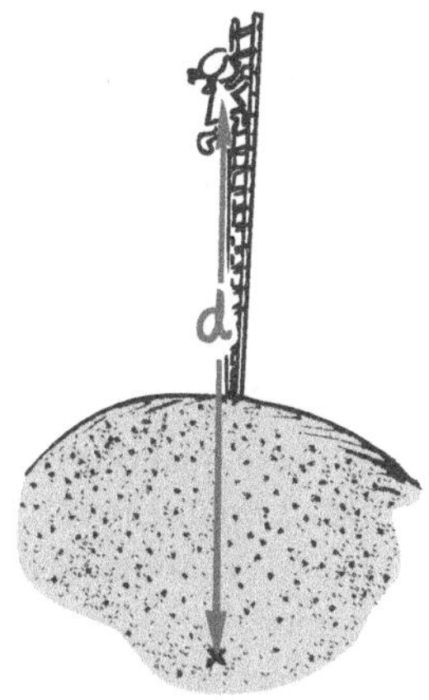
d

FIGURA 6.7

De acordo com a equação de Newton, o peso da menina (mas não sua massa) diminui à medida que aumenta sua distância a partir do centro da Terra.

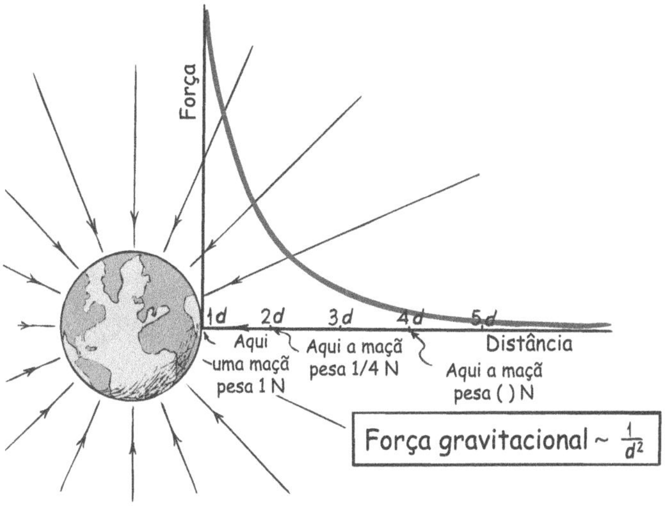
Força
1d
2d
3d
4d
5d
Aqui uma maçã pesa 1 N
Aqui a maçã pesa 1/4 N
Aqui a maçã pesa ( ) N
Distância
Força gravitacional ~ $\frac{1}{d^2}$

FIGURA 6.6

Se uma maçã pesa 1 N na superfície da Terra, seu peso seria de apenas 1/4 N a uma distância duas vezes maior do centro da Terra. A uma distância três vezes maior, a maçã pesaria apenas 1/9 N. A força gravitacional em função da distância é plotada em cor. Que peso teria a maçã a uma distância quatro vezes maior? E cinco vezes maior?

Dizer que *F* é inversamente proporcional ao quadrado de *d* significa, por exemplo, que se *d* tornar-se 3 vezes maior, *F diminuirá* 9 vezes.

PARE E TESTE A SI MESMO

1. Em quanto diminuirá a força gravitacional entre dois objetos se a distância entre seus centros for duplicada? E se ela for triplicada? E se for aumentada em dez vezes?
2. Considere uma maçã no topo de uma árvore, atraída pela gravidade da Terra com uma força de 1 N. Se a árvore fosse duas vezes mais alta, a força da gravidade seria 4 vezes mais fraca? Justifique sua resposta.

VERIFIQUE SUAS RESPOSTAS

1. Ela se tornará quatro vezes menor, nove vezes menor e cem vezes menor, respectivamente.
2. Não, porque uma árvore duas vezes mais alta não está duas vezes mais distante do centro da Terra. Para que o peso da maçã no topo fosse reduzido para ¼ N, a árvore mais alta teria que ter uma altura igual ao raio da Terra (6.370 km). Uma maçã ou um objeto qualquer deve ser elevado a 32 km – aproximadamente quatro vezes a altura do monte Everest – para que seu peso diminua em 1%. Assim, para fins práticos, podemos desprezar os efeitos das variações de altura cotidianas.

6.4 Peso e imponderabilidade

Quando parado em pé sobre uma balança de banheiro, você está efetivamente comprimindo uma mola que existe dentro dela. Quando o ponteiro pára de se mover, a força elástica exercida pela mola deformada está equilibrando a atração gravitacional entre você e a Terra – nada se move quando você e a balança estão em equilíbrio estático. O ponteiro foi calibrado para medir seu **peso**. Se você ficar de pé sobre ela dentro de um elevador em movimento, notará alterações no peso marcado. Se o elevador está acelerando para cima, a mola da balança está sendo mais comprimida, e a leitura de seu peso será maior. Se o elevador está acelerando para baixo, a mola da balança está sendo menos comprimida, e a leitura do seu peso será menor. Se o cabo do elevador se romper e ele cair em queda livre, a leitura na balança será zero. De acordo com a balança, você está sem peso ou em estado de **imponderabilidade**. Mas você estaria mesmo sem peso? Só poderemos responder a essa questão se concordarmos sobre o que queremos dizer com a palavra *peso*.

Nos Capítulos 3 e 4, consideramos o peso de um objeto como sendo a força que a gravidade exerce sobre ele. Quando se está em equilíbrio sobre uma superfície firme, o peso é evidenciado por uma força de apoio ou, quando estamos suspensos, por uma força de tensão na corda. Em ambos os casos, não havendo aceleração, o peso é igual a mg. Em futuros hábitats girantes no espaço, que atuam como gigantescas centrífugas, a força de apoio pode existir sem ter nada a ver com a gravidade. Assim, de uma forma mais geral, define-se o peso como a força que um objeto exerce sobre um piso ou uma balança. De acordo com tal definição, você pesa tanto quanto sente; assim, em um elevador que está acelerando para baixo, a força de apoio do piso é menor, portanto você pesa menos. Se o elevador estiver em queda livre, seu peso será nulo (Figura 6.9). Mesmo nesta situação de imponderabilidade, porém, ainda existe uma força gravitacional exercida sobre você, acelerando-o para baixo. Mas, neste caso, a gravidade não é sentida como peso porque não existe uma força de apoio.

Peso normal
Peso maior do que o normal
Peso menor do que o normal
Peso nulo

FIGURA 6.9
Seu peso tem o mesmo valor da força com a qual você pressiona o piso que o sustenta. Se o piso estiver acelerando, para cima ou para baixo, seu peso estará variando (embora a força gravitacional, mg, exercida pela Terra sobre você, mantenha-se constante).

Os astronautas em órbita não precisam de forças de apoio e se encontram em contínuo estado de imponderabilidade. Às vezes eles experimentam a "doença espacial" até se acostumarem ao estado contínuo de imponderabilidade. Em órbita, astronautas encontram-se o tempo todo em queda livre.

A Estação Espacial Internacional mostrada na Figura 6.11 é um ambiente de imponderabilidade. A estação e os astronautas têm a mesma aceleração em direção à Terra, um pouco menor do que 1 g por causa de suas altitudes. Esta aceleração não é sentida de forma alguma. Com relação à estação, os astronautas experimentam zero g. Durante longos períodos de tempo, isso causa perda de tônus muscular e outras alterações no corpo. Futuros viajantes espaciais, entretanto, não preci-

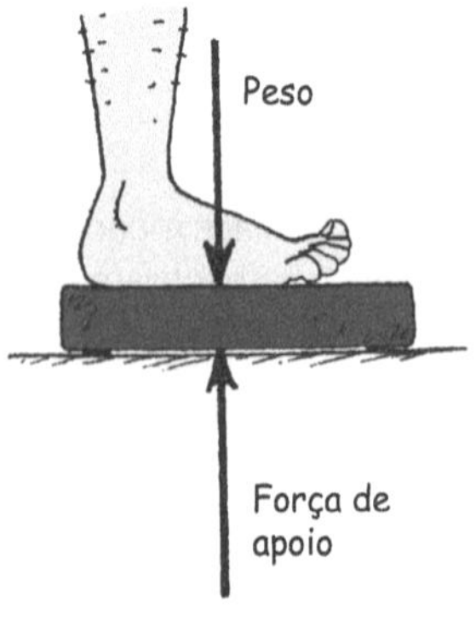
Peso
Força de apoio

FIGURA 6.8
Quando em pé sobre uma balança de banheiro, duas forças são exercidas sobre você: uma força gravitacional para baixo (seu peso ordinário, mg, se não existir aceleração) e uma força de apoio para cima. Estas forças, de mesmo módulo, mas opostas, comprimem um dispositivo análogo a uma mola dentro da balança, calibrado para marcar o peso.

FIGURA 6.10
Duas situações de imponderabilidade.

FIGURA 6.11

Os habitantes deste laboratório e seu módulo de serviço experimentam a imponderabilidade continuamente. Todos se encontram em queda livre ao redor da Terra. Sobre cada um deles é exercida uma força gravitacional?

sam estar em imponderabilidade. Hábitats em forma de rodas gigantescas ou feitos de módulos localizados em extremidades de braços que giram lentamente provavelmente substituirão os atuais hábitats espaciais não-girantes. A rotação efetivamente provê uma força de apoio, e, portanto, peso.

Os astronautas no interior de um veículo espacial em órbita não têm peso, mesmo que a força da gravidade entre eles e a Terra seja somente ligeiramente menor do que ao nível do mar.

PARE E TESTE A SI MESMO

Em que sentido flutuar no espaço, distante de todos os outros corpos celestes, é como pular de uma mesa?

VERIFIQUE SUA RESPOSTA

Em ambos os casos você estaria em situação de imponderabilidade. À deriva no espaço profundo, você permaneceria sem peso porque nenhuma força sensível é exercida sobre você. Ao saltar de uma mesa, você estaria apenas temporariamente sem peso, devido à falta momentânea de força de apoio.

6.5 Gravitação universal

Todos sabem que a Terra é redonda. Mas por que a Terra é redonda? Ela tem essa forma por causa da gravitação. Toda coisa atrai cada outra coisa e, assim, cada parte do planeta atrai cada outra parte do mesmo de acordo com a distância que as separa! Quaisquer "arestas" que existiram na superfície da Terra já foram puxadas para dentro; como resultado, cada parte de sua superfície se encontra aproximadamente eqüidistante do centro de gravidade. Isso a tornou uma esfera quase perfeita. Portanto, a partir da lei da gravitação vemos que o Sol, a Lua e a Terra são esféricos porque foram obrigados a serem assim (embora efeitos da rotação os tenham tornado ligeiramente elipsoidais).

Se cada objeto atrai todo e qualquer outro objeto, então os planetas devem atrair-se uns aos outros. A força que controla Júpiter, por exemplo, não é apenas a força do Sol; existem também as atrações exercidas pelos outros planetas. Seus efeitos são pequenos comparados aos do Sol, que possui mais massa, mas ainda assim podem ser observados. Quando Saturno está próximo a Júpiter, sua atração perturba a trajetória suave que este descreveria sob influência apenas do Sol. Ambos os planetas "dançam" ao redor de suas órbitas esperadas. As forças interplanetárias que causam essa dança são chamadas de *perturbações*. Na década de 1840, estudos realizados sobre o então mais recente planeta descoberto, Urano, mostraram que os desvios de sua órbita não podiam ser explicados pelas perturbações dos outros planetas conhecidos naquela época. Ou a lei da gravitação falhava a grandes distâncias do Sol ou um oitavo planeta ainda desconhecido estaria perturbando Urano. Um inglês e um francês, J. C. Adams e Urbain Leverrier, respectivamente, considerando a lei de Newton como válida, calcularam independentemente onde deveria se encontrar o oitavo planeta. Aproximadamente na mesma época, Adams enviou uma carta ao Observatório de Greenwich, na Inglaterra, enquanto Leverrier mandava outra carta para o Observatório de Berlim, na Alemanha, ambas sugerindo que uma determinada região do céu fosse vasculhada à procura do novo planeta. O pedido de Adams atrasou-se, por causa de desentendimentos em Greenwich, mas o de Leverrier foi prontamente atendido. O planeta Netuno foi descoberto naquela mesma noite!

O subseqüente traçado das órbitas de Urano e de Netuno levou à descoberta de Plutão em 1930, no Observatório Lowell, Arizona, EUA. Seja o que for que você tenha aprendido antes, na escola, a respeito de Plutão, hoje ele não é mais considerado um planeta. Desde 2006 seu *status* de planeta foi negado. Outros objetos do tamanho de Plutão continuam sendo descobertos além da órbita de

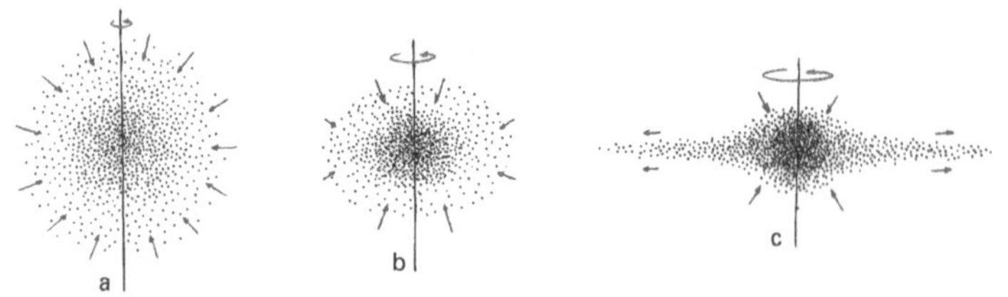
a
b
c

FIGURA 6.12

A formação do sistema solar. Uma nuvem esférica de gás interestelar em leve rotação (a) sofre contração e (b) conserva o "momentum angular", acelerando-se. O aumento do momentum de cada partícula do gás ou de aglomerados delas (c) os faz descreverem órbitas mais alongadas em torno de um eixo de rotação comum, produzindo um achatamento da nuvem, que adquire a forma de um disco. A maior área superficial do disco promove o resfriamento e a condensação da matéria em vórtices girantes – os berços de futuros planetas.

Netuno[5]. Os astrônomos discutiram se deveriam classificar como planetas os corpos da crescente lista de vizinhos de Plutão ou se deveriam reclassificar Plutão. Este agora é classificado como um *planeta-anão*. Plutão leva 248 anos terrestres para completar uma única volta em torno do Sol, de modo que não o veremos na posição em que foi descoberto até o ano de 2178.

Evidência recente sugere que o universo está em expansão e acelerando, empurrado por uma *energia escura* antigravitacional que forma cerca de 73% do universo. Outros 23% são formados por partículas ainda não descobertas de uma matéria exótica chamada matéria escura. A matéria ordinária, que forma estrelas, repolhos e reis, constitui apenas 4% do universo. Os conceitos de energia escura e de matéria escura foram confirmados no final do século XX e início do século XXI. A presente visão que temos do universo desenvolveu-se apreciavelmente além do que Newton e outros cientistas de seu tempo perceberam.

Poucas teorias afetaram tanto a ciência e a civilização quanto a teoria da gravitação de Newton. O sucesso de suas idéias inaugurou a assim chamada Era do Iluminismo, pois Newton mostrou que, pela observação e pela razão, as pessoas poderiam descobrir os verdadeiros mecanismos do universo físico. Há profundidade no fato de que todas as luas, planetas, estrelas e galáxias tenham uma maravilhosamente simples lei para governá-las, ou seja,

$$F = G\frac{m_1 m_2}{d^2}$$

A formulação dessa lei tão simples é uma das maiores razões do sucesso que se seguiu na ciência, pois ela forneceu a esperança de que outros fenômenos do mundo pudessem também ser descritos por leis tão simples e universais.

[5] Quaoar possui uma lua, e Eris, com cerca de 30% do tamanho de Plutão, também possui uma. O objeto 2003 EL61 possui duas luas. Objetos denominados Sedna e Buffy, descobertos em 2005, têm aproximadamente o mesmo tamanho de Plutão.

Essa esperança norteou o pensamento de muitos cientistas, artistas, escritores e filósofos do século XVIII. Um desses foi o filósofo inglês John Locke, o qual afirmava que a observação e a razão, como demonstrara Newton, deveriam ser nossos árbitros e guias em todas as coisas, e que tudo na natureza, e mesmo na sociedade, deveria ser investigado para descobrirmos quaisquer "leis naturais" que pudessem existir. Usando a física newtoniana como um modelo da razão, Locke e seus colegas conceberam um sistema de governo que encontrou adeptos nas treze colônias britânicas do outro lado do Atlântico. Essas idéias culminaram na Declaração de Independência e na Constituição dos Estados Unidos da América.

psc

É amplamente assumido que, a partir do momento em que a Terra deixou de ser considerada como o centro do universo, tanto ela quanto a humanidade tiveram sua importância reduzida, não sendo mais consideradas especiais. Ao contrário, escritores da época sugeriam que a maior parte dos europeus via os humanos como sujos e imorais por causa da posição a que a Terra fora rebaixada – mais distante do céu e com o inferno em seu centro. A elevação dos humanos não ocorreria até que o Sol, positivamente, tomasse uma posição central. Tornamo-nos especiais ao mostrarmos que não somos tão especiais.

6.6 Movimento de projéteis

Na ausência de gravidade, você poderia atirar uma pedra para o céu em uma direção qualquer que ela seguiria indefinidamente uma trajetória retilínea. Por causa da gravidade, entretanto, a trajetória se curva. Uma pedra arremessada, uma bala de canhão disparada ou qualquer objeto lançado de alguma maneira, e que segue em movimento por sua própria inércia, é chamado de **projétil**. Para os canhoneiros dos séculos anteriores, as trajetórias curvas dos projéteis pareciam muito complicadas. Hoje percebemos que elas são surpreendentemente simples, desde que analisemos separadamente cada componente horizontal e vertical da velocidade do projétil.

O componente horizontal de sua velocidade não é mais complexo do que a velocidade de uma bola de boliche que rola horizontalmente ao longo de uma pista de boliche nivelada. Se o efeito retardador do atrito pudesse ser ignorado, não existiria força horizontal exercida sobre a bola, e sua velocidade se manteria constante. Ela então rolaria por sua própria inércia, percorrendo distâncias iguais em intervalos de tempo iguais (parte superior da Figura 6.13). O componente horizontal do movimento de um projétil comporta-se exatamente como o movimento da mencionada bola de boliche na pista.

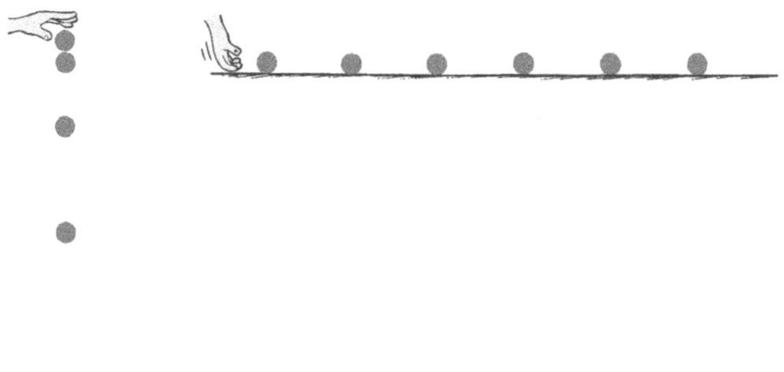

FIGURA 6.13

(*Acima*) Uma bola rola sobre uma superfície nivelada, com velocidade constante por não haver componente da gravidade na direção do movimento. (*Esquerda*) Soltando-a, ela acelerará para baixo, percorrendo uma distância vertical cada vez maior a cada segundo.

O componente vertical do movimento de um projétil, seguindo uma trajetória curvilínea, comporta-se exatamente como o movimento de um objeto em queda livre, descrito no Capítulo 4. O componente vertical é exatamente o mesmo que o de um objeto em queda livre, como ilustrado à direita na Figura 6.13. Quanto mais rapidamente cair o objeto, maior será a distância percorrida em cada segundo sucessivo. Ou, se o lançamos para cima, as distâncias verticais percorridas se tornarão cada vez menores à medida que transcorre o tempo de subida.

A trajetória curvilínea de um projétil corresponde a uma combinação de um movimento horizontal com um movimento vertical. Se a resistência aerodinâmica for suficientemente pequena para poder ser ignorada, o componente horizontal da velocidade do projétil será completamente independente do componente vertical da velocidade. Seus efeitos combinados produzem as trajetórias curvilíneas dos projéteis.

Projéteis lançados horizontalmente

O movimento de projéteis está analisado de uma forma conveniente na Figura 6.15, que ilustra a simulação de uma seqüência estroboscópica de fotos de uma bola que cai rolando da beira de uma mesa. Trate de analisá-la cuidadosamente, pois aí existe um bocado de boa física. Na parte superior à esquerda, observamos as posições sucessivas da bola no tempo, na ausência dos efeitos da gravidade. É mostrado apenas o efeito do componente horizontal da velocidade da bola. No desenho seguinte, à direita, vemos qual seria o movimento da bola se ela não possuísse um componente horizontal de velocidade. A trajetória curva do terceiro desenho é melhor analisada considerando-se separadamente os componentes horizontal e vertical do movimento. Há dois aspectos importantes a notar. O primeiro é que o componente horizontal do movimento da bola não se altera enquanto ela, em queda, move-se para a frente. A bola percorre a mesma distância horizontal durante os intervalos de tempos iguais entre dois flashes sucessivos. Isso ocorre porque não existe um componente da força da gravidade na direção horizontal. A gravidade atua somente *para baixo*, logo a única aceleração para a bola é *para baixo*. O segundo aspecto é que as sucessivas posições verticais da bola tornam-se cada vez mais afastadas entre si com o decorrer do tempo. As distâncias são as mesmas que teriam sido percorridas numa situação em que a bola simplesmente fosse solta. Note que a curvatura da trajetória é a combinação de movimento horizontal, que permanece constante, com movimento vertical, uniformemente acelerado devido à gravidade.

A trajetória de um projétil que é acelerado apenas na direção vertical, enquanto se move com velocidade constante na horizontal, é uma **parábola**. Quando a resistência aerodinâmica for suficientemente pequena para poder ser desprezada, como no caso de um objeto pesado que não alcance grande velocidade, a trajetória será parabólica.

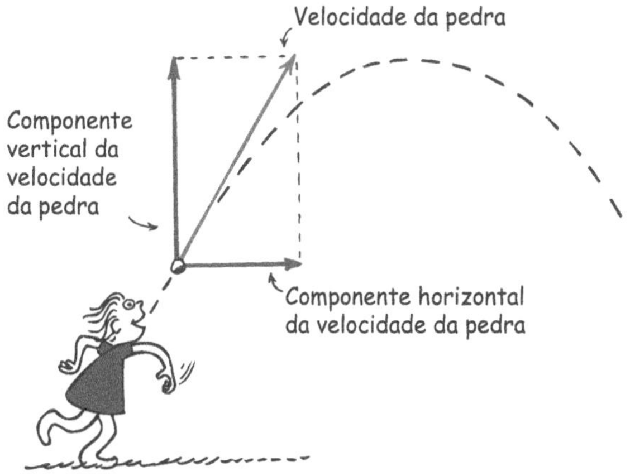
Velocidade da pedra
Componente vertical da velocidade da pedra
Componente horizontal da velocidade da pedra

FIGURA 6.14

Componente vertical e componente horizontal da velocidade de uma pedra arremessada.

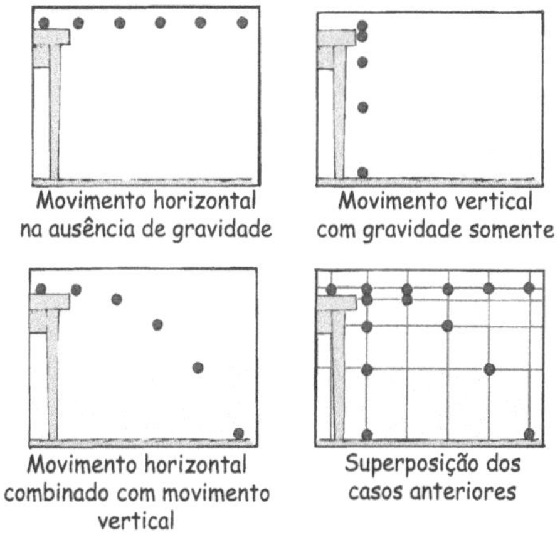
Movimento horizontal na ausência de gravidade
Movimento vertical com gravidade somente
Movimento horizontal combinado com movimento vertical
Superposição dos casos anteriores

FIGURA 6.15

Ilustração de fotografias de uma bola em movimento obtidas com luz estroboscópica.

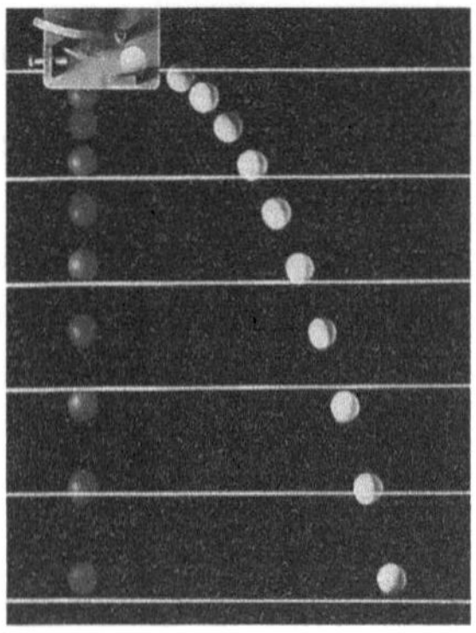

FIGURA 6.16
Uma seqüência de fotografias estroboscópicas de duas bolas de golfe, liberadas simultaneamente por um mecanismo que permite que uma caia livremente enquanto a outra é lançada horizontalmente.

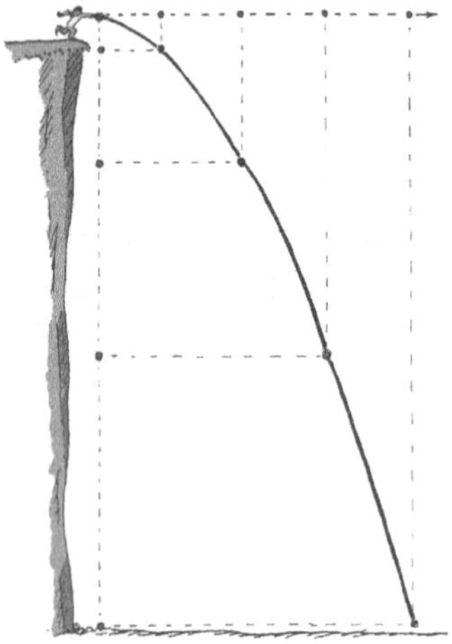

FIGURA 6.17
A linha vertical tracejada representa a trajetória de uma pedra solta a partir do repouso. A linha horizontal tracejada representa o que seria sua trajetória se não existisse a gravidade. A linha curva sólida representa a trajetória resultante, que combina o movimento horizontal com o vertical.

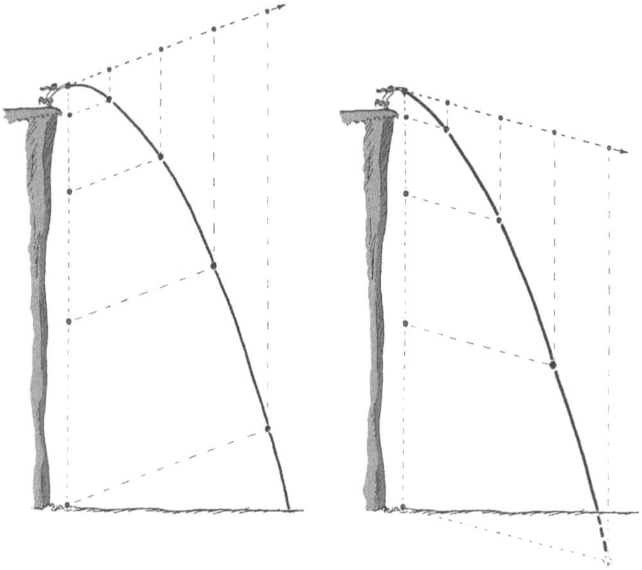

FIGURA 6.18
Se um projétil for lançado segundo um dado ângulo acima ou abaixo da horizontal, a distância de queda vertical em relação à trajetória retilínea idealizada será a mesma para tempos iguais.

PARE E TESTE A SI MESMO

No instante em que um canhão dispara uma bala esférica, horizontalmente, a partir de uma torre, outra bala idêntica é solta da mesma altura e cai verticalmente ao solo. Qual delas, a que foi disparada horizontalmente ou a que foi solta a partir do repouso, chega primeiro ao solo?

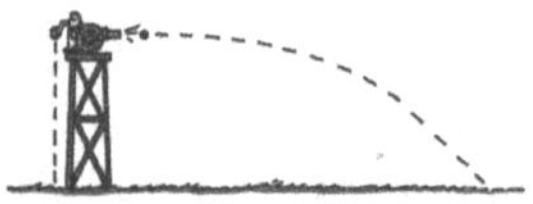

VERIFIQUE SUA RESPOSTA

Ambas chegam juntas ao solo, pois ambas percorrem *a mesma distância vertical*. Você consegue perceber que a física envolvida é a mesma da Figura 6.15 à 6.17?

Projéteis lançados obliqüamente

Na Figura 6.18 vemos as trajetórias de pedras arremessadas segundo um ângulo para cima (esquerda) e outro para baixo (direita). As linhas retas tracejadas indicam o que seriam as trajetórias das pedras na ausência de gravidade. Note que as distâncias verticais percorridas pelas pedras a partir destas linhas retas idealizadas são as mesmas para tempos iguais transcorridos. Essa distância vertical é independente do que acontece na direção horizontal.

A Figura 6.19 mostra distâncias verticais específicas correspondentes a uma bala de canhão esférica disparada segundo um determinado ângulo com a horizontal. Se não existisse a gravidade, a bala seguiria a trajetória retilínea tracejada. Mas existe a gravidade, de modo que não é isso o que ocorre. O que de fato acontece é que a bala constan-

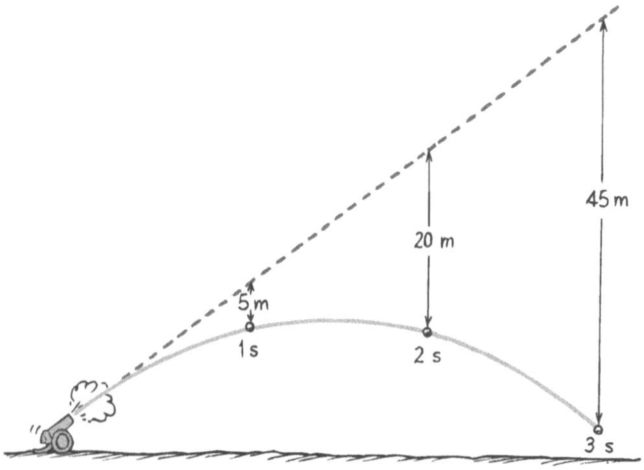
45 m
20 m
5 m
1 s
2 s
3 s

FIGURA 6.19
Sem qualquer gravidade, o projétil seguiria uma trajetória retilínea (linha tracejada). Mas, por causa da gravidade, ele cai abaixo desta linha na mesma distância vertical que cairia se tivesse simplesmente sido solto a partir do repouso. Compare a distância de queda com aquelas fornecidas na Tabela 3.2 do Capítulo 3. (Usando $g = 9{,}8\ m/s^2$, estas distâncias são, mais precisamente, 4,9 m, 19,6 m e 44,1 m.)

RESOLUÇÃO DE PROBLEMAS

Problemas

1. Uma bola de massa m rola para fora de uma mesa de laboratório a uma altura y do piso e o atinge a uma distância horizontal x da mesa.

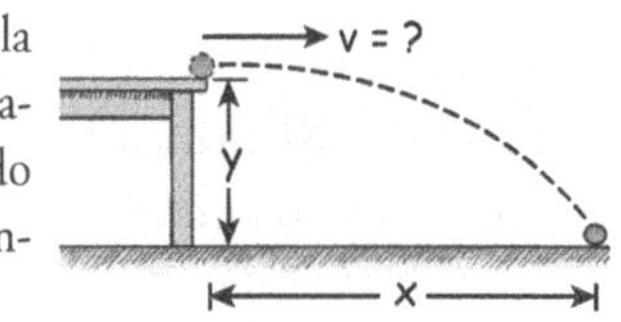
v = ?
y
x

a. Mostre que a bola leva $\sqrt{2y/g}$ segundos para atingir o piso.

b. Mostre que a velocidade da bola ao deixar a mesa é $x/\sqrt{2y/g}$ metros por segundo.

c. A bola tem 0,010 kg de massa, a altura da mesa é de 1,25 m e a bola atinge o solo a 3,0 m da base da mesa. Usando $g = 10\ \text{m/s}^2$, mostre que o valor da velocidade da bola ao deixar a mesa é de 6,0 m/s.

2. Uma bola de tênis encontra-se em movimento horizontal ao passar logo acima da rede, a uma distância vertical y do piso da quadra. A fim de aterrissar dentro do outro lado da quadra, ela não pode ser muito rápida.

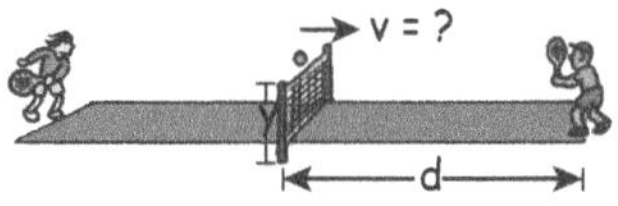
v = ?
d

a. Para cair dentro da quadra, cuja linha de fundo se encontra a uma distância horizontal d da rede, mostre que a máxima rapidez da bola é dada por

$$v = \frac{d}{\sqrt{\dfrac{2y}{g}}}$$

b. Suponha que a altura da rede seja 1,0 m e que a linha de fundo da quadra situe-se a 12,0 m da rede. Use $g = 10\ \text{m/s}^2$ e mostre que a máxima velocidade de movimento horizontal da bola ao passar por cima da rede é cerca de 27 m/s (aproximadamente 97 km/h).

c. A massa da bola faz alguma diferença? Justifique sua resposta.

Soluções

1. a. Queremos determinar o tempo da bola no ar. Primeiro, um pouco de física. O tempo t que a bola leva para tocar o piso seria o mesmo que ela levaria para cair à distância y a partir do repouso. Dizemos a partir do repouso porque o componente vertical da velocidade é zero, neste caso.

$$\text{A partir de } y = \frac{1}{2}gt^2 \Rightarrow t^2 = \frac{2y}{g} \Rightarrow t = \sqrt{\frac{2y}{g}}.$$

b. A velocidade horizontal da bola ao deixar a mesa pode ser determinada usando-se o tempo obtido no item (a):

$$v = \frac{d}{t} = \frac{x}{t} = \frac{x}{\sqrt{\dfrac{2y}{g}}}.$$

c. $$v = \frac{x}{\sqrt{\dfrac{2y}{g}}} = \frac{3{,}0\ \text{m}}{\sqrt{\dfrac{2(1{,}25\ \text{m})}{10\dfrac{\text{m}}{\text{s}^2}}}} = \mathbf{6{,}0\dfrac{m}{s}}.$$

Note como os termos das equações o guiam até a solução. Note também que a massa da bola, que não comparece nas equações, é uma informação desnecessária neste caso (como seria a da cor da bola).

2. a. Como no Problema 1, a física aqui envolve o movimento de projéteis na ausência da resistência do ar, caso em que os componentes horizontal e vertical da velocidade são independentes entre si. Se desejamos a velocidade horizontal, escrevemos,

$$v_x = \frac{d}{t}$$

onde d é a distância horizontal percorrida até o instante t. Como no Problema 1, o tempo t que a bola fica em vôo será o mesmo de quando ela cai uma distância vertical y a partir do topo da rede. Como ela passa logo acima da rede, o ponto mais alto de sua trajetória, seu componente vertical de velocidade é zero.

$$\text{A partir de } y = \frac{1}{2}gt^2 \Rightarrow t^2 = \frac{2y}{g} \Rightarrow t = \sqrt{\frac{2y}{g}}.$$

$$\text{Assim, } v = \frac{d}{t} = \frac{d}{\sqrt{\dfrac{2y}{g}}}.$$

Você consegue perceber que a resolução feita em termos de símbolos revela que esses dois problemas são, em realidade, o mesmo? Neles, toda a física envolvida encontra-se nos itens (a) e (b) do Problema 1. Esses passos foram combinados no item (a) do Problema 2.

b. $$v = \frac{d}{\sqrt{\dfrac{2y}{g}}} = \frac{12.0\ \text{m}}{\sqrt{\dfrac{2(1{,}0\ \text{m})}{10\dfrac{\text{m}}{\text{s}^2}}}} = 26{,}8\frac{\text{m}}{\text{s}} \approx \mathbf{27\dfrac{m}{s}}.$$

c. Podemos ver que a massa da bola (nos dois problemas) não aparece nas equações de movimento, o que significa que ela é uma informação irrelevante. Do Capítulo 4,

(Continua)

lembre-se de que a massa não tem efeito sobre um objeto em queda livre – e a bola de tênis é um objeto em queda livre (como todos os projéteis quando a resistência do ar for desprezível).

temente cai abaixo da linha imaginária tracejada até finalmente atingir o solo. Note que a distância vertical que ela cai abaixo de qualquer ponto da linha tracejada é a mesma distância vertical que ela teria caído se tivesse sido solta a partir do repouso e se tivesse caído durante o mesmo intervalo de tempo. Essa distância, como abordado no Capítulo 3, é dada por $d = \frac{1}{2}gt^2$, onde t é o tempo decorrido. Para $g = 10\ m/s^2$, isto resulta em $d = 5t^2$.

Podemos expressar isso de outra maneira: imagine que um projétil é disparado para o céu segundo algum ângulo com a vertical e que não exista a gravidade. Depois de muitos segundos t, ele deveria estar em algum ponto acima da trajetória em linha reta. Mas, devido à gravidade, ele não se encontra lá. Onde ele estará? A resposta é que estará diretamente abaixo do ponto mencionado da linha tracejada. A que distância abaixo? A resposta é $5t^2$ (ou, mais precisamente, $4{,}9t^2$). O que você acha disso?

Na Figura 6.20 vemos vetores representando o componente horizontal e o vertical da velocidade de um projétil em uma trajetória parabólica. Note que o componente horizontal é igual em todos os lugares e que apenas o componente vertical varia. Note também que a velocidade de fato é representada pelo vetor que forma a diagonal do retângulo composto pelos dois componentes vetoriais. No topo da trajetória, o componente vertical é nulo, de modo que, nesta posição, a velocidade real é simplesmente o componente horizontal da velocidade. Em qualquer outro lugar, o valor da velocidade é maior do que isso (exatamente como a diagonal de um retângulo é maior do que qualquer de seus lados). A Figura 6.21 mostra a trajetória descrita por um projétil lançado com a mesma rapidez inicial, mas segundo um ângulo maior com a horizontal.

A Figura 6.22 mostra as trajetórias de vários projéteis, todos lançados com a mesma rapidez inicial, mas com di-

PARE E TESTE A SI MESMO

1. **Suponha que a bala de canhão da Figura 6.19 fosse disparada com maior velocidade. Quantos metros ela cairia abaixo da linha tracejada ao final de 5 s?**
2. **Se o componente horizontal da velocidade da bala for de 20 m/s, qual será seu alcance em 5 s?**

VERIFIQUE SUAS RESPOSTAS

1. A distância vertical abaixo da linha tracejada, ao final de 5 s, é de 125 m [levando em conta somente os módulos: $d = 5t^2 = 5(5)^2 = 5(25) = 125$ m]. Deve-se notar que esta distância de fato não depende do ângulo de inclinação do canhão. Se a resistência do ar for desprezível, qualquer projétil cairá $5t^2$ metros abaixo de onde ele deveria estar se não houvesse a gravidade.
2. Sem a resistência do ar, a bala de canhão percorreria uma distância horizontal de 100 m [$d = v_x t = (20\ m/s)(5\ s) = 100$ m.] Note que, como a gravidade atua verticalmente e não existe aceleração na direção horizontal, a bala percorre distâncias horizontais iguais em intervalos de tempo iguais. Essa distância é, simplesmente, o produto do componente horizontal da velocidade pelo tempo decorrido (e não $5t^2$, que se aplica somente a um movimento vertical sob efeito da gravidade).

APLICANDO A FÍSICA

■ Um modelo de contas penduradas

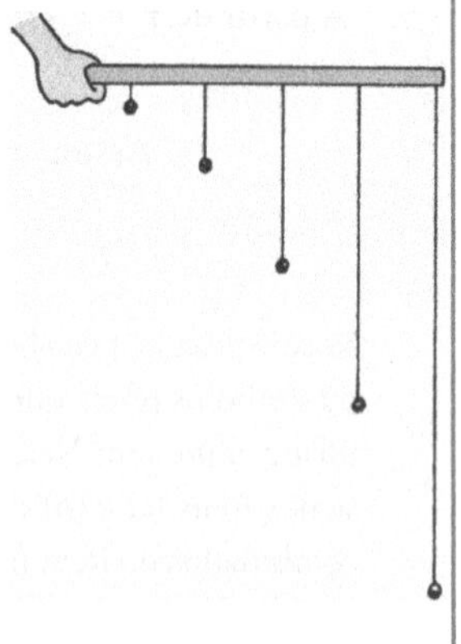

Construa seu próprio modelo de trajetórias de projéteis. Divida uma régua ou uma vara em cinco partes iguais. Na posição indicada por 1, pendure uma bolinha com um barbante de 1 cm de comprimento, como mostrado. Na posição 2, pendure uma segunda bolinha com barbante de 4 cm de comprimento. Na posição 3, faça o mesmo com outro pedaço de barbante de 9 cm de comprimento. Na posição 4, use um barbante de 16 cm, e na posição 5, outro de 25 cm de comprimento. Mantendo, então, a régua na posição horizontal, você terá uma reprodução da Figura 6.17. Inclinando-a ligeiramente para cima, consegue-se uma reprodução da Figura 6.18, lado esquerdo. E inclinando-a ligeiramente para baixo, obtém-se a reprodução da Figura 6.18, lado direito.

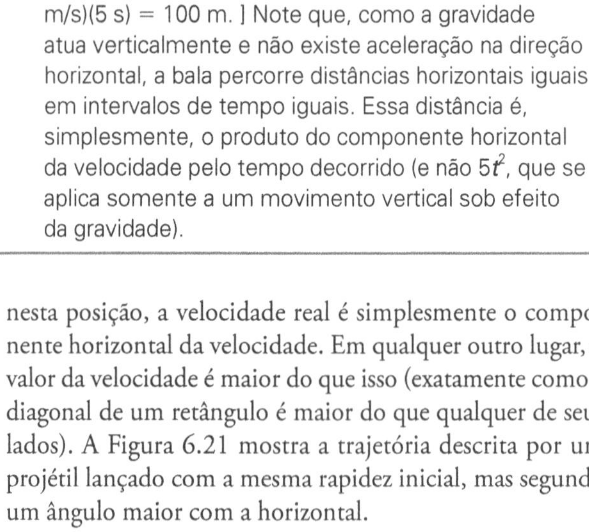

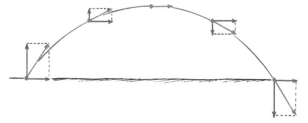

FIGURA 6.20
A velocidade de um projétil em diversos pontos de sua trajetória. Note que o componente vertical varia, enquanto o componente horizontal mantém-se o mesmo em todos os pontos.

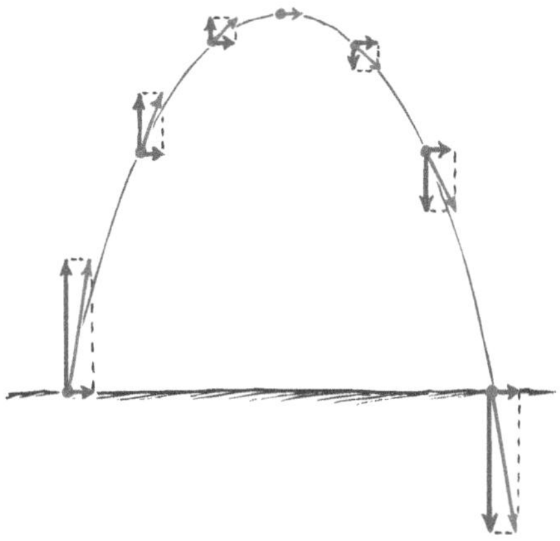

FIGURA 6.21
Trajetória seguida por um projétil arremessado segundo uma grande inclinação.

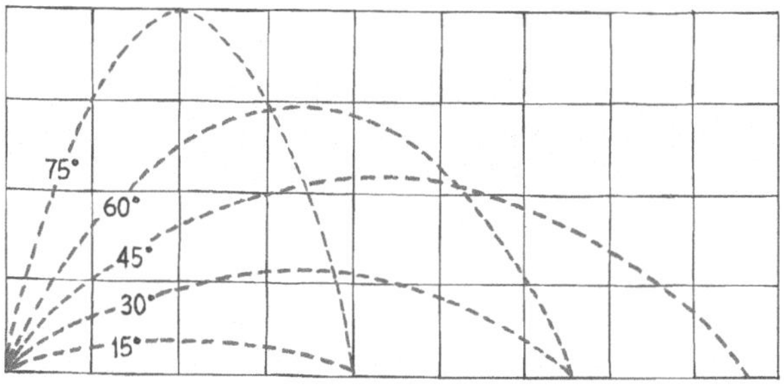
75°
60°
45°
30°
15°

FIGURA 6.22
Alcances de um projétil arremessado com a mesma rapidez segundo diferentes ângulos com a horizontal.

ferentes ângulos de lançamento. Nas figuras, foram desprezados os efeitos da resistência aerodinâmica, de modo que todas as trajetórias são parábolas. Note que esses projéteis alcançam diferentes *altitudes* ou alturas máximas em relação ao solo. Eles também têm diferentes *alcances horizontais* ou distâncias percorridas horizontalmente. Uma característica notável na Figura 6.22 é que o alcance é o mesmo para dois ângulos de lançamento que somem 90°! Um objeto lançado com ângulo de 60°, por exemplo, terá o mesmo alcance se for lançado com a mesma rapidez e com o ângulo de 30°. Para um ângulo menor, é claro, o objeto permanece no ar por um tempo mais curto. O alcance máximo ocorre quando o ângulo de lançamento for de 45° – desde que a resistência aerodinâmica seja desprezível.

Sem a resistência do ar, o alcance máximo de uma bola de beisebol ocorreria quando ela fosse rebatida numa direção de 45° acima da horizontal. Por causa da resistência aerodinâmica e da força de sustentação que surgem devido à rotação da bola (próximo capítulo), entretanto, o alcance máximo ocorre para ângulos de lançamento sensivelmente menores do que 45°. Os efeitos da resistência do ar e da rotação da bola são mais significativos para bolas de golfe, cujos ângulos de lançamento de aproximadamente 38° ou menores resultam em alcance máximo. Para projéteis pesados, tais como dardos e balas, o efeito da resistência sobre o alcance é menor. Um dardo, sendo pesado e oferecendo uma pequena seção transversal ao ar, segue uma parábola quase perfeita depois de arremessado. O mesmo ocorre com uma bala. Para este tipo de projétil, o alcance máximo correspondente a uma mesma rapidez de lançamento ocorreria para um ângulo de lançamento de aproximadamente 45° (ligeiramente menor do que isso, porque o lugar de lançamento está acima do nível do solo). Mas cuidado, os valores da rapidez de lançamento *não* são os mesmos para esses projéteis lançados com ângulos diferentes. Ao arremessar um dardo ou dar um tiro, uma parte significativa da *força* exercida durante o lançamento é para cancelar a gravidade – quanto mais íngreme for o ângulo de lançamento, menor será a rapidez do projétil ao deixar a mão do arremessador. Assim, a gravidade desempenha um papel tanto antes quanto depois do lançamento. Você pode comprovar isso por si mesmo: atire horizontalmente uma pedra grande, e depois verticalmente – você descobrirá que a duração do lançamento horizontal é consideravelmente menor do que a do vertical. Assim, o alcance máximo para projéteis pesados atirados por humanos é obtido com ângulos de lançamento menores do que 45° – e isso não ocorre por causa da resistência aerodinâmica.

FIGURA 6.23
O alcance máximo é obtido quando a bola é rebatida segundo um ângulo de aproximadamente 45°.

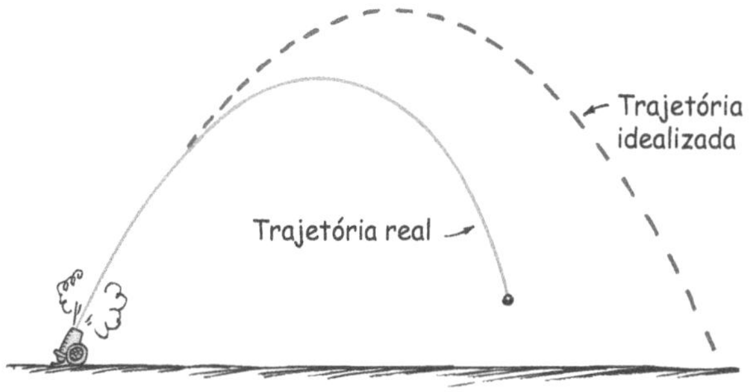
Trajetória idealizada
Trajetória real

FIGURA 6.24
Na presença de resistência do ar, a trajetória de um projétil com alta velocidade é mais curta do que uma trajetória parabólica idealizada.

APLICAÇÕES COTIDIANAS

RETORNANDO AO TEMPO DE VÔO

No Capítulo 3, dissemos que o tempo de permanência no ar durante um salto é independente da velocidade horizontal com a qual é realizado. Agora entendemos a razão para isso – os componentes horizontal e vertical do movimento são mutuamente independentes. As leis do movimento de projéteis se aplicam a saltos. Uma vez que os pés de alguém perderam contato com o solo, apenas a força da gravidade estará sendo exercida sobre o saltador (desprezando-se a resistência aerodinâmica). O tempo de vôo depende apenas do componente vertical da velocidade na decolagem. Acontece, porém, que a ação de correr pode fazer uma diferença. Quando se corre, a força exercida sobre o solo, durante o salto correspondente a um passo, pode ser aumentada ainda mais pelo impacto do pé contra o solo (da mesma forma como a força exercida pelo solo contra o pé – a força de reação – também é aumentada), de modo que o tempo de vôo de um salto realizado em corrida normalmente pode exceder o tempo de vôo obtido com um salto estando parado. Mas uma vez que os pés tenham perdido contato com o piso, somente o componente vertical da velocidade de decolagem determinará a duração do tempo de vôo.

PARE E TESTE A SI MESMO

1. Uma bola de beisebol é rebatida no ar segundo certo ângulo. Quando a bola está no ar, se desprezarmos a resistência aerodinâmica, qual será a aceleração vertical da bola? E a horizontal?
2. Em que parte de sua trajetória uma bola de beisebol atinge a mínima velocidade?
3. Considere uma bola de beisebol rebatida que descreve uma trajetória parabólica em um dia quando o Sol está diretamente acima da cabeça. Como se compara a rapidez do movimento da sombra da bola através do campo com o valor do componente horizontal de velocidade da bola?

VERIFIQUE SUAS RESPOSTAS

1. A aceleração vertical é igual a *g* porque a força da gravidade é vertical. A aceleração horizontal é nula porque nenhuma força horizontal é exercida sobre a bola.
2. A mínima velocidade da bola ocorre no topo de sua trajetória. Se ela for lançada verticalmente, sua velocidade no topo será nula. Se ela for lançada segundo determinado ângulo com a horizontal, o componente vertical da velocidade será nulo no topo, sobrando apenas o componente horizontal. Logo, no topo, a rapidez correspondente será igual ao valor absoluto do componente horizontal da velocidade da bola em qualquer ponto da trajetória. Não faz sentido?
3. Elas são iguais!

Quando a resistência do ar for suficientemente pequena para poder ser desprezada, o tempo que um projétil leva para atingir a altura máxima será o mesmo tempo que ele gasta para cair de volta à sua posição inicial (Figura 6.25). Isso ocorre porque sua desaceleração pela gravidade, durante a subida, é de mesmo módulo que sua aceleração durante a descida. Toda a rapidez que ele perde na subida é ganha de volta na descida. Assim, o projétil retorna à posição inicial com o mesmo módulo da velocidade com a qual ele foi dali lançado.

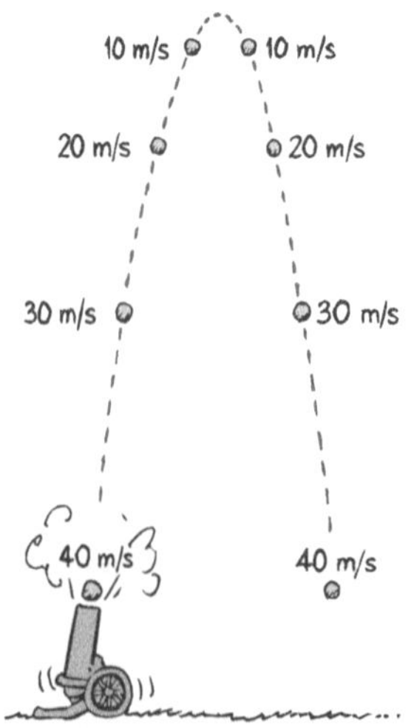
10 m/s
10 m/s
20 m/s
20 m/s
30 m/s
30 m/s
40 m/s
40 m/s

FIGURA 6.25
Sem a resistência do ar, a rapidez perdida durante a subida é igual à rapidez ganha durante a descida: o tempo de subida iguala-se ao de descida.

Os jogos de beisebol normalmente acontecem ao nível do solo. No caso do movimento de um projétil de curto alcance sobre um campo de beisebol, a Terra pode ser considerada como plana, pois o vôo da bola não chega a ser afetado pela curvatura da Terra. Para projéteis de longo alcance, en-

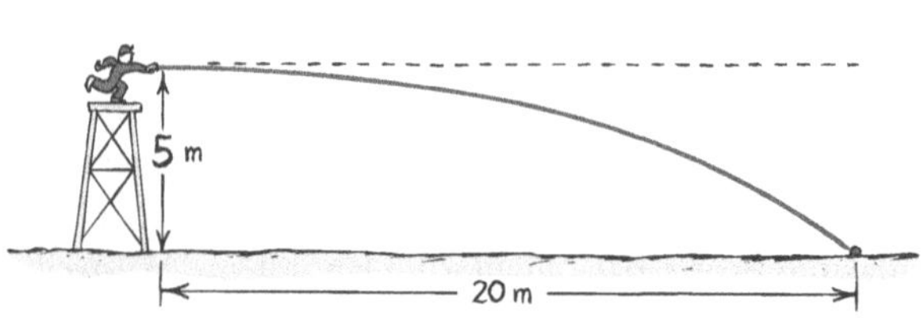
5 m
20 m

FIGURA 6.26
Com que velocidade a bola foi arremessada?

PARE E
TESTE A SI MESMO

Como ilustrado na Figura 6.26, o garoto sobre a torre arremessa uma bola com alcance de 20 m. Qual é o módulo da velocidade no momento do arremesso?

VERIFIQUE SUA RESPOSTA

A bola é arremessada horizontalmente, de modo que a rapidez de arremesso é igual ao alcance horizontal dividido pelo tempo de vôo. Foi fornecido o alcance, de 20 m, mas não o tempo. Todavia, sabendo que a queda vertical é de 5 m, lembre-se de que isso leva 1 s! A partir da equação de movimento com velocidade constante (que se aplica ao movimento horizontal), $v = d/t = (20\text{ m})/(1\text{ s}) = 20\text{ m/s}$. É importante notar que essa equação, válida apenas quando a velocidade do movimento for constante, orienta nosso raciocínio acerca de um fator crucial deste problema – o *tempo*.

tretanto, a curvatura da Terra tem de ser levada em consideração. Nós veremos agora que, se um objeto for lançado com rapidez suficiente, ele cairá ao longo de uma volta completa em torno da Terra, tornando-se um satélite terrestre.

6.7 Projéteis muito velozes – satélites

Considere o arremessador de beisebol no topo da torre da Figura 6.26. Se a gravidade não atuasse sobre a bola, ela descreveria a trajetória retilínea indicada pela linha tracejada. Mas a gravidade atua, de modo que a bola cai abaixo da reta tracejada. De fato, como já foi discutido, 1 segundo após a bola sair da mão do arremessador, ela terá caído 5 m verticais abaixo da reta tracejada – seja qual for o vetor da velocidade de arremesso. É importante entender isto, pois é o ponto de mais difícil compreensão no movimento de satélites.

Um **satélite** terrestre é, simplesmente, um projétil que está continuamente caindo *ao redor* da Terra, em vez de cair diretamente *para o centro* dela. Para manter-se em órbita, a rapidez do satélite deve ser suficientemente grande para garantir que sua distância de queda se ajuste perfeitamente à curvatura da Terra. Um fato geométrico acerca da curvatura de nosso planeta é que sua superfície curva-se para baixo em

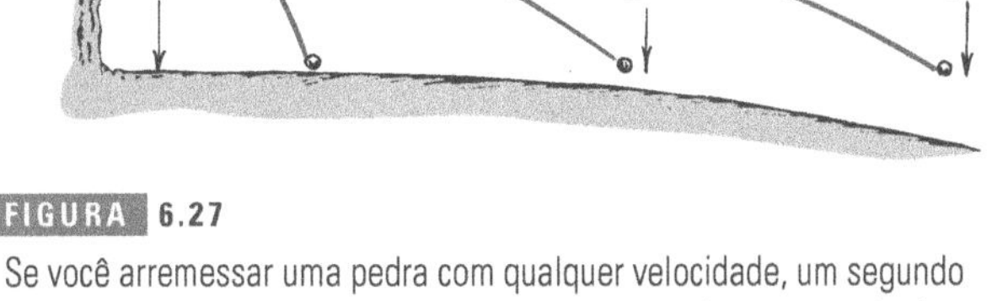
5 m
5 m
5 m

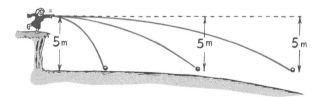

FIGURA 6.27
Se você arremessar uma pedra com qualquer velocidade, um segundo mais tarde ela terá caído 5 m abaixo de onde estaria na ausência da gravidade.

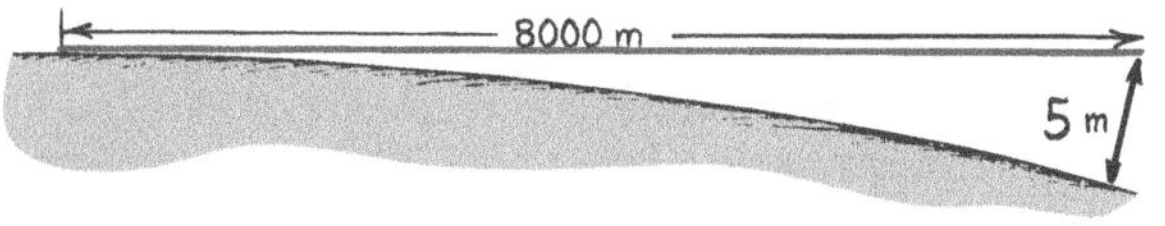
8000 m
5 m

FIGURA 6.28
A curvatura da Terra – não está em escala!

uma distância radial de 5 metros para cada 8.000 metros percorridos tangencialmente sobre sua superfície (Figura 6.28). Se uma bola de beisebol pudesse ser lançada com rapidez suficiente para percorrer horizontalmente 8 quilômetros durante um segundo, enquanto cai 5 m verticais, sua trajetória curva se ajustaria perfeitamente à curvatura da Terra. Trata-se, portanto, de uma rapidez de 8 quilômetros por segundo. Se isso não lhe parece muito rápido, converta este valor de quilômetros por segundo para quilômetros por hora e obterá o valor impressionante de 29.000 km/h!

A curvatura da Terra, cuja superfície se curva 5 m para baixo a cada 8 km percorridos tangencialmente, significa que, se você estivesse flutuando na superfície calma do oceano, seria capaz de enxergar apenas o topo do mastro, a 5 m de altura, de um barco a 8 km de distância.

Com tal rapidez, uma bola de beisebol – ou mesmo um pedaço de ferro – seria queimada pelo atrito atmosférico até virar um torrão. Esse é o destino dos pequenos pedaços de rocha e de outros meteoritos que penetram na atmosfera da Terra e incendeiam, aparecendo para nós como "estrelas cadentes". É por isso que tanto os satélites quanto os ônibus espaciais são colocados em órbita a altitudes de 150 quilômetros ou mais – para ficarem acima de quase toda a atmosfera e quase livres da resistência aerodinâmica. Uma falsa concepção muito comum consiste em pensar que os satélites em órbita, a grandes altitudes, estariam livres da gravidade. Nada poderia estar mais longe da verdade. A força da gravidade sobre um satélite que está 200 quilômetros acima da superfície terrestre é praticamente tão grande quanto na superfície. De outra maneira, o satélite seguiria em linha reta e deixaria a Terra. A grande altitude da órbita não é para posicionar o satélite além da

FIGURA 6.29
Se a velocidade da pedra e a curvatura de sua trajetória forem suficientemente grandes, a pedra pode se tornar um satélite.

FIGURA 6.30
Se o Super-Homem arremessasse uma pedra com uma rapidez suficiente, ela entraria em órbita ao redor da Terra, na ausência de resistência do ar.

gravidade terrestre, mas para assegurar que o satélite esteja sempre se movendo além da atmosfera da Terra, onde a resistência aerodinâmica é quase totalmente ausente.

> **Um ônibus espacial é um projétil em um constante estado de queda livre. Devido à velocidade tangencial da qual o satélite está dotado, ele cai ao redor da Terra, e não verticalmente sobre sua superfície.**

O movimento de satélites foi compreendido por Isaac Newton, o qual argumentava que a Lua é, simplesmente, um projétil que circunda a Terra sob a atração da gravidade. Essa concepção está ilustrada em um desenho do próprio Newton (Figura 6.31). Ele comparou o movimento da Lua a uma bala de canhão disparada a partir do topo de uma alta montanha. E supôs também que o topo da montanha estivesse acima da atmosfera da Terra, de modo que a resistência do ar não se opusesse ao movimento da bala de canhão. Se ela fosse, então, disparada com uma pequena rapidez horizontal, descreveria uma trajetória curva e logo atingiria a superfície da Terra. Se fosse disparada com uma rapidez maior, sua trajetória seria menos curva e ela atingiria a Terra em um ponto mais afastado. Se a bala de canhão fosse disparada com uma rapidez suficientemente grande, raciocinou Newton, sua trajetória curva se tornaria um círculo, e a bala circularia a Terra eternamente. Ou seja, ela estaria em órbita.

Tanto a bala de canhão, neste caso, quanto a Lua possuem velocidades tangenciais (paralelas à superfície da Terra) suficientemente grandes para garantir seu movimento *ao redor* da Terra, em vez de *para o centro* dela. Como não há resistência para reduzir a rapidez, a Lua ou qualquer satélite da Terra "cai" repetidamente ao redor da Terra, indefinidamente. Da mesma forma, os planetas continuamente caem ao redor do Sol, em trajetórias fechadas. Por que os planetas não se chocam com o Sol? Isso não ocorre por causa das velocidades tangenciais dos planetas ao redor do Sol. O que aconteceria se suas velocidades tangenciais fossem reduzidas a zero? A resposta é bastante simples: seus movimentos seriam diretamente em direção ao centro do Sol e eles realmente acabariam se chocando com ele. Outros objetos no sistema solar, sem velocidades tangenciais tão grandes, já se chocaram com o Sol há muito tempo. O que restou é a harmonia que ora observamos.

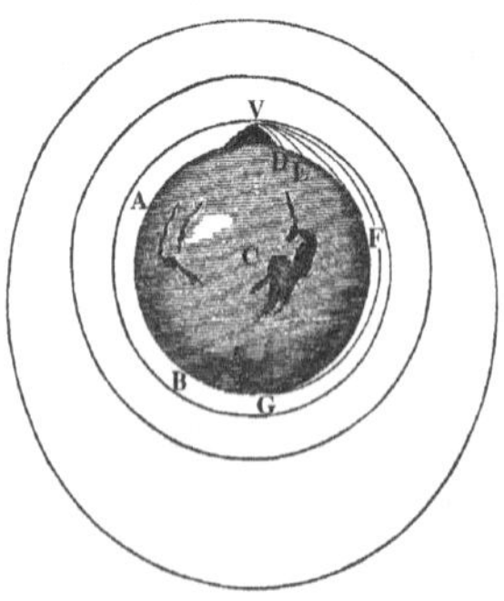

FIGURA 6.31
"Quanto maior for a velocidade... com a qual [uma pedra] é lançada, mais longe ela vai antes de cair sobre a Terra. Podemos supor, portanto, que, se a velocidade fosse aumentada, ela descreveria arcos de 1, 2, 5, 10, 100, 1.000 milhas de comprimento antes de chegar ao solo, até que, por fim, excedendo os limites da Terra, ela deveria seguir pelo espaço sem tocá-la".
– Isaac Newton, *System of the World* (O Sistema do Mundo).

psc

Se uma espaçonave penetrar na atmosfera segundo um determinado ângulo, maior do que 6°, ela poderá queimar-se. Se ela entrasse segundo um ângulo raso demais, ela teria chance de ricochetear na atmosfera e voltar para o espaço, como uma pequena pedra achatada que resvala quando é arremessada, formando um ângulo raso com a superfície da água.

PARE E TESTE A SI MESMO

Uma das belezas da física é que geralmente existem diferentes maneiras de enxergar e explicar um dado fenômeno. Veja se é válida a seguinte explicação: "Os satélites mantêm-se em órbita, ao invés de caírem sobre a Terra, porque se encontram além da atração da gravidade terrestre."

VERIFIQUE SUA RESPOSTA

Não, não, mil vezes não! Se um objeto qualquer estivesse em movimento além do alcance da gravidade, ele deveria descrever uma linha reta como trajetória, e não, uma curva ao redor da Terra. Os satélites se mantêm em órbita porque, de fato, *estão* sendo atraídos pela gravidade, e não, porque eles estão além da sua influência. Para as altitudes de órbita da maioria dos satélites, o campo gravitacional terrestre é apenas poucos pontos percentuais mais fraco do que na superfície da Terra.

6.8 Satélites em órbitas circulares

Uma bala de canhão disparada horizontalmente a 8 quilômetros por segundo, a partir da montanha de Newton, se ajustaria à curvatura terrestre e se moveria eternamente numa trajetória circular ao redor da Terra (desde que o artilheiro e o canhão saíssem de seu caminho). Se fosse disparada com rapidez menor, ela atingiria a superfície terrestre; se disparada com rapidez maior, ela ultrapassaria uma órbita circular, como discutiremos depois. Newton calculou a rapidez necessária para estar em uma órbita circular, e uma vez que seu valor era obviamente impraticável na época, ele não anteviu o lançamento de satélites construídos pelo homem (também porque ele provavelmente não levou em conta a possibilidade de construir foguetes de vários estágios).

Note que, em uma órbita circular, a rapidez de um satélite não é alterada pela gravidade: apenas a direção varia. Podemos compreender isso comparando um satélite em órbita circular com uma bola de boliche rolando ao longo de uma pista. Por que a gravidade que atua sobre a bola não altera sua rapidez? Porque a gravidade atrai diretamente para baixo, sem que nenhum componente seu seja exercido para a frente ou para trás do movimento.

Considere uma pista de boliche que circundasse completamente a Terra, suficientemente elevada para ficar praticamente acima da atmosfera, livre da resistência do ar. A bola rolaria mantendo uma rapidez constante ao longo da pista. Se uma parte da pista fosse removida, a bola sairia da pista e cairia no solo. Uma bola mais rápida, ao encontrar a fenda na pista, acabaria atingindo o solo a uma distância maior. Existe um valor de rapidez com a qual a bola acabará transpondo a fenda (como um motociclista que salta de uma rampa e transpõe a fenda, aterrissando justamente na rampa colocada do outro lado)? A resposta é sim: com 8 quilômetros por segundo, a bola transporá aquela fenda – e qualquer fenda, mesmo uma que perfaça 360°. A bola, então, estaria em uma órbita circular.

Note que um satélite em órbita circular está sempre se movendo numa direção perpendicular à força da gravidade exercida sobre ele. Não existe um componente da força exercido na direção do movimento do satélite que possa alterar sua rapidez de movimento. Ocorre apenas variação de direção. Assim, vemos por que um satélite em órbita circular move-se paralelamente à superfície da Terra mantendo uma rapidez constante – que é uma forma muito especial de queda livre.

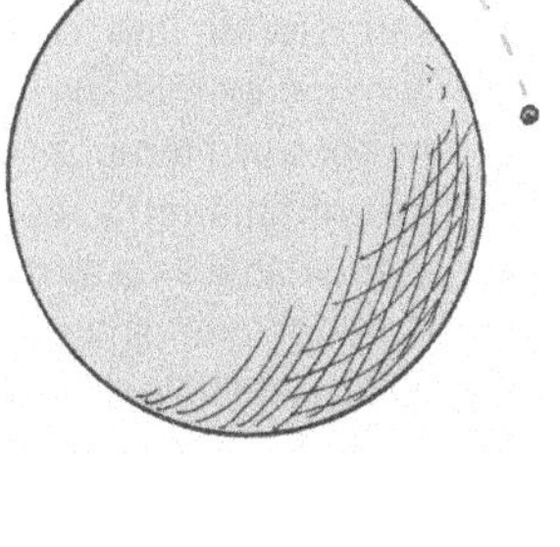

FIGURA 6.32
Disparada com rapidez suficiente, a bala de canhão entrará em órbita.

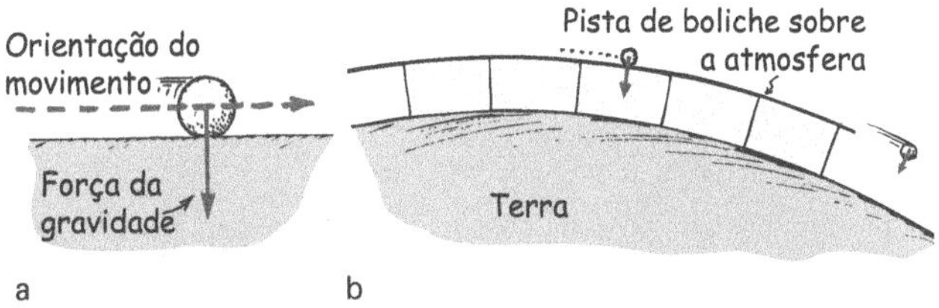
Orientação do movimento
Força da gravidade
Pista de boliche sobre a atmosfera
Terra
a
b

FIGURA 6.33
(a) A força exercida pela gravidade sobre a bola de boliche forma 90° com a direção do movimento, de modo que nenhuma componente de força é exercido para a frente ou para trás, e a bola mantém uma rapidez constante. (b) O mesmo é verdadeiro se a pista de boliche for bem mais comprida e mantiver-se "nivelada" com a superfície da Terra.

Para um satélite próximo à Terra, o período (tempo necessário para completar uma volta em torno da Terra) é de aproximadamente 90 minutos. Para altitudes maiores, a rapidez orbital é menor, a distância é maior, e o período é mais longo. Por exemplo, satélites de comunicação, localizados em uma órbita com altitude em relação à superfície igual a 5,5 vezes o raio terrestre, possuem períodos de 24 horas. Esse período é exatamente igual ao período da rotação diária da Terra. Em uma órbita desse tipo, ao redor do equador, um satélite permanece acima do mesmo ponto do solo. A Lua está mais longe ainda, e seu período é de 27,3 dias. Portanto, quanto maior for a altitude da órbita de um satélite, menor será sua velocidade, mais comprida será sua trajetória e mais longo será seu período[6].

Colocar em órbita terrestre uma determinada carga útil requer controle sobre a rapidez e a direção do foguete que a conduz acima da atmosfera. O foguete é disparado inicialmente na direção vertical, depois é intencionalmente inclina-

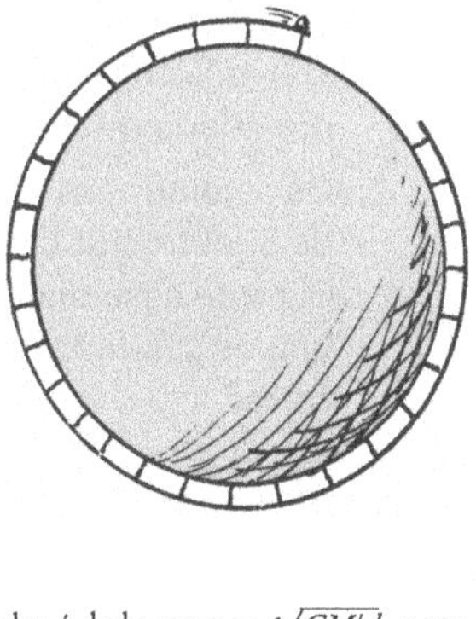

FIGURA 6.34
Que valor de velocidade permitirá que a bola atravesse a parte interrompida da pista?

[6] A rapidez de um satélite em órbita circular é dada por $v = \sqrt{GM/d}$, e seu período orbital é dado por $T = 2\pi\sqrt{d^3/GM}$, onde G é a constante da gravitação universal, M é a massa da Terra (ou de qualquer corpo que o satélite orbite) e d é a distância do satélite ao centro da Terra ou de outro corpo ao qual esteja ligado.

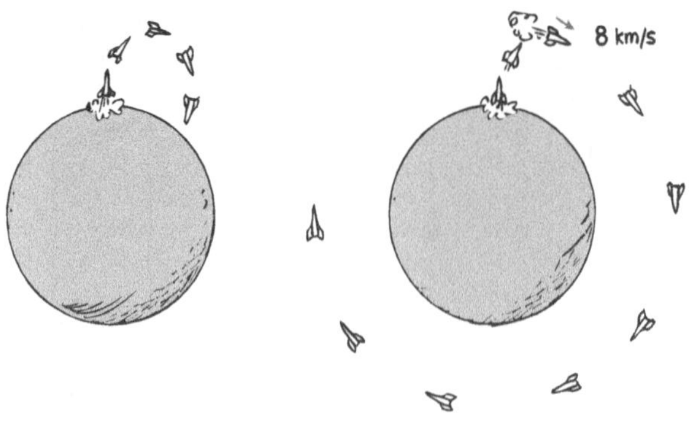
8 km/s

FIGURA 6.35
O empuxo inicial do foguete o empurra para cima até ultrapassar a atmosfera. Se o foguete deve entrar em órbita ao invés de cair de volta para a Terra, outro empuxo será necessário para aumentar sua velocidade tangencial até pelo menos 8 km/s.

do, desviando-se dessa rota inicial. Uma vez livre da resistência aerodinâmica, ele é orientado horizontalmente e, então, um impulso final é comunicado à carga para que alcance a rapidez orbital. Isso está ilustrado na Figura 6.35, onde, por simplicidade, a carga é todo o foguete de um único estágio. Com a velocidade tangencial apropriada, ele cai ao redor da Terra, ao invés de cair nela, e se torna um satélite terrestre.

A trajetória vertical inicial do lançamento de um foguete rapidamente o faz atravessar a parte mais densa da atmosfera. Ele deverá atingir velocidade tangencial suficiente para manter-se em órbita com os motores desligados, de modo que o foguete deve inclinar-se até que sua trajetória fique paralela à superfície da Terra.

6.9 Órbitas elípticas

Se a velocidade horizontal de um projétil, logo acima da atmosfera, for um pouco maior do que 8 quilômetros por segundo, ele irá além de uma órbita circular e descreverá uma trajetória ovalada chamada de **elipse**.

A elipse é uma curva bem específica: uma trajetória fechada descrita por um ponto que se move de maneira tal que a soma de suas distâncias até dois pontos fixos (chamados de *focos*) é constante. Para um satélite que orbita um planeta, um dos focos é justamente o centro do planeta; o outro foco poderia estar dentro ou fora dele. Pode-se traçar facilmente uma elipse usando um par de tachas (uma em cada foco), um pedaço de barbante e um lápis (Figura 6.36). Quanto mais próximos um do outro estiverem os focos, mais a elipse traçada se parecerá com um círculo. Quando ambos os focos coincidirem num ponto, a elipse *será* um círculo. Vemos assim que um círculo é um caso especial de elipse.

Enquanto a rapidez de um satélite é constante para uma dada órbita circular, ela varia para uma órbita elíptica. Quando a rapidez inicial for maior do que 8 quilômetros por segundo, o satélite ultrapassará a trajetória circular, afastando-se ainda mais da Terra, contra a força da gravidade. Ele perde rapidez, portanto. A rapidez perdida ao se afastar é

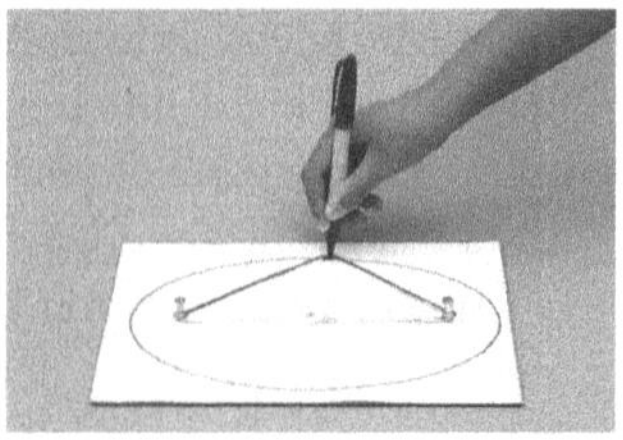

FIGURA 6.36
Um método simples para traçar uma elipse.

PARE E TESTE A SI MESMO

1. Verdadeiro ou falso: o ônibus espacial é colocado em órbita em altitudes maiores do que 150 quilômetros para que fique livre tanto da gravidade quanto da atmosfera da Terra.
2. Os satélites em órbita circular baixa caem cerca de 5 metros durante cada segundo de órbita. Por que essa distância não se acumula e faz com que os satélites colidam com a superfície da Terra?

VERIFIQUE SUAS RESPOSTAS

1. Falso. Os satélites são colocados em órbitas acima da atmosfera e da resistência aerodinâmica – mas não da gravidade! É importante notar que a gravidade da Terra se estende através do universo de acordo com a lei do inverso do quadrado.
2. A cada segundo, o satélite cai 5 m abaixo da linha reta tangente pela qual ele seguiria se não houvesse gravidade. A superfície da Terra, por sua vez, também se curva 5 m abaixo da extremidade de um segmento de reta tangente com 8 km de comprimento. O processo de queda com a curvatura da Terra continua de um segmento de reta tangente para outro, de modo que a trajetória curva do satélite e a curvatura da superfície terrestre "se encaixam" perfeitamente ao longo de todo o caminho ao redor da Terra. Os satélites, de fato, colidem com a superfície da Terra de tempos em tempos, depois de enfrentarem a resistência aerodinâmica na atmosfera superior, que diminui seus valores de velocidade orbital.

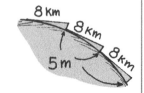

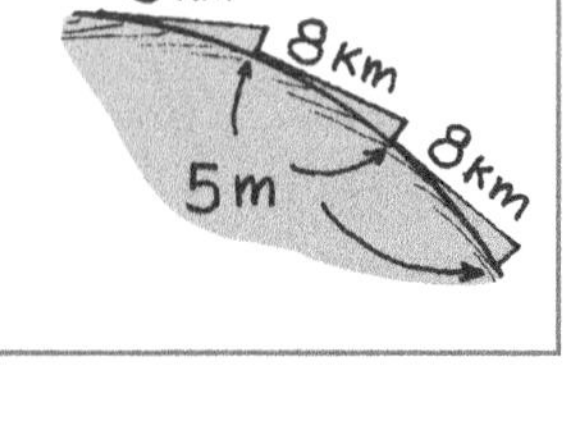
8 Km
8 Km
8 Km
5 m

readquirida quando ele passa a cair de volta para a Terra, até que finalmente retorna à trajetória inicial com a mesma rapidez que tinha no início (Figura 6.37). O procedimento se repete indefinidamente, e uma elipse é traçada a cada ciclo.

Curiosamente, a trajetória parabólica de um projétil como uma bola de beisebol, ou como uma bala de canhão, é realmente um minúsculo segmento de uma elipse "magricela" que se estende pelo interior da Terra e um pouco além do centro do planeta (Figura 6.38*a*). Na Figura 6.38*b*, vemos várias trajetórias de balas de canhão disparadas a partir do topo da montanha de Newton. Todas têm o centro da Terra como um dos focos. Quanto maior for a rapidez de uma bala na saída do canhão, menos excêntrica será a elipse descrita (mais aproximadamente circular); e quando essa rapidez atingir 8 quilômetros por segundo, a elipse se transformará em um círculo e não mais interceptará a superfície da Terra. A bala de canhão, então, desliza numa órbita circular. Para valores maiores de rapidez no vértice da curva, a órbita da bala de canhão descreve a já familiar elipse externa.

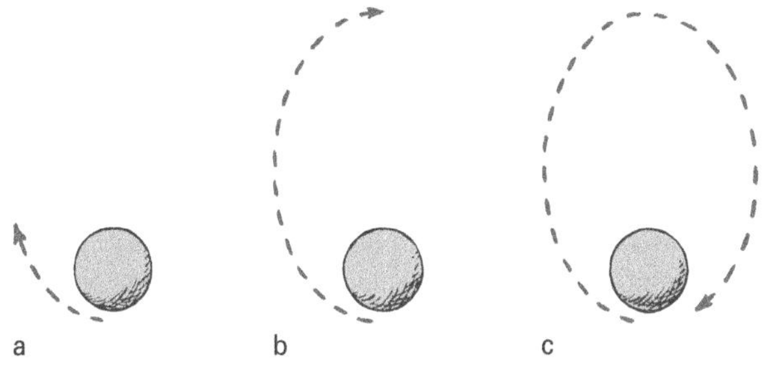
a
b
c

FIGURA 6.37

Uma órbita elíptica. Um satélite terrestre, com velocidade superior a 8 km/s, vai além de uma órbita circular (a) e se afasta mais da Terra. A gravidade o desacelera até uma posição em que ele não mais se afasta da Terra (b). Ele cai de volta para a Terra, ganhado a rapidez perdida durante o afastamento (c), e depois segue a mesma trajetória de antes, em ciclos que se repetem.

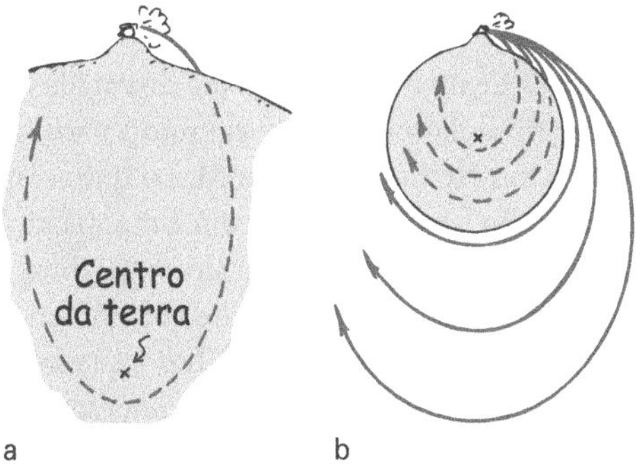
Centro
da terra
a
b

FIGURA 6.38

(a) A trajetória parabólica de uma bala de canhão é parte de uma elipse que se estende, imaginariamente, para dentro da Terra. O centro do planeta é o foco distante. (b) Todas as trajetórias da bala de canhão são elipses. Para velocidades com valores abaixo de velocidades orbitais, o centro da Terra é o foco distante; para uma órbita circular, ambos os focos coincidem com o centro do planeta; para velocidades ainda maiores, o foco próximo está no centro da Terra.

PARE E
TESTE A SI MESMO

A trajetória orbital de um satélite é mostrada no esboço. Em qual das posições, assinaladas de A a D, o satélite possui a maior rapidez? E a menor?

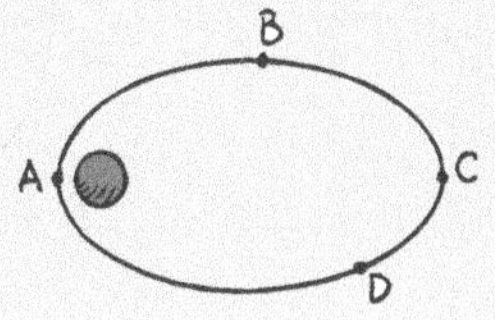
B
A
C
D

VERIFIQUE SUA RESPOSTA

O satélite alcança sua rapidez máxima quando próximo da posição A, e sua rapidez mínima, na posição C. Após passar por C, ele ganha rapidez enquanto cai de volta até A e repete o ciclo.

6.10 Conservação da energia e movimento de satélites

No Capítulo 5, vimos que um objeto em movimento possui energia cinética (EC) devido ao movimento. Um objeto localizado acima da superfície da Terra possui energia potencial (EP) em virtude de sua posição. Em qualquer lugar de sua órbita, um satélite possui tanto EC quanto EP. A soma de EC com EP é uma constante ao longo da órbita inteira. O caso mais simples é o de um satélite em órbita circular.

Em órbita circular, a distância entre o satélite e o centro do corpo atrativo não se altera, o que significa que a EP do satélite é a mesma em qualquer lugar da órbita. Então, pela conservação de energia, a EC também deve ser constante. Assim, um satélite em órbita circular move-se com a EC, a EP e a rapidez inalteradas (Figura 6.39).

Em uma órbita elíptica, a situação é diferente. Neste caso, tanto a rapidez quanto a distância variam. A EP é máxima quando o satélite está afastado ao máximo do corpo atrativo (no *apogeu*), e mínima quando ele se encontra

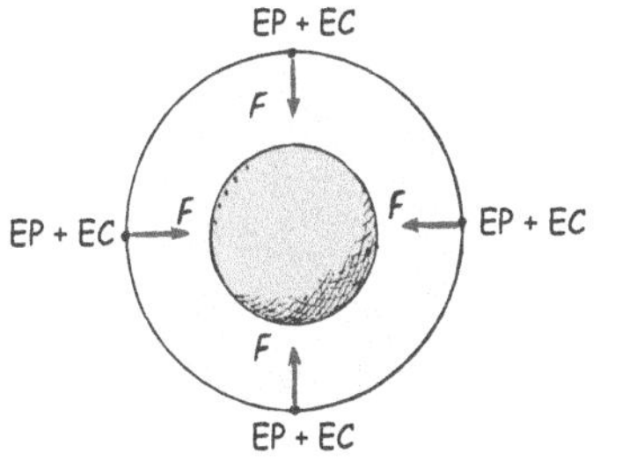
EP + EC
F
EP + EC
F
F
EP + EC
F
EP + EC

FIGURA 6.39

A força da gravidade sobre um satélite está sempre orientada para o centro do corpo em torno do qual ele orbita. Para um satélite em órbita circular, nenhum componente da força é exercido ao longo da direção de movimento. A rapidez e a EC não variam.

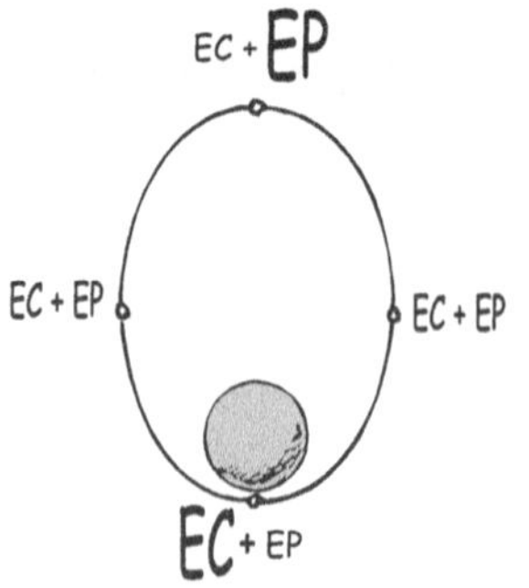
EC + EP
EC + EP
EC + EP
EC + EP

FIGURA 6.40
Para um satélite, a soma de EC com EP tem um valor constante em todos os pontos de sua órbita.

o mais próximo possível (no *perigeu*). Observe que a EC é mínima quando a EP é máxima, e que a EC é máxima quando a EP é mínima. Em cada ponto da órbita, a soma de EC com EP é a mesma (Figura 6.40).

Em todos os pontos de uma órbita elíptica, exceto no apogeu e no perigeu, há um componente da força gravitacional paralelo à direção do movimento do satélite. Esse componente de força altera a rapidez do satélite. Também podemos dizer que (este componente da força) × (a distância percorrida) = ΔEC. De qualquer modo, quando o satélite ganha altitude e se move contra esse componente, sua rapidez e sua EC diminuem. A diminuição continua até que o apogeu seja atingido. Uma vez ultrapassado esse ponto, o satélite estará se movendo no mesmo sentido do componente da força, e a rapidez e a EC aumentam. O aumento prossegue até que o satélite passe, muito velozmente, pelo perigeu, repetindo-se o ciclo.

Não teria Newton sentido prazer em analisar o movimento dos satélites em termos de *energia* – um conceito que só apareceu muito tempo depois?

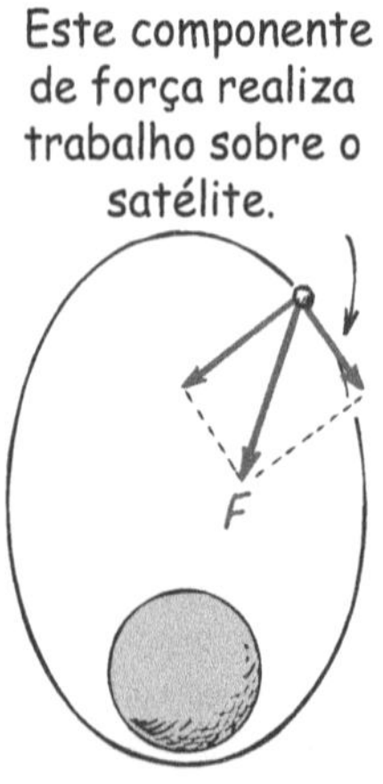
Este componente de força realiza trabalho sobre o satélite.
F

FIGURA 6.41
Em uma órbita elíptica, existe um componente de força exercido na direção do movimento do satélite. Este componente faz variar a rapidez e, assim, a EC. (O componente perpendicular faz variar somente a direção do movimento.)

PARE E TESTE A SI MESMO

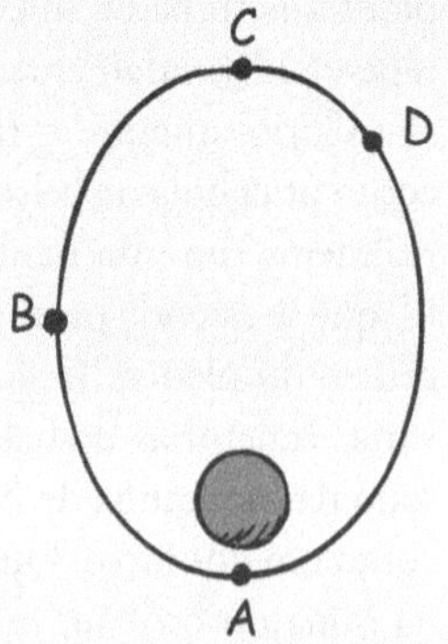
C
D
B
A

1. **A trajetória orbital de um satélite é ilustrada no desenho. Em qual das posições, assinaladas de A a D, o satélite realmente alcança sua máxima EC? E sua máxima EP? E sua energia total máxima?**
2. **Por que a força da gravidade altera a rapidez de um satélite quando ele se encontra numa órbita elíptica, mas não quando em órbita circular?**

VERIFIQUE SUA RESPOSTA

1. A EC é máxima no perigeu A; a EP é máxima no apogeu C; a energia total é a mesma em qualquer lugar da órbita.
2. Em qualquer ponto de sua órbita elíptica, um satélite estará se movendo na direção de uma tangente à sua trajetória. Numa órbita circular, a força gravitacional é sempre perpendicular à tangente. Não existe componente de força gravitacional ao longo da direção tangencial, de modo que somente a direção de movimento varia – e não, a rapidez. Numa órbita elíptica, entretanto, o satélite move-se em direções que não são perpendiculares à força da gravidade. Neste caso, existem componentes de força ao longo da tangente que alteram a rapidez do satélite. Qualquer componente de força tangente à direção do movimento do satélite de fato realiza um trabalho e altera a EC do mesmo.

6.11 Velocidade de escape

Sabemos que uma bala de canhão disparada horizontalmente a 8 quilômetros por segundo a partir da montanha de Newton estaria em órbita. Mas o que aconteceria se a bala de canhão fosse disparada com a mesma rapidez, mas *verticalmente*? Ela subiria até certa altura máxima, reverteria o sentido do movimento e cairia de volta à Terra. E então se verificaria aquele velho ditado, "Tudo que sobe tem que descer", tão certo quanto uma pedra arremessada para o céu tem de retornar devido à gravidade (a menos que, como veremos, sua rapidez seja suficientemente grande.)

Na emergente era espacial de hoje, é mais exato dizer "Tudo que sobe *pode* vir a descer", pois existe um valor crítico de velocidade de lançamento com o qual o projétil sobrepuja a gravidade e escapa da Terra. Esta rapidez crítica é chamada de *rapidez de escape* ou, se a direção e o sentido estão envolvidos, de **velocidade de escape**. Se o corpo

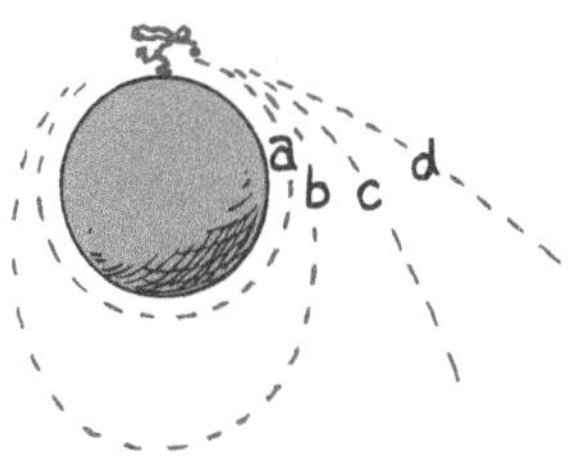
a
b
c
d

FIGURA 6.42

Se o Super-Homem arremessasse horizontalmente uma bola a 8 km/s, a partir do topo de uma montanha tão alta que seu topo estivesse acima da atmosfera (a), então, 90 minutos depois, ele poderia virar-se e apanhar a bola em vôo (desprezando-se a rotação da Terra). Se ela fosse arremessada com uma rapidez um pouco maior (b), descreveria uma órbita elíptica e retornaria em um tempo ligeiramente maior. Se a bola fosse arremessada a mais de 11,2 km/s (c), ela escaparia da Terra. E se ela fosse arremessada a mais de 42,5 km/s (d), escaparia do sistema solar.

for lançado da superfície da Terra, a velocidade de escape vale 11,2 quilômetros por segundo. Lance um projétil com qualquer rapidez maior que essa e ele *escapará da Terra, viajando cada vez mais lentamente, por causa da atração da gravidade terrestre, mas jamais parando*[7]. *Podemos determinar o valor dessa rapidez a partir do ponto de vista da energia.*

Quanto trabalho seria requerido para erguer uma carga útil contra a gravidade terrestre a uma distância muito grande ("infinitamente distante")? Pode-se pensar que a variação de EP seria infinita, pois a distância envolvida é infinita. Mas ocorre que a gravidade diminui com a distância, de acordo com a lei do inverso do quadrado. A força da gravidade sobre a carga útil seria suficientemente forte apenas próximo à Terra. A maior parte do trabalho realizado durante um lançamento de foguete ocorre nos primeiros 10.000 km, ou pouco mais, percorridos a partir da Terra. Pode-se mostrar que a variação de EP para um corpo de 1 quilograma, levado da superfície da Terra até uma distância infinita, é 62 milhões de joules (62 MJ). Assim, para colocar uma carga útil a uma distância infinita da superfície da Terra, serão requeridos pelo menos 62 milhões de joules de energia por quilograma de carga. Não iremos fazer este cálculo aqui, mas 62 milhões de joules por quilograma corresponde a uma rapidez de 11,2 quilômetros por segundo, seja qual for a massa total envolvida. Este é o valor da velocidade de escape a partir da superfície terrestre[8].

Se fornecêssemos à carga útil, na superfície da Terra, qualquer energia maior do que 62 milhões de joules por quilograma ou, de maneira equivalente, qualquer rapidez maior do que 11,2 quilômetros por segundo, então, desprezando a resistência aerodinâmica, a carga útil escaparia da Terra e jamais retornaria. Enquanto ela seguisse subindo, sua EP cresceria e sua EC diminuiria, embora jamais se reduzindo exatamente a zero. A carga útil venceria a gravidade da Terra. Ela escaparia.

Valores da velocidade de escape a partir de vários corpos do sistema solar são mostrados na Tabela 6.1. Observe que a velocidade de escape a partir da superfície do Sol vale 620 quilômetros por segundo. Mesmo a 150.000.000 de quilômetros de distância do Sol (a distância da Terra até ele), o valor da velocidade de escape para ficar livre da influência do Sol é de 42,5 quilômetros por segundo – consideravelmente maior do que a rapidez de escape a partir da superfície da Terra. Um objeto lançado da Terra com uma rapidez maior do que 11,2 quilômetros por segundo, porém menor do que 42,5 quilômetros por segundo, terminará escapando da Terra, mas não do Sol. Em vez de se afastar para sempre, ele entraria em órbita em torno do Sol.

A primeira sonda a escapar do sistema solar, a *Pioneer 10*, foi lançada da Terra em 1972 com uma velocidade de apenas 15 quilômetros por segundo. O escape do Sol foi conseguido direcionando-se a sonda para uma trajetória de aproximação a Júpiter. Ela foi, então, apanhada pelo grande campo gravitacional de Júpiter, ganhando velocidade no processo – de maneira semelhante ao crescimento da velo-

TABELA 6.1

Valores da velocidade de escape na superfície de corpos do sistema solar

Corpo celeste	Massa (em massas terrestres)	Raio (em raios terrestres)	Velocidade de escape (km/s)
Sol	333.000	109	620
Sol (a uma distância igual à do raio da órbita terrestre)		23.500	42,2
Júpiter	318	11	60,2
Saturno	95,2	9,2	36,0
Netuno	17,3	3,47	24,9
Urano	14,5	3,7	22,3
Terra	1,00	1,00	11,2
Vênus	0,82	0,95	10,4
Marte	0,11	0,53	5,0
Mercúrio	0,055	0,38	4,3
Lua	0,0123	0,27	2,4

[7] O valor da velocidade de escape de um planeta ou corpo celeste qualquer é dado por $v = \sqrt{2GM/d}$, onde G é a constante da gravitação universal, M é a massa do corpo que atrai e d é a distância até seu centro. (Na superfície do corpo, d seria simplesmente o raio do mesmo.) Para um pouco mais de compreensão baseada em matemática, compare esta fórmula com a da rapidez orbital da nota de rodapé da página 137.

[8] Curiosamente, esta pode muito bem ser chamada de *velocidade máxima de queda*. Qualquer objeto, desde que distante da Terra, partindo do repouso e caindo sobre o planeta apenas sob a influência da gravidade terrestre, não ultrapassará 11,2 km/s (havendo atrito do ar, ele atingiria um valor final ainda menor).

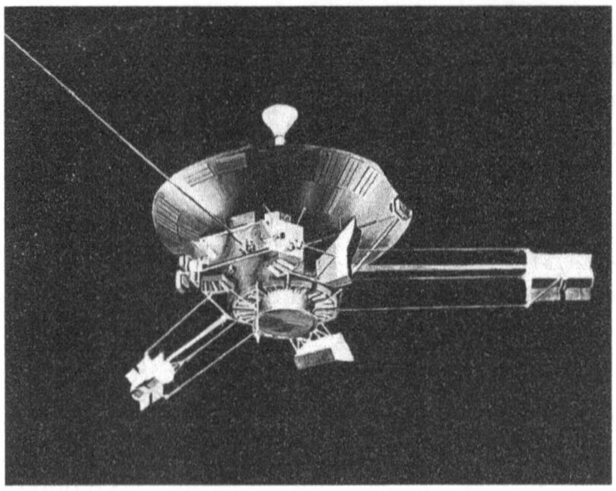

FIGURA 6.43

A *Pioneer* 10, lançada da Terra em 1972, foi a primeira espaçonave a viajar até um planeta externo, obtendo dados e imagens de Júpiter. Onze anos mais tarde, ela tornou-se o primeiro objeto confeccionado pelo homem a deixar o sistema solar. Seu último sinal, muito fraco, foi recebido em 23 de janeiro de 2003. A *Pioneer* 10, sem contato com seus fabricantes, está agora perambulando pela nossa galáxia.

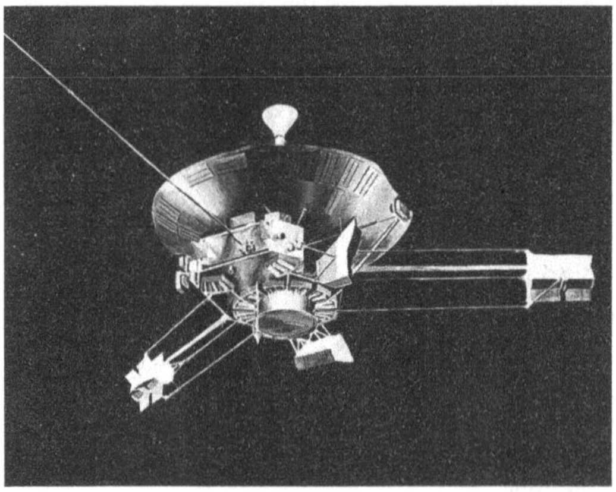

FIGURA 6.44

A espaçonave *Cassini*, construída por europeus e norte-americanos, envia para a Terra imagens em *close-up* de Saturno e de sua lua gigante, Titã. Ela mede também as temperaturas superficiais e os campos magnéticos, assim como o tamanho, a rapidez e a trajetória de minúsculas partículas que se deslocam através do espaço.

cidade de uma bola de beisebol quando encontra o bastão. Sua velocidade de partida de Júpiter aumentou, então, o suficiente para ultrapassar a rapidez de escape do Sol a partir daquela distância em que Júpiter se encontrava. A *Pioneer 10* atravessou a órbita de Plutão em 1984. A menos que ela colida com outro corpo, a sonda irá vagar indefinidamente pelo espaço interestelar. Como uma garrafa atirada ao mar com um bilhete dentro, a *Pioneer 10* contém informações sobre a Terra que poderiam interessar a extraterrestres, na esperança de que um dia ela "chegará à praia" e será encontrada em alguma "costa" longínqua.

É importante salientar que o valor da velocidade de escape de um corpo é praticamente o da velocidade inicial adquirida após um período relativamente breve de impulsão, depois do qual não mais existe força para ajudar o movimento. Pode-se escapar da Terra com *qualquer* rapidez maior que zero sustentada pelos motores ligados, desde que se disponha de tempo suficiente. Por exemplo, suponha que um foguete seja lançado a um destino como a Lua. Se os motores do foguete forem desligados ainda próximo à Terra, o foguete precisará ter alcançado uma rapidez mínima de 11,2 quilômetros por segundo. Mas se os motores do foguete puderem ficar ligados por longos períodos de tempo, o foguete poderia ir até a Lua mesmo sem ter atingido 11,2 quilômetros por segundo.

A mente que abrange o universo é tão maravilhosa quanto o universo que abrange a mente.

É interessante observar que a precisão com a qual um foguete não-tripulado alcança o seu destino não é conseguida mantendo-se uma trajetória pré-planejada ou retornando para aquela trajetória caso o foguete tenha se desviado do curso. Nenhuma tentativa é feita para fazer o foguete retomar sua trajetória original. Em vez disso, o centro de controle efetivamente indaga: "Onde se encontra agora e qual é a sua velocidade? Qual a melhor rota para chegar ao destino, dada a presente situação?". Com a ajuda de computadores de alto desempenho, as respostas para essas perguntas são usadas para achar um novo caminho. Impulsos de correção põem o foguete nesta nova trajetória. Este processo repete-se muitas vezes ao longo de todo o caminho até o objetivo[9].

psc

Da mesma forma como os planetas caem em direção ao Sol, as estrelas caem em direção aos centros das galáxias. Aquelas com velocidades tangenciais insuficientes são atraídas de volta, e engolidas, pelo núcleo galáctico – normalmente um buraco negro.

9 Existe uma lição a ser aprendida aqui? Suponha que você esteja fora do curso. Como para o caso do foguete, você pode achar mais vantajoso seguir uma rota que o leve ao objetivo e que seja a melhor escolha a partir de sua posição e circunstâncias presentes, ao invés de tentar retornar à rota que você previamente demarcara a partir de sua posição de partida e, possivelmente, em circunstâncias diferentes.

SUMÁRIO DE TERMOS

Lei da gravitação universal Todo corpo do universo atrai qualquer outro corpo com uma força que é diretamente proporcional ao produto de suas massas e inversamente proporcional ao quadrado da distância que os separa:

$$F = G\frac{m_1 m_2}{d^2}$$

Lei do inverso do quadrado Uma lei que relaciona a intensidade de um efeito com o inverso do quadrado da distância a partir da causa:

$$\text{Intensidade} = \frac{1}{\text{distância}^2}$$

A gravidade segue a lei do inverso do quadrado, assim como os fenômenos elétricos, magnéticos, luminosos, sonoros e os de radiação.

Peso A força que um objeto exerce sobre uma superfície de apoio (ou, se ele estiver suspenso, sobre a corda que o sustenta), que freqüentemente, mas nem sempre, se deve à força da gravidade.

Estado de imponderabilidade Ausência de uma força de apoio, como na queda livre.

Projétil Qualquer objeto que se move através do ar ou do espaço sob influência da gravidade.

Parábola Trajetória curvilínea seguida por um projétil, sob influência apenas da gravidade constante.

Satélite Um projétil ou pequeno corpo celeste que orbita um corpo celeste maior.

Elipse A trajetória ovalada seguida por um satélite. A soma das distâncias de qualquer ponto dessa trajetória até dois pontos, chamados de focos, é constante. Quando os focos coincidem em um ponto, a elipse é um círculo. Quanto mais separados estão os focos, mais "excêntrica" é a elipse.

Velocidade de escape A velocidade que um projétil, sonda espacial ou objeto análogo deve alcançar a fim de escapar da influência gravitacional da Terra ou de qualquer corpo celeste pelo qual seja atraído.

LEITURA SUGERIDA

Cole, K. C., *The Hole in the Universe: How Scientists Peered over the Edge of Emptiness and Found Everything*. New York: Harcourt, 2001.

Eintein, A. e L. Infeld. *A Evolução da Física*. Rio de Janeiro: Zahar Editores, 1976.

Gamow, G. *Gravity*. Science Study Series. Garden City, NY: Doubleday (Anchor), 1962.

Para informações sobre lançamentos programados de vôos espaciais, visite o *site* da National Space Society (NSS, Sociedade Nacional Espacial) na internet, em www.nss.org.

QUESTÕES DE REVISÃO

1. O que Newton descobriu acerca da gravidade?
2. Em que consiste a síntese newtoniana?

6.1 A lei da gravitação universal

3. Em que sentido a Lua "cai"?
4. Enuncie a lei de Newton da gravitação universal, e depois a expresse por uma equação.

6.2 A constante da gravitação universal, *G*

5. Qual é o valor absoluto da força gravitacional entre dois corpos de 1 kg cada, situados a 1 m de distância um do outro?
6. Qual é o valor absoluto da força gravitacional entre a Terra e um corpo de 1 kg?

6.3 Gravidade e distância: a lei do inverso do quadrado da distância

7. Como o campo gravitacional em torno de um planeta varia em função da distância a partir de seu centro?
8. Onde você pesaria mais – ao nível do mar ou no topo de um dos picos da Sierra Nevada, EUA? Justifique sua resposta.

6.4 Peso e imponderabilidade

9. As molas dentro de uma balança de banheiro estariam mais ou menos comprimidas do que o normal se você estivesse se pesando em um elevador que está acelerando para cima? E se ele estiver acelerando para baixo?
10. As molas dentro de uma balança de banheiro estariam mais ou menos comprimidas do que o normal se você estivesse se pesando em um elevador que está subindo com *velocidade constante*? E se ele estivesse descendo com *velocidade constante*?
11. Quando seu peso é igual a *mg*?

6.5 Gravitação universal

12. Qual era a causa da perturbação descoberta na órbita do planeta Urano? A que grande descoberta isso conduziu?
13. Por que o *status* de Plutão foi recentemente rebaixado para o de um planeta-anão?
14. Qual percentagem do universo especula-se que seja formada por matéria escura e por energia escura?

6.6 Movimento de projéteis

15. O que é exatamente um projétil?
16. Por que o componente vertical da velocidade de um projétil varia com o tempo, ao passo que o componente horizontal da velocidade não varia?
17. Uma pedra é arremessada para cima segundo um determinado ângulo. O que acontece ao componente horizontal de sua velocidade durante a subida? E durante a descida?
18. Uma pedra é arremessada para cima segundo um dado ângulo. O que acontece ao componente vertical de sua velocidade durante a subida? E durante a descida?
19. Um projétil é lançado para cima segundo um ângulo de 75° com a horizontal, atingindo um dado alcance horizontal ao chegar o solo. Para que outro valor de ângulo de lançamento, para o mesmo valor de velocidade de lançamento, o projétil teria o mesmo alcance?
20. Um projétil é lançado verticalmente a 100 m/s. Se a resistência do ar for desprezível, com que valor de velocidade ele retornará ao nível inicial do lançamento?

6.7 Projéteis muito velozes – satélites

21. Por que um projétil que se move horizontalmente a 8 quilômetros por segundo descreve uma trajetória curva que se ajusta perfeitamente à curvatura da Terra?
22. Por que é importante que o projétil da questão anterior esteja acima da atmosfera da Terra?

6.8 Satélites em órbitas circulares

23. Por que a força da gravidade não faz variar a rapidez de um satélite em órbita circular?
24. Para órbitas a maiores altitudes, o período é mais longo ou mais curto?

6.9 Órbitas elípticas

25. Por que a força da gravidade faz variar a rapidez de um satélite em órbita elíptica?
26. Em que parte de uma órbita elíptica um satélite possui rapidez máxima? E rapidez mínima?

6.10 Conservação da energia e movimento de satélites

27. Por que a energia cinética de um satélite é constante em uma órbita circular, mas não em uma órbita elíptica?
28. Com respeito ao apogeu e ao perigeu de uma órbita elíptica, onde a energia potencial gravitacional é máxima? Onde ela é mínima?
29. A soma da energia cinética com a energia potencial é uma constante para satélites em órbitas circulares, em órbitas elípticas ou em ambas?

6.11 Velocidade de escape

30. O que acontece a um satélite próximo à superfície da Terra se a ele for comunicada uma rapidez maior do que 11,2 km/s?

ATIVIDADES EXPLORATÓRIAS

1. Mantenha suas mãos abertas em frente a você, uma delas duas vezes mais distante de seus olhos do que a outra, e avalie qual das duas parece maior. A maioria das pessoas as vê com o mesmo tamanho, ao passo que muitas vêem a mão mais próxima como ligeiramente maior. Quase nenhuma pessoa, numa avaliação visual, enxerga a mão mais próxima quatro vezes maior do que a outra; mas, pela lei do inverso do quadrado, a mão mais próxima deveria parecer duas vezes mais alta e duas vezes mais larga e, portanto, ocupando um campo visual quatro vezes maior do que a mão mais afastada. A crença de que nossas mãos são de mesmo tamanho é tão forte que provavelmente suplanta esta informação. Agora, se você superpõe suas mãos parcialmente e as olha com um dos olhos fechado, você enxergará a mão mais próxima claramente maior. Isso dá origem a uma questão interessante: que outras ilusões você tem que não são tão facilmente verificáveis?

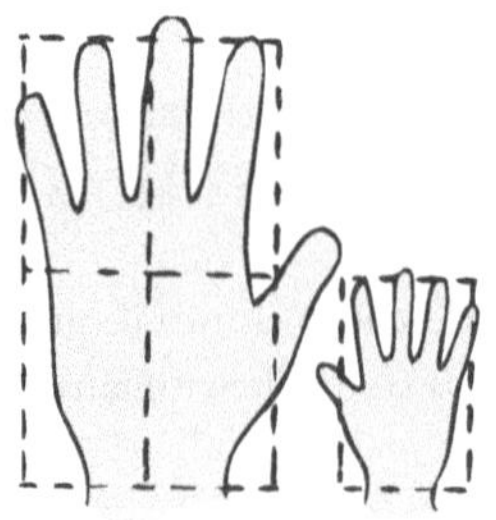

2. Repita o experimento anterior, mas desta vez use duas notas idênticas de dinheiro – uma normal e outra dobrada no meio em sua altura e em seu comprimento, de modo que tenha ¼ da área da primeira. Então mantenha as duas em frente a seus olhos. Em que posição você deverá sustentar a nota dobrada a fim de que ela pareça ter exatamente o mesmo tamanho que a outra? Legal?
3. Com uma vara e barbantes, construa uma "régua de trajetória" semelhante à ilustrada na página 134.

CÁLCULOS SIMPLES

$$F = G\frac{m_1 m_2}{d^2}$$

1. Determine a força da gravidade de 1 kg de massa na superfície da Terra. A massa da Terra é 6×10^{24} kg e seu raio vale $6{,}4 \times 10^6$ m.
2. Determine a força da gravidade sobre o mesmo quilograma de massa da questão anterior se ele estivesse $6{,}4 \times 10^6$ m acima da superfície da Terra (ou seja, se ele estivesse a dois raios terrestres de distância do centro do planeta).
3. Determine a força da gravidade entre a Terra (massa = $6{,}0 \times 10^{24}$ kg) e a Lua (massa = $7{,}4 \times 10^{22}$ kg). A distância Terra-Lua média é de $3{,}8 \times 10^8$ m.
4. Determine a força da gravidade entre a Terra e o Sol (massa do Sol igual a $2{,}0 \times 10^{30}$ kg; distância média Terra-Sol igual a $1{,}5 \times 10^{11}$ m).
5. Determine a força da gravidade entre um recém-nascido (massa de 3 kg) e o planeta Marte (massa de $6{,}4 \times 10^{23}$ kg), quando Marte encontra-se em máxima aproximação da Terra (a uma distância de $5{,}6 \times 10^{10}$ m).
6. Determine a força da gravidade entre um recém-nascido de 3 kg e um obstetra de 100 kg que se encontra a 0,5 m do bebê. Que corpo exerce força gravitacional maior sobre o bebê, Marte ou o obstetra? Maior em que fator?

EXERCÍCIOS

1. Avalie se esta advertência no rótulo de um produto de consumo geral deveria causar preocupação:
ATENÇÃO: a massa deste produto atrai cada outra massa no universo, com uma força que é proporcional ao produto das massas e inversamente proporcional ao quadrado da distância entre elas.
2. A força gravitacional é exercida sobre todos os corpos em proporção a suas massas. Por que, então, um corpo pesado não cai mais rápido do que um corpo leve?
3. A força gravitacional é mais intensa sobre um pedaço de ferro ou sobre um pedaço de madeira, se ambos são de mesma massa? Justifique sua resposta.
4. A força da gravidade é mais forte sobre um pedaço de papel amassado ou sobre um pedaço de papel idêntico, mas que não foi amassado? Justifique sua resposta.
5. Um colega afirma que astronautas em órbita estão em estado de imponderabilidade por se encontrarem fora do alcance da atração gravitacional terrestre. Corrija o equívoco de seu colega.
6. Em algum lugar entre a Terra e a Lua, as gravidades desses dois corpos sobre um punhado de feijões espaciais se anulam. Esse lugar está mais próximo da Terra ou da Lua?
7. A aceleração da gravidade é maior ou menor no topo do monte Everest do que é ao nível do mar? Justifique sua resposta.
8. Um astronauta pousa em um planeta que tem a mesma massa que a Terra, mas diâmetro duas vezes maior. Como o peso do astronauta neste planeta difere de seu peso na Terra?
9. Um astronauta pousa em um planeta que tem o dobro da massa da Terra e o dobro de seu diâmetro. Como o peso do astronauta neste planeta difere de seu peso na Terra?
10. Se, de alguma maneira, a Terra se expandisse, aumentando seu raio, sem haver qualquer perda de massa, como os pesos das pessoas seriam afetados? Como eles seriam afetados se, em vez disso, a Terra encolhesse? (*Dica*: Deixe a equação para a força gravitacional guiar seu pensamento.)
11. Uma pequena fonte luminosa, localizada a 1 m de uma abertura de 1 m^2, ilumina uma parede atrás desta. Se a parede está 1 m atrás da abertura (a 2 m da fonte luminosa), a área iluminada cobre 4 m^2. Quantos metros quadrados seriam iluminados se a parede estivesse a 3 m da fonte luminosa? E a 5m? E a 10 m?
12. A intensidade da luz de uma fonte central varia inversamente com o quadrado da distância. Se você vivesse em um planeta localizado duas vezes mais próximo do Sol que a Terra, como se compararia a intensidade de luz solar que nele incide com a que incide na Terra?
13. O planeta Júpiter possui massa mais de 300 vezes maior do que a da Terra, de modo que poderia parecer que um corpo sobre a superfície de Júpiter pesaria 300 vezes mais do que sobre a Terra. Mas acontece que um corpo na superfície de Júpiter pesa um pouco menos do que três vezes o que ele pesa na superfície da Terra. Você pode imaginar uma explicação para isso? (*Dica*: Deixe que os termos na equação da força gravitacional guiem seu pensamento.)
14. Por que os passageiros de aviões a jato que voam a grandes altitudes sentem a sensação de peso, enquanto os passageiros de um veículo espacial em órbita, como o ônibus espacial, não a sentem?
15. Se estivesse em um carro despencando de um penhasco, por que você estaria momentaneamente imponderável? A gravidade ainda estaria atuando sobre você?
16. Quais as duas forças exercidas sobre você quando se encontra dentro de um elevador em movimento? Quando elas são iguais em módulo e quando não são?
17. Se você estivesse dentro de um elevador em queda livre e soltasse um lápis, ele flutuaria na sua frente. Existiria alguma força gravitacional exercida sobre o lápis? Justifique sua resposta.
18. Seu colega afirma que a razão básica para astronautas em órbita sentirem-se sem peso é que eles se encontram além da atração da gravidade da Terra. Por que você concorda ou discorda dele?
19. Explique por que o seguinte raciocínio está errado: "O Sol atrai todos os corpos sobre a Terra. À meia-noite, quando o Sol está

diretamente abaixo de você, ele o atrai no mesmo sentido em que a Terra o atrai; ao meio-dia, quando o Sol está diretamente acima, ele o atrai em sentido contrário ao da atração da Terra sobre você. Portanto, você deveria ser um pouco mais pesado à meia-noite e um pouco mais leve ao meio-dia".

20. O que requer mais combustível – um foguete que vai da Terra à Lua ou um foguete que vem da Lua para a Terra? Por quê?
21. Algumas pessoas negam a validade das teorias científicas ao dizerem que elas são "apenas" teorias. A lei da gravitação universal é uma teoria. Isso significa que os cientistas ainda tenham dúvidas quanto à sua validade? Explique.
22. Suponha que você faça uma bola rolar para fora de uma mesa. O tempo que ela levará para chegar ao piso dependerá da rapidez da bola na mesa? (Uma bola mais rápida levará um tempo maior para atingir o piso?) Justifique sua resposta.
23. Um pesado caixote cai acidentalmente de um aeroplano que está voando alto, quando o mesmo está passando exatamente acima de um vistoso carro de luxo, parado num estacionamento. Em relação ao carro, onde cairá o caixote?

24. Na ausência de resistência aerodinâmica, por que o componente horizontal do movimento de um projétil não se altera, ao contrário do componente vertical?
25. Em que ponto de sua trajetória uma bola de beisebol rebatida alcança a mínima rapidez? Se a resistência aerodinâmica for desprezível, como se compara aquela rapidez com o componente horizontal da velocidade, nos outros pontos?
26. Um amigo afirma que as balas disparadas de um rifle de alta potência seguem muitos metros em linha reta, antes de começarem a cair. Outro amigo discorda e afirma que todas as balas disparadas por qualquer rifle sempre caem verticalmente uma distância dada por gt^2 e que a trajetória curva é mais perceptível quando as velocidades forem baixas, e menos, quando forem altas. Agora é sua vez: todas as balas cairão a mesma distância vertical durante um mesmo intervalo de tempo? Explique.
27. Dois jogadores de golfe golpeiam a bola com a mesma rapidez, porém um deles rebate a bola a 60° com a horizontal, e o outro, a 30°. Qual deles conseguirá que a bola vá mais longe? Qual das rebatidas atingirá primeiro o gramado? (Desconsidere a resistência do ar.)
28. Um guarda dispara um dardo tranqüilizante para imobilizar um macaco que está pendurado num galho de árvore. O guarda aponta diretamente para o macaco, não percebendo que o dardo seguirá uma trajetória parabólica e, assim, passará abaixo do macaco. O macaco, no entanto, vê o dardo sair da arma e salta do galho para evitar ser atingido. Ainda assim, ele será atingido? A velocidade do dardo tem influência sobre a resposta, considerando que ela seja grande o suficiente para o dardo percorrer a distância horizontal até a árvore, antes de atingir o solo? Justifique sua resposta.

29. Um projétil é disparado diretamente para cima a 141 m/s. Quão rapidamente ele estará se movendo no instante em que alcança o topo de sua trajetória? Suponha agora que, em vez disso, ele fosse disparado segundo uma direção que forma 45° acima da horizontal. Sua rapidez no topo da trajetória seria a mesma?
30. Quando você salta para cima, seu tempo de vôo é o tempo durante o qual seus pés estão sem contato com o piso. O tempo de vôo depende do componente vertical de sua velocidade ao saltar, de seu componente horizontal de velocidade ao saltar ou de ambos? Justifique sua resposta.
31. O tempo de vôo de um jogador de basquete que salta uma distância vertical de 0,6 metros é cerca de 2/3 de segundo. Qual será o tempo de vôo de um jogador que alcança a mesma altura quando salta e obtém 1,2 metro de alcance horizontal?
32. Uma vez que a Lua é atraída gravitacionalmente para a Terra, por que ela não se choca, simplesmente, com nosso planeta?
33. A rapidez da queda de um objeto depende de sua massa? A rapidez de um satélite em órbita depende de sua massa? Justifique suas respostas.
34. Se você já assistiu ao lançamento de um satélite artificial terrestre, pode ter notado que o foguete começa subindo exatamente na vertical, e depois começa a se afastar desse curso e a se inclinar em relação à vertical. Por que ele inicia verticalmente? Por que ele não continua subindo verticalmente?
35. Se uma bala de canhão fosse disparada de uma montanha muito alta, a gravidade alteraria sua velocidade ao longo de toda a trajetória. Mas se ela fosse disparada com velocidade grande o suficiente para entrar em órbita circular, a gravidade deixaria de alterar a rapidez. Explique.
36. Um satélite pode orbitar a 5 km da superfície da Lua, mas não a 5 km da superfície da Terra. Por quê?
37. A rapidez de um satélite em órbita circular baixa ao redor de Júpiter é igual, maior ou menor do que 8 km/s?
38. Por que os satélites são normalmente colocados em órbita disparando-os na direção leste, no mesmo sentido da rotação diária da Terra?
39. De todos os estados dos EUA, por que o Havaí é o mais eficiente local de lançamento de satélites não-polares? (Dica: leve em conta a rotação da Terra em torno do eixo que passa por seus pólos geográficos, considerando a plataforma de lançamento como giratória.)

40. A Terra está mais próxima do Sol em dezembro do que em junho. Em qual desses meses a Terra está se movendo mais rapidamente em torno do Sol?
41. Qual é a forma da órbita para a qual a velocidade do satélite, em qualquer lugar da trajetória, é sempre perpendicular à força da gravidade?
42. Um satélite de comunicações, com período de 24 horas, mantém-se sobre um ponto fixo da superfície da Terra. Por que ele foi colocado em órbita no plano equatorial da Terra? (Dica: imagine a órbita do satélite como um anel em torno da Terra.)
43. Se um mecânico de vôo deixar cair uma chave de parafuso, ela colidirá violentamente com a Terra. Se um astronauta, em órbita no ônibus espacial, deixar cair a mesma ferramenta, ela também se chocará com a Terra? Justifique sua resposta.
44. Como um astronauta dentro de um ônibus espacial poderia fazer com que um objeto "caísse verticalmente" em direção à Terra?
45. Se um satélite artificial inativo em órbita fosse parado, ele simplesmente cairia para a Terra. Por que, então, os satélites de comunicação, que "flutuam parados" acima de alguma localidade da Terra, não caem para a superfície do planeta?
46. A velocidade orbital da Terra em torno do Sol é de 30 km/s. Se a Terra fosse subitamente parada em sua trajetória, ela simplesmente cairia radialmente em direção ao Sol. Imagine uma situação na qual um foguete, carregado de lixo radioativo, poderia ser disparado em direção ao Sol a fim de ser descartado para sempre. Com que rapidez e em que direção, em relação à órbita da Terra, este foguete deveria ser disparado?
47. Numa explosão acidental, um satélite rompe-se pela metade quando está em órbita circular em torno da Terra. Uma das metades é levada instantaneamente ao repouso. Qual seria o destino desta parte? O que aconteceria com a outra parte?
48. Se Plutão fosse, de algum modo, prontamente detido em algum ponto de sua órbita solar, ele imediatamente cairia em direção ao Sol, ao invés de continuar caindo ao redor do Sol. Com que rapidez ele colidiria com o Sol?
49. Em qual das posições assinaladas abaixo o satélite, em órbita elíptica, experimenta a força gravitacional máxima? Em qual delas a rapidez é máxima? Em qual a velocidade é máxima? Em qual o momentum é máximo? Em qual a energia cinética é máxima? Em qual a energia potencial gravitacional é máxima?

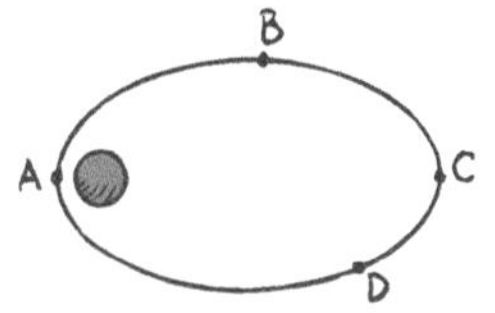
B
A
C
D

50. Um foguete descreve uma órbita elíptica em torno da Terra. A fim de conseguir a máxima EC para escapar, usando uma dada quantidade de combustível, os motores deveriam ser ligados quando ele se encontra no apogeu ou no perigeu? (Dica: use a equação $Fd = \Delta$ EC como guia para o raciocínio. Suponha que a força de empuxo F seja breve e de mesma duração em cada caso. Então considere a distância d que o foguete teria percorrido durante este breve intervalo de tempo, com os motores ligados, no apogeu e no perigeu.)

PROBLEMAS

● INICIANTE ■ INTERMEDIÁRIO ♦ AVANÇADO

1. ● Considere um par de planetas para os quais a distância entre eles é diminuída por um fator de 5. Mostre que a força entre eles torna-se 25 vezes maior.
2. ● Muitas pessoas equivocadamente acreditam que astronautas que orbitam a Terra se encontram "acima da gravidade". A massa da Terra é de 6×10^{24} kg e seu raio vale $6{,}38 \times 10^{8}$ m (6.380 km). Use a lei do inverso do quadrado para mostrar que, na altitude da órbita do ônibus espacial, 200 km acima da superfície da Terra, a força da gravidade corresponde a aproximadamente 94% de seu valor na superfície da Terra.
3. ■ A massa de uma determinada estrela de nêutrons é de $3{,}0 \times 10^{30}$ kg (uma vez e meia a massa solar) e seu raio é de 8.000 m (8 km). Mostre que a força da gravidade na superfície desta estrela apagada e condensada é cerca de 300 bilhões de vezes maior do que a da Terra.
4. ■ Uma bola é lançada horizontalmente a partir de um penhasco com rapidez de 10 m/s. Mostre que, um segundo depois, sua rapidez será de 14,1 m/s.
5. ■ Um aeroplano está voando horizontalmente com rapidez de 1.000 km/h (280 m/s) quando um de seus motores se solta do corpo do avião. Desprezando a resistência do ar, considere que leve 30 segundos para o motor se chocar com o solo.
   a. Mostre que a altitude do aeroplano é de 4.500 m.
   b. Mostre que distância horizontal percorrida pelo motor solto, durante a queda, é de 8.400 m.
   c. Se o aeroplano, de alguma forma, continuasse a voar como se nada tivesse acontecido, onde estaria o motor, em relação ao aeroplano, ao atingir o solo?
6. ■ Uma bala de canhão, disparada com velocidade inicial de 141 m/s numa direção que forma 45° com a horizontal, segue uma trajetória parabólica até atingir um balão que se encontra exatamente no topo da mesma. Desprezando a resistência do ar, mostre que a rapidez da bala ao atingir o balão seria de 100 m/s.
7. ■ Um determinado satélite possui energia cinética de 8 bilhões de joules quando se encontra no perigeu (o ponto mais próximo à Terra) e de 5 bilhões de joules no apogeu (o ponto mais afastado da Terra). Quando o satélite vai do apogeu ao perigeu, quanto trabalho a força gravitacional realiza sobre ele? Sua energia potencial aumenta ou diminui durante esse tempo, e em que valor?
8. ■ A força exercida sobre objetos em trajetórias circulares é chamada de *força centrípeta*, e seu valor é dado pela equação $F_c = \dfrac{mv^2}{d}$, onde m é a massa do objeto que se move em uma trajetória circular, v é sua rapidez e d é a distância a partir do

centro da trajetória circular. Para a Lua circulando em torno da Terra, a gravidade desempenha o papel de força centrípeta. Igualando a força centrípeta à força da gravidade, mostre que a rapidez da Lua em sua órbita em torno da terra é dada por $v = \sqrt{\frac{GM}{d}}$, onde M é a massa da Terra e d é a distância entre os centros da Terra e da Lua.

9. ■ Determine a rapidez, em m/s, com a qual a Terra gira em torno do Sol. Você pode considerar a órbita da Terra como aproximadamente circular.

10. ■ A Lua encontra-se a aproximadamente $3{,}8 \times 10^5$ km da Terra. Mostre que sua rapidez orbital média em torno da Terra é de aproximadamente 1.026 m/s.

11. ♦ A força da gravidade que a Terra exerce sobre você é GmM/d^2, onde G é a constante da gravitação universal, m é a sua massa, M é a massa da Terra e d é a sua distância a partir do centro da Terra.
   a. Use a segunda lei de Newton para mostrar que sua aceleração gravitacional em direção à Terra, a uma distância d do centro dela, é dada por $a = GM/d^2$.
   b. Como esta equação fornece uma justificativa para que a aceleração devido à gravidade não dependa da massa do objeto em queda?

12. ♦ O campo gravitacional em torno de um objeto massivo é definido como sendo a força gravitacional por unidade de massa de um objeto localizado próximo ao objeto massivo. O símbolo para o campo gravitacional é $\mathbf{g}$ (com módulo igual ao módulo da aceleração gravitacional naquele ponto, g).
   a. Mostre que, a uma distância d do centro da Terra, o campo gravitacional é dado por GM/d^2, onde G é a constante da gravitação universal e M é a massa da Terra.
   b. Na superfície da Terra, o valor de $\mathbf{g}$ é cerca de 9,8 N/kg. Mostre que o valor de $\mathbf{g}$ a uma distância do centro da terra correspondente a quatro vezes o raio terrestre é de 0,6 m/s^2.

13. ♦ Uma pedra atirada horizontalmente a partir de uma ponte atinge a água abaixo a uma distância x do ponto diretamente abaixo da posição de onde a pedra sai da ponte. A pedra descreve uma trajetória parabólica suave durante um tempo t.
   a. Mostre que a distância vertical da ponte em relação à água é dada por $\frac{1}{2}gt^2$.
   b. Qual é a altura da ponte se o tempo de vôo da pedra é de 2 s?
   c. Que informação é fornecida no Capítulo 6, e que não foi fornecida no Capítulo 3, para a solução deste problema?

14. ♦ Uma bola de beisebol é arremessada no ar segundo um ângulo de inclinação e descreve uma trajetória parabólica suave. Seu tempo de vôo é t e ela atinge a altura máxima h durante o vôo. Considere que a resistência do ar seja desprezível.
   a. Mostre que a altura atingida pela bola é dada por $gt^2/8$.
   b. Se a bola permanece no ar durante 4 s, mostre que ela atinge uma altura de 19,6 m.
   c. Se a bola atingisse a mesma altura quando arremessada segundo outro ângulo de inclinação, o tempo de vôo seria o mesmo?

15. ♦ Uma pequena moeda desliza com velocidade v sobre o balcão de uma cafeteria a uma distância vertical y do piso.
   a. Mostre que a moeda aterrissa a uma distância $v\sqrt{\frac{2y}{g}}$ da base do balcão.
   b. Se a rapidez da moeda for de 3,5 m/s e o balcão medir 0,4 m de altura, mostre que a distância entre o ponto de aterrissagem e a base do balcão é de 1,0 m.

16. ♦ Em um laboratório, estudantes medem a rapidez com a qual uma esfera de aço é lançada horizontalmente de uma mesa e obtêm um valor representado por v. Eles posicionam sobre o piso uma lata alta de café, com altura correspondente a $0{,}1y$, a fim de que a esfera caia dentro da lata.
   a. Mostre que a lata deveria ser posicionada a uma distância horizontal da base da mesa dada por $v\sqrt{\frac{2(0{,}9)y}{g}}$.
   b. Se a esfera deixar a mesa com uma rapidez de 4,0 m/s, se o topo da mesa estiver 1,5 m acima do piso e se a lata medir 0,15 m de altura, mostre que o centro da mesma deveria ser posicionado a uma distância horizontal de 0,52 m da base da mesa.

Capítulo 7

Mecânica dos Fluidos

As forças devido à pressão atmosférica são bem ilustradas pelos professores suecos P. O. e Johan Zetterberg, pai e filho, que puxam um modelo didático dos hemisférios de Magdeburg.

Líquidos e gases têm a capacidade de fluir; por isso, são chamados de *fluidos*. Como ambos são *fluidos*, verificamos que eles obedecem a leis mecânicas semelhantes. Como é que navios de ferro não afundam na água, e balões não despencam do céu? Por que é impossível respirar pelo tubo de um *snorkel* quando você se encontra a mais de um metro de profundidade? Por que seus tímpanos se deformam para fora quando você está subindo em um elevador? Como hidrofólios e aeroplanos obtêm sustentação? Para discutir os fluidos, é importante introduzir dois conceitos – o de *densidade* e o de *pressão*.

7.1 Densidade

Uma importante propriedade dos materiais, estejam eles em suas fases sólidas, líquidas ou gasosas, é a medida de quão compactos eles são: a **densidade**. Falamos informalmente em densidade quando nos referimos ao "peso" ou à "leveza" de materiais de mesmo tamanho. A densidade é uma medida de quanta massa ocupa um dado espaço; é a quantidade de matéria por unidade de volume:

$$\text{Densidade} = \frac{\text{massa}}{\text{volume}}$$

Ou, em notação matemática,

$$\rho = \frac{m}{V}$$

onde ρ (rô) é o símbolo usado para a densidade, m para a massa e V para o volume.

As densidades de alguns materiais estão listadas na Tabela 7.1. A massa está expressa em gramas ou quilogramas, e o volume, em centímetros cúbicos (cm^3) ou em metros cúbicos

TABELA 7.1
Densidade de alguns materiais

Material	Gramas por centímetro cúbico	Quilogramas por metro cúbico
Líquidos		
Mercúrio	13,6	13.600
Glicerina	1,26	1.260
Água do mar	1,03	1.025
Água a 4°C	1,00	1.000
Benzeno	0,90	899
Álcool etílico	0,81	806
Sólidos		
Irídio	22,6	22.650
Ósmio	22,6	22.610
Platina	21,1	21.090
Ouro	19,3	19.300
Urânio	19,0	19.050
Chumbo	11,3	11.340
Prata	10,5	10.490
Cobre	8,9	8.920
Bronze	8,6	8.600
Ferro	7,8	7.874
Estanho	7,3	7.310
Alumínio	2,7	2.700
Gelo	0,92	919
Gases (à pressão atmosférica ao nível do mar)		
Ar seco		
0°C	0,00129	1,29
10°C	0,00125	1,25
20°C	0,00121	1,21
30°C	0,00116	1,16
Hélio	0,000178	0,178
Hidrogênio	0,000090	0,090
Oxigênio	0,00143	1,43

(m^3)[1]. Um grama de qualquer material possui a mesma massa contida em 1 centímetro cúbico de água a uma temperatura de 4°C. Assim, a água possui densidade de 1 grama por centímetro cúbico. A densidade do mercúrio é 13,6 gramas por centímetro cúbico, o que significa que ele possui uma massa 13,6 vezes maior do que a contida em igual volume de água. O irídio, um metal prateado, duro e quebradiço, parecido com a platina, é a substância mais densa da Terra.

[1] Um metro cúbico é um volume relativamente grande e contém um milhão de centímetros cúbicos, de modo que existem um milhão de gramas de água em um metro cúbico (ou, o que é equivalente, mil quilogramas de água estão contidos em um metro cúbico). Portanto, 1 g/cm^3 = 1.000 kg/m^3.

BREAD

FIGURA 7.1
Quando se reduz o volume de um pão de fôrma, sua densidade aumenta.

Uma grandeza conhecida como peso específico, normalmente usada ao se discutir pressões de líquidos, é expressa como o valor do peso de um corpo por unidade de volume:

$$\text{Peso específico} = \frac{\text{peso}}{\text{volume}}$$

Os metais lítio, sódio e potássio (não listados na Tabela 7.1) são menos densos do que a água e nela flutuam.

PARE E TESTE A SI MESMO

1. O que possui maior densidade – 1 kg de água ou 10 kg do mesmo líquido?
2. O que possui maior densidade – 5 kg de chumbo ou 10 kg de alumínio?
3. O que possui maior densidade – uma barra inteira de chocolate ou metade da mesma barra?

VERIFIQUE SUAS RESPOSTAS

1. A densidade de qualquer quantidade de água é a mesma: 1 g/cm^3 ou, o que é equivalente, 1.000 kg/m^3, o que significa que a massa de água que preencheria completamente um dedal de costura com 1 centímetro de volume interno seria exatamente 1 grama; ou que a massa de água que encheria um tanque de 1 metro cúbico seria 1.000 kg. Um kg de água encheria totalmente um tanque com volume mil vezes menor, 1 litro, enquanto 10 kg encheria totalmente um tanque de 10 litros. Enfim, o conceito importante aqui é que a razão massa/volume é a mesma para *qualquer* quantidade de água.
2. A densidade é a *razão* entre o peso ou a massa por volume, e esta razão é maior para qualquer quantidade de chumbo do que para qualquer quantidade de alumínio – consulte a Tabela 7.1.
3. Tanto a metade de barra quanto a barra inteira de chocolate possuem a mesma densidade.

7.2 Pressão

Coloque um livro sobre uma balança de banheiro e, esteja ele deitado sobre a capa, de lado ou equilibrado sobre um dos cantos, ele estará exercendo a mesma força sobre a balança. Ela marcará o mesmo peso. Agora equilibre o livro sobre a palma da mão e você notará uma diferença – a *pressão* do livro depende da área sobre a qual a força se distribui (Figura 7.2). Você perceberá uma diferença entre força e pressão. A **pressão** é definida como a força exercida sobre uma unidade de área, tal como um metro quadrado ou um centímetro quadrado[2]:

$$\text{Pressão} = \frac{\text{força}}{\text{área}}$$

Uma demonstração dramática envolvendo pressão é mostrada na Figura 7.3. O autor aplica uma força apreciável ao quebrar o bloco de cimento com uma marreta. Ainda assim, seu colega professor, espremido entre duas tábuas cheias de pregos afiados, sai ileso após o golpe. Isso ocorre porque a força é distribuída por mais de 200 pregos em contato com o corpo. A área superficial combinada dos pregos resulta em uma pressão tolerável, que não chega a provocar perfuração da pele. Mais uma vez, força e pressão são diferentes uma da outra.

PARE E TESTE A SI MESMO

Uma balança de banheiro marca o peso, a pressão ou ambos?

VERIFIQUE SUA RESPOSTA

Uma balança de banheiro marca o peso, a força que comprime sua mola interna ou equivalente. O peso marcado por ela é o mesmo se você estiver em pé sobre ela com um ou dois pés (embora a pressão sobre a balança seja duas vezes maior quando você está de pé apenas sobre um dos pés).

Phun Physics
Phun Physics

FIGURA 7.2

Embora os pesos dos dois livros sejam iguais, o livro colocado em pé exerce pressão maior sobre a mesa.

[2] A pressão pode ser expressa em qualquer unidade de força dividida por qualquer unidade de área. A unidade padrão internacional (SI) de pressão, o newton por metro quadrado, é chamada de *pascal* (Pa), em homenagem ao teólogo e físico do século XVII Blaise Pascal. A pressão de 1 Pa é muito pequena e se iguala aproximadamente à pressão exercida por uma nota de dinheiro comum em repouso, aberta, sobre uma mesa, Por isso, os físicos preferem usar o quilopascal (1 kPa = 1.000 Pa).

FIGURA 7.3

O autor exerce força sobre o professor de física Pablo Robinson, que bravamente é prensado entre duas tábuas repletas de pregos. A força exercida por cada prego não é suficientemente grande para perfurar a pele. Do ponto de vista da inércia, Pablo estará mais seguro se o bloco tiver grande massa? Do ponto de vista da energia, ele estará em perigo se o bloco não se quebrar?

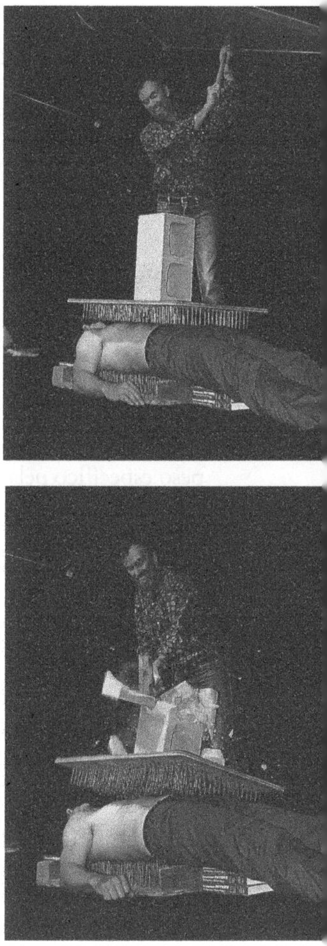

7.3 Pressão em líquidos

Quando se nada submerso na água, pode-se sentir a pressão da água contra os tímpanos: quanto mais fundo se nada, maior a pressão sentida. O que causa esta pressão? Ela é, simplesmente, o peso dos fluidos que estão diretamente acima da pessoa – água mais ar –, empurrando-a. Quando se nada mais profundamente, existe mais água acima da pessoa. Portanto, existe uma pressão maior. Se a profundidade em que a pessoa nada for duplicada, existirá o dobro de peso de água acima dela, de modo que a contribuição da água para a pressão que a pessoa sente será duplicada. Somada à pressão da água, existe a pressão da atmosfera, que equivale a uma pressão extra correspondente a uma profundidade adicional de 11,3 m na água. Uma vez que a pressão atmosférica na superfície da Terra é aproximadamente constante, as diferenças de pressão que a pessoa sente sob a água dependem apenas das variações de profundidade.

Se você submergisse em um líquido mais denso do que a água, a pressão seria correspondentemente maior. A

FIGURA 7.4
Esta torre não apenas armazena água. A grande altura da base do tanque da torre, em relação ao solo, garante uma pressão adequada nos canos dos muitos lares que ela alimenta.

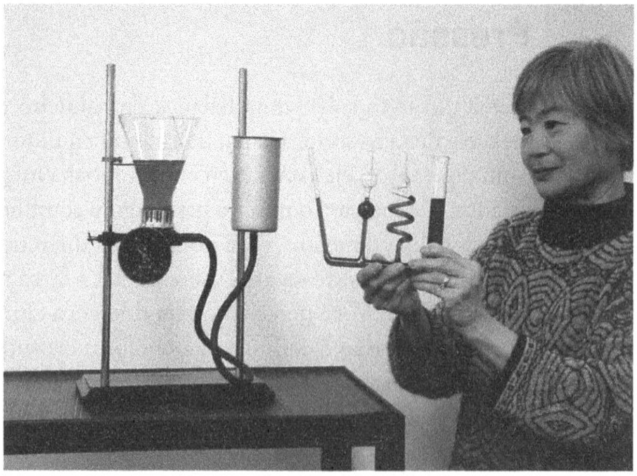

FIGURA 7.5
Tsing Bardin demonstra para sua turma que a pressão em um líquido é a mesma para uma dada profundidade abaixo da superfície, sem importar a forma do recipiente que o contém.

pressão exercida por um líquido é exatamente o produto do peso específico pela profundidade[3]:

Pressão no líquido = peso específico × profundidade

É importante notar que a pressão realmente não depende do volume do líquido. Você sentirá a mesma pressão a um metro de profundidade em uma pequena piscina ou no meio do oceano. Isto é ilustrado pelos vasos comunicantes apresentados na Figura 7.5. Se a pressão no fundo do recipiente grande fosse maior do que no fundo de um recipiente estreito próximo, a pressão maior forçaria a água para os lados e, assim, o nível da água no recipiente estreito teria de ser maior. Comprova-se, entretanto, que isso não ocorre. A pressão depende da profundidade, e não, do volume.

Quando se mede a pressão do sangue, observe que ela é medida no braço – no mesmo nível em que se encontra o coração.

A água descobre por si mesma seu próprio nível. Isto pode ser demonstrado enchendo-se com água uma mangueira de jardim e mantendo elevadas as suas extremidades. Os níveis da água nos dois ramos da mangueira serão sempre iguais, independentemente das extremidades estarem próximas ou afastadas. A pressão depende da profundidade, e não, do volume. Assim, existe uma explicação para que a água descubra por si mesma seu nível correto.

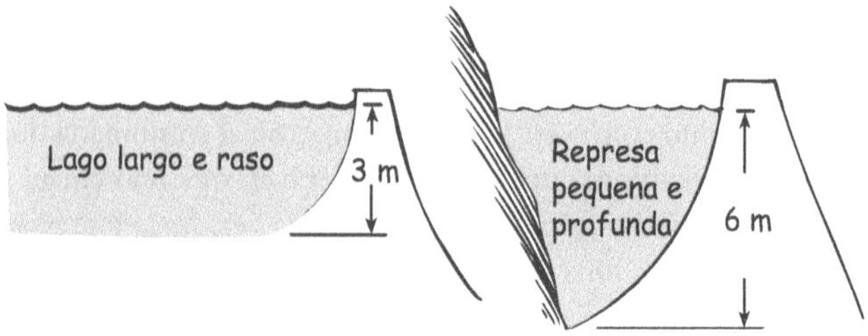
Lago largo e raso
3 m
Represa pequena e profunda
6 m

FIGURA 7.6
A pressão média da água, atuando contra a represa, depende da profundidade média da água, e não, do volume de água contida na represa. O lago largo e raso exerce somente metade da pressão exercida pela represa pequena e profunda.

Além de ser dependente da profundidade, a pressão de um líquido é exercida igualmente em todas as direções. Por exemplo, se estivermos submersos em água, não fará diferença a maneira como inclinamos nossas orelhas – elas sentem o mesmo valor de pressão da água. Como um líquido pode fluir, a pressão não atua apenas para baixo. Sabemos que a pressão atua para cima quando tentamos empurrar uma bola para baixo da superfície da água. O fundo de um barco certamente é empurrado para cima pela pressão da água. E sabemos também que a pressão da água atua lateralmente quando vemos a água espirrando para o lado através de um furo feito na parte de baixo da lateral de uma lata. Em qualquer ponto de um líquido, a pressão é exercida igualmente em todas as direções.

Quando um líquido pressiona uma superfície, existe uma força resultante exercida perpendicularmente à superfície (Figura 7.7). Se existisse um furo na superfície, o líquido espirraria em ângulos retos com a superfície antes de se curvar para baixo devido à gravidade (Figura 7.8). A

[3] Isto é derivado das definições de pressão e de densidade. Considere a área do fundo de um recipiente contendo um líquido. O peso da coluna de líquido diretamente acima desta área produz pressão. Da definição *peso específico = peso/volume*, podemos expressar este peso de líquido como *peso = peso específico × volume*, onde o volume da coluna é, simplesmente, a área multiplicada pela profundidade. Assim, obtemos

$$\text{Pressão} = \frac{\text{força}}{\text{área}} = \frac{\text{peso}}{\text{área}} = \frac{\text{peso específico} \times \text{densidade}}{\text{área}}$$
$$= \frac{\text{peso específico} \times (\cancel{\text{área}} \times \text{profundidade})}{\cancel{\text{área}}}$$
$$= \text{peso específico} \times \text{profundidade}.$$

Para encontrar a pressão total, devemos adicionar a esta equação a pressão que a atmosfera exerce sobre a superfície do líquido.

FIGURA 7.7
As forças devido à pressão do líquido sobre a superfície se combinam de modo a produzir uma força resultante que é perpendicular à superfície.

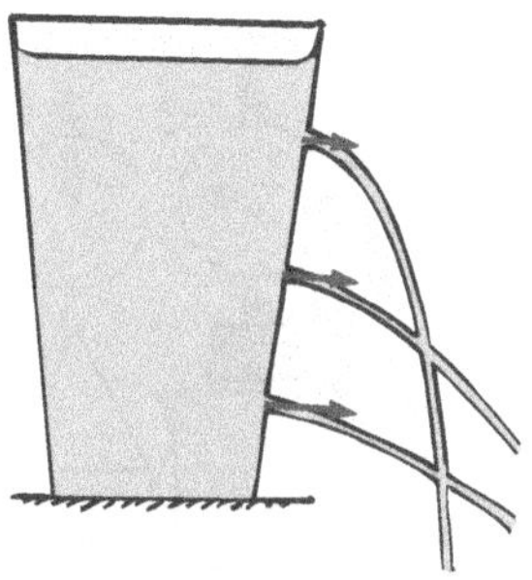

FIGURA 7.8
Os vetores força são exercidos em uma direção perpendicular à superfície interna do recipiente e aumentam com a profundidade.

profundidades maiores, a pressão é maior, e a rapidez com a qual a água sai, também[4].

7.4 Empuxo em líquidos

Qualquer um que já tenha retirado um objeto submerso para fora d'água está familiarizado com o empuxo, perda aparente de peso sofrida pelos objetos quando estão submersos em um líquido. Por exemplo, erguer um grande pedaço de rocha do fundo do leito de um rio é uma tarefa relativamente fácil enquanto a rocha estiver abaixo da superfície do rio. Quando erguida acima da superfície, no entanto, a força requerida para erguê-la aumenta consideravelmente. A razão disso é que, quando a rocha está submersa, a água exerce sobre ela uma força de baixo para cima, oposta à atração gravitacional. Esta força direcionada para cima é chamada de **força de empuxo** e é uma decorrência do aumento da pressão devido ao aumento da profundidade. A Figura 7.9 mostra por que a força de empuxo é orientada para cima. Em qualquer lugar da superfície de um objeto, as forças devido à pressão da água são exercidas perpendicularmente à sua superfície. As setas representam o módulo e a orientação das forças exercidas em lugares diferentes. As forças que produzem pressão contra os lados em profundidades iguais se cancelam mutuamente. A pressão é máxima na parte inferior da rocha, pois ela se encontra a uma profundidade maior. Uma vez que as forças exercidas de baixo para cima, na parte inferior, são maiores do que as forças exercidas para baixo, no topo, elas não se cancelam e existe, portanto, uma força resultante orientada para cima. Esta força é a força de empuxo.

Se o peso de um objeto submerso for maior do que a força de empuxo, ele afundará. Se o peso for de mesmo valor que a força de empuxo exercida sobre o objeto submerso, ele se manterá naquele nível, como um peixe. Se a força de empuxo for maior do que o peso do objeto completamente submerso, ele subirá até a superfície e flutuará.

A compreensão do conceito de empuxo requer a compreensão da expressão "volume de água deslocada". Se uma pedra for colocada em um recipiente que está preenchido com água até a borda, uma parte dela derramará (Figura 7.10). Dizemos, então, que a água foi *deslocada* pela pedra. Um pouco mais de raciocínio nos diz que o *volume da pedra* – ou seja, a quantidade de espaço que ela ocupa ou seu valor em centímetros cúbicos – é igual ao *volume de água deslocado*. Se você colocar um objeto qualquer submerso em um recipiente parcialmente preenchido com água, o nível da superfície subirá (Figura 7.11). Em quanto? Exatamente o mesmo que subiria se um volume de água igual ao do objeto submerso fosse derramado no recipiente. Este é um bom método para determinar o volume de um objeto de forma irregular: *um objeto completamente submerso sempre desloca um volume de líquido igual ao seu próprio volume.*

Mantenha seu pé dentro de uma piscina e ele estará imerso. Salte para dentro da piscina e mergulhe abaixo da superfície e a imersão será total – você estará submerso.

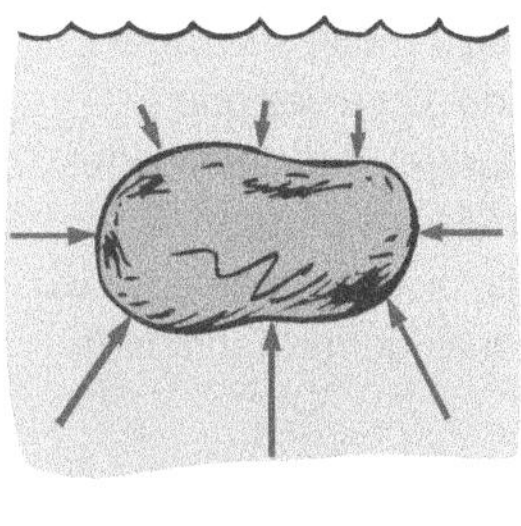

FIGURA 7.9
A pressão maior sobre a parte inferior de um objeto submerso produz uma força de empuxo orientada verticalmente para cima.

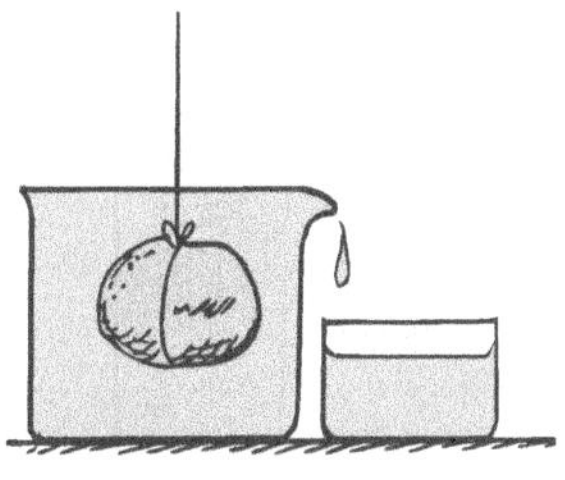

FIGURA 7.10
Quando uma pedra está submersa, ela desloca um volume de água igual ao seu próprio volume.

Água deslocada

FIGURA 7.11
O aumento do nível devido à pedra dentro do recipiente corresponde exatamente ao volume de água que a pedra ocupou ao ser colocada no líquido.

[4] O módulo da velocidade de um líquido a sair de um furo é dada por $\sqrt{2gh}$, onde h é a profundidade abaixo da superfície livre. Curiosamente, esta é a mesma rapidez que a água ou qualquer outra coisa teria se ela caísse a mesma distância h em queda livre.

7.5 O princípio de Arquimedes

Essa relação entre o empuxo e o volume de líquido deslocado foi descoberta no século III a.C. pelo cientista grego Arquimedes. Ela é enunciada assim:

Um corpo imerso sofre a ação de uma força de empuxo dirigida para cima e igual ao peso do fluido que ele desloca.

Essa relação é chamada de **princípio de Arquimedes.** Ele é válido para líquidos e gases, que são fluidos. Se um corpo imerso desloca 1 quilograma de fluido, a força de empuxo que atua sobre ele é igual ao peso de 1 quilograma[5]. Por *imerso* queremos nos referir a *completamente* ou *parcialmente submerso.* Se imergirmos em água a metade de um recipiente fechado de 1 litro, ele deslocará meio litro de água e sobre ele será exercida uma força de empuxo igual ao peso de meio litro de água – sem que importe o que esteja dentro do recipiente. Se o imergirmos completamente (submergirmos), ele sofrerá a ação de uma força de empuxo igual ao peso de um litro inteiro de água (com massa de praticamente 1 quilograma). A menos que o recipiente submerso seja comprimido e deformado, a força de empuxo será igual ao peso de um quilograma de água a uma profundidade *qualquer*, desde que ele esteja completamente submerso. A razão para isso é que, a qualquer profundidade, o recipiente não poderá deslocar um volume de água maior do que seu próprio volume. E o peso desta água deslocada (e não o peso do objeto submerso!) é igual à força de empuxo.

Se um objeto de 25 quilogramas deslocar 20 quilogramas de fluido após a imersão, seu peso aparente será igual ao peso de 5 quilogramas. Note que, na Figura 7.13, o bloco de 3 quilogramas tem um peso aparente igual ao peso de 1 quilograma quando submerso. O peso aparente de um objeto submerso é igual ao seu peso fora da água menos a força de empuxo.

LITER

FIGURA 7.12
Um litro de água ocupa um volume de 1.000 cm^3, possui uma massa de 1 kg e um peso de 9,8 N. Sua densidade, portanto, pode ser expressa em kg/L, e seu peso específico, como 9,8 N/L. (A água do mar é ligeiramente mais densa, cerca de 10 N/L.)

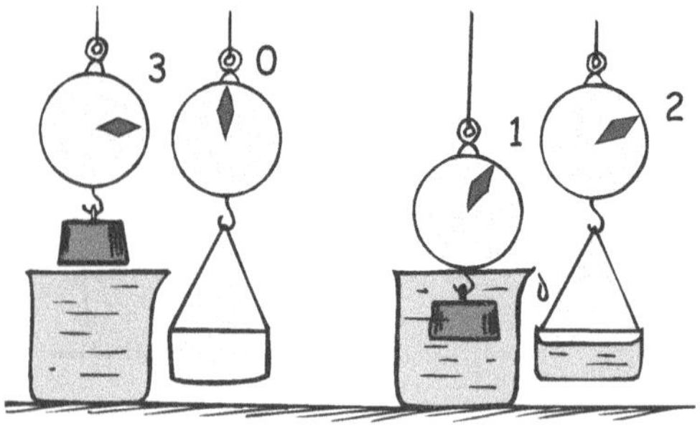
3
0
1
2

FIGURA 7.13
Um bloco de 3 kg pesa mais no ar do que quando submerso em água. Nesta situação, a perda de peso do bloco é igual à força de empuxo, de mesmo valor que o peso da água deslocada.

PARE E TESTE A SI MESMO

1. O princípio de Arquimedes nos garante que, se um bloco submerso desloca 10 N de fluido, a força de empuxo sobre ele é de 10 N?
2. Um recipiente de 1 litro, completamente preenchido com chumbo, possui 11,3 kg de massa e encontra-se submerso em água. Qual é a força de empuxo exercida sobre ele?
3. Uma rocha é arremessada em um lago profundo. Enquanto ela afunda cada vez mais na água, a força de empuxo sobre ela está aumentando? Diminuindo?

VERIFIQUE SUAS RESPOSTAS

1. Sim. À luz da terceira lei de Newton, quando o bloco submerso empurra 10 N de fluido a fim de ocupar seu lugar, o fluido reage empurrando-o de volta com 10 N de força.
2. A força de empuxo é de 9,8 N (o peso de 1 kg de água). Eis por que o volume de água deslocado é de 1 L, que possui uma massa de 1 kg e um peso de 9,8 N. Os 11,3 kg de chumbo são irrelevantes; 1 L de qualquer coisa submersa em água deslocará 1 L de líquido e sofrerá ação de uma força de 9,8 N, orientada para cima, igual ao peso de 1 kg. (Entenda isso corretamente antes de seguir adiante!)
3. A força de empuxo realmente não muda quando a rocha afunda porque ela desloca o mesmo volume de água a qualquer profundidade. Uma vez que a água é praticamente incompressível, sua densidade é praticamente a mesma em todas as profundidades; logo, o peso da água deslocada, ou a força de empuxo, é praticamente o mesmo em qualquer profundidade.

Talvez seu professor resuma o princípio de Arquimedes através de um exemplo numérico, mostrando que a *diferença* entre as forças atuantes para cima e para baixo, devido a pequenas diferenças de pressão sobre um cubo submerso, é

[5] Um quilograma não é uma unidade de força, mas de massa. Assim, estritamente falando, a força de empuxo não é de 1 kg, mas igual ao *peso* de 1 kg, que vale 9,8 N. Poderíamos também dizer que a força de empuxo é 1 *quilograma-força*, e não, simplesmente, 1 kg.

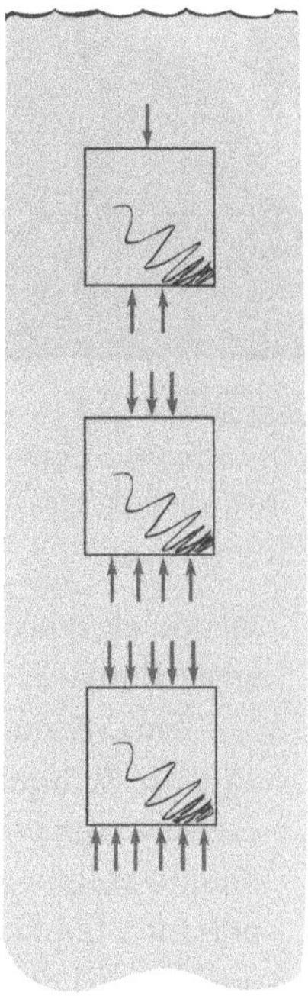

FIGURA 7.14
A diferença entre as forças exercidas, para cima e para baixo, sobre um bloco submerso é a mesma em qualquer profundidade.

numericamente idêntica ao peso de fluido deslocado. Não faz diferença em que profundidade está o cubo, pois embora as pressões sejam maiores a profundidades maiores, a *diferença* entre a pressão atuante para cima sobre o fundo do cubo e a pressão atuante para baixo no topo do cubo é a mesma a qualquer profundidade (Figura 7.14). Não importa qual seja a forma do objeto submerso, a força de empuxo é igual ao peso de fluido deslocado.

PARE E TESTE A SI MESMO

1. Deixe cair uma rocha em um poço profundo. Quando ela desce, abaixo da superfície, a pressão sobre ela aumenta. Isso não implica que a força de empuxo aumente correspondentemente?
2. Dado que o empuxo é uma força exercida de baixo para cima pelo fluido sobre um corpo e que, no Capítulo 4, aprendemos que forças produzem acelerações, por que, então, um objeto submerso não acelera?

VERIFIQUE SUAS RESPOSTAS

1. Não! Uma vez que a rocha tenha submergido, ela deslocou toda a água que podia. O nível da água do poço permanecerá o mesmo enquanto a rocha desce cada vez mais fundo, mostrando que o deslocamento de água e, portanto, a força de empuxo sobre a rocha, mantêm-se constantes – mesmo que a pressão da água sobre a rocha aumente com a profundidade. Empuxo e pressão são conceitos diferentes.
2. Ela acelera de fato se a força de empuxo não for contrabalançada por outras forças exercidas sobre ela – a força da gravidade e a de resistência do fluido. A força resultante sobre um corpo submerso é a soma da força que o fluido exerce (força de empuxo), do peso do corpo e, se este está em movimento, da força de resistência do fluido. Quando a força resultante for nula, o corpo estará em equilíbrio.

Flutuação

O ferro é muito mais denso do que a água. Um pedaço sólido de ferro afunda, como você esperaria, porém os navios feitos de ferro flutuam. Por que isso ocorre? Considere um bloco de 1 tonelada de ferro sólido. O ferro é cerca de 8 vezes mais denso do que a água, de modo que, quando submerso, ele desloca apenas 1/8 de tonelada de água, o que certamente não é suficiente para impedi-lo de afundar. Suponha agora que nós modelemos o mesmo ferro do bloco até transformá-lo em uma tigela, como mostrado na Figura 7.15. Ele ainda pesará 1 tonelada. Mas quando for colocado na água, acabará deslocando um volume de água maior do que quando tinha o formato de um bloco. Quanto mais

HISTÓRIA DA CIÊNCIA

ARQUIMEDES E A COROA DE OURO

De acordo com a lenda, Arquimedes (287-212 a.C.) havia recebido a incumbência de descobrir se uma coroa que o rei Hiero II de Siracusa havia mandado fazer era mesmo de ouro puro ou se continha algum metal menos precioso, como a prata. O problema de Arquimedes era determinar a densidade da coroa sem destruí-la. Pesar o ouro era fácil, mas determinar seu volume era um problema. Reza a lenda que Arquimedes descobriu a solução ao notar que o nível da água se elevava quando seu corpo imergia nas piscinas públicas de Siracusa. A lenda também relata que ele, muito excitado com a descoberta, saiu correndo nu pelas ruas gritando "Eureka! Eureka!" ("Eu descobri! Eu descobri!")

O que Arquimedes descobrira foi uma maneira simples e precisa de determinar o volume de um objeto irregular – o método do deslocamento para a determinação do volume. Uma vez que ele conhecesse tanto o peso quanto o volume, podia calcular a densidade da coroa, e compará-la com a densidade do ouro puro. A descoberta de Arquimedes precedeu a terceira lei de Newton do movimento, da qual o princípio de Arquimedes pode ser derivado, em quase 2.000 anos.

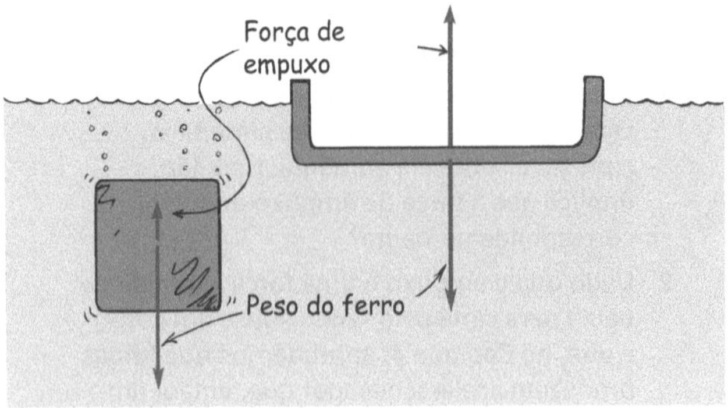
Força de empuxo
Peso do ferro

FIGURA 7.15
Um bloco de ferro afunda, enquanto a mesma quantidade de ferro, moldada em forma de barco, flutua.

a tigela de ferro imerge, mais água ela desloca e maior é a força de empuxo exercida sobre ela. Quando a força de empuxo se igualar ao peso de 1 tonelada, a tigela deixará de afundar.

> **Somente no caso particular de estar flutuando é que a força de empuxo tem o mesmo valor do peso de um objeto.**

Quando um barco de ferro desloca um peso de água igual ao seu próprio peso, ele flutua. Isto algumas vezes é chamado de **princípio de flutuação:**

Um objeto que flutua desloca um peso de fluido igual ao seu próprio peso.

Todo navio, submarino ou dirigível deve ser projetado de modo a deslocar um peso de fluido igual ao seu próprio peso. Portanto, um navio de 10.000 toneladas deve ser construído grande o bastante para deslocar 10.000 toneladas de água antes que ele afunde demais na água. O mesmo vale para naves aéreas. Um dirigível ou um enorme balão que pesa 100 toneladas desloca no mínimo 100 toneladas de ar. Se deslocar mais do que isso, ele subirá; se deslocar menos, ele descerá. E se deslocar exatamente o seu peso em ar, ele flutuará a uma altitude constante.

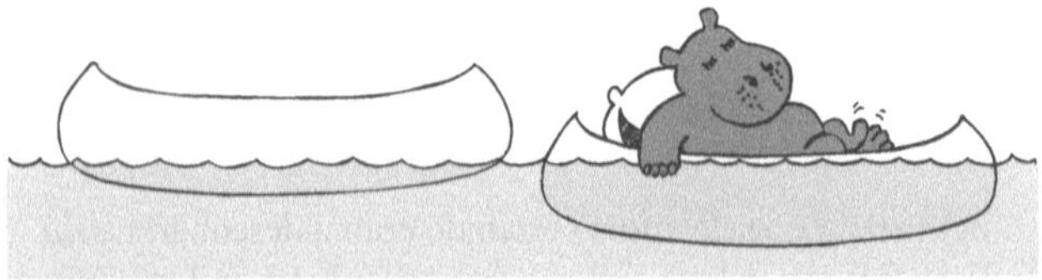

FIGURA 7.16
O peso de um objeto flutuante é igual ao peso da água deslocada por sua parte submersa.

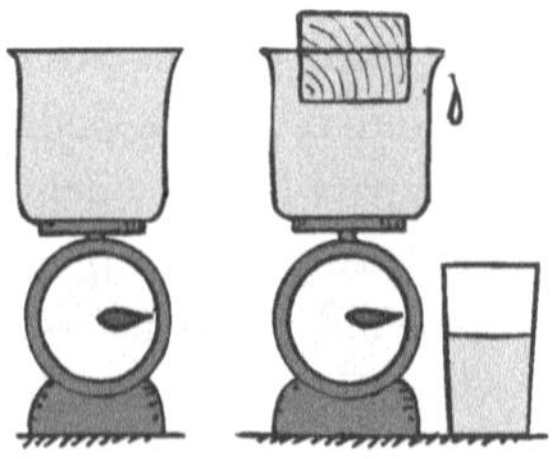

FIGURA 7.17
Um objeto flutuante desloca um peso de fluido igual ao seu próprio peso.

FIGURA 7.18
O mesmo navio, vazio e carregado. Como se compara o peso de sua carga com o peso da água adicional deslocada?

Uma vez que a força de empuxo sobre um corpo é igual ao peso de líquido que ele desloca, fluidos mais densos exercerão uma força de empuxo maior sobre um corpo de mesmo volume do que fluidos menos densos. Um navio, portanto, flutua com maior volume fora da água salgada do que da água doce, pois a água salgada é ligeiramente mais densa do que a água doce. Analogamente, um pedaço maciço de ferro flutuará em mercúrio, embora afunde em água.

> **As pessoas que não conseguem flutuar são, nove entre dez, do sexo masculino. A maioria dos homens são mais musculosos e ligeiramente mais densos do que as mulheres. Da mesma forma, latas de soda *diet* flutuam em água, enquanto latas de soda comum afundam. O que isto lhe diz acerca das correspondentes densidades relativas?**

PARE E TESTE A SI MESMO

Preenche as lacunas dos enunciados:

1. O volume de um objeto submerso é igual ao __________ de fluido deslocado.
2. O peso de um objeto flutuante é igual ao __________ de fluido deslocado.
3. Por que é mais fácil flutuar em água salgada do que em água doce?

VERIFIQUE SUAS RESPOSTAS

1. Volume.
2. Peso.
3. Quando você está flutuando, o peso de água que seu corpo desloca é igual ao seu peso. A água salgada é mais densa, de modo que você não terá de "afundar" tanto a fim de deslocar um volume com peso igual ao seu. Você flutuaria ainda mais em mercúrio (densidade de 13,6 g/cm^3), e afundaria completamente em álcool (densidade de 0,8 g/cm^3).

APLICAÇÕES COTIDIANAS

MONTANHAS QUE FLUTUAM

As montanhas flutuam sobre o manto semiliquefeito da Terra, exatamente como os icebergs flutuam na água. Tanto as montanhas quanto os icebergs são corpos menos densos do que o material em que flutuam. Exatamente como a maior parte de um iceberg está abaixo da superfície da água (90%), a maioria das montanhas (aproximadamente 85% delas) estende-se para dentro de um denso manto semilíquido. Se pudéssemos cortar e retirar o topo de um iceberg, ele se tornaria mais leve e seu novo topo subiria até atingir, aproximadamente, a altura do topo original que foi retirado. Analogamente, quando as montanhas sofrem erosão, tornam-se mais leves e são empurradas de baixo para cima até flutuar novamente com suas alturas originais. Assim, quando uma montanha perde 1 km de altura por erosão, ela acaba recuperando aproximadamente 85% dessa altura. É por isso que leva tanto tempo para o clima baixar as montanhas. Estas, como os icebergs, são maiores do que aparentam ser. O conceito de montanhas flutuantes é o de *isostasia* – o princípio de Arquimedes aplicado às rochas.

Note que, em nossa discussão sobre os líquidos, o princípio de Arquimedes e o da flutuação foram enunciados em termos de *fluidos*, e não de líquidos. Isso porque, embora líquidos e gases constituam diferentes fases da matéria, ambos são fluidos, com muitos princípios mecânicos idênticos. Vamos agora voltar nossa atenção para a mecânica dos gases, em particular.

7.6 Pressão em gases

A principal diferença entre um gás e um líquido é a distância entre suas moléculas. Em um gás, as moléculas mantêm-se afastadas umas das outras e livres das forças coesivas que dominam seus movimentos quando se encontram na fase líquida ou sólida. Em um gás, os movimentos das moléculas são menos restritos. Um gás se expande e preenche todos os espaços disponíveis a ele, exercendo uma pressão contra o recipiente que o contém. Somente quando a quantidade de gás for muito grande, tal como a da atmosfera da Terra ou a de uma estrela, é que as forças gravitacionais acabarão limitando o tamanho ou determinando a forma que a massa de gás terá.

Líquidos e gases são fluidos. Um gás assume a forma do recipiente que o contém. Um líquido faz isso apenas abaixo de sua superfície livre.

A lei de Boyle

A pressão do ar dentro dos pneus inflados de um automóvel é consideravelmente maior do que a pressão atmosférica externa. A densidade do ar dentro deles também é maior do que a do ar externo. Para compreender a relação entre pressão e densidade, pense nas moléculas de ar do pneu (a maioria de nitrogênio e oxigênio). Elas se comportam como se fossem minúsculas bolas de bilhar, movendo-se aleatoriamente e chocando-se com as paredes, assim produzindo uma força irregular, mas que, em média, parece um empurrão constante. Esta força média, exercida sobre toda área da parede, gera a pressão do ar confinado.

Suponha que exista um número de moléculas duas vezes maior ocupando um mesmo volume (Figura 7.19). Com isso, a densidade do ar é duplicada. Se as moléculas se movem com uma mesma rapidez média – ou, de maneira equivalente, se o ar do pneu nas duas situações tem uma mesma temperatura –, então o número de colisões é duas vezes maior. Isso significa que o valor da pressão é o dobro. Deste modo, a pressão é proporcional à densidade.

Podemos dobrar a densidade do ar do pneu dobrando a quantidade de ar que ele contém. Podemos também dobrar a densidade de uma *quantidade fixa* de ar comprimindo-o até reduzir seu volume à metade Considere o cilindro com pistão móvel da Figura 7.20. Se o pistão for empurrado para baixo de modo que seu volume se reduza à metade, a densidade das moléculas dobrará de valor, e a pressão, correspondentemente, também. Se o volume for reduzido a

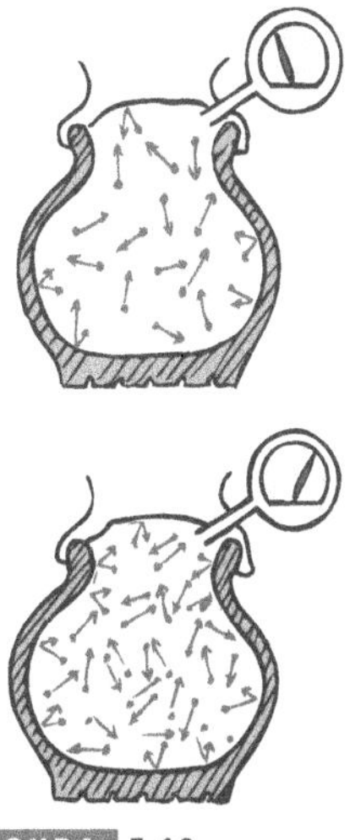

FIGURA 7.19
Quando a densidade do gás dentro de um pneu aumenta, sua pressão também aumenta.

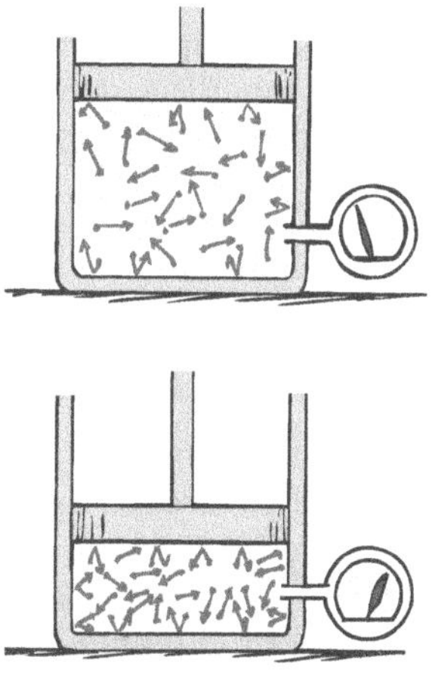

FIGURA 7.20
Quando o volume do gás diminui, a densidade e, portanto, a pressão, aumenta.

um terço do original, a pressão triplicará de valor, e assim por diante (desde que a temperatura permaneça a mesma).

Observe nestes exemplos envolvendo um pistão que o produto da pressão pelo volume permanece o mesmo. Por exemplo, uma pressão duas vezes maior multiplicada por um volume reduzido à metade resulta no mesmo valor que o do produto de uma pressão três vezes maior por um volume três vezes menor. Em geral, podemos estabelecer que, para uma determinada massa de gás cuja temperatura não varia, o produto da pressão pelo volume é uma constante. Para uma dada quantidade de gás, o produto "Pressão × volume" em um instante inicial é igual ao produto "outra pressão × outro volume" em qualquer outro instante posterior. Em notação matemática,

$$P_1V_1 = P_2V_2$$

onde P_1 e V_1 representam, respectivamente, a pressão e o volume originais, e P_2 e V_2 representam uma segunda pressão e um segundo volume. Essa relação é conhecida como **lei de Boyle**, em homenagem ao físico do século XVII Robert Boyle, a quem é creditada essa descoberta[6].

A lei de Boyle se aplica a gases ideais. Um gás ideal é aquele para o qual os efeitos perturbativos das forças intermoleculares e o tamanho das moléculas individuais podem ser desprezados. O ar e outros gases comuns, a pressões e temperaturas normais, se aproximam bastante das condições de gás ideal.

PARE E TESTE A SI MESMO

1. Um pistão, dentro de uma bomba de ar hermeticamente fechada, é deslocado até que triplique o volume da câmara de ar. Qual é a variação da pressão?
2. Uma mergulhadora, com tanque de ar para mergulho, respira ar abaixo da superfície da água. Se, por alguma razão, ela abandonar seu equipamento de mergulho e retornar à superfície, retendo a respiração, o que acontecerá ao volume de ar em suas pulmões?

VERIFIQUE SUAS RESPOSTAS

1. A pressão na câmara da bomba é reduzida em três vezes. Este é o princípio por trás do funcionamento de uma bomba a vácuo mecânica.
2. Enquanto ela sobe até a superfície, a pressão da água em torno de seu corpo diminui, o que permite que aumente o volume de ar nos pulmões – ai! A primeira lição para se mergulhar com equipamento é não reter a respiração durante a ascensão. Fazê-lo pode ser fatal.

7.7 Pressão atmosférica

Nós vivemos no fundo de um oceano de ar. De maneira parecida com a água de um lago, a atmosfera exerce pressão. Um dos mais célebres experimentos para demonstrar a pressão da atmosfera foi realizado em 1654 por Otto von Guericke, burgomestre da cidade de Magdeburg e inventor da bomba a vácuo. Von Guericke juntou dois hemisférios de cobre, com cerca de 1/2 metro de diâmetro, formando uma esfera, como mostrado na Figura 7.21. Ele confeccionou uma junta de vedação com um anel de couro embebido em óleo. Quando, então, ele retirou o ar da esfera com sua bomba a vácuo, duas parelhas, de oito cavalos cada, foram incapazes de separar os hemisférios. (A foto de abertura deste capítulo na página 149 mostra um par de hemisférios semelhantes, mas muito menores, que a equipe de Zetterberg não consegue separar.)

Curiosamente, a demonstração de von Guericke é anterior ao conhecimento da terceira lei de Newton. As forças exercidas sobre os hemisférios seriam de mesmo valor se ele tivesse usado apenas uma parelha de cavalos para puxar um dos hemisférios, com o outro fixado a uma árvore por meio de uma corda.

FIGURA 7.21
O famoso experimento dos "hemisférios de Magdeburg", de 1654, para demonstrar a pressão atmosférica. As duas parelhas de cavalos não conseguiram separar os dois hemisférios. Eram estes sugados ou empurrados um contra o outro? Pelo quê?

[6] Uma lei mais geral, que leva em conta variações de temperatura, é dada por $P_1V_1/T_1 = P_2V_2/T_2$, onde T_1 e T_2 representam, respectivamente, as temperaturas absolutas inicial e final, expressas em unidades do SI chamadas kelvins (Capítulo 8).

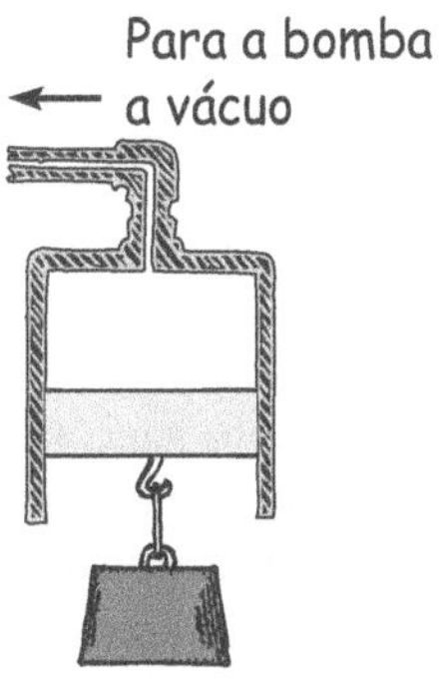
Para a bomba
a vácuo

FIGURA 7.22
O pistão é empurrado para cima ou puxado para cima?

FIGURA 7.23
Você não sente o peso de um saco de água quando ele se encontra submerso em água. Analogamente, você não sente que o ar ao seu redor tem peso.

Quando se reduz a pressão do ar dentro de um cilindro como o da Figura 7.22, aparece uma força orientada de baixo para cima exercida sobre o pistão. Essa força é intensa o suficiente para erguer uma carga pesada. Se o diâmetro interior do cilindro for de 12 centímetros ou mais, uma pessoa poderá ser erguida por meio dessa força.

O que demonstram os experimentos das Figuras 7.21 e 7.22? Demonstram que o ar exerce uma pressão ou que existe uma "força de sucção" exercida? Se afirmarmos que existe uma força de sucção, então estaremos admitindo que um vácuo é capaz de exercer uma força. Mas o que é um vácuo? É a ausência de matéria; é uma condição de inexistência completa. Como, então, pode o nada exercer uma força? Os hemisférios não são sugados um para o outro, tampouco o pistão que sustenta o peso é sugado para cima. Tanto os hemisférios quanto o pistão são empurrados pela pressão da atmosfera.

Da mesma maneira que a pressão da água é causada por seu próprio peso, a **pressão atmosférica** é causada pelo peso do próprio ar. Estamos tão adaptados ao ar totalmente invisível que muitas vezes nos esquecemos de que ele também possui peso. Talvez um peixe, de maneira análoga, também "se esqueça" do peso da água. A razão de não sentirmos esse peso que aperta nossos corpos é que a pressão dentro destes equilibra a pressão contrária produzida pelo ar que nos rodeia. Não existe uma força resultante para sentirmos.

Ao nível do mar, 1 metro cúbico de ar a 20°C possui a massa de aproximadamente 1,2 quilograma. Para estimar a massa de ar contida em seu quarto, estime o seu volume em metros cúbicos e depois multiplique por 1,2 kg/m^3 que você terá a massa. Não se surpreenda se ela for maior do que a massa de sua irmã pequena. Se ela não acredita que o ar tem peso, talvez seja porque sua irmã está sempre rodeada de ar. Se você lhe der um saco de água para segurar, ela lhe dirá que ele tem peso. Mas se lhe der o mesmo saco de água para segurar enquanto está submersa numa piscina, ela não sentirá o peso dele. Não notamos que o ar tem peso porque estamos submersos em ar.

Diferentemente da densidade constante da água em um lago, na atmosfera a densidade do ar diminui com o aumento da altitude. A 10 km de altura, 1 metro cúbico de ar tem uma massa de aproximadamente 0,4 kg. Para compensar isto, os aeroplanos são pressurizados; a quantidade extra de ar necessária para pressurizar completamente um jato jumbo 747, por exemplo, é maior do que 1.000 kg. O ar pode ser pesado, se você dispuser de uma grande quantidade dele.

Considere a massa de ar dentro de um mastro de bambu de 30 km de altura e seção transversal com área interna de 1 centímetro quadrado. Se a densidade do ar dentro do bambu for igual à densidade do ar no exterior do mastro, a massa de ar contida no bambu será cerca de 1 quilograma. O peso desse ar é cerca de 10 N. Assim, a pressão do ar sobre a base do mastro de bambu será de 10 newtons por centímetro quadrado (10 N/cm^2). É claro, o mesmo será verdadeiro sem a presença do mastro de bambu. Há 10.000 centímetros quadrados em 1 metro quadrado, de modo que uma coluna de ar com 1 metro quadrado de seção transversal que se estenda para cima através da atmosfera, terá uma massa de aproximadamente 10.000 quilogramas. O peso desse ar é cerca de 100.000 newtons (10^5 N). Esse peso produz uma pressão de 100.000 newtons por metro quadrado – o equivalente a 100.000 pascais, ou 100 quilopascais. Para ser mais exato, a pressão atmosférica média ao nível do mar é 101,3 quilopascais (101,3 kPa)[7].

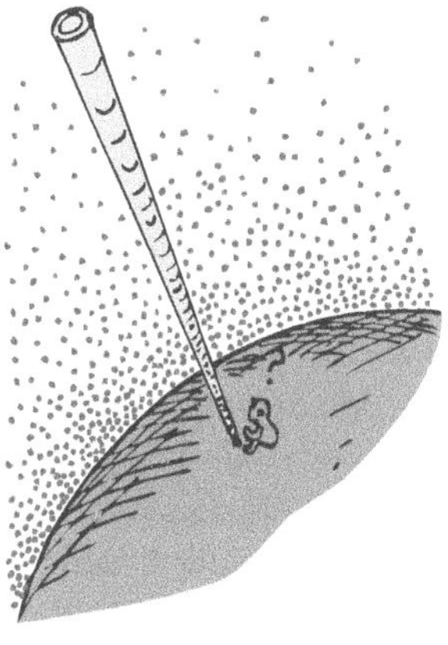

FIGURA 7.24
A massa de ar que ocuparia um mastro de bambu, que se estende desde o nível do mar até o "topo" da atmosfera, é de aproximadamente 1 kg. Este ar pesa cerca de 10 N.

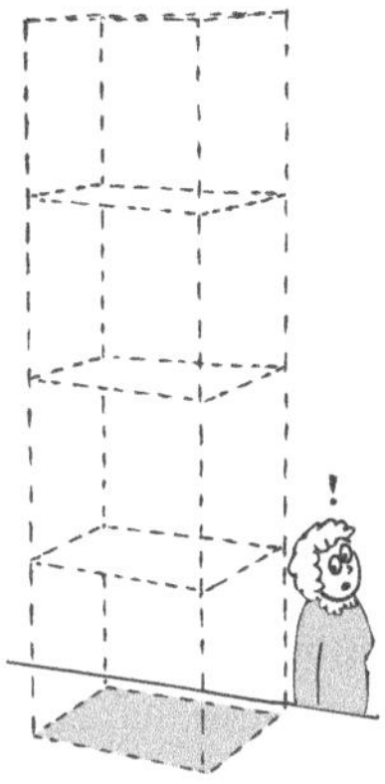
!

FIGURA 7.25
O peso do ar que pressiona para baixo uma superfície de 1 metro quadrado, ao nível do mar, é de aproximadamente 100.000 newtons. Assim, a pressão atmosférica é de aproximadamente 10^5 N/m^2, ou cerca de 100 kPa.

[7] Como já mencionado, o pascal, homenagem a Blaise Pascal, é a unidade de medida do SI. A pressão atmosférica média ao nível do mar (101,3 kPa) é geralmente referida como 1 atmosfera. Em unidades britânicas, a pressão atmosférica média ao nível do mar vale 14,7 lb/in^2 (psi).

A pressão atmosférica não é uniforme. Além das variações com a altitude, existem as variações localizadas da pressão atmosférica, causadas por aproximações de frentes frias e tempestades. A medição das variações da pressão do ar é fundamental para os meteorologistas elaborarem previsões de tempo.

PARE E TESTE A SI MESMO

1. Estime, em quilogramas, a massa de ar contida em uma sala de aula com área do teto de 200 m^2 e altura do mesmo igual a 4 m. (Considere um dia frio com temperatura de 10° C.)
2. Por que a pressão atmosférica não quebra janelas?

VERIFIQUE SUAS RESPOSTAS

1. A massa de ar é de 1.000 kg. O volume de ar é de 200 $m^3 \times 4$ m = 800 m^3; cada metro cúbico de ar tem uma massa de aproximadamente 1,25 kg, de modo que 800 $m^3 \times 1{,}25$ kg/m^3 = 1.000 kg.
2. A pressão atmosférica é exercida dos dois lados de uma janela, de maneira que a força resultante exercida sobre ela é zero. Se, por alguma razão, a pressão for reduzida ou aumentada apenas de um lado de uma janela, como quando sopra um vento forte, deve-se ficar alerta!

Barômetros

O instrumento usado para medir a pressão atmosférica é chamado de **barômetro**. Um barômetro simples de mercúrio é ilustrado na Figura 7.26. Um tubo de vidro, de comprimento maior do que 76 centímetros e fechado em uma das extremidades, é preenchido com mercúrio e virado para baixo, de modo que a extremidade livre fique mergulhada num prato com mercúrio. O mercúrio dentro do tubo, então, descerá até que a diferença entre os níveis de mercúrio, no tubo e no prato, atinja 76 centímetros acima do nível do mercúrio no prato. O volume interno acima do nível de mercúrio no tubo é praticamente uma região de vácuo, a não ser por um pouco de vapor de mercúrio que evapora.

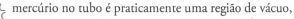

Operários de construções submarinas trabalham em um ambiente de ar comprimido. A pressão do ar dentro da câmara submarina em que se encontram é, no mínimo, igual às pressões combinadas da água e da atmosfera externa.

A explicação para o funcionamento de um barômetro deste tipo é semelhante à de uma criança equilibrando-se em uma gangorra. Um barômetro "se equilibra" quando o peso de liquido dentro do tubo exerce o mesmo valor de pressão da pressão atmosférica externa.

Seja qual for a largura do tubo, uma coluna de 76 cm de mercúrio tem o mesmo peso que uma coluna de ar em um tubo de mesma largura e com 30 km de altura. Se a pressão atmosférica aumentar, a atmosfera empurrará para baixo o mercúrio do prato, com mais força, e empurrará o mercúrio do tubo para cima, até ele atingir um nível mais alto. Então, a coluna de mercúrio, mais alta, exercerá uma pressão igual à atmosférica, o que reequilibra a coluna.

Poderíamos usar a água, em vez do mercúrio, para construir um barômetro, mas o tubo de vidro usado teria de ser mais comprido – 13,6 vezes mais comprido, para ser exato. A densidade do mercúrio é 13,6 vezes maior do que a da água. Por isso um tubo contendo água deveria ser 13,6 vezes mais longo que outro contendo mercúrio (e de mesma área transversal), a fim de prover o mesmo peso do mercúrio no fundo do tubo. Um barômetro de água teria de ter altura igual a 13,6 × 0,76 m, ou 10,3 m de altura – alto demais para ser prático!

O que acontece no barômetro é semelhante ao que ocorre quando tomamos uma bebida usando um canudo. Por sucção, reduzimos a pressão no interior do canudo quando ele está mergulhado na bebida. A pressão da atmosfera sobre a bebida empurra o líquido no canudo para cima, para uma região onde a pressão foi reduzida. Rigorosamente falando, o líquido não é sugado; ele é empurrado para cima pela pressão da atmosfera. Se a atmosfera fosse impedida de atuar sobre a superfície do líquido, como naquele truque de festas em que o canudo atravessa uma rolha de cortiça que veda a garrafa, uma pessoa poderia sugar o canudo à vontade que não conseguiria beber nada.

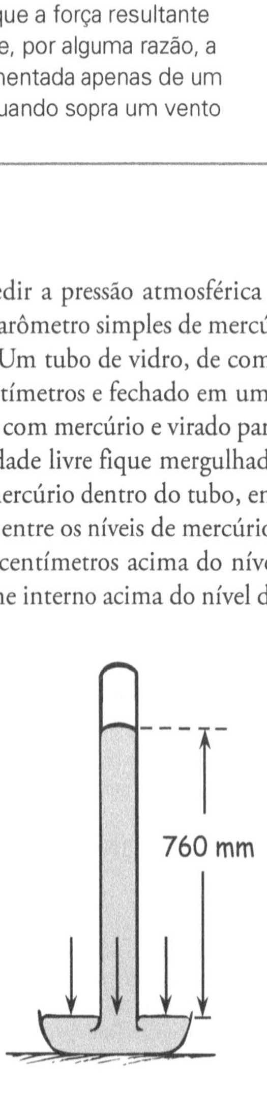
760 mm

FIGURA 7.26
Um barômetro simples de mercúrio. O mercúrio dentro do tubo é empurrado para cima pela pressão atmosférica.

FIGURA 7.27
Rigorosamente falando, eles não sugam o refrigerante pelos canudos. Em vez disso, eles reduzem a pressão no interior dos canudos, o que permite que a atmosfera pressione o líquido para cima, dentro dos canudos. Eles conseguiriam beber refrigerantes desta maneira na Lua?

FIGURA 7.28
A atmosfera empurra a água de baixo para cima ao longo de um tubo cujo ar foi retirado pela ação de uma bomba.

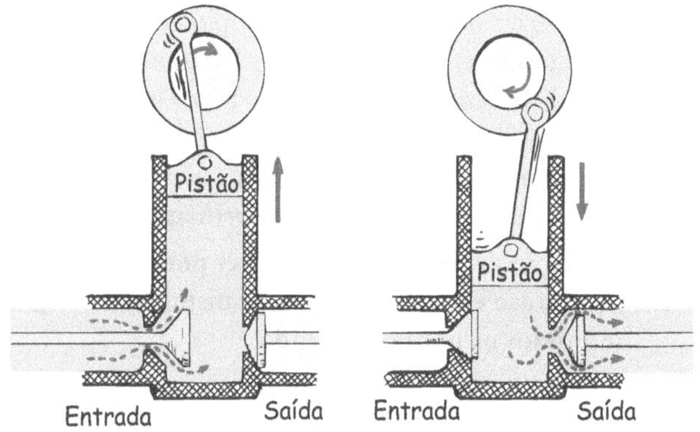
Pistão
Pistão
Entrada
Saída
Entrada
Saída

FIGURA 7.30
Uma bomba mecânica a vácuo. Quando o pistão é erguido, a válvula de admissão se abre e o ar se movimenta para encher o espaço deixado vazio. Quando o pistão é movido para baixo, a válvula de escape se abre e o ar é empurrado para fora. Que mudanças você realizaria a fim de converter esta bomba em um compressor de ar?

Se você compreende essas idéias, conseguirá entender por que existe um limite de 10,3 metros na altura até a qual a água pode ser erguida por meio de uma bomba a vácuo. As antigas bombas de água das fazendas, como a da Figura 7.28, operam produzindo um vácuo parcial em um tubo que se estende para baixo até ficar imerso na água do poço. A pressão atmosférica sobre a superfície da água simplesmente empurra a água para cima, para a região de pressão reduzida do interior do tubo. Você consegue perceber que, mesmo operando com vácuo perfeito, a altura máxima para a qual a água pode ser erguida é de 10,3 metros?

O *barômetro aneróide* (Figura 7.29) é um pequeno instrumento portátil para medir a pressão atmosférica. Ele possui uma caixa de metal, de onde o ar é parcialmente evacuado, que possui uma tampa ligeiramente flexível, capaz de vergar para dentro ou para fora da caixa de acordo com as mudanças ocorridas na pressão atmosférica. A movimentação da tampa é indicada em uma escala através de um sistema de alavanca e mola. Como a pressão atmosférica diminui com o aumento da altitude, um barômetro desse tipo pode ser usado também para determinar a elevação de um local. Um barômetro aneróide calibrado para altitude é chamado de *altímetro* (medidor de altitude). Certos altímetros são suficientemente sensíveis para registrar variações de elevação que ocorrem ao se subir uma escadaria[8].

Pressões do ar reduzidas são produzidas por bombas, que funcionam porque qualquer gás tende a preencher completamente o recipiente que o contém. Se uma região com pressão menor for gerada em um gás, este fluirá das regiões de maior pressão para aquela onde a pressão é menor. Uma bomba a vácuo simplesmente produz uma região de baixa pressão para a qual normalmente as moléculas rápidas se movem aleatoriamente. A pressão do ar é repetidamente reduzida pela ação do pistão e de uma válvula (Figura 7.30).

Quando o cabo de uma bomba manual é elevado, o ar dentro do cilindro é progressivamente "rarefeito" ao se expandir, a fim de preencher um volume maior. A pressão atmosférica sobre a superfície da água do poço empurra o líquido para cima através do cilindro, fazendo com que a água jorre pelo cano de saída.

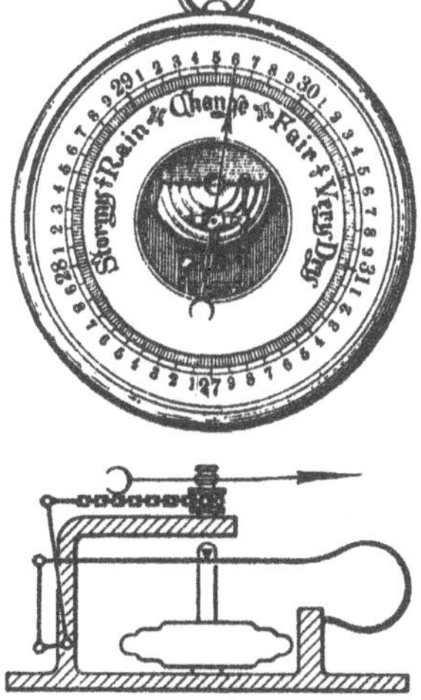
Change
Rain
Fair
Stormy
Very Dry

FIGURA 7.29
Um barômetro aneróide.

7.8 O princípio de Pascal

Um dos fatos mais importantes acerca da pressão em fluidos é que qualquer alteração ocorrida na pressão em uma parte de um fluido será transmitida integralmente

8 Evidência notável da diferença de pressão causada por 1 m ou mais de elevação vertical pode ser fornecida por qualquer pequeno balão cheio de hélio quando se eleva no ar. A atmosfera de fato empurra com mais força o fundo do balão do que o topo do mesmo!

às outras partes do mesmo. Por exemplo, se a pressão hidráulica da tubulação de uma cidade for aumentada em 10 unidades de pressão, a pressão em todos os lugares dos canos do sistema hidráulico da cidade aumentará também nas mesmas 10 unidades de pressão (desde que a água esteja em repouso). Essa lei é conhecida como **princípio de Pascal:**

Uma variação de pressão em qualquer ponto de um fluido em repouso em um recipiente transmite-se integralmente a todos os pontos do fluido.

O princípio de Pascal foi descoberto no século XVII pelo teólogo e físico Blaise Pascal (que já era inválido aos 18 anos de idade e assim permaneceu até sua morte, aos 30 anos). Lembre-se de que o nome da unidade de pressão do SI, o pascal (1 Pa = 1 N/m^2), é uma homenagem a ele.

Preencha com água um tubo em forma de "U" e instale pistões nas duas extremidades do mesmo, como ilustrado na Figura 7.31. A pressão exercida no pistão esquerdo será transmitida integralmente através do líquido para o pistão direito. (Os pistões são simplesmente dois "tampões" que podem deslizar livremente no interior do tubo.) A pressão exercida na água pelo pistão esquerdo será exatamente igual à pressão que a água exerce sobre o pistão direito. Isso não tem nada de extraordinário. Mas suponha que você construa o ramo direito do tubo mais largo do que o outro; então o resultado será impressionante. Na Figura 7.32, o pistão direito tem área 50 vezes maior do que a do pistão esquerdo (digamos que o pistão esquerdo tenha uma área de 100 centímetros quadrados, enquanto que o direito tenha área de 5.000 centímetros quadrados). Suponha que uma carga de 10 kg seja colocada sobre o pistão esquerdo. Então uma pressão adicional (de aproximadamente 1 N/cm^2), devido ao peso dessa carga, será transmitida integralmente através do líquido, exercendo uma força sobre o pistão maior, orientada de baixo para cima. É aqui que entra a diferença entre força e pressão. A pressão adicional é exercida sobre cada centímetro quadrado do pistão maior. Uma vez que, agora, a área é 50 vezes maior, uma força 50 vezes maior será exercida sobre este pistão. Logo, este pistão suportará uma carga de 500 kg – cinqüenta vezes maior do que a carga sobre o pistão menor!

Isto *é* um fato extraordinário, pois podemos multiplicar forças usando um dispositivo desse tipo. Uma força de "entrada" com valor de 1 newton produz 50 newtons como "saída". Aumentando-se ainda mais a área do pistão maior (ou reduzindo a área do pistão menor), podemos, em princípio, multiplicar a força por qualquer fator que desejarmos. O princípio de Pascal é o princípio de funcionamento da prensa hidráulica.

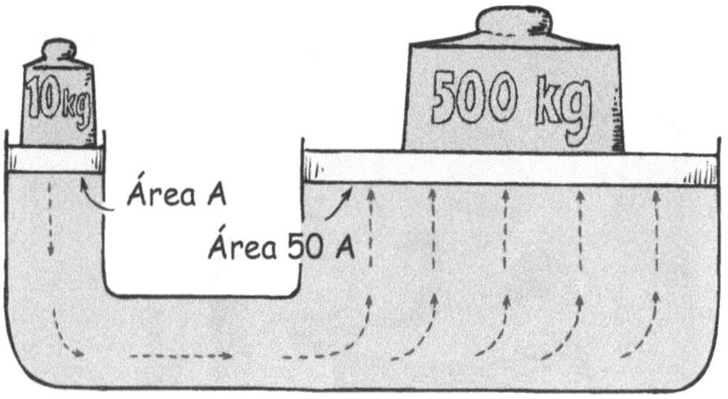
10 kg
500 kg
Área A
Área 50 A

FIGURA 7.32
Uma carga de 10 kg sobre o pistão esquerdo sustentará uma carga de 500 kg sobre o pistão direito.

A prensa hidráulica de fato não viola o princípio da conservação da energia, pois a diminuição da distância ao longo da qual o maior pistão é movimentado compensa o aumento da força exercida sobre ele. Quando o pequeno pistão da Figura 7.32 for movimentado 10 centímetros para baixo, o pistão grande será elevado apenas cinqüenta avos disso, ou seja, apenas 0,2 centímetros. A força na entrada multiplicada pela distância de deslocamento do pistão menor é igual à força na saída multiplicada pela distância pela qual o pistão maior é movimentado. Este é mais um exemplo de uma máquina simples, que opera segundo o mesmo princípio de funcionamento de uma alavanca mecânica.

O princípio de Pascal se aplica a todos os fluidos, sejam líquidos ou gases. Uma aplicação típica desse princípio para gases e líquidos é o elevador de automóveis, encontrado em muitos postos de serviço (Figura 7.33). O aumento da pressão do ar, através da ação de um compressor, é transmitido pelo ar até a superfície livre de um tanque de óleo no subsolo. O óleo, por sua vez, transmite a pressão a um pistão, o qual ergue o automóvel. A pressão relativamente baixa que a força ascendente exerce sobre o pistão é praticamente igual à pressão do ar nos pneus dos automóveis.

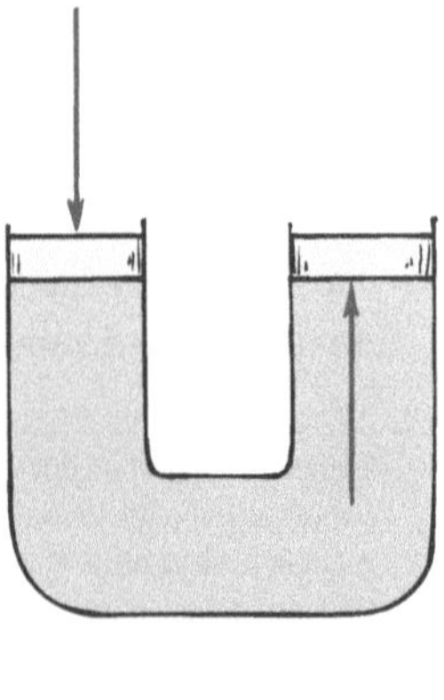

FIGURA 7.31
A força exercida sobre o pistão esquerdo aumenta a pressão no líquido, e o aumento é transmitido ao pistão direito.

Pascal é lembrado cientificamente pela hidráulica, que alterou o panorama tecnológico de então mais do que o próprio Pascal imaginava. Teologicamente, ele é lembrado por suas muitas asserções, uma das quais se refere a séculos do panorama humano: "Os homens jamais fazem o mal tão alegre e completamente como quando eles o fazem por convicções religiosas".

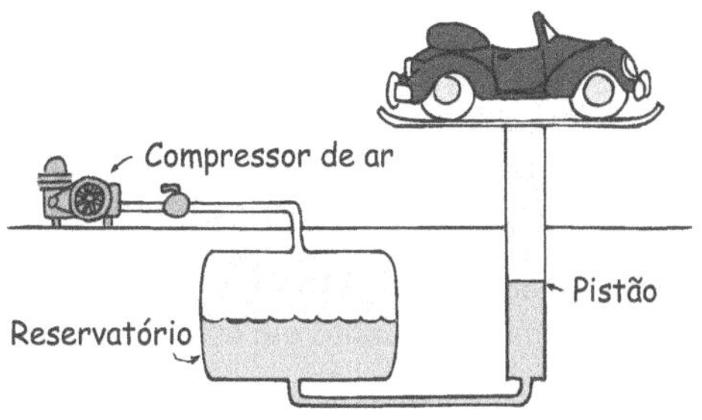
Compressor de ar
Pistão
Reservatório

FIGURA 7.33

O princípio de Pascal em ação em um posto de combustíveis.

A hidráulica é empregada em modernos dispositivos cujos tamanhos vão desde muito pequenos até enormes. Preste atenção nos pistões hidráulicos usados nas construções que envolvem cargas pesadas (Figura 7.34).

FIGURA 7.34

O princípio de Pascal em ação nos dispositivos hidráulicos desta máquina comum, mas incrível. Podemos especular se Pascal teria imaginado que as aplicações de seu princípio permitiriam que cargas enormes pudessem ser facilmente erguidas.

PARE E TESTE A SI MESMO

1. Enquanto o automóvel da Figura 7.33 está sendo erguido, como se compara a mudança no nível do óleo no reservatório com a distância através da qual o automóvel é deslocado?
2. Se um amigo comentasse que um dispositivo hidráulico é uma maneira comum de multiplicar energia, o que você diria a respeito?

VERIFIQUE SUAS RESPOSTAS

1. O carro é elevado por uma distância maior que aquela em que baixa o nível do óleo, pois a área do pistão é menor do que a área superficial do óleo no reservatório.
2. Não, não, não! Embora um dispositivo hidráulico, da mesma forma que uma alavanca mecânica, possa multiplicar forças, ele sempre o faz à custa da distância deslocada. A energia é produto da força pela distância. Se aumentar uma, a outra diminui. *Jamais se encontrou um dispositivo que multiplicasse energia!*

7.9 Empuxo em gases

Um caranguejo que vive no fundo do oceano observa uma água-viva e outros seres marinhos flutuando acima dele. Analogamente, vivemos no fundo de nosso oceano de ar e olhamos para cima para observar balões e outros objetos mais leves do que o ar flutuando acima de nós. Um balão flutua no ar e uma água-viva fica suspensa na água pela mesma razão: cada qual é empurrado para cima pela força de empuxo, igual ao peso do fluido deslocado, que equilibra seu próprio peso. Já aprendemos que objetos na água são empurrados para cima porque a pressão contra seu fundo é maior do que a pressão sobre seu topo. Analogamente, a pressão do ar no fundo de um objeto imerso em ar produz uma força maior do que aquela produzida pela pressão na parte superior do objeto. Em ambos os casos, o empuxo é numericamente igual ao peso do fluido deslocado. O princípio de Arquimedes vale tanto para o ar quanto para a água:

Sobre um objeto rodeado por ar é exercida uma força de empuxo orientada de baixo da para cima e numericamente igual ao peso do ar deslocado.

Sabemos que um metro cúbico de ar, nas condições ordinárias de pressão e temperatura ambiente, tem uma massa de aproximadamente 1,2 quilograma, de modo que seu peso é cerca de 12 newtons. Portanto, sobre qualquer objeto de 1 metro cúbico, imerso no ar, é exercido um empuxo de aproximadamente 12 newtons. Se a massa do objeto de 1 metro cúbico for maior do que 1,2 quilograma (tal que seu peso seja maior do que 12 newtons), ele cairá ao ser solto no ar. Se um objeto deste tamanho tiver massa menor do que 1,2 quilogramas, a força de empuxo será maior que o peso, e ele subirá. Qualquer objeto que tenha uma massa menor do que a massa de um volume igual de ar se elevará. Outro modo de dizer o mesmo é afirmar que qualquer objeto menos denso do que o ar nele se elevará. Os balões a gás que sobem no ar são, portanto, menos densos do que o ar.

Se não houvesse ar no balão, ele não teria peso (a não ser o peso do material do qual é feito o balão), mas então ele seria esmagado. O gás usado nos balões impede que a atmosfera os esmague. O hidrogênio é o mais leve dos gases, mas ele é raramente usado por ser altamente inflamável. Em balões esportivos, o gás é simplesmente ar aquecido. Nos balões construídos para alcançar grandes altitudes ou para permanecer no ar por muito tempo, geralmente o gás usado é o hélio. Sua densidade é suficientemente pequena para que o peso total do próprio hélio, do balão e de qualquer carga que carregue seja menor do que o peso do ar que ele desloca. Um gás de baixa densidade é utilizado em balões pela mesma razão pela qual a cortiça era usada para construir salva-vidas. A cortiça possui a tendência nem um pouco surpreendente de subir para a superfície da água, como o balão tem a tendência nada surpreendente de elevar-se no ar. Ambos sofrem a ação de um empuxo, como qualquer outra coisa. Eles apenas são suficientemente leves para que o empuxo seja significativo.

Diferentemente da água, a atmosfera não possui uma superfície livre bem-definida. Além disso, ao contrário da água, a atmosfera torna-se cada vez menos densa com o aumento da altitude. Enquanto a cortiça flutua na superfície da água, um balão cheio com hélio não se eleva até alguma superfície atmosférica. Até que altura ele subirá? Podemos enunciar a resposta de várias maneiras diferentes. Um balão se manterá subindo enquanto deslocar um peso de ar maior do que o seu próprio peso. Como o ar torna-se menos denso com a altitude, um peso progressivamente menor de ar será deslocado para cada novo valor de volume ocupado enquanto o balão sobe. Quando o peso do ar deslocado se igualar ao peso total do balão, a aceleração ascendente deixará de existir. Podemos também dizer que, quando a força de empuxo sobre o balão se igualar ao seu peso, o balão deixará de subir. De modo equivalente, quando a densidade média do balão (que inclui sua carga total) se igualar à densidade do ar circundante, o balão deixará de subir. Os balões de brinquedo cheios de hélio normalmente acabam se rompendo depois de soltos porque, ao se elevarem a regiões onde a pressão é menor, o hélio do balão se expande, aumentando o volume do balão e distendendo a borracha até rompê-la.

Grandes dirigíveis são projetados de modo que, quando carregados, eles se elevem suavemente no ar, ou seja, seu peso total é apenas um pouco menor do que o peso do ar deslocado. Quando ele se encontra em movimento, a nave pode ser elevada ou abaixada por meio de "lemes" horizontais de controle.

Até aqui temos tratado da pressão para situações em que o fluido é estacionário. O movimento do mesmo introduz efeitos adicionais.

PARE E TESTE A SI MESMO

1. Existe de fato uma força de empuxo exercida sobre você? Se existe, por que você não se mantém flutuando sob a ação dessa força?
2. Como se altera a força de empuxo sobre um balão de hélio enquanto ele está subindo?

VERIFIQUE SUAS RESPOSTAS

1. *Existe* realmente uma força de empuxo exercida sobre você, a qual o *empurra para cima*. Você não percebe a força de empuxo apenas porque seu peso é muito maior do que ela.
2. Se o balão é livre para se expandir enquanto sobe, o aumento do volume é contrabalançado pela diminuição da densidade do ar a grandes altitudes. Assim, curiosamente, o maior volume de ar deslocado não tem um peso maior, e o empuxo permanece o mesmo. Se o balão não tem liberdade de se expandir, o empuxo diminuirá progressivamente enquanto ele sobe, por causa do ar cada vez menos denso que é deslocado. Normalmente os balões se expandem no início da subida e, se não se rompem, a borracha acaba atingindo uma distensão máxima e o balão acomoda-se numa altitude em que o empuxo se iguala ao peso.

7.10 O princípio de Bernoulli

Considere um fluxo contínuo, de líquido ou gás, através de uma tubulação: o volume de fluido que atravessa qualquer seção transversal da tubulação, durante um dado intervalo de tempo, é o mesmo que atravessa qualquer outra seção da tubulação durante o mesmo tempo – inclusive se ela se estreitar ou se alargar ao longo do caminho. Para um fluxo contínuo, o fluido acelera ao passar de uma parte larga para outra mais estreita do cano. Isso é evidente quando um rio largo e lento passa a fluir mais rápido ao entrar em um desfiladeiro estreito ou em uma mangueira de jardim, em que o jato de água torna-se mais rápido quando você aperta a ponta dela e a torna mais estreita.

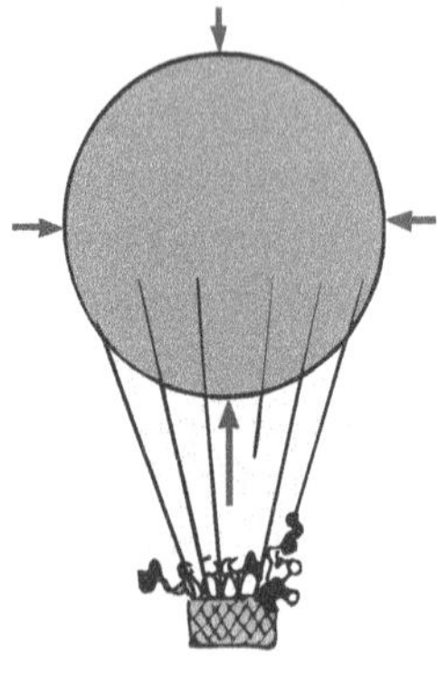

FIGURA 7.35
Todos os corpos são empurrados para cima por uma força de valor igual ao do peso do ar que eles deslocam. Por que, então, um objeto qualquer não flutua como este balão?

FIGURA 7.36
Como o fluxo é contínuo, a água acelera ao passar através de partes estreitas e/ou rasas do riacho.

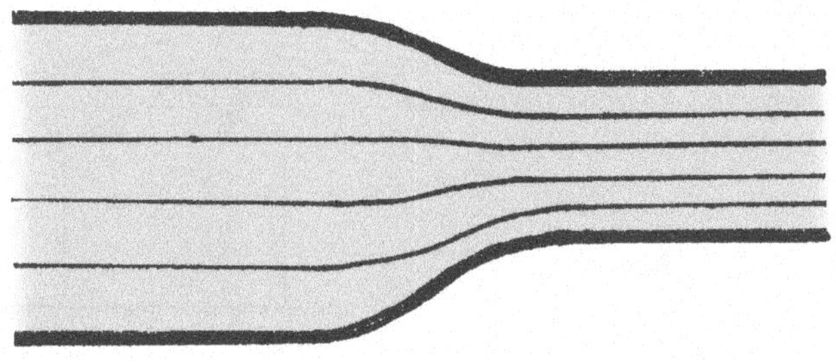

FIGURA 7.37
A água acelera ao fluir dentro de um tubo estreito. Linhas de corrente mais próximas indicam um aumento da rapidez e uma diminuição da pressão interna.

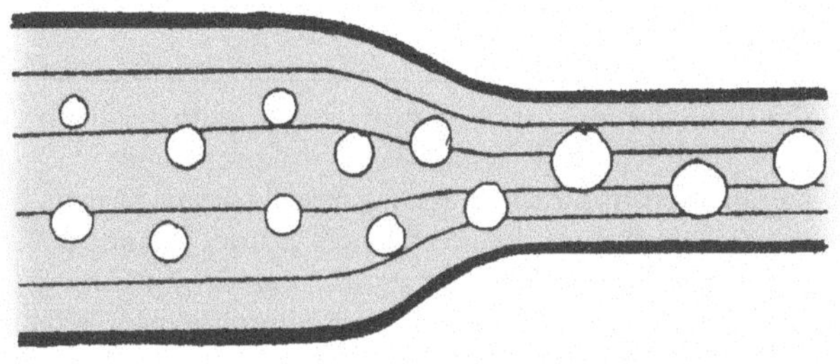

FIGURA 7.38
A pressão interna é maior na água que se move mais lentamente, na parte larga do tubo, como é evidenciado pelas bolhas de ar comprimidas. As bolhas são grandes na parte mais estreita do tubo porque aí a pressão interna é menor.

Em escoamento estacionário, o movimento de um fluido segue *linhas de corrente* imaginárias, representadas por linhas finas na Figura 7.36 e em outras figuras que seguem. As linhas de corrente são trajetórias suaves descritas por pequenas partes do fluido. As linhas são mais próximas em regiões mais estreitas, onde a rapidez de escoamento é maior. (Linhas de corrente são visíveis quando fumaça ou outros fluidos visíveis atravessam aberturas igualmente espaçadas em um túnel de vento.)

psc

Uma vez que o volume de água que flui através de um cano com diferentes áreas de seção transversal *A* mantém-se constante, a rapidez *v* do fluxo será alta onde a área for pequena, e baixa onde a área for grande. Isso é estabelecido pela equação da continuidade:

$$A_1v_1 = A_2v_2$$

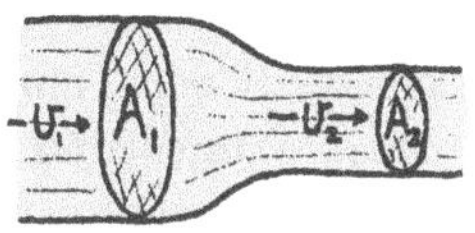

O produto A_1v_1, no ponto 1, é igual ao produto A_2v_2, no ponto 2.

Daniel Bernoulli, um cientista suíço do século XVIII, estudou o movimento dos fluidos em tubos. Sua descoberta, agora conhecida como princípio de Bernoulli, pode ser enunciada como:

Onde a velocidade de um fluido aumentar, a pressão interna do mesmo diminuirá.

Onde as linhas de corrente de um fluido se tornarem mais próximas, a velocidade do fluido será maior e a pressão em seu interior será menor. Variações da pressão interna são evidentes quando a água contém bolhas de ar. O volume de uma bolha dessas depende da pressão exercida pela água que a circunda. Onde a água adquire velocidade, a pressão diminui e as bolhas tornam-se maiores. Onde a água desacelera, a pressão aumenta e as bolhas tornam-se menores.

O princípio de Bernoulli é uma conseqüência da conservação de energia, embora, surpreendentemente, ele tenha sido desenvolvido antes do conceito de energia ser formalizado[9]. A abordagem completa do movimento de um fluido através de métodos de energia é muito complicada. Em termos simples, maior rapidez e maior energia cinética significam menor pressão, e maior pressão significa menor rapidez e menor energia cinética.

O princípio de Bernoulli aplica-se a um fluxo suave e estacionário (denominado *fluxo laminar*) de um fluido cuja densidade é constante. Para valores de rapidez superiores a um determinado valor crítico, entretanto, o fluxo pode tornar-se caótico (denominado *fluxo turbulento*) e passar a descrever trajetórias variáveis e encaracoladas, denominadas *vórtices* ou redemoinhos. Isso exerce atrito sobre o fluido e dissipa parte de sua energia. Neste caso, a equação de Bernoulli não se aplica tão bem.

psc

Tanto em líquidos quanto em gases, o atrito entre camadas que deslizam umas sobre as outras é chamado de viscosidade, e é uma propriedade de todos os fluidos.

A diminuição da pressão do fluido com o aumento da rapidez, à primeira vista, pode parecer surpreendente, especialmente se você confundir a pressão *dentro* do fluido, ou pressão interna, com a pressão exercida pelo fluido sobre qualquer coisa que interfira em seu caminho. A pressão interna em um fluxo de água e a pressão externa que ele pode exercer sobre algo que encontre em seu caminho são duas pressões diferentes. Quando o momentum da água em movimento, ou de qualquer outra coisa, é reduzido subitamente, o impulso exercido é relativamente enorme. Um exemplo disso são os jatos de água de alta velocidade usados para cortar o aço em certas oficinas especializadas. A água possui uma pressão interna muito pequena, mas a pressão que o jato dela exerce sobre o aço que se interpõe em seu caminho é enorme.

---

[9] Em forma matemática: $1/2\ mv^2 + mgy + pV =$ constante (ao longo de uma linha de corrente); onde m é a massa de um pequeno volume V, v representa sua rapidez, g a aceleração da gravidade, y sua elevação vertical e p a sua pressão interna. Expressando a massa m em termos da densidade ρ (Rô), igual a m/V, e dividindo cada um dos termos por V, a equação de Bernoulli torna-se $1/2\ \rho v^2 + \rho gy + p =$ constante. Com isso, todos os três termos do lado esquerdo possuem unidades de pressão. Se y não variar, um aumento de v significará uma diminuição de p, e vice-versa. Note que, quando v é zero, a equação de Bernoulli se reduz a $\Delta p = -\rho g \Delta y$ (peso específico × profundidade).

Do Capítulo 5, recorde-se que uma grande variação de momentum está associada com um grande impulso comunicado. Logo, quando a água de uma mangueira de bombeiro o atinge, o impulso poderá ser capaz de retirar seus pés do chão. Curiosamente, a pressão dentro da água é relativamente pequena!

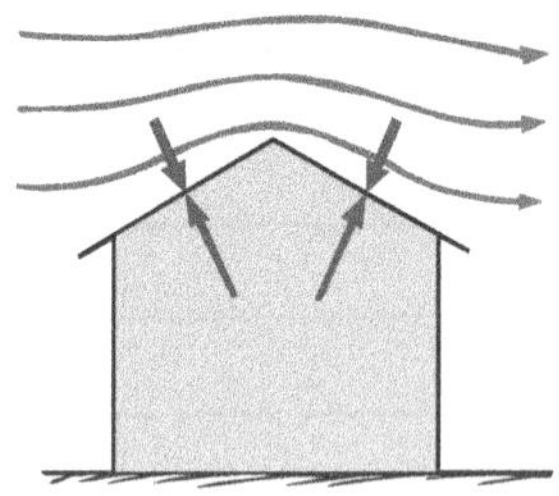

FIGURA 7.40
A pressão do ar acima do telhado é menor do que a pressão do ar abaixo do mesmo.

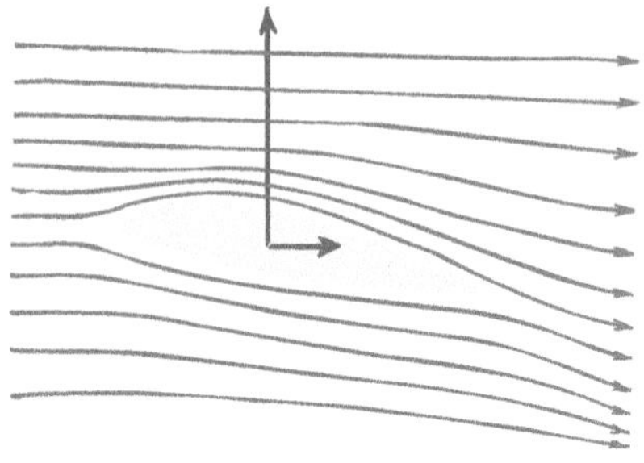

FIGURA 7.41
O vetor vertical representa a força resultante orientada para cima (sustentação), que decorre da pressão maior do ar abaixo da asa do que acima dela. O vetor horizontal representa a força de arrasto do ar.

Aplicações do princípio de Bernoulli

Mantenha uma folha de papel em frente a sua boca, como mostrado na Figura 7.39. Quando você sopra sobre a superfície superior da folha, o papel se eleva. Isso ocorre porque a pressão interna do ar que se move na parte superior do papel é menor do que a pressão atmosférica abaixo dele.

Qualquer pessoa que já tenha andado em um carro conversível, com a cabina fechada, percebeu que a parte superior da lona estufa enquanto o carro está se movendo. Isto é, novamente, uma conseqüência do princípio de Bernoulli. A pressão do lado de fora é menor sobre a parte superior da lona, onde o ar está se movendo, do que a pressão atmosférica estática do lado de dentro. O resultado é uma força resultante exercida sobre o tecido da capota de baixo para cima.

Considere o vento soprando acima de um telhado inclinado. O vento é acelerado ao passar por cima da cumeeira do telhado, como indica o amontoamento das linhas de corrente nesta região. A pressão ao longo das linhas de corrente é reduzida onde elas se aproximam umas das outras. A pressão mais elevada no interior do telhado pode erguê-lo e despregá-lo da casa. Durante uma forte tempestade, a diferença entre as pressões interior e exterior à casa de fato não precisa ser muito grande. Uma pequena diferença de pressão sobre uma grande área pode resultar numa força formidável sobre o telhado.

Se, no exemplo anterior, considerarmos o telhado soprado pelo vento como análogo à asa de um aeroplano, poderemos compreender melhor a origem da força de sustentação que mantém voando um avião pesado. Em ambos os casos, uma maior pressão do lado de baixo do telhado ou da asa a empurra para a região mais alta, onde a pressão é menor. As asas são construídas com uma variedade de formatos. O que todas possuem em comum é o fato de que o ar é forçado a fluir mais rápido acima da superfície da asa do que abaixo dela. Isso é conseguido principalmente pela inclinação da asa em relação à horizontal, segundo um ângulo denominado *ângulo de ataque*. Dessa maneira, o ar flui mais rápido acima da superfície superior da asa pela mesma razão pela qual ele flui mais rápido no estreitamento de um tubo ou em qualquer outra região estreitada. Com freqüência, mas nem sempre, a diferença entre os diferentes valores da rapidez de fluxo do ar acima e abaixo de uma asa é reforçada pela diferença nas curvaturas das superfícies superior e inferior da asa (a *curva do aerofólio*). O resultado, então, é que as linhas de corrente tornam-se ainda mais próximas entre si ao longo da superfície superior da asa do que na superfície inferior. Quando a diferença média de pressão na asa é multiplicada por sua área superficial, temos uma força resultante exercida de baixo para cima – a sustentação. A força de sustentação é maior quando existe uma asa de grande área e quando o avião está voando rápido. Aviões planadores possuem uma asa com área muito grande em relação ao seu próprio tamanho de modo que não precisem voar muito rápido para obter sustentação suficiente. Em outro exemplo, aviões de combate, projetados para voar em altas velocidades, possuem a área da asa muito pequena em relação ao seu peso. Conseqüentemente, eles devem decolar e aterrissar com altos valores de rapidez.

FIGURA 7.39
O papel se eleva quando Tim sopra ar sobre a superfície superior do papel.

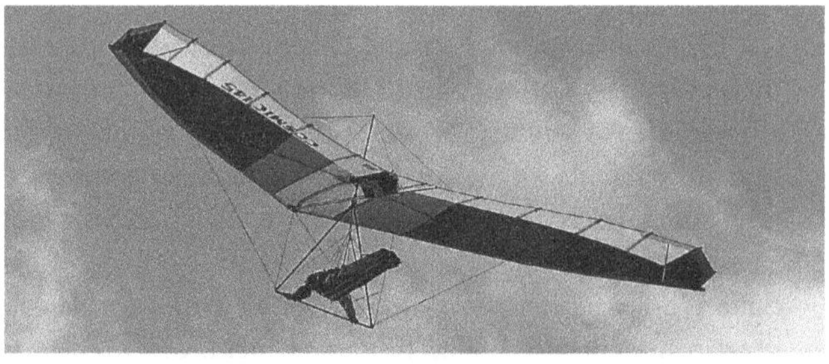

FIGURA 7.42
Onde a pressão do ar é maior – na parte de cima ou na parte de baixo da superfície desta asa-delta?

FIGURA 7.43

(a) As linhas de corrente são idênticas em ambos os lados de uma bola de beisebol sem rotação. (b) Uma bola em rotação produz um amontoamento das linhas de corrente. A decorrente "sustentação" (seta vermelha) faz com que a bola se curve como mostrado pela seta azul.

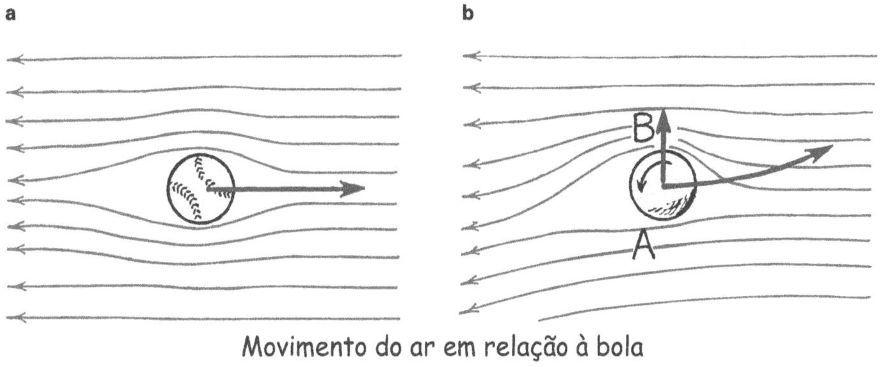
a
b
B
A
Movimento do ar em relação à bola

Todos sabemos que um arremessador de beisebol pode atirar uma bola de maneira que sua trajetória se curve quando a bola se aproxima da base principal. Analogamente, um tenista pode rebater a bola de modo que sua trajetória se curve de maneira parecida. Ao redor da bola, uma fina camada de ar é arrastada junto com ela, girando junto por causa do atrito, que é aumentado pelas costuras existentes na bola de beisebol ou pelo feltro da bola de tênis. A camada móvel de ar produz um amontoamento das linhas de corrente em um lado da bola. Note que, na Figura 7.43b, para o sentido de rotação mostrado, as linhas de corrente estão mais amontoadas em B do que em A. A pressão do ar é maior em A, e a trajetória descrita pela bola se curvará como mostrado.

Descobertas recentes revelam que muitos insetos conseguem melhorar a sustentação realizando movimentos semelhantes aos de uma bola de beisebol que se curva devido ao efeito aerodinâmico. Curiosamente, a maior parte dos insetos não bate suas asas para cima e para baixo, e sim para a frente e para trás, com uma determinada inclinação a fim de que o ângulo de ataque adequado seja obtido. Entre as batidas, as asas executam movimentos semicirculares para gerar sustentação.

Uma bomba de aerossol comum, como a de um pulverizador de perfume, utiliza-se do princípio de Bernoulli. Quando o bulbo é apertado, o ar é expelido com grande rapidez transversal pela extremidade aberta de um tubo que mergulha no perfume. Isso reduz a pressão no tubo, enquanto a pressão atmosférica exercida sobre o líquido abaixo o empurra para cima através do tubo até que ele seja levado pela corrente de ar assim produzida.

O princípio de Bernoulli explica por que caminhões que passam próximos um do outro em uma auto-estrada são puxados, um em direção ao outro, e por que navios que navegam próximos e paralelamente correm risco de colidirem lateralmente. Entre os dois navios, a água se desloca mais rapidamente do que a água que passa do outro lado de cada navio. As linhas de corrente estão mais próximas umas das outras na região entre os navios do que do lado de fora, de modo que a pressão da água exercida sobre os cascos é reduzida na região situada entre os barcos. A menos que os lemes dos navios sejam usados para compensar este efeito, a pressão maior no lado oposto de cada barco os fará se aproximarem. A Figura 7.45 mostra como realizar uma demonstração disso na pia da cozinha ou do banheiro.

O princípio de Bernoulli desempenha um pequeno papel também quando a cortina do boxe de seu chuveiro se inclina em sua direção quando o jato d'água está fluindo com grande velocidade. A pressão no interior do boxe

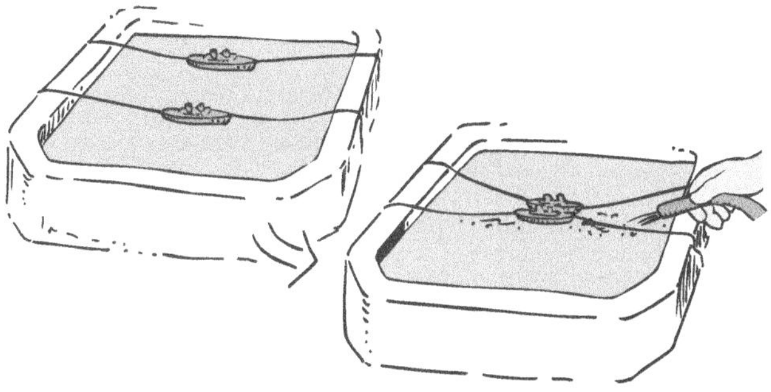

FIGURA 7.45

Tente fazer isso em sua pia. Amarre firmemente um par de barcos de brinquedo lado a lado numa pia. Depois direcione uma corrente de água por entre eles. Os barcos se atrairão e colidirão. Por quê?

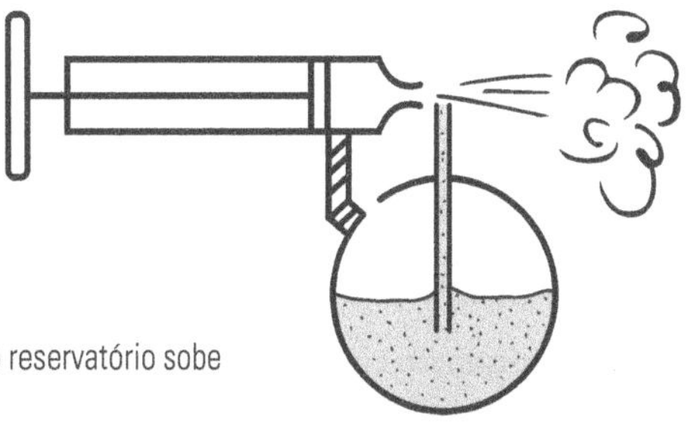

FIGURA 7.44

Por que o líquido do reservatório sobe pelo tubo?

FIGURA 7.46

Por que você não consegue soprar o cartão dobrado para fora da mesa quando sopra através do arco formado pelo cartão?

Droga, você também,
Daniel Bernoulli!

FIGURA 7.47
A forma curva de um guarda-chuva pode ser desvantajosa em um dia ventoso.

do chuveiro é reduzida pela movimentação do fluido, e a pressão relativamente maior do lado externo do boxe empurra as cortinas para dentro. Como tantas coisas complexas do mundo cotidiano, todavia, isso é apenas um dos princípios da física que se aplica aqui. Mais importante é a convecção do ar aquecido dentro do boxe do chuveiro. Seja como for, da próxima vez que você estiver tomando banho de chuveiro e as cortinas se aproximarem novamente das suas pernas, lembre-se de Daniel Bernoulli!

PARE E TESTE A SI MESMO

Pequenos balões dirigíveis, aeroplanos e foguetes operam sob três princípios diferentes. Qual deles funciona com base no empuxo? No princípio de Bernoulli? Na terceira lei de Newton?

VERIFIQUE SUAS RESPOSTAS

Pequenos dirigíveis funcionam com base no empuxo, aeroplanos funcionam baseados no princípio de Bernoulli, e foguetes, na terceira lei de Newton. Curiosamente, a terceira lei de Newton também desempenha uma papel significativo no vôo de um aeroplano – a asa empurra o ar para baixo, enquanto o ar desviado a empurra para cima.

SUMÁRIO DE TERMOS

Densidade Quantidade de matéria por unidade de volume.

$$\text{Densidade} = \frac{\text{massa}}{\text{volume}}$$

O *peso específico* é expresso como peso por unidade de volume.

Pressão A razão entre a força e a área sobre a qual ela está distribuída:

$$\text{Pressão} = \frac{\text{força}}{\text{área}}$$

$$\text{Pressão no líquido} = \text{peso específico} \times \text{profundidade}$$

Força de empuxo A força total que um fluido exerce para cima sobre um objeto imerso.

Princípio de Arquimedes Sobre um corpo imerso é exercida uma força orientada de baixo para cima igual ao peso do fluido que ele desloca.

Princípio de flutuação Um objeto que flutua desloca um peso de fluido igual ao seu próprio peso.

Lei de Boyle O produto da pressão pelo volume é constante para uma dada massa de gás confinado, sem importar as variações individuais da pressão e do volume, desde que a temperatura se mantenha constante. O produto da pressão pelo volume de uma região 1 é igual ao produto da pressão multiplicada pelo volume de uma região 2:

$$P_1V_1 = P_2V_2$$

Pressão atmosférica A pressão exercida sobre todo corpo imerso na atmosfera, decorrente do peso de ar acima dele. Ao nível do mar, a pressão atmosférica vale cerca de 101 kPa.

Barômetro Qualquer dispositivo capaz de medir a pressão atmosférica.

Princípio de Pascal A variação de pressão produzida em uma região qualquer de um fluido em repouso, confinado a um recipiente, é transmitida integralmente através do fluido.

Princípio de Bernoulli Em um fluido que se move uniformemente sem atrito ou perda de energia, a pressão diminui quando a velocidade do fluido aumenta.

QUESTÕES DE REVISÃO

1. Dê dois exemplos de fluidos.

7.1 Densidade

2. O que acontece ao volume de um pedaço de pão que é amassado? O que ocorre com sua massa? E com sua densidade?
3. Faça distinção entre densidade, ou massa específica, e peso específico. Quais são a massa específica e o peso específico da água?

7.2 Pressão

4. Faça distinção entre força e pressão.

7.3 Pressão em líquidos

5. Como a pressão em um líquido varia com a profundidade? Como a pressão exercida por um líquido varia com a variação da densidade do líquido?
6. Desprezando a pressão atmosférica, se você nadar a uma profundidade duas vezes maior na água, qual será a pressão adicional exercida sobre seus ouvidos? Se você estiver nadando dentro de água salgada, a pressão será maior do que em água doce, a uma mesma profundidade? Justifique em caso afirmativo ou negativo.
7. Como se compara a pressão da água 1 metro abaixo da superfície de uma pequena lagoa com a pressão 1 metro abaixo da superfície de um lago enorme?
8. Se você fizer um furo em um recipiente cheio de água, em que direção a água inicialmente fluirá para fora do recipiente?

7.4 Empuxo em líquidos

9. Por que é exercida uma força de baixo para cima sobre um objeto submerso em água?
10. Como se compara o volume de um objeto completamente submerso com o volume de água deslocada?

7.5 O princípio de Arquimedes

11. Enuncie o princípio de Arquimedes.
12. Qual é a diferença entre estar imerso e estar submerso?
13. Como se compara a força de empuxo sobre um objeto com o peso da água deslocada?
14. Qual é, em quilograma, a massa de 1 L de água? Qual é o seu peso em newtons?
15. Se um recipiente de 1 L for imerso pela metade em água, qual será o volume de água deslocada? Qual é a força de empuxo exercida sobre o recipiente?
16. A força de empuxo sobre um objeto completamente submerso depende do peso do mesmo ou do peso do fluido deslocado por ele? Esta força depende do peso do objeto ou de seu volume? Justifique suas respostas.
17. Existe alguma condição para que a força de empuxo sobre um objeto seja igual ao seu peso? Qual é esta condição?
18. A força de empuxo sobre um objeto submerso depende do seu volume?
19. A força de empuxo sobre um objeto flutuante depende do peso do objeto ou do peso de fluido deslocado por ele? Ou estes dois pesos são iguais para o caso especial de flutuação? Justifique sua resposta.
20. Qual é o peso da água deslocada por um navio de 100 toneladas? Qual é a força de empuxo exercida sobre ele?

7.6 Pressão em gases

21. Descreva as diferenças fundamentais entre os líquidos e os gases.
22. Em quanto aumenta a densidade do ar quando ele é comprimido até a metade do volume inicial?
23. O que acontece à pressão do ar dentro de um balão que é comprimido até seu volume se reduzir à metade, com a temperatura mantida constante?
24. Enuncie a lei de Boyle e dê um exemplo de sua aplicação.

7.7 Pressão atmosférica

25. Qual é a massa, em quilogramas, de um metro cúbico de ar à temperatura ambiente (20°C)?
26. Qual é a massa aproximada, em quilogramas, de uma coluna de ar com seção transversal de 1 cm^2 que se estende desde o nível do mar até a atmosfera superior? Qual é o peso em newtons desta quantidade de ar?
27. Como se compara a pressão exercida em baixo, na base da coluna de mercúrio com 76 cm de um barômetro, com a pressão do ar na parte inferior da atmosfera?
28. Como se compara o peso do mercúrio em um barômetro de tubo com o de uma coluna de ar, com a mesma seção transversal, que vai do nível do mar até o topo da atmosfera?
29. Por que um barômetro de água teria de ser 13,6 vezes mais alto do que um de mercúrio?
30. Quando se bebe um líquido através de um canudinho, é mais correto dizer que o líquido é empurrado para cima ao invés de sugado através do canudo? O que está empurrando o líquido, exatamente? Justifique sua resposta.

7.8 O princípio de Pascal

31. O que acontecerá à pressão em todas as partes de um fluido confinado quando a pressão em uma parte do mesmo for aumentada?

7.9 Empuxo em gases

32. Um balão com 1 N de peso é suspenso no ar, sem subir ou descer. Qual é a força de empuxo exercida sobre ele? O que acontecerá se a força de empuxo diminuir? E se ela aumentar?

7.10 O princípio de Bernoulli

33. Enuncie o princípio de Bernoulli.
34. O que são linhas de corrente? A pressão é maior ou menor em regiões onde as linhas de corrente estão mais amontoadas?
35. O princípio de Bernoulli se refere às variações de pressão interna em um fluido ou às pressões que um fluido pode exercer sobre os objetos com os quais se depara em seu caminho?
36. O que têm em comum os telhados inclinados, as capotas de carros conversíveis e as asas de aeroplanos quando o ar se move mais rápido ao longo de suas superfícies superiores?

ATIVIDADES EXPLORATÓRIAS

1. Tente fazer um ovo flutuar na água. Depois dissolva sal de cozinha na água, até que o ovo flutue. Qual é a densidade do ovo comparada à densidade da água da torneira? E quando comparada à densidade da água salgada?
2. Faça dois furos próximos ao fundo de um recipiente cheio de água e ela começará a jorrar para fora devido à pressão interna do líquido. Agora deixe o recipiente cair e, durante a queda livre, você notará que a água não mais jorrará para fora! Se seus colegas não compreenderem por que isso ocorre, você seria capaz de entender e depois explicar para eles?

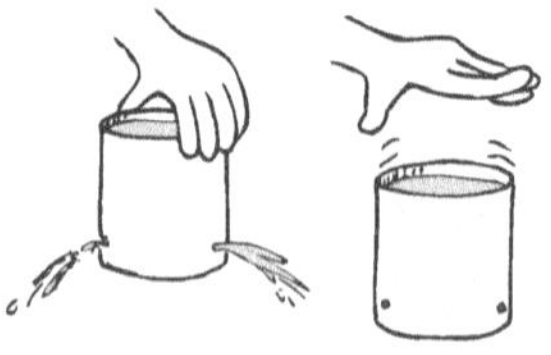

3. Coloque uma bola de pingue-pongue em uma lata com água e mantenha a lata acima da altura de sua cabeça. Depois deixe o recipiente cair sobre um piso duro. Devido à tensão superficial, durante a queda a bola será puxada para baixo da superfície da água. O que acontecerá quando a lata parar subitamente?
4. Tente fazer isso quando estiver lavando pratos. Coloque um copo de vidro com a boca virada para baixo sobre um pequeno objeto flutuante (que deixa visível o lado interno do nível da água). O que você nota? Quão profundamente o copo terá de ser mergulhado na água a fim de que o volume do ar nele contido se reduza à metade? (Você não conseguirá comprimir o ar dessa maneira a menos que sua pia tenha 10,3 m de profundidade!)

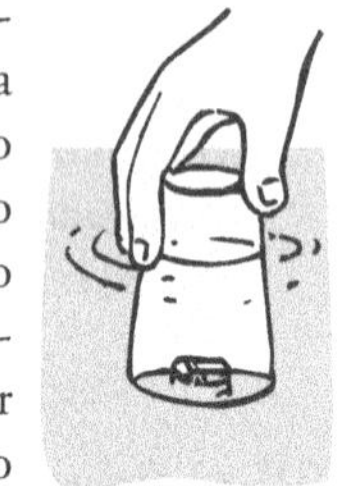

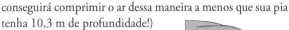

5. Você pode descobrir a pressão exercida pelos pneus de seu carro sobre a rodovia e compará-la com a pressão do ar nos pneus. Para isso, você precisará obter do manual do veículo, ou do revendedor, o peso de seu carro e dividi-lo por quatro, para encontrar o peso aproximado sustentado por cada pneu. Você pode também obter aproximadamente a área de contato de um dos pneus com a rodovia marcando as bordas do pneu sobre uma folha de papel milimetrado. Após obter a pressão do pneu sobre a rodovia, compare-a com a pressão do ar nos pneus. Elas são praticamente iguais? Ou uma delas é maior? Justifique sua resposta.

6. Normalmente você derrama água de um copo cheio para um copo vazio simplesmente posicionando o copo cheio acima do vazio e inclinando-o. Você já derramou ar de um copo para outro? O procedimento é semelhante. Mergulhe os dois copos com as bocas viradas para baixo. Deixe que um deles se encha com água, inclinando sua boca um pouco para cima. Então o segure com a boca virada para baixo, acima do copo cheio de ar. Lentamente, incline o copo de baixo e deixe o ar escapar dele, enchendo o copo acima. Você estará derramando ar de um copo para outro!

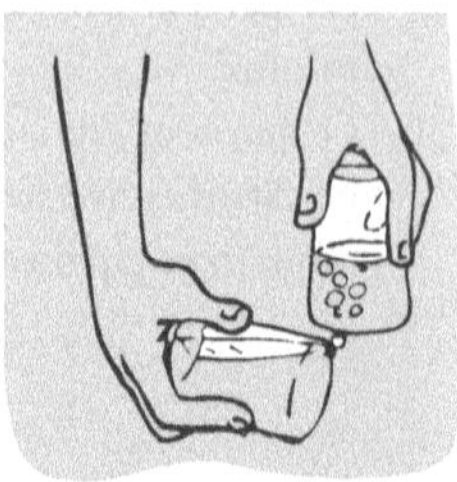

7. Mantenha um copo de vidro cheio com água acima da superfície da água de um recipiente, com a boca virada para baixo e posicionada abaixo da superfície. Por que a água não flui para fora do copo? Qual deveria ser a altura do copo para que a água começasse a sair dele? (Você não conseguirá fazer isso em um ambiente fechado, a menos que o teto esteja a pelo menos 10,3 m de altura acima da superfície da água.)

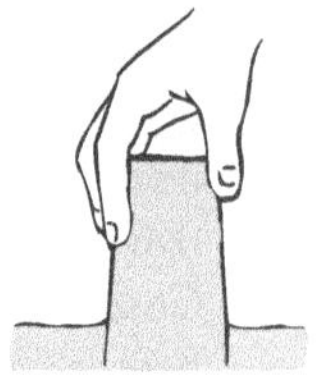

8. Segure um cartão sobre a boca de um copo de vidro cheio até a borda com água, e depois o inverta. Por que o cartão permanece no lugar? Tente de lado e explique o que acontece.

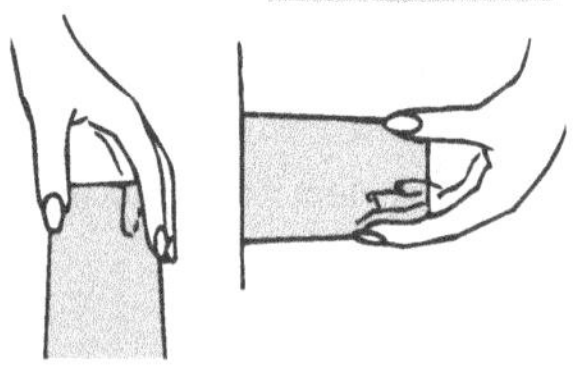

9. Inverta uma garrafa ou um pote de boca estreita, ambos completamente cheios com água. Observe que o líquido não cai simplesmente, mas sai em "golfadas" do recipiente. A pressão do ar não deixará que ele saia do recipiente até que algum ar tenha subido e penetrado nele, ocupando o espaço acima do líquido. Na Lua, como se esvaziaria uma garrafa invertida e cheia com água?
10. Em uma lata de refrigerante, aqueça uma pequena quantidade de água até ferver e depois inverta a lata em um prato com água fria. Observe como é surpreendente!
11. Faça um pequeno furo próximo ao fundo de uma lata de conserva. Encha a lata com água, e ela começará imediatamente a jorrar pelo furo. Cubra firmemente a boca da lata com a palma de sua mão e observe que cessa o jorro d'água. Explique isso.

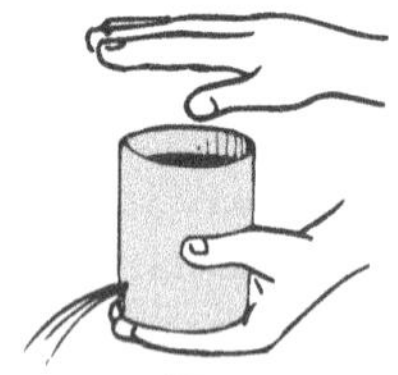

12. Mergulhe em água um tubo de vidro estreito ou um canudo e, depois, tampe firmemente o topo do mesmo com o dedo. Retire o tubo de dentro da água e, então, tire o dedo que o tampa. O que acontece? (Você fará isso com freqüência se estiver em atividade no laboratório de química.)

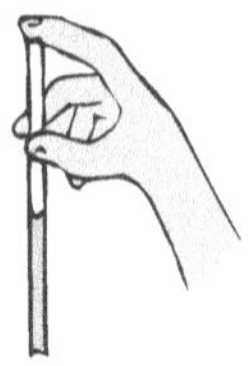

13. Sopre sobre a parte superior de um cartão com faz Tim na Figura 7.39. Tente fazer isso com colegas que não estão cursando física. Depois explique a eles o que se observa.

14. Fure um cartão com um alfinete e o posicione com o furo na frente do buraco de um carretel de linha de costura. Tente afastar o cartão do carretel soprando através do buraco do carretel. Experimente em todas as direções.
15. Segure uma colher próxima à corrente de água que sai de uma torneira, como mostrado ao lado, e sinta o efeito das diferenças de pressão.

EXERCÍCIOS

1. Fique em pé sobre uma balança de banheiro e verifique qual é o peso que ela marca. Se, então, você erguer um dos pés, ficando em pé sobre o outro, a leitura da balança se alterará? Uma balança deste tipo registra a força ou a pressão?
2. A foto mostra o professor de física Marshall Ellenstein caminhando de pés descalços sobre cacos de vidro em sua sala de aula. Que conceito da física ele está demonstrando com isso, e por que ele tomou o cuidado de assegurar que os cacos fossem pequenos e numerosos?

3. Em um mergulho profundo, uma baleia é consideravelmente comprimida pela pressão da água ao seu redor. O que acontece com a densidade da baleia?
4. A densidade de uma rocha não se altera quando ela é submersa em água. Sua densidade mudará quando você estiver submerso em água? Justifique sua resposta.
5. Por que pessoas confinadas em camas têm menos probabilidade de desenvolver úlceras em seus corpos se ficarem deitadas sobre uma cama d´água do que sobre uma cama de molas?
6. Se duas torneiras, uma acima e outra abaixo de uma escada, são completamente abertas, qual verterá mais água por segundo? Ou os fluxos das duas torneiras serão iguais?
7. O que você supõe que exerça maior pressão sobre o solo – um elefante ou uma mulher calçando sapatos de salto alto? (Qual dos dois provavelmente deixará marcas mais profundas sobre um piso de linóleo*?) Você pode realizar cálculos aproximados para cada um dos casos?
8. Suponha que você deseje estabelecer os alicerces de uma casa em um terreno montanhoso e cheio de arbustos. Como você poderia usar uma mangueira de jardim cheia d'água para determinar elevações iguais de pontos distantes?
9. Quando você está se banhando numa praia pedregosa, por que as pedras machucam menos seus pés quando você vai para uma parte funda?
10. Se a pressão em um líquido fosse a mesma em qualquer profundidade, existiria uma força de empuxo exercida sobre um objeto nele submerso? Explique.
11. As montanhas do Himalaia são ligeiramente menos densas do que o material do manto sobre o qual elas "flutuam". Você supõe que, como os icebergs, elas sejam mais profundas do que altas?
12. Que força é requerida para empurrar para baixo da superfície da água um caixote de papelão rígido e praticamente sem peso, de 1 L,?
13. Por que é impreciso dizer que os objetos pesados afundam e que leves flutuam? Dê alguns exemplos exagerados para fundamentar sua resposta.

* N. de T.: Tipo de tecido impermeável, untado com óleo de linhaça, usado para tapetes.

14. Comparado a um barco vazio, um barco carregado com uma carga de isopor afundaria mais ou se elevaria mais na água? Justifique sua resposta.
15. Uma barcaça cheia de ferro em pedaços se encontra numa comporta de um canal de navegação. Se o ferro for atirado para fora dela, o nível d'água nas paredes da comporta subirá, abaixará ou permanecerá inalterado? Explique.
16. O nível da água na comporta de um canal de navegação subiria ou baixaria se um navio de guerra fosse a pique dentro da comporta?
17. O lastro de um balão é tal que ele mal consegue manter-se acima da superfície da água. Se ele for empurrado para baixo da superfície do líquido, ele retornará para cima, permanecerá na profundidade para onde foi empurrado ou simplesmente afundará? Explique. (Dica: a densidade do balão se altera?)

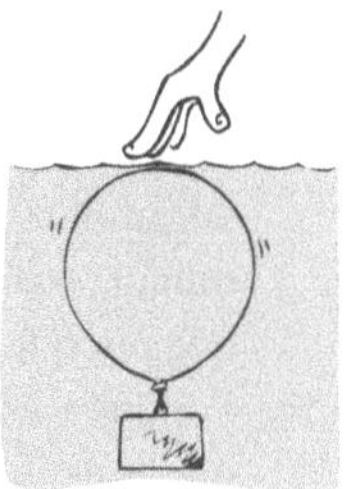

18. Um barco que veleja do oceano para um porto de água doce afunda um pouco mais na água ao chegar ao destino. A força de empuxo exercida sobre ele se alterou? Em caso afirmativo, ela cresceu ou diminuiu?
19. Suponha que você deva escolher entre dois tipos de coletes salva-vidas, idênticos em tamanho, mas sendo um deles leve e cheio de isopor, e o outro, muito pesado, cheio com pequenas esferas de chumbo. Se você submergir estes coletes na água, sobre qual deles será exercida uma força de empuxo maior? Sobre qual deles não será efetiva a força de empuxo? Por que as respostas são diferentes?
20. As densidades relativas da água, do gelo e do álcool valem, respectivamente, 1,0 g/cm^3, 0,9 g/cm^3 e 0,8 g/cm^3. Os cubos de gelo flutuarão mais acima ou mais abaixo em uma bebida alcoólica misturada com água? O que você pode afirmar sobre um coquetel em que os cubos de gelo ficam submersos no fundo do copo?
21. Quando um cubo de gelo derrete em um copo com água, o nível da água no copo sobe, baixa ou se mantém inalterado? Sua resposta mudará se o cubo de gelo possuir muitas bolhas de ar em seu interior? E se os cubos de gelo contiverem em seu interior muitos grãos pesados de areia?
22. Um balde preenchido até a metade com água é colocado sobre uma balança de molas. A marcação da balança aumentará ou permanecerá inalterada se um peixe for colocado dentro do balde? (Sua resposta seria diferente se o balde estivesse inicialmente cheio até a borda?)
23. Dizemos que a forma de um líquido é a mesma do recipiente que o contém. Mas sem recipiente e sem gravidade, qual é a forma natural de uma pequena porção de água?
24. Se você soltar uma bola de pingue-pongue abaixo da superfície da água, ela subirá para a superfície. Ela faria o mesmo se fosse submersa em uma enorme bolha de água flutuando sem peso em uma espaçonave em órbita?

25. Diz-se que um gás ocupa todo o espaço disponível a ele. Por que, então, a atmosfera não escapa para o espaço externo à Terra?
26. Conte o número de pneus de um grande caminhão que descarrega alimentos em um supermercado próximo de sua casa. Não se surpreenda se ele possuir 18 pneus! Por que são necessários tantos pneus? (Dica: veja a Atividade Exploratória 5.)
27. Como se compara a densidade do ar em uma mina profunda com a densidade do ar na superfície da Terra?
28. Duas parelhas de oito cavalos cada uma foram incapazes de separar os dois hemisférios de Magdeburg (Figura 7.21). Por quê? Suponha agora que duas parelhas de nove cavalos cada conseguissem separá-los. Neste caso, uma parelha de nove cavalos seria bem-sucedida nessa tarefa se a outra parelha fosse substituída por uma árvore bem forte? Justifique sua resposta.
29. Antes de embarcar em um avião, você compra um saco de salgadinhos (ou qualquer item hermeticamente embalado) e, durante o vôo, percebe que a embalagem fica estufada. Explique por que isso ocorre.
30. Por que você acha que as janelas de um avião são menores do que as de um ônibus?
31. Metade de um copo ou mais de água é derramada em uma lata de 5 L, mantida sobre uma fonte de calor até que a maior parte da água se evapore. Depois disso, uma tampa é atarraxada na lata, que em seguida é retirada do fogo e posta a esfriar. O que acontece com a lata e por quê?
32. Podemos compreender como a pressão da água varia com a profundidade considerando uma pilha de tijolos. A pressão na base do tijolo inferior da pilha é determinada pelo peso da pilha inteira. À meia altura na pilha, a pressão terá a metade desse valor, pois o peso dos tijolos acima desse local corresponde à metade do valor do caso anterior. A fim de explicar a pressão atmosférica, deveríamos ainda considerar os tijolos como compressíveis, como se feitos de espuma de borracha, por exemplo. Por que deveríamos fazer isso?

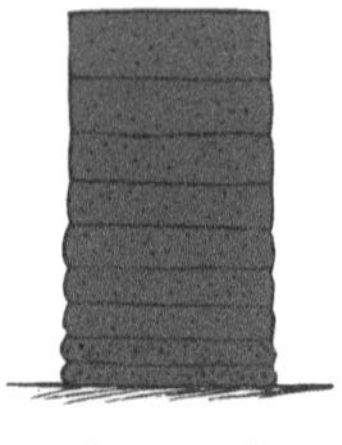

33. A "bomba" de um aspirador de pó consiste em uma única hélice em alta rotação. Ela conseguiria aspirar poeira de um tapete sobre a Lua? Explique.
34. Se, de algum modo, você pudesse substituir o mercúrio de um barômetro por um líquido mais denso, a altura da coluna de líquido seria maior ou menor do que a original de mercúrio? Por quê?
35. Seria um pouco mais difícil tomar refrigerante através de um canudo ao nível do mar ou no topo de uma montanha muito alta? Explique.
36. Um colega lhe diz que a força de empuxo exercida pela atmosfera sobre um elefante é significativamente maior do que a força de empuxo da atmosfera sobre um pequeno balão de hélio. O que você lhe responde?
37. Por que é muito difícil respirar com um *snorkel* a uma profundidade de 1 metro e praticamente impossível fazê-lo a 2 m de profundidade? Por que um mergulhador não pode simplesmente respirar através de uma mangueira que se estenda acima da superfície?
38. Quando se substitui o hélio de um balão por hidrogênio, que é menos denso, mudará a força de empuxo sobre o balão, se este permanecer com o mesmo tamanho? Explique.
39. Um tanque de aço cheio de hélio gasoso não se eleva no ar, mas um balão contendo o mesmo hélio se eleva facilmente. Por quê?
40. Dois balões idênticos e de mesmo volume são inflados com ar bombeado até que sua pressão torne-se maior do que a pressão atmosférica e depois são suspensos pelas extremidades de uma vareta equilibrada na horizontal. Um dos balões, então, é furado. O equilíbrio da vareta é perturbado? Em caso afirmativo, de que maneira ela se inclina?

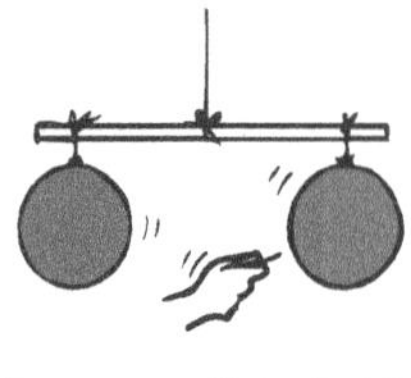

41. Ao nível do mar, a força da atmosfera sobre a superfície de 10 m^2 do vidro de uma janela de loja é de aproximadamente um milhão de newtons. Por que essa força não estilhaça o vidro da janela? Por que esta pode ser estilhaçada por um vento soprando forte lateralmente ao vidro?
42. No sistema hidráulico mostrado na figura, o pistão maior tem uma área cinqüenta vezes maior do que a do pistão menor. Um homem forte espera conseguir exercer uma força suficiente sobre o pistão maior para elevar 10 kg que repousam sobre o pistão menor. Você acha que ele será bem-sucedido? Justifique sua resposta.

43. Quando um gás flui constantemente de um cano de grande diâmetro para outro, de pequeno diâmetro, o que acontece com (a) sua rapidez, (b) sua pressão e (c) o espaçamento entre suas linhas de corrente?
44. Como um aeroplano pode voar de cabeça para baixo?
45. Quando um avião a jato está voando a grande altitude, os comissários de bordo precisam subir uma "ladeira" quando caminham para a frente do avião, ao longo do corredor, que é mais inclinada do que quando a aeronave está voando a baixas altitudes. Por que o piloto tem de voar, em grande altitude, mantendo um "ângulo de ataque" maior do que quando voa a baixas altitudes?
46. Que princípio da física fundamenta cada uma das três observações seguintes? Quando você está passando por um caminhão que vem em sentido contrário por uma autoestrada, seu carro tende a balançar lateralmente em direção ao caminhão. O teto de lona de um automóvel conversível verga para fora quando o carro está se movendo com grande rapidez. As janelas dos trens antigos às vezes se quebram quando um trem de alta velocidade passa por eles em trilhos adjacentes.
47. Em um dia ventoso, as ondas de um lago ou do oceano são mais altas do que o normal. Como o princípio de Ber-

noulli contribui para o aumento da altura das ondas, neste caso?

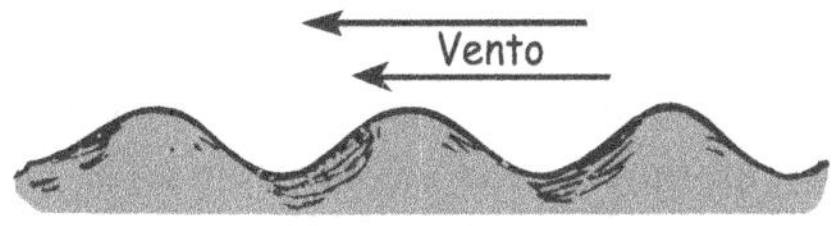
Vento

48. Os embarcadouros são construídos sobre pilastras que permitem a livre passagem da água. Por que um embarcadouro construído com paredes sólidas seria desvantajoso para os navios que tentam atracar lateralmente no mesmo?

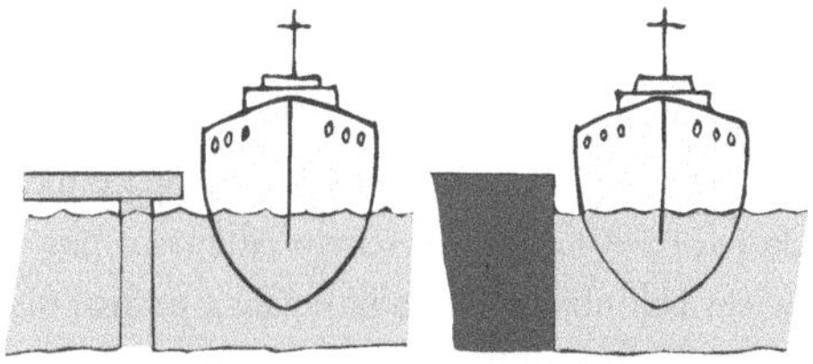

PROBLEMAS

● INICIANTE ■ INTERMEDIÁRIO ♦ AVANÇADO

1. ● Suponha que você equilibre uma bola de 5 kg sobre a ponta de seu dedo, que possui uma área de 1 cm^2. Mostre que a pressão sobre seu dedo vale 49 N/cm^2, o que corresponde a 490 kPa.
2. ● Um pedaço de metal de 6 kg desloca 1 litro de água quando submerso. Mostre que sua densidade é de 6.000 kg/m^3. Como isto se compara com a densidade da água?
3. ● Na parte mais funda do Lago Superior, nos EUA, a profundidade atinge 406 m. Mostre que a pressão da água a tal profundidade é de 3.978,8 kPa e que a pressão total é de 4.080,1 kPa.
4. ● Uma balsa retangular, com 5 m de comprimento e 2 m de largura, flutua em água doce. Suponha que sua carga seja de 400 kg de blocos de granito. Mostre que a balsa afunda 4 cm.
5. ■ Suponha que a balsa do problema anterior possa afundar apenas 15 cm antes de começar a afundar. Mostre que ela poderia carregar três, mas não quatro, blocos de 400 kg.
6. ● Um mercador de Katmandu, Nepal, lhe vende uma estátua de ouro maciço de 1 kg, por um preço bastante razoável. Quando chega em casa, você se indaga se teria feito realmente um bom negócio, de modo que submerge a estátua em um recipiente com água e mede o volume deslocado do líquido. Mostre que, para o ouro puro, o volume de água deslocada deveria ser de 51,8 cm^3.
7. ■ Um cubo de gelo mede 10 cm de lado e flutua na água. Acima do nível da água, fica 1 cm do cubo. Mostre que, se você retirasse do cubo esse 1 cm, a parte do gelo que passaria a ficar dentro da água teria altura de 0,9 cm.
8. ■ Uma pessoa em férias flutua preguiçosamente no oceano com 90% de seu corpo abaixo da superfície. A densidade da água do mar é de 1.025 kg/m^3. Mostre que a densidade média da pessoa é de 923 kg/m^3.
9. ● O ar em um cilindro é comprimido até seu volume se reduzir a um décimo do original, sem haver qualquer variação de sua temperatura. Qual é a variação de pressão?
10. ● Em um perfeito dia de outono, você se encontra em um balão de ar quente que flutua a baixa altitude, sem acelerar para cima ou para baixo. O peso total do balão, incluindo sua carga e o peso de ar nele contido, é de 20.000 N. Qual é o peso do ar deslocado?
11. ■ Para o problema anterior, mostre que o volume de ar deslocado é de 1.700 m^3.
12. ■ Nos pistões hidráulicos mostrados na figura, o pistão pequeno tem um diâmetro de 2 cm, enquanto o pistão grande tem 6 cm de diâmetro. Que força o pistão maior pode exercer comparada com a força exercida sobre o pistão menor?

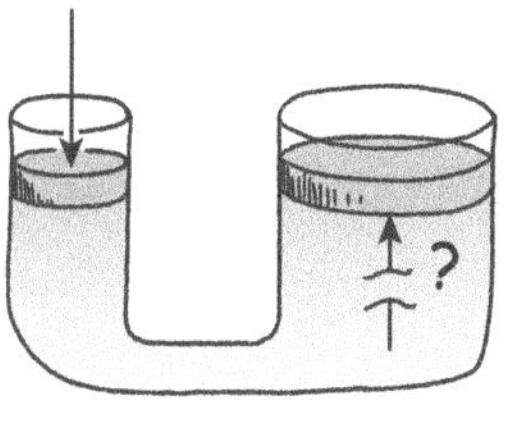
?

13. ■ As asas de um determinado aeroplano possuem uma área superficial total de 100 m^2. Voando com uma dada rapidez, a diferença da pressão do ar abaixo e acima das asas corresponde a 4% da pressão atmosférica. Mostre que a força de sustentação do aeroplano é de 4×10^5 N.

CIÊNCIA E SOCIEDADE

RABDOMANCIA

A prática de busca por água chamada rabdomancia, existente desde os tempos remotos na Europa e na África, foi levada para a América através do Atlântico por alguns dos primeiros colonos. A rabdomancia é a prática que consiste em usar uma forquilha de madeira, uma vareta ou algo similar para localizar água subterrânea, minerais ou tesouros escondidos. No método clássico de rabdomancia, cada mão segura um dos ramos de uma forquilha, com as palmas viradas para cima. A outra extremidade da vareta aponta para o céu em um ângulo de aproximadamente 45°. O rabdomante caminha para a frente e para trás ao longo de uma área a ser testada e, ao passar sobre uma fonte de água (ou qualquer outra coisa que esteja sendo procurada), a vareta supostamente gira para baixo. Alguns rabdomantes têm relatado uma atração tão forte que chegam a se formar bolhas nas mãos. Outros afirmam possuir poderes especiais que os capacitam a "enxergar" através do solo e das rochas, e alguns também são médiuns que entram em transe sob condições especialmente favoráveis. Embora em geral a rabdomancia seja praticada no local de interesse, alguns rabdomantes afirmam ser capazes de localizar água simplesmente passando a vareta sobre um mapa.

Uma vez que cavar um poço é uma atividade cara, os preços cobrados pelos rabdomantes normalmente parecem razoáveis. A prática está difundida em larga escala, com milhares de rabdomantes em atividade nos Estados Unidos. Isso ocorre porque a rabdomancia funciona. Um rabdomante dificilmente pode falhar – não por causa de poderes especiais, mas porque a água subterrânea é encontrada dentro dos primeiros 100 metros abaixo da superfície em quase qualquer lugar da Terra.

Se cavar um buraco no solo, você comprovará que a umidade do solo varia com a profundidade. Próximo à superfície, os poros e os espaços vazios do mesmo estão preenchidos principalmente com ar. A profundidades maiores, os poros estão saturados com água. O limite superior desta zona saturada de água é chamado *nível do lençol freático*. Ele normalmente se eleva e se abaixa de acordo com o contorno da superfície topográfica. Sempre que se vê um lago natural ou uma pequena lagoa, está se vendo um local onde o lençol freático se estende acima da superfície do solo.

A profundidade, a qualidade e a quantidade de água abaixo do nível do lençol freático são estudadas pelos hidrologistas, que confiam em uma variedade de técnicas científicas – mas a rabdomancia *não* é uma delas. Descobertas do Departamento Geológico dos EUA classificam a rabdomancia como uma pseudociência. Como mencionado no Capítulo 1, o teste real para um rabdomante seria ele descobrir um local onde não se encontre água.

PARTE DOIS

Calor

Embora a temperatura destas centelhas ultrapasse 2.000°C, o calor que elas transmitem quando encostam na minha pele é muito pequeno – o que ilustra o fato de que *temperatura* e *calor* são conceitos diferentes. Aprender a distinguir entre conceitos intimamente relacionados é o desafio e a essência do *Fundamentos de Física Conceitual*.

Temperatura, Calor e Termodinâmica

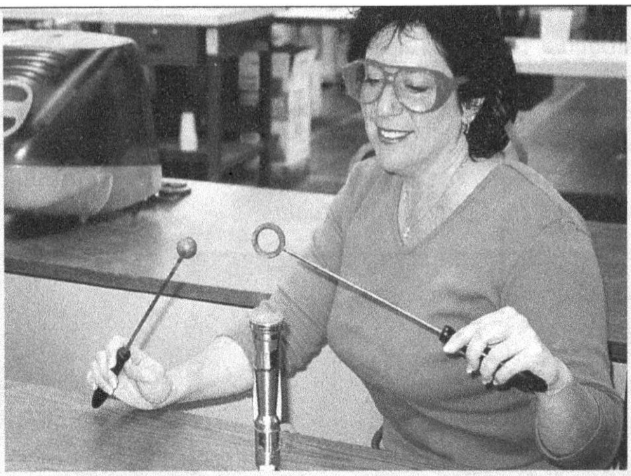

Ellyn Daugherty pede aos alunos para preverem se o buraco do anel dilatará ou contrairá quando for aquecido.

Em todas suas formas, a matéria é composta por átomos e moléculas em constante agitação. Quando a agitação é pequena, essas partículas formam um sólido. Quando se agitam com velocidades maiores, deslizando umas sobre as outras, temos um líquido. Quando as mesmas partículas se movem tão rápidas que se desligam e se afastam, temos um gás. E quando elas se movem ainda mais rápidas, os átomos acabam se dissociando e temos um plasma. Embora estejamos mais familiarizados com as fases sólida, líquida e gasosa da matéria, o plasma é a fase dominante da matéria do universo. A fase de uma substância, seja ela sólida, líquida, gasosa ou plasma, depende do movimento das partículas que a constituem.

8.1 Temperatura

A grandeza que informa quão quente ou frio está um objeto em relação a algum padrão escolhido é chamada de **temperatura.** Expressamos a temperatura da matéria através de um número que corresponde ao grau de aquecimento em alguma escala escolhida. Um termômetro comum mede a temperatura por meio da expansão ou contração de um líquido, geralmente mercúrio ou álcool colorido.

A escala de temperaturas mais usada no mundo é a escala Celsius, homenagem ao astrônomo sueco Anders Celsius (1701-1744), o primeiro a propor uma escala com 100 partes iguais (*graus*) entre o ponto de congelamento e o ponto de ebulição da água. O número 0 foi escolhido para a temperatura em que a água congela, e o número 100 para a temperatura na qual a água ferve (sob a pressão atmosférica normal).

Frio
Morno
Quente

FIGURA 8.1

Podemos confiar em nossas sensações de quente e frio? Os dois dedos sentirão a mesma temperatura quando forem mergulhados em água morna? Experimente isso e verifique (sinta) por si próprio.

FAHRENHEIT

FIGURA 8.2

Uma placa dedicada a Fahrenheit colocada fora de sua casa (em Gdansk, Polônia).

FIGURA 8.3

Escalas Celsius e Fahrenheit sobre um mesmo termômetro.

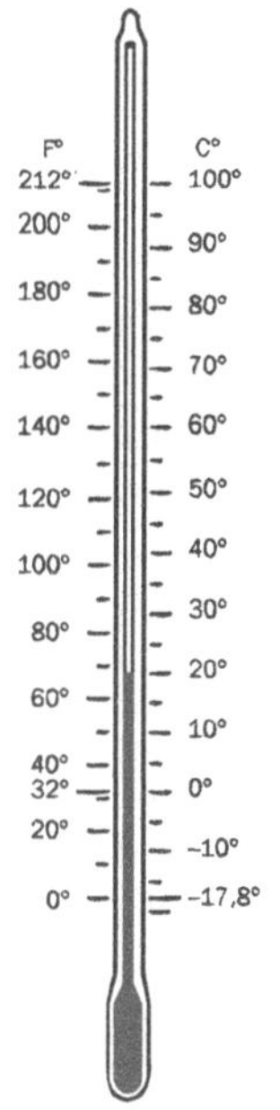
F°
C°
212°
100°
200°
90°
180°
80°
160°
70°
140°
60°
120°
50°
100°
40°
80°
30°
60°
20°
10°
40°
32°
0°
20°
–10°
0°
–17,8°

A escala de temperatura mais usada nos Estados Unidos é a escala Fahrenheit, homenagem ao físico alemão G. D. Fahrenheit (1686-1736), que a propôs. Nesta escala, o número 32 corresponde à temperatura de congelamento da água, e o número 212, à temperatura de ebulição da água. A escala Fahrenheit se tornará obsoleta se e quando os Estados Unidos passarem a usar o sistema métrico[1].

Fórmulas algébricas usadas para fazer a conversão de uma escala para outra são muito comuns em exames escolares. Uma vez que tais exercícios não contêm física realmente, não nos ocuparemos com essas conversões (talvez importantes para uma aula de matemática, mas não aqui). Além disso, a conversão entre temperaturas Celsius e Fahrenheit está bem-representada pelas escalas marcadas lado a lado na Figura 8.3[2].

A temperatura é proporcional à energia cinética média translacional por partícula que forma a substância. Com "translacional" queremos nos referir ao movimento linear de ida e volta. Para o caso de um gás, estamos nos referindo à rapidez com a qual as partículas que o formam vão para a frente e para trás; para um líquido, nos referimos a rapidez com a qual elas deslizam e passam ziguezagueando umas pelas outras; e para um sólido, nos referimos à rapidez com a qual elas vibram em torno de determinadas posições. É importante notar que a temperatura de fato *não* depende da quantidade de substância da amostra. Se você pega um copo de água quente e derrama metade dela no piso, a temperatura da água restante no copo não varia. A água restante no copo contém metade da *energia térmica* que o copo inteiro de água quente continha, pois resta agora apenas metade das moléculas de água que havia inicialmente. A temperatura é uma *propriedade por partícula*; a *energia térmica* está relacionada com a soma das energias cinéticas de todas as partículas de uma amostra. Uma quantidade duas vezes maior de água quente conterá duas vezes mais energia térmica, mesmo que sua temperatura (a EC média por partícula) seja a mesma.

Quando se mede a temperatura de algo com um termômetro comum, ocorre um fluxo de energia térmica entre o termômetro e o objeto cuja temperatura deseja-se medir. Quando o objeto e o termômetro tiverem a mesma energia cinética média por partícula, eles se encontrarão em *equilíbrio térmico*. Quando medimos a temperatura de algo, estamos realmente lendo a temperatura do termômetro quando ele e o objeto atingiram o equilíbrio térmico.

psc

Não é preciso haver contato térmico quando usamos termômetros a infravermelho que registram digitalmente a temperatura medindo a radiação infravermelha emitida pelos corpos.

[1] É difícil mudar qualquer costume há muito estabelecido, e a escala Fahrenheit tem realmente algumas vantagens no uso cotidiano. Por exemplo, seus graus são menores (1°F = 5/9°C), o que dá maior precisão quando se expressa a temperatura com números inteiros.

[2] OK, se você realmente deseja saber, as fórmulas de conversão de temperatura são: $C = (5/9)F - 32$; e $F = (9/5)\ C + 32$, onde C é a temperatura Celsius e F é a temperatura Fahrenheit.

8.2 O zero absoluto

Quando a agitação térmica aumenta, um objeto sólido primeiro derrete, tornando-se um líquido. Aumentando-se a agitação térmica ainda mais, ele se vaporiza. Se a temperatura é aumentada ainda mais, as moléculas se dissociam em átomos, e estes perdem alguns ou todos os seus elétrons, formando com isso uma nuvem de partículas eletricamente carregadas – um *plasma*. O plasma existe nas estrelas, onde a temperatura atinge milhões de graus Celsius. Não existe um limite superior para a temperatura.

Em contraste, existe um limite bem-definido para o outro extremo da escala de temperatura. Os gases se expandem quando são aquecidos e se contraem quando resfriados. Os cientistas experimentais do século XIX descobriram algo surpreendente. Eles descobriram que se alguém inicia com um gás, um gás qualquer, a 0°C, e então altera sua temperatura enquanto a pressão é mantida constante, o volume varia em 1/273 de seu volume a cada 1°C de variação de sua temperatura. Quando um gás é resfriado de 0°C para –10°C, seu volume diminui em 10/273, sendo reduzido a 263/273 de seu volume inicial. Assim, se um gás a 0°C fosse resfriado em 273°C, ele se contrairia, de acordo com essa lei, sofrendo uma diminuição de 273/273 de seu volume a 0°C, com o que seu volume seria reduzido a zero. Obviamente, não podemos ter na natureza uma substância ocupando um volume nulo.

Os experimentos dão resultados semelhantes para variações de pressão. Iniciando a 0°C, a pressão de um gás em um recipiente com volume fixo diminui em 1/273 para cada grau Celsius de diminuição de sua temperatura. Se ele fosse resfriado a 273°C abaixo de zero, sua pressão se reduziria a zero também. Na prática, todo gás se converte em líquido antes de atingir essa temperatura. Apesar disso, estes decréscimos de 1/273 sugeriram a idéia de que existe uma temperatura mínima possível: –273°C. Este é o limite inferior de temperatura, o **zero absoluto**. Nesta temperatura, as moléculas perdem toda a energia cinética disponível[3]. Nenhuma energia adicional pode ser retirada da substância. Ela não pode ser resfriada ainda mais.

A escala de temperatura absoluta é chamada de *escala Kelvin*, em homenagem ao físico e matemático britânico do século XIX William Thomson, primeiro barão Kelvin.

O zero absoluto corresponde a 0 K (abreviação de "zero kelvin"; note que não se usa a palavra "grau" junto com a temperatura kelvin)[4]. Não existem números negativos na escala Kelvin. Os graus da escala Kelvin são calibrados com divisões de mesmo tamanho que os da escala Celsius. O ponto de fusão do gelo, portanto, é igual a 273,15 K, enquanto o ponto de ebulição da água vale 372,15 K.

O zero absoluto não é a temperatura mais fria que se pode atingir. Ela é a temperatura mais fria da qual se pode aproximar.

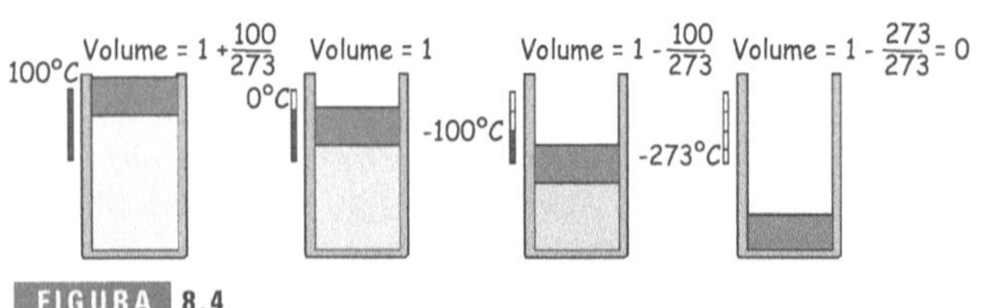

Volume = 1 + 100/273
100°C
Volume = 1
0°C
Volume = 1 - 100/273
-100°C
Volume = 1 - 273/273 = 0
-273°C

FIGURA 8.4
Quando a pressão é mantida constante, o volume de um gás varia em 1/273 de seu volume a 0°C para cada 1°C de variação da temperatura. A 100°C, o volume será 100/273 maior do que a 0°C. Quando a temperatura for reduzida a –100°C, o volume será reduzido em 100/273. A –273°C, o volume do gás seria reduzido em 273/273 e, portanto, deveria ser nulo.

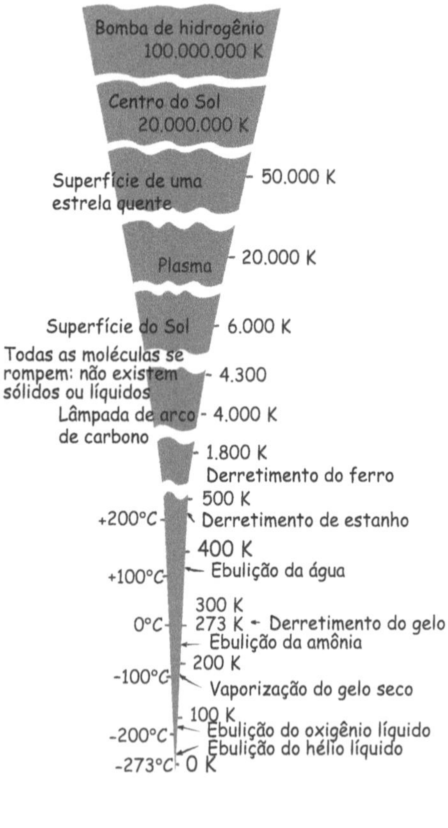

Bomba de hidrogênio
100.000.000 K
Centro do Sol
20.000.000 K
Superfície de uma estrela quente
50.000 K
Plasma
20.000 K
Superfície do Sol
6.000 K
Todas as moléculas se rompem: não existem sólidos ou líquidos
4.300
Lâmpada de arco de carbono
4.000 K
1.800 K
Derretimento do ferro
500 K
+200°C
Derretimento de estanho
400 K
+100°C
Ebulição da água
300 K
0°C
273 K
Derretimento do gelo
Ebulição da amônia
200 K
-100°C
Vaporização do gelo seco
100 K
-200°C
Ebulição do oxigênio líquido
Ebulição do hélio líquido
-273°C
0 K

FIGURA 8.5
Algumas temperaturas absolutas.

[3] Mesmo a zero absoluto, as moléculas ainda possuem uma pequena quantidade de energia cinética, chamada de *energia de ponto-zero*. O hélio, por exemplo, tem suficiente agitação térmica à temperatura de zero absoluto para impedi-lo de congelar. A explicação para isso envolve a teoria quântica.

[4] Quando Thomson tornou-se barão, ele retirou seu título do rio Kelvin, que corria através de sua província. Em 1968, o termo *graus Kelvin* (°K) foi oficialmente abreviado para, simplesmente, *kelvin* (com letra inicial minúscula, abreviado por K (letra maiúscula). O valor preciso do zero absoluto (0 K), em graus Celsius, é 273,15°C.

PARE E TESTE A SI MESMO

1. O que é maior, um grau Celsius ou um kelvin?
2. Uma amostra de hidrogênio gasoso está à temperatura de 0°C. Se o gás for aquecido até que as moléculas de hidrogênio tenham suas energias cinéticas com valores dobrados, qual será sua temperatura?

VERIFIQUE SUAS RESPOSTAS

1. Nenhum. Ambos são iguais.
2. O gás a 0°C tem temperatura absoluta de 273 K. Duas vezes mais energia cinética significa que sua temperatura absoluta dobrou de valor, ou seja, duas vezes 273 K, o que corresponde a 546 K, ou 273°C.

8.3 Energia interna

Quando se bate repetidamente em uma pequena moeda com um martelo, ela se aquece. Por quê? A razão é que as batidas do martelo fazem com que os átomos da moeda tornem-se mais agitados. Parte da energia cinética do martelo é transferida para a moeda, aumentando as energias cinéticas dos átomos que a constituem. Se um objeto torna-se mais quente, isso ocorre porque cada partícula que o constitui possui, em média, energia cinética maior do que antes. Quanto mais aquecido torna-se um objeto, mais energia interna ele contém. Assim, quando você se aquece junto a uma fogueira, em uma noite fria de inverno, está aumentando os movimentos dos átomos e moléculas de seu corpo. A energia térmica inclui tanto a energia cinética quanto a energia potencial das partículas da substância, enquanto elas se agitam aleatoriamente, indo de um lado para o outro, girando e torcendo-se, vibrando ou correndo para a frente e para trás. Até aqui, e nos capítulos anteriores, chamamos de *energia térmica* a energia adquirida por meio de um fluxo de calor, a fim de tornar clara a conexão entre calor e temperatura. Daqui em diante usaremos o termo preferido pelos cientistas, *energia interna*. A **energia interna** é o total da soma de todas as energias da substância.

8.4 Calor

Quando você encosta o dedo em uma estufa quente, a energia passa para o dedo porque a estufa está mais quente do que ele. Por outro lado, quando você encosta o dedo em um pedaço de gelo, entretanto, a energia passa dele para o gelo, que é mais frio. O sentido do fluxo de energia é sempre do corpo mais quente para outro corpo vizinho mais frio. Um físico define o **calor** como a energia interna transferida de um objeto para outro devido à diferença entre suas temperaturas.

FIGURA 8.6 A temperatura das faíscas é muito alta, cerca de 2.000°C. Isso corresponde a uma grande quantidade de energia por molécula de uma faísca. Mas como existem relativamente poucas moléculas em cada faísca, a quantidade total de energia interna das faíscas é pequena, tornando-as inofensivas. Temperatura é uma coisa; transferência de energia interna é outra.

De acordo com esta definição, a matéria contém *energia interna* – e não, calor. Uma vez que a energia interna foi transferida para um objeto ou substância, ela deixa de ser calor. Em outras palavras, para enfatizar – uma substância de fato não possui calor; ela contém energia interna. Calor é energia interna em trânsito.

Para substâncias em contato térmico, a energia interna flui da substância que está à temperatura mais alta para a que se encontra à temperatura mais baixa até que o equilíbrio térmico seja atingido. Isso não significa que o fluxo de energia interna se dê do corpo que a possui em maior quantidade para aquele que a possui menos. Por exemplo, existe mais energia interna em uma vasilha de água quente do que em um clipe de papel em brasa. Se este for colocado dentro da água quente, não haverá realmente fluxo de energia interna da água para ele. Em vez disso, ela fluirá do clipe, mais quente, para a água, mais fria. A energia interna jamais flui espontaneamente de uma substância mais fria para outra, mais quente.

Da mesma forma como o escuro é a ausência de luz, o frio é a ausência de energia interna.

Se o calor é energia interna transferida do corpo mais quente para o mais frio, o que é o frio? Uma substância fria contém alguma coisa oposta à energia interna? De jeito nenhum. Um objeto está frio porque cada uma de suas partículas constituintes possui, em média, menos energia cinética do que as partículas de um objeto quente. Ao sair de casa em um dia de inverno próximo a zero, você sente frio não porque algo chamado frio flui para você. Você

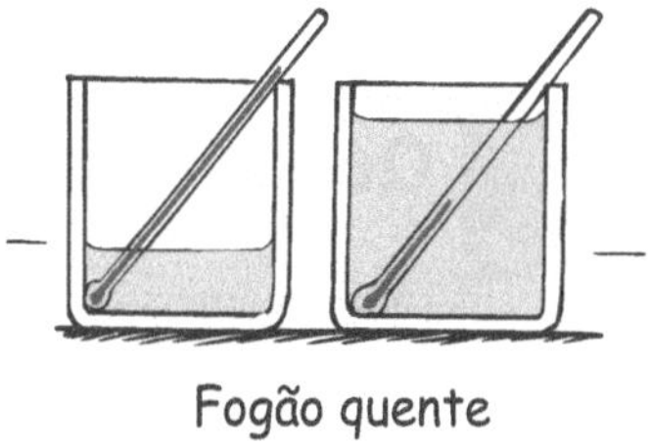
Fogão quente

FIGURA 8.7 O recipiente esquerdo contém 1 litro de água. O da direita contém 3 litros. Embora ambos absorvam a mesma quantidade de calor, a temperatura do recipiente esquerdo aumenta três vezes mais do que a do recipiente da direita.

sente frio porque perde calor. Suas moléculas estão transferindo energia para as moléculas menos energéticas da vizinhança. O propósito de seu casaco é diminuir o fluxo de calor entre seu corpo e a vizinhança. O frio não é algo em si mesmo, mas o resultado da diminuição da energia cinética das moléculas.

psc

A temperatura é expressa em graus. O calor é expresso em joules (ou calorias). No Brasil, falamos em comidas e bebidas de baixas calorias, ou "light".

PARE E TESTE A SI MESMO

1. Suponha que você aqueça 1 L de água no fogo por um certo tempo e que sua temperatura se eleve em 2°C. Se você aquecer 2 L de água no mesmo fogo, pelo mesmo tempo, em quanto se elevará a temperatura?
2. Quando uma bola de gude veloz colide com um punhado de bolas de gude lentas, espalhando-as, normalmente a bola de gude originalmente veloz torna-se mais rápida ou mais lenta? Quais perdem e quais ganham energia cinética, a bola de gude inicialmente veloz ou as que eram inicialmente lentas? Como essas questões se relacionam com o sentido em que se dá a transferência de calor?

VERIFIQUE SUAS RESPOSTAS

1. Sua temperatura se elevará em apenas 1° C, pois existem duas vezes mais moléculas em 2 L de água, e cada uma delas recebe apenas a metade daquela energia, em média. Portanto, a energia cinética média e, assim, a temperatura, aumentam pela metade.
2. Ao colidir com as bolas de gude mais lentas, a bola de gude inicialmente veloz torna-se mais lenta. Ela acaba cedendo parte de sua energia cinética para as mais lentas. O mesmo ocorre com o fluxo de calor. Moléculas com mais energia cinética, em contato com outras com menos energia cinética, cedem parte de seu excesso de energia para as menos energéticas. O sentido da transferência de energia é do quente para o frio. Entretanto, tanto para bolas de gude como para moléculas, a energia total, antes e depois do contato, é a mesma.

8.5 Quantidade de calor

O calor é expresso em joules. São precisos 4,18 joules (ou, o que é equivalente, 1 caloria) de calor para fazer variar a temperatura de 1 grama de água em 1 graus Celsius[5].

Os conteúdos energéticos dos alimentos e combustíveis são determinados a partir da energia liberada quando são queimados. (O metabolismo é, de fato, uma "queima" efetuada a uma taxa muito baixa.) A unidade de calor usada para expressar o conteúdo energético de um alimento é a quilocaloria (equivalente a 1.000 calorias, o calor necessário para alterar a temperatura de 1 quilograma de água em 1°C). Para diferenciar esta unidade da caloria pequena, a unidade para os alimentos é normalmente expressa como *Caloria*, com a letra C maiúscula. Assim, 1 Caloria equivale a 1.000 calorias.

Tudo que aprendemos até aqui acerca de calor e energia interna está sintetizado nas *leis da termodinâmica*. A palavra **termodinâmica** provém de palavras gregas, que significam "movimento do calor".

PARE E TESTE A SI MESMO

O que fará a temperatura da água subir mais, a absorção de 4,18 J ou de uma caloria?

VERIFIQUE SUA RESPOSTA

As duas quantidades são a mesma coisa. É como perguntar qual é a mais longa, uma trilha de 1,6 quilômetros ou outra, de uma milha. Elas são de mesmo comprimento, apenas estão expressas em unidades diferentes.

FIGURA 8.8
Para o pesado observador, o amendoim contém 10 Calorias; para um físico, ele libera 10.000 calorias (41.800 joules) de energia quando queimado ou digerido.

[5] Outra unidade de calor, menos usada no Brasil, e mais nos EUA, é a BTU, sigla para *British Thermal Unit* (Unidade Térmica Britânica). A BTU é definida como a quantidade de calor necessária para alterar a temperatura de 1 lb de água em 1 grau Fahrenheit. Uma BTU equivale a 1.054 J.

8.6 As leis da termodinâmica

Quando energia interna é transferida como calor, de acordo com a conservação da energia, a perda de energia sofrida em um lugar é igual ao ganho de energia em outro lugar. Quando o princípio da conservação de energia é aplicado a sistemas térmicos, passamos a chamá-lo de **primeira lei da termodinâmica**. Geralmente, ela é enunciada da seguinte forma:

Sempre que calor for transferido para um sistema, ele se transformará em uma quantidade igual de outro tipo de energia.

psc

O único método de perda de peso endossado pela primeira lei da termodinâmica é este: queime mais calorias do que você ingere e você perderá peso – é garantido.

Quando adicionamos energia a um sistema como calor, seja o sistema uma máquina a vapor, a atmosfera da Terra ou o corpo de um ser vivo, a energia adicionada aumenta a energia interna do sistema, desde que o calor se mantenha no sistema e/ou que nenhuma energia saia do mesmo por meio de trabalho externo realizado pelo sistema. Mais especificamente, a primeira lei da termodinâmica estabelece:

Calor adicionado = aumento de energia interna + trabalho externo realizado pelo sistema

Suponha que se coloque uma lata de *spray* cheia de ar sobre uma estufa. **Atenção:** *não tente jamais fazer isto*. Uma vez que a lata possui um volume fixo, as paredes não podem se mover, de modo que nenhum trabalho é realizado. Todo o calor que vai para a lata provoca aumento da energia interna do ar retido nela, de modo que sua temperatura aumenta. Agora suponha que a lata possa se expandir. O ar aquecido dentro dela realizará trabalho contra as paredes da lata enquanto ela se expande, exercendo força sobre a atmosfera circundante ao longo de certa distância. Uma vez que, agora, parte do calor adicionado é usado para realizar trabalho, apenas a parte restante do calor adicionado será para aumentar a energia interna do gás do recipiente. Você consegue perceber que a temperatura do ar contido será menor do que quando não havia realização de trabalho? A primeira lei da termodinâmica faz todo o sentido.

A **segunda lei da termodinâmica** expressa de outra forma o que aprendemos acerca do sentido do fluxo de calor:

O calor jamais flui espontaneamente de uma substância fria para outra quente.

Quando o fluxo de calor é espontâneo – ou seja, sem o fornecimento de trabalho externo –, o sentido é sempre do quente para o frio. Durante o inverno, o calor flui do interior de uma casa aquecida para o ar frio do exterior. No

FIGURA 8.9 Quando se empurra o pistão para baixo, realiza-se trabalho sobre o ar que está dentro da bomba. O que acontece com sua temperatura?

verão, o calor flui do ar quente do exterior para o interior mais frio da casa. Pode-se fazer o calor fluir em sentido contrário *somente* quando for realizado trabalho sobre o sistema ou quando a energia for fornecida a ele a partir de alguma fonte. Isso é o que ocorre em sistemas de calefação e de ar condicionado. Nestes aparelhos, a energia interna é "bombeada" de uma região mais fria para outra mais quente. Mas sem esforço externo, o sentido do fluxo de calor é sempre do quente para o frio. Como a primeira, a segunda lei da termodinâmica faz sentido[6].

A **terceira lei da termodinâmica** expressa aquilo que aprendemos a respeito do limite inferior da temperatura:

Nenhum sistema pode atingir o zero absoluto.

Sempre que pesquisadores tentam atingir este limite inferior de temperatura, torna-se cada vez mais difícil alcançá-lo à medida que eles se aproximam dele. Os físicos foram capazes de atingir recordes seguidos de temperaturas muito baixas, tão pequenos quanto um milionésimo de kelvin – mas jamais tão baixas quanto 0 K.

[6] As leis da termodinâmica tornaram-se de grande interesse na virada para o século XIX. Por volta dessa época, cavalos e pequenas carroças foram substituídos por locomotivas a vapor. Conta-se que, certo dia, um engenheiro tentava explicar o funcionamento de uma máquina a vapor para um camponês. O engenheiro explicava detalhadamente a operação de um ciclo do vapor, como sua expansão empurrava um pistão que, então, fazia girar rodas. Depois de pensar um pouco, o camponês perguntou: "Sim, eu entendi tudo isso. Mas onde está o cavalo?" Essa história ilustra a dificuldade que temos em abandonar nossa maneira de pensar a respeito do mundo toda vez que um novo método chega para substituir outro método já bem-estabelecido. Hoje em dia somos diferentes?

A ordem tende à desordem

A primeira lei da termodinâmica estabelece que a energia não pode ser criada nem destruída. Ela se refere à *quantidade* de energia. A segunda lei qualifica isso, acrescentando que a forma assumida pela energia, nas diversas transformações de que participa, acaba se "deteriorando" em formas menos úteis de energia. Ela se refere à *qualidade* da energia, quando esta se torna mais difusa e, finalmente, acaba degenerando em dissipação.

Sob essa perspectiva mais ampla, a segunda lei pode ser enunciada de outra maneira:

Em processos naturais, energia de alta qualidade tende a se transformar em energia de baixa qualidade – a ordem tende à desordem.

Processos em que desordem volta a ser ordem sem intervenção externa não ocorrem na natureza. O tempo ganha um sentido através desta lei termodinâmica. A flecha do tempo aponta sempre no sentido da ordem para a desordem[7].

As leis da termodinâmica podem ser enunciadas assim: não se pode ganhar (pois não se pode obter mais energia de um sistema do que aquela que lhe é fornecida); não se pode manter (porque não se pode conseguir tanta energia útil na saída quanto a que foi fornecida ao sistema); e não se pode deixar o jogo (pois a entropia do universo está sempre aumentando).

8.7 Entropia

A idéia de energia ordenada tendendo a energia desordenada é incorporada pelo conceito de *entropia*[8]. A **entropia** é a medida do grau de desordem em um sistema. Quando a desordem aumenta, a entropia cresce. Mais desordem significa mais entropia. As moléculas da exaustão de um automóvel, por exemplo, não podem se recombinar espontaneamente para formar moléculas de gasolina altamente organizadas. O ar quente que escapa para uma sala quando a porta de um forno está aberta não pode retornar a ele espontaneamente. Sempre que se permite a um sistema distribuir sua energia espontaneamente, ele o fará de maneira que a entropia aumente, enquanto a energia disponível no sistema para a realização de trabalho diminui[9].

Se um sistema for deixado a si mesmo, sua entropia crescerá. Ela pode diminuir apenas se trabalho for realizado sobre o sistema. É o que ocorre nos seres vivos, onde o fornecimento de energia impede um crescimento da entropia do sistema. Ou seja, eles podem se tornar mais ordenados. Todos os seres vivos, de bactérias a árvores, e a seres humanos, extraem energia de suas vizinhanças e a usam para aumentar sua própria organização. Os processos de obtenção de energia (por exemplo, a quebra das moléculas altamente organizadas dos alimentos em moléculas menores) fazem aumentar a entropia em outros lugares, de modo que as formas de vida mais os produtos por elas descartados apresentam um aumento líquido da entropia. Dentro de um sistema vivo, a energia deve ser transformada a fim de dar sustentação à vida. Quando

FIGURA 8.10
Entropia.

[7] No século anterior, quando o cinema ainda era novidade, as platéias se divertiam ao ver um trem chegar a uma estação e parar a centímetros da heroína deitada sobre os trilhos. Esta cena foi filmada no início da seqüência, com o trem em repouso, a centímetros da heroína, e depois, com o trem ganhando velocidade e se movendo para trás. Quando o filme era passado do fim para o início, o trem era visto movendo-se em direção à heroína. (Da próxima vez, observe atentamente que a fumaça da locomotiva entra na chaminé.)

[8] A entropia pode ser expressa matematicamente. O aumento de entropia de um sistema termodinâmico, ΔS, é igual à quantidade de calor cedida ao sistema, ΔQ, dividida pela temperatura termodinâmica T na qual a troca de calor ocorre: $\Delta S = \Delta Q/T$.

[9] Curiosamente, o escritor norte-americano Ralph Waldo Emerson, que viveu no tempo em que a segunda lei era o novo assunto científico da moda, especulou filosoficamente que nem tudo se torna mais desordenado com o decorrer do tempo, e citou o exemplo do pensamento humano. As idéias acerca da natureza das coisas se tornam cada vez mais refinadas e melhor organizadas ao passarem pelas mentes de gerações sucessivas de pensadores. O pensamento humano está evoluindo para uma ordem maior.

isso não ocorre, o organismo logo morre e tende para a desordem.

8.8 Calor específico

Ao se alimentar, você provavelmente nota que certos alimentos se mantêm quentes por mais tempo do que outros. O recheio quente de uma torta de maçã pode queimar sua língua, mas não a crosta da mesma, mesmo logo após ela ter sido retirada do forno. Um pedaço de torrada pode ser comido confortavelmente alguns segundos após ter saído da torradeira, enquanto você deve esperar alguns minutos antes de tomar uma sopa que esteja à mesma temperatura inicial.

Substâncias diferentes possuem diferentes capacidades térmicas de armazenamento de energia. Se aquecermos no fogão uma panela com água, descobriremos que leva cerca de 15 minutos para que sua temperatura se eleve da temperatura ambiente à temperatura de ebulição. Mas se pusermos uma massa igual de ferro no mesmo fogo, descobriremos que ela sofrerá a mesma elevação de temperatura em cerca de 2 minutos. Para a prata, o tempo seria inferior a um minuto. Diferentes materiais requerem diferentes quantidades de calor para elevar a temperatura de uma mesma quantidade do material em um mesmo número de graus[10].

Como mencionado antes, um grama de água requer 1 caloria de energia para que sua temperatura se eleve em 1 grau Celsius. Para elevar a temperatura de 1 grama de ferro na mesma quantidade de graus, é requerido apenas um oitavo dessa energia. A água absorve mais calor do que o ferro a fim de elevar sua temperatura no mesmo valor. Dizemos, então, que a água possui um **calor específico** maior.

FIGURA 8.11
O recheio de uma torta de maçã quente pode estar quente demais para ser comido, mesmo que a crosta não esteja muito quente.

O calor específico de qualquer substância é definido como a quantidade de calor necessária para alterar a temperatura de uma unidade de massa da substância em 1 grau Celsius.

Podemos pensar no calor específico como sendo uma espécie de "inércia térmica". Lembre-se de que inércia é um termo empregado na mecânica para expressar a resistência de um objeto a mudanças em seu estado de movimento. O calor específico é uma espécie de inércia térmica porque expressa a resistência de uma substância a mudanças em sua temperatura.

A água é muito útil em sistemas de resfriamento de automóveis e de outras máquinas porque ela absorve grande quantidade de calor para sofrer pequenos aumentos de temperatura. A água também leva mais tempo para resfriar-se.

PARE E TESTE A SI MESMO

1. O que possui maior calor específico, a água ou a areia? Noutras palavras, qual das duas substâncias leva mais tempo para se aquecer à luz solar (ou mais tempo para se resfriar durante a noite)?
2. Por que um pedaço de melão permanece frio por um tempo maior do que os sanduíches quando ambos são retirados de um isopor de piquenique em um dia quente?

VERIFIQUE SUAS RESPOSTAS

1. A água possui maior calor específico. Sob a mesma luz solar, a temperatura da água aumenta mais lentamente do que a da areia. E a água resfria mais lentamente do que a areia durante a noite. (Caminhar ou correr de pés descalços sobre a areia escaldante durante o dia é uma experiência bem diferente de fazê-lo durante a noite!) O baixo calor específico da areia e do solo, como é evidenciado pela rapidez com que esquentam ao sol da manhã e pela rapidez com que se resfriam durante a noite, afeta o clima local.

2. A água contida no melão possui mais "inércia térmica" do que os ingredientes do sanduíche, e resiste muito mais a alterações de temperatura. Essa inércia térmica corresponde ao calor específico.

[10] Nos casos da prata e do ferro, os átomos da prata possuem massas duas vezes maiores do que os do ferro. Uma determinada massa de prata contém somente cerca de metade dos átomos contidos em igual massa de ferro, de modo que apenas metade do calor é necessário para elevar a temperatura da prata. Portanto, o calor específico da prata vale cerca da metade do calor específico do ferro.

RESOLUÇÃO DE PROBLEMAS

Se o calor específico c de uma substância for conhecido, então o calor transferido = calor específico × massa × variação de temperatura. Isto pode ser expresso pela fórmula

$$Q = cm\Delta T$$

onde Q é a quantidade de calor, c é o calor específico e ΔT é a variação de temperatura correspondente da substância. Quando a massa m é expressa em gramas, e o calor específico da água como 1,0 cal/grama.°C, obtemos Q em calorias.

Problemas

1. Qual a temperatura final de uma mistura de 50 gramas de água a 20°C com 50 gramas de água a 40°C?
2. Considere a mistura de 100 gramas de água a 25°C com 75 gramas de água a 40°C. Mostre que a temperatura final da mistura é de 31,4°C.
3. No interior da Terra, o decaimento radiativo libera energia suficiente para manter o centro da Terra quente, gerar o magma e fornecer o calor das fontes termais naturais. Isso se deve à liberação média de aproximadamente 0,03 J de energia por quilograma a cada ano. Mostre que o tempo requerido para um pedaço de rocha isolado aumentar sua temperatura em 500°C é de 13,3 milhões de anos. (Considere que o calor específico da rocha seja de 800 J/kg · °C.)

Soluções

1. O calor ganho pela água fria é igual ao calor cedido pela água quente. Uma vez que as massas de água são iguais, a temperatura final estará a meio caminho entre as duas, ou seja, 30°C. Assim, ao final, teremos 100 gramas de água a 30°C.
2. Aqui diferentes massas de água são misturadas. Primeiro igualamos o calor ganho pela água fria ao calor cedido pela água quente. Expressamos essa idéia formalmente por uma equação e depois substituímos os valores numéricos de seus termos para encontrar uma solução:

   Calor ganho pela água fria = calor cedido pela água quente

$$cm_1\Delta T_1 = cm_2\Delta T_2$$

   Aqui ΔT_1 não é igual a ΔT_2, como no caso do Problema 1, porque as massas de água são diferentes. Com um pouco de raciocínio, mostra-se que ΔT_1 será igual à temperatura final T menos 25°C, pois T deverá ser maior do que 25°C. A variação ΔT_2 será 40° menos T, pois T deverá ser menor do que 40°. Logo,

$$c(100\,\text{g})(T - 25) = c(75\,\text{g})(40 - T)$$
$$100T - 2500 = 3000 - 75T$$
$$T = \mathbf{31{,}4°C}$$

3. Aqui trocamos para uma rocha, mas o mesmo conceito se aplica. Tratamos também de converter o calor específico para joules por quilograma por °C. Nenhuma massa particular foi especificada, de modo que trabalharemos com a grandeza calor/massa (nossa resposta deverá ser a mesma tanto para um pequeno pedaço de rocha quanto para um enorme). A partir da equação $Q = mc\,\Delta T \Rightarrow Q/m = c\Delta T =$ (800 J/kg · °C) (500°C) = 400.000 J/kg. O tempo requerido é (400.000 J/kg) / (0,03 J/kg · ano) = 13,3 milhões de anos. Mesmo pequeno, o pedaço de rocha se mantém quente lá embaixo!

O alto calor específico da água

A água possui uma capacidade de armazenamento de energia muito maior do que a da maioria das substâncias. A razão para isso ocorrer envolve as diversas maneiras como ela pode absorver energia. A energia absorvida por qualquer substância faz aumentar o movimento de agitação molecular, o que eleva a temperatura. Ou então a energia absorvida pode provocar o aumento das vibrações ou torções internas das moléculas, com o que ela se torna energia potencial, o que não eleva a temperatura. Normalmente a absorção de energia envolve uma combinação dos dois mecanismos. Quando comparamos as moléculas de água com os átomos de um metal, verificamos que existem muito mais maneiras da água absorver energia sem aumento da energia cinética de translação das moléculas. Assim, a água possui calor específico muito maior que o dos metais – e da quase maioria dos materiais.

O alto calor específico da água afeta o clima do mundo. Observe em um globo a grande latitude em que se encontra

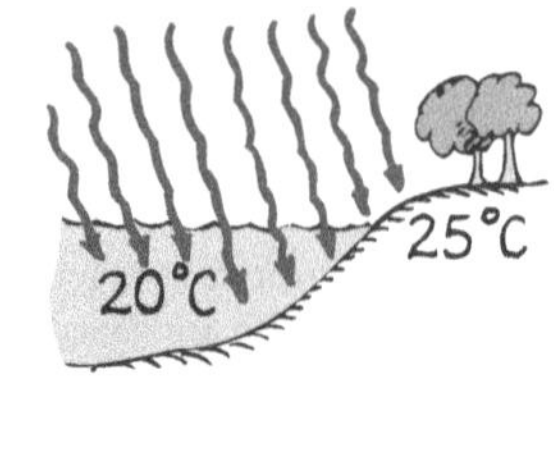

20°C
25°C

FIGURA 8.12

Como a água tem um alto calor específico e é transparente, é necessária mais energia para aquecer a água do que para aquecer a terra. A energia solar que incide no solo concentra-se na superfície, mas a que incide na água propaga-se para baixo da superfície e, por isso, é "difundida".

a Europa. O alto calor específico da água ajuda a manter o clima europeu consideravelmente mais moderado do que em lugares de mesma latitude de regiões do nordeste do Canadá. Tanto a Europa quanto o Canadá recebem a mesma quantidade de luz solar por quilômetro quadrado. Felizmente, para os europeus, a corrente Oceânica Atlântica, conhecida como Corrente do Golfo, leva água quente do mar do Caribe em direção ao nordeste, retendo boa parte de sua energia interna até alcançar o norte do oceano Atlântico, na costa da Europa. Lá a água libera 4,18 joules de energia por cada grama de água que é resfriada em 1°C. A energia liberada é transportada, junto com ventos predominantes de oeste, para o interior da Europa continental[11].

Um efeito semelhante ocorre nos Estados Unidos. Na América do Norte, os ventos predominantes sopram do oeste. Sobre a costa oeste do país, o ar se move do oceano Pacífico para o continente. Nos meses de inverno, a água do oceano está mais quente do que o ar. O vento, então, soprando sobre a água quente, dirige-se para as regiões costeiras. Isso produz um aquecimento do clima. Durante o verão, ocorre o oposto. O ar, soprando sobre a água, leva consigo o ar resfriado para as regiões costeiras. A costa leste dos EUA não se beneficia dos efeitos moderadores da água porque lá o sentido predominante do vento é do continente para o oceano Atlântico. A terra, com um calor específico menor, absorve calor no verão, mas rapidamente esfria durante o inverno.

Ilhas e penínsulas não passam por extremos de temperatura que são comuns no interior de um continente. As altas temperaturas do verão, e as baixas do inverno, comumente medidas em Manitoba e nas Dakotas, por exemplo, devem-se principalmente à ausência de grandes corpos de água. Os europeus, islandeses e as pessoas que vivem próximas de correntes de ar oceânico deveriam ser gratos por a água possuir um calor específico tão alto. As pessoas de S. Francisco, Califórnia, EUA, certamente o são!

PARE E TESTE A SI MESMO

A Bermuda está próxima da Carolina do Norte, mas, diferentemente deste lugar, ela possui um clima tropical durante todo o ano. Por quê?

VERIFIQUE SUA RESPOSTA

A Bermuda é uma ilha. A água circundante a aquece, evitando que ela fique fria demais, e a resfria quando ela deveria estar quente demais.

8.9 Dilatação térmica

Quando a temperatura de uma substância aumenta, suas moléculas passam a agitar-se com velocidades maiores e, com isso, a manter-se mais afastadas umas das outras. O resultado disso é o que chamamos de dilatação térmica. A maioria das substâncias se expande, quando aquecida, e se contrai, quando resfriada. Às vezes as variações não são notadas; em outras, elas o são. Os fios telefônicos são mais longos e mais frouxos durante um dia de verão do que em um de inverno. Os trilhos das estradas de ferro, que são fixados durante o inverno, expandem-se e entortam durante um dia quente de verão (Figura 8.14). Tampas metálicas de potes de conserva podem ser afrouxadas facilmente aquecendo-as sob água quente. Se uma parte do vidro for aquecida ou resfriada mais rapidamente do que as partes adjacentes, a expansão ou contração decorrente pode quebrar o vidro, especialmente se sua espessura for pequena. O vidro do tipo Pirex é uma exceção porque é

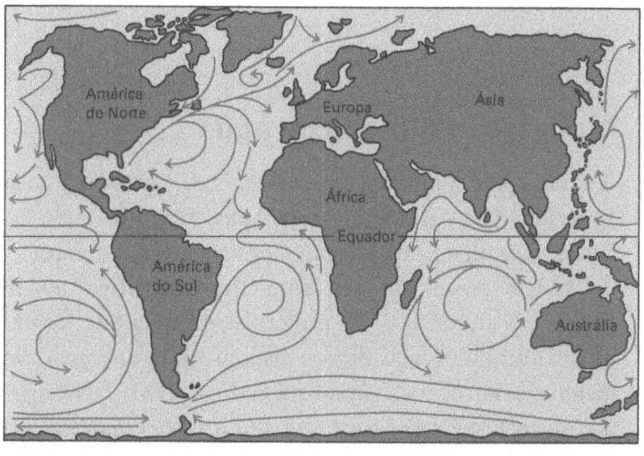
América do Norte
Europa
Ásia
África
Equador
América do Sul
Austrália

FIGURA 8.13
Muitas correntes oceânicas, mostradas em azul, distribuem calor das regiões equatoriais mais quentes para as regiões polares mais frias.

FIGURA 8.14
Dilatação térmica. O calor extremo em um dia de julho, nos EUA, fez os trilhos dos trens entortarem.

[11] Além disso, correntes de jato (*jet streams*), na alta atmosfera, dão a maior contribuição para o aquecimento da Europa.

especialmente concebido para se dilatar muito pouco com o aumento da temperatura.

A dilatação térmica deve ser levada em conta quando se constrói estruturas e dispositivos de todos os tipos. Um engenheiro civil usa ferro como reforço, o qual possui a mesma taxa de dilatação do cimento. Normalmente pontes longas de aço possuem uma das extremidades ancorada enquanto a outra repousa sobre um apoio com superfície inferior curva (Figura 8.15). Note também que muitas pontes possuem partes separadas por espaçamentos cobertos por uma grade móvel, chamados juntas de dilatação (Figura 8.16). Analogamente, rodovias de concreto e calçadas são seccionadas por espaçamentos, que às vezes são preenchidos com piche, de modo que o concreto possa se expandir livremente no verão e contrair-se no inverno.

psc

A dilatação térmica é a responsável pelos estalos que se escutam, em sótãos de casas antigas, durante noites frias.

O fato de que as diferentes substâncias se dilatam com taxas diferentes é bem-ilustrado com uma lâmina bimetálica (Figura 8.17). Este dispositivo é feito com duas lâminas de diferentes metais grudadas uma à outra, sendo uma de bronze e outra de ferro. Quando aquecidas, a dilatação maior do bronze forçará a lâmina dupla a encurvar-se. Esse encurvamento pode ser usado para fazer girar um ponteiro, regular uma válvula ou fechar uma chave.

Uma aplicação prática de uma lâmina bimetálica, enrolada na forma de uma espiral, é o termostato (Figura 8.18). Quando uma sala torna-se fria demais, a espiral curva-se para o lado do bronze e acaba ativando uma chave elétrica que liga o aquecedor da sala. Quando a sala torna-se quente demais, a espiral se curva em direção ao lado do ferro, desligando o circuito elétrico e, também, o aquecedor. Lâminas bimetálicas são usadas em termômetros de fornos, refrigeradores, torradeiras elétricas e diversos outros aparelhos.

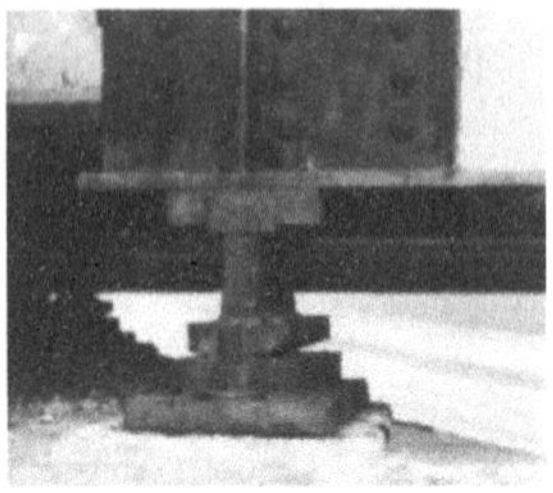

FIGURA 8.15
Uma das extremidades de uma ponte é apoiada sobre calços arredondados na parte inferior a fim de permitir a dilatação térmica. A outra extremidade (não-mostrada) está fixa.

FIGURA 8.16
O espaçamento na pista de uma ponte é chamado de junta de dilatação; ela permite que a ponte dilate e contraia. (Esta foto foi tirada em um dia quente ou frio?)

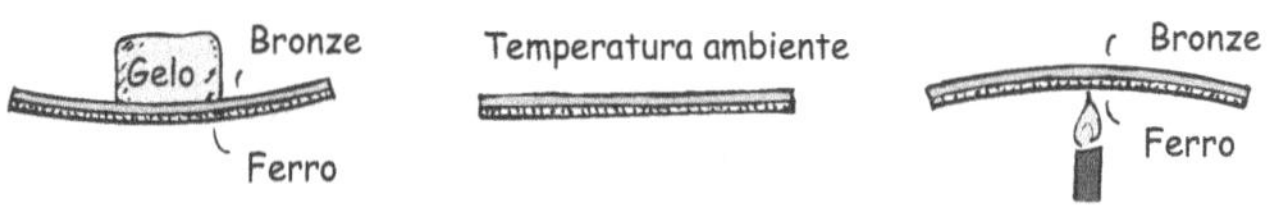
Gelo
Bronze
Ferro
Temperatura ambiente
Bronze
Ferro

FIGURA 8.17
Uma lâmina bimetálica. Ao ser aquecido, o bronze dilata-se mais do que o ferro, e se contrai mais ao esfriar. Por causa deste comportamento, a lâmina se encurva como mostrado.

Com o aumento da temperatura, os líquidos se dilatam mais do que os sólidos. Notamos isso quando a gasolina vaza para fora do tanque de um carro em um dia quente. Se o tanque e seu conteúdo se dilatassem com a mesma taxa, não ocorreria o vazamento. É por isso que um tanque de gasolina não deve ser cheio até a borda, especialmente em um dia quente.

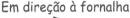

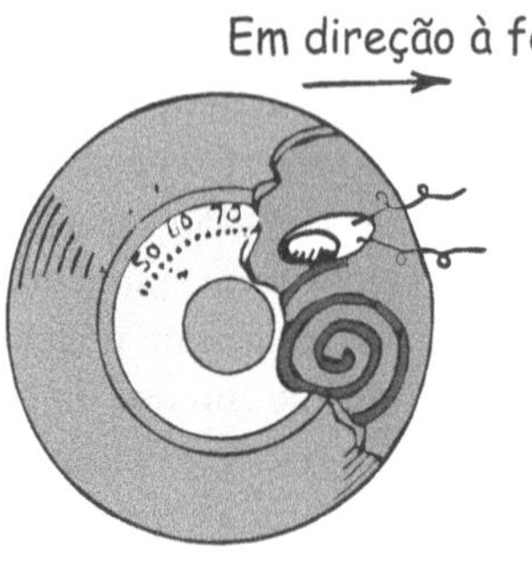
Em direção à fornalha

FIGURA 8.18
Um termostato. Quando a espiral bimetálica se dilata, a gota de mercúrio líquido se afasta dos contatos elétricos e interrompe o circuito. Quando a espiral se contrai novamente, a gota é deslocada e entra em contato com os fios elétricos, restabelecendo o circuito.

A dilatação térmica da água

A água, como a maioria das substâncias, expande-se ao ser aquecida. Mas curiosamente, na faixa entre 0°C e 4°C, ela de fato *não* dilata. Algo de fascinante ocorre nesta faixa.

O gelo possui uma estrutura cristalina, formando cristais de estruturas ocas. As moléculas da água que formam tal estrutura têm mais espaço disponível do que quando o material se encontra na fase líquida (Figura 8.19). Isso significa que o gelo é menos denso do que a água. Quando o gelo derrete, nem todos esses cristais entram em colapso. Alguns se mantêm na mistura gelo-água, como uma neve microscópica que "estufa" a água da mistura – com isso aumentando ligeiramente o volume ocupado (Figura 8.21). Disso resulta que o gelo é ligeiramente menos denso do que a água ligeiramente mais quente. Quando a água, inicialmente a 0°C, tem sua temperatura aumentada, mais e mais desses cristais de gelo restantes entram em colapso. O derretimento dos cristais de gelo diminui ainda mais o volume da água. Dois processos opostos ocorrem simultaneamente na água – a contração e a dilatação. O volume diminui quando os cristais de gelo entram em colapso, enquanto o volume aumenta devido à agitação molecular maior. O efeito dos colapsos domina até que a temperatura atinja 4°C. Para temperaturas maiores, a dilatação domina a contração porque a maioria dos cristais de gelo já se derreteu (Figura 8.22).

Quando água gelada congela, tornando-se gelo sólido, seu volume aumenta enormemente. Se o gelo sólido esfriar ainda mais, ele se contrairá, como a maioria das substâncias o fazem. A densidade do gelo a qualquer temperatura é muito menor do que a da água, razão pela qual o gelo flutua em água. Este comportamento da água é muito importante na natureza. Se a água fosse mais densa a 0°C, ela se acomodaria no fundo de uma lagoa ou de um lago, em vez de formar uma superfície congelada.

Uma lagoa congela da superfície para baixo. Durante um inverno muito frio, o gelo ficará mais grosso do que em um dia de inverno ameno. A água no fundo de uma lagoa coberta de gelo encontra-se a 4°C, o que é relativamente quente para os seres vivos que lá vivem. Curiosamente, corpos de água muito profundos não ficam cobertos por gelo mesmo durante os infernos mais rigorosos. A razão é que toda a água deve ser resfriada a 4°C antes de atingir uma temperatura mais baixa. Para a água profunda, o inverno não é longo o suficiente para reduzir a temperatura da lagoa inteira a 4°C.

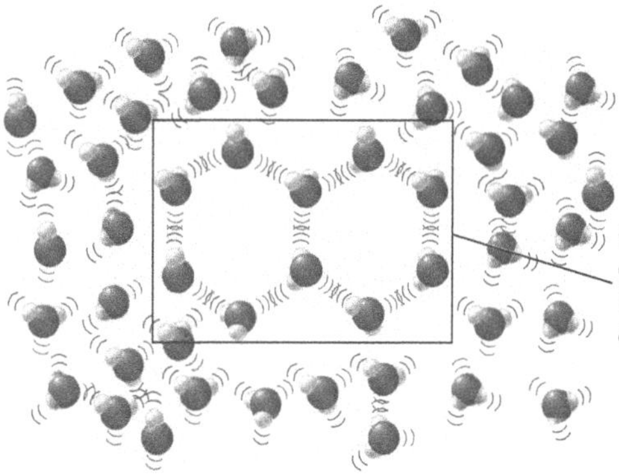
Cristais de gelo em água líquida quase a congelar.

FIGURA 8.21

Próxima a 0°C, a água líquida contém cristais de gelo. A estrutura oca destes cristais faz com que o volume da água líquida a esta temperatura seja ligeiramente maior do que a temperaturas mais altas.

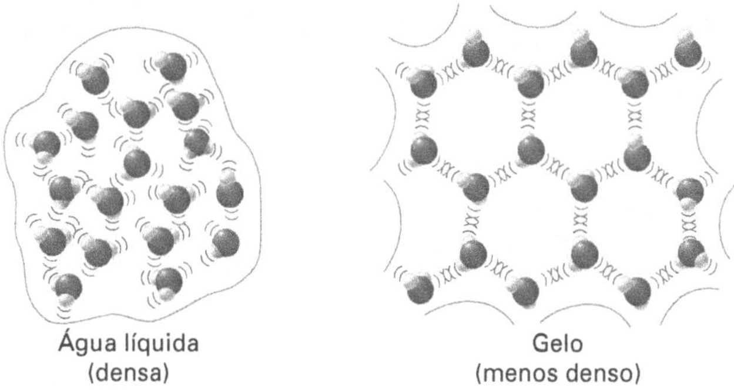
Água líquida
(densa)
Gelo
(menos denso)

FIGURA 8.19

As moléculas da água líquida estão mais densamente agrupadas do que as do gelo, onde elas formam uma estrutura cristalina cheia de espaços vazios.

FIGURA 8.20

A estrutura de seis lados de um floco de neve resulta dos cristais de gelo de seis lados que o formam. Os cristais são feitos principalmente de vapor d´água, e não, de água líquida. (A maioria dos flocos de neve não são tão simétricos como este.)

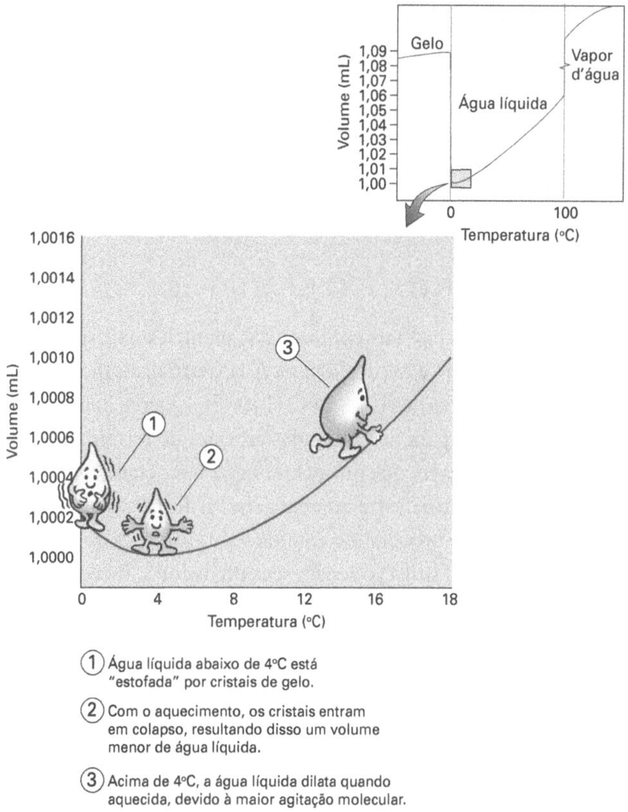
Volume (mL)
1,09
1,08
1,07
1,06
1,05
1,04
1,03
1,02
1,01
1,00
Gelo
Água líquida
Vapor d'água
0
100
Temperatura (°C)
1,0016
1,0014
1,0012
1,0010
1,0008
1,0006
1,0004
1,0002
1,0000
0
4
8
12
16
18
Temperatura (°C)
① Água líquida abaixo de 4°C está "estofada" por cristais de gelo.
② Com o aquecimento, os cristais entram em colapso, resultando disso um volume menor de água líquida.
③ Acima de 4°C, a água líquida dilata quando aquecida, devido à maior agitação molecular.

FIGURA 8.22

Entre 0°C e 4°C, o volume da água líquida diminui com o aumento da temperatura. Acima de 4°C, a dilatação térmica domina a contração, e o volume passa a aumentar com o crescimento da temperatura.

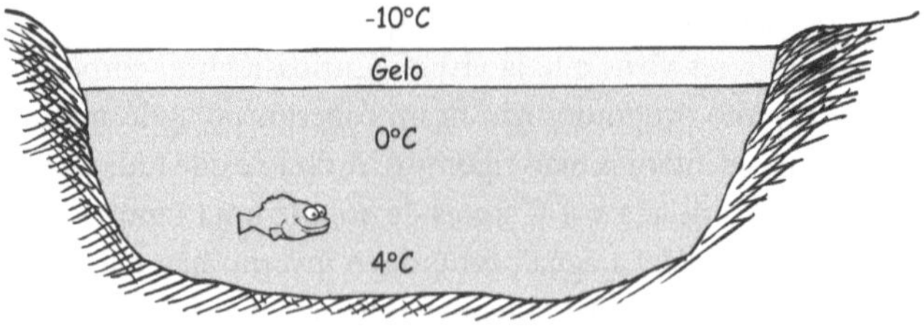
-10°C
Gelo
0°C
4°C

FIGURA 8.23

A água afunda quando esfria, até que toda a lagoa fique a 4°C. Então, quando a água superficial esfria um pouco mais, ela consegue ficar flutuando no topo e, assim, pode esfriar ainda mais. Uma vez que tenha se formado gelo, as partes abaixo da superfície podem progressivamente atingir temperaturas menores do que 4°C.

Qualquer água a esta temperatura desce para o fundo. Uma vez que a água possui alto calor específico e baixa capacidade de condução de calor, o fundo dos corpos de água profundos em regiões frias mantém-se constantemente a 4°C durante o ano todo. Os peixes deveriam agradecer por isso.

Uma vez que a água é mais densa a 4°C, qualquer porção de água mais fria que isso subirá e acabará congelando na superfície. Isso significa que os peixes mantêm-se relativamente aquecidos!

PARE E TESTE A SI MESMO

1. Qual era a temperatura exata da água no fundo do Lago Michigan, EUA, onde a água é muito profunda e os invernos são longos, na véspera do Ano Novo de 1901?
2. O que existe no interior dos espaços vazios dos cristais de gelo mostrados na Figura 8.19? Existe ar, água, vapor ou simplesmente nada?

VERIFIQUE SUAS RESPOSTAS

1. A temperatura no fundo de qualquer volume de água a 4° C é exatamente 4°C, pela mesma razão por que as pedras estão no fundo.Tanto a água a 4° C quanto as rochas são mais densas do que água a qualquer outra temperatura. A água é um mau condutor de calor e, portanto, se o corpo de água for profundo e estiver situado numa região onde os invernos são longos, e os verões, curtos, a água no fundo permanece a 4°C o ano inteiro.
2. Nada existe dentro dos espaços abertos. Trata-se de espaço vazio – vácuo. Se ali houvesse ar ou vapor, a ilustração deveria mostrar moléculas ali – oxigênio e nitrogênio para o ar e H_2O para o vapor d´água.

CIÊNCIA E SOCIEDADE

A VIDA NOS EXTREMOS

Alguns desertos, tais como os das planícies da Espanha, o Sahara na África e o de Gobi na Ásia Central, alcançam temperaturas superficiais de 60°C (140 °F). Quente demais para a vida? Não para determinadas espécies de formigas do gênero *Cataglyphis*, que prosperam nesta temperatura severa. A esta temperatura extremamente alta, as formigas do deserto podem vagar procurando comida sem a presença de lagartos, que em outra situação seriam seus predadores. Resistentes ao calor, elas são capazes de agüentar temperaturas mais altas do que qualquer outra criatura do deserto. Ainda está sendo pesquisado como elas são capazes disso. Elas esquadrinham a superfície do deserto, processando os corpos de criaturas que morreram por não terem conseguido se proteger a tempo do Sol, e procuram tocar ao mínimo a areia quente, geralmente correndo sobre quatro pernas e mantendo duas levantadas no ar. Embora elas caminhem em ziguezague sobre o solo do deserto, suas trajetórias de volta para os buracos dos ninhos são linhas retas. Elas mantêm velocidades de 100 comprimentos de corpo por segundo. Durante sua vida média de seis dias, a maioria das formigas consegue comida equivalente a 15 ou 20 vezes seu próprio peso.

Dos desertos às geleiras, uma variedade de criaturas inventou maneiras de sobreviver nos cantos mais severos do mundo. Existe uma espécie de minhoca que prospera no gelo ártico. Existem insetos no gelo antártico que mantêm seus corpos cheios de anticongelante para evitar que eles congelem e se tornem rígidos. Certos peixes que vivem abaixo do gelo são capazes de fazer o mesmo. E também existem bactérias que prosperam em fontes de água fervente pelo fato de possuírem proteínas resistentes ao calor.

A compreensão de como as criaturas sobrevivem a extremos de temperaturas pode fornecer pistas para a obtenção de soluções práticas que permitam enfrentar as variações físicas com que os humanos se deparam. Os astronautas que se aventuram fora da Terra, por exemplo, precisarão de todas as técnicas disponíveis para lidar com ambientes desconhecidos.

SUMÁRIO DE TERMOS

Temperatura Uma medida do grau de aquecimento ou resfriamento de uma substância, relacionada à energia cinética média por molécula da substância, expressa em graus Celsius, em graus Fahrenheit ou em kelvins.

Zero absoluto A temperatura teórica em que uma substância não possui energia cinética.

Energia interna A energia total (cinética mais potencial) das partículas microscópicas que constituem uma substância.

Calor A energia interna que flui de uma substância de temperatura mais alta para outra substância de temperatura mais baixa, geralmente expressa em calorias ou joules.

Termodinâmica O estudo do calor e de suas transformações em diferentes formas de energia.

Primeira lei da termodinâmica Um enunciado diferente do princípio de conservação da energia, geralmente quando se aplica a sistemas que envolvem variações de temperatura: se calor flui para dentro de um sistema ou para fora dele, o ganho ou perda de energia interna sempre é igual à quantidade de calor transferido.

Segunda lei da termodinâmica O calor jamais flui espontaneamente de uma substância mais fria para outra mais quente. Também, em processos naturais, energia de alta qualidade tende a se transformar em energia de mais baixa qualidade – a ordem tende à desordem.

Terceira lei da termodinâmica Nenhum sistema pode atingir o zero absoluto.

Entropia A medida da dispersão da energia de um sistema. Sempre que a energia transforma-se livremente de uma forma para outra, o sentido da transformação é para um estado de maior desordem e, portanto, de maior entropia.

Calor específico A quantidade de calor requerido para alterar em 1 grau Celsius a temperatura de uma unidade de massa de qualquer substância.

QUESTÕES DE REVISÃO

8.1 Temperatura

1. Quais são as temperaturas de congelamento da água nas escalas Celsius e Fahrenheit? E de seu ponto de ebulição?
2. A temperatura de um objeto é uma medida da energia cinética total das moléculas que o constituem ou uma medida da energia cinética média por molécula que o forma?
3. O que se quer dizer com a afirmação de que um termômetro mede sua própria temperatura?

8.2 O zero absoluto

4. Em quanto diminuirá a pressão do gás contido em um recipiente rígido quando sua temperatura diminuir em 1°C?
5. Que pressão você esperaria para um gás inicialmente contido em um recipiente rígido, a 0°C, se ele fosse resfriado em 273 graus Celsius?
6. Quais são as temperaturas do ponto de congelamento e do ponto de ebulição da água na escala Kelvin de temperatura?
7. Quanta energia pode ser retirada de um sistema a 0 K?

8.3 Energia interna

8. Por que uma pequena moeda aquece ao ser golpeada por um martelo?
9. Qual é a diferença entre a energia interna e a energia cinética?

8.4 Calor

10. Quando você toca uma superfície fria, é o frio que viaja da superfície para o seu dedo ou é a energia que viaja de seu dedo para a superfície fria? Explique.
11. Faça distinção entre temperatura e calor.
12. Faça distinção entre calor e energia interna.
13. O que determina o sentido de um fluxo de calor?

8.5 Quantidade de calor

14. Como se determina o conteúdo energético dos alimentos?
15. Faça distinção entre caloria e Caloria.
16. Faça distinção entre caloria e joule.

8.6 As leis da termodinâmica

17. Enuncie a primeira lei da termodinâmica.
18. Como se relaciona o princípio de conservação da energia com a primeira lei da termodinâmica?
19. Enuncie a segunda lei da termodinâmica.
20. Como se relaciona a segunda lei da termodinâmica com o sentido do fluxo de calor?
21. Enuncie a terceira lei da termodinâmica.
22. De que maneira o sentido do tempo se relaciona com a segunda lei da termodinâmica?

8.7 Entropia

23. Quando diminui a ordem de um sistema, sua entropia aumenta ou diminui?
24. O que deve ocorrer nos casos em que a entropia diminui?

8.8 Calor específico

25. O que aquece mais rápido ao receber calor – o ferro ou a prata?
26. Uma substância que aquece rapidamente possui um calor específico alto ou baixo?
27. Como se compara o calor específico da água com os calores específicos de outras substâncias comuns?

8.9 Dilatação térmica

28. Por que as lâminas bimetálicas se dobram quando a temperatura varia?
29. O que normalmente dilata mais para um mesmo aumento de temperatura – um sólido ou um líquido?
30. Quando a temperatura da água gelada aumenta ligeiramente, ela sofre dilatação ou contração?
31. Qual é a razão para o gelo ser menos denso do que a água?
32. A "neve microscópica" contida na água gelada tende a torná-la mais densa ou menos densa? O que acontece com essa neve quando a temperatura aumenta?
33. A que temperatura os efeitos combinados de contração e dilatação resultam em menor volume ocupado pela água?
34. Por que o gelo se forma na superfície de uma lagoa, e não, no fundo da mesma?

ATIVIDADES EXPLORATÓRIAS

Quanta energia existe em uma noz? Queime-a e descubra. O calor da chama é energia liberada pela formação de ligações químicas (dióxido de carbono, CO_2 e água, H_2O). Perfure uma noz (com uma noz pecan funciona melhor) com um clipe de papel dobrado que mantenha a noz acima da superfície de uma mesa. Sobre a noz, segure uma lata com água de modo que você possa medir a variação de sua temperatura provocada pela queima da noz. Use cerca de 10 centímetros cúbicos (10 mililitros) de água e um termômetro calibrado em graus Celsius. Assim que iniciar a ignição da noz com um fósforo, posicione a lata com água sobre ela e registre o aumento da temperatura da água desde o momento em que surge a chama. O número de calorias liberadas pela queima da noz pode ser calculado pela fórmula $Q = mc\,\Delta\,T$, onde c é o calor específico (1 cal/g.°C), m é a massa de água e ΔT é a variação de temperatura. A energia contida no alimento é expressa em Caloria dietética, correspondente a mil calorias das que você medirá. Logo, para encontrar o número de Calorias dietéticas, divida seu resultado por 1.000.

EXERCÍCIOS

1. Por que você não esperaria que todas as moléculas de um gás tivessem a mesma rapidez?
2. Na sala de sua casa existem objetos tais como mesas, cadeiras, outras pessoas e assim por diante. Entre eles, qual se encontra a uma temperatura (1) menor, (2) maior e (c) igual à temperatura do ar?
3. Por que uma pessoa não pode determinar se está com febre simplesmente tocando sua testa com a própria mão?
4. O que é maior, um aumento de temperatura de 1°C ou de 1°F?
5. O que possui uma quantidade maior de energia interna, um iceberg ou uma xícara de café quente? Explique.
6. Em que escala de temperatura a energia cinética média das moléculas dobra de valor quando a temperatura dobra?
7. A temperatura do interior do Sol é de aproximadamente 10^7 graus. Tem importância se esta temperatura for expressa em graus Celsius ou kelvins? Justifique sua resposta.
8. Use as leis da termodinâmica para justificar a afirmação de que 100% da energia elétrica fornecida a uma lâmpada é convertida em energia interna.
9. Quando o ar é rapidamente comprimido, por que sua temperatura aumenta?
10. Qual das leis da termodinâmica tem exceções?
11. Se você sacudir violentamente uma lata com líquido para cima e para baixo por mais de um minuto, a temperatura do líquido aumentará sensivelmente? (Experimente e observe.)
12. O que acontecerá à pressão de um gás confinado em um galão vedado se ele for aquecido? E se ele for resfriado? Por quê?
13. Após dirigir um carro ao longo de certa distância, por que ocorre um aumento da pressão do ar dos pneus?
14. Se você deixar cair um pedaço quente de rocha em um balde com água, a temperatura da rocha e da água sofrerão variações até ficarem iguais. A rocha esfriará e a água aquecerá. Isso segue sendo verdadeiro se a rocha quente for atirada no oceano Atlântico? Explique.
15. Antigamente, em uma noite fria de inverno, era comum levar um objeto quente para a cama quando se ia dormir. O que seria mais adequado para manter a pessoa aquecida durante a fria noite – um bloco de ferro de 10 quilogramas ou uma bolsa de água quente na mesma temperatura? Explique.
16. A areia de um deserto é muito quente durante o dia e muito fria durante a noite. O que isso lhe revela acerca do calor específico da areia?
17. Por que uma mesma quantidade de calor transferida para dois objetos diferentes não produz necessariamente um mesmo aumento de temperatura?
18. Que papel desempenha o calor específico no fato de uma melancia manter-se fria após ter sido retirada de um refrigerador em um dia quente?

19. Depois que uma panela metálica de 1 kg, contendo 1 kg de água fria, for retirada de um refrigerador e colocada sobre uma mesa, o que absorverá mais calor do ambiente – a panela ou a água? Justifique sua resposta.
20. A Islândia (*Iceland*, literalmente "terra do gelo"), assim denominada com a finalidade de desencorajar sua conquista por impérios em expansão, não é totalmente coberta por geleiras como é o caso da Groelândia e de partes da Sibéria, embora ela esteja situada um pouco abaixo do círculo Ártico. A temperatura média do inverno na Islândia é consideravelmente mais alta do que em regiões à mesma latitude, no leste da Groelândia e na Sibéria central. Qual é a razão para isso ocorrer?
21. Por que a presença de grandes volumes de água tende a moderar o clima das terras próximas – tornando-o mais quente na estação fria e mais frio na estação quente?
22. Se, na latitude de São Francisco e Washington, D.C., nos EUA, os ventos soprassem predominantemente do leste, e não, do oeste, porque, provavelmente, em São Francisco seria possível cultivar árvores de cerejeiras, e em Washington apenas palmeiras?
23. Cite uma exceção à regra geral de que as substâncias dilatam ao serem aquecidas.
24. Uma lâmina bimetálica funcionaria se fosse confeccionada com dois metais diferentes com mesma taxa de dilatação? É importante que eles dilatem com taxas diferentes? Justifique sua resposta.
25. Geralmente chapas de aço são fixadas umas às outras com pinos, que são introduzidos em furos nas placas e depois têm sua extremidade livre arredondada por meio de um martelo. O fato dos pinos estarem quentes ajuda no processo de arredondamento de suas extremidades, mas isso também tem outra importante vantagem de deixá-los bem justos nos furos. Que vantagem é essa?
26. Um método muito usado para quebrar rochas consiste em acender uma grande fogueira em torno delas e, depois de algum tempo, jogar água fria sobre as mesmas. Por que isso provoca rachaduras nas rochas?
27. Um antigo método para separar copos de bebida que grudaram ao serem guardados uns dentro dos outros é deixar correr água a temperaturas diferentes, uma por dentro do copo mais interno, outra por fora do mais externo. Qual das partes deveria ser molhada com a água quente, e qual com a fria?
28. Você ou a companhia de gás ganharia se o gás fornecido fosse aquecido antes de passar pelo medidor de consumo de gás?
29. Uma bola metálica pode passar justa por dentro de um anel metálico. Mas se antes for aquecida por uma chama, não será mais possível ela passar pelo anel. Suponha que, em vez da bola, o anel seja aquecido previamente. Com isso, a bola poderá passar pelo anel quente? (Veja a foto de abertura deste capítulo.)

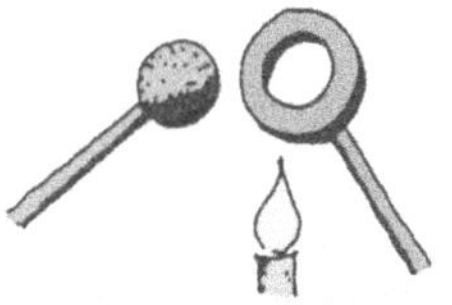

30. Depois que um mecânico, de maneira muito rápida, faz um anel de ferro quente deslizar apertadamente em torno de um cilindro de bronze muito frio, não existe mais como separá-los. Você pode explicar isso?

31. Suponha que você produza um pequeno espaço em um anel de metal. Se, depois, você esquentar o anel, o espaçamento aumentará ou diminuirá?

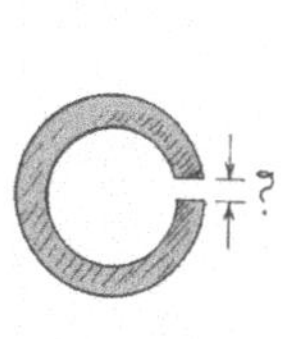

32. Por que longos tubos de canalização de vapor geralmente possuem uma ou mais seções, relativamente compridas, com a forma da letra "U"?

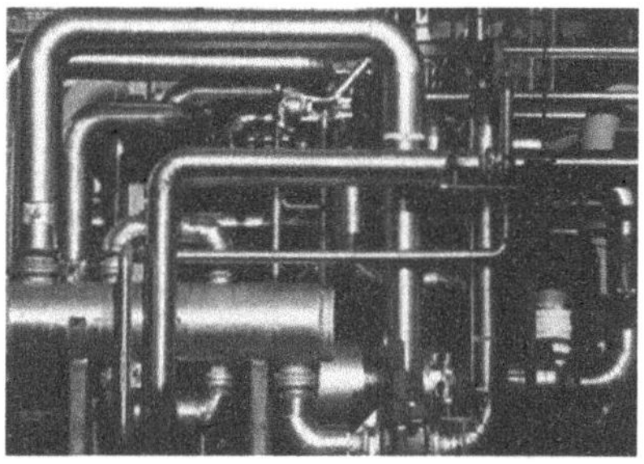

33. Suponha que seja usada água em um termômetro, ao invés de mercúrio. Se a temperatura estiver em 4°C e, depois, variar, por que tal termômetro não poderá indicar corretamente se a temperatura aumenta ou diminui?
34. Como se compara o volume total de bilhões e bilhões de espaços vazios da estrutura hexagonal dos cristais de um pedaço de gelo com a porção de gelo que flutua acima da superfície da água?
35. Diga se a água nas seguintes temperaturas sofrerá dilatação ou contração quando for levemente aquecida: 0°C; 4°C; 6°C.
36. Por que é importante proteger os canos de água de modo que eles não congelem durante o inverno?
37. Se o resfriamento ocorresse no fundo de um lago em vez de em sua superfície, o lago congelaria a partir do fundo? Explique.
38. Formule uma questão de múltipla escolha que diferencie calor de temperatura.

PROBLEMAS

● INICIANTE ■ INTERMEDIÁRIO ♦ AVANÇADO

A quantidade de calor Q *liberada ou absorvida por uma substância de calor específico* c *e massa* m, *que sofre uma variação de temperatura* ΔT, *é dada por* $Q = mc\,\Delta T$.

1. ● Will Maynez queima 0,6 grama de amendoim sob 50 gramas de água, que por isso tem sua temperatura aumentada de 22°C para 50°C.

   a. Considerando que o rendimento seja de 40%, mostre que o conteúdo energético do amendoim é de 3.500 calorias.

   b. Depois, mostre que o conteúdo energético, em calorias por grama, é de 5,8 quilocalorias por grama (ou 5,8 Calorias por grama).

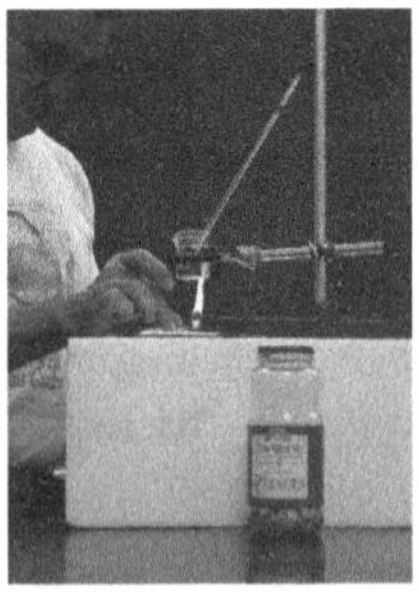

2. ■ Fincar um prego em madeira faz o mesmo esquentar. Considere um prego de aço de 5 gramas com 6 cm de comprimento, e um martelo que exerce uma força média de 500 N sobre o prego para que ele seja enterrado totalmente na madeira. O prego esquenta. Mostre que o aumento da temperatura do prego é de 13,3°C. (Considere que o calor específico do aço do prego seja de 450 J/kg.°C.)
3. ■ Se você deseja esquentar 100 kg de água em 20°C para tomar banho, mostre que a quantidade de calor requerida é de 2.000 quilocalorias (2.000 Calorias). Depois, mostre que isso equivale a 8.370 quilojoules.
4. ■ O calor específico do cobre vale 0,092 calorias por grama por grau Celsius. Mostre que a quantidade de calor necessária para elevar a temperatura de um pedaço de 10 gramas de cobre, de 0°C para 100°C, é 92 calorias. Como se compara este valor com o calor necessário para elevar uma mesma quantidade de água pela mesma diferença de temperatura?
5. ● Em um laboratório, você submerge 100 gramas de pregos a 40°C em 100 gramas de água a 20°C. (O calor específico do ferro vale 0,12 cal/g°C.) Iguale o calor ganho pela água ao calor cedido pelos pregos e mostre que a temperatura final da água será de 31,4°C.

Para resolver os próximos problemas, você precisará conhecer o coeficiente de dilatação linear médio, α, *que é diferente para materiais diferentes. Define-se* Δ *como sendo a variação de comprimento por unidade de comprimento – ou seja, a variação relativa de comprimento – decorrente de uma variação de temperatura de 1 grau Celsius. Isto é,* $\Delta L/L$ *por °C. Para o alumínio,* $\alpha = 11 \times 10^{-6}$ */°C, e para o ferro,* $\alpha = 24 \times 10^{-6}$ */°C. A variação de comprimento* ΔL *de um material é dada por* $\Delta L = L\alpha\Delta T$.

6. ● Suponha que uma barra com 1 m de comprimento se dilate em 0,5 cm quando aquecida. Mostre que, quando aquecida da mesma maneira, uma barra feita do mesmo material e com 100 m de comprimento passaria a ter comprimento de 100,5 m.
7. ● Suponha que o vão principal da ponte Golden Gate, em San Francisco, EUA, com 1,3 km de extensão, não possuísse juntas de dilatação. Mostre que, sob um aumento de 15°C da temperatura, a barra aumentaria em 0,21 m o comprimento do vão.
8. ■ Considere um cano de aço com 40.000 km de comprimento, formando um enorme anel que se ajusta perfeitamente ao longo de toda a circunferência do planeta. Suponha também que as pessoas posicionadas ao longo de seu comprimento respirassem diretamente sobre ele de modo a elevar sua temperatura em 1 grau Celsius. O cano se tornaria mais comprido. Ele também não se ajustaria mais como antes. A que altura acima do nível do solo ele deveria estar localizado? Mostre que a resposta é a impressionante altura de 70 m! (Para simplificar, considere apenas a dilatação de sua distância radial até o centro da Terra e aplique a fórmula geométrica que relaciona a circunferência *C* ao raio *r*, $C = 2\pi r$.)

CAPÍTULO 9

Transferências de Calor e Mudanças de Fase

John Suchocki demonstra a baixa condutividade da madeira ao caminhar com pés descalços sobre pedaços de carvão em brasa.

O calor se transfere de objetos mais quentes para objetos mais frios. Se vários objetos, a diferentes temperaturas, são postos em contato, aqueles mais quentes acabam esfriando, enquanto os mais frios tornam-se mais quentes. Eles tendem a atingir uma temperatura comum. Este processo ocorre de três maneiras: por *condução*, por *convecção* e por *radiação*.

9.1 Condução

Quando você mantém uma das extremidades de um prego de ferro em uma chama, logo ela se tornará quente demais para que se possa segurá-la. Se você mantém uma das extremidades de uma vareta curta de vidro em uma chama, a vareta levará muito mais tempo até tornar-se quente demais para segurá-la. Em ambos os casos, o calor que penetra na extremidade quente se transfere por todo o comprimento. Esse modo de transmissão de calor é chamado de **condução**. A condução térmica ocorre por meio de colisões entre as partículas e suas vizinhas mais próximas. Como o calor se transmite rapidamente pelo prego, dizemos que ele é um bom *condutor* de calor. Materiais maus condutores são chamados de *isolantes*.

Os sólidos (tais como os metais), cujos átomos ou moléculas possuem elétrons fracamente ligados, são bons condutores de calor. Estes elétrons movimentam-se rapidamente e transferem energia para outros elétrons, que rapidamente migram através do sólido. Maus condutores

FIGURA 9.1
Um piso de lajotas parece mais frio do que um de madeira, mesmo que ambos estejam à mesma temperatura. A lajota é um melhor condutor de calor do que a madeira e conduz mais rapidamente energia interna de seu corpo para o solo.

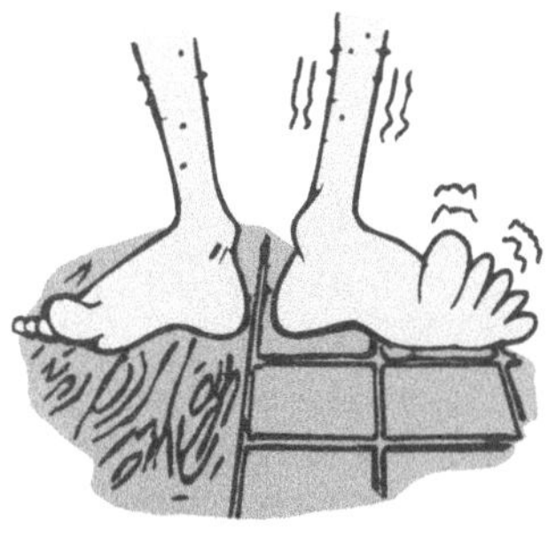

de calor (tais como vidro, lã, madeira, papel, cortiça e espuma de plástico) são formados por moléculas às quais os elétrons estão firmemente ligados. Nestes materiais, as moléculas oscilam em torno de um mesmo lugar e transferem energia somente através das interações com seus vizinhos imediatos. Uma vez que os elétrons, neste caso, não são móveis, a energia é transferida muito mais lentamente através dos isolantes.

O que pode ser simultaneamente bom e mau? Resposta: qualquer bom isolante é um mau condutor, e vice-versa.

A madeira é um bom isolante, e, por isso, é usada com freqüência em cabos de utensílios de cozinha. Mesmo quando uma panela está quente, pode-se agarrar o cabo de madeira com a mão nua, por um tempo curto, sem se queimar. Um cabo de ferro à mesma temperatura certamente queimaria a pele de sua mão. A madeira é um bom isolante mesmo quando ela está em brasa. Isso explica como John Suchocki, autor de *Conceptual Chemistry* (Química Conceitual), consegue caminhar descalço sobre pedaços de carvão vegetal em brasa sem queimar seus pés (como mostrado na foto de abertura do capítulo). (**Cuidado:** não tente fazer isso por sua própria conta; mesmo pessoas experientes neste tipo de atividade às vezes sofrem queimaduras severas quando as condições não estão exatamente corretas.) O fator principal aqui é a má condutividade térmica da madeira – mesmo aquela que está em brasa. Embora a temperatura seja muito alta, muito pouca energia interna é conduzida para os pés. O caminhante deve ter o cuidado de assegurar que pregos de ferro ou pedaços de outros bons condutores não estejam presentes entre os pedaços de carvão usados. Ai!

O ar é um péssimo condutor térmico. Por isso você pode pôr sua mão brevemente em uma pizza quente sem se queimar. Mas não toque no metal do interior de um forno quente. Ai de novo! O bom isolamento térmico de materiais tais como lã, pêlo de animais e penas deve-se principalmente aos espaços cheios de ar que eles contêm. Agradeça ao ar por ele ser um mau condutor; se não fosse, você passaria frio a uma temperatura de apenas 20°C (68°F)!

FIGURA 9.2

Quando você empurra um prego no gelo, o frio flui a partir do gelo para sua mão ou é a energia que flui de sua mão para o gelo?

FIGURA 9.3

A condução de calor da mão de Lil para o vinho é minimizada pela longa haste da taça de vinho.

A neve é um mau condutor porque seus flocos são formados por cristais que aprisionam ar e, assim, fornecem o isolamento térmico. Por isso a cobertura de neve mantém o solo morno durante o inverno. Os animais da floresta se abrigam do frio em bancos de neve e buracos cavados na neve. A neve não fornece energia a eles – ela simplesmente torna mais lenta a perda do calor corporal gerado pelos animais. O mesmo princípio explica por que iglus, abrigos árticos construídos com neve compactada, podem proteger do frio seus moradores.

Curiosamente, o isolamento térmico não impede o fluxo de energia interna. Ele simplesmente diminui a *taxa* segundo a qual a energia interna flui. Mesmo uma casa aquecida e com bom isolamento gradualmente esfria. Materiais isolantes tais como lã mineral ou fibra de vidro, colocados nas paredes e no teto de uma casa, tornam mais lenta a transferência de energia interna da casa, aquecida para o exterior frio durante o inverno, e, no verão, a transferência

FIGURA 9.4

O padrão da neve sobre o teto de uma casa revela as áreas de condução e de isolamento térmicos. As partes livres de neve revelam onde o calor do interior da casa fluiu por condução através do telhado, derretendo a neve que havia sobre o mesmo.

de energia interna do exterior mais quente para o interior mais frio da casa.

A condução térmica é o processo pelo qual a energia é transferida, como calor, entre dois pontos do material que estão a temperaturas diferentes.

PARE E TESTE A SI MESMO

1. Em regiões desérticas quentes durante o dia e frias durante a noite, as paredes das casas geralmente são feitas de argila. Por que é importante que as paredes de argila sejam grossas?
2. A madeira é um isolante melhor do que o vidro. Ainda assim, a fibra de vidro geralmente é usada para isolamento térmico de construções. Por quê?

VERIFIQUE SUAS RESPOSTAS

1. Uma parede com a espessura apropriada mantém a casa aquecida durante a noite através da diminuição do fluxo de calor de dentro para fora, enquanto durante o dia ela mantém frio o interior da casa através da diminuição do fluxo de calor de fora para dentro. Dizemos que esse tipo de parede possui "inércia térmica".
2. A fibra de vidro é um bom isolante, muito melhor do que o vidro, por causa do ar aprisionado entre suas fibras.

9.2 Convecção

Em um dia quente, você pode ver as ondulações no ar quando o ar quente sobe do asfalto da rodovia. Analogamente, se puser um cubo de gelo dentro de um vidro transparente contendo água quente, você poderá ver as ondulações provocadas pela água fria do derretimento do gelo descendo no vidro. A transferência de calor por meio do movimento de um fluido, subindo ou descendo, é chamada de **convecção.** Diferentemente da condução, a convecção ocorre somente em fluidos (líquidos ou gases). A convecção envolve o movimento da maior parte do fluido (correntes) em vez de interações ao nível molecular.

psc **Os fornos de convecção são fornos comuns com um ventilador interno. O tempo de cozimento é reduzido pela circulação do ar quente.**

FIGURA 9.5

Correntes de convecção (a) em um gás -ar- e (b) em um líquido.

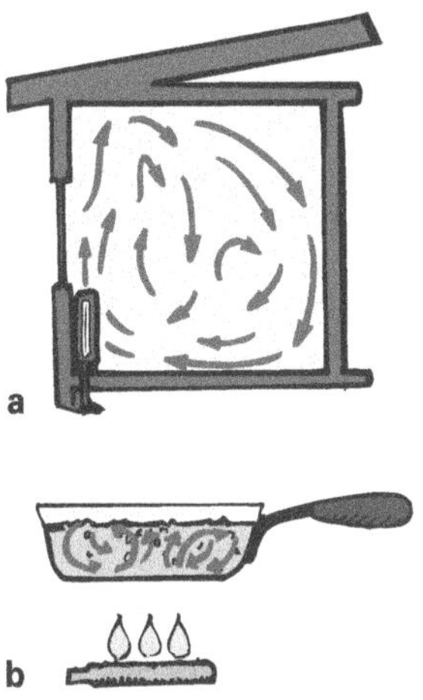
a
b

FIGURA 9.6

A ponta, submersa em água, de um objeto aquecido produz correntes de convecção, reveladas pelas sombras (causadas pelo desvio da luz em água a diferentes temperaturas).

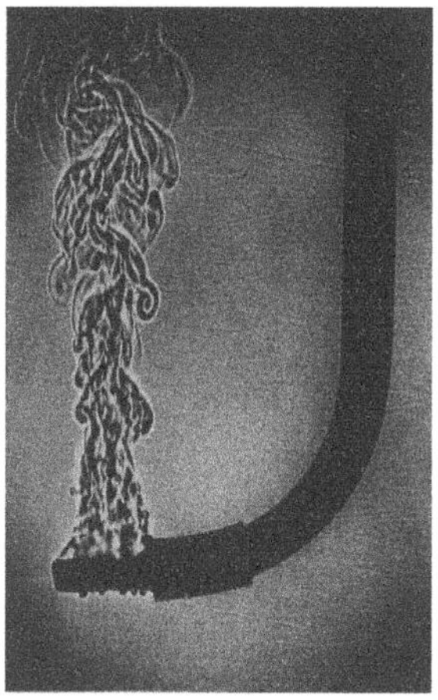

Podemos entender por que o ar quente sobe. Quando aquecido, ele se expande, tornando-se menos denso, com o que ele é empurrado para cima pelo empuxo gerado pelo ar frio circundante, de maneira análoga a um balão empurrado para cima pelo empuxo. Quando o ar ascendente atinge uma altitude na qual a densidade do ar circundante é a mesma, ele pára de subir. Vemos o mesmo ocorrer com a fumaça que sai de uma fogueira e, depois, deixa de subir quando esfria e sua densidade torna-se exatamente a mesma do ar circundante.

Verifique você mesmo que o ar esfria ao se expandir realizando o experimento descrito na Figura 9.7. O ar realmente esfria ao se expandir[1].

Um exemplo de resfriamento por expansão ocorre quando o vapor se expande ao sair da válvula de uma panela de pressão (Figura 9.8). O efeito do resfriamento devido tanto à expansão como à rápida mistura com o ar mais frio permite que você mantenha confortavelmente a mão dentro do jato de vapor condensado. (**Cuidado:** se você resol-

[1] Neste caso, para onde vai a energia? Ela é transferida no trabalho realizado sobre o ar circundante, quando o ar em expansão empurra aquele para fora.

FIGURA 9.7
Sopre ar quente sobre sua mão com a boca aberta. Depois diminua a abertura entre os lábios de maneira que o ar se expanda ao sair pela boca. Experimente de novo. Você nota alguma diferença na temperatura do ar exalado? O ar esfria quando se expande?

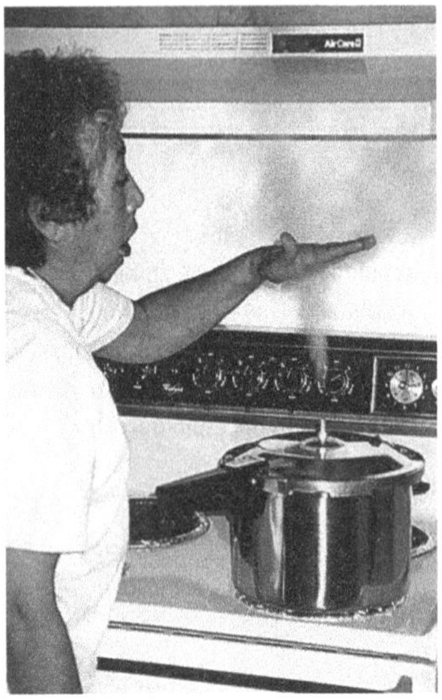

FIGURA 9.8
O vapor quente se expande ao sair da panela de pressão e encontra-se resfriado ao tocar a mão de Millie.

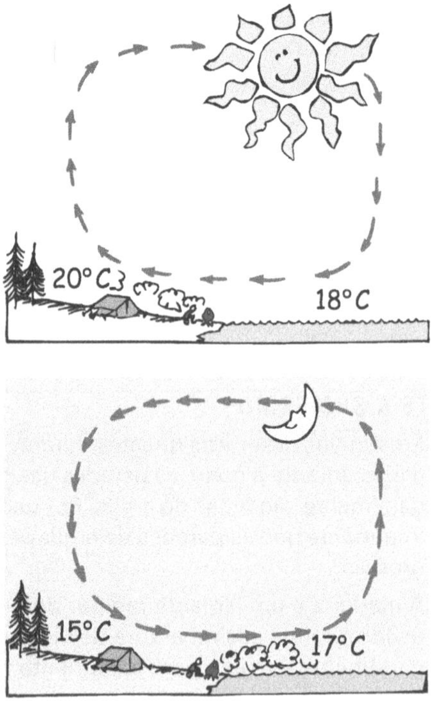
20°C
18°C
15°C
17°C

FIGURA 9.9
Correntes de convecção produzidas pelo aquecimento desigual da terra e da água. Durante o dia, o ar quente acima da terra se eleva, e o ar mais frio acima da água se move a fim de substituí-lo. Durante a noite, o sentido do fluxo do ar é invertido porque, agora, a água está mais quente do que a terra.

ver comprovar esse fenômeno, comece mantendo sua mão a uma distância garantidamente segura da válvula, e, então, vá baixando-a até uma altura na qual ainda seja confortável. Se você puser sua mão logo acima da válvula, onde não se vê vapor algum, fique alerta! O vapor é invisível próximo à válvula, antes de se expandir e esfriar. A "nuvem" de vapor que se vê é, de fato, vapor de água condensado, que é muito mais frio do que o vapor invisível.)

O resfriamento por expansão é o oposto do que ocorre quando o ar é comprimido. Se você já experimentou comprimir o ar por meio de uma bomba de encher pneus, provavelmente já notou que ambos, o ar e a bomba, tornam-se mais quentes. A compressão do ar o aquece.

As correntes de convecção circulam na atmosfera e produzem os ventos. Algumas partes da superfície da Terra absorvem energia do Sol mais facilmente do que outras. Como resultado, o ar próximo à superfície é aquecido de forma desigual e, então, surgem correntes de convecção. Isso é evidente na costa marítima, como mostra a Figura 9.9. Durante o dia, o solo costeiro esquenta mais facilmente do que a água. Então o ar quente logo acima do solo se eleva e é substituído pelo ar mais frio que vem das camadas mais próximas à água, para tomar seu lugar. O resultado é uma brisa marítima. Durante a noite, o processo se inverte, pois o solo esfria mais rapidamente do que a água e, portanto, o ar mais quente se encontra logo acima do mar. Se você fizer uma fogueira na praia, notará que a fumaça é desviada para a terra durante o dia, e para o mar, durante a noite.

psc

Abrir a porta de um refrigerador permite que o ar quente exterior entre no aparelho, o qual, então, requer energia para esfriar. Quanto mais vazio estiver o refrigerador, mais ar frio será misturado com ar quente. Assim, mantenha seu refrigerador cheio a fim de diminuir seus custos de operação – especialmente se você é do tipo que vive abrindo e fechando a porta do mesmo.

PARE E
TESTE A SI MESMO

Explique por que você consegue manter seus dedos ao lado de uma chama sem se queimar, mas não acima da mesma.

VERIFIQUE SUA RESPOSTA

O ar quente sobe por convecção. Uma vez que o ar é um mau condutor de calor, muito pouca energia é transferida pelos lados até seus dedos.

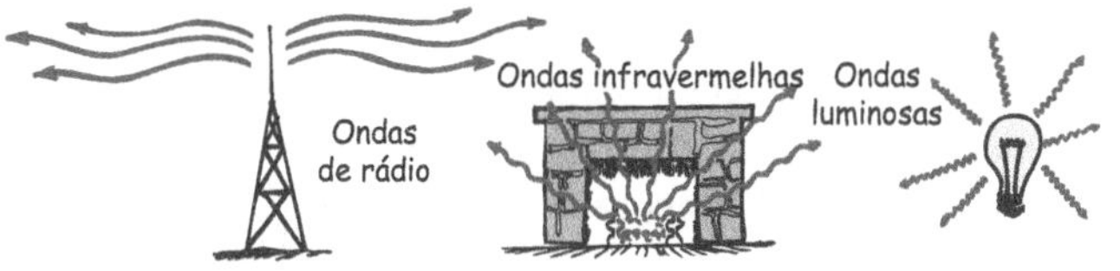
Ondas infravermelhas
Ondas luminosas
Ondas de rádio

FIGURA 9.10

Tipos de energia radiante (ondas eletromagnéticas).

9.3 Radiação

A energia proveniente do Sol atravessa o espaço e, depois, a atmosfera terrestre para, então, aquecer a superfície da Terra. Essa transferência de energia não pode envolver condução ou convecção, pois não existe um meio material entre o Sol e a Terra. Então a energia é transmitida de outra maneira – por **radiação**[2]. A energia transferida, neste caso, é chamada de *energia radiante.*

A energia radiante existe na forma de *ondas eletromagnéticas*, variando desde os comprimentos de onda mais longos aos mais curtos: ondas de rádio, microondas, ondas infravermelhas (ondas invisíveis abaixo do vermelho do espectro visível), ondas visíveis, ondas ultravioleta, raios X e raios gama. Essas ondas serão abordadas nos Capítulos 11 e 12.

O comprimento de onda da radiação está relacionado com a sua freqüência de vibração. A freqüência é a taxa de vibração de uma fonte de onda. Na Figura 9.11, Nellie Newton sacode uma corda com uma freqüência baixa (esquerda) e alta (direita). Observe que sacudir a corda com baixa freqüência produz uma longa onda "preguiçosa", enquanto sacudir com alta freqüência produz uma onda de comprimento de onda curto. Veremos em capítulos posteriores que elétrons em vibração emitem ondas eletromagnéticas. Vibrações de baixa freqüência produzem ondas de comprimentos de onda longos, e vibrações de alta freqüência, comprimentos de onda curtos.

FIGURA 9.11

Uma onda de grande comprimento de onda é produzida quando a extremidade de uma corda é sacudida suavemente (com uma baixa freqüência). Quando ela é sacudida mais vigorosamente (com uma alta freqüência), uma onda de curto comprimento de onda é produzida.

[2] A radiação a que nos referimos aqui é a radiação eletromagnética, o que inclui a luz visível. Não confunda isso com a *radioatividade*, um processo que ocorre nos núcleos atômicos, que será discutida no Capítulo 16.

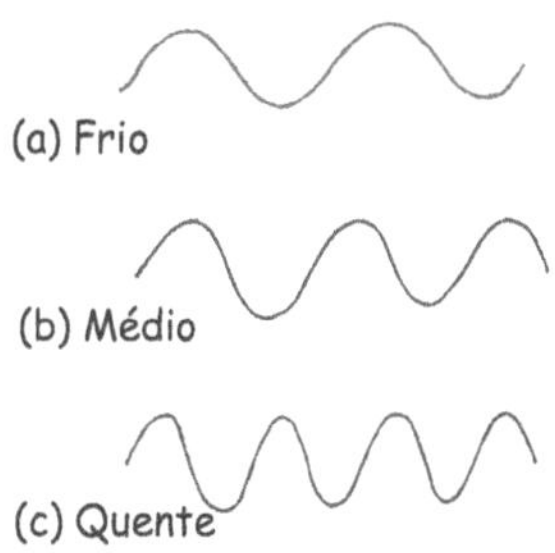
(a) Frio
(b) Médio
(c) Quente

FIGURA 9.12

(a) Uma fonte de baixa temperatura (fria) emite basicamente ondas de baixas freqüências ou longos comprimentos de onda. (b) Uma fonte de temperatura média emite basicamente ondas de médias freqüências ou médios comprimentos de onda. (c) Uma fonte de alta temperatura (quente) emite basicamente ondas de altas freqüências ou curtos comprimentos de onda.

Emissão de energia radiante

Qualquer objeto, a qualquer temperatura acima do zero absoluto, emite energia radiante. A freqüência de pico $\bar{f}$ da energia radiante é diretamente proporcional à temperatura Kelvin T em que se encontra o emissor:

$$\bar{f} \sim T$$

Se um objeto estiver suficientemente quente, parte da radiação que ele emite está na faixa da luz visível. À temperatura de aproximadamente 500°C, um objeto começa a emitir as ondas mais longas que conseguimos ver, as de luz vermelha. Temperaturas mais altas produzem uma luz amarelada. A cerca de 1.500°C, são emitidas todas as ondas às quais nossos olhos são sensíveis, e vemos o objeto como "incandescente". Uma estrela azul é mais quente do que uma estrela branca, e uma estrela vermelha é menos quente do que esta. Uma vez que uma estrela azul corresponde a uma freqüência de luz emitida duas vezes maior do que a de uma estrela vermelha, ela tem, portanto, uma temperatura superficial duas vezes maior do que a de uma estrela vermelha[3].

Assim, enquanto uma estrela azul que emite radiação de freqüência duas vezes maior do que a de uma estrela vermelha possui temperatura superficial duas vezes maior do que esta, uma estrela azul emite 16 vezes mais energia que uma estrela vermelha do mesmo tamanho.

A quantidade de radiação emitida depende também das características da superfície, referida como a emissividade do objeto – variando desde próximo de zero, para superfícies muito pouco brilhantes, até próximo de 1, para superfícies negras. Uma superfície completamente negra

[3] A *quantidade* de energia radiante Q emitida por um objeto é proporcional à quarta potência de sua temperatura Kelvin T:

$$Q \sim T^4$$

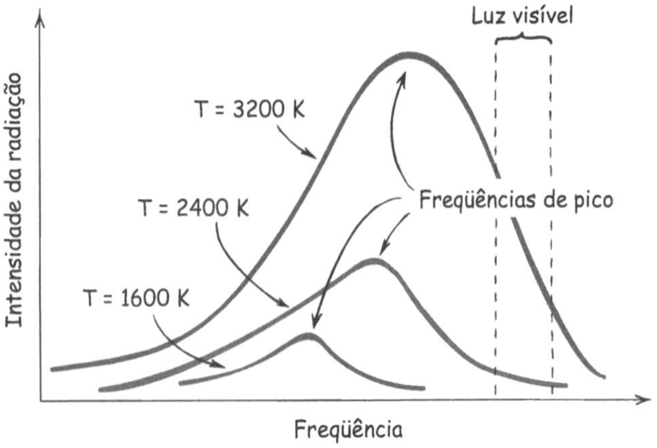
Luz visível
Intensidade da radiação
T = 3200 K
T = 2400 K
T = 1600 K
Freqüências de pico
Freqüência

FIGURA 9.13

Curvas de radiação para diferentes temperaturas. A freqüência média da energia radiante é diretamente proporcional à temperatura absoluta do emissor.

emite o que é conhecido como *radiação de corpo negro* e possui emissividade exatamente igual a 1.

Como a temperatura superficial do Sol é alta (pelos padrões terrestres), ele emite energia radiante, portanto, com freqüências altas – boa parte dela na faixa visível do *espectro eletromagnético*. Em comparação, a temperatura superficial da Terra é relativamente baixa, e, assim, a Terra emite energia radiante em freqüências mais baixas que a luz visível. A radiação emitida pela Terra está na forma de *ondas infravermelhas* – abaixo do limiar de visibilidade. A energia radiante emitida pela Terra é chamada de **radiação terrestre.**

A energia radiante do Sol provém de reações nucleares em seu interior profundo. Analogamente, reações nucleares ocorridas no centro quente da Terra aquecem o planeta (visite qualquer mina profunda e você verificará que lá é quente – durante o ano todo). Boa parte dessa energia interna é irradiada até a superfície da Terra e torna-se parte da radiação terrestre.

Todos os objetos – você, seu professor e cada objeto ao seu redor – emitem continuamente energia radiante em uma dada faixa de freqüências. Objetos que se encontram nas temperaturas cotidianas emitem basicamente ondas infravermelhas de baixas freqüências. Quando ondas infravermelhas de freqüência mais alta são absorvidas por sua pele, como quando se fica parado próximo a uma estufa aquecida, você tem a sensação de calor. Assim, é comum nos referirmos à radiação infravermelha como *radiação térmica.* O Sol, o filamento de uma lâmpada incandescente e os carvões em brasa de uma fogueira são fontes comuns de radiação infravermelha, que dão a sensação de calor.

A radiação de calor é a base do funcionamento dos termômetros de infravermelho. Basta você simplesmente apontar o termômetro para algum objeto cuja temperatura você deseja descobrir, apertar um botão e aparece a leitura digital da temperatura. A radiação emitida pelo objeto considerado provê a leitura. Termômetros de infravermelho didáticos típicos operam na faixa que vai de –30°C a 200°C.

A radiação emitida pela Terra é *radiação terrestre*. A radiação emitida pelo Sol é *radiação solar*. Ambas estão em faixas do espectro eletromagnético. (Como você denominaria a radiação proveniente de alguém especial?)

PARE E TESTE A SI MESMO

Qual destes objetos não emite energia radiante? (a) o Sol; (b) a lava de um vulcão; (c) carvões em brasa; (d) este livro-texto.

VERIFIQUE SUA RESPOSTA

Todos eles emitem energia radiante – mesmo seu livro-texto, o qual, como os outros objetos listados, possui uma temperatura diferente de zero. De acordo com a lei $\bar{f} \sim T$, o livro emite radiação cuja freqüência de pico $\bar{f}$ é muito baixa comparada com as freqüências das radiações emitidas pelos outros objetos. Qualquer coisa que se encontre a uma temperatura qualquer maior do que o zero absoluto emite energia radiante. Está certo – *qualquer coisa*!

Absorção de energia radiante

Se tudo está emitindo energia, então por que os objetos todos não acabam esgotando a sua energia? A resposta é: tudo também está *absorvendo* energia. Bons emissores de energia radiante também são bons absorvedores dela; e maus emissores são maus absorvedores. Por exemplo, uma antena de

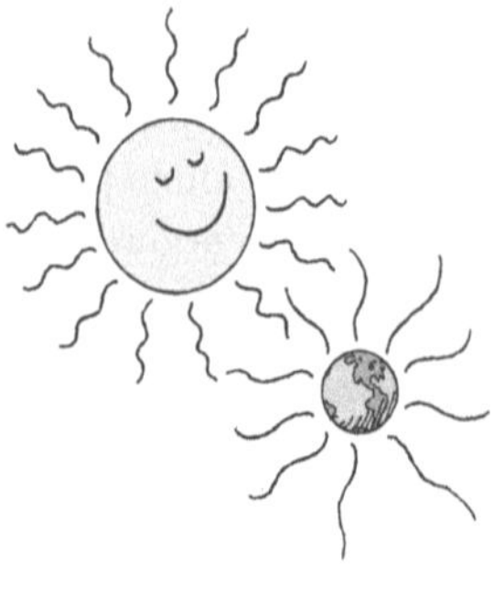

FIGURA 9.14

Tanto o Sol quanto a Terra emitem o mesmo tipo de energia radiante. O brilho do Sol é visível ao olho humano; o da Terra consiste de ondas mais longas e não visíveis ao olho.

FIGURA 9.15

Quando o recipiente com superfície áspera e negra e o outro, com superfície polida e brilhante, são cheios com água quente (ou fria), o de superfície negra esfria (ou aquece) mais rápido.

psc Cada coisa ao seu redor continuamente irradia e absorve energia.

rádio construída para ser um bom emissor de ondas de rádio é também, por sua própria concepção, um bom receptor (absorvedor) das mesmas. Uma antena transmissora mal projetada será também um mau receptor.

A superfície de qualquer material, quente ou fria, tanto absorve quanto emite energia radiante. Se a superfície absorve mais do que emite, ela é predominantemente um absorvedor, e sua temperatura se eleva. Ao contrário, se ela emite mais do que absorve, ela é predominantemente um emissor, e sua temperatura baixa. O fato de uma superfície desempenhar o papel predominante de absorvedora ou de emissora depende da sua temperatura estar acima ou abaixo da temperatura da vizinhança. Em resumo, se ela está mais quente do que a vizinhança, a superfície será predominantemente um emissor e esfriará; se ela está mais fria, será predominantemente um absorvedor e aquecerá.

Uma pizza quente colocada no exterior da casa, em um dia de inverno, será predominantemente um emissor. A mesma pizza, colocada dentro de um forno quente, será predominantemente um absorvedor.

PARE E TESTE A SI MESMO

1. Se um bom absorvedor de energia radiante fosse um mau emissor, como sua temperatura se compararia com a de sua vizinhança?
2. Um fazendeiro acende um maçarico de propano em seu celeiro, numa manhã fria, e aquece o ar até 20°C (68° F). Por que, então, ele ainda sente frio?

VERIFIQUE SUAS RESPOSTAS

1. Se um bom absorvedor não fosse também um bom emissor, haveria uma absorção líquida de energia radiante e a temperatura do absorvedor se manteria mais elevada do que a de sua vizinhança. As coisas ao nosso redor se aproximam de uma temperatura comum somente porque os bons absorvedores são também, por sua própria natureza, bons emissores.
2. As paredes do celeiro ainda estão frias. Ele irradia mais energia para as paredes do que estas irradiam de volta, de modo que ele sente frio. (Em um dia frio do inverno, você se sente confortável dentro de sua casa ou da sala de aula apenas se as paredes estiverem aquecidas, e não apenas o ar.)

Reflexão de energia radiante

A absorção e a reflexão são processos que se opõem. Um bom absorvedor de energia radiante reflete muito pouco esse tipo de energia, incluindo a luz visível. Portanto, uma superfície que reflete muito pouco, ou nada, de energia radiante aparece como escura. Assim, um bom absorvedor parece escuro, e um absorvedor perfeito não reflete qualquer energia radiante, parecendo completamente negro. A pupila do olho, por exemplo, permite que a luz penetre sem sofrer qualquer reflexão, e é por isso que ela parece escura. (Uma exceção a isso ocorre durante a emissão de um *flash* fotográfico, quando as pupilas das pessoas ficam cor-de-rosa, porque a luz brilhante é refletida para fora do olho após ter se refletido na superfície interna do fundo do mesmo, que é de cor rosa.)

Olhe para as extremidades abertas de canos empilhados; os buracos parecem escuros. Em um dia ensolarado, se você olhar para a abertura de uma porta aberta ou para as janelas de casas distantes, elas lhe parecerão negras. Essas aberturas parecem assim porque a luz que nelas consegue entrar acaba sendo refletida repetidamente, de um lado para o outro, nas paredes internas, sendo parcialmente absorvida a cada reflexão. Como resultado, muito pouco, ou nada, dessa luz retorna para atingir seu olho (Figura 9.16).

Bons refletores, por outro lado, são maus absorvedores. A neve clara é um bom refletor e, portanto, não derrete rapidamente quando exposta à luz do Sol. Se a neve está suja, ela absorve mais energia radiante vinda do Sol e derrete mais rápido. Uma técnica às vezes usada para controlar inundações é cobrir a superfície da neve das montanhas com fuligem jogada de aviões. O derretimento controlado em épocas apropriadas, ao invés de uma súbita avalanche de neve derretida, é favorecido por essa técnica.

A emissão e a absorção na parte visível do espectro são afetadas pela cor. Mas não na parte infravermelha do espectro, onde a textura da superfície tem mais efeito. No infravermelho, uma superfície baça emite/absorve melhor do que outra, polida, seja qual for sua cor.

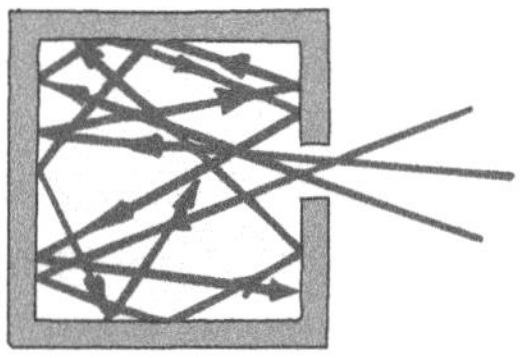

FIGURA 9.16

A radiação que penetra pela abertura tem pouca chance de escapar porque a maior parte dela é absorvida. Por esta razão, a abertura de qualquer cavidade parece escura para nós.

FIGURA 9.17

O buraco parece perfeitamente negro e indica que o interior é preto, quando, na realidade, ele foi pintado com tinta branca brilhante.

PARE E TESTE A SI MESMO

O que seria mais eficiente para aquecer o ar de uma sala, um aquecedor por radiação pintado de preto ou outro, prateado?

VERIFIQUE SUA RESPOSTA

Curiosamente, a cor da pintura não é um fator relevante, de modo que qualquer cor pode ser usada. A razão disso é que radiadores aquecem muito pouco por radiação. Suas superfícies quentes aquecem o ar circundante por condução, o ar aquecido se eleva e as correntes de convecção aquecidas aquecem a sala. (Uma denominação mais apropriada para este tipo de aquecedor seria "convector".) Agora, se você está interessado em aperfeiçoar a eficiência, use um radiador prateado, que irradia menos, torna-se e mantém-se mais quente e, assim, realiza melhor a tarefa de aquecer o ar.

9.4 A lei de Newton do resfriamento

Espontaneamente, qualquer objeto mais quente que sua vizinhança acaba esfriando até sua temperatura igualar-se à da vizinhança. A taxa de resfriamento depende de quão mais quente o objeto está em relação à vizinhança. Uma torta de maçã quente esfriará mais a cada minuto se ela for colocada em um congelador gelado do que se for deixada sobre a mesa da cozinha. Isso ocorre porque, no congelador, é maior a diferença de temperatura entre a torta e a vizinhança. Similarmente, a taxa segundo a qual uma casa aquecida perde energia interna para o exterior frio depende da diferença entre a temperatura interior e a exterior.

A taxa de resfriamento de um objeto – seja por condução, convecção ou radiação – é aproximadamente proporcional à diferença de temperatura ΔT entre o objeto e sua vizinhança.

$$\text{Taxa de resfriamento} \sim \Delta T$$

Isto é conhecido como a **lei de Newton do resfriamento**. (Adivinhe a quem é creditada a descoberta desta lei?)

A lei também se aplica ao aquecimento. Se um objeto está mais frio do que sua vizinhança, sua taxa de aquecimento será também proporcional a ΔT[4]. A comida congelada se aquecerá mais rapidamente em uma sala aquecida do que numa sala fria.

PARE E TESTE A SI MESMO

Assim como uma xícara de chá quente perde calor mais rapidamente do que uma xícara de chá morno, seria correto dizer, então, que a xícara de chá quente esfriará antes da outra até a temperatura ambiente?

VERIFIQUE SUAS RESPOSTAS

Não! Embora a *taxa* de resfriamento seja maior para a xícara mais quente, ela leva mais tempo para resfriar até alcançar o equilíbrio térmico com o ambiente. O tempo extra decorrido é igual ao tempo que leva para ela se resfriar até a temperatura inicial da xícara de chá morno. A taxa de resfriamento e o tempo de resfriamento não são a mesma coisa.

9.5 O aquecimento global e o efeito estufa

Um automóvel estacionado em uma rua com as janelas fechadas, sob o Sol brilhante de um dia quente, pode ficar muito quente em seu interior – consideravelmente mais quente do que o ar externo. Isso é um exemplo do efeito estufa, assim denominado por causa do mesmo efeito que ocorre nas estufas de vidro de floriculturas. A compreensão do efeito estufa requer conhecimento acerca de dois conceitos.

O primeiro conceito já foi abordado – o de que todas as coisas irradiam, e o comprimento de onda da radiação

[4] Um objeto aquecido que contenha uma fonte de energia pode manter-se mais quente do que a vizinhança indefinidamente. A energia interna que ele emite não produz necessariamente seu resfriamento, e a lei de Newton do resfriamento não se aplica neste caso. Assim, um motor de um automóvel que está em funcionamento mantém-se mais quente do que o restante do veículo e o ar circundante. Mas depois que o motor for desligado, ele se esfriará de acordo com a lei de Newton do resfriamento, e sua temperatura gradualmente se aproximará da temperatura ambiente. Analogamente, o Sol se manterá mais quente do que sua vizinhança enquanto sua fornalha nuclear estiver funcionando – outros 5 bilhões de anos ou próximo disso.

APLICAÇÕES COTIDIANAS

A GARRAFA TÉRMICA

Uma garrafa térmica comum, um recipiente com paredes duplas de vidro espelhadas, entre as quais é feito vácuo, reduz sensivelmente a transferência de calor.

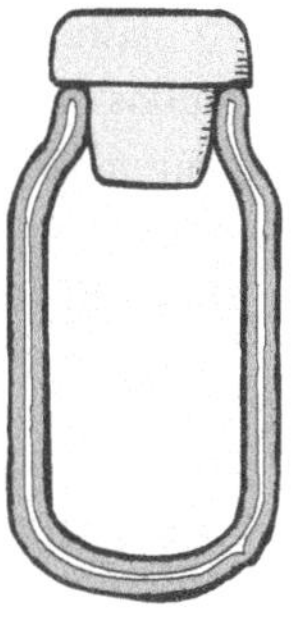

Quando um líquido quente ou frio é posto no interior de uma garrafa deste tipo, ele mantém-se aproximadamente na mesma temperatura por muitas horas. Isso se deve à inibição da transferência de energia interna por condução, convecção e radiação.

1. A transferência de calor por condução é impossível através do vácuo. Algum calor ainda escapa por condução através do vidro e da tampa, mas esse é um processo muito lento, pois o vidro, o plástico e a cortiça, são maus condutores térmicos.
2. O vácuo também impede a perda de calor por convecção através das paredes, pois não existe ar entre as paredes.
3. A perda de calor por radiação é reduzida pelo espelhamento das superfícies da parede dupla, que refletem a energia radiante de volta para dentro da garrafa.

depende da temperatura do objeto emissor da radiação. Objetos em alta temperatura irradiam ondas curtas; objetos a baixas temperaturas, ondas longas. O segundo conceito de que precisamos é o de que a transparência de coisas tais como ar ou vidro depende do comprimento de onda da radiação. O ar é transparente tanto às ondas infravermelhas (longas) quanto às ondas visíveis (curtas), a menos que o ar contenha um excesso de vapor dágua e dióxido de carbono, caso em que o ar é opaco ao infravermelho. O vidro é transparente às ondas luminosas visíveis, mas é opaco às ondas infravermelhas. (A física da transparência e da opacidade será discutida no Capítulo 12.)

Eis por que um carro fica tão quente sob a luz brilhante do Sol: comparada com a do carro, a temperatura do Sol é muito alta. Isso significa que as ondas que o Sol irradia são muito curtas. Estas ondas curtas atravessam facilmente a atmosfera da Terra e o vidro das janelas do carro. Assim, a energia proveniente do Sol penetra no interior do veículo, onde, exceto pela reflexão, ela é absorvida. O interior do carro, então, esquenta. Ele também irradia suas próprias ondas, mas, uma vez que ele não é tão quente quanto o Sol, as ondas emitidas são mais longas. As ondas longas reirradiadas se deparam, então, com o vidro, que não é transparente a elas. Assim, a energia reirradiada termina por permanecer dentro do carro, o que o torna ainda mais quente (por isso deixar seu animal de estimação dentro do carro em um dia ensolarado não é uma boa idéia).

O mesmo efeito ocorre na atmosfera terrestre, que é transparente à radiação solar. A superfície da Terra absorve esta energia e reirradia parte dela como radiação terrestre de comprimento de onda mais longo. Os gases atmosféricos (especialmente o vapor d'água e o dióxido de carbono) absorvem e reirradiam grande parte dessa radiação terrestre de longo comprimento de onda de volta para a Terra. A radiação terrestre que não consegue escapar da atmosfera terrestre aquece a Terra. Esse processo de aquecimento global é muito agradável, pois, de outra maneira, a Terra seria um planeta gélido, a – 18 °C. Durante os últimos 500.000 anos a temperatura média da Terra tem flutuado entre 19°C e 27°C, e agora se encontra no ponto alto – 27°C – e subindo. Nossa atual preocupação ambiental é que os crescentes níveis de dióxido de carbono e outros gases na atmosfera possam aumentar ainda mais a temperatura, e com isso gerar uma nova situação de equilíbrio térmico que seja desfavorável à biosfera.

A radiação de curto comprimento de onda proveniente do Sol atravessa o vidro.
A energia de longo comprimento de onda reirradiada não atravessa o vidro, ficando aprisionada dentro.

FIGURA 9.19
O vidro é transparente à radiação de curto comprimento de onda, mas é opaco à radiação de longos comprimentos de onda. A energia reirradiada pela planta tem longo comprimento de onda porque a planta tem uma temperatura relativamente baixa.

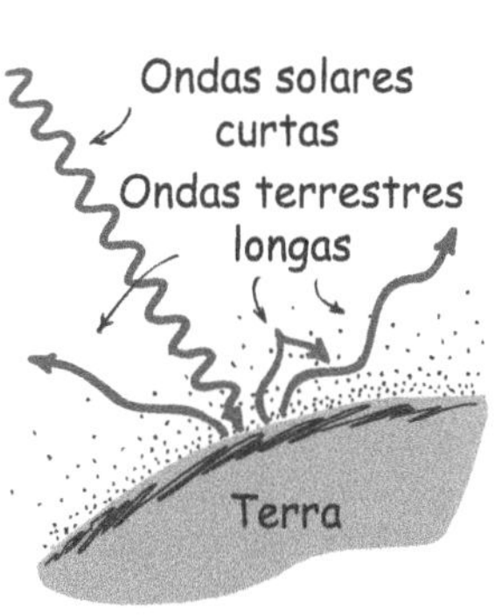

Ondas solares curtas
Ondas terrestres longas
Terra

FIGURA 9.18
O Sol quente emite ondas curtas, e a Terra fria emite ondas longas. O vapor dágua, o dióxido de carbono e outros "gases do efeito estufa" na atmosfera retêm calor que, de outra maneira, seria irradiado da Terra para o espaço.

Uma crença importante é: "Você jamais pode alterar apenas uma coisa". Mude uma coisa, e você muda outra também. Um ligeiro aumento da temperatura da Terra significa um ligeiro aquecimento dos oceanos, que por sua vez significa mudanças no clima e nos padrões de tempestades. Oceanos mais quentes também significam um ligeiro aumento da evaporação, o que implica um ligeiro aumento de queda de neve nas regiões polares. Atualmente, a fração da superfície terrestre sob gelo e neve é maior do que a área total usada como fazendas – e está encolhendo a um ritmo historicamente sem precedentes. Estas áreas brancas refletem mais radiação solar, o que, potencialmente, poderia levar a uma queda significativa na temperatura global. Assim, o superaquecimento da Terra hoje poderia resfriá-la amanhã e disparar a próxima idade do gelo! Ou talvez não. Ninguém sabe ao certo.

O que nós sabemos é que o consumo de energia está relacionado ao tamanho da população. Estamos questionando seriamente a idéia de crescimento sem fim. (Por favor, gaste algum tempo lendo o Apêndice D, "Crescimento Exponencial e Tempo de Duplicação" – um material muito importante.)

Um papel importante do vidro em uma estufa de floricultura é o de impedir a convecção do ar exterior mais frio com o ar interior mais quente. Assim, o efeito estufa realmente desempenha um papel maior no aquecimento global do que no de estufas de floricultura.

PARE E TESTE A SI MESMO

O que se quer expressar quando se diz que o efeito estufa é como uma válvula de um só sentido?

VERIFIQUE SUA RESPOSTA

Tanto a atmosfera da Terra quanto o vidro de uma estufa de floricultura são transparentes apenas à luz incidente de comprimento de onda curto, e bloqueiam a saída de ondas longas. Por causa deste bloqueio, a radiação se propaga em um sentido apenas.

9.6 Transferências de calor e mudanças de fase

A matéria existe em quatro fases (estados) comuns. O gelo, por exemplo, é a fase *sólida* da água. Quando energia interna é adicionada, o aumento da agitação molecular rompe a estrutura congelada, e o gelo passa para a fase *líquida*, água. Quando mais energia ainda é adicionada, o líquido passa para a fase *gasosa*. Adicionando-se mais energia ainda, as moléculas se dissociam em íons e elétrons, resultando na fase de *plasma*. O plasma (não confundir com o plasma sangüíneo) é o gás de iluminação encontrado nos tubos de TV, em lâmpadas fluorescentes e em outros tipos de lâmpadas a vapor. O Sol, as estrelas e a maior parte do espaço entre esses corpos celestes encontram-se na fase de plasma. Sempre que a matéria muda de fase, uma transferência de energia interna está envolvida.

Evaporação

A água passa para a fase gasosa pelo processo de **evaporação**. Em um líquido, as moléculas se movem aleatoriamente com uma grande variedade de valores de velocidade. Pense nas moléculas de água como minúsculas bolas de bilhar, movendo-se caoticamente e colidindo continuamente umas com as outras. Durante as colisões, algumas moléculas ganham energia cinética, enquanto outras, perdem. As moléculas da superfície, que ganham energia por sofrerem colisões das moléculas que estão por baixo, são as primeiras que se libertam do líquido. Elas deixam a superfície e escapam para o espaço acima do líquido. Dessa maneira, elas se tornam parte de um gás.

Quando as moléculas em rápido movimento deixam a água, as moléculas que estavam abaixo delas estão se movimentando mais lentamente. O que acontece com a energia cinética total do líquido quando as moléculas escapam? Resposta: diminui a energia cinética média das moléculas que permanecem no líquido. A temperatura (que mede a energia cinética média das moléculas) diminui e a água esfria.

psc **A evaporação da água em seu corpo retira energia dele, resfriando-o quando você emerge da água em um dia quente e ventoso.**

Quando nossos corpos começam a ficar muito aquecidos, nossas glândulas sudoríparas produzem o suor, e sua evaporação nos esfria. Isso faz parte do termostato da natureza, pois a evaporação do suor nos esfria e nos ajuda a manter estável nossa temperatura corporal. Muitos animais não possuem glândulas sudoríparas e devem se resfriar de outras maneiras (Figuras 9.21 e 9.22).

FIGURA 9.20
Quando úmido, o tecido que cobre o cantil promove resfriamento. Quando as moléculas de água mais rápidas evaporam do tecido molhado, sua temperatura diminui e, assim, esfria o metal. O metal, por sua vez, esfria a água contida nele. A água do cantil pode ser resfriada bastante em relação ao ar exterior.

FIGURA 9.21

Como outros cachorros, os de Tammy não possuem glândulas sudoríparas (exceto entre os dedos das patas). Eles se resfriam respirando pela boca. Dessa maneira, a evaporação ocorre na boca e no interior do trato bronquial.

FIGURA 9.22

Porcos não possuem glândulas sudoríparas e, portanto, não podem se resfriar pela evaporação de suor. Em vez disso, para se resfriar, eles se lambuzam na lama.

No dióxido de carbono sólido (gelo-seco), as moléculas passam diretamente da fase sólida para a gasosa – por isso ele se chama gelo-seco. Esta forma de evaporação é chamada de **sublimação**. Bolas de naftalina são bem-conhecidas por este processo. Mesmo a água congelada sofre sublimação. Como, em um sólido, as moléculas de água estão firmemente ligadas ao material, a água congelada sublima muito mais lentamente do que a água líquida evapora. A sublimação é responsável por grande parte da perda de neve e gelo, especialmente nos cumes altos e ensolarados das montanhas. A sublimação também explica por que cubos de gelo tornam-se menores quando mantidos em um congelador por um longo tempo.

PARE E

TESTE A SI MESMO

A evaporação seria um processo de resfriamento se não houvesse transferência de energia cinética molecular da água para o ar acima dela?

VERIFIQUE SUA RESPOSTA

Não. Um líquido esfria somente quando a energia cinética é levada pelas moléculas que evaporam. Isso é semelhante a quando bolas de bilhar ganham velocidade à custa de outras, que perdem velocidade. Aquelas que deixam (evaporam) são as ganhadoras, enquanto aquelas que perdem permanecem no líquido e abaixam a temperatura da água.

Condensação

O processo de **condensação** é oposto ao de evaporação – a mudança de gás para líquido. Quando as moléculas de um gás próximas à superfície de um líquido são atraídas por este, elas colidem com a superfície com energias cinéticas maiores, tornando-se parte do líquido. Essa energia cinética, então, é absorvida pelo líquido. O resultado é um aumento de temperatura. Assim, enquanto um líquido esfria por evaporação, um objeto sobre o qual o vapor condensa sofre aquecimento. A condensação é um processo de aquecimento.

Um exemplo impressionante de aquecimento por condensação é o da energia liberada pelo vapor quente ao condensar. O vapor libera muita energia quando condensa e umedece a pele. Por isso uma queimadura de vapor a 100°C é muito mais danosa do que uma queimadura de água fervente na mesma temperatura. Essa energia libe-

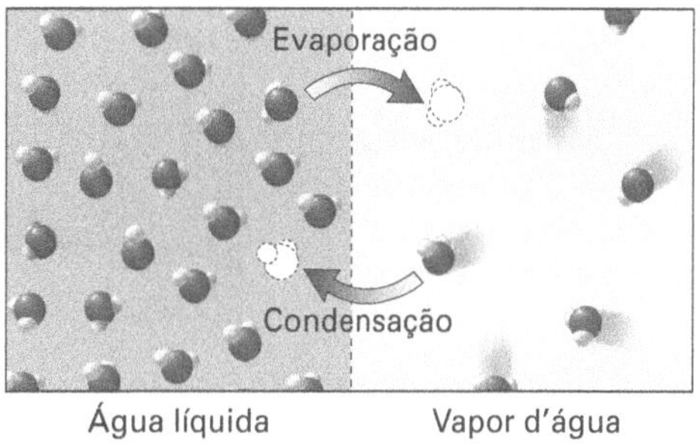
Evaporação
Condensação
Água líquida
Vapor d'água

FIGURA 9.23

A troca de moléculas através da interface entre a água líquida e o vapor dágua.

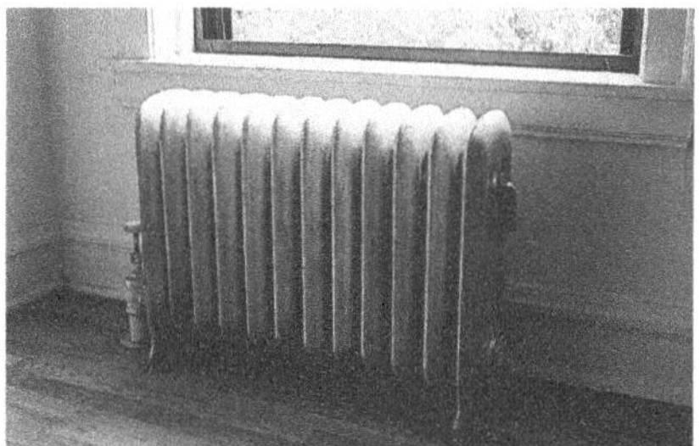

FIGURA 9.24

Energia interna é liberada pelo vapor quando ele condensa dentro do "radiador".

rada pela condensação é utilizada em sistemas de aquecimento por vapor.

Ao tomar um banho quente, você talvez já tenha notado que se sente mais aquecido na região úmida e fechada do chuveiro do que fora da mesma. Essa diferença é prontamente sentida quando se sai da área fechada do chuveiro. Fora da umidade, a taxa de evaporação torna-se muito maior que a de condensação, e você sente calafrios. Assim, agora você sabe por que consegue se secar com uma toalha muito mais confortavelmente se permanecer dentro da área fechada do chuveiro. Se você está com pressa e não se importa em sentir frio, seque-se fora da área fechada do chuveiro.

Em uma tarde de julho na seca Phoenix, ou em Santa Fé, você sentirá bem mais frio do que em Nova Iorque ou Nova Orleans, mesmo quando as temperaturas forem iguais. Nas cidades mais secas, a taxa de evaporação de nossa pele torna-se maior do que a taxa de condensação das moléculas de água do ar sobre sua pele. Em localidades úmidas, a taxa de condensação é maior do que a de evaporação. Você sente o efeito do aquecimento quando o vapor atmosférico condensa sobre sua pele. Você está sendo literalmente bombardeado pelos impactos violentos das moléculas de H_2O presentes no ar.

Embora as moléculas de água tendam a grudar-se umas nas outras, no ar elas se movem suficientemente rápidas para impedir que se grudem. Quando elas colidem, ricocheteiam umas nas outras e mantêm-se na fase gasosa. Em algum momento algumas moléculas de água podem estar se movendo mais lentamente do que a média, aumentando as chances de grudarem durante uma colisão (Figura 9.27). (Isso pode ser entendido imaginando-se uma mosca quando faz contato rasante com um papel mata-moscas. Com alta velocidade, a mosca possui bastante momentum e energia para ricochetear no papel, sem grupar-se nele; mas, com baixa velocidade, é mais provável que ela se grude nele.) Assim, moléculas com baixas velocidades são mais prováveis de condensar e de formar gotículas de água. É por isso que a garrafa de um refrigerante gelado fica coberta por fora com umidade quando exposta ao ar úmido. As moléculas de água desaceleram ao fazerem contato com a superfície fria e condensam-se.

FIGURA 9.25
Se você sentir calafrios fora da área fechada do chuveiro, volte para ele e será aquecido pela condensação do excesso de vapor d'água que ali existe.

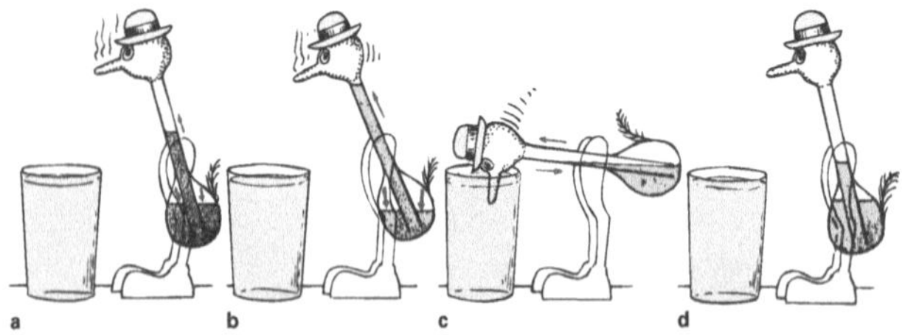
a
b
c
d

FIGURA 9.26
O pássaro de brinquedo que bebe água opera pela evaporação do éter dentro de seu corpo e pela evaporação da água na superfície externa da cabeça. A parte baixa do corpo contém éter líquido, que evapora rapidamente à temperatura ambiente. Ao (a) vaporizar-se, (b) ele gera uma pressão (setas interiores) que empurra o éter para dentro do tubo. O éter da parte superior não se vaporiza porque a cabeça do brinquedo é resfriada pela evaporação da água no bico e na cabeça cobertos de feltro. Quando o peso do éter na cabeça for suficiente, o pássaro gira para a frente, permitindo que o éter retorne ao corpo. A cada giro do pássaro, o bico e a cabeça, cobertos de feltro, são umedecidos, e o ciclo se repete.

PARE E TESTE A SI MESMO

Posicione um prato com água em um lugar qualquer de sua sala. Se o nível da água no prato mantiver-se inalterado de um dia para o outro, você pode concluir que não está ocorrendo nenhuma evaporação ou condensação?

VERIFIQUE SUA RESPOSTA

Absolutamente não, pois evaporação e condensação significativas estão ocorrendo continuamente ao nível molecular. O fato de que o nível da água mantém-se constante apenas indica que as taxas de evaporação e de condensação são iguais.

9.7 Ebulição

A evaporação ocorre na superfície de um líquido. Também pode ocorrer uma mudança de fase de líquido

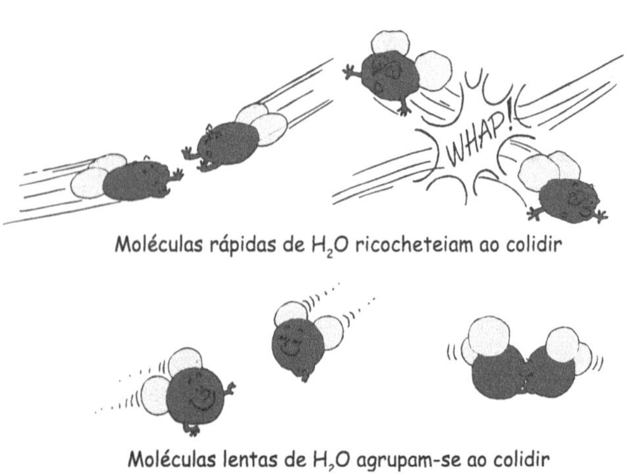
WHAP!
Moléculas rápidas de H_2O ricocheteiam ao colidir
Moléculas lentas de H_2O agrupam-se ao colidir

FIGURA 9.27
Condensação de vapor d'água.

APLICAÇÕES COTIDIANAS

■ ESMAGAMENTO POR CONDENSAÇÃO

Ponha uma pequena quantidade de água dentro de uma lata de refrigerante de alumínio e depois a coloque dentro de um forno até que comece a sair vapor quente pela abertura da lata. Quando isso ocorre, o ar está sendo expulso da lata e substituído por vapor quente. Então, com uma pinça de tamanho apropriado, inverta rapidamente a lata dentro de uma frigideira com água. Esmagamento! Quando as moléculas do vapor dentro da lata colidem com a parede interna da lata, elas ricocheteiam – o metal certamente não as absorve. Mas quando elas encontram a água da frigideira, elas se grudam à superfície livre da água. Ocorre a condensação, produzindo dentro da lata uma queda de pressão, e é por isso que a pressão da atmosfera circundante esmaga a lata. Aqui vemos, de maneira impactante, como a pressão pode ser reduzida pela condensação. (Esta demonstração enfatiza adequadamente o ciclo de condensação de uma máquina a vapor – talvez algo para um futuro estudo.)

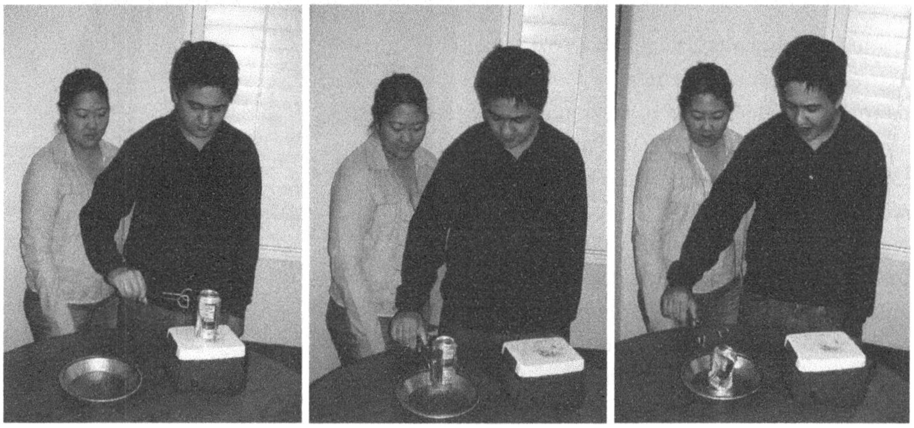

para gás sob condições apropriadas. O gás que se forma abaixo da superfície de um líquido produz bolhas. As bolhas, pelo empuxo, sobem até a superfície do líquido, de onde escapam para o ar próximo a ela. Essa mudança de fase se chama **ebulição**.

A pressão do vapor contido nas bolhas deve ser suficientemente grande para elas resistirem à pressão do líquido circundante. A menos que a pressão do vapor seja suficientemente grande, a pressão circundante esmagará qualquer bolha que tenda a se formar. A temperaturas mais baixas do que a de ebulição, a pressão do vapor não é grande o bastante, de modo que não se formam bolhas até que o ponto de ebulição seja atingido.

> Quando a água ferve, é comum dizermos que a esquentamos. Mas, de fato, a ebulição resfria a água.

A ebulição, tal como a evaporação, é um processo de resfriamento. À primeira vista, isso pode parecer surpreendente – talvez porque normalmente nós associamos a ebulição com o aquecimento. Todavia, aquecer a água é uma coisa, fervê-la é outra. Quando água a 100°C ferve à pressão atmosférica, ela encontra-se em equilíbrio térmico. A água de uma panela está sendo resfriada pela ebulição tão rapidamente quanto ela está sendo aquecida pela energia recebida de uma fonte de calor (Figura 9.29). Se o resfriamento não ocorresse, o fornecimento contínuo de calor a uma panela de água em ebulição faria com que sua temperatura aumentasse.

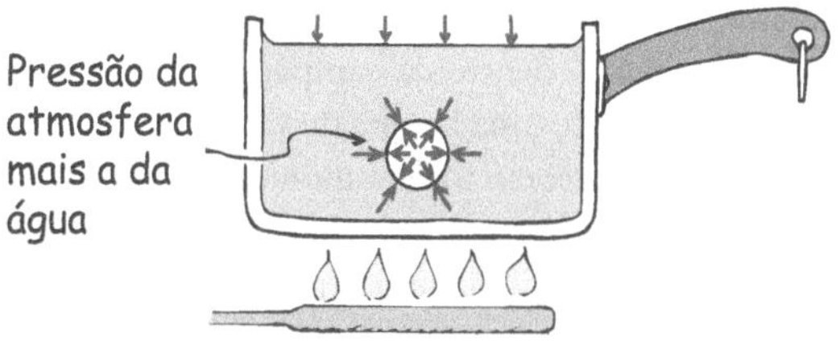
Pressão da atmosfera mais a da água

FIGURA 9.28
O movimento das moléculas do vapor das bolhas (muito ampliadas aqui) cria uma pressão de gás (chamada pressão de vapor) que se opõe à pressão total da atmosfera e da água exercida sobre cada bolha.

Se a pressão na superfície de um líquido em ebulição aumentar, a ebulição será interrompida. Neste caso, aumenta a temperatura necessária para haver ebulição. O ponto de ebulição de um líquido depende da pressão exercida sobre ele – o que é evidente em uma panela de pressão (Figura 9.30). Nela, a pressão do vapor interno eleva-se e impede a ebulição, o que resulta em uma temperatura de ebulição mais alta. É impor-

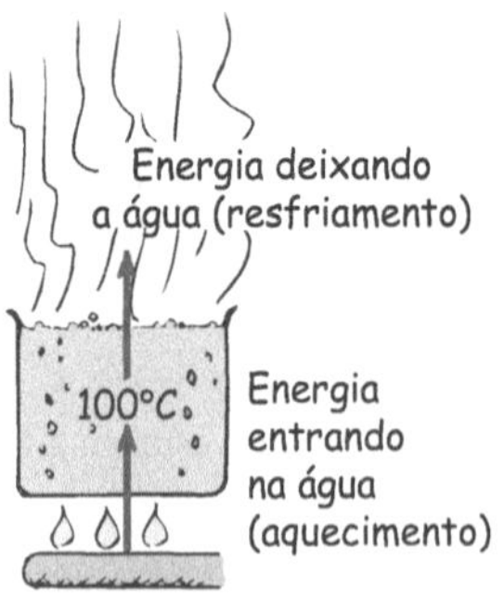
Energia deixando a água (resfriamento)
100°C
Energia entrando na água (aquecimento)

FIGURA 9.29
O aquecimento da água no fundo, e o resfriamento por ebulição da água no topo.

FIGURA 9.30
A tampa apertada de uma panela de pressão mantém pressurizado o vapor acima da água, o que inibe a ebulição. Dessa maneira, a temperatura de ebulição da água ultrapassa os 100°C.

psc Os pioneiros em montanhismo do século XIX, sem dispor de altímetros, usavam o ponto de ebulição da água para determinar a altitude em que se encontravam.

tante notar que é a temperatura alta da água que cozinha o alimento, e não, o processo de ebulição em si.

Uma pressão atmosférica mais baixa (como em grandes altitudes) diminui a temperatura de ebulição. Por exemplo, em Denver, Colorado, EUA, a "cidade a uma milha de altura", a água ferve a 95°C, e não, a 100°C. Se você tentar cozinhar comida em água mais fria do que 100°C, terá de esperar mais tempo para completar o cozimento. Um ovo cozido de 3 minutos, em Denver ficaria mole por dentro. Se a temperatura de ebulição da água for muito baixa, os alimentos não cozinham direito de jeito algum.

Uma demonstração de impacto sobre o efeito de resfriamento da evaporação e da ebulição é mostrada na Figura 9.31. Aqui vemos um prato raso de água, à temperatura ambiente, dentro de uma campânula onde foi feito vácuo. Quando a pressão dentro da campânula é lentamente reduzida por meio de uma bomba de vácuo, a água começa a ferver. Como ocorre em toda evaporação, as moléculas com energia mais alta escapam da água, e a água que permanece no prato é resfriada. Quando a pressão é reduzida ainda mais, cada vez mais moléculas em rápido movimento saem do líquido em ebulição, até que a temperatura do líquido restante atinja aproximadamente 0°C. O resfriamento contínuo através da ebulição causa a formação de gelo sobre a superfície da água borbulhante. Neste caso, ebulição e congelamento ocorrem ao mesmo tempo! Bolhas congeladas de água fervente constituem uma visão notável.

Water Freezer

FIGURA 9.32
Ron Hipschman, no *Exploratorium*, remove um pedaço de gelo recentemente congelado de um "congelador de água" didático, uma câmara de vácuo como a esquematizada na Figura 9.31.

FIGURA 9.31
Aparelho para demonstrar que a água, simultaneamente, congela e ferve no vácuo. Coloca-se um ou dois gramas de água em um prato termicamente isolado da base por um copo de isopor.

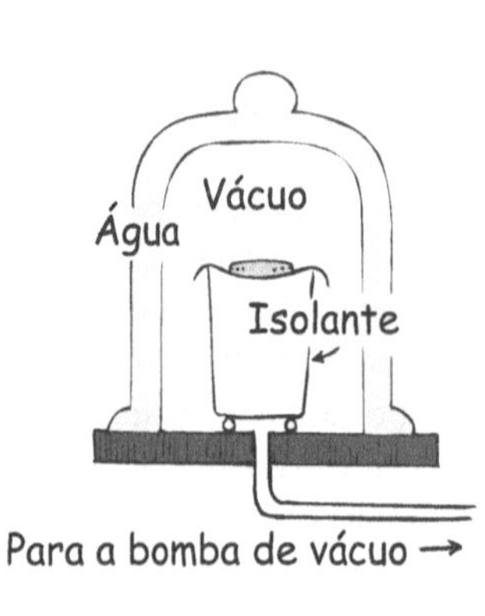
Vácuo
Água
Isolante
Para a bomba de vácuo →

PARE E TESTE A SI MESMO

1. Uma vez que a ebulição é um processo de resfriamento, seria uma boa idéia esfriar suas mãos quentes e grudentas mergulhando-as em água fervente?
2. A água em rápida ebulição tem a mesma temperatura que a água em lenta ebulição, ou seja, 100°C. Por que, então, as instruções para o cozimento de macarrão geralmente mencionam água em rápida ebulição?

VERIFIQUE SUAS RESPOSTAS

1. Não, não, não! Quando dizemos que a ebulição é um processo de resfriamento, queremos expressar o fato de que a água que resta na panela (e não em suas mãos) está sendo resfriada em relação à temperatura mais elevada que ela teria de outra maneira. Por causa do efeito de resfriamento devido à ebulição, a água mantém-se a 100°C, em vez de tornar-se mais quente ainda. Mergulhar suas mãos em água a 100°C seria extremamente desconfortável.
2. Os bons cozinheiros sabem que a razão para se usar água em rápida ebulição não é que ela se encontre a uma temperatura mais alta, e sim, simplesmente, para impedir que os fios do macarrão grudem uns nos outros.

Se você borrifar algumas gotas de café dentro de uma câmara de vácuo, elas entrarão em ebulição até congelarem. Mesmo depois de congelarem, as moléculas de água continuam a evaporar no vácuo, até que restem pequenos cristais de café sólido. É assim que é produzido o café desidratado a frio. A baixa temperatura em que este processo ocorre tende a impedir que a estrutura química do café sólido se altere. Quando água quente é adicionada, a maior parte do sabor original do café é preservada.

9.8 Fusão e congelamento

A **fusão** ocorre quando uma substância passa da fase sólida para a líquida. Para visualizar o que ocorre, imagine um grupo de pessoas de mãos dadas, que estão saltando de um lado para outro. Quanto mais violentos forem os saltos dados, mais difícil será manter-se com as mãos unidas. Se os saltos forem suficientemente violentos, manter-se de mãos dadas tornar-se-á impossível. Algo análogo ocorre às moléculas de um sólido quando ele é aquecido. Quando o calor é absorvido pelo sólido, suas moléculas passam a vibrar cada vez mais violentamente. Se uma quantidade de calor suficientemente grande for absorvida pelo sólido, as forças atrativas entre as moléculas não serão capazes de mantê-las unidas. O sólido derrete.

O **congelamento** ocorre quando um líquido passa para a fase sólida – processo oposto ao de fusão. Quando se retira energia de um líquido, o movimento molecular diminui até que as moléculas se movam tão lentamente que as forças atrativas comecem a uni-las. O líquido congela quando suas moléculas passam a oscilar em torno de posições fixas e formam um sólido.

À pressão atmosférica normal, o gelo se forma a 0°C. Havendo impurezas na água, o ponto de congelamento será mais baixo. O envolvimento das moléculas "estrangeiras" interfere na formação de cristais. De maneira geral, a adição de qualquer coisa à água abaixa a temperatura de congelamento. Uma aplicação prática deste processo é o anticongelamento.

psc

Por que se espalha sal grosso sobre o gelo que se forma nas rodovias? Uma resposta curta é que o sal faz o gelo derreter. Na água, o sal se dissocia em íons de sódio e cloro. Quando estes íons juntam-se às moléculas da água, ocorre liberação de calor, que derrete porções microscópicas da superfície congelada. O processo de fusão é ainda reforçado pela pressão do rolamento dos automóveis sobre a superfície de gelo coberta de sal, que é forçado para dentro do gelo. A única diferença entre o sal grosso usado nas estradas durante o inverno e a substância que você salpica sobre as pipocas é o tamanho dos cristais do sal.

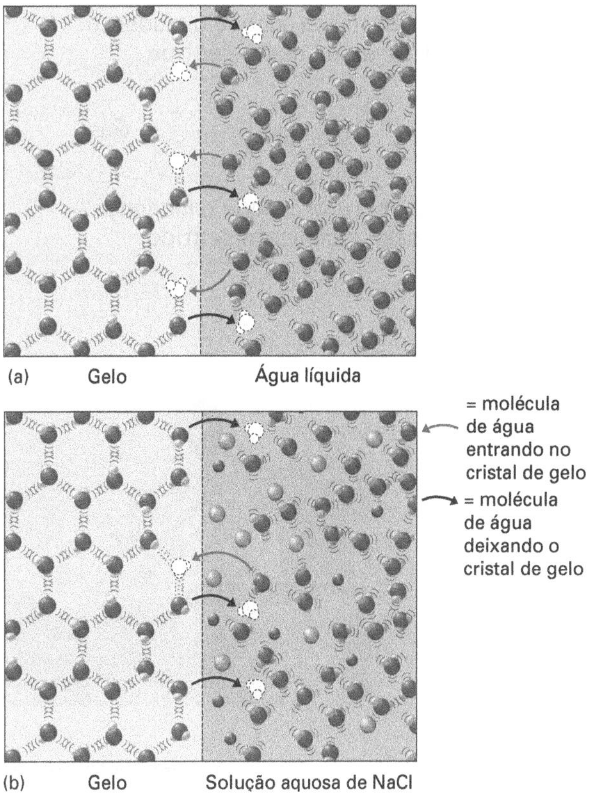
(a) Gelo Água líquida
= molécula de água entrando no cristal de gelo
= molécula de água deixando o cristal de gelo
(b) Gelo Solução aquosa de NaCl

FIGURA 9.33
(a) Em uma mistura de gelo e água a 0°C, os cristais de gelo ganham e perdem moléculas de água simultaneamente. O gelo e a água estão em equilíbrio térmico. (b) Quando se adiciona sal à água, um número menor de moléculas se juntam ao gelo porque existem um número menor delas na interface.

9.9 Energia e mudanças de fase

Se você aquecer suficientemente um sólido, ele derreterá, tornando-se um líquido. Se você aquecer o líquido, ele vaporizará e se tornará um gás. Deve-se fornecer energia para que uma substância troque de fase no sentido de sólido para líquido e daí para gás. Ao contrário, deve-se retirar energia de uma substância para mudar sua fase de gás para líquido e daí para sólido (Figura 9.34).

O ciclo de resfriamento de um refrigerador ilustra bem estes conceitos. Um motor bombeia um fluido especial através do sistema, onde sofre um processo cíclico de vaporização e condensação. Quando o fluido vaporiza, energia interna é retirada das coisas armazenadas no refrigerador. O gás que se forma, com a energia aumentada, é direcionado para uma serpentina localizada atrás do aparelho – apropriadamente chamada de condensador –, onde condensa, tornando-se um líquido. Da próxima vez que você estiver próximo a um refrigerador, coloque a mão perto do condensador e sinta o calor que foi retirado do interior do aparelho.

Um condicionador de ar usa o mesmo princípio e simplesmente bombeia energia térmica de uma parte da unidade para outra. Se os papéis desempenhados pela vaporiza-

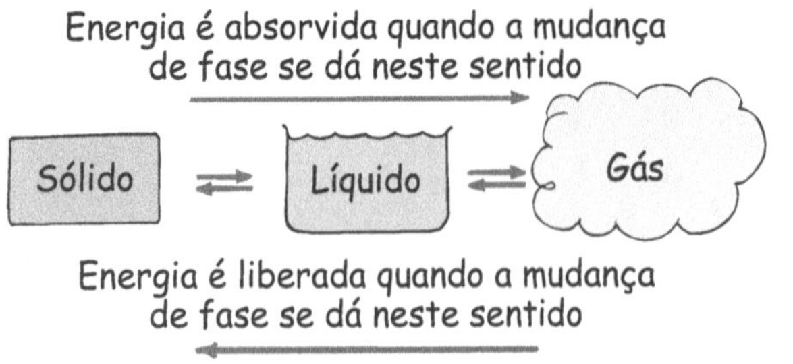
Energia é absorvida quando a mudança de fase se dá neste sentido
Sólido
Líquido
Gás
Energia é liberada quando a mudança de fase se dá neste sentido

FIGURA 9.34
Trocas de energia com mudança de fase.

FIGURA 9.35
Um uso simples e sutil da energia da luz solar.

ção e pela condensação forem trocados, o condicionador de ar se tornará um aquecedor.

PARE E TESTE A SI MESMO

No processo de condensação do vapor d'água do ar, as moléculas que sofrem condensação são as que se movem mais lentamente. A condensação esquenta ou resfria o ar circundante?

VERIFIQUE SUA RESPOSTA

Quando as moléculas mais lentas são retiradas do ar, ocorre um aumento da energia cinética média das moléculas restantes no ar. Portanto, o ar torna-se mais quente. A mudança de fase é de gás para líquido, liberando energia (Figura 9.34).

O calor de vaporização é igual à energia necessária para dissociar as moléculas na fase líquida ou à energia liberada quando um gás condensa para a fase líquida.

A quantidade de energia necessária para fazer uma substância qualquer passar da fase sólida para a líquida (e vice-versa) é chamada de **calor de fusão** da substância. Para a água, esta quantidade é 334 joules por grama. A quantidade de energia necessária para fazer uma substância qualquer passar da fase líquida para a gasosa é chamada de **calor de vaporização** da substância. Para a água, essa quantidade é 2.256 joules por grama.

Em tempos pré-modernos, os fazendeiros em climas frios impediam o congelamento de jarros contendo alimentos fazendo uso do alto valor do calor de fusão da água. Eles simplesmente colocavam grandes tanques com água em seus celeiros. A temperatura externa podia cair abaixo do ponto de congelamento, mas não no interior dos celeiros, onde a água mantinha-se liberando energia interna enquanto sofria congelamento. Comida enlatada requer temperaturas abaixo de zero para congelarem devido ao sal ou ao açúcar que contêm. Assim, os fazendeiros apenas precisavam substituir os tanques de água congelados por outros, não-congelados, que a temperatura dentro dos celeiros não caía abaixo de 0°C.

O alto valor do calor de vaporização da água permite que você toque brevemente uma chapa de fritura ou um forno quente com o dedo umedecido. Você pode até mesmo tocá-lo repetidamente, desde que seu dedo mantenha-se úmido. A energia que normalmente fluiria para o dedo e o queimaria, em vez disso serve para fazer a umidade de seu dedo mudar de fase. Da mesma maneira, você é capaz de avaliar o grau de aquecimento de um ferro de passar roupas.

Paul Ryan, antigo supervisor do Departamento de Obras Públicas de Malden, Massachusetts, EUA, vem usando há muitos anos chumbo derretido para selar canos em determinados serviços pluviais. Ele causa espanto em observadores quando arrasta seu dedo através do chumbo derretido a fim de avaliar seu grau de aquecimento (Figura 9.36). Antes de fazer isso, ele se certifica de que o chumbo está bastante quente e de que seu dedo está adequadamente umedecido. (Não tente fazer isso por sua própria conta: se o chumbo não estiver suficientemente quente, ele grudará no dedo – Ai!)

O calor de fusão é igual à energia necessária para dissociar as moléculas na fase sólida ou à energia liberada quando as ligações que formam um líquido transformam-no em um sólido.

FIGURA 9.36
Paul Ryan testa o grau de aquecimento do chumbo derretido arrastando o dedo umedecido sobre ele.

SUMÁRIO DE TERMOS

Condução A transferência de energia interna por meio de colisões eletrônicas e moleculares no interior da substância (especialmente no estado sólido).

Convecção A transferência de energia interna em um líquido ou gás por meio de correntes no interior do fluido aquecido. Ao fluir, o fluido transporta energia consigo.

Radiação A transferência de energia por meio de ondas eletromagnéticas.

Radiação terrestre A energia radiante emitida pela Terra.

Lei de Newton do resfriamento A taxa de perda de energia interna de um objeto é proporcional à diferença de temperatura entre ele e sua vizinhança.

$$\text{Taxa de resfriamento} \sim \Delta T$$

Evaporação A mudança de fase que ocorre na superfície de um líquido quando ele passa para a fase gasosa.

Sublimação A mudança de fase em que uma substância passa diretamente de sólido para gás, sem passar por uma fase líquida.

Condensação A mudança de fase de gás para líquido; o contrário da evaporação. O resultado é um aquecimento do líquido.

Ebulição Caso de evaporação rápida que ocorre tanto dentro de um líquido quanto em sua superfície. Como no caso da evaporação, o resultado é um resfriamento do líquido.

Fusão O processo de mudança de fase de sólido para líquido, como ocorre quando o gelo transforma-se em água.

Congelamento O processo de mudança de fase de líquido para sólido, como ocorre quando a água vira gelo.

Calor de fusão A quantidade de energia necessária para fazer uma substância qualquer passar da fase sólida para a líquida (e vice-versa). Para a água, isto corresponde a 334 J/g (ou 80 cal/g).

Calor de vaporização A quantidade de energia necessária para fazer uma substância qualquer passar da fase líquida para a gasosa (e vice-versa). Para a água, isto corresponde a 2.256 J/g (ou 540 cal/g).

QUESTÕES DE REVISÃO

1. Quais são as três formas de transferência de calor?

9.1 Condução

2. Qual é o papel desempenhado pelos elétrons "frouxamente ligados" na condução de calor?
3. Faça distinção entre um condutor e um isolante térmico.
4. Qual é a explicação para que uma pessoa seja capaz de caminhar descalça e com segurança sobre pedaços de carvão em brasa?
5. Por que materiais como madeira, peles de animais, penas de aves e até mesmo a neve são bons isolantes?
6. Um bom isolante impede o calor de atravessá-lo ou, simplesmente, torna mais lenta a sua passagem?

9.2 Convecção

7. De que maneira exatamente o calor é transferido por convecção?
8. Qual é a relação entre a força de empuxo e o processo de convecção?
9. O que acontece à temperatura do ar quando ele sofre expansão?
10. Por que a mão de Millie não é queimada quando ela a mantém acima da válvula de segurança de uma panela de pressão (Figura 9.8)?
11. Por que o sentido dos ventos costeiros muda do dia para a noite?

9.3 Radiação

12. O que é exatamente a energia radiante?
13. Como a freqüência da energia radiante se relaciona com a temperatura absoluta da fonte da radiação?
14. O que é radiação terrestre? Como ela difere da radiação solar?
15. Uma vez que todos os objetos emitem energia para a vizinhança, então por que suas temperaturas não diminuem continuamente?
16. O que determina se, em um dado instante, um objeto será predominantemente um emissor ou um absorvedor?
17. Pode um objeto ser um bom absorvedor e um bom refletor ao mesmo tempo?
18. Por que a pupila do olho parece ser preta?

9.4 A lei de Newton do resfriamento

19. Se você deseja esfriar rapidamente uma lata de cerveja que está na temperatura ambiente da sala, você deveria colocá-la no compartimento do congelador ou na parte principal da geladeira? Ou isso não tem importância alguma?
20. O que possui a maior taxa de resfriamento, um atiçador de fogo incandescente localizado em um forno quente ou o mesmo atiçador localizado em uma sala fria (ou ambos esfriam com a mesma taxa)?
21. A lei de Newton do resfriamento se aplica tanto ao aquecimento quanto ao resfriamento?

9.5 O aquecimento global e o efeito estufa

22. Qual seria a conseqüência para a temperatura da Terra se o efeito estufa fosse eliminado por completo?
23. O que se quer dizer com a expressão "você jamais pode alterar apenas uma coisa"?

9.6 Transferências de calor e mudanças de fase

24. Quais são as quatro fases ordinárias da matéria?
25. Todas as moléculas de um líquido possuem a mesma rapidez ou elas têm uma ampla faixa de possíveis valores de rapidez?
26. O que é a evaporação e por que ela é um processo de resfriamento? Exatamente o que ela resfria?
27. O que é a sublimação?
28. O que é a condensação e por que ela é um processo de aquecimento? Exatamente o que é aquecido pela condensação?
29. Por que as queimaduras produzidas por vapor quente são mais severas do que aquelas produzidas por água na mesma temperatura?

30. Por que você sente um calor desconfortável em um dia quente e úmido?

9.7 Ebulição

31. Faça distinção entre evaporação e ebulição.
32. Por que a água não ferve a 100°C quando se encontra a uma pressão superior à normal?
33. É a ebulição da água ou sua temperatura mais alta que cozinha mais rápido os alimentos em uma panela de pressão?

9.8 Fusão e congelamento

34. Por que o aumento da temperatura de um sólido o faz derreter?
35. Por que a diminuição da temperatura de um líquido o faz congelar?
36. Por que a água não congela a 0°C quando íons de outras substâncias estão presentes?

9.9 Energia e mudanças de fase

37. Um líquido libera ou absorve energia quando se transforma em gás? E quando se transforma em sólido?
38. Um gás libera ou absorve energia quando se transforma em líquido? E quando um sólido se transforma em líquido?
39. Faça distinção entre o calor de fusão e o calor de vaporização.
40. Por que é importante que o dedo esteja úmido quando se pretende tocar brevemente um ferro quente de passar roupa para avaliar sua temperatura?

ATIVIDADES EXPLORATÓRIAS

1. Se você vive onde cai neve, faça como Benjamim Franklin a cerca de duzentos anos atrás: estenda sobre a neve pedaços de tecidos claros e escuros e observe as diferentes taxas de fusão abaixo dos tecidos.
2. Mantenha o fundo de um tubo de ensaio cheio de água fria em sua mão. Aqueça a parte superior do tubo até que a água comece a ferver. O fato de que você ainda consiga segurar o tubo pelo fundo mostra que a água é um mau condutor de calor. Isso é ainda mais impressionante se você colocar pedaços de gelo no fundo do tubo; a água acima do gelo pode ferver sem que o gelo derreta. Experimente e comprove.

Água em ebulição
Palha de aço
Gelo

3. Enrole firmemente um pedaço de papel ao redor de uma barra metálica grossa e a mantenha sobre uma chama. Observe que o papel não pega fogo. Você pode explicar esse fato em termos da condutividade da barra metálica? (O papel geralmente não pegará fogo enquanto sua temperatura não atingir 233°C.)

Papel enrolado firmemente
Barra de ferro

4. Coloque um funil de Pirex com a boca para baixo dentro de uma panela com água, de modo que a parte estreita do funil fique acima da superfície da água. Repouse a borda da boca do funil sobre uma agulha ou moeda, de modo que a água possa passar por baixo. Coloque a panela sobre o fogo e observe a água quando começa a ferver. Onde primeiro se formam bolhas? Por quê? Enquanto as bolhas sobem, elas se expandem rapidamente e empurram a água diretamente acima delas. O funil confina a água e a direciona para o topo. Agora você sabe como funciona um gêiser ou uma máquina de café expresso?

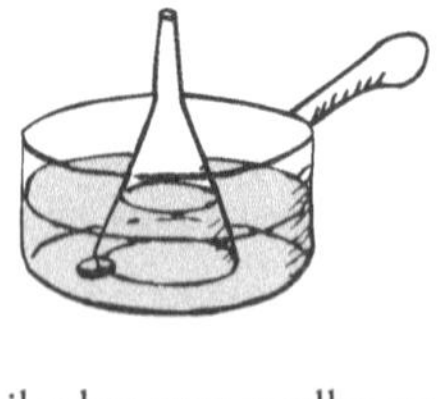

5. Observe o bico de uma chaleira com água fervendo em seu interior. Note que você não consegue ver o vapor quente que sai por ali. A nuvem que você vê, mais afastada do bico, não é de vapor quente, mas formada por gotículas de vapor condensado. Agora segure uma vela acesa dentro da nuvem de vapor condensado. Você consegue explicar o que observa?
6. Você pode fazer chover em sua cozinha. Ponha uma xícara de água em uma panela de Pirex e a aqueça lentamente em fogo brando. Quando a água estiver morna, coloque um prato cheio de cubos de gelo sobre a panela, tapando-a. Enquanto a água abaixo do prato está sendo aquecida, pequenas gotas começam a se formar no fundo do prato, e vão se combinando até que se tornem bastante grandes para cair, produzindo assim uma "chuva" contínua enquanto a água da panela vai sendo lentamente aquecida. Em que isso se parece, e em que difere, da maneira natural como a chuva se forma?

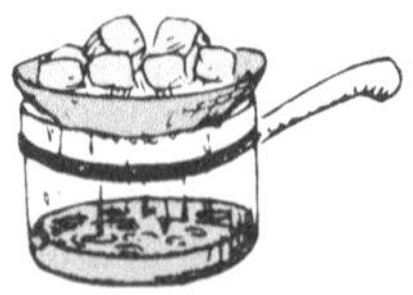

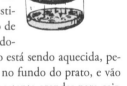

7. Meça as temperaturas da água em ebulição e de uma solução de sal de cozinha e água em ebulição. Como elas se comparam?
8. Se você suspender um recipiente aberto, contendo água, dentro de uma panela com água em ebulição, de modo que sua borda superior fique acima do nível da água fervente, a água do recipiente alcançará 100°C, mas não entrará em ebulição. Você consegue explicar isso?

EXERCÍCIOS

1. Enrole um casaco de pele ao redor de um termômetro. A temperatura se elevará?
2. Qual é a explicação para que um acolchoado de penas aqueça tanto em uma noite fria de inverno?
3. Qual é a finalidade da camada de cobre ou de alumínio que existe no fundo das panelas de aço inoxidável?
4. Em termos físicos, por que os restaurantes servem batatas assadas enroladas em papel de alumínio?

5. Muitas pessoas sofrem queimaduras ao encostarem a língua em um pedaço de metal em um dia muito frio. Por que não ocorre dano algum quando, no mesmo dia, se encosta a língua em um pedaço de madeira?
6. A madeira é um isolante térmico melhor do que o vidro. Ainda assim, normalmente a fibra de vidro é usada como isolante térmico em construções de madeira. Explique.
7. Visite um cemitério coberto de neve e observe que a neve não se eleva nas bordas da lápide de um túmulo, mas, ao invés, forma uma depressão, como mostrado abaixo. Você pode imaginar uma razão para isso?

MARY
DOE
R.I.P.

8. Você consegue fazer a água ferver em um copo de papel colocando-o sobre uma chama. Por que o copo de papel não queima?
9. A madeira tem uma condutividade muito baixa. E ela tem uma condutividade tão baixa mesmo quando está muito quente – ou seja, no estágio em que está queimando sem chama, como o carvão em brasa? Você poderia caminhar em segurança com os pés descalços sobre uma caixa de madeira cheia com pedaços de carvão em brasa? Embora os carvões estejam muito quentes, se você andar rápido, haverá muita condução de calor deles para seus pés? Você poderia fazer o mesmo com pedaços de ferro em brasa no lugar dos carvões? Explique. (**Cuidado:** os pedaços de carvão podem grudar nos seus pés, de modo que... Ai! – não tente fazê-lo!)
10. Um colega afirma que, em uma mistura de gases em equilíbrio térmico, as moléculas possuem a mesma energia cinética média. Você concorda ou discorda dele? Justifique sua resposta.
11. Um colega afirma que, numa mistura de gases em equilíbrio térmico, as moléculas possuem a mesma rapidez média. Você concorda ou discorda dele? Justifique sua resposta.
12. Por que você não deveria esperar que as moléculas de ar em sua sala tivessem a mesma rapidez média?
13. Em uma sala de espera, a fumaça de uma vela às vezes sobe bastante, mas sem alcançar o teto. Explique por quê.
14. O que o alto calor específico da água tem a ver com as correntes de convecção no ar da costa marítima?
15. Como se comparam as energias cinéticas médias por molécula em uma mistura de hidrogênio e oxigênio gasosos à mesma temperatura?
16. Em uma mistura gasosa de hidrogênio com oxigênio à mesma temperatura, que moléculas se movem mais rápido? Por quê?
17. Um recipiente fechado contém argônio gasoso, enquanto outro, contém criptônio gasoso. Se os dois gases estão à mesma temperatura, em qual dos recipientes os átomos estão se movendo mais rápido? Por quê?
18. Que átomos possuem maior velocidade média quando misturados, os de U-238 ou os de U-235? Como isso afeta a difusão de outros gases idênticos, feitos desses isótopos, através de uma membrana porosa?
19. Se esquentarmos certo volume de ar, ele se expandirá. Por conseguinte, se expandirmos certo volume de ar, ele esquentará? Explique.
20. As máquinas usadas para produzir neve em pistas de esqui sopram uma mistura de ar comprimido e água através de um bico. A temperatura da mistura pode estar inicialmente bastante acima da temperatura de congelamento da água e ainda assim cristais de neve são formados quando a mistura é ejetada através do bico. Explique como isso ocorre.
21. De forma rápida, ligue e desligue uma lâmpada incandescente enquanto permanece próximo a ela. Você sente o calor, mas ao tocar o bulbo verifica que ele não está quente. Explique por que você sente o calor proveniente da lâmpada.
22. Corpos a diferentes temperaturas, em uma sala fechada, compartilham energia radiante e acabam atingindo uma mesma temperatura. Essa situação de equilíbrio térmico seria possível se bons absorvedores fossem maus emissores e se maus absorvedores fossem bons emissores? Justifique sua resposta.
23. A partir do princípio de que um bom absorvedor de radiação é também um bom irradiador e de que um bom refletor é necessariamente um mau absorvedor, enuncie uma lei que relacione a propriedade refletora e a propriedade radiante de uma superfície qualquer.
24. O calor dos vulcões e das fontes de águas térmicas provém de pequenas quantidades de minerais radioativos encontrados em rochas comuns no interior da Terra. Por que na superfície terrestre o mesmo tipo de rocha não está quente demais para ser tocado?
25. Suponha que você esteja em um restaurante e que o café tenha sido servido sem que você esteja pronto para bebê-lo, por estar muito quente. A fim de mantê-lo o mais quente possível, seria aconselhável adicionar o creme imediatamente, ou quando você estivesse pronto para bebê-lo?
26. É importante que se converta as temperaturas para a escala Kelvin quando se usa a lei de Newton do resfriamento? Justifique em caso afirmativo ou negativo.
27. Em um dia muito frio, se você deseja economizar combustível e for sair de sua casa aquecida por meia hora ou mais, deveria regular o termostato do aquecedor alguns graus abaixo do que está agora ou deixá-lo assim mesmo, mantendo a temperatura ambiente da qual você gosta?
28. Em um dia muito quente, se você deseja economizar combustível e for sair de sua casa refrigerada por meia hora ou mais, deveria regular o termostato do ar-condicionado um pouco acima do que está agora, desligá-lo simplesmente ou deixá-lo como se encontra, mantendo a temperatura ambiente da qual você gosta?
29. Por que às vezes se aplica cera branca em vidraças de estufas? Você esperaria que essa prática fosse mais freqüente nos meses de inverno ou de verão?
30. Se a composição da atmosfera superior fosse alterada de modo a permitir que uma quantidade maior de radiação terrestre escapasse para o espaço, que efeito isso teria sobre o clima da Terra?
31. Em um dia muito frio, você veste um casaco preto junto com um casaco plástico transparente. Qual deles você deve vestir por fora de forma a obter o máximo aquecimento?
32. Você pode determinar a direção do vento molhando seu dedo e mantendo-o erguido no ar. Explique.

33. Se todas as moléculas de um líquido tivessem a mesma rapidez, e se algumas fossem capazes de evaporar, o restante do líquido seria resfriado? Explique.
34. De onde provém a energia que mantém funcionando o pássaro da Figura 9.26?
35. Por que enrolar uma garrafa com um pano molhado em um piquenique normalmente mantém a garrafa mais fria do que simplesmente colocá-la em um balde com água fria?
36. Por que a temperatura de ebulição da água se mantém constante enquanto o aquecimento e a ebulição se mantiverem ocorrendo?
37. Por que as bolhas de vapor em um recipiente com água em ebulição tornam-se maiores quando elas sobem através da água?
38. Por que a temperatura de ebulição da água diminui quando ela se encontra sob uma pressão reduzida, como em uma grande altitude?
39. Coloque uma jarra de água sobre um pequeno estrado dentro de uma frigideira com água, de modo que o fundo da jarra não encoste no fundo da frigideira. Quando esta é colocada sobre o fogo, a água da frigideira acaba entrando em ebulição, mas não a água que está dentro da jarra. Por quê?
40. A água à temperatura ambiente entrará em ebulição espontaneamente no vácuo – como na Lua, por exemplo. Você poderia cozinhar um ovo nesta água em ebulição? Explique.
41. Um amigo inventor propõe o projeto de uma panela de pressão que permitirá ferver a água a menos de 100°C, de modo que a comida seja cozida com menor consumo de energia. Comente esta idéia.
42. Quando você cozinha batata em água fervente, o tempo de cozimento é reduzido se a ebulição da água for violenta, ao invés de suave?
43. Por que tampar uma panela com água sobre o fogo encurta o tempo que leva para ela entrar em ebulição, ao passo que, após a água ferver, usar a tampa encurta apenas ligeiramente o tempo de cozimento?
44. No gerador de energia de um submarino nuclear, a temperatura da água no reator está acima de 100ºC. Como isto é possível?
45. Um pedaço de metal e um pedaço de madeira de mesma massa são retirados de um forno quente, estando ambos à mesma temperatura, e colocados sobre blocos de gelo. O metal tem um calor específico mais baixo do que o da madeira. Qual deles derreterá mais gelo antes de esfriar a 0°C?
46. Em invernos rigorosos, por que um tanque com água colocado dentro do celeiro de uma fazenda produtora de enlatados ajuda a impedir o congelamento da comida em latas?
47. Por que borrifar árvores frutíferas com água antes da chegada de uma onda de frio ajuda a proteger a fruta do congelamento?
48. Por que um cachorro ofega quando sente calor?

PROBLEMAS

● INICIANTE ■ INTERMEDIÁRIO ♦ AVANÇADO

1. ● O calor específico do gelo vale aproximadamente 0,5 cal/g.°C. Suponha que ele mantenha-se constante enquanto a temperatura for baixada até próximo do zero absoluto. Mostre que são necessárias 320 calorias de calor para aquecer um cubo de gelo de 1 grama a zero absoluto (–273°C), transformando-o em 1 grama de água em ebulição.
2. ● Um pequeno bloco de gelo a 0°C é exposto a 10 g de vapor a 100°C e derrete completamente. Mostre que a massa do bloco de gelo não pode ser maior do que 80 gramas.
3. ■ Uma bola de ferro de 10 kg cai de uma altura de 100 m. Suponha que a metade do calor gerado serve para aquecer a bola. Mostre que a temperatura da barra aumenta 1,1 °C. (Em unidades do SI, o calor específico do ferro vale cerca de 450 J/kg.°C.) Por que a resposta é a mesma para qualquer que seja a massa de ferro da bola?
4. ■ Um bloco de gelo a 0°C cai de uma altura tal que o impacto com o solo causa o completo derretimento do gelo. Considere que não exista resistência do ar e que toda a energia sirva para fundir o gelo. Mostre que a altura necessária para que isso ocorra é de pelo menos 34 km. [Dica: iguale a energia potencial gravitacional em joules ao produto da massa de gelo por seu calor de fusão (em unidades do SI, 335.000 J/kg). Você compreende por que a resposta não depende da massa?]
5. ■ Cinqüenta gramas de água quente a 80°C são colocadas em uma cavidade feita em um bloco muito grande de gelo a 0°C. A temperatura final da água na cavidade será, então, de 0°C. Mostre que a massa de gelo que derrete é de 50 gramas.
6. ■ Um pedaço de ferro de 50 gramas, a 80ºC, cai em uma cavidade feita em um bloco de gelo muito grande que se encontra a 0°C. Mostre que a massa de gelo que derrete é de 5,5 gramas. (O calor específico do ferro vale 0,11 cal/g.°C.)
7. ■ O calor de vaporização do álcool etílico é de aproximadamente 200 cal/g. Mostre que, se 2 kg deste líquido refrigerante vaporizasse dentro de um refrigerador, ele poderia transformar em gelo 5 kg de água a 0°C.

PARTE TRÊS

Eletricidade e Magnetismo

É intrigante que este ímã puxe o mundo inteiro quando ergue esses pregos. A atração entre os pregos e a Terra eu chamo de **força gravitacional**, e a atração entre os pregos e o ímã, de **força magnética**. Posso nomear essas forças, mas ainda não as compreendo. Meu aprendizado começa ao perceber a enorme diferença que existe entre saber os nomes das coisas e compreendê-las realmente.

CAPÍTULO 10

Eletrostática e Eletrodinâmica

O professor de física neozelandês David Housden constrói um circuito em paralelo atarraxando lâmpadas aos terminais prolongados de uma bateria. Ele pede para os alunos preverem o brilho relativo de duas lâmpadas idênticas em um mesmo fio quando este for ligado em paralelo com outras lâmpadas.

A eletricidade é a base de quase tudo que nos cerca. Ela está na luz proveniente do céu, na faísca que produzimos ao riscar um fósforo e é ela também que mantêm átomos unidos, formando moléculas. O controle da eletricidade é evidenciado em vários tipos de dispositivos tecnológicos, desde lâmpadas até computadores. Mais do que a física que estudamos até aqui, a compreensão da eletricidade exige uma abordagem em etapas, pois cada conceito serve como alicerce para o próximo. Assim, por favor, ponha um empenho extra no estudo desse conteúdo. Ele pode parecer difícil, confuso e frustrante se você for rápido demais; mas, com esforço, ele poderá ser compreendido e lhe trazer muita satisfação. Começaremos com a eletrostática, a eletricidade em repouso, e terminaremos o capítulo com o estudo das correntes elétricas. Então, ao trabalho!

10.1 Carga e força elétrica

O que aconteceria se existisse uma força universal, como a gravidade, que variasse inversamente com o quadrado da distância, mas fosse bilhões e bilhões de vezes mais forte do que esta? Se tal força existisse e se ela fosse atrativa como é a gravidade, o universo seria comprimido em uma bola apertada, com toda a matéria existente agrupada tão próximo quanto fisicamente possível. Mas suponha que essa força fosse repulsiva, com cada pedacinho de matéria repelindo qualquer outro pedacinho. E então? O universo seria como uma nuvem gasosa em perpétua expansão. Suponha, entretanto, que o universo consistisse de dois tipos de partículas – positivas e negativas, digamos. Suponha que as positivas repelissem as positivas, mas atraíssem as negativas, e que as negativas repelissem as negativas, mas atraíssem as positivas. Em outras palavras, tipos iguais de partículas se repeliriam, e tipos diferentes se atrairiam (Figura 10.1). Suponha que existisse um mesmo número de partículas de cada tipo, de modo que essa força intensa estivesse perfeitamente equilibrada! Como seria então o universo? A resposta é muito simples: seria como este no

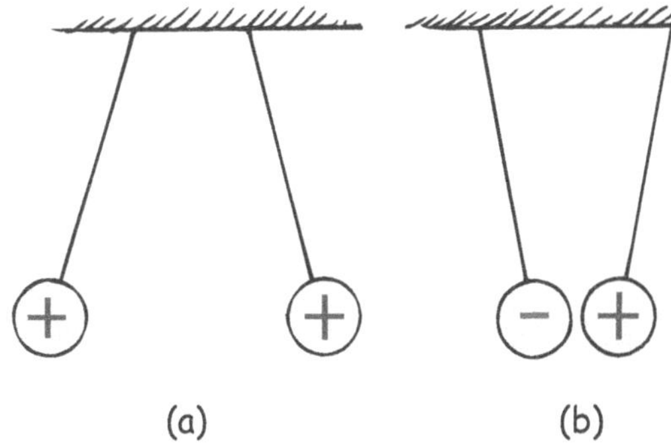
(a)
(b)

FIGURA 10.1
(a) Cargas de mesmo sinal se repelem. (b) Cargas de sinais contrários se atraem.

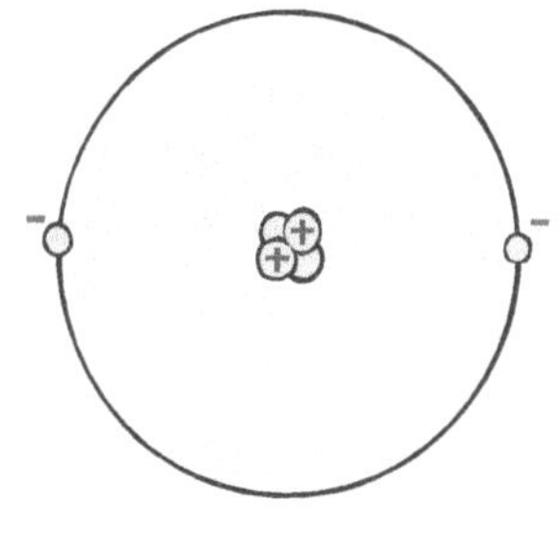

FIGURA 10.2
Modelo de um átomo de hélio. O núcleo atômico é formado por dois prótons e dois nêutrons. Os prótons de cargas positivas atraem os dois elétrons de cargas negativas. Qual é a carga líquida deste átomo?

qual vivemos, pois essas partículas existem, e essa força, também. Nós a chamamos de *força elétrica*.

Os termos *positiva* e *negativa* referem-se à carga elétrica, a grandeza fundamental subjacente a todos os fenômenos elétricos. As partículas positivamente carregadas da matéria comum são os prótons, e as negativamente carregadas, os elétrons. A força atrativa entre essas partículas as faz agruparem-se em unidades incrivelmente pequenas – os átomos. (Os átomos também contêm partículas neutras, chamadas *nêutrons*.) Já discutimos os átomos no Capítulo 2. Vamos revisar alguns fatos básicos acerca dos átomos:

1. Cada átomo é composto de um *núcleo* positivamente carregado, rodeado por elétrons negativamente carregados.
2. Cada um dos elétrons de um átomo qualquer possui a mesma quantidade de carga negativa, bem como a mesma massa. Todos os elétrons são idênticos.
3. Prótons e nêutrons constituem o núcleo. (A forma mais comum de hidrogênio, que não contém nêutron algum no núcleo, é a única exceção.) Os prótons possuem massa cerca de 1.800 vezes maior que a dos elétrons, mas carregam consigo uma quantidade de carga positiva exatamente igual à carga negativa dos elétrons. Os nêutrons possuem uma massa ligeiramente maior do que a dos prótons, mas não possuem carga elétrica.
4. Normalmente, os átomos possuem o mesmo número de prótons e de elétrons, de modo que sua carga elétrica *líquida é* nula.

Quais cargas são chamadas de positivas ou negativas resulta de uma escolha feita por Benjamin Franklin. Mas poderíamos tranqüilamente denominá-las de maneira contrária.

???

FIGURA 10.3
Elétrons são transferidos da pele para a barra. Esta fica, então, negativamente carregada. A pele fica carregada também? Com que carga, em relação à da barra? Positiva ou negativamente?

Quando um átomo perde um ou mais elétrons, ele fica com uma carga líquida positiva, e quando ele ganha um ou mais elétrons, passa a ter carga líquida negativa. Um átomo dotado de uma carga líquida é chamado de *íon*. Um *íon positivo* possui uma carga líquida positiva. Um *íon negativo*, com um ou mais elétrons extras, possui uma carga líquida negativa.

Os objetos materiais são constituídos por átomos, o que significa que eles são compostos por elétrons e prótons (e por nêutrons também). Embora os elétrons mais internos de um átomo sejam atraídos muito fortemente pelo núcleo atômico com carga oposta, os elétrons mais externos de muitos átomos são atraídos mais fracamente e podem ser facilmente removidos do átomo. A quantidade de trabalho necessária para arrancar um elétron de um átomo varia de uma substância para outra. Plástico para enrolar alimentos torna-se eletricamente carregado ao ser retirado de seu recipiente de plástico, atraído por este. Os elétrons estão mais firmemente ligados em borrachas e plásticos do que em seu cabelo, por exemplo. Assim, quando você penteia o cabelo, elétrons se transferem do cabelo para o pente. Este fica com um excesso de elétrons e diz-se que ele tornou-se *negativamente carregado*. Seu cabelo, por sua vez, fica com deficiência de elétrons e diz-se que tornou-se positivamente carregado. Se você esfregar uma haste de plástico ou de vidro com seda, verificará que a haste torna-se positivamente carregada. A seda tem uma afinidade por elétrons maior do que a haste de borracha ou de vidro. Os elétrons são arrancados da haste e transferidos para a seda.

Portanto, prótons atraem elétrons e, assim, temos um átomo. Elétrons repelem elétrons e não formam matéria –

FIGURA 10.4

Por que você toma um pequeno choque na maçaneta depois de caminhar arrastando os pés sobre um tapete?

pois os átomos não se interpenetram. Essas duas regras estão no âmago da eletricidade.

psc

A eletricidade estática constitui um problema em bombas de gasolina. Mesmo as faíscas mais fracas podem iniciar a ignição do vapor proveniente da evaporação da gasolina, produzindo incêndios – freqüentemente letais. Uma boa medida para evitar isso é tocar num metal e, assim, eliminar a carga estática de seu corpo antes que ela provoque o incêndio. Além disso, não use o telefone celular quando estiver abastecendo.

A carga é como o bastão de uma corrida de revezamento. Ela pode ser passada de um objeto para outro, mas jamais é perdida.

Conservação da carga

Outra regra fundamental é que, sempre que algo for eletrizado, nenhum elétron será criado ou destruído. Os elétrons são simplesmente transferidos de um material para outro. A carga se conserva. Em cada ocorrência, seja em nível macroscópico ou em nível atômico ou nuclear, sempre se verificou que o princípio da *conservação de carga* é satisfeito. Jamais se observou um caso em que houvesse criação ou destruição da carga elétrica líquida. A conservação da carga equipara-se à conservação da energia e à conservação do momentum como um dos princípios fundamentais da física.

PARE E TESTE A SI MESMO

Se caminhar sobre um piso revestido com carpete, que arranca elétrons de seus pés, você se tornará carregado negativa ou positivamente?

VERIFIQUE SUA RESPOSTA

Depois que alguns elétrons forem arrancados dos pés, você possuirá menos elétrons do que o normal, tornando-se, pois, positivamente carregado (e o carpete, negativamente carregado).

10.2 A lei de Coulomb

A força elétrica, como a força gravitacional, diminui com o inverso do quadrado da distância entre os corpos interagentes. Essa relação foi descoberta por Charles Coulomb no século XVIII, e é denominada **lei de Coulomb**. Ela estabelece que, para dois objetos eletricamente carregados e muito menores do que a distância existente entre eles, a força entre eles varia diretamente com o produto de suas cargas, e inversamente com o quadrado da separação mútua. A força é exercida ao longo da linha reta que vai de um dos objetos carregados até o outro. A lei de Coulomb pode ser expressa como

$$F = k\frac{q_1 q_2}{d^2}$$

CIÊNCIA E SOCIEDADE

A TECNOLOGIA ELETRÔNICA E AS FAÍSCAS

Cargas elétricas podem ser perigosas. Dois séculos atrás, jovens chamados de "macacos da pólvora" corriam com pés descalços por baixo dos deques dos navios de guerra levando sacos de pólvora negra até os canhões que estavam acima. Era uma tradição da marinha de guerra que essa tarefa devesse ser realizada com os pés descalços. Por quê? Porque era importante que nenhuma carga estática se acumulasse sobre a pólvora em pó e fluísse para o piso através dos corpos dos rapazes enquanto iam e vinham. Pés descalços resultam em atrito menor com o piso do que calçados, assim assegurando que não ocorra nenhuma acumulação de carga capaz de produzir uma faísca e uma conseqüente explosão.

Cargas estáticas são perigosas em muitas indústrias de hoje – não por causa de explosões, mas porque circuitos eletrônicos delicados podem ser destruídos por elas. Certos componentes eletrônicos são suficientemente sensíveis para serem "fritados" por faíscas de eletricidade estática. Com freqüência os técnicos em eletrônica vestem roupas feitas de tecidos especiais e com fios de aterramento conectando as mangas da roupa aos sapatos. Algumas dessas roupas possuem um bracelete especial conectado ao piso, de modo que não se acumulem as cargas estáticas na roupa – como quando movemos uma cadeira, por exemplo. Quanto menor for um circuito eletrônico, mais perigosas serão as faíscas em produzir curtos-circuitos nos seus elementos.

CIÊNCIA E SOCIEDADE

BRACELETES IONIZADOS: CIÊNCIA OU PSEUDOCIÊNCIA?

Levantamentos indicam que a grande maioria dos norte-americanos acredita hoje que braceletes ionizados possam reduzir dores em articulações e músculos. Os fabricantes afirmam que estes braceletes aliviam tais sofrimentos. Eles estão corretos? Em 2002, essa afirmação foi posta à prova por pesquisadores da Clínica Mayo, em Jacksonville, Flórida, EUA, que aleatoriamente escolheram 305 participantes para usar braceletes ionizados durante 28 dias, enquanto outros 305 participantes recebiam braceletes placebos para usar no mesmo período. Os voluntários à pesquisa eram homens e mulheres, com 18 anos de idade ou mais, que relatavam dores nos músculos esqueléticos na época do início da pesquisa.

Nenhum dos pesquisadores nem dos participantes sabia quais dos voluntários usariam os braceletes ionizados e quais usariam os placebos. Os dois tipos de braceletes eram idênticos, foram fornecidos pelos fabricantes e usados de acordo com suas recomendações. Curiosamente, ambos os grupos relataram alívios significativos dos sofrimentos. Não foi encontrada nenhuma diferença na quantidade de relatos de alívio do sofrimento entre o grupo que usava braceletes ionizados e o outro grupo. Aparentemente, apenas a crença de que os braceletes aliviavam a dor foi a responsável pelas melhoras relatadas!

Curiosamente, quando a pessoa tem expectativas de conseguir alívio do sofrimento, o cérebro dá início à criação de endorfinas (que se ligam aos sítios receptores de opiáceos). O efeito placebo é muito real e mensurável por meio de titulação química do sangue. Portanto, existe algum mérito no antigo adágio de que acreditar fortemente em algo o fará acontecer. Mas isso não tem nada a ver com efeitos físicos, químicos ou biológicos produzidos pelos braceletes. Logo, os braceletes ionizados juntam-se ao elenco de dispositivos pseudocientíficos.

Em qualquer sociedade onde a busca por atenção prospere mais do que a busca pela informação, a pseudociência é um grande negócio.

onde d representa a distância entre as partículas carregadas, q_1 a quantidade de carga de uma das partículas, q_2 a da outra partícula e k é uma constante de proporcionalidade.

A unidade de carga é o **coulomb**, abreviado pela letra maiúscula C. Resulta que 1 C é a carga correspondente a 6,25 bilhões de bilhões de elétrons. Pode parecer que isso corresponde a um número muito grande de elétrons, mas, de fato, representa apenas a quantidade de carga que atravessa uma lâmpada comum de 100 watts durante pouco mais de um segundo.

Existem cerca de 10^{24} elétrons em uma pequena moeda, todos se repelindo mutuamente. Por que, então, eles não saem da moeda voando em todas as direções?

A constante de proporcionalidade k da lei de Coulomb é análoga à constante G da lei de Newton da gravitação. Ao invés de ser um número muito pequeno como G, a constante de proporcionalidade elétrica k é um número muito grande. Ela vale aproximadamente

$$k = 9.000.000.000 \text{ N} \cdot \text{m}^2/\text{C}^2$$

Em notação científica, $k = 9{,}0 \times 10^9 \text{ N·m}^2/\text{C}^2$. A unidade $\text{N·m}^2/\text{C}^2$ não é o nosso principal interesse aqui; ela simplesmente converte o lado direito da equação para a unidade de força (N). O importante é o grande valor de k. Por exemplo, se um par de partículas iguais com 1 C de carga estivessem a 1 m uma da outra, a força de repulsão que existiria entre elas seria igual a 9 bilhões de newtons[1]. Isso corresponderia a mais do que dez vezes o peso de um navio de guerra! Obviamente, quantidades líquidas de carga como essas não existem em nosso meio ambiente cotidiano.

Assim, a lei de Newton da gravitação para massas é semelhante à lei de Coulomb para corpos eletricamente carregados. A diferença mais importante entre estas forças é que as forças elétricas podem ser atrativas ou repulsivas, enquanto as forças gravitacionais são sempre atrativas. A lei de Coulomb é a base das forças de ligação entre moléculas que são essenciais no campo da química.

[1] Compare este valor com o da força de atração gravitacional entre duas massas de 1 kg separadas por 1 m: $6{,}67 \times 10^{-11}$ N. Trata-se de uma força extremamente pequena. Para que ela valesse 1 N, as massas a 1 m de distância teriam de valer cerca de 123.000 kg cada! As forças gravitacionais entre os objetos comuns são extremamente pequenas, enquanto as diferenças entre as forças elétricas podem ser extremamente grandes. Não as sentimos porque normalmente o número de cargas positivas e negativas se equivale e, mesmo no caso de objetos extremamente carregados, o desequilíbrio entre o número de prótons e o de elétrons é geralmente menor do que uma parte em um trilhão de trilhões.

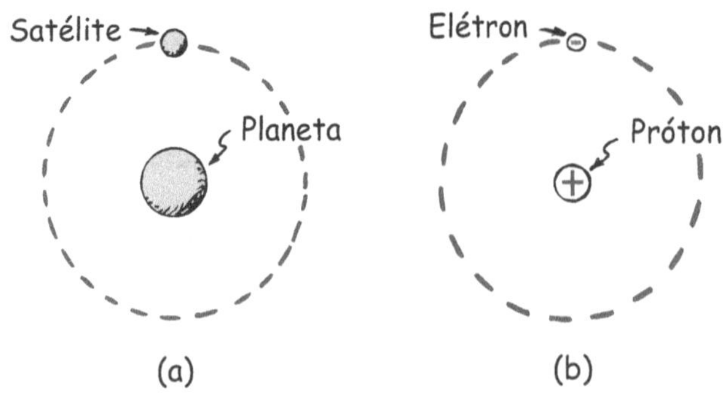
Satélite
Planeta
Elétron
Próton
(a)
(b)

FIGURA 10.5
(a) Uma força gravitacional mantém o satélite em órbita em torno do planeta, e (b) uma força elétrica mantém o elétron em órbita em torno do próton. Em ambos os casos, não existe contato entre os corpos. Dizemos que os corpos orbitantes interagem com os campos de força do planeta e do próton e que eles estão sempre em contato com o campo. Assim, a força que uma carga elétrica exerce sobre outra pode ser descrita como a interação entre uma carga e o campo criado pela outra.

PARE E TESTE A SI MESMO

1. O próton é o núcleo do átomo de hidrogênio e atrai o elétron que orbita em torno dele. Em relação a esta força, o elétron atrai o próton com força menor, maior ou igual?
2. Se um próton, a uma determinada distância de uma partícula carregada, é repelido com uma dada força, em quanto diminuirá a força quando o próton estiver três vezes mais distante da partícula? E quando ele estiver cinco vezes mais distante?
3. Qual é o sinal da carga da partícula, neste caso?

VERIFIQUE SUAS RESPOSTAS

1. Com o mesmo valor de força, de acordo com a terceira lei de Newton – mecânica básica! Lembre-se de que uma força é uma interação entre duas coisas – neste caso, entre o próton e o elétron. Eles se atraem com forças de mesmo módulo.
2. De acordo com a lei do inverso do quadrado, a força diminui para 1/9 de seu valor original e para 1/25 de seu valor original.
3. Positiva.

Polarização da carga

Se você tornar um balão inflado eletricamente carregado, esfregando-o em seu cabelo, e depois encostá-lo a uma parede, ele gruda nela. Isso ocorre porque a carga do balão produz uma alteração na distribuição de carga dos átomos ou moléculas da parede, induzindo efetivamente uma carga oposta sobre a parede. As moléculas não podem se mover

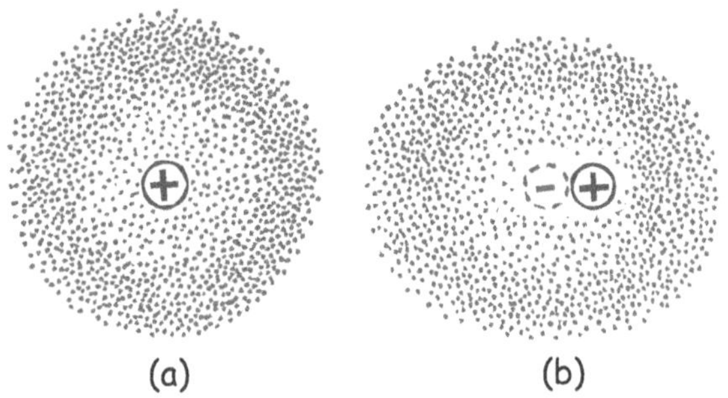
(a)
(b)

FIGURA 10.6
(a) O centro da "nuvem" negativa de elétrons coincide com o centro do núcleo positivo de um átomo. (b) Quando uma carga externa negativa é aproximada pelo lado direito, como a de um balão eletrizado, a nuvem de elétrons é distorcida de modo que os centros da carga negativa e da positiva não mais coincidem. O átomo está eletricamente polarizado.

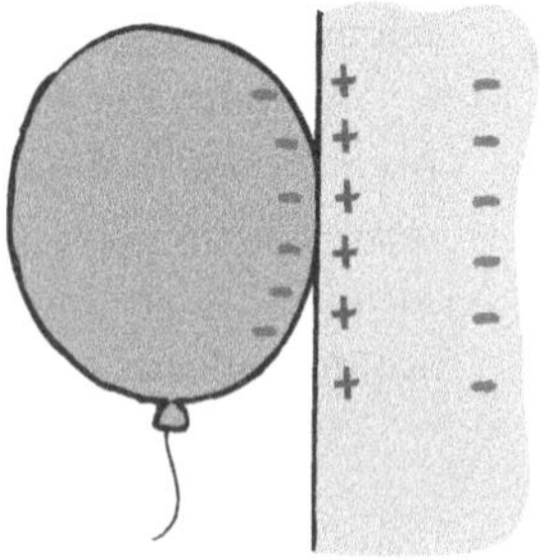

FIGURA 10.7
O balão negativamente carregado polariza as moléculas da parede de madeira e cria uma superfície positivamente carregada, de modo que o balão gruda na parede.

de suas posições relativamente estacionárias, mas os "centros de carga", sim. A parte positiva dos átomos ou moléculas é atraída para o balão, enquanto a parte negativa é repelida por ele. Isso tem o efeito de distorcer o átomo ou molécula (Figura 10.6). Neste caso, dizemos que o átomo ou molécula está **eletricamente polarizado.**

10.3 Campo elétrico

As forças elétricas, como as forças gravitacionais, são exercidas entre corpos que não estão em contato mútuo. Tanto para a eletricidade quanto para a gravitação, existe um campo de força que influencia corpos eletrizados

PARE E TESTE A SI MESMO

Você sabe que um balão esfregado em seu cabelo grudará em uma parede. Por conseguinte, de forma engraçada, sua cabeça carregada com carga oposta também grudaria na parede?

VERIFIQUE SUA RESPOSTA

Não, a menos que sua cabeça fosse oca (ou seja, se ela tivesse aproximadamente a mesma massa de um balão cheio de ar). A força que segura o balão na parede não é capaz de suportar sua cabeça pesada.

APLICAÇÕES COTIDIANAS

O FORNO DE MICROONDAS

Imagine um cercado com bolas de pingue-pongue entre alguns bastões, todos em repouso. Agora imagine que os bastões subitamente comecem a girar para um lado e para o outro, com isso golpeando as bolas de pingue-pongue vizinhas. Quase que imediatamente, a maior parte das bolas é energizada, vibrando em todas as direções. Um forno de microondas funciona de maneira semelhante. Os bastões correspondem às moléculas de água, postas a rodar de um lado para outro no ritmo das microondas confinadas. As bolas de pingue-pongue correspondem às outras moléculas do bocado de material que está sendo cozido.

As moléculas de H_2O são eletricamente polarizadas, com cargas opostas em lados opostos. Quando se aplica um campo elétrico a elas, elas tendem a se alinhar com o campo como a agulha de uma bússola se alinha com o campo magnético da Terra. Quando o campo oscila, as moléculas de H_2O também oscilam – e com muita energia, quando a freqüência das ondas casa com a freqüência natural de rotação das moléculas de água. Desse modo, o alimento é cozido por meio da conversão das moléculas de H_2O em fontes alternadas de energia que imprimem movimento térmico às moléculas vizinhas do alimento. Sem a presença de moléculas polares no alimento, um forno de microondas não funciona. Por isso as microondas atravessam sem efeito algum isopor, papel ou placas de cerâmica. Entretanto, elas energizam moléculas de água.

Uma nota de atenção para quem pretenda ferver água em um forno de microondas. A água às vezes pode aquecer-se mais rapidamente do que as bolhas podem se formar, e, então, ela se aquece acima de seu ponto normal de ebulição – tornando-se superaquecida. Se essa água for derramada ou colocada em uma jarra rápido o suficiente para que as bolhas se formem rapidamente, elas expelirão violentamente do recipiente a água quente nele contida. Mais de uma pessoa já sofreram queimaduras pela água que espirrou na face.

e dotados de massa, respectivamente. As propriedades do espaço ao redor de qualquer massa são alteradas de modo que outra massa colocada nesta região experimenta uma força. Essa "alteração do espaço" é chamada de *campo gravitacional.* Pode-se pensar em outra massa qualquer como interagindo com o campo, e não, diretamente com a massa que o produz. Por exemplo, quando uma maçã cai de uma árvore, dizemos que ela está interagindo com a massa da Terra, mas também podemos pensar que a maçã esteja interagindo com o campo gravitacional da Terra. É comum pensar em foguetes distantes ou coisas semelhantes como estando em interação com campos gravitacionais, ao invés de interagirem diretamente com a Terra ou com outros corpos responsáveis pelos campos. O campo desempenha um papel intermediário nas forças entre corpos. Mais importante, o campo armazena energia. Assim, de forma semelhante ao campo gravitacional, o espaço ao redor de uma carga elétrica qualquer é energizado com um **campo elétrico** – uma espécie de "aura" energética que se estende pelo espaço[2].

Um campo elétrico é um depósito natural de energia elétrica.

FIGURA 10.8

Representações do campo elétrico em torno de uma carga negativa.

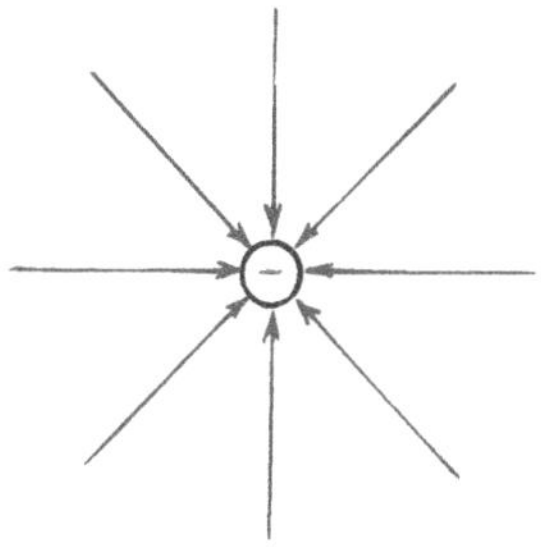

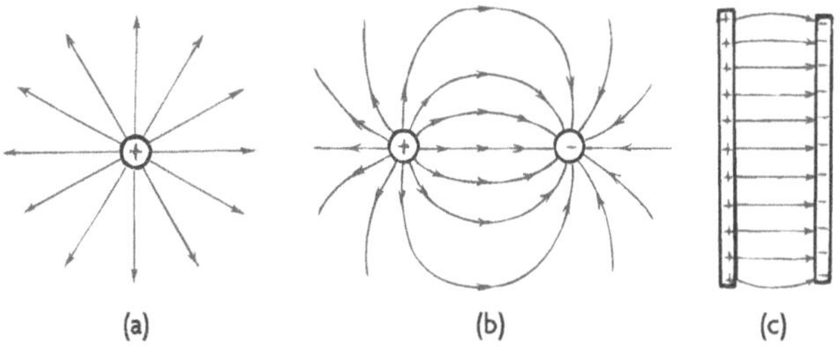
(a)
(b)
(c)

FIGURA 10.9

Algumas configurações de campo elétrico. (a) Linhas de força em torno de uma única carga positiva. (b) Linhas de força de um par de cargas de mesmo módulo, mas de sinais opostos. Note que as linhas saem da carga positiva e terminam na carga negativa. (c) Linhas de forças do campo uniforme entre duas placas paralelas eletrizadas com cargas opostas.

Se você colocar uma partícula carregada na presença de um campo elétrico, ela experimentará uma força. A orientação da força sobre uma carga positiva é a mesma do campo. O campo elétrico ao redor de um próton estende-se radialmente a partir dele. Em torno de um elétron, o campo tem

[2] O campo elétrico é uma grandeza vetorial, que possui tanto módulo quanto orientação. O módulo do campo elétrico em um ponto qualquer do espaço é, simplesmente, a força por unidade de carga. Se uma carga q experimenta uma força F em determinado ponto do espaço, então o campo elétrico E naquele ponto é dado por $E = F/q$.

sentido oposto (Figura 10.8). Como com a força elétrica, o campo elétrico ao redor de uma partícula obedece à lei do inverso do quadrado. Algumas configurações de campo elétrico são mostradas na Figura 10.10. No próximo capítulo, veremos como pequenos pedaços de ferro alinham-se de maneira semelhante a um campo magnético.

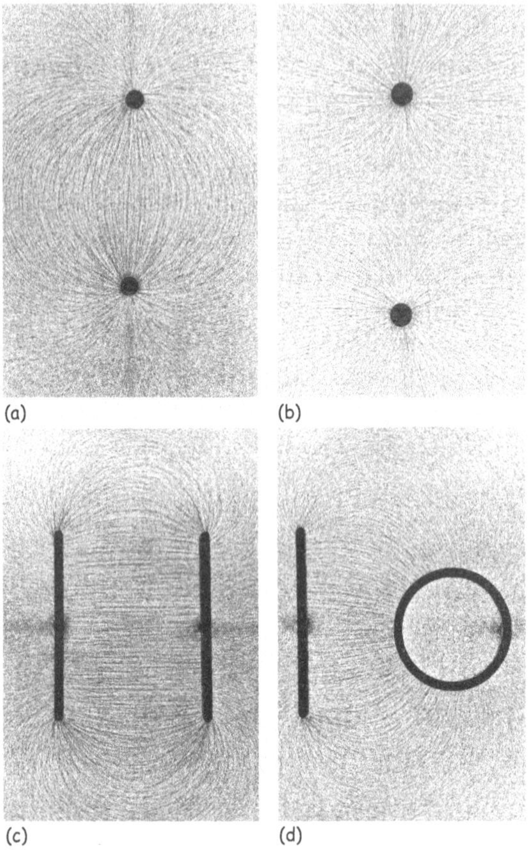

FIGURA 10.10
Partículas de limalha de ferro em suspensão em um tanque com óleo e alinhadas com a orientação do campo. (a) Cargas de mesmo módulo, mas de sinais contrários. (b) Cargas idênticas. (c) Placas com cargas opostas. (d) Cilindro e placa com cargas opostas.

Talvez seu professor vá demonstrar os efeitos do campo elétrico ao redor de um gerador Van de Graaff (Figura 10.11). Objetos carregados posicionados no campo elétrico do domo do gerador são atraídos ou repelidos, dependendo dos sinais de suas cargas.

A carga estática na superfície de qualquer corpo condutor elétrico se distribuirá por si mesma de maneira que o campo elétrico no interior do condutor se anule. Note que os pedaços de limalha de ferro dentro do cilindro da Figura 10.10d estão orientados aleatoriamente, pois aí não existe campo.

FIGURA 10.11
Tanto Lori quanto o domo esférico do gerador Van de Graaff estão eletricamente carregados.

psc

Seja qual for a intensidade do campo elétrico ao redor de um gerador Van de Graaff, o campo elétrico dentro do domo é nulo. Isso é verdadeiro para o interior de todos os metais eletricamente carregados.

PARE E TESTE A SI MESMO

Tanto Lori quanto o gerador Van de Graaff da Figura 10.11 estão eletricamente carregados. Por que o cabelo de Lori está em pé?

VERIFIQUE SUA RESPOSTA

Ela e seu cabelo estão carregados. Cada fio de cabelo é repelido pelos demais que o rodeiam – evidência de que *cargas elétricas de mesmo sinal se repelem*. Mesmo uma pequena carga produz uma força elétrica maior do que o peso dos fios de cabelo. Felizmente, a força elétrica não é suficientemente grande para erguer seus braços!

10.4 Potencial elétrico

No Capítulo 4, quando estudamos a energia, aprendemos que um objeto possui energia potencial gravitacional em virtude de sua localização no interior do campo gravitacional. Analogamente, um objeto eletrizado possui uma energia potencial em virtude de sua localização no interior de um campo elétrico. Da mesma forma como é necessário realizar trabalho para erguer um objeto massivo contra o campo gravitacional da Terra, também é necessário realizar trabalho para empurrar uma partícula carregada contra o campo elétrico gerado por outro corpo eletrizado. Esse trabalho altera a energia potencial elétrica da partícu-

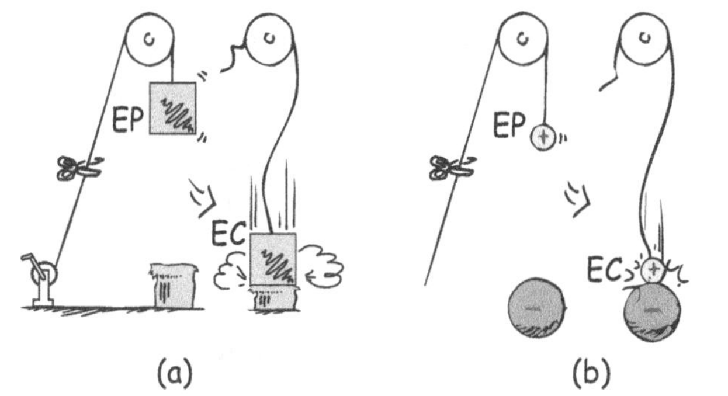
EP
EC
EP
EC
(a)
(b)

FIGURA 10.12

(a) A EP (energia potencial gravitacional) de uma massa em um campo gravitacional. (b) A EP de uma partícula carregada em um campo elétrico. Quando a massa e a partícula são liberadas, como se compara a EC (energia cinética) adquirida com a diminuição de EP?

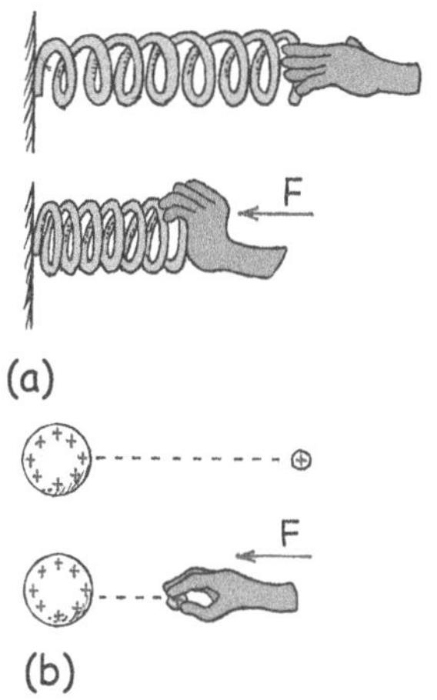
F
(a)
F
(b)

FIGURA 10.13

(a) A mola possui mais EP elástica quando comprimida. (b) Analogamente, a pequena carga possui mais EP quando empurrada para mais próximo da esfera carregada. Em ambos os casos, o aumento de EP é o resultado do trabalho realizado sobre o corpo.

la carregada[3]. Analogamente, a realização de trabalho ao comprimir uma mola aumenta a energia potencial da mola (Figura 10.13a). Da mesma forma, o trabalho realizado ao empurrar uma partícula carregada para mais perto da esfera carregada da Figura 10.13b aumenta a energia potencial da partícula. Chamamos de energia potencial elétrica a energia potencial que uma partícula carregada possui em virtude de sua localização. Se a partícula for solta, ela acelerará e se afastará da esfera, e sua **energia potencial elétrica** se converterá em energia cinética.

Se, por outro lado, empurrarmos uma partícula com carga elétrica duas vezes maior, o trabalho realizado sobre ela dobrará de valor. Duas vezes mais carga, na mesma posição espacial, terá duas vezes mais energia potencial elétrica do que tinha a outra; e três vezes mais carga corresponderá a três vezes mais energia potencial, e assim por diante. Ao considerarmos partículas carregadas, em vez de tratar com a energia potencial total de um corpo eletrizado, é mais conveniente considerarmos a energia potencial elétrica por unidade de carga. Para um corpo carregado qualquer, simplesmente dividimos a sua quantidade de energia pela sua carga. O conceito de energia potencial elétrica por unidade de carga é chamado de potencial elétrico, ou seja,

$$\text{potencial elétrico} = \frac{\text{energia potencial elétrica}}{\text{quantidade de carga}}$$

A unidade de medida para o potencial elétrico é o volt, de maneira que geralmente o potencial elétrico também é chamado de *voltagem*. Um potencial de 1 volt (V) é igual a 1 joule (J) de energia por 1 coulomb (C) de carga.

$$1 \text{ volt} = \frac{1 \text{ joule}}{1 \text{ coulomb}}$$

Assim, uma bateria de 1,5 volt fornece 1,5 joule de energia a cada 1 coulomb de carga que flui através dela. *Potencial elétrico* e *voltagem* são a mesma coisa, e esses dois termos são normalmente usados um no lugar do outro.

Em poucas palavras: *potencial elétrico* e *potencial* significam a mesma coisa – energia potencial elétrica por unidade de carga – em unidades de volts. Por outro lado, *diferença de potencial* é a mesma coisa que *voltagem* – uma *diferença* entre os potencias elétricos em dois pontos –, também em volts.

A importância da voltagem é que um valor bem-definido dela pode ser assinalado a cada posição espacial. Podemos falar no potencial elétrico em diversos pontos no interior de um campo elétrico, havendo cargas neles ou não. O mesmo é verdadeiro com as voltagens em várias posições de um circuito elétrico. Mais adiante, neste capítulo, veremos que o terminal positivo de uma bateria de 12 volts é mantido a uma voltagem 12 volts mais elevada do que o terminal negativo dessa bateria. Se esses terminais forem ligados por um meio condutor, quaisquer cargas livres do meio se moverão entre os terminais.

Esfregue um balão plástico em seu cabelo e ele se tornará negativamente carregado – talvez a vários milhares

FIGURA 10.14

A carga de prova maior possui mais EP no campo produzido pelo domo eletrizado, mas o potencial elétrico de qualquer quantidade de carga, numa mesma posição, é o mesmo.

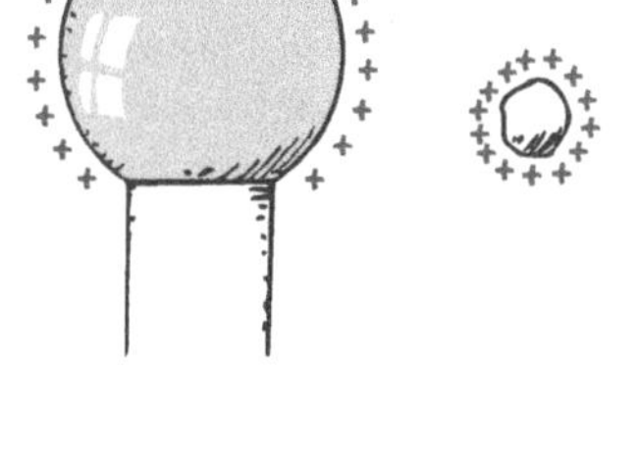

[3] Este trabalho é positivo se faz aumentar a energia potencial elétrica da partícula carregada, e negativo caso a faça diminuir.

PARE E TESTE A SI MESMO

1. Se possuísse duas vezes mais carga, a carga de prova próxima à esfera carregada da Figura 10.14 teria uma mesma *energia potencial elétrica*, com respeito à esfera carregada, ou uma energia duas vezes maior? O *potencial elétrico* da carga de prova teria o mesmo valor ou o dobro?
2. O que significa dizer que a bateria de seu carro é classificada como sendo de 12 volts?

VERIFIQUE SUAS RESPOSTAS

1. Duas vezes mais carga significaria duas vezes mais *energia potencial elétrica*, pois seria necessário realizar o dobro de trabalho para pôr a carga naquela posição. Mas o *potencial elétrico* seria o mesmo, pois ele é igual à energia potencial total dividida pela carga total. Por exemplo, duas vezes mais energia dividida por duas vezes mais carga resultará no mesmo valor que uma unidade de energia dividida por uma unidade de carga. Potencial elétrico não é a mesma coisa que energia potencial elétrica. Esteja certo de ter compreendido isso antes de prosseguir em seu estudo.
2. Significa que o potencial em um dos terminais da bateria está 12 V acima do potencial no outro. Logo aprenderemos que,quando um circuito é ligado entre estes terminais, cada coulomb de carga da corrente resultante ganhará 12 J de energia ao atravessar a bateria (e que 12 J de energia serão "gastos" no circuito).

de volts. Isto corresponderia a vários milhares de joules de energia, se a carga fosse de 1 coulomb. Entretanto, 1 coulomb é uma quantidade respeitável de carga. A carga de um balão que foi esfregado no cabelo de alguém é tipicamente muito menor do que um milionésimo de um coulomb. Assim, a quantidade de energia associada ao balão carregado é muito, muito pequena. Uma alta voltagem significa um bocado de energia somente se um bocado de carga estiver envolvido. A energia potencial elétrica difere do potencial (ou voltagem).

Alta voltagem em baixa energia é semelhante às faíscas de alta temperatura emitidas por um acendedor elétrico de fogão. Recorde-se de que a temperatura é a energia cinética média por molécula, o que significa que a energia total é grande apenas se o número de moléculas for também grande. Analogamente, uma alta voltagem significa muita energia somente para uma grande quantidade de carga.

5000 volts?

FIGURA 10.15
Embora a voltagem do balão eletrizado seja grande, a energia potencial elétrica é baixa por causa da pequena quantidade de carga.

10.5 Fontes de voltagem

Quando as extremidades de um condutor de calor se encontram a diferentes temperaturas, energia térmica flui da extremidade com temperatura mais alta para a que está com temperatura mais baixa. O fluxo cessa quando ambas as extremidades atingem a mesma temperatura. Qualquer material que possua partículas carregadas livres, que facilmente podem fluir através dele quando uma força elétrica for exercida, é chamado de **condutor elétrico**. Tanto os condutores de calor quanto os de eletricidade são caracterizados pela existência de cargas elétricas livres para se moverem através do meio. De maneira semelhante ao fluxo de calor, quando as extremidades de um condutor elétrico estiverem submetidas a potenciais elétricos diferentes – ou seja, quando existe uma **diferença de potencial elétrico** – as cargas do condutor fluirão do potencial mais alto para o mais baixo. O fluxo de cargas se manterá até que ambas as extremidades atinjam o mesmo potencial. Sem haver uma diferença de potencial, não haverá fluxo de carga.

Uma bateria não fornece elétrons para um circuito; em vez disso, ela fornece energia aos elétrons que já existem no circuito.

FIGURA 10.16
Embora a máquina de Wimshurst possa gerar milhares de volts, ela não libera mais energia do que o trabalho feito por Jim Stith ao girar a manivela.

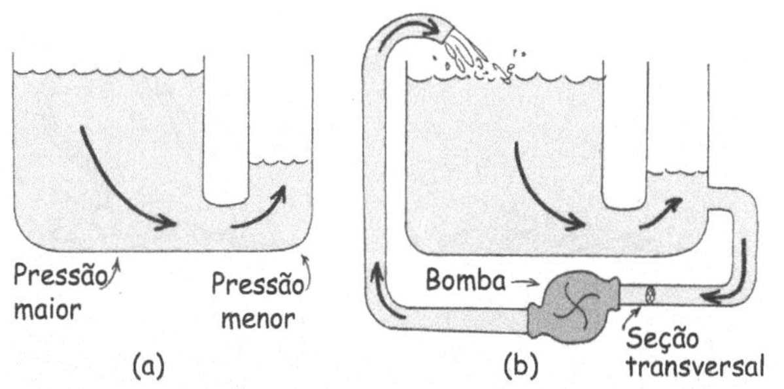
Pressão maior
Pressão menor
(a)
Bomba
Seção transversal
(b)

FIGURA 10.17

(a) A água flui do reservatório com maior pressão para o reservatório onde a pressão é menor. O fluxo cessa quando a diferença de pressão se anula. (b) A água continua a fluir por causa da diferença de pressão mantida pela bomba.

A fim de obter um fluxo ininterrupto de carga em um condutor, algum arranjo deve ser feito para manter uma diferença de potencial enquanto a carga flui de uma extremidade para outra do condutor. A situação é análoga ao fluxo de água de um reservatório mais alto para um mais baixo (Figura 10.17a). A água fluirá pelo cano que conecta os reservatórios somente enquanto existir uma diferença entre os níveis da água. O fluxo da água no cano, como o de carga em um fio condutor, cessará quando as pressões em cada extremidade forem iguais. (Nós expressamos isto quando dizemos que a água acha seu próprio nível.) Só é possível haver um fluxo contínuo se a diferença dos níveis da água nos reservatórios – e daí a diferença de pressão da água – for mantida através do uso de uma bomba adequada (Figura 10.17b).

Uma corrente elétrica ininterrupta requer um dispositivo de bombeamento que mantenha uma diferença de potencial elétrico – para manter uma voltagem. Baterias químicas ou geradores fazem o papel dessas "bombas elétricas" que podem manter um fluxo estacionário de carga. Estes dispositivos realizam trabalho para separar as cargas negativas das positivas. Nas baterias químicas, este trabalho é realizado pela desintegração de zinco ou chumbo em ácido, e a energia armazenada nas ligações químicas é convertida em energia potencial elétrica.

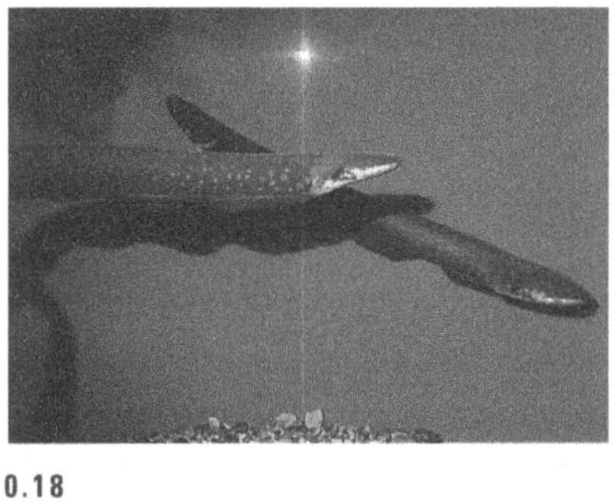

FIGURA 10.18

Uma fonte de voltagem pouco comum. A diferença de potencial elétrico entre a cauda e a cabeça da enguia (*Electrophorus electricus*) pode atingir mais de 650 V.

psc

Baterias químicas não respondem bem a alterações bruscas de carga. Uma alternativa que responde bem a descargas de energia de entrada é um volante. Diferente daqueles usados pelos oleiros para fazer a argila girar, os volantes modernos são feitos com materiais compostos leves, mais resistentes, que podem girar em alta velocidade sem se romperem. A energia cinética de rotação é, então, convertida em outras formas de energia. Preste atenção aos volantes como dispositivos de armazenamento de energia.

Os geradores separam cargas por indução eletromagnética, um processo que abordaremos no próximo capítulo. O trabalho realizado (por quaisquer meios) para separar cargas opostas é disponível nos terminais da bateria ou gerador. Essa energia por unidade de carga fornece a diferença de potencial (voltagem) que desempenha o papel de uma espécie de "pressão elétrica" para movimentar elétrons através de um circuito ligado entre os terminais.

psc

Quando uma bateria comum de automóvel mantém uma pressão elétrica de 12 volts em um circuito ligado aos seus terminais, 12 joules de energia são fornecidos a cada coulomb de carga que flui através do circuito.

10.6 Corrente elétrica

Da mesma forma que uma corrente de água é um fluxo de moléculas de H_2O, a **corrente elétrica** é um fluxo de partículas eletricamente carregadas. Em circuitos dotados de fios metálicos, os elétrons constituem o fluxo de carga. Um ou mais elétrons de cada átomo do metal são livres para se mover através da rede de átomos. Estes portadores de carga são chamados de *elétrons de condução*. Os prótons, por outro lado, não podem se mover em um sólido por estarem ligados dentro dos núcleos atômicos, que estão mais ou menos presos a posições fixas. Em fluidos, no entanto, os íons positivos, assim como os elétrons, podem formar o fluxo de carga elétrica.

Uma diferença importante entre um fluxo de água e um de elétrons tem a ver com os meios condutores. Se você adquirir um cano de água em uma loja de ferragens, o funcionário não lhe vende a água para fluir através do cano.

FIGURA 10.19

Cada coulomb de carga forçado a fluir pelo circuito que liga os terminais desta lâmpada de lanterna é energizada com 1,5 J.

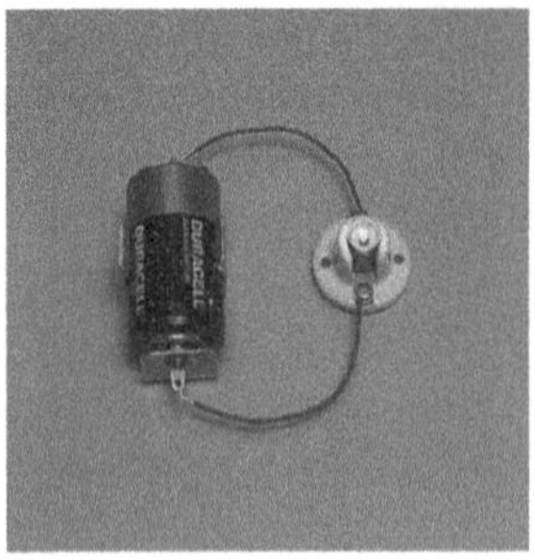

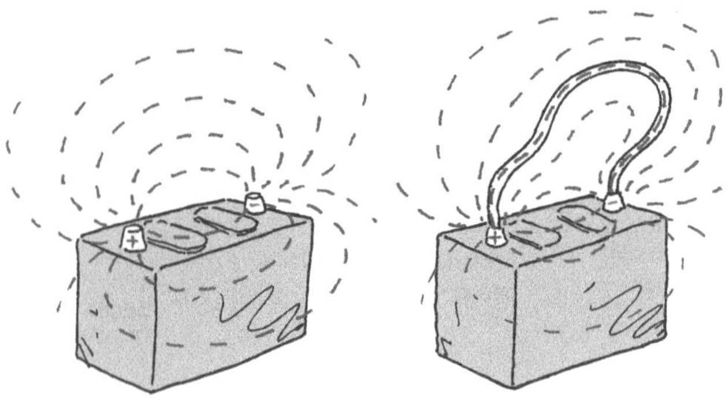

FIGURA 10.21

As linhas do campo elétrico entre os terminais de uma bateria estão orientadas ao longo do condutor, que conecta os terminais. Um fio metálico grosso é mostrado aqui, mas o caminho condutor entre um terminal e o outro normalmente é um circuito elétrico. (Se você tocasse neste fio condutor, não levaria um choque, mas o fio se aqueceria mais rapidamente e poderia queimar sua mão!)

Isso é você quem providencia. Em contraste, quando você compra um "cano de elétrons", ou seja, um fio elétrico, você também leva com ele os elétrons. Cada pequeno pedaço de matéria, inclusive a dos fios elétricos, contém um número enorme de elétrons que se movimentam aleatoriamente em todas as direções. Quando uma fonte de voltagem os põe em movimento em uma mesma direção, temos uma corrente elétrica.

A *taxa* do fluxo elétrico é expressa em *ampères*. Um **ampère** é a taxa de fluxo correspondente a 1 coulomb de carga por segundo. (Isto é um fluxo de 6,25 bilhões de bilhões de elétrons por segundo.) Em um fio que conduz 4 ampères ao farol de um carro, por exemplo, 4 coulombs de carga atravessam qualquer seção transversal do fio a cada segundo. Em um fio que conduz 8 ampères, um número duas vezes maior de coulombs atravessa qualquer seção transversal a cada segundo.

É importante notar que os elétrons se movem através de um fio com velocidades surpreendentemente pequenas. Isso ocorre porque eles estão continuamente sofrendo colisões com os átomos do fio. A velocidade média dos elétrons em um circuito típico, ou *velocidade de deriva*, é muito menor do que um centímetro por segundo. O sinal elétrico, entretanto, se propaga com velocidade próxima à da luz. Essa é a velocidade com a qual é estabelecido o *campo* elétrico dentro do fio.

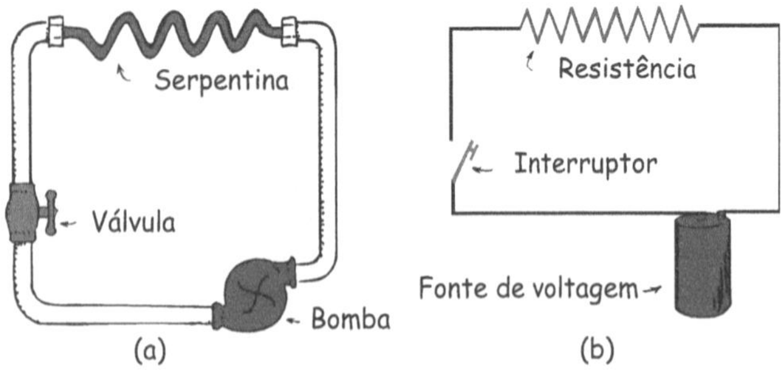
Serpentina
Válvula
Bomba
Resistência
Interruptor
Fonte de voltagem
(a)
(b)

FIGURA 10.20

Analogia entre (a) um circuito hidráulico básico e (b) um circuito elétrico básico. Muitos esforços têm sido feitos para construir aceleradores de partículas que aceleram elétrons a velocidades próximas à da luz. Se os elétrons se deslocassem tão rápidos em circuitos elétricos comuns, bastaria dobrar um fio em ângulo agudo para que esses elétrons com alto momentum não pudessem fazer a curva e saíssem do fio, voando pelo ar. Não precisaríamos de aceleradores! De fato, porém, em circuitos elétricos, os elétrons movem-se muito mais lentamente.

psc

O perigo das baterias de carro reside menos no choque elétrico que se pode levar do que em sua explosão. Se você tocar os dois terminais de uma bateria com uma chave de metal, por exemplo, pode gerar uma faísca capaz de iniciar a ignição do hidrogênio gasoso que existe nela, produzindo uma explosão capaz de mandar pelos ares pedaços da carcaça da bateria e da solução ácida que existe dentro dela!

É também importante notar que um fio conduzindo uma corrente não está eletricamente carregado. Sob condições normais, existem tantos elétrons de condução movendo-se através da rede atômica quanto núcleos atômicos positivamente carregados*. Os números de elétrons e prótons são iguais, de modo que, se o fio conduz ou não uma corrente, a carga líquida do mesmo é normalmente zero em qualquer instante.

Freqüentemente se faz confusão entre a carga que flui *por* um circuito e a voltagem existente, ou aplicada, *através* do circuito. Podemos distinguir entre essas idéias considerando um cano comprido cheio de água. A água fluirá pelo cano se existir uma diferença de pressão através dele, ou seja, entre suas extremidades. A água fluirá da extremidade em alta pressão para a que se encontra sob baixa pressão. É apenas a água que flui, e não, a pressão. Analogamente, a carga elétrica fluirá por causa da diferença de pressão elétrica (voltagem). Diz-se que a *carga* flui por um circuito

* N. de T.: Isto é rigorosamente correto quando cada átomo da rede cede, em média, apenas um elétron para a condução.

devido a uma voltagem aplicada ao longo dele. Não se deve dizer que a *voltagem* flui por um circuito. A voltagem não vai a lugar nenhum, pois são as cargas que se movem. A voltagem produz a corrente (se existe um circuito fechado para ela fluir).

Geralmente pensamos na corrente elétrica como fluindo por um circuito, mas não diga isso perto de alguém detalhista quanto a questões gramaticais, pois a expressão "a corrente flui" é redundante. Mais precisamente, a carga flui – e isto é a corrente.

Corrente contínua e corrente alternada

A corrente elétrica pode ser do tipo cc ou ca. A sigla cc significa **corrente contínua**, que se refere ao fluxo de carga em um sentido apenas. Uma bateria, por exemplo, produz uma corrente contínua em um circuito porque seus terminais têm sempre os mesmos sinais. Os elétrons se movem do terminal negativo, que os repele, para o terminal positivo, que os atrai, e sempre se movem pelo circuito em um mesmo sentido.

A **corrente alternada** (ca) comporta-se como indicado pelo nome. Os elétrons se movem pelo circuito ora em um sentido, ora no outro, alternando-se ao redor de posições fixas. Isso é realizado por um gerador ou alternador que periodicamente troca os sinais de seus terminais. Aproximadamente todos os circuitos ca comerciais envolvem correntes que se alternam de um lado para outro com uma freqüência de 60 ciclos por segundo. Isso dá origem a uma corrente de 60 *hertz* (um hertz é um ciclo por segundo). Em alguns países são usadas correntes de 25, 30 ou 50 hertz. Mundo afora, a maior parte dos circuitos residenciais e comerciais funciona com ca

FIGURA 10.22
Gráficos de cc e ca em função do tempo.

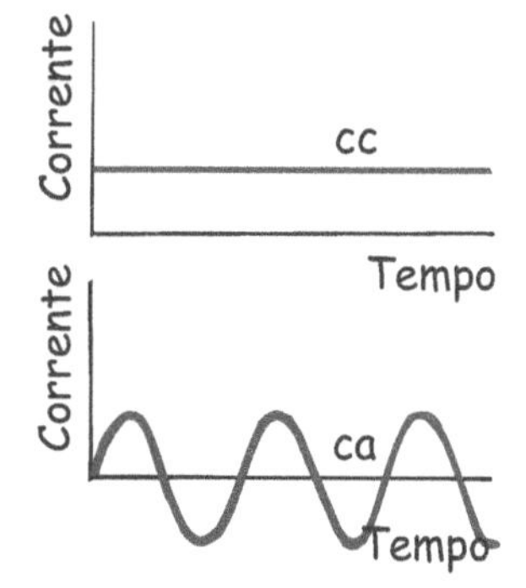
Corrente
cc
Tempo
Corrente
ca
Tempo

porque, desta forma, a energia pode ser transmitida a longas distâncias em uma voltagem elevada, o que reduz as perdas térmicas, tendo depois sua voltagem abaixada para um valor conveniente no local onde a energia será usada. Por que isso ocorre é absolutamente fascinante, e será abordado no próximo capítulo. A leis da eletricidade aprendidas neste capítulo se aplicam tanto à cc quanto à ca.

psc

A conversão de ca para cc é realizada por um dispositivo eletrônico que permite que os elétrons fluam em um sentido apenas – um *diodo*. O tipo mais conhecido de diodo é o diodo emissor de luz (LED, do inglês *Light-Emitting Diode*). Fótons são emitidos quando os elétrons atravessam o espaço entre as bandas (*band gap*) de energia do material do dispositivo. A energia dos fótons geralmente corresponde à freqüência da luz vermelha, motivo pelo qual a maioria dos LEDs emitem luz vermelha. Você pode ver LEDs nos painés de instrumentos de muitos tipos, incluindo aparelhos de videocassete e DVD´s. Curiosamente, quando a entrada elétrica e a luz de saída são invertidas, o dispositivo resultante é uma célula solar!

APLICAÇÕES COTIDIANAS

■ A HISTÓRIA DOS 110 VOLTS

No início da iluminação elétrica, as altas voltagens usadas queimavam os filamentos das lâmpadas elétricas, de modo que se tornou mais prático usar baixas voltagens. As centenas de usinas elétricas construídas nos Estados Unidos antes de 1900 adotaram como padrão a voltagem de 110 volts (ou 115 ou 120 volts). A adoção de 110 volts foi decidida porque este valor de voltagem fazia as lâmpadas incandescentes da época brilharem como as lâmpadas de gás. Na época em que a iluminação elétrica tornou-se popular na Europa, os engenheiros haviam descoberto como fabricar lâmpadas incandescentes que não queimavam tão rápido sob voltagens mais elevadas. A transmissão de potência elétrica é mais eficiente sob altas voltagens, de modo que a Europa adotou como padrão a voltagem de 220 volts. Os Estados Unidos mantiveram o padrão de 110 volts (hoje, ele é oficialmente 120 volts) por causa dos gastos enormes feitos para instalação dos equipamentos de 110 volts. É importante notar que, em circuitos de ca, os 120 volts correspondem à raiz quadrada do "valor médio quadrático" da voltagem. Em um circuito de 120 volts ca, a voltagem, na verdade, varia entre +170 volts e –170 volts, fornecendo a mesma potência a um ferro de passar ou a uma torradeira do que um circuito de 120 volts cc.

10.7 Resistência elétrica

O valor de corrente em um circuito depende não apenas da voltagem aplicada , mas também de sua **resistência elétrica.** Da mesma forma como canos estreitos oferecem maior resistência ao fluxo de água do que canos largos, fios finos oferecem maior resistência elétrica do que fios largos. E o comprimento também contribui para a resistência. Da mesma forma como os canos longos têm mais resistência do que os curtos, os fios longos apresentam maior resistência elétrica do que os curtos. E mais importante é o material do qual o fio é feito. O cobre tem uma resistência elétrica baixa, enquanto a de uma tira de borracha é enorme. A temperatura também afeta a resistência elétrica: quanto maior for a agitação dos átomos dentro de um condutor (maior temperatura), maior será sua resistência. A resistência de alguns materiais anula-se para temperaturas muito baixas. Estes materiais são chamados de *supercondutores*.

A unidade de resistência elétrica é o ohm, Ω.

A resistência elétrica é expressa em unidades chamadas de *ohms*, Geralmente ela é denotada pela letra grega *ômega* maiúscula, Ω. Esta unidade é uma homenagem a Georg Simon Ohm, um físico alemão que, em 1826, descobriu uma relação simples e importante entre a voltagem, a corrente e a resistência.

psc

Alguns materiais, como o germânio e o silício, podem alternadamente ser condutores ou isolantes. Tratam-se dos semicondutores. Em junções desses materiais, a passagem de um elétron de um lado para outro causa a emissão de luz, como no caso do diodo emissor de luz (LED). Ou, alternativamente, a absorção de luz pode gerar uma corrente elétrica, como no caso de uma célula fotoelétrica.

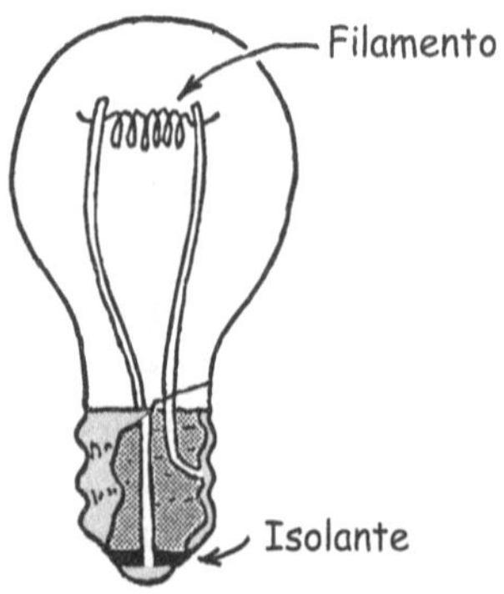
Filamento
Isolante

FIGURA 10.23
Os elétrons de condução que oscilam para a frente e para trás no filamento da lâmpada não provêm da fonte de voltagem. Eles estão dentro do filamento desde o início. A fonte de voltagem apenas fornece energia a eles. Quando a chave é fechada, a resistência do filamento muito fino de tungstênio se aquece a 3.000°C e praticamente duplica sua resistência.

10.8 A lei de Ohm

A relação entre voltagem, corrente e resistência é sintetizada no enunciado chamado de **lei de Ohm**. Ohm descobriu que a corrente em um circuito é diretamente proporcional à voltagem estabelecida através do circuito, e inversamente proporcional à resistência do mesmo:

$$\text{Corrente} = \frac{\text{voltagem}}{\text{resistência}}$$

Ou, em termos das unidades,

$$\text{Ampères} = \frac{\text{volts}}{\text{ohms}}$$

Assim, para um dado circuito de resistência constante, a corrente e a voltagem são proporcionais entre si[4]. Isso significa que a corrente será duas vezes maior para uma voltagem também duas vezes maior. Quanto maior a voltagem, maior a corrente. Mas se a resistência do circuito for dobrada, a corrente terá a metade do valor que teria de outra forma. Quanto maior for a resistência, menor será a corrente. A lei de Ohm faz sentido.

A resistência de um fio elétrico comum é muito menor do que 1 ohm, enquanto o filamento de uma lâmpada incandescente tem uma resistência tipicamente maior do que 100 ohms. Ferros de passar roupas e torradeiras elétricas possuem resistências entre 15 e 20 ohms. Neles e em outros aparelhos eletrodomésticos a corrente é regulada por elementos de circuito chamados de resistores (Figura 10.24), cuja resistência pode alcançar de alguns ohms a milhões de ohms. Resistores se aquecem quando uma corrente passa por eles, mas, para pequenas correntes, o aquecimento é pequeno.

Supercondutores

Nos fios elétricos das residências, elétrons do fluxo colidem com os núcleos atômicos da fiação e convertem suas energias cinéticas em energia térmica do fio. No início do século XX pesquisadores descobriram que determinados

[4] Muitos textos usam a letra V como símbolo para a voltagem, I para a corrente e R para a resistência, expressando a lei de Ohm como $V = IR$. Segue, então, que $I = V/R$, de modo que se duas das variáveis são conhecidas, a terceira pode ser obtida. As abreviaturas usadas para as unidades são V para volts, A para ampères e Ω para ohms.

RESOLUÇÃO DE PROBLEMAS

Problemas

1. Quanta corrente fluirá por uma lâmpada com 60 Ω de resistência quando 12 V de voltagem forem aplicados a ela?
2. Qual é a resistência de uma torradeira que usa uma corrente de 12 A quando conectada a uma tomada de 120 V?
3. Se seu corpo possuir uma resistência de 100.000 Ω e você tocar nos terminais de uma bateria de 12 V, quanta corrente passará pelo seu corpo?
4. Se sua pele estiver muito úmida, de modo que sua resistência seja de apenas 1.000 Ω, e você tocar nos terminais de uma bateria de 12 V, quanta corrente passará por você?

Soluções

1. A partir da lei de Ohm; $\text{Corrente} = \dfrac{\text{voltagem}}{\text{resistência}} = \dfrac{12\text{ V}}{60\ \Omega} = 0{,}2\text{A}.$
2. Rearranjando a lei de Ohm, obtemos:

$$\text{Resistência} = \frac{\text{voltagem}}{\text{corrente}} = \frac{120\text{ V}}{12\text{ A}} = 10\ \Omega.$$

3. $\text{Corrente} = \dfrac{\text{voltagem}}{\text{resistência}} = \dfrac{12\text{ V}}{100.000\ \Omega} = 0{,}00012\text{A}.$
4. $\text{Corrente} = \dfrac{\text{voltagem}}{\text{resistência}} = \dfrac{12\text{ V}}{1000\ \Omega} = 0{,}012\text{A}.$

   Ai!

metais, colocados em um banho de hélio líquido a 4 K, perdiam completamente sua resistência. Nestes condutores, os elétrons descrevem trajetórias que evitam as colisões atômicas, o que lhes permite fluir indefinidamente. Esses materiais que não oferecem resistência alguma ao fluxo de carga são chamados de **supercondutores**. A corrente não sofre nenhuma perda e nenhum calor é gerado no estado de supercondutividade. Por décadas, acreditou-se que resistência elétrica nula ocorresse somente para determinados metais em temperaturas muito próximas do zero absoluto. Então, em 1986, a supercondutividade foi alcançada em 30 K, o que aumentou as esperanças de obter supercondutividade acima de 77 K, o ponto de liquefação do nitrogênio. Este gás é mais facilmente manuseável do que o hélio líquido, necessário para criar as condições frias. O passo histórico veio no ano seguinte, com um composto não-metálico que perde sua resistência a 90 K.

Desde então, descobriu-se várias cerâmicas óxidas supercondutoras a temperaturas acima de 100 K. Estes materiais cerâmicos são supercondutores de "alta temperatura" (HTS, do inglês *High-Temperature Superconductor*). Tais materiais supercondutores, já em uso, podem conduzir maior corrente a uma voltagem mais baixa, o que significa que grandes transformadores elétricos podem ser localizados mais afastados dos centros urbanos – permitindo o desenvolvimento de áreas verdes. Fique atento ao futuro desenvolvimento dos HTSs na transmissão de energia elétrica.

psc

Dentro do bulbo de certas lâmpadas incandescentes, o ar consiste em uma mistura de nitrogênio e argônio. Quando o filamento de tungstênio é aquecido, as minúsculas partículas de tungstênio evaporam – como uma pequena corrente de vapor saindo da água fervente. Com o tempo, essas partículas se depositam sobre a superfície interna do bulbo de vidro, escurecendo-o. Perdendo progressivamente seu tungstênio, o filamento acaba por romper-se, e a lâmpada "queima". Uma solução é substituir o gás do bulbo por um gás halogênio, como o iodo ou o bromo. Então o tungstênio evaporado, em vez de se depositar sobre o vidro, combina-se com o halogênio, deixando o vidro claro. Além disso, a combinação halogênio-tungstênio sofre dissociação ao encostar no filamento quente, retornando o halogênio como gás, enquanto o filamento é restaurado pela deposição do tungstênio de volta sobre ele. É por esta razão que as lâmpadas halogênicas têm tempos de duração tão longos.

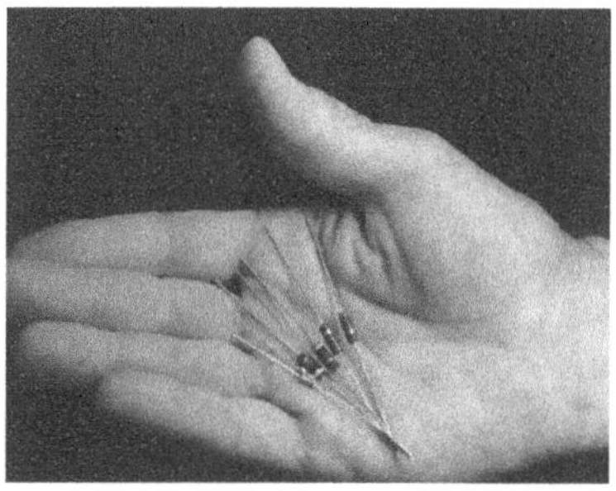

FIGURA 10.24
Resistores. O símbolo de resistência elétrica em um circuito é -\/\/\/-.

A corrente é um fluxo de carga, posta em movimento pela voltagem e detida pela resistência.

Choque elétrico

Os efeitos danosos dos choques elétricos resultam da passagem da corrente através do corpo humano. O que causa o choque elétrico no corpo – a corrente ou a voltagem? Da lei de Ohm, podemos ver que essa corrente depende da voltagem aplicada e da resistência elétrica do corpo humano. A resistência do corpo de alguém depende das condições em que se encontra, e varia desde aproximadamente 100 ohms, se estiver imerso em água salgada, a cerca de 500.000 ohms, se a pele estiver muito seca. Se tocarmos nos dois terminais de uma bateria com os dedos secos, fechando o circuito entre as duas mãos, oferecemos uma resistência de aproximadamente 100.000 ohms. Normalmente não podemos sentir os efeitos de 12 volts, e 24 volts produz um leve formigamento. Se nossa pele estiver úmida, 24 volts podem ser absolutamente desconfortáveis. A Tabela 10.1 descreve os efeitos de diferentes valores de corrente no corpo humano.

Para receber um choque elétrico, deve haver uma *diferença* de potencial entre uma parte de seu corpo e outra. A maior parte da corrente passará pelo caminho de resistência mínima que conecta esses dois pontos. Suponha que você caia de uma ponte e, para deter a queda, trate de agarrar um dos fios de uma linha de transmissão de alta voltagem. Enquanto não tocar nada além dele, você não receberá choque algum. Mesmo que o potencial do fio esteja milhares de volts mais elevado que o do solo, e mesmo se você o segurar com as duas mãos, não haverá fluxo considerável de carga de uma mão para a outra. A razão é que não há uma diferença de potencial elétrico significativa entre as mãos. Se, no entanto, você colocar uma das mãos no outro fio da linha de transmissão, que está a um potencial diferente.... *zap*! Todos nós já vimos pássaros pousados em fios de alta tensão. Cada parte de seu corpo está no mesmo potencial alto, de modo que não sofrem efeitos nocivos.

FIGURA 10.25
O pássaro pode pousar em segurança sobre um fio de alto potencial, mas ele não pode tocar no outro fio! Por que não?

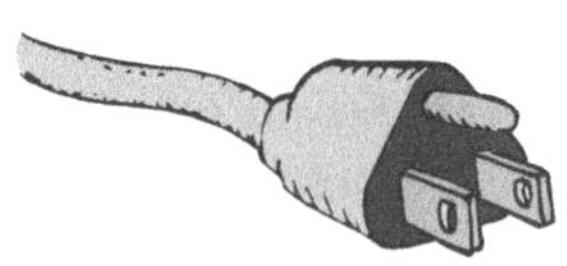

FIGURA 10.26
O terceiro pino liga a carcaça do aparelho diretamente ao solo. Qualquer carga que se acumule sobre o aparelho é, assim, levada para o solo.

TABELA 10.1
Efeito de correntes elétricas sobre o corpo humano

Corrente	Efeito
0,001 A	Pode ser sentida
0,005 A	Produz dor
0,010 A	Causa contração involuntária dos músculos (espasmos)
0,015 A	Causa a perda de controle muscular
0,070 A	Passa pelo coração; causa sérias perturbações; provavelmente fatal se a corrente durar mais de 1 s.

É importante notar que a fonte dos elétrons da corrente que produz o choque em você é seu próprio corpo. Como em todos os condutores, os elétrons já estão ali. É a energia dada a eles que exige cuidados. Eles são energizados quando existe uma diferença de potencial entre partes diferentes do corpo.

A maioria dos plugues e tomadas de hoje possuem três pinos para conexão, em vez de dois. Os dois pinos principais, geralmente achatados, são para transportar a corrente através de um fio duplo, um dos quais está "vivo" (energizado), e o outro, neutro, enquanto o terceiro pino, sempre cilíndrico, está conectado ao sistema elétrico de aterramento – diretamente com o solo (Figura 10.26). Aparelhos eletrodomésticos como ferros de passar roupa, estufas, máquinas de lavar roupa e secadoras são ligadas a esses três fios. Se o fio vivo acidentalmente entrar em contato com a superfície de metal na entrada do aparelho e você tocar nele, poderá receber um choque perigoso. Isso não ocorrerá se o aparelho estiver aterrado através do fio de aterramento, o que garante que a caixa externa do aparelho sempre fique no mesmo potencial nulo do solo.

FIGURA 10.27
A lâmpada desse abajur possui um corpo isolante e não precisa de um terceiro pino (de aterramento).

APLICAÇÕES COTIDIANAS

OS DANOS CAUSADOS POR UM CHOQUE ELÉTRICO

A cada ano, muitas pessoas morrem em conseqüência de correntes produzidas por circuitos elétricos comuns de 120 volts. Enquanto estiver de pé sobre o solo, se você tocar em uma instalação de luz de 120 volts com isolamento defeituoso, haverá 120 volts de "pressão elétrica" entre sua mão e o solo. Normalmente a resistência à corrente é maior entre a mão e o solo, de modo que, de modo geral, a corrente não produz danos sérios. Mas se seus pés e o piso estiverem úmidos, haverá uma resistência elétrica pequena entre você e o piso. Os 120 volts aplicados ao longo dessa resistência diminuída podem produzir uma corrente perigosa ao corpo.

A água destilada não é um bom condutor. Mas os íons que normalmente estão presentes na água comum fazem dela um bom condutor. Materiais dissolvidos na água, especialmente pequenas quantidades de sal, diminuem ainda mais a resistência elétrica da água. Normalmente existe uma fina camada de sal sobre a pele, deixada pela transpiração, que reduz a resistência da pele para algumas centenas de ohms, ou menos, quando ela está úmida. Manusear aparelhos domésticos enquanto se toma banho, definitivamente, não é uma boa idéia.

Os danos produzidos por choques elétricos ocorrem de três maneiras: (1) a queima dos tecidos, por aquecimento; (2) a contração dos músculos; e (3) a perturbação do ritmo cardíaco. Essas condições são causadas pelo fornecimento de uma potência excessiva, e por um longo período de tempo, a regiões críticas do corpo.

Um choque elétrico pode desestabilizar o centro nervoso que controla a respiração. No socorro a vítimas de choques elétricos, a primeira coisa a fazer é afastá-las da fonte de eletricidade. Use uma tábua de madeira seca ou algum outro material não-condutor para evitar que você próprio seja eletrocutado. Depois aplique respiração artificial. É importante continuar com a respiração artificial por algum tempo. Há casos de vítimas de descargas de raios que não conseguem respirar sem ajuda por várias horas, mas que foram revividas e acabaram por recuperar completamente a saúde.

psc

Mito: um raio jamais cai no mesmo lugar duas vezes.
Fato: a descarga de um raio de fato é favorecida em determinadas localizações, principalmente lugares altos. O edifício *Empire State*, em Nova York, EUA, é atingido por aproximadamente 25 raios por ano.

PARE E TESTE A SI MESMO

O que causa um choque elétrico – a corrente ou a voltagem?

VERIFIQUE SUA RESPOSTA

Um choque elétrico *ocorre* quando uma corrente é produzida no corpo, mas a corrente é *causada* por uma voltagem aplicada a ele.

10.9 Circuitos elétricos

Qualquer caminho por onde os elétrons possam fluir é chamado de *circuito elétrico*. Para um fluxo contínuo de elétrons, deve haver um circuito elétrico sem interrupções.

Geralmente se usa uma chave elétrica, que pode ser ligada e desligada para estabelecer ou cortar o fornecimento de energia, fazendo as interrupções do circuito. A maior parte dos circuitos possui mais do que um dispositivo que recebe energia elétrica. Esses dispositivos em geral são conectados a um circuito de duas maneiras possíveis, *em série* ou *em paralelo*. Quando conectados em série, eles formam um único caminho para o fluxo de elétrons entre os terminais da bateria, do gerador ou da tomada da parede (que constitui simplesmente uma extensão desses terminais). Quando conectados em paralelo, eles formam ramos, cada um dos quais é um caminho separado para o fluxo eletrônico. Tanto as conexões em série como em paralelo possuem suas próprias características, que as distinguem.

A seguir, iremos abordar rapidamente circuitos que usam esses dois tipos de conexão.

psc

Todas as baterias se degradam. As células iônicas de lítio, muito usadas em computadores notebook, câmeras digitais e telefones celulares, desgastam mais rápido quando excessivamente carregadas e quentes. Assim, a fim de prolongar seu tempo de vida, mantenha as suas em cerca de meia carga e em um ambiente fresco ou frio.

Circuitos em série

Um **circuito em série** básico é mostrado na Figura 10.28. As três lâmpadas estão conectadas em série com a bateria. Quando a chave é fechada, a mesma corrente se estabelece quase que imediatamente nas três lâmpa-

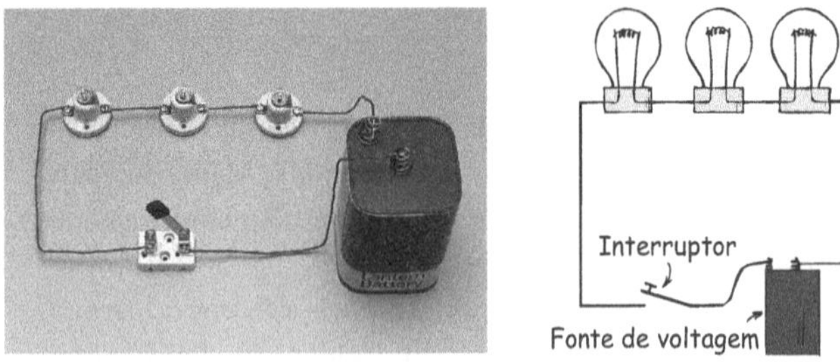
Interruptor
Fonte de voltagem

FIGURA 10.28

Um circuito em série básico. A bateria de 6 V mantém 2 V de voltagem em cada lâmpada.

das. A carga não vai sendo "acumulada" em qualquer das lâmpadas, mas flui *através* de cada uma delas. Os elétrons que constituem a corrente saem pelo terminal negativo da bateria, passam por cada um dos filamentos resistivos das lâmpadas e retornam à bateria pelo seu terminal positivo. (O mesmo valor de corrente atravessa também a bateria.) Este é o único caminho disponível para os elétrons no circuito. Uma interrupção em qualquer lugar dele resultará em um circuito aberto e na interrupção do fluxo de elétrons. Isso ocorre quando um interruptor é aberto, quando um dos fios é acidentalmente cortado ou quando o filamento de qualquer das lâmpadas queima. O circuito mostrado na Figura 10.28 ilustra as seguintes características das ligações em série:

1. A corrente elétrica tem um único caminho através do circuito. Isso significa que a corrente que passa pela resistência de cada dispositivo é a mesma.
2. Essa corrente enfrenta a resistência oferecida pelo primeiro dispositivo, pelo segundo e pelo terceiro também, de modo que a resistência total do circuito à corrente é a soma das resistências individuais ao longo do circuito.
3. A corrente do circuito é numericamente igual à voltagem aplicada dividida pela resistência total do circuito. Isso está em concordância com a lei de Ohm.
4. A voltagem total aplicada ao circuito em série divide-se entre os dispositivos existentes nele, de modo que a soma das "quedas de voltagem" através das resistências dos dispositivos individuais seja igual à voltagem total fornecida pela fonte. Essa característica advém do fato de que a quantidade de energia fornecida à corrente total é igual à soma das energias ganha por cada dispositivo.
5. A queda de voltagem ao longo de cada dispositivo é proporcional à sua resistência. Isso advém do fato de que mais energia é dissipada quando uma corrente passa por uma grande resistência do que quando a mesma corrente passa por uma pequena resistência.

psc

A iluminação baseada na tecnologia do estado sólido poderá em breve substituir as obsoletas lâmpadas incandescentes. Preste atenção no desenvolvimento dos diodos emissores de luz (LEDs), comuns em lanternas e luzes de sinalização na traseira de automóveis, e nas novidades em equipamentos para distribuir e tornar mais eficiente a iluminação de residências e locais de trabalho.

PARE E TESTE A SI MESMO

1. O que acontece à corrente das outras lâmpadas em série se uma delas queimar?
2. O que acontece ao brilho de cada lâmpada de um circuito em série se mais lâmpadas forem adicionadas ao circuito?

VERIFIQUE SUAS RESPOSTAS

1. Se o filamento de uma das lâmpadas queimar, o caminho condutor que liga os dois terminais da fonte de voltagem será interrompido e a corrente deixará de existir. Todas as demais apagarão.
2. Adicionar mais lâmpadas a um circuito em série resulta em maior resistência do mesmo. Isso faz baixar o valor da corrente no circuito e, portanto, em cada lâmpada, o que causa o enfraquecimento do brilho de cada lâmpada. A energia tem de ser dividida entre um número maior de lâmpadas, de modo que a queda de voltagem ao longo de cada lâmpada fica menor.

As regras acima valem tanto para circuitos ca quanto para circuitos cc. É fácil perceber qual é a maior desvantagem de um circuito em série: se um dos dispositivos falhar, a corrente deixará de existir no circuito inteiro. Pequenas lâmpadas de árvores de Natal baratas são conectadas em série. Quando uma delas queima, é divertido e parecido com um jogo (ou frustrante) tentar encontrá-la para substituição.

Muitos circuitos são elaborados de modo que seja possível operar vários dispositivos elétricos, cada qual independentemente dos demais. Em nossa casa, por exemplo, pode-se ligar ou desligar uma determinada lâmpada sem com isso afetar o funcionamento das demais lâmpadas ou dispositivos elétricos. Isso ocorre porque esses dispositivos estão conectados uns com os outros não em série, mas em paralelo.

psc

Hoje em dia, baterias fornecem energia a dispositivos implantados no corpo humano. Várias abordagens têm sido propostas para explorar a energia e as fontes de combustível que o próprio corpo fornece. Fique atento às futuras novidades nesta área.

Circuitos em paralelo

Um **circuito em paralelo** básico está mostrado na Figura 10.29. As três lâmpadas estão ligadas aos mesmos dois pontos, A e B. Quando diversos aparelhos são ligados todos a esses dois pontos, dizemos que o circuito está *conectado em paralelo*. Os elétrons que saem do terminal negativo da bateria devem se deslocar através do filamento de uma lâmpada apenas para retornar ao terminal positivo da bateria. Neste caso, a corrente se divide entre os três ramos individuais ligados a A e B. Um rompimento que ocorra em qualquer deles não interrompe o fluxo de carga nos demais. Assim, cada aparelho funciona independentemente dos outros (sejam eles de corrente cc ou ac).

O circuito mostrado na Figura 10.29 ilustra as seguintes características básicas das ligações em paralelo:

1. Cada dispositivo conecta os mesmos dois pontos, A e B, do circuito. A voltagem é, portanto, a mesma através de cada um deles.
2. A corrente total do circuito divide-se entre os ramos paralelos. Uma vez que a voltagem através de cada ramo é a mesma, o valor da corrente em cada um deles é inversamente proporcional à resistência de cada ramo.
3. A corrente total do circuito é numericamente igual à soma das correntes nos ramos paralelos.
4. Quando o número de ramos paralelos aumenta, a resistência total do circuito *diminui*. A resistência total é diminuída a cada ramo adicionado entre dois pontos quaisquer do circuito. Isso significa que a resistência total do circuito é menor do que a resistência de qualquer um dos ramos.

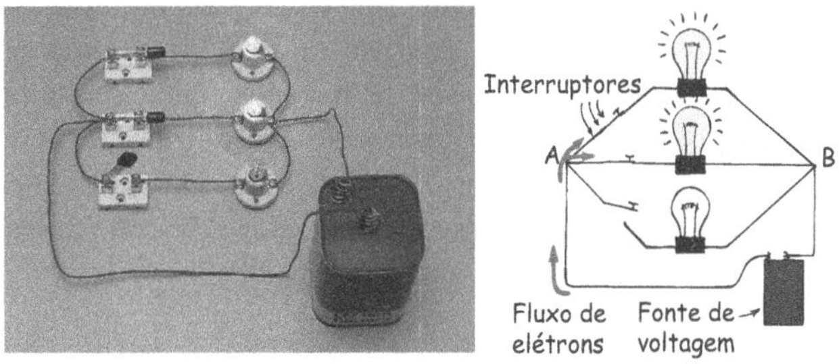
Interruptores
A
B
Fluxo de elétrons
Fonte de voltagem

FIGURA 10.29
Um circuito em paralelo básico. A bateria de 6 V mantém 6 V em cada lâmpada.

psc **Depois de mal-sucedido em mais de 6.000 tentativas para confeccionar a primeira lâmpada elétrica, Thomas Edison anunciou que tais tentativas não haviam sido falhas, uma vez que ele tivera sucesso ao descobrir 6.000 maneiras de como uma lâmpada não funciona.**

PARE E TESTE A SI MESMO

1. O que acontece à corrente nas outras lâmpadas de uma ligação em paralelo se uma delas queimar?
2. O que acontece ao brilho de cada lâmpada de um circuito em paralelo se mais lâmpadas forem adicionadas ao mesmo?

VERIFIQUE SUAS RESPOSTAS

1. Se uma das lâmpadas queimar, as outras não serão afetadas. De acordo com a lei de Ohm, a corrente em cada ramo é igual ao quociente voltagem/resistência, e como nem a voltagem nem a resistência foram afetadas nos outros ramos, a corrente em cada um deles não será afetada. A corrente total no circuito (a corrente através da bateria), entretanto, diminui um valor igual à corrente que passava pela lâmpada em questão, antes que ela queimasse. Mas a corrente em qualquer outro ramo permanece inalterada.
2. O brilho de cada lâmpada não será afetado se outras lâmpadas forem ligadas em paralelo (ou retiradas do circuito). Apenas a resistência total e a corrente total no circuito, ou seja, a corrente total que atravessa a bateria, mudará. (Existe a resistência da bateria também, que aqui está sendo considerada como desprezível.) Quando mais lâmpadas forem ligadas em paralelo, mais caminhos disponíveis existirão ligando os terminais da bateria, o que efetivamente diminuirá a resistência total do circuito. Esta diminuição da resistência será acompanhada por um aumento da corrente, o mesmo aumento que alimentará com energia as novas lâmpadas que foram ligadas. Embora ocorram variações da resistência e da corrente para o circuito como um todo, tais variações não ocorrerão em cada ramo individual.

Uma bateria de fato não fornece elétrons a um circuito; em vez disso, ela fornece energia aos elétrons que já estão presentes no circuito.

FIGURA 10.30
Da mesma forma como, em um supermercado, a resistência total das caixas de pagamento diminui quando existem mais delas funcionando, mais ramos em um circuito paralelo diminuem a resistência total do circuito.

FIGURA 10.31
Diagrama de circuito para aparelhos ligados ao circuito de uma residência.

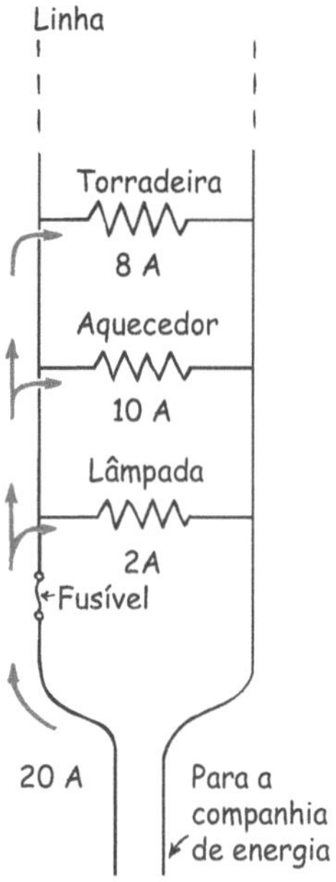
Linha
Torradeira
8 A
Aquecedor
10 A
Lâmpada
2A
Fusível
20 A
Para a companhia de energia

Circuitos em paralelo e sobrecargas

Uma residência normalmente é alimentada com eletricidade por meio de dois fios chamados de *linhas.* Essas linhas possuem resistência muito baixa e são ligadas às tomadas de paredes em cada peça da casa – às vezes por meio de dois ou mais circuitos independentes. Um potencial elétrico entre 110 e 120 volts ca é aplicado ao longo dessas linhas pelo transformador existente na vizinhança. (Um transformador, como veremos no próximo capítulo, é um dispositivo que abaixa a alta voltagem fornecida pela usina elétrica.) Quanto mais aparelhos forem ligados a um circuito, mais caminhos ficarão disponíveis à corrente. Isso torna mais baixa a resistência total do circuito. Portanto, maior será a corrente no circuito, o que às vezes constitui um problema. Circuitos por onde circulam correntes grandes demais para serem seguras são considerados *sobrecarregados.*

Em um circuito em paralelo, a *maior parte* da corrente passa pelo ramo de menor resistência – mas não toda ela. *Alguma* corrente deve passar também por cada ramo do circuito.

Podemos ver como ocorre uma sobrecarga considerando o circuito mostrado na Figura 10.31. A linha de fornecimento de energia está conectada em paralelo a uma torradeira elétrica que funciona com 8 ampères de corrente; a um aquecedor elétrico que funciona com 10 ampères; e a uma lâmpada que opera com 2 ampères. Quando apenas a torradeira estiver funcionando, "puxando" 8 ampères, a corrente total na linha será 8 ampères. Quando o aquecedor também estiver funcionando, a corrente na linha aumentará para 18 ampères (8 ampères da torradeira e 10 ampères do aquecedor). E se você ligar a lâmpada, a corrente na linha aumentará para 20 ampères. Conectar muitos dispositivos a uma mesma linha aumentará muito a corrente que passa por ela, resultando em superaquecimento dos fios, o que pode causar um incêndio.

Fusíveis de segurança

Para prevenir sobrecargas em circuitos, fusíveis são ligados em série ao longo da linha fornecedora. Dessa maneira, a corrente total na linha terá que passar através de cada fusível.

O fusível mostrado na Figura 10.32 é construído com um fio interno em forma de fita, que se aquecerá e derreterá quando um determinado valor de corrente estiver passando por ele. Se um fusível for classificado como de 20 ampères, isso significa que ele deixará passar até 20 ampères sem derreter, mas não mais do que isso. Uma corrente acima desse valor derreterá o fusível, que queimará e interromperá o circuito. Antes do fusível queimado ser trocado, a causa da sobrecarga deveria ser encontrada e solucionada. Com freqüência, o isolamento que separa os fios de um circuito é gasto pelo uso, o que permite que os fios se toquem. Isso reduz muito a resistência do circuito e produz uma efetiva diminuição do seu comprimento, sendo por isso chamado de *curto-circuito.*

Em edifícios modernos, os fusíveis geralmente foram substituídos por interruptores de circuito, que utilizam ímãs ou tiras bimetálicas para abrir uma chave elétrica de segurança quando a corrente for excessiva. As companhias

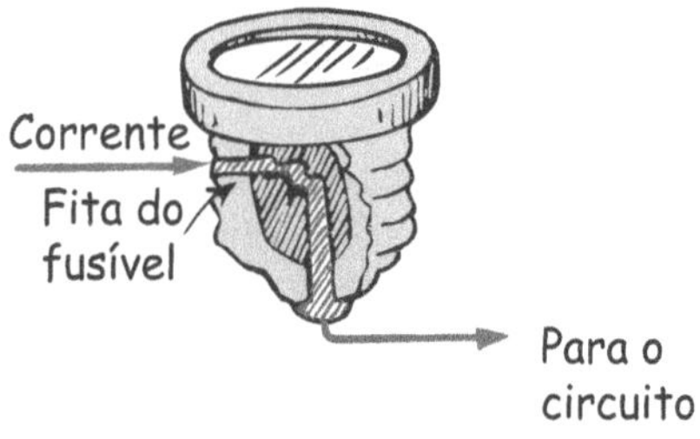
Corrente
Fita do fusível
Para o circuito

FIGURA 10.32
Um fusível de segurança.

FIGURA 10.33
O eletricista Dave Hewitt com um fusível de segurança e um interruptor de circuito. Ele prefere os fusíveis antigos, que considera mais confiáveis.

geradoras de energia elétrica também utilizam interruptores de circuito para proteger suas linhas completamente, dando sustentação aos geradores.

Você pode usar algo que não seja seguro, mas jamais pode usar algo que seja completamente seguro.

psc

O brilho de uma lâmpada incandescente depende da potência que ela usa, ou seja, da quantidade de eletricidade que ela converte em calor a cada segundo. Uma lâmpada com filamento de tungstênio que funciona usando 100 watts tem brilho mais forte do que outra, que use 60 watts. Por isso, muitas pessoas erradamente pensam que o watt seja uma unidade de brilho, ou de intensidade luminosa, mas não é. Uma lâmpada fluorescente de 13 watts (que discutiremos no Capítulo 15) é tão brilhante quanto uma lâmpada comum (incandescente) de 60 watts. Isso significa que uma lâmpada incandescente desperdiça eletricidade? Sim. A energia elétrica extra usada por ela é exatamente o que aquece o bulbo. É por isso que os bulbos das lâmpadas com filamento de tungstênio ficam muito mais quentes do que os das fluorescentes, embora ambas sejam igualmente brilhantes.

10.10 Potência elétrica

As cargas que se movem formando uma corrente realizam trabalho. Este trabalho, por exemplo, pode resultar no aquecimento do circuito ou no giro de um motor. A taxa com a qual o trabalho é realizado, isto é, a taxa segundo a qual a energia elétrica é convertida em outra forma, tal como energia mecânica, calor ou luz, é chamada de **potência elétrica**. A potência elétrica é igual ao produto da corrente pela voltagem[5].

$$\text{Potência} = \text{corrente} \times \text{voltagem}$$

Se a voltagem é expressa em volts e a corrente em ampères, então a potência é expressa em watts. Portanto, em termos das unidades,

$$\text{Watts} = \text{ampères} \times \text{volts}$$

Se uma lâmpada de 120 watts operar ligada a uma linha de 120 volts, você poderá verificar que ela é alimentada por uma corrente de 1 ampère (120 watts = 1 ampère × 120 volts). Uma lâmpada de 60 watts, ligada a uma linha de 120 volts, será alimentada por uma corrente de 1/2 ampère. Esta relação torna-se prática quando você deseja saber o custo da energia elétrica, que normalmente é de alguns centavos por quilowatt-hora, dependendo da localidade. Um quilowatt é 1.000 watts, e um quilowatt-hora representa a quantidade de energia consumida durante uma hora a uma taxa de 1 quilowatt[6]. Portanto, numa localidade em que a energia elétrica custa 25 centavos por quilowatt-hora, uma lâmpada elétrica de 100 watts pode funcionar durante 10 horas a um custo de 25 centavos, ou meio centavo a cada hora. Uma torradeira ou ferro elétrico, que precisa de muito mais corrente do que isso e, portanto, de muito mais energia também, custa cerca de dez vezes mais para funcionar.

Seu coração usa um pouco mais de 1 W de potência para bombear sangue através do corpo.

FIGURA 10.34
A potência e a voltagem indicadas no bulbo de uma lâmpada são "100 W 120 V". Ela *tem* 100 W ou ela usa 100 W quando ligada? Quantos ampères fluirão por ela quando ligada?

[5] Recorde-se, do Capítulo 5, que potência = trabalho / tempo; 1 watt = 1 J/s. Observe que as unidades de potência mecânica e de potência elétrica conferem (trabalho e energia são medidos em joules):

$$\text{Potência} = \frac{\text{carga}}{\text{tempo}} \times \frac{\text{energia}}{\text{carga}} = \frac{\text{energia}}{\text{tempo}}$$

[6] Desde que *potência = energia / tempo*, um simples rearranjo dos termos fornece *Energia = potência × tempo*. Assim, a energia pode ser expressa em unidades de quilowatt-hora (kWh).

FIGURA 10.35

Roy Unruh usa a energia solar para produzir eletricidade, que por sua vez energiza carros de demonstração.

RESOLUÇÃO DE PROBLEMAS

Problemas

1. Se uma linha de 120 V para tomadas for limitada, por segurança, a 15 A, ela fará funcionar um secador de cabelo de 1.200 W?
2. A 30 centavos por kWh, qual será o custo de operação de um secador de cabelo de 1.200 W durante 1 h?

Soluções

1. Sim. A partir da relação watts = ampères × volts, podemos escrever: corrente = 1.200 W/120 V = 10 A, de modo que o secador de cabelo funcionará quando conectado ao circuito. Mas dois secadores de cabelo desses, ligados ao mesmo circuito, farão o fusível queimar-se.
2. 1.200 W = 1,2 kW; 1,2 kW × 1 h × 30 centavos/1 kWh = 36 centavos.

APLICAÇÕES COTIDIANAS

ENERGIA ELÉTRICA E TECNOLOGIA

Tente imaginar a vida doméstica antes do advento da energia elétrica. Pense nas residências sem lâmpadas elétricas, refrigeradores, sistemas de aquecimento e refrigeração, telefone, rádio e TV. Podemos romantizar acerca de uma vida melhor sem eles, mas somente se omitimos as muitas horas por dia devotadas à lavagem de roupas, à cozinha e ao aquecimento das casas. É preciso também omitir a dificuldade que era conseguir um médico para emergências sem o advento do telefone – quando então o médico devia carregar consigo uma grande valise com laxativos, aspirinas e pílulas de açúcar – e quando os índices de mortalidade infantil eram estarrecedores.

Nos acostumamos tanto com os benefícios da tecnologia que temos apenas uma leve consciência de nossa dependência de represas, usinas elétricas, transportes de massa, eletrificação, medicina e agricultura modernas em nossa existência diária. Quando apreciamos uma boa comida, damos pouca atenção à tecnologia que está por trás do crescimento, da colheita e do transporte dos alimentos à nossa mesa. Quando ligamos a luz, temos pouca consciência da rede controlada por uma central que liga usinas elétricas modernas separadas por grandes distâncias por meio de linhas de transmissão. Essas linhas fazem o papel de força vital produtora da indústria, dos transportes e da eletrificação da civilização. Qualquer pessoa que ache que a ciência e a tecnologia são "desumanas" não se deu conta ainda das várias maneiras como elas tornaram mais humanas nossas vidas.

SUMÁRIO DE TERMOS

Lei de Coulomb A relação entre a força elétrica, a carga e a distância. Se as cargas são de mesmo sinal, a força é repulsiva; se são de sinais opostos, a força é atrativa.

Coulomb A unidade do SI para carga elétrica. Um coulomb (símbolo C) é igual, em módulo, à carga total de $6{,}25 \times 10^{18}$ elétrons.

Eletricamente polarizado Termo aplicado a um átomo ou molécula em que as cargas estão alinhadas de modo que um dos lados tem um pequeno excesso de carga positiva, enquanto o oposto tem um pequeno excesso de carga negativa.

Campo elétrico Definido como força por unidade de carga, pode ser considerado como uma espécie de "aura" energética que circunda objetos eletrizados. Em torno de uma carga puntiforme, o campo diminui de acordo com a lei do inverso do quadrado, da mesma forma como um campo gravitacional. Entre placas paralelas eletrizadas com cargas opostas, o campo elétrico é uniforme.

Energia potencial elétrica A energia que uma carga possui em virtude de sua localização em um campo elétrico.

Condutor Qualquer material que possua partículas carregadas livres que possam fluir facilmente através dele quando forças elétricas forem exercidas sobre elas.

Potencial elétrico A energia potencial por unidade de carga, medida em volts, muitas vezes chamada de voltagem.

Diferença de potencial A diferença no potencial elétrico em dois pontos, expressa em volts e geralmente chamada de diferença de voltagem ou de tensão elétrica.

Corrente elétrica O fluxo de carga elétrica que transporta energia de um lugar a outro.

Ampère A unidade de corrente elétrica; é a taxa de fluxo de 1 coulomb de carga por segundo.

Corrente contínua (cc) Uma corrente elétrica que flui em um sentido apenas.

Corrente alternada (ca) Corrente elétrica cujo sentido é invertido repetidamente; as cargas elétricas oscilam em torno de posições fixas. Nos Estados Unidos e no Brasil, a taxa de oscilação é de 60 Hz.

Resistência elétrica A propriedade de um material de resistir à passagem da corrente elétrica através dele. Expressa em ohms (Ω).

Supercondutor Qualquer material com resistência elétrica nula, no qual os elétrons fluem sem perder energia e sem gerar calor.

Lei de Ohm O enunciado de que a corrente em um circuito varia em proporção direta à diferença de potencial ou voltagem através do circuito, e em proporção inversa com a resistência do circuito:

$$\text{Corrente} = \frac{\text{voltagem}}{\text{resistência}}$$

Uma diferença de potencial de 1 V através de uma resistência de 1 Ω produz uma corrente de 1 A.

Circuito em série Um circuito elétrico com dispositivos ligados de maneira que todos eles sejam percorridos por uma mesma corrente elétrica.

Circuito em paralelo Um circuito elétrico em que dois ou mais dispositivos são ligados de maneira que uma mesma voltagem atue através de cada um deles e onde qualquer dispositivo completa o circuito de maneira independente dos demais.

Potência elétrica A taxa de transferência de energia, ou a taxa de realização de trabalho; a quantidade de energia por unidade de tempo, que pode ser expressa pelo produto da corrente pela voltagem.

$$\text{Potência} = \text{corrente} \times \text{voltagem}$$

Ela é expressa em watts (ou quilowatts), onde

$$1\,\text{A} \times 1\,\text{V} = 1\,\text{W}.$$

QUESTÕES DE REVISÃO

10.1 Carga e força elétrica

1. Que parte do átomo é positivamente carregada e qual é negativamente carregada?
2. Como se compara a carga de um elétron à de outro elétron?
3. Como se comparam as massas do elétron e do próton?
4. Como se compara normalmente o número de prótons em um núcleo atômico com o número de elétrons que orbitam o núcleo?
5. Que tipo de carga um objeto adquire quando elétrons são retirados dele?
6. O que significa dizer que a carga é conservada?

10.2 A lei de Coulomb

7. Em que a lei de Coulomb se parece com a lei de Newton da gravitação? Em que elas são diferentes?
8. Como se compara a carga de um coulomb com a carga de um elétron?
9. Como o módulo da força elétrica entre um par de partículas carregadas varia quando a distância entre as partículas é duplicada? E quando é triplicada?
10. Em que um objeto eletricamente polarizado difere de um objeto eletricamente carregado?

10.3 Campo elétrico

11. Dê dois exemplos de campos de força comuns.
12. Como é definida a orientação de um campo elétrico?

10.4 Potencial elétrico

13. Em termos das unidades que as expressam, faça distinção entre energia potencial elétrica e potencial elétrico.

14. Um balão pode ser facilmente eletrizado até vários milhares de volts. Isso significa que ele possui milhares de joules de energia? Explique.

10.5 Fontes de voltagem

15. Qual é a condição necessária para fluir energia térmica de uma extremidade a outra de uma barra metálica? E para a carga elétrica fluir?
16. Qual é a condição necessária para haver um fluxo sustentado de carga elétrica através de um meio condutor qualquer?
17. Quanta energia é fornecida a cada coulomb de carga que flui através de uma bateria de 6 V?

10.6 Corrente elétrica

18. Por que são os elétrons, e não os prótons, que constituem o fluxo de carga em um fio metálico?
19. A carga flui *em* um circuito ou *para dentro* de um circuito? A voltagem flui *através de* um circuito ou ela é *aplicada ao longo* de um circuito? Explique.
20. Faça distinção entre cc e ca.
21. Uma bateria fornece cc ou ca? E quanto a um gerador de uma usina elétrica?

10.7 Resistência elétrica

22. O que possui maior resistência, um fio grosso ou um fio fino de mesmo comprimento?
23. Qual é a unidade de resistência elétrica?

10.8 A lei de Ohm

24. Qual é o efeito sobre a corrente em um circuito de resistência constante quando a voltagem é duplicada? E se ambas, voltagem e resistência, forem duplicadas?
25. Que valor de corrente passará pelo alto-falante de um rádio que possui resistência de 8 Ω quando 12 V são aplicados ao alto-falante?
26. O que possui maior resistência elétrica, a pele úmida ou a pele seca?
27. Uma alta voltagem por si só não produz um choque elétrico. Então, o que o produz?
28. Qual é a função do terceiro pino do plugue de um aparelho elétrico?
29. Qual é a fonte dos elétrons que constituem o choque elétrico que se leva ao tocar em um condutor carregado?

10.9 Circuitos elétricos

30. O que é um circuito elétrico e qual é o efeito de um espaço aberto em um circuito?
31. Em um circuito constituído de duas lâmpadas ligadas em série, se a corrente em uma delas for de 1 A, qual será a corrente na outra lâmpada?
32. Se 6 V forem aplicados ao circuito da questão 31, e a voltagem através de uma das lâmpadas for de 2 V, qual será a voltagem através da outra lâmpada?
33. Em um circuito constituído de duas lâmpadas ligadas em paralelo, se a voltagem ao longo de uma das lâmpadas for de 6 V, qual será a voltagem ao longo da outra?
34. Se as correntes em cada um dos dois ramos de um circuito em paralelo forem iguais, o que isso significa acerca das resistências existentes nos dois ramos?
35. Como se compara a corrente total nos ramos de um circuito em paralelo com a corrente ao longo da fonte de voltagem?
36. Se um número maior de filas é aberto em um restaurante de *fast-food*, a resistência ao movimento das pessoas que tentam ser atendidas diminui. Em que isso é análogo ao que ocorre quando mais ramos são adicionados a um circuito em paralelo?
37. Os fios da fiação elétrica de uma residência são normalmente ligados em série ou em paralelo?
38. Por que a ligação simultânea de muitos aparelhos elétricos com freqüência resulta na queima de um fusível?

10.10 Potência elétrica

39. Qual é a relação entre potência elétrica, corrente e voltagem?
40. O que funciona com maior corrente, uma lâmpada de 40 W ou outra, de 100 W?

ATIVIDADES EXPLORATÓRIAS

1. Escreva uma carta a seu tio favorito contando-lhe da rapidez de seus progressos na física. Relate o grande número de termos deste capítulo e como aprender a distinguir entre eles contribuiu para a sua compreensão. Selecione quatro dos termos para discuti-los na carta. Relacione os termos escolhidos a exemplos práticos.
2. Demonstre a eletrização por atrito e a descarga através de pontas, com ajuda de um colega que fique de pé, na extremidade oposta à sua, em uma sala com o piso recoberto por um tapete. Usando sapatos de couro, arraste os pés no tapete enquanto caminha em direção ao colega, até que seus narizes estejam bem próximos. Isso pode ser uma experiência divertida, dependendo de quão seco está o ar e de quão pontudos são os narizes.
3. Esfregue vigorosamente um pente no cabelo ou em uma peça de roupa de lã e depois o aproxime da corrente fina de água que sai constantemente de uma torneira. A corrente de água está eletrizada? (Antes de responder afirmativamente, note o comportamento da corrente quando uma carga oposta é aproximada dela.)

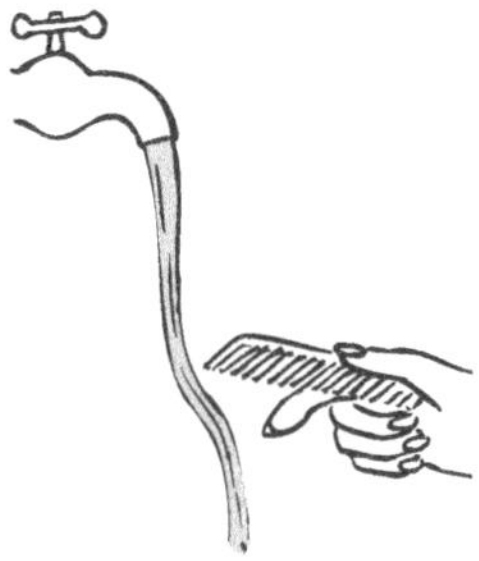

4. Uma célula elétrica é construída colocando-se duas placas feitas de materiais diferentes, com diferentes afinidades a elétrons, dentro de uma solução condutora. Você pode fabricar uma célula simples de 1,5 V colocando uma tira de zinco e outra de cobre em um copo com água salgada. A voltagem da célula dependerá dos materiais usados e da solução na qual eles se encontrem mergulhados, e não, do tamanho das placas. Uma bateria é, na realidade, uma série de células.

A célula pode ser facilmente fabricada utilizando-se um limão. Espete um clipe metálico para papel e um pedaço de arame de cobre em um limão. Mantenha as extremidades dos metais próximas, mas sem se tocarem, e depois encoste ambas na língua. O leve formigamento e o gosto metálico que você experimenta são causados por uma pequena corrente elétrica que a célula de limão movimenta através das pontas metálicas, quando sua língua molhada de saliva completa o circuito.

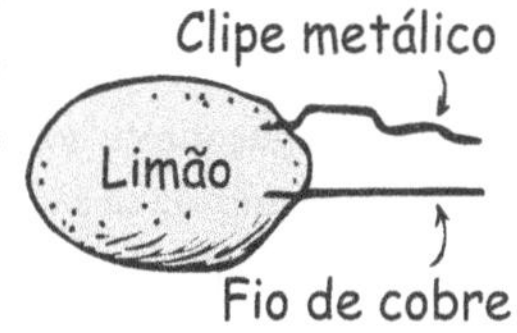
Clipe metálico
Limão
Fio de cobre

EXERCÍCIOS

1. Nós de fato não sentimos as forças gravitacionais entre nós mesmos e os objetos que nos rodeiam por elas serem extremamente fracas. Em comparação, as forças elétricas são enormes. Uma vez que nós e os objetos ao redor somos compostos por partículas carregadas, por que normalmente não sentimos as forças elétricas?
2. Com respeito às forças elétricas e gravitacionais, em que se assemelham a carga e a massa? Em que elas diferem?
3. Enquanto está penteando o cabelo, você está arrancando elétrons dele e transferindo-os para o pente. Seu cabelo, então, ficará positiva ou negativamente carregado? E quanto ao pente?
4. Um eletroscópio é um dispositivo simples, consistindo em uma esfera metálica ligada, por um condutor, a duas folhas metálicas delgadas, protegidas das perturbações causadas pelo ar por um recipiente de vidro fechado, como mostra a figura. Quando a esfera é tocada por um corpo eletrizado, as folhas, que normalmente pendem juntas na vertical, se afastam uma da outra. Por quê? (Os eletroscópios são úteis não apenas como detectores de carga, mas também para medir a quantidade de carga: quanto mais carga for transferida para a esfera, mais as folhas se afastarão.)

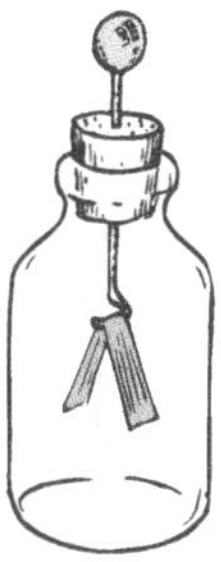

5. As folhas metálicas de um eletroscópio eletrizado acabam se fechando com o decorrer do tempo. Em grandes altitudes, elas se fecham mais rápido. Por que isso acontece? (Dica: a existência de raios cósmicos foi revelada pela primeira vez por esse tipo de observação.)
6. Estritamente falando, uma pequena moeda ficará com maior massa ao adquirir uma carga negativa ou uma positiva? Explique.
7. Quando um material é friccionado em outro, os elétrons passam facilmente de um material para o outro, mas os prótons não. Por quê? (Pense em termos atômicos.)
8. Se os elétrons fossem positivos e os prótons negativos, a lei de Coulomb seria escrita da mesma maneira ou diferentemente?
9. Os cinco milhares de bilhões de bilhões de elétrons livres que se movimentam dentro de uma pequena moeda se repelem mutuamente. Por que, então, eles não saem em disparada da moeda?
10. Duas cargas iguais exercem forças mútuas de mesmo módulo. E se uma das cargas possuir o dobro de carga da outra? Como se comparam as forças que uma exerce na outra?
11. Como se comparam os módulos das forças elétricas entre um par de partículas carregadas e afastadas quando elas são posicionadas na metade da distância original de separação? E para um quarto da distância original? E se elas forem afastadas, tornando-se 4 vezes mais distante uma da outra do que originalmente? (Qual é a lei que orienta seu raciocínio?)
12. Suponha que a intensidade do campo elétrico em torno de uma carga puntiforme e isolada tenha determinado valor a uma distância de 1 m dela. A uma distância de 2 m dessa carga, como se compara agora a intensidade do campo elétrico com o valor anterior? Que lei orienta sua resposta?
13. Por que um bom condutor de eletricidade também é um bom condutor de calor?
14. Quando o chassi de um carro está passando por uma câmara de pintura, uma névoa de tinta é borrifada ao redor da peça. Então uma rápida descarga elétrica é dada no chassi, a névoa é atraída para ele e, pronto, o carro foi rapidamente pintado de maneira uniforme. O que o fenômeno da polarização tem a ver com isso?
15. Se você colocar um elétron livre e um próton livre no mesmo campo elétrico, como se compararão as forças exercidas sobre eles? Como se compararão suas acelerações? E as orientações de seus movimentos?
16. Se você realizar 10 joules de trabalho para empurrar 1 coulomb de carga contra um campo elétrico, qual será a voltagem da carga com respeito a seu ponto de partida? Quando

for solta, a partir do ponto para o qual fora trazida, qual será sua energia cinética ao passar voando pelo ponto de partida?

17. Qual é a voltagem em uma posição onde uma carga de 0,0001 C possui energia potencial elétrica de 0,5 J (tanto a voltagem quanto a energia potencial são relativas ao mesmo ponto de referência)?
18. O que acontece ao brilho da luz emitida pelo filamento de uma lâmpada se a corrente que flui por ele aumentar?
19. Um exemplo de sistema hidráulico é o da mangueira que molha um jardim. Outro é o de um sistema de resfriamento de um automóvel. Qual desses sistemas exibe um comportamento mais parecido com o de um circuito elétrico? Por quê?
20. É correto dizer que a energia da bateria de um carro provém, em última análise, do combustível do tanque? Justifique sua resposta.
21. Seu professor particular lhe diz que um *ampère* e um *volt* medem de fato a mesma coisa e que os diferentes termos servem apenas para tornar confuso um conceito que é simples. Por que você deveria pensar em conseguir outro professor?
22. Em qual dos circuitos mostrados abaixo existe uma corrente passando pelo filamento da lâmpada?

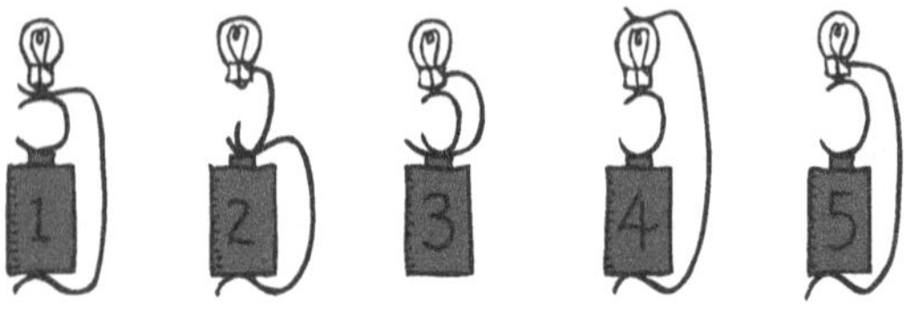
1
2
3
4
5

23. A corrente que sai de uma bateria é maior do que a que entra nela? A corrente que entra numa lâmpada incandescente é maior do que a que sai dela? Explique.
24. Às vezes se escuta alguém dizer que determinado dispositivo "gasta" eletricidade. O que o dispositivo realmente gasta, e o que advém disto?
25. Um detector de mentiras básico consiste em um circuito elétrico, parte do qual é o próprio corpo – como aquela que vai de um de seus dedos a outro, de modo que sua mão seja parte do circuito. Um medidor sensível registra a corrente que flui quando uma pequena voltagem é aplicada. Como essa técnica pode revelar se a pessoa está mentindo? (E quando esta técnica não indica se alguém está mentindo?)
26. Somente uma pequena percentagem da energia elétrica fornecida a uma lâmpada incandescente é convertida em luz. O que acontece ao restante?
27. Uma lâmpada que possui filamento grosso funcionará com mais ou com menos corrente do que uma que possui filamento fino?
28. Um fio de cobre com 1 milha de comprimento tem resistência de 10 ohms. Qual será sua nova resistência se você o encurtar: (a) cortando-o pela metade; (b) dobrando-o sobre si mesmo e usando-o como um único fio de meia milha de comprimento e com o dobro de seção transversal?
29. A corrente que flui pelo filamento de uma lâmpada conectada a uma fonte de 220 V é maior ou menor do que quando a mesma lâmpada for ligada a uma fonte de 110 V?
30. O que é menos perigoso – ligar um aparelho de 110 V a uma tomada de 220 V ou ligar um aparelho de 220 V a uma tomada de 110 V? Explique.
31. Se uma corrente de um ou dois décimos de ampère fluir de uma de suas mãos até a outra, você provavelmente será eletrocutado. Mas se a mesma corrente fluir entrando por sua mão e saindo por seu cotovelo no mesmo braço, você poderá sobreviver mesmo que a corrente seja suficientemente grande para queimar sua carne. Explique.
32. Você esperaria encontrar cc ou ca no filamento de uma lâmpada de sua casa? E no filamento da lâmpada do farol de seu automóvel?
33. Os faróis de um automóvel estão conectados em série ou em paralelo? Qual é a evidência em que sua resposta se baseia?
34. Os faróis de um carro dissipam 40 W com luz baixa e 50 W com luz alta. A resistência do filamento das lâmpadas é maior ou menor quando os faróis estão com luz alta?
35. Que grandeza é expressa em (a) joule por coulomb, (b) coulomb por segundo e (c) watt - segundo?
36. Para conectar um par de resistores a fim de que sua resistência equivalente seja maior do que a resistência de cada um deles individualmente, você deveria ligá-los em série ou em paralelo?
37. Para conectar um par de resistores a fim de que sua resistência equivalente seja menor do que a resistência de cada um deles individualmente, você deveria ligá-los em série ou em paralelo?
38. Um colega lhe diz que uma bateria não é uma fonte de corrente constante, mas de voltagem constante. Você concorda ou discorda dele, e por quê?
39. Uma colega lhe diz que adicionar uma lâmpada incandescente em série a um circuito aumenta o número de obstáculos ao fluxo de corrente, de modo que haverá uma corrente menor quando houver mais lâmpadas. Entretanto, ela também lhe diz que adicionar lâmpadas ligadas em paralelo disponibiliza mais caminhos condutores por onde a corrente pode passar. Você concorda ou discorda dela, e por quê?
40. Por que a envergadura das asas dos pássaros deve ser levada em consideração ao se determinar o espaçamento entre os fios paralelos de uma linha de transmissão?
41. Estime o número de elétrons que a geradora de energia elétrica fornece anualmente ao total de residências de uma cidade comum de 50.000 habitantes.
42. Se os elétrons fluem muito lentamente através de um circuito, então por que não decorre um tempo perceptível entre o momento em que o interruptor de luz é acionado e a lâmpada começa a brilhar?
43. Considere um par de lâmpadas de flash ligadas a uma bateria. Elas brilharão mais se forem ligadas em série ou em paralelo? A bateria fornecerá carga por menos tempo se as lâmpadas forem ligadas em série ou em paralelo?
44. Se diversas lâmpadas forem ligadas em série a uma bateria, elas podem parecer mais quentes ao toque, embora não pareçam realmente mais brilhantes. Qual é sua explicação para isso?
45. No circuito mostrado a seguir, como se comparam os brilhos das lâmpadas, todas com idênticas especificações? Qual delas "puxa" mais corrente? O que acontecerá se a lâmpada

A for desatarraxada do bocal? E se o mesmo for feito com a lâmpada C?

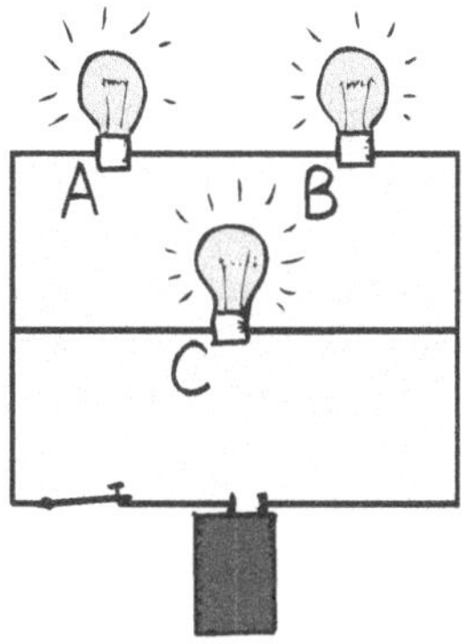
A
B
C

46. Se mais e mais lâmpadas forem conectadas em série com uma bateria própria para flashes, o que acontecerá ao brilho de cada lâmpada? Considerando que seja desprezível o aquecimento produzido dentro da bateria, o que acontecerá ao brilho de cada lâmpada quando mais e mais lâmpadas forem ligadas em paralelo com a bateria?
47. Os três circuitos a seguir são equivalentes uns aos outros? Explique em caso afirmativo ou negativo.

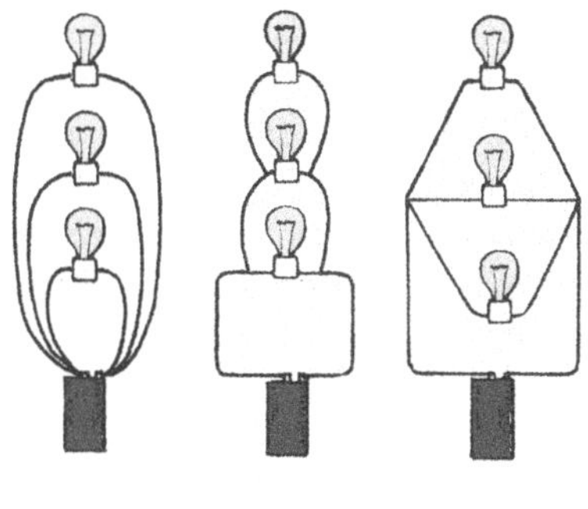

48. Qualquer bateria possui resistência interna, de modo que se se aumentar a corrente que passa por uma bateria, a voltagem mantida entre os terminais diminuirá. Se muitas lâmpadas forem conectadas em paralelo com a bateria, seus brilhos diminuirão? Explique.
49. Um colega lhe diz que a corrente elétrica segue pelo caminho de menor resistência. No caso de um circuito em paralelo, por que é mais preciso dizer que a *maior parte* da corrente flui pelo caminho de menor resistência? Explique.
50. Se uma lâmpada de 60 W e outra, de 100 W, forem conectadas em série em um circuito, através de qual delas existirá uma queda de voltagem maior? Como seria isso no caso de elas serem conectadas em paralelo?

PROBLEMAS

● INCIANTE ■ INTERMEDIÁRIO ♦ AVANÇADO

1. ● Duas pequenas esferas, cada uma com carga de 1 microcoulomb (10^{-6} C), são posicionadas a 3 cm (0,03 m) uma da outra. Mostre que a força elétrica entre elas é de 10 N.
2. ● Duas cargas puntiformes estão separadas por 6 cm. A força atrativa entre elas é de 20 N. Mostre que, quando estiverem separadas por 12 cm, a força entre elas será de 5 N. (Por que você pode resolver esse problema sem conhecer os valores absolutos das cargas?)
3. ● Se as cargas que se atraem no problema anterior forem de mesmo valor, mostre que o valor absoluto de cada carga é de 2,8 microcoulombs,
4. ● Em uma impressora industrial a jato de tinta, cada gota de tinta possui uma carga de $1{,}6 \times 10^{-10}$ C e é desviada para o papel por uma força de $3{,}2 \times 10^{-4}$ N. Mostre que a intensidade do campo elétrico necessário para produzir tal força é de 2×10^{-6} N/C.
5. ● Quando um campo elétrico realiza 12 J de trabalho sobre uma carga de 0,0001 C, (a) mostre que a variação de voltagem é de 120.000 V. (b) Quando o mesmo campo elétrico realiza 24 J de trabalho sobre uma carga de 0,0002 C, mostre que a variação de voltagem é a mesma do item anterior.
6. ■ A corrente produzida por uma voltagem V em um circuito de resistência R é dada pela lei de Ohm, $I = V/R$. Mostre que a resistência de um circuito por onde circula uma corrente I sob uma voltagem V aplicada é dada pela equação $R = V/I$.
7. ■ A mesma voltagem V é aplicada a cada ramo de um circuito em paralelo. A fonte de voltagem produz uma corrente total I_{total} no circuito e "enxerga" uma resistência equivalente total R_{eq} no circuito. Ou seja, $V = I_{total}R_{eq}$. A corrente total é igual à soma das correntes em todos os n ramos do circuito, $I_{total} = I_1 + I_2 + I_3 ... + I_n$. Use a lei de Ohm ($I = V/R$) e mostre que a resistência equivalente de um circuito com n ramos em paralelo é dada por

$$\frac{1}{R_{eq}} = \frac{1}{R_1} + \frac{1}{R_2} + \frac{1}{R_3} \ldots + \frac{1}{R_n}$$

8. ● A potência indicada em watts no bulbo de uma lâmpada não corresponde a uma propriedade inerente da lâmpada; em vez disso, ela depende da voltagem sob a qual a lâmpada está ligada, normalmente 110 ou 120 V. Mostre que a corrente em uma lâmpada de 60 W, ligada a um circuito de 120 V, vale 0,5 A.
9. ● Rearranje a relação corrente = voltagem/resistência de modo a expressar a *resistência* em termos da corrente e da voltagem. Depois considere o seguinte: um determinado aparelho, ligado a uma tomada de 120 V, funciona com uma corrente de 20 A. Mostre que a resistência do aparelho é de 6 Ω.
10. ● Usando a relação potência = corrente × voltagem, mostre que a corrente em um secador de cabelo de 1.200 W, ligado a 120 V, vale 10 A. Depois, usando o mesmo método de solução do problema anterior, mostre que a resistência do secador de cabelo é de 12 Ω.
11. ■ A potência de um circuito elétrico é dada pela equação $P = VI$. Use a lei de Ohm para expressar V e mostre que a potência pode ser expressa também pela relação $P = RI^2$.

12. ■ A carga total que a bateria de um automóvel pode fornecer sem precisar ser recarregada é expressa normalmente em ampères-hora. Uma bateria típica de 12 V é classificada como sendo de 60 ampères-hora (60 A por 1 h, 30 A por 2 h e assim por diante). Suponha que você tenha se esquecido de desligar os faróis do carro ao estacioná-lo. Se cada um dos dois faróis funciona com 3 A, mostre que o tempo decorrido até a bateria ficar "morta" é de aproximadamente 10 horas.
13. ■ Suponha que você deixe ligada uma lâmpada de 100 W continuamente por 1 semana, quando a tarifa de energia elétrica é de 20 centavos/kWh. Mostre que isso lhe custaria R$ 3,36.
14. ■ Um ferro de passar roupa elétrico, ligado a uma fonte de 110 V, puxa uma corrente de 9 A. Mostre que a quantidade de calor gerado durante 1 minuto é quase 60 kJ.
15. ■ Para o ferro elétrico do problema anterior, mostre que o número de coulombs que flui através do aparelho durante 1 minuto vale 540 C.
16. ♦ Uma determinada lâmpada, com resistência de 95 ohms, traz gravada a indicação "150 W" sobre o bulbo. Essa lâmpada foi projetada para ser usada em um circuito de 120 V ou de 220 V?
17. ♦ Nos períodos de pico da demanda de energia elétrica, as companhias geradoras de eletricidade costumam baixar a voltagem de operação. Com isso, elas economizam energia (e seu dinheiro também!). Para entender o efeito disso, considere uma torradeira de 1.200 W alimentada por uma corrente de 10 A, quando ligada a 120 V. Suponha agora que a voltagem seja reduzida para 108 V. Em quanto diminuirá a corrente? Em quanto diminuirá a potência? (*Cautela*: a especificação de 1.200 W é válida apenas quando o aparelho operar a 120 V. Se a voltagem for reduzida, é a resistência da torradeira que se manterá constante, e não, a potência.)

CAPÍTULO 11

Magnetismo e Indução Eletromagnética

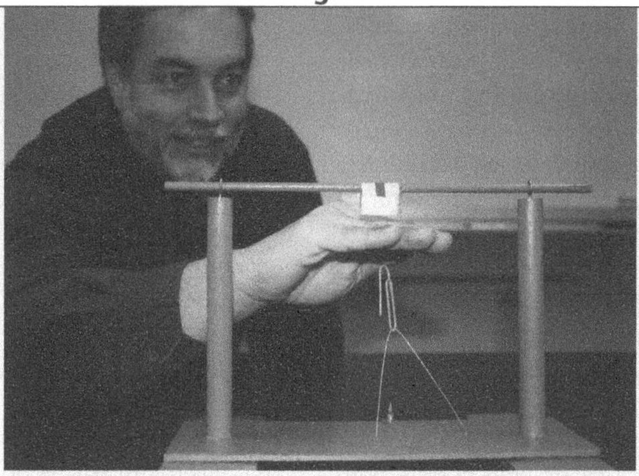

Fred Myers mostra que o campo magnético de uma cerâmica imantada penetra na carne e no revestimento de plástico de um clipe para prender papéis.

O termo *magnetismo* provém da região da Magnésia, nome de uma antiga cidade da Ásia Menor onde os gregos descobriram certas rochas incomuns mais de 2.000 anos atrás. Tais rochas, chamadas de ímãs naturais, possuem a propriedade incomum de atrair pequenos pedaços de ferro. Esses ímãs foram usados primeiramente pelos chineses no século XII, como agulhas de bússolas para a navegação.

No século XVI, William Gilbert, médico da rainha Elizabeth I, confeccionou ímãs artificiais esfregando pedaços de ferro comum em pedaços de magnetita. Foi ele também quem sugeriu que uma bússola sempre se alinha com a direção norte-sul porque a própria Terra possui propriedades de um ímã. Mais tarde, na Inglaterra, em 1750, John Michel descobriu que os pólos magnéticos obedecem à lei do inverso do quadrado da distância, e seus resultados foram confirmados por Charles Coulomb. Os campos da eletricidade e magnetismo desenvolveram-se quase que independentemente um do outro até 1820, quando um professor de ciências dinamarquês chamado Hans Christian Oersted, durante uma demonstração em sala de aula, descobriu que uma corrente elétrica afeta uma bússola magnética[1]. Ele descobrira uma evidência que confirmava a existência de uma relação entre o magnetismo e a eletricidade. Logo depois, o físico francês Andrè Marie Ampère propôs que as correntes elétricas fossem as fontes de todos os fenômenos magnéticos.

[1] Podemos apenas especular sobre quão freqüentemente tais relações tornam-se evidentes quando "não são esperadas" e quando são descartadas como fruto de "algo errado com o aparelho". Oersted, no entanto, teve o discernimento para perceber que a natureza estava revelando outro de seus segredos.

11.1 Pólos magnéticos

Qualquer pessoa que já tenha brincado com ímãs sabe que eles exercem forças uns sobre os outros. Uma **força magnética** é semelhante a uma força elétrica, pelo fato de que um ímã pode tanto atrair quanto repelir (dependendo de qual extremidade de um ímã está próxima de qual extremidade do outro) sem que haja contato e de que a intensidade da interação depende da distância entre os ímãs. Enquanto cargas elétricas produzem forças elétricas, regiões chamadas de *pólos magnéticos* dão origem a forças magnéticas.

Se você suspender um ímã em barra por um barbante amarrado pelo centro do mesmo, obterá uma bússola. Uma das extremidades do ímã, chamada de "*pólo que busca o norte*", aponta para o norte. A extremidade oposta, chamada de "*pólo que busca o sul*", aponta para o sul. Simplificadamente, elas são chamadas de pólo norte e pólo sul. Qualquer ímã possui tanto um pólo norte quanto um pólo sul (embora alguns ímãs possuam mais de um de cada tipo). Os ímãs de pregar em portas de geladeiras possuem atrás de si tiras estreitas com pólos sul e norte que se alternam ao longo do comprimento. Esses ímãs são suficientemente fortes para segurar folhas de papel contra a porta do refrigerador, mas têm um alcance muito curto em virtude do cancelamento promovido entre os pólos norte e sul em distâncias curtas. Em um ímã em barra comum, o único pólo norte e o único pólo sul se situam nas extremidades da barra. Um ímã comum em forma de ferradura é um ímã em barra dobrado em forma de "U". Seus pólos também se localizam nas extremidades.

Em dias que já fazem parte do passado, Dick Tracy, personagem de histórias em quadrinhos, além de prever o advento dos telefones celulares, cunhou o bordão "Quem controla o magnetismo controla o universo".

Se o pólo norte de um ímã é aproximado do pólo norte de outro ímã, eles se repelem. O mesmo é verdadeiro para um pólo sul próximo a outro pólo do mesmo tipo. Mas se dois pólos magnéticos opostos forem colocados próximos, aparecerá uma força atrativa entre eles[2].

Pólos iguais se repelem; pólos opostos se atraem.

Essa lei é semelhante à lei das forças entre cargas elétricas, em que as cargas de mesmo sinal se repelem e as de sinais contrários se atraem. Mas existe uma diferença muito importante entre os pólos magnéticos e as cargas elétricas. Enquanto estas podem ser encontradas isoladamente, os pólos magnéticos, não. Os elétrons e os prótons são entidades em si mesmas. Um aglomerado de elétrons não precisa estar sempre acompanhado de um aglomerado de prótons, e vice-versa. Mas um pólo magnético norte jamais existe sem a presença de um pólo sul, e vice-versa. Os pólos norte e sul de um ímã são como a cara e a coroa de uma mesma moeda.

Se você partir um ímã em barra em dois pedaços, ainda haverá um par de pólos em cada metade. Se quebrar esses dois pedaços novamente, obterá quatro ímãs completos. Você pode seguir quebrando cada novo pedaço pela metade que jamais obterá um único pólo magnético que esteja isolado. Mesmo quando o pedaço que você obtém for do tamanho de um simples átomo, ainda assim haverá nele dois pólos, o que sugere que os próprios átomos sejam ímãs.

N
S

FIGURA 11.1
Um ímã em ferradura.

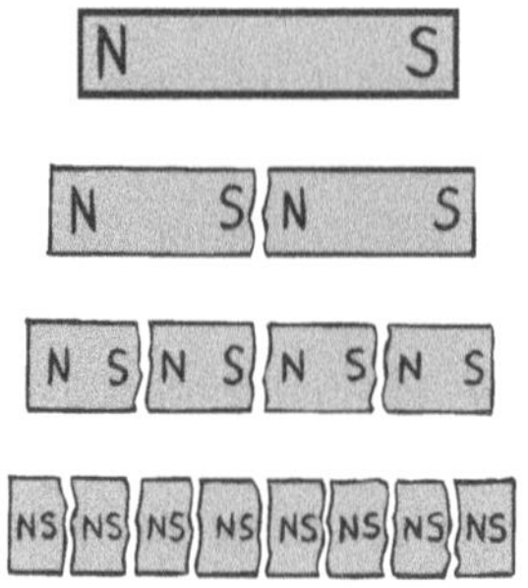
N S
N S N S
N S N S N S N S
NS NS NS NS NS NS NS NS

FIGURA 11.2
Se você partir um ímã pela metade, obterá dois novos ímãs. Se quebrar cada um pela metade novamente, ficará com quatro ímãs, cada qual com um pólo norte e um pólo sul. Se continuar partindo cada novo pedaço em dois, você descobrirá que a mesma coisa continuará acontecendo. Os pólos magnéticos existem sempre em pares.

2 A força de interação entre pólos magnéticos é dada por $F \sim p_1 p_2 / d^2$, onde p_1 e p_2 representam as intensidades dos pólos magnéticos e d representa a distância que os separa. Observe as semelhanças desta relação com a lei de Coulomb e com a lei de Newton da gravitação.

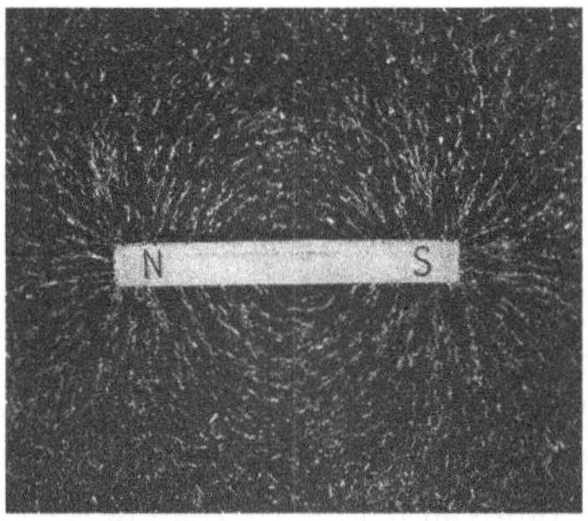
N
S

FIGURA 11.3

Vista superior de limalha de ferro espalhada sobre uma folha de papel posicionada sobre um ímã. Os pedaços de limalha revelam o padrão das linhas de campo magnético no espaço circundante. É interessante notar que as linhas de campo seguem existindo dentro do ímã (o que não é revelado pela limalha), formando linhas fechadas.

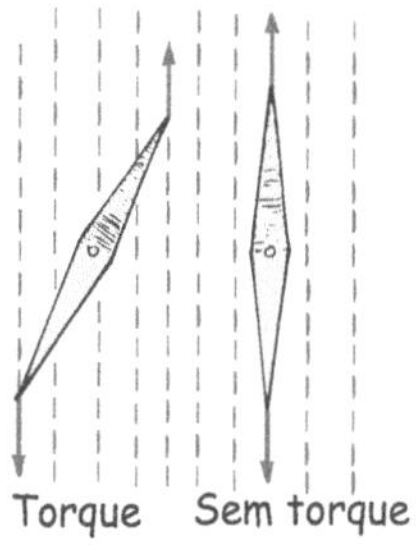
Torque
Sem torque

FIGURA 11.4

Quando a agulha de uma bússola não está alinhada com o campo magnético, as forças opostas produzem um par de torques (chamado de binário) que faz a agulha girar até se alinhar com o campo.

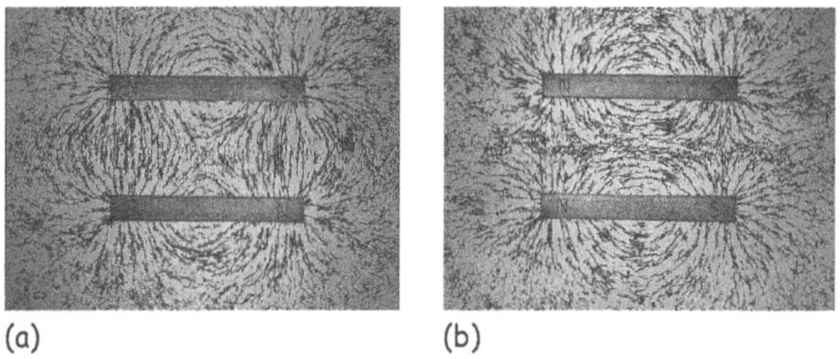
(a)
(b)

FIGURA 11.5

Padrões de campo magnético de um par de ímãs. (a) Os pólos opostos estão mais próximos um do outro. (b) Os pólos do mesmo tipo estão mais próximos um do outro.

PARE E TESTE A SI MESMO

É verdade que todo ímã possui necessariamente um pólo norte e um pólo sul?

VERIFIQUE SUA RESPOSTA

Sim, da mesma forma como uma moeda tem dois lados, uma "cara" e uma "coroa". (Alguns ímãs de truques de mágica possuem mais do que dois pólos, mas mesmo assim os pólos continuam aparecendo sempre em pares.)

psc

Curiosamente, o pólo norte de um ímã aponta para o norte porque é atraído pelo pólo magnético sul terrestre! O pólo magnético norte da Terra situa-se na Antártica. Os pólos magnéticos e geográficos não coincidem.

11.2 Campos magnéticos

Se você espalhar um pouco de limalha de ferro sobre uma folha de papel colocada por cima de um ímã, verificará que os pequenos pedaços de limalha se ordenarão formando um padrão de linhas ao redor do ímã. O espaço que circunda o ímã está energizado por um **campo magnético**. A forma do campo é revelada pela limalha, cujos pequenos pedaços de ferro se alinham com as linhas do campo magnético que se espalham a partir de um dos pólos, e retornam pelo outro. É interessante comparar os padrões de campo magnético das Figuras 11.3 e 11.5 com os padrões de campo elétrico das Figuras 10.9 e 10.10 do capítulo anterior.

A orientação do campo no exterior do ímã é, por convenção, do pólo norte para o pólo sul. Onde as linhas se encontram mais próximas, o campo é mais intenso. Pode-se verificar que a intensidade do campo magnético é maior nos pólos. Se posicionarmos outro ímã, ou uma pequena bússola, em qualquer lugar do campo, seus pólos tenderão a alinhar-se com o campo magnético.

Qualquer campo magnético é produzido pelo movimento de cargas elétricas[3]. Onde, então, está esse movimento em um ímã comum? A resposta é: nos elétrons dos átomos que formam o ímã. Eles estão em constante movimento. Dois tipos de movimentos dos elétrons produzem o magnetismo: o giro deles em torno de si mesmos e em torno do núcleo. Um modelo científico comum visualiza os elétrons em giro (em inglês, *spin*) em torno de seus próprios eixos, como piões, ao mesmo tempo em que eles giram ao redor dos núcleos de seus átomos como os planetas ao redor do Sol. Na maioria dos ímãs comuns, o giro dos elétrons em torno de si mesmos é a principal contribuição para o magnetismo.

[3] Curiosamente, como o movimento é relativo, o campo magnético também é. Por exemplo, quando um elétron se move em relação a você, existe um campo magnético associado ao movimento dele. Mas se você se mover junto com o elétron, de modo que o movimento relativo seja inexistente, não observará qualquer campo magnético associado a ele. O magnetismo é relativístico, como explicado pela primeira vez por Albert Einstein, quando publicou seu primeiro artigo sobre a relatividade especial, intitulado "Sobre a Eletrodinâmica dos Corpos em Movimento".

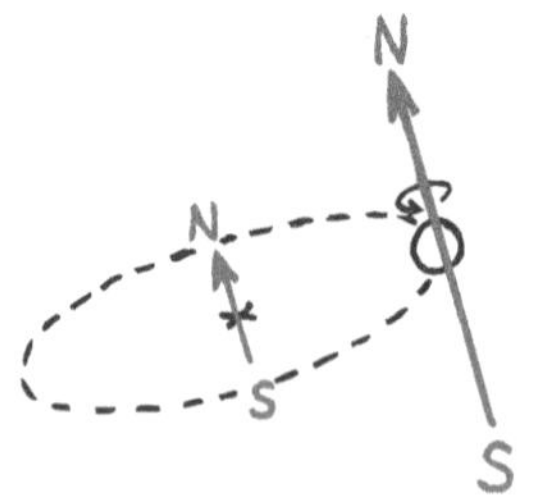
N
N
S
S

FIGURA 11.6

Tanto o movimento de rotação em torno de si mesmo (*spin*) quanto o movimento orbital de cada elétron de um átomo produz um campo magnético. Estes campos se combinam construtiva ou destrutivamente para produzir o campo magnético do átomo. O campo resultante é mais forte no caso de átomos de ferro.

Cada elétron girando sobre si mesmo equivale a um pequeno ímã. Um par de elétrons girando no mesmo sentido constitui um ímã mais forte. Num par de elétrons girando em sentidos opostos, porém, cada elétron age contra o outro. Os campos magnéticos gerados se cancelam. É por isso que a maioria das substâncias não é magnética. Na maior parte dos átomos, os diversos campos se anulam mutuamente porque os elétrons estão girando em sentidos opostos. Em materiais como o ferro, o níquel e o cobalto, entretanto, esses campos não se cancelam completamente. Cada átomo de ferro contém quatro elétrons cujas magnetizações de *spin* não se cancelam. Cada átomo de ferro, então, é um minúsculo ímã. O mesmo é verdadeiro, em menor grau, para os átomos de níquel e de cobalto. A maior parte dos ímãs, portanto, é formada por ligas contendo ferro, níquel, cobalto e alumínio em diversas proporções.

A maioria dos objetos de ferro ao nosso redor tem algum grau de magnetização. Um armário cheio, um refrigerador ou mesmo latas de conserva da prateleira de sua cozinha possuem um pólo norte e um pólo sul induzidos pelo campo magnético terrestre. Se você passar uma bússola por eles, da base ao topo, seus pólos poderão ser facilmente identificados. (Veja a Atividade Exploratória 2 no final deste capítulo, onde lhe é pedido que vire latas de conserva e que observe quantos dias leva para seus pólos inverterem.)

psc

A maioria dos ímãs comuns é feita de ligas contendo ferro, níquel, cobalto e alumínio em diversas proporções. Neles, o *spin* dos elétrons contribui para praticamente todas suas propriedades magnéticas. (Os elétrons de fato não giram como um planeta em rotação em torno de si mesmo, mas comportam-se como se isso ocorresse – o conceito de *spin* corresponde a um efeito quântico.) Nos metais terras-raras, como o gadolínio, o movimento orbital é mais importante.

11.3 Domínios magnéticos

O campo magnético gerado por um átomo de ferro sozinho é tão intenso que as interações entre átomos vizinhos podem dar origem a grandes aglomerados desses átomos, alinhados uns com os outros. Esses aglomerados de átomos alinhados são chamados de **domínios magnéticos**. Cada domínio está completamente magnetizado e é formado por bilhões de átomos alinhados. Os domínios são microscópicos (Figura 11.7), e existem muitos deles num cristal de ferro.

Nem todo pedaço de ferro, entretanto, é um ímã, pois no ferro ordinário os domínios não estão alinhados entre si. Em um prego comum de ferro, por exemplo, os domínios estão orientados aleatoriamente. Mas quando um ímã é colocado perto dele, os domínios são induzidos a se alinharem. (É interessante escutar com um estetoscópio os estalidos produzidos pelos domínios quando um ímã forte é aproximado.) Os domínios se alinham de forma muito parecida como as cargas elétricas presentes no papel se alinham (tornando-se polarizadas) na presença de uma barra carregada. Quando se afasta o prego do ímã, a agitação térmica geralmente faz com que cada vez mais domínios do prego retornem ao arranjo aleatório original.

FIGURA 11.7

Uma visualização microscópica dos domínios magnéticos de um cristal de ferro. Cada domínio consiste em bilhões de átomos de ferro alinhados. Nesta visualização, as orientações dos domínios são aleatórias.

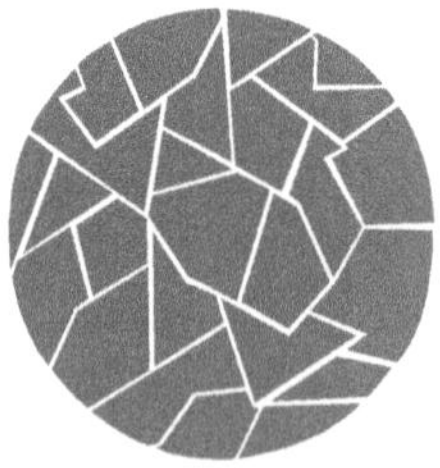

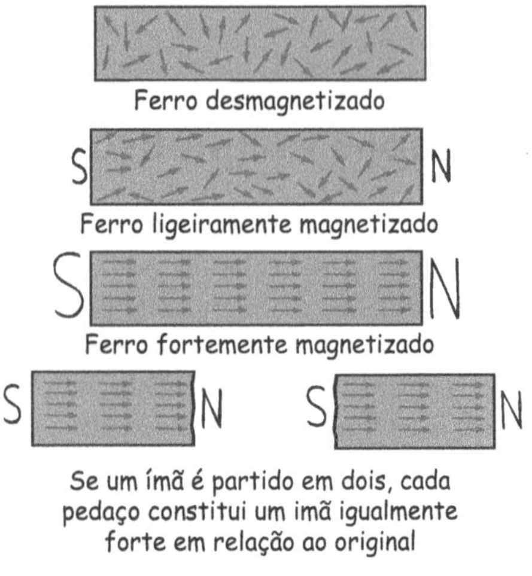
Ferro desmagnetizado
S
N
Ferro ligeiramente magnetizado
S
N
Ferro fortemente magnetizado
S
N
S
N
Se um ímã é partido em dois, cada pedaço constitui um ímã igualmente forte em relação ao original

FIGURA 11.8

Pedaços de ferro em sucessivos estágios de magnetização. As setas representam os domínios; a ponta de cada seta indica um pólo norte, e sua cauda, um pólo sul. Os pólos pertencentes a domínios adjacentes neutralizam os efeitos uns dos outros, exceto nas extremidades.

FIGURA 11.9
Wai Tsan Lee mostra pregos de ferro que se tornaram ímãs por indução.

Pode-se fabricar ímãs permanentes simplesmente colocando-se pedaços de ferro ou de materiais magnéticos semelhantes em um campo magnético intenso. As ligas de ferro diferem entre si; o ferro-doce é mais fácil de magnetizar do que o aço. A magnetização é facilitada dando-se pancadas leves no objeto, como que para "cutucar" aqueles domínios mais refratários e forçá-los a se alinharem com o campo aplicado. Outra maneira de fabricação é esfregar um pedaço de ferro em um ímã permanente. O movimento de esfregar acaba alinhando os domínios. Se um ímã permanente cair no chão ou for aquecido sem a presença do ímã forte que o magnetizou, alguns desses domínios sairão do alinhamento com os demais e o ímã enfraquecerá.

PARE E TESTE A SI MESMO

1. Por que um ímã não atrai uma moeda de cobre ou um pedaço de madeira?
2. Como pode um ímã atrair um pedaço de ferro que não se encontra magnetizado?

VERIFIQUE SUAS RESPOSTAS

1. Uma moeda de cobre e um pedaço de madeira não possuem domínios magnéticos que possam ser induzidos a se alinharem.
2. Como a agulha da bússola da Figura 11.4, os domínios de um pedaço não-magnetizado de ferro são induzidos a se alinharem pelo campo magnético do ímã. Um determinado pólo de um domínio é atraído pelo ímã, e o outro, repelido. Isso não significa que a força resultante é nula? Não, pois a força é ligeiramente maior sobre o pólo do domínio que está mais próximo ao ímã do que sobre o que está mais distante. É por isso que existe uma atração resultante. É dessa maneira que um ímã consegue atrair pedaços de ferro não-magnetizados (Figura 11.9).

psc

A faixa magnetizada sobre um cartão de crédito contém milhões de minúsculos domínios magnéticos mantidos coesos por um material resinoso. Os dados são armazenados em código binário, com zeros e uns diferenciados pela freqüência das inversões de domínios.

11.4 Correntes elétricas e campos magnéticos

Toda carga em movimento produz um campo magnético. Uma corrente de cargas também produz um campo desse tipo. O campo magnético que circunda um condutor por onde passa uma corrente pode ser visualizado por meio de um arranjo de bússolas ao redor do fio condutor (Figura 11.10). Este campo forma um padrão de círculos concêntricos. Quando se troca o sentido da corrente, as agulhas das bússolas giram e se invertem, o que mostra que o sentido do campo magnético também se inverteu[4].

Se o fio for encurvado, formando uma espira, as linhas do campo magnético se agruparão e formarão um feixe na região interior à espira (Figura 11.11). Se o fio for curvado formando outra espira, superposta à primeira, a concentração das linhas de campo magnético no interior das espiras será duplicada. Por conseguinte, a intensidade do campo magnético nesta região aumenta com o crescimento do número de espiras. A intensidade do campo magnético é considerável para um enrolamento condutor formado por muitas espiras.

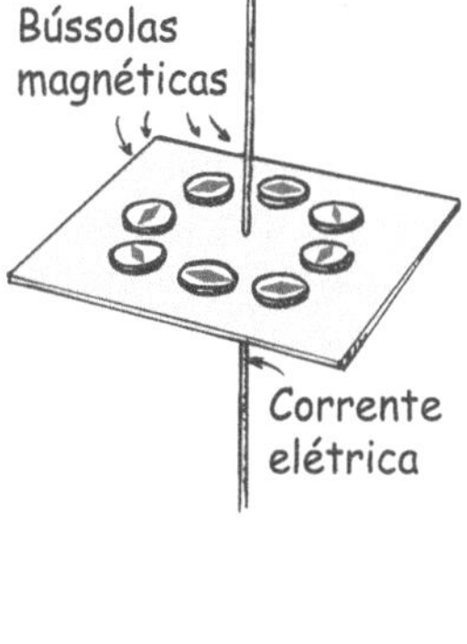
Bússolas magnéticas
Corrente elétrica

FIGURA 11.10
As bússolas revelam a forma circular do campo magnético que rodeia um fio por onde passa uma corrente.

[4] Geralmente é aceito que o magnetismo terrestre é o resultado de correntes elétricas que acompanham a convecção térmica de partes derretidas do interior da Terra. Os geofísicos têm obtido evidências de que os pólos da Terra periodicamente sofrem reversão – houve mais de 20 reversões nos últimos 5 milhões de anos. Isso talvez resulte de mudanças no sentido das correntes elétricas no interior da Terra.

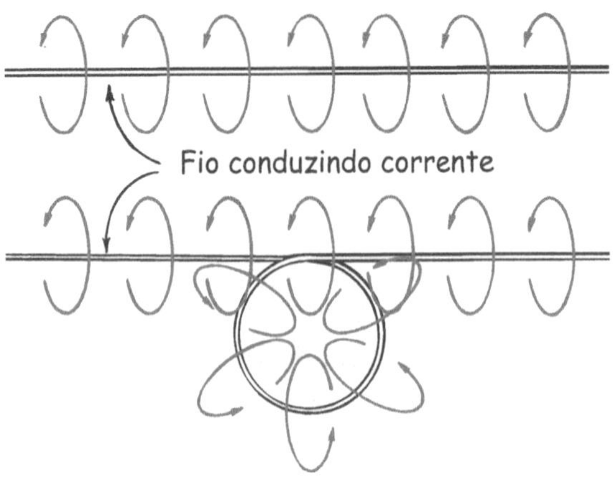
Fio conduzindo corrente

FIGURA 11.11
As linhas de campo magnético ao redor de um fio por onde passa uma corrente se aglomeram se o fio for dobrado e virar uma espira.

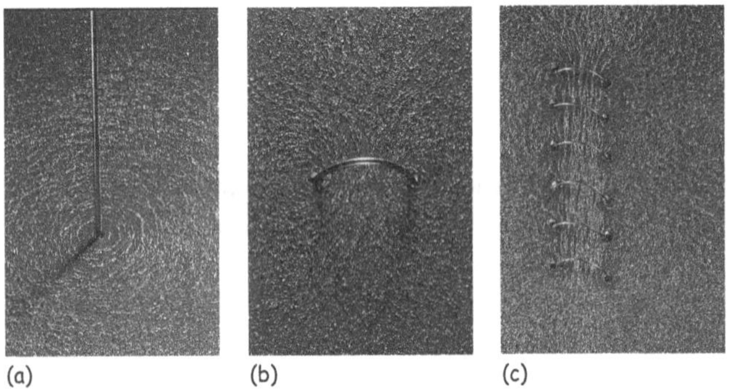
(a)
(b)
(c)

FIGURA 11.12
A limalha de ferro espalhada sobre papel revela as configurações de campo magnético em torno de (a) um fio conduzindo corrente, (b) uma espiral conduzindo corrente e (c) um enrolamento com várias espiras.

Eletroímãs

Se um pedaço de ferro é posicionado no interior de um enrolamento, o alinhamento dos domínios magnéticos do material produz um ímã particularmente intenso, denominado eletroímã. A intensidade de um eletroímã pode ser aumentada simplesmente aumentando-se a corrente que flui pelo enrolamento. Eletroímãs fortes são usados para controlar feixes de partículas carregadas em aceleradores de alta energia. Eles também fazem levitar e impulsionam protótipos de trens de alta velocidade (Figura 11.13).

Eletroímãs suficientemente fortes para elevar automóveis são comuns em ferros-velhos. A intensidade destes eletroímãs é limitada principalmente pelo superaquecimento dos enrolamentos por onde circulam as correntes. Os eletroímãs mais fortes descartam o núcleo de ferro e usam enrolamentos supercondutores pelos quais as correntes elétricas podem fluir com facilidade.

FIGURA 11.13
Um trem de levitação magnética – o *magplane*. Enquanto os trens convencionais vibram enquanto rolam sobre os trilhos, um *magplane* pode deslocar-se livre de vibrações e em alta velocidade, pois ele não mantém qualquer contato físico com os trilhos-guia sobre os quais flutua.

Eletroímãs supercondutores

Cerâmicas supercondutoras (Capítulo 10) possuem a interessante propriedade de expelir campos magnéticos. Uma vez que campos magnéticos não podem penetrar a superfície de um supercondutor, ímãs levitam sobre eles. As razões para este comportamento, que estão além do objetivo deste livro, envolvem a mecânica quântica. Uma das aplicações mais excitantes dos eletroímãs supercondutores é a levitação de trens de alta velocidade usados para transporte. Protótipos têm sido testados nos Estados Unidos, no Japão e na Alemanha. Fique atento ao desenvolvimento desta tecnologia relativamente recente.

FIGURA 11.14
Um ímã levita sobre um supercondutor porque o campo magnético do ímã não consegue penetrar em um material supercondutor.

15.5 Forças magnéticas sobre cargas em movimento

Uma partícula carregada e em repouso não interage com um campo magnético estático. Mas se esta partícula estiver em movimento na presença de um campo magnético, o caráter magnético de uma carga em movimento torna-se evidente: a partícula carregada experimentará uma força defletora[5]. A força atinge um máximo valor quando a partícula está se movendo perpendicularmente às linhas do campo magnético. Em qualquer caso, a direção da força será sempre perpendicular às linhas do campo magnético e também à velocidade da partícula carregada (Figura 11.15). Portanto, uma carga que esteja se movimentando será desviada ao atravessar um campo magnético, a menos que se desloque paralelamente ao campo, quando não ocorre desvio algum.

Em cursos avançados, você aprenderá a "simples" regra da mão direita!
F
B
I
Insight

Essa força defletora é muito diferente das forças relacionadas a outras interações, tais como as forças gravitacionais entre massas, as forças elétricas entre cargas e as forças magnéticas entre pólos magnéticos. A força sobre uma partícula carregada em movimento, como um dos elétrons de um feixe de elétrons, não é exercida ao longo da linha que passa pela partícula e a fonte do campo, mas, em vez disso, atua perpendicularmente, tanto ao campo magnético quanto ao feixe de elétrons.

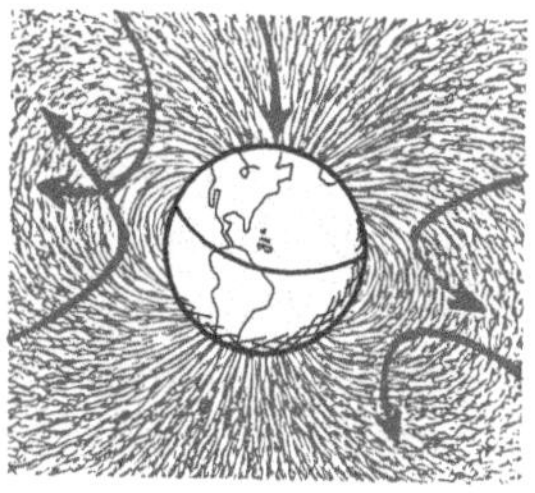

FIGURA 11.16
O campo magnético da Terra desvia as inúmeras partículas carregadas que constituem a radiação cósmica.

Somos afortunados pelo fato de que partículas carregadas são desviadas por campos magnéticos. Esse fato é usado para direcionar elétrons para a superfície interna dos tubos de imagens das televisões comuns, a fim de formar imagens sobre ela. Além disso, partículas carregadas vindas do espaço exterior são desviadas pelo campo magnético terrestre. Não fosse isso, seria maior a intensidade dos raios cósmicos, danosos à saúde, que incidiriam sobre a superfície da Terra.

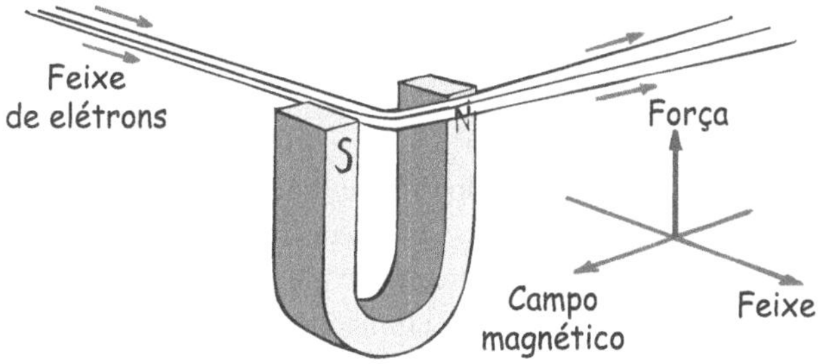
Feixe de elétrons
S
N
Força
Campo magnético
Feixe

FIGURA 11.15
Um feixe de elétrons sendo defletido por um campo magnético.

Força magnética sobre fios percorridos por correntes

A lógica básica nos diz que, se uma partícula carregada que se move em um campo magnético experimenta uma força defletora, então uma corrente de partículas carregadas também deve experimentar uma força defletora na presença de um campo magnético. Se as partículas forem desviadas enquanto estiverem se movendo dentro de um fio, este também será desviado (Figura 11.17).

Se invertermos o sentido da corrente, a força defletora passará a ser exercida em sentido contrário. A força é mais intensa quando a corrente é perpendicular às linhas do campo magnético. A direção da força não está ao longo das linhas de campo nem ao longo da direção do fluxo da corrente. A força é perpendicular tanto às linhas do campo quanto à corrente. Trata-se de uma força transversal – exercida perpendicularmente ao fio.

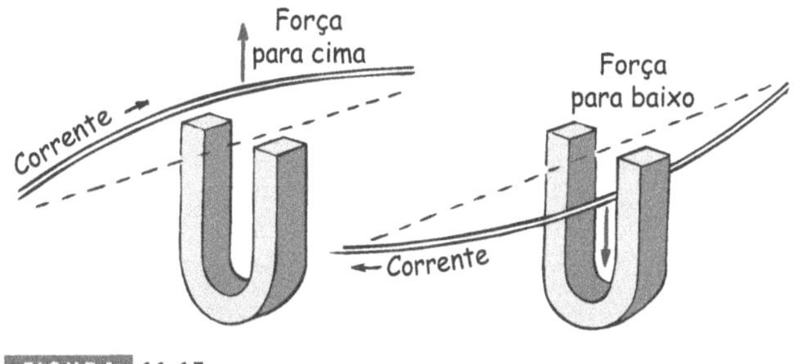
Força para cima
Corrente
Força para baixo
Corrente

FIGURA 11.17
Na presença de um campo magnético, um fio conduzindo corrente experimenta uma força. (Você consegue perceber que isto é, simplesmente, uma extensão da Figura 11.15?)

[5] Quando uma partícula com uma carga elétrica q move-se com velocidade v perpendicular a um campo magnético de intensidade B, a força F que ela experimenta é simplesmente o produto de três variáveis: $F = qvB$. Para ângulos não-ortogonais, o termo v nesta relação deve ser a componente da velocidade perpendicular a B.

Vemos que, da mesma forma como um fio conduzindo uma corrente desvia a agulha de uma bússola (o que foi descoberto por Oersted em 1820 numa sala de aula), um ímã também desviará um fio que conduza uma corrente. A descoberta dessas conexões complementares entre a eletricidade e o magnetismo gerou grande excitação, e quase que imediatamente as pessoas começaram a utilizar a força magnética para finalidades práticas – aumentar a sensibilidade dos medidores elétricos e a potência dos motores elétricos.

PARE E TESTE A SI MESMO

Que lei da física lhe garante que, se um fio que conduz uma corrente exerce força sobre um ímã, um ímã também deve exercer força sobre um fio que conduz uma corrente?

VERIFIQUE SUA RESPOSTA

A terceira lei de Newton, que se aplica a todas as forças da natureza.

Medidores elétricos

O dispositivo mais básico para detectar correntes elétricas é uma bússola. O próximo, em simplicidade, é constituído por uma bússola no interior das espiras de uma bobina (Figura 11.18). Quando uma corrente elétrica passar pela bobina, cada espira gerará seu próprio efeito sobre a agulha, de modo que se possa detectar mesmo uma corrente muito pequena. O instrumento indicador da presença de corrente é chamado de *galvanômetro*.

O modelo mais comum de galvanômetro é mostrado na Figura 11.19. Ele emprega muitas espiras de fio e, portanto, é mais sensível. A bobina é montada de forma que possa girar, enquanto o ímã é mantido fixo. A bobina gira contra uma mola espiral, de maneira que quanto maior for a corrente nas espiras, maior será seu ângulo de giro em torno do eixo. Qualquer galvanômetro pode ser calibrado para medir correntes (em ampères), sendo então chamado de *amperímetro*. Pode também ser calibrado para medir o potencial elétrico (em volts), caso em que é chamado de *voltímetro*[6].

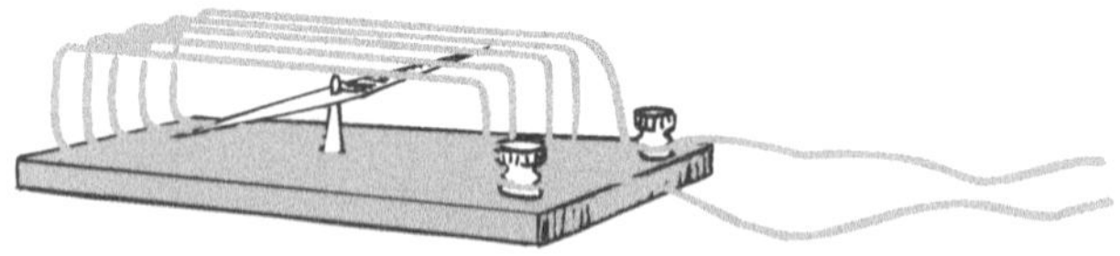

FIGURA 11.18
Um galvanômetro muito simples.

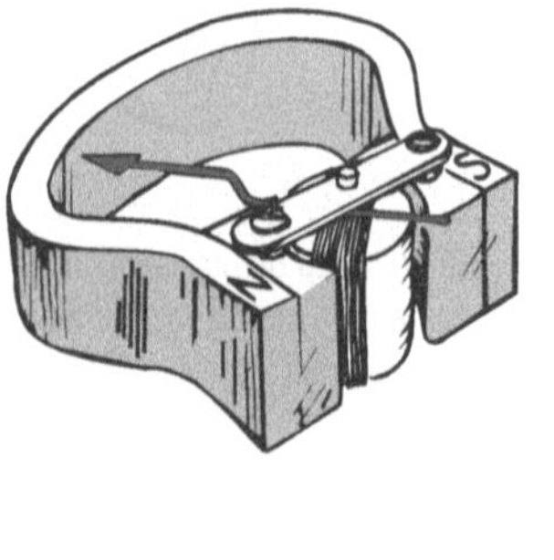

FIGURA 11.19
Esquema de um galvanômetro comum.

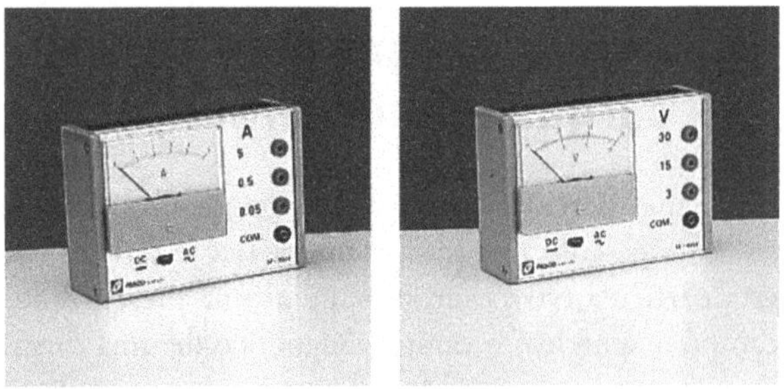

FIGURA 11.20
Tanto o amperímetro quanto o voltímetro são, basicamente, galvanômetros. (A resistência elétrica do instrumento é projetada para ser muito pequena quando se trata de um amperímetro, e muito grande, no caso de um voltímetro.)

psc

A denominação dada ao galvanômetro é uma homenagem a Luigi Galvani (1737-1798), que descobriu, ao dissecar uma rã, que metais diferentes provocavam uma contração na perna da rã ao entrarem em contato com ela. Esta descoberta casual o levou à invenção da célula química e da bateria. Da próxima vez que você pegar um balde galvanizado, lembre-se de Luigi Galvani em seu laboratório de anatomia.

Motores elétricos

Se modificarmos um pouco o projeto do galvanômetro anterior, de modo que a deflexão possa realizar uma rotação completa, ao invés de parcial, obteremos um *motor elétrico*.

A principal diferença é que, em um motor elétrico, a corrente troca de sentido cada vez que o enrolamento completa uma meia volta. Isso acontece ciclicamente de modo a produzir rotação continuamente, o que tem sido usado na construção de relógios, no funcionamento de aparelhos de controle e para erguer cargas pesadas.

[6] Em algum grau, qualquer instrumento de medida altera o que se está medindo – amperímetros e voltímetros também. Como um amperímetro deve ser ligado em série com o circuito a ter a corrente medida, sua resistência deve ser muito pequena. Dessa forma, ele pouco diminuirá a corrente que ele mesmo mede. Como um voltímetro deve ser ligado em paralelo, sua resistência deve ser muito grande, a fim de que ele opere com uma corrente muito baixa. Na parte prática de seu curso, você provavelmente aprenderá como ligar estes instrumentos a circuito simples.

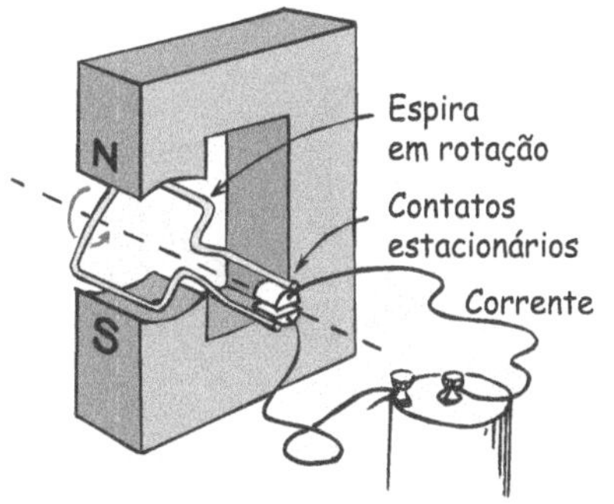
N
S
Espira em rotação
Contatos estacionários
Corrente

FIGURA 11.21
Esquema simplificado de um motor.

Na Figura 11.21 vemos um esquema básico do princípio de funcionamento do motor elétrico. Um ímã permanente gera um campo magnético em uma região onde uma espira retangular é montada de maneira a poder girar em torno do eixo indicado pela linha tracejada. Quando uma corrente circula pela espira, ela flui em sentidos opostos no topo e na base da espira. (Ela deve fazer isso porque, se as cargas fluem para dentro do fio por uma de suas extremidades, elas têm de sair dele pela outra extremidade.) Se o lado superior da espira é forçado, pelo campo magnético, a se movimentar para a esquerda, então o lado inferior é forçado para a direita, como se fosse parte de um galvanômetro. Porém, de maneira diferente ao que acontece no galvanômetro, em um motor a corrente troca de sentido a cada meia-volta, por meio de contatos estacionários mantidos sobre o eixo giratório, chamados de *escovas*. Assim, a corrente na espira se alterna de maneira que as forças exercidas nos seus lados superior e inferior não mudam de sentido enquanto ela gira. A rotação continuará enquanto se fornecer uma corrente ao motor.

O que acabamos de descrever é apenas um motor de cc muito simples. Motores maiores, de cc ou ca, geralmente são fabricados substituindo-se o ímã permanente por um eletroímã energizado por uma fonte elétrica de potência. É claro, usa-se mais do que uma espira. Muitas espiras de fio são enroladas sobre a lateral de um cilindro de ferro, chamado de *induzido* ou *rotor*, que pode girar quando se faz passar uma corrente pelo fio.

O surgimento dos motores elétricos trouxe fim a muito trabalho penoso, seja humano ou animal, em diversas partes do mundo. Os motores elétricos mudaram muito a maneira das pessoas viverem.

PARE E TESTE A SI MESMO

Qual é a maior semelhança entre um galvanômetro e um motor elétrico básico? Qual é a maior diferença?

VERIFIQUE SUAS RESPOSTAS

Um galvanômetro e um motor são semelhantes porque ambos empregam uma bobina posicionada em um campo magnético. A diferença fundamental entre os dois é a existência de um valor máximo para o ângulo de deflexão da bobina do galvanômetro, que corresponde a uma meia-volta completa, enquanto que, em um motor, a bobina (enrolada ao redor do rotor) gira descrevendo inúmeras voltas completas. Isso é conseguido por meio de uma corrente elétrica que troca de sentido a cada meia-volta do rotor.

APLICAÇÕES COTIDIANAS

■ MRI: IMAGEAMENTO POR RESSONÂNCIA MAGNÉTICA

Scanners que funcionam por ressonância magnética (MRI)* produzem imagens de alta resolução de tecidos internos do corpo. Bobinas supercondutoras produzem um campo magnético intenso (mais de 60.000 vezes maior do que o campo magnético da Terra), usado para alinhar os prótons dos átomos de hidrogênio que existem no corpo do paciente.

Assim como os elétrons, os prótons têm uma propriedade de "*spin*", de forma que se alinharão com um campo magnético aplicado. Diferentemente da agulha de uma bússola, que se alinha com o campo magnético da Terra, o eixo do próton bamboleia em torno do campo aplicado. Os prótons "bamboleantes" são atingidos por uma rajada de ondas de rádio, sintonizadas para empurrar lateralmente o eixo do *spin* do próton, perpendicularmente ao campo magnético aplicado. Quando as ondas de rádio passam, e os prótons rapidamente retornam ao seu bamboleio habitual, eles emitem tênues sinais eletromagnéticos com freqüências que dependem ligeiramente do ambiente químico no qual os prótons se encontram. Os sinais são captados por sensores e, quando analisados por computadores, revelam a densidade variável dos átomos de hidrogênio no corpo e suas interações com o tecido circundante. As imagens distinguem claramente os fluidos dos ossos, por exemplo.

É interessante observar que a técnica de MRI foi inicialmente chamada de NMRI (do inglês *Nuclear Magnetic Resonance Imaging*, ou imageamento por ressonância magnética nuclear) porque os núcleos de hidrogênio entram em ressonância com os campos aplicados. Por causa da fobia do público com qualquer coisa "nuclear", a técnica é agora chamada de MRI. (Diga a seus amigos fóbicos que cada átomo em seus corpos contém um núcleo!)

* N. de T.: Do inglês *Magnetic Resonance Imaging*, ou imageamento por ressonância magnética.

11.6 Indução eletromagnética

No início do século dezenove, os únicos dispositivos capazes de gerar corrente eram as células voltaicas, que produziam pequenas correntes através da dissolução de metais em ácido. Estas eram as precursoras de nossas atuais baterias. A questão que então surgiu foi se a eletricidade poderia ser produzida a partir do magnetismo. A resposta foi dada em 1831 por dois físicos, Michael Faraday, na Inglaterra, e Joseph Henry, nos Estados Unidos – cada um trabalhando sem o conhecimento do trabalho do outro. Suas descobertas mudaram o mundo, fazendo da eletricidade um lugar-comum – fornecendo energia para as indústrias durante o dia e iluminando as cidades durante a noite.

psc

Em múltiplas espiras, os fios devem estar isolados, pois fios nus que se tocam uns nos outros provocam curtos-circuitos. Curiosamente, a esposa de Joseph Henry, em lágrimas, sacrificou parte da seda de seu vestido de casamento para recobrir os fios do primeiro eletromagneto que o marido construiu.

Faraday e Henry descobriram a **indução eletromagnética** – ou seja, que uma corrente elétrica pode ser produzida em um fio simplesmente movendo-se um ímã para dentro ou para fora das espiras de uma bobina (Figura 11.22). Não era necessária para isso qualquer bateria ou outra fonte de voltagem – apenas o movimento do ímã em relação à bobina. Eles descobriram que a voltagem é causada, ou *induzida*, pelo movimento relativo entre um fio e um campo magnético. A voltagem é induzida se o campo magnético de um ímã se move próximo a um condutor estacionário, ou se o condutor move-se em um campo magnético estacionário (Figura 11.23).

Quanto maior for o número de espiras do fio que se move no campo magnético, maior a voltagem induzida (Figura 11.24). Empurrar o ímã para dentro de uma bobina com duas vezes mais espiras induzirá nela uma voltagem duas vezes maior; empurrá-lo para dentro de uma bobina com um número dez vezes maior de espiras induzirá nela uma voltagem dez vezes maior; e assim por diante. Pode-se pensar que está se conseguindo algo (a energia) fazendo nada mais do que simplesmente aumentar o número de espiras de uma bobina, mas não é verdade. Comprova-se que é mais difícil empurrar o ímã para dentro de uma bobina formada por um número maior de espiras. Isso se deve ao fato de que a voltagem induzida produz uma corrente, o que faz da bobina um eletroímã, o qual repele o ímã empurrado. Deve-se realizar mais trabalho contra esta "contra-força" a fim de induzir maior voltagem (Figura 11.25).

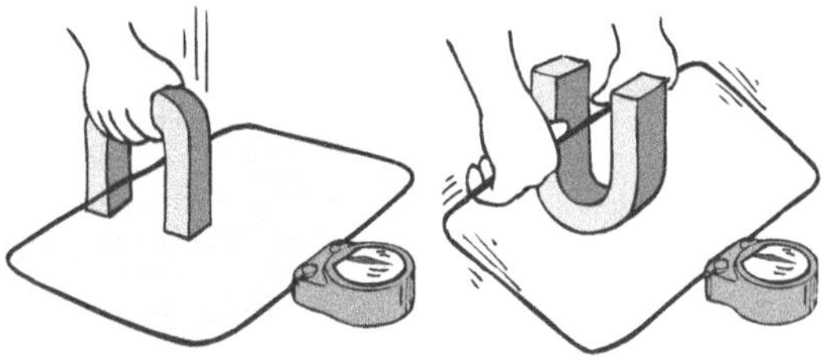

FIGURA 11.23
Uma voltagem é induzida em uma espira se o campo magnético movimenta-se através da espira ou se esta se move através do campo magnético.

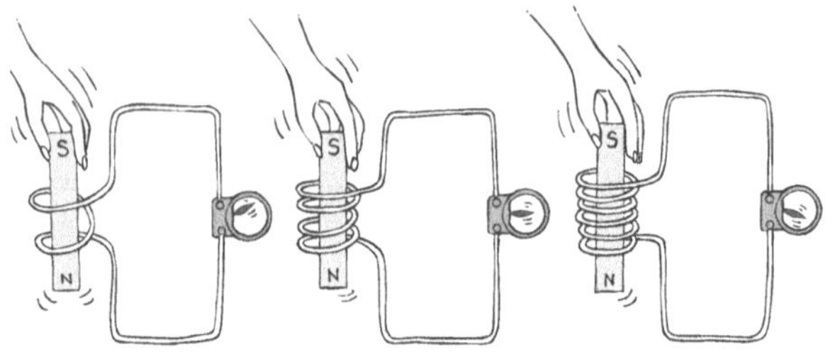
S
N
S
N
S
N

FIGURA 11.24
Quando um ímã for empurrado para dentro de uma bobina com o dobro do número de espiras que outra, uma voltagem duas vezes maior será induzida. Se o ímã for empurrado para dentro da bobina com um número três vezes maior de espiras, a voltagem induzida será três vezes maior.

psc

Um longo enrolamento helicoidal de fio isolado é chamado de solenóide.

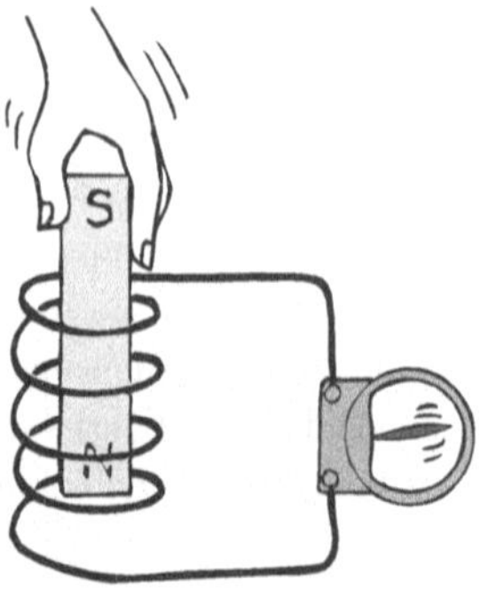
S
N

FIGURA 11.22
Quando um ímã é empurrado para dentro de uma bobina, as cargas desta são colocadas em movimento, e uma voltagem é induzida na bobina.

FIGURA 11.25
É mais difícil empurrar o ímã para dentro da uma bobina com muitas espiras porque o campo magnético de cada espira de corrente resiste ao movimento do ímã.

O valor da voltagem induzida depende da rapidez com a qual as linhas de campo magnético estão entrando ou saindo da bobina. Um movimento muito lento dificilmente produzirá qualquer voltagem. Um movimento rápido induz uma voltagem maior. Esse fenômeno de indução de uma voltagem pela variação do campo magnético dentro de uma espira de fio é chamado de indução eletromagnética.

Note que um campo magnético de fato não induz uma voltagem: o que a produz é uma *variação* do campo durante um dado *intervalo de tempo*. Se o campo varia no interior de uma espira fechada, e se ela for condutora, então será induzida tanto uma voltagem quanto uma corrente.

A lei de Faraday

A indução eletromagnética é resumida pela **lei de Faraday**, a qual estabelece que

A voltagem induzida em uma bobina é proporcional ao produto do número de espiras pela taxa segundo a qual o campo magnético varia no interior das espiras.

O valor da *corrente* produzida pela indução eletromagnética depende não apenas da voltagem induzida, mas também da resistência da própria bobina e do circuito ao qual ela está ligada[7]. Por exemplo, podemos empurrar subitamente um ímã para dentro e para fora de uma espira de borracha e de outra, feita de cobre. A voltagem induzida em cada uma será a mesma, desde que as espiras tenham mesma forma e tamanho e que o ímã se mova com a mesma rapidez, nos dois casos. Mas a corrente induzida será completamente diferente. Os elétrons da borracha sentirão a mesma voltagem sentida pelos elétrons do cobre, mas suas ligações com os átomos fixos da borracha os impedirá de se movimentarem livremente pelo material, como ocorre com os elétrons do cobre.

Já mencionamos duas maneiras pelas quais pode-se induzir uma voltagem em uma espira de fio: movendo-se a espira através do campo magnético de um ímã próximo ou movendo- se um ímã próximo à espira. Existe ainda uma terceira maneira – alterando-se a corrente em uma espira que esteja próxima. Todos esses três casos possuem o mesmo ingrediente essencial – um campo magnético variável no interior da espira.

[7] A corrente depende também da "indutância" da bobina. A indutância mede a resistência que a bobina oferece a alterações na corrente, pois o magnetismo produzido por uma parte da bobina se opõe à variação de corrente em outras de suas partes. Em circuitos ca, a indutância é análoga à resistência em circuitos cc. Para evitar o "acúmulo de informação", não abordaremos a indutância neste livro.

FIGURA 11.26
Os captadores de guitarra consistem em bobinas muito pequenas com ímãs no seu interior. Os ímãs magnetizam as cordas de aço. Quando elas vibram, a voltagem induzida nas bobinas é aumentada por um amplificador, e o som é produzido por um alto-falante.

PARE E TESTE A SI MESMO

Se você empurrar um ímã para dentro de uma bobina, como mostrado na Figura 11.25, sentirá uma resistência ao seu empurrão. Por que tal resistência é maior para uma bobina com um número maior de espiras?

VERIFIQUE SUA RESPOSTA

Em termos simples, mais trabalho é requerido para fornecer mais energia. Você pode analisar isso da seguinte maneira: quando se empurra um ímã para dentro de uma bobina, se induz uma corrente elétrica que faz com que a bobina se torne um eletroímã. Quanto mais espiras houver na bobina, mais forte será o eletroímã constituído, e mais fortemente ela resistirá ao movimento que se faz. (Se o eletroímã atraísse o ímã ao invés de repeli-lo, teria sido criada energia a partir do nada, e o princípio de conservação da energia seria violado. Assim, a bobina deve repelir o ímã.)

A indução eletromagnética está presente em quase tudo ao nosso redor. Nas rodovias a vemos acionar o sinal de trânsito quando um carro passa sobre uma bobina enterrada e ativa uma luz de sinalização próxima. Quando as partes de ferro de um carro se movem sobre a bobina enterrada, o efeito do campo magnético terrestre sobre suas espiras é alterado, o que induz uma voltagem que inicia algum tipo de mudança nos semáforos. Analogamente, quando se caminha sob as bobinas do sistema de segurança de um aeroporto, qualquer objeto de metal alterará ligeiramente o campo magnético dentro da bobina. Essa alteração induzirá uma voltagem, e com isso o alarme será acionado. Quando a faixa magnética atrás de um cartão de crédito é movida sob um *scanner*, os pulsos de voltagem induzidos identificam o cartão. Algo parecido ocorre em um gravador de fita: os domínios magnéticos da fita são energizados enquanto a mesma passa por uma bobina por onde circula uma corrente. A indução eletromagnética opera também nos discos rígidos dos computadores, em iPods e em inúmeros dispositivos. Como logo veremos, ela está presente nas ondas eletromagnéticas que chamamos de luz.

CIÊNCIA E SOCIEDADE

TERAPIA MAGNÉTICA

Ainda no século XVIII, um famoso "magnetizador" proveniente de Viena, Franz Mesmer, trouxe seus ímãs a Paris e estabeleceu-se como um terapeuta na sociedade parisiense. Ele alegava que podia curar indisposições simplesmente fazendo ondular barras magnéticas sobre as cabeças dos pacientes.

Naquela época, Benjamin Franklin, principal autoridade mundial em eletricidade, estava visitando Paris como deputado dos Estados Unidos. Ele desconfiou que os pacientes de Mesmer estivessem se beneficiando realmente com seu ritual – pois isso os mantinha afastados das práticas de sangria que os outros médicos da época costumavam realizar.

Por solicitação dos médicos oficialmente estabelecidos, o rei Luís XVI designou uma comissão real para investigar as promessas de cura feitas por Mesmer. A comissão incluía Franklin e Antoine Lavoisier, o fundador da química moderna. Os membros da comissão elaboraram uma série de testes, em que alguns pacientes pensavam estar recebendo o tratamento de Mesmer, quando não estavam, enquanto outros recebiam o referido tratamento, embora houvessem sido induzidos a pensar o contrário. Os resultados desses experimentos disfarçados determinaram, sem sombra de dúvida, que o sucesso de Mesmer se devia unicamente ao poder de sugestão. Até hoje o relatório da comissão é um modelo de clareza e racionalidade. A reputação de Mesmer foi destruída, e ele retornou à Áustria.

As leis de Faraday e de Maxwell são dois dos principais enunciados da física. Elas fundamentam uma compreensão da natureza da luz e das ondas eletromagnéticas em geral. Nos dois casos, agora, duzentos anos depois de Mesmer, após tudo o que aprendemos sobre o magnetismo e a fisiologia, os mercenários do magnetismo estão atraindo uma quantidade ainda maior de seguidores. Porém não existe uma comissão de governo, formada por cientistas do nível de um Franklin e de um Lavoisier, que ponha à prova as afirmações deles. Ao contrário, a terapia magnética figura entre outras "terapias alternativas" não-testadas e não-regulamentadas que receberam reconhecimento oficial do Congresso norte-americano em 1992.

Apesar dos testemunhos sustentando os benefícios dos ímãs, não existe qualquer evidência científica de que os ímãs reforcem a energia do corpo ou combatam dores e sofrimentos, ainda que milhões de ímãs "terapêuticos" sejam vendidos em lojas e catálogos. Os consumidores compram diversos produtos magnéticos tais como braceletes, palmilhas, fitas para usar no pulso ou no joelho, cintas para as costas e o pescoço, travesseiros, colchões de dormir, batons e até mesmo água (sem mencionar os braceletes ionizados, discutidos no capítulo anterior). Os fornecedores afirmam que seus ímãs têm efeitos poderosos sobre o corpo, principalmente por aumentarem o fluxo de sangue em regiões de ferimentos. A idéia de que o sangue seja atraído por ímãs é uma bobagem, pois o tipo de ferro que existe no sangue não é magnético e não responde a um ímã. Além disso, a maior parte dos ímãs costumeiramente vendidos com finalidades terapêuticas é do mesmo tipo encontrado em refrigeradores, com um alcance muito limitado. Para se ter uma idéia de quão rapidamente o campo gerado por esses ímãs diminui com a distância, verifique quantas folhas de papel um deles é capaz de manter presas sobre um refrigerador ou qualquer outra superfície de ferro. O ímã se desprenderá depois que algumas folhas de papel estiverem o separando da superfície de ferro. O campo não se estende muito além de um milímetro e não poderia penetrar na pele, quanto mais nos músculos. E mesmo que os atingissem, não existe evidência científica de que o magnetismo tenha qualquer efeito benéfico sobre o corpo. Mas, novamente, os depoimentos são outra história.

Às vezes uma afirmação estranha contém alguma verdade. Por exemplo, a prática da sangria nos séculos anteriores era, de fato, benéfica para uma pequena percentagem dos homens. Esses homens sofriam de uma doença genética rara, hemocromatose, caracterizada principalmente pelo excesso de ferro no sangue. (As mulheres podem herdar a doença, mas geralmente não apresentam efeitos sérios porque a menstruação remove o excesso de ferro.) Embora fosse pequeno o número de homens que se beneficiavam da sangria, os depoimentos acerca do sucesso da técnica rapidamente divulgaram a prática, que acabou matando muitas pessoas.

Nenhuma afirmativa é tão estranha que não se consiga obter depoimentos que a sustentem como benéfica. Afirmações tais como a de que a Terra é plana ou de que existem discos voadores por toda parte são inofensivas, e podem mesmo nos entreter. Analogamente, a terapia magnética pode ser inofensiva quando aplicada a muitas indisposições, mas não quando usada para tratar um problema sério, ao invés da medicina moderna. A pseudociência pode ser desenvolvida para, intencionalmente, enganar as pessoas, ou pode ser o resultado de uma forma errônea ou tendenciosa de pensar. Qualquer que seja o caso, a pseudociência é um negócio muito rentável. É enorme o mercado existente para ímãs terapêuticos e outros frutos da irracionalidade.

Os cientistas devem manter suas mentes abertas, devem estar preparados para aceitar novas descobertas e para serem desafiados por novas evidências. Mas eles também têm a responsabilidade de informar o público quando este está sendo enganado – e na prática roubado – por pseudocientistas cujas alegações carecem de qualquer conteúdo.

FIGURA 11.27
Quando Jean Curtis alimenta a grande bobina com ca, estabelece-se um campo magnético alternado dentro da barra de ferro, partindo daí para o anel de metal. Uma corrente é, portanto, induzida no anel, o qual, por sua vez, gera seu próprio campo magnético, que sempre é em sentido oposto ao campo que o gerou. O resultado é repulsão mútua – levitação.

11.7 Geradores e corrente alternada

Quando um ímã é empurrado rápida e repetidamente para dentro e para fora de uma bobina, o sentido da voltagem induzida se alterna. Quando a intensidade do campo magnético no interior da bobina está aumentando (imã entrando), a voltagem nela induzida está orientada de certa maneira. Quando a intensidade do campo magnético está diminuindo (imã saindo), a voltagem é induzida em sentido oposto. A freqüência de alternância da voltagem induzida é igual à freqüência de variação do campo magnético no interior de cada espira.

Em vez de movimentar um ímã, é mais prático mover uma bobina. Isso pode ser conseguido girando-se a bobina dentro de um campo magnético estacionário (Figura 11.28). Este arranjo é chamado de **gerador.** A construção de um gerador é, em princípio, idêntica à de um motor. Enquanto um motor converte energia elétrica em energia mecânica, um gerador converte energia mecânica em energia elétrica.

Uma vez que a voltagem induzida pelo gerador se alterna, a corrente produzida é ca, uma corrente alternada[8]. A corrente alternada em nossas residências é produzida por geradores padronizados de maneira que a corrente complete 60 ciclos de variação em valor e orientação a cada segundo – 60 hertz.

[8] Por meio de *escovas* (contatos que são esfregados no *rotor*), apropriadamente projetadas, a ca na(s) espira(s) pode ser convertida em cc a fim de construir-se um gerador cc.

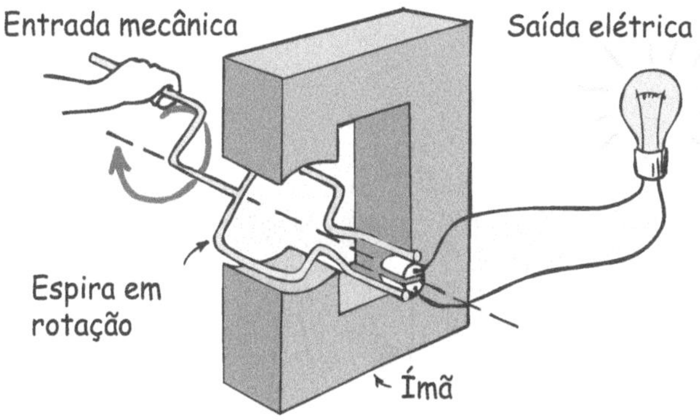
Entrada mecânica
Saída elétrica
Espira em rotação
Ímã

FIGURA 11.28
Um gerador simples. Uma voltagem é induzida na espira quando esta gira em presença do campo magnético.

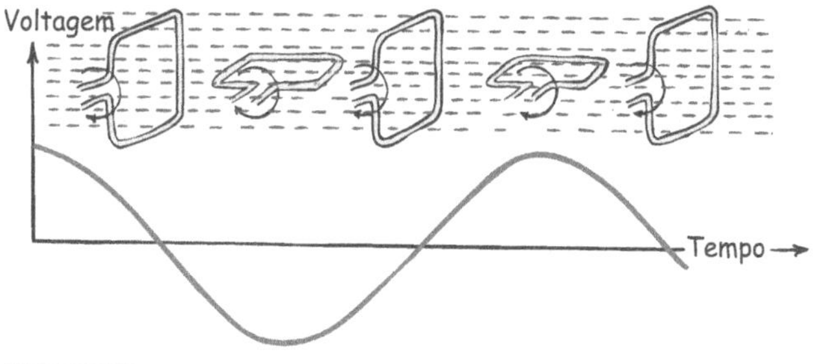
Voltagem
Tempo

FIGURA 11.29
Quando a espira gira, o módulo e a orientação da voltagem (e da corrente) induzida na espira variam. Cada rotação completa da espira produz um ciclo completo da voltagem (e da corrente).

psc
Um motor e um gerador são, de fato, o mesmo dispositivo, com entrada e saída invertidas.

Duzentos anos atrás, as pessoas obtinham luz da queima do óleo de baleia. As baleias deveriam agradecer pela descoberta da eletricidade pelos humanos!

11.8 Geração de energia

Cinqüenta anos após Faraday e Henry terem descoberto a indução eletromagnética, Nikola Tesla e George Westinghouse usaram essas descobertas para fins práticos e mostraram ao mundo que a eletricidade poderia ser gerada com segurança e em quantidades suficientes para iluminar cidades inteiras.

Tesla construiu geradores muito parecidos com os que usamos ainda hoje – mas um pouco mais complica-

Vapor

FIGURA 11.30
O vapor faz a turbina girar, a qual está ligada ao rotor de um gerador.

dos do que o modelo básico que discutimos. O gerador de Tesla possuía um rotor, constituído por feixes de fios de cobre postos a girar no interior de um campo magnético intenso por meio de uma turbina, acionada por sua vez pela energia obtida do vapor ou de uma queda d'água. As espiras do rotor, ao girar, interceptam o campo magnético existente ao redor de um eletroímã posicionado próximo, induzindo, portanto, uma voltagem e uma corrente alternadas.

Podemos encarar este processo de um ponto de vista atômico. Quando os fios condutores do rotor giratório atravessam o campo magnético, forças magnéticas contrárias são exercidas sobre suas cargas positivas e negativas. Os elétrons respondem a essa força deslocando-se, momentânea e relativamente livres, em um dado sentido, através da rede cristalina do cobre; os átomos de cobre, que na realidade são íons positivos, são forçados em sentido oposto. Porém os íons estão firmemente presos à rede, de modo que praticamente não se movimentam. Apenas os elétrons se movem significativamente, deslocando-se alternadamente para a frente e para trás a cada rotação do rotor. A energia associada a esse movimento eletrônico alternado é coletada nos terminais do gerador.

psc

Campos magnéticos intergalácticos enormes, que se espalham muito além das galáxias, têm sido detectados recentemente. Estes gigantescos campos magnéticos contêm uma parte significativa da energia cósmica armazenada e desempenham um papel importante na evolução das galáxias e de agrupamentos de larga escala de galáxias.

É importante saber que os geradores não produzem energia de fato – eles simplesmente a convertem de alguma outra forma em energia elétrica. Como discutido no Capítulo 4, a energia proveniente de uma determinada fonte, seja ela combustível fóssil ou nuclear, o vento ou a água, é convertida em energia mecânica para girar a turbina. O gerador acoplado converte a maior parte desta energia em energia elétrica. Algumas pessoas pensam que a eletricidade é uma fonte primária de energia. Isso ela não é. Ela é uma portadora de energia que requer uma fonte.

11.9 O transformador – elevando ou abaixando a voltagem

Quando as variações do campo magnético de um enrolamento pelo qual circula uma corrente são interceptadas por um segundo enrolamento, uma voltagem é neste induzida. Este é o princípio de funcionamento do **transformador** – um dispositivo simples que consiste de um enrolamento de entrada (o primário) e outro enrolamento de saída (o secundário). Os enrolamentos não precisam se tocar fisicamente, mas os fios são geralmente enrolados em torno de um mesmo núcleo de ferro, de modo que o campo magnético do primário atravessa o secundário. O primário é energizado por uma fonte de voltagem ca, enquanto o secundário está ligado a algum circuito externo. Variações na corrente do primário produzem variações de seu campo magnético. Essas variações se estendem através do secundário e, por indução eletromagnética, uma voltagem é induzida no secundário. Se o número de espiras dos dois enrolamentos for o mesmo, a voltagem da entrada será igual à da saída. Nada é ganho. Mas se o secundário tiver mais espiras do que o primário, então a voltagem induzida no secundário será maior do que a do primário. Trata-se de um *transformador elevador* de voltagem. Se o secundá-

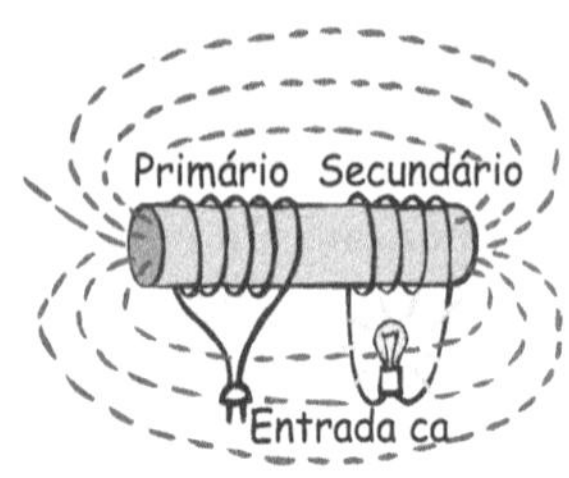
Primário Secundário
Entrada ca

FIGURA 11.31
Um transformador simples.

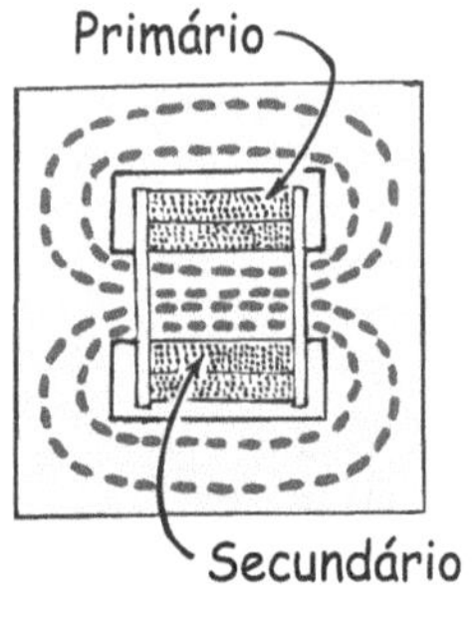
Primário
Secundário

FIGURA 11.32
Um transformador prático. Tanto o enrolamento primário quanto o secundário são enrolados sobre a parte interna do núcleo de ferro (em amarelo), o qual direciona as linhas de campo magnético (em verde) produzidas pela ca do primário. O campo alternado induz uma voltagem ca no secundário. Dessa maneira, a potência em uma voltagem é transferida para o secundário em uma voltagem diferente.

FIGURA 11.33
Este transformador comum abaixa 120 V para 6 V ou 9 V. Ele também converte ca para cc por meio de um *diodo* existente em seu interior – um minúsculo dispositivo eletrônico que atua como uma válvula de um sentido apenas.

FIGURA 11.34
Um transformador comum em bairros residenciais converte, tipicamente, 2.400 V em 240 V para uso em residências e pequenas empresas. Nestas, os 240 V podem, então, ser divididos para seguros 120 V.

rio tiver menos espiras do que o primário, a voltagem ca induzida será menor do que a do primário. Trata-se de um *transformador abaixador* de voltagem.

A relação entre as voltagens do primário e do secundário e o número de espiras é:

$$\frac{\text{Voltagem do primário}}{\text{Número de espiras do primário}} = \frac{\text{Voltagem do secundário}}{\text{Número de espiras do secundário}}$$

À primeira vista, pode parecer que ganhamos algo do nada com um transformador elevador de voltagem, mas não é verdade. Quando a voltagem é elevada, a corrente do secundário é menor do que a do primário. O transformador de fato apenas transfere energia de um enrolamento para outro. A taxa de transferência é a potência. A potência usada no secundário é fornecida pelo primário. Este enrolamento não fornece mais energia do que a energia que o secundário usa, de acordo com o princípio de conservação da energia. Se qualquer perda de energia devido ao aquecimento puder ser desprezada, então

$$\text{Potência de entrada no primário} = \text{Potência de saída no secundário}$$

A potência elétrica é igual ao produto da voltagem pela corrente, de modo que podemos escrever

$$(\text{Voltagem} \times \text{corrente})_{\text{primário}} = (\text{voltagem} \times \text{corrente})_{\text{secundário}}$$

A facilidade com que voltagens podem ser aumentadas ou baixadas por meio de um transformador é a principal razão para que a maior parte da energia elétrica seja ca, e não, cc.

FIGURA 11.35
A voltagem gerada pelas usinas elétricas é elevada por transformadores antes de ser distribuída através do país por cabos de alta tensão. Depois, outros transformadores reduzem a voltagem novamente antes de fornecê-la a residências, escritórios e fábricas.

11.10 Campo induzido

A indução eletromagnética explica a indução de voltagens e correntes. Realmente, o conceito mais básico de *campo* é a raiz tanto de voltagens quanto de correntes. A visão moderna da indução eletromagnética estabelece que campos elétricos e magnéticos são induzidos. Estes, por sua vez, produzem as voltagens que temos considerado até agora. Assim, a indução ocorre independentemente da presença ou não de um fio condutor ou de qualquer meio material. Neste sentido mais geral, a lei de Faraday estabelece que

Um campo elétrico é induzido em qualquer região do espaço onde exista um campo magnético variando com o tempo.

Existe um segundo efeito, uma extensão da lei de Faraday. Ele é o mesmo, exceto pelo fato de que os papéis desempenhados pelo campo elétrico e pelo magnético estão trocados. Esta é uma das muitas simetrias apresentadas pela natureza. Este efeito, previsto pelo físico britânico James Clerk Maxwell por volta de 1860, é conhecido como a **contraparte de Maxwell à lei de Faraday**:

Um campo magnético é induzido em qualquer região do espaço onde exista um campo elétrico variando com o tempo.

Em cada caso, a intensidade do campo induzido é proporcional às taxas de variação do campo indutor. Os campos elétricos e magnéticos induzidos sempre formam ângulos retos um com o outro.

Maxwell percebeu que havia uma ligação entre as ondas eletromagnéticas e a luz. Se cargas elétricas forem postas a oscilar em uma faixa de freqüência que coincide com as da luz, as ondas eletromagnéticas geradas serão luz! Maxwell descobriu que a luz é formada, simplesmente, por ondas eletromagnéticas em uma faixa de freqüências à qual o olho humano é sensível.

Na véspera de sua descoberta, Maxwell tinha um encontro com uma jovem que ele mais tarde desposaria. Conta-se que, enquanto o casal passeava em um parque, ela comentou sobre a beleza e a maravilha das estrelas. Maxwell perguntou-lhe, então, como ela se sentiria se soubesse que estava caminhando com a única pessoa no mundo que sabia realmente o que era a luz. De fato, naquela época, James Clerk Maxwell era a única pessoa no mundo todo que sabia que a luz de qualquer tipo é energia transportada em ondas formadas por campo elétricos e magnéticos que continuamente regeneram um ao outro.

As leis da indução eletromagnética foram descobertas aproximadamente na mesma época da Guerra Civil Norte-Americana. De um ponto de vista mais amplo da história humana, existe muito pouca dúvida de que eventos tais como a Guerra Civil Norte-Americana empalidecerão e alcançarão providencial insignificância em comparação com o evento mais significativo do século dezenove: a descoberta das leis do eletromagnetismo.

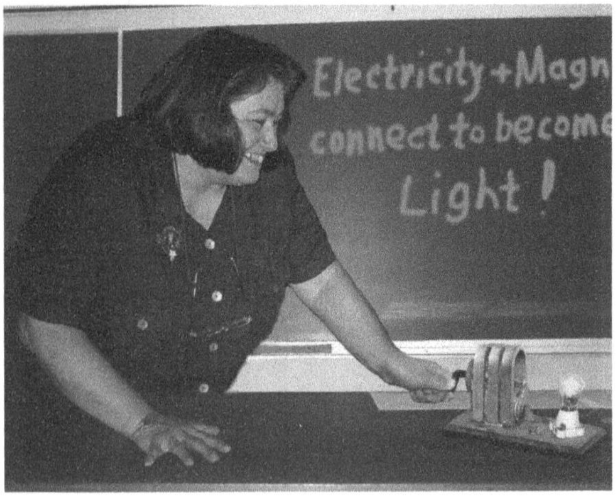

connect to
Light!

FIGURA 11.36
Girando a manivela do gerador, Sheron Snyder realiza trabalho, que é transformado em voltagem e corrente, a qual, por sua vez, é transformada em luz.

Cada um de nós precisa dispor de um "filtro de conhecimento" para notar a diferença entre o que é verdadeiro e o que é apenas aparentemente verdadeiro. O melhor filtro de conhecimento jamais inventado é a ciência.

SUMÁRIO DE TERMOS

Força magnética (1) Entre ímãs: consiste na atração entre pólos magnéticos diferentes e na repulsão entre pólos do mesmo tipo. (2) Entre um campo magnético e uma carga em movimento: consiste na força defletora devido ao movimento da carga, que é perpendicular à velocidade da carga e também às linhas do campo magnético. Essa força atinge um valor máximo, quando as cargas se movimentam perpendicularmente às linhas do campo, e um valor mínimo (zero), quando se movimentam paralelamente às linhas do campo.

Campo magnético Uma região de influência magnética ao redor de um pólo magnético ou de uma partícula carregada em movimento.

Domínios magnéticos Regiões em que se agrupam átomos magnéticos alinhados uns com os outros. Quando essas regiões também se alinham umas com as outras, a substância que as contêm torna-se um ímã.

Eletroímã Um ímã cujo campo é produzido por uma corrente elétrica. Normalmente tem a forma de uma bobina de fios enrolados em torno de um pedaço de ferro.

Indução eletromagnética Indução de voltagem quando um campo magnético varia com o tempo. Se o campo magnético no interior de uma espira fechada variar de uma maneira qualquer, uma voltagem será induzida na espira.

Lei de Faraday A lei da indução eletromagnética, segundo a qual a voltagem induzida em uma bobina é proporcional ao número de espiras multiplicado pela taxa com que o campo magnético varia no interior das espiras. (A voltagem induzida é, de fato, o resultado de um fenômeno mais fundamental: a indução de um campo elétrico.)

$$\text{Voltagem induzida} \sim \text{número de espiras} \times \frac{\text{variação do campo magnético}}{\text{tempo}}$$

Gerador Um dispositivo que usa a indução eletromagnética para produzir uma corrente elétrica, através da rotação de uma bobina dentro de um campo magnético estacionário.

Transformador Um dispositivo que transfere potência elétrica de uma bobina para outra por meio da indução eletromagnética.

Contraparte de Maxwell à lei de Faraday Um campo magnético será induzido em qualquer região do espaço onde houver um campo elétrico variando com o tempo. Correspondentemente, um campo elétrico será induzido em qualquer região do espaço onde houver um campo magnético variando com o tempo.

QUESTÕES DE REVISÃO

1. Quem, e em que situação, descobriu a relação entre a eletricidade e o magnetismo?

11.1 Pólos magnéticos

2. De que maneira a lei de interação entre pólos magnéticos se assemelha à lei de interação entre cargas elétricas?
3. De que maneira os pólos magnéticos são muito diferentes das cargas elétricas?

11.2 Campos magnéticos

4. O que produz um campo magnético?
5. Quais são os dois tipos de movimento de elétrons no interior dos átomos?

11.3 Domínios magnéticos

6. O que é um domínio magnético?
7. Por que o ferro é magnético e a madeira não?
8. Por que um ímã de ferro enfraquece ao cair em um piso duro?

11.4 Correntes elétricas e campos magnéticos

9. Qual é a forma do campo magnético ao redor de um fio por onde passa uma corrente?
10. O que acontecerá à orientação do campo magnético em torno de uma corrente elétrica se o sentido da corrente for invertido?
11. Por que a intensidade de um campo magnético é maior no interior de uma espira de fio por onde passa corrente do que ao longo de uma seção transversal do próprio fio?
12. Como será afetada a intensidade do campo magnético em uma bobina se um pedaço de ferro for introduzido entre as espiras? Justifique sua resposta.

11.5 Forças magnéticas sobre cargas em movimento

13. Em que direção, relativa a um campo magnético, uma partícula carregada deve se mover a fim de experimentar um valor máximo de força defletora? E para experimentar um valor mínimo dessa força?
14. Tanto as forças gravitacionais quanto as elétricas são exercidas sempre ao longo da direção dos campos de força. Em que isso difere no caso da força magnética exercida sobre uma partícula carregada que está em movimento?
15. Que efeito tem o campo magnético da Terra sobre a intensidade dos raios cósmicos que atingem a superfície do planeta?
16. Uma vez que uma força magnética é exercida sobre uma partícula carregada em movimento, faz sentido pensar que uma força magnética também seja exercida sobre um fio por onde passa uma corrente? Justifique sua resposta.
17. Com relação a um fio condutor por onde passa uma corrente, qual é a direção de um campo magnético que resulta em um valor de força máximo sobre o fio? E para o valor mínimo da força?
18. O que acontecerá à orientação da força magnética sobre um fio, em presença de um campo magnético, se o sentido da corrente no fio for invertido?
19. Como se chama um galvanômetro que é calibrado para medir correntes? E para medir voltagens?
20. É correto dizer que um motor elétrico é uma simples extensão da física subjacente a um galvanômetro?

11.6 Indução eletromagnética

21. Qual foi a importante descoberta feita pelos físicos Michael Faraday e Joseph Henry?
22. Enuncie a lei de Faraday.
23. Quais são as três maneiras de induzir uma voltagem em um fio?

11.7 Geradores e corrente alternada

24. Como se compara a freqüência da voltagem induzida com a freqüência segundo a qual um ímã é deslocado para dentro e para fora de uma bobina?
25. Qual é a diferença básica existente entre um gerador elétrico e um motor elétrico?
26. Qual é a semelhança básica existente entre um gerador elétrico e um motor elétrico?
27. Por que a voltagem induzida em um gerador é alternada?

11.8 Geração de energia

28. O que normalmente fornece energia para uma turbina?
29. É correto dizer que um gerador produz energia elétrica? Justifique sua resposta.

11.9 O transformador – elevando ou abaixando a voltagem

30. É correto dizer que um transformador eleva a energia elétrica? Justifique sua resposta.
31. Um transformador elevador aumenta a voltagem, a corrente ou a potência?
32. Um transformador abaixador aumenta a voltagem, a corrente ou a potência?

11.10 Campo induzido

33. O que é induzido pela rápida variação de um campo magnético?
34. O que é induzido pela rápida variação de um campo elétrico?
35. Qual é a importante conexão descoberta por Maxwell entre os campos elétricos e magnéticos?

ATIVIDADES EXPLORATÓRIAS

1. Uma barra de ferro pode ser facilmente magnetizada alinhando-a com as linhas do campo magnético terrestre e batendo ligeiramente nela com um martelo. Isso funcionará melhor se a barra for inclinada de modo a se alinhar perfeitamente com o campo magnético da Terra, que possui uma inclinação abaixo da horizontal. As pancadas fracas do martelo chacoalham os domínios magnéticos para que eles se alinhem melhor ao campo magnético terrestre. A barra pode ser desmagnetizada batendo-se nela quando ela se encontra alinhada na direção leste-oeste.
2. O campo magnético terrestre induz algum grau de magnetização na maior parte dos objetos de ferro ao nosso redor. Com uma bússola, você pode verificar que latas de conserva em sua despensa possuem um pólo norte e um pólo sul. Passando a bússola próxima a uma lata, da base ao topo, os pólos poderão facilmente ser identificados. Assinale os pólos N e S. Depois gire as latas em torno da horizontal e registre quantos dias leva para que os pólos se invertam. Explique aos colegas por que isso ocorre.

EXERCÍCIOS

1. Uma vez que cada átomo de ferro é um minúsculo ímã, por que nem todos os materiais de ferro são ímãs também?
2. Se você colocar um pedaço de ferro próximo ao pólo norte de um ímã, ocorrerá atração. Por que isso também ocorrerá se o pedaço de ferro for colocado próximo ao pólo sul do ímã?
3. Com respeito aos pólos magnéticos, qual é a diferença entre um ímã comum que se prende no refrigerador e um simples ímã em barra?
4. O que existe ao redor de uma carga elétrica estacionária? E de uma carga elétrica em movimento?
5. "Em presença de um campo elétrico, um elétron sempre experimenta uma força, mas nem sempre quando em presença de um campo magnético". Justifique esta afirmação.
6. Por que um ímã atrai uma agulha comum ou um clipe metálico de prender papéis, mas não um lápis de madeira?
7. Um amigo lhe diz que a porta de um refrigerador, por baixo da camada de tinta plástica branca, é feita de alumínio. Como você poderia testar isto para saber se é verdade (sem arranhá-la)?
8. Uma maneira de construir uma bússola é espetar uma agulha magnetizada em uma rolha de cortiça e colocá-la flutuando em uma tigela de vidro cheia d´água. A agulha acabará se alinhando com a componente horizontal do campo magnético terrestre. Uma vez que o pólo norte dessa bússola é atraído pelo norte magnético da Terra, a agulha flutuante se deslocará para o lado norte da tigela? Justifique sua resposta.

9. Qual é a força magnética resultante sobre a agulha de uma bússola? Através de que mecanismo a agulha da bússola se alinha com um campo magnético?
10. As latas de conserva na despensa de sua cozinha provavelmente estão magnetizadas? Por quê?
11. Sabemos que uma bússola aponta para o norte porque a Terra é um gigantesco ímã. O norte da agulha da bússola apontará na direção norte quando a bússola for levada para o hemisfério norte?
12. Quando um determinado fio, pelo qual passa uma corrente, é posicionado em um campo magnético intenso, nenhuma força é exercida sobre ele. Qual é a provável orientação do fio?
13. Um determinado imã A possui um campo duas vezes mais intenso do que o de outro ímã B (a uma mesma distância), e, a uma dada distância, atrai o imã B com 50 N de força. Com qual valor de força o ímã B atrai o ímã A?
14. Na Figura 11.17 vemos um ímã exercendo uma força sobre um fio por onde passa uma corrente. O fio também exerce uma força sobre o ímã? Justifique sua resposta, em caso negativo ou positivo.
15. Um ímã forte atrai um clipe para papéis com um determinado valor de força. O clipe também exerce uma força sobre o ímã? Se sua resposta for negativa, qual é a razão? Se for positiva, então responda: o clipe exerce tanta força sobre o ímã quanto este exerce sobre o clipe? Justifique suas respostas.
16. Quando os navios de aço da marinha são construídos, a localização do estaleiro e a orientação do navio enquanto esteve nele são gravadas numa placa de bronze que é fixada permanentemente ao navio. Por quê?
17. Um elétron em repouso na presença de um campo magnético pode ser colocado em movimento pelo campo? E se ele estivesse em repouso na presença de um campo elétrico?
18. O cíclotron é um aparelho usado para acelerar partículas carregadas até velocidades muito elevadas, enquanto elas percorrem uma trajetória que se expande em espiral. As partículas carregadas estão submetidas tanto a um campo elétrico quanto a um campo magnético. Um desses campos aumenta a rapidez das partículas, e o ou-

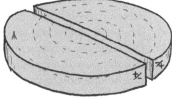

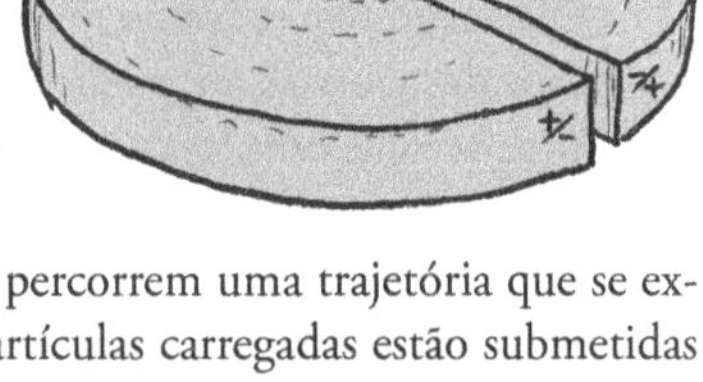

tro, as faz seguir uma trajetória curva. Qual campo desempenha cada função?

19. Um feixe de prótons altamente energéticos emerge de um cíclotron. Você pode supor que existe um campo magnético associado a essas partículas? Justifique, em caso afirmativo ou negativo.
20. Um campo magnético pode desviar um feixe de elétrons, mas é incapaz de realizar trabalho sobre um elétron de modo a alterar sua rapidez. Por quê?
21. Duas partículas carregadas são lançadas em presença de um campo magnético perpendicular às suas velocidades. Se as partículas são desviadas em sentidos opostos, o que se pode afirmar sobre elas?
22. Pessoas que residem no norte do Canadá sofrem bombardeio de raios cósmicos mais intensos do que as que residem no México. Qual é a razão para isso?
23. Que alterações você esperaria que ocorressem na intensidade dos raios cósmicos incidentes na superfície terrestre nos períodos geológicos em que o campo magnético da Terra estava ausente, quando ocorria uma inversão dos pólos magnéticos?
24. Em um espectrômetro de massa, íons são direcionados para o interior de um campo magnético, onde eles descrevem curvas ao redor das linhas do campo e acabam colidindo com um detector. Se uma variedade de íons igualmente rápidos, ionizados apenas uma vez, se deslocasse através desse campo magnético, você esperaria que todos fossem desviados da mesma maneira? Ou íons diferentes seriam desviados diferentemente? Qual seria sua previsão?
25. Historicamente, sabe-se que substituir as estradas de terra por rodovias pavimentadas reduziu o atrito de rolamento sobre os veículos. A substituição de rodovias pavimentadas por trilhos de aço reduziu o atrito ainda mais. Qual seria o próximo passo para reduzir mais ainda o atrito de rolamento entre os veículos e a superfície? Que atrito ainda restaria depois que todo o atrito de rolamento sobre a superfície fosse eliminado?
26. Dois fios paralelos, cada qual conduzindo uma corrente elétrica, exercem forças entre si?
27. Quando Tim empurra um fio entre os pólos do ímã, o galvanômetro registra um pulso de corrente. Quando ele ergue o fio, outro pulso é registrado. De que maneira os dois pulsos diferem?

28. Por que o rotor de um gerador é mais difícil de girar quando está ligado a um circuito, fornecendo corrente elétrica a ele?
29. Um ciclista consegue deslocar-se mais rapidamente se a lâmpada ligada ao gerador de sua bicicleta estiver desligada? Explique.
30. Quando um carro metálico se move sobre uma grande espira fechada de fio condutor, colocada sobre o piso da rodovia, o campo magnético da Terra no interior da espira será alterado? Isso produzirá um pulso de corrente? Você consegue pensar numa aplicação prática disso, para ser usada num cruzamento de trânsito?
31. Na área de segurança de um aeroporto, caminha-se sobre um campo magnético alternado, de intensidade fraca, no interior de uma grande bobina. O que acontecerá se um pequeno pedaço de metal que uma pessoa carrega consigo alterar ligeiramente o campo magnético da bobina?
32. Um pedaço de fita plástica, recoberto por uma camada de óxido de ferro, está mais magnetizado em certas partes do que em outras. Quando a fita se mover através de uma pequena bobina condutora, o que acontecerá na bobina? Qual seria uma aplicação prática para isso?
33. Como se comparam as partes de entrada e de saída de um gerador e de um motor?
34. Um colega lhe diz que, se você acionar o eixo de um motor cc com uma manivela, ele funcionará como um gerador de cc. Você concorda ou discorda da afirmação? Justifique sua resposta.
35. Se você posicionar um aro de metal em uma região onde existe um campo magnético que se alterna rapidamente, o aro pode tornar-se quente. Por quê?
36. Um mágico coloca um anel de alumínio sobre uma mesa, abaixo da qual se encontra escondido um eletroímã. Quando o mágico pronuncia "abracadabra" (e simultaneamente empurra uma chave que dá passagem a uma corrente por uma bobina localizada sob a mesa), o anel salta no ar. Explique este "truque".
37. Como poderia uma lâmpada fluorescente acender quando colocada próxima a um eletroímã, ainda que não o tocasse? A corrente necessária para realizar isso é ca ou cc? Justifique sua resposta.
38. Duas bobinas separadas e parecidas são montadas próximas uma da outra, como mostrado na figura ao lado. A primeira delas é conectada a uma bateria, e uma corrente contínua flui através dela. A segunda bobina é ligada a um galvanômetro. Como se comportará o galvanômetro quando a chave do primeiro circuito for fechada? E depois de ser fechada, quando a corrente é estacionária? E quando ela for aberta?

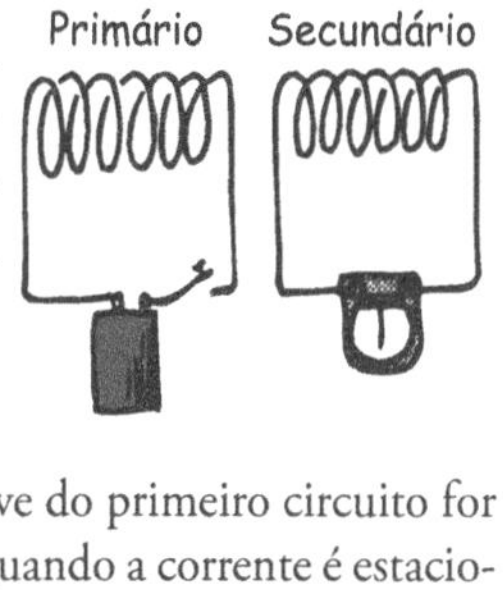
Primário
Secundário

39. No aparato mostrado acima, por que a voltagem induzida será maior se um núcleo de ferro for inserido nas bobinas?
40. Por que um transformador requer voltagem alternada para funcionar?
41. Como se compara a corrente no secundário de um transformador à corrente no primário quando a voltagem do secundário é duas vezes maior do que a do primário?

42. Em que sentido um transformador pode ser encarado como uma espécie de "alavanca elétrica"? O que ele multiplica? O que ele não multiplica?
43. No circuito mostrado ao lado, quantos volts são aplicados na lâmpada e quantos ampères fluem através de seu filamento?

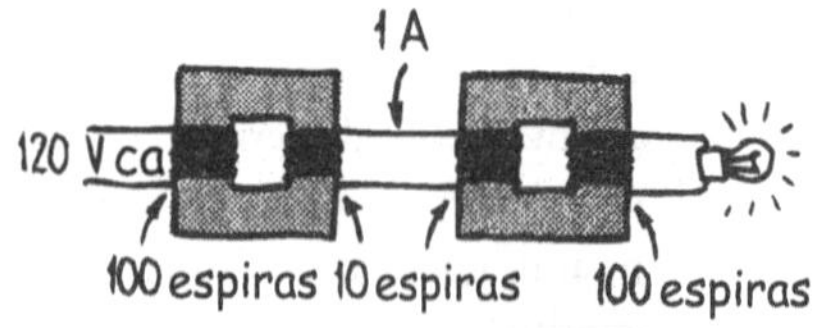
1 A
120 V ca
100 espiras
10 espiras
100 espiras

44. No circuito mostrado ao lado, quantos volts são aplicados no medidor, e quantos ampères fluem por ele?

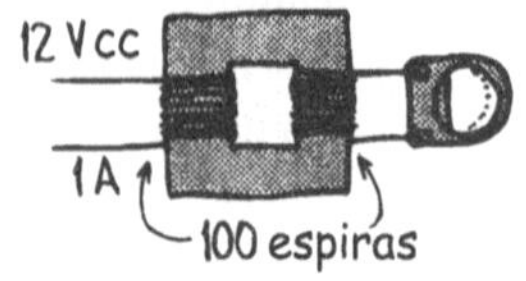
12 V cc
1 A
100 espiras

45. Qual seria sua resposta para a questão anterior se a entrada fosse de 12 V ca?
46. Pode um transformador eficiente elevar a energia? Justifique sua resposta.
47. Quando se deixa cair um ímã em barra verticalmente, no interior de um cano de cobre vertical, o ímã cai com uma rapidez consideravelmente menor do que quando é deixado cair da mesma forma no interior de um cano de plástico. Se o cano for suficientemente longo, o ímã chegará a alcançar uma rapidez terminal. Proponha uma explicação para isso.
48. O que está errado com esta proposta: gerar eletricidade sem a necessidade de combustível, colocando um motor para girar um gerador, que produzirá eletricidade, a qual é depois elevada por meio de transformadores, de modo que o gerador possa fazer funcionar o motor e, simultaneamente, fornecer eletricidade para outros usos.
49. Um colega lhe diz que campos elétricos e magnéticos variáveis geram um ao outro e que isso dá origem à luz visível, quando a freqüência das variações for igual à freqüência da luz. Você concorda com ele? Explique.
50. Existiriam ondas eletromagnéticas se campos magnéticos variáveis pudessem produzir campos elétricos, mas campos elétricos variáveis seriam incapazes de produzir campos magnéticos? Explique.

PROBLEMAS

● INICIANTE ■ INTERMEDIÁRIO ♦ AVANÇADO

1. ● Uma campainha elétrica requer 12 volts para funcionar normalmente. Um transformador permite que ela possa ser adequadamente ligada a uma tomada de 120 volts. Se o primário possui 500 espiras, mostre que o secundário deve ter 50 espiras.
2. ● Um modelo de trem elétrico de brinquedo requer 6 V para funcionar. Para ser ligado a um circuito residencial de 120 V, é necessário um transformador. Se a bobina do primário de seu transformador tem 240 espiras, mostre que o secundário deveria possuir 12 espiras.
3. ● O transformador de um computador *laptop* converte 120 V de entrada em 24 V de saída. Mostre que o enrolamento primário tem 5 vezes mais espiras do que o secundário.
4. ● Se a corrente de saída para o transformador do problema anterior é de 1,8 A, mostre que a corrente de entrada é de 0,36 A.
5. ● Um determinado transformador possui entrada de 9 volts e saída de 36 volts. Se a entrada for alterada para 12 volts, mostre que a saída será de 48 volts.
6. ● Um transformador ideal possui 50 espiras no primário e 250 no secundário. Ao primário, são aplicados 12 V ca.

   a. Mostre que, no secundário, são fornecidos 60 volts ca.
   b. Mostre que ele fornecerá 6 A de corrente a um dispositivo de 10 ohms ligado ao secundário.
   c. Mostre que a potência fornecida ao primário é de 360 W.

7. ● Luzes de néon requerem cerca de 12.000 V para funcionar. Considere que o transformador de uma luz de néon opere ligado a uma linha de 120 V. Mostre que ele deveria ter 100 vezes mais espiras no secundário em relação ao primário.
8. ■ Uma potência de 100 kW (10^5 W) é transmitida para o outro lado de uma cidade por um par de fios condutores de uma linha de transmissão, entre os quais existe uma voltagem de 12.000 V.

   a. Mostre que a corrente na linha é de 8,3 A.
   b. Se cada fio da linha possui resistência de 10 ohms, mostre que a voltagem *ao longo* de cada fio da linha é de 83 V. (Reflita com calma. Essa queda de voltagem aparece ao longo de cada fio da linha, e *não entre* eles.)
   c. Mostre que a potência total dissipada em calor nos dois fios (que é diferente da potência fornecida aos consumidores) é de 1,38 kW.
   d. De que maneira seus cálculos sustentam a importância de se elevar voltagens por meio de transformadores na transmissão de energia a longas distâncias?

PARTE QUATRO

Som e Luz

Este CD contém inúmeras pequenas depressões - bilhões delas-, gravadas como um padrão que pode ser varrido por um feixe de raios laser, a uma taxa de milhões por segundo. Essa seqüência de depressões, detectada como pequenas manchas luminosas ou escuras, constitui um código binário que é convertido em uma forma de onda contínua de áudio. Música digitalizada! Quem poderia imaginar que algo tão complexo como a Quinta Sinfonia de Beethoven pudesse ser reduzido a uma série de zeros e uns? Eis a física do som!

CAPÍTULO 12

Ondas e Som

Waves
transverse wave

Diane Riendeau usa um gerador de ondas didático e demonstra a seus alunos como uma vibração produz uma onda.

Inúmeras coisas no mundo ao nosso redor balançam e se agitam – a superfície de um sino, a corda de uma guitarra, a palheta de um clarinete, os lábios quando alguém toca um trompete e as cordas vocais de sua laringe quando você fala ou canta. Todas essas coisas *oscilam*. Enquanto vibram no ar, elas fazem com que as moléculas do ar oscilem também, exatamente da mesma maneira, e estas vibrações se espalham em todas as direções, tornando-se mais fracas, perdendo energia em forma de calor até cessarem por completo. Mas se, em vez disso, essas vibrações atingissem o seu ouvido, elas seriam transmitidas até uma parte de seu cérebro, e com isso você escutaria um som.

12.1 Oscilações e ondas

De um modo geral, qualquer coisa que oscile para a frente e para trás, para lá e para cá, de um lado para outro, para dentro e para fora ou para cima e para baixo, está vibrando. Uma **vibração** é uma oscilação em função do tempo. Uma **onda** é uma oscilação que é função tanto do espaço quanto do tempo. Uma onda é algo que tem uma extensão espacial. A luz e o som são, ambos, vibrações que se propagam através do espaço como ondas, mas como dois tipos de ondas muito diferentes. O som é a propagação de vibrações através de um meio material – um sólido, um líquido ou um gás. Se não existe tal meio de vibração, então não é possível existir o som. O som não se propaga no vácuo. Mas a luz, sim, porque (como será discutido no capítulo seguinte) a luz é uma vibração de um campo elétrico e de um campo magnético – uma vibração de pura energia. Embora a luz consiga atravessar muitos materiais, ela não precisa deles. Isso é evidenciado pelo fato de que a luz proveniente do Sol alcança a Terra depois de atravessar o vácuo entre os dois corpos celestes.

A relação entre uma vibração e uma onda é mostrada na Figura 12.1. Uma marca feita por caneta sobre uma bola fixada a uma mola vertical vibra para cima e para baixo e traça uma forma de onda sobre uma folha de papel que é movimentada horizontalmente com velocidade constante. A forma de onda é, de fato, uma *curva senoidal*, uma representação visual de uma onda. Como uma onda na água, os pontos mais altos são chamados de *cristas*, e os mais baixo, de *ventres*. A linha reta tracejada representa a posição *home*, ou ponto intermediário, das vibrações. A palavra **amplitude** se refere à distância do ponto intermediário até uma crista (ou um ventre) da onda. Portanto, a amplitude é igual ao máximo afastamento em relação ao equilíbrio.

O **comprimento de onda** é a distância que vai de uma crista a outra adjacente. Ou, de forma equivalente, a distância entre quaisquer duas partes idênticas e sucessivas da onda. Os comprimentos de onda das ondas na praia são medidos em metros, enquanto os das ondulações em uma poça são medidas em centímetros, e os da luz, em bilionésimos de metro (nanômetros). Todas as ondas têm origem em uma fonte em vibração.

A taxa de repetição de uma determinada vibração é a sua freqüência. A **freqüência** de um pêndulo oscilante ou de um objeto preso a uma mola, especifica o número de vibrações, para a frente e para trás, que ele realiza em um determinado tempo (normalmente um segundo). Uma oscilação completa para lá e para cá constitui uma vibração. Se ela ocorre durante um segundo, a freqüência é de uma vibração por segundo. Se ocorrem duas vibrações a cada segundo, a freqüência é de duas vibrações por segundo.

A unidade de freqüência do SI é chamada de **hertz** (Hz), em homenagem a Heinrich Hertz, que demonstrou a existência das ondas de rádio em 1886. Uma vibração por segundo equivale a 1 hertz; duas vibrações por segundo, a 2 hertz, e assim por diante. Freqüências mais altas são medidas em quilohertz (kHz), e outras ainda mais altas em megahertz (MHz). As ondas de rádio AM (amplitude modulada) são medidas em quilohertz, enquanto as de rádio FM (freqüência modulada) são medidas em megahertz. Uma estação AM em 960 kHz no dial, por exemplo, irradia ondas de rádio na freqüência de 960.000 oscilações por segundo. Uma estação FM em 101,7 MHz irradia ondas de rádio na freqüência de 101.700.000 hertz. Essa freqüência de ondas de rádio são as freqüências com as quais os elétrons são forçados a oscilar na antena da torre de uma estação transmissora de rádio. Freqüências ainda mais altas são medidas em gigahertz (GHz), 1 bilhão de oscilações por segundo. Telefones celulares operam na faixa de GHz, o que significa que os elétrons estão vibrando, em uníssono, bilhões de vezes por segundo dentro da antena do aparelho! A freqüência de oscilação dos elétrons e a da onda produzida são as mesmas.

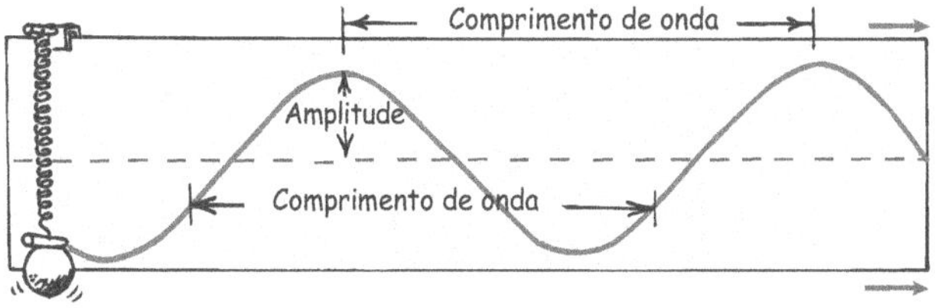
Comprimento de onda
Amplitude
Comprimento de onda

FIGURA 12.1
Quando o peso oscila para cima e para baixo, uma caneta vai traçando uma curva senoidal sobre o papel, o qual é movido horizontalmente com velocidade constante.

FIGURA 12.2
A fonte de qualquer onda é algo que vibra. Os elétrons da antena transmissora vibram 940.000 vezes por segundo e produzem ondas de rádio de 940 kHz. As ondas de rádio não podem ser vistas ou ouvidas, mas elas transportam consigo um padrão que informa ao aparelho de rádio ou TV qual som ou imagem formar.

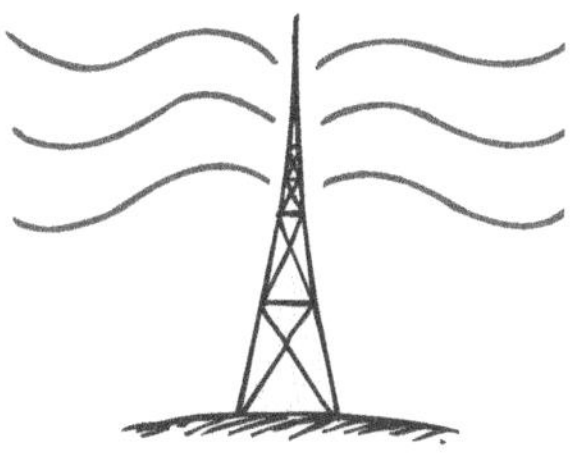

A abelha bate as asas centenas de vezes a cada segundo – o poder do mel!

O **período** de uma onda ou de uma vibração é o tempo requerido para uma vibração completa – para um ciclo completo. O período pode ser calculado a partir da freqüência, e vice-versa. Suponha, por exemplo, que um determinado pêndulo execute duas vibrações a cada segundo. Sua freqüência, então, é de 2 Hz. O tempo necessário para completar uma vibração – ou seja, o período da vibração – é 1/2 segundo. Já se a freqüência for de 3 Hz, então o período será 1/3 de segundo. A freqüência e o período são um o inverso do outro:

$$\text{Freqüência} = \frac{1}{\text{período}}$$

Ou, vice-versa,

$$\text{Período} = \frac{1}{\text{freqüência}}$$

PARE E
TESTE A SI MESMO

1. Um barbeador elétrico completa 60 ciclos a cada segundo.
   a. Qual é a sua freqüência?
   b. Qual é o seu período?
2. Se a diferença de altura entre a crista e o ventre de uma onda for de 60 cm, qual é a amplitude da onda?
3. Rajadas de vento em Chicago fazem o edifício *Sears Building* balançar de um lado para o outro, completando um ciclo a cada segundo.
   a. Qual é a freqüência de oscilação do edifício?
   b. Qual é seu período de oscilação?

VERIFIQUE SUAS RESPOSTAS

1. a. 60 ciclos por segundo, ou 60 Hz.
   b. 1/60 segundo.
2. A amplitude é de 30 cm, a metade da diferença de altura entre a crista e o ventre.
3. a. 1/10 Hz
   b. 10 s

psc

A freqüência de uma onda é idêntica à de sua fonte emissora. Isso é verdadeiro não apenas para ondas sonoras, mas, como veremos no próximo capítulo, para ondas luminosas também. As ondas a que nos referimos são, estritamente falando, *ondas periódicas* – de períodos bem-definidos.

12.2 Movimento ondulatório

Se deixarmos cair uma pedra em uma lagoa parada, as ondas se propagarão para fora em círculos que se expandem. A onda transporta consigo energia, enquanto se propaga de um lugar a outro. A água em si não vai a lugar algum. Isso pode ser apreciado quando ondas encontram uma folha flutuante. A folha chacoalha para cima e para baixo, mas não se desloca junto com as ondas. Estas se propagam, não a água. O mesmo é verdadeiro para ondas de vento sobre um campo de capim crescido em um dia ventoso. As ondas se propagam através do capinzal, enquanto as hastes individuais de cada capim não saem de seus lugares; em vez disso, elas balançam de um lado para o outro dentro de limites bem-definidos, mas sem ir a lugar algum. Quando você fala, as moléculas do ar propagam a perturbação através do ar a aproximadamente 340 metros por segundo. A perturbação, e não o ar em si mesmo, desloca-se através da sala a esta velocidade. Nestes exemplos, quando cessa o movimento ondulatório, a água, o capim e o ar retornam às suas posições iniciais. É característico do movimento ondulatório que o meio através do qual a onda se propaga retorne às condições iniciais depois que cessou a perturbação.

FIGURA 12.3 Ondas na água.

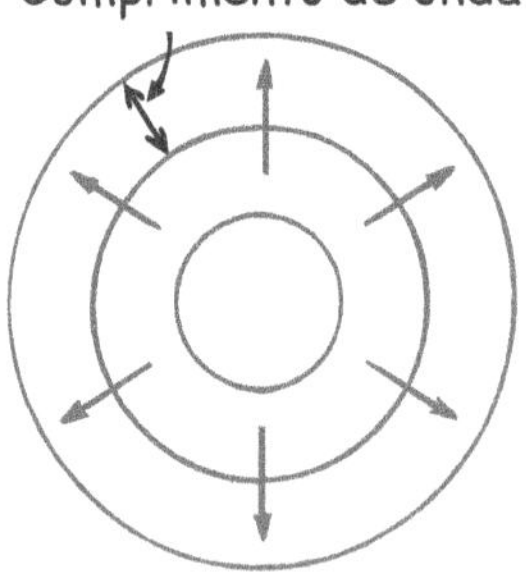
Comprimento de onda

FIGURA 12.4 Vista superior de ondas se propagando na água.

A velocidade de propagação de uma onda

A velocidade de propagação do movimento ondulatório periódico está relacionada à freqüência e ao comprimento de onda das ondas. Considere o caso simples de ondas na água (Figuras 12.3 e 12.4). Imagine que fixemos nossos olhos em um determinado ponto inicialmente estacionário da superfície da água, e que, então, observemos as ondas que passam pelo ponto. Podemos determinar quanto tempo decorre entre a chegada de uma crista e a chegada da próxima (o período) e também podemos observar a distância entre as cristas (o comprimento de onda). Sabemos que a velocidade é definida como a distância dividida pelo tempo. Neste caso, a distância corresponde a um comprimento de onda e o tempo decorrido é um período, de modo que a velocidade com que se propaga a onda = comprimento de onda/período.

Por exemplo, se o comprimento de onda for 10 metros, e o tempo entre a chegada de duas cristas sucessivas em um ponto for 0,5 segundo, as ondas estarão se movendo 10 metros a cada 0,5 segundo, com sua velocidade sendo 10 metros divididos por 0,5 segundo, ou 20 metros por segundo.

Uma vez que o período é o inverso da freqüência, a fórmula **velocidade da onda** = comprimento de onda / período também pode ser escrita como

Velocidade da onda = comprimento de onda × freqüência

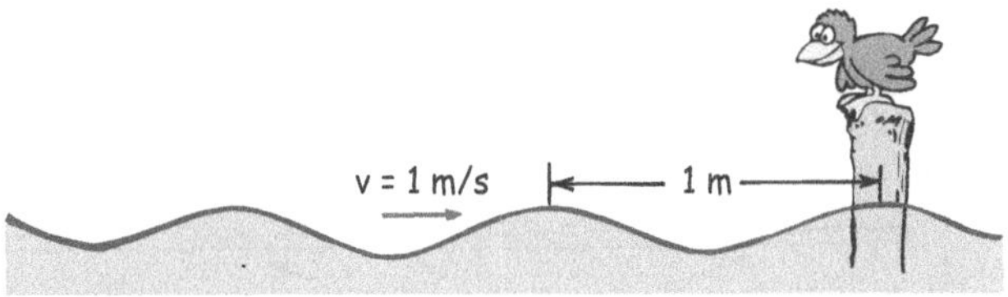
v = 1 m/s
1 m

FIGURA 12.5
Se o comprimento de onda for de 1 m e se um comprimento de onda passar pelo pilar a cada segundo, a velocidade da onda será de 1 m/s.

Essa relação se aplica a todos os tipos de ondas, sejam ondas que se propaguem na superfície da água, ondas sonoras ou ondas luminosas.

É usual expressar a velocidade de propagação de uma onda pela equação $v = f\lambda$, onde *v* é a velocidade da onda, *f* é a freqüência e λ (a letra grega *lambda*), o comprimento de onda.

PARE E TESTE A SI MESMO

1. Se um trem com vagões de carga, cada qual com 10 de comprimento, passa por você à razão de três vagões a cada segundo, qual é a rapidez do trem?
2. Uma onda na água oscila três vezes para cima e para baixo a cada segundo, e a distância entre as cristas da onda é de 12 m.
   a. Qual é a freqüência da onda?
   b. Qual é o comprimento de onda?
   c. Qual é o valor de sua velocidade de propagação?
3. O som de um barbeador de 60 Hz espalha-se 340 metros por segundo.
   a. Qual é a freqüência das ondas sonoras?
   b. Qual é o seu período?
   c. Qual é o valor de sua velocidade de propagação?
   d. Qual é seu comprimento de onda?

VERIFIQUE SUAS RESPOSTAS

1. 30 m/s. Podemos obter isso de duas maneiras.

De acordo com a definição de rapidez do Capítulo 3,

$$v = \frac{d}{t} = \frac{3 \times 10\,\text{m}}{1\,\text{s}} = 30\,\text{m/s},$$

pois 30 m de trem passam por você em 1 s.

Se compararmos o movimento de nosso trem ao de uma onda, em que o comprimento de onda corresponde a 10 m e a freqüência é de 3 Hz, então

$$\text{velocidade} = \text{freqüência} \times \text{comprimento de onda} = 3\,\text{Hz} \times 10\,\text{m} = 30\,\text{m/s}$$

2. a. 3 Hz b. 2 m

c. Velocidade da onda = freqüência × comprimento de onda $= 3/\text{s} \times 2\,\text{m} = 6\,\text{m/s}$.

3. a. 60 Hz b. 1/60 s
   c. 340 m/s d. 5,7 m.

Tenha clareza quanto à diferença entre *freqüência* e *velocidade de propagação*. Quão freqüentemente uma onda oscila é completamente diferente de quão rapidamente ela se move de um lugar a outro.

12.3 Ondas transversais e longitudinais

Fixe em uma parede uma das extremidades de uma mola *Slinky*, segurando a extremidade livre na mão. Se você sacudir a extremidade livre da corda para cima e para baixo, produzirá oscilações perpendiculares à direção de propagação da onda. O movimento lateral em ângulos retos é chamado de *movimento transversal.* Esse tipo de onda é chamado de onda transversal. Ondas em cordas esticadas de instrumentos musicais e sobre superfícies de líquidos também são transversais. Veremos mais tarde que as ondas eletromagnéticas, entre elas as ondas de rádio e de luz, são também ondas transversais.

Uma **onda longitudinal** é aquela cuja direção de propagação coincide com a direção ao longo da qual a fonte vibra. Com uma mola *Slinky*, você pode produzir uma onda longitudinal sacudindo-a para a frente e para trás ao longo do eixo da mola (Figura 12.6a). As vibrações produzidas são, então, paralelas à direção de transferência de energia. Partes da mola estão comprimidas, e uma onda de **compressão** nela se propaga. Entre sucessivas compressões existem regiões onde a mola está esticada, chamadas de **rarefações**. Tanto as compressões quanto as rarefações se propagam paralelamente à mola. Juntas, elas constituem a onda longitudinal.

Se você for estudar terremotos, aprenderá que há dois tipos de ondas que se propagam pelo solo. Uma delas é uma

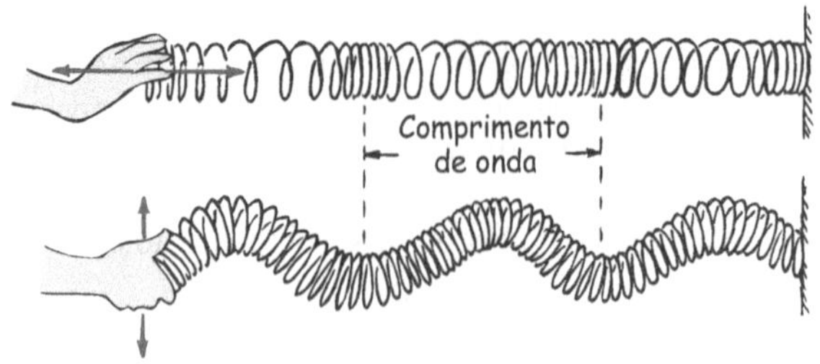
(a)
Comprimento de onda
(b)

FIGURA 12.6
As duas ondas transferem energia da esquerda para a direita. (a) Quando a extremidade da mola *Slinky* é empurrada e puxada rapidamente ao longo de seu comprimento, produz-se uma onda longitudinal. (b) Quando a extremidade da mola *Slinky* é sacudida para cima e para baixo (ou de um lado para o outro), produz-se uma onda transversal.

onda transversal (ondas S), e a outra, longitudinal (ondas P). Elas se propagam com velocidades diferentes, o que permite que os pesquisadores determinem onde se encontra a fonte delas. Além disso, as ondas transversais não podem se propagar através da matéria líquida, enquanto as ondas longitudinais podem, o que fornece um meio de determinar se a matéria abaixo do solo é líquida ou sólida.

12.4 Ondas sonoras

Pense nas moléculas do ar de uma sala como minúsculas bolas de pingue-pongue movendo-se aleatoriamente. Se você fizer uma raquete de pingue-pongue oscilar no meio das bolas, você as forçará a vibrar para a frente e para trás. As bolas vibrarão no mesmo ritmo de sua raquete. Em algumas regiões, elas estarão momentaneamente aglomeradas (compressões), e nas outras regiões entre estas, elas estarão momentaneamente espalhadas (rarefações). As hastes vibrantes de um diapasão em forma de forquilha fazem o mesmo com as moléculas do ar. As vibrações formadas por compressões e rarefações espalham-se pelo ar a partir do diapasão, produzindo-se, assim, uma *onda sonora*.

O som requer um meio para se propagar. Ele não pode se propagar através do vácuo porque não existe coisa alguma para ser comprimida ou rarefeita.

O comprimento de onda de uma onda sonora é a distância entre duas compressões sucessivas ou, de forma equivalente, a distância entre duas rarefações sucessivas.

FIGURA 12.7
Se você fizer uma raquete de pingue-pongue oscilar no meio de um monte de bolas de pingue-pongue, estas também vibrarão.

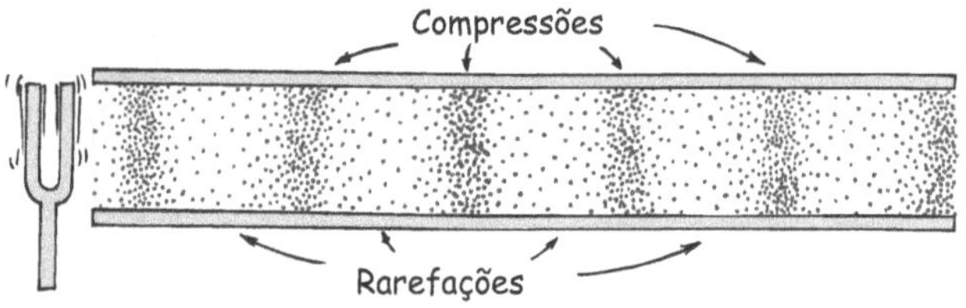
Compressões
Rarefações

FIGURA 12.8
As compressões e as rarefações se propagam através do ar em um tubo (ambas com a mesma rapidez e na mesma direção) a partir do diapasão em forquilha. O comprimento de onda é a distância entre sucessivas compressões (ou rarefações).

Enquanto a onda se propaga pelo ar, cada uma de suas moléculas vibra para a frente e para trás em torno de uma posição de equilíbrio.

Nossa impressão subjetiva acerca da freqüência do som é descrita como a **altura** do som. Um som alto (som agudo), como o produzido por um sino pequeno, tem uma alta freqüência de vibração. O som produzido por um sino grande tem altura pequena (som grave) porque suas vibrações são de baixas freqüências. A altura que percebemos do som é grande ou pequena dependendo da freqüência da onda sonora.

O ouvido humano pode escutar normalmente sons na faixa de 20 hertz a 20.000 hertz. Quando envelhecemos, essa faixa encolhe. Assim, quando você dispuser de meios para vender seu aparelho antigo de som e trocá-lo por um caro sistema *hi-fi*, pode ser que você não seja capaz de perceber a diferença. Ondas sonoras com freqüências abaixo de 20 hertz são chamadas de ondas *infra-sônicas*, e aquelas com freqüências superiores a 20.000 hertz são chamadas *de ultra-sônicas*. Não podemos escutar ondas sonoras infra e ultra-sônicas[1], mas cachorros e alguns outros animais podem.

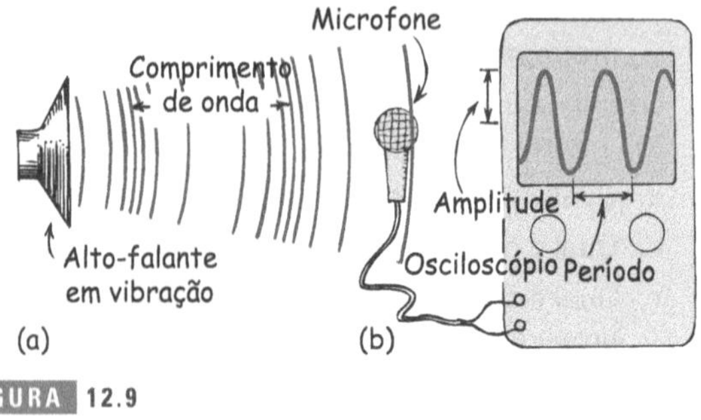
Microfone
Comprimento de onda
Amplitude
Alto-falante em vibração
Osciloscópio
Período
(a)
(b)

FIGURA 12.9
(a) O alto-falante de um rádio consiste em um cone de papel que vibra em ritmo com um sinal elétrico. O som produzido estimula vibrações semelhantes no microfone. As vibrações são mostradas na tela de um osciloscópio. (b) A forma de onda na tela do osciloscópio é um gráfico da pressão em função do tempo, mostrando como a pressão do ar próxima ao microfone aumenta e diminui quando a onda sonora passa por ele. Quando o volume do som aumenta, a amplitude da forma de onda aumenta também.

[1] Em hospitais, feixes concentrados de ultra-som são usados para quebrar pedras na bexiga e cálculos biliares, eliminando a necessidade de cirurgias.

APLICAÇÕES COTIDIANAS

■ O ALTO-FALANTE

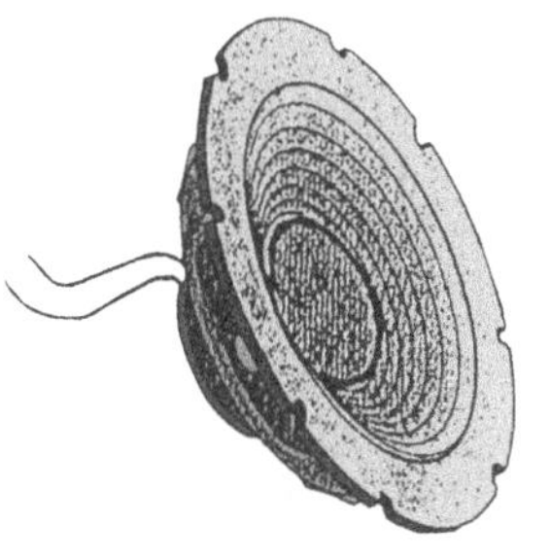

O alto-falante de seu rádio ou de qualquer outro aparelho reprodutor de som converte sinais elétricos em ondas sonoras. Os sinais elétricos passam por uma bobina enrolada no pescoço de um cone de papel flexível. Essa bobina, atuando como um eletroímã, está posicionada próxima de um ímã permanente. Quando a corrente flui em um dado sentido, a força magnética empurra o eletroímã em direção ao ímã permanente, comprimindo o cone de papel. Quando a corrente flui em sentido oposto, o cone é esticado. As oscilações do sinal elétrico causam vibrações no cone. E as vibrações do cone, finalmente, produzem as ondas sonoras no ar.

A maior parte do som é transmitida através do ar, mas qualquer substância elástica – seja sólida, líquida ou gasosa – pode transmitir sons[2]. O ar é um pobre condutor de sons em comparação com sólidos e líquidos. Você pode ouvir o som de um trem distante claramente posicionando seu ouvido sobre um trilho. Quando estiver nadando submerso, peça a um colega a certa distância para bater duas pedras, uma contra a outra, debaixo d'água. Observe como a água conduz bem o som. O som não se propaga através do vácuo porque não existe nada para ser comprimido ou rarefeito. A transmissão do som exige um meio.

psc **Os elefantes se comunicam por meio de ondas infra-sônicas. Suas grandes orelhas os ajudam a detectar essas ondas sonoras de baixa freqüência.**

Faça uma pausa para refletir sobre a física do som enquanto está calmamente ouvindo rádio. O alto-falante do rádio é um cone de papel que vibra em ritmo com um sinal elétrico. As moléculas de ar próximas ao cone vibratório estão também vibrando. Esse ar, por sua vez, vibra contra as moléculas vizinhas, que fazem a mesma coisa com as suas vizinhas e assim por diante. Como resultado, um padrão rítmico de ar comprimido e rarefeito emana do alto-falante, enchendo a sala inteira com movimentos ondulatórios. A vibração decorrente do ar também põe seus tímpanos a vibrar, os quais, por sua vez, enviam uma seqüência rápida de impulsos elétricos ritmados através do canal do nervo da cóclea, no ouvido interno, até o cérebro. E assim você escuta o som da música.

FIGURA 12.10
Ondas de ar comprimido e rarefeito, geradas pelo cone vibrante do alto-falante, reproduzem o som da música.

psc **Uma onda sonora que se propaga através do canal auditivo faz vibrar o tímpano, o qual faz vibrar três pequenos ossos, que, por sua vez, fazem vibrar um fluido que preenche a cóclea (ou caracol do ouvido interno). No interior da cóclea, minúsculos cílios convertem as oscilações do fluido em sinais elétricos enviados ao cérebro.**

Velocidade de propagação do som

Se, à distância, você observar uma pessoa cortando madeira ou um jogador de beisebol rebatendo uma bola, poderá perceber facilmente que o som produzido leva certo tempo para chegar aos seus ouvidos. O trovão é ouvido após o relâmpago ser visto. Essas experiências ordinárias mostram que o som leva um tempo mensurável para se propagar de um lugar a outro. A velocidade de propagação do som depende das condições do vento, da temperatura e da umidade. Ela não depende do volume do som ou de sua freqüência; todos os sons se propagam com a mesma rapidez. A velocidade do som no ar seco a 0º C é cerca de 330 metros por segundo, aproximadamente 1.200 quilômetros por hora (pouco mais do que um milionésimo da velocidade de propagação da luz no vácuo). O vapor d'água que existe no ar aumenta ligeiramente essa velocidade. O som se propaga mais velozmente no ar morno do que no ar frio. Isso é o que se espera, pois as moléculas mais rápidas do ar morno colidem entre si mais freqüentemente e, portanto, podem transmitir um pulso em menor tempo[3]. Para cada grau

[2] Uma substância elástica é aquela que se comporta como uma mola, tendo flexibilidade e podendo transmitir energia com poucas perdas. O aço, por exemplo, é elástico, enquanto o chumbo e a massa de vidraceiro não o são.

[3] A velocidade do som em um gás é cerca de ¾ da velocidade média de suas moléculas.

de elevação da temperatura do ar acima de 0° C, ocorre um aumento de 0,6 metros por segundo na velocidade do som no ar. Assim, na temperatura ambiente normal de cerca de 20° C, o som se propaga com uma velocidade de 340 metros por segundo. Na água, a velocidade do som é aproximadamente quatro vezes maior do que no ar; e no aço ela é cerca de quinze vezes maior do que no ar.

psc

Seus dois ouvidos são tão sensíveis a diferenças no som que os alcança que podem determinar a direção de onde ele provém com precisão quase pontual. Com somente um ouvido você não teria idéia de onde ele provém (e, em uma emergência, não saberia para onde se mover).

PARE E
TESTE A SI MESMO

1. As compressões e rarefações de uma onda sonora se propagam no mesmo sentido ou em sentidos opostos?
2. Qual é a distância aproximada de uma tempestade com trovoadas se você detecta um atraso de 3 s entre o brilho do relâmpago e o som do trovão?

VERIFIQUE SUAS RESPOSTAS

1. Elas se propagam no mesmo sentido.
2. Considerando que a velocidade de propagação do som no ar seja cerca de 340 m/s, em 3 s ele percorrerá 340 m/s × 3 s = 1.020 m. Não existe um atraso apreciável no caso da luz, de forma que a tempestade está a pouco mais de 1 km de distância.

12.5 Reflexão e refração do som

Como a luz, quando o som encontra uma superfície ele pode retornar a partir dela ou continuar através da mesma. Quando ele retorna, o processo é chamado de **reflexão**. Denominamos **eco** ao som refletido. A fração de energia sonora refletida pela superfície será grande se esta for rígida e lisa, e menor se a superfície for macia e irregular. A energia sonora que não for refletida será transmitida ou absorvida.

O som se reflete em uma superfície lisa da mesma forma que a luz o faz – segundo um ângulo de incidência igual ao de reflexão (Figura 12.11). Às vezes, como quando o som é refletido por paredes, por um forro ou pelo piso de uma sala, que são superfícies refletoras demais, o som sofre distorção. Isso se deve às múltiplas reflexões ocorridas, as quais chamamos de **reverberações**. Por outro lado, se as superfícies refletoras forem absorventes demais, o nível do som será baixo, e o som no recinto soará abafado e sem vida. A reflexão do som em uma sala o faz soar cheio e vivamente, como você provavelmente já descobriu ao cantar no boxe do chuveiro, durante o banho. No projeto de um auditório ou de uma sala de concertos, deve ser encontrado um equilíbrio entre a reverberação e a absorção. O estudo das propriedades do som é chamado de *acústica*.

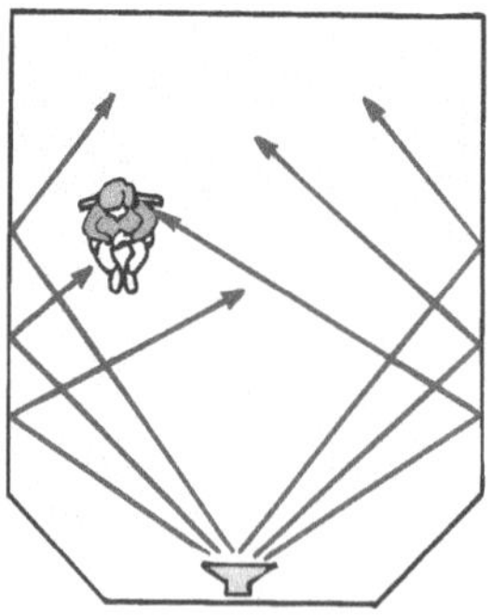

FIGURA 12.11
O ângulo de incidência do som é igual ao ângulo de reflexão.

Geralmente é vantajoso posicionar superfícies altamente refletoras atrás do palco a fim de direcionar o som para a platéia. Superfícies refletoras são também suspensas sobre o palco em algumas salas de concertos. As que existem na Davies Hall, o teatro de ópera de S. Francisco, na Califórnia, EUA, são grandes superfícies de plástico brilhante que também refletem bem a luz (Figura 12.12). Qualquer ouvinte pode olhar para essas superfícies refletoras e ver a imagem refletida dos membros da orquestra. Os refletores plásticos às vezes são curvados, o que aumenta o campo de visão que se tem. Tanto o som quanto a luz obedecem às mesmas leis de reflexão, de modo que, se um refletor for orientado para que você enxergue um determinado instrumento musical, fica garantido que você também escutará o som que ele produz. Os sons dos instrumentos se propagam ao longo da linha de visada até o refletor, e daí até você. Em determi-

FIGURA 12.12
As placas planas acima da orquestra refletem tanto luz quanto som. Ajustá-las é muito simples: o que você enxerga é o que você escuta.

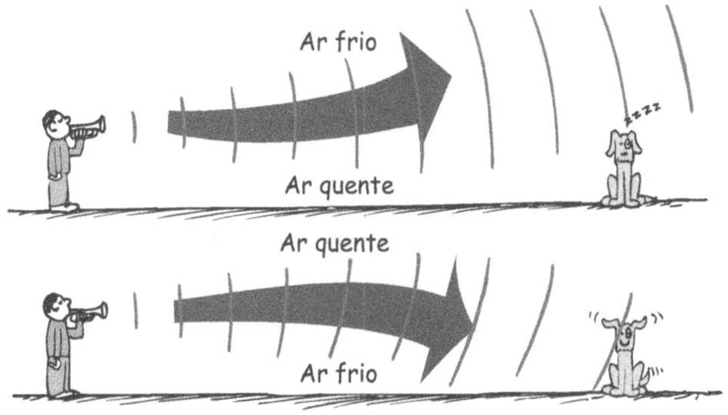
Ar frio
Ar quente
Ar quente
Ar frio

FIGURA 12.13
As ondas sonoras são desviadas no ar a diferentes temperaturas.

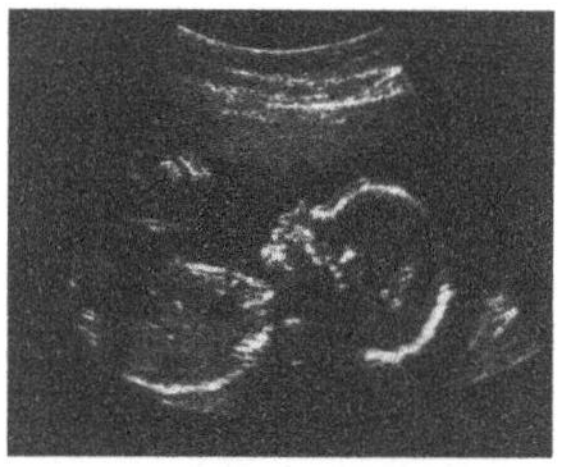

FIGURA 12.14
O feto de 14 semanas que se tornou Megan Hewitt Abrams, que mais recentemente pode ser vista na foto da página 215.

FIGURA 12.15
Um golfinho emite som de freqüência ultra-alta a fim de localizar e identificar objetos em seu ambiente. A distância é sentida pelo tempo de retardo entre a emissão de um som e a recepção do eco, e a direção é percebida a partir das diferenças nos tempos que o eco leva para alcançar as duas orelhas do golfinho. O principal componente da dieta de um golfinho é peixe. Uma vez que os peixes escutam principalmente baixas freqüências, eles não são alertados de que estão sendo caçados.

nados salões, em vez de refletores são usados absorvedores para melhorar a acústica.

A **refração** ocorre quando o som segue através de um meio e se desvia. As ondas sonoras se desviam quando partes de suas frentes de onda se propagam com velocidades diferentes. Isso pode ocorrer quando ondas sonoras são afetadas por ventos irregulares ou quando o som se propaga através do ar a diferentes temperaturas. Em um dia quente, o ar próximo ao solo pode estar consideravelmente mais quente do que o ar acima dele, de modo que a velocidade do som próximo ao solo é maior. Ondas sonoras, portanto, tendem a se desviar do solo, o que faz com que o som não seja bem transmitido (Figura 12.13).

psc

A direção de propagação tanto do som quanto da luz sempre forma um ângulo reto com as frentes de onda.

A refração do som ocorre sob a água, onde sua velocidade varia em função da temperatura. Isso acarreta problemas para os navios que, a partir da superfície, emitem ondas ultra-sônicas para o fundo do oceano, a fim de mapeá-lo. Já para os submarinos, que desejam não ser detectados, isto constitui uma bênção. Devido aos gradientes térmicos entre as camadas de água do oceano a diferentes temperaturas, a refração do som produz lacunas sonoras, ou "manchas cegas", na água. É aí que os submarinos se escondem. Se não fosse pela refração, seria mais fácil detectá-los.

Múltiplas reflexões e refrações de ondas ultra-sônicas são usadas pelos médicos em uma técnica não-intrusiva que permite "enxergar" o interior do corpo sem o uso de raios X. Quando o som de alta freqüência (ultra-som) penetra no corpo, é refletido mais intensamente no exterior dos órgãos do que no interior dos mesmos e, assim, é obtida uma imagem do contorno dos órgãos (Figura 12.14). Essa técnica de eco ultra-sônico não é nenhuma novidade para morcegos e golfinhos, criaturas capazes de emitir guinchos ultra-sônicos e de localizar objetos pelos seus ecos.

psc

As corujas possuem ouvidos extremamente sensíveis. Quando caçam durante a noite, elas prestam atenção do leve farfalhar e aos guinchos produzidos por roedores e outros mamíferos pequenos. Como os humanos, as corujas localizam as fontes de som usando o fato de que as ondas sonoras normalmente alcançam uma das orelhas alguns milissegundos antes da outra. A coruja move suas orelhas quando ela sobrevoa uma presa; quando o som emitido pelo alvo atinge as duas orelhas da coruja simultaneamente, é porque o repasto está bem à sua frente. Em algumas corujas, uma das orelhas também está posicionada mais alta do que a outra, o que aumenta ainda mais a precisão da habilidade de localizar as presas.

12.6 Oscilações forçadas e ressonância

Se você bater em um diapasão tipo forquilha que não está fixado em uma base, o som produzido será fraco. Se repetir isso e, em seguida, escorar o cabo do diapasão sobre uma mesa, o som produzido será mais forte. A razão disso é que a mesa é forçada a vibrar, e sua grande superfície põe mais ar em movimento. Ela é forçada a vibrar pelo diapasão de uma

APLICAÇÕES COTIDIANAS

IMAGEAMENTO ACÚSTICO E GOLFINHOS

O sentido mais importante para os golfinhos é o da audição, pois a visão não é de muita utilidade nas águas profundas, normalmente escuras e cheias de sedimentos, dos oceanos. Enquanto para nós a audição é um sentido de uso passivo, nos golfinhos seu uso é ativo, pois eles emitem sons e depois formam uma percepção do ambiente ao redor por meio dos ecos de retorno. As ondas ultra-sônicas emitidas por um golfinho lhe permitem "enxergar" através dos corpos de outros animais e de pessoas. Pele, músculos e gordura são quase transparentes para os golfinhos, de maneira que eles "enxergam" um fino contorno do corpo – mas ossos, dentes e cavidades cheias de gás aparecem claramente. Evidências físicas de cânceres, tumores e ataques de coração podem também ser "visualizadas" por um golfinho – o que os humanos apenas recentemente têm sido capazes de fazer, com ultra-som.

O mais fascinante é que os golfinhos podem reproduzir os sinais sônicos associados às imagens mentais da vizinhança; assim, um golfinho provavelmente é capaz de transmitir a outros golfinhos a imagem acústica completa daquilo que ele próprio está "vendo", comunicando-a diretamente para a mente dos outros golfinhos. Ele não necessita de nenhuma palavra ou símbolo para "peixe", por exemplo, mas é capaz de comunicar uma imagem da coisa real – talvez com destaques enfatizados por meio de filtros seletivos, de maneira análoga a como comunicamos um concerto musical a outras pessoas através de vários meios de reprodução de sons. É uma pequena maravilha da natureza que a linguagem dos golfinhos seja inteiramente diferente da nossa!

RESOLUÇÃO DE PROBLEMAS

Problemas

1. Uma sonda oceânica de profundidade sobrevoa o fundo do oceano emitindo sons ultra-sônicos que se propagam a 1.530 m/s na água do mar. Qual será a profundidade da água se o tempo de retardo do eco proveniente do fundo do oceano for de 2 s?

2. Enquanto está sentado na beira de um trapiche, Otis nota que as ondas estão chegando com uma distância *d* entre as cristas. A chegada das cristas nos pilares do trapiche ocorre à razão de uma crista a cada 2 segundos.

a. Determine a freqüência da ondas.

b. Mostre que a velocidade das ondas é dada por fd.

c. Suponha que d seja igual a 1,8 m. Mostre que a velocidade das ondas é ligeiramente menor do que 1,0 m/s.

Soluções

1. O tempo da viagem de ida e volta é de 2 s, o que significa 1 s se propagando para baixo e 1 s para cima. Logo,

$$d = vt = 1.530 \text{ m/s} \times 1 \text{ s} = 1.530 \text{ m}$$

(Um radar funciona de maneira parecida, com microondas sendo emitidas em vez de ultra-som.)

2. a. A freqüência das ondas é dada uma a cada 2 s, ou $f =$ 0,5 Hz.

b. $v = f\lambda = fd$.

c. $v = fd = 0{,}5$ Hz (1,8m) $= 0{,}9$ m

freqüência qualquer. Isso é um exemplo do que chamamos de oscilação forçada. As vibrações no piso de uma fábrica, causadas por maquinaria pesada, é outro exemplo de **oscilação forçada**. Um exemplo mais agradável é o de um som produzido pela caixa de som de algum instrumento de corda.

Se você deixar cair um martelo e um bastão de beisebol sobre um piso de concreto, facilmente perceberá a diferença nos sons produzidos. Isso ocorre porque cada um deles vibra diferentemente ao bater contra o piso. Eles não são forçados a vibrar em uma freqüência particular, mas, em vez disso, cada um vibra em sua própria freqüência característica. Qualquer objeto feito de material elástico, quando percutido, vibrará em seu próprio conjunto particular de freqüências, que juntos formam sua sonoridade característica. Estamos nos referindo à **freqüência natural** de um objeto, que depende de fatores tais como a elasticidade e a forma do mesmo. Sinos e diapasões em forquilha, é claro, vibram em suas próprias freqüências características. Curiosamente, a maioria das coisas, desde átomos até planetas e quase tudo intermediário a eles, possuem elasticidade e vibram em uma ou mais freqüências naturais.

Quando a freqüência da vibração forçada de um objeto se iguala à freqüência natural do mesmo, ocorre um significativo aumento da amplitude. Esse fenômeno é denominado **ressonância**. Literalmente, *ressonância* significa "ressoar" ou "soar novamente". Massa de vidraceiro não ressoa por não ser elástica, e um lenço deixado cair é flácido demais para tal. A fim de que alguma coisa possa ressoar, é necessária a existência de uma força que a traga de volta à sua posição original, e bastante energia para mantê-la vibrando.

Uma experiência comum que ilustra a ressonância pode ser realizada com um balanço de criança. Quando nos balançamos nele, o fazemos em um ritmo igual à sua freqüência natural. Mesmo as pequenas balançadas que produzimos, ou pequenos empurrões dados por outra pessoa, se produzidos em ritmo com a freqüência natural de oscilação do balanço, produzirão grandes amplitudes.

Uma demonstração comum de sala de aula sobre ressonância é feita com um par de diapasões do tipo forquilha, ajustados para a mesma freqüência de vibração e colocados a uma distância mútua de um metro ou mais (Figura12.17). Quando um deles é posto a vibrar, acaba colocando o outro também em vibração. Isso é uma versão em pequena escala do ato de empurrar um amigo num balanço – é o ritmo que importa. Quando uma série de ondas sonoras atinge o outro diapasão, cada compressão dá um minúsculo empurrão no braço do diapasão. Como a freqüência desses pequenos empurrões corresponde à freqüência natural do diapasão, eles vão sucessivamente aumentando a amplitude da vibração. Isso acontece porque os empurrões ocorrem no tempo certo, e repetidamente, no mesmo sentido do movimento instantâneo do braço do diapasão. O movimento do segundo diapasão freqüentemente é chamado de *vibração ressonante*.

psc

Por que Hollywood insiste em colocar ruídos de máquinas na trilha sonora sempre que uma espaçonave aparece deslocando-se pelo espaço exterior? Não pareceria mais emocionante que elas fossem vistas flutuando silenciosamente?

Se os diapasões não estão ajustados na mesma freqüência de ressonância, os empurrões produzidos pelas compressões perdem o ritmo e a ressonância não ocorre. Quando você gira o botão de sintonia de seu rádio está, analogamente, ajustando a freqüência natural do circuito eletrônico para que se iguale à freqüência de algum dos vários sinais que o circundam. O sistema, então, entra em ressonância com uma das estações de rádio de cada vez, em vez de tocar todas as estações ao mesmo tempo.

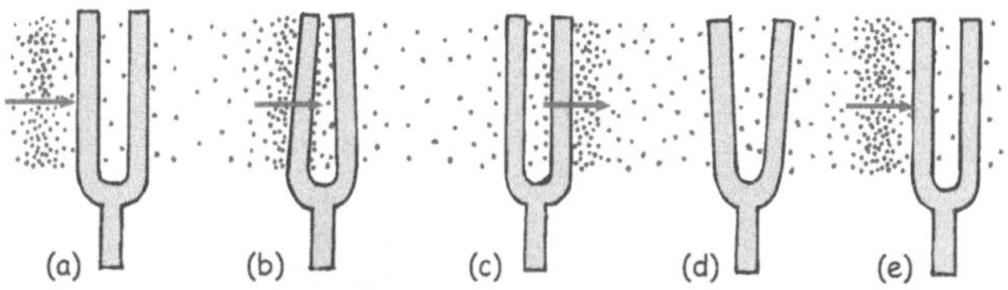
(a)
(b)
(c)
(d)
(e)

FIGURA 12.16

Estágios da ressonância. (a) A primeira compressão atinge a forquilha e lhe dá um minúsculo e momentâneo empurrão; (b) a forquilha se move e, então, (c) retorna à sua posição inicial quando chega a rarefação e (d) vai no sentido oposto. (e) A próxima compressão chega para repetir o ciclo. Mas agora a forquilha se moverá mais, pois ela já está em movimento.

FIGURA 12.17

Ryan demonstra a ressonância com um par de diapasões tipo forquilha com freqüências idênticas.

A ressonância não se restringe ao movimento ondulatório. Ela ocorre sempre que impulsos sucessivos são aplicados sobre um objeto vibrante, em ritmo com sua freqüência natural. Em 1831, tropas de cavalaria marchando ao longo de uma ponte para pedestres próxima a Manchester, Inglaterra, inadvertidamente causaram o colapso da ponte quando o ritmo da marcha se igualou à freqüência natural da estrutura. Desde então, tornou-se costume ordenar às tropas que "percam o passo" ao atravessar pontes. Um desastre de ponte mais recente foi causado pela ressonância gerada pelo vento (Figura 12.18).

psc

Como os seres humanos, os papagaios usam a língua para produzir e modular sons. Pequenas alterações na posição da língua resultam em grandes diferenças no som que é originalmente produzido na laringe, um órgão que atua como caixa de som, situado entre a traquéia e os pulmões.

FIGURA 12.18

Em 1940, quatro meses depois de terminada, a ponte de Tacoma Narrows, no estado de Washington, EUA, foi destruída devido à ressonância gerada pelo vento. Uma brisa moderada produziu uma força flutuante em ressonância com a freqüência natural da ponte, aumentando continuamente a amplitude da oscilação, até que a ponte finalmente se rompesse.

12.7 Interferência

Uma propriedade intrigante de todas as ondas é a de **interferência**. Considere ondas transversais. Quando as cristas de uma onda se superpõem às cristas de outra, seus efeitos individuais se somam. O resultado é uma onda com amplitude aumentada. Isso é chamado de *interferência construtiva* (Figura 12.19). Quando as cristas de uma onda se sobrepõem aos ventres de outra, seus efeitos individuais são reduzidos. A parte alta de uma onda simplesmente ocupa a parte baixa da outra. Isso se chama *interferência destrutiva*.

A interferência de ondas é observada mais facilmente na superfície da água. Na Figura 12.20 vemos o padrão de interferência formado por dois objetos em vibração enquanto tocam na superfície da água. Podemos ver as regiões onde as cristas de uma onda se superpõem aos ventres da outra, produzindo regiões de amplitude nula. Nos pontos dessas regiões, as ondas chegam descompassadas. Dizemos, então, que elas estão *fora de fase* uma em relação à outra.

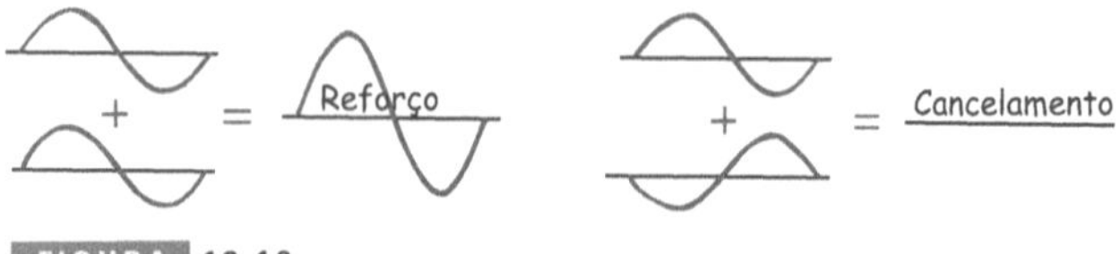
+
=
Reforço
+
=
Cancelamento

FIGURA 12.19

Interferência construtiva e destrutiva em uma onda transversal.

A interferência é uma propriedade de todo movimento ondulatório, seja de ondas se propagando na água, ondas sonoras ou ondas luminosas. Na Figura 12.21 vemos uma comparação entre a interferência criada por ondas transversais e longitudinais. No caso do som, as cristas de uma onda correspondem a uma zona de compressão, e os ventres, a zonas de rarefação.

A interferência sonora destrutiva está no coração da *tecnologia anti-ruído*. Certos dispositivos ruidosos, tais como britadeiras, agora vêm equipados com microfones que enviam o som produzido pelo dispositivo para um *microship* eletrônico, o qual cria um padrão de onda que é uma imagem especular dos sons originais. Este sinal de som especular alimenta, então, um fone de ouvido usado pelo operador da máquina. Dessa maneira, as compressões (ou rarefações) do som produzido pela máquina são canceladas pelas rarefações (ou compressões) do sinal enviado para o fone de ouvido. A combinação dos sinais elimina o ruído do martelo hidráulico. Dispositivos anti-ruído também são comuns em algumas aeronaves, que agora são muito mais silenciosas interiormente do que antes do uso desta tecnologia. Será que os automóveis serão os próximos, talvez eliminando a necessidade de um silenciador?

A interferência sonora é ilustrada de forma impressionante quando um som monofônico é tocado em um siste-

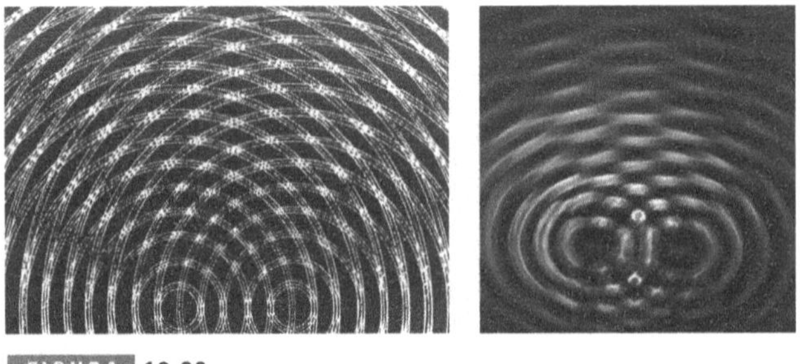

FIGURA 12.20

Superposição de dois conjuntos de ondas na água, produzindo um padrão de interferência.

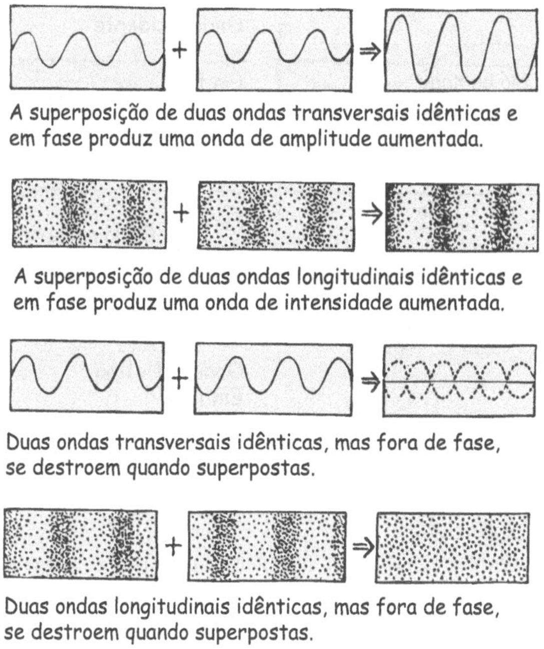
A superposição de duas ondas transversais idênticas e em fase produz uma onda de amplitude aumentada.
A superposição de duas ondas longitudinais idênticas e em fase produz uma onda de intensidade aumentada.
Duas ondas transversais idênticas, mas fora de fase, se destroem quando superpostas.
Duas ondas longitudinais idênticas, mas fora de fase, se destroem quando superpostas.

FIGURA 12.21
Interferência ondulatória construtiva (dois painéis superiores) e destrutiva (dois painéis inferiores) de ondas transversais e longitudinais.

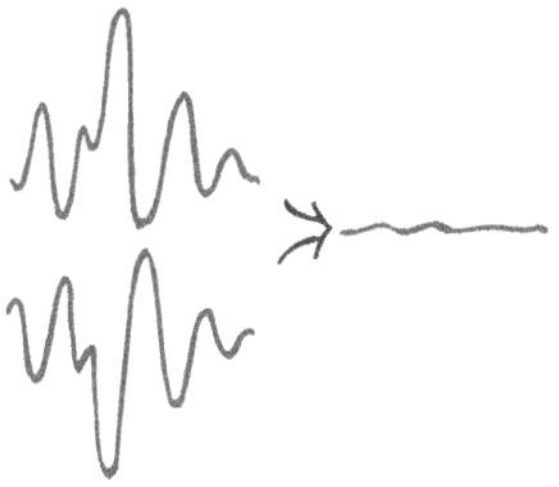

FIGURA 12.22
Quando a imagem especular de um sinal sonoro se combina com o som original, os sons se cancelam.

FIGURA 12.23
Quando a entrada para o fio positivo e para o fio negativo de um dos alto-falantes de um sistema estéreo estão trocadas, os alto-falantes ficam fora de fase um com o outro. Quando os alto-falantes são posicionados afastados um do outro, um som monofônico não é ouvido com um volume tão grande como quando os alto-falantes estão ligados corretamente em fase. Quando eles são posicionados face a face, ouve-se muito pouco som. A interferência é quase completa, com as compressões de um alto-falante preenchendo as rarefações do outro.

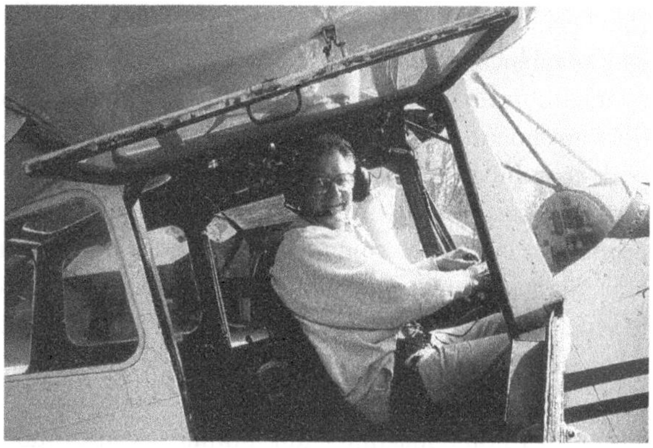

FIGURA 12.23
Ken Ford pilota em completo conforto quando está usando fones de ouvido anti-ruído. Em aeronaves maiores, o som proveniente dos motores é processado e emitido com anti-ruído por alto-falantes localizados dentro da cabine para que os passageiros tenham uma viagem mais silenciosa.

ma estereofônico cujos alto-falantes estejam fora de fase. Os alto-falantes estão fora de fase quando os fios de entrada de um deles são trocados (a entrada positiva e a negativa ligadas invertidamente). Para um sinal monofônico, isso significa que, quando um dos alto-falantes está produzindo uma compressão do som, o outro está produzindo uma rarefação. O som gerado não é tão cheio e tão forte como quando os alto-falantes estão ligados em fase. As ondas mais longas são canceladas pela interferência. As ondas mais curtas são canceladas quando os alto-falantes são aproximados, e quando os dois são colocados de frente um para o outro, muito pouco som é ouvido! Somente as freqüências mais altas sobrevivem ao cancelamento. Você deveria tentar realizar este experimento para poder apreciá-lo.

Batimentos

Quando dois tons com freqüências ligeiramente diferentes soam simultaneamente, escuta-se uma flutuação no volume do som combinado; o som ouvido torna-se forte, depois fraco, depois forte de novo, depois fraco e assim por diante. Essa variação periódica no volume do som escutado é denominada **batimentos** e se deve à interferência. Se você puser em vibração, simultaneamente, dois diapasões com afina-

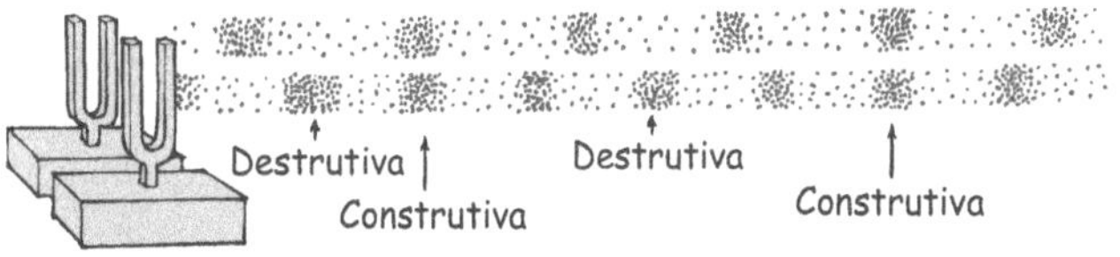
Destrutiva
Construtiva
Destrutiva
Construtiva

FIGURA 12.25
A interferência de duas fontes sonoras de freqüências ligeiramente diferentes produz batimentos.

ções ligeiramente descasadas, como a forquilha de um vibra com freqüência diferente da do outro, as vibrações das duas estarão momentaneamente em fase, depois fora de fase, depois novamente em fase, e assim por diante. Quando as ondas combinadas chegam aos ouvidos em fase – digamos, quando a compressão em um diapasão se superpõe à compressão no outro –, o volume do som atinge um máximo. Um momento mais tarde, quando as forquilhas estiverem fora de fase, com a compressão em uma delas se superpondo à rarefação na outra, o volume do som resultante passará por um mínimo. O som que alcança nossos ouvidos pulsa entre um volume máximo e um mínimo, produzindo um efeito trêmulo.

Batimentos podem ocorrer com qualquer tipo de onda, e eles fornecem uma maneira prática de se comparar freqüências. Para afinar um piano, por exemplo, o afinador do instrumento escuta os batimentos produzidos entre um diapasão-padrão de afinação e uma particular corda do piano. Quando as duas freqüências são idênticas, os batimentos somem. Os membros de uma orquestra afinam os instrumentos ouvindo os batimentos entre seus instrumentos e um tom padrão gerado por um piano ou outro instrumento.

Ondas estacionárias

Outro efeito fascinante da interferência é a formação de *ondas estacionárias*. Fixe uma das extremidades de uma corda a uma parede e sacuda a outra extremidade para cima e para baixo. A parede é tão rígida que não pode balançar, de modo que as ondas são refletidas ao longo da corda. Sacudindo a corda da maneira correta, você poderá fazer com que as ondas incidentes e as ondas refletidas interfiram e formem uma **onda estacionária**, em que partes da corda, chamadas de *nós*, mantêm-se paradas. Você pode colocar um dedo próximo a qualquer dos lados do nó de uma corda que ele não será tocado pela corda. Outras partes da corda, entretanto, entrariam em contato com seu dedo. As posições da onda estacionária onde os deslocamentos são máximos são conhecidas como *antinodos*. Os antinodos ocorrem a meio caminho entre dois nós vizinhos.

Ondas estacionárias são produzidas quando dois conjuntos de ondas, com mesma amplitude e comprimento de onda, passam um pelo outro em sentidos opostos. Então as ondas estão alternadamente em fase e fora de fase uma com a outra, produzindo regiões estáveis de interferência construtiva e destrutiva (Figura 12.26).

Ondas estacionárias estabelecem-se em cordas de instrumentos musicais ao serem tangidas, arranhadas ou percutidas. Também são produzidas no ar dentro de um órgão de tubos, uma flauta ou um clarinete – e no ar de uma

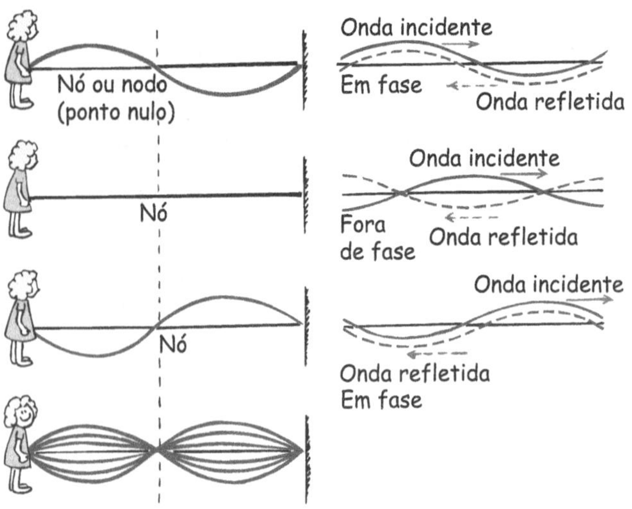
Onda incidente
Nó ou nodo (ponto nulo)
Em fase
Onda refletida
Onda incidente
Nó
Fora de fase
Onda refletida
Onda incidente
Nó
Onda refletida
Em fase

FIGURA 12.26
Ondas incidentes e refletidas interferem produzindo uma onda estacionária.

garrafa de refrigerante quando se sopra ar por sobre o bico da mesma. Ondas estacionárias se formam em um tonel com água ou em uma xícara de café quando sacudidas com a freqüência adequada. Ondas estacionárias podem ser produzidas tanto com vibrações transversais quanto com vibrações longitudinais.

12.8 Efeito Doppler

Considere um inseto no meio de uma poça parada. Um padrão de ondas é produzido quando o inseto sacode

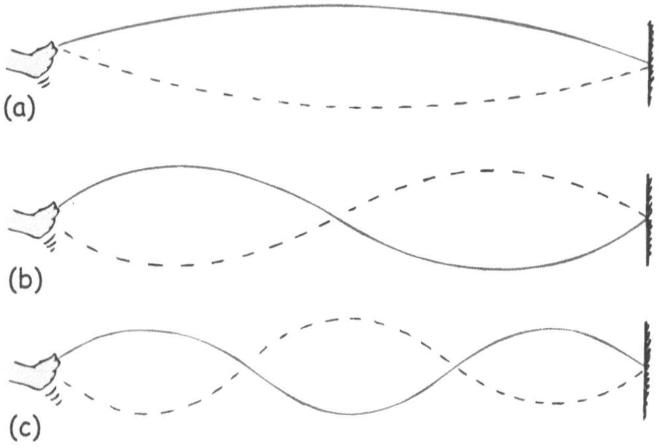
(a)
(b)
(c)

FIGURA 12.27
(a) Sacuda a corda até que nela se estabeleça uma onda estacionária com um laço (1/2 comprimento de onda). (b) Sacuda-a com uma freqüência duas vezes maior e produzirá uma onda com dois laços (1 comprimento de onda). (c) Sacuda-a com uma freqüência três vezes maior e produzirá três laços (3/2 comprimentos de onda).

PARE E
TESTE A SI MESMO

1. É possível que uma onda cancele outra de modo que a amplitude resultante seja exatamente nula?
2. Suponha que você estabeleça uma onda estacionária de três segmentos, como mostrado na Figura 12.27c. Se você sacudir a corda com freqüência duas vezes maior, quantos segmentos de onda ocorrerão na nova onda estacionária produzida? E quantos comprimentos de onda haverá?

VERIFIQUE SUAS RESPOSTAS

1. Sim. Isto é chamado de interferência destrutiva. Quando se estabelece uma onda estacionária em uma corda, por exemplo, partes dela não têm amplitude – os nós.
2. Se você dobrar a freqüência com a qual a corda é sacudida, produzirá uma onda estacionária com duas vezes mais segmentos. Você terá, então, seis segmentos. Uma vez que um comprimento de onda inteiro corresponde a dois segmentos, você terá três comprimentos de onda inteiros em sua onda estacionária.

as pernas e balança-se para cima e para baixo (Figura 12.28). O inseto não está se dirigindo a algum lugar específico, mas simplesmente perturbando a superfície da água numa posição fixa. As ondas que ele produz são círculos concêntricos porque a rapidez de propagação da onda é a mesma em qualquer direção. Se o inseto se balança sobre a água com uma freqüência constante, a distância entre as cristas de onda (o comprimento de onda) é a mesma em todas as direções. As ondas chegam ao ponto A com a mesma freqüência com que chegam ao ponto B. Isso significa que a freqüência do movimento ondulatório é a mesma nos pontos A e B ou em qualquer outro lugar na vizinhança do inseto. Esta freqüência de onda mantém-se igual à freqüência de oscilação do inseto.

Suponha que o inseto do parágrafo anterior agora se mova através da água com uma rapidez menor do que a da onda que se propaga neste meio. Na verdade, considere que

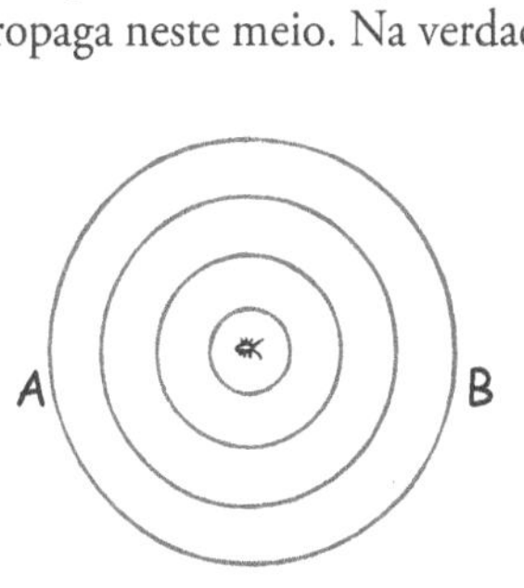
A
B

FIGURA 12.28
Vista superior das ondas produzidas na água por um inseto que se balança na superfície da água.

FIGURA 12.29
Ondas produzidas na água por um inseto nadando em água parada em direção ao ponto B.

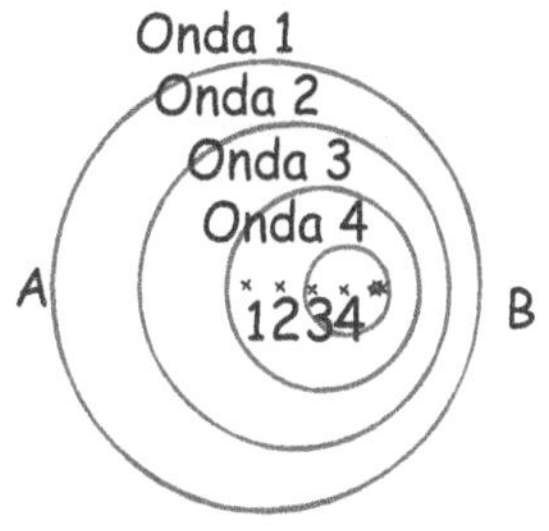
Onda 1
Onda 2
Onda 3
Onda 4
A
1234
B

o inseto esteja perseguindo as ondas que ele mesmo produz. O padrão ondulatório produzido, neste caso, será distorcido e não mais consistirá em círculos concêntricos (Figura 12.29). A crista circular da onda mais externa foi gerada quando o inseto se encontrava no centro desse círculo. O centro da próxima crista circular mais interna é a posição em que se encontrava o inseto no momento em que essa crista foi gerada, e assim por diante. Os centros das cristas circulares movem-se no mesmo sentido em que o inseto está nadando. Embora ele mantenha a mesma freqüência de balanço sobre a água que antes, um observador no ponto B veria as cristas da onda chegando nele mais freqüentemente.

O observador, portanto, mediria uma freqüência maior, porque cada crista sucessiva tem uma distância menor a percorrer e, assim, chega ao ponto B mais freqüentemente do que se o inseto não estivesse nadando em direção a B. Já outro observador, em A, mede uma freqüência *menor*, por causa do maior tempo decorrido entre as chegadas das cristas naquele ponto. Isso ocorre porque, para alcançar A, cada crista deve percorrer uma distância maior do que a crista que a antecede, devido ao movimento do inseto. Esta alteração da freqüência devido ao movimento da fonte (ou do receptor) é denominada **efeito Doppler** (em homenagem ao físico e matemático austríaco Christian Johann Doppler, que viveu entre 1803 e 1853).

As ondas se espalham por toda a superfície plana da água. O som e as ondas luminosas, por outro lado, se propagam no espaço tridimensional, em todas as direções, como um balão em expansão. Como as cristas das ondas circulares estão mais próximas umas das outras na frente do inseto que está nadando, as cristas das ondas esféricas do som e das ondas luminosas estão mais próximas umas das outras na frente da fonte que se move, chegando mais freqüentemente ao receptor. O efeito Doppler ocorre para todos os tipos de ondas.

O efeito Doppler é evidente quando se escuta a variação de altura do som emitido pela sirene de uma ambulância ou de um carro de bombeiro. Enquanto a sirene está se aproximando, as cristas das ondas sonoras chegam à sua orelha com freqüência maior do que a normal. Depois que a sirene passou por você e está se afastando, as cristas das ondas atingem sua orelha menos freqüentemente, e você nota a diminuição na altura do som.

FIGURA 12.30
A altura do som aumenta quando a fonte se move em direção a você, e diminui quando a fonte está se afastando.

FIGURA 12.31
O padrão ondulatório produzido por um inseto que nada com a velocidade da onda.

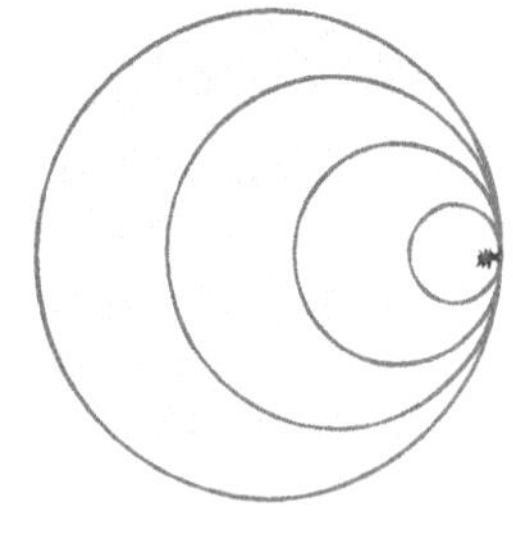

O efeito Doppler também ocorre com a luz. Quando uma fonte luminosa está se aproximando, ocorre um aumento na sua freqüência; e quando ela está se afastando, ocorre uma diminuição na freqüência. Um aumento na freqüência da luz é chamado de *desvio para o azul*, porque o aumento ocorre em direção às freqüências mais altas, ou em direção à extremidade azul do espectro das cores. Uma diminuição da freqüência é chamada de *desvio para o vermelho*, referente ao deslocamento para as freqüências mais baixas, ou seja, para a extremidade vermelha do espectro das cores. Galáxias distantes, por exemplo, apresentam um deslocamento para o vermelho na luz que emitem. Medir esse deslocamento permite calcular suas velocidades de afastamento. Uma estrela que gira rapidamente apresenta um deslocamento para o vermelho, na luz que foi emitida pelo lado dela que está se afastando de nós ao girar, e um deslocamento para o azul, na luz emitida pelo lado que está se aproximando de nós durante o giro. Isso torna possível calcular o taxa de rotação da estrela.

PARE E TESTE A SI MESMO

Quando uma fonte sonora ou luminosa está se aproximando de você, ocorre um aumento ou uma diminuição na rapidez de propagação da onda?

VERIFIQUE SUA RESPOSTA

Nem um, nem outro! É a freqüência de uma onda que sofre alteração quando a fonte está em movimento, e não o módulo da velocidade da onda.

12.9 Barreiras de ondas e ondas de proa

Quando uma fonte de ondas se move mais rápida do que as ondas que ela produz, uma "barreira de onda" é produzida. Considere o inseto de nosso exemplo anterior. Se ele está nadando tão rápido quanto as ondas produzidas, o inseto se manterá junto às ondas que ele gera. Em vez das ondas geradas se moverem adiante do inseto, afastando-se dele, elas passam a se superpor e a se amontoar umas nas outras, formando uma corcova na frente do inseto (Figura 12.31). Assim, o inseto se depara com uma barreira de onda. O inseto precisa fazer muito esforço para nadar sobre essa corcova antes de poder nadar mais rápido que a onda.

A mesma coisa acontece com um avião que voa à velocidade do som. A superposição das ondas produz uma barreira de ar comprimido nas partes dianteiras das asas e de outras partes da aeronave. Um empuxo considerável é necessário para ela ultrapassar esta barreira (Figura 12.32). Uma vez ultrapassada, a aeronave pode voar mais rapidamente do que o som sem enfrentar uma oposição semelhante. A aeronave passa a ser *supersônica*. É como no caso do inseto, o qual, uma vez ultrapassada a barreira de onda, se depara com um meio à frente relativamente suave e não perturbado.

Quando o inseto nada mais rápido do que a onda, ele produz um padrão de superposição de ondas, ilustrado de forma idealizada na Figura 12.33. O inseto ultrapassa e deixa para trás as ondas que produz. A superposição das ondas dá origem a uma onda em forma de um V, chamada **onda de proa**, que parece ser arrastada pelo inseto. A superposição de ondas cria a familiar onda de proa que vemos quando uma lancha corta velozmente a água.

Alguns padrões ondulatórios formados por fontes que se movem com valores diferentes de velocidade são mostrados na Figura 12.34. Note que, após a velocidade da fonte

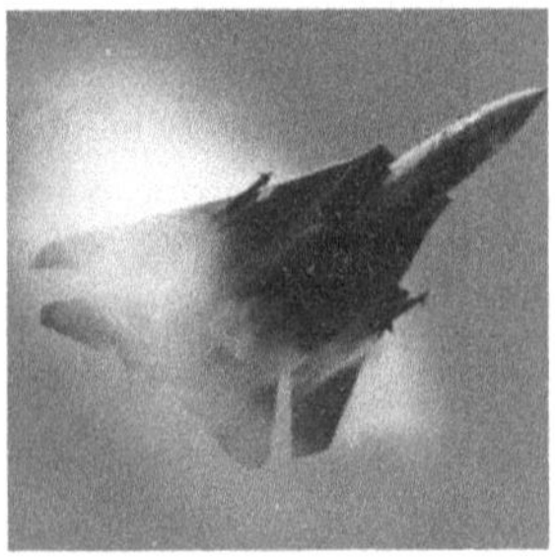

FIGURA 12.32
A condensação do vapor d´água pela rápida expansão do ar pode ser vista na região rarefeita por trás da parede de ar comprimido.

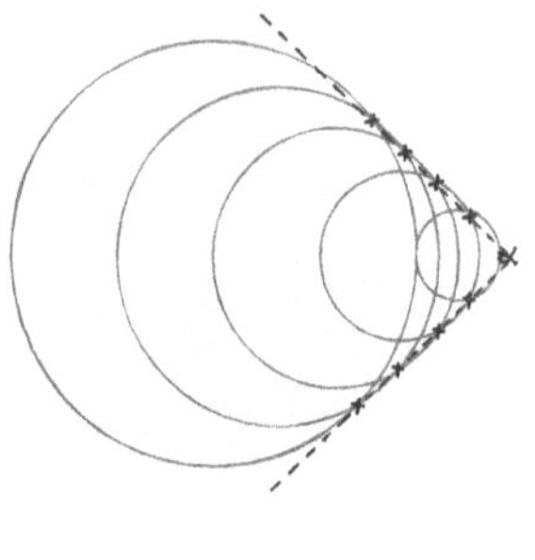

FIGURA 12.33
Padrão ondulatório idealizado produzido por um inseto que nada mais rápido do que a onda que produz.

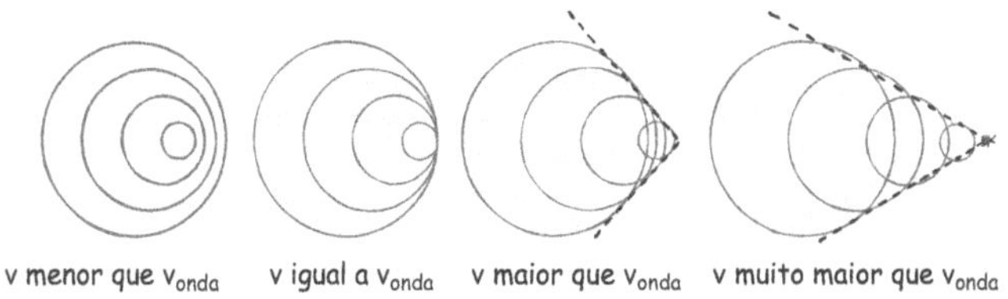
v menor que v_{onda}
v igual a v_{onda}
v maior que v_{onda}
v muito maior que v_{onda}

FIGURA 12.34

Padrões idealizados produzidos por um inseto que nada com velocidades sucessivamente maiores. A superposição nas bordas ocorre somente quando o inseto nada com velocidade maior do que a da onda.

ultrapassar a velocidade da onda, um aumento adicional na velocidade da fonte produz um V mais estreito[4].

12.10 Ondas de choque e estrondos sônicos

Enquanto uma lancha cortando velozmente a água gera uma onda de proa bidimensional na superfície da água, uma aeronave supersônica produz, analogamente uma *onda de choque* tridimensional. Da mesma forma como uma onda de proa é produzida pela superposição de círculos que formam um V, a superposição de esferas que formam um cone produz uma **onda de choque.** E da mesma forma como uma onda de proa se espalha até alcançar a beira de um lago, a esteira cônica gerada por uma aeronave supersônica se espalha pelo ar até atingir o solo.

A onda de proa gerada por um barco rápido que passa por você pode espirrar água e acabar molhando-o se você estiver nas margens da água. Neste sentido, você poderia dizer que foi atingido por um "estrondo aquático". Da mesma maneira, quando a "concha" cônica de ar comprimido que se desloca atrás de uma aeronave supersônica chega àqueles que estão abaixo, no solo, a "pancada" seca que se escuta é descrita como um **estrondo sônico.**

Não se escuta um estrondo sônico originado por uma aeronave mais lenta do que o som (subsônica) porque as ondas sonoras chegam gradualmente aos nossos ouvidos e são percebidas como um som contínuo. Somente quando a nave for mais rápida do que o som é que ocorrerá a superposição das ondas, que alcançarão nossos ouvidos como um único estouro. O súbito aumento da pressão causa praticamente o mesmo efeito que a rápida expansão do ar durante uma explosão. Ambos os processos emitem um estouro de ar comprimido para o ouvinte. Os tímpanos são fortemente comprimidos pela alta pressão e incapazes de distinguir entre a alta pressão uma explosão e a de uma onda de choque produzida pela superposição de muitas ondas sonoras.

Um esquiador aquático está familiarizado com o fato de que, próxima à alta corcova da onda de proa em forma de V, existe uma depressão com a mesma forma. O mesmo é verdadeiro para uma onda de choque, que normalmente consiste de dois cones: um de alta pressão, gerado pela ponta da aeronave supersônica, e outro de baixa pressão, que segue a (ou está na) cauda da nave. As bordas desses cones são visíveis na fotografia do projétil supersônico da Figura 12.35. Entre os dois cones, a pressão se eleva bruscamente acima da pressão atmosférica, depois cai subitamente abaixo dela, para então se elevar rapidamente para a pressão atmosférica normal na parte interna do cone (Figura 12.37). Essa pressão acima do normal, subitamente seguida por outra, abaixo do normal, intensifica o estrondo sônico resultante.

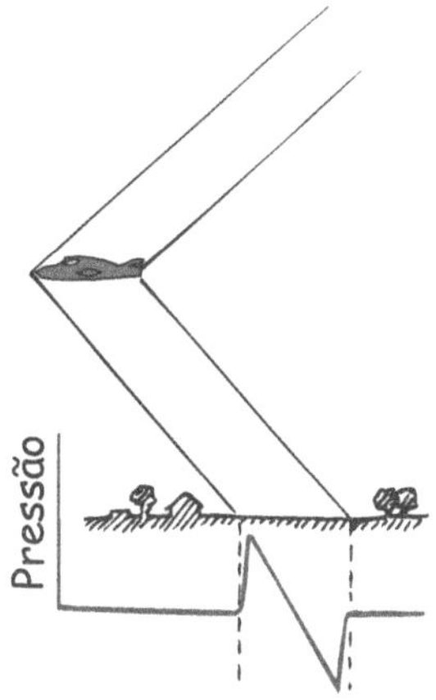
Pressão

FIGURA 12.36

Uma onda de choque.

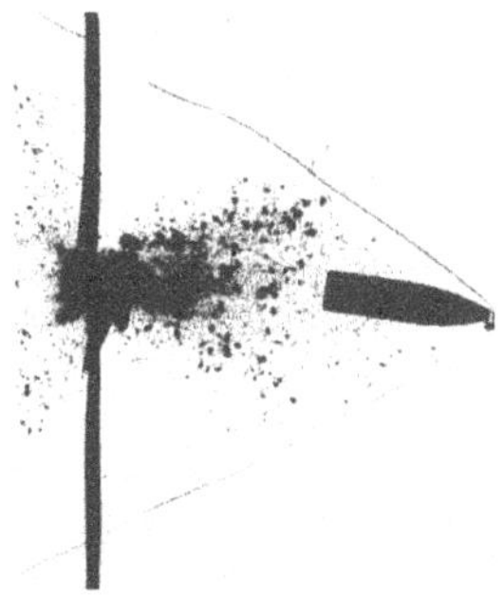

FIGURA 12.35

A onda de choque de uma bala ao perfurar uma chapa de *Plexiglas*. A luz é desviada ao atravessar o ar comprimido que constitui a onda de choque, tornando-a visível. Observe cuidadosamente e veja a segunda onda de choque, originada pela parte posterior do projétil.

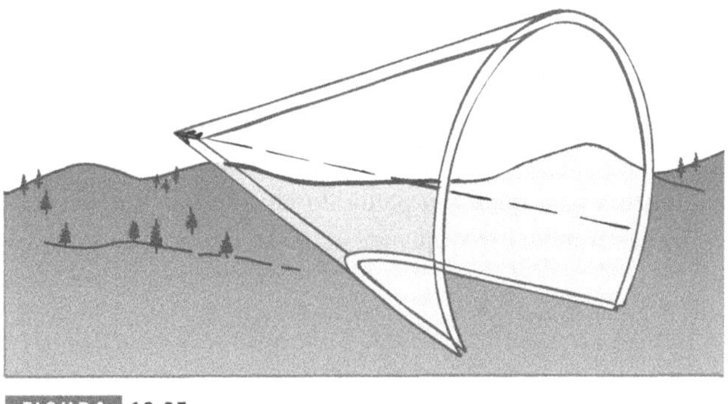

FIGURA 12.37

Uma onda de choque consiste, de fato, em dois cones – um de alta pressão com vértice na ponta da aeronave, e outro, de baixa pressão, com vértice na cauda. O gráfico da pressão do ar, ao nível do solo, entre os dois cones tem a forma da letra N.

[4] As ondas de proa geradas por barcos na água são de fato mais complexas do que o indicado aqui. Nossa abordagem idealizada serve como uma analogia para a produção de ondas de choque menos complexas no ar.

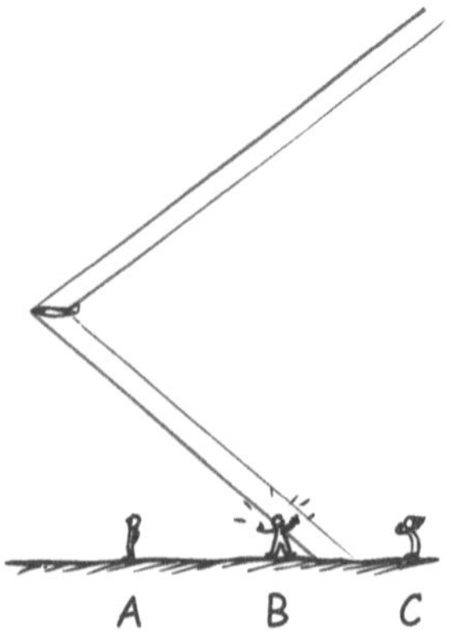
A
B
C

FIGURA 12.38

A onda de choque ainda não alcançou o ouvinte A, mas está agora passando pelo ouvinte B, e já passou pelo ouvinte C.

Uma falsa concepção bastante comum é a de que os estrondos sônicos são produzidos quando a aeronave "rompe a barreira do som" – ou seja, no momento em que a aeronave ultrapassa a velocidade do som. Isso é o mesmo que dizer que a onda de proa gerada por um barco existe apenas quando ele está alcançando as ondas que ele mesmo gerou.

Não é assim que acontece. A realidade é que uma onda de choque e o estrondo dela resultante estão continuamente varrendo as regiões acima e abaixo da aeronave que se desloca mais rápida do que o som, da mesma forma que a onda de proa está varrendo continuamente as partes da água que ficam para trás de um barco veloz. Na Figura 12.38, o ouvinte B está no processo de escuta do estrondo sônico. O ouvinte C já o escutou, e o ouvinte A o escutará em breve. A aeronave que gera essa onda de choque pode ter rompido a barreira do som horas atrás!

Não é necessário que a fonte móvel seja "ruidosa" para produzir uma onda de choque. Uma vez que o objeto esteja se movendo a uma velocidade maior do que a do som no ar, ele produzirá som. Uma bala supersônica, passando acima de nossas cabeças, produz um estalo que, de fato, é um pequeno estrondo sônico. Se ele fosse maior e perturbasse mais o ar em sua passagem, o estalo se pareceria mais com um estrondo. Quando em um circo o domador de leões estala seu chicote, o som de estalido é, na realidade, um estrondo sônico produzido pela ponta do chicote, que se desloca no ar com uma velocidade maior que a do som. Tanto a bala quanto a ponta do chicote não são, de fato, fontes sonoras, mas quando estão se deslocando com velocidades supersônicas, elas produzem seus próprios sons, assim como geram as ondas de choque.

Não confunda supersônico com ultra-sônico. Supersônico tem a ver com a rapidez – mais rápido do que o som. Ultra-sônico tem a ver com a freqüência – mais alta do que conseguimos escutar.

12.11 Sons musicais

A maior parte dos sons que escutamos são ruídos. O impacto de um objeto que cai, o ranger de uma porta, o ronco de uma motocicleta e a maioria dos sons do tráfego nas ruas de uma cidade são ruídos. O ruído corresponde a vibrações irregulares dos tímpanos produzidas por fontes que vibram de maneira irregular. Os gráficos que representam as variações da pressão do ar sobre os tímpanos são mostrados na Figura 12.40a e b. Na parte a, vemos um padrão errático de ruído. Na parte b, um som musical com formas que se repetem periodicamente. Estes são tons periódicos, ou "notas" musicais. (Mas os instrumentos musicais podem produzir ruído também!) Estes gráficos podem ser vistos na tela de um osciloscópio quando o sinal elétrico proveniente de um microfone alimentar o terminal de entrada deste dispositivo útil.

Não temos dificuldade em distinguir entre o som de um piano e o de um clarinete para uma mesma nota tocada (freqüência). Cada um desses sons tem uma ca-

FIGURA 12.39

A cantora e física Lynda Williams, professora de física no Santa Rosa Junior College, envolve-se totalmente na física da música.

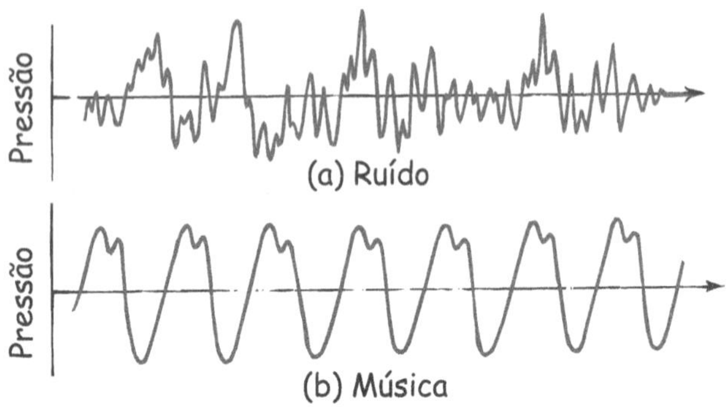
Pressão
(a) Ruído
Pressão
(b) Música

FIGURA 12.40

Representações gráficas de (a) ruído e (b) música.

racterística sonora que difere em **timbre**, ou qualidade, uma mistura de harmônicos de intensidades diferentes. A maioria dos sons musicais é formada pela superposição de muitos sons de freqüências diferentes, chamados de **componentes de freqüência**, ou simplesmente componentes. A freqüência mais baixa deles, chamada de **freqüência fundamental**, determina a altura da nota. Aqueles componentes de freqüência que são múltiplos inteiros da freqüência fundamental são chamados de **harmônicos**. Um tom com freqüência duas vezes maior do que a freqüência fundamental é o segundo harmônico, um tom com três vezes a freqüência fundamental é o terceiro harmônico e assim por diante (Figura 12.41)[5]. É a variedade dos componentes de freqüência que dá a uma nota musical seu timbre característico.

Assim, se tocarmos o C (Dó) central do piano, produziremos um tom fundamental com a altura de 262 hertz e também uma mistura de componentes de freqüência com duas, três, quatro, cinco vezes, e assim por diante, a freqüência do C central. O número de componentes de freqüência e o volume relativo de som de cada uma delas determinam o timbre do som associado ao piano. Os sons de praticamente todos os instrumentos musicais consistem do som fundamental e de seus componentes de freqüência. Tons puros, aqueles que possuem apenas uma única freqüência, podem ser produzidos eletronicamente. Os sintetizadores eletrônicos, por exemplo, geram tons puros e também misturas destes, numa vasta variedade de sons musicais.

O timbre de um som é determinado pela presença e pela intensidade relativa dos vários componentes. O ouvido é capaz de reconhecer os diferentes componentes de freqüência que o formam e, assim, distinguir o som produzido por certa nota do piano daquele produzido por um clarinete. Um par de notas de mesma altura, mas com timbres diferentes, ou possuem componentes diferentes ou então apresentam diferenças nas intensidades relativas de seus componentes.

Instrumentos musicais

A produção de som dos instrumentos musicais comuns pode ser agrupada em três classes: cordas vibrantes, colunas de ar vibrantes e percussão.

Em um instrumento de cordas, a vibração das cordas é transferida para um tampo vibrante, e daí para o ar, mas com uma eficiência baixa. Para compensar isso, nas orquestras existem agrupamentos ou seções de instrumentos de

[5] Nem todos os componentes de freqüência de uma nota complexa são múltiplos inteiros da fundamental. Diferentemente dos harmônicos produzidos por instrumentos de madeira ou de bronze, instrumentos de corda, como o piano, produzem componentes de freqüência "esticados" que são aproximadamente, mas não exatamente, harmônicos.

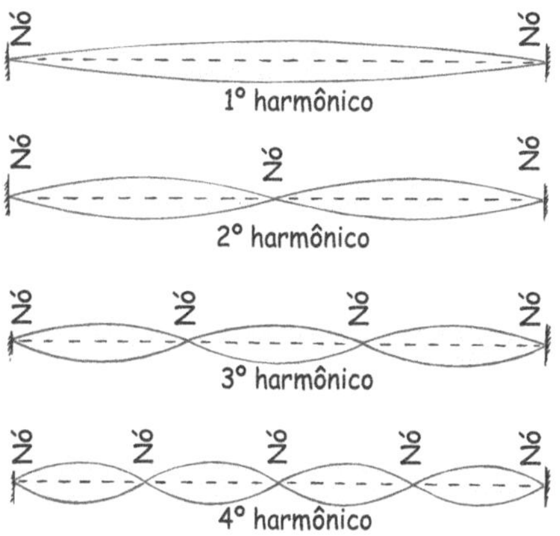
Nó
1° harmônico
2° harmônico
3° harmônico
4° harmônico

FIGURA 12.41
Modos de vibração da corda de uma guitarra.

FIGURA 12.42
Uma vibração composta do modo fundamental e do terceiro harmônico.

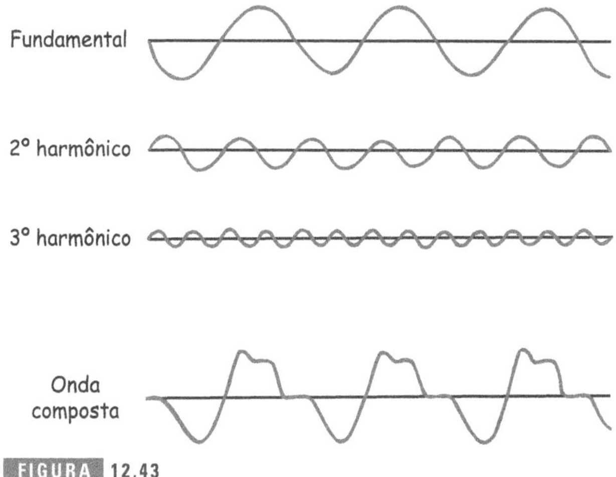
Fundamental
2° harmônico
3° harmônico
Onda composta

FIGURA 12.43
Ondas senoidais se combinando para produzir uma onda composta.

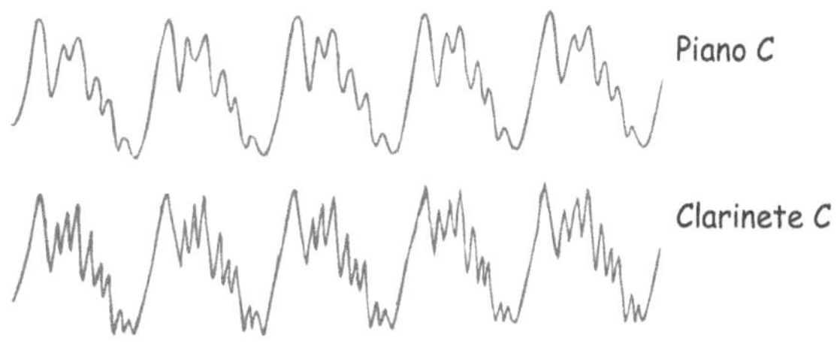
Piano C
Clarinete C

FIGURA 12.44
Os sons produzidos por um piano e por um clarinete diferem em timbre.

corda relativamente numerosos. Um número menor de instrumentos de sopro altamente eficientes equilibra o maior número de violinos.

Em um instrumento de sopro, o som é uma vibração de uma coluna de ar no interior do instrumento. Há diversas maneiras com as quais se pode fazer vibrar colunas de ar. Em instrumentos de bronze tais como trompetes, trompas e trombones, as vibrações dos lábios do instrumentista interagem com as ondas estacionárias que se estabelecem por causa da energia acústica refletida na extremidade do instrumento, que se alarga para fora na forma de um sino. Os comprimentos das colunas de ar vibrantes são manipulados apertando-se válvulas, que adicionam ou subtraem segmentos extras às colunas, ou estendendo ou diminuindo os comprimentos dos tubos. Em instrumentos de sopro feitos de madeira, tais como clarinetes, oboés e saxofones, uma corrente de ar soprada pelo músico faz vibrar uma palheta, ao passo que em pífaros, flautas e flautins, o músico sopra o ar contra a borda de um orifício a fim de gerar um fluxo flutuante que põe a coluna de ar em vibração.

Em instrumentos de percussão tais como tambores e címbalos, a membrana bidimensional, ou superfície elástica, é batida para produzir som. O tom fundamental que é gerado depende da geometria, da elasticidade e, em alguns casos, da tensão na superfície. Uma alteração da tensão na superfície vibrante resulta em mudança na altura do som produzido; abaixar a borda da superfície de um tambor com a mão é uma maneira de conseguir isso. Pode-se estabelecer diferentes modos de vibração batendo-se na superfície em lugares diferentes. Em um timbale, o formato da caixa altera a freqüência do tambor. Como em todos os sons musicais, o timbre depende do número de componentes de freqüência e de suas intensidades relativas.

Instrumentos musicais eletrônicos diferem notavelmente dos instrumentos convencionais. Em lugar de cordas que devem ser roçadas, tangidas ou percutidas, de palhetas sobre as quais o ar deve ser soprado ou de diafragmas para serem golpeados a fim de produzirem sons, certos instrumentos musicais usam elétrons para gerar os sinais que formam os sons musicais. Outros partem de um som produzido por um instrumento acústico e, então, o modificam. A música eletrônica exige do compositor e do instrumentista uma especialidade além do seu conhecimento em musicologia. Ela traz às mãos do músico uma ferramenta nova e poderosa.

APLICAÇÕES COTIDIANAS

ANÁLISE DE FOURIER

Em 1822, o matemático francês Joseph Fourier fez uma das mais interessantes descobertas sobre música. Ele descobriu que os movimentos ondulatórios periódicos podem ser decompostos em simples ondas senoidais. Uma onda senoidal é a mais simples de todas as ondas, tendo uma única freqüência, como mostrado na Figura 12.43. Todas as ondas periódicas, mesmo as complexas, podem ser decompostas em ondas senoidais constituintes de amplitudes e freqüências diferentes. A operação matemática para obter tal decomposição chama-se **análise de Fourier**. Não explicaremos aqui a matemática envolvida, simplesmente mencionaremos que com esta análise podemos encontrar as ondas senoidais puras, ou tons puros, que se adicionam para compor uma dada nota, digamos, uma tocada por um violino. Quando esses tons puros soam juntos, como ao colocar em vibração, simultaneamente, certo número de diapasões ou ao selecionar as chaves apropriadas de um órgão elétrico, eles combinam-se para dar a nota do violino. A onda senoidal de freqüência mais baixa é a fundamental, e ela determina a altura da nota. As ondas senoidais de freqüência maior são os componentes de freqüência que dão o timbre característico do som. Assim, a forma de onda de qualquer som musical nada mais é do que uma soma de ondas senoidais simples.

Uma vez que uma forma de onda musical é obtida de um grande número de diferentes ondas senoidais, para reproduzir o som corretamente em um rádio, toca-discos digital ou toca-fitas, deveríamos ser capazes de processar uma faixa de freqüências tão ampla quanto possível. As notas de um teclado de piano abrangem desde 27 hertz até 4.200 hertz, mas para reproduzir fielmente uma composição feita para o piano, o sistema de som deve ter uma faixa de freqüências que alcance até 20.000 hertz. Quanto mais ampla for a faixa de freqüências de um sistema elétrico sonoro, mais fiel ao som original o som será ouvido na saída do sistema, sendo larga, por isso, a faixa de freqüências de um sistema de som de alta-fidelidade.

Nossos ouvidos realizam automaticamente um tipo de análise de Fourier. Eles separam a confusão das complexas pulsações de ar que os alcançam e as transformam em tons puros constituídos por ondas senoidais. Ao escutarmos, nós os recombinamos em vários agrupamentos. As combinações de tons para as quais aprendemos a focar nossa atenção determinam o que ouvimos quando escutamos um concerto. Podemos dirigir nossa atenção para os sons de diversos instrumentos e separar os tons com volumes mais fracos dos que têm volume maior; podemos nos deliciar com a intricada interação dos instrumentos e ainda detectar os ruídos externos dos outros que nos cercam. Isso é uma incrível façanha.

Quem aprecia melhor a música – alguém que possui bastante conhecimento acerca dela, ou um ouvinte casual?

psc

Arranhou o CD? Passe um pouco de pasta de dente suavemente sobre ele. Os abrasivos que dão polimento aos dentes podem também eliminar os arranhões de um disco.

FIGURA 12.45
Cada ouvinte escuta a mesma música?

SUMÁRIO DE TERMOS

Vibração Uma oscilação no tempo.

Onda Uma oscilação tanto no espaço quanto no tempo.

Amplitude Para uma onda ou para uma vibração, o máximo afastamento, para ambos os lados, em relação à posição de equilíbrio (o ponto médio).

Comprimento de onda A distância entre duas cristas ou dois ventres sucessivos, ou entre duas partes idênticas e consecutivas da onda.

Freqüência Para um meio ou um corpo vibrante, o número de vibrações por unidade de tempo. Para uma onda, o número de cristas que passam por um particular ponto do espaço por unidade de tempo.

Hertz A unidade do SI para freqüência. Um hertz (símbolo Hz) é igual a uma vibração por segundo.

Período O tempo requerido para uma vibração ou uma onda realizar um ciclo completo; igual a 1/freqüência.

Velocidade de propagação da onda A rapidez com a qual uma onda passa por um determinado ponto:

$$\text{Velocidade de propagação da onda} = \text{comprimento de onda} \times \text{freqüência}$$

Onda transversal Uma onda em que o meio vibra em uma direção perpendicular (transversal) à direção em que a onda se propaga. Ondas luminosas são ondas deste tipo.

Onda longitudinal Uma onda na qual o meio vibra em uma direção paralela (longitudinal) à direção de propagação. As ondas sonoras são deste tipo.

Compressão Região condensada de um meio pelo qual se propaga uma onda longitudinal.

Rarefação Região rarefeita, ou onde a pressão é reduzida, de um meio pelo qual se propaga uma onda longitudinal.

Altura A impressão subjetiva da freqüência de um som.

Reflexão O retorno de um som; um eco.

Reverberação Um som que ecoa repetidamente.

Refração O desvio de uma onda, ao se propagar em um meio não-uniforme ou de um meio para outro, por causa de diferenças na velocidade da onda.

Oscilação forçada A vibração produzida em um objeto por uma força vibrante.

Freqüência natural Uma freqüência na qual um objeto elástico tende naturalmente a vibrar, de modo que um mínimo de energia é requerido para produzir uma vibração forçada ou para manter uma vibração naquela freqüência.

Ressonância A resposta de um corpo quando a freqüência da força exercida sobre ele coincide com sua freqüência natural.

Interferência O resultado de uma superposição de ondas diferentes, geralmente de mesmo comprimento de onda. A interferência construtiva resulta do reforço crista-a-crista; a interferência destrutiva, do cancelamento crista-ventre.

Batimentos Uma série de reforços e cancelamentos alternados, produzidos pela interferência de duas ondas com freqüências ligeiramente diferentes e escutada como uma pulsação no volume do som.

Onda estacionária Um padrão ondulatório estacionário que se forma em um meio quando dois conjuntos de ondas idênticas se propagam pelo meio em sentidos opostos.

Efeito Doppler A variação da freqüência detectada, devido ao movimento da fonte vibratória ou do receptor.

Onda de proa Uma onda em forma de V causada por um objeto que se move na superfície de um líquido com velocidade maior do que a da onda.

Onda de choque Uma onda em forma de cone causada por um objeto que se move com velocidade supersônica através de um fluido.

Estrondo sônico O som intenso resultante da passagem de uma onda de choque.

Timbre A sonoridade característica de um determinado instrumento musical, determinada pelo número e pelas intensidades relativas dos componentes de freqüência.

Componente de freqüência Uma das freqüências presentes em uma nota complexa. Quando um componente de freqüência é um múltiplo inteiro da freqüência mais baixa, trata-se de um harmônico.

Freqüência fundamental A freqüência mais baixa de uma vibração, ou primeiro harmônico. Em uma corda, a vibração que corresponde a um único segmento.

Harmônicos Componentes de freqüência que equivalem a um múltiplo inteiro da freqüência fundamental. A vibração que corresponde à freqüência fundamental é o primeiro harmônico; a que for duas vezes maior que a fundamental é o segundo harmônico, e assim por diante.

Análise de Fourier Método matemático para decompor qualquer forma de onda periódica em uma combinação de simples ondas senoidais.

LEITURA SUGERIDA

Chiaverina, Chris, e Tom Rossing, *Light Science: Physics for the Visual Arts*, New York: Springer, 1999. Uma leitura divertida escrita por dois físicos divertidos!

Para mais sobre a acústica de salas de concerto, consulte http://www.concerthalls.org.

Veja a produção de ondas estacionárias em http://www2.boglobe.ne.jp/~norimari/science/JavaEd/e-wave4.html.

QUESTÕES DE REVISÃO

12.1 Oscilações e ondas

1. Como se denomina uma oscilação que é função do tempo? E uma oscilação que depende tanto do espaço como do tempo?
2. Faça distinção entre a propagação de ondas sonoras e a de ondas luminosas.
3. Qual é a fonte de todas as ondas?
4. Faça distinção entre essas diferentes características de uma onda: período, amplitude, comprimento de onda e freqüência.
5. Quantas vibrações por segundo ocorrem em uma onda de rádio de 101,7 MHz?
6. Como se relacionam a freqüência e o período?

12.2 Movimento ondulatório

7. Em uma palavra, no movimento ondulatório o que se move entre a fonte e o receptor?
8. O meio em que se propaga uma onda move-se junto com ela? Dê um exemplo que justifique sua resposta.
9. Qual é a relação entre a freqüência, o comprimento de onda e a velocidade de uma onda?

12.3 Ondas transversais e longitudinais

10. Com relação à direção em que se propaga uma onda transversal, em que direção ocorrem as vibrações?
11. Com relação à direção em que se propaga uma onda longitudinal, em que direção ocorrem as vibrações?
12. Faça distinção entre uma compressão e uma rarefação.

12.4 Ondas sonoras

13. Como o som é emitido por um diapasão tipo forquilha?
14. O som se propaga mais rápido no ar quente ou no ar frio? Justifique sua resposta.
15. Como se compara a velocidade de propagação do som na água com a do som no ar? Como se compara a velocidade de propagação do som no aço com a do som no ar?

12.5 Reflexão e refração do som

16. Qual é a lei da reflexão do som?
17. O que é reverberação?
18. O que causa a refração?
19. O som tende a desviar-se para cima ou para baixo quando sua velocidade é menor próximo ao solo do que mais acima dele?
20. Existe uma diferença entre a maneira com a qual enxergamos passivamente nossa vizinhança, à luz do dia, e a maneira como examinamos ativamente nossa vizinhança com uma lanterna, na escuridão. Qual dessas formas de percepção de nossa vizinhança é mais parecida àquela com a qual um golfinho percebe sua vizinhança?

12.6 Oscilações forçadas e ressonância

21. Por que um diapasão em forma de forquilha, ao ser percutido, soa mais forte quando está em sua mão do que quando está em pé sobre uma mesa?
22. Uma bola de massa de vidraceiro possui alguma freqüência natural? Explique.
23. Faça distinção entre oscilações forçadas e ressonância.
24. O que é preciso para fazer um objeto entrar em ressonância?
25. Quando você está ouvindo rádio, por que só escuta uma estação de cada vez, em vez de todas, simultaneamente?
26. Por que as tropas "perdem o passo" quando precisam atravessar uma ponte?

12.7 Interferência

27. Que tipos de ondas exibem interferência?
28. Faça distinção entre interferência construtiva e interferência destrutiva.
29. O que significa dizer que uma onda está fora de fase com outra?
30. Que fenômeno físico está por trás dos batimentos?
31. O que causa a formação de uma onda estacionária?
32. O que é o nó? O que é um antinó?

12.8 Efeito Doppler

33. No efeito Doppler, a freqüência se altera? E o comprimento de onda? E a rapidez da onda?
34. O efeito Doppler pode ser observado em ondas longitudinais, em ondas transversais ou em ambas?

12.9 Barreiras de ondas e ondas de proa

35. Como se compara a velocidade de propagação de uma fonte de ondas com a das próprias ondas produzidas quando uma barreira de ondas está sendo produzida? Como elas se comparam quando uma onda de proa está sendo produzida?
36. Como a forma em V de uma onda de proa depende da velocidade da fonte que a produz?

12.10 Ondas de choque e estrondos sônicos

37. Verdadeiro ou falso: um estrondo sônico ocorre apenas quando a aeronave está rompendo a barreira do som. Justifique sua resposta.
38. Verdadeiro ou falso: para que um objeto possa produzir um estrondo sônico, é preciso que ele seja "ruidoso". Dê dois exemplos que sustentem sua resposta.

12.11 Sons musicais

39. Faça distinção entre um som musical e um ruído.
40. Por que normalmente existem mais instrumentos de corda numa orquestra do que instrumentos de sopro?

ATIVIDADES EXPLORATÓRIAS

1. Amarre uma mangueira de borracha, uma corda ou um barbante a um suporte fixo e o sacuda de forma a produzir uma onda estacionária. Verifique quantos nós você consegue produzir.
2. Teste para ver qual dos seus ouvidos tem melhor audição cobrindo uma orelha e descobrindo quão distante sua outra orelha consegue escutar o tique-taque de um relógio; depois repita o teste cobrindo a outra orelha. Observe também como melhora a sensibilidade de sua audição quando você posiciona as mãos, em forma de concha, atrás das orelhas.
3. Faça a atividade esquematizada na Figura 12.23 com um sistema de som estéreo. Simplesmente inverta um dos alto-falantes, de maneira que eles fiquem fora de fase. Quando um som monofônico é tocado e os alto-falantes são posicionados face a face, a diminuição do volume do som é verdadeiramente impressionante! Se os alto-falantes são bem isolados, você praticamente não escutará som algum.
4. Para esta atividade, você precisará de um alto-falante isolado (sem sua caixa) e de uma chapa de madeira compensada ou de uma cartolina – quanto maior, melhor. Faça um buraco na parte central da chapa com aproximadamente o mesmo tamanho do alto-falante. Escute música com o alto-falante isolado e, depois, ouça a diferença quando ele é colocado contra o buraco. A chapa diminui a quantidade de som proveniente da parte traseira do alto-falante, que interferiria com o som proveniente da parte frontal, produzindo um som muito mais cheio. Agora você sabe por que os alto-falantes são montados em caixas fechadas.
5. Molhe seu dedo e esfregue-o lentamente ao redor da borda fina de uma taça de vinho, mantendo a base firme no tampo da mesa com a outra mão. O atrito de seu dedo excitará ondas estacionárias no vidro, de maneira muito parecida com a qual se produz ondas nas cordas de um violino, pelo atrito de um arco. Tente fazer o mesmo usando uma tigela metálica.
6. Balance em círculo uma buzina de qualquer tipo sobre seu ouvido. Você não escutará o deslocamento Doppler, mas seus colegas ao lado ouvirão. A altura do som aumentará quando ela se aproximar deles, e diminuirá quando se afastar. Depois, troque de lugar com um colega e escute você também.
7. Cante a nota de menor altura que você consegue; depois procure ir dobrando a altura da nota e verifique quantas oitavas sua voz pode alcançar. Se você fosse um cantor, qual seria seu alcance vocal?
8. Sopre por sobre a boca de duas garrafas vazias e verifique se os sons produzidos são de mesma altura. Depois ponha uma delas em um congelador e repita tudo novamente. O som se propagará com menor velocidade no ar frio mais denso da garrafa gelada, e a nota correspondente será mais baixa. Experimente e comprove.

CÁLCULOS SIMPLES

$$\text{Freqüência} = \frac{1}{\text{período}}; f = \frac{1}{T}.$$

$$\text{Período} = \frac{1}{\text{freqüência}}; T = \frac{1}{f}.$$

1. Qual é a freqüência, em hertz, correspondente a cada um dos seguintes períodos?
   a. 0,10 s
   b. 5 s
   c. 1/60 s
2. Qual é o período, em segundos, correspondente a cada uma das seguintes freqüências?
   a. 10 Hz
   b. 0,2 Hz
   c. 60 Hz
3. Um peso suspenso por uma mola é visto oscilando para cima e para baixo, ao longo de uma distância de 20 centímetros, duas vezes a cada segundo. Qual é a freqüência do peso? Qual é o período? E a amplitude?

Velocidade de propagação da onda $v = f\lambda$

4. O capitão de um barco nota que as cristas de onda passam por sua âncora em intervalos de 5 s. Ele estima a distância entre as cristas das ondas em 15 m. E também estima corretamente a velocidade das ondas. Quanto vale esta velocidade?
5. As ondas de rádio se propagam com a velocidade da luz – 300.000 km/s. Qual é o comprimento de onda das ondas de rádio sintonizadas em 101,1 MHz no dial de seu rádio FM?

EXERCÍCIOS

1. Qual é a fonte de um movimento ondulatório?
2. Se dobrarmos a freqüência de vibração de um objeto, o que acontecerá ao seu período?
3. Mergulhando repetidamente seu dedo numa poça d'água, você produz ondas. O que acontecerá com o comprimento de onda se você mergulhar seu dedo mais freqüentemente?
4. Como se compara a freqüência de vibração de um pequeno objeto flutuando na água ao número de ondas que passam por ele a cada segundo?
5. Que espécie de movimento você deveria transmitir ao bocal de uma mangueira de jardim a fim de que o jato de água resultante se aproximasse de uma curva senoidal?
6. Que espécie de movimento se deveria transmitir a uma mola espiral (*Slinky*) distendida a fim de produzir uma onda transversal? E uma onda longitudinal?
7. Se uma boca de fogão a gás é aberta por alguns segundos, uma pessoa que se encontra a uns dois metros de distância escutará o gás escapando bem antes de sentir o cheiro. O que isso indica acerca da velocidade do som e do movimento das moléculas do meio transmissor do som?
8. Um gato consegue escutar freqüências acima de 70.000 Hz. Morcegos emitem e recebem guinchos de alta freqüência, acima de 120.000 Hz. Qual deles escuta sons com comprimento de onda mais curto?
9. O que significa dizer que uma estação de rádio está sintonizada em "101,1 no dial de um rádio FM"?
10. O som de uma fonte A tem freqüência duas vezes maior do que o de outra fonte B. Compare os comprimentos de onda do som produzido por essas fontes.
11. Suponha que uma onda sonora e uma onda eletromagnética tenham a mesma freqüência. Qual delas teria o maior comprimento de onda?
12. Numa pista de corrida automobilística, você nota fumaça saindo do cano da arma que dá a partida antes de escutar o tiro. Explique.
13. Em uma competição olímpica, um microfone capta o som do disparo de início da corrida e o envia eletricamente para os alto-falantes de cada corredor em seu ponto de partida. Por quê?
14. No instante em que um diapasão do tipo forquilha cria uma região de alta pressão bem próxima aos lados externos dos braços vibrantes, o que está sendo criado na região situada entre os dois braços?
15. Por que tudo é tão silencioso após uma nevasca?
16. Se uma campainha está tocando no interior de uma campânula de vidro, não poderemos mais ouvi-la quando o ar tiver sido evacuado dela, mas ainda poderemos vê-la. Que diferenças isso indica nas propriedades do som e da luz?
17. Por que a Lua é às vezes descrita como um "planeta silencioso"?
18. Enquanto está derramando água dentro de um copo, você bate repetidamente e de leve no vidro, com uma colher. À medida que o copo vai se enchendo, a altura do som irá aumentando ou diminuindo? (O que você deveria fazer para responder a esta questão?)
19. Se a velocidade de propagação do som dependesse de sua freqüência, você se divertiria em uma sala de concerto se estivesse localizado no segundo balcão do teatro?
20. Se a freqüência de um som fosse duplicada, o que ocorreria com a velocidade de propagação? E com o comprimento de onda? Justifique sua resposta.
21. Por que o som se propaga mais rapidamente no ar aquecido?
22. Por que o som se propaga mais rápido no ar úmido? (*Dica:* À mesma temperatura, as moléculas do vapor d'água têm a mesma energia cinética média das moléculas do oxigênio e do nitrogênio presentes no ar, que possuem massas maiores. Como, então, se comparam os valores de rapidez média das moléculas da água com os correspondentes valores das velocidades médias do N_2 e do O_2?)
23. Por que um eco é sempre mais fraco do que o som original?
24. Quais os dois erros de física cometidos em um filme de ficção científica que mostra uma explosão no espaço exterior em que podemos vê-la e ouvi-la simultaneamente?
25. Uma regra simples e prática para estimar a distância, em quilômetros, entre um observador e a queda de um raio consiste em dividir por 3 o número de segundos decorridos entre o momento do brilho e o da trovoada. Essa regra é correta?
26. Se uma única perturbação, ocorrida a uma distância desconhecida, produz tanto ondas transversais quanto ondas longitudinais, que se propagam através do meio com velocidades claramente diferentes, tal como as ondas que se propagam no solo durante os terremotos, como se poderia determinar a distância do ponto onde ocorreu a perturbação inicial?
27. Por que as pessoas que marcham no final de um comprido desfile seguindo uma banda estão descompassadas com respeito às que se encontram logo após a banda?
28. Que perigo correm as pessoas no balcão de um auditório ao baterem os pés em um ritmo constante?
29. Por que o som de uma harpa é comparativamente mais suave do que o de um piano?
30. Se a haste de um diapasão em forquilha for mantida firme contra o tampo de uma mesa, o som produzido torna-se mais

forte. Por quê? Como isso afeta o intervalo de tempo em que o diapasão se mantém vibrando? Explique.

31. A cítara, um instrumento musical indiano, possui um conjunto de cordas que vibram e produzem música, mesmo que o executante nunca as toque. Essas "cordas simpáticas" são idênticas às que são tocadas e são montadas abaixo destas. Qual é a sua explicação para isso?
32. Um dispositivo especial pode transmitir o som, que está fora de fase com um ruidoso martelo hidráulico, para o operador da máquina por meio de um par de fones de ouvido. Junto com o ruído da máquina, o operador pode escutar a voz de uma pessoa próxima quando ela própria mal consegue se ouvir. Explique.
33. Duas ondas sonoras de mesma freqüência podem interferir uma com a outra, mas duas ondas sonoras devem ter freqüências diferentes a fim de produzirem batimentos. Por quê?
34. Caminhando ao seu lado, um colega dá 50 passos por minuto, enquanto você dá apenas 48 no mesmo tempo. Se vocês dão juntos o primeiro passo, depois de quanto tempo estarão dando juntos o mesmo passo?
35. Suponha que um afinador de piano registre três batimentos por segundo quando escuta os sons combinados de seu diapasão de afinação e de uma nota do piano que está sendo afinado. Depois de esticar ligeiramente a corda, ele passa a escutar cinco batimentos por segundo. A corda deveria ser afrouxada ou esticada?
36. Uma locomotiva está parada com o apito tocando quando, então, começa a se mover em sua direção.
    a. A freqüência que você escuta aumenta, diminui ou mantém-se inalterada?
    b. E quanto ao comprimento de onda do som que chega aos seus ouvidos?
    c. E quanto à velocidade de propagação do som no ar entre a locomotiva e você?
37. Quando você sopra uma corneta enquanto dirige seu carro em direção a uma pessoa parada, esta registra um pequeno aumento da freqüência do som. A pessoa escutaria uma freqüência ligeiramente mais alta se ela também estivesse em um carro que trafegasse com a mesma rapidez e sentido que o seu? Explique.
38. Como o efeito Doppler ajuda a polícia a detectar motoristas em altas velocidades?
39. Os astrônomos descobriram que a luz emitida por um particular elemento em uma das bordas do Sol tem uma freqüência ligeiramente maior do que a emitida pelo mesmo elemento, porém a partir da borda oposta do Sol. O que isso nos informa acerca do movimento do Sol?
40. Seria correto dizer que o efeito Doppler é a variação aparente da rapidez de propagação de uma onda devido ao movimento da fonte? (Por que esta questão é tanto um teste de compreensão de texto quanto um teste de conhecimento de física?)
41. O ângulo cônico de uma onda de choque aumenta, diminui ou mantém-se constante quando uma aeronave supersônica aumenta sua velocidade?
42. Se o som de um aeroplano não tem origem na região do céu em que o avião é visto, isso implica que a aeronave está se deslocando mais rápido do que o som? Explique.
43. Um estrondo sônico ocorre no momento em que uma aeronave ultrapassa a velocidade do som? Explique.
44. Por que uma aeronave subsônica, não importa quanto ruidosa possa ser, não pode produzir um estrondo sônico?
45. Qual é o princípio físico usado por Manuel enquanto ele se balança em ritmo com a freqüência natural do balanço?

PROBLEMAS

● INICIANTE ■ INTERMEDIÁRIO ♦ AVANÇADO

1. ● Uma enfermeira registra 72 batidas cardíacas durante um minuto. Mostre que o período e a freqüência dos batimentos cardíacos são, respectivamente, 0,83 s e 1,2 Hz.
2. ● Sabemos que velocidade v = distância/tempo. Mostre que, quando a distância percorrida for de um comprimento de onda λ, e o tempo decorrido for T (igual a 1/freqüência), você obterá $v = f\lambda$.
3. ● Os fornos de microondas tipicamente cozinham alimentos usando microondas com freqüência de 2,45 GHz (gigahertz, ou 10^9 Hz). Mostre que o comprimento de onda dessas ondas é de 12,2 cm.
4. ● Por anos, os cientistas marinhos se assombraram com as ondas sonoras captadas por microfones colocados debaixo d'água, no oceano Pacífico. Essas ondas, chamadas ondas T estavam entre os sons mais puros produzidos pela natureza. Eles acabaram identificando as fontes dessas ondas como sendo vulcões submarinos cujas colunas de bolhas ascendentes ressoavam como tubos de órgãos. Uma onda T típica tem freqüência de 7 Hz. Sabendo que a velocidade do som na água é 1.530 m/s, mostre que o comprimento de onda de uma onda T é de 219 m.
5. ● Uma embarcação oceânica inspeciona o fundo do mar com ondas ultra-sônicas que se propagam a 1.530 m/s na água do mar. Mostre que, quando o tempo de retardo do eco no fundo do oceano é de 6 s, a profundidade da água é de 4.590 m.
6. ● Um morcego que está voando numa caverna emite um som e recebe seu eco 0,1 s mais tarde. Mostre que a distância dele até a parede da caverna é de 17 m.
7. ● Susie está martelando sobre um bloco de madeira a uma distância de 85 m de uma grande parede de alvenaria. Cada vez

que ela dá uma martelada, escuta o eco 0,5 s mais tarde. Com esta informação, mostre que a velocidade do som é de 230 m/s.

8. ● Imagine um velho eremita que vive nas montanhas. Momentos antes de ir dormir, ele grita "ACORDE", e o som ecoa na montanha mais próxima, retornando 8 horas depois. Mostre que a montanha está a cerca de 5.000 km de distância.

9. ● Em um teclado, você toca o dó central, cuja freqüência é de 256 Hz.
   a. Mostre que o período de uma vibração desta nota é de 0,00391 s.
   b. Se o som sai do instrumento com uma velocidade de 340 m/s, mostre que seu comprimento de onda no ar é de 1,33 m.

10. ■ a. Se fosse tão bobo a ponto de tocar seu instrumento de teclado debaixo d´água, onde a velocidade do som é de 1.500 m/s, mostre que o comprimento de onda do dó central na água seria de 5,86 m.
   b. Explique por que o dó central (ou qualquer outra nota) tem um comprimento de onda maior na água do que no ar.

11. ● Que freqüências de batimento são possíveis de obter dispondo-se de diapasões tipo forquilha de freqüências 256, 259 e 261 Hz?

12. ■ Como mostrado no desenho, a metade do ângulo do cone da onda de choque gerada por uma aeronave supersônica é de 45°. Qual é a velocidade do avião em relação à velocidade do som?

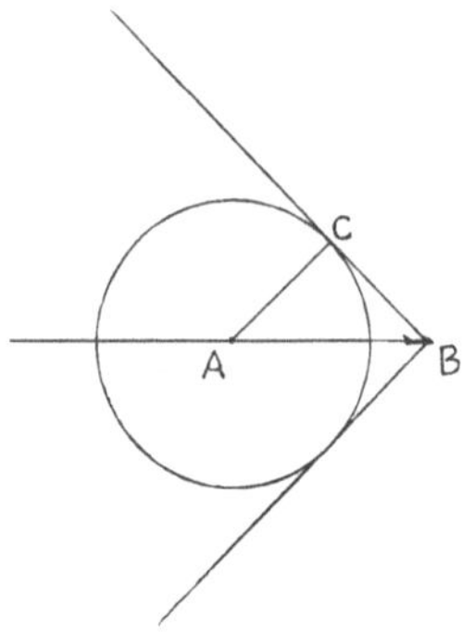
C
A
B

CAPÍTULO 13

Ondas Luminosas

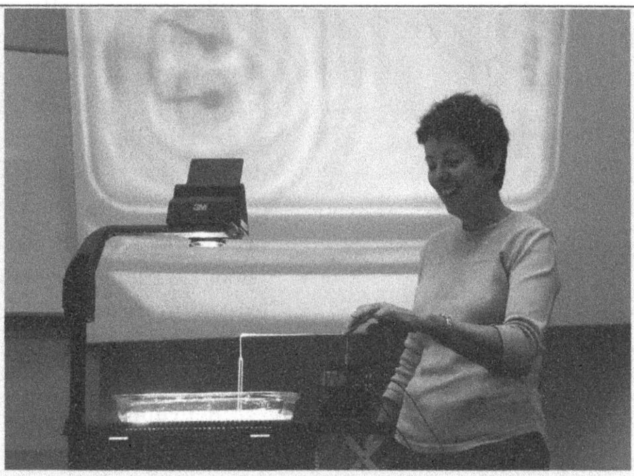

Jennie McKelvie, da Nova Zelândia, mostrando que um tanque de ondas funciona muito bem.

A luz é a única coisa que nós realmente vemos. Mas o que é a luz? Sabemos que durante o dia a fonte principal de luz é o Sol, e a secundária, o brilho do céu. Outras fontes de luz comuns são os filamentos incandescentes brancos das lâmpadas, o gás que brilha em tubos de vidro e as chamas. A luz se origina dos movimentos acelerados dos elétrons. Ela é um fenômeno eletromagnético e constitui apenas uma minúscula parte de um todo maior – a larga faixa das ondas eletromagnéticas chamada de espectro eletromagnético. Começaremos nosso estudo da luz investigando suas propriedades eletromagnéticas, como ela interage com os diversos materiais e qual a sua aparência – a cor. Nós comprovaremos a natureza ondulatória da luz pela maneira como ela se difrata e interfere.

13.1 O espectro eletromagnético

Se você movimentar a extremidade de uma haste para a frente e para trás na superfície da água, produzirá ondas na superfície. Se, analogamente, você sacudir um bastão eletricamente carregado de um lado para o outro no espaço livre, criará ondas eletromagnéticas que se propagarão no vácuo. Isso ocorre porque cargas elétricas em movimento constituem uma corrente elétrica. Recorde-se, do Capítulo 11, que um campo magnético circunda uma corrente elétrica, e que ele irá variar se a corrente variar. Lembre-se também que um campo magnético variável induz um campo elétrico – indução eletromagnética. E o que faz um campo elétrico variável? Ele induz um campo magnético variável. Um campo elétrico e um campo magnético variáveis geram um ao outro e constituem uma **onda eletromagnética**.

No vácuo, toda onda eletromagnética se propaga com o mesmo valor de velocidade. Elas diferem entre si em suas freqüências. A classificação das ondas eletromagnéticas de acordo com a freqüência é o **espectro eletromagnético** (Figura 13.3). Já se detectou ondas eletromagnéticas com freqüências abaixo de 0,01 hertz (Hz). Outras, com freqüências de vários milhares de hertz (kHz), são classifica-

FIGURA 13.1

Se você sacudir um objeto eletricamente carregado de um lado para o outro, produzirá uma onda eletromagnética.

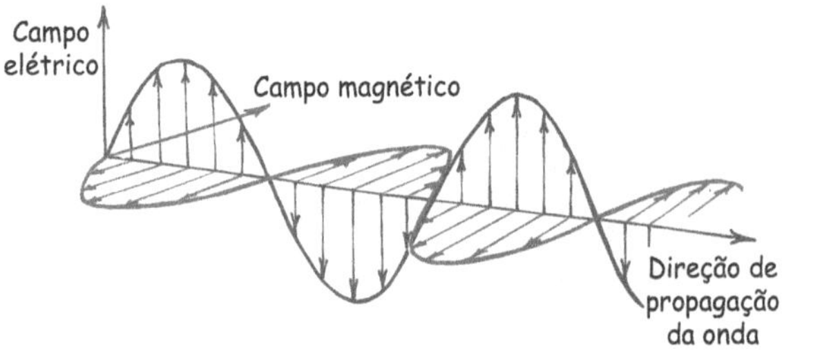
Campo elétrico
Campo magnético
Direção de propagação da onda

FIGURA 13.2

Os campos elétrico e magnético de uma onda eletromagnética no espaço livre são perpendiculares um em relação ao outro e em relação à direção do movimento da onda.

das como ondas de rádio de baixa freqüência. Um milhão de hertz (MHz) situa-se no meio da banda de rádio AM. A banda de freqüências de televisão, VHF (Very High Frequency, freqüências muito altas), começa em cerca de 50 milhões de hertz (MHz) e a das rádios FM vão de 88 a 108 MHz. Depois vem a banda de freqüências ultra-altas (UHF, Ultra High Frequency), seguida pela das microondas, além das quais encontramos as ondas infravermelhas, costumeiramente chamadas de "ondas de calor". Além dessas, se encontram as freqüências da luz visível, que constituem menos do que 1% do espectro eletromagnético medido.

As freqüências mais baixas de luz que podemos enxergar aparecem como luz vermelha. As freqüências mais altas de luz visível são aproximadamente duas vezes maiores do que as da vermelha, e aparecem como violeta. Freqüências ainda mais altas constituem o ultravioleta. Essas ondas de freqüência mais alta são mais energéticas e causam queimaduras na pele. Freqüências mais altas, além do ultravioleta, se estendem para as regiões dos raios X e dos raios gama. Não existem fronteiras bem-definidas entre essas regiões que, de fato, se superpõem. O espectro é dividido nessas regiões arbitrárias apenas por razões de classificação.

A freqüência com a qual uma onda eletromagnética varia no espaço é idêntica à da carga elétrica oscilante que a produziu. Freqüências diferentes correspondem a diferentes comprimentos de onda – baixas freqüências produzem longos comprimentos de onda; altas freqüências, pequenos comprimentos de onda. Quanto maior for a freqüência da carga oscilante, menor será o comprimento de onda da radiação[1].

A energia transportada pela luz é coletada por células solares, algumas das quais, agora, possuem mais do que 40% de rendimento. Fique atento ao importante papel delas ao converter a energia da luz solar em energia elétrica.

[1] A relação é $c = f\lambda$, onde c é a velocidade da luz (constante), f é a freqüência e λ é o comprimento de onda. É comum descrever o som e o rádio pela freqüência, e a luz, pelo comprimento de onda. Neste livro, todavia, daremos preferência ao simples conceito de freqüência para descrever a luz.

FIGURA 13.3

O espectro eletromagnético é uma faixa contínua de ondas que compreende desde ondas de rádio até raios gama. Os nomes descritivos de suas várias partes constituem simplesmente uma classificação histórica, pois todas as ondas são as mesmas em sua natureza básica, diferindo principalmente em freqüência e comprimento de onda; todas as ondas eletromagnéticas têm o mesmo valor de velocidade.

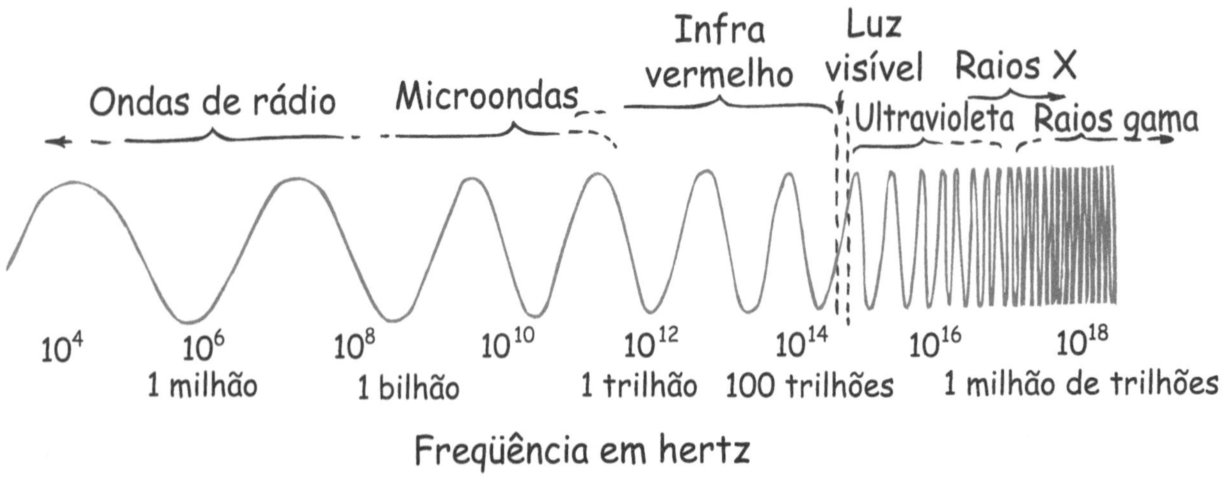
Ondas de rádio
Microondas
Infra vermelho
Luz visível
Raios X
Ultravioleta
Raios gama
10^4
10^6
1 milhão
10^8
1 bilhão
10^10
10^12
1 trilhão
10^14
100 trilhões
10^16
10^18
1 milhão de trilhões
Freqüência em hertz

PARE E TESTE A SI MESMO

É correto dizer que uma onda de rádio é uma onda luminosa de baixa freqüência? Uma onda de rádio é também uma onda sonora?

VERIFIQUE SUA RESPOSTA

Sim, tanto as ondas de rádio quanto as de luz são ondas eletromagnéticas que se originam em vibrações de elétrons. As ondas de rádio possuem freqüências mais baixas do que as da luz, de modo que uma onda de rádio pode ser considerada como uma onda luminosa de baixa freqüência (e uma onda luminosa pode ser considerada uma onda de rádio de alta freqüência). Uma onda de rádio, definitivamente, não é uma onda sonora. Esta é uma vibração mecânica de matéria, não uma vibração eletromagnética. (Não confunda uma onda de rádio com o som que o alto-falante emite.)

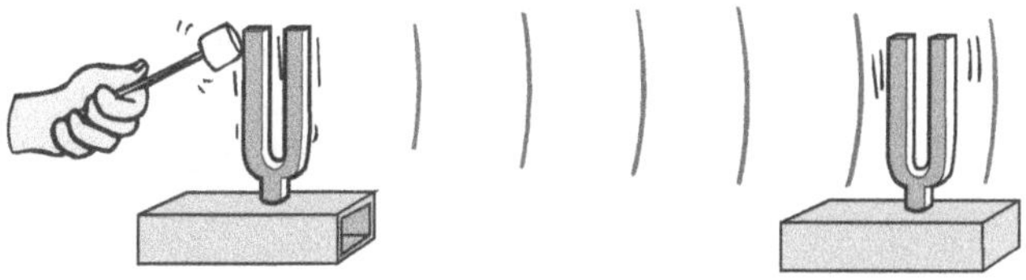

FIGURA 13.4
Da mesma maneira como uma onda sonora pode pôr um receptor de som em vibração, uma onda luminosa pode pôr em vibração os elétrons dos materiais.

FIGURA 13.5
Os elétrons dos átomos possuem certas freqüências naturais de vibração e podem ser modelados como partículas ligadas por molas aos núcleos atômicos. Como resultado, os átomos e as moléculas comportam-se como se fossem um tipo de diapasão de afinação óptico.

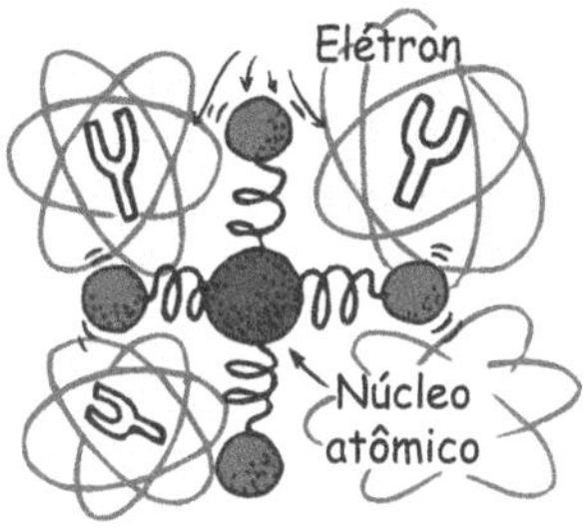
Elétron
Núcleo atômico

13.2 Materiais transparentes e opacos

A luz é energia transportada por uma onda eletromagnética, emitida na maioria dos casos por elétrons oscilantes de átomos. Quando a luz incide na matéria, alguns dos elétrons da mesma são forçados a oscilar. Dessa maneira, as oscilações dos elétrons do emissor são transformadas em oscilações dos elétrons do receptor. Isso é análogo à maneira como o som é transmitido (Figura 13.4).

No ar, a luz se propaga com velocidade um milhão de vezes maior do que a do som.

Assim, a maneira como um material receptor responde à incidência da luz depende da freqüência da própria luz e da freqüência natural dos elétrons do material. A luz visível oscila em uma freqüência bastante alta, cerca de uns 100 trilhões de vezes por segundo (10^{14} hertz). Se um objeto eletrizado responde a esses vibrações ultra-rápidas é porque ele deve possuir pouquíssima inércia. Os elétrons são leves o suficiente para vibrarem nesta taxa.

Materiais como vidro e água permitem que a luz os atravesse sem haver absorção, normalmente em linha reta. Tais materiais são **transparentes** à luz. Para compreender como a luz penetra em um material transparente, visualize os elétrons de um átomo como se eles estivessem ligados ao núcleo por meio de molas (Figura 13.5)[2]. Uma onda luminosa incidente põe os elétrons em vibração.

Alguns materiais são flexíveis (elásticos) e respondem mais a determinadas freqüências do que a outras. Os sinos soam em uma freqüência própria, os diapasões de afinação vibram numa freqüência particular, e assim o fazem os elétrons existentes nos átomos e nas moléculas. As freqüências naturais de oscilação de um elétron dependem de quão fortemente ele está ligado ao seu átomo ou molécula. Diferentes átomos ou moléculas possuem diferentes "constantes elásticas". Os elétrons dos átomos do vidro possuem uma freqüência natural na faixa do ultravioleta. Se ondas ultravioletas da luz solar incidem sobre o vidro, ocorre ressonância quando elas se estabelecem e mantêm grandes amplitudes de vibração dos elétrons, de forma análoga como um balanço atinge grandes amplitudes quando empurrado por alguém na freqüência de ressonância. A energia que os átomos de vidro recebem pode ser transferida para os átomos vizinhos em colisões, ou pode ser reemitida. Os átomos ressonantes do vidro conseguem re-

[2] Os elétrons, é claro, não estão de fato ligados por molas. Estamos simplesmente apresentando aqui um "modelo de molas" para visualizar um átomo que nos ajude a entender a interação da luz com a matéria. Os cientistas concebem esses modelos conceituais para compreender a natureza, particularmente ao nível submicroscópico. A validade de um modelo não reside em ele ser "verdadeiro", mas em ser útil – ao explicar as observações obtidas e ao prever novas. Se as suas previsões são contrárias a novas observações, o modelo normalmente é refinado ou abandonado. O modelo simplificado que apresentamos aqui – de um átomo cujos elétrons oscilam como se estivessem presos a molas, havendo certo intervalo de tempo entre a absorção e a reemissão da energia – é muito útil para compreender como a luz consegue atravessar materiais transparentes.

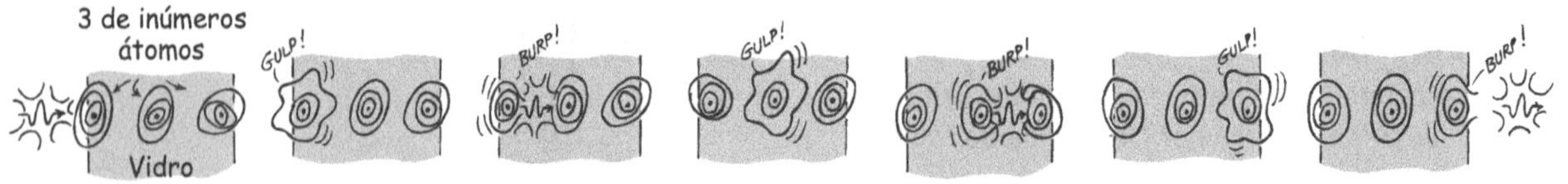
3 de inúmeros átomos
Vidro
GULP!
BURP!
GULP!
BURP!
GULP!
BURP!

FIGURA 13.6

Uma onda luminosa incidente sobre uma vidraça produz vibrações nas moléculas que, por sua vez, geram uma seqüência de absorções e reemissões, transmitindo energia luminosa através do material e para fora dele, pelo outro lado. Com o atraso devido às absorções e reemissões de energia, a luz se propaga através do vidro mais lentamente do que no espaço livre.

psc

Materiais como o vidro são transparentes somente para aquelas criaturas que enxergam a parte "visível" do espectro. Outras criaturas que são sensíveis a diferentes faixas de freqüências enxergarão o vidro como opaco, e outros materiais, como transparentes.

ter consigo a energia da luz ultravioleta por um tempo muito longo (cerca de 100 milionésimos de segundo). Durante este tempo, a átomo efetua cerca de 1 milhão de vibrações, colide com os átomos vizinhos e transfere a energia absorvida como calor. Assim, o vidro não é transparente à radiação ultravioleta. O vidro absorve ultravioleta.

Em freqüências de onda mais baixas, como as da luz visível, os elétrons do vidro são forçados a vibrar com uma amplitude menor. Os átomos ou moléculas do vidro retêm a energia por menor tempo, havendo menor chance de ocorrerem colisões entre eles e seus átomos ou moléculas vizinhas, e uma quantidade menor de energia é transformada em calor. A energia dos elétrons oscilantes é reemitida como luz. O vidro é transparente a todas as freqüências do espectro visível. A freqüência da luz reemitida, e que passa de molécula para molécula, é idêntica à freqüência da luz que iniciou a oscilação. No entanto, existe um pequeno tempo de atraso entre a absorção e a reemissão.

Deste tempo de atraso resulta um valor de velocidade média menor para a luz através de um meio transparente (Figura 13.6). A luz se propaga com valores diferentes de velocidade média através de materiais diferentes. Falamos em velocidade média porque a velocidade de propagação da luz no vácuo, seja no espaço interestelar ou entre as moléculas do vidro, é uma constante, 300.000 quilômetros por segundo. Representamos este valor de velocidade da luz por c[3]. A velocidade de propagação da luz na atmosfera tem valor ligeiramente menor do que no vácuo, mas normalmente este também é arredondado para c. Na água, a luz se propaga com 75% da velocidade no vácuo, ou seja, 0,75c. No vidro, ela se propaga com cerca de 0,67c, dependendo do tipo de vidro. No diamante, a luz se propaga com menos da metade de sua rapidez no vácuo, apenas 0,41c. A luz se propaga com velocidade ainda menor em um cristal de carbureto de silício, também chamado de carborundo. Quando a luz emerge no ar a partir desses materiais, ela volta à sua velocidade original.

As ondas infravermelhas, de freqüências menores do que as da luz visível, fazem vibrar não apenas os elétrons, mas as moléculas inteiras da estrutura do vidro e de muitos outros materiais. Essas vibrações moleculares aumentam a energia térmica e a temperatura do material, e por isso elas são freqüentemente chamadas de ondas de calor. O vidro é transparente à luz visível, mas não à luz ultravioleta e à infravermelha.

FIGURA 13.7

Quando a bola elevada é solta e atinge as outras, a bola que sobe do lado oposto não é a mesma que deu início à transferência de energia. Analogamente, cada "fóton" que emerge de uma vidraça não é o mesmo fóton que incidiu sobre o vidro. Tanto a bola que sobe quanto os fótons emergentes de luz, embora idênticos, não são os mesmos da incidência original.

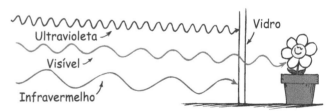

Ultravioleta
Vidro
Visível
Infravermelho

FIGURA 13.8

O vidro claro bloqueia tanto o infravermelho quanto o ultravioleta, mas é transparente a todas as freqüências da luz visível.

[3] Hoje, o valor aceito é de 299.792 km/s, que geralmente é arredondado para 300.000 km/s (o que corresponde a 186.000 mi/s). Um corpúsculo de luz é chamado de fóton.

PARE E TESTE A SI MESMO

1. Por que o vidro é transparente à luz visível, mas opaco à luz ultravioleta e à infravermelha?
2. Faça de conta que, enquanto caminha por um salão de festas, você faz várias paradas ao longo do caminho para cumprimentar pessoas que estão em seu "comprimento de onda". Em que isto é análogo à propagação da luz através do vidro?
3. De que maneira isto não é análogo?

VERIFIQUE SUAS RESPOSTAS

1. A freqüência natural de vibração dos elétrons no vidro é a mesma que a da luz ultravioleta, de maneira que ocorre ressonância quando este tipo de radiação eletromagnética incide sobre o vidro. A energia absorvida é transferida a outros átomos como calor, não sendo reemitida como luz, o que torna o vidro opaco às freqüências do ultravioleta. Na faixa da luz visível, as oscilações forçadas dos elétrons do vidro são de pequenas amplitudes – as vibrações são mais sutis, ocorre mais reemissão de luz do que geração de calor e o vidro é transparente neste caso. As freqüências mais baixas da luz infravermelha fazem com que moléculas inteiras, em vez de elétrons, entrem em ressonância; de novo calor é gerado, e o vidro é opaco a essas freqüências.
2. Sua velocidade média através da sala é menor do que quando ela está vazia, por causa dos pequenos atrasos provocados por suas paradas momentâneas. Analogamente, a velocidade da luz no vidro é menor do que no ar por causa dos atrasos provocados pelas interações da luz com os átomos existentes pelo caminho.
3. Ao caminhar pela sala, é você que inicia e termina a caminhada. Isso não é análogo ao caso da luz, pois, de acordo com nosso modelo para a propagação da luz em um material transparente, a luz absorvida por um elétron colocado em vibração não é a mesma luz reemitida por ele – mesmo que as duas, como gêmeas idênticas, sejam indistinguíveis.

psc

O primeiro a notar um atraso na propagação da luz foi o astrônomo dinamarquês Roemer, em 1675, quando viu o efeito da finitude da velocidade da luz "com seus próprios olhos" durante eclipses de uma das luas de Júpiter, devido ao aumento da distância entre a Terra e Júpiter em um intervalo de seis meses. Cerca de 300 anos mais tarde, em 1969, quando a TV mostrou astronautas pousando na Lua pela primeira vez, milhões de pessoas em suas casas notaram o tempo de atraso nas conversas (à velocidade da luz) entre os astronautas e os controladores de vôo na Terra. Elas notaram o efeito da velocidade finita de ondas eletromagnéticas "com seus próprios ouvidos".

FIGURA 13.9
Os metais são brilhantes porque a luz que neles incide força os elétrons livres a vibrar, os quais, então, emitem suas "próprias" ondas luminosas na reflexão.

A maioria das coisas ao nosso redor é **opaca** – elas absorvem a luz sem reemiti-la. Livros, escrivaninhas, cadeiras e pessoas são opacas. As vibrações energéticas comunicadas pela luz aos átomos destes materiais são transformadas em energia cinética aleatória – ou seja, em energia térmica. Os corpos tornam-se ligeiramente mais quentes.

Os metais são opacos à luz visível. Os elétrons mais externos dos átomos de um metal não estão ligados a um átomo em particular. Eles são frouxamente ligados aos átomos e livres para vagar pelo material enfrentando muito pouco impedimento (que é também a razão pela qual os metais são bons condutores de eletricidade e de calor). Quando a luz incide sobre um metal e coloca seus elétrons livres em vibração, sua energia não "pula" de átomo para átomo através do material, mas, em vez disso, é refletida. Eis porque os metais são brilhantes.

psc

A pele escura ou negra absorve a radiação ultravioleta antes que ela possa penetrar demais. Na pele clara, ela consegue penetrar mais fundo. A pele clara pode desenvolver um bronzeado sob exposição ao ultravioleta, que pode proporcionar alguma proteção contra exposição adicional. A luz ultravioleta é também prejudicial aos olhos.

A atmosfera terrestre é transparente a alguma luz ultravioleta, a toda luz visível e a alguma luz infravermelha, mas é opaca à luz ultravioleta de alta freqüência. A pequena quantidade de luz ultravioleta que consegue atravessá-la é responsável por queimaduras de pele. Se toda ela conseguisse atravessar a atmosfera, seríamos fritos. As nuvens são semitransparentes ao ultravioleta, razão pela qual podemos nos bronzear mesmo em dias nublados. A luz ultravioleta não apenas é danosa à pele, mas também danifica telhados revestidos com piche. Agora sabemos por que esse tipo de telhado é revestido com cascalho.

Você já notou que as coisas parecem mais escuras quando estão molhadas do que quando secas? A luz incidente sobre uma superfície seca, como areia, reflete-se diretamente para nossos olhos. Mas a luz que incide sobre uma superfície molhada acaba se refletindo dentro da região transparente e molhada, antes de alcançar nossos olhos. O que acontece em cada reflexão? Absorção! Assim, areia e outras coisas parecem escuras quando molhadas.

PARE E TESTE A SI MESMO

Quais são os dois destinos comuns para a luz que não é absorvida ao incidir em um material?

VERIFIQUE SUA RESPOSTA

Transmissão e/ou reflexão. A maior parte da luz incidente sobre uma vidraça de vidro, por exemplo, é transmitida através do vidro. Mas alguma parte dela é refletida pela superfície. Quanto dela é transmitida e quanto é refletida varia sob diferentes condições.

13.3 Cor

Rosas são vermelhas e violetas são azuis; as cores intrigam artistas e físicos também. Para os cientistas, as cores de um objeto não estão nas substâncias dos próprios objetos ou mesmo na luz que eles emitem ou refletem. A cor é uma experiência fisiológica e reside no olho do espectador. Portanto, quando dizemos que a luz de uma rosa é vermelha, num sentido estrito queremos dizer que ela aparece como vermelha. Muitos organismos, o que inclui pessoas com visão deficiente para cores, não enxergam as rosas como vermelhas de jeito nenhum.

As cores que vemos dependem da freqüência da luz incidente. Luzes com freqüências diferentes são percebidas em diferentes cores; a luz de freqüência mais baixa que podemos detectar aparece para a maioria das pessoas como a cor vermelha, e as de mais alta freqüência, como violeta. Entre elas existe uma faixa com um número infinito de matizes que formam o espectro de cor de um arco-íris. Por convenção, esses matizes são agrupados em sete cores: vermelho, laranja, amarelo, verde, azul, anil e violeta. Juntas, essas cores aparecem como o branco. A luz branca do Sol é uma composição de todas as freqüências visíveis.

FIGURA 13.10
Ao atravessar um prisma, a luz solar é separada em um espectro de cores. As cores das coisas dependem das cores da luz que os ilumina.

FIGURA 13.11
O quadrado esquerdo *reflete* todas as cores que o iluminam. À luz solar, ele é branco. Quando iluminado com luz azul, ele é azul. O quadrado direito *absorve* todas as cores que o iluminam. À luz solar, ele torna-se mais quente do que o quadrado branco.

Exceto para fontes luminosas como lâmpadas, lasers e tubos de descarga em gás, a maioria dos objetos ao nosso redor reflete mais luz do que a emite. Eles refletem somente parte da luz neles incidente, a parte que produz as cores com que os vemos.

A adição de todas as cores produz o branco. A ausência de todas as cores é o preto.

Reflexão seletiva

Uma rosa, por exemplo, não emite luz, ela a reflete (mais sobre reflexão no próximo capítulo). Se passarmos a luz do Sol através de um prisma e colocarmos uma rosa de cor vermelho-escura em várias partes deste espectro, as pétalas aparecerão como marrons ou negras em todas as partes do espectro, com exceção da parte vermelha do mesmo. Na parte vermelha do espectro, as pétalas aparecerão como vermelhas, mas as folhas e o caule, que são verdes, aparecerão como negras. Isso mostra que as pétalas vermelhas têm a capacidade de refletir a luz vermelha, mas não as luzes de outras cores; as folhas de cor verde têm a capacidade de refletir a luz verde, mas não as de outras cores. Quando a rosa é exposta à luz branca, as pétalas aparecerão como vermelhas, e as folhas, como verdes, porque as pétalas refletem a parte vermelha da luz branca, enquanto as folhas refletem a parte verde da mesma. Para compreender por que os objetos refletem cores específicas da luz, devemos voltar nossa atenção para os átomos.

A luz é refletida pelos objetos de uma maneira semelhante à maneira como o som é "refletido" por um diapasão de forquilha quando outro diapasão desse tipo está próximo e vibrando. Um dos diapasões pode fazer o outro vibrar, mesmo quando suas freqüências características não são iguais, embora com amplitude significativamente reduzida. O mesmo é verdadeiro para átomos e moléculas. Os elétrons mais externos podem ser obrigados a vibrar (oscilar) pelo campo elétrico (oscilante) de uma onda eletromagnética[4]. Uma vez oscilando, estes elétrons emitem suas próprias ondas eletromagnéticas, da mesma forma que os diapasões de forquilha emitem ondas sonoras.

Normalmente, um material refletirá luz de certas freqüências e absorverá o restante. Se um material absorve a maior parte da luz visível que nele incide, mas reflete o vermelho, por exemplo, ele aparece como vermelho. Se ele reflete luz de todas as freqüências visíveis, como a parte branca desta página, ele tem a mesma cor da luz que nele incide. E se um material absorve toda a luz e nada reflete, ele parece preto.

Curiosamente, as pétalas da maioria das flores amarelas, tais como as dos narcisos silvestres, refletem o vermelho e o verde tão bem quanto o amarelo. Os narcisos silvestres amarelos refletem uma faixa ampla de freqüências. As cores refletidas pela maioria dos objetos não são cores puras, correspondentes a uma única freqüência, mas uma mistura de freqüências.

Um objeto pode refletir apenas aquelas freqüências que estão presentes na luz que o ilumina. A aparência de um objeto colorido, portanto, depende do tipo de luz que o ilumina. Uma lâmpada incandescente, por exemplo, emite mais luz em freqüências mais baixas do que em freqüências mais altas, reforçando quaisquer vermelhos existentes nessa luz. Num tecido contendo uma pequena parte de vermelho, esta cor ficará mais aparente sob uma lâmpada incandescente do que sob uma lâmpada fluorescente. Estas lâmpadas são mais ricas em altas freqüências e, assim, os azuis ficam reforçados quando submetidos a elas. Por essa razão, é difícil dizer qual é verdadeira cor de objetos vistos com luz artificial (a menos que a luz artificial provenha de lâmpadas cujo espectro coincida com o da luz solar). Como uma cor aparece depende da fonte luminosa usada (Figura 13.12).

Transmissão seletiva

A cor de um objeto transparente depende da cor da luz que ele transmite. Um pedaço de vidro parece vermelho por-

FIGURA 13.12
As cores dependem da fonte de luz.

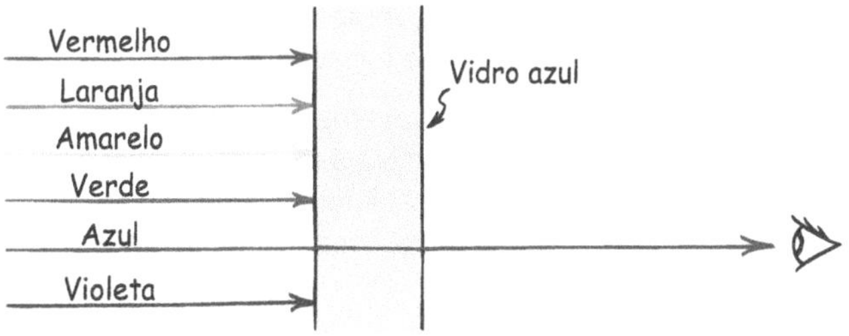
Vermelho
Laranja
Amarelo
Verde
Azul
Violeta
Vidro azul

FIGURA 13.13
Somente a energia na freqüência da luz azul é transmitida; a energia em outras freqüências, ou da cor complementar amarela, é absorvida e aquece o vidro.

que ele absorve o ciano ou todas as cores que formam a luz branca, exceto o vermelho, que ele transmite. Analogamente, um pedaço de vidro azul parece dessa cor porque ele transmite principalmente luz azul, absorvendo as luzes de outras cores que o iluminam. Esse pedaço de vidro contém corantes ou pigmentos – partículas muito pequenas que absorvem seletivamente a luz de certas freqüências, transmitindo seletivamente as outras. De um ponto de vista atômico, os elétrons das moléculas do pigmento são postos a vibrar pela luz que os ilumina. Algumas freqüências de luz são absorvidas pelos pigmentos. As restantes são reemitidas de molécula em molécula, através do vidro. A energia absorvida da luz aumenta a energia cinética das moléculas, e o vidro se aquece. Normalmente, os vidros das janelas são incolores por transmitirem igualmente bem luzes de todas as freqüências visíveis.

psc

O carbono é normalmente de cor preta, mas não quando está ligado quimicamente com água em alimentos tais como pão e batatas. A água é removida quando você superaquece sua torrada, razão pela qual ela se torna preta quando queimada.

[4] Usamos as palavras *oscilar* e *vibrar* como sinônimos. As palavras *oscilador* e *vibrador* também têm o mesmo significado aqui.

PARE E
TESTE A SI MESMO

1. Por que as folhas de uma rosa vermelha esquentam mais do que as pétalas quando iluminadas com luz vermelha?
2. Quando iluminadas com luz verde, por que as pétalas de uma rosa vermelha aparecem como pretas?
3. Se você segurar um fósforo, uma chama de vela ou qualquer fonte pequena de luz branca entre você e um pedaço de vidro vermelho, verá duas reflexões no vidro: uma, na superfície frontal do vidro, e outra, na superfície posterior. Que cores você verá para essas reflexões?

VERIFIQUE SUA RESPOSTA

1. As folhas absorvem a luz verde mais do que a refletem, de modo que as folhas esquentam mais.
2. As pétalas absorvem a luz verde mais do que a refletem. Dado que o verde é a única cor iluminando a rosa, e que o verde não contém vermelho para ser refletido, a rosa não reflete cor alguma e aparece como preta.
3. Você vê a luz branca refletida na superfície frontal e vê o vermelho refletido na superfície posterior porque apenas o vermelho atinge a superfície posterior e é por ela refletido.

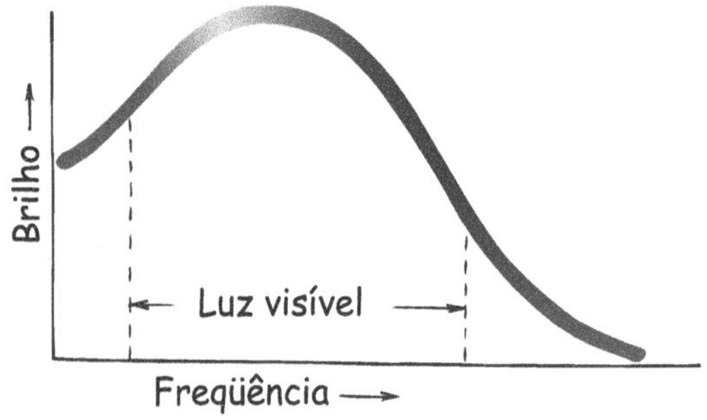
Brilho
Luz visível
Freqüência

FIGURA 13.14
A curva de radiação da luz solar é o gráfico do brilho em função da freqüência. A luz solar é mais brilhante na região amarelo-verde, que se situa no meio da faixa visível do espectro eletromagnético.

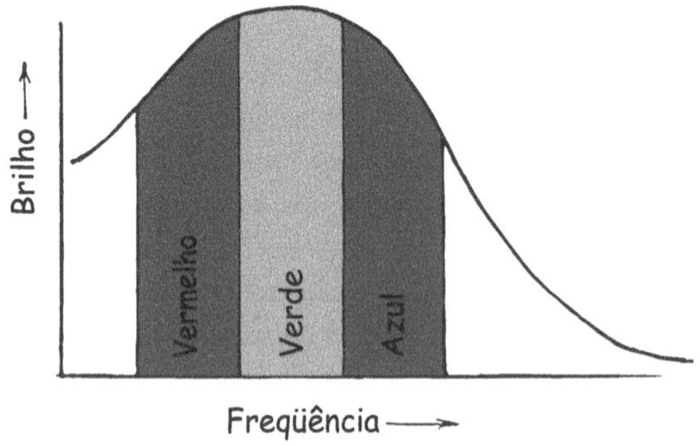
Brilho
Vermelho
Verde
Azul
Freqüência

FIGURA 13.15
A curva de radiação da luz solar dividida em três regiões – vermelha, verde e azul. Estas são as cores aditivas primárias.

Misturando luzes coloridas

Ao passar por um prisma a luz branca proveniente do Sol, você pode comprovar que ela é composta por todas as freqüências visíveis. A luz branca é dispersada em um espectro colorido de arco-íris. A distribuição das freqüências da luz solar (Figura 13.14) não é uniforme, sendo que a luz é mais intensa na região amarelo-esverdeada do espectro. É fascinante que nosso olho tenha evoluído de modo a ter sensibilidade máxima nesta faixa. Os equipamentos de bombeiro e as bolas de tênis têm essa cor para facilitar a visibilidade. Nossa sensibilidade à luz amarelo-esverdeada também constitui a razão pela qual enxergamos melhor de noite sob a iluminação proporcionada por uma lâmpada de vapor de sódio do que por lâmpadas incandescentes de mesmo brilho.

Quando todas as cores são combinadas, produzem o branco. Curiosamente, também vemos o branco quando se combinam somente luzes vermelha, verde e azul. Podemos compreender isso dividindo a curva de radiação solar em três regiões, como na Figura 13.15. A cor é percebida por três tipos de células-receptoras em forma de cones em nossos olhos. Cada uma é estimulada somente por certas freqüências da luz. As luzes visíveis de freqüências mais baixas estimulam os cones sensíveis às baixas freqüências e parecem vermelhas. Luzes de freqüências intermediárias estimulam os cones sensíveis a tais freqüências e parecem verdes. E luzes de freqüência mais elevada estimulam os cones sensíveis a altas freqüências e parecem azuis. Quando os três tipos de cones são estimulados de maneira igual, vemos o branco.

Quando se adiciona todas as cores, produzimos o branco. E se todas as cores são subtraídas da luz branca, produzimos o preto.

O que ocorre no olho parece ser muito complexo. Algumas sensações de cores dependem da intensidade luminosa, quando tanto os bastonetes quanto os cones respondem. Quando a intensidade aumenta, a cor laranja parece tornar-se mais amarelada, e a violeta, mais azulada – sem ter havido qualquer alteração de freqüência. As luzes amarela, verde e azul, entretanto, independem da intensidade e são chamadas de "fisiologicamente primárias". O olho é realmente espantoso.

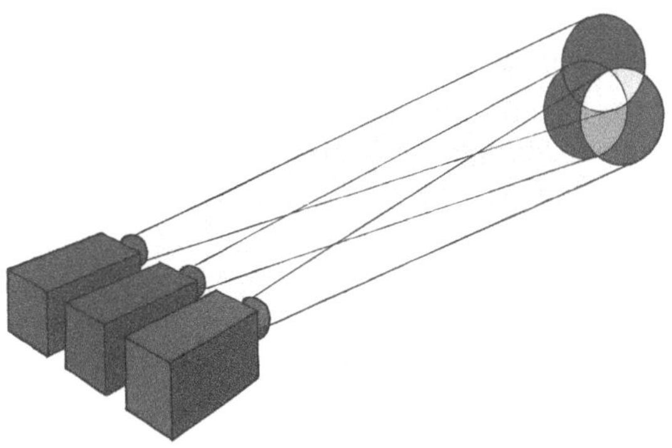

FIGURA 13.16

Adição de cores através da mistura de luzes coloridas. Quando os três projetores iluminam a tela branca com luzes vermelha, verde e azul, as partes que se superpõem produzem cores diferentes. O branco é produzido onde as três cores se superpõem.

Projete luz vermelha, verde e azul sobre uma tela e, onde elas se superpuserem, ou se adicionarem, outra sensação de cor será produzida (Figura 13.16). Adicionando diversas quantidades de vermelho, verde e azul às cores às quais nossos três tipos de cones são sensíveis, poderemos produzir qualquer cor do espectro. Por essa razão, o vermelho, o verde e o azul são chamadas de **cores aditivas primárias**. Um exame cuidadoso da imagem formada na maior parte dos tubos de imagens de televisão revelará que a imagem é formada por um conjunto de pequenos pontos, cada qual com largura menor que um milímetro. Quando a tela está iluminada, alguns desses pontos são vermelhos, alguns são verdes, e outros, azuis; as misturas dessas cores primárias, vistas a distância, provê uma faixa completa de cores, além do branco.

É interessante notar que o "preto" que vemos nas cenas mais escuras em um tubo de TV é, simplesmente, a cor da própria face interna do tubo, que é mais de cor cinza do que preta. Como nossos olhos são mais sensíveis, por contraste, às partes iluminadas da tela, enxergamos o cinza como preto.

Cores complementares

Eis o que acontece quando duas das três cores primárias aditivas são combinadas:

Vermelho + Azul = Magenta

Vermelho + Verde = Amarelo

Azul + Verde = Ciano

Dizemos que o magenta é o oposto do verde; o ciano, o oposto do vermelho; e o amarelo, o oposto do azul. A adição de qualquer cor à sua cor oposta resulta em branco.

Magenta + Verde = Branco (= Vermelho + Azul + Verde)

Ciano + Vermelho = Branco (= Azul + Verde + Vermelho)

Amarelo + Azul = Branco (= Vermelho + Verde + Azul)

Quando duas cores são adicionadas, produzindo branco, elas são chamadas de cores complementares. Cada pigmento possui uma cor complementar que, quando adicionada a ele, produzirá o branco.

O fato de que uma cor e seu complemento se combinam para produzir luz branca é muito bem-empregado na iluminação de espetáculos de palco. A luz azul e a amarela, ao incidirem sobre os artistas, por exemplo, produzem o mesmo efeito da luz branca – exceto onde uma delas estiver ausente, como nas sombras. A sombra de uma lâmpada azul é iluminada pela luz amarela e aparece como dessa cor. Analogamente, a sombra da lâmpada amarela aparece como azul. É um efeito muito interessante.

Podemos ver esse efeito na Figura 13.17, onde luz vermelha, luz verde e luz azul incidem sobre uma bola de golfe. Observe as sombras projetadas pela bola. A sombra do meio é projetada pela lâmpada verde, e não está escura por estar sendo iluminada pelas luzes vermelha e azul, que formam o magenta. A sombra projetada pela lâmpada azul aparece como amarela por estar sendo iluminada pelas luzes vermelha e verde. Você consegue perceber por que a sombra projetada pela lâmpada vermelha aparece como ciano?

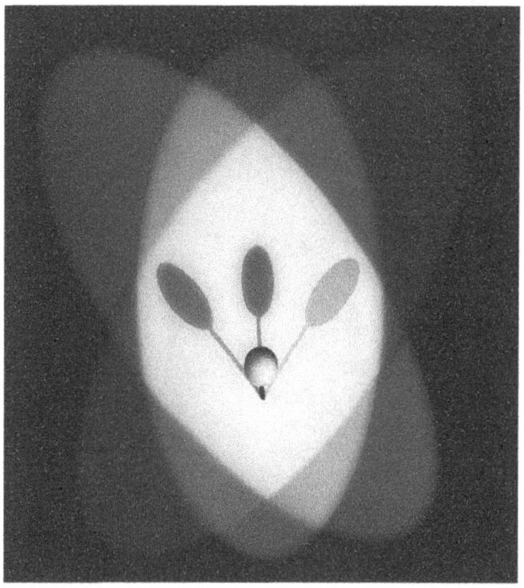

FIGURA 13.17

A bola branca de golfe aparece como branca quando é iluminada com luzes vermelha, verde e azul de iguais intensidades. Por que as sombras projetadas pela bola são de cores ciano, magenta e amarelo?

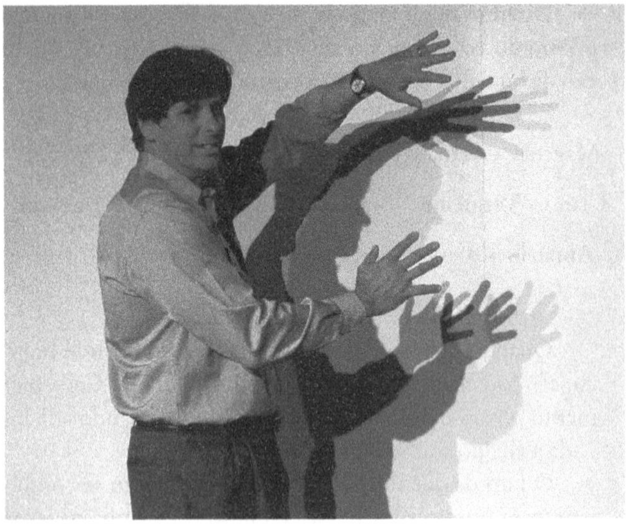

FIGURA 13.18

Paul Robinson exibe uma variedade de cores quando é iluminado somente por lâmpadas vermelha, verde e azul. Você pode explicar as outras cores resultantes que aparecem?

PARE E TESTE A SI MESMO

1. Da Figura 13.17, encontre os complementos do ciano, do amarelo e do vermelho.
2. Vermelho + Ciano = ___________.
3. Branco – Ciano = ___________.
4. Branco – Vermelho = ___________.

VERIFIQUE SUA RESPOSTA

1. Vermelho, azul e ciano.
2. Branco
3. Vermelho.
4. Ciano. Curiosamente, a cor ciano do mar é o resultado da remoção da luz vermelha da luz solar branca. A freqüência natural das moléculas de água coincide com a freqüência da luz infravermelha, de modo que o infravermelho é fortemente absorvido pela água. Em menor grau, a luz vermelha também é absorvida pela água – em quantidade suficiente para que a água apareça como azul-esverdeada ou de cor ciano.

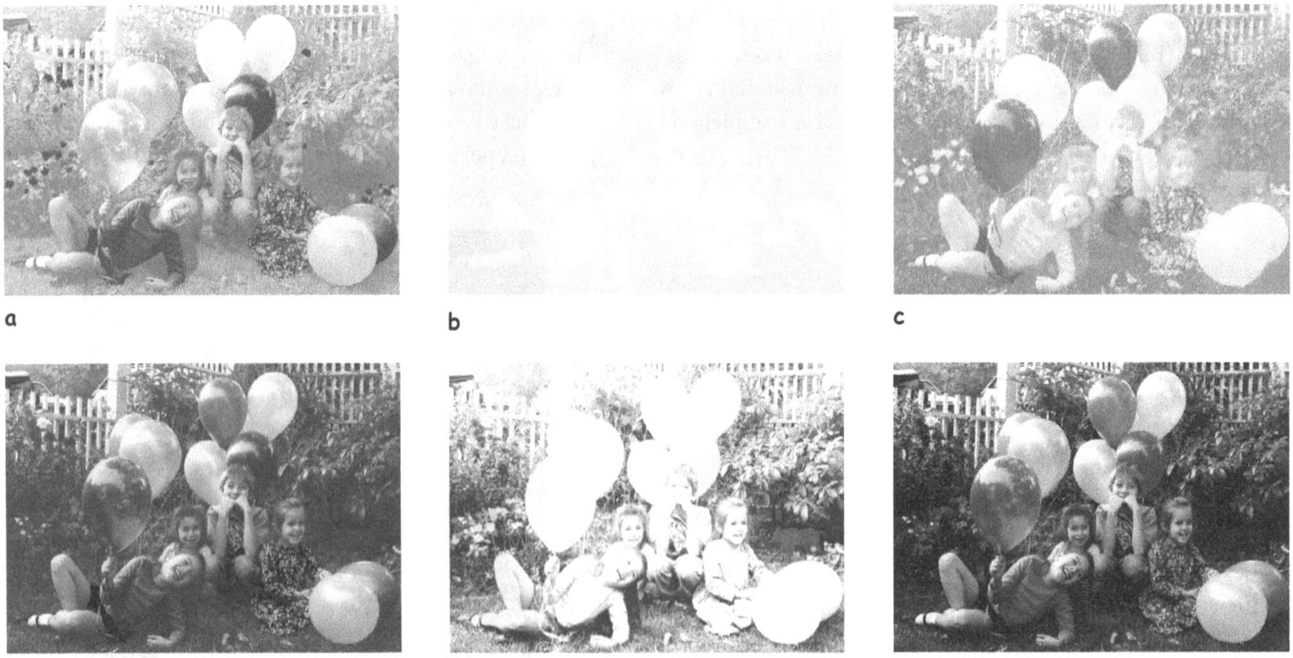

a b c d e f

FIGURA 13.19

Somente três cores de tinta (mais o preto) são usadas para imprimir fotografias a cores – (a) magenta, (b) amarelo e (c) ciano, que, quando combinadas, produzem as cores mostradas em (d). A adição do preto (e) produz o resultado final (f).

APLICAÇÕES COTIDIANAS

■ VISÃO COLORIDA

A luz proveniente das coisas ao nosso redor é focada sobre a retina de nossos olhos, e, assim, enxergamos. A retina é formada por minúsculas antenas de dois tipos que entram em ressonância com a luz que entra no olho – os bastonetes e os cones. Como sugerem os nomes, os bastonetes têm forma de bastões, enquanto os cones têm forma de cones. Os bastonetes percebem apenas a intensidade da luz, e os cones, as cores. Enxergamos cores por causa dos três tipos de cones existentes – aqueles sensíveis ao vermelho, ao verde e ao azul. Os cones são mais densos em torno da região onde a visão é mais nítida – a fóvea. Os bastonetes são mais sensíveis à intensidade do que à freqüência, e predominam longe da fóvea, na periferia da retina. Os primatas e uma espécie de esquilo terrestre são os únicos mamíferos que possuem os três tipos de cones e que experimentam uma visão colorida completa. As retinas dos outros mamíferos consistem principalmente de bastonetes, que são sensíveis apenas ao brilho e à escuridão, de modo que eles capturam imagens como as de fotos ou de filmes em preto-e-branco.

Comparados aos bastonetes, os cones requerem mais energia para "disparar" um impulso pelo sistema nervoso. Se a intensidade da luz é muito baixa, as coisas vistas não possuem cor. As baixas intensidades são vistas através dos bastonetes. Por isso é difícil identificar a cor de um carro sob a luz da Lua. A visão adaptada ao escuro deve-se quase que inteiramente aos bastonetes, enquanto a visão sob luz brilhante deve-se aos cones. As estrelas, por exemplo, nos parecem brancas, ainda que muitas delas sejam brilhantemente coloridas. Um tempo de exposição das estrelas com uma câmera fotográfica revelará vermelhos e vermelhos alaranjados no caso das estrelas "mais frias", e azuis e azuis violáceos no caso das estrelas "mais quentes". A luz das estrelas é muito fraca, entretanto, para excitar os cones sensores de cores da retina. Dessa maneira, vemos as estrelas com nossos bastonetes e as percebemos como brancas ou, no máximo, apenas com uma cor fraca. As mulheres possuem um limiar de excitação ligeiramente mais baixo para os cones, entretanto conseguem enxergar mais as cores das estrelas do que os homens. Portanto, se ela diz que enxerga estrelas coloridas e ele afirma que não, ela provavelmente está certa!

Misturando pigmentos coloridos

Todo artista sabe que, se misturar tintas vermelha, verde e azul, o resultado não será o branco, mas uma cor marrom-escura. Misturando tinta vermelha e tinta verde certamente não produzirá o amarelo, de modo que a regra de adição de luzes coloridas não se aplica neste caso. A mistura de pigmentos em tintas e corantes é inteiramente diferente da mistura de luzes. Os pigmentos são minúsculas partículas que absorvem cores específicas. Por exemplo, os pigmentos que produzem a cor vermelha absorvem a cor complementar ciano. Portanto, qualquer coisa pintada de vermelho absorve o ciano, razão pela qual reflete o vermelho. Algo pintado de azul absorve o amarelo, de modo que reflete todas as cores, exceto o amarelo. Se retirarmos o amarelo do branco, obteremos o azul. As cores magenta, ciano e amarelo são as **cores subtrativas primárias**. A variedade de cores que você vê em fotografias coloridas, neste e em outros livros, são o resultado de grãos magenta, ciano e amarelo. A luz branca ilumina o livro e as luzes correspondentes a determinadas freqüências são subtraídas da luz refletida. As regras da subtração de cores diferem das regras da adição de luzes. Deixamos este tópico como Sugestão de Leitura.

FIGURA 13.20
Vista através de uma lente de aumento, a parte verde de uma página impressa consiste de pontos azuis e amarelos.

FIGURA 13.21
As cores vivas do papagaio correspondem a muitas freqüências de luz. A foto, entretanto, é uma mistura apenas de amarelo, magenta, ciano e preto.

13.4 Por que o céu é azul, o pôr-do-sol é vermelho e as nuvens são brancas

Por que o céu é azul

Nem todas as cores são resultado da adição ou da subtração de luz. Determinadas cores, como o azul do céu, resultam do espalhamento seletivo[5]. Considere o caso análogo do som: se um som de uma freqüência particular for direcionado para um diapasão de forquilha de freqüência semelhante, o diapasão será colocado em vibração e acabará redirecionando o som em diversas direções. Dizemos, então, que o diapasão *espalhou* o som. Um processo análogo ocorre no espalhamento da luz por átomos ou partículas que se encontram muito afastadas umas das outras. É o que acontece na atmosfera.

Sabemos que os átomos se comportam como minúsculos diapasões ópticos do tipo forquilha e reemitem ondas luminosas que neles incidem. Partículas muito pequenas atuam de maneira semelhante: quanto menor for a partícula, mais alta será a freqüência da luz que ela emitirá. Isso se parece com a situação em que sinos pequenos soam com notas mais altas do que sinos grandes. As moléculas de oxigênio e de nitrogênio, que formam a maior parte da atmosfera, são análogas a minúsculos sinos que "soam" em altas freqüências quando energizadas pela luz solar. Como o som dos sinos, a luz é reemitida em todas as possíveis direções. Quando isso acontece, dizemos que a luz está sendo *espalhada*.

Das freqüências visíveis que formam a luz solar, o violeta é espalhado principalmente pelo nitrogênio e pelo oxigênio da atmosfera. As outras cores são espalhadas na seguinte ordem de importância: azul, verde, amarelo, laranja e vermelho. O vermelho é espalhado numa proporção que corresponde a um décimo do espalhamento sofrido pelo violeta. Embora a luz violeta seja mais espalhada do que a azul, nossos olhos não são muito sensíveis ao violeta. Portanto, é a luz azul espalhada que predomina em nossa visão, de modo que enxergamos o céu azul!

O azul do céu varia de lugar para lugar, sob condições diferentes. O fator principal é a quantidade de vapor d'água existente na atmosfera. Em dias secos e claros, o céu é de um azul muito mais profundo do que em dias nos quais é grande a umidade. Lugares onde o ar é excepcionalmente seco, como a Itália ou a Grécia, possuem um céu maravilhosamente azul, que tem inspirado os pintores por séculos. Onde a atmosfera contém um número grande de partículas de poeira e outras partículas maiores do que as moléculas de nitrogênio e de oxigênio, a luz de freqüência mais baixa também é espalhada de forma significativa. Isso torna o céu menos azul, com um aspecto esbranquiçado. Após uma chuva forte, quando a maior parte das partículas é retirada da atmosfera, o céu adquire um aspecto azul mais profundo.

Não saber por que o céu é azul e os poentes são vermelhos aumenta sua beleza? O conhecimento não subtrai.

A neblina acinzentada do céu nas grandes cidades é resultado da ação de partículas emitidas por motores de carros e caminhões e por fábricas. Mesmo em marcha lenta, um automóvel comum lança na atmosfera cerca de 100 bilhões de partículas por segundo. A maior parte delas é invisível,

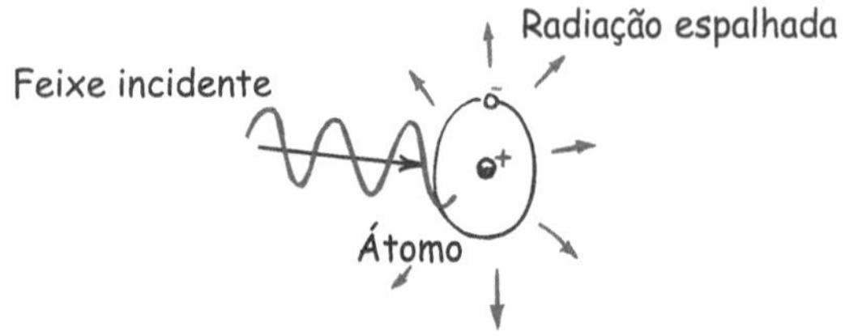
Radiação espalhada
Feixe incidente
Átomo

FIGURA 13.22
Um feixe de luz incide sobre um átomo e aumenta o movimento de vibração de seus elétrons. Os elétrons em vibração, por sua vez, reemitem luz em várias direções. A luz é espalhada.

FIGURA 13.23
No ar claro, o espalhamento de luz de alta freqüência nos dá um céu azul. Quando o ar está repleto de partículas maiores dos que as moléculas de oxigênio e de nitrogênio, a luz de baixa freqüência também sofre espalhamento, que se adiciona à luz de alta freqüência espalhada resultando em um céu esbranquiçado.

[5] Este tipo de espalhamento, chamado de espalhamento de Rayleigh, ocorre sempre que as partículas espalhadoras são muito menores do que o comprimento de onda da luz incidente e possuem ressonâncias nas freqüências mais altas que a da luz espalhada.

mas as partículas atuam como minúsculos centros aos quais outras partículas acabam aderindo. Estes são os principais espalhadores de luz de baixa freqüência. A maior parte dessas partículas absorve luz mais do que a espalha, produzindo um nevoeiro de cor marrom. Que imundície!

A fuligem atmosférica aquece a atmosfera da Terra absorvendo luz, enquanto resfria regiões delimitadas bloqueando a luz solar e impedindo-a de atingir o solo. Partículas de fuligem no ar podem desencadear chuvas fortes em determinada região, e secas e tempestades de areia em outra.

Por que o pôr-do-sol é vermelho

A luz não-espalhada é luz transmitida. Como a luz vermelha, a laranja e a amarela são as menos espalhadas pela atmosfera, são elas que melhor são transmitidas através do ar. O vermelho é a luz menos espalhada e consegue atravessar a atmosfera melhor do que qualquer outra cor. Portanto, quanto mais espessa a atmosfera pela qual passa um feixe de luz solar, mais tempo haverá para espalhar as freqüências mais altas da luz. Isso significa que a luz vermelha atravessa melhor a atmosfera. Como mostra a Figura 13.24, a luz solar se propaga através de uma atmosfera mais espessa durante o pôr-do-sol, razão pela qual o pôr-do-sol é vermelho.

Ao meio-dia, a luz solar atravessa uma camada menos espessa de atmosfera para atingir a superfície da Terra. Apenas uma pequena quantidade da luz de alta freqüência da luz solar é espalhada, o suficiente para dar ao Sol uma aparência amarelada. À medida que avança o dia e o Sol torna-se mais baixo no céu, como indica a Figura 13.24, o caminho da luz através da atmosfera vai tornando-se mais longo, e mais azul e violeta da luz solar sofre espalhamento. A remoção do violeta e do azul deixa a luz transmitida mais avermelhada. O Sol torna-se gradualmente mais avermelhado, indo do amarelo ao laranja e, finalmente, ao laranja-avermelhado no pôr-do-sol. Os poentes e as auroras ficam mais coloridos do que o normal após erupções vulcânicas porque partículas maiores do que as moléculas atmosféricas são, então, mais abundantes no ar do que o normal.

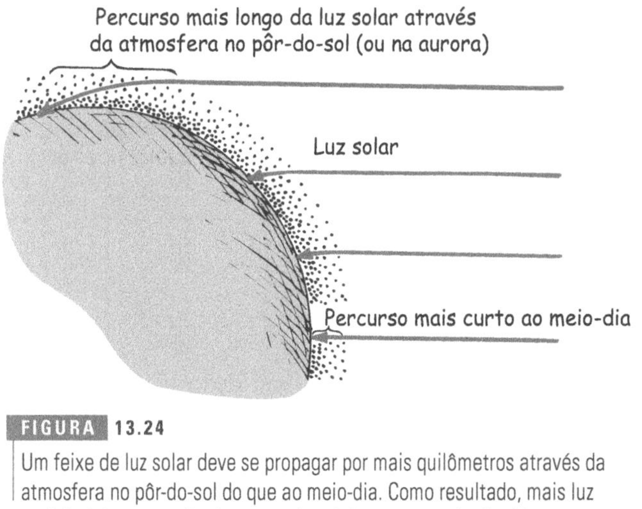
Percurso mais longo da luz solar através da atmosfera no pôr-do-sol (ou na aurora)
Luz solar
Percurso mais curto ao meio-dia

FIGURA 13.24
Um feixe de luz solar deve se propagar por mais quilômetros através da atmosfera no pôr-do-sol do que ao meio-dia. Como resultado, mais luz azul do feixe é espalhada ao pôr-do-sol do que ao meio-dia. No momento em que o feixe, inicialmente de luz branca, atinge o solo, somente luz de mais baixas freqüências sobrevive para produzir um pôr-do-sol vermelho.

As cores vistas durante o poente são consistentes com as nossas regras para mistura de cores. Quando o azul é subtraído da luz branca, a cor complementar que fica é a cor amarela. Quando o violeta, de freqüência mais alta, é subtraído, a cor complementar resultante é a laranja. Quando o verde, de freqüência média, é subtraído, o que fica é a cor magenta. As combinações de cores resultantes variam de acordo com as condições atmosféricas, que mudam diariamente, fornecendo uma variedade de poentes.

Por que vemos a luz azul espalhada quando o fundo é negro, mas não quando ele é brilhante? Porque a luz azul espalhada é fraca. Uma cor fraca aparecerá contra o fundo negro do espaço, mas não contra um fundo brilhante. Por exemplo, quando, a partir da superfície da Terra, olhamos para a atmosfera contra o negro do espaço, ela aparece como um céu azul. Mas astronautas acima dela, olhando para a superfície brilhante da Terra abaixo, através da mesma atmosfera, não enxergam o mesmo azulado. Claro, eles enxergam o azulado do oceano!

As cores de paisagens distantes parecem sombrias, e o contraste entre as cores tende a diminuir. Eis porque uma fotografia colorida normalmente transmite uma impressão de maior profundidade que uma foto em preto-e-branco da mesma cena.

Por que as nuvens são brancas

As nuvens são formadas por aglomerados de gotículas de água dos mais variados tamanhos. Esses aglomerados de diferentes tamanhos espalham a luz de uma variedade de freqüências. Os aglomerados menores tendem a produzir nuvens azuis; aqueles que são ligeiramente maiores, nuvens verdes; e aglomerados ainda maiores, nuvens vermelhas. O resultado geral é uma nuvem branca. Dentro de uma gotícula da nuvem, os elétrons próximos uns dos outros oscilam em fase. Disso resulta uma maior intensidade da luz espalhada do que se o mesmo número de elétrons oscilasse independentemente. Daí que provém o brilho das nuvens!

FIGURA 13.25

Cada nuvem é formada por gotículas de vários tamanhos. As menores delas espalham luz azul, outras ligeiramente maiores espalham luz verde, e outras ainda maiores espalham luz vermelha. O resultado global é uma nuvem branca.

Aglomerados grandes de gotículas absorvem a maior parte da luz que nelas incide, de modo que a intensidade da luz espalhada é menor. Portanto, nuvens compostas por aglomerados maiores são de um cinza escuro. Se o tamanho das gotas for ainda maior, ocorrerá sua queda como gotas de chuva, e, assim, teremos chuva.

Da próxima vez que você descobrir-se admirando um céu de azul intenso ou se deliciando com as formas das nuvens brilhantes ou assistindo a um lindo pôr-do-sol, pense naqueles minúsculos diapasões óticos que estão vibrando por aí. Você apreciará ainda mais essas maravilhas cotidianas da natureza!

FIGURA 13.26

A onda aparece de cor ciano porque a água do mar absorve luz vermelha. O borrifo na crista da onda aparece como branco porque, como as nuvens, ele é formado por uma variedade de gotículas, as quais espalham todas as freqüências visíveis.

PARE E TESTE A SI MESMO

1. Se as moléculas da atmosfera espalhassem mais a luz de baixa freqüência do que a de alta freqüência, de que cor seria o céu? De que cor seriam os poentes?
2. As montanhas escuras e distantes são azuladas. Qual é a razão desse azulado? (Dica: o que existe exatamente entre nós e a montanha que vemos?)
3. As montanhas distantes e cobertas de neve refletem muita luz e são brilhantes. Aquelas que estão muito distantes aparecem amareladas. Por quê? (Dica: o que acontece à luz branca refletida quando ela se propaga da montanha até nós?)

VERIFIQUE SUA RESPOSTA

1. Se a luz de baixa freqüência fosse espalhada, o céu durante o meio-dia apareceria como laranja-avermelhado. Durante o poente, ainda mais vermelho seria espalhado no percurso mais longo percorrido pela luz, de modo que a luz solar teria uma aparência predominantemente azul e violeta. Logo, os poentes seriam azuis!
2. Quando olhamos para montanhas escuras distantes, muito pouca luz proveniente delas nos alcança, predominando o azulado na atmosfera existente entre nós e elas. A cor azulada deve-se ao "céu" de baixa altitude entre nós e as montanhas. Por isso as montanhas distantes parecem azuis.
3. A razão para que as montanhas brilhantes e cobertas de neve pareçam amareladas é que o azul da luz branca que elas refletem é espalhado na sua trajetória até nós. Assim, no momento em que a luz nos alcança, ela está enfraquecida nas altas freqüências e reforçada nas baixas – daí seu tom amarelado. Para distâncias de afastamento ainda maiores, acima das que normalmente as montanhas são avistadas, elas pareceriam alaranjadas pela mesma razão pela qual o poente aparece com tal cor.

13.5 Difração

Quando você encosta seu dedo na superfície de água parada, produz nela cristas circulares. Se você tocar na superfície com uma peça reta e estreita, como uma régua colocada na horizontal, produzirá uma onda plana. Você pode produzir uma série de ondas planas mergulhando repetidamente uma régua na água (Figura 13.27).

FIGURA 13.27
A régua oscilante produz ondas planas em um tanque com água. As ondas se difratam na fenda.

As fotos da Figura 13.28 são vistas superiores de cristas de água em um tanque de vidro (chamado tanque de ondas). No tanque existe uma barreira com uma fenda de largura ajustável. Quando ondas planas encontram a barreira, elas prosseguem através da fenda sofrendo alguma distorção. Na imagem esquerda, onde a fenda é larga, as ondas que passam pela fenda quase não sofrem distorção. Nas duas extremidades da fenda, entretanto, as ondas se dobram. Este desvio é chamado de **difração**. Qualquer desvio da luz que não seja provocado por reflexão ou refração é difração. Quando a largura da fenda é diminuída, como na imagem central da Figura 13.28, as ondas se espalham mais. Quando a largura da fenda é pequena em relação ao comprimento de onda da onda incidente, esta sofre um desvio ainda maior. Verifica-se que fendas mais estreitas produzem mais difração. A difração é uma propriedade de todos os tipos de ondas, incluindo as de som e de luz.

A difração não está restrita a fendas estreitas ou a aberturas em geral, mas pode ser vista nas bordas de todas as sombras. Examinada de perto, mesmo a mais nítida das sombras não é bem-definida nas bordas (Figura 13.30).

O grau de difração depende do comprimento de onda da onda em relação ao tamanho da obstrução que projeta a sombra. Ondas longas preenchem mais facilmente as sombras projetadas, razão pela qual os sons produzidos pelas sirenes de nevoeiro emitem ondas sonoras de baixa freqüência – a fim de preencher quaisquer "pontos cegos". O mesmo é verdadeiro para as ondas de rádio das transmissões radiofônicas em AM, que possuem comprimentos de onda muito maiores do que o tamanho da maior parte dos objetos encontrados em seu caminho. Os comprimentos de onda das ondas de rádio AM vão desde 180 a 550 metros, e facilmente contornam edifícios e outros objetos que, de outra maneira, as obstruiriam. Uma onda de rádio de longo comprimento de onda não "enxerga" um edifício relativamente pequeno em seu caminho – mas uma onda de rádio de comprimento de onda curto o percebe. Como ondas de rádio da faixa de FM vão desde 2,8 até 3,4 metros, elas não contornam facilmente os edifícios. Essa é uma das razões pela qual as transmissões em FM são costumeiramente piores em localidades onde as emissoras AM são ouvidas claramente e com alto volume. No caso da recepção de rádio, não temos interesse

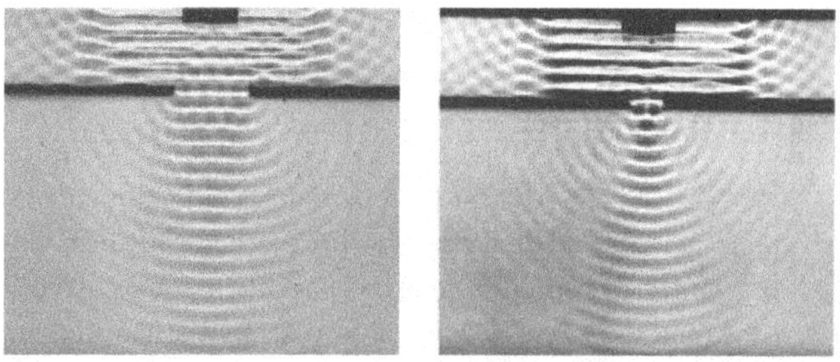

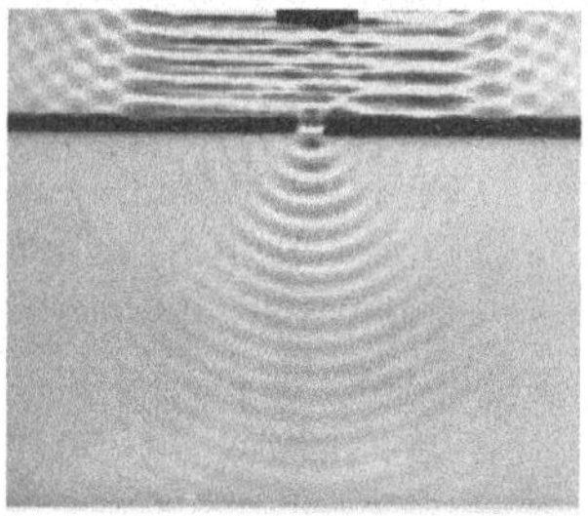

FIGURA 13.28
Ondas planas passando por fendas de diversos tamanhos. Quanto menor a largura da fenda, maior o desvio das ondas nas bordas.

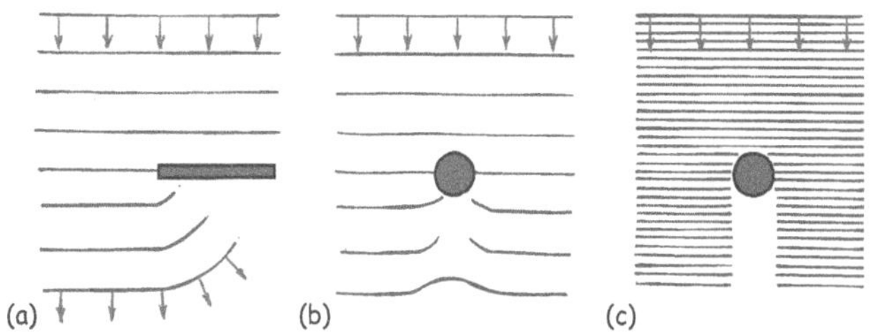
(a)
(b)
(c)

FIGURA 13.29
(a) As ondas tendem a se espalhar para dentro da região de sombra. (b) Quando o comprimento de onda é aproximadamente do mesmo tamanho que o objeto, a sombra é totalmente preenchida. (c) Quando o comprimento de onda é curto comparado ao objeto, uma sombra nítida é projetada.

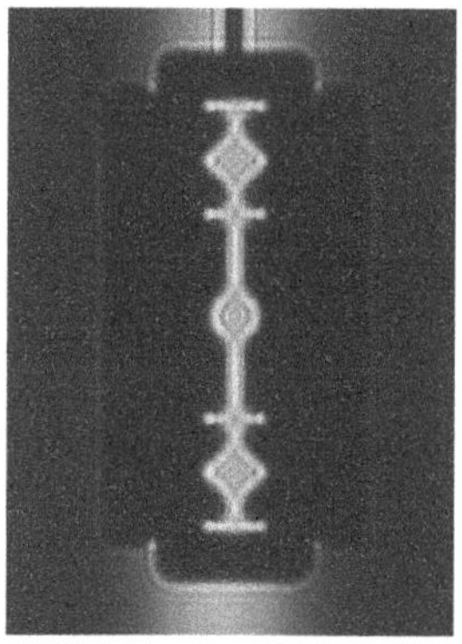

FIGURA 13.30
Franjas de difração são evidentes na sombra produzida por luz laser monocromática (de uma única freqüência).

em "ver" os objetos existentes no caminho das ondas de rádio, de modo que a difração é benéfica.

A difração não é benéfica quando se deseja ver objetos muito pequenos com um microscópio. Se o tamanho do objeto for aproximadamente o mesmo do comprimento de onda da luz usada, a difração embaçará a imagem produzida. Se o objeto for menor do que o comprimento de onda da luz usada, não se conseguirá ver qualquer es-

APLICAÇÕES COTIDIANAS

VENDO ESTRELAS COM PONTAS

Você já se perguntou por que as estrelas são representadas com pontas? As estrelas da bandeira brasileira possuem cinco pontas, a estrela judia de Davi possui seis pontas. Através dos tempos, as estrelas têm sido desenhadas sempre com pontas. A razão não tem nada a ver com a forma real das estrelas, que são simplesmente fontes luminosas puntiformes no céu noturno e sim, com a visão imperfeita proporcionada pelo olho.

As superfícies de nossos olhos, as córneas, apresentam arranhões por diversas razões. Estes arranhões constituem uma espécie de rede de difração. Uma córnea arranhada não é uma rede de difração muito boa, mas seus efeitos são evidentes quando se olha para uma fonte puntiforme brilhante contra um fundo escuro – como uma estrela no céu noturno. Em vez de um ponto luminoso, vemos uma forma com pontas. Essas pontas tremularão e piscarão se houver uma diferença de temperatura na atmosfera que produza alguma refração. E se você vive em uma região desértica e ventosa, onde tempestades de areia são freqüentes, sua córnea terá mais arranhões e você verá as estrelas com pontas mais nítidas. Portanto as estrelas não possuem pontas realmente. Elas aparecem com pontas por causa dos arranhões nas superfícies de nossos olhos, que se comportam como uma rede de difração. Assim, não existe apenas física em tudo que vemos, mas em como vemos!

trutura. A imagem inteira será perdida devido à difração. Nenhum grau de ampliação ou de perfeição de projeto do instrumento será capaz de eliminar este limite fundamental imposto pela difração. Para contornar esse problema, os microscopistas "iluminam" os objetos minúsculos com feixes de elétrons em vez de luz. Em comparação com as ondas luminosas, os elétrons do feixe possuem comprimentos de onda extremamente curtos. Os *microscópios eletrônicos* tiram vantagem do fato de que toda matéria possui propriedades ondulatórias. Os elétrons de um feixe eletrônico possuem um comprimento de onda menor do que os da luz visível. Em um microscópio eletrônico, em vez de lentes óticas são empregados um campo elétrico e um campo magnético para focar e ampliar as imagens.

O emprego de comprimentos de onda mais curtos para ver os detalhes finos é usado pelos golfinhos para rastrear seu meio ambiente com ultra-som. Os ecos produzidos por um som de longo comprimento de onda fornecem ao golfinho uma imagem global dos objetos em sua vizinhança. Para examinar a vizinhança com mais detalhamento, o golfinho emite sons de comprimentos de onda mais curtos. Os golfinhos têm feito naturalmente aquilo que os físicos apenas recentemente foram capazes de realizar, com aparelhos que obtêm imagens empregando ultra-som.

PARE E TESTE A SI MESMO

Por que um microscopista usa luz azul em vez de luz branca para iluminar os objetos que quer ver?

VERIFIQUE SUA RESPOSTA

Ocorre menos difração com a luz azul. Isso permite que o microscopista veja mais detalhes da imagem (da mesma forma como um golfinho investiga maravilhosamente seu ambiente por meio dos ecos de um som de comprimento de onda muito curto).

13.6 Interferência luminosa

Observe que a luz difratada na Figura 13.30 apresenta franjas. Elas são produzidas por interferência, que discutimos no capítulo anterior. A interferência, tanto construtiva como destrutiva, é revisada na Figura 13.31. Vemos que a adição, ou a superposição, de um par de ondas idênticas em fase produz uma onda de mesma freqüência, mas com o dobro da amplitude. Se as ondas estiverem exatamente meio comprimento de onda fora de fase, sua superposição resultará em cancelamento completo. E se elas estiverem fora de fase numa situação intermediária a essas duas, ocorrerá um cancelamento parcial.

Em 1801, a natureza ondulatória da luz foi demonstrada convincentemente quando o físico e médico britânico Thomas Young realizou seu famoso experimento de interferência[6]. Young descobriu que a luz incidente em dois furos de alfinete muito próximos, depois de atravessá-los, se recombina produzindo franjas claras e escuras sobre

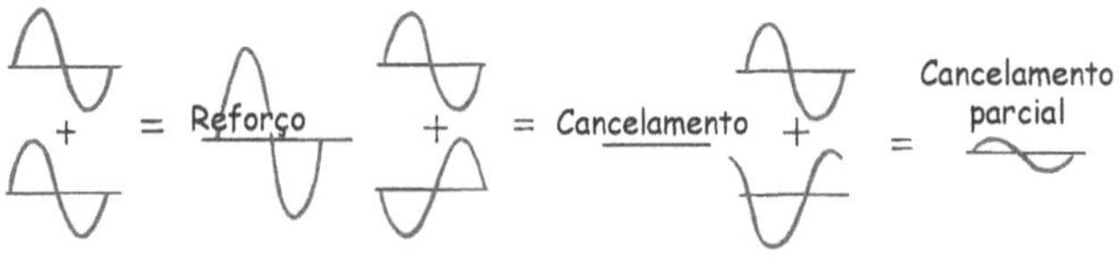

+
=
Reforço
+
=
Cancelamento
+
=
Cancelamento parcial

FIGURA 13.31
Interferência ondulatória

[6] Thomas Young lia fluentemente com a idade de 2 anos; aos 4 anos, ele já havia lido a Bíblia duas vezes e aos 14, sabia falar oito idiomas. Em sua vida adulta, foi médico e cientista, contribuindo para a compreensão dos fluidos, do trabalho, da energia e das propriedades elásticas dos materiais. Ele foi a primeira pessoa que fez progressos na decifração dos hieróglifos egípcios. Não há dúvida sobre isso – Thomas Young foi mesmo um rapaz brilhante!

uma tela localizada atrás deles. As franjas brilhantes de luz resultam das ondas luminosas provenientes dos furos que se superpõem crista a crista, enquanto as escuras resultam das ondas luminosas provenientes dos furos em que a crista de uma se superpõe ao ventre da outra. A Figura 13.32 mostra o desenho, feito por Young, do padrão originado pela superposição das ondas provenientes das duas fontes. Seu experimento é agora realizado com duas fendas posicionadas muito próximas uma da outra, em vez de furos de alfinetes, de modo que o padrão de franjas é formado por linhas retas (Figura 13.33).

Nas Figuras 13.34 e 13.35 vemos as séries de linhas claras e escuras que resultam das diferenças de percurso até a tela. Para a franja central brilhante, os percursos feitos a partir de cada fenda são de mesmo comprimento e, assim, as ondas chegam na tela em fase e se reforçam naquele ponto da mesma. As franjas escuras de ambos os lados da franja central resultam do fato de que um dos percursos é meio comprimento de onda mais longo (ou mais curto) do que o outro, de maneira que as ondas chegam àqueles pontos da tela fora de fase. Os outros conjuntos de franjas escuras ocorrem onde os percursos diferem por múltiplos ímpares de meios comprimentos de onda: 3/2, 5/2, e assim por diante.

Os padrões de interferência ocorrem não apenas no caso de haver uma ou duas fendas. Um grande número de fendas muito próximas umas das outras constitui o que se conhece como uma rede de difração. Esses dispositivos, como os prismas, decompõem a luz branca em suas cores. Eles são usados em aparelhos chamados de espectômetros, que serão discutidos no Capítulo 15. As penas de certos pássaros atuam como redes de difração e separam as cores. Isso também é verdadeiro no caso das minúsculas depressões existentes nas superfícies refletoras dos CDs.

Área clara
Área escura

FIGURA 13.34
As franjas brilhantes se formam quando as ondas provenientes das duas fendas chegam à tela em fase; as áreas escuras resultam da superposição de ondas que estão fora de fase.

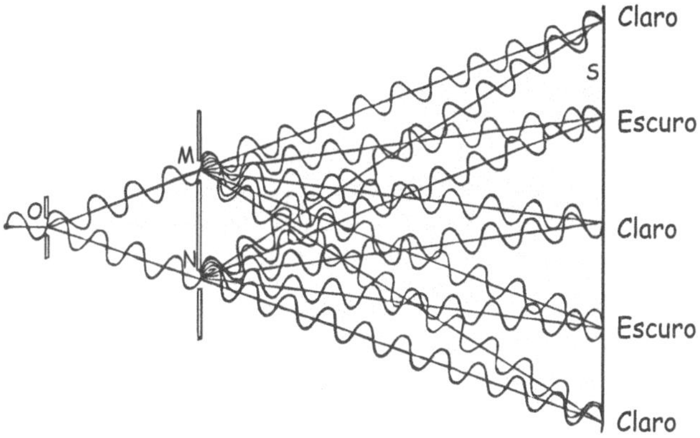
Claro
S
Escuro
M
O
Claro
N
Escuro
Claro

FIGURA 13.35
A luz proveniente de O atravessa as fendas M e N e produzem um padrão de interferência sobre a tela S.

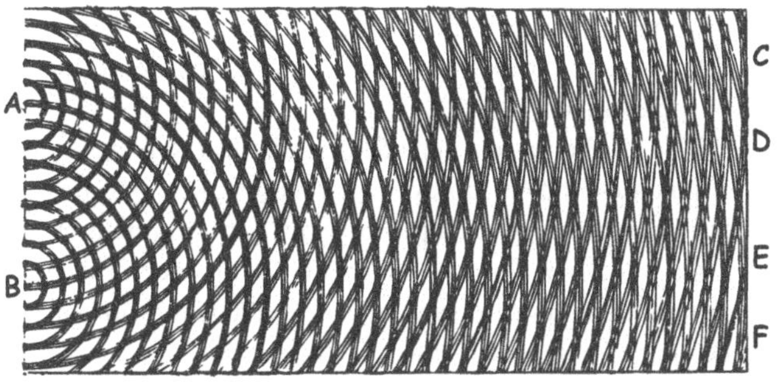
C
A
D
E
B
F

FIGURA 13.32
O desenho original de Thomas Young de um típico padrão de interferência produzido por duas fontes. As letras C, D, E e F assinalam as regiões de interferência destrutiva.

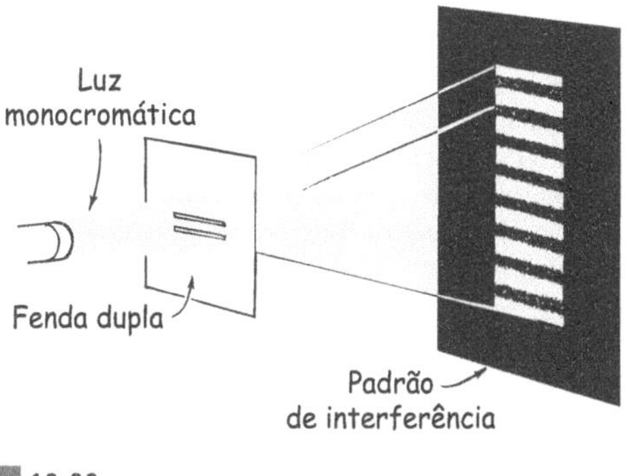
Luz monocromática
Fenda dupla
Padrão de interferência

FIGURA 13.33
Quando luz monocromática atravessa duas fendas muito próximas, forma-se um padrão de franjas de interferência.

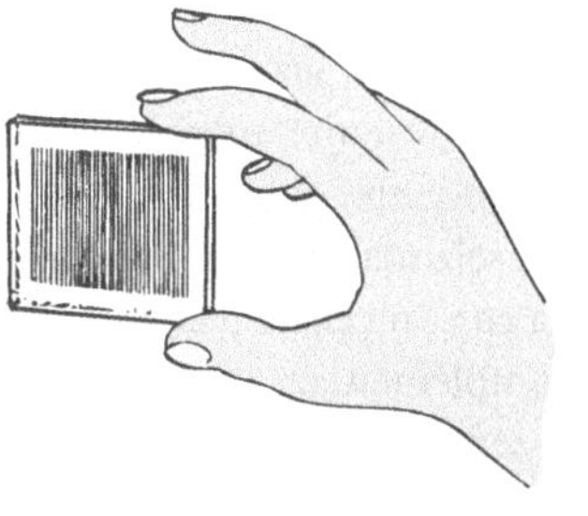

FIGURA 13.36
Uma rede de difração dispersa a luz em cores por meio da interferência. Ela pode ser usada em lugar de um prisma em um espectrômetro.

PARE E
TESTE A SI MESMO

1. Se uma fenda dupla fosse iluminada com luz monocromática (de uma única freqüência) vermelha, as franjas produzidas seriam mais espaçadas ou mais próximas umas das outras do que se fosse iluminada com luz monocromática azul?
2. Por que é importante que seja usada luz monocromática?

VERIFIQUE SUA RESPOSTA

1. Elas seriam mais espaçadas. Você consegue perceber na Figura 13.35 que um percurso ligeiramente mais longo – e, portanto, um percurso ligeiramente deslocado – entre uma fenda e a tela resultaria em ondas luminosas vermelhas mais longas?
2. Se luz de vários comprimentos de onda fosse difratada pelas fendas, as franjas escuras para um dado comprimento de onda seriam preenchidas com franjas brilhantes para outro, não resultando daí um padrão de franjas distintas. Se você ainda não viu isto, peça ao seu professor para demonstrá-lo.

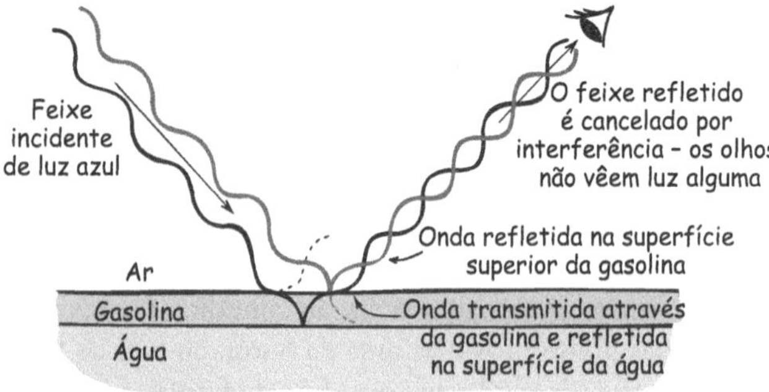
Feixe incidente de luz azul
O feixe refletido é cancelado por interferência - os olhos não vêem luz alguma
Onda refletida na superfície superior da gasolina
Ar
Gasolina
Água
Onda transmitida através da gasolina e refletida na superfície da água

FIGURA 13.37
A película delgada de gasolina tem a espessura exata para cancelar as reflexões da luz azul na superfície superior e na inferior. Se a película fosse mais delgada, talvez o violeta, de comprimento de onda menor, fosse cancelado.

Cores de interferência por reflexão em películas delgadas

Todos já observamos o belo espectro de cores refletidas numa bolha de sabão ou em uma mancha de gasolina sobre o pavimento de uma rua molhada. Essas cores são produzidas pela interferência entre ondas luminosas. Esse fenômeno, costumeiramente chamado de *iridescência*, é observado em películas delgadas transparentes.

Uma bolha de sabão parecerá iridescente sob luz branca quando a espessura da película de sabão for aproximadamente igual ao comprimento de onda da luz. As ondas luminosas refletidas nas superfícies externa e interna da película percorrem distâncias diferentes até seu olho. Quando a película for iluminada com luz branca, poderá acontecer que ela tenha a espessura exata em uma região para causar interferência destrutiva da luz vermelha, por exemplo. Quando a luz vermelha for subtraída da luz branca, a mistura restante aparecerá com a cor complementar correspondente, que é o ciano. Num outro lugar, onde a película seja mais fina, talvez o azul seja cancelado. Seja qual for a cor cancelada pela interferência, a luz vista terá sua cor complementar.

Isso pode ser visto quando um pouco de gasolina estiver espalhada sobre o pavimento de uma rua molhada (Figura 13.37). A luz se reflete em duas superfícies: na superior, interface ar-gasolina, e na inferior, gasolina-água. Se a espessura da película de gasolina for tal que o azul seja cancelado, como sugere a figura, então a superfície da gasolina parecerá amarela ao olho[7]. Como já mencionado anteriormente, o azul é subtraído da luz branca, restando sua cor complementar, o amarelo. Por que se vê uma variedade de cores em uma película delgada de gasolina? A resposta é que a espessura não é uniforme ao longo da película delgada. Diferentes espessuras da película produzem uma espécie de "mapa com curvas de nível" das diferenças microscópicas nas "elevações" existentes na superfície da película.

Se você olhasse a película delgada de gasolina com um ângulo de visada menor, veria cores diferentes, porque a luz que atravessa a película percorre um caminho mais longo. Uma onda mais longa é cancelada, e uma cor diferente é vista. Diferentes comprimentos de onda da luz são cancelados para ângulos de visada diferentes.

Pratos de louça recém-lavados com uma mistura de sabão e água e mal-enxagüados ainda têm uma película delgada de sabão sobre si. Segure um deles voltado para uma *fonte luminosa* e as cores de interferência poderão ser vistas.

[7] Em algumas superfícies refletoras, os deslocamentos que ocorrem na reflexão também contribuem para a interferência. Por simplicidade e brevidade, nosso interesse neste tópico ficará limitado a esta nota de rodapé. Brevemente, quando a luz em um meio é refletida na superfície de separação com um segundo meio, no qual a rapidez de propagação da luz seja menor (e onde o índice de refração seja maior), ocorrerá um deslocamento de fase de 180º (ou seja, correspondente a meio comprimento de onda). Entretanto, nenhum deslocamento de fase ocorrerá se no segundo meio a luz se propagar com velocidade maior (correspondendo a um índice de refração menor). Por exemplo, em uma bolha de sabão, a luz refletida na primeira superfície tem sua fase alterada em 180º. Na segunda superfície, a luz refletida não troca de fase. Se a espessura da película de sabão for muito pequena em relação ao comprimento de onda da luz, de modo que a distância percorrida dentro da película seja desprezível, as porções da onda refletidas nas duas superfícies estarão fora de fase e se cancelarão – em todas as freqüências. Por isso, determinadas partes de uma película de sabão que são extremamente finas aparecem escuras.

FIGURA 13.38

Bob Greenler demonstra as cores resultantes da interferência com uma enorme bolha de sabão. Note que as cores são secundárias – magenta, amarelo e ciano.

Depois, gire prato para uma nova posição, mantendo seu olho direcionado para a mesma parte do mesmo. Você nota uma alteração da cor? A luz refletida na superfície inferior da película delgada transparente de sabão cancela a luz refletida na superfície superior da película.

As cores vistas em bolhas de sabão resultam da interferência entre a luz refletida nas superfícies interior e exterior da película. Quando uma cor é cancelada, o que se vê é sua cor complementar.

As cores vistas em bolhas de sabão resultam da interferência entre a luz refletida nas superfícies interior e exterior da película. Quando uma cor é cancelada, o que se vê é sua cor complementar.

As técnicas de interferência podem ser usadas para medir o comprimento de onda da luz visível e de radiações eletromagnéticas de outras faixas do espectro. A interferência oferece uma maneira de medir distâncias extremamente pequenas com grande precisão. Instrumentos chamados de *interferômetros*, que fazem uso do princípio da interferência, são os mais precisos que se conhece para medir distâncias pequenas.

PARE E TESTE A SI MESMO

1. Que cor parece ser refletida por uma bolha de sabão à luz solar quando a espessura da película é tal que a luz verde é cancelada?
2. Na coluna da esquerda estão as cores de determinados objetos. Na da direita, estão as várias maneiras pelas quais as cores são produzidas. Relacione os itens da coluna esquerda com os da direita.

a. narciso silvestre amarelo	1. interferência
b. céu azul	2. difração
c. arco-íris	3. reflexão seletiva
d. penas de pavão	4. refração
e. bolha de sabão	5. espalhamento

VERIFIQUE SUA RESPOSTA

1. A composição de todos os comprimentos de onda visíveis, menos os do verde, é sua cor complementar, o magenta. (Volte e veja as Figuras 13.16 e 13.17.)
2. a-3; b-5; c-4; d-2; e-1.

SUMÁRIO DE TERMOS

Onda eletromagnética Uma onda que transporta energia, emitida por uma carga oscilante (geralmente elétrons), composta por campos elétrico e magnético oscilantes que constantemente geram um ao outro.

Espectro eletromagnético A faixa de freqüência das ondas eletromagnéticas, que se estende desde as freqüências de rádio até as de raios gama.

Transparente O termo que se aplica a materiais através dos quais a luz pode se propagar sem absorção, normalmente em linha reta.

Opaco A propriedade de absorver a luz, sem reemiti-la (o contrário de transparente).

Cores aditivas primárias As três cores – vermelho, azul e verde – que, ao serem adicionadas em certas proporções, produzem qualquer cor na parte visível do espectro.

Cores complementares Quaisquer duas cores que, quando adicionadas, produzem a luz branca.

Cores subtrativas primárias As três cores dos pigmentos de absorção – magenta, ciano e amarelo – que, quando misturadas em certas proporções, refletem qualquer outra cor do espectro.

Difração O desvio da luz quando ela passa ao redor de um obstáculo ou através de uma abertura estreita, fazendo com que a luz se espalhe e produza franjas claras e escuras.

Interferência O resultado da superposição de ondas diferentes com mesmo comprimento de onda. A interferência construtiva resulta do reforço de crista com crista; a interferência destrutiva resulta do cancelamento entre cristas e ventres. A interferência entre comprimentos de onda luminosos selecionados produz o que se conhece como cores de interferência.

LEITURA SUGERIDA

Murphy, Pat e Paul Doherty. *The Color of Nature*, São Francisco: Chronicle Books, 1996.

QUESTÕES DE REVISÃO

13.1 O espectro eletromagnético

1. A luz visível constitui uma parte relativamente grande ou relativamente pequena do espectro eletromagnético?
2. Qual é a principal diferença entre uma onda de rádio e uma onda luminosa? E entre uma onda luminosa e uma de raios X?
3. Como a freqüência de uma onda eletromagnética se compara à freqüência dos elétrons oscilantes que a produzem?
4. Como o comprimento de uma onda luminosa se relaciona à sua freqüência?

13.2 Materiais transparentes e opacos

5. O som proveniente de um diapasão em forquilha pode obrigar outro diapasão do mesmo tipo a vibrar. Qual é o efeito análogo no caso da luz?
6. Em que região do espectro eletromagnético se encontra a freqüência de ressonância dos elétrons do vidro?
7. Qual é o destino da energia da luz ultravioleta que incide no vidro?
8. Qual é o destino da energia da luz visível que incide no vidro?
9. Como se compara a velocidade média da luz no vidro com sua velocidade no vácuo?
10. Que parte do espectro eletromagnético é incapaz de penetrar na atmosfera terrestre?

13.3 Cor

11. Qual é a relação entre a freqüência da luz e sua cor?
12. Qual luz tem freqüência mais alta, a vermelha ou a azul?
13. Faça distinção entre o branco do papel desta página e o preto de sua tinta, em termos do que acontece à luz branca que incide sobre ambos.
14. Como a cor de um objeto iluminado por uma lâmpada incandescente difere da cor do mesmo objeto quando iluminado por uma lâmpada fluorescente?
15. Que cor de luz é transmitida através de um pedaço de vidro vermelho?
16. O que aquece mais rápido à luz solar, o vidro comum de janelas ou um pedaço de vidro colorido? Por quê?
17. Qual é a evidência de que dispomos para afirmar que a luz branca é composta de todas as cores da parte visível do espectro eletromagnético?
18. Qual é a cor correspondente à freqüência de pico da radiação solar? Qual é a cor de luz à qual nossos olhos são mais sensíveis?
19. Qual é a faixa de freqüências da curva de radiação correspondente à luz vermelha, verde e azul?
20. Por que o vermelho, o verde e o azul são chamados de cores aditivas primárias?
21. Por que o vermelho e o ciano são chamados de cores complementares?
22. O que são cores subtrativas primárias? Por que elas são assim chamadas?

13.4 Por que o céu é azul, o pôr-do-sol é vermelho e as nuvens são brancas

23. O que significa dizer que a luz é espalhada?
24. Por que às vezes o céu tem aparência esbranquiçada?
25. Por que o Sol parece vermelho no nascer e no pôr-do-sol, mas não ao meio-dia?
26. Qual é a evidência de que se dispõe para afirmar que uma nuvem é composta de partículas com uma variedade de tamanhos?

13.5 Difração

27. A difração é mais pronunciada quando a luz atravessa uma pequena ou uma grande abertura?
28. Para uma abertura de um determinado tamanho, a difração é mais pronunciada para um comprimento de onda maior ou menor?
29. Quais são alguns dos casos em que a difração pode ser útil ou problemática?

13.6 Interferência luminosa

30. A interferência está restrita apenas a alguns tipos de ondas ou ela ocorre para todos os tipos?
31. O que é uma luz monocromática?
32. O que produz a iridescência?
33. O que produz a variedade de cores vista em manchas de gasolina espalhada sobre o pavimento de uma rua molhada? Quais são as duas superfícies que produzem essas cores?
34. O que explica a variedade de cores vista em uma bolha de sabão?
35. Se você olhasse para uma bolha de sabão com ângulos de visada diferentes, de modo que visse diferentes espessuras aparentes para uma película delgada de sabão, enxergaria cores diferentes? Explique.

ATIVIDADES EXPLORATÓRIAS

1. Que olho você usa mais? Para verificar qual é o seu favorito, mantenha um dedo erguido de braço esticado. Com os olhos abertos, olhe para um objeto distante. Agora feche o olho direito. Se seu dedo parece saltar para a direita, então você usa mais este olho.
2. Olhe fixamente para um pedaço de papel colorido por 45 segundos ou mais. Depois olhe para uma superfície branca plana. Os cones de sua retina sensíveis à cor do papel tornam-se saturados e, assim, você acaba enxergando uma pós-imagem com a cor complementar ao olhar para a área branca. Isso ocorre porque os cones saturados enviam um sinal enfraquecido ao cérebro. Todas as cores juntas produzem o branco, mas todas as cores menos uma produzem uma cor complementar à cor ausente. Experimente e comprove!
3. Simule seu próprio pôr-do-sol: adicione algumas gotas de leite a um copo com água e olhe para uma lâmpada incandescente através do copo. A lâmpada aparecerá de cor vermelha ou laranja pálida, enquanto a luz espalhada para os lados aparecerá de cor azul. Tente e comprove.
4. Com uma lâmina de barbear, faça uma fenda estreita em um pedaço de cartolina e olhe através dela para uma fonte luminosa. Você pode variar o tamanho da abertura dobrando a cartolina ligeiramente. Consegue ver as franjas de interferência? Tente vê-las usando duas fendas estreitas ligeiramente espaçadas.
5. Da próxima vez que estiver numa banheira, faça bastante espuma de sabão e observe as cores vistas ao se iluminar cada pequena bolha por cima. Note que as diferentes bolhas refletem diferentes cores devido às diferenças de espessura existentes nas películas de sabão das bolhas. Se alguém estiver se banhando junto com você, compare as diferentes cores que vocês vêem refletidas nas mesmas bolhas. Você perceberá que elas são diferentes – pois o que cada um enxerga depende de seu ângulo de visada!
6. Faça isso na pia de sua cozinha. Mergulhe uma xícara de café de cor escura (as cores escuras constituem o melhor fundo contra o qual se podem ver as cores de interferência) em sabão líquido de lavar louça; depois a mantenha suspensa lateralmente a você e observe a luz refletida na película de sabão que cobre a abertura da xícara. Surgem cores em redemoinho enquanto o sabão desce escorrendo, formando uma cunha mais espessa na parte inferior. A parte superior torna-se mais fina, de modo que ela aparece com a cor preta. Isso nos garante que a sua espessura é menor do que um quarto do comprimento de onda das ondas mais curtas da luz visível. Seja qual for seu comprimento de onda, a luz refletida na superfície interna tem sua fase invertida e depois se recombina com a luz refletida na superfície externa, onde se cancelam. A película logo se torna tão fina que acaba rompendo.
7. Escreva uma carta à sua avó ou ao seu avô explicando as razões para o céu ser azul, as auroras e os poentes serem vermelhos e por que as nuvens normalmente são brancas. Explique-lhe também por que conhecer as razões, ao invés de diminuir, aumenta sua maneira de apreciar a natureza.

EXERCÍCIOS

1. Qual é a fonte básica da radiação eletromagnética?
2. Qual das seguintes ondas possui o maior comprimento de onda: ondas luminosas, raios X ou ondas de rádio?
3. Qual das duas possui o comprimento de onda mais curto: a radiação ultravioleta ou a infravermelha? Qual delas tem a maior freqüência?
4. Ouvimos pessoas falando em "luz ultravioleta" e "luz infravermelha". Por que tais termos são confusos? Por que é menos provável escutar pessoas falando em "luz de rádio" e "luz de raios X"?
5. O que requer um meio físico para se propagar: a luz ou o som? Ou ambos precisam de um meio físico para se propagar? Explique.
6. As ondas de rádio se propagam com a velocidade do som, com a da luz ou com alguma outra velocidade intermediária?
7. O que as ondas de rádio e as de luz têm em comum? O que é diferente nelas?
8. Que evidência você pode citar para sustentar a idéia de que a luz pode se propagar no vácuo?
9. Os comprimentos de onda curtos da luz visível interagem mais freqüentemente com os átomos do vidro do que os comprimentos de onda mais longos. Este tempo de interação tende a tornar mais rápida ou mais lenta a propagação da luz através do vidro?
10. O que determina se um dado material é transparente ou opaco?
11. Você pode queimar sua pele mesmo em um dia nublado, mas não ficará bronzeado se, em um dia ensolarado, permanecer atrás de um vidro. Explique.
12. Suponha que a luz solar incida tanto sobre óculos de leitura quanto sobre óculos escuros. Qual dos dois você esperaria que se tornasse mais quente? Justifique sua resposta.
13. Numa loja de roupas iluminada somente por lâmpadas fluorescentes, uma consumidora insiste em levar os vestidos para a luz diurna do exterior do prédio a fim de verificar suas cores. Ela está sendo razoável? Explique.
14. Os carros de bombeiro costumavam ser pintados de vermelho. Agora muitos deles são pintados de cor amarelo esverdeada. Por que a troca de cores?
15. A curva de radiação solar (Figura 13.14) mostra que a luz mais intensa proveniente do Sol é a de cor amarelo-esverdeado. Por que, então, enxergamos o Sol como esbranquiçado em vez de amarelo-esverdeado?
16. Uma lâmpada é coberta de maneira que não possa transmitir a luz amarela emitida pelo filamento quente e de cor branca. De que cor, então, será o feixe luminoso emergente?
17. Como você poderia usar os holofotes de um teatro para fazer com que a cor amarela das roupas dos atores mudasse subitamente para preto?

18. Uma televisão colorida emprega a adição ou a subtração de cores? Justifique sua resposta.
19. Sobre uma tela de TV, pontos vermelhos, verdes e azuis feitos de material fluorescente são iluminados com uma variedade de intensidades relativas a fim de produzir um espectro completo de cores. Quais desses pontos são ativados para produzir o amarelo? E para produzir o magenta? E para produzir o branco?
20. Que cores de tinta são usadas pelas impressoras a jato de tinta para produzir uma gama completa de cores? As cores são obtidas por adição ou subtração de cores?
21. Logo abaixo está uma foto da autora de obras científicas Suzanne Lyons, com seu filho Tristan vestindo vermelho e sua filha Simone vestindo verde. Mais abaixo está o negativo da foto, que mostra essas cores diferentemente. Qual é a sua explicação para isso?

22. Verifique na Figura 13.16 se os três seguintes enunciados estão corretos. Depois complete o último enunciado com a palavra que falta. (Todas as cores são combinadas através de adição de luzes.)
Vermelho + verde + azul = branco.
Vermelho + verde = amarelo = branco – azul.
Vermelho + azul = magenta = branco – verde.
Verde + azul = ciano = branco – ______.
23. Sob luz de qual cor uma banana madura aparece preta?
a. luz vermelha
b. luz amarela
c. luz verde
d. luz azul
24. Quando luz branca incide em uma camada de tinta vermelha seca sobre uma placa de vidro, a cor transmitida é a vermelha. Mas a cor refletida não é esta. Qual é ela?
25. Olhe fixa e atentamente para uma bandeira do Brasil por pelo menos meio minuto. Depois olhe para uma parede branca. Que cores você vê na imagem da bandeira que aparece sobre a parede?
26. Por que não podemos ver as estrelas durante o dia?
27. Por que o céu é de um azul mais escuro quando você se encontra a uma grande altitude? (Dica: de que cor é o "céu" visto da Lua?)
28. Por que a fumaça de uma fogueira de acampamento parece azulada quando vista contra as árvores próximas do solo, mas amarelada quando vista contra o céu?
29. Partículas minúsculas, como se fossem minúsculos sinos, espalham mais as ondas de alta freqüência do que as de baixa freqüência. Partículas grandes, como se fossem grandes sinos, espalham principalmente baixas freqüências. Partículas e sinos com tamanhos intermediários espalham principalmente freqüências intermediárias. O que isso tem a ver com a cor branca das nuvens?
30. Partículas muito grandes, como as gotas de água, absorvem mais radiação do que a espalham. O que isso tem a ver com a aparência escura das nuvens de chuva?
31. A atmosfera de Júpiter tem mais do que 1.000 km de espessura. A partir da superfície desse planeta, você esperaria ver um Sol branco?
32. Você está na praia explicando a um rapaz por que a água do mar é de cor ciano. O rapaz aponta para as cristas espumosas brancas das ondas quando quebram e pergunta por que elas são de cor branca. Qual é a sua resposta?
33. Por que as ondas de rádio difratam ao redor dos edifícios, enquanto as ondas luminosas não o fazem?
34. A luz ilumina duas fendas estreitas muito próximas, produzindo um padrão de interferência sobre uma tela que está por trás. De que maneira diferirão as distâncias entre as franjas do padrão quando a luz utilizada for vermelha ou azul?
35. Por que o experimento de Young é mais efetivo quando realizado com fendas, ao invés de com furos de alfinetes, como ele usou originalmente?
36. Um padrão de franjas é gerado quando a luz monocromática passa por um par de fendas estreitas. Esse padrão também seria gerado por três fendas estreitas paralelas? E por centenas de fendas? Dê um exemplo para justificar sua resposta.
37. Por que não se vê as cores de interferência em uma película delgada de gasolina sobre uma rua seca?
38. Se você observar os padrões de interferência em uma película delgada de óleo ou gasolina sobre a água, você notará que as cores formam anéis completos. Em que esses anéis são análogos às curvas de nível de um mapa?
39. Devido à interferência ondulatória, uma película de óleo sobre água é vista com cor amarela por observadores que estão diretamente acima, em um aeroplano. De que cor ela aparecerá para um mergulhador situado diretamente abaixo da película?
40. Certas lentes revestidas parecem azuladas quando vistas com luz refletida. Você acha que elas são projetadas para eliminar que cor de luz?

PROBLEMAS

● INICIANTE ■ INTERMEDIÁRIO ♦ AVANÇADO

1. ● Apontadores a laser emitem ondas luminosas cujo comprimento de onda é de 670 nm. Qual é a freqüência dessa luz? (1 nm = 10^{-9} m.)
2. ● Os elétrons de uma antena de radiodifusão são forçados a oscilar para cima e para baixo 535.000 vezes por segundo. Qual é o comprimento de onda das ondas de rádio que ela produz?
3. ● A galáxia Hidra está se afastando da Terra a $6{,}0 \times 10^7$ m/s. Isso corresponde a que fração da velocidade da luz?
4. ● Considere um pulso de luz laser direcionado para a Lua que ricocheteia de volta para a Terra. A distância entre a Terra e a Lua é de $3{,}8 \times 10^8$ m. Mostre que o tempo de ida e volta da luz é de 2,5 segundos.
5. ● A estrela mais próxima de nós depois do Sol é a Alfa Centauro, que se encontra a $4{,}2 \times 10^{16}$ m de distância de nós. Se recebêssemos hoje uma mensagem de rádio proveniente desta estrela, mostre que ela teria sido emitida 4,4 anos atrás.
6. ● A luz azul esverdeada tem uma freqüência de 6×10^{14} Hz. Usando a relação $c = f\lambda$, mostre que seu comprimento de onda no ar vale 5×10^{-7} m. Este comprimento de onda é quantas vezes maior do que o tamanho de um átomo, que é cerca de 10^{-10} m?
7. ● A luz ultravioleta tem uma freqüência mais alta do que a luz visível. Mostre que a freqüência da luz ultravioleta de comprimento de onda igual a 360 nm é de $8{,}33 \times 10^{14}$ Hz.
8. ■ Uma determinada estação de radar, usada para detectar aeroplanos, emite ondas eletromagnéticas com 3 cm de comprimento de onda.
   a. Mostre que a freqüência dessa radiação é de 10 GHz.
   b. Mostre que o intervalo de tempo necessário para que um pulso do radar atinja um aeroplano a 5 km de distância e retorne à estação é de $3{,}3 \times 10^{-5}$ s.

CAPÍTULO 14

As Propriedades da Luz

Peter Hopkinson desperta o interesse da turma realizando esta demonstração hilária escarranchado em frente de um espelho grande; quando ele levanta a perna direita enquanto a perna esquerda não vista o sustenta por trás do espelho.

A maior parte dos objetos que vemos ao nosso redor não emite luz própria. Eles são visíveis porque reemitem a luz que incide em suas superfícies, proveniente de uma fonte primária, como o Sol ou uma lâmpada, ou de uma fonte secundária como o céu iluminado. A luz incidente na superfície de um material normalmente é reemitida sem que ocorra alteração em sua freqüência ou é absorvida por ele e o aquece. Geralmente os dois processos ocorrem simultaneamente, em graus variáveis. Quando a luz reemitida retorna ao meio do qual proveio, ela é *refletida*. Quando a luz reemitida desvia-se de sua trajetória original, prosseguindo depois em linha reta de molécula a molécula em um material transparente, ela é *refratada*.

14.1 Reflexão

Quando esta página é iluminada com a luz solar ou com a luz de uma lanterna, os elétrons dos átomos do papel passam a vibrar mais energeticamente, em resposta às oscilações dos campos elétricos da luz incidente. Os elétrons energizados, então, reemitem a luz, e podemos enxergar a página. Quando a página é iluminada com luz branca, o papel parece branco, revelando o fato de que os elétrons reemitem em todas as freqüências. (Lembre-se de que todas as freqüências visíveis se combinam para produzir o branco.) Ocorre muito pouca absorção pela página. Com a tinta que está na página é uma história diferente. Exceto por um pouco de reflexão, a tinta absorve todas as freqüências visíveis e, portanto, parece preta. Onde houver pigmentos coloridos na página, enxergamos partes coloridas nela.

A lei da reflexão

Qualquer um que tenha jogado sinuca ou bilhar sabe que, quando uma bola ricocheteia em uma superfície, o ângulo de incidência é igual ao de reflexão. O mesmo é verdadeiro para a luz. Isto se chama lei da reflexão, e vale para quaisquer valores dos ângulos:

O ângulo de reflexão é igual ao ângulo de incidência.

A lei da reflexão é ilustrada na Figura 14.1 com setas que representam os raios de luz. Em vez de medir os ângulos dos raios incidentes e refletidos em relação à superfície refletora, costuma-se medi-los em relação a uma linha perpendicular ao plano da superfície refletora. Essa linha imaginária é chamada de *normal*. O raio incidente, a normal e o raio refletido pertencem todos ao mesmo plano.

Se a chama de uma vela for posicionada em frente a um espelho plano, os raios de luz serão irradiados em todas as direções a partir da chama. A Figura 14.2 mostra apenas quatro de um número infinito de raios que saem de cada um dos infinitos pontos da chama. Quando esses raios encontram o espelho, são refletidos em ângulos iguais aos correspondentes ângulos de incidência. Os raios divergem a partir da chama. Note que eles também divergem depois de se refletirem no espelho. Estes raios divergentes parecem sair de um ponto atrás do espelho (linhas tracejadas). Você enxerga uma imagem da chama neste ponto. Mas os raios de luz não provêm realmente deste ponto, de modo que a imagem é denominada *imagem virtual*. A imagem está tão distante do espelho quanto o objeto está do mesmo, e a imagem e o objeto têm o mesmo tamanho. Quando você se olha no espelho, por exemplo, o tamanho de sua imagem é o mesmo que teria seu irmão gêmeo se ele estivesse localizado atrás do espelho da mesma forma como você está posicionado na frente do mesmo – desde que a superfície do espelho seja chata. Este tipo de espelho é chamado de *espelho plano.*

Quando o espelho é curvo, os tamanhos e as distâncias do objeto e da imagem, em relação ao espelho, não são mais iguais. Não abordaremos os espelhos curvos neste texto, exceto para dizer que a lei da reflexão continua sendo válida neste caso também. Um espelho curvo comporta-se como se fosse formado por uma sucessão de espelhos planos, cada qual com uma orientação ligeiramente diferente do seguinte a ele. Em cada ponto, o ângulo de incidência é igual ao ângulo de reflexão (Figura 14.4). Note que, em um espelho curvo, as normais (representadas pelas linhas pretas tracejadas) em diferentes pontos da superfície não são paralelas entre si.

Sua imagem atrás do espelho está tão distante dele quanto você do mesmo – como se seu suposto irmão gêmeo estivesse atrás de uma vidraça a uma distância do vidro igual à que você está na frente da vidraça.

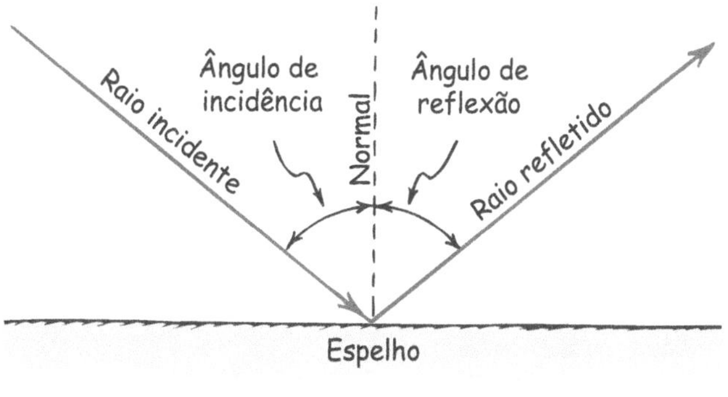

Ângulo de incidência
Ângulo de reflexão
Normal
Raio incidente
Raio refletido
Espelho

FIGURA 14.1
A lei da reflexão.

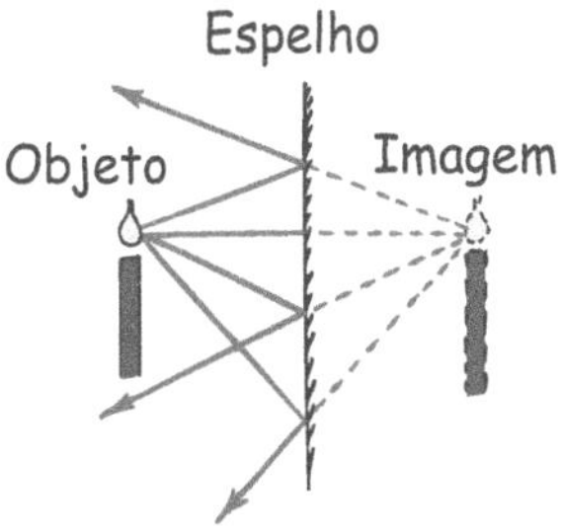

Espelho
Objeto
Imagem

FIGURA 14.2
Uma imagem virtual forma-se atrás do espelho e está localizada na posição para onde convergem as extensões (linhas tracejadas) dos raios refletidos.

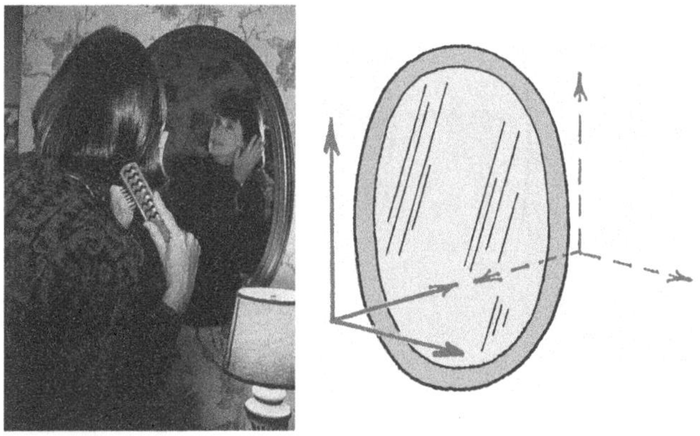

FIGURA 14.3
A imagem de Marjorie atrás do espelho e ela própria estão à mesma distância do mesmo. Note que ela e sua imagem têm a mesma cor de roupa – uma evidência de que a reflexão não altera a freqüência. É interessante notar que seu eixo esquerda-direita e seu eixo inferior-superior não estão invertidos. Como mostrado à direita, o invertido é o eixo frente-costa. Por isso que sua mão direita aparece à frente da esquerda na imagem.

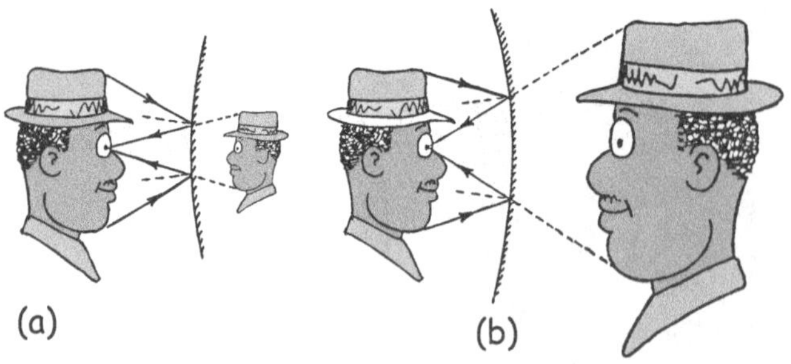
(a)
(b)

FIGURA 14.4

(a) A imagem virtual formada por um espelho convexo (um espelho que se curva para fora) é menor e mais próxima do espelho do que o objeto. (b) Quando um objeto está próximo a um espelho côncavo (um espelho que se curva para dentro, como uma cova), a imagem virtual é maior e mais afastada do que o objeto. Nos dois casos, a lei da reflexão mantém-se válida para cada raio luminoso.

Seja o espelho plano ou curvo, o sistema olho-cérebro normalmente não pode revelar a diferença entre um objeto e sua correspondente imagem refletida. Assim, a ilusão de que existe um objeto atrás do espelho (ou, em certos casos, na frente de um espelho côncavo) deve-se meramente ao fato de que a luz vinda do objeto entra no olho exatamente da mesma maneira, fisicamente falando, como ela entraria se o objeto estivesse realmente na posição da imagem.

Somente parte da luz incidente em uma superfície qualquer é por ela refletida. Por exemplo, sobre uma superfície de vidro claro, e considerando uma incidência normal (luz perpendicular à superfície), somente cerca de 4% da luz é refletida pela superfície. Incidindo sobre uma superfície limpa e polida de prata, no entanto, cerca de 90% da luz incidente será refletida.

PARE E TESTE A SI MESMO

1. Que evidência você pode citar para justificar a afirmação de que a freqüência da luz não se altera com a reflexão?
2. Se você deseja tirar uma fotografia de sua imagem enquanto fica de pé a 5 m da frente de um espelho plano, a que distância você deveria focar sua máquina fotográfica para obter uma foto nítida?

VERIFIQUE SUA RESPOSTA

1. Fique na frente de um espelho e observe que a cor de sua camisa não aparece alterada na imagem. O fato de que a cor é a mesma evidencia que a freqüência da luz não muda com a reflexão.
2. Você deve ajustar o foco de sua câmera para 10 m; a situação é equivalente a ficar de pé a 5 m da frente de uma janela aberta, olhando para seu suposto irmão gêmeo que está de pé 5 m atrás da janela. Você gostaria de enriquecer? Seja o primeiro a inventar uma superfície que reflita 100% da luz incidente sobre ela.

Reflexão difusa

Em contraste com a reflexão especular existe a reflexão difusa, que ocorre quando a luz incide sobre uma superfície rugosa e é refletida em diversas direções (Figura 14.5). Se a superfície for tão lisa que as distâncias entre suas sucessivas elevações forem menores do que cerca de um oitavo do comprimento de onda da luz incidente, existirá muito pouca reflexão difusa, dizemos que a superfície é *polida*. Uma superfície, portanto, pode ser polida para uma radiação incidente de longo comprimento de onda, mas não-polida para a luz de comprimento de onda curto. O "prato" constituído por uma grade formada por hastes metálicas mostrado na Figura 14.6 parece muito rugoso para as ondas luminosas e, assim, dificilmente se comporta como um espelho. Mas para as ondas de rádio, que possuem um longo comprimento de onda, ele parece bastante polido e se comporta, portanto, como um excelente refletor.

A luz que se reflete nesta página é difusa. A página pode parecer lisa para uma onda de rádio, mas para uma onda luminosa ela é rugosa. A suavidade da superfície é relativa ao comprimento de onda das ondas que a iluminam. Os raios luminosos que incidem na página se deparam com milhões de minúsculas superfícies planas orientadas em todas as direções. A luz incidente, portanto, é refletida em todas as direções. Esta é uma circunstância desejável. Ela nos possibili-

FIGURA 14.5

Reflexão difusa. Embora a reflexão de cada raio obedeça à lei da reflexão, os muitos ângulos diferentes formados pela superfície rugosa na qual os raios incidem produzem reflexões em muitas direções diferentes.

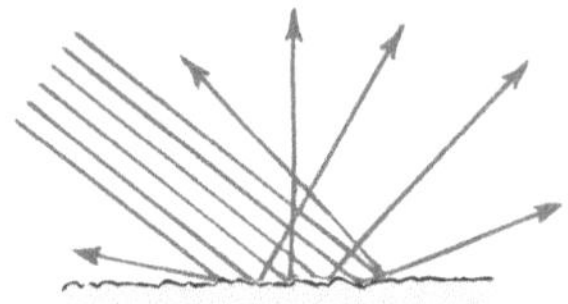

FIGURA 14.6

A grade em forma de um prato parabólico constitui um refletor difuso para os pequenos comprimentos de onda da luz, mas é um refletor liso para os longos comprimentos de onda das ondas de rádio.

FIGURA 14.7
Uma vista ampliada da superfície de papel comum.

ta enxergar objetos a partir de qualquer direção ou posição. Você pode enxergar a rodovia à frente de seu carro durante a noite, por exemplo, por causa da reflexão difusa ocorrida na superfície rugosa da rodovia. Quando ela está molhada, ela é mais lisa e existe menos reflexão difusa e, portanto, é mais difícil vê-la. A maior parte de nosso ambiente é visto por reflexão difusa.

Uma circunstância indesejável relacionada à reflexão difusa é a da imagem fantasma que se vê numa TV quando o sinal de televisão se reflete em edifícios e outras obstruções. Para recepção em uma antena, essa diferença no comprimento do caminho para o sinal direto e para o sinal refletido produz um ligeiro tempo de atraso, bem como interferência ondulatória. A imagem fantasma normalmente aparece deslocada para a direita, no sentido da varredura no tubo de imagens do aparelho, pois o sinal refletido chega à antena receptora atrasado em relação ao sinal direto. Reflexões múltiplas podem produzir imagens fantasmas múltiplas.

PARE E
TESTE A SI MESMO

Em termos da física da reflexão, por que é mais perigoso dirigir um carro em uma noite chuvosa?

VERIFIQUE SUA RESPOSTA

Como a superfície da rodovia está mais espelhada quando molhada, os feixes dos faróis de seu carro são refletidos principalmente para a frente, em vez de para trás, chegando a você por reflexão difusa. Isso faz com seja mais difícil enxergar a rodovia. Além disso, as luzes dos faróis dos carros que vêm em sua direção refletem-se na superfície molhada intensa e diretamente em seu olho. O ofuscamento produzido é muito maior em uma superfície espelhada.

14.2 Refração

Do capítulo anterior, recorde-se que a velocidade média de propagação da luz diminui quando ela penetra no vidro e que ela se propaga com valores diferentes de velocidade em diferentes materiais[1]. Ela se propaga a 300.000 quilômetros por segundo no vácuo, com uma velocidade ligeiramente menor no ar e, na água, com aproximadamente três quartos de sua velocidade de propagação no vácuo. Em um diamante, a luz se propaga com cerca de 40% do valor de sua rapidez no vácuo. Como mencionado no início deste capítulo, quando a luz passa de um meio para outro, chamamos o processo de *refração*. A menos que a luz incida perpendicularmente na superfície de separação, ela será desviada.

Para conseguir uma compreensão melhor do desvio da luz na refração, observe o par de rodas do carrinho de brinquedo da Figura 14.8. Elas rodam sobre uma calçada lisa ao lado de um gramado. Se as rodas encontram o gramado segundo um determinado ângulo, como mostra a figura, elas serão desviadas de sua trajetória retilínea. Note que a roda esquerda desacelera primeiro ao penetrar no gramado. A roda direita mantém sua maior velocidade enquanto ainda se encontra sobre a calçada. Ela gira em torno da roda esquerda, mais lenta, porque percorre uma distância maior durante o mesmo tempo. Assim, a direção de rolamento das rodas é desviada em direção à "normal", a linha tracejada preta e perpendicular à fronteira gramado-calçada da Figura 14.8.

Qualquer raio de luz sempre forma ângulos retos com sua frente de onda.

A Figura 14.9 mostra como uma onda luminosa é desviada de maneira semelhante. Observe a direção de propagação da luz, indicada pela seta azul (o raio de luz). Note também as *frentes de onda* traçadas em ângulos retos ao raio. (Se a fonte luminosa estivesse próxima, as frentes

[1] Exatamente em quanto a velocidade da luz difere de sua velocidade no vácuo é dado pelo índice de refração, n, do material:

$$n = \frac{\text{velocidade da luz no vácuo}}{\text{velocidade da luz no material}}$$

Por exemplo, o valor da velocidade da luz no diamante é 124.000 km/s, de modo que para o diamante o índice de refração é

$$n = \frac{300.000\ \text{km/s}}{124.000\ \text{km/s}} = 2{,}42$$

Para o vácuo, $n = 1$.

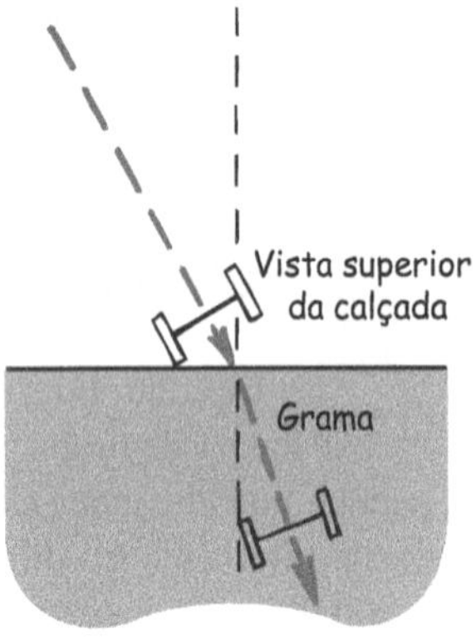
Vista superior
da calçada
Grama

FIGURA 14.8
A direção de rolamento das rodas se altera quando uma das rodas desacelera antes da outra.

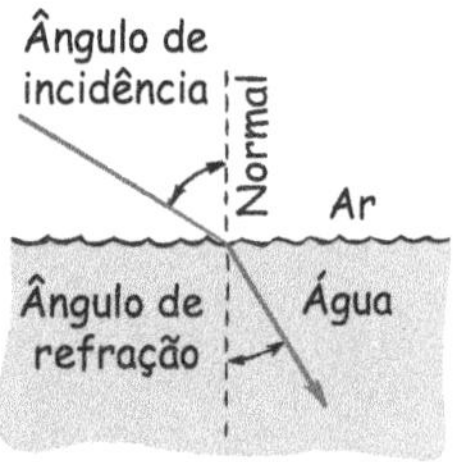
Ângulo de
incidência
Normal
Ar
Ângulo de
refração
Água

FIGURA 14.10
Refração.

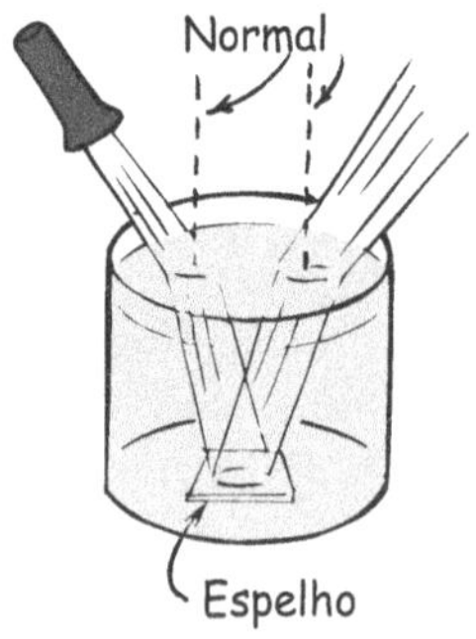
Normal
Espelho

FIGURA 14.11
Quando a luz desacelera ao passar de um meio para outro, como do ar para a água, por exemplo, ela se desvia aproximando-se da normal. Quando ela acelera ao passar de um meio para outro, como da água para o ar, ela se desvia afastando-se da normal.

de onda pereceriam arcos de círculos mas se o Sol distante for a fonte de luz, as frentes de onda serão praticamente segmentos de reta.) As frentes de onda são, em todos os lugares, perpendiculares aos raios luminosos. Na figura, as frentes de onda encontram a superfície da água formando com ela um determinado ângulo, de maneira que as partes mais à esquerda da onda desaceleram antes na água, enquanto as demais continuam ainda se propagando no ar com velocidade praticamente igual a *c*. O raio luminoso mantém-se perpendicular às frentes de onda e, portanto, se desvia na superfície. Ele é desviado da mesma forma como as rodas de um carrinho se desviam quando rolam de uma calçada para um gramado. Em ambos os casos, o desvio é uma conseqüência da alteração na rapidez de propagação[2].

A Figura 14.11 mostra um feixe luminoso que penetra na água pela esquerda e sai dela pela direita. Sua trajetória seria a mesma se ele entrasse pela direita e saísse pela esquerda. As trajetórias da luz são reversíveis tanto para reflexão quanto para refração. Se você enxerga alguém por meio de algum dispositivo refletor ou refrator, como um espelho ou um prisma, aquela pessoa também pode vê-lo por meio do mesmo dispositivo (a menos que ele seja recoberto oticamente de modo a produzir um efeito unilateral somente).

Embora os valores da velocidade de propagação e do comprimento de onda variem quando ocorre refração, a freqüência mantém-se inalterada.

A refração causa muitas ilusões. Uma delas é o aparente desvio que uma vareta apresenta quando imersa parcialmente em água. A parte submersa parece mais próxima à superfície do que ela realmente está. O mesmo ocorre quando você vê um peixe na água. Ele parece estar mais próximo da superfície e de você do que real-

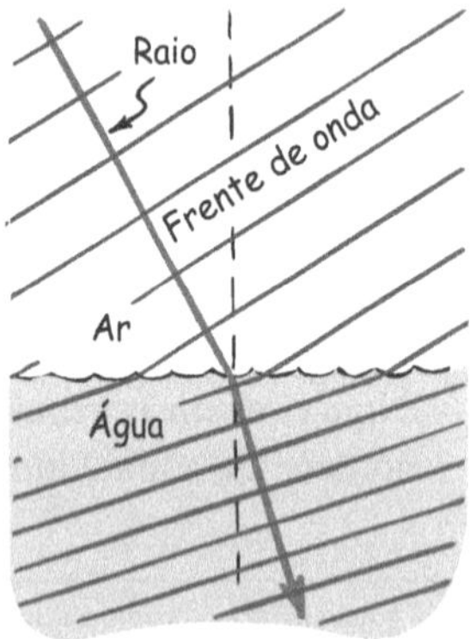
Raio
Frente de onda
Ar
Água

FIGURA 14.9
A direção de propagação das ondas varia quando uma parte da onda desacelera antes da outra.

Ar

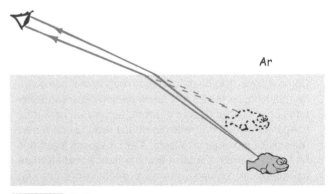

FIGURA 14.12
Devido à refração, um objeto submerso parece estar mais próximo da superfície do que de fato está.

[2] A lei quantitativa da refração, chamada de lei de Snell, é creditada a Willebrord Snell, um astrônomo e matemático holandês do século XVII: n_1 sen $\theta_1 = n_2$ sen θ_2, onde n_1 e n_2 são os correspondentes índices de refração dos meios existentes de cada lado da superfície delimitadora, e θ_1 *e* θ_2 são os respectivos ângulos de incidência e de refração. Se três desses valores forem conhecidos, o quarto poderá ser calculado a partir da relação.
Para uma explicação ondulatória da refração (e da difração), leia sobre o Princípio de Huygens em *Física Conceitual*, deste mesmo autor, capítulo 29, página 494, 9ª edição, Artmed, Porto Alegre, 2001.

PARE E
TESTE A SI MESMO

Se o valor da velocidade da luz fosse o mesmo em todos os meios de propagação, ainda ocorreria a refração quando a luz passasse de um meio para outro?

VERIFIQUE SUA RESPOSTA

Não.

mente está (Figura 14.12). Se olharmos diretamente para baixo na água, um objeto que esteja submerso a 4 metros da superfície parecerá estar a apenas 3 metros. Devido à refração, objetos submersos aparecem ampliados.

A refração ocorre também na atmosfera terrestre. Toda vez que assistimos a um pôr-do-sol, conseguimos enxergar o Sol durante vários minutos após ele ter descido abaixo do horizonte (Figura 14.13). A atmosfera da Terra é rarefeita no topo e densa na base. Uma vez que a luz se propaga mais rápida no ar rarefeito do que no ar denso, em altas altitudes partes das frentes de onda da luz solar se propagam mais rápidas do que aquelas mais próximas ao solo. Os raios luminosos se encurvam. A densidade da atmosfera varia gradualmente, de modo que os raios luminosos também se desviam de forma gradual e seguem trajetórias curvas. Dessa maneira, temos alguns minutos adicionais de luz a cada dia. Além disso, quando o Sol (ou a Lua) está próximo do horizonte, os raios que passam próximos da borda inferior são encurvados em grau maior do que os raios próximos da margem superior. Isso encurta o diâmetro vertical que vemos, fazendo com que o Sol pareça elíptico (Figura 14.14).

Uma miragem ocorre quando a luz refratada parece ter sido refletida. As miragens são geralmente vistas nos desertos, quando o céu parece ser refletido na água, olhando-se para uma duna distante. Mas quando nos aproximamos do que parece ser água, o que se encontra é areia seca. Por que ocorre este efeito? O ar está muito quente próximo à superfície da areia, e mais frio mais acima da areia. A luz se propaga mais rápida através do ar menos denso próximo à superfície do que através do ar mais denso mais acima. Assim, as frentes de onda próximas ao solo se deslocam mais rapidamente do que as que estão acima. O resultado é um encurvamento do raio para cima (Figura 14.15). Dessa maneira temos uma imagem invertida que parece ser produzida pela reflexão em uma superfície de água. Nós vemos uma miragem, que é formada por luz real e pode ser fotografada (Figura 14.16). Uma miragem não é, como pensam muitas pessoas, uma ilusão mental.

Quando olhamos para um objeto posicionado sobre uma chapa quente ou sobre o pavimento muito quente de uma rodovia, percebemos uma transparência tremulante e

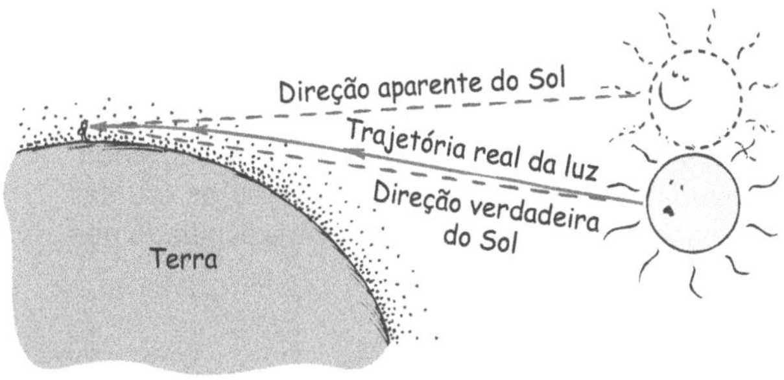

Direção aparente do Sol
Trajetória real da luz
Direção verdadeira do Sol
Terra

FIGURA 14.13
Devido à refração na atmosfera, quando o Sol está próximo ao horizonte ele parece estar mais alto do que realmente está no céu.

FIGURA 14.14
O Sol é distorcido pela difração diferencial.

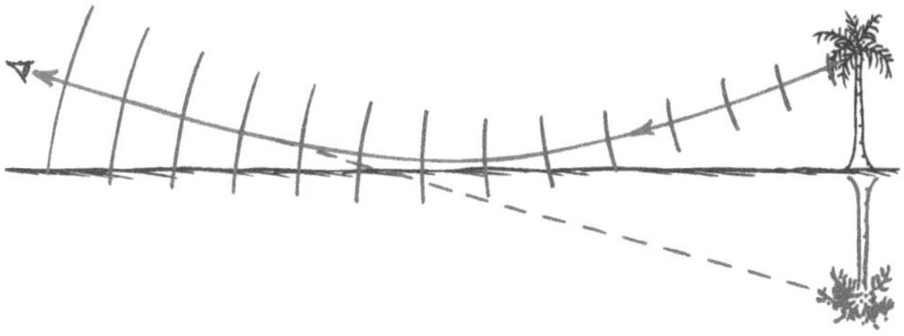

FIGURA 14.15
A luz proveniente do topo da árvore é acelerada no ar mais quente e menos denso próximo ao solo. Quando a luz incide rasante a uma superfície e se curva para cima, o observador enxerga uma miragem.

FIGURA 14.16
Uma miragem. A umidade aparente na rodovia não é produzida por reflexão do céu pela água, mas pela refração da luz do céu quando passa pelo ar mais quente e menos denso próximo ao pavimento da rodovia.

PARE E
TESTE A SI MESMO

Se o valor da velocidade da luz fosse o mesmo no ar em diversas temperaturas e densidades, ainda haveria dias ligeiramente mais longos, as estrelas piscariam de noite e o Sol pareceria achatado nos poentes?

VERIFIQUE SUA RESPOSTA

Não.

Uma das muitas belezas da física é a aparência avermelhada da Lua durante um eclipse total – resultado da refração dos poentes e das auroras que envolvem completamente o mundo.

ondulante. Isso se deve às variações de densidade causadas por diferenças de temperatura. As estrelas parecem "piscar" por causa de um fenômeno análogo que ocorre no céu, quando a luz atravessa camadas instáveis de nossa atmosfera.

14.3 Dispersão

Do capítulo anterior, recorde-se que a luz que ressona com os elétrons dos átomos e moléculas constituintes do material é absorvida. O material, então, é opaco à luz. Lembre-se que só existe transparência para a luz de freqüências próximas (mas não exatamente iguais) à freqüência de ressonância do material. A propagação da luz é retardada por causa da seqüência de absorção/reemissão; assim, quanto mais próxima das freqüências de ressonância, mais lenta será a luz. Isto foi ilustrado na Figura 12.6. O resultado geral é que, em um meio transparente, a luz de freqüências mais altas se propaga mais lenta do que a luz de freqüências mais baixas. No vidro comum, a luz violeta se propaga com velocidade aproximadamente 1% menor do que a da luz vermelha. As luzes de cores entre a vermelha e a violeta se propagam no vidro cada qual com sua própria rapidez.

Como as diversas freqüências da luz se propagam com valores diferentes de velocidade em materiais transparentes,

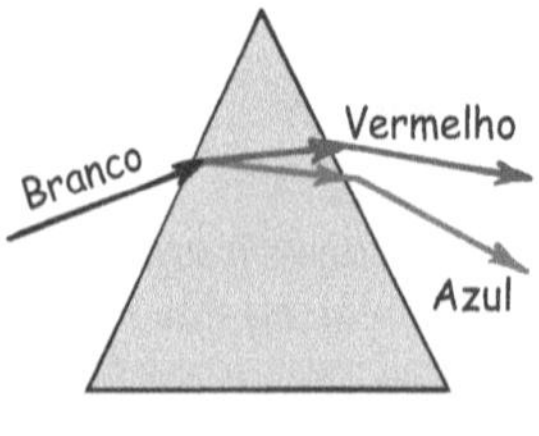
Branco
Vermelho
Azul

FIGURA 14.17
A dispersão de luz visível por um prisma revela os componentes da luz branca.

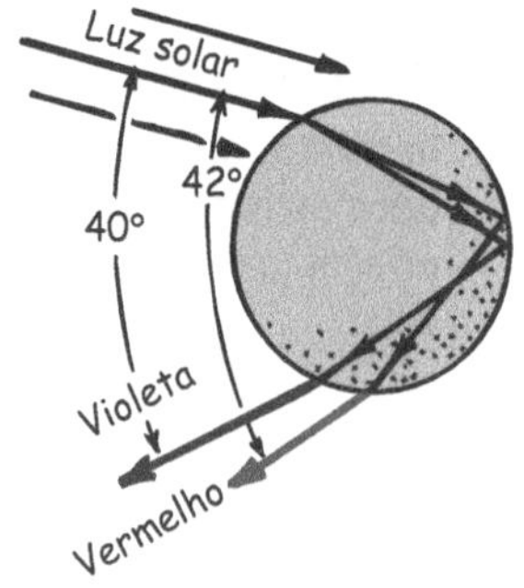
Luz solar
42°
40°
Violeta
Vermelho

FIGURA 14.18
Dispersão de luz solar por uma gota de chuva.

as diversas cores também são refratadas em ângulos diferentes. Quando a luz branca é refratada duas vezes, como ocorre em um prisma, nota-se claramente a separação entre as diversas cores da luz. Essa separação da luz em cores dispostas de acordo com a freqüência é chamada de *dispersão* (Figura 14.17). É por causa da dispersão que existem os arco-íris!

O arco-íris

Para se enxergar um arco-íris, o Sol deve incidir sobre as gotas de água de uma nuvem ou de um chuvisco. As gotas atuam como prismas ao dispersar a luz. Quando se está completamente de frente para um arco-íris, o Sol se encontra atrás da pessoa, na parte oposta do céu. Visto a partir de um avião e quase ao meio-dia, os arco-íris formam círculos completos. Como você perceberá, todos os arco-íris seriam inteiramente redondos se o solo não estivesse no caminho.

Você pode ver como uma gota de chuva dispersa a luz na Figura 14.18. Siga o raio luminoso ao penetrar na gota pela parte próxima do topo de sua superfície. Uma parte da luz é refletida ali (não-mostrado), e a restante é refratada pela água. Na primeira refração, a luz é dispersa nas cores de seu espectro, o vermelho sendo a menos desviada das cores, e o violeta, a mais. Alcançando o lado oposto da gota, cada uma das cores é parcialmente refratada para o ar exterior (não-mostrado) e parcialmente refletida de volta para a água. Chegando à superfície inferior da gota, cada cor é, de novo, parcialmente refletida (não-mostrado) e refratada para o ar. Essa refração na segunda superfície, analogamente ao que ocorre em um prisma, aumenta a dispersão já produzida pela primeira superfície[3].

Embora cada gota disperse o espectro inteiro de cores, um observador qualquer estará em condições de ver somente a luz proveniente de uma determinada gota em uma determinada cor (Figura 14.19). Se a luz violeta de uma única

[3] Quando afirmamos que o raio de luz vermelha é disperso em 42°, estamos simplificando. De fato, o ângulo entre o raio incidente e o de saída pode ter qualquer valor entre zero e aproximadamente 42° (o zero correspondendo a uma inversão completa da luz). A concentração maior da energia luminosa no vermelho, todavia, está próxima do ângulo máximo de 42°, como mostrado nas Figuras 14.18 e 14.19.

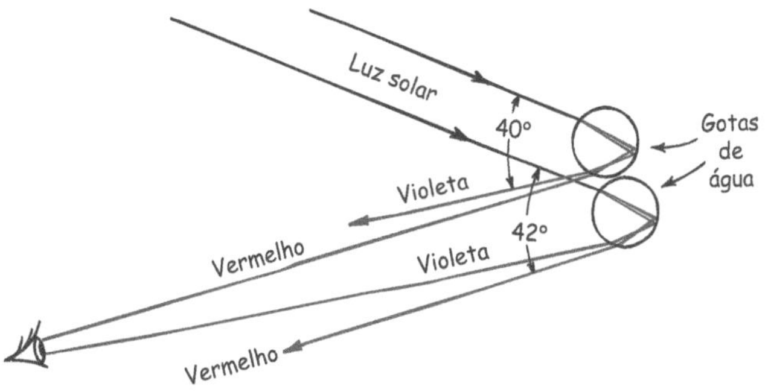
Luz solar
40°
Gotas
de
água
Violeta
Vermelho
42°
Violeta
Vermelho

FIGURA 14.19

A luz solar que incide em duas gotas de chuva, como ilustrado, emerge das gotas como luz dispersada. O observador enxerga luz vermelha proveniente da gota superior e luz violeta proveniente da gota inferior. Milhões de gotas produzem o espectro inteiro da luz visível.

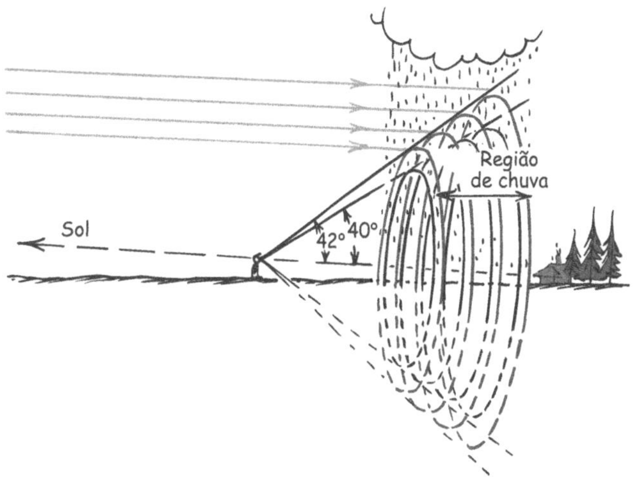
Região
de chuva
Sol
42°
40°

FIGURA 14.20

Quando seu olho está localizado entre o Sol (não-mostrado, fora da página à esquerda) e a região onde cai a chuva, você enxerga um arco-íris que é a borda de um cone tridimensional que se estende através da chuva. O violeta é disperso pelas gotas que formam uma superfície cônica a 40°; o vermelho é visto ao longo de uma superfície cônica a 42°, com as outras cores entre estas. (Inúmeras camadas de gotas formam inúmeros arcos bidimensionais, como os quatro ilustrados aqui.)

gota chega ao olho de um determinado observador, a luz vermelha vinda da mesma gota incide em algum lugar em direção aos pés. Para ver a luz vermelha, a pessoa deve olhar para uma gota que esteja mais elevada no céu. A luz vermelha será vista quando o ângulo formado entre um feixe de luz solar e a luz vinda do fundo da gota for igual a 42°. A cor violeta será vista quando o ângulo formado entre o subfeixe e a luz desviada for de 40°.

Por que a luz dispersa pelas gotas de chuva forma um arco? A resposta a essa pergunta envolve um pouco de geometria. Primeiro, um arco-íris não é um arco bidimensional plano como parece ser. O arco-íris que você enxerga é, de fato, um cone tridimensional de luz dispersa. O vértice do cone encontra-se em seu olho. Para entender isso, imagine um cone de vidro de forma parecida à daqueles cones de papel que vemos ao lado de bebedouros. Se você mantivesse a ponta desse cone de vidro bem próxima a seu olho, o que veria? Você enxergaria o vidro com a forma de um círculo. O mesmo é verdadeiro para um arco-íris. Todas as gotas que dispersam a luz do arco-íris em direção a você situam-se em um cone – um cone com diferentes camadas formadas por gotas que dispersam a luz vermelha para seu olho pelo lado externo do cone, a luz laranja abaixo da vermelha, a amarela abaixo da laranja, e assim por diante, até a luz violeta na superfície interna cônica (Figura 14.20). Quanto maior for a espessura da região que contém as gotas, maior será a espessura da parede cônica através da qual você enxerga, e mais nítido será o arco-íris.

Seu cone de visão intercepta a nuvem de gotas e cria o arco-íris que você enxerga. Ele é ligeiramente diferente do arco-íris visto por uma pessoa próxima. Portanto, quando seu amigo diz, "Veja que lindo arco-íris", você pode responder, "OK, afaste-se para o lado para que eu possa vê-lo também". Cada um de nós vê seu próprio arco-íris.

Outro fato sobre os arco-íris: cada um deles sempre lhe parece plano. Quando você se move, seu arco-íris o acompanha. Assim, você jamais poderá se aproximar do lado de

FIGURA 14.21

Somente as gotas de chuva que estão ao longo da linha tracejada dispersam a luz vermelha para o observador, em um ângulo de 42°; por isso a luz forma um arco.

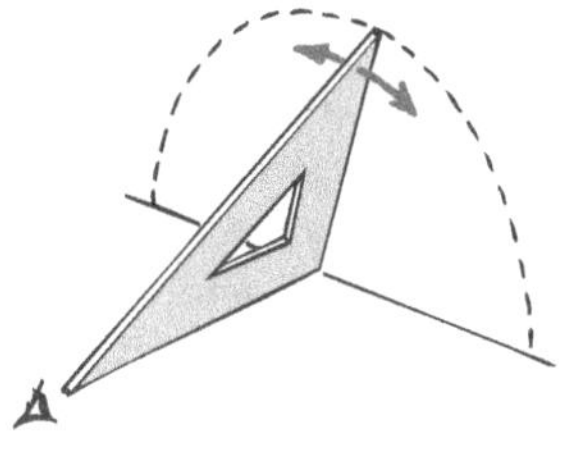

FIGURA 14.22

Duas refrações e uma reflexão dentro da água de uma gotícula produzem luz em todos os ângulos em torno de 42°, com a intensidade concentrada onde vemos o arco-íris, entre 40° e 42°. A luz não sai da gotícula em ângulos maiores do que 42°, a menos que ela sofra duas ou mais reflexões extras dentro da gota. Assim, o céu é mais brilhante dentro de um arco-íris do que fora dele. Note o arco-íris secundário mais fraco.

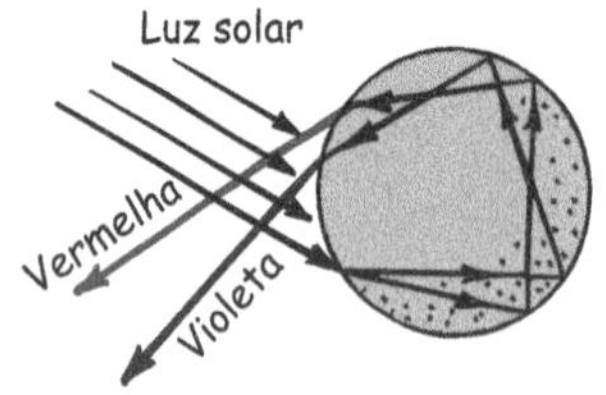
Luz solar
Vermelha
Violeta

FIGURA 14.23
Uma dupla reflexão no interior de uma gota produz um arco secundário.

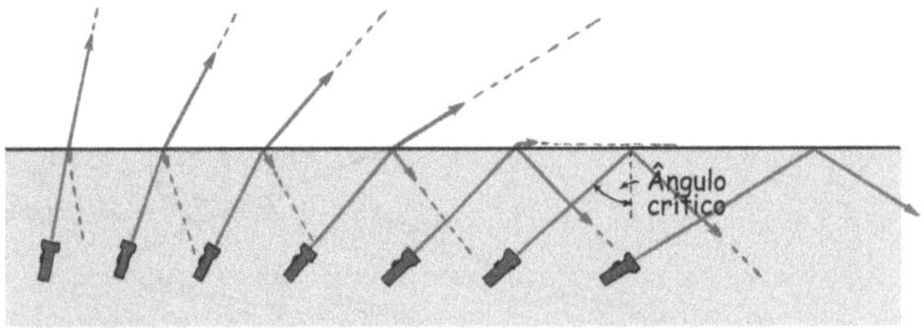
Ângulo crítico

FIGURA 14.24
A luz emitida de dentro da água é parcialmente refratada e parcialmente refletida na superfície, como indicado pelos comprimentos das setas. No ângulo crítico, a intensidade do feixe emergente se reduz a zero quando ele tende a tornar-se rasante à superfície. Além do ângulo crítico, o feixe é totalmente refletido internamente.

um arco-íris ou vê-lo em sua totalidade, como mostrado exageradamente na Figura 14.20. Você *jamais* conseguirá alcançá-lo. Daí a expressão "procurar um pote de ouro no fim do arco-íris", que significa perseguir algo impossível de ser alcançado.

Freqüentemente, um arco-íris secundário, maior e com as cores invertidas, pode ser visto em um arco de ângulo cônico maior, ao redor do arco primário. Não trataremos deste arco secundário, a não ser para mencionar que ele é formado em circunstâncias análogas e como resultado de uma dupla reflexão no interior das gotas de chuva (Figura 14.23). Devido a esta reflexão adicional (e às perdas adicionais por refração), o arco secundário é menos brilhante e invertido.

PARE E TESTE A SI MESMO

1. Suponha que você aponte para uma parede com o braço estendido, e que depois o gire, formando cerca de 42° com a perpendicular à parede.

   Se você girar o braço em um círculo completo mantendo-o formando um mesmo ângulo com o corpo, que forma seu braço terá descrito? Que forma seu dedo descreve sobre a parede?
2. Se a luz se propagasse com a mesma rapidez dentro das gotas de chuva e no ar, veríamos arco-íris?

VERIFIQUE SUA RESPOSTA

1. Seu braço descreveria um cone, e seu dedo, um círculo, analogamente ao caso dos arco-íris.
2. Não.

14.4 Reflexão interna total

Numa noite de sábado, quando estiver tomando seu banho, encha a banheira ao máximo e entre nela trazendo consigo uma lanterna à prova d'água. Desligue as luzes do banheiro. Aponte a lanterna, submersa, diretamente para cima e, então, lentamente vá inclinando-a para fora da superfície. Observe como a intensidade do feixe luminoso emergente vai diminuindo e como cada vez mais luz é refletida da superfície da água para o fundo da banheira. Quando o ângulo de inclinação da lanterna atinge certo valor, você notará que o feixe luminoso não mais passará da água para o ar acima. Este é o **ângulo crítico.** Quando o feixe luminoso for inclinado além do ângulo crítico (48° com a normal à superfície da água), você notará que toda a luz é refletida de volta para a banheira. Isso é denominado **reflexão interna total.** Dentro d'água, a luz que incide na interface com o ar obedece à lei da reflexão: o ângulo de incidência é igual ao de reflexão. A única luz que emerge da superfície da água é a que foi refletida difusamente pelo fundo da banheira. Este procedimento está ilustrado na Figura 14.24. A proporção de luz refratada e a proporção de luz refletida internamente são indicadas pelos comprimentos relativos das setas.

Curiosamente, a reflexão interna total ocorre somente quando a luz incide na fronteira de um meio no qual a luz se propaga com maior rapidez. A luz é mais rápida no ar do que na água, de modo que a reflexão interna total pode ocorrer quando a luz da água encontra a interface com o ar. Mas ela não pode ocorrer para a luz que se propaga no ar e se depara com uma interface com a água.

PARE E TESTE A SI MESMO

Como o ângulo crítico se relaciona com a reflexão interna total?

VERIFIQUE SUA RESPOSTA

O ângulo crítico é o ângulo mínimo de incidência dentro de um meio para haver reflexão interna total. Quando o raio luminoso incide em uma superfície segundo o ângulo crítico ou um ângulo ainda maior, ocorre reflexão interna total.

Seu peixinho dourado de estimação, em uma grande banheira, olha para cima e tem uma visão comprimida do mundo exterior (Figura 14.25). A visão de 180° de uma ex-

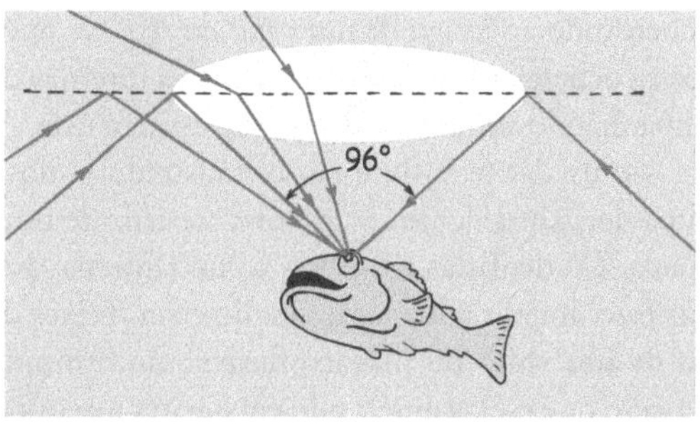
96°

FIGURA 14.25
Um observador debaixo d'água enxerga uma região circular iluminada na superfície parada. Além de um cone de 96° (duas vezes o ângulo crítico), um observador enxerga a imagem refletida do interior da água ou do fundo.

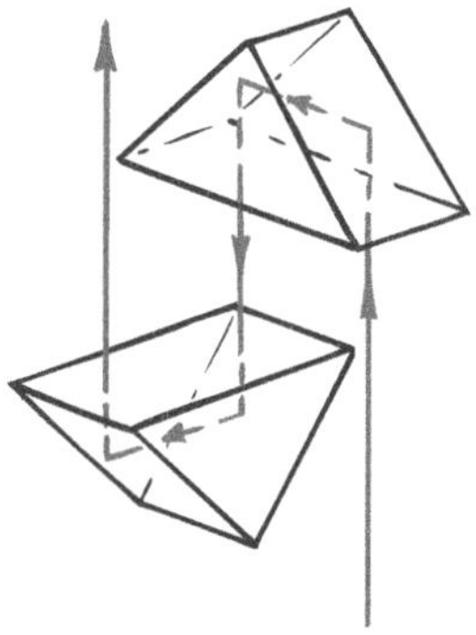

FIGURA 14.27
Reflexão interna total em um par de prismas.

tremidade do horizonte à outra é vista formando um ângulo de 96° – o dobro do valor do ângulo crítico. Uma lente fotográfica que, de maneira semelhante, compreende um grande ângulo de visão, chamada *olho de peixe*, é utilizada para efeitos especiais fotográficos.

O ângulo crítico para o vidro é aproximadamente de 43°, dependendo do tipo de vidro. Isso significa que, no interior do vidro, a luz que nele incidir formando ângulos iguais ou superiores a 43° será totalmente refletida internamente. Nenhuma luz escapará com ângulo de incidência maior do que este valor; ao contrário, toda ela será refletida para o interior do vidro. Um espelho prateado ou aluminizado reflete somente cerca de 90% da luz incidente, ao passo que prismas de vidro, como o que é mostrado na Figura 14.26, são mais eficientes. Um pouco de luz é perdida por reflexão antes de penetrar no prisma, mas, uma vez lá dentro, a reflexão em uma face inclinada em 45° é total – 100%. Além disso, esta luz não é afetada por qualquer sujeira ou poeira do lado de fora da superfície, principal razão para o uso de prismas no lugar de espelhos em muitos instrumentos óticos.

Um par de prismas, cada qual refletindo a luz em 180º, é mostrado na Figura 14.27. Os binóculos utilizam pares de prismas para alongar a trajetória percorrida pela luz entre as lentes, eliminando, assim, a necessidade de usar longos tubos na fabricação dos instrumentos. Portanto, um binóculo compacto é tão efetivo quanto um telescópio mais comprido (Figura 14.28). Outra vantagem dos prismas é que, embora a imagem fornecida por um telescópio esteja invertida, a reflexão nos prismas dos binóculos inverte de novo a imagem, de modo que os objetos são vistos na posição normal.

Para o diamante, o ângulo crítico é aproximadamente de 24,5°, menor do que para qualquer outro material. O ângulo crítico varia ligeiramente para as diversas cores, pois a rapidez de propagação da luz também varia ligeiramente para as diferentes cores. Uma vez que a luz tenha entrado na pedra preciosa, a maior parte dela incide nos lados de trás da pedra em ângulos superiores a 24,5° e é totalmente refletida internamente (Figura 14.30). Devido à grande diminuição na velocidade de propagação da luz quando ela entra no diamante, a refração é muito pronunciada e, devido à dependência da rapidez de propagação com a freqüência, existe uma grande dispersão. Dispersão extra ocorre quando a luz sai através das diversas facetas da pedra. Por isso vemos cintilações repentinas em uma ampla gama de cores. Curiosamente, quando essas cintilações são suficientemente estreitas para serem vistas por apenas um olho de cada vez, o diamante parece "lampejar".

A reflexão interna total também embasa o funcionamento das fibras óticas, ou "tubos" de luz (Figura 14.31). Uma fibra ótica é capaz de "encanar" a luz, levando-a de um lugar a outro por meio de uma série de reflexões internas totais, de forma muito parecida com uma bala que se desloca

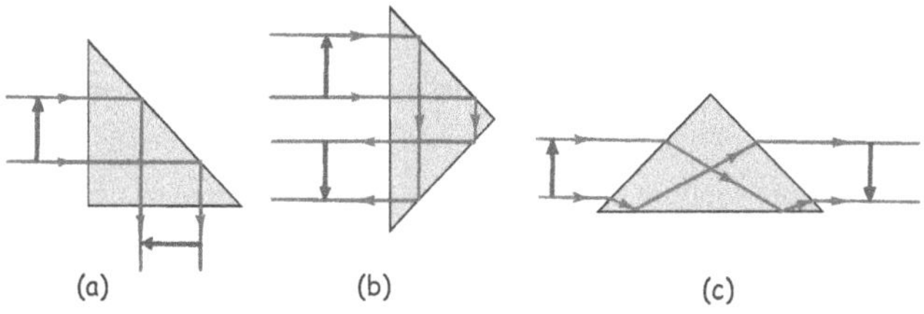
(a)
(b)
(c)

FIGURA 14.26
Reflexão interna total em um prisma. Em (a), o prisma altera em 90° a direção do feixe de luz; em (b), a correspondente variação é de 180°; e em (c) ele não altera a direção do feixe, mas, em vez disso, gira a imagem de cabeça para baixo.

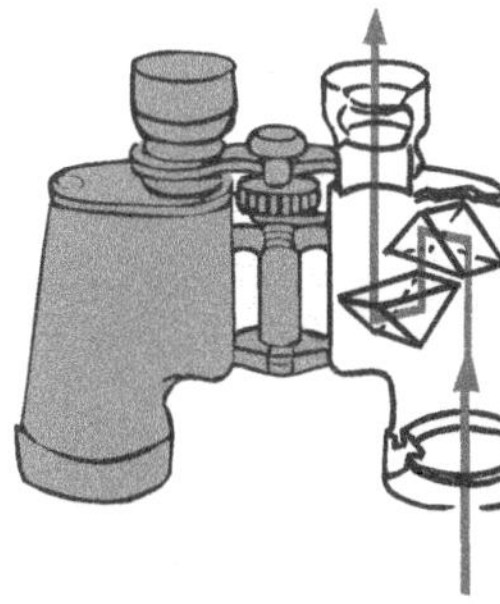

FIGURA 14.28
Binóculos de prismas.

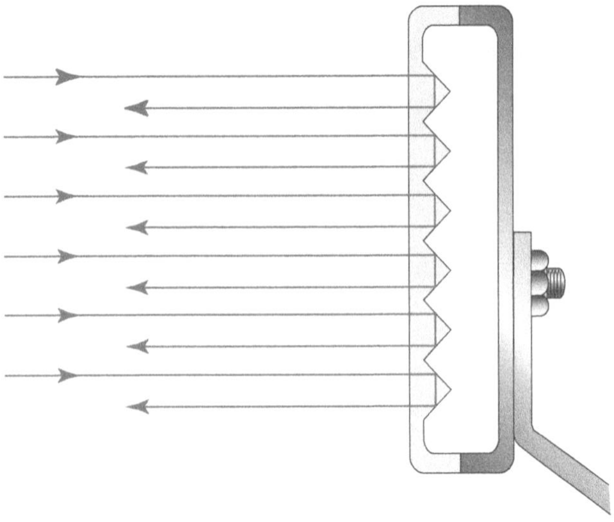

FIGURA 14.29

Os refletores de sinalização traseiros de carros, bicicletas e outros veículos contêm arranjos de pequenos prismas que usam a reflexão interna total para refletir a luz em sentido oposto.

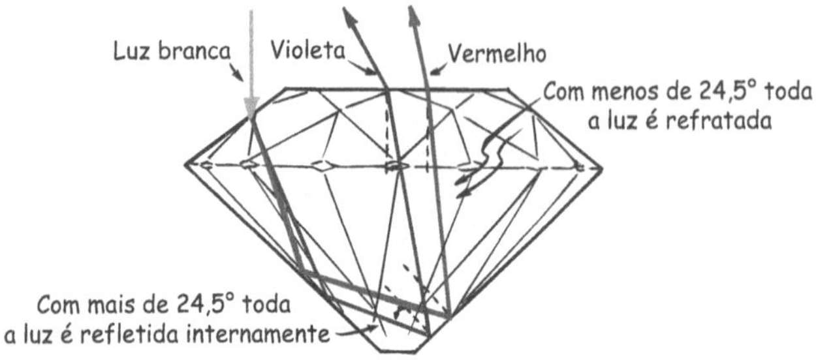
Luz branca
Violeta
Vermelho
Com menos de 24,5° toda a luz é refratada
Com mais de 24,5° toda a luz é refletida internamente

FIGURA 14.30

Trajetórias luminosas em um diamante. Os raios incidentes na superfície interna do diamante em ângulos superiores ao ângulo crítico (cerca de 24,5°, dependendo da cor da luz) são refletidos internamente e, por meio da refração, saem pela superfície superior.

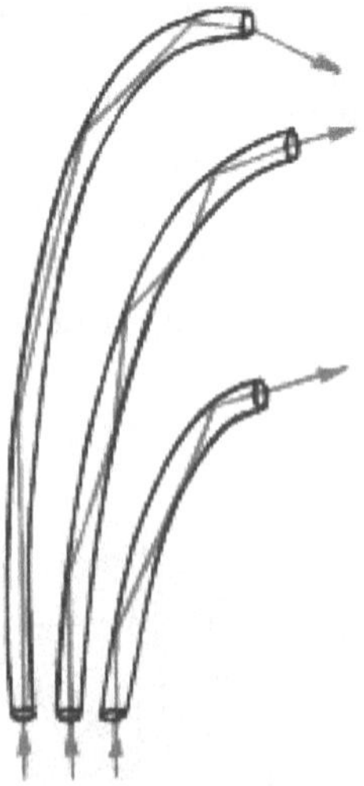

FIGURA 14.31

A luz é "encanada" em fibras ópticas a partir de baixo por meio de uma sucessão de reflexões internas total, até que emerge nas extremidades superiores das fibras.

ricocheteando ao longo de um cano de aço. Os raios luminosos ricocheteiam ao longo das paredes internas da fibra, acompanhando as dobras e voltas que existem nela. As fibras óticas são usadas para iluminar os mostradores dos instrumentos do painel de um automóvel a partir de uma única lâmpada. Os dentistas usam-nas como lanternas para conseguir fazer incidir a luz onde eles desejam. Feixes de fibras feitas de um vidro ou plástico flexível são utilizados para enxergar o que está acontecendo em lugares inacessíveis, tais como o interior de um motor ou o estômago de um paciente. Eles podem ser fabricadas em tamanhos tão minúsculos que podem "serpentear" através dos vasos sangüíneos ou de passagens estreitas dentro do corpo humano, como a uretra. A luz segue através de determinadas fibras para iluminar a cena e é refletida de volta ao longo de outras fibras.

As fibras óticas são importantes em comunicações porque constituem uma alternativa prática aos fios e cabos de cobre. Em muitos lugares, fibras finas de vidro substituem os cabos de cobre grossos, volumosos e caros para transportar milhares de mensagens telefônicas simultaneamente entre as principais centrais telefônicas. Em muitas aeronaves, os sinais de controle são transmitidos do piloto para as partes móveis da asa, que controlam o vôo da aeronave, através de fibras óticas. Os sinais são transportados codificados nas modulações produzidas na luz do laser. Diferentemente da eletricidade, a luz é indiferente à temperatura e às flutuações nos campos magnéticos circundantes, de modo que o sinal é mais claro. Além disso, é muito menos provável que ela seja interceptada por intrometidos através de escutas telefônicas.

14.5 Lentes

Quando você pensar em lentes, imagine-as como um conjunto de prismas de vidro dispostos como mostrado na Figura 14.32. Um caso prático de refração ocorre nas lentes. Elas refratam os raios paralelos da luz incidente de modo que se tornem convergentes para (ou divergentes de) um ponto. O arranjo mostrado na Figura 14.32a faz a luz convergir e é chamado de **lente convergente**. Observe que ela é mais larga no meio. No arranjo mostrado na parte *b* dessa figura, a parte central é mais estreita do que as bordas. Como esta lente faz a luz divergir, temos uma **lente divergente**. Note que os prismas da parte *b* fazem os raios

Aprender sobre lentes é uma atividade prática. Não manipular lentes enquanto se está aprendendo sobre elas é como tomar lições de natação fora da água.

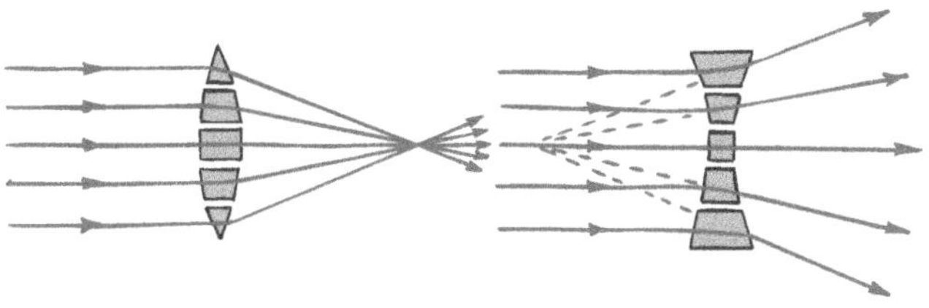
(a)
(b)

FIGURA 14.32
Uma lente pode ser concebida como um conjunto de prismas.

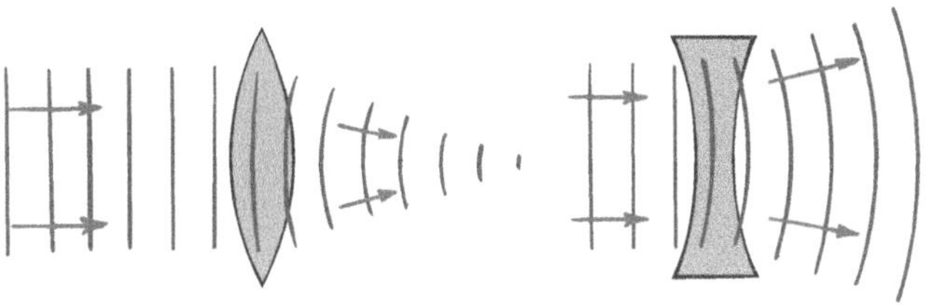
(a)
(b)

FIGURA 14.33
As frentes de onda se propagam mais lentamente no vidro do que no ar. Em (a), as ondas são freadas mais através do centro da lente, resultando em convergência. Em (b), as ondas são freadas mais nas bordas, resultando em divergência.

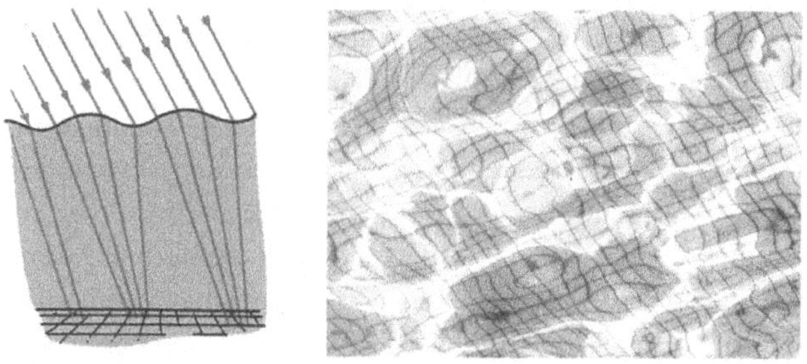

FIGURA 14.34
Os padrões móveis de áreas claras e escuras no fundo de uma piscina resultam da agitação da superfície da água, que se comporta como uma cobertura do tipo de uma lente ondulante. Da mesma forma como enxergamos o fundo da piscina tremulando, um peixe que olhe para o Sol acima dele também o verá tremulando. Devido às irregularidades análogas na atmosfera, vemos as estrelas como se elas piscassem.

luminosos incidentes divergirem de uma maneira tal que eles parecem se originar de um único ponto na frente da lente.

Em ambas as lentes, o desvio máximo dos raios ocorre nos prismas mais externos, pois eles têm os maiores ângulos entre as duas superfícies refratoras. No meio da lente não ocorre qualquer refração, pois aí as duas faces do vidro são paralelas entre si (a luz não é desviada quando atravessa um pedaço de vidro com superfícies paralelas, como na vidraça de uma janela). Uma lente real não é composta de prismas, é claro. Ela é feita de um pedaço de vidro maciço com superfícies geralmente de forma esférica. Na Figura 14.33, vemos como uma lente polida refrata as ondas.

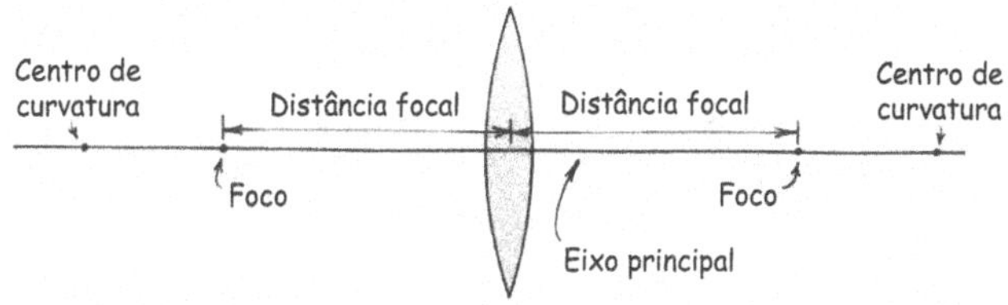
Centro de curvatura
Distância focal
Distância focal
Centro de curvatura
Foco
Foco
Eixo principal

FIGURA 14.35
Algumas das características de uma lente convergente.

Algumas características fundamentais na descrição das lentes são mostradas na Figura 14.35 para o caso de uma lente convergente. O *eixo principal* de uma lente é a linha que passa pelos centros de curvatura de suas duas superfícies. O *foco* da lente é aquele ponto para o qual converge um feixe de raios luminosos que incide paralelamente ao eixo principal. Feixes de raios luminosos paralelos entre si, mas incidindo numa direção que não é paralela ao eixo principal da lente, são focados em pontos situados abaixo ou acima do ponto focal. O conjunto de todos esses possíveis pontos de convergência forma o *plano focal* (não-mostrado). Como a lente possui duas superfícies, ela tem dois pontos focais e dois planos focais. A *distância focal* da lente é a distância entre o seu centro e qualquer de seus focos.

Em uma lente divergente, um feixe luminoso incidente paralelo ao eixo principal não converge para um ponto; ele é divergente, de modo que a luz parece vir de um ponto situado na frente da lente.

Formação de imagens por uma lente

Neste momento, a luz está se refletindo em seu rosto e incidindo nesta página. A luz que se reflete em sua testa, por exemplo, incide em cada lugar da página. O mesmo acontece com a luz que se reflete em seu queixo. Cada parte da página é iluminada com a luz refletida em sua testa, seu nariz, seu queixo e em outras partes de seu rosto. Você não enxerga uma imagem de seu rosto sobre a página porque há superposição excessiva de luz. Mas pondo um anteparo com um pequeno furo de alfinete, entre seu rosto e a página, a luz que chegar até a página proveniente de sua testa não irá mais se superpor com a luz que vem de seu queixo. O mesmo vale para o restante de seu rosto. Sem haver essa superposição, uma imagem de seu rosto se formará sobre a página. Ela será muito fraca, entretanto, pois muito pouco da luz que foi refletida por seu rosto chegou à superfície da página passando pelo buraco de alfinete. Para ver a imagem, você teria que blindar a página das outras fontes de luz. O mesmo é verdadeiro para o caso do vaso e das flores da Figura 14.36*b*.

As primeiras câmeras não possuíam lentes e permitiam que a luz entrasse por um pequeno furo. Eram necessários longos tempos de exposição por causa da pequena quantidade de luz admitida pelo pequeno furo. Isso significa que

APLICAÇÕES COTIDIANAS

O SEU OLHO

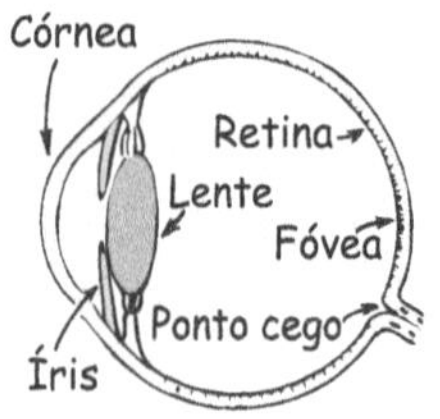
Córnea
Retina
Lente
Fóvea
Ponto cego
Íris

Apesar de toda a tecnologia de hoje, o instrumento óptico mais notável conhecido ainda é o seu olho. A luz penetra no olho através de sua córnea, que produz cerca de 70% do desvio necessário da luz, antes que ela passe pela pupila (uma abertura, ou furo, na íris). Depois a luz atravessa sua lente e obtém o restante do desvio necessário para focar, sobre sua retina extremamente sensível, imagens de objetos que estão próximos. (Só recentemente tem se produzido detectores artificiais mais sensíveis à luz do que o olho humano.) Uma imagem no campo visual de seu olho, fora dele, é espalhada sobre a retina. Mas a retina não é uniforme. Existe uma região no centro de nosso campo de visão, chamada de fóvea, que é a região onde a visão é mais nítida. Você enxerga mais detalhes na fóvea do que em qualquer outra parte de sua retina. Existe também uma mancha na retina, por onde saem os nervos que transportam a informação do olho para o cérebro. Ela é o seu ponto cego.

Você pode demonstrar a existência de um ponto cego em cada olho. Simplesmente segure este livro a uma distância de um braço esticado, mais próximo a seu olho esquerdo, e olhe para o ponto redondo e para o X à sua direita apenas com o olho direito. Você pode enxergar tanto a bola escura como o X a esta distância. Agora aproxime o livro lentamente de sua face, mantendo seu olho direito fixo na bola, até que ela atinja uma distância de aproximadamente 20-25 centímetros de seu olho, onde o X deverá desaparecer. Quando você olha com os dois olhos abertos, um deles "preenche" a parte da imagem para a qual o outro está cego. Agora repita tudo mantendo apenas o olho esquerdo aberto, olhando desta vez para o X, e o ponto deverá desaparecer. Mas note que seu cérebro preenche as duas linhas em intersecção. Incrivelmente, seu cérebro preenche a visão "esperada" mesmo com um dos olhos fechados. Ao invés de nada enxergar, seu cérebro preenche o fundo apropriado. Repita isso com vários objetos pequenos contra diversos fundos. Você não apenas enxerga o que está lá – você vê o que não existe!

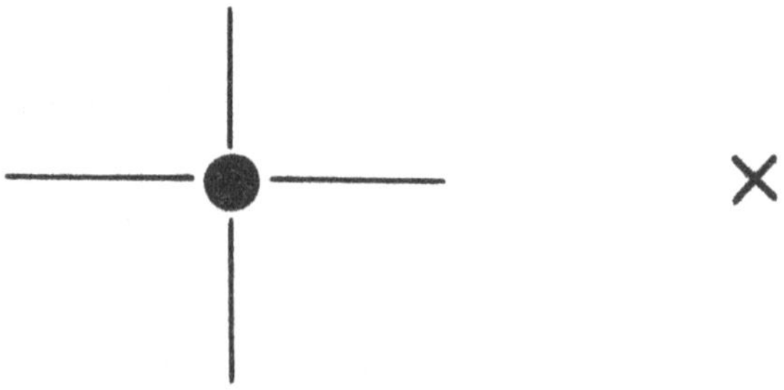
X

Os receptores de luz de sua retina não se conectam diretamente ao nervo óptico, mas em vez disso se interconectam com muitas outras células. Por meio dessas interconexões, uma determinada quantidade de informação é combinada e "digerida" em sua retina mesmo. Dessa maneira, o sinal luminoso é previamente "processado" antes de seguir pelo nervo óptico e então atingir o corpo principal de seu cérebro. Assim, parte do processamento cerebral é feito em seu olho. Incrivelmente, seu olho efetua uma parte de seu "pensamento".

FIGURA 14.36

Formação de imagens. (a) Não aparece imagem alguma na parede porque raios provenientes de todas as partes do objeto se superpõem em cada ponto da parede. (b) Uma única abertura pequena em um anteparo impede a superposição dos raios que atingem a parede; forma-se uma imagem fraca e invertida. (c) Uma lente faz os raios convergirem na parede sem superposição; com mais luz, a imagem é mais brilhante.

Você consegue perceber por que a imagem da Figura 14.36*b* está invertida? É verdade que as fotografias que você tirou e imprimiu, seja via um chip ou um filme, estão todas invertidas?

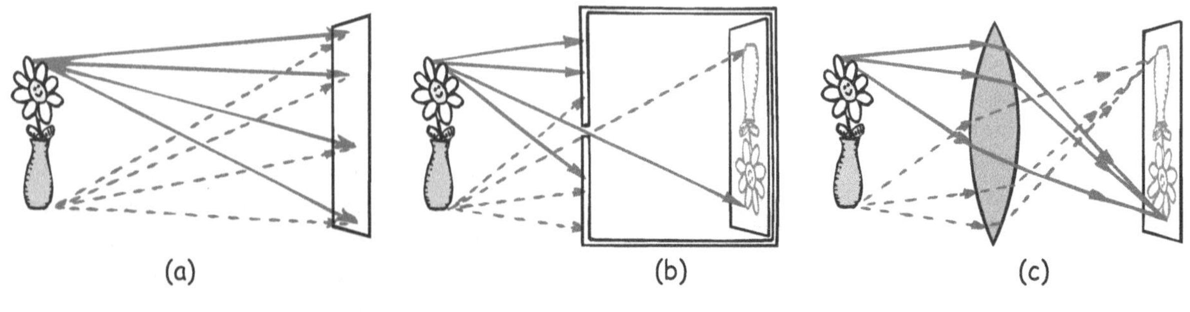
(a)
(b)
(c)

as pessoas sendo fotografadas tinham de ficar completamente imóveis. Qualquer movimentação produzia borrões. Se o furo fosse um pouco maior, o tempo de exposição seria menor, mas a superposição de raios decorrente borraria a imagem. Se o furo fosse largo demais, haveria superposição excessiva, e nenhuma imagem seria nítida. Eis onde entra a lente convergente (Figura 14.36). A lente faz convergir a luz sobre o filme sem permitir qualquer superposição dos raios. Objetos em movimento podem ser fotografados com câmeras dotadas de lentes por causa dos tempos de exposição mais curtos. Como já mencionado, esta é a razão de fotos tiradas com câmeras de lentes serem chamadas de instantâneos.

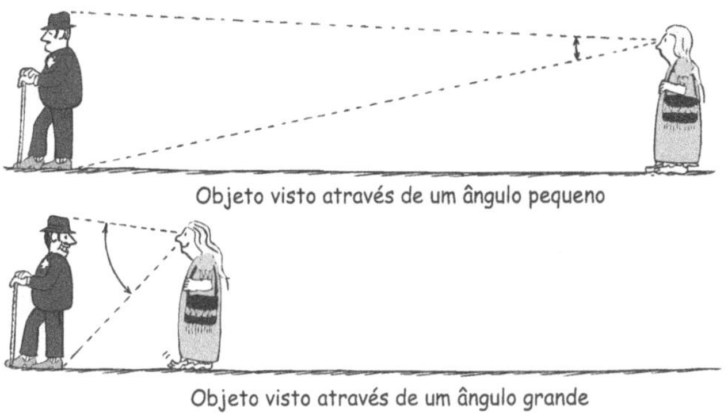
Objeto visto através de um ângulo pequeno
Objeto visto através de um ângulo grande

FIGURA 14.37

A aplicação mais simples de uma lente convergente é como uma lente de aumento. Para entender seu funcionamento como tal, reflita sobre como você examina objetos próximos e distantes. A olho nu, um objeto muito afastado é visto através de um ângulo de visão relativamente estreito, enquanto um objeto próximo é visto através de um ângulo de visão amplo (Figura 14.37). Para ver detalhes de um pequeno objeto, você deseja estar tão próximo dele quanto possível a fim de ter o maior ângulo de visão possível. Mas nosso olho não consegue focar um objeto tão próximo. É aí que a lente de aumento é útil. Quando próxima ao objeto, ela lhe fornece uma imagem clara do que, de outra maneira, seria visto sem nitidez.

Quando usamos uma lente de aumento, a mantemos próxima ao objeto que se quer examinar porque uma lente convergente fornece uma imagem aumentada e direita apenas quando o objeto se encontra entre o foco e a lente. Se uma tela for colocada na posição da imagem, nenhuma imagem aparecerá sobre ela, pois nenhuma luz é dirigida para a posição da imagem. Os raios que alcançam seu olho, entretanto, comportam-se como se viessem virtualmente da posição onde está a imagem. Essa é uma **imagem virtual** – formada por raios de luz que não convergem na posição da imagem (Figura 14.38).

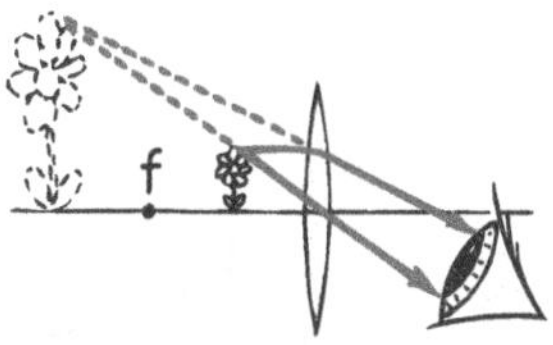
f

FIGURA 14.38
Quando um objeto está próximo a uma lente convergente (entre o foco *f* e a lente), a lente atua como lente de aumento e produz uma imagem virtual. A imagem formada é maior e mais afastada da lente do que o objeto correspondente.

Quando um objeto está afastado demais, além do ponto focal de uma lente convergente, forma-se uma imagem real dele em vez de uma imagem virtual; a Figura 14.39 mostra este caso. Os raios luminosos convergem para formar uma imagem real que pode ser projetada sobre uma tela. As imagens reais formadas por uma simples lente são sempre invertidas.

Uma lente divergente usada isoladamente produz uma imagem virtual reduzida. Não faz diferença a proximidade ou o afastamento do objeto. A imagem é sempre virtual, direita e menor do que o objeto. É por isso que uma lente divergente freqüentemente é utilizada no "visor" de uma câmera. Quando você olha para o objeto a ser fotografado através de uma dessas lentes, você enxerga uma imagem virtual com aproximadamente as mesmas proporções do objeto da fotografia.

Faça um furo de alfinete em um papel, mantendo-o à luz solar de modo que a imagem do Sol sobre o piso seja do mesmo tamanho que uma moeda, e depois determine quantas moedas caberiam entre o piso e o furo. Este número é igual ao número de diâmetros solares que caberiam entre a Terra e o Sol.

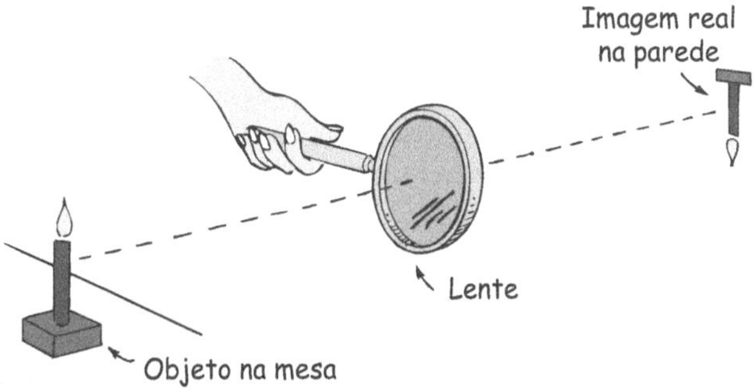
Imagem real
na parede
Lente
Objeto na mesa

FIGURA 14.39
Quando um objeto está afastado de uma lente convergente (além de seu foco), a imagem formada é real e invertida.

FIGURA 14.40
Uma lente divergente forma uma imagem virtual e direita de Jamie e seu gato.

PARE E TESTE A SI MESMO

Por que a maior parte da fotografia da Figura 14.40 está fora de foco?

VERIFIQUE SUA RESPOSTA

Tanto Jamie e seu gato quanto a imagem virtual de Jamie e do gato são "objetos" para a lente da câmera que tirou a fotografia. Uma vez que os objetos estão a distâncias diferentes da lente, as imagens estão a diferentes distâncias em relação ao filme da câmera. Logo, apenas um deles pode ser colocado no foco. O mesmo é verdadeiro para nossos olhos. Você não pode focar objetos próximos e afastados simultaneamente.

Defeitos em lentes

Nenhuma lente fornece uma imagem perfeita. Qualquer distorção da imagem é chamada de **aberração**. As aberrações podem ser minimizadas através da combinação de lentes de tipos certos. Por essa razão, a maior parte dos instrumentos óticos usa lentes compostas, formadas por diversas lentes simples em vez de formadas por uma lente única.

A *aberração esférica* resulta da luz que atravessa as bordas de uma lente e é focada em lugares ligeiramente diferentes do local de focagem da luz que passou próxima ao centro da lente (Figura 14.41). Isso pode ser remediado cobrindo-se as bordas da lente com um diafragma, por exemplo, como é feito nas câmeras. Em bons instrumentos óticos, a aberração esférica é corrigida por meio de uma combinação de lentes.

FIGURA 14.41
Aberração esférica.

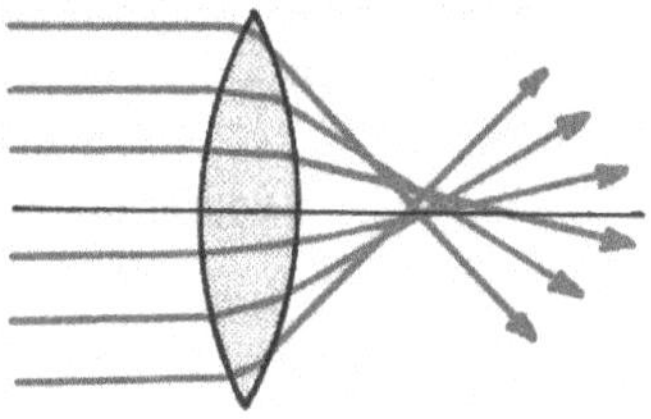

A *aberração cromática* resulta do fato de que as luzes de cores distintas possuem diferentes velocidades de propagação e, portanto, na lente, sofrem refrações diferentes (Figura 14.42). Em uma lente simples (como em um prisma), a luz vermelha e a luz azul não são focadas em um mesmo lugar. Nas lentes acromáticas, feitas com diferentes tipos de vidro, este defeito é corrigido por meio da combinação de diversas lentes simples.

FIGURA 14.42
Aberração cromática.

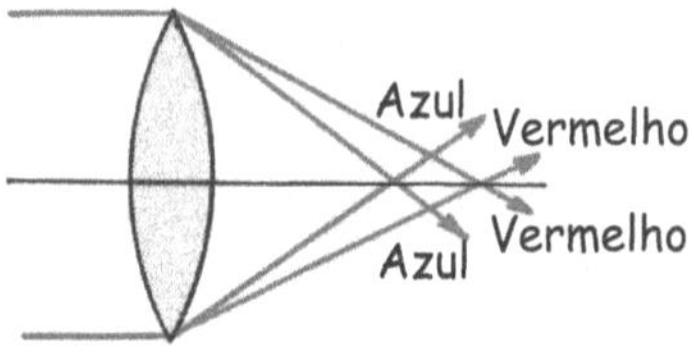
Azul
Vermelho
Azul
Vermelho

A pupila do olho muda de tamanho a fim de regular a entrada de luz. A visão é mais nítida quando a pupila está com seu menor tamanho, pois, neste caso, a luz atravessa apenas a parte central da lente do olho, onde são mínimas as aberrações esférica e cromática. Além disso, o olho atua então mais como o pequeno furo de uma câmera escura, de modo que é necessária uma focagem mínima para se obter uma imagem nítida. Você enxerga melhor sob luz brilhante porque neste caso suas pupilas estão com menor tamanho.

O *astigmatismo* do olho é um defeito resultante da curvatura assimétrica da córnea, quando ela é mais curvada em uma direção do que na outra, como o lado de um barril. Devido a este defeito, o olho não consegue formar imagens nítidas. O remédio é usar lentes cilíndricas, que são mais curvadas em uma direção do que na outra.

Se você usa óculos e costuma não achá-los, ou se você tem dificuldades em ler letras pequenas como as de uma lista telefônica, semicerre os olhos ou, melhor ainda, segure um furo de alfinete (feito em papel ou algo parecido) em frente dos olhos, próximo a página. Você enxergará as letras claramente, e como está próximo, elas estarão ampliadas. Tente e comprove!

PARE E TESTE A SI MESMO

1. Se a luz se propagasse com a mesma rapidez no vidro e no ar, as lentes de vidro alterariam a direção dos raios luminosos?
2. Por que a aberração cromática é associada a lentes, mas não, a espelhos?
3. Como se pode corrigir a aberração cromática?
4. Surgiram notícias de que aquários redondos provocaram incêndios ao focar os raios solares que entravam por uma janela. Você consegue dar uma possível explicação para essas ocorrências?

VERIFIQUE SUAS RESPOSTAS

1. Não.
2. Em um meio transparente, luzes de diferentes freqüências se propagam com diferentes valores de velocidade e, portanto, se difratam em ângulos diversos. Esta é a causa da aberração cromática. Os ângulos da luz refletida não têm, todavia, qualquer relação com a freqüência. Qualquer cor é refletida da mesma maneira. Nos telescópios, portanto, se prefere usar espelhos a lentes por causa da ausência de aberração cromática na reflexão.
3. Esse defeito pode ser corrigido usando-se uma combinação de lentes. Chamamos essas lentes de acromáticas.
4. Isso pode certamente acontecer. A água que enche o aquário atua como uma lente convergente e, como as lentes feitas inteiramente de vidro, pode fazer a luz solar convergir para um foco. Se o ponto focal for inflamável, pode ocorrer um incêndio.

APLICAÇÕES COTIDIANAS

■ INIBIÇÃO LATERAL

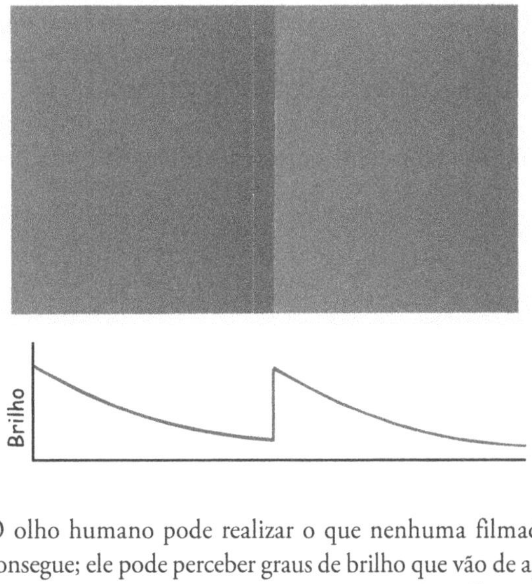
Brilho

O olho humano pode realizar o que nenhuma filmadora consegue; ele pode perceber graus de brilho que vão de aproximadamente 500 milhões a 1. A diferença de brilho entre a luz solar e a lunar, por exemplo, é de cerca de 1 milhão para 1. Mas, por causa do efeito da inibição lateral, não notamos essa real diferença de brilho. As partes mais brilhantes em nosso campo visual são impedidas de ofuscar as demais, pois se um receptor de nossa retina envia um sinal de brilho forte ao cérebro, ele também sinaliza para as células vizinhas diminuírem suas respostas. Desse modo, nós ajustamos nosso campo visual, o que nos permite discernir detalhes em áreas muito brilhantes, e em escuras também.

A inibição lateral exagera a diferença de brilho nas bordas em nosso campo visual. Bordas, por definição, separam uma coisa da outra. E assim acentuamos as diferenças em relação às semelhanças. Isto é ilustrado pelo par de retângulos cinza à esquerda. Eles parecem com tons diferentes de brilho por causa da borda que os separa. Mas se você cobrir a borda com um lápis ou um dedo, eles lhe parecerão igualmente brilhantes. A razão é que os retângulos são de fato igualmente claros; cada um deles é sombreado indo do mais claro para o mais escuro quando se vai da esquerda para a direita. Nosso olho se concentra na borda onde o lado mais escuro do retângulo esquerdo encontra o lado mais claro do retângulo direito, e o sistema nervoso de nosso olho assume que no restante do retângulo acontece o mesmo. Prestamos atenção na borda e ignoramos o restante.

Questões para responder: a maneira como o olho discerne bordas e faz hipóteses sobre o que se situa além não se parece com o modo como às vezes fazemos julgamentos acerca de outras culturas e outras pessoas? Da mesma maneira, nós não tendemos a exagerar as diferenças superficiais, ao mesmo tempo em que ignoramos as semelhanças e as sutis diferenças existentes?

A invenção dos óculos provavelmente ocorreu na Itália no final do século XIII. (Curiosamente, o telescópio só foi inventado aproximadamente 300 anos depois. Se, durante esse tempo, alguém olhou objetos através de lentes separadas ao longo de seus eixos, tal como fixadas nas extremidades de um tubo, não existe qualquer registro disso.) Uma alternativa para corrigir a visão é usar lentes de contato. Uma alternativa mais recente é a LASIK (sigla de *laser-assisted in situ keratomileusis*, ou ceratomileuse in situ assistida por laser), um procedimento de "raspagem" da córnea usando pulsos de laser. Outro procedimento recente é o PRK (*photorefractive keratectomy*, ou ceratectomia fotorefrativa), e outro ainda é o *IntraLase*, em que lentes intraoculares são implantadas nos olhos como lentes de contato, um procedimento alternativo indicado para pessoas que têm dificuldade em enxergar objetos muito próximos ou muito distantes e para aqueles que não podem passar por uma cirurgia a laser. O uso de óculos e de lentes de contato em breve serão coisas do passado.

14.6 Polarização

A interferência e a difração constituem a maior evidência de que a luz possui um comportamento ondulatório. Como aprendemos no Capítulo 12, as ondas podem ser longitudinais ou transversais. As ondas sonoras são longitudinais, o que significa que o movimento vibratório do meio se dá *ao longo* da direção de propagação da onda. O fato de que ondas luminosas exibem polarização demonstra que elas são ondas transversais.

Se você sacudir para cima e para baixo ou para um lado e para o outro uma corda esticada como mostrado na Figura 14.43, produzirá uma onda transversal ao longo da corda. O plano de vibração é idêntico ao plano da onda. Se sacudirmos para cima e para baixo, a onda oscilará em um plano vertical. Se sacudirmos de um lado para o outro, a onda vibrará no plano horizontal. Dizemos que este tipo de onda é *plano-polarizada* – ou seja, ela se propaga pela corda confinada a um mesmo plano. A polarização é uma propriedade das ondas transversais. (A polarização não ocorre com ondas longitudinais – não existem coisas como som polarizado.)

FIGURA 14.43
Uma onda plana plano-polarizada na vertical e uma onda plana plano-polarizada na horizontal.

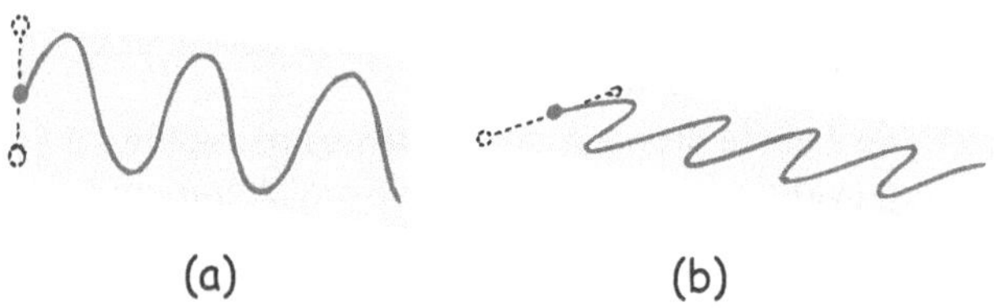
(a)
(b)

FIGURA 14.44
(a) Uma onda plano-polarizada verticalmente emitida por uma carga que vibra verticalmente. (b) Uma onda plano-polarizada horizontalmente emitida por uma carga que vibra horizontalmente.

Um único elétron oscilante pode emitir uma onda eletromagnética plano-polarizada. O plano de polarização coincide com a direção de vibração do elétron. Isso significa que um elétron acelerado verticalmente emite luz com polarização vertical. Um elétron acelerado na direção horizontal emite luz polarizada horizontalmente (Figura 14.44)[4].

Uma fonte luminosa comum, tal como uma lâmpada incandescente, uma lâmpada fluorescente ou a chama de uma vela emite luz não-polarizada. Isso ocorre porque os elétrons emissores de luz vibram em direções aleatórias. Existem tantos planos de vibração quanto os elétrons que os produzem. Alguns desses planos estão representados na Figura 14.45*a*. Podemos representar todos esses planos por meio de linhas radiais, mostradas na Figura 14.45*b*. (Ou, mais simplesmente, por dois vetores em direções mutuamente perpendiculares, como na Figura 14.45*c*.) O vetor vertical representa todas as componentes de vibração na direção vertical. O vetor horizontal representa todas as componentes de vibração horizontal. O modelo simples da Figura 14.45*c* representa a luz não-polarizada. A luz polarizada é representada por um simples vetor.

Qualquer cristal transparente com estrutura natural não-cúbica tem a capacidade de polarizar a luz. Esses

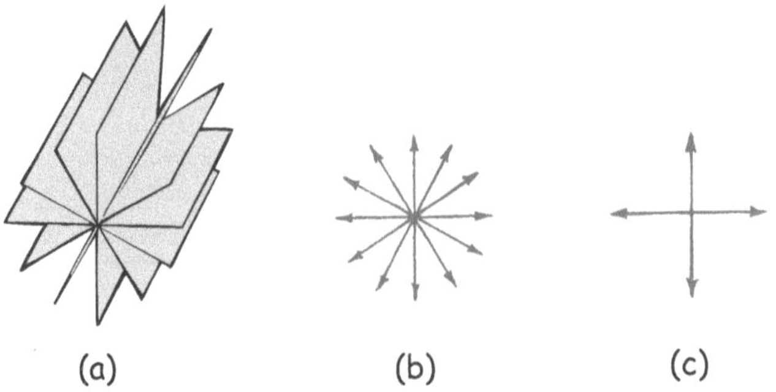
(a)
(b)
(c)

FIGURA 14.45
Representações de ondas plano-polarizadas. Os vetores elétricos, em *a* e *b*, ilustram a parte elétrica da onda eletromagnética.

[4] A luz também pode ser polarizada circular e elipticamente, as quais também são polarizações transversais. Mas não estudaremos aqui estes casos.

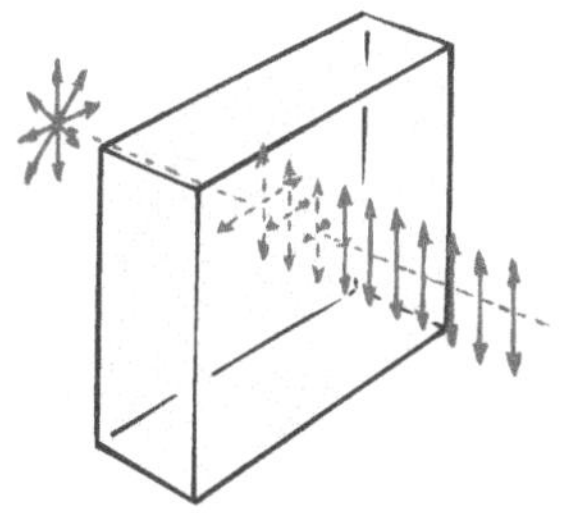

FIGURA 14.46
Um componente da luz não-polarizada incidente é absorvido, resultando em luz emergente polarizada.

cristais dividem a luz em dois feixes internos polarizados em ângulos retos um com o outro. Certos cristais absorvem fortemente um dos feixes enquanto transmite o outro (Figura 14.46). Isso faz deles excelentes polarizadores. A herapatite é um desses cristais. Cristais microscópicos de herapatite são alinhados e embebidos entre folhas de celulose. Eles constituem então filtros polaróides, populares em óculos de sol. Outros filtros polaróides consistem de certas moléculas alinhadas em vez de cristais minúsculos.

A polarização ocorre somente com ondas transversais. De fato, ela constitui uma maneira importante de saber se uma onda é transversal ou longitudinal.

Se você olhar uma luz não-polarizada através de um filtro polaróide, poderá girar o filtro em qualquer direção que a luz parecerá inalterada. Mas, se a luz for polarizada, ao girar o filtro, você bloqueará cada vez mais luz até bloqueá-la totalmente. Um polaróide ideal transmitirá 50% da luz incidente não-polarizada. Os 50% restantes de luz transmitida é polarizada. Quando os dois filtros polaróides estão dispostos de maneira que seus eixos de polarização fiquem alinhados, a luz poderá ser transmitida através de ambos, como ilustra a analogia com a corda (Figura 14.47*a*). Se seus eixos forem mutuamente perpendiculares (neste caso dizemos que os filtros estão cruzado*s*), quase nenhuma luz conseguirá atravessar o par (Figura 14.47*b*). (Uma pequena quantidade de luz de comprimento de onda mais curto conseguirá atravessá-lo.) Quando filtros polaróides são usados aos pares, o primeiro deles é chamado de *polarizador*, e o segundo, de a*nalisador*.

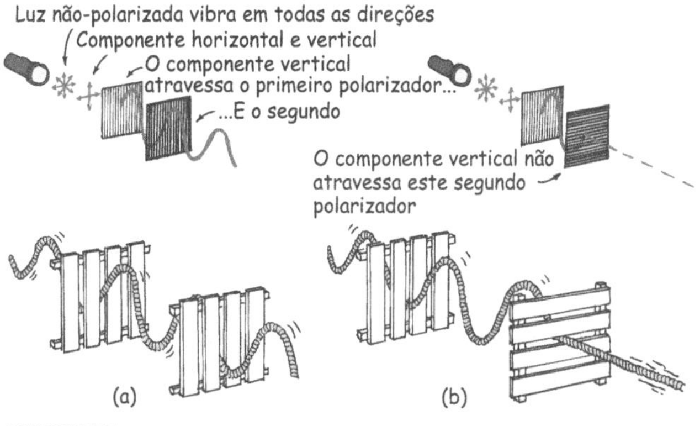

Luz não-polarizada vibra em todas as direções
Componente horizontal e vertical
O componente vertical atravessa o primeiro polarizador...
...E o segundo
O componente vertical não atravessa este segundo polarizador
(a)
(b)

FIGURA 14.47
Uma analogia com uma corda ilustra o efeito de polaróides cruzados.

PARE E TESTE A SI MESMO

Qual dos pares de lentes é adequado para motoristas de automóveis? (Os eixos de polarização são indicados pelos segmentos de reta.)

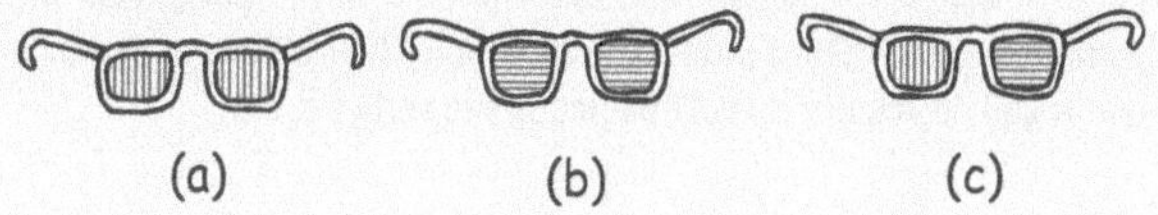

(a)
(b)
(c)

VERIFIQUE SUA RESPOSTA

As lentes A são mais adequadas porque os eixos verticais de polarização bloqueiam a luz polarizada horizontalmente, que constitui a maior parte do brilho de superfícies horizontais. Os óculos C são adequados para se assistir a filmes 3D.

Boa parte da luz refletida por superfícies não-metálicas é polarizada. O brilho do vidro ou da água é um bom exemplo. Exceto para a luz que incide perpendicularmente, o raio refletido contém mais vibrações paralelas à superfície refletora. A parte do raio que penetra a superfície vibra com maiores amplitudes em ângulo reto com a superfície (Figura 14.49). Rochas planas atiradas na superfície de uma lagoa constituem uma analogia adequada. Quando elas colidem paralelamente à superfície, são refletidas facilmente pela mesma. Mas quando elas incidem com as faces formando ângulos retos com a superfície, são "refratadas" na água. O brilho apresentado por superfícies refletoras pode ser bastante reduzido com o uso de óculos de sol polaróides. Os eixos de polarização

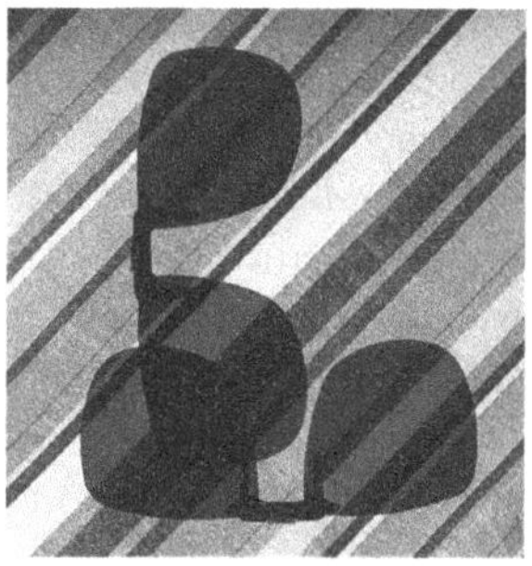

FIGURA 14.48
Óculos de sol polaróides bloqueiam a luz que vibra horizontalmente. Quando as lentes se superpõem em ângulo reto, nenhuma luz atravessa o par de lentes.

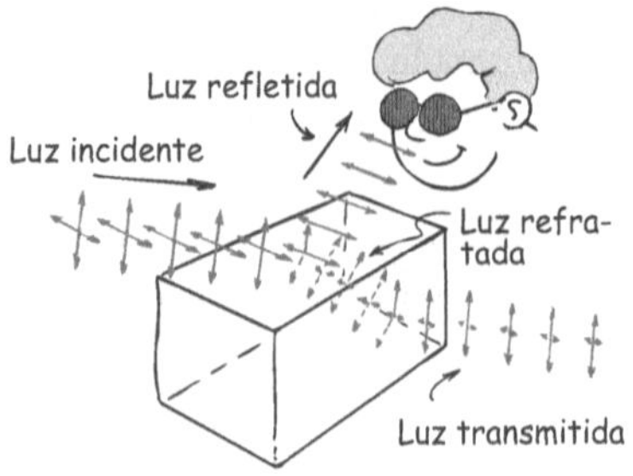
Luz refletida
Luz incidente
Luz refratada
Luz transmitida

FIGURA 14.49

A maior parte do brilho proveniente de superfícies não-metálicas é luz polarizada. Aqui vemos que os componentes de luz paralelos à superfície são refletidos, ao passo que os componentes perpendiculares a ela atravessam a interface e penetram no outro meio. Uma vez que a maior parte do brilho que recebemos provém de superfícies horizontais, os eixos de polarização dos óculos de sol polaróides são verticais.

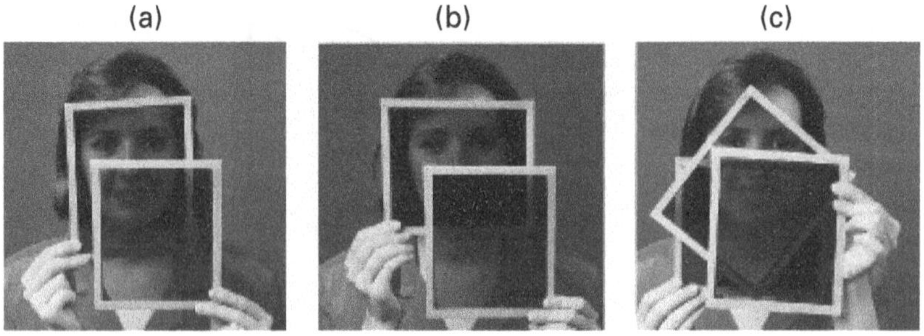
(a)
(b)
(c)

FIGURA 14.50

A luz é transmitida quando os eixos dos polaróides estão alinhados um com o outro (a), mas são absorvidos quando Ludmila gira um deles de modo que seus eixos passem a formar um ângulo reto entre si, (b). Quando ela insere um terceiro polaróide entre os dois originais cruzados, a luz é novamente transmitida, (c). Por quê? (Para a resposta, depois de você pensar um pouco, consulte o Apêndice C, "Vetores".)

das lentes são verticais porque a maior parte do brilho reflete-se em superfícies horizontais.

As bonitas cores semelhantes às cores de interferência podem ser vistas quando determinados materiais são colocados entre dois filtros polaróides cruzados. O papel celofane funciona muito bem. Por que são produzidas tais cores é outra história – o que é deixado como Leitura Sugerida e consulta aos endereços da Web indicados neste capítulo.

psc

A radiação de fundo em microondas enche todo o espaço e provém de todas as direções. Ela é um eco do Big Bang do qual foi gerado nosso universo a cerca de 14 bilhões de anos atrás. Descobertas recentes revelam que esta radiação é polarizada. Observações baseadas na polarização não são afetadas pela gravidade e constituem um meio claro e detalhado de se olhar para o cosmo primordial.

SUMÁRIO DE TERMOS

Reflexão O retorno dos raios luminosos a partir de uma superfície, de modo que o ângulo de retorno de cada raio seja igual ao ângulo com o qual ele incide na superfície (também chamada *reflexão especular*).

Refração O desvio sofrido por um raio luminoso oblíquo ao passar de um meio transparente para outro. O fenômeno é causado por uma diferença na rapidez da luz nos dois meios transparentes. Quando a variação de meio é abrupta (digamos, do ar para a água), o desvio também é abrupto; quando a alteração de meio é gradual (digamos, do ar frio para o ar quente), o desvio é gradual, o que explica as miragens.

Lei da reflexão O ângulo de incidência é sempre igual ao ângulo de reflexão. O raio incidente e o raio refratado situam-se em um plano normal em relação à superfície refletora.

Reflexão difusa A reflexão em direções irregulares a partir de uma superfície irregular.

Ângulo crítico O menor valor de ângulo de incidência dentro de um meio para o qual o raio luminoso é totalmente refletido.

Reflexão interna total A reflexão total da luz que se propaga em um meio e incide na fronteira com outro meio em um ângulo igual ou maior do que o ângulo crítico.

Lente convergente Uma lente que é mais espessa no meio do que nas bordas, a qual refrata raios paralelos fazendo-os convergir para um foco.

Lente divergente Uma lente que é mais estreita no meio do que nas bordas, fazendo raios luminosos paralelos divergirem como se eles viessem de um ponto.

Imagem virtual Uma imagem formada por raios luminosos que não convergem para a localização da imagem. Os espelhos, as lentes convergentes usadas como lentes de aumento e as lentes divergentes produzem, todos, imagens virtuais.

Imagem real Uma imagem formada por raios luminosos que convergem na localização da imagem. Uma imagem real, ao contrário da virtual, pode ser projetada numa tela.

Aberração Qualquer distorção na formação de uma imagem perfeita, presente em certo grau em todos os sistemas óticos.

Polarização O alinhamento dos vetores elétricos transversais que constituem a radiação eletromagnética. Ondas cujas vibrações estão alinhadas são chamadas de *polarizadas*.

QUESTÕES DE REVISÃO

1. Faça distinção entre reflexão e refração.

14.1 Reflexão

2. Como a luz incidente em um determinado objeto atua sobre os elétrons dos átomos que o constituem?
3. O que fazem os elétrons de um objeto iluminado quando são forçados a oscilar com maior energia?
4. Qual é a lei da reflexão?
5. Com relação à distância de um objeto até um espelho plano colocado à sua frente, a que distância atrás do espelho está a imagem formada?
6. A lei da reflexão é válida para espelhos curvos? Explique.
7. A lei da reflexão é válida no caso de reflexão difusa? Explique.
8. Como pode uma superfície estar polida para determinadas ondas, e não, para outras?

14.2 Refração

9. Qual é o ângulo formado entre um raio luminoso e sua frente de onda?
10. Quando uma roda rola de uma calçada plana para um gramado, a interação da roda com as folhas da grama freia a roda. O que torna mais lenta a luz quando ela passa do ar para o vidro ou para a água?
11. O que causa o desvio sofrido pela luz na refração?
12. A luz se propaga mais rápido no ar mais rarefeito ou no ar mais denso? O que esta diferença de rapidez de propagação tem a ver com a duração do dia?
13. O que é uma miragem?
14. Por que as estrelas tremulam?

14.3 Dispersão

15. O que acontece à luz de uma determinada freqüência quando incide sobre um material cuja freqüência natural é a mesma da luz?
16. Qual delas se propaga mais lenta no vidro, a luz vermelha ou a luz violeta?
17. O que é a dispersão? Cite um exemplo comum de dispersão.
18. O que impede que os arco-íris sejam vistos como círculos completos?
19. Uma simples gota de chuva, iluminada por luz solar, dispersa um espectro de cores? O observador vê um espectro correspondente a uma única gota de chuva distante?
20. Um arco-íris é plano ou tridimensional?
21. Por que o arco-íris secundário é mais fraco do que o arco-íris primário correspondente?

14.4 Reflexão interna total

22. O que significa o ângulo crítico?
23. Em que situação a luz é totalmente refletida na água ou no vidro?
24. Em que situação a luz é totalmente refletida em um diamante?
25. A luz normalmente se propaga em linha reta, mas "se encurva" quando se propaga dentro de uma fibra ótica. Explique.

14.5 Lentes

26. Faça distinção entre uma lente convergente e uma lente divergente.
27. O que é a distância focal de uma lente?
28. Faça distinção entre uma imagem virtual e uma imagem real.
29. Para produzir uma imagem real, usa-se uma lente convergente ou uma lente divergente? E para produzir uma imagem virtual?
30. Faça distinção entre aberração esférica e aberração cromática.
31. O que é astigmatismo? Como ele pode ser corrigido?

14.6 Polarização

32. Qual é o fenômeno que diferencia as ondas longitudinais das transversais?
33. Como se compara a direção de polarização da luz com a direção de vibração dos elétrons que a produzem?
34. Por que a luz consegue atravessar um par de filtros polaróides quando estão alinhados, mas não quando seus eixos de polarização formam um ângulo reto entre si?
35. Que proporção da luz não-polarizada incidente é transmitida por um filtro polaróide ideal?
36. Quando luz não-polarizada incide em água com um ângulo rasante, o que podemos afirmar sobre a luz refletida por ela?

ATIVIDADES EXPLORATÓRIAS

1. Construa uma câmera escura como ilustrado a seguir. Corte e retire uma das extremidades de uma pequena caixa de cartolina e a cubra com um pedaço de papel de seda ou de papel-manteiga. Faça um furo de alfinete bem-definido na face oposta. (Se a cartolina for grossa, faça o furo de alfinete com ajuda de um pedaço de papel-alumínio colocado sobre a cartolina.) Aponte a câmera para um objeto brilhante em uma sala escura e você enxergará uma imagem invertida sobre o papel. Na sala escura, se você substituir o papel por um filme fotográfico virgem, cubra a face de trás do filme com uma placa opaca e cubra também o furo de alfinete com um cartão removível. Agora você está pronto para tirar uma foto. Os tempos de exposição diferem, dependendo principalmente do tipo de filme usado e da quantidade de luz incidente. Experimente diferentes tempos de exposição,

começando com 3 segundos. Experimente também usar caixas de vários tamanhos. Você verificará que todas as coisas estão no foco em suas fotos, mas as imagens não terão os contornos nítidos. As lentes das câmeras comerciais são muito maiores do que o furo de alfinete e, portanto, deixam passar mais luz em menos tempo – e por isso as chamamos de instantâneas.

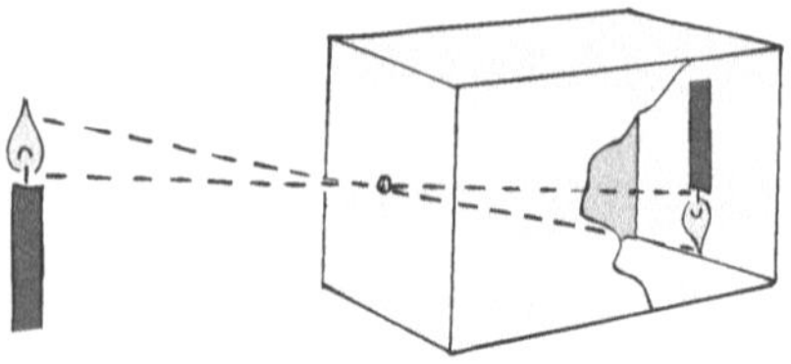

2. Mantenha de pé sobre as bordas um par de espelhos com as faces mutuamente paralelas. Coloque um objeto, como uma moeda entre os espelhos e observe as reflexões ocorrendo em cada espelho. Legal?
3. Fixe dois espelhos de bolso em ângulo reto um com o outro e posicione uma moeda entre eles. Você enxergará quatro moedas. Mude o ângulo entre os espelhos e veja quantas imagens da moeda você consegue enxergar. Com os espelhos em ângulo reto, olhe seu rosto. Então pisque. O que você enxerga? Você agora se enxerga como os outros o vêem. Segure uma folha impressa, virada para o espelho duplo, e compare sua aparência com a reflexão produzida por um único espelho.

Olho esquerdo
Olho direito

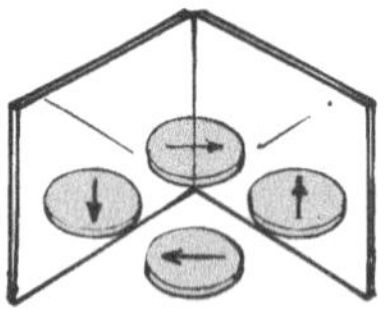

4. Gire um par de espelhos, mantendo-os em ângulo reto um com o outro. Sua imagem também gira? Agora coloque os espelhos formando 60° um com o outro de forma a poder enxergar seu rosto. Gire novamente os espelhos e veja se sua imagem também gira. Surpreendente?

90°
60°

5. Determine o grau de ampliação de uma lente focando as linhas de um pedaço de papel pautado. Contando os espaços entre linhas que cabem em um espaço ampliado, você terá o grau de ampliação da lente. O mesmo pode ser feito com um binóculo e uma parede de tijolos afastada. Segure o binóculo de modo que apenas um dos olhos enxergue os tijolos através do tubo do instrumento, enquanto o outro olha diretamente para os tijolos. O número de tijolos vistos a olho nu cabendo dentro de um tijolo ampliado fornece o grau de ampliação do instrumento.

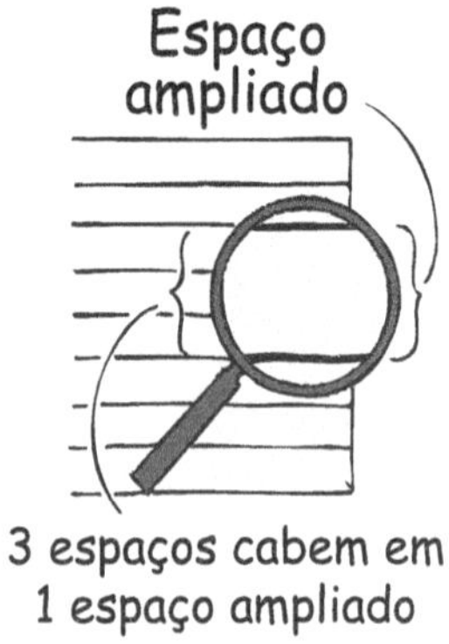
Espaço ampliado
3 espaços cabem em 1 espaço ampliado

6. Repare as reflexões das lâmpadas do teto nas superfícies interna e externa de uma lente de aumento e você enxergará duas fascinantes imagens diferentes. Por que elas são diferentes?
7. Quando você usa óculos de sol polaróide, repare no brilho proveniente de uma superfície não-metálica, como o piso de uma rodovia ou a superfície de um corpo d'água. Incline sua cabeça de um lado para o outro e veja como varia a intensidade quando se varia o módulo do componente vetorial elétrico na direção do eixo de polarização das lentes. Note também a polarização de partes diferentes do céu enquanto você segura o óculos e o gira.
8. Posicione uma garrafa cheia com mel de milho entre dois filtros polaróides. Coloque uma fonte luminosa branca atrás de um dos filtros. Então olhe através dos polaróides e observe as cores espetaculares que surgem quando você gira um dos filtros.

9. Veja as espetaculares cores de interferência com um microscópio que usa luz polarizada. Qualquer microscópio, incluindo os de brinquedo e bem baratos, pode ser convertido num microscópio de luz polarizada fixando-se um pedaço de filtro polaróide no interior da ocular do aparelho, e outro, na base do aparelho. Misture gotas de naftalina e de benzeno sobre uma lâmina e observe o crescimento de cristais. Gire a ocular e observe as cores impressionantes.

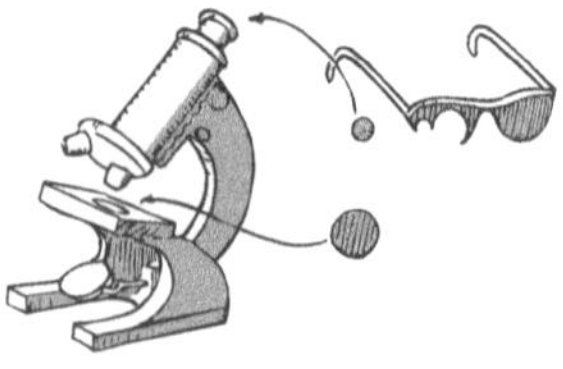

EXERCÍCIOS

1. Seu olho, localizado no ponto *P*, está olhando para o espelho. Qual das cartas numeradas ele pode ver refletida no espelho?

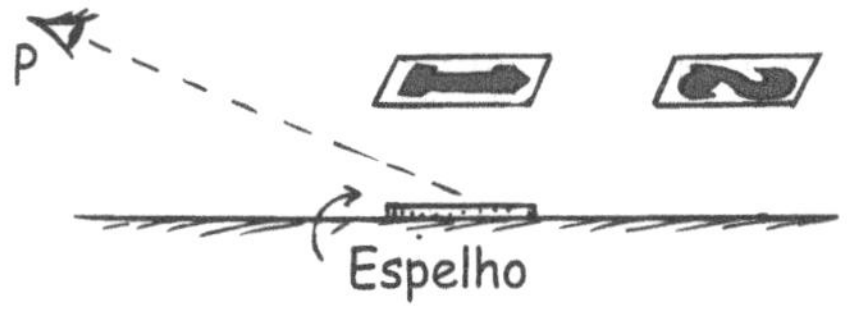
P
Espelho

2. O *cowboy* Joe deseja acertar um assaltante de bancos fazendo sua bala ricochetear numa placa metálica espelhada. Para fazê-lo, bastaria que ele simplesmente mirasse na imagem refletida do assaltante? Explique.
3. Os grandes caminhões freqüentemente trazem avisos na traseira, onde está escrito: "Se você não pode ver meus espelhos, eu não posso vê-lo também". Explique a física existente por trás desse aviso.
4. Por que palavras impressas na parte da frente de alguns veículos, ambulâncias, por exemplo, aparecem ao contrário?

5. Quando você se olha no espelho e balança sua mão direita, sua bela imagem balança a mão esquerda. Então por que os pés de sua imagem não sacodem quando você sacode sua cabeça?
6. Os espelhos retrovisores dos carros são descobertos na superfície frontal e prateados na traseira. Quando o espelho está adequadamente ajustado, a luz proveniente de trás se reflete na superfície prateada e daí vai para o interior dos olhos do motorista. Ótimo. Mas isso não é tão bom durante a noite, com o efeito ofuscante provocado pela luz proveniente dos faróis dos carros atrás do seu. Esse problema é resolvido através da forma em cunha do espelho retrovisor (veja o desenho). Quando o espelho é inclinado ligeiramente para cima, ficando na posição "noturna", os fachos dos faróis são dirigidos para o teto do veículo, não sendo mais direcionados, portanto, para os olhos do motorista. Explique como o motorista ainda consegue ver no espelho retrovisor os carros que estão atrás.

De dia
De noite

7. Para diminuir o clarão da vizinhança, as janelas de certas lojas de departamento são inclinadas ligeiramente para dentro no fundo, em vez de serem verticais. Como isso reduz o clarão?
8. Em um quarto escuro, uma pessoa olha através de uma janela e pode ver claramente outra pessoa que está no exterior da casa, exposta à luz solar, enquanto a pessoa de fora não pode enxergar a pessoa dentro da casa. Explique.
9. Que tipo de superfície de rodovia é mais fácil de enxergar quando se dirige durante a noite, uma que seja irregular e empedrada ou uma lisa e parecida com um espelho? Explique.
10. Por que é difícil enxergar a rodovia à sua frente quando você está dirigindo durante uma noite chuvosa?
11. Enxergamos o pássaro e sua imagem refletida. Por que não vemos os pés do pássaro refletidos?

12. Qual deve ser a altura mínima de um espelho plano a fim de que você consiga se ver por inteiro?
13. Que efeito sua distância em relação a um espelho plano tem na resposta à questão anterior? (Experimente e comprove!)
14. Segure um espelho de bolso a uma distância de seu rosto quase igual ao comprimento de seu braço estendido e observe quanto de seu rosto você consegue enxergar. Para enxergar mais o rosto, você deveria segurar o espelho mais próximo ou mais afastado, ou teria que usar um espelho maior? (Experimente e comprove!)
15. Enxugue uma região da superfície embaciada de vapor de um espelho plano apenas o suficiente para conseguir enxergar seu rosto inteiro nele. Qual será a altura da área enxugada em comparação com a dimensão vertical de seu rosto?
16. O diagrama mostra uma pessoa e sua irmã gêmea a iguais distâncias dos lados opostos de uma parede fina. Suponha que uma janela seja cortada na parede, de modo que cada gêmea possa ter uma visão completa da outra. Mostre o tamanho e a localização da menor janela a ser cortada na parede de modo a cumprir o requerido. (Dica: trace raios luminosos saindo do topo de cada gêmea em direção aos olhos da outra. Faça o mesmo partindo dos pés de cada gêmea até os olhos da outra.)

17. Por que a luz proveniente do Sol ou da Lua e refletida na superfície de um grande volume de água aparece com a forma de uma coluna, como mostrado abaixo? Como ela apareceria se a superfície da água fosse perfeitamente lisa?

18. O que está errado com o desenho do homem se olhando no espelho? (Tente com um amigo em frente a um espelho, como mostrado, e você verá.)

19. Um par de rodas de brinquedo rola sobre uma superfície lisa, numa direção oblíqua a dois terrenos gramados, um de forma retangular e outro de forma triangular, como mostrado. O solo é ligeiramente inclinado, de modo que, depois de rolar sobre a grama, as rodas serão novamente aceleradas ao emergirem do outro lado, sobre a superfície plana. Complete os desenhos, mostrando algumas posições das rodas em cada gramado e do outro lado do mesmo, indicando as direções correspondentes de deslocamento.

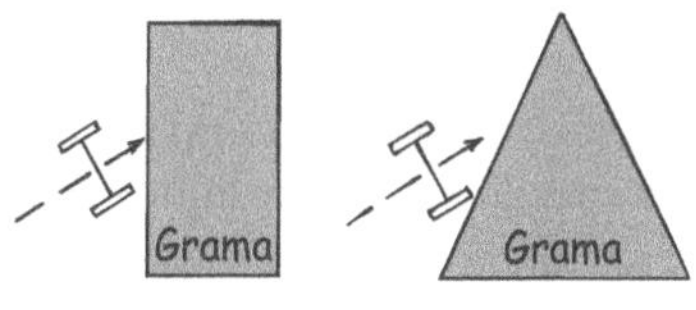
Grama
Grama

20. Um pulso de luz vermelha, e outro, de luz azul, entram simultaneamente em um bloco de vidro, segundo direções normais em relação à superfície do mesmo. Depois de atravessar o bloco, qual dos pulsos sai primeiro do vidro?
21. Durante um eclipse lunar, a Lua não fica completamente escura, mas geralmente apresenta uma cor vermelho-escura. Explique isso em termos da refração que ocorre em todos os poentes e nascentes do Sol pelo mundo afora.
22. Se você posicionar um tubo de ensaio de vidro dentro da água, conseguirá enxergá-lo. Colocando-o depois imerso em óleo de soja claro, talvez você não seja mais capaz de vê-lo. O que isto lhe diz acerca do valor da velocidade de propagação da luz no óleo e no vidro?
23. Estando em pé sobre uma barragem, se você deseja fisgar com uma lança um peixe que está à sua frente, você deve mirar acima, abaixo ou diretamente nele, a fim de fisgá-lo em uma única tentativa? Se você usasse um feixe de laser para atingir o peixe, você deveria mirar acima, abaixo ou diretamente nele? Justifique suas respostas.
24. Se o peixe do exercício anterior fosse pequeno e azul, e a luz do laser fosse vermelha, que correções deveriam ser feitas? Explique.
25. Quando um peixe olha para cima em um ângulo de 45°, ele enxerga o céu ou apenas o reflexo do fundo? Justifique sua resposta.
26. Se você fosse enviar um feixe de laser para uma estação espacial acima da atmosfera e exatamente acima do horizonte, deveria mirar o laser acima, abaixo ou diretamente na estação espacial visível? Justifique sua resposta.
27. Dentro d'água, os raios luminosos dirigidos para cima que incidem na interface água-ar segundo ângulos maiores do que 48° com a normal são totalmente refletidos. Nenhum raio com ângulo de incidência maior do que 48° é refratado para fora da água. E quanto aos outros caminhos próximos a este? Existe um ângulo de incidência segundo o qual um raio luminoso no ar, incidindo na interface ar-água, será totalmente refletido? Ou parte da luz será refratada em todos os ângulos possíveis?
28. Quando seu olho está submerso em água, o desvio dos raios luminosos da água para ele é maior, menor ou o mesmo que no ar?
29. Se ficar em pé de costas para o Sol, você enxergará um arco-íris como um arco de círculo. Movendo-se para um lado, poderá então enxergar o arco-íris como um segmento de elipse, em vez de um segmento circular (tal como sugerido pela Figura 14.20)? Justifique sua resposta.
30. Dois observadores em pé e afastados um do outro não enxergam realmente o "mesmo" arco-íris. Explique isso.
31. Um arco-íris visto de um aeroplano pode formar um círculo completo. Onde aparecerá a sombra do aeroplano? Explique.
32. Em que um arco-íris se assemelha ao halo que em algumas ocasiões é visto ao redor da Lua numa noite muito fria? Em que eles diferem?
33. O que é responsável pelas franjas tipo arco-íris vistas comumente nas bordas do holofote de luz branca de uma lanterna ou de um projetor de slides?
34. As coberturas de piscinas feitas de plástico transparente, chamadas de coberturas de aquecimento solar, possuem milhares de pequenas lentes formadas por bolhas cheias de ar. Tais lentes são propagandeadas como capazes de focar na água o calor vindo do Sol para, assim, elevar a temperatura da água. Você acha que as lentes dessas coberturas direcionam mais energia solar para a água? Justifique sua resposta.
35. A intensidade média da luz solar, obtida com um medidor de intensidade luminosa colocado no fundo da piscina da Figura 14.34, seria diferente se a água estivesse parada?
36. O que explica as grandes sombras projetadas pelas extremidades das finas pernas de um mosquito d'água? O que explica o anel de luz brilhante ao redor das sombras projetadas na parte inferior?

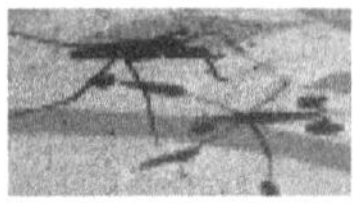

37. Por que os óculos de mergulho permitem a um nadador sob a água focar mais nitidamente o que está olhando?
38. Cubra a metade superior da lente de uma câmera. Que efeito isto terá sobre as fotografias tiradas com a máquina desta maneira?
39. Os telescópios refratores e os microscópios óticos ainda forneceriam imagens ampliadas se a luz possuísse a mesma rapidez de propagação no vidro e no ar? Explique.
40. Considere uma simples lente de aumento de vidro sob a água. Ela ampliará mais ou menos? Explique a razão.
41. Você pode tirar uma fotografia de sua imagem em um espelho plano focando a câmara tanto sobre sua imagem quanto sobre o espelho? Explique.
42. Para corrigir o que se vê, por que os slides devem ser colocados no projetor de maneira invertida?
43. Os mapas da Lua são confeccionados de cabeça para baixo. Por quê?
44. O que a polarização lhe diz acerca da natureza das ondas luminosas?
45. Os visores digitais dos relógios de pulso e de outros dispositivos são normalmente polarizados. Que problema ocorre quando se usa óculos escuros com lentes polarizadas?
46. Por que um filtro polaróide ideal transmite 50% da luz não-polarizada incidente?
47. Por que um filtro polaróide ideal pode transmitir algo entre zero e 100% da luz polarizada incidente?
48. Qual é a percentagem de luz transmitida por dois polaróides ideais, um colocado sobre o outro, com seus eixos de polarização alinhados? E com seus eixos de polarização formando entre si um ângulo reto?
49. Como um único filtro polaróide pode ser usado para mostrar que o céu está parcialmente polarizado? (Curiosamente, abelhas e outros insetos, diferentemente dos seres humanos, podem discernir a luz polarizada e usam essa habilidade para navegação.)
50. A luz não atravessa um par de filtros polaróides quando estão alinhados perpendicularmente um com o outro. Mas quando um terceiro polaróide é colocado entre os dois primeiros, com seu alinhamento exatamente intermediário ao dos outros dois (ou seja, com seu eixo formando 45° com cada um dos eixos de polarização dos outros filtros), parte da luz consegue atravessá-los. Por quê?

PROBLEMAS

● INICIANTE ■ INTERMEDIÁRIO ♦ AVANÇADO

1. ● Se você fosse tirar uma fotografia de sua imagem em um espelho plano, para quantos metros de distância deveria ajustar o foco se você se encontrasse 3 m à frente do espelho?
2. ● Uma aranha está suspensa por um fio de seda a 20 cm da frente de um espelho plano. Você se encontra atrás da aranha, a 50 cm do espelho. Mostre que a distância entre seu olho e a imagem da aranha no espelho é de 70 cm.
3. ● Suponha que você esteja caminhando em direção a um espelho a 2 m/s. Com que rapidez você e sua imagem se aproximam? (A resposta não é 2 m/s.)
4. ■ Quando a luz incide perpendicularmente no vidro, cerca de 4% dela é refletida em cada superfície. Mostre que o percentual de luz transmitida através da vidraça de uma janela é de aproximadamente 92%.
5. ■ Com um simples diagrama mostre que, quando um espelho com um feixe incidente fixo é girado em um determinado ângulo, o feixe refletido gira em um ângulo duas vezes maior. (Esta duplicação do deslocamento torna as imperfeições no vidro comum das janelas mais evidentes.)
6. ■ O valor médio da velocidade da luz se reduz para 0,75c quando ela é refratada para dentro de um particular pedaço de plástico.
   a. Qual é a variação que ocorre com a freqüência da luz dentro do plástico?
   b. E com seu comprimento de onda?
7. ♦ O diâmetro do Sol subtende um ângulo de visão de 0,53° quando visto da Terra. Mostre que leva 2,1 minutos para o Sol se mover no céu através de um diâmetro solar. (Lembre-se que o Sol leva 24 horas, ou 1.440 minutos, para descrever 360°). Como se compara sua resposta com o tempo decorrido para o Sol desaparecer depois que a borda inferior de seu disco alcança a linha do horizonte, durante o poente? (A refração afeta sua resposta?)
8. ♦ Uma maneira quantitativa de relacionar a distância de um objeto com a distância d_i de sua imagem, no caso de uma lente, é dada pela equação das lentes delgadas $\frac{1}{d_o} + \frac{1}{d_i} = \frac{1}{f}$.

   Rearranje esta relação e mostre que $d_i = \frac{d_o f}{d_o - f}$.

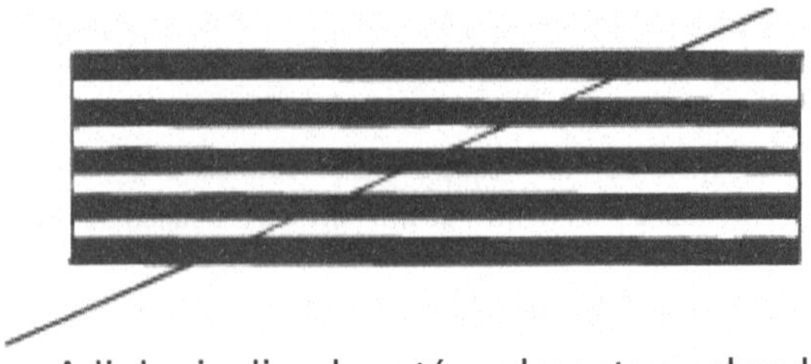

A linha inclinada está realmente quebrada?

Os traços da direita são realmente mais curtos?

Você consegue contar os pontos escuros?

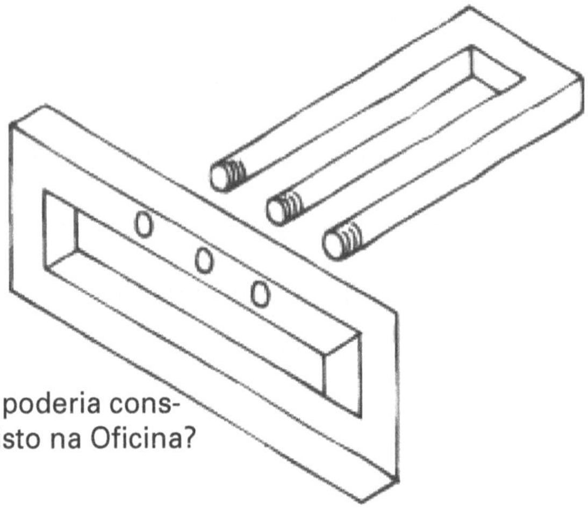

Você poderia construir isto na Oficina?

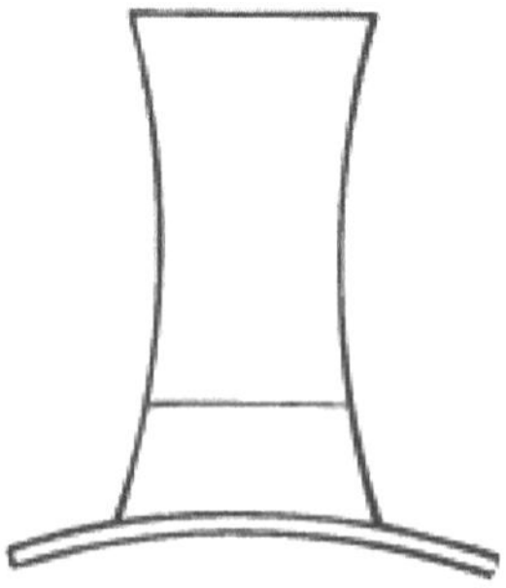

A altura do chapéu é maior do que o tamanho da aba?

PARIS
IN THE
THE SPRING

O que se lê neste aviso?

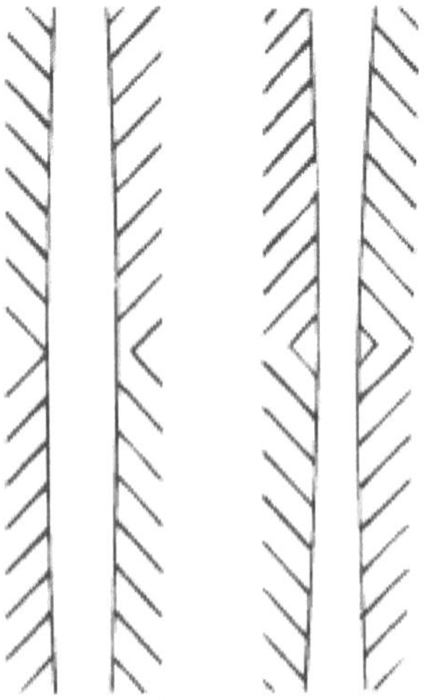

As linhas verticais são paralelas?

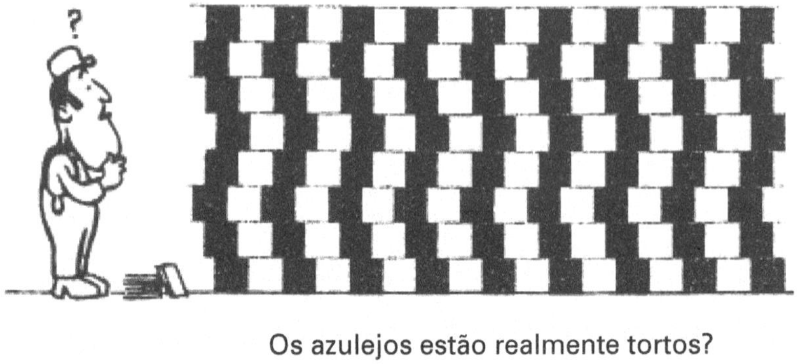
?

Os azulejos estão realmente tortos?

Ilusões óticas

PARTE CINCO

Física Atômica e Nuclear

"Conheça os nukes!" O calor natural da Terra que aquece esta piscina térmica natural, ou que fornece a energia para um gêiser ou vulcão, provém da energia nuclear – a radioatividade dos minerais do interior da Terra. A energia dos núcleos atômicos é tão antiga quanto a própria Terra e não é restrita aos reatores nucleares atuais, ou nukes, como são popularmente conhecidos nos EUA. O que você acha disso?

Capítulo 15

A Teoria Quântica

David Kagan modela um elétron em órbita usando uma fita de plástico ondulada. Os blocos de madeira servem como um modelo dos níveis de energia.

No Capítulo 2, discutimos o átomo como o bloco constituinte da matéria e abordamos muito superficialmente a estrutura do átomo. Sabemos que o átomo é formado por um núcleo central rodeado por um mar de elétrons. O estudo do átomo em sua região exterior ao núcleo, o arranjo dos elétrons circundantes, é chamado de *física atômica* – como começa este capítulo. Sintetizaremos algumas das descobertas que levaram da física atômica à *física quântica*. Iniciaremos na aurora do século XX, quando os físicos estavam seriamente intrigados com vários fenômenos que exigiam explicações. Todos os enigmas tinham a ver com a interação entre a luz e a matéria.

15.1 O efeito fotoelétrico

Em 1900, o físico teórico alemão Max Planck tentava explicar por que a luz de freqüências mais altas só é emitida por objetos em altas temperaturas. Por que, por exemplo, o filamento avermelhado de uma lâmpada não emite luz violeta? Os modelos clássicos para os corpos radiantes previam que a maior parte da energia irradiada pelos objetos deveria ocorrer nas altas freqüências. O fato de que estas freqüências não apareciam na emissão era então chamado de "catástrofe do ultravioleta" e requeria um novo modelo de como a matéria irradia. Planck supôs que os corpos quentes emitissem energia radiante (luz) em "pacotes" individuais. Planck denominou cada um deles de **quantum** (plural *quanta*). De acordo com Planck, a energia de cada quantum é proporcional à freqüência da radiação. Assim, uma quantidade maior de energia está associada ao quantum de luz violeta do que ao de luz vermelha. Assim, um corpo que é vermelho incandescente não deverá emitir quanta de luz violeta com altas energias até que sua temperatura seja muito alta.

Max Planck (1858-1947)

Os físicos ficaram relutantes em aceitar a noção revolucionária do quantum de Planck. Para ser considerada seriamente, a idéia do quantum teria de ser comprovada em algum outro fenômeno além das regularidades da energia radiante. A comprovação que faltava foi fornecida cinco anos mais tarde por Albert Einstein, que estendeu a idéia de Planck para explicar a emissão de elétrons por certos materiais cujas superfícies eram iluminadas por luz ultravioleta. Este fenômeno foi denominado **efeito fotoelétrico**, e desde então tem sido usado nas células fotoelétricas existentes nos medidores de distância ópticos e nos operadores automáticos de portas[1].

A luz ejeta elétrons
Mais luz ejeta mais elétrons com a mesma energia cinética

FIGURA 15.1
O efeito fotoelétrico depende da intensidade.

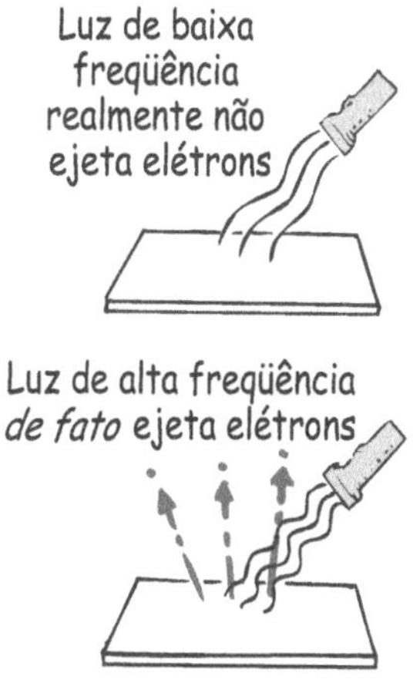
Luz de baixa freqüência realmente não ejeta elétrons
Luz de alta freqüência *de fato* ejeta elétrons

FIGURA 15.2
O efeito fotoelétrico depende da freqüência.

Einstein concebeu a luz não como uma onda contínua, mas como um feixe de partículas ou pacotes de energia (mais tarde chamados de *fótons*). Ele postulou que a energia E de um único fóton é proporcional à freqüência f da onda luminosa correspondente. Esta energia é dada por

$$E = hf$$

onde h é um número chamado de **constante de Planck**[2]. Assim, um fóton de luz violeta (alta freqüência) transporta mais energia do que um fóton de luz vermelha (baixa freqüência). Embora um feixe brilhante de luz vermelha tenha mais fótons do que um feixe fraco de luz violeta e, portanto, mais energia, o feixe de violeta transporta *mais energia por fóton*. O efeito fotoelétrico revela que os fótons interagem com a matéria um de cada vez.

psc

Muitas lâmpadas de iluminação de rua são ativadas por fotocélulas. À luz diurna, as lâmpadas ficam desligadas. À noite, quando luz nenhuma incide nas células, as lâmpadas são ligadas.

A equação $E = hf$ nos explica por que a luz ultravioleta e os raios X causam tantos danos às moléculas das células dos seres vivos, ao contrário da radiação de microondas. A freqüência relativamente baixa das microondas significa pouca energia por fóton. Os fótons da radiação ultravioleta, por outro lado, podem transferir aproximadamente um milhão de vezes mais energia a uma molécula, devido à alta freqüência da radiação ultravioleta, que é cerca de um milhão de vezes maior do que a de microondas. Os fótons de raios X, correspondentes a freqüências ainda maiores, podem transferir mais energia ainda.

O conceito do fóton exemplifica uma revolução na física – a *quantização*. A quantização é a idéia de que o mundo natural é granular, e não, um suave contínuo. A matéria é quantizada; a água é formada por moléculas individuais de água. A carga elétrica é quantizada; ela é sempre igual a um múltiplo inteiro da carga de um único elétron. Qualquer

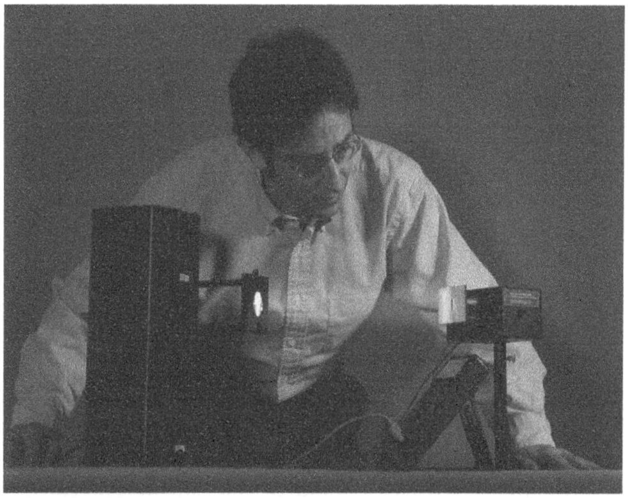

FIGURA 15.3
Phil Wolf, co-autor de *Problem Solving in Conceptual Physics*, produz o efeito fotoelétrico fazendo luz de várias freqüências incidir sobre uma superfície fotossensora, o que lhe permite medir as energias dos elétrons ejetados.

[1] Foi pelo artigo sobre o efeito fotoelétrico que Einstein ganhou o Prêmio Nobel de Física de 1921.

[2] A constante de Planck, h, tem um valor numérico de $6{,}6 \times 10^{-34}$ J·s. Veremos que a constante de Planck é uma constante fundamental da natureza, que serve para estabelecer um limite da pequenez das coisas. Como constante fundamental da natureza, ela está em pé de igualdade com o valor da velocidade da luz e com a constante da Gravitação Universal de Newton e aparece repetidamente através da física quântica.

partícula elementar que constitui a matéria ou transporta consigo energia é chamada de *quantum*.

Considere a fotografia de Max Planck da página anterior. Vistas com uma lente de aumento, as áreas pretas, brancas e cinzas juntas na fotografia não parecem absolutamente suaves. Com aumento, você pode verificar que a foto consiste em numerosos pequenos pontos. De maneira semelhante, vivemos em um mundo que vemos como a imagem borrada de um mundo granuloso de átomos. O mundo do "senso comum" descrito pela física clássica parece suave e contínuo porque a granulosidade quântica se revela em uma escala muito pequena em comparação com os tamanhos dos objetos de nosso mundo familiar.

Se somente moedas de vinte e cinco centavos fossem aceitas pelas máquinas de venda automática, você não poderia enganá-las inserindo juntas cinco moedas de cinco centavos. Analogamente à máquina que aceita uma moeda por vez, um elétron interage com um fóton de cada vez. Ou o fóton possui a energia necessária para ejetar o elétron, ou não.

PARE E TESTE A SI MESMO

1. O que significa a palavra *quantum*?
2. Qual é a energia total de um feixe monocromático formado por *n* fótons de freqüência *f*?

VERIFIQUE SUA RESPOSTA

1. Um *quantum* é a unidade elementar mínima de uma grandeza. A energia radiante, por exemplo, é formada por muitos quanta, cada qual chamado de *fóton*. Assim, quanto mais fótons existirem em um feixe luminoso, mais energia o feixe transportará.
2. A energia total é *nhf*.

15.2 Espectros de emissão

Outro desafio para os pesquisadores daquela época era descobrir as leis da emissão de luz por um gás brilhante. Os físicos e químicos haviam descoberto que cada elemento químico, ao brilhar, emite seu próprio padrão característico de freqüências e produz seu particular **espectro de emissão**. Esse padrão pode ser visto quando a luz atravessa um prisma – ou melhor, quando ela passa primeiro por uma fenda estreita e depois é focada, através de um prisma, sobre uma tela colocada por trás. Um arranjo desses, com fenda, lente de focagem e prisma (ou rede de difração) constitui o que chamamos de um **espectroscópio** (Figura 15.4).

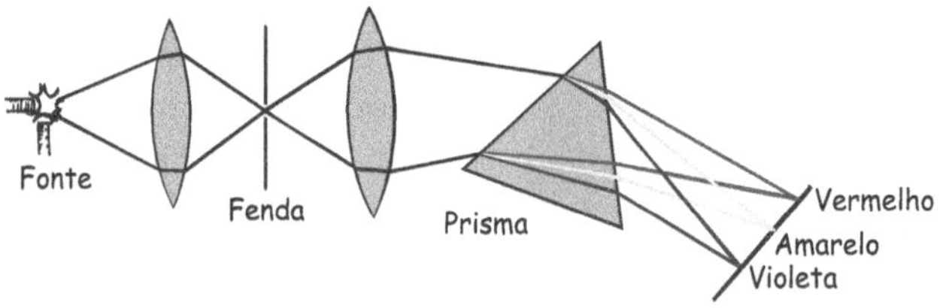
Fonte
Fenda
Prisma
Vermelho
Amarelo
Violeta

FIGURA 15.4
Um espectroscópio simples. As imagens da fenda iluminada são projetadas sobre uma tela e formam um padrão. O padrão espectral é característico da luz usada para iluminar a fenda.

Cada cor componente é focada em uma posição bem-definida de acordo com sua freqüência e forma uma imagem da fenda sobre a tela, o filme fotográfico ou o detector apropriado. As imagens coloridas da fenda são chamadas de *linhas espectrais*. Algumas linhas espectrais típicas, classificadas por seus comprimentos de onda, são mostradas na Figura 15.6 (é costume nos referirmos a cores em termos de seus comprimentos de onda, em vez de suas freqüências). Uma determinada freqüência corresponde a um comprimento de onda bem-definido[3].

FIGURA 15.5
George Curtis separa a luz proveniente de uma fonte de neônio em seus componentes de freqüência usando um típico espectroscópio de um laboratório didático.

[3] Do Capítulo 12, recorde-se que $v = f\lambda$, onde v é a velocidade de propagação da onda, f é a sua freqüência e λ (lambda) é seu comprimento de onda. Para a luz, v é a constante c, portanto vemos, a partir de $c = f\lambda$, qual é a relação entre a freqüência e o comprimento de onda, qual seja, $f = c/\lambda$, ou $\lambda = c/f$.

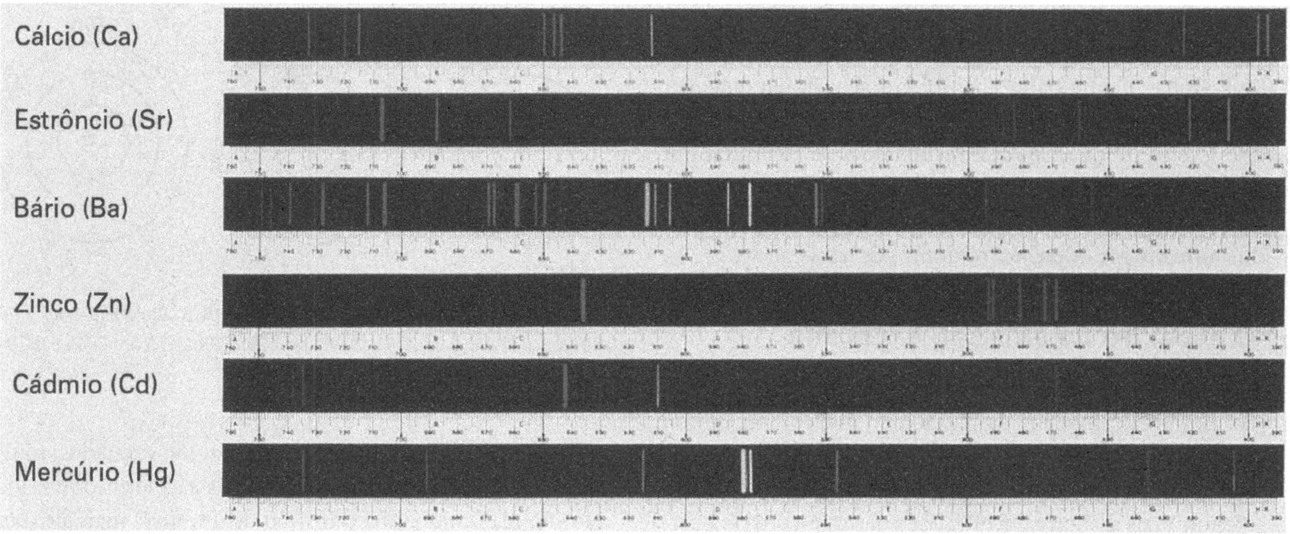
Cálcio (Ca)
Estrôncio (Sr)
Bário (Ba)
Zinco (Zn)
Cádmio (Cd)
Mercúrio (Hg)

FIGURA 15.6
Os padrões espectrais de alguns elementos.

Por exemplo, se a luz emitida por uma lâmpada de vapor de sódio for analisada por meio de um espectroscópio, predominará uma única linha amarela. Se diminuirmos a largura da fenda, verificaremos que esta linha é, de fato, composta por duas linhas muito próximas. Estas linhas correspondem às duas freqüências predominantes na luz emitida pelos átomos do vapor de sódio brilhante.

O mesmo ocorre com todos os vapores quando brilham. A luz proveniente de uma lâmpada de vapor de mercúrio revela um par de brilhantes linhas amarelas próximas (mas em posições diferentes daquelas do sódio), uma linha verde muito intensa e várias linhas azuis e violetas. Um tubo de neônio produz um padrão de linhas mais complicado. A luz emitida por cada elemento na fase gasosa possui seu particular padrão de linhas. Elas são tão características de cada elemento quanto as impressões digitais o são das pessoas. O espectroscópio, portanto, é um instrumento amplamente utilizado em análise química.

Os espectros atômicos são as "impressões digitais" dos átomos.

Enquanto os químicos estavam usando o espectroscópio para realizar análises químicas, os físicos estavam atarefados tentando encontrar uma ordem nos confusos arranjos das linhas espectrais. Há muito se sabia que o mais leve dos elementos, o hidrogênio, certamente possui o espectro mais ordenado de todos os elementos. Uma importante seqüência de linhas do espectro do hidrogênio começa com uma linha na região do vermelho, seguida de outra, na região do azul, depois por várias linhas na região do violeta e por inúmeras no ultravioleta (Figura 15.7). O espaçamento entre as sucessivas linhas torna-se cada vez menor ao se ir da primeira linha no vermelho à última no ultravioleta, até que as linhas se superpõem. Em 1884, um professor escolar suíço, Johann Jakob Balmer, foi o primeiro a expressar os comprimentos de onda correspondentes a essas linhas em uma simples fórmula matemática. Essa é a base da ciência – coletar dados e obter uma fórmula para organizá-los. Balmer, entretanto, não conseguiu explicar por que sua fórmula funcionava. Ele previu que as séries de linhas dos outros elementos deveriam seguir uma fórmula parecida, o que se revelaria correto. Sua descoberta levaria à previsão de linhas que ainda não haviam sido descobertas.

Outra regularidade nos espectros atômicos foi encontrada pelo físico e matemático sueco Johannes Rydberg. Ele notou que a soma das freqüências de duas linhas era normalmente igual à freqüência de uma terceira linha. Esta relação foi mais tarde enunciada como um princípio geral pelo físico suíço Walter Ritz e é atualmente conhecida como o **princípio da combinação de Ritz**. Ele estabelece que as linhas

psc
O mistério da constituição química das estrelas foi resolvido com o espectroscópio. A identidade dos elementos estelares é a luz emitida pelas estrelas.

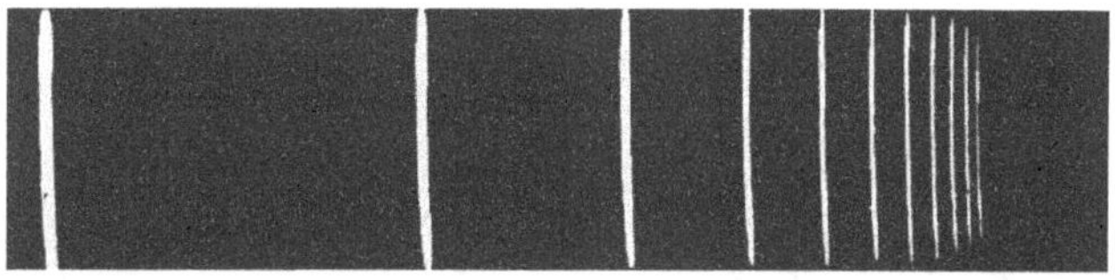

FIGURA 15.7
Uma parte do espectro do hidrogênio. Cada linha, uma imagem da fenda do espectroscópio, representa luz de uma freqüência particular emitida pelo hidrogênio gasoso quando excitado (as freqüências mais altas estão mais à direita).

espectrais de um elemento qualquer incluem freqüências que são ou a soma ou a diferença das freqüências de outras duas linhas. Como Balmer, Ritz foi incapaz de dar qualquer explicação para tal regularidade.

O enigma: quando os elementos são postos a brilhar, por que somente determinadas cores estão presentes na luz emitida, mas não outras? E por que elementos diferentes emitem luz formada por diferentes conjuntos de freqüências?

O espectro de emissão explicado

Os elétrons ocupam camadas em torno do núcleo atômico. Em uma camada mais afastada do núcleo, um elétron possui maior energia potencial em relação ao núcleo do que um elétron mais próximo a ele. Dizemos que um elétron mais distante encontra-se em um estado de energia mais alto, ou, o que é equivalente, em um nível de energia mais alto.

Quando um elétron, de alguma maneira, é promovido para um nível de energia mais alto, diz-se que o átomo está *excitado*. A posição mais elevada do elétron é apenas momentânea, e o átomo logo retorna a seu estado de mais baixa energia. O átomo, então, perde essa energia adquirida temporariamente, retornando a um nível mais baixo e emitindo energia radiante. O átomo, neste caso, sofreu um processo de **excitação**, seguido por um de **relaxação**.

Cada elemento eletricamente neutro possui seu próprio conjunto característico de níveis de energia. Em um átomo excitado, um elétron que sofre uma transição de um nível para outro de energia, mais baixo, emite um fóton de radiação eletromagnética. A freqüência correspondente ao fóton emitido está relacionada à energia da transição eletrônica. A variação de energia durante a transição é igual à quantidade de energia do fóton. Dessa maneira, a energia proveniente do átomo é transferida para o fóton, cuja freqüência é diretamente proporcional à sua energia: $E = hf$.

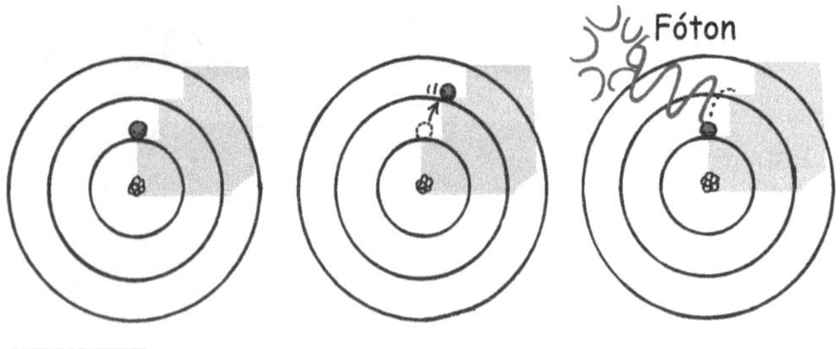
Fóton

FIGURA 15.9
Quando o elétron de um átomo é impulsionado para uma órbita mais elevada, o átomo é excitado. Quando o elétron retorna à órbita original, o átomo relaxa e emite um fóton de luz.

Se muitos átomos de um material são excitados, muitos fótons com diversas freqüências são emitidos, cada átomo realizando uma transição de um nível mais alto em energia para outro, mais baixo. Essas freqüências correspondem às cores características da luz emitida por cada elemento químico.

Uma amostra de gás à qual não se dá energia não emite luz. Se a quantidade de energia transferida para o gás é controlada estritamente, de maneira que exista energia suficiente para impulsionar os elétrons do estado fundamental para o primeiro estado excitado, mas não além deste, a amostra emitirá apenas uma freqüência de luz. Neste caso, existe apenas uma maneira pela qual o elétron pode relaxar. O espectro de emissão da amostra revelará, então, uma simples linha. Quando aumenta a energia transferida ao gás, mais linhas aparecem no espectro de emissão.

Este modelo resolve o mistério do princípio de combinação de Ritz. Você pode ver na Figura 15.10 que uma transição eletrônica do terceiro nível de energia para o estado fundamental corresponde a uma determinada diferença de energia. Uma transição direta produz um único fóton com esta quantidade de energia, enquanto uma transição de "dois estágios" (do terceiro nível para o segundo, e daí para o primeiro) produz dois fótons, cuja soma das energias é igual à energia do único fóton emitido na

FIGURA 15.8
Excitação e relaxação.

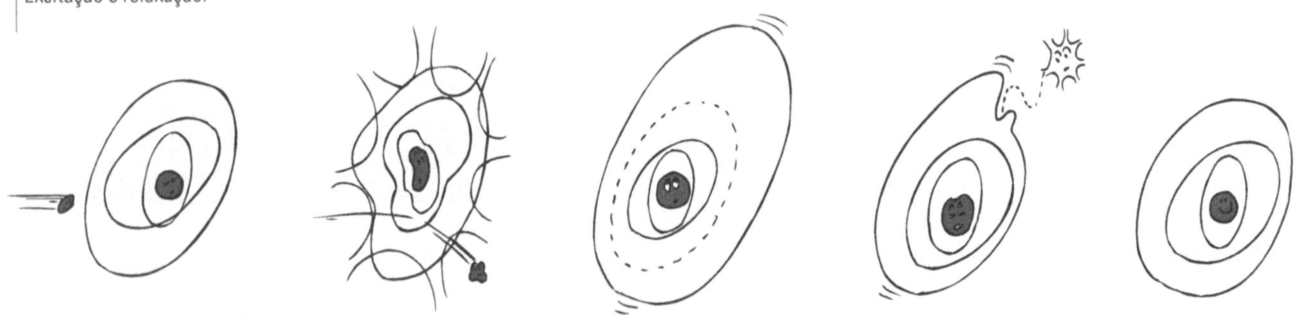

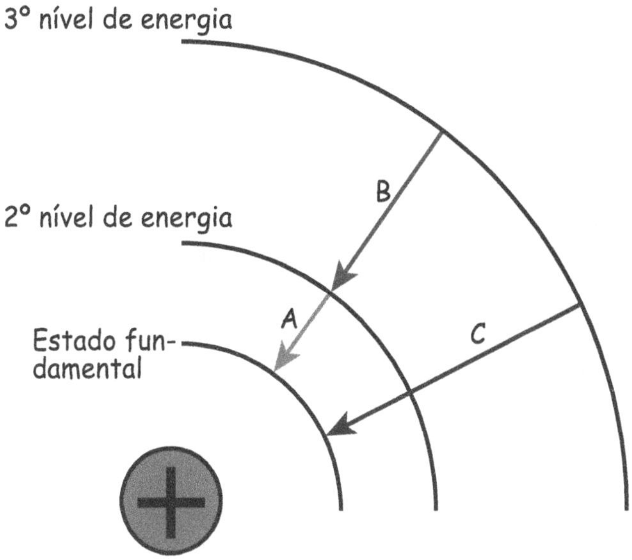
3° nível de energia
2° nível de energia
Estado fun-
damental
A
B
C

FIGURA 15.10

Três dos muitos níveis de energia de um átomo. Em vermelho (B), é representado um elétron que salta do terceiro para o segundo nível, e em verde (A), um elétron que salta do segundo nível para o nível fundamental (infravermelho). A soma das energias (e das freqüências) dessas duas transições é igual à energia (e à freqüência) do salto único do terceiro nível para o fundamental, mostrado em azul (C).

transição direta. Dado que a energia do fóton é proporcional à sua freqüência, segue que

$$E_1 + E_2 = E_3 \Rightarrow hf_1 + hf_2 = hf_3$$
$$\Rightarrow f_1 + f_2 = f_3.$$

Niels Bohr, físico dinamarquês, foi a primeiro a usar essas regularidades no comportamento atômico para desenvolver um modelo planetário familiar do átomo[4]. Bohr foi o primeiro a explicar o processo de excitação-relaxação. Da mesma forma como um elemento é caracterizado pelo número de elétrons que ocupam as camadas ao redor de seu núcleo atômico, cada elemento possui seu próprio *padrão* de camadas eletrônicas, ou *estados de energia*. Estes correspondem apenas a camadas com determinados raios a partir do núcleo. Como estes estados correspondem somente a determinadas energias, dizemos que eles são *discretos*. E estes estados discretos são chamados de *estados quânticos*.

O modelo planetário de Bohr levantou uma questão fundamental. De acordo com a teoria de Maxwell, elétrons acelerados irradiam energia na forma de ondas eletromagnéticas. Portanto, um elétron acelerado em torno de um núcleo deveria irradiar energia continuamente. Essa emissão de energia deveria fazer com que o elétron espiralasse em direção ao núcleo (Figura 15.11). Bohr corajosamente rompeu com a física clássica ao postular que um elétron, de fato, não irradia luz enquanto está acelerado em torno do núcleo em uma órbita simples. Bohr afirmou, na prática, que não é bem assim!

Bohr foi capaz de explicar os raios X emitidos pelos elementos mais pesados, mostrando que eles são emitidos quando elétrons caem de órbitas mais externas para outras, mais internas. Ele conseguiu prever as freqüências de raios X que foram depois confirmadas experimentalmente. Bohr foi também capaz de calcular a "energia de ionização" de um átomo de hidrogênio – a energia necessária para "arrancar" completamente um elétron de um átomo. Isso também foi confirmado experimentalmente.

Usando as freqüências medidas dos raios X emitidos bem como as da luz visível, do infravermelho e do ultravioleta, os cientistas poderiam mapear os níveis de energia de todos os elementos atômicos. O modelo de Bohr tinha elétrons orbitando em círculos (ou elipses) achatados (as) arranjados (as) em grupos ou camadas. Esse modelo atômico explicou as propriedades químicas gerais dos elementos. Ele também previu um elemento que estava faltando, o que levou à descoberta do háfnio.

Bohr resolveu o mistério dos espectros atômicos ao mesmo tempo em que forneceu um útil modelo do átomo. Ele rapidamente observou que seu modelo deveria ser interpretado apenas como um modelo inicial grosseiro e que a visualização dos elétrons circulando em torno do núcleo, como fazem os planetas em torno do Sol, não deveria ser tomada literalmente (observação para a qual os divulgadores da ciência não prestaram atenção). As órbitas bem-definidas de seu modelo eram representações conceituais de um átomo, cuja descrição posterior envolvia uma descrição ondulatória – a *mecânica quântica*. Suas idéias acerca dos saltos quânticos e das freqüências serem proporcionais às diferenças de energia continuam fazendo parte da física do século XXI.

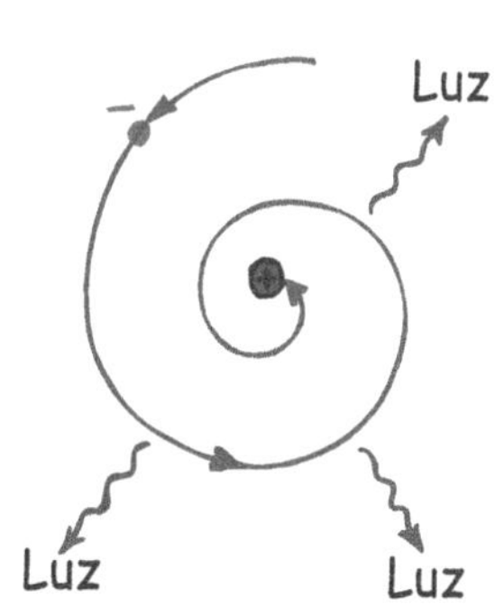
Luz
Luz
Luz

FIGURA 15.11

De acordo com a teoria clássica, um elétron acelerado ao longo de sua órbita emite radiação continuamente. Essa perda de energia deveria fazê-lo espiralar rapidamente para dentro do núcleo. Mas isso de fato não ocorre.

[4] Como a maioria dos modelos, este modelo tem um defeito básico, pois os elétrons não descrevem de fato órbitas planas como fazem os planetas. Mais tarde, o modelo de Bohr foi aperfeiçoado; as "órbitas" tornaram-se "camadas" e "nuvens". Usamos o termo *órbita* porque ele foi, e ainda é, usado costumeiramente. Os elétrons não são corpos, simplesmente, como os planetas, mas em vez disso se comportam como ondas concentradas em certas partes do átomo.

PARE E
TESTE A SI MESMO

1. De acordo com a Figura 15.10, quantas transições pode um elétron realizar iniciando no nível quântico 3 e retornando ao estado fundamental?
2. As duas linhas predominantes no espectro do hidrogênio, uma no infravermelho e outra na região do vermelho, têm freqüências de $2{,}7 \times 10^{14}$ Hz e $4{,}6 \times 10^{14}$ Hz, respectivamente. Você conseguiria prever alguma linha do espectro do hidrogênio com freqüência maior do que estas?

VERIFIQUE SUA RESPOSTA

1. Três, como mostrado na Figura 15.10 (transições A, B e C).
2. A soma das freqüências é $2{,}7 \times 10^{14}$ Hz + $4{,}6 \times 10^{14}$ Hz = $7{,}3 \times 10^{14}$ Hz, que é a freqüência de uma linha na região do violeta do espectro do hidrogênio. Usando a Figura 15.10 como um modelo, você pode verificar que, se a linha infravermelha for produzida por uma transição correspondente à transição A, e a linha vermelha, à transição B, então a linha azul corresponderá à transição C?

A luz emitida pelos tubos de vidro de sinalizadores de advertência é uma conseqüência familiar da excitação. As diferentes cores da luz correspondem às excitações de diferentes gases, embora seja comum nos referirmos a qualquer deles simplesmente como "neônio" (néon). Apenas a luz vermelha corresponde, de fato, ao neônio. Nas extremidades do tubo contendo o gás neônio se encontram os eletrodos. Elétrons são arrancados dos eletrodos e empurrados para a frente e para trás em altas velocidades por uma grande voltagem alternada. Milhões de elétrons oscilam de um lado para o outro em altas velocidades no interior do tubo de vidro dos sinalizadores, colidindo com milhões de átomos-alvo e impulsionando os elétrons orbitais para níveis mais altos de energia pela transferência de uma quantidade de energia igual ao decréscimo de energia cinética do elétron-projétil. Essa energia é irradiada como a luz vermelha característica do neônio, quando os outros elétrons retornam às suas órbitas estáveis. O processo repete-se inúmeras vezes, com os átomos de neônio sofrendo ciclos de excitação e relaxação. O resultado geral deste processo é a transformação de energia elétrica em energia radiante.

As cores apresentadas por diversas chamas se devem à excitação. Diferentes átomos na chama emitem cores características dos espaçamentos em energia entre seus níveis. Colocar sal de cozinha comum na chama, por exemplo, produz a cor amarela característica do sódio. O vapor de mercúrio das lâmpadas de iluminação de avenidas emite luz rica em azuis e violeta, produzindo um branco diferente daquele de uma lâmpada incandescente. Cada elemento, excitado por uma chama ou de qualquer outra maneira, emite sua própria cor característica, ou várias cores características, se for o caso.

PARE E
TESTE A SI MESMO

Suponha que um colega sugira que, para um bom funcionamento, os átomos do gás neônio no interior de um tubo deveriam ser periodicamente substituídos por átomos "frescos", pois a energia dos átomos tende a se exaurir com a contínua excitação dos mesmos, produzindo uma luz cada vez mais fraca. O que você diria a respeito?

VERIFIQUE SUA RESPOSTA

Os átomos de neônio não perdem qualquer energia que não lhes tenha sido cedida pela corrente elétrica existente no tubo e, portanto, não ficam "exauridos". Qualquer átomo pode ser excitado e reexcitado repetidas vezes, sem limites. Se a luz estiver, de fato, tornando-se cada vez mais fraca, isso provavelmente se deve à existência de algum vazamento. Caso contrário, não existe vantagem alguma em trocar o gás do tubo, pois um átomo "novo" é indistinguível de um "usado". Ambos são eternos e mais antigos do que o próprio sistema solar.

A excitação é ilustrada pela aurora boreal. Elétrons altamente velozes do vento solar colidem com os átomos e as moléculas da atmosfera superior. Eles emitem luz exatamente da mesma forma como em um tubo de neônio. As diferentes cores vistas nas auroras correspondem às excitações de diferentes gases – átomos de oxigênio produzem uma cor branca esverdeada, moléculas de nitrogênio produzem luz vermelho-violeta e íons de nitrogênio, uma luz azul-violeta. As emissões das auroras não se restringem à luz visível, incluindo também as radiações infravermelha, ultravioleta e de raios X.

Excitar um átomo é como tentar chutar uma bola para fora de um canalete. Inúmeros chutes fracos não servirão para a tarefa, pois a bola acaba caindo de volta no canalete. Um chute com a energia exata é suficiente para retirar a bola do canalete. O mesmo é verdadeiro no caso da excitação de átomos.

15.3 Espectros de absorção

Quando observamos a luz branca proveniente de uma fonte incandescente através de um espectroscópio, vemos um espectro contínuo formando um arco-íris com-

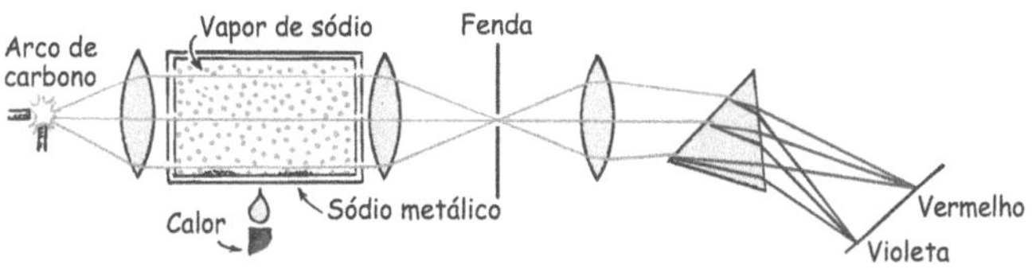
Arco de carbono
Vapor de sódio
Fenda
Calor
Sódio metálico
Vermelho
Violeta

FIGURA 15.12
Arranjo experimental para demonstrar o espectro de absorção de um gás.

pleto de cores. Se, entretanto, for colocada uma amostra de gás entre a fonte e o espectroscópio, um exame cuidadoso revelará que o espectro não é completamente contínuo. Trata-se de um **espectro de absorção**, no qual existem linhas escuras distribuídas em sua extensão; essas linhas escuras, vistas contra o fundo colorido em arco-íris, são *linhas de absorção.*

Um átomo pode ser excitado absorvendo um fóton de luz. Ele absorverá mais fortemente a luz de freqüências nas quais ele está "sintonizado" – as mesmas que ele próprio emite normalmente, quando excitado. Quando um feixe de luz branca atravessa o gás, os fótons absorvidos são aqueles cujas energias são do valor exato para excitarem elétrons para um nível mais alto de energia. Quando um desses elétrons relaxa, a energia que fora absorvida é reirradiada, mas em *todas* as direções possíveis, em vez de apenas na direção do feixe incidente. Quando a luz que se mantém no feixe é dispersada em um espectro, as freqüências que foram absorvidas revelam-se como linhas escuras em um espectro que, de outro modo, seria contínuo. O espectro de absorção se parece muito com o correspondente espectro de emissão invertido (Figura 15.13).

Embora o Sol seja uma fonte de luz incandescente, o espectro que ele produz, sob um exame cuidadoso, não é contínuo. Existem nele muitas linhas de absorção, chamadas de *linhas de Fraunhofer*, em homenagem ao óptico bávaro Joseph von Fraunhofer, que primeiro as observou e mapeou precisamente. Linhas semelhantes são encontradas no espectro produzido pelas outras estrelas. Essas linhas indicam que o Sol e as estrelas são circundados por uma atmosfera de gases que absorvem algumas das freqüências da luz proveniente do restante do corpo principal da estrela. A análise dessas linhas revela a composição química da atmosfera dessas fontes. Da análise, descobrimos que os elementos existentes nas estrelas são os mesmos que existem na Terra. Um desdobramento interessante ocorreu em 1868, quando análises espectroscópicas revelaram algumas linhas espectrais diferentes daquelas que se conhecia na Terra. Essas linhas identificavam um novo elemento, que foi chamado de *hélio*, denominação alusiva a Hélios, o deus grego do Sol. O hélio foi descoberto no Sol antes que fosse descoberto na Terra. O que você acha disso?

Podemos determinar a rapidez com que se movem as estrelas estudando os espectros que elas emitem. Da mesma forma que uma fonte sonora em movimento produz um deslocamento Doppler na altura de seu som (Capítulo 12), uma fonte luminosa que esteja se movendo produz um deslocamento Doppler em sua freqüência. Comparada com a freqüência da luz emitida por uma fonte estacionária, a freqüência (e não a velocidade!) da luz emitida por uma fonte que esteja se aproximando é mais alta do que a de uma fonte estacionária, enquanto a freqüência de uma fonte que está se afastando é mais baixa. Se a fonte está se afastando, as linhas espectrais correspondentes são deslocadas em direção à extremidade vermelha do espectro (o que é chamado de *red shift,* desvio para o vermelho), e em direção à extremidade azul se a fonte está se aproximando (o que é chamado de *blue shift*, desvio para o azul). Uma vez que o universo está se expandindo, quase todas as galáxias revelam um deslocamento para o vermelho em seus espectros.

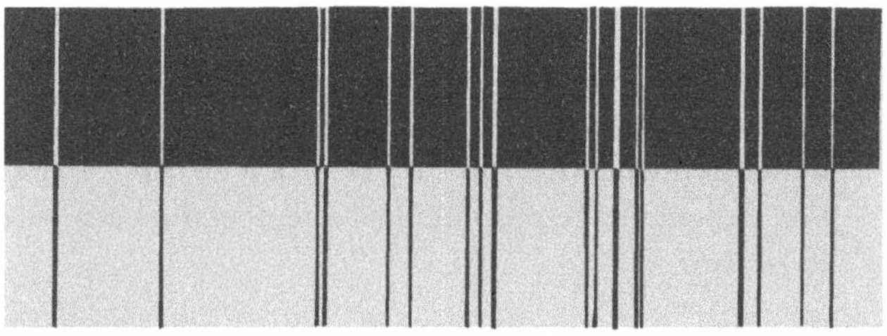

FIGURA 15.13
Espectros de emissão e de absorção.

15.4 Fluorescência

Muitos materiais que são excitados por luz ultravioleta emitem luz visível sob relaxação. Esse fenômeno recebe o nome de **fluorescência**. Nesses materiais, um fóton de luz ultravioleta excita o átomo, impulsionando um de seus elétrons para um estado de energia mais alta. Neste salto quântico "para cima", o átomo provavelmente salta vários estados de energia intermediários. Assim, ao relaxar, o átomo pode realizar vários saltos menores, emitindo fótons com energias menores.

Esse processo de excitação e relaxação é como subir uma escada pequena com um salto só e depois descer um ou dois degraus de cada vez. Por isso a luz ultravioleta que incida sobre o material o fará brilhar predominantemente

FIGURA 15.14
Lápis fluorescentes com várias cores sob luz ultravioleta.

em vermelho, amarelo ou outra cor qualquer que seja característica do material. Corantes fluorescentes são usados em tintas e tecidos para que brilhem quando bombardeados pelos fótons de luz ultravioleta da luz solar.

Quando existir um tempo de atraso entre a excitação e a relaxação, ocorrerá a **fosforescência**. O elemento fósforo é um bom exemplo disto. O fósforo e outros materiais são usados em objetos feitos para brilhar no escuro. O atraso depende do material e pode ser de várias horas. Quando a fonte de excitação é removida (tal como quando as luzes de iluminação são desligadas), ocorre um efeito de pós-brilho prolongado enquanto milhões de átomos sofrem relaxação espontaneamente.

PARE E
TESTE A SI MESMO

Por que seria impossível a um material fluorescente emitir luz ultravioleta quando iluminado com luz infravermelha?

VERIFIQUE SUA RESPOSTA

A energia entregue pelo fóton seria insuficiente, o que violaria o princípio de conservação da energia.

Da próxima vez que você visitar um museu de ciências naturais, vá até a seção de geologia e entre na exposição de minerais iluminados com luz ultravioleta (Figura 15.15). Você observará que diferentes minerais irradiam cores diferentes. Os fótons de alta energia do ultravioleta incidem nos minerais, causando a excitação dos átomos de sua estrutura mineral. As luzes de várias freqüências que se enxerga corresponde às quedas em cascata dos elétrons entre os vários níveis de energia estreitamente espaçados. Cada átomo excitado emite luz com suas próprias freqüências características, sendo que nenhum par de minerais emite luz exatamente da mesma cor que outros. A beleza está tanto no olho quanto na mente de quem vê.

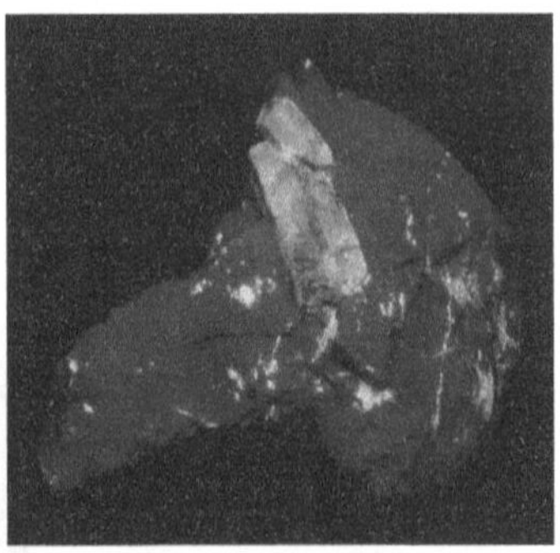

FIGURA 15.15
A rocha contém os minerais fluorescentes calcita e willemita*, os quais, sob luz ultravioleta, são vistos claramente como vermelho e verde, respectivamente.

* N. de T.: Silicato de zinco trigonal (Zn_2SiO_4).

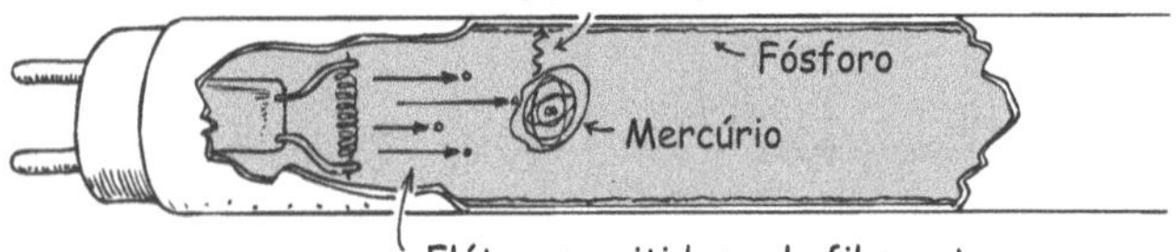
Fóton de ultravioleta
Fósforo
Mercúrio
Elétrons emitidos pelo filamento

FIGURA 15.16
Uma lâmpada fluorescente. Luz ultravioleta (UV) é emitida pelo gás dentro do tubo excitado por uma corrente elétrica alternada. A luz UV, por sua vez, excita o fósforo sobre a superfície interna do tubo de vidro, o qual emite luz branca.

Lâmpadas fluorescentes

Uma lâmpada fluorescente comum consiste em um tubo cilíndrico de vidro com um eletrodo em cada extremidade (Figura 15.16). Na lâmpada, como no tubo de um anúncio de neônio, os elétrons são "evaporados" em um dos eletrodos e forçados a oscilar velozmente, de uma extremidade para a outra dentro do tubo, pela voltagem ca aplicada. O tubo está preenchido com vapor de mercúrio a uma pressão muito baixa, o qual é excitado pelos impactos dos elétrons altamente velozes. A maior parte da luz emitida está na região do ultravioleta. Este é o processo primário de excitação. O processo secundário ocorre quando a luz ultravioleta atinge a *camada de fósforo*, um material em pó que recobre a superfície interna do tubo. A camada fosforescente é excitada pelos fótons de ultravioleta absorvidos, tornando-se fluorescente e emitindo uma multidão de fótons de freqüências mais baixas, que se combinam produzindo a luz branca. Diferentes materiais fosforescentes podem ser usados para produzirem luzes com diferentes cores ou "texturas".

15.5 Incandescência

O fenômeno da luz produzida por alta temperatura chama-se **incandescência**. Se você ligar uma lâmpada a uma fonte de voltagem ajustável e for lentamente aumentando a voltagem, o filamento parecerá primeiro incandescente e de cor vermelha, depois laranja, depois amarela e, finalmente, branca. Essa luz é *incandescente* (palavra proveniente do latim e que significa "brilhante de quente"). Como aprendemos no Capítulo 9, quando aumenta a temperatura de uma fonte luminosa, a freqüência predominante na radiação emitida (isto é, a parte mais brilhante do espectro), chamada de *freqüência de pico*, é diretamente proporcional à temperatura absoluta do emissor.

$$\bar{f} \sim T$$

Como discutido no Capítulo 9, a barra acima de *f* indica a freqüência de pico para radiações de várias freqüências emitidas por uma fonte incandescente. A temperatura de corpos incandescentes, sejam eles estrelas ou o interior de uma fornalha, pode ser determinada medindo-se a freqüência (ou cor) de pico da energia radiante que eles emitem.

A principal diferença entre a luz proveniente de uma lâmpada incandescente e a do neônio, ou de qualquer outro tipo de tubo de descarga em gás, é que a luz da fonte incandescente contém um número infinito de freqüências distribuídas gradualmente ao longo do espectro. Isso não significa que exista um número infinito de níveis de energia caracterizando os átomos de tungstênio do filamento da lâmpada. Se o filamento fosse vaporizado e então excitado, o gás de tungstênio emitiria luz de um número finito de freqüências e produziria uma cor global azulada. Na fase gasosa, a luz emitida pelos átomos afastados uns dos outros é muito diferente da luz emitida pelos mesmos átomos compactamente arranjados de um sólido. De forma similar, o som proveniente de um sino isolado é muito diferente daquele emitido por uma caixa repleta de sinos tocando (Figura 15.18). Quando bilhões de átomos são amontoados juntos em um sólido, os níveis de energia de seus elétrons se amontoam para formar uma *banda* de energia, onde cada nível é tão próximo de seus vizinhos que parecem formar um contínuo. Os elétrons mais externos dos átomos efetuam transições não apenas entre os níveis de energia de seus átomos "pais", mas também entre níveis pertencentes aos seus átomos vizinhos. Os elétrons oscilam em regiões de dimensões maiores do que a ocupada por um simples átomo, disso resultando uma variedade infinita de transições.

Os humanos emitem em freqüências do infravermelho. Os termômetros de infravermelho usam a relação $\bar{f} \sim T$ quando medem nossa energia radiante e a convertem em uma leitura de temperatura.

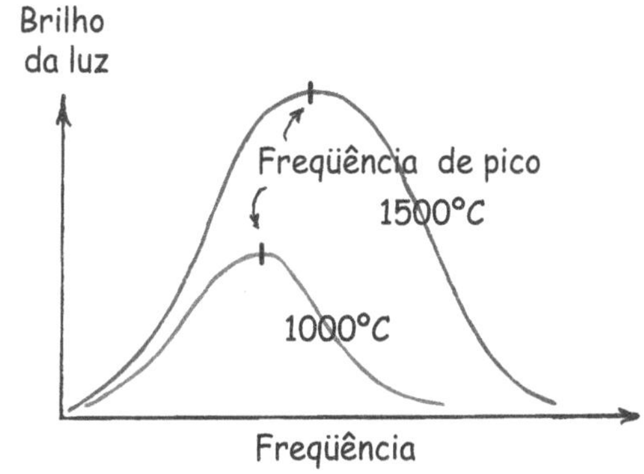

FIGURA 15.17

Curvas de radiação para um sólido incandescente.

FIGURA 15.18

O som de um sino isolado soa numa freqüência clara e distinta, enquanto o som que emana de uma caixa com sinos amontoados é dissonante. O mesmo é verdadeiro para a diferença entre a luz emitida pelos átomos excitados de um material no estado gasoso e a luz emitida por átomos de um material no estado sólido.

A cor da luz emitida por um sólido incandescente depende da temperatura do mesmo. A cor da luz emitida por um gás excitado não depende de fato da temperatura do gás – mas depende, sim, dos níveis de energia de seus átomos.

15.6 Lasers

Os fenômenos da excitação, da fluorescência e da fosforescência constituem a base de funcionamento de um dos mais intrigantes instrumentos, o *laser* (*light amplification by stimulated emission of radiation*, amplificação da luz por emissão estimulada de radiação). Embora o primeiro *laser* tenha sido inventado em 1958, o conceito de emissão estimulada foi predito por Einstein em 1917. Para compreender o funcionamento de um *laser*, devemos primeiro discutir o que é luz coerente.

A luz emitida por incandescência é incoerente, ou seja, é formada por fótons emitidos com muitas freqüências e fases diferentes. Ela é tão incoerente quanto o som resultante dos passos de uma multidão correndo caoticamente sobre o piso de um auditório. A luz incoerente é caótica. Um feixe de luz incoerente se espalha após ter percorrido uma curta distância, tornando-se cada vez mais largo e menos intenso com o aumento da distância percorrida.

Mesmo se o feixe for filtrado de modo que seja formado por ondas de uma mesma freqüência (feixe monocromático), ele ainda será incoerente, porque as ondas estarão fora de fase entre si.

O *laser* é um aparelho que produz um feixe de luz coerente. Todo *laser* possui uma fonte de átomos chamada de *meio ativo*, que pode ser um gás, um líquido ou um sólido (o primeiro *laser* utilizava um cristal de rubi). Os átomos do meio são excitados para estados de vida relativamente longa (metaestáveis) por uma fonte externa de energia. Quando a maior parte dos átomos do meio está excitada, um único fóton, emitido por um dos átomos quando sofre relaxação, pode iniciar uma reação em cadeia. Esse fóton colide com outro átomo, estimulando-o a emitir, e assim por diante, produzindo luz coerente. A maior parte da luz está inicialmente orientada segundo direções aleatórias. Entretanto, a luz que se propaga paralelamente ao eixo do *laser* é seletivamente refletida por espelhos revestidos de modo a refletir a luz do comprimento de onda desejado.

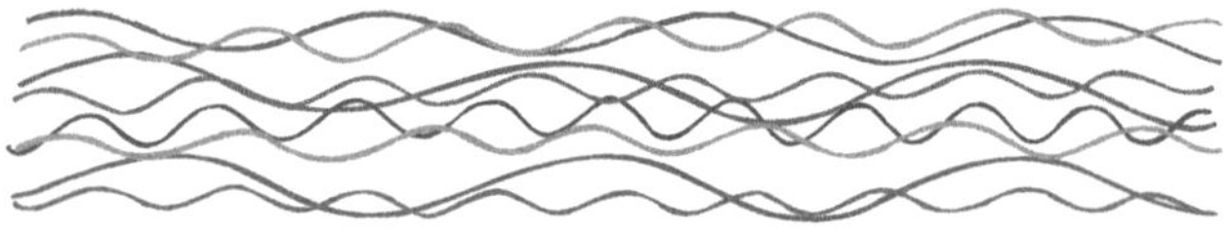

FIGURA 15.19
A luz branca incoerente contém ondas de muitas freqüências (e de muitos comprimentos de onda) que estão fora de fase umas com as outras.

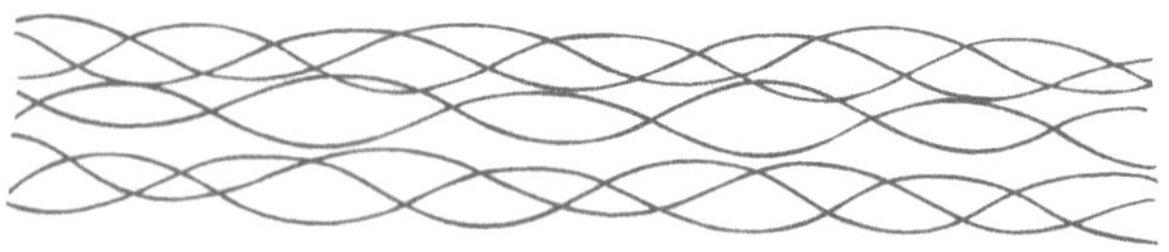

FIGURA 15.20
A luz de uma única freqüência e de um único comprimento de onda ainda contém uma mistura de fases.

FIGURA 15.21
Luz coerente: todas as ondas são idênticas e estão em fase.

Um deles é totalmente refletor, enquanto o outro reflete a luz de maneira parcial. As ondas refletidas se reforçam após cada viagem de ida e volta entre os espelhos, estabelecendo dessa maneira uma condição de ressonância para o movimento alternado, na qual a luz termina alcançando uma intensidade apreciável. A luz que escapa através do espelho semitransparente, em uma das extremidades, forma o feixe de luz do *laser*[5].

Além dos *lasers* de cristal e a gás, outros tipos têm sido agregados à família *laser*: *lasers* de vidro, *lasers* químicos e líquidos e *lasers* semicondutores. Os modelos atuais produzem feixes com freqüências que vão desde o infravermelho até o ultravioleta. Alguns modelos podem ser sintonizados em diversas faixas de freqüências. É muito excitante a perspectiva de poder fabricar um *laser* que opere na faixa de raios X.

O *laser* não é uma fonte de energia. Ele é simplesmente um conversor de energia, que tira vantagem do processo de emissão estimulada para concentrar certa fração de sua energia (normalmente 1%) em energia radiante de uma única freqüência, que se propaga numa única direção. Como todos os dispositivos, o *laser* não pode fornecer mais energia na saída do que a que lhe é fornecida na entrada.

Um feixe de *laser* não pode ser visto a menos que seja espalhado por algo no ar. Como os feixes luminosos emitidos pelo Sol ou pela Lua, o que você enxerga são as partículas do meio espalhador, e não, o próprio feixe. Quando este incide sobre uma superfície difusa, parte dele é espalhado em direção a seu olho, e você o enxerga como um ponto.

15.7 Dualidade onda-partícula

A natureza ondulatória e corpuscular da luz é evidenciada na formação de imagens óticas. Compreendemos a imagem fotográfica produzida por uma câmara em termos de ondas luminosas, que se espalham a partir de cada ponto do objeto, são refratadas ao atravessar o sistema de lentes e convergem para o foco, sobre o filme fotográfico ou sobre outro meio detector. A trajetória da luz emitida pelo objeto, através do sistema de lentes, até o plano focal, pode ser calculada usando métodos desenvolvidos a partir da teoria ondulatória da luz.

[5] A pequena espessura de um feixe de *laser* é evidente quando se assiste a um conferencista produzir uma pequena mancha vermelha ou verde sobre uma tela usando um apontador a *laser*. Luz proveniente de um feixe de *laser* apontado para a Lua já foi refletida por um espelho na Lua e captada de volta na Terra.

Mas agora considere em detalhe a maneira pela qual se dá a formação da imagem fotográfica sobre um filme. Este consiste de uma emulsão contendo grãos de cristais de sais de prata, cada grão contendo cerca de 10^{10} átomos de prata. Cada fóton absorvido cede sua energia *hf* para um único grão da emulsão. Essa energia ativa os cristais circundantes do grão inteiro e é usada a seguir para completar o processo fotoquímico. Muitos fótons ativando muitos grãos produzem a exposição fotográfica usual. Quando a fotografia é tirada com luz excessivamente fraca, descobrimos que a imagem é formada por fótons individuais que chegam independentemente e são aparentemente aleatórios em suas distribuições. Vemos isso notavelmente ilustrado na Figura 15.22, que mostra fóton a fóton a evolução da formação de uma exposição.

O experimento da fenda dupla

Vamos retornar ao experimento de fenda dupla de Thomas Young, que discutimos em termos ondulatórios no Capítulo 13. Lembre-se de que quando uma luz monocromática atravessa um par de fendas estreitas próximas, produz-se um padrão de interferência (Figura 15.23). Agora vamos considerar o experimento em termos de fótons. Suponha que diminuamos a intensidade luminosa de nossa fonte até que, efetivamente, apenas um fóton de cada vez alcance o anteparo onde estão as fendas estreitas. Se o filme por trás do anteparo for exposto à luz por um tempo muito curto, ele ficará como esboçado na Figura 15.24*a*. Cada ponto representa o lugar onde o filme foi exposto a um fóton. Se permitirmos que o filme fique exposto à luz por um tempo mais longo, começa a surgir um padrão de franjas como mostrado na Figura 15.24*b* e *c*. Isso é completamente sur-

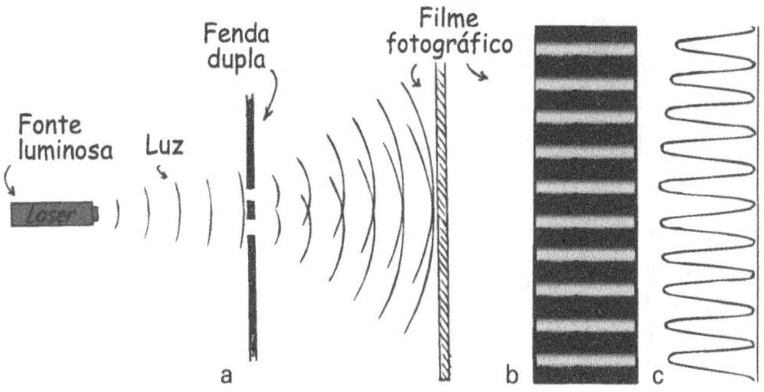
Fenda dupla
Filme fotográfico
Fonte luminosa
Luz
Laser
a
b
c

FIGURA 15.23

(a) Arranjo experimental do experimento da fenda dupla. (b) Fotografia do padrão de interferência. (c) Representação gráfica do padrão.

FIGURA 15.22

Os estágios de exposição de um filme revelam a formação de uma imagem fóton a fóton. O número aproximado de fótons em cada estágio é: (a) 3×10^3, (b) $1{,}2 \times 10^4$, (c) $9{,}3 \times 10^4$, (d) $7{,}6 \times 10^5$, (e) $3{,}6 \times 10^6$ e (f) $2{,}8 \times 10^7$.

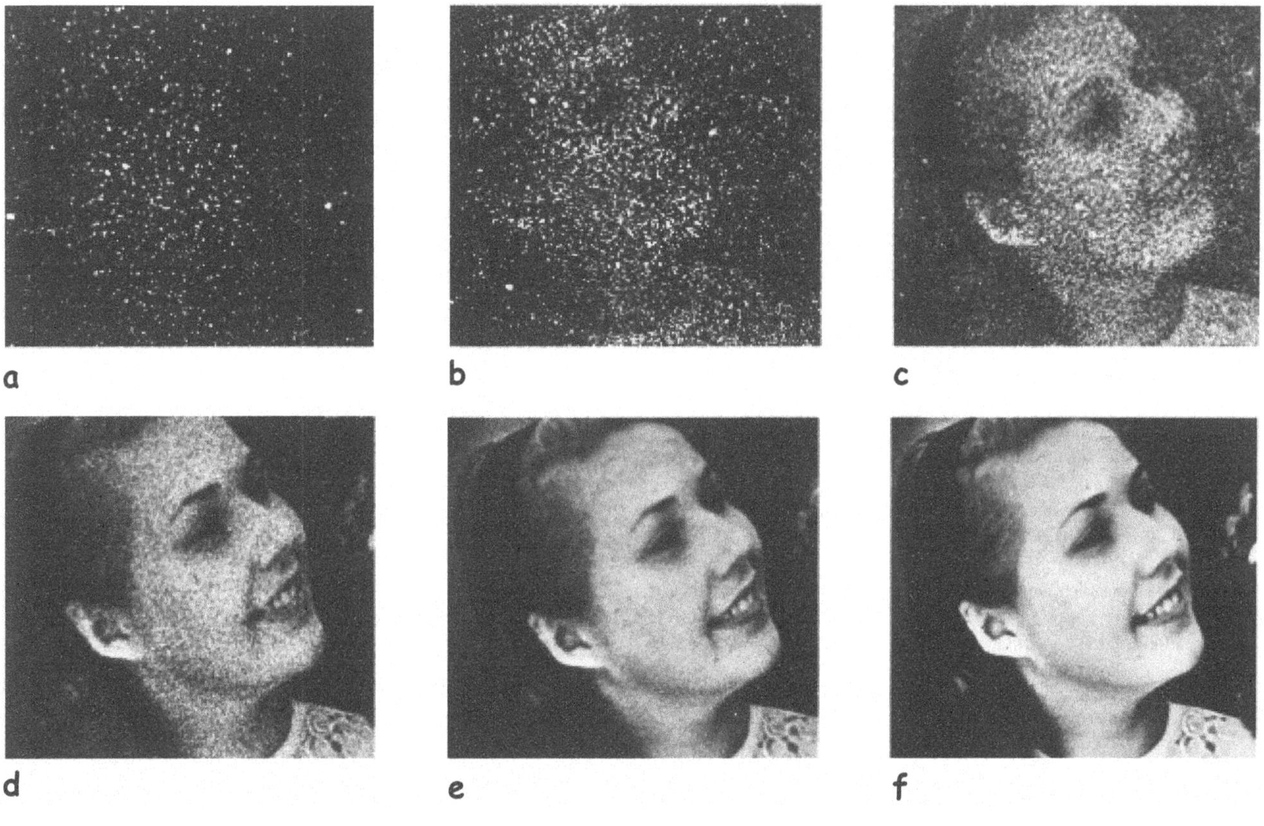
a
b
c
d
e
f

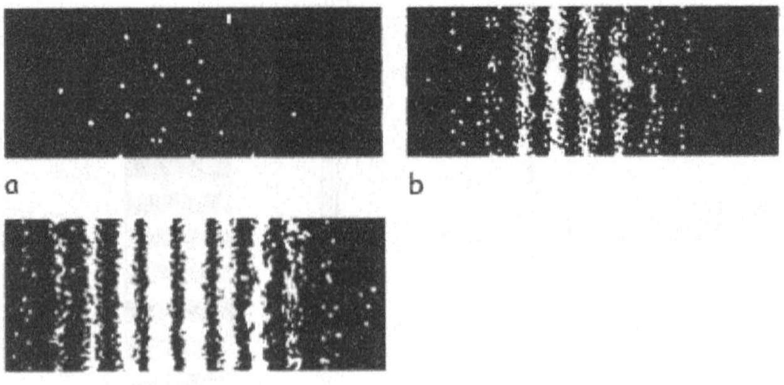
a
b
c

FIGURA 15.24
Estágios de um padrão de interferência de duas fendas. O padrão de grãos individualmente sensibilizados prossegue de (a) 28 fótons para (b) 1.000 fótons e depois para (c) 10.000 fótons. Quanto mais fótons colidirem com a tela, mais notável torna-se o padrão de franjas de interferência.

preendente. Vê-se surgir pontos sobre o filme fóton a fóton, formando o mesmo padrão de interferência caracterizado por ondas!

Se cobrirmos uma das fendas, de modo que os fótons que incidem no filme fotográfico possam atravessar apenas a outra fenda, os pequenos pontos luminosos sobre o filme passarão a acumular-se, formando um padrão de difração de fenda única (Figura 15.25). Os fótons incidem em pontos do filme que não atingiriam se ambas as fendas estivessem abertas! Se pensarmos sobre isso em termos clássicos, ficaremos perplexos e poderemos nos indagar acerca de como os fótons, que passam através de uma única fenda, "sabem" que a outra fenda está coberta e, com isso, espalham-se em leque de modo a gerar um padrão de difração de fenda única. Ou seja, se ambas as fendas estão abertas, como os fótons que estão atravessando uma das fendas "sabem" que a outra está aberta, evitando determinadas regiões da tela e seguindo apenas para as áreas que acabarão por preencher, formando um padrão de interferência cheio de franjas de fenda dupla[6]? A presente resposta para isso é que o fóton interfere consigo mesmo e passa através de ambas as fendas. Cada fóton individual possui propriedades ondulatórias, bem como propriedades

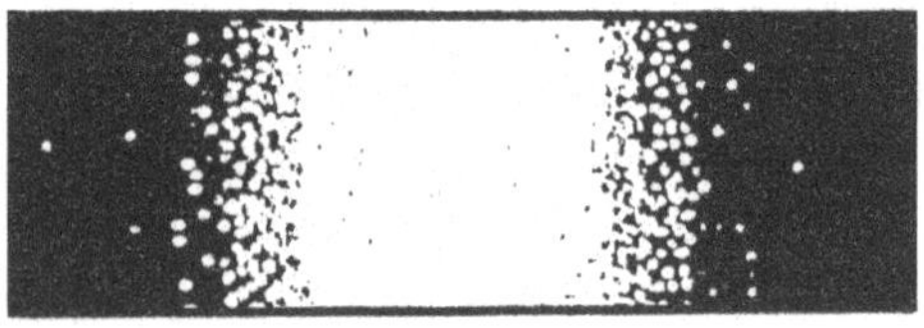

FIGURA 15.25
Padrão de difração de uma fenda simples.

A luz se propaga como uma onda, e incide como uma partícula.

corpusculares. Mas os fótons mostram aspectos diferentes em diferentes situações. *Um fóton se comporta como uma partícula, quando ele está sendo emitido por um átomo ou absorvido por um filme fotográfico ou por outros detectores, e como uma onda, quando está se propagando da fonte para o local onde será detectado.* O fato de que a luz exiba tanto comportamento ondulatório quanto corpuscular foi uma das mais interessantes surpresas do início do século XX.

15.8 Partículas como ondas: difração de elétrons

Se um fóton de luz possui propriedades tanto ondulatórias quanto corpusculares, por que uma partícula material (que possui uma massa) não pode possuir também propriedades ondulatórias e corpusculares? Esta questão foi proposta pelo físico francês Louis de Broglie enquanto ainda era estudante de pós-graduação, em 1924. Sua resposta constituiu sua tese de doutoramento em física, que mais tarde lhe valeu o Prêmio Nobel de Física. De acordo com de Broglie, toda partícula material está associada a uma onda correspondente. Cada corpo – seja ele um elétron, um próton, um átomo, um camundongo ou você – possui um comprimento de onda que está relacionado ao seu momentum por

$$\text{Comprimento de onda} = \frac{h}{\text{momentum}}$$

onde h é a constante de Planck. Sob condições apropriadas, então, cada partícula produzirá um padrão de interferência ou de difração. Um corpo com massa grande e velocidade ordinária tem um comprimento de onda tão pequeno que a interferência e a difração são desprezíveis: balas de rifle voam em linha reta e realmente não "salpicam" seus alvos distantes e largos com partes onde se de-

[6] De um ponto de vista pré-quântico, a dualidade onda-partícula é mesmo um mistério. Isso leva algumas pessoas a acreditar que os quanta possuem algum tipo de consciência, com cada fóton ou elétron possuindo "uma mente própria". O mistério, no entanto, é como a beleza. Ele se encontra na mente do observador mais do que na própria natureza. Nós concebemos modelos para compreender a natureza, e quando surgem inconsistências nele, tratamos de refinar ou alterar nossos modelos. A dualidade onda-partícula da luz não se ajusta a um modelo construído sobre idéias clássicas. Um modelo é aquele segundo o qual os quanta possuem suas próprias mentes. Outro modelo é a física quântica. Neste livro, nós endossamos o último.

Louis de Broglie (1892-1987).

tecte interferência[7]. Mas para partículas menores, tais como o elétron, a difração pode ser apreciável.

Um feixe de elétrons pode ser difratado da mesma maneira que um feixe de fótons, como é evidente na Figura 15.26. Feixes de elétrons direcionados através de fendas duplas exibem padrões de interferência, da mesma maneira que feixes de fótons. Para elétrons, o aparato necessário é mais complexo do que para fótons, porém o procedimento é essencialmente o mesmo. A intensidade da fonte pode ser reduzida até que apenas um elétron atravesse o arranjo de fenda dupla de cada vez, produzindo os mesmos resultados notáveis de quando se usa fótons. Como os fótons, os elétrons incidem na tela como partículas, mas o *padrão* de chegada é de natureza ondulatória. A deflexão angular sofrida pelos elétrons a fim de formarem o padrão de interferência está em perfeita concordância com os resultados dos cálculos feitos usando-se a equação de de Broglie para o comprimento de onda de um elétron.

Na Figura 15.29, vemos em um monitor de TV o padrão de interferência produzido passo a passo por elétrons individuais em um microscópio eletrônico comum. A imagem vai gradualmente se formando enquanto os elétrons produzem um padrão costumeiramente associado com ondas. Nêutrons, prótons, átomos inteiros e, com um grau não-mensurável, até mesmo balas de rifle exibem um comportamento dual de partícula e onda.

Ondas eletrônicas

A idéia de que os elétrons de um átomo possam ocupar somente determinados níveis de energia era muito intrigante para os primeiros pesquisadores e para o próprio Bohr. A razão pela qual os elétrons ocupam somente níveis discretos tornou-se bem-compreendida ao se considerar o elétron

[7] Uma bala com 0,02 kg de massa, deslocando-se a 330 m/s, por exemplo, tem um comprimento de onda de de Broglie de

$$\frac{h}{mv} = \frac{6{,}6 \times 10^{-34}\,\text{J}\cdot\text{s}}{(0{,}02\,\text{kg})(330\,\text{m/s})} = 10^{-34}\text{m},$$

que é um comprimento incrivelmente pequeno, de um milionésimo de milionésimo de milionésimo de milionésimo do tamanho de um átomo de hidrogênio. Um elétron que se desloque a 2% da velocidade da luz, por outro lado, possui um comprimento de onda de 10^{-10}m, igual ao diâmetro de um átomo de hidrogênio. Os efeitos de difração são mensuráveis no caso do elétron, enquanto no de balas, não.

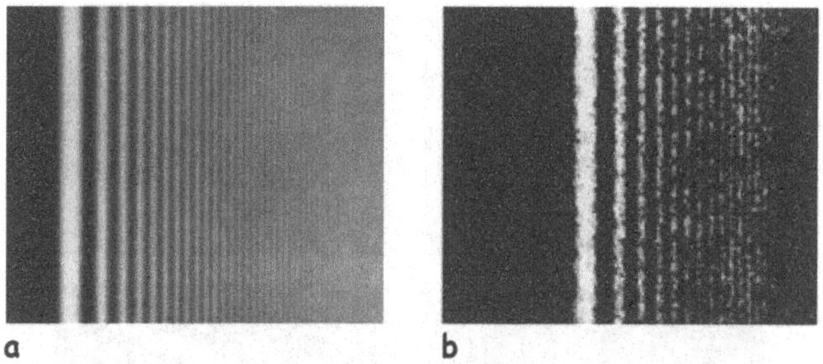

a
b

FIGURA 15.26

Franjas produzidas por difração de (a) luz e (b) de um feixe de elétrons.

FIGURA 15.27

Um microscópio eletrônico faz uso prático da natureza ondulatória dos elétrons. O comprimento de onda de um elétron do feixe é tipicamente milhares de vezes mais curto do que os da luz visível, de modo que o microscópio eletrônico é capaz de distinguir detalhes não-visíveis com um microscópio óptico.

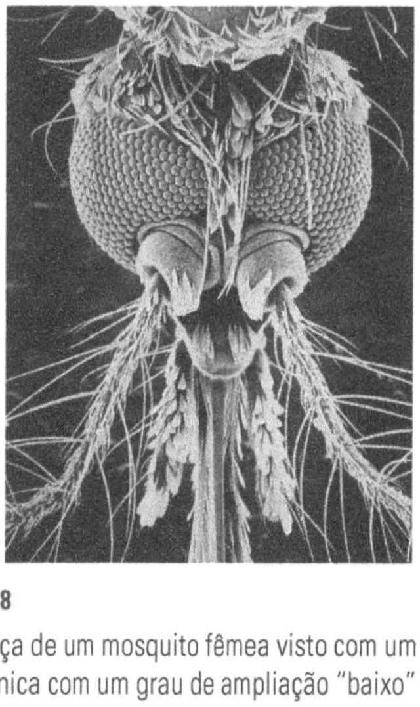

FIGURA 15.28

Detalhe da cabeça de um mosquito fêmea visto com um microscópio de varredura eletrônica com um grau de ampliação "baixo" de 200 vezes.

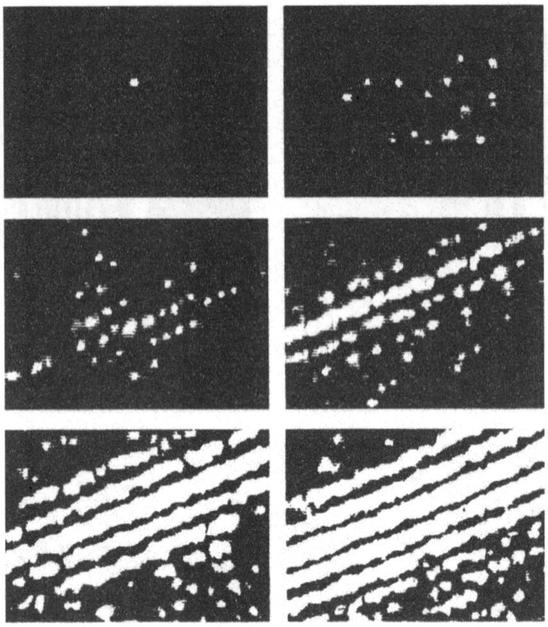

FIGURA 15.29

Padrões de interferência de elétrons filmados a partir de um monitor de TV, mostrando a difração de um feixe de elétrons de intensidade muito baixa através de um biprisma eletrostático.

não como uma partícula, mas, também, como especulado por de Broglie, como uma *onda*.

Usando a idéia de interferência, de Broglie mostrou que os valores discretos dos raios das órbitas de Bohr são uma conseqüência natural de ondas de elétrons, ou eletrônicas, estacionárias. Existe uma órbita de Bohr onde uma onda eletrônica fecha-se sobre si mesma, interferindo construtivamente consigo mesma. A onda eletrônica torna-se, então, uma onda estacionária como a que existe na corda vibrante de um instrumento musical. A onda estacionária possui um número inteiro de comprimentos de onda cabendo nas circunferências das órbitas (Figura 15.30). A circunferência da órbita mais interna, de acordo com essa visualização, é igual a um comprimento de onda. A segunda órbita possui uma circunferência de dois comprimentos de onda eletrônicos; a terceira, três; e assim por diante (Figura 15.31). Isso se parece a um colar de corrente construído com clipes de segurar papéis. Não importa o tamanho do colar construído, sua circunferência será sempre igual a algum múltiplo inteiro do comprimento de um único clipe[8]. Como as circunferências das órbitas eletrônicas são de valores discretos, os raios de tais órbitas, e daí também os níveis de energia, são discretos.

[8] Em cada órbita, o elétron possui um único valor de velocidade, o que determina seu comprimento de onda. Para órbitas com energias e raios maiores, os elétrons são menos velozes, e os comprimentos de onda, mais longos. Assim, para tornar nossa analogia fiel, teríamos não apenas que usar mais clipes para construir colares cada vez maiores, como também usar clipes cada vez maiores.

PARE E TESTE A SI MESMO

1. Se os elétrons se comportassem apenas como partículas, que padrão você esperaria que aparecesse sobre a tela após os elétrons terem atravessado a fenda dupla?

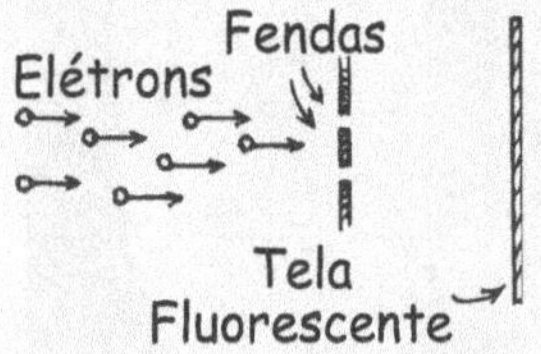
Fendas
Elétrons
Tela
Fluorescente

2. Não notamos o comprimento de onda de de Broglie para uma bola de beisebol arremessada. Isso se deve ao fato do comprimento de onda associado ser muito longo ou muito curto?
3. Se um elétron e um próton possuem o mesmo comprimento de onda de de Broglie, qual deles é mais rápido?

VERIFIQUE SUA RESPOSTA

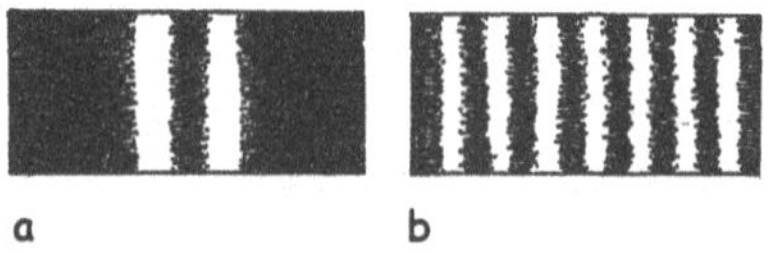
a
b

1. Se os elétrons se comportassem apenas como partículas, eles deveriam formar duas faixas, como indicado na parte *a* da figura abaixo. Devido a suas naturezas ondulatórias, eles realmente produzem o padrão mostrado em *b*.
2. Não notamos o comprimento de onda de uma bola de beisebol arremessada por ele ser extremamente pequeno – da ordem de 10^{-20} vezes menor do que o núcleo atômico.
3. Um mesmo comprimento de onda significa que as duas partículas possuem o mesmo momentum. O que significa, por sua vez, que o elétron menos maciço deve estar se deslocando mais rápido do que o próton mais pesado.

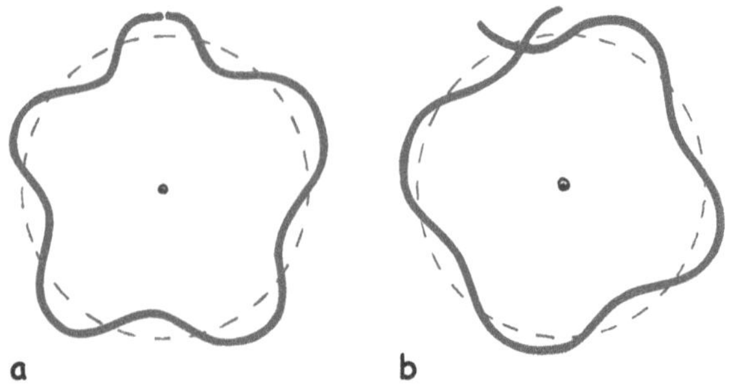
a
b

FIGURA 15.30

(a) Um elétron em órbita forma uma onda estacionária somente quando a circunferência de sua órbita for igual a um múltiplo inteiro de comprimento de onda. (b) Quando a onda não se fecha em fase sobre si mesma, ela sofre interferência destrutiva. Daí, as órbitas existem somente onde se fecham em fase sobre si mesmas.

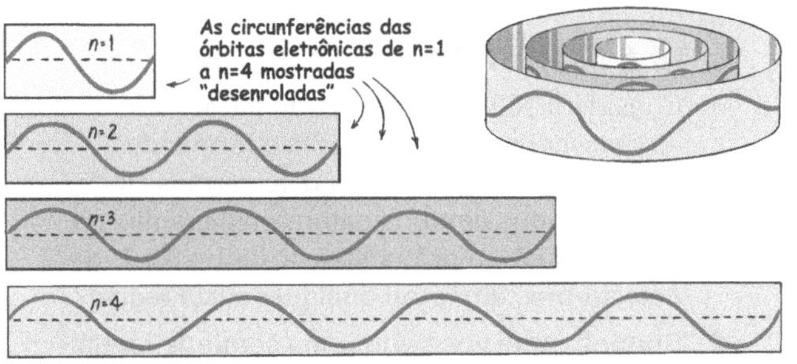

As circunferências das órbitas eletrônicas de n=1 a n=4 mostradas "desenroladas"
n=1
n=2
n=3
n=4

FIGURA 15.31

As órbitas dos elétrons de um átomo têm raios discretos porque as circunferências das órbitas são múltiplos inteiros do comprimento de onda do elétron. Isso resulta em um estado de energia discreta para cada órbita. (A figura está muito simplificada, com ondas estacionárias formando, em vez de órbitas planas e circulares, camadas esféricas e elipsoidais.)

Esse modelo explica por que os elétrons não descrevem uma trajetória em espiral, aproximando-se cada vez mais do núcleo e causando o encolhimento dos átomos ao tamanho de um núcleo minúsculo. Se a órbita de cada elétron é descrita por uma onda estacionária, a circunferência da menor das órbitas não pode ser menor do que um comprimento de onda – não há meio de uma fração de comprimento de onda caber em uma onda estacionária circular (ou elíptica). Uma vez que o elétron possui o momentum necessário devido ao comportamento ondulatório, os átomos não se encolhem.

No modelo atômico ondulatório ainda mais moderno, as ondas eletrônicas movem-se não apenas ao redor do núcleo, mas também dentro e fora, em direção ao núcleo e para fora dele. A onda eletrônica espalha-se tridimensionalmente, levando à sua visualização como uma "nuvem" eletrônica. Como deveremos ver, trata-se de uma onda de *probabilidade*, não de uma onda formada por um elétron pulverizado e espalhado pelo espaço. Ao ser detectado, o elétron continua a mostrar-se como uma partícula puntiforme.

15.9 A mecânica quântica

Nos primeiros anos da década de 1920 ocorreram muitas mudanças na física. Iniciando com as ondas de matéria de de Broglie, o físico austro-alemão Erwin Schrödinger formulou uma equação que descreve como evoluem as ondas materiais sob a influência de forças externas. A equação de Schrödinger desempenha, na **mecânica quântica**, um papel análogo ao da equação de Newton (aceleração = força / massa) na física clássica[9].

Erwin Schrödinger (1887-1961).

> **Eu acho que é seguro afirmar que ninguém compreende a mecânica quântica.**
>
> *- Richard P. Feynman*

As ondas materiais na equação de Schrödinger são entidades matemáticas não-observáveis diretamente, de modo que a equação nos fornece um modelo puramente matemático, mais do que um modelo visual do átomo – o que está além do objetivo deste livro. Portanto, nossa discussão sobre ela será breve.[10]

Na **equação de onda de Schrödinger**, o que se chama de "onda" é a *amplitude de onda de matéria*, que é imaterial – uma entidade matemática chamada de *função de onda*, representada pelo símbolo ψ (a letra grega *psi*). Toda informação acerca de uma onda de matéria está contida na função de onda. Pode-se obter respostas quanto aos valores prováveis de, digamos, o momentum, a energia e a posição da partícula correspondente operando-se matematicamente com a função de onda. Por exemplo, em um átomo de hidrogênio, o elétron pode estar localizado em um lugar qualquer entre o centro do núcleo e uma determinada distância radial do núcleo. Um físico pode calcular a probabilidade de ele estar em um dado volume do espaço multiplicando a função de onda por si mesma ($|\psi|^2$)*. Isso produz uma segunda entidade matemática chamada *função densidade de probabilidade*, que nos dá a probabilidade por unidade de volume, em um determinado instante de tempo, de cada uma das possibilidades representadas por ψ.

Experimentalmente, existe uma probabilidade finita (uma chance) de encontrar um elétron em uma determinada região do espaço em qualquer instante. O valor dessa probabilidade situa-se entre os limites 0 e 1, onde o 0 indica nunca e o 1 indica sempre. Por exemplo, se for de 0,40 a probabilidade de encontrar o elétron dentro de uma dada distância radial, isso significa uma chance de 40% de que o elétron seja encontrado lá. A equação de Schrödinger não diz a um físico onde o elétron pode ser encontrado em um dado átomo e em um momento qualquer, mas apenas a *probabilidade* de encontrá-lo lá – ou, para um grande nú-

[9] Em termos de símbolos matemáticos, a equação de Schrödinger é

$$\left(-\frac{\hbar^2}{2m}\nabla^2 + U\right)\psi = i\hbar\frac{\partial\psi}{\partial t}.$$

[10] Nosso tratamento resumido deste assunto complexo é pouco propiciador de uma real compreensão da mecânica quântica. No máximo, ele serve como uma breve panorâmica e possível introdução para um estudo posterior. As leituras indicadas no final do capítulo podem ser muito úteis.

* N. de T.: A função de onda é, em geral, uma função complexa, ou seja, seu resultado para uma dada posição e instante de tempo é um número complexo, dotado de uma parte real e de outra, imaginária. Mais precisamente, o símbolo $|\psi|^2$ representa a multiplicação da função de onda ψ pelo conjugado complexo de si mesma, ψ^*: $|\psi|^2 = \psi^*.\psi^*$.

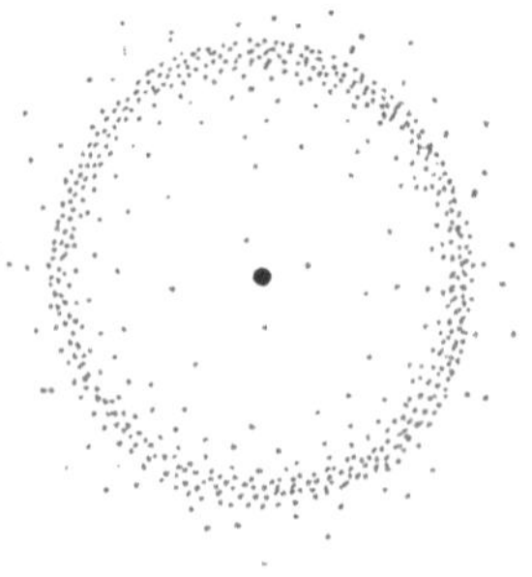

FIGURA 15.32
Distribuição de probabilidade de uma nuvem eletrônica.

mero de medições, que fração delas encontrará o elétron em cada região. Se a posição de um elétron em seu nível (estado quântico) de energia de Bohr for medida repetidas vezes, e se cada nova posição encontrada for plotada como um ponto, o padrão resultante lembrará uma espécie de nuvem eletrônica (Figura 15.32). Um particular elétron pode ser detectado, em diversas tentativas, em qualquer lugar dentro desta nuvem de probabilidade; ele tem até mesmo uma pequena, porém finita, probabilidade de existir temporariamente dentro do núcleo. A maior parte das vezes, entretanto, ele é detectado a uma distância média do núcleo que se ajusta ao raio da órbita descrita no modelo de Niels Bohr.

Considerar algo como impossível pode refletir uma falta de compreensão, como quando os cientistas pensavam que jamais se poderia ver um único átomo, ou pode representar uma compreensão profunda, como quando os cientistas (e os escritórios de patentes!) rejeitam máquinas de moto perpétuo.

PARE E TESTE A SI MESMO

1. Considere 100 fótons sofrendo difração ao atravessar uma fenda estreita e formando um padrão de difração. Se detectarmos cinco desses fótons em uma determinada região do padrão, qual é a probabilidade (entre 0 e 1) de detectarmos um fóton qualquer nesta região?
2. Suponha que você abra uma segunda fenda idêntica e que o padrão de difração seja formado por faixas claras e escuras. Suponha também que aquela região, onde antes cinco fótons eram detectados, agora não revela incidência alguma. Qualquer teoria ondulatória nos diz que as ondas que antes incidiam são agora canceladas pelas ondas provindas da segunda fenda – as cristas e os ventres se combinam, anulando-se. Mas nossas medições referem a fótons que, ou estão incidindo, ou não. Como a mecânica quântica reconcilia isso?

VERIFIQUE SUA RESPOSTA

1. Temos, aproximadamente, uma probabilidade igual a 0,05 de detectar o elétron nesta região. Em mecânica quântica, dizemos que $|\psi|^2 \approx 0{,}05$. O valor real dessa probabilidade poderia ser um pouco maior ou menor do que 0,05. Expressando isso de outra maneira, se a probabilidade real for de 0,05, o número de fótons detectados poderia ser um pouco maior ou um pouco menor do que 5.
2. A mecânica quântica nos diz que os fótons se propagam como ondas e que são absorvidos como partículas, com a probabilidade de absorção determinada pelos máximos e mínimos da interferência ondulatória. Onde a combinação das ondas provenientes das duas fendas resultar em amplitude nula, a probabilidade de uma partícula ser absorvida ali será igual a zero.

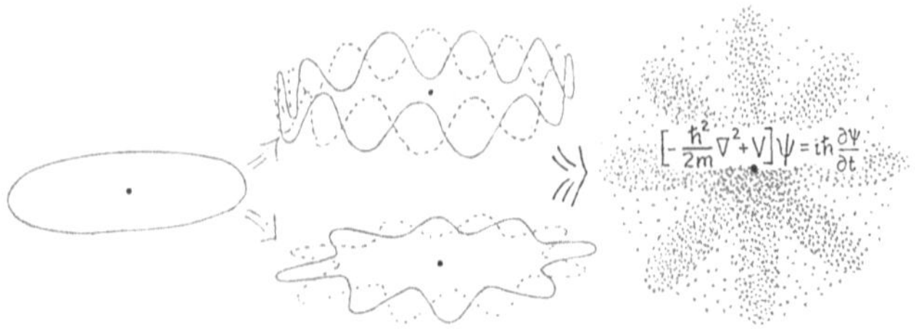
$\left[-\frac{\hbar^2}{2m}\nabla^2+V\right]\psi = i\hbar\frac{\partial\psi}{\partial t}$

FIGURA 15.33
Do modelo atômico de Bohr ao modelo modificado com ondas de de Broglie, até chegar em um modelo ondulatório com os elétrons espalhados em uma "nuvem" através do volume atômico.

A maior parte dos físicos, embora nem todos, vêem a mecânica quântica como uma teoria fundamental da natureza. Albert Einstein, um dos fundadores da **física quântica**, jamais a aceitou como fundamental; ele considerava a natureza probabilística dos fenômenos quânticos uma manifestação de uma física mais profunda, ainda por se descobrir. Ele afirmava que "A mecânica quântica é certamente majestosa. Mas uma voz vinda de dentro me diz que ela ainda não representa o real. A teoria nos ensina um bocado, mas realmente não nos aproxima do segredo do "Velho Uno"[11].

[11] Embora Einstein não fosse religioso praticante, ele com freqüência invocava Deus como o "Velho Uno" em suas afirmações acerca dos mistérios da natureza.

15.10 O princípio da incerteza

A dualidade onda-partícula dos quanta tem inspirado discussões interessantes acerca dos limites de nossa capacidade de medir com precisão as propriedades de pequenos objetos. As discussões centram-se na idéia de que o ato de medir algo afeta a própria grandeza que está sendo medida.

Por exemplo, sabemos que, se colocarmos um termômetro frio em uma xícara com café quente, a temperatura do café será alterada ao ceder calor para o termômetro. O aparelho de medida altera a quantidade que está sendo medida. Mas podemos corrigir esses erros se conhecermos a temperatura inicial do termômetro, as massas e os calores específicos envolvidos, e assim por diante. Essas correções se situam no domínio da física clássica – essas *não* são as incertezas da física quântica. As incertezas quânticas têm origem na natureza ondulatória da matéria. Uma onda, por sua própria natureza, ocupa algum espaço e tem uma determinada duração. Ela não pode ser comprimida a um ponto do espaço ou limitada a um instante de tempo, pois deste modo ela não seria uma onda. Esta "indistinguibilidade" inerente de uma onda resulta em indistinguibilidade nas medidas realizadas ao nível quântico. Inumeráveis experimentos revelaram que qualquer medição que de alguma maneira sonde um sistema necessariamente o perturba em pelo menos um quantum de ação, h – a constante de Planck. Assim, qualquer medição que envolva interação entre o medidor e o que está sendo medido está sujeita a esta incerteza mínima.

Fazemos distinção entre observar e sondar. Considere uma xícara de café situada no outro lado de uma sala. Se você a olha passivamente de relance e vê o vapor se elevando dela, essa "medição" não envolve qualquer interação física entre seus olhos e o café. Seu olhar de relance não acrescenta ou retira qualquer energia do café. Você pode afirmar que ele está quente sem ter que *prová-lo*. Mas colocar um termômetro dentro dele é outra história. Neste caso, estamos interagindo fisicamente com o café e, deste modo, o sujeitamos a uma alteração. Entretanto, a contribuição quântica para essa alteração é complemente mascarada pelas incertezas clássicas, tornando-se desprezível. As incertezas quânticas são significativas apenas nos domínios atômico e subatômico.

Compare os atos de realizar medições com uma bola de beisebol arremessada e com um elétron. Podemos medir a rapidez da bola de beisebol fazendo-a passar por um par de fotossensores a uma distância conhecida (Figura 15.34). O tempo de passagem da bola é medido como o tempo durante o qual ela interrompe os feixes luminosos nos fotossensores. A precisão na medida da rapidez da bola depende das incertezas existentes na distância medida entre os fotossensores e no mecanismo de medida do tempo. As interações entre a bola macroscópica e os fótons com os quais ela colide são insignificantes. Mas não no caso em que se mede a velocidade de objetos submicroscópicos como elétrons. Mesmo um único fóton que ricocheteie em um elétron altera apreciavelmente o movimento do elétron – e de maneira imprevisível. Se desejássemos observar um elétron e determinar seu paradeiro por meio de luz, o comprimento de onda da radiação luminosa teria que ser muito pequeno (ondas longas passam sem interagir). Caímos, então, em um dilema. Com um comprimento de onda mais curto podemos "enxergar" melhor o minúsculo elétron, mas tal comprimento de onda corresponde a uma grande quantidade de energia, que altera em maior grau o estado de movimento do elétron. Se, em vez disso, usarmos um comprimento de onda mais longo, correspondente a uma menor quantidade de energia, será menor a alteração induzida no estado de movimento eletrônico, mas será menos precisa a determinação de sua posição através dessa radiação mais "grosseira". O ato de observar algo tão minúsculo quanto um elétron sonda o mesmo e, ao fazer isso, produz uma considerável incerteza, ou em sua posição ou em seu movimento. Embora essa incerteza seja completamente desprezível nas medições da posição e do movimento de objetos (macroscópicos) do cotidiano, ela é o fator predominante no domínio atômico.

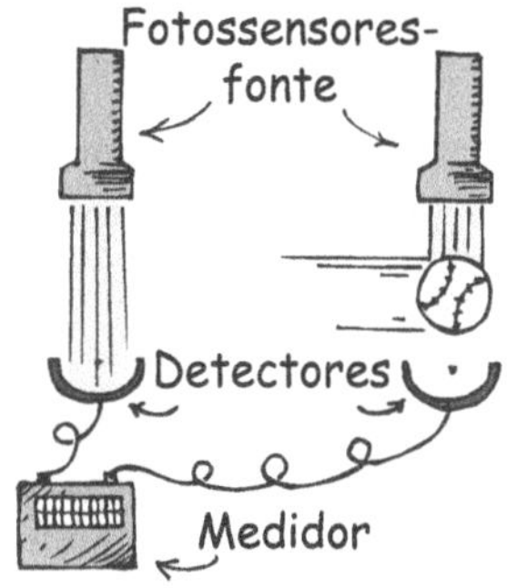
Fotossensores-fonte
Detectores
Medidor

FIGURA 15.34
A velocidade da bola é medida dividindo-se a distância entre os sensores ópticos pela diferença de tempo entre as interrupções dos dois feixes luminosos. Os fótons que atingem a bola alteram seu movimento numa quantidade menor do que a provocada por um punhado de abelhas se chocando com um superpetroleiro.

Werner Heisenberg (1901-1976)

A incerteza existente nas medições realizadas no domínio atômico, expressa matematicamente pela primeira vez pelo físico alemão Werner Heisenberg, é chamada de **princípio da incerteza**. Trata-se de um princípio fundamental da mecânica quântica. Heisenberg descobriu que quando se multiplica as incertezas existentes nas medidas de momentum e de posição de uma partícula, o resultado deve ser igual ou maior do que a constante de Planck, h, dividida por 2π, uma constante que é representada por $\hbar$ (pronunciada como "*h cortado*"). Podemos expressar o princípio da incerteza em uma fórmula simples:

$$\Delta p \Delta x \geq \hbar$$

O símbolo Δ aqui significa "incerteza em nossa medida de": Δp é a incerteza na medida do momentum (o símbolo convencional para o momentum é p) e Δx é a incerteza da posição. O produto dessas duas incertezas deve ser igual ou maior ($\geq$) do que o valor de $\hbar$.

Isto significa que, se desejarmos conhecer o momentum de um elétron com grande precisão (pequeno Δp), a correspondente incerteza da posição será grande. Ou se desejarmos conhecer a posição com grande precisão (pequeno Δx), a correspondente incerteza do momentum será grande. Quanto mais precisa for uma dessas grandezas, menos precisa será a outra[12].

O princípio da incerteza funciona analogamente com a energia e o tempo. Não podemos medir a energia da partícula com total precisão durante um período de tempo infinitamente curto. A incerteza sobre o nosso conhecimento da energia, ΔE, e a duração da medição da energia, Δt, estão relacionadas pela expressão[13]

$$\Delta E \Delta t \geq \hbar$$

A máxima precisão que podemos esperar obter nas medições corresponde ao caso em que o produto das incertezas da energia e do tempo é igual a $\hbar$. Quanto mais precisamente determinamos a energia de um fóton, de um elétron ou de uma partícula qualquer, maior é a imprecisão acerca do tempo durante o qual aquela partícula possuiu aquela energia.

O princípio da incerteza é relevante apenas para fenômenos quânticos. As imprecisões nas medições da posição e do momentum de uma bola de beisebol devido às interações da observação, por exemplo, são inteiramente desprezíveis. Mas as imprecisões nas medidas da posição e do momentum de um elétron estão longe de ser desprezíveis.

Isso ocorre porque as incertezas nas medidas dessas quantidades subatômicas são comparáveis aos módulos das próprias quantidades[14].

É arriscado aplicar o princípio da incerteza a áreas fora da mecânica quântica. Algumas pessoas concluem, a partir das afirmações acerca da interação entre o observador e o observado, que o universo não existe "lá fora", independentemente de todos os atos de observação, e que a realidade é criada pelo observador. Outros interpretam o princípio da incerteza como uma espécie de "escudo da natureza" para segredos proibidos. Alguns críticos da ciência utilizam o princípio da incerteza como evidência de que a própria ciência é incerta. A realidade do universo (esteja sendo ele observado ou não), os segredos da natureza e as incertezas da ciência têm muito pouco a ver com o princípio da incerteza de Heisenberg. A profundidade do princípio da incerteza tem a ver com a interação inevitável entre a natureza ao nível atômico e os meios através dos quais a sondamos.

15.11 O princípio da correspondência

Se uma nova teoria for válida, ela deve explicar os resultados comprovados da teoria antiga. Este é o **princípio da correspondência**, articulado primeiro por Bohr. A nova teoria e a antiga devem corresponder uma à outra; ou seja, elas devem se superpor e concordar naquele domínio onde a teoria antiga foi comprovada inteiramente.

Quando as técnicas da mecânica quântica são aplicadas a sistemas macroscópicos ao invés de sistemas atômicos, os resultados são essencialmente idênticos àqueles obtidos com a mecânica clássica. Para um sistema grande como o sistema solar, onde a física clássica é bem-sucedida, a equação de Schrödinger leva a resultados que diferem dos da teoria clássica apenas por quantidades infinitesimais. Os dois domínios se misturam quando o comprimento de onda de de Broglie for pequeno comparado às dimensões do sistema ou às das porções de matéria do sistema. De fato, é pouco prático usar a mecânica quântica em domínios onde a física clássica é bem-sucedida; mas, ao nível atômico, a física

[12] Somente no limite clássico, onde $\hbar$ torna-se zero, as incertezas do momentum e da posição poderiam ser arbitrariamente pequenas. A constante de Planck é maior do que zero, e não podemos, em princípio, conhecer simultaneamente o valor dessas duas quantidades com certeza absoluta.

[13] Podemos ver que isso é consistente com a incerteza do momentum e da posição. Lembre-se de que Δ(momentum) = força × Δ (tempo), e de que Δ (energia) = força × Δ (distância). Logo,

$$\begin{aligned} \hbar &= \Delta \text{momentum} \times \Delta \text{distância} \\ &= (\text{força} \times \Delta \text{distância}) \times \Delta \text{tempo} \\ &= \Delta \text{energia} \times \Delta \text{tempo} \end{aligned}$$

[14] As incertezas nas medidas de momentum, posição, energia ou tempo, relacionadas pelo princípio da incerteza, são de apenas 1 parte em 10 milhões de bilhões de bilhões de bilhão (10^{-34}) para uma bola de beisebol arremessada. Os efeitos quânticos são desprezíveis mesmo para o mais rápido micróbio, para o qual as incertezas são de aproximadamente 1 parte em um bilhão (10^{-9}). Os efeitos quânticos tornam-se mais evidentes para átomos, onde as incertezas podem ser tão grandes quanto 100%. Para elétrons que se movem em um átomo, as incertezas quânticas são dominantes, e estamos numa escala de total domínio quântico.

PARE E TESTE A SI MESMO

1. O princípio da incerteza de Heisenberg é aplicável ao caso prático em que se usa um termômetro para medir a temperatura de um copo com água?
2. Um contador Geiger mede o decaimento radiativo registrando os pulsos elétricos produzidos em um tubo com gás quando partículas de alta energia o atravessam. As partículas são emitidas por uma fonte radiativa – uma amostra de rádio, digamos. O ato de medir a taxa de decaimento do rádio altera a substância ou a taxa de seu decaimento?
3. O princípio quântico segundo o qual não se pode observar algo sem alterá-lo pode ser extrapolado de forma razoável para sustentar a afirmação de que você consegue fazer uma pessoa se virar e olhar para você apenas olhando intencionalmente enquanto ela está de costas?

VERIFIQUE SUAS RESPOSTAS

1. Não. Embora nós provavelmente alteremos a temperatura da água pelo ato de sondá-la com um termômetro, especialmente se ele estiver significativamente mais quente ou mais frio do que a água, as incertezas relacionadas à precisão do termômetro estão inteiramente dentro do domínio da física clássica. O papel das incertezas ao nível subatômico não se aplica neste caso.
2. De jeito nenhum, pois a interação envolvida é entre o contador Geiger e as partículas, e não, entre o contador Geiger e o rádio. É o comportamento das partículas de alta energia que sofre alteração na medição, e não, o comportamento do rádio do qual elas saem. Verifique como isto se relaciona com a próxima questão.
3. Não. Aqui devemos ter cuidado ao definir o que queremos expressar por *observar*. Se envolve sondagem (dar ou retirar energia), nós realmente causamos alterações em algum grau naquilo que observamos. Por exemplo, se ligarmos uma fonte luminosa sobre uma pessoa de costas, nossa observação consiste em sondá-la, o que, em pequeno grau, alterará fisicamente a configuração dos átomos de suas costas. Se ela sentir isso, poderá se virar. Mas ficar olhando insistentemente para as costas da pessoa é observar passivamente. A luz que você recebe (ou bloqueia, piscando, por exemplo) já deixou as costas da pessoa. Assim, se você olha fixamente, ou com um dos olhos fechado ou fechando os dois olhos completamente, não alterará fisicamente a configuração atômica das costas da pessoa. Incidir luz ou sondar algo de alguma outra maneira não é a mesma coisa que olhar passivamente para algo. Deixar de fazer uma simples distinção entre *sondar* e *observar passivamente* é a origem de muitas afirmações sem sentido feitas por alguns para serem justificadas pela física quântica. Uma justificativa melhor para as afirmações acima seriam resultados positivos de um teste simples e prático, mais do que a afirmação baseada na reputação bem-estabelecida da teoria quântica.

quântica reina e é a única teoria que fornece resultados consistentes com o que se observa.

O princípio da correspondência é um princípio geral não apenas para a boa ciência, mas para todas as boas teorias – mesmo em áreas do conhecimento tão distantes da ciência como governo, religião e ética.

Complementaridade

O domínio da física quântica pode parecer confuso. Ondas luminosas, capazes de interferir e de sofrer difração, entregam sua energia em forma de "pacotes" de quanta, corpúsculos. Os elétrons, que se deslocam pelo espaço em linhas retas e que experimentam colisões como se fossem partículas, distribuem-se pelo espaço formando padrões de interferência, como se fossem ondas. Nessa confusão, porém, existe uma ordem subjacente. O comportamento da luz e o dos elétrons parecem igualmente confusos! Tanto a luz quanto os elétrons exibem características de onda e de partícula.

Niels Bohr, um dos fundadores da física quântica, formulou uma expressão explícita para a totalidade inerente a este dualismo. Ele a chamou de **complementaridade**. Como Bohr a expressou, os fenômenos quânticos exibem propriedades complementares (mutuamente exclusivas) – revelando-se ou como partículas ou como ondas – dependendo do tipo de experimento que esteja sendo realizado. Os experimentos projetados para examinar trocas individuais de energia e de momentum expõem propriedades corpusculares, ao passo que os experimentos projetados para examinar a distribuição espacial da energia expõem as propriedades ondulatórias. As propriedades ondulatórias da luz e as propriedades corpusculares da luz complementam-se – ambas são necessárias para a compreensão da "luz". Qual dessas partes é enfatizada depende de qual questão se indaga a respeito da natureza.

A complementaridade não é uma solução de compromisso, e não significa que toda a verdade acerca da natureza da luz situe-se em algum lugar entre partículas e ondas. Ela se parece mais com olhar os lados de um cristal. O que você enxerga depende de para qual das facetas está olhando, razão pela qual luz, energia e matéria se revelam como quanta em determinados experimentos, e como ondas em outros.

A idéia de que os opostos são componentes de um todo não é nova. Antigas culturas orientais incorporaram-na como parte integral de sua visão de mundo. Isso é demonstrado no diagrama yin-yang do T'ai Chi Tu (Figura 15.35). Um lado do círculo é chamado de *yin*, e o outro, de *yang*. Onde existe yin, existe também yang. Apenas a união dos dois forma um todo. Onde existe o baixo, existe também o alto. Onde existe a noite, existe também o dia. Onde existe o nascimento, existe também a morte. Uma pessoa integra em si o yin (feminilidade, lado direito do cérebro, emoção, intuição, obscuridade, frio, umidade) com o yang (masculinidade, lado esquerdo do cérebro, razão, lógica, luz, calor e secura). Cada um possui aspectos do outro. Para Niels Bohr, o diagrama yin-yang simboliza o princípio da complementaridade. Em idade avançada, Bohr escreveu vastamente sobre as implicações da complementaridade. Em 1947, quando foi condecorado cavaleiro por suas contribuições à física, escolheu o símbolo yin-yang para seu brasão.

FIGURA 15.35
Os opostos são vistos como complementares um ao outro no símbolo yin-yang das culturas orientais.

psc **Você não perceberá inteiramente as fronteiras da física a menos que esteja familiarizado com suas bases.**

SUMÁRIO DE TERMOS

Quantum (pl. quanta) Com origem na palavra latina quantus, que significa "quanto", um quantum é a menor unidade elementar de uma grandeza, a menor quantidade discreta de algo. Um quantum de radiação eletromagnética é chamado de fóton.

Efeito fotoelétrico A emissão de elétrons pela superfície de um metal quando nela incide luz.

Constante de Planck Uma constante fundamental, h, que relaciona a energia de um quantum de luz à sua freqüência:

$$h = 6{,}6 \times 10^{-34} \text{ joule} \cdot \text{segundo}$$

Espectro de emissão A distribuição dos comprimentos de onda da luz emitida por uma fonte luminosa.

Espectroscópio Um instrumento óptico que separa a luz em seus comprimentos de onda constituintes na forma de linhas espectrais.

Princípio da combinação de Ritz O enunciado de que as freqüências de algumas linhas espectrais dos elementos são iguais ou às somas ou às diferenças das freqüências de duas outras linhas.

Excitação O processo de impulsionar um ou mais elétrons de um átomo de um nível de energia mais baixa para outro de energia mais alta. Qualquer átomo que esteja num estado excitado normalmente decairá (relaxará) rapidamente para um estado mais baixo, pela emissão de um fóton. A energia do fóton é proporcional à sua freqüência: $E = hf$.

Espectro de absorção Um espectro contínuo, como o da luz branca, interrompido por linhas ou faixas escuras, que resultam da absorção de luz de determinadas freqüências pela substância através da qual a energia radiante se propaga.

Fluorescência Propriedade que determinadas substâncias possuem de absorver radiação de uma dada freqüência e reemitir radiação de freqüência mais baixa. Ela ocorre quando um átomo é levado a um estado excitado e perde sua energia, em dois ou mais saltos, para estados de energia mais baixa.

Fosforescência Um tipo de emissão luminosa que é o mesmo que a fluorescência, exceto pelo tempo de retardo entre a excitação e a relaxação, o que resulta num brilho remanescente. O retardo é causado pelos átomos que são excitados para níveis de energia que não decaem rapidamente. O brilho remanescente pode durar desde frações de segundos até horas, ou mesmo dias, dependendo do tipo de material, da temperatura e de outros fatores.

Incandescência O estado em que um corpo brilha devido à sua alta temperatura, causado pelos elétrons agitados dentro de dimensões maiores do que o tamanho de um átomo, emitindo energia radiante durante o processo. A freqüência de pico da energia radiante é proporcional à temperatura absoluta da substância aquecida:

$$\bar{f} \sim T$$

Laser (*light amplification by stimulated emission of radiation*) Instrumento óptico que produz um feixe de luz monocromática coerente.

Mecânica quântica A teoria do mundo microscópico, baseada em funções de onda e probabilidades, desenvolvida especialmente por Werner Heisenberg (1925) e Erwin Schrödinger (1926).

Equação de onda de Schrödinger A equação fundamental da mecânica quântica, que relaciona as amplitudes de probabilidade ondulatórias às forças exercidas sobre um dado sistema. Ela é tão básica para a mecânica quântica quanto as leis de Newton do movimento o são para a mecânica clássica.

Física quântica A física que descreve o mundo microscópico, onde muitas quantidades são granulares (em unidades chamadas de quanta), e não-contínuas, e onde os corpúsculos de luz (fótons) e as partículas de matéria, tais como os elétrons, exibem propriedades tanto ondulatórias quanto corpusculares.

Princípio da incerteza Princípio formulado por Werner Heisenberg, segundo o qual a constante de Planck, h, estabelece um limite de precisão para medições. De acordo com o princípio da incerteza, não é possível medir simultaneamente e com precisão total a posição e o momentum de uma partícula, assim como a energia e o tempo durante o qual a partícula possui aquela energia.

Princípio da correspondência Princípio segundo o qual uma nova teoria deve dar os mesmos resultados que a antiga teoria onde esta for comprovadamente válida.

Complementaridade Princípio enunciado por Niels Bohr, segundo o qual o aspecto ondulatório e o aspecto corpuscular da matéria e da radiação são partes necessárias e complementares do todo. O que é enfatizado depende de qual experimento está sendo realizado (isto é, de qual questão se quer saber acerca da natureza).

LEITURA SUGERIDA

Cole, K. C. *The Hole in The Universe: How Scientists Peered over the Edge of Emptiness and Found Everything*. New York: Harcourt, 2001.

Ford, K. W. *The Quantum World: Quantum Physics for Everyone*. Cambridge, MA: Harvard University Press, 2004. Um intrigante resumo do desenvolvimento da física quântica, com ênfase nos físicos participantes.

Rigden, J. S. *Hydrogen – The Essential Element*. Cambridge MA: Harvard University Press, 2002. Uma divertida biografia do mais abundante elemento da natureza.

Trefil, J. *Atoms to Quarks*. New York: Scrinner´s, 1980. Contém um bom desenvolvimento da teoria quântica nos capítulos iniciais, como introdução à física de partículas.

QUESTÕES DE REVISÃO

1. Faça distinção entre *física atômica* e *física nuclear*.

15.1 O efeito fotoelétrico

2. O que é o efeito fotoelétrico?
3. Qual dos dois são mais bem-sucedidos em desalojar elétrons da superfície de um metal, os fótons da luz ultravioleta ou os da luz vermelha? Por quê?
4. Por que um feixe de luz vermelho muito intenso não transfere mais energia a um elétron ejetado do que um tênue feixe de luz ultravioleta?
5. Qual é o significado do termo quantização?

15.2 Espectros de emissão

6. O que é um espectro de emissão?
7. O que é um *espectroscópio*, e o que ele realiza?
8. O que prevê o princípio da combinação de Ritz?
9. O que significa dizer que um átomo está excitado?
10. A luz é emitida por um átomo quando ele é excitado ou quando ele relaxa?
11. O que significa dizer que os estados de energia são *discretos*?

15.3 Espectros de absorção

12. Como um espectro de absorção difere em aparência de um espectro de emissão?
13. O que são as linhas de Fraunhofer?
14. Como um astrofísico pode saber se uma determinada estrela está se afastando ou se aproximando da Terra?

15.4 Fluorescência

15. Por que a luz ultravioleta é eficiente em tornar fluorescentes certos materiais, e não, a infravermelha?
16. Faça distinção entre as excitações primárias e as secundárias que ocorrem em uma lâmpada fluorescente.
17. O que é responsável pelo brilho remanescente dos materiais fosforescentes?

15.5 Incandescência

18. Como a freqüência de pico da luz emitida se relaciona com a temperatura de sua fonte incandescente?
19. Quando um gás qualquer brilha, são emitidas cores discretas. Quando é um sólido que brilha, as cores parecem borradas. Por quê?

15.6 Lasers

20. Faça distinção entre *luz monocromática* e *luz coerente*.
21. Como a avalanche de fótons em um feixe de laser difere das hordas de fótons emitidos por uma lâmpada incandescente?

15.7 Dualidade onda-partícula

22. Quando interage com os cristais de matéria existentes em um filme fotográfico, a luz comporta-se predominantemente como uma onda ou como uma partícula?
23. Quando a luz se comporta como uma onda? E quando ela se comporta como uma partícula?

15.8 Partículas como ondas: difração de elétrons

24. Qual foi a hipótese sugerida por Louis de Broglie em 1924?
25. Quando elétrons são difratados por uma fenda dupla, eles chegam à tela como ondas ou como partículas? O padrão gerado por seus impactos é ondulatório ou corpuscular?
26. Por que cada elemento tem seu particular padrão de linhas espectrais?
27. De que maneira considerar o elétron como uma onda em vez de partícula resolve o enigma das órbitas discretas dos elétrons?
28. De acordo com o modelo simples de de Broglie, quantos comprimentos de onda existem na onda eletrônica correspondente à primeira órbita? E à enésima órbita?
29. Como se pode explicar por que os elétrons não espiralam para dentro do núcleo atrator?

15.9 A mecânica quântica

30. O que representa a função de onda ψ (*psi*)?
31. Faça distinção entre função de onda e função densidade de probabilidade.
32. Como a nuvem de probabilidade do elétron de um átomo de hidrogênio se relaciona à órbita descrita por Niels Bohr?

15.10 O princípio da incerteza

33. Em quais das seguintes situações as incertezas quânticas são significativas: ao medir simultaneamente a rapidez e a localização de uma bola de beisebol, de uma pedrinha ou de um elétron?
34. Qual é o princípio da incerteza em relação ao movimento e à posição?
35. Se as medidas mostram uma posição bem-definida de um elétron, podem as mesmas medidas também revelar com precisão qual é o seu momentum? Explique.
36. Se as medidas revelam um valor preciso para a energia irradiada por um elétron, podem as mesmas medidas igualmente revelar um valor preciso para o tempo de duração do evento? Explique.

15.11 O princípio da correspondência

37. No princípio da correspondência, exatamente o que é que "corresponde"?
38. Como se sai a equação de Schrödinger quando aplicada ao sistema solar?
39. O que é o princípio da complementaridade?
40. Cite uma evidência de que a idéia dos opostos como componentes do todo precedem o princípio de Bohr da complementaridade.

ATIVIDADES EXPLORATÓRIAS

1. Escreva uma carta a um jovem de 12 anos e explique como a luz é emitida por lâmpadas, chamas e lasers. Explique também por que pigmentos e tintas fluorescentes são tão impressionantemente visíveis quando iluminados com uma lâmpada de ultravioleta. Prossiga discutindo as semelhanças e as diferenças entre fluorescência e fosforescência.
2. Consiga emprestada uma rede de difração com seu professor de física. O tipo mais comum parece um *slide* fotográfico, e a luz que a atravessa, ou que nela é refletida, sofre difração em suas componentes coloridas produzida por milhares de linhas finamente riscadas no filme. Olhe através da rede de difração a luz emitida por uma lâmpada a vapor de sódio, como as que são usadas na iluminação das ruas. Se a pressão do vapor na lâmpada for pequena, você enxergará a bonita "linha" espectral amarela que é predominante na luz do sódio (de fato se trata de duas linhas muito próximas). Se a lâmpada de rua for redonda, você enxergará círculos em vez de linhas; e se olhá-la através de uma fenda cortada em um pedaço de cartolina, você verá linhas. Mais interessante é o que ocorre nas lâmpadas de vapor de sódio em alta pressão, agora comuns. Devido às colisões dos átomos excitados, você verá um espectro borrado que é aproximadamente contínuo, muito parecido com o de uma lâmpada incandescente. Bem na localização do amarelo, onde você esperaria ver a linha do sódio, existe uma área escura. Esta área corresponde à banda de absorção do sódio. Ela se deve ao sódio mais frio, que circunda a região de alta pressão onde se dá a emissão. Você deveria ver isso a partir de uma quadra de distância, de forma que a linha ou o círculo seja pequeno o bastante para permitir que a resolução seja mantida. Tente isso. É muito fácil de ver!

EXERCÍCIOS

1. Qual fóton possui mais energia – um de luz visível ou um de luz ultravioleta?
2. Falamos em fótons de luz vermelha e em fótons de luz verde. Podemos falar em fótons de luz branca? Justifique em caso positivo ou negativo.
3. Qual feixe de laser transporta mais energia por fóton – um de luz vermelha ou um de luz verde?
4. Se um feixe de luz vermelha e outro de luz azul possuem exatamente a mesma energia, qual deles contém o maior número de fótons?
5. Se dobrássemos a freqüência da luz, dobraríamos a energia de cada um de seus fótons. Se, em vez disso, nós dobrássemos o comprimento de onda da luz usada, o que aconteceria à energia do fóton?

6. O fósforo no interior das lâmpadas fluorescentes converte luz ultravioleta em luz visível ou luz visível em luz ultravioleta? Justifique sua resposta.
7. O brometo de Prata (AgBr) é uma substância sensível à luz usado em alguns tipos de filmes fotográficos. Para causar a exposição do filme, ele deve ser iluminado com luz que tenha energia suficiente para romper as ligações químicas de suas moléculas. Por que você acha que esse filme pode ser manuseado em um quarto escuro iluminado apenas com luz vermelha? E quanto à luz azul? E quanto a uma luz vermelha muito brilhante em relação a uma luz azul muito fraca?
8. Queimaduras solares produzem danos às células da pele. Por que a radiação ultravioleta é capaz de produzir tais danos, enquanto a radiação visível, ainda que muito intensa, não?
9. No efeito fotoelétrico, é a intensidade ou a freqüência que determina a energia cinética dos elétrons ejetados? O que determina o número dos elétrons ejetados?
10. Uma fonte de luz vermelha muito intensa contém muito mais energia do que uma fonte de luz azul fraca, mas a luz vermelha não tem efeito algum em ejetar elétrons de uma determinada superfície fotossensível. Qual é a razão para isso?
11. Por que os fótons de luz ultravioleta são mais efetivos em provocar o efeito fotoelétrico do que os fótons da luz visível?
12. Por que a luz que incide numa superfície metálica ejeta apenas elétrons, e não, prótons?
13. O efeito fotoelétrico depende da natureza ondulatória da luz ou da natureza corpuscular da mesma?
14. Qual é a evidência de que existe ferro nas camadas externas e relativamente frias do Sol?
15. Que diferença um astrônomo enxerga entre o espectro de emissão de um elemento em uma estrela que está se afastando e o espectro de emissão do mesmo elemento obtido no laboratório? (Dica: isso se relaciona à informação contida no Capítulo 12.)
16. Uma estrela-quente azul é cerca de duas vezes mais quente do que uma estrela-quente vermelha. Mas as temperaturas nos gases de sinais de advertência são praticamente as mesmas, estejam eles emitindo luz vermelha ou azul. Qual é sua explicação para isso?
17. A excitação atômica ocorre em sólidos e em gases? Em que a energia radiante de um sólido incandescente difere da energia radiante emitida por um gás excitado?
18. Se os átomos de uma dada substância absorvem luz ultravioleta e emitem luz vermelha, em que é convertida a energia que está "faltando"?
19. Quando um elétron efetua uma transição de seu primeiro nível quântico para o nível fundamental, a diferença de energia é levada pelo fóton emitido. Em comparação, quanta energia está envolvida no retorno de um elétron no estado fundamental para o primeiro nível quântico?
20. Um colega argumenta que, se a luz ultravioleta pode ativar o processo de *fluorescência*, a luz infravermelha também deveria poder fazê-lo. Seu colega o olha para saber se você concorda ou discorda desta idéia. Qual é sua posição a respeito?
21. O precursor do *laser* usava microondas no lugar da luz visível. O que significa a palavra *maser*?
22. O primeiro *laser* construído consistia de uma barra vermelha de rubi ativada por uma lâmpada de *flash* fotográfico que emitia luz verde. Por que não funciona um *laser* formado por uma barra de um cristal verde e por uma lâmpada de *flash* fotográfico que emite luz vermelha?
23. Um laser de laboratório possui potência de 0,8 mW (8×10^{-4} W). Por que ele parece ser mais poderoso do que uma lâmpada de 100 W?
24. Como as avalanches de fótons em um feixe de *laser* diferem das "hordas" de fótons emitidos por uma lâmpada incandescente?
25. Um colega especula que os cientistas de um determinado país desenvolveram um *laser* que fornece mais energia na saída que a que lhe foi fornecida na entrada. Seu colega lhe pede uma resposta para essa especulação. Qual é sua resposta?
26. Se um objeto qualquer se encontra a uma temperatura acima do zero absoluto, ele emite alguma energia radiante. Por que, então, não podemos sempre ver esses objetos no escuro?
27. Se continuarmos a aquecer um pedaço de metal que originalmente estava à temperatura ambiente, em uma sala escura, ele começará a brilhar visivelmente. Qual será a primeira cor vista, e por quê?
28. Podemos aquecer um pedaço de metal até ele tornar-se vermelho incandescente e, então, branco. Podemos aqueça-lo até que o metal brilhe com a cor azul? Ele seria sólido a esta temperatura?
29. Como se comparam as temperaturas superficiais das estrelas vermelhas, azuis e brancas?
30. A parte *a* do desenho abaixo mostra a curva de radiação de um sólido incandescente e seu padrão espectral produzido por um espectroscópio. A parte *b* mostra a "curva de radiação" de um gás excitado e seu padrão espectral de emissão. A parte *c* mostra a curva produzida quando um gás frio se encontra entre uma fonte incandescente e o observador; o correspondente padrão espectral é deixado para você obter como exercício. A parte *d* mostra o padrão espectral de uma fonte incandescente visto através de um vidro verde; você deve esboçar a correspondente curva de radiação.

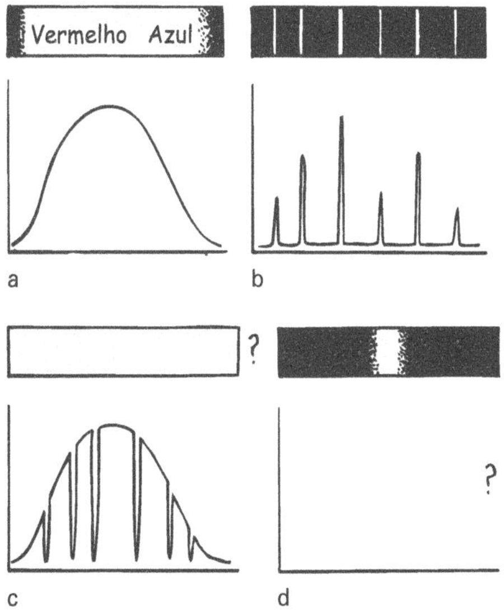
Vermelho Azul
a
b
?
?
c
d

31. Considere apenas quatro dos níveis de energia de um determinado átomo, como mostra o diagrama a seguir. Quantas linhas espectrais resultarão de todas as possíveis transições entre esses

níveis? Qual transição corresponde à luz emitida com maior freqüência? E qual corresponde à luz de menor freqüência?

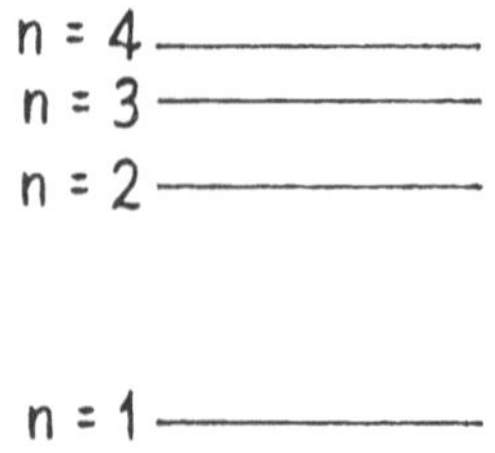
n = 4
n = 3
n = 2
n = 1

32. Um elétron relaxa do quarto nível quântico do diagrama acima para o terceiro deles, e daí diretamente para o estado fundamental. Dois fótons são emitidos no processo. Como se compara a soma de suas freqüências com a freqüência do único fóton que seria emitido na relaxação do quarto nível diretamente para o estado fundamental?
33. Quando os fótons se comportam como ondas? Quando eles se comportam como partículas?
34. Tem-se argumentado que a luz é uma onda, depois que ela é formada por partículas e então tudo se repete. Isso significa que a verdadeira natureza da luz provavelmente se situe em algum lugar entre esses dois modelos?
35. Que dispositivo de laboratório utiliza a natureza ondulatória dos elétrons?
36. Quando um fóton atinge um elétron e lhe cede energia, depois de ricochetear no elétron, o fóton possui menos energia. O que acontece à freqüência do fóton após ele ricochetear no elétron? (Este fenômeno é chamado de *efeito Compton.*)
37. Um próton e um elétron possuem a mesma rapidez. Qual deles possui o maior momentum? Qual deles possui o maior comprimento de onda?
38. Um determinado elétron se desloca duas vezes mais rapidamente do que outro. Qual deles possui o maior comprimento de onda?
39. O comprimento de onda de de Broglie de um próton torna-se maior ou menor quando sua velocidade aumenta?
40. Não notamos o comprimento de onda da matéria em movimento em nossa experiência cotidiana. Isso se deve ao fato de que o comprimento de onda é extraordinariamente grande ou extraordinariamente pequeno?
41. Qual é a principal vantagem de um microscópio eletrônico em relação a um microscópio ótico?
42. Um colega lhe diz que "se um elétron não é uma partícula, então ele deve ser uma onda". Qual é a sua resposta? (Você escuta com freqüência afirmações do tipo "ou isso ou aquilo" como esta?)
43. Considere um dos muitos elétrons existentes na ponta de seu nariz. Se alguém olha para ele, seu movimento será alterado? E se ele for olhado com um dos olhos fechados? E com os dois olhos, porém cruzados? O princípio da incerteza de Heisenberg se aplica aqui?
44. O princípio da incerteza nos diz que jamais podemos conhecer algo com certeza absoluta?
45. Inadvertidamente, nós alteramos as realidades que tentamos medir em uma pesquisa de opinião pública? O princípio de Heisenberg da incerteza se aplica a esta situação?
46. Se o comportamento de um dado sistema, por algum período de tempo, for medido com exatidão e compreendido, segue daí que o comportamento futuro do sistema poderá ser previsto exatamente? (Há uma distinção entre as propriedades que são *mensuráveis* e aquelas que são *previsíveis*?)
47. Se uma borboleta causa um tornado, faz sentido erradicar as borboletas? Justifique sua resposta.
48. Escutamos a expressão "dar um salto quântico" para descrever grandes mudanças. Essa expressão é apropriada? Justifique sua resposta.
49. O que representam as ondas na equação de Schrödinger?
50. Se o mundo atômico possui tantas incertezas e está sujeito a leis probabilísticas, como podemos medir com precisão coisas como a intensidade da luz, a corrente elétrica e a temperatura?
51. Que evidência sustenta a idéia de que a luz possui propriedades ondulatórias? E de que ela possui propriedades corpusculares?
52. Quando e onde existe superposição das leis de Newton do movimento com a mecânica quântica?
53. O que o princípio de Bohr da correspondência nos diz sobre a mecânica quântica frente à mecânica clássica?
54. Em seu livro *The Character of Physical Law* ("A Natureza da Lei Física"), Richard Feynman escreve: "Um filósofo disse uma vez que 'para a própria existência da ciência, é necessário que as mesmas condições produzam os mesmos resultados'. Bem, elas não os produzem!" Quem estava falando sobre a física clássica e quem estava falando sobre a física quântica?
55. Para medir a idade exata do *Old Methuselah* (Velho Matusalém), como é conhecida a árvore viva mais velha do mundo, em 1965 um professor de dendrologia de Nevada, EUA, com a ajuda de um funcionário do Departamento de Administração de Terras dos Estados Unidos, cortou a árvore e contou seus anéis. Este é um exemplo extremo de alteração naquilo que se mede ou um exemplo de estupidez arrogante e criminosa?

PROBLEMAS

● INICIANTE ■ INTERMEDIÁRIO ♦ AVANÇADO

1. ■ No diagrama mostrado, a diferença de energia entre os estados A e B é o dobro da diferença de energia entre os estados B e C. Numa transição (salto quântico) de C para B, um elétron emite um fóton com comprimento de onda igual a 600 nm.
   a. Qual é o comprimento de onda emitido quando o fóton salta de B para A?
   b. E quando salta de C para A?

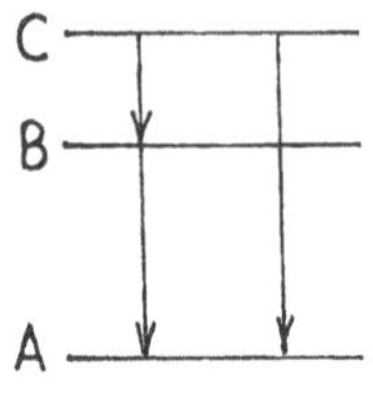
C
B
A

2. ■ Um comprimento de onda típico de radiação infravermelha emitida por nosso corpo é de 25 mm ($2{,}5 \times 10^{-5}$ m). Mostre que a energia por fóton dessa radiação vale $7{,}9 \times 10^{-21}$ J.
3. ■ Um elétron colide com a face interna da tela de um modelo de TV comum com 1/10 da velocidade da luz. Mostre que o comprimento de onda de de Broglie deste elétron é de $2{,}4 \times 10^{-11}$ m menor do que o diâmetro de um único átomo.
4. ■ Você decidiu pôr a rolar uma bola de 0,1 kg sobre o piso tão lentamente que ela tenha um pequeno momentum e um grande comprimento de onda de de Broglie. Se você a fizesse rolar com 0,001 m/s, mostre que seu comprimento de onda seria de $6{,}6 \times 10^{-30}$ m (incrivelmente pequeno e se comparado com o comprimento de onda do elétron do problema anterior).

CAPÍTULO 16

O Núcleo Atômico e a Radioatividade

Dean Zollman investiga as propriedades nucleares com uma versão moderna do experimento de espalhamento de Rutherford.

O núcleo atômico e seus processos talvez sejam as mais mal-compreendidas e polêmicas áreas da física. A desconfiança com qualquer coisa *nuclear*, ou com qualquer coisa *radioativa*, se parece muito com os temores com a eletricidade mais de um século atrás. A desconfiança com a eletricidade nas residências estava baseada na ignorância. De fato, a eletricidade pode ser muito perigosa, e mesmo letal, quando manuseada inadequadamente. Mas com segurança e consumidores bem-informados, a sociedade compreendeu que os benefícios da eletricidade superam seus riscos. Hoje em dia, estamos tendo que tomar decisões semelhantes acerca dos riscos da tecnologia nuclear *versus* seus benefícios – decisões que exigem uma compreensão adequada do núcleo atômico e de seus processos internos.

16.1 A radioatividade

Os elementos com núcleos instáveis são chamados de *radioativos*. Cedo ou tarde eles se rompem e ejetam partículas energéticas ou radiação eletromagnética de alta freqüência. Estes processos constituem a radioatividade, que, por envolver o decaimento do núcleo atômico, é geralmente chamada de *decaimento radioativo*.

Um equívoco que surge com freqüência é o de que a radioatividade é algo novo no meio ambiente, quando, na realidade, ela existe por aí há mais tempo do que a raça humana. Ela faz parte do meio ambiente tanto quanto o Sol e a chuva. Ela sempre existiu no solo sobre o qual caminhamos e no ar que respiramos e é ela que aquece o interior da Terra e que o mantém derretido. De fato, o decaimento radioativo no interior da Terra é o que esquenta a água que esguicha de um gêiser ou de fontes termais naturais. Mesmo o hélio de um balão de criança nada mais é do que um produto do decaimento radioativo. A radioatividade é tão natural quanto o brilho do Sol ou a chuva.

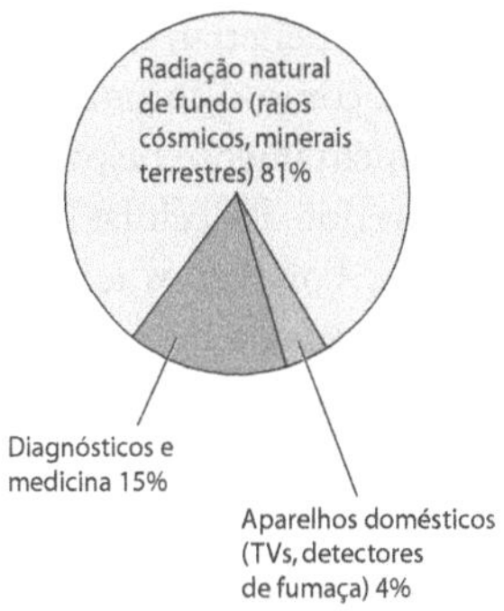
Radiação natural de fundo (raios cósmicos, minerais terrestres) 81%
Diagnósticos e medicina 15%
Aparelhos domésticos (TVs, detectores de fumaça) 4%

FIGURA 16.1
Origens da exposição radioativa de um indivíduo comum nos EUA.

16.2 Raios alfa, beta e gama

Todos os elementos com números atômicos maiores do que 82 (chumbo) são radioativos. Esses elementos, e outros, emitem três espécies distintas de radiação, que receberam a denominação das três primeiras letras do alfabeto grego, α, β, γ – *alfa, beta* e *gama*, respectivamente. Os raios alfa possuem carga elétrica positiva; os raios beta, carga negativa; e os raios gama não possuem carga alguma. Os três raios podem ser separados por um campo magnético existente ao longo de suas trajetórias (Figura 16.2).

Uma **partícula alfa** consiste na combinação de dois prótons e dois nêutrons (noutras palavras, ela é um núcleo de hélio, com número atômico 2). É fácil blindar-se contra partículas alfa devido à sua massa relativamente grande e à sua carga, de duas cargas elementares positivas (+2). Por exemplo, elas geralmente não conseguem penetrar em materiais como papel e tecido de roupa. Devido às suas energias cinéticas elevadas, as partículas alfa podem causar danos significativos à superfície de um material, especialmente tecido vivo. Quando se deslocam apenas uma pequena distância nas rochas abaixo da superfície da Terra, as partículas alfa capturam elétrons, tornando-se nada mais que o inofensivo hélio. E de fato, é daí que vem o hélio dos balões de criança – praticamente todos os átomos do hélio existente na Terra foram, em uma época, partículas alfa energéticas.

Uma vez que as partículas alfa e beta perdem suas velocidades em colisões, elas tornam-se inofensivas. As partículas alfa tornam-se núcleos de hélio, e os elétrons se ligam a outros átomos.

Uma **partícula beta** é um elétron ejetado a partir de um núcleo. Uma vez ejetada, ela é indistinguível de um elétron em um tubo de raios catódicos, em um circuito elétrico ou em órbita de um núcleo atômico. A diferença é que uma partícula beta tem origem no interior de um núcleo – onde é criada quando um nêutron se transforma em um próton. Uma partícula beta normalmente é mais rápida do que uma partícula alfa e possui apenas uma carga elementar negativa (-1). Ao contrário das partículas alfa, não é fácil deter partículas beta, as quais são capazes de penetrar em materiais leves tais como papel e tecido têxtil. Podem facilmente penetrar profundamente na pele humana, onde elas têm chances de danificar ou mesmo de matar células vivas, porém não são capazes de penetrar profundamente em materiais mais densos, tais como o alumínio. Uma vez paradas, as partículas beta tornam-se, simplesmente, parte do material onde se encontram, como outro elétron qualquer.

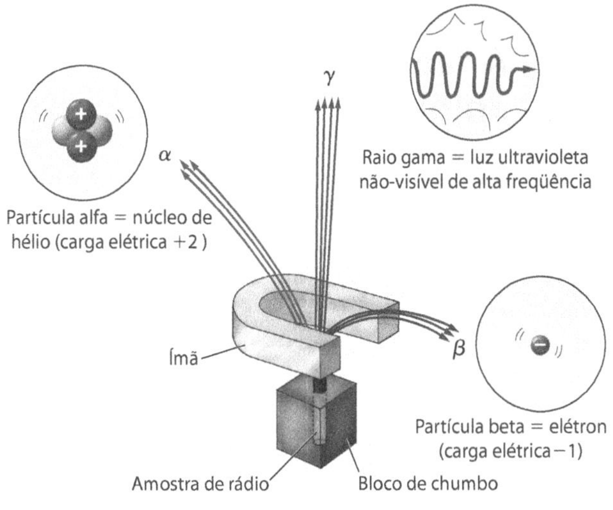
γ
α
β
Raio gama = luz ultravioleta não-visível de alta freqüência
Partícula alfa = núcleo de hélio (carga elétrica +2)
Ímã
Partícula beta = elétron (carga elétrica −1)
Amostra de rádio
Bloco de chumbo

FIGURA 16.2
Em um campo magnético, os raios alfa são desviados de uma maneira, os raios beta de outra maneira, enquanto os raios gama não sofrem desvio algum. Note que os raios alfa desviam-se menos do que os raios beta. Isso ocorre porque as partículas alfa possuem inércia (massa) maior do que as partículas beta. Os feixes combinados provêm de um material radioativo localizado no fundo de um buraco em um bloco de chumbo.

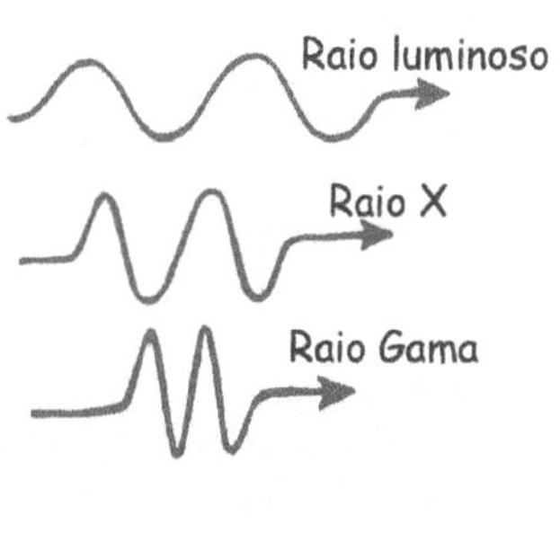
Raio luminoso
Raio X
Raio Gama

FIGURA 16.3
Um raio gama é, simplesmente, radiação eletromagnética com freqüência e energia muito maiores do que as da luz e dos raios X.

Os **raios gama** são radiações eletromagnéticas de alta freqüência emitidas por elementos radioativos. Como a luz visível, um raio gama é pura energia. Ele é constituído por fótons de energia muito maiores do que as dos fótons que formam a luz visível, a ultravioleta e até mesmo os raios X. Como eles não possuem massa e nem carga elétrica, e também por causa de sua grande energia, os raios gama são capazes de penetrar na maioria dos materiais. Não conseguem penetrar, entretanto, em materiais notavelmente densos, como o chumbo, que os absorvem. Quando atingidas violentamente pelos raios gama, as moléculas delicadas no interior das células de nosso corpo sofrem danos estruturais. Por isso os raios gama geralmente são mais danosos para nós do que as partículas alfa e beta (a menos que estas sejam ingeridas).

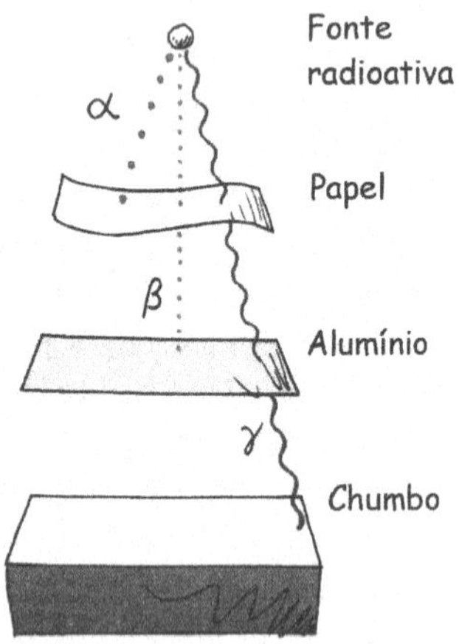
Fonte radioativa
α
Papel
β
Alumínio
γ
Chumbo

FIGURA 16.4
As partículas alfa são as menos penetrantes e podem ser detidas por algumas folhas de papel. As partículas beta atravessam facilmente o papel, mas não uma folha de alumínio. Os raios gama são absorvidos por chumbo sólido.

FIGURA 16.5
A duração de morangos frescos e de outros alimentos perecíveis aumenta significativamente quando os mesmos são submetidos a raios gama provenientes de uma fonte radioativa. Os morangos do lado direito foram expostos à radiação gama, que mata os microorganismos que normalmente os deterioram. Os alimentos são apenas receptores de radiação, e não existe maneira de serem transformados em emissores de radiação, como pode se confirmar por meio de detectores de radiação.

PARE E TESTE A SI MESMO

Imagine que você dispõe de três pedras radioativas – uma que é emissora alfa, outra que é emissora beta, e uma terceira, de radiação gama. Você pode se livrar de uma delas, mas quanto às outras duas restantes, uma você deverá ficar segurando na mão, e a outra deverá ser colocada no bolso. O que você poderá fazer a fim de minimizar sua exposição à radiação?

VERIFIQUE SUA RESPOSTA

Segure o emissor alfa na mão, pois a pele o blindará. Ponha o emissor beta em seu bolso porque as partículas beta provavelmente serão detidas pelo tecido de sua roupa e por sua pele. Livre-se do emissor gama, pois este tipo de radiação poderia penetrar em seu corpo estando em qualquer destas localizações. O ideal, claro, é que você pudesse distanciar-se ao máximo de todas as pedras.

16.3 A radiação do meio ambiente

As rochas e minerais comuns no ambiente ao nosso redor contém quantidades significativas de isótopos radioativos porque a maioria delas contém traços de urânio. E de fato, pessoas que vivem em construções de tijolo, concreto ou rocha estão expostas a doses maiores de radiação do que as pessoas que vivem em construções de madeira.

A principal fonte de radiação externa natural é o radônio-222, um gás inerte que surge nos depósitos de urânio. O radônio é um gás pesado que tende a se acumular nos porões depois de se infiltrar através de rachaduras no piso. Os níveis de radônio variam de região para região, dependendo da geologia local. Você pode testar o nível de radônio em sua casa com um *kit* de detecção de radônio (Figura 16.6). Se os níveis forem anormalmente altos, são recomendadas medidas de correção, como lacrar o piso e as paredes do porão e manter uma ventilação adequada no recinto.

FIGURA 16.6
Um kit de teste de radônio residencial disponível comercialmente nos EUA.

RADON
TEST KIT

Cerca de um quinto da exposição anual à radiação provém de fontes artificiais, geralmente devido a procedimentos médicos. Aparelhos de televisão, resíduos de testes nucleares de muitos anos atrás e as usinas geradoras elétricas a carvão mineral ou nucleares também dão sua contribuição. As de carvão batem de longe as nucleares como fonte de radiação. Globalmente, a queima anual de carvão libera para a atmosfera 13.000 toneladas de tório e urânio radioativos. Esses materiais são encontrados em depósitos naturais de carvão, de modo que sua liberação é uma conseqüência natural da queima do carvão mineral. No mundo todo, as indústrias nucleares geram cerca de 10.000 toneladas de lixo radioativo a cada ano. A maior parte dele, entretanto, fica contido e *não* é liberado para o meio ambiente.

Unidades de radiação

A dose de radiação é normalmente medida em *rads* (***r**adiation **a**bsorved **d**ose*, unidade de radiação absorvida), uma unidade de energia absorvida. Um **rad** é igual a 0,01 joules de energia radiante absorvida por quilograma de tecido vivo.

A radioatividade existe desde o início da Terra.

A capacidade da radiação nuclear de produzir danos não é função somente de seu nível energético, todavia. Certas formas de radiação são mais danosas do que outras. Por exemplo, suponha que você tenha duas flechas, uma dotada de ponta e outra com uma ventosa em sua ponta. Se você arremessá-las com as mesmas velocidades contra uma maçã, ambas terão a mesma energia cinética. A que é dotada de ponta, entretanto, causará invariavelmente mais danos à maçã do que a outra, que possui uma ventosa na ponta. Analogamente, certas formas de radiação produzem danos maiores do que outras, mesmo que se receba o mesmo número de rads de cada uma.

A unidade de medida de dose de radiação baseada no potencial de causar danos é o **rem** (***r**oentgen **e**quivalent **m**an*, equivalente humano em roentgens)[1]. Para calcular a dose em rems, multiplica-se o número correspondente de rads pelo fator que corresponde aos diferentes efeitos na saúde causados pelos diferentes tipos de radiação, fatores estes determinados por estudos clínicos. Por exemplo, 1 rad de partículas alfa tem os mesmos efeitos biológicos que 10 rads de partículas beta[2]. Ambas as doses são medidas como 10 rems:

Partícula	Dose de radiação		Fator		Efeito sobre a saúde
alfa	1 rad	×	10	=	10 rems
beta	10 rads	×	1	=	10 rems

PARE E TESTE A SI MESMO

Seria menos danosa uma exposição a 1 rad de partículas alfa ou a 1 rad de partículas beta?

VERIFIQUE SUA RESPOSTA

Multiplique essas quantidades de radiação pelo fator apropriado a fim de obter a dose em rems. Alfa: 1 rad × 10 = 10 rems; beta: 1 rad × 1 = 1 rem. Os fatores mostram que, do ponto de vista fisiológico, as partículas alfa são 10 vezes mais danosas do que as beta.

Doses de radiação

Doses letais de radiação iniciam em 500 rems. Uma pessoa qualquer tem cerca de 50% de chance de sobreviver a uma dose deste valor, espalhada sobre o corpo inteiro durante um curto período de tempo. Durante terapias radioativas, um paciente pode receber doses localizadas de 200 rems a cada dia, por um período de semanas (Figura 16.7).

Toda a radiação que recebemos das fontes naturais e dos procedimentos médicos de diagnósticos é de apenas uma fração de 1 rem. Por conveniência, usa-se a unidade menor, *milirem*, sendo que 1 milirem (mrem) equivale a um milésimo de um rem.

Uma pessoa comum nos Estados Unidos é exposta a cerca de 360 mrem por ano, conforme indica a Tabela 16.1. Cerca de 80% dessa radiação provém de fontes naturais,

[1] Esta denominação é uma homenagem ao descobridor dos raios X, Wilhelm Roentgen.

[2] Isto é verdadeiro, mesmo que as partículas beta tenham maior poder de penetração, como discutido antes.

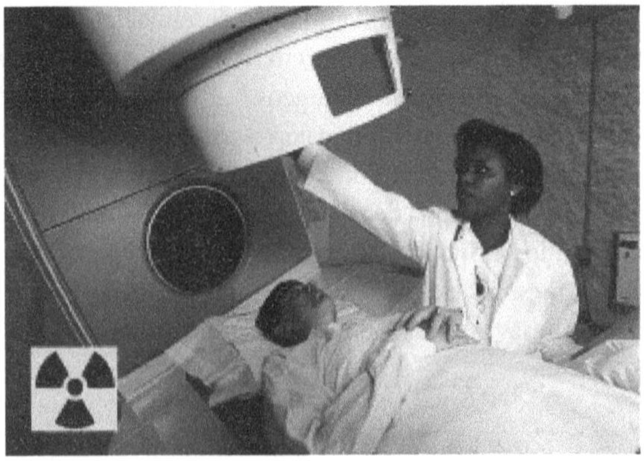

FIGURA 16.7

Radiação nuclear é focada sobre tecido doente, como o de um tumor cancerígeno, a fim de matar seletivamente ou de fazer regredir o tecido por meio de uma técnica conhecida como radioterapia. Essa aplicação da radiação nuclear tem salvado milhões de vidas – um exemplo claro dos benefícios da tecnologia nuclear. A figura inserida no canto esquerdo inferior da foto é o símbolo usado internacionalmente para indicar uma área onde material radioativo está sendo manipulado ou produzido.

como raios cósmicos e a própria Terra. Um típico raio X de tórax expõe uma pessoa entre 5 a 30 mrems (0,005 a 0,030 rem), menos do que um milésimo da dose letal. Curiosamente, o corpo humano é uma fonte significativa de radiação natural, principalmente devido ao potássio que ingerimos. Nossos corpos contêm cada um cerca de 200 gramas de potássio. Desse total, cerca de 20 miligramas é do isótopo radioativo potássio-40, que é um emissor de raios gama. Entre duas batidas do coração aproximadamente 60.000 isótopos de potássio-40 do corpo humano comum sofrem decaimento radioativo espontâneo. A radiação está mesmo em todo lugar.

TABELA 16.1

Exposição anual à radiação

Fonte	Dose típica (mrem) recebida anualmente
Origem natural	
Radiação cósmica	26
Solo	33
Ar (radônio-222)	198
Tecidos humanos (K-40; Ra-226)	35
Origem humana	
Procedimentos médicos	
Raios X para diagnósticos	40
Diagnósticos nucleares	15
Tubos de TV e outros aparelhos domésticos	11
Precipitação radioativa devido a testes de armas	1
Usinas de geração de energia a combustíveis fósseis comerciais	<1
Usinas de geração nuclear comerciais	<<1

FIGURA 16.8

Os crachás com filmes em seu interior, usados por Tammy e Larry, contêm alertas audíveis tanto para uma rápida elevação da radiação quanto para a exposição a ela acumulada. A informação dos crachás individuais é constantemente transferida eletronicamente a uma base de dados para análise e armazenamento.

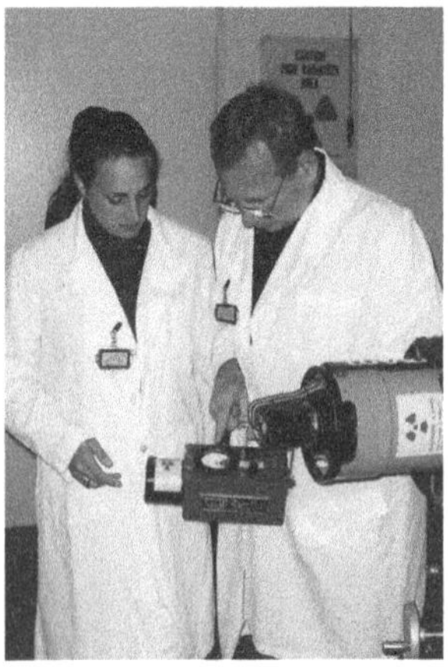

Quando a radiação se depara com as moléculas intrinsecamente estruturadas da água salgada, rica em íons, que forma nossas células, ela pode criar o caos em escala atômica. Algumas moléculas são quebradas, e isso altera outras moléculas, o que pode ser danoso aos processos vitais.

As células são capazes de reparar a maior parte dos danos moleculares causados pela radiação se esta não é severa demais. Uma célula pode sobreviver a uma dose que de outro modo seria letal se for diluída em um longo período de tempo de aplicação, de modo a permitir curas. Quando a radiação é suficiente para matar células, a células mortas podem ser substituídas por outras novas (com exceção das células nervosas, que são irreparáveis). Às vezes a célula irradiada sobrevive com uma molécula de DNA danificada. As novas células que surgem da célula danificada retêm a informação genética alterada, produzindo uma *mutação*. Normalmente os efeitos de uma mutação são insignificantes, mas ocasionalmente a mutação resulta em células que não funcionam tão bem quanto as que não foram afetadas, às vezes originando um câncer. Se o DNA danificado está nas células reprodutivas de uma pessoa, o código genético de sua descendência pode reter a mutação.

Traçadores radioativos

Em laboratórios científicos, tem-se obtido amostras de todos os elementos radioativos. Isso é conseguido por meio do bombardeio com neutros e outras partículas. Os materiais radioativos são extremamente úteis na pesquisa científica e na indústria. Para testar a ação de um fertilizante, por exemplo, os pesquisadores adicionam uma pequena quantidade de material radioativo ao produto e depois aplicam a mistura a algumas plantas. A quantidade de fertilizante radioativo descartado pela planta pode ser facilmente medida por meio de detectores de radiação. A partir dessas medidas, os cientistas podem informar os fazendeiros sobre a quantidade adequada de fertilizante que se deve usar. Isótopos radioativos usados para desvendar tais caminhos são chamados de *traçadores*.

FIGURA 16.9

Traçando o caminho de um fertilizante por meio de um isótopo radioativo.

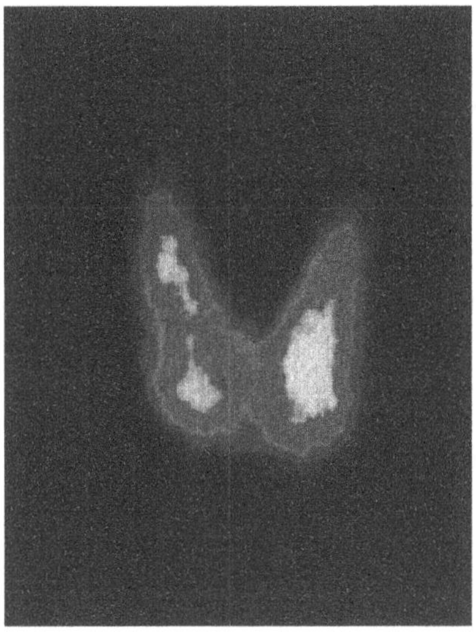

FIGURA 16.10

A glândula tireóide, localizada no pescoço, absorve a maior parte do iodo que ingressa no corpo com a comida e a bebida. Imagens da glândula tireóide, como a mostrada aqui, podem ser obtidas administrando-se ao paciente uma pequena dosagem do isótopo radioativo iodo-131. Essas imagens são úteis no diagnóstico de distúrbios metabólicos.

Em uma técnica médica conhecida como imageamento médico, os traçadores são usados para o diagnóstico de distúrbios internos. Essa técnica funciona porque o caminho seguido pelo traçador é influenciado apenas por suas propriedades físicas e químicas, e não por sua radioatividade. O traçador pode ser introduzido sozinho ou junto a algum outro produto químico que ajude a direcioná-lo para um tipo específico de tecido do corpo.

16.4 O núcleo atômico e a interação forte

O núcleo atômico ocupa somente poucos milésimos de bilionésimos do volume atômico, o que significa que a maior parte de um átomo é vazia. O núcleo é composto de **núcleons**, uma denominação coletiva dada a prótons e neutros. (Cada núcleon, por sua vez, é constituído de três partículas menores chamadas de quarks – que se acredita serem fundamentais, não-compostas de partes ainda menores.)

Exatamente como existem níveis de energia para os elétrons orbitais de um átomo, também existem níveis de energia dentro do núcleo. Enquanto os elétrons orbitais emitem fótons ao realizarem transições para órbitas mais baixas, variações similares de estado de energia nos núcleos radioativos resultam na emissão de fótons de raios gama. Isso é o que se chama de radiação gama.

Sabemos que cargas de mesmo sinal se repelem mutuamente. Então como é possível que prótons positivamente carregados de um núcleo se mantenham amontoados no interior do mesmo? Essa questão levou à descoberta de uma força atrativa chamada de **interação forte**, exercida entre os núcleons. Essa força é muito mais forte, mas somente em distâncias extremamente pequenas (cerca de 10^{-15} m, o diâmetro aproximado de um próton ou de um nêutron). As interações elétricas repulsivas, por outro lado, são de alcance relativamente longo. A Figura 16.11 sugere uma comparação do comportamento dessas forças com a distância. Para prótons mantidos juntos, como em núcleos pequenos, a interação forte atrativa suplanta com facilidade a força elétrica repulsiva. Mas para prótons que estão mais afastados, como aqueles nos lados opostos de um núcleo grande, a interação forte atrativa pode ser suplantada pela força elétrica repulsiva mais fraca.

psc
Sem a interação nuclear forte – uma força intensa –, não existiram os átomos além do hidrogênio.

Um núcleo grande não é tão estável quanto outro, pequeno. Em um núcleo de hélio, por exemplo, cada um dos dois prótons sente os efeitos repulsivos do outro. No núcleo

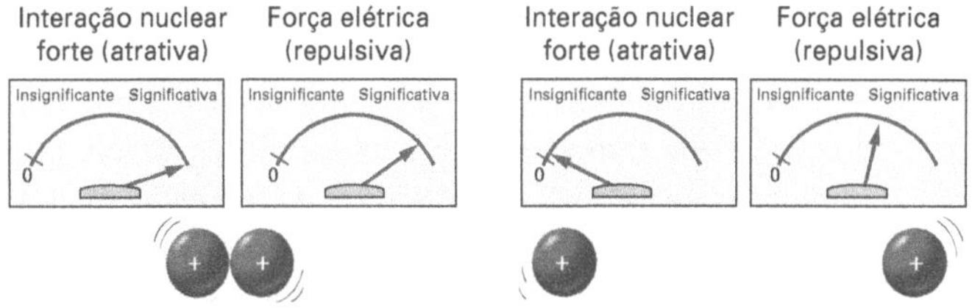

Interação nuclear forte (atrativa)
Força elétrica (repulsiva)
Interação nuclear forte (atrativa)
Força elétrica (repulsiva)
Insignificante Significativa
0
+
(a)
(b)

FIGURA 16.11

(a) Dois prótons próximos um do outro experimentam tanto uma interação nuclear forte atrativa quanto uma força elétrica repulsiva. A esta distância tão pequena, a interação nuclear forte suplanta a força elétrica, o que os mantém juntos. (b) Quando dois prótons estão relativamente distantes um do outro, a força elétrica é mais importante. Os prótons se repelem mutuamente. Essa repulsão próton-próton no interior de núcleos grandes reduz a estabilidade nuclear.

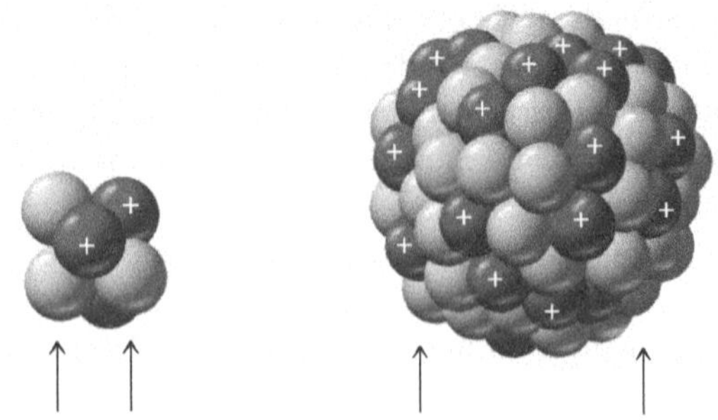
(a) Núcleons próximos uns dos outros
(b) Núcleons relativamente distantes

FIGURA 16.12

(a) Em núcleos atômicos pequenos, todos os núcleons estão próximos uns dos outros; assim, eles experimentam uma interação nuclear forte atrativa. (b) Em um núcleo grande, os núcleons em lados opostos do núcleo não estão tão próximos e, assim, a interação nuclear forte que tende a mantê-los juntos torna-se muito mais fraca. O resultado é que o núcleo grande é menos estável.

de urânio, um dos 92 prótons sente os efeitos repulsivos dos demais 91 prótons! Tal núcleo é instável. Assim vemos que existe um limite de tamanho do núcleo atômico. Por esta razão, todos os núcleos que possuem mais do que 83 prótons são radioativos.

PARE E TESTE A SI MESMO

Em um núcleo atômico, cada dois prótons se repelem mutuamente, mas também se atraem. Por quê?

VERIFIQUE SUA RESPOSTA

Enquanto os dois prótons se repelem pela força elétrica, eles também se atraem pela interação nuclear forte. Se a interação forte atrativa for mais intensa do que a força elétrica repulsiva, os prótons se manterão juntos. Sob condições em que a força elétrica suplante a interação forte, entretanto, os prótons se afastarão em alta velocidade um do outro.

Os nêutrons servem de "cimento nuclear", mantendo os núcleos atômicos íntegros. Os prótons atraem tanto prótons quanto nêutrons, através da interação nuclear forte. Cada próton, todavia, também repele os demais prótons pela força elétrica. Os nêutrons, por outro lado, não possuem carga elétrica e, assim, apenas atraem os prótons e os nêutrons através da interação nuclear forte. A presença de nêutrons, portanto, aumenta a atração entre os núcleons e ajuda a manter íntegro um núcleo (Figura 16.13).

Quanto mais prótons houver em um núcleo, mais nêutrons serão necessários para contrabalançar as forças elétricas repulsivas. Para elementos leves, basta ter aproximadamente o mesmo número de prótons e de nêutrons. O isótopo mais comum do carbono, o C-12, por exemplo, tem o mesmo número de ambos – seis prótons e seis nêutrons. Para núcleos maiores, são necessários mais nêutrons do que prótons. Como a interação nuclear forte diminui rapidamente com o aumento da distância, os núcleons devem praticamente se tocar a fim de que a interação nuclear forte seja efetiva. Os núcleons localizados em lados opostos de um núcleo atômico grande não estarão se atraindo mutuamente. A força elétrica, todavia, de fato não diminui tanto ao longo de um diâmetro nuclear e, assim, começa a suplantar a interação nuclear forte. Para compensar o enfraquecimento da interação nuclear forte ao longo do diâmetro de um núcleo desses, os núcleos grandes devem possuir mais nêutrons do que prótons. O chumbo, por exemplo, tem um número de nêutrons cerca de uma vez e meia maior do que o de prótons.

Assim, vemos que os nêutrons são estabilizadores e que os núcleos grandes requerem abundância deles. Mas os nêutrons nem sempre são bem-sucedidos em manter íntegro um núcleo. Curiosamente, os nêutrons não são estáveis quando isolados. Um nêutron desacompanhado é radioativo, espontaneamente transformando-se em um próton e um elétron (Figura 16.14a). Um nêutron necessita de prótons ao seu redor a fim de evitar que isso aconteça. As partículas alfa emitidas no decaimento alfa

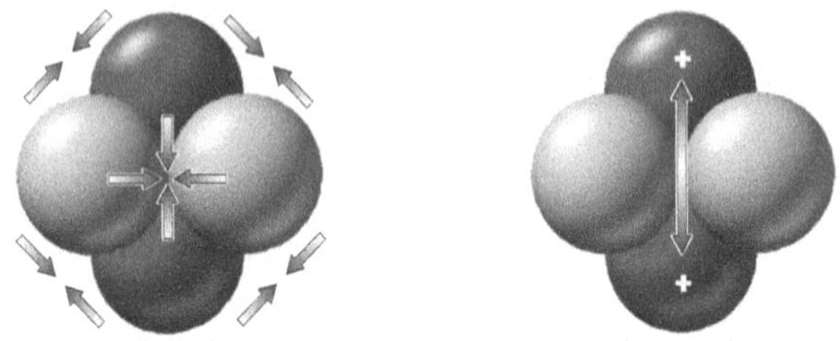
Todos os núcleons, tanto prótons quanto nêutrons, se atraem mutuamente pela interação nuclear forte.
Somente os prótons se repelem mutuamente, por forças elétricas.

FIGURA 16.13

A presença de nêutrons mantém íntegro o núcleo ao aumentar o efeito da interação nuclear forte, representada aqui por setas.

(a)

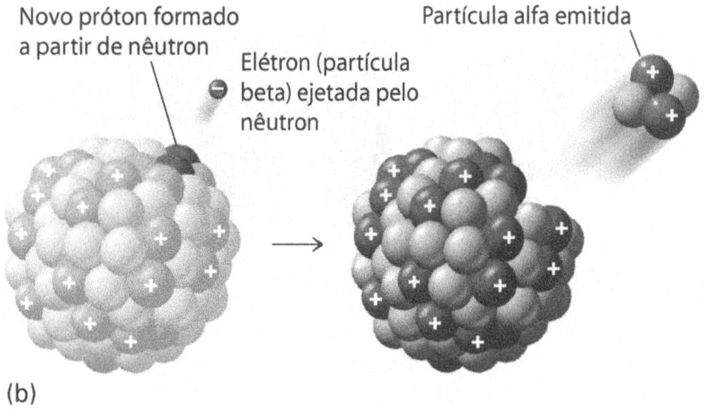
Novo próton formado a partir de nêutron
Elétron (partícula beta) ejetada pelo nêutron
Partícula alfa emitida
(b)

FIGURA 16.14
(a) Um nêutron próximo de um próton é estável, mas deixado sozinho o nêutron é instável e decai em um próton pela emissão de um elétron. (b) Desestabilizado pelo aumento do número de prótons, o núcleo começa a ejetar fragmentos, tais como partículas alfa.

são, literalmente, "pedaços" nucleares, e somente núcleos pesados as emitem[3]. As partículas beta e gama, por outro lado, podem ser emitidas tanto pelo decaimento de núcleos pesados como pelo de núcleos leves. A Figura 16.14*b* mostra o decaimento beta de um nêutron e o decaimento alfa de um núcleo pesado.

PARE E
TESTE A SI MESMO

Qual é o papel desempenhado pelos nêutrons no núcleo atômico? Qual é o destino de um nêutron quando está isolado ou distante de um ou mais prótons?

VERIFIQUE SUA RESPOSTA

Os nêutrons servem como uma espécie de cimento nos núcleos e aumentam a estabilidade nuclear. Mas quando um nêutron está sozinho, ele é radioativo e espontaneamente se transforma em um próton e um elétron.

16.5 Meia-vida radioativa

A taxa de decaimento de um isótopo radioativo é medida em termos de um tempo característico, a **meia-vida**. Trata-se do tempo transcorrido para que a metade da quantidade original de um elemento sofra decaimento. O rádio-226, por exemplo, tem uma meia-vida de 1.620 anos, o que significa que a metade de qualquer amostra de rádio-226 será transformada em outro elemento ao final de 1.620 anos. Nos próximos 1.620 anos, a metade do rádio restante decairá também, restando apenas um quarto da quantidade original de rádio. (Depois de um tempo de 20 meias-vidas, a quantidade inicial de rádio-226 terá diminuído cerca de um milhão de vezes.)

As meias-vidas são notavelmente constantes, não sendo afetadas por condições externas. Certos isótopos radioativos possuem meias-vidas menores do que um milionésimo de segundo, enquanto outros possuem meias-vidas maiores do que um bilhão de anos. O urânio-228 tem uma meia vida de 4,5 bilhões de anos. Todo o urânio acabará decaindo em chumbo em uma seqüência de passos. Em 4,5 bilhões de anos, a metade do urânio existente na Terra hoje será chumbo.

A meia-vida radioativa de um determinado material é também o tempo necessário para reduzir a taxa de decaimento à metade.

Não é necessário esperar um tempo igual a uma meia-vida para poder medi-la. A meia-vida de um elemento qualquer pode ser calculada em qualquer momento, bastando medir a taxa de decai-

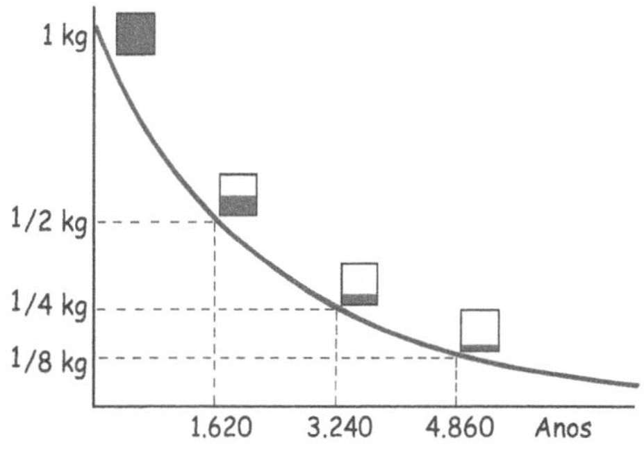
1 kg
1/2 kg
1/4 kg
1/8 kg
1.620
3.240
4.860
Anos

FIGURA 16.15
A cada 1620 anos, a quantidade de rádio diminui pela metade.

[3] Uma exceção à regra de que a ocorrência de decaimento alfa está limitada a núcleos pesados é o núcleo altamente radioativo do berílio-8, com quatro prótons e quatro nêutrons, que se quebra em duas partículas alfa – uma forma de fissão nuclear.

(a) (b)

FIGURA 16.16

Alguns detectores de radiação. (a) Um contador Geiger detecta a radiação incidente pelo efeito de ionização desta sobre o gás contido em um tubo. (b) Um contador de cintilação detecta a radiação incidente pelos flashes luminosos emitidos quando partículas carregadas ou raios gama o atravessa.

mento de uma quantidade conhecida do elemento. Isso é feito facilmente por meio de um detector (Figura 16.16). Normalmente, quanto menor for a meia-vida de uma dada substância, mais rapidamente ela se desintegra e mais radioatividade por unidade de massa será detectada.

PARE E TESTE A SI MESMO

1. Se uma amostra de isótopos radioativos tem meia-vida de 1 dia, quanto da amostra original restará ao final do segundo dia? E do terceiro dia?
2. O que provocará uma taxa de contagem maior em um detector de radiação, um material radioativo com meia-vida curta ou outro material, com meia-vida longa?

VERIFIQUE SUA RESPOSTA

1. Restará um quarto da amostra original – os três quartos que sofreram decaimento constituem outro elemento completamente diferente. Ao final de 3 dias, restará apenas um oitavo da amostra original.
2. O material com meia-vida mais curta é o mais ativo e produzirá uma taxa de contagem maior no detector de radiação.

16.6 Transmutação de elementos

Quando um núcleo radioativo emite uma partícula alfa ou beta, ocorre uma variação do número atômico – um elemento diferente é formado. Essa transformação de um determinado elemento químico em outro é chamada de **transmutação**. Ela ocorre em eventos naturais, mas também pode ser iniciada artificialmente em laboratório.

Transmutação natural

Considere o urânio-238, cujo núcleo contém 92 prótons e 146 nêutrons. Quando uma partícula alfa é ejetada, o núcleo perde dois prótons e dois nêutrons. Uma vez que cada elemento é definido pelo número de prótons existentes em seu núcleo, os 90 prótons e os 144 nêutrons restantes não constituem mais urânio. O que temos agora é o núcleo de um elemento diferente – o tório. Essa transmutação pode ser expressa como uma equação nuclear:

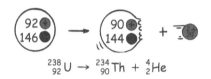

92
146
90
144

$$^{238}_{92}\text{U} \rightarrow \, ^{234}_{90}\text{Th} + \, ^{4}_{2}\text{He}$$

Vemos que o $^{238}_{92}\text{U}$ transmuta-se nos dois elementos à direita da seta. Quando ocorre essa transmutação, é liberada energia, parcialmente na forma de energia cinética da partícula alfa ($^{4}_{2}\text{He}$), parcialmente como energia cinética do núcleo de tório e parcialmente como radiação gama. Nesta e em todas as equações nucleares, os números de massa que aparecem como superíndices são iguais (238 = 234 + 4), e os números atômicos, como subíndices, também (92 = 90 +2).

O tório-234, produto dessa reação, também é radioativo. Quando decai, ele emite uma partícula beta[4]. Dado que uma partícula beta é um elétron, o número atômico do núcleo resultante é *aumentado* em 1. Logo, depois de uma emissão beta pelo tório com 90 prótons, o elemento resultante possuirá 91 prótons. Ele não é mais o tório, mas o elemento protactínio. Embora o número atômico tenha aumentado em uma unidade neste processo, o número de massa (prótons + nêutrons) permanece inalterado. A equação nuclear correspondente é

[4] A emissão beta é sempre acompanhada pela emissão de um neutrino (na verdade, um antineutrino), uma partícula neutra de massa aproximadamente nula que se desloca com velocidades próximas à da luz. O neutrino ("pequeno nêutron") foi postulado por Wolfgang Pauli em 1930 e detectado em 1956. Os neutrinos são difíceis de detectar, pois interagem muito fracamente com a matéria. Enquanto um pedaço de chumbo sólido com alguns centímetros de largura é capaz de deter a maior parte dos raios gama provenientes de uma fonte do elemento rádio, seria necessário um pedaço de chumbo com cerca de 8 anos-luz de largura a fim de deter a metade dos neutrinos produzidos nos decaimentos nucleares. Milhares de neutrinos estarão atravessando você a cada segundo do dia, pois o universo está repleto deles. Apenas ocasionalmente, uma ou duas vezes por ano ou algo assim, um neutrino interage com a matéria de seu corpo.

Na época em que este livro estava sendo escrito, a massa do neutrino era desconhecida. Os neutrinos são tão numerosos no universo que se eles tiverem mesmo uma massa minúscula, eles talvez constituam a maior parte da massa do universo. Eles podem ser a "cola" que mantém junto o universo.

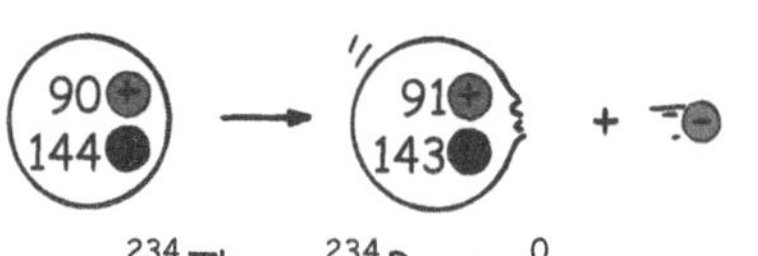
90
144
91
143

$$^{234}_{90}Th \rightarrow ^{234}_{91}Pa + ^{0}_{-1}e$$

Denotamos um elétron por $^{0}_{-1}e$. O superíndice zero indica que o elétron tem uma massa insignificante comparada à dos prótons e à dos nêutrons. O subíndice –1 corresponde à carga elétrica do elétron.

Assim, pode-se ver que, quando um determinado elemento ejeta uma partícula alfa de seu núcleo, o número de massa do átomo resultante diminui em 4 unidades, enquanto seu número atômico diminui em 2 unidades. O átomo resultante pertence a um elemento duas posições atrás na tabela periódica. Quando um determinado elemento ejeta uma partícula beta de seu núcleo, a massa do átomo praticamente não é alterada, o que significa que não ocorre alteração do número de massa, mas seu número atômico aumenta em uma unidade. O átomo resultante pertence a um elemento que está uma posição à frente na tabela periódica. A emissão gama resulta em nenhuma alteração tanto do número de massa quanto do número atômico. Assim, vemos que os elementos radioativos podem decair para trás ou para a frente na tabela periódica[5].

A série de decaimentos radioativos do $^{238}_{92}U$ para o $^{206}_{82}Pb$, um isótopo do chumbo, é mostrada na Figura 16.17. Cada flecha azul representa um decaimento alfa, e cada flecha vermelha, um decaimento beta. Note que alguns dos núcleos na série podem decair das duas maneiras. Esta é uma das várias séries de decaimentos radioativos que ocorrem na natureza.

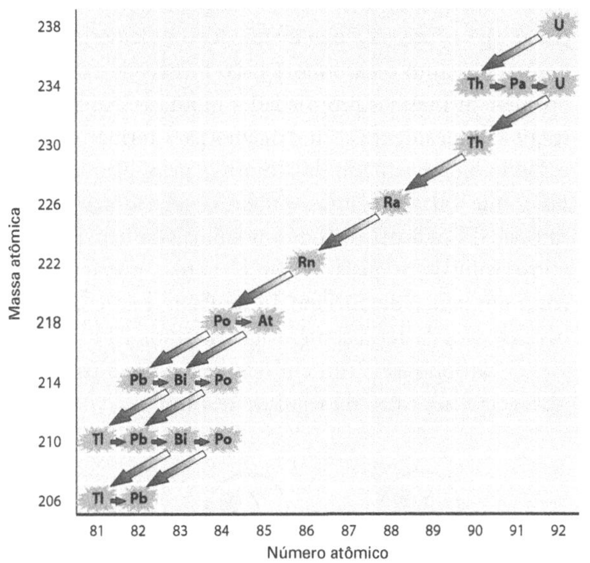
Massa atômica
238
234
230
226
222
218
214
210
206
U
Th Pa U
Th
Ra
Rn
Po At
Pb Bi Po
Tl Pb Bi Po
Tl Pb
81 82 83 84 85 86 87 88 89 90 91 92
Número atômico

FIGURA 16.17

O U-238 decai para o Pb-206 em uma série de decaimentos alfa e beta.

PARE E TESTE A SI MESMO

1. Complete as seguintes reações nucleares.
   a. $^{226}_{88}Ra \rightarrow$??? + $^{0}_{-1}e$
   b. $^{209}_{84}Po \rightarrow ^{205}_{82}Pb$ + ???
2. Em que elemento se torna, ao final, todo o urânio que sofre decaimento radioativo?

VERIFIQUE SUA RESPOSTA

1. a. $^{226}_{88}Ra \rightarrow ^{226}_{89}Ac + ^{0}_{-1}e$
   b. $^{209}_{84}Po \rightarrow ^{205}_{82}Pb + ^{4}_{2}He$
2. Todo urânio acaba virando chumbo. A caminho de tornar-se chumbo, haverá uma série de elementos, como indicado na Figura 16.17.

Transmutação artificial

Em 1919, Ernest Rutherford foi o primeiro de muitos pesquisadores a conseguir transmutar um elemento químico. Ele bombardeou nitrogênio gasoso com partículas alfa provenientes de um mineral radioativo. O impacto de uma partícula alfa com um núcleo de nitrogênio transmuta o nitrogênio em oxigênio:

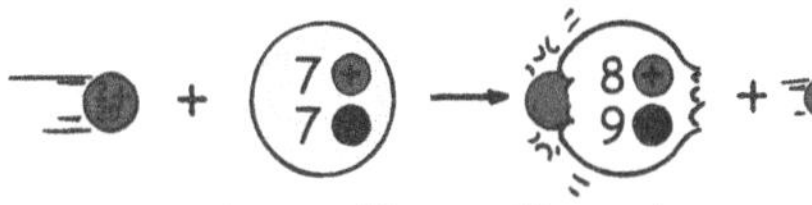
7
7
8
9

$$^{4}_{2}He + ^{14}_{7}N \rightarrow ^{17}_{8}O + ^{1}_{1}H$$

Para registrar este evento, Rutherford usou um aparelho chamado *câmara de nuvens* (Figura 16.18). Em uma câmara de nuvens, partículas carregadas em movimento deixam atrás de si uma trilha de íons análoga à trilha de cristais de gelo deixada por um avião a jato no alto do céu. A partir de um quarto de milhão de rastros deixados numa câmara de nuvens registradas em um filme, Rutherford apresentou sete exemplos de transmutação atômica. A análise dos rastros desviados por um intenso campo magnético aplicado mostrou que, quando uma partícula alfa colidia com um átomo de nitrogênio, um próton saltava fora e o átomo pesado recuava uma curta distância. A partícula alfa desaparecia. Ela era absorvida no processo, transformando nitrogênio em oxigênio.

Desde o anúncio dos resultados de Rutherford, em 1919, os pesquisadores têm efetuado muitas reações nucleares como esta, primeiro através do bombardeio com projéteis

5 Às vezes um núcleo emite um pósitron, que é a "antipartícula" do elétron. Neste caso, um próton torna-se um nêutron, e o número atômico diminui.

FIGURA 16.18

Uma câmera de nuvens. Partículas carregadas movem-se através do vapor supersaturado e deixam rastros atrás de si. Quando a câmera é submetida a um campo magnético, a curvatura do rastro fornece informação acerca da carga, da massa e do momentum da partícula correspondente.

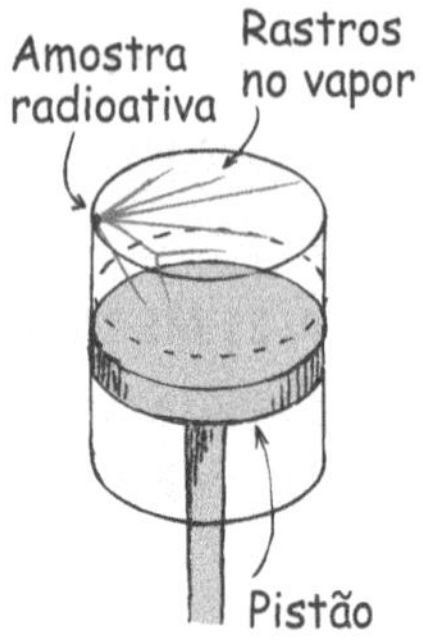
Amostra radioativa
Rastros no vapor
Pistão

FIGURA 16.19

Walter Steiger, pioneiro dos telescópios no Havaí, EUA, examina os rastros no vapor de uma pequena câmera de nuvens.

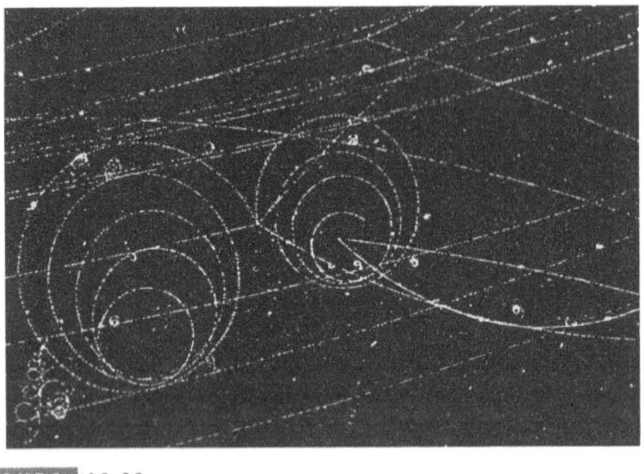

FIGURA 16.20

Rastros deixados por partículas elementares em uma câmera de bolhas, um dispositivo semelhante à câmera de nuvens, porém mais complicado. Duas partículas foram destruídas nos pontos de onde emanam as espirais, e quatro outras foram criadas na colisão.

emitidos espontaneamente por minerais radioativos, depois com projéteis ainda mais energéticos – prótons e elétrons arremessados por enormes aceleradores de partículas. A transmutação artificial é que produz os elementos sintéticos até então desconhecidos com números atômicos situados entre 93 e 118. Todos estes elementos produzidos artificialmente possuem meias-vidas curtas. Se eles existiram naturalmente na Terra quando esta se formou, há muito tempo já decaíram.

16.7 Datação radiométrica

A atmosfera terrestre é continuamente bombardeada por raios cósmicos, o que faz com que muitos átomos da atmosfera superior sofram transmutação. Essas transmutações resultam em muitos prótons e nêutrons "borrifados" no meio ambiente. A maior parte dos prótons é detida em colisões com átomos da atmosfera superior, capturando elétrons deles e tornando-se átomos de hidrogênio. Os nêutrons, todavia, prosseguem por distâncias maiores porque não possuem carga elétrica e, portanto, não interagem eletricamente com a matéria. Muitos deles acabam colidindo com núcleos atômicos da atmosfera inferior, mais densa. Quando o nitrogênio captura um nêutron, por exemplo, ele se torna um isótopo de carbono através da emissão de um próton:

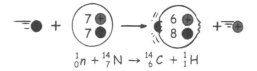

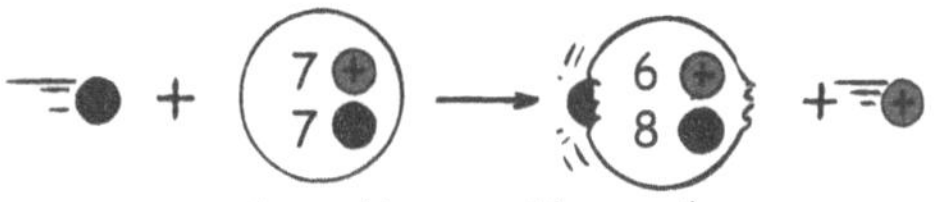
7
7
6
8

$$^{1}_{0}n + ^{14}_{7}N \rightarrow ^{14}_{6}C + ^{1}_{1}H$$

Este isótopo carbono-14, que constitui menos do que um milionésimo de 1% do carbono da atmosfera, é radioativo e possui oito nêutrons. (O isótopo mais comum, o carbono-12, possui seis nêutrons e não é radioativo.) Como tanto o carbono-12 quanto o carbono-14 são formas de carbono, eles possuem as mesmas propriedades químicas. Ambos podem reagir quimicamente com oxigênio para formar dióxido de carbono, que é retirado da atmosfera pelas plantas. Isso significa que todas as plantas contêm pequenas quantidades de carbono-14 radioativo. Todos os animais comem plantas (ou outros animais, os quais comem plantas) e, portanto, contêm em si um pouco de carbono-14 também. Em resumo, todos os seres vivos da Terra contêm algum carbono-14.

O carbono-14 é um emissor beta e decai para trás em nitrogênio por meio da seguinte reação:

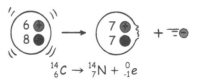

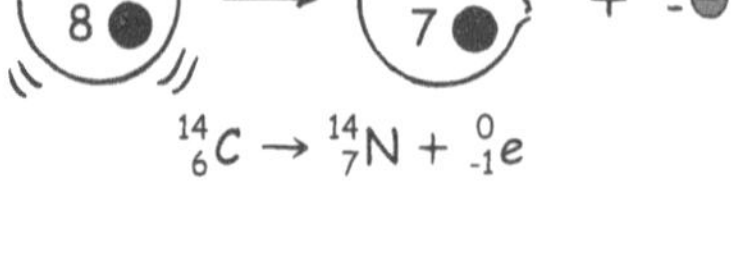
6
8
7
7

$$^{14}_{6}C \rightarrow ^{14}_{7}N + ^{0}_{-1}e$$

Uma vez que as plantas continuarão retirando dióxido de carbono da atmosfera enquanto estiverem vivas, qualquer carbono-14 perdido pelo decaimento será imediatamente substituído por carbono-14 "fresco" da atmosfera. Dessa maneira, um equilíbrio radioativo acabará sendo atingido, enquanto existir uma razão constante de cerca de um átomo de carbono-14 para cada 100 bilhões de átomos de carbono-12. Quando as plantas morrem, cessa a reposição de carbono-14. Então a percentagem de carbono-14 presente começa a diminuir a uma taxa constante dada por sua meia-vida[6]. Quanto maior for o tempo decorrido após a morte de uma planta ou de outro organismo qualquer, menos carbono-14 ela conterá em relação à quantidade constante de carbono-12.

A meia-vida do carbono-14 é de cerca de 5.730 anos. Isso significa que a metade dos átomos de carbono-14 agora presentes em uma planta ou animal recém-morto decairão nos próximos 5.730 anos. A metade restante do carbono-14 decairá então nos 5.730 anos seguintes, e assim por diante.

Com este conhecimento, os cientistas são capazes de calcular a idade de artefatos contendo carbono, como ferramentas de madeira ou de osso, medindo seus atuais níveis de radioatividade. Tal processo, conhecido como **datação pelo carbono**, nos capacita a sondar o passado até 50.000 anos atrás. Além disso, existirá muito pouco carbono-14 na amostra para permitir uma análise precisa.

A datação pelo carbono-14 seria um método extremamente simples e preciso de datação se a quantidade de carbono radioativo na atmosfera se mantivesse constante ao longo das eras. Mas as flutuações do campo magnético do Sol, assim como as do campo magnético terrestre, afetam a intensidade dos raios cósmicos na atmosfera da Terra, o que por sua vez produz flutuações na produção de carbono-14. Além disso, alterações do clima da Terra afetam a quantidade de dióxido de carbono na atmosfera. Os oceanos são grandes reservatórios de dióxido de carbono. Quando os oceanos estão frios, eles liberam menos dióxido de carbono para a atmosfera do que quando estão quentes.

22.920 anos atrás
17.190 anos atrás
11.460 anos atrás
5.730 anos atrás
Presente

FIGURA 16.21

A quantidade de carbono-14 radioativo no esqueleto diminui pela metade a cada 5.730 anos, resultando em que, hoje, o esqueleto contenha somente uma fração do carbono-14 que possuía originalmente. Os traços vermelhos representam as quantidades relativas de carbono-14 em cada caso.

[6] Uma amostra contemporânea de 1 g de carbono contém cerca de 5×10^{22} átomos, dos quais $6{,}5 \times 10^{10}$ são de C-14, e tem uma taxa de desintegração beta de aproximadamente 13,5 decaimentos por minuto.

A datação de coisas antigas, mas inanimadas, é realizada por meio de minerais radioativos, como o urânio. Os isótopos U-238 e U-235, que ocorrem naturalmente, decaem muito lentamente e terminam como isótopos do chumbo – mas não o isótopo do chumbo comum Pb-208. Por exemplo, o U-238 decai através de vários estágios até finalmente tornar-se Pb-206, ao passo que o U-235 acaba tornando-se o isótopo Pb-207. Os isótopos 206 e 207 do chumbo que ora existem já foram urânio em alguma época. Quanto mais antiga for a rocha contendo urânio, maior a percentagem destes isótopos remanescentes nela.

A partir das meias-vidas dos isótopos do urânio, e da percentagem de isótopos de chumbo na rocha que contém urânio, é possível calcular a data em que a rocha foi formada.

psc

Uma tonelada de granito comum contém cerca de 9 gramas de urânio e 20 gramas de tório. As rochas basálticas contêm 3,5 e 7,7 gramas desses elementos, respectivamente.

PARE E TESTE A SI MESMO

Suponha que um arqueólogo extraia uma grama de carbono de um machado antigo e comprove que sua radioatividade equivale a um quarto da emitida por uma grama de carbono extraído de um galho de árvore recém-cortado. Qual é a idade aproximada do machado?

VERIFIQUE SUA RESPOSTA

Considerando que a razão C-14/C-12 seja a mesma da época em que o machado foi feito, isso significa que a ferramenta tem idade aproximada equivalente a duas meias-vidas do C-14, ou seja, cerca de 14.500 anos.

16.8 Fissão nuclear

Em 1938, dois cientistas alemães, Otto Hahn e Fritz Strassmann, fizeram uma descoberta acidental que iria mudar o mundo. Ao bombardearem uma amostra de urânio com nêutrons, na esperança de criar elementos novos mais pesados, eles ficaram atônitos ao descobrir evidência química da produção de bário, um elemento com massa um pouco maior do que a metade da massa do urânio. Hahn escreveu sobre as novidades para sua colega mais velha Lise Meitner, que havia fugido da Alemanha nazista

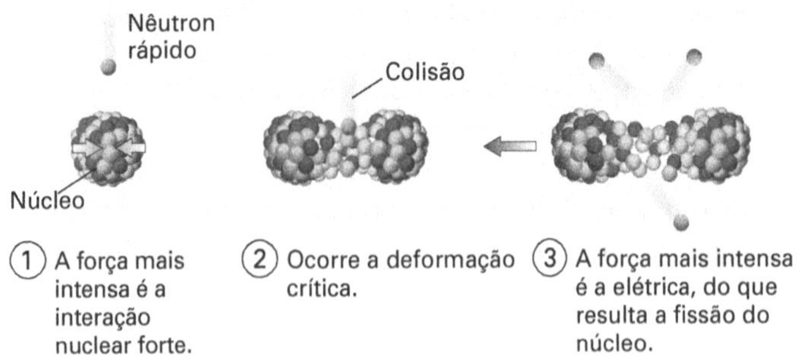
Nêutron rápido
Colisão
Núcleo
① A força mais intensa é a interação nuclear forte.
② Ocorre a deformação crítica.
③ A força mais intensa é a elétrica, do que resulta a fissão do núcleo.

FIGURA 16.22

A deformação de um núcleo pode resultar em forças elétricas repulsivas que suplantem as forças nucleares atrativas, quando então ocorre a fissão.

para a Suécia por ser descendente de judeus. Da evidência fornecida por Hahn, Meitner concluiu que núcleos de urânio, ativados pelo bombardeio de nêutrons, haviam se quebrado em dois. Logo depois, Meitner, trabalhando com seu sobrinho, Otto Frisch, também físico, publicou um artigo em que o termo *fissão nuclear* foi usado pela primeira vez[7].

No núcleo de cada átomo existe um equilíbrio delicado entre as forças nucleares atrativas e as forças elétricas repulsivas entre os prótons. Em todos os núcleos conhecidos, as forças nucleares dominam. No urânio, entretanto, tal domínio é tênue. Se um núcleo de urânio deformar-se demais, adquirindo uma forma alongada (Figura 16.22), as forças elétricas podem torná-lo ainda mais alongado. Se a alongação ultrapassar certo limite, as forças elétricas suplantarão as interações nucleares fortes, e o núcleo quebrará. Isso é a **fissão nuclear**.

A energia liberada pela fissão de um núcleo de U-235 é relativamente enorme – cerca de sete milhões de vezes o valor de energia liberada em uma explosão por uma molécula de TNT. Essa energia está principalmente na forma de energia cinética dos fragmentos que se afastam velozmente um do outro, com alguma energia transportada junto com os nêutrons ejetados, e o restante, com a radiação gama emitida.

Uma reação de fissão típica do urânio é

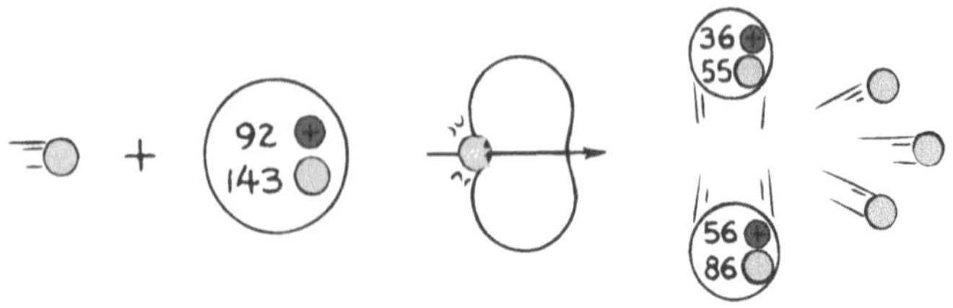
92
143
36
55
56
86

$$^{1}_{0}n + ^{235}_{92}U \rightarrow ^{91}_{36}Kr + ^{142}_{56}Ba + 3(^{1}_{0}n)$$

Neste exemplo, note que um nêutron inicia a fissão de um núcleo de urânio, e que a fissão produz três nêutrons. (Uma reação de fissão pode produzir pouco mais ou pouco menos do que três nêutrons.) Esses nêutrons-produtos podem causar a fissão de três outros núcleos, o que libera mais nove nêutrons. Se cada um desses 9 nêutrons é bem-sucedido em fissionar um átomo de urânio, o próximo passo da reação produzirá 27 novos nêutrons, e assim por diante. Uma seqüência dessas, ilustrada na Figura 16.23, é chamada de **reação em cadeia** – uma reação auto-sustentada em que os produtos de um evento de reação estimulam novos eventos do mesmo tipo.

Por que uma reação em cadeia não tem início naturalmente nos depósitos naturais de urânio? Elas de fato ocorreriam se todos os átomos de urânio fossem tão facilmente fissionáveis. A fissão ocorre principalmente com o isótopo raro U-235, que constitui cerca de 0,7% do urânio puro metálico. Quando o isótopo mais abundante U-238 absorve nêutrons liberados na fissão do U-235, aquele isótopo geralmente não sofre fissão. Desse modo, qualquer reação em cadeia se extingue pela absorção de nêutrons pelo U-238, bem como pela rocha em que o mineral está embebido.

psc

Em uma mina do Gabão, descobriu-se evidência de que, 2 bilhões de anos atrás, quando a percentagem de U-235 no minério era muito maior do que a de hoje, *houve*, de fato, um tipo de reator natural funcionando na Terra.

Se ocorresse uma reação em cadeia em um pedaço de urânio U-235 puro do tamanho de uma bola de beisebol, provavelmente o resultado seria uma enorme explosão. Se a reação em cadeia fosse iniciada em um pedaço menor de U-235 puro, no entanto, não ocorreria explosão alguma. Isso se deve à geometria: a razão entre a área superficial para a massa da amostra é maior para um pedaço pequeno

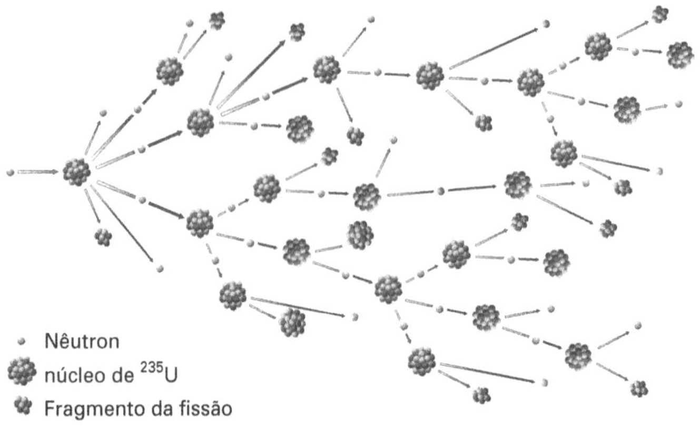
Nêutron
núcleo de ^{235}U
Fragmento da fissão

FIGURA 16.23

Uma reação em cadeia.

[7] Otto Hahn, em vez de Lise Meitner, recebeu o Prêmio Nobel pelo trabalho sobre a fissão nuclear. Notoriamente, Hahn nem mesmo reconheceu o trabalho feito por Meitner, embora fosse reconhecido por outros físicos, incluindo Niels Bohr. Mais sobre isso no acessível livro de David Bodanis, $E = mc^2$.

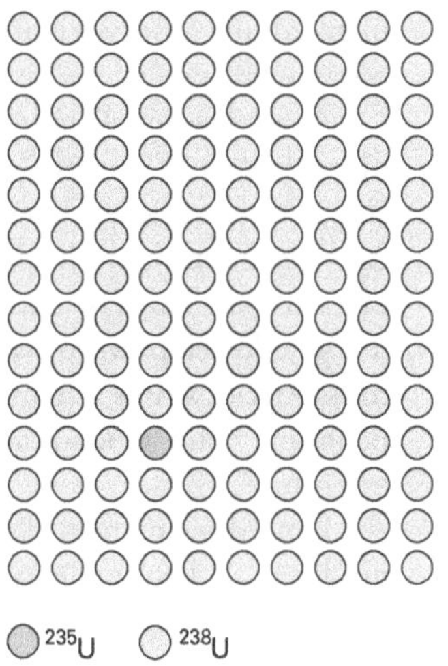
235U
238U

FIGURA 16.24
Somente uma parte em 140 do urânio existente na natureza é U-235.

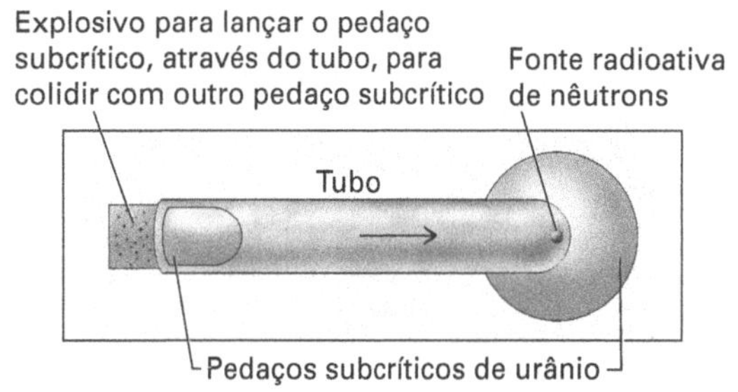
Explosivo para lançar o pedaço subcrítico, através do tubo, para colidir com outro pedaço subcrítico
Fonte radioativa de nêutrons
Tubo
Pedaços subcríticos de urânio

FIGURA 16.26
Diagrama simplificado de uma bomba a fissão de urânio.

do que para um pedaço grande (da mesma forma como a casca total de seis pequenas batatas que pesam juntas 1 quilograma é maior do que a de uma única batata de 1 quilograma). Assim, existe maior área superficial total em um punhado de pequenos pedaços de urânio do que em um pedaço grande. Em um pequeno pedaço de U-235, os nêutrons escaparão pela superfície antes que ocorra uma explosão. Em um pedaço grande, a reação em cadeia liberará uma enorme quantidade de energia antes que os nêutrons cheguem à superfície e por ela escapem (Figura 16.25). Para massas maiores do que certa quantidade, chamada de **massa crítica**, poderá ocorrer uma explosão de enorme magnitude.

Considere uma grande quantidade de U-235 dividida em dois pedaços, cada qual de massa menor que a crítica. Essas unidades são *subcríticas*. Os nêutrons em cada pedaço rapidamente alcançam a superfície e escapam antes que uma reação em cadeia longa se estabeleça. Mas se os pedaços são subitamente juntados, a área superficial total diminuirá relativamente. Se o ajuste está correto e a massa conjunta for maior do que a crítica, ocorrerá uma violenta explosão. É isso o que ocorre com uma bomba de fissão nuclear (Figura 16.26). Uma bomba em que pedaços de urânio são juntados é uma arma denominada do "tipo revolver", oposta a outra hoje mais comum, a "arma a implosão".

Construir uma bomba de fissão constitui uma tarefa formidável. A dificuldade é separar U-235 suficiente do U-238 mais abundante. Os cientistas levaram mais de dois anos para extrair U-235 do minério de urânio em quantidade suficiente para construir a bomba que explodiu em Hiroshima, em 1945. Até hoje a separação de isótopos do urânio mantém-se como um processo difícil, embora centrífugas avançadas tenham-no tornado menos difícil do que era na Segunda Guerra Mundial.

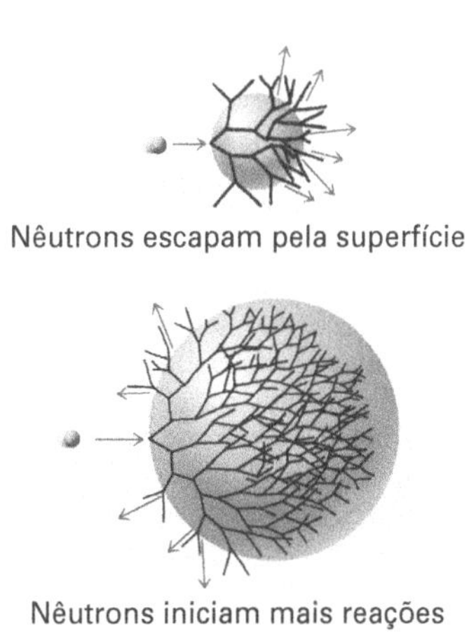
Nêutrons escapam pela superfície
Nêutrons iniciam mais reações

FIGURA 16.25
A vista exagerada mostra que uma reação em cadeia em um pequeno pedaço de U-235 puro prossegue sua evolução antes que possa causar uma explosão, pois os nêutrons escapam pela superfície muito cedo. A área superficial de um pedaço pequeno é grande em relação à massa. Em um pedaço maior, um número maior de nêutrons se depara com muitos núcleos de urânio e com uma menor área superficial.

PARE E TESTE A SI MESMO

Uma bola de 1 kg de urânio é crítica, mas a mesma bola, quebrada em pequenos pedaços, não é. Explique.

VERIFIQUE SUA RESPOSTA

Os pequenos pedaços possuem uma área superficial total maior do que a da bola de onde eles provêm (da mesma forma como a área superficial total do cascalho é maior do que a área superficial de um matacão de mesma massa). Os nêutrons escapam pela superfície antes que a reação em cadeia auto-sustentada possa desenvolver-se.

Reatores nucleares a fissão

A energia incrível liberada na fissão nuclear foi apresentada ao mundo sob a forma de bombas nucleares, e esta imagem violenta ainda influencia nosso pensamento acerca da energia nuclear, tornando difícil para certas pessoas reconhecer seu potencial de utilidade. Atualmente, cerca de 20% da energia elétrica dos EUA é gerada por reatores a fissão nuclear (a percentagem é maior em outros países

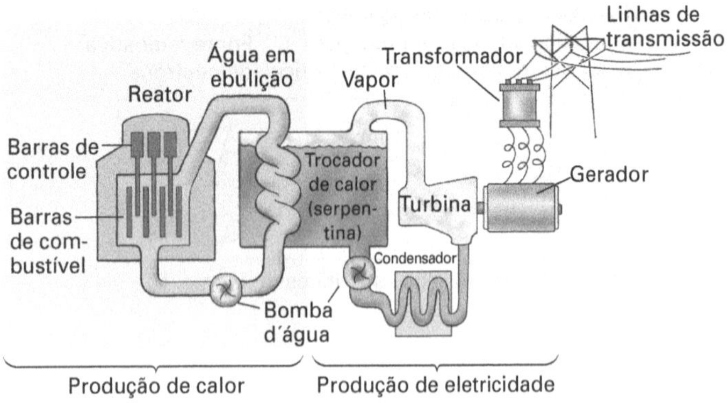
Linhas de transmissão
Água em ebulição
Transformador
Reator
Vapor
Barras de controle
Trocador de calor (serpentina)
Gerador
Turbina
Barras de combustível
Condensador
Bomba d'água
Produção de calor
Produção de eletricidade

FIGURA 16.27

Diagrama de uma usina de geração a fissão nuclear. Note que a água em contato com as barras de combustível está completamente isolada, e os materiais radioativos não estão envolvidos diretamente na geração de eletricidade.

– aproximadamente 75% no caso da França). Estes reatores são simples fornalhas nucleares. Como as fornalhas a combustíveis fósseis, eles constituem uma maneira mais elegante de ferver água e de produzir vapor para mover turbinas (Figura 16.27). A maior diferença prática é a quantidade de combustível envolvido: um mero quilograma de urânio combustível, menor do que uma bola de beisebol, libera mais energia do que 30 vagões ferroviários cheios de carvão mineral.

Um reator a fissão contém quatro componentes: o combustível nuclear, as barras de controle, o moderador (para frear nêutrons, o que é necessário para a fissão[8]) e o líquido (geralmente água), usado para transferir calor do reator para a turbina, e o gerador. O combustível nuclear é principalmente U-238 enriquecido com U-235 a cerca de 3%. Como os isótopos de U-235 estão altamente diluídos entre o U-238, não é possível acorrer uma explosão como a de uma bomba nuclear[9]. A taxa de reações, que depende do número de nêutrons disponíveis para iniciar a fissão de outros núcleos de U-235, é controlada por barras que são inseridas no reator. Elas são feitas de um material que absorve nêutrons, normalmente cádmio ou boro metálicos.

A água aquecida ao redor do combustível nuclear é mantida sob alta pressão a fim de poder manter-se em alta temperatura sem entrar em ebulição. Ela transfere calor para um segundo sistema de água mantida a uma pressão mais baixa, o qual faz funcionar uma turbina e um gerador elétrico convencionais. Neste tipo de projeto, são usados dois sistemas de água separados para que nenhuma radioatividade alcance a turbina ou o ambiente externo.

Uma desvantagem da energia gerada por fissão é a produção de lixo nuclear. Os núcleos atômicos leves são mais estáveis quando constituídos por números iguais de prótons e de nêutrons, como discutido antes, enquanto núcleos pesados necessitam de mais nêutrons do que prótons para serem estáveis. Por exemplo, no U-235 existem 143 nêutrons, mas somente 92 prótons. Quando o urânio fissiona em dois elementos de peso médio, os nêutrons extras de seus núcleos os tornam instáveis. Eles são radioativos, com uma grande variedade de meias-vidas em torno de dez anos. Entre os isótopos com maior meia-vida estão o césio-137 e o estrôncio-90, ambos com meias-vidas de aproximadamente 30 anos. Uma pequena quantidade restante é de isótopos com meias-vidas de milhares de anos. O descarte seguro desses produtos, bem como dos materiais tornados radioativos na produção de combustível nuclear, requer recipientes cilíndricos de armazenamento e procedimentos especiais. Embora a fissão seja bem-sucedida na produção de eletricidade por mais de meio século, o descarte dos dejetos radioativos nos EUA continua problemático[10].

Conheça os *nukes antes de sair dizendo "Fora *nukes*"!**

[8] Moderadores são substâncias, como a grafite e a água pesada, que diminuem as velocidades dos nêutrons de modo que eles possam ser capturados pelo isótopo fissionável. Curiosamente, embora os nêutrons lentos sustentem o processo de fissão em uma bomba nuclear detonada, os nêutrons lentos não poderiam sustentar a explosão e ela se extinguiria. Assim, uma das salvaguardas dos reatores comerciais é que, neles, os nêutrons lentos não possam sustentar uma explosão significativa. Mesmo o acidente de Chernobyl, em 1986, foi uma explosão incompleta de um reator primitivo que não é mais fabricado.

[9] No pior dos cenários, entretanto, o calor gerado poderia ser suficiente para derreter o núcleo do reator – e, se o edifício que contém o reator não fosse suficientemente resistente, a radioatividade poderia se espalhar pelo meio ambiente. Um acidente deste tipo ocorreu com o reator de Chernobyl.

[10] A estratégia norte-americana tem sido a de buscar maneiras de enterrar profundamente os dejetos radioativos, porém muitos cientistas nucleares argumentam que o combustível nuclear "gasto" deveria primeiro ser tratado de maneira a agregar valor a ele ou torná-lo menos danoso antes de finalmente o enterrar. Um conceito chamado de IFR (*Integral Fast Reactor*, reator rápido integral), estudado na década de 1990 (mas jamais construído), obteria energia adicional a partir do que ora é lixo nuclear e reduziria a chance de desvio de combustível nuclear para armas. Outros dispositivos estão sendo pesquisados para converter isótopos de longa vida em outros, de meias-vidas mais curtas. Em vez de enterrar profundamente os dejetos nucleares, há muitos anos os franceses os tem mantido e monitorado instalações subterrâneas de armazenamento. Da mesma forma como os rejeitos das minas de ouro e de outras minas eram considerados sem utilidade um século atrás, enquanto hoje estão sendo aproveitados por seu valor comercial, o mesmo poderia ocorrer com o lixo radioativo de hoje. Se esses dejetos forem guardados em lugares acessíveis, no futuro talvez eles possam ser modificados de modo a não se tornarem uma praga para as futuras gerações, como hoje são comumente considerados.

* N. de T.: Reator nuclear.

Domo de
contenção do
reator nuclear

FIGURA 16.28

O reator nuclear fica dentro de um edifício de contenção em forma de um domo, projetado para impedir a liberação de isótopos radioativos na eventualidade de um acidente.

psc **O teor de plutônio nas armas nucleares é de 90% de Pu-239 puro.**

Os benefícios da energia nuclear são a abundância de eletricidade, a preservação de bilhões de toneladas de combustíveis fósseis que hoje estão literalmente sendo convertidos em calor e fumaça (combustíveis que, a longo prazo, poderiam ser mais valiosos como fontes de moléculas orgânicas do que como fontes de calor) e a eliminação de megatons de dióxido de carbono, óxidos sulfurosos e outras substâncias prejudiciais que estamos jogando no ar, a cada ano, pela queima desses combustíveis fósseis.

psc **Uma tonelada de carvão mineral comum contém em média 1,3 ppm (partes por milhão) de urânio e 3,2 ppm de tório. Por isso uma usina elétrica que funcione a carvão mineral constitui, de longe, uma fonte maior de material radioativo atirado no ar do que uma usina nuclear.**

PARE E TESTE A SI MESMO

O carvão mineral contém pequenas quantidades de materiais radioativos, embora exista mais radiação no meio ambiente ao redor de uma típica usina a carvão do que ao redor de uma usina nuclear. O que isso indica acerca da blindagem existente ao redor das duas usinas de energia?

VERIFIQUE SUA RESPOSTA

As usinas geradoras a carvão são tão norte-americanas quanto as tortas de maçã, sem requerer, até aqui, nenhuma tecnologia (e gastos) a fim de restringir a emissão de partículas radioativas. Para os *nukes*, ao contrário, se exige algum sistema de blindagem que garanta níveis extremamente baixos de emissões radioativas.

O reator regenerador

Uma das características notáveis das usinas a fissão é a produção de combustível fissionável a partir do U-238. Isso ocorre quando pequenas quantidades de isótopos físseis são misturadas ao U-238 dentro de um reator. A fissão libera nêutrons, que convertem em U-239 o relativamente abundante e não-físsil U-238, e, então, através de um decaimento beta, o U-239 se converte em Np-239, o qual, por sua vez, sofre um novo decaimento beta e se converte no plutônio físsil – o Pu-239 (Figura 16.29). Assim, além da energia produzida, este processo regenera combustível físsil a partir do relativamente abundante U-238.

A regeneração ocorre em certo grau em todos os reatores, mas um projetado especificamente para gerar mais combustível físsil do que o que lhe foi fornecido é chamado de **reator regenerador**. Usar um reator regenerador é como encher o tanque de seu carro com água, adicionar um pouco de gasolina, então dirigir o carro e no final da viagem ter mais gasolina no tanque do que a que havia sido colocada no início! O princípio básico do reator regenerador é muito atrativo porque, ao final de alguns anos de funcionamento, este pode chegar a produzir enormes quantidades de energia simultaneamente com a produção duas vezes maior de combustível do que aquele que lhe havia sido fornecido originalmente.

A desvantagem reside na enorme complexidade requerida para um funcionamento bem-sucedido e seguro deste tipo de reator. Os Estados Unidos descartaram os reatores regeneradores cerca de duas décadas atrás, e apenas Rússia, França, Japão e Índia ainda estão investindo neles. Funcionários públicos desses países comentam que as fontes naturais de U-235 são limitadas. Com as atuais taxas de consumo, todas elas estariam exauridas dentro de um século. Então, se mais países decidissem mudar para os reatores regeneradores, no futuro poderiam muito bem passar a desenterrar o lixo radioativo que enterraram no passado.

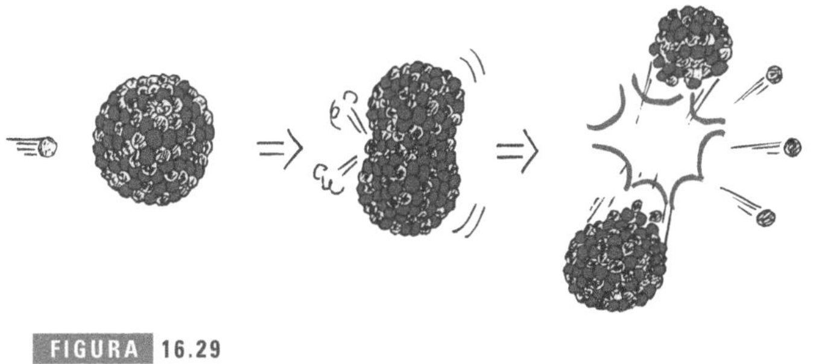

FIGURA 16.29

O Pu-239, como o U-235, sofre fissão ao capturar um nêutron.

CIÊNCIA E SOCIEDADE

O PLUTÔNIO

No início do século XIX, o planeta mais distante conhecido do sistema solar era Urano. O primeiro planeta descoberto além de Urano foi denominado Netuno. Em 1930, foi descoberto um planeta além de Netuno, que foi chamado de Plutão. Nesta época, o elemento mais pesado conhecido era o urânio. Apropriadamente, o primeiro elemento transurânico descoberto recebeu o nome de *netúnio*, e o próximo a ser descoberto, *plutônio*.

O netúnio é produzido quando um nêutron é absorvido por um núcleo de U-238. Em vez de sofrer fissão, o núcleo emite uma partícula beta e torna-se o netúnio, o primeiro elemento além do urânio que foi sintetizado. A meia-vida do netúnio é de apenas 2,3 dias, de modo que ele não dura muito tempo. O netúnio é um emissor beta, e logo se transforma em plutônio. A meia-vida deste novo elemento é de aproximadamente 24.000 anos, o que constitui um tempo consideravelmente longo. O isótopo plutônio-239, como o U-235, sofre fissão ao capturar um nêutron. Enquanto a separação do U-235 físsil a partir do urânio metálico é um processo muito difícil (porque os U-235 e o U-238 possuem as mesmas propriedades químicas), a separação do plutônio a partir do urânio metálico é relativamente fácil, porque o plutônio é um elemento distinto do urânio, com suas próprias propriedades químicas.

O elemento plutônio é quimicamente venenoso, como o chumbo e o arsênico. Ele ataca o sistema nervoso e pode causar paralisia e até mesmo a morte se a dose for suficientemente grande. Felizmente, o plutônio não permanece em sua forma elementar por muito tempo por se combinar rapidamente com o oxigênio para formar três compostos: PuO, PuO_2 e Pu_2O_3, todos relativamente benignos do ponto de vista químico. Eles não se dissolvem em água ou em sistemas biológicos. Esses compostos do plutônio não atacam o sistema nervoso e é comprovado que não são quimicamente prejudiciais.

Em qualquer forma, entretanto, o plutônio é radioativamente tóxico. Ele é mais tóxico do que o urânio, embora menos do que o rádio. O plutônio emite partículas alfa de alta energia, as quais matam células mais do que simplesmente as danificam e as induzem a mutações. É interessante observar que são as células danificadas, e não as mortas, que contribuem para o câncer. É por isso que o plutônio é classificado como uma substância relativamente pouco cancerígena. O maior perigo representado pelo plutônio para os humanos é seu potencial uso na fabricação de bombas nucleares a fissão. Sua utilidade reside nos reatores a fissão – particularmente nos reatores regeneradores.

16.9 Equivalência massa-energia – $E = mc^2$

No início do século XX, Albert Einstein descobriu que a massa é, na realidade, energia "congelada". Massa e energia são dois lados de uma mesma moeda, como estabelecido na famosa equação $E = mc^2$. Nesta equação, E representa a energia que qualquer massa m contém quando em repouso, e c, a velocidade da luz. A quantidade c^2 é a constante de proporcionalidade entre a energia e a massa. Essa relação entre energia e massa é a chave para compreender por que e como é liberada energia em reações nucleares.

Quanto mais energia está associada a uma partícula, maior é sua massa. Será a massa de um núcleon dentro de um núcleo a mesma de quando ele está fora de um núcleo? Essa questão pode ser respondida considerando-se o trabalho que seria realizado para separar os núcleons de um núcleo. Sabemos da física que o trabalho, que é a energia gasta, é igual a *força × distância*. Pense no valor de força necessário para puxar um núcleon para fora de um núcleo ao longo de uma distância tal que se possa vencer a interação nuclear forte, o que é comicamente ilustrado na Figura 16.30. Seria requerido um trabalho enorme. Este trabalho é a energia cedida ao núcleon que é puxado para fora.

De acordo com a equação de Einstein, essa energia recém-adquirida se manifesta como um aumento da massa do núcleon. A massa de um núcleon fora do núcleo é maior do que quando o mesmo núcleon se encontra confinado a um núcleo. Um átomo de carbono-12 – cujo núcleo é constituído por seis prótons e seis nêutrons – tem uma massa exata de 12,000000 unidades de massa atômica (u). Logo, em média, cada núcleon contribui

FIGURA 16.30
É necessário realizar trabalho para puxar um núcleon para fora de um núcleo. Este trabalho aumenta a energia e, com isso, a massa do núcleon torna-se maior quando ele se encontra fora do núcleo.

com uma massa de 1 u. Todavia, fora do núcleo, um próton possui a massa de 1,00728 u, e um nêutron, a de 1,00867 u. Assim, vemos que a massa conjunta de seis prótons e seis nêutrons – (6 × 1,00728) + (6 × 1,00867) = 12,09570 – é maior do que a massa de um núcleo de carbono-12. A massa maior reflete a energia necessária para separar os núcleons e afastá-los uns dos outros. Portanto, que massa um núcleon possui depende de qual o núcleo onde ele se encontra.

As massas dos isótopos dos vários elementos podem ser medidas com grande precisão por meio de um espectrômetro de massa (Figura 16.31). Este importante dispositivo usa um campo magnético para defletir as trajetórias de íons desses isótopos em arcos circulares. Quanto maior for a inércia (massa) do íon, mais ele resistirá à deflexão, e maior será o raio de sua trajetória curva. A força magnética desviará os íons mais leves para arcos de círculos mais curvados, e os mais pesados, para arcos circulares menos curvados[11].

Será que algo não está funcionando aqui? Vivemos em um universo energizado nuclearmente, porém ainda obtemos a maior parte de nossa energia elétrica a partir do carvão mineral.

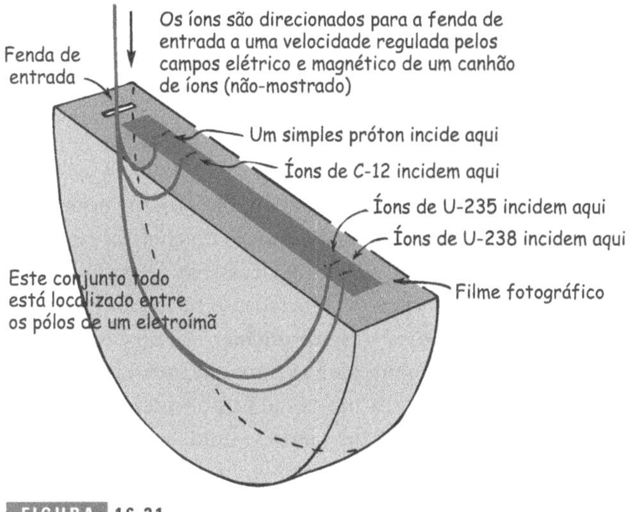
Os íons são direcionados para a fenda de entrada a uma velocidade regulada pelos campos elétrico e magnético de um canhão de íons (não-mostrado)
Fenda de entrada
Um simples próton incide aqui
Íons de C-12 incidem aqui
Íons de U-235 incidem aqui
Íons de U-238 incidem aqui
Este conjunto todo está localizado entre os pólos de um eletroímã
Filme fotográfico

FIGURA 16.31
Um espectrômetro de massa. Isótopos eletricamente carregados são direcionados para dentro da metade de "tambor" semicircular oco, onde eles são forçados a descrever trajetórias curvas por um forte campo magnético. Os isótopos mais leves possuem menor inércia (massa) e, assim, mudam de direção mais facilmente e descrevem trajetórias curvas com raios menores. Os isótopos mais pesados possuem grande inércia (massa) e, logo, descrevem trajetórias curvas mais abertas. A massa de um isótopo, portanto, está diretamente relacionada à distância entre a fenda e o ponto em que ele se choca com o filme fotográfico.

[11] Curiosamente, espectrômetros de massa em miniatura são usados para detectar moléculas associadas a explosivos em setores de segurança dos aeroportos. Os agentes de segurança vasculham a bagagem com o dispositivo revestido de feltro fixo na extremidade de uma haste. As moléculas sobre a bagagem são ionizadas e inspecionadas.

A Figura 16.32 mostra um gráfico das massas nucleares que vão desde a do hidrogênio até a do urânio. A declividade do gráfico eleva-se com o aumento do número atômico, como esperado: os elementos possuem massas maiores à medida que o número atômico cresce. A declividade se acentua, entretanto, porque existem proporcionalmente mais nêutrons nos átomos de maiores massas.

Um gráfico ainda mais importante resulta da plotagem da massa nuclear *por núcleon*, indo do hidrogênio até o urânio (Figura 16.33). Este talvez seja o gráfico mais importante contido neste livro, pois ele constitui a chave para compreender a energia liberada nos processos nucleares. Para obter a massa média por núcleon, divide-se a massa total de um núcleo pelo número de núcleons nele contidos. (Analogamente, se você dividir a massa total de uma sala cheia de pessoas pelo número destas, obterá a massa média por pessoa.)

Note que o valor da massa por núcleon varia, quase como se os núcleons individuais tivessem massas diferentes

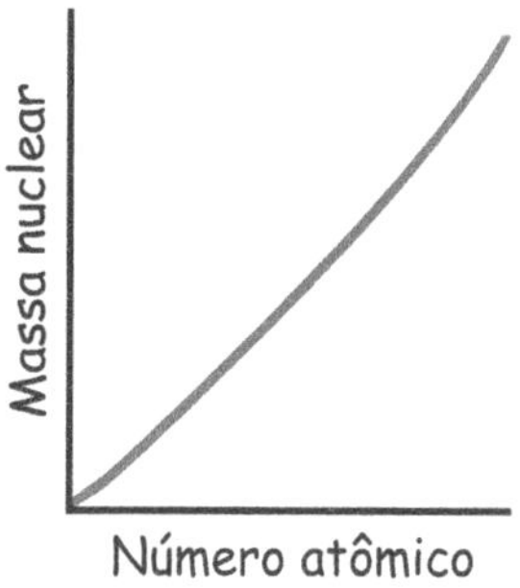
Massa nuclear
Número atômico

FIGURA 16.32
Este gráfico mostra como a massa nuclear aumenta com o crescimento do número atômico.

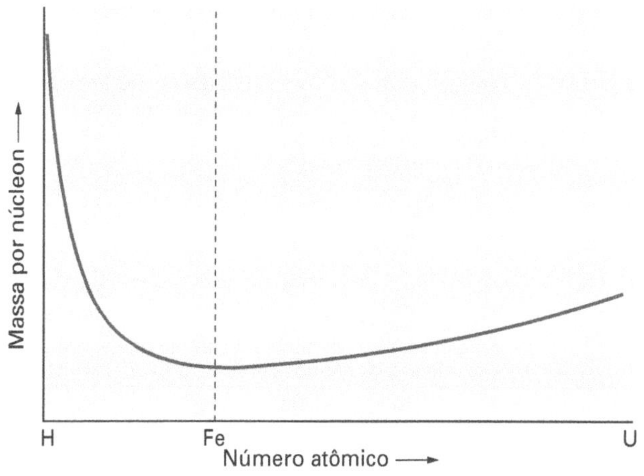
Massa por núcleon
H
Fe
U
Número atômico

FIGURA 16.33
Este gráfico mostra a massa média por núcleon nos núcleos atômicos. Essa grandeza é maior para os núcleos mais leves, onde os núcleons estão ligados mais fracamente; o mínimo está no ferro, cujos núcleons são os mais fortemente ligados; e de um valor intermediário para os núcleos mais pesados.

dentro de diferentes núcleos. O maior valor de massa por núcleon ocorre para o próton sozinho, no hidrogênio, pois neste caso não existe energia de ligação nuclear para baixar sua massa. Prosseguindo além do hidrogênio, a massa por núcleon torna-se menor, e o valor mínimo é atingido em um dos isótopos do ferro. Além deste elemento, o processo se inverte e a energia de ligação média por núcleon diminui graças às forças elétricas repulsivas entre os prótons. Essa tendência prossegue à medida que se vai em direção ao urânio e aos elementos transurânicos.

Da Figura 16.33 pode-se verificar como a energia é liberada quando um núcleo de urânio se quebra em dois núcleos com menores números atômicos. O urânio, situando-se do lado direito do gráfico, revela possuir um valor relativamente grande de massa por núcleon. Quando um núcleo de urânio se parte ao meio, entretanto, são formados núcleos atômicos com números atômicos menores. Como mostrado na Figura 16.34, situam-se mais baixo no gráfico do que o urânio, o que significa que eles possuem um valor menor de massa por núcleon. Quando essa diminuição da massa é multiplicada pelo quadrado da velocidade da luz (c^2 na equação de Einstein), o resultado é a energia liberada por cada núcleo de urânio ao sofrer fissão.

Podemos pensar no gráfico da massa por núcleon como um vale de energia que inicia no hidrogênio (o ponto mais alto do gráfico) e se inclina pronunciadamente para baixo até atingir o ponto mais baixo (ferro), depois subindo gradualmente à medida que nos aproximamos do urânio. O ferro é no ponto mais baixo do vale de energia e é o núcleo mais estável. Ele também é o núcleo mais fortemente ligado; mais energia por núcleo será necessária para separar os núcleons que o formam do que para os de outros núcleos.

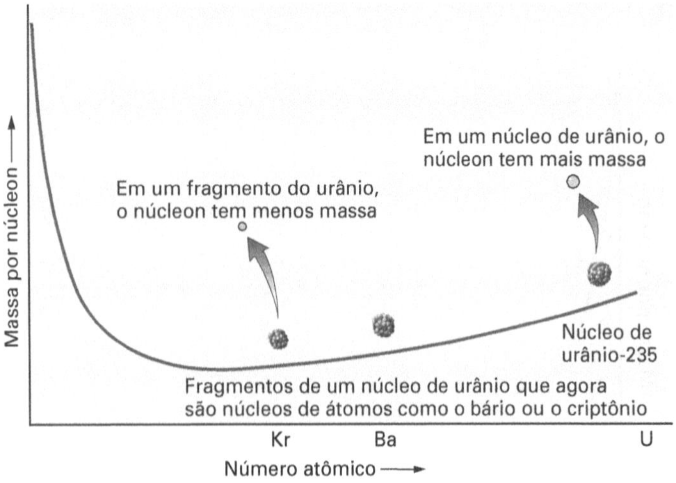
Massa por núcleon
Em um núcleo de urânio, o núcleon tem mais massa
Em um fragmento do urânio, o núcleon tem menos massa
Núcleo de urânio-235
Fragmentos de um núcleo de urânio que agora são núcleos de átomos como o bário ou o criptônio
Kr
Ba
U
Número atômico

FIGURA 16.34

Em um núcleo de urânio, a massa por núcleon é maior do que em qualquer um dos fragmentos de sua fissão. Essa massa perdida é aquela que foi transformada em energia, razão pela qual a fissão nuclear é um processo liberador de energia.

Toda a energia nuclear de hoje é obtida por meio da fissão nuclear. Uma fonte duradoura e mais promissora de energia é encontrada no lado esquerdo desse vale de energia.

PARE E TESTE A SI MESMO

Corrija a seguinte afirmação incorreta: quando um elemento pesado como o urânio sofre fissão, existirão menos núcleons depois da reação do que antes.

VERIFIQUE SUA RESPOSTA

Não é verdade que quando um elemento pesado como o urânio sofre fissão passem a existir menos núcleons ao final da reação. O que de fato passa a existir é uma *massa menor* para um mesmo número de núcleons.

O gráfico da Figura 16.33 (e das Figuras 16.34 e 16.35) revela a energia existente no núcleo atômico, uma fonte primária da energia no universo – razão pela qual o gráfico da figura talvez possa ser considerado como o mais importante deste livro.

16.10 Fusão nuclear

Nos gráficos das Figuras 16.33 e 16.35, note que a parte mais inclinada do vale de energia vai do hidrogênio ao ferro. Quando núcleos leves se combinam, a massa diminui e energia é liberada no processo. Essa combinação de núcleos é a **fusão nuclear** – o processo oposto ao da fissão. Da Figura 16.35 vemos que, quando vamos do hidrogênio ao ferro, a massa média por núcleon diminui. Logo, quando dois núcleos leves se fundem – dois isótopos de hidrogênio, digamos – a massa do núcleo de hélio-4 resultante é menor do que a massa conjunta dos dois núcleos menores antes da fusão. Ocorre liberação de energia quando dois núcleos menores se fundem.

Para ocorrer a fusão, os núcleos devem colidir com velocidades muito altas a fim de sobrepujar suas repulsões elétricas mútuas. Os valores requeridos de velocidade correspondem a temperaturas extremamente altas encontradas no Sol e em outras estrelas. A fusão iniciada por altas temperaturas é chamada de **fusão termonuclear**. Na alta temperatura existente no Sol, cerca de 657 milhões de toneladas de hidrogênio são convertidas em 653 milhões de toneladas de hélio *a cada segundo*. Os 4 milhões de toneladas de diferença entre as massas são emitidos como energia radiante.

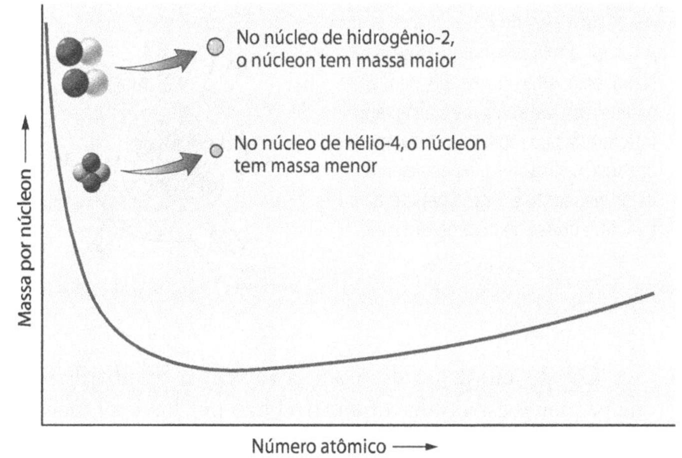
No núcleo de hidrogênio-2, o núcleon tem massa maior
No núcleo de hélio-4, o núcleon tem massa menor
Massa por núcleon
Número atômico

FIGURA 16.35

Em um núcleo de hidrogênio-2, a massa por núcleon é maior do que em um núcleo de hélio-4. Massa é convertida em energia. Para núcleos leves, a fusão nuclear é um processo que libera energia.

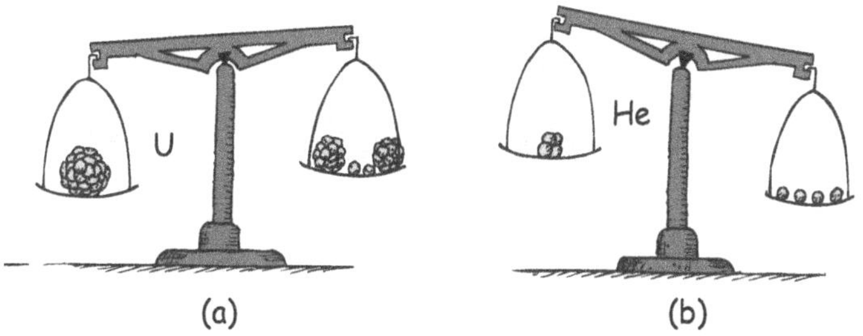
U
He
(a)
(b)

FIGURA 16.36

A massa de um núcleo não é igual à soma das massas de suas partes. (a) Os fragmentos da fissão de um núcleo pesado como o do urânio possuem massa conjunta menor do que a do núcleo de urânio. (b) Dois prótons e dois nêutrons são mais maciços quando em seus estados livres do que quando combinados na forma de um núcleo de hélio.

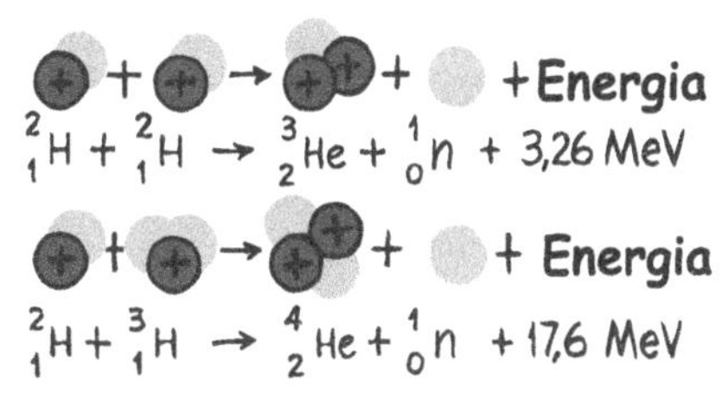
+ Energia
$^{2}_{1}H + ^{2}_{1}H \rightarrow ^{3}_{2}He + ^{1}_{0}n$ + 3,26 MeV
+ Energia
$^{2}_{1}H + ^{3}_{1}H \rightarrow ^{4}_{2}He + ^{1}_{0}n$ + 17,6 MeV

FIGURA 16.37

As reações de fusão de dois isótopos do hidrogênio. A maior parte da energia liberada é carregada pelos nêutrons, que são ejetados a altas velocidades.

psc

Os reatores termonucleares da Terra exigirão temperaturas ainda mais altas dos que as do Sol. O ritmo do Sol – 10 bilhões de anos para queimar todo o combustível – é lento demais para aplicações na Terra.

Tais reações constituem, quase que literalmente, queimas nucleares. A fusão termonuclear é análoga à combustão química ordinária. Tanto na queima química quanto na nuclear, uma alta temperatura dá início às reações; a energia liberada pelas reações mantém a temperatura extremamente alta de modo a propagar o fogo. O resultado geral das reações químicas é a combinação dos átomos em moléculas mais fortemente ligadas. Nas reações nucleares de fusão, o resultado geral são núcleos mais fortemente ligados. Em ambos os casos, a massa diminui quando a energia é liberada.

PARE E TESTE A SI MESMO

1. **A fissão e a fusão são processos opostos, ainda que cada um libere energia. Isso não é contraditório?**
2. **Para obter liberação de energia a partir do elemento ferro, o núcleo deste elemento deveria ser fissionado ou fundido?**
3. **Preveja se a temperatura do núcleo de uma estrela aumenta ou diminui quando são fundidos o ferro e os elementos de maior número atômico do que ele.**

VERIFIQUE SUA RESPOSTA

1. Não, não e não! Isso seria contraditório somente se fosse afirmado que o mesmo elemento libera energia em ambos os processos de fissão e fusão. Apenas a fusão de elementos leves e a fissão de elementos pesados resultam em uma diminuição da massa dos núcleons e na liberação de energia.
2. Nem um, nem outro, pois o ferro situa-se bem no fundo do "vale de energia". Fundir um par de núcleos de ferro produz um elemento à direita do ferro na curva, onde a massa por núcleon é mais alta. Se você quebrar um núcleo de ferro, os produtos situar-se-ão à esquerda do ferro na curva – onde também é mais alta a massa por núcleon. Desse modo nenhuma energia será liberada. Para a liberação de energia, "Diminua a Massa" é o nome do jogo – qualquer jogo, químico ou nuclear.
3. Na fusão do ferro e de quaisquer núcleos além dele, ocorre absorção de energia, e o núcleo da estrela esfria no estágio mais avançado de sua evolução. Isso, todavia, produz o colapso da estrela, o que, então, novamente aumenta enormemente sua temperatura. Curiosamente, elementos além do ferro não são formados nos ciclos normais de fusão nas fontes estelares, e sim, quando as estrelas explodem violentamente – as supernovas.

Fusão controlada

Obter reações de fusão sob condições controladas requer temperaturas de milhões de graus. Há uma variedade de técnicas para se obter tais temperaturas. Não importando como ela seja obtida, um problema tecnológico a ser resolvido é que todos os materiais derretem ou são vaporizados nas temperaturas requeridas pela fusão. Uma solução para este problema é confinar a reação em um recipiente imaterial.

Um recipiente deste tipo é constituído por um campo magnético, que pode existir a qualquer temperatura e exercer forças intensas sobre partículas carregadas em movimento. "Paredes magnéticas" constituem uma espécie de "camisa-de-força" para os gases quentes chamados de plasmas. A compressão magnética promove o aquecimento do plasma até a temperatura de fusão. Na época da escrita deste livro, a fusão por confinamento magnético tem tido sucesso apenas parcial – uma reação sustentada e controlada está fora de nosso alcance.

Outra abordagem emprega lasers de alta energia para não ter de usar o confinamento magnético. Uma técnica intrigante consiste em direcionar um arranjo de feixes de laser para um ponto comum e deixar cair neste "fogo cruzado" pequenas esferas de isótopos de hidrogênio congelados (Figura 16.38). A energia dos vários feixes deveria esmagar as pequenas esferas até densidades 20 vezes maiores do que a do chumbo. Este tipo de "queima" a fusão poderia produzir várias centenas de vezes mais energia do que a que é fornecida pelos feixes de laser que comprimem e iniciam a ignição das pequenas esferas. Como a sucessão de explosões combustível/ar no interior dos cilindros de um motor de automóvel, que são convertidas em fornecimento gradual de energia mecânica, as sucessivas ignições das pequenas esferas em uma usina nuclear poderiam gerar um fluxo contínuo análogo de energia elétrica. O sucesso dessa técnica requer um controle preciso do tempo, pois a compressão necessária deve ocorrer antes que uma onda de choque disperse a pequena esfera. Lasers de alta potência que funcionem com segurança são vitais. O ponto de "break-even" (onde a energia fornecida pela fusão se iguala à que é gasta para efetuar a fusão), entretanto, ainda não foi alcançado com fusão a laser.

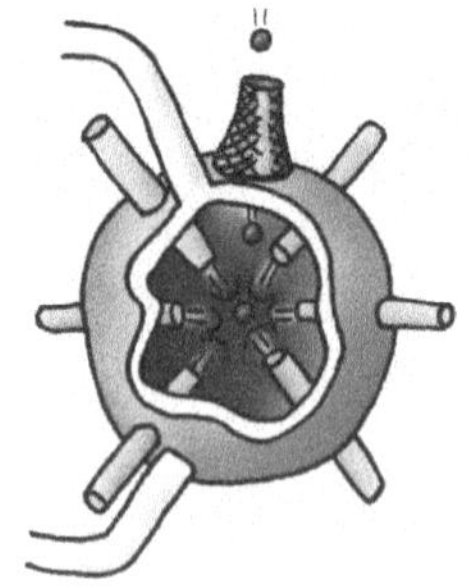

FIGURA 16.38
A fusão com feixes múltiplos de laser. Neste dispositivo projetado, pequenas esferas de deutério são ritmicamente introduzidas na região de cruzamento dos feixes sincronizados de laser. O calor resultante é levado para fora pelo lítio derretido para gerar vapor.

Outros esquemas de fusão envolvem o bombardeio de pequenas esferas de combustível não por luz laser, mas por feixes de elétrons e de íons. Estamos aguardando pelo "grande dia" em que uma das técnicas de fusão nuclear controlada produza energia de forma sustentada.

Se as pessoas algum dia puderem zarpar pelo universo como hoje fazemos na Terra por meio dos aviões a jato, seus suprimentos de combustível estarão garantidos. O combustível para a fusão – o hidrogênio – é encontrado em toda parte do universo, não somente nas estrelas, mas também no espaço entre elas. Estima-se que cerca de 91% dos átomos do universo seja de hidrogênio. Para as pessoas do futuro, as matérias-primas estarão também asseguradas porque todos os elementos conhecidos resultam da fusão de um número maior ou menor de núcleos de hidrogênio. Os humanos do futuro poderão sintetizar seus próprios elementos e produzir energia no processo, da mesma forma como as estrelas sempre têm feito.

psc

A pesquisa em fusão nuclear está sendo desenvolvida na França, com o reator ITER (International Thermonuclear Experimental Project, reator termonuclear internacional experimental), um projeto de fusão conjunto da União Européia com os Estados Unidos. Além disso, no Japão, um projetado mini-ITER se concentrará em imãs supercondutores. Pesquisas semelhantes estão sendo realizadas também na Índia, na Coréia e na China. Fique atento (sem prender a respiração) para o advento da geração de energia a fusão.

SUMÁRIO DE TERMOS

Radioatividade Processo pelo qual núcleos atômicos instáveis se quebram e emitem radiação.

Partícula alfa O núcleo de um átomo de hélio, formado por dois nêutrons e dois prótons, ejetado por determinados elementos radioativos.

Partícula beta Um elétron (ou pósitron) emitido durante o decaimento radioativo de certos núcleos.

Raio gama Radiação eletromagnética de alta freqüência emitida por núcleos de átomos radioativos.

Rad Um acrônimo (radiation absorved dose, dose de radiação absorvida) para unidade de energia absorvida. Um rad corresponde a 0,01 joule de energia radiante absorvida por quilograma de tecido.

Rem Um acrônimo (*roentgen equivalent man*, equivalente humano em roentgens), uma unidade usada para medir o efeito da radiação ionizante em humanos.

Núcleon O nome dado coletivamente a um próton ou a um nêutron.

Interação Forte A força atrativa entre os núcleons no interior de um núcleo (também chamada interação nuclear forte).

Meia-vida O tempo necessário para que decaia a metade dos átomos de uma amostra de um isótopo radioativo.

Transmutação A conversão do núcleo atômico de um determinado elemento em um núcleo atômico de outro elemento, através da perda ou do ganho do número de prótons.

Datação pelo Carbono Processo de determinação do tempo decorrido desde a morte através da medição da radioatividade dos átomos restantes de carbono-14.

Fissão nuclear A quebra do núcleo de um átomo pesado, como o U-235, em duas ou mais partes principais, acompanhada da liberação de muita energia.

Reação em cadeia Uma reação auto-sustentada em que os produtos de um evento da reação estimulam novos eventos.

Massa crítica A massa mínima de material físsil em um reator ou bomba nuclear capaz de sustentar uma reação em cadeia.

Reator regenerador Reator a fissão projetado para gerar não apenas energia, mas também mais combustível físsil do que ele consome, convertendo urânio não-físsil em um isótopo físsil de plutônio.

Fusão nuclear A combinação de núcleos leves para formar núcleos mais pesados, com a liberação de energia.

Fusão termonuclear A fusão nuclear produzida por alta temperatura.

LEITURA SUGERIDA

Bodansky, D. *Nuclear Energy: Principles, Practices, and Prospects,* segunda edição, New York: Springer, 2004.

Hannum, W. H., G. E. Marsh e G. S. Stanford. *Physics and Society* 33(3), 8 (Julho de 2004); consulte também http://www.aps.org/units/fps.

Vandenbosch, R. e S. E. Vanderbosch. *Physics and Society* 35(3), 7 (Julho de 2006); consulte também http://www.aps.org/units/fps.

QUESTÕES DE REVISÃO

16.1 A radioatividade

1. De onde se origina a maior parte da radiação que encontramos?
2. O que são os raios cósmicos, e onde eles se originam?

16.2 Raios alfa, beta e gama

3. Como diferem as cargas elétricas dos raios alfa, beta e gama?
4. Por que as partículas alfa e beta são desviadas em direções opostas por um campo magnético? Por que os raios gama não são desviados?
5. Qual é a origem dos raios gama?

16.3 A radiação do meio ambiente

6. Qual é a principal fonte da radiação que ocorre na natureza?
7. Que tipo de usina produtora de energia nos expõe mais à radioatividade, as que queimam carvão mineral ou as nucleares?
8. Faça distinção entre rad e rem.
9. Os seres humanos recebem mais radiação das fontes radioativas artificiais ou das naturais?
10. Qual é a dose letal de radiação? Qual é a dose média de radiação que uma pessoa comum recebe por ano nos EUA? Qual é a dose média liberada por um raio X comum?
11. O corpo humano é radioativo?
12. Que tipos de células são mais danificadas quando irradiadas?
13. O que é um traçador radioativo?

16.4 O núcleo atômico e a interação forte

14. Nomeie os dois núcleons existentes.
15. Por que as forças elétricas repulsivas entre os prótons de um núcleo atômico não fazem com que eles se afastem velozmente?
16. Por que um núcleo grande é geralmente menos estável do que um núcleo menor?
17. Qual é o papel desempenhado pelos nêutrons no núcleo atômico?
18. São os núcleos grandes ou os pequenos que possuem mais nêutrons do que prótons?

16.5 Meia-vida radioativa

19. Qual é o significado da meia-vida radioativa?
20. Qual é a meia-vida do Ra-226?
21. Para um isótopo radioativo qualquer, qual é a relação entre a taxa de decaimento e a meia-vida?

16.6 Transmutação dos elementos

22. O que é a transmutação?
23. Quando o tório, de número atômico 90, decai através da emissão de uma partícula alfa, qual é o número atômico do núcleo resultante?

24. Quando o tório decai pela emissão de uma partícula beta, qual é o número atômico do núcleo resultante?
25. Para cada reação citada nas questões 23 e 24, a massa atômica aumenta, diminui ou mantém-se inalterada?
26. Que alteração ocorre no número atômico quando um núcleo emite uma partícula alfa? E quando ele emite uma partícula beta? E uma partícula gama?
27. Qual é o destino, em longo prazo, de todo o urânio existente no mundo?
28. Quando e quem obteve intencionalmente a primeira transmutação de um elemento?
29. Por que os elementos além do urânio não são comuns na crosta da Terra?

16.7 Datação radiométrica

30. Como são produzidos isótopos radioativos?
31. O que ocorre quando um núcleo de nitrogênio captura um nêutron extra?
32. O que a proporção de chumbo e urânio encontrada em uma rocha nos diz acerca de sua idade?

16.8 Fissão nuclear

33. Quando um núcleo sofre fissão, que papel podem desempenhar os nêutrons ejetados?
34. Por que é mais provável ocorrer uma reação em cadeia em um grande pedaço de urânio do que em um pequeno pedaço?
35. O que é massa crítica?
36. O que deixará escapar mais nêutrons, dois pedaços separados de urânio ou os dois mesmos pedaços reunidos?
37. Quais são os quatro principais componentes de um reator a fissão?
38. Por que um reator nuclear não pode explodir como uma bomba a fissão?
39. Qual é o efeito de se pôr pequenas quantidades de isótopos fissionáveis em grandes quantidades de U-238?
40. Como um reator regenerativo regenera o combustível nuclear?

16.9 Equivalência massa-energia – $E = mc^2$

41. É necessário trabalho para puxar um núcleon para fora de um núcleo atômico? Uma vez fora, o núcleon terá energia maior do que a que possuía no interior do núcleo? Qual é a forma desta energia?
42. Que íons são menos desviados em um espectrômetro de massa?
43. Qual é a diferença básica entre os gráficos das Figuras 16.32 e 16.33?
44. Em que núcleo atômico é máximo o valor da massa por núcleon? Em qual ele é mínimo?
45. Em que se transforma a massa que falta quando um núcleo de urânio sofre fissão?

16.10 Fusão nuclear

46. Se o gráfico da Figura 16.35 é encarado como um vale de energia, o que pode se afirmar acerca das transformações nucleares que levam em direção ao ferro?
47. Quando um par de isótopos de hidrogênio se funde, a massa do núcleo resultante é maior ou menor do que a soma das massas dos dois núcleos de hidrogênio?
48. Para que o hélio libere energia, ele deve sofrer fissão ou fusão?
49. Que tipo de recipiente é usado para conter plasmas a temperaturas de milhões de graus?
50. Em que forma a energia é inicialmente liberada na fusão nuclear?

ATIVIDADES EXPLORATÓRIAS

1. Escreva uma carta a seus avós a fim de dissipar qualquer noção que os amigos deles possam ter sobre a radioatividade ser algo de novo no mundo. Vincule isso à idéia de que muitas pessoas têm pontos de vista muito fortes acerca do que elas menos entendem.
2. Escreva uma carta a um tio ou tia discutindo a energia nuclear. Cite os prós e os contras da mesma e explique como a comparação afeta sua visão pessoal da energia nuclear. Explique também como a fissão nuclear difere da fusão nuclear.

EXERCÍCIOS

1. A radioatividade é algo relativamente novo no mundo? Justifique sua resposta.
2. Pode-se afirmar verdadeiramente que, sempre que um núcleo emite uma partícula alfa ou beta, ele necessariamente se torna o núcleo de um elemento diferente?
3. Por que uma amostra de rádio sempre está um pouco mais quente do que sua vizinhança?
4. Algumas pessoas afirmam que todas as coisas são possíveis. É possível que um núcleo de hidrogênio emita uma partícula alfa? Justifique sua resposta.
5. Por que os raios alfa e beta são desviados para lados diferentes por um mesmo campo magnético? Por que os raios gama não são desviados?
6. Uma partícula alfa tem carga duas vezes maior do que uma partícula beta, mas na presença de um campo magnético ela se desvia menos do que a partícula beta. Qual é a razão disso?
7. Como se comparam as trajetórias seguidas por raios alfa, beta e gama em presença de um campo elétrico?
8. Em que a emissão de radiação gama por um núcleo se assemelha à emissão de luz por um átomo?

9. Que tipo de radiação – alfa, beta ou gama – resulta em máxima alteração do número atômico? E em mínima alteração do número atômico?
10. Que tipo de radiação – alfa, beta ou gama – produz a máxima variação do número de massa? E a mínima variação do número de massa?
11. Ao bombardear núcleos atômicos com "prótons-projéteis", por que estes devem ser acelerados até altas energias a fim de tocarem nos "núcleos-alvo"?
12. Logo após uma partícula alfa sair do núcleo, você esperaria que ela acelerasse? Justifique sua resposta.
13. No interior de um núcleo atômico, que interação tende a mantê-lo íntegro, e que interação tende a desintegrá-lo?
14. Que evidência sustenta a argumentação de que a interação nuclear forte pode dominar a interação elétrica a curtas distâncias dentro do núcleo?
15. Um amigo lhe indaga se uma substância radioativa com uma meia-vida de 1 dia terá desaparecido completamente ao final de 2 dias. Qual seria a sua resposta?
16. Quando o isótopo bismuto-213 emite uma partícula alfa, qual é o novo elemento resultante? Que novo elemento resultaria se, em vez disso, uma partícula beta fosse emitida?
17. Quando o $^{226}_{84}\text{Ra}$ decai emitindo uma partícula alfa, qual é o número atômico do elemento resultante? Qual é a massa atômica resultante?
18. Quando o $^{218}_{84}\text{Po}$ emite uma partícula beta, ele se transforma em um novo elemento. Qual é o número atômico e qual é o número de massa do novo elemento? Quais seriam eles se um núcleo de polônio emitisse uma partícula alfa ao invés de uma partícula beta?
19. Identifique o número de prótons e o de nêutrons em cada um dos seguintes núcleos: $^{2}_{1}\text{H}$, $^{12}_{6}\text{C}$, $^{56}_{26}\text{Fe}$, $^{197}_{79}\text{Au}$, $^{90}_{38}\text{Sr}$ e $^{238}_{92}\text{U}$.
20. Como é possível que um elemento decaia "para a frente na tabela periódica" – ou seja, que decaia em um elemento com número atômico mais elevado?
21. Os elementos com número atômico maior que o do urânio não são encontrados na natureza em quantidades apreciáveis por possuírem meias-vidas muito curtas. Embora existam vários elementos com números atômicos menores do que o do urânio, e com meias-vidas igualmente curtas, eles realmente existem na natureza em quantidades apreciáveis. Como você explica isso?
22. Você e uma amiga se deslocam para a encosta de uma montanha a fim de ficarem mais próximos à natureza e de escaparem de coisas tais como a radioatividade. Enquanto se banham numa fonte natural de água termal, ela se pergunta em voz alta como a fonte consegue calor. O que você lhe diz?
23. O carvão mineral contém pequenas quantidades de material radioativo, ainda que exista mais radiação no ambiente ao redor de uma usina a carvão do que no de uma usina nuclear. O que isso indica a respeito da blindagem que normalmente existe ao redor dessas usinas de geração de eletricidade?
24. Quando falamos em exposição perigosa à radiação, geralmente estamos nos referindo à radiação alfa, beta ou gama? Discuta.
25. Pessoas que trabalham com radioatividade usam crachás com filme a fim de monitorar os níveis de radiação que seus corpos recebem. Esses crachás consistem em pequenos pedaços de filme fotográfico envolvidos por papel à prova de luz (Figura 16.8). Que tipo de radiação é monitorado através desses dispositivos?
26. Um colega constrói um contador Geiger para verificar a radiação de fundo normal no local. O contador emite estalidos. Outro colega, cuja tendência é sentir medo daquilo que ele pouco entende, faz um esforço para se manter longe do contador Geiger e olha para você para adverti-lo. O que você lhe diz?
27. Quando os alimentos são irradiados por raios gama provenientes de uma fonte de cobalto-60, eles se tornam radioativos? Justifique sua resposta.
28. Se descobríssemos que a intensidades dos raios cósmicos era muito maior milhares de anos atrás, como isso afetaria as idades atribuídas a amostras antigas de matéria que já foi viva?
29. A idade dos pergaminhos do Mar Morto foi obtida através de datação pelo carbono. Essa técnica teria funcionado se eles estivessem gravados em tábuas de pedra? Explique.
30. Por que a fissão nuclear provavelmente não será usada diretamente para fornecer energia para os automóveis? Como ela poderia ser usada indiretamente?
31. Por que um nêutron constitui um "projétil" nuclear melhor do que um próton ou um elétron quando todos possuem energias baixas?
32. A distância média percorrida por um nêutron que se desloca em um material físsil, antes de escapar, aumenta ou diminui quando dois pedaços de material físsil são juntados em um só? Isso aumenta ou diminui a probabilidade de haver uma explosão?
33. O U-235 libera em média 2,5 nêutrons por fissão, enquanto o Pu-239 libera em média 2,7 nêutrons por fissão. Qual desses dois elementos, então, você espera que possua a menor massa crítica?
34. Por que chumbo é encontrado em todos os depósitos minerais de urânio?
35. Por que o plutônio não ocorre em quantidades apreciáveis em depósitos minerais naturais?
36. Por que não ocorrem reações em cadeia nas minas de urânio?
37. Um colega afirma que o poder explosivo de uma bomba nuclear deve-se à eletricidade estática. Você concorda ou discorda dele? Justifique sua resposta.
38. Se um núcleo $^{232}_{90}\text{Th}$ absorve um nêutron e, então, sofre dois decaimentos beta sucessivos (emitindo elétrons), qual é o núcleo resultante?
39. A liberação de energia pela fissão nuclear está relacionada ao fato de que os núcleos mais pesados possuem cerca de 0,1% mais de massa por núcleon do que os núcleos próximos ao meio da tabela periódica dos elementos. Qual seria o efeito sobre a liberação de energia se esse percentual fosse de 1% em vez de 0,1%?
40. Como se compara o valor de massa por núcleon do urânio com a dos fragmentos provenientes de sua fissão?
41. Em que são semelhantes a queima química e a fusão nuclear?
42. Explique como um físico faz uso da curva da Figura 16.33, ou de uma tabela de massas nucleares, junto com a equação $E = mc^2$ para prever aproximadamente qual será a energia liberada em uma reação de fissão ou de fusão.
43. Que processo liberaria energia a partir do ouro, a fissão ou a fusão? E a partir do carbono? E do ferro?

44. Se urânio fosse partido em três fragmentos de igual tamanho em vez de dois, a energia liberada seria maior ou menor? Justifique sua resposta em relação à Figura 16.33.
45. Explique por que o decaimento radioativo tem aquecido a Terra, a partir de seu centro, ao passo que a fusão nuclear tem aquecido a Terra a partir do exterior.
46. Que efeito se pode antever sobre a indústria de mineração, no futuro, quando a síntese de elementos for uma prática generalizada?
47. O mundo jamais foi o mesmo desde a descoberta da indução eletromagnética e de sua aplicação na construção de motores e de geradores elétricos. Liste e especule acerca de algumas alterações que provavelmente ocorrerão em nível mundial como decorrência do advento de reatores a fusão bem-sucedidos.
48. O hidrogênio comum às vezes é chamado de combustível perfeito porque existe um suprimento quase ilimitado dele na Terra, e quando ele queima (oxida), libera como produto apenas água inofensiva. Então por que não abandonamos a geração de energia por fusão ou fissão, para não mencionar aquela baseada nos combustíveis fósseis, e passamos a usar somente a baseada no hidrogênio?
49. Com referência ao exercício anterior, por que a energia da fusão ou a equivalente envolvendo o hidrogênio pode tomar o lugar da gasolina?
50. Discuta e faça comparações entre a poluição produzida pelas usinas convencionais que geram energia a partir de combustíveis fósseis e as usinas geradoras a fissão nuclear. Leve em conta a poluição térmica, a química e a radioativa.

PROBLEMAS

● INICIANTE ■ INTERMEDIÁRIO ♦ AVANÇADO

1. ● A radiação proveniente de uma fonte puntiforme obedece a lei do inverso do quadrado. Se um contador Geiger registra 360 contagens por minuto a 1 metro de distância da fonte, qual será a contagem a 2 metros de distância? E a 3 metros da fonte?
2. ● Se uma amostra de um determinado isótopo radioativo tiver uma meia-vida de 1 ano, quanto restará da amostra original ao final do segundo ano? E do terceiro ano? E do quarto?
3. ● Certa substância radioativa tem meia-vida de 1 hora. Se iniciarmos com 1 g do material ao meio-dia, quanto restará dela às 15h? E às 18h? E às 22h?
4. ● Uma amostra de certo radioisótopo é colocada próxima de um contador Geiger, que registra 160 contagens por minuto. Oito horas mais tarde, o detector registra uma taxa de 10 contagens por minuto. Qual é a meia-vida do material?
5. ● O isótopo césio-137, com meia-vida de 30 anos, é um produto das usinas nucleares. Mostre que leva 120 anos para que este isótopo decaia para $\frac{1}{16}$ de sua quantidade original.
6. ■ Suponha que você deseje determinar quanta gasolina está armazenada em um tanque enterrado no solo. Você despeja nele um galão de gasolina contendo algum material radioativo com uma meia-vida que resulta em 5.000 contagens por minuto. No dia seguinte, você remove um galão do tanque subterrâneo e mede sua radioatividade como 10 contagens por minuto. Quanta gasolina existe no tanque?
7. ■ Suponha que você meça a intensidade da radiação proveniente do carbono-14 em um antigo pedaço de madeira e descubra que ela corresponde a 6% da que seria emitida por um pedaço de madeira recentemente cortado. Mostre que a idade do artefato é aproximadamente 23.000 anos.
8. ■ O quiloton, usado para medir a energia liberada numa explosão atômica, é igual a $4{,}2 \times 10^{12}$ J (energia aproximadamente igual à liberada na explosão de 1.000 toneladas de TNT). Lembrando que 1 quilocaloria de energia eleva em 1°C a temperatura de 1 kg de água, e que 4,184 joules equivalem a 1 quilocaloria, calcule quantos quilogramas de água podem ser aquecidos em 50°C por uma bomba atômica de 20 quilotons.

EPÍLOGO

Eu espero que você tenha se divertido com o *Fundamentos de Física Conceitual* e que valorize seu conhecimento de física como um componente valioso de sua formação geral. Enxergar a física como o estudo das leis da natureza reforçará seu sentimento de admiração e a maneira segundo a qual você encara o mundo físico – sabendo que tantas coisas da natureza estão interligadas, com fenômenos aparentemente diferentes seguindo as mesmas leis básicas. Quão intrigante é saber que as leis que governam a queda de uma maçã aplicam-se também a uma estação espacial em órbita da Terra, que o céu avermelhado durante um pôr-do-sol tem ligação com o céu azulado no meio do dia, que as leis descobertas por Faraday e Maxwell revelam como a eletricidade e o magnetismo se conectam a fim de tornarem-se luz.

O valor da ciência vai além de suas aplicações na construção de carros velozes, computadores, *iPods* e outros aparelhos. Seu maior valor está nos métodos empregados na compreensão e na investigação da natureza – as hipóteses são formuladas de maneira que se possa ser capaz de refutá-las, e os experimentos são projetados de modo que seus resultados possam ser reproduzidos por outros. A ciência é mais do que um corpo de conhecimentos; ela é uma maneira de pensar.

E então existem os defensores da ciência viciada, que vestem suas afirmações com a linguagem da ciência, mas intencionalmente ignoram os seus métodos. Os diversos boxes acerca da pseudociência que se encontram ao longo deste livro constituem uma tentativa de expor este fato. Ser capaz de distinguir entre experimentos científicos e afirmações sem sustentação é particularmente importante porque muitas informações equivocadas e sensacionalistas são utilizadas por charlatões para vender seus produtos e suas idéias fraudulentas. A pseudociência degrada a ciência. Seus defensores desejam eliminar o modo científico de conceber o mundo e refutar o pensamento cético.

O pensamento cético, além de refinar o senso comum, é um ingrediente essencial para se formular uma hipótese que exija um teste para comprovar se está correta: se eu estou errado, como poderia saber? Essa questão-chave pode acompanhar qualquer idéia importante, seja ela científica ou de outra natureza. Quando ela é aplicada a questões sociais, políticas e religiosas, você se torna mais capaz. Socialmente, você compreenderá os pontos de vista dos outros com mais clareza. Politicamente, você passará a ver todos os movimentos sociais como experimentos. Religiosamente, você perceberá que os conflitos entre ciência e religião derivam principalmente de más concepções de um ou de ambos os domínios. Aplicada apropriadamente, a ciência não apenas é compatível com a espiritualidade, mas pode mesmo ser uma fonte profunda da mesma.

Contemplar a imensidão do universo e a escala de tempo geológica de nosso planeta evoca um sentimento de elevação puramente espiritual. Aprendemos que quatrocentos milhões de anos atrás, muito antes dos mamíferos surgirem, existiam peixes; que então se tornaram anfíbios, e depois répteis. Na luta de sobrevivência das espécies, trilhões e trilhões de formas de vida transmitiram seus códigos genéticos a seus descendentes, às vezes realizando alterações adaptativas aqui e ali. Após longa e prodigiosa ascensão, emergiram os humanos. Vidas inumeráveis nos trouxeram aonde estamos. Mais do que cobrir essa longa e incrível jornada, todos nós deveríamos celebrá-la – pois somos os beneficiados.

A ciência fornece meios modernos para determinar nossas origens, para saber como sobreviver e até mesmo para saber quem poderemos nos tornar. Hoje nos encontramos na situação vantajosa em que a ciência pode evoluir do "como" para o "por que" – ironicamente, uma época em que o potencial para calamidades mundiais nunca esteve tão alto. Superpopulação, ávido consumo de energia e outros problemas socioeconômicos e políticos perpassam nossa época, ainda que a ciência nos forneça ferramentas físicas e intelectuais para melhorar nossas vidas e nossos relacionamentos uns com os outros e com o meio ambiente. Nossa esperança está naqueles com mentes científicas abertas, que compreendem e podem responder com sensibilidade às questões que ameaçam nossa sobrevivência. A Terra é tão somente a casa que todos compartilhamos, merecedora de nossos maiores cuidados. Do meu ponto de vista, e espero que do seu também, as pessoas com grande conhecimento e que aplicam os métodos da ciência constituem a melhor esperança da humanidade.

APÊNDICE A

SOBRE MEDIDAS E CONVERSÕES DE UNIDADES

Atualmente, prevalecem dois principais sistemas de unidades em uso no mundo: O *United States Customary System* (USCS, Sistema de Unidades Comuns dos Estados Unidos, antigamente chamado de Sistema Britânico de Unidades), usado nos Estados Unidos da América do Norte e em Burma, e o *Sistema Internacional* (SI) (também conhecido como sistema métrico de unidades), usado em todos os demais lugares. Cada sistema tem seus próprios padrões de comprimento, de massa e de tempo. As unidades de comprimento, de massa e de tempo são às vezes chamadas de *unidades fundamentais* porque, uma vez escolhidas, outras grandezas podem ser expressas em termos delas.

O sistema de unidades comum dos Estados Unidos

Baseado no Sistema Imperial Britânico de unidades, o USCS é familiar a todos que residem nos Estados Unidos. Ele emprega o pé como unidade de comprimento, a libra como unidade de peso ou força e o segundo como unidade de tempo. O USCS atualmente está sendo substituído pelo sistema internacional – de maneira rápida nas áreas de ciência e de tecnologia (e em todos os contratos do Departamento de Defesa dos EUA desde 1988) e em alguns esportes (corrida e natação), mas tão lentamente em outras áreas e em algumas especialidades que parece que a troca nunca se realizará. Por exemplo, os norte-americanos continuarão a comprar assentos na linha das 50 jardas. Os filmes fotográficos vêm classificados em milímetros, mas os discos para computadores aparecem em polegadas.

Para medidas de tempo, não há diferença entre os dois sistemas, exceto que no SI puro a única unidade é o *segundo* (s, e não seg), com prefixos; mas, em geral, minuto, hora, dia, ano e assim por diante, com duas ou mais letras como abreviações (h, e não hr), são aceitas no USCS.

TABELA A.1

As unidades do SI

Grandeza	Unidade	Símbolo
Comprimento	metro	m
Massa	quilograma	kg
Tempo	segundo	s
Força	newton	N
Energia	joule	J
Corrente	ampère	A
Temperatura	kelvin	K

O sistema internacional

Durante a Conferência Internacional de Pesos e Medidas de 1960, em Paris, foram definidas as unidades do SI. A Tabela A.1 mostra as unidades do SI e seus correspondentes símbolos. O SI é baseado no *sistema métrico*, usado pelos cientistas franceses após a Revolução Francesa, em 1791. A regularidade deste sistema o torna útil em trabalhos científicos, e ele é usado por cientistas do mundo inteiro. O sistema métrico se ramifica em dois sistemas de unidades. Em um deles a unidade de comprimento é o metro, a unidade de massa é o quilograma e a de tempo é o segundo. Este é o chamado sistema *metro-quilograma-segundo* (mks), e ele é o preferido em física. O outro ramo é o do sistema *centímetro-grama-segundo* (cgs), que é preferencialmente usado em química, devido aos valores pequenos de suas unidades. As unidades mks e cgs se relacionam da seguinte maneira: 100 centímetros equivale a 1 metro; 1.000 gramas equivale a 1 quilograma. A Tabela A.2 mostra as relações entre várias unidades de comprimento existentes.

Uma das principais vantagens do sistema métrico é que ele emprega o sistema decimal de contagem, onde todas as unidades estão relacionadas a unidades menores ou maiores por meio de divisões e multiplicações por 10. Os prefixos mostrados na Tabela A.3 são freqüentemente usados para indicar relações entre as unidades.

TABELA A.2

Tabela de conversões entre diferentes unidades de comprimento

Unidade de comprimento	Quilômetro	Metro	Centímetro	Polegada	Pé	Milha
1 quilômetro	= 1	1000	100.000	39.370	3280,84	0,62140
1 metro	= 0,00100	1	100	39,370	3,28084	$6{,}21 \times 10^{-4}$
1 centímetro	= $1{,}0 \times 10^{-5}$	0,0100	1	0,39370	0,032808	$6{,}21 \times 10^{-6}$
1 polegada	= $2{,}54 \times 10^{-5}$	0,02540	2,5400	1	0,08333	$1{,}58 \times 10^{-5}$
1 pé	= $3{,}05 \times 10^{-4}$	0,30480	30,480	12	1	$1{,}89 \times 10^{-4}$
1 milha	= 1,60934	1609,34	160.934	63.360	5280	1

TABELA A.3
Alguns prefixos

Prefixo	Definição
micro-	Um milionésimo: um microsegundo corresponde a um milionésimo de um segundo
mili-	Um milésimo: um miligrama corresponde a um milésimo de um grama
centi-	Um centésimo: um centímetro corresponde a um centésimo de um metro
quilo-	Um milhar: um quilograma corresponde a 1.000 gramas
mega-	Um milhão: um megahertz equivale a 1 milhão de hertz
giga-	Um bilhão: um gigahertz corresponde a 1 bilhão de hertz

O METRO

O padrão de comprimento do sistema métrico foi originalmente definido em termos da distância entre o pólo norte e o equador. Na época, pensava-se que essa distância fosse aproximadamente de 10.000 quilômetros. Um décimo de milionésimo disto, o metro, foi determinado cuidadosamente e marcado por meio de riscos gravados sobre uma barra feita de uma liga de platina com irídio. Essa barra é guardada no Escritório Internacional de Pesos e Medidas, na França. O metro-padrão na França foi, então, calibrado em termos do comprimento de onda da luz – ele equivale a 1.650.763,73 vezes o comprimento de onda da luz laranja emitida pelos átomos do gás criptônio-86. O metro agora é definido como sendo o comprimento do caminho percorrido pela luz durante um intervalo de tempo de 1 / 299.792.458 de segundo.

O QUILOGRAMA

A unidade padrão de massa, o quilograma, é um bloco feito de uma liga de platina e irídio, também guardado no Escritório Internacional de Pesos e Medidas, na França (Figura A.1). Um quilograma é igual a 1.000 gramas. Uma grama é a massa de 1 centímetro cúbico (cm^3, às vezes também denotado por cc) de água a uma temperatura de 4°C. (A libra-padrão é definida em termos do quilograma-padrão; a massa de um objeto que pesa 1 libra é igual a 0,4536 quilograma.)

FIGURA A.1
O quilograma-padrão.

O SEGUNDO

A unidade oficial de tempo tanto para o USCS quanto para o SI é o segundo. Até 1956, o segundo era definido em termos do dia solar médio, que era dividido em 24 horas. Cada hora era subdividida em 60 minutos, e cada minuto, em 60 segundos. Assim, havia 86.400 segundos em um dia completo, e o segundo era definido como 1 / 86.400 do dia solar médio. Isso se mostrou insatisfatório porque a taxa de rotação da Terra está se tornando gradualmente mais lenta. Em 1956 o dia solar médio do ano 1900 foi escolhido como o padrão sobre o qual se baseava o segundo. Em 1964, o segundo foi oficialmente definido como sendo a duração de 9.192.631.770 períodos da radiação emitida por um átomo de césio-133.

O NEWTON

Um newton é a força necessária para acelerar 1 quilograma a 1 metro por segundo por segundo. A unidade recebeu esta denominação em homenagem a Sir Isaac Newton.

O JOULE

Um joule é igual à quantidade de trabalho realizado por uma força de 1 newton exercida ao longo de uma distância de 1 metro. Em 1948, o joule foi adotado como a unidade de energia pela Conferência Internacional de Pesos e Medidas. Portanto, o calor específico da água a 15°C é agora dado como 4.185,5 joules por quilograma por grau Celsius. Esse número é sempre associado ao equivalente mecânico do calor – 4,1855 joules por caloria.

O AMPÈRE

Um ampère é definido como o valor de corrente elétrica constante que, ao percorrer dois fios condutores paralelos de comprimentos infinitos, de seções transversais desprezíveis e localizados a um metro de distância um do outro, no vácuo, produz uma força entre eles igual a 2×10^{-7} newtons por metro de comprimento. Em nosso tratamento da corrente elétrica neste texto, usamos a definição não-oficial e mais fácil de compreender do ampère, como sendo uma taxa de escoamento de 1 coulomb de carga por segundo, onde 1 coulomb é a carga total de $6{,}25 \times 10^{8}$ elétrons.

O KELVIN

A unidade fundamental de temperatura é uma homenagem ao cientista William Thompson, Lord Kelvin. O kelvin é definido como sendo 1 / 273,15 da temperatura termodinâmica do ponto triplo da água (o ponto fixo em que gelo, água líquida e vapor d' água coexistem em equilíbrio). A definição foi adotada em 1968, quando se decidiu mudar o nome de *grau Kelvin* (°K) para *kelvin* (K). A temperatura de fusão do gelo, à pressão atmosférica, é de 273,15 K. A temperatura na qual a pressão de vapor da água pura é igual à pressão atmosférica padrão é de 373,15 K (a temperatura de ebulição da água à pressão atmosférica padrão).

ÁREA

A unidade de área é um quadrado que tem uma unidade padrão de comprimento como lado. No USCS, ela é igual à área de um quadrado com lado de comprimento igual a 1 pé, que é chamada de pé quadrado e simbolizada por ft^2. No sistema internacional, ela é um quadrado com lados de 1 metro de comprimento, o que perfaz uma unidade de área com 1 m^2. No sistema cgs, ela é igual a 1 cm^2. A área de uma determinada superfície é especificada pelo número de pés quadrados, de metros quadrados ou de centímetros quadrados que cabem nela. A área de um retângulo é igual ao produto de sua base por sua altura. A área de um círculo é igual a πr^2, onde $\pi = 3{,}14$ e r representa o seu raio. Fórmulas para calcular a área superficial de outros objetos podem ser encontradas em livros-texto de geometria.

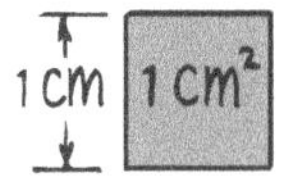
1 cm
1 cm²

FIGURA A.2 Uma unidade de área.

VOLUME

O volume de um objeto se refere ao espaço que ele ocupa. A unidade de volume é tomada como sendo um cubo que tem uma unidade padrão de comprimento como lado. No USCS, uma unidade de volume é o espaço ocupado por um cubo com 1 pé de lado, chamado de pé cúbico e simbolizado por ft^3. No sistema métrico, ela é o espaço ocupado por um cubo com lados iguais a 1 metro (SI) ou 1 centímetro (cgs). Ela é simbolizada por 1 m^3 ou por 1 cm^3 (ou cc). O volume de um determinado espaço é dado pelo número de pés cúbicos, de metros cúbicos ou de centímetros cúbicos que cabem nele.

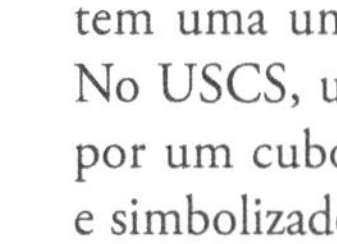
1 cm
1 cm³

FIGURA A.3 Uma unidade de volume.

No USCS, volumes também podem ser medidos em quartos de galão, galões, polegadas cúbicas ou pés cúbicos. Existem 1.728 (12 × 12 × 12) polegadas cúbicas em 1 ft^3. Um galão norte-americano é um volume correspondente a 231 polegadas cúbicas. Quatro quartos são iguais a um galão. No SI, volumes também são medidos em litros. Um litro é igual a 1.000 cm^3.

Conversão de unidades

Em ciência, e especialmente em laboratórios, freqüentemente é necessária a conversão de uma unidade para outra. Para tal, você precisa apenas multiplicar a grandeza dada pelo *fator de conversão* apropriado.

Todos os fatores de conversão podem ser expressos como razões onde o numerador e o denominador representam a quantidade equivalente expressa em unidades diferentes. Uma vez que qualquer quantidade dividida por si mesma é igual a 1, todos os fatores de conversão são iguais a 1. Por exemplo, os seguintes dois fatores de conversão são ambos derivados a partir da relação 100 centímetros = 1 metro:

$$\frac{100 \text{ centímetros}}{1 \text{ metro}} = 1 \qquad \frac{1 \text{ metro}}{100 \text{ centímetros}} = 1$$

Como todos os fatores de conversão são iguais a 1, multiplicar uma grandeza por um fator de conversão não alterará seu valor. O que mudará serão as unidades. Suponha que você tenha medido o comprimento de um objeto como sendo 60 cm. Você pode converter esta medida para metros multiplicando-a pelo fator de conversão que lhe permita cancelar os centímetros.

EXEMPLO

Converta 60 centímetros para metros.

SOLUÇÃO

$$\underset{\substack{\uparrow \\ \text{quantidade em} \\ \text{centímetros}}}{(60 \cancel{\text{ centímetros}})} \underset{\substack{\uparrow \\ \text{Fator de} \\ \text{conversão}}}{\frac{(1 \text{ metro})}{(100 \cancel{\text{ centímetros}})}} = \underset{\substack{\uparrow \\ \text{quantidade em} \\ \text{metros}}}{0{,}6 \text{ metro}}$$

Para derivar um fator de conversão, consulte a tabela que apresenta as equivalências das unidades, tal como a Tabela A.2, ou a que se encontra na capa interna deste livro. Depois multiplique a grandeza dada pelo fator de conversão e, *voilà*, as unidades são convertidas. Sempre tenha o cuidado de escrever suas unidades. Elas são seu maior guia, informando-lhe que números entram, onde entram e se você está escrevendo a equação corretamente.

PARE E
TESTE A SI MESMO

Multiplique cada grandeza física pelo fator de conversão apropriado a fim de obter seu valor numérico na nova unidade indicada. Você precisará de papel, lápis, uma calculadora e uma tabela de equivalência entre unidades.

a. 7.320 gramas para quilogramas
b. 235 quilogramas para libras
c. 2,61 milhas para quilômetros
d. 100 calorias para quilocalorias

VERIFIQUE SUA RESPOSTA

a. 7,32 kg
b. 518 lb
c. 4,20km
d. 0,1 kcal

APÊNDICE B

MOVIMENTO LINEAR E MOVIMENTO DE ROTAÇÃO

Quando descrevemos o movimento de algo, expressamos como ele se move com relação a alguma outra coisa (Capítulo 3). Em outras palavras, o movimento requer um sistema de referência (um observador, uma origem e um conjunto de eixos). Somos livres para escolher a localização deste sistema e a maneira como ele está se movimentando com respeito a outro sistema qualquer. Quando nosso sistema de referência tem aceleração nula, ele é chamado de *sistema de referência inercial*. Em um sistema inercial, uma força qualquer faz um objeto acelerar de acordo com as leis de Newton. Quando o sistema de referência que utilizamos é acelerado, observamos o aparecimento de movimentos e de forças fictícios. Observações feitas a partir de um carrossel, por exemplo, serão diferentes se ele estiver girando e se ele estiver em repouso. Nossa descrição do movimento e da força depende de nosso "ponto de vista".

Fizemos distinção entre *rapidez** e *velocidade* (Capítulo 3). A rapidez é a medida de quão rapidamente algo se move, ou a taxa temporal da variação da posição (sem levar em conta sua orientação): trata-se de uma grandeza *escalar*. A velocidade inclui a orientação do movimento: ela é uma grandeza *vetorial* cujo valor absoluto (módulo, magnitude ou intensidade) é a rapidez. Os objetos que se movem com velocidades constantes percorrem uma mesma distância em um mesmo tempo, segundo a mesma orientação.

Outra diferença entre rapidez e velocidade diz respeito à diferença entre distância e *deslocamento*. Rapidez é *distância por duração*, enquanto velocidade é *deslocamento por duração*. Deslocamento é diferente de distância. Por exemplo, uma pessoa que mora numa cidade e trabalha em outra viaja 10 km para trabalhar e mais 10 km de volta, mas não "foi" a lugar algum. A distância percorrida foi 20 quilômetros, mas o deslocamento foi nulo. Embora a rapidez instantânea e a velocidade instantânea tenham o mesmo valor em um instante qualquer, a rapidez média e a velocidade média podem ser completamente diferentes. A rapidez média dessa pessoa que viaja para trabalhar, numa viagem de ida e volta, é de 20 quilômetros dividido pelo tempo total necessário para ir e voltar – um valor maior que zero, portanto. Porém a velocidade média é nula neste caso. Em ciência, o deslocamento normalmente é mais importante do que a distância. (Para evitar sobrecarga de informação, não abordamos essa distinção no texto.)

A aceleração é a taxa com a qual varia a velocidade. Isso pode se dever a uma variação da rapidez somente, a uma variação apenas da orientação ou a ambas.

* N. de T.: No Brasil, rapidez é comumente chamada de *velocidade*, e nos livros didáticos editados no país, de *velocidade escalar*.

Calculando a velocidade e a distância percorrida sobre um plano inclinado

Do Capítulo 3, recorde-se dos experimentos que Galileu realizou com planos inclinados. Consideremos um plano inclinado, de modo que a rapidez de uma bola que rola por ele aumenta a uma taxa de 2 metros por segundo a cada segundo – ou seja, uma aceleração de 2 m/s^2. Assim, no momento em que ela começa a rolar sua velocidade é nula, 1 segundo mais tarde ela será 2 m/s, ao final do próximo segundo ela valerá 4 m/s, no final do próximo segundo será de 6 m/s e assim por diante. A velocidade da bola em um instante qualquer é dada simplesmente por Velocidade = aceleração × tempo. Ou, em notação matemática, $v = at$. (É costume omitir o sinal de multiplicação, ×, quando se expressa as relações de forma matemática. Quando dois símbolos são escritos lado a lado, tal como *at* neste caso, deve-se entender que eles estão sendo multiplicados.)

Quão rapidamente a bola rolará é uma questão; quão *longe* ela rolará é outra. Para compreender a relação entre aceleração e distância percorrida, devemos primeiro investigar a relação existente entre a velocidade instantânea e a *velocidade média*. Se a bola mostrada na Figura B.1 partir do repouso, ela percorrerá, rolando, uma distância de 1 metro no primeiro segundo de tempo. Qual será sua rapidez média? A resposta é 1 m/s (pois ela percorreu 1 metro em um intervalo de tempo de 1 segundo). Mas já vimos que a *velocidade instantânea* ao final do primeiro segundo é de 2 m/s. Uma vez que a aceleração é uniforme, a média em qualquer intervalo de tempo pode ser obtida da maneira como normalmente obtemos a média de dois números: somando-os e dividindo o resultado por 2. (Cuidado para não fazer isso quando a aceleração não for uniforme!). Logo, se somarmos a rapidez inicial (zero, neste caso) com a rapidez final de 2 m/s, e depois dividirmos por 2, obteremos o valor de 1 m/s para a velocidade média.

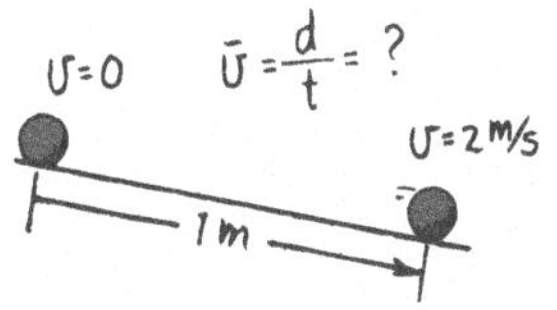

v=0
v̄ = d/t = ?
v=2 m/s
1 m

FIGURA B.1

A bola rola 1 m para baixo do plano inclinado durante 1 s e atinge uma rapidez de 2 m/s. Sua rapidez média, entretanto, é de 1 m/s. Você consegue perceber por quê?

FIGURA B.2

Se a bola percorre 1 m durante o primeiro segundo de movimento, então, a cada segundo sucessivo, ela percorrerá uma seqüência de números ímpares 3, 5, 7, 9 m e assim por diante. Note que a distância total percorrida aumenta com o quadrado do tempo total decorrido.

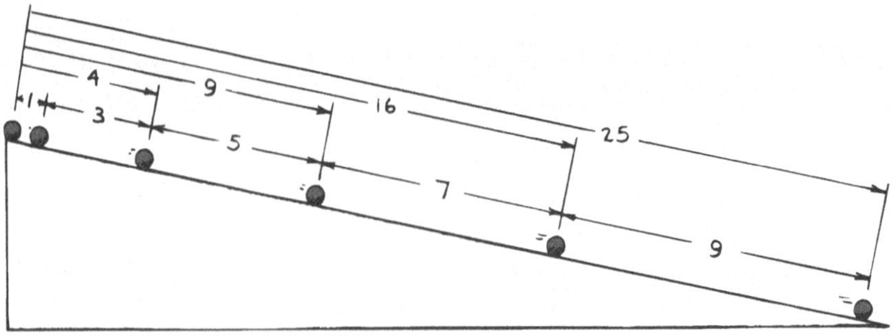
1
4
9
16
25
3
5
7
9

Em cada segundo de tempo subseqüente, veremos que a bola terá descido uma distância maior ao longo da mesma inclinação, como mostra a Figura B.2. Observe que a distância percorrida durante o segundo intervalo de tempo é de 3 metros. Isso ocorre porque a rapidez média da bola neste intervalo é de 3 m/s. No próximo intervalo de 1 s, a rapidez média será igual a 5m/s, de modo que a distância percorrida será de 5 metros. É interessante observar que os aumentos sucessivos da distância se comportam como uma *seqüência de números ímpares*. Claramente, a natureza segue leis matemáticas!

Estude atentamente a Figura B.2 e observe a distância *total* percorrida quando a bola se acelera para baixo ao longo do plano. As distâncias vão de zero a 1 m em 1 s, de zero a 4 m em 2 s, de zero a 9 m em 3 s, de zero a 16 m em 4 s e assim por diante nos segundos que se sucedem. A seqüência para as *distâncias totais* percorridas aumenta de valor com os *quadrados dos tempos*. Estudaremos a relação entre a distância percorrida e o quadrado do tempo quando a aceleração é constante com mais detalhes para o caso de queda livre.

PARE E TESTE A SI MESMO

Durante o decorrer do segundo intervalo de tempo, a bola inicia a 2 m/s e termina a 4 m/s. Qual é a *rapidez média* da bola durante este intervalo de 1 s? Qual é a sua *aceleração*?

VERIFIQUE SUA RESPOSTA

$$\text{Rapidez média} = \frac{\text{rapidez inicial} + \text{rapidez final}}{2}$$

$$= \frac{2\,\text{m/s} + 4\,\text{m/s}}{2} = 3\,\text{m/s}$$

$$\text{Aceleração} = \frac{\text{variação da velocidade}}{\text{intervalo de tempo}}$$

$$= \frac{4\,\text{m/s} - 2\,\text{m/s}}{1\text{s}} = \frac{2\,\text{m/s}}{1\text{s}} = 2\,\text{m/s}^2$$

Calculando a distância quando a aceleração for constante

Quanto cairá, durante certo tempo, um objeto liberado a partir do repouso? Para responder a essa questão, vamos considerar o caso em que o objeto cai livremente durante 3 segundos, partindo do repouso. Desprezando a resistência do ar, o objeto terá uma aceleração constante de cerca de 10 metros por segundo a cada segundo (de fato, o valor está mais próximo de 9,8 m/s^2, mas queremos trabalhar com números mais fáceis de manipular).

$$\text{Velocidade } \textit{inicial} = 0\ \text{m/s}$$

$$\text{Velocidade } \textit{ao final} \text{ de 3 segundos} = (10 \times 3)\ \text{m/s}$$

$$\text{Velocidade } \textit{média} = \frac{1}{2}\ \text{soma destas duas velocidades}$$

$$= \frac{1}{2} \times (0 + 10 \times 3)\ \text{m/s}$$

$$= \frac{1}{2} \times 10 \times 3 = 15\ \text{m/s}$$

$$\text{Distância percorrida} = \text{Velocidade } \textit{média} \times \text{tempo}$$

$$= \left(\frac{1}{2} \times 10 \times 3\right) \times 3$$

$$= \frac{1}{2} \times 10 \times 3^2 = 45\ \text{m}$$

A partir do significado desses números, podemos verificar que

$$\text{Distância percorrida} = \frac{1}{2} \times \text{aceleração} \times \text{quadrado do tempo}$$

Essa equação é válida para um objeto em queda não apenas durante 3 segundos, mas durante um intervalo de tempo qualquer, desde que a aceleração seja constante. Se usarmos d para representar a distância percorrida, a para a aceleração e t para o tempo decorrido, então a lei pode ser escrita em notação matemática como

$$d = \frac{1}{2}at^2$$

Foi Galileu quem deduziu essa relação pela primeira vez. Ele argumentou que, se um objeto cair por, digamos, um tempo duas vezes maior, ele cairá com uma *rapidez média duas vezes maior*. Uma vez que ele cai durante um tempo *duas vezes* maior com uma rapidez média *duas vezes* maior, ele cairá uma altura *quatro vezes* maior. Analogamente, se um objeto cair durante um tempo *três vezes* maior, ele terá uma rapidez média *três vezes* maior e cairá uma altura *nove vezes* maior. Galileu argumentou que a distância total de queda deveria ser proporcional ao *quadrado* do tempo.

No caso de objetos em queda livre, é comum usar a letra g para representar a aceleração, ao invés da letra a (g porque a aceleração neste caso se deve à *gravidade*). Embora o valor de g varie ligeiramente em diferentes partes do mundo, ele é aproximadamente igual a 9,8 m/s^2 (32 ft/s^2). Se usamos g para representar a aceleração de um objeto em queda livre (desprezando a resistência do ar), as equações para objetos em queda livre partindo do repouso tornam-se

$$v = gt$$

$$d = \frac{1}{2}gt^2$$

Muita da dificuldade em aprender física, assim como em aprender qualquer outra matéria, tem a ver com o aprendizado da linguagem – os muitos termos e definições existentes. A rapidez é um pouco diferente da velocidade, e a aceleração é imensamente diferente da rapidez ou da velocidade. Por favor, seja paciente consigo mesmo quando perceber que não é uma tarefa fácil aprender quais são as semelhanças e as diferenças entre os diversos conceitos físicos.

FIGURA B.3

Quando Chelcie Liu libera as duas bolas simultaneamente, ele pergunta: "Qual delas chegará primeiro ao final dos trilhos de mesmo comprimento?" (Dica: em qual dos trilhos a velocidade média da bola é maior? Então, nova dica: qual delas ganha a corrida, a bola rápida ou a bola lenta?)

PARE E TESTE A SI MESMO

1. Um automóvel parte do repouso com uma aceleração de 4 m/s^2. Quão longe ele irá em 5 s?
2. Que altura um objeto cairá em queda livre, partindo do repouso, durante 1s? Neste caso a aceleração é g = 9,8 m/s^2.
3. Se leva 4 s para um determinado objeto, caindo livremente, atingir a água depois de liberado da ponte *Golden Gate*, em S. Francisco, qual é a altura da ponte?

VERIFIQUE SUA RESPOSTA

1. Distância $= \frac{1}{2} \times 4\frac{\text{m}}{\text{s}^2} \times (5\text{s})^2 = 50$ m

2. Distância $= \frac{1}{2} \times 9{,}8\frac{\text{m}}{\text{s}^2} \times (1\text{s})^2 = 4{,}9$ m

3. Distância $= \frac{1}{2} \times 9{,}8\frac{\text{m}}{\text{s}^2} \times (4\text{s})^2 = 78$ m

Observe que, quando multiplicadas, as unidades de medida resultam em metros, corretamente, como unidades para a distância:

$$d = \frac{1}{2} \times 9{,}8\frac{\text{m}}{\text{s}^2} \times 16\text{s}^2 = 78 \text{ m}$$

Movimento circular

A **rapidez linear** é o que vínhamos chamando simplesmente de *rapidez* – a distância percorrida, em metros ou quilômetros, por unidade de tempo. Um ponto da borda de um carrossel ou de uma mesa giratória percorre uma distância maior a cada volta completada do que um ponto mais próximo ao centro. Percorrer uma distância maior no mesmo tempo significa maior rapidez. A rapidez de algo que se move ao longo de uma trajetória circular pode ser chamada de **velocidade tangencial** porque a direção de movimento é sempre tangente ao círculo.

A **velocidade angular** (algumas vezes chamada de velocidade de rotação) se refere ao número de voltas ou revoluções efetuadas por unidade de tempo. Todas as partes de

FIGURA B.4

Quando um disco de vinil gira, uma joaninha situada sobre ele e afastada do centro percorre um caminho mais longo no mesmo tempo e tem uma rapidez tangencial maior.

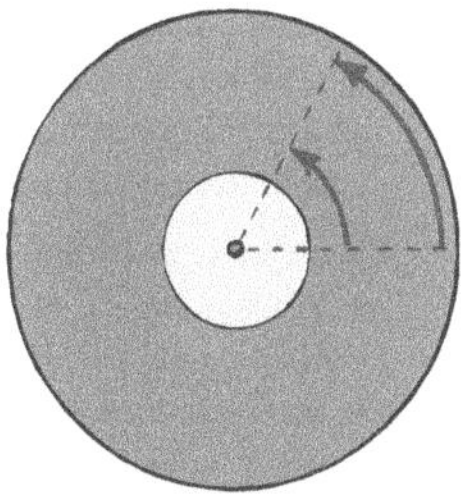

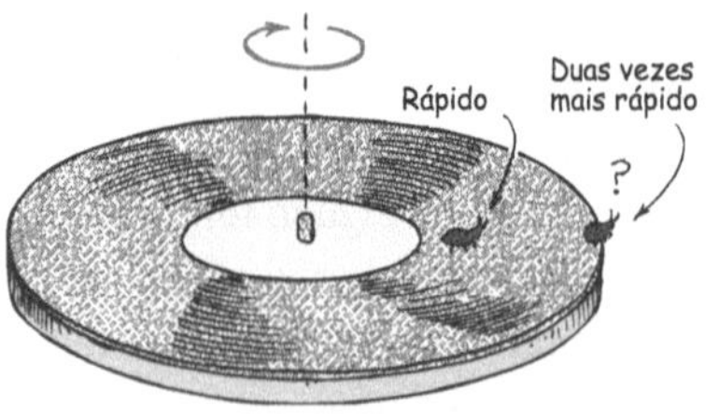
Rápido
Duas vezes mais rápido
?

FIGURA B.5

O disco inteiro gira com a mesma velocidade angular, mas joaninhas situadas a diferentes distâncias do centro dele deslocam-se com valores diferentes de velocidade tangencial. Uma joaninha duas vezes mais distante do centro move-se com velocidade duas vezes maior.

um carrossel rígido e de uma mesa giratória giram em torno do eixo de rotação *no mesmo intervalo de tempo*. Todas essas partes compartilham a mesma taxa de rotação, *ou número de rotações ou revoluções por unidade de tempo*. É comum expressar taxas de rotação em revoluções por minuto (rpm)[1]. Os discos de vinil, comuns até alguns anos atrás, por exemplo, giravam a 33 ⅓ rpm. Uma joaninha situada em qualquer ponto da superfície do disco gira a 33 ⅓ rpm.

A velocidade tangencial é *diretamente proporcional* à velocidade angular (a uma distância fixa do eixo). Diferentemente da velocidade angular, a velocidade tangencial depende da distância até o eixo de rotação (Figura B.5). Algo localizado no centro de uma plataforma giratória não possui nenhuma velocidade tangencial e meramente gira. Porém, aproximando-se da borda da plataforma, a velocidade tangencial aumentará. A velocidade tangencial é diretamente proporcional à distância até o eixo (para uma dada velocidade angular). Em um ponto duas vezes mais distante do eixo central, a velocidade será duas vezes maior. A uma distância três vezes maior do eixo de rotação, a velocidade tangencial será três vezes maior. Quando uma fila de pessoas, presas umas às outras com os braços bem-apertados, está girando numa pista de patinação, o aparecimento de uma "cauda" na extremidade externa da fila evidencia sua maior velocidade tangencial. Assim, a velocidade tangencial é diretamente proporcional tanto à velocidade angular quanto à distância radial[2].

PARE E TESTE A SI MESMO

Sobre uma plataforma giratória semelhante ao disco mostrado na Figura B.5, quando você se situa a meia distância entre o eixo e a borda da plataforma, terá uma velocidade angular de 20 rpm e uma rapidez tangencial de 2 m/s. Qual será a velocidade angular e a rapidez tangencial de um colega seu situado na borda da plataforma?

VERIFIQUE SUA RESPOSTA

Uma vez que a plataforma giratória é rígida, todas as suas partes possuem a mesma velocidade angular, de modo que seu colega também estará girando a 20 rpm. Com a rapidez tangencial é outra história; uma vez que seu colega se encontra duas vezes mais afastado do eixo de rotação, ele estará se movendo duas vezes mais rápido – a 4 m/s.

Torque

Enquanto uma força causa alteração na rapidez, o torque causa alteração na rotação. Para compreender o torque, segure uma régua pela extremidade, mantendo-a na horizontal. Se você pendurar um peso na régua próximo de sua mão, perceberá que a régua se entorta. Agora, se você deslizar o peso para um lugar da régua mais afastado de sua mão, perceberá que ela entortará mais. A força exercida sobre sua mão é a mesma nos dois casos. O que é diferente é o torque produzido.

$$\text{Torque} = \text{braço de alavanca} \times \text{força}$$

O braço de alavanca é a distância entre o ponto de aplicação da força e o eixo de rotação. Ela é a menor distância entre a força exercida e o eixo de rotação. O torque é familiar a crianças que brincam de gangorra. Elas podem fazer a gangorra balançar mesmo quando seus pesos são diferentes. Só o peso não produz rotação. O torque sim, e as crianças logo aprendem que a distância do lugar em que sentam até o pivô do brinquedo é tão importante quanto o peso (Figura B.7). Quando os torques são iguais, resultando em um torque líquido nulo, nenhuma rotação é produzida.

[1] Pessoas versadas em física costumeiramente expressam a velocidade de rotação em termos do número de "radianos" descritos em uma unidade de tempo, e costumam usar o símbolo ω (a letra grega ômega) para denotar a velocidade angular. Há pouco mais que 6 radianos em uma revolução completa (2 π radianos, para ser exato).

[2] Quando são usadas unidades apropriadas para a velocidade tangencial v, para a velocidade angular ω e para a distância radial r, a proporção direta entre v e tanto r quanto ω é dada pela equação $v = r\,\omega$. Assim, a velocidade tangencial será diretamente proporcional a r quando todas as partes de um sistema tiverem simultaneamente um mesmo valor de ω, como no caso de uma roda, um disco ou uma vareta rígida. (A proporcionalidade direta entre v e r não é válida para os planetas, pois eles não possuem o mesmo valor de ω.)

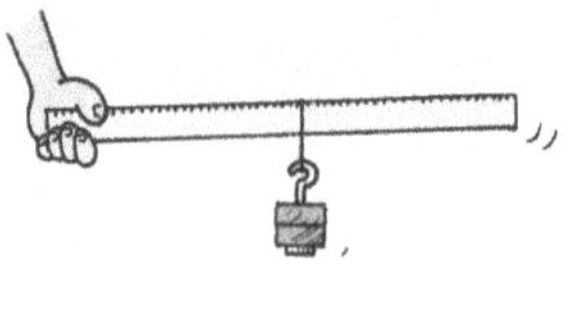

FIGURA B.6

Se você deslocar o peso para longe de sua mão, sentirá a diferença entre força e torque.

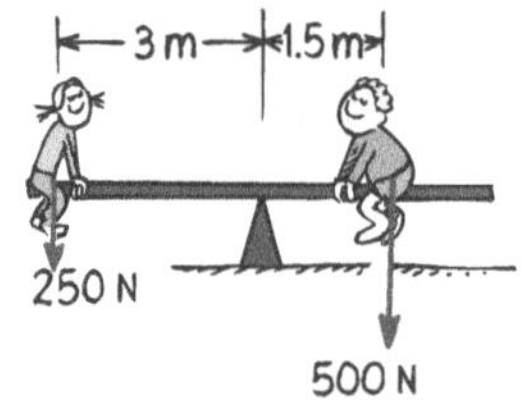
3 m
1.5 m
250 N
500 N

FIGURA B.7

Nenhuma rotação é produzida quando os torques se equilibram mutuamente.

Do Capítulo 3, recorde-se da condição de equilíbrio – a soma das forças exercidas sobre um corpo ou qualquer sistema deve ser igual a zero para haver equilíbrio mecânico. Ou seja, $\Sigma F = 0$. Agora verificamos que existe uma condição adicional para o equilíbrio. O *torque resultante* sobre um corpo ou um sistema deve também ser nulo para haver equilíbrio mecânico. Qualquer objeto em equilíbrio mecânico não possui aceleração – nem linear, nem rotacional.

Suponha que a gangorra seja arranjada de modo que uma garota com a metade do peso do menino (Figura B.8) esteja suspensa por uma corda de 4 m amarrada numa extremidade da gangorra. Com isso, ela estará agora a 5 metros de distância do fulcro da gangorra, e esta se encontra em equilíbrio. Vemos que o braço de alavanca correspondente é de 3 metros, e não de 5 metros. O braço de alavanca em relação a um eixo qualquer é a distância perpendicular entre o eixo de rotação e a linha reta ao longo da qual a força é exercida. Essa distância será sempre a menor distância entre o eixo de rotação e a linha de ação da força.

É por isso que o parafuso resistente mostrado na Figura B.9 é girado mais facilmente pela chave de parafuso quando a força é exercida perpendicularmente ao cabo da chave, em vez de obliquamente ao cabo, como mostrado no desenho mais à esquerda. Nele, o braço de alavanca é indicado pela linha tracejada, e é menor do que o comprimento do cabo da chave de parafuso. No desenho do meio, o braço de alavanca é igual ao comprimento do cabo da chave de parafuso. E no desenho à direita, o braço de alavanca é prolongado por meio de um pedaço de cano a fim de aumentar a alavancagem e gerar um torque maior.

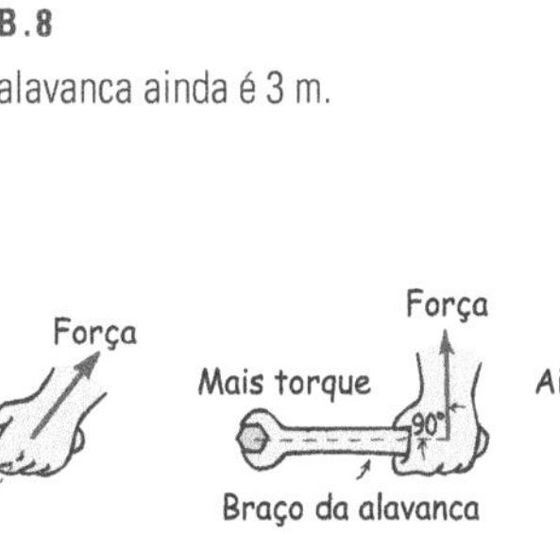
3m
4 m
5 m

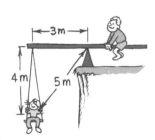

FIGURA B.8
O braço de alavanca ainda é 3 m.

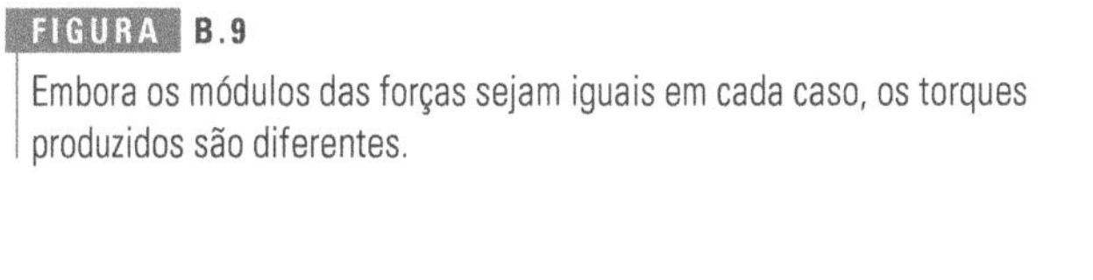
Força
Torque
90°
Braço da alavanca
Força
Mais torque
90°
Braço da alavanca
Força
Ainda mais torque
Braço da alavanca

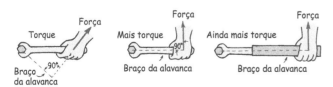

FIGURA B.9
Embora os módulos das forças sejam iguais em cada caso, os torques produzidos são diferentes.

PARE E TESTE A SI MESMO

1. Se um pedaço de cano prolonga efetivamente o cabo de uma chave de parafuso em três vezes, em quanto aumentará o torque produzido pela mesma força exercida?
2. Considere a gangorra equilibrada da Figura B.7. Suponha que a garota à esquerda ganhe subitamente 50 N de peso, ao segurar um saco de maçãs, por exemplo. Onde ela deverá se sentar a fim de equilibrar novamente a gangorra, se o garoto mais pesado se mantiver em seu lugar?

VERIFIQUE SUA RESPOSTA

1. Um braço de alavanca três vezes maior, para uma mesma força exercida, gera um torque três vezes maior. (Este método de aumentar o torque às vezes resulta em danos à cabeça do parafuso!)
2. Ela deverá se sentar meio metro mais próximo ao centro da alavanca. Neste caso, seu braço de alavanca é 2,5 m. Eis as contas:

$$300\ \text{N} \times 2{,}5\ \text{m} = 500\ \text{N} \times 1{,}5\ \text{m}.$$

Momentum angular

Coisas que giram, seja um cilindro rolando rampa abaixo ou um acrobata realizando uma cambalhota, mantêm-se girando até que algo os pare. Um objeto em rotação constitui uma "inércia em rotação". Do Capítulo 3, recorde-se que todos os objetos em movimento possuem "inércia em movimento" ou *momentum* – o produto de sua massa por sua velocidade. Este tipo de momentum é o **momentum linear**. Analogamente, a "inércia em rotação" de um objeto que gira é chamada **de momentum angular**.

No caso de um objeto que seja pequeno comparado à distância radial até o eixo de rotação, como uma bola que balança presa a um poste por uma corda ou um planeta em órbita do Sol, o momentum angular pode ser expresso como o módulo de seu momentum linear, mv, multiplicado pela distância radial, r (Figura B.10)[3]. Em notação sintética, momentum angular = mvr. Como o momentum linear, o momentum angular é uma grandeza vetorial, que possui tanto um módulo quanto uma orientação. Neste apêndice, não discutiremos a natureza vetorial do momentum angular (ou mesmo a do torque, que também é um vetor).

[3] Para corpos em rotação e que são grandes em comparação com a distância radial – por exemplo, um planeta que gira em torno de seu próprio eixo –, deve-se introduzir o conceito de inércia de rotação ou momento de inércia. Então o momentum angular é o produto (inércia de rotação) × (velocidade angular). Para mais informação, consulte outra obra deste mesmo autor, Física Conceitual (Editora Artmed, 2001).

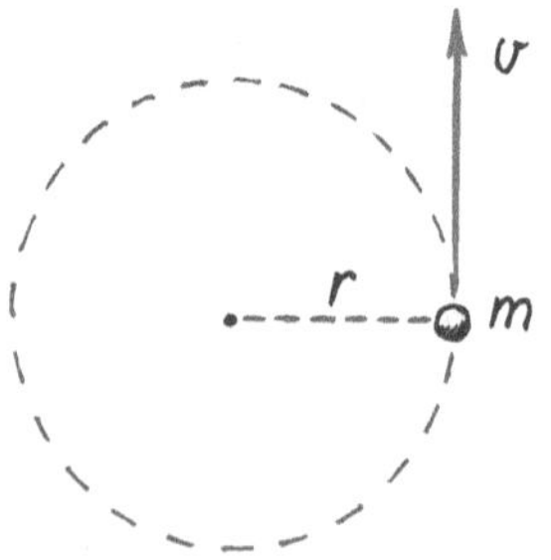
v
r
m

FIGURA B.10
Um pequeno objeto de massa *m*, descrevendo com velocidade *v* uma trajetória circular de raio *r*, possui um momentum angular igual a *mvr*.

FIGURA B.11
Conservação do momentum angular. Quando o homem recolhe seus braços e os pesos junto com eles, fazendo com que diminua a distância radial entre os pesos e o eixo de rotação, a velocidade angular aumenta proporcionalmente.

Da mesma forma como é necessário haver uma força externa resultante para alterar o momentum linear de um objeto, é necessário haver um torque externo resultante para que se produza uma alteração no momentum angular de um objeto. Podemos enunciar uma versão rotacional da primeira lei de Newton (a lei da inércia):

Um objeto ou um sistema de objetos mantém inalterado seu momentum angular a menos que um torque externo resultante seja exercido sobre ele.

Vemos a aplicação desta lei quando observamos um pião girando. Se o atrito for pequeno, assim como o torque produzido por ele, o pião tende a manter-se girando. A Terra e os planetas giram em regiões onde não existem torques exercidos, e uma vez que estejam girando, assim permanecem.

Conservação do momentum angular

Da mesma forma como o momentum linear de qualquer sistema se conserva se não existir uma força externa resultante exercida sobre o sistema, o momentum angular se conserva se nenhum torque externo resultante for exercido sobre o sistema. Na ausência de um torque externo resultante, o momentum angular daquele sistema é constante. Isso significa que seu momentum angular, em um determinado instante de tempo, será o mesmo que em qualquer outro instante de tempo.

A conservação do momentum angular é mostrada na Figura B.11. O homem de pé está sobre uma plataforma giratória quase sem atrito com seus braços abertos segurando pesos. Para simplificar, consideremos apenas os pesos em suas mãos. Quando ele está girando lentamente com os braços abertos, grande parte de seu momentum angular se deve à distância entre cada peso e o eixo de rotação. Quando ele puxa os pesos para próximo de si, essa distância é consideravelmente diminuída. Qual é o resultado? Sua velocidade de rotação aumenta![4] Esse exemplo é melhor apreciado pela pessoa que está girando, que sente uma variação da velocidade de rotação que parece misteriosa. Mas trata-se de simples física! Esse procedimento é usado por uma bailarina que começa a girar com os braços abertos e talvez com uma das pernas estendida e, então, fecha seus braços e recolhe a perna para obter uma velocidade de rotação maior. Sempre que um corpo em rotação se contrair, sua velocidade angular aumentará.

A lei da conservação do momentum angular é vista nos movimentos dos planetas e na forma das galáxias. Quando uma bola de gás, girando lentamente no espaço, se contrai gravitacionalmente, o resultado é um aumento em sua taxa de rotação. A conservação do momentum angular é uma lei de grande implicações.

[4] Quando se atribui uma orientação à velocidade angular, ela passa a ser a velocidade angular vetorial (em geral chamada simplesmente de velocidade angular também). Por convenção, o vetor velocidade angular e o vetor momentum angular possuem a mesma orientação e situam-se ao longo do eixo de rotação.

APÊNDICE C

VETORES

Vetores e escalares

Um *vetor* é uma grandeza que possui orientação – uma grandeza que deve ser especificada não apenas por seu módulo (tamanho), mas também por sua direção e seu sentido (orientação). Do Capítulo 4, lembre-se de que a velocidade é uma grandeza vetorial. Outros exemplos são força, aceleração e momentum. Em contraste, uma grandeza *escalar* pode ser especificada por seu valor apenas. Alguns exemplos de grandezas escalares são: rapidez (ou velocidade escalar), tempo, temperatura e energia.

Direção e sentido
Tamanho
FIGURA C.1

Grandezas vetoriais podem ser representadas por setas. O comprimento da seta nos informa o módulo da grandeza vetorial, enquanto a direção e o sentido da seta informam qual é a orientação da grandeza vetorial. Uma seta desenhada em escala e orientada apropriadamente é chamada de *vetor*.

Somando vetores

Vetores que são somados são chamados de *vetores componentes*. A soma dos vetores componentes é chamada de *vetor resultante*.

Para somar dois vetores, trace um paralelogramo em que os dois vetores constituem os dois lados adjacentes (Figura C.2). (Aqui nosso paralelogramo é um retângulo.) Depois desenhe uma diagonal saindo da origem do par de vetores; ela será o vetor resultante (Figura C.3).

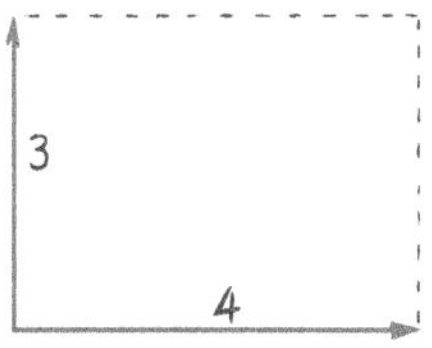
3
4
FIGURA C.2

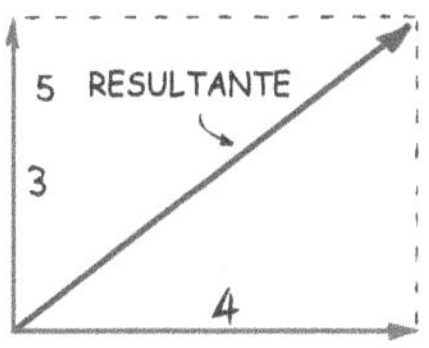
5 RESULTANTE
3
4
FIGURA C.3

Cautela: Não tente misturar vetores! Não podemos somar maçãs com laranjas, de modo que vetores velocidade só podem ser combinados com outros vetores velocidade, e vetores aceleração se combinam apenas com vetores aceleração – cada qual em seu próprio diagrama vetorial. Se você quiser mostrar vetores diferentes em um mesmo diagrama, use cores diferentes ou algum outro método para distinguir entre os diferentes tipos de vetores.

Obtendo componentes de vetores

Do Capítulo 4, lembre-se que, para obter um par de vetores componentes perpendiculares de um vetor qualquer, primeiro se deve desenhar uma linha tracejada através da cauda dos vetores (na direção de um dos componentes desejado). Em seguida, desenhe outra linha tracejada passando pela cauda do vetor em ângulo reto com a primeira linha tracejada que foi desenhada. Em terceiro lugar, construa um retângulo cuja diagonal seja o vetor considerado. Desenhe os dois componentes. Aqui, usamos **F** para a "força total", **V** para a "força na direção vertical" e **H** para a "força na direção horizontal".

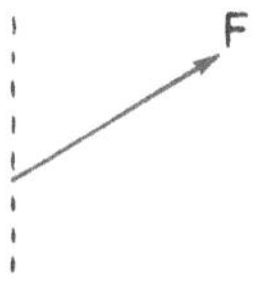
F
FIGURA C.4

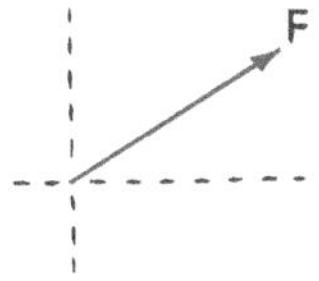
F
FIGURA C.5

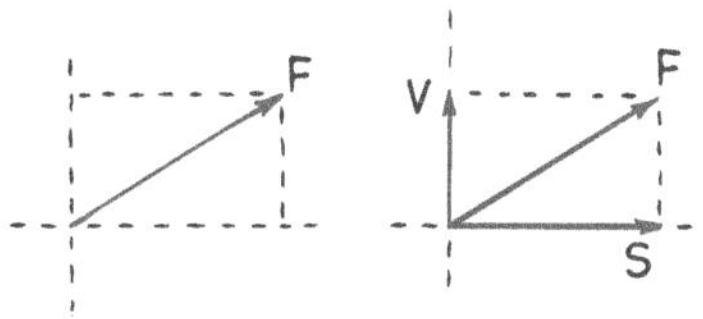
F
V
F
S
FIGURA C.6

Exemplos

1. Ernie Brown empurra um cortador de grama e exerce uma força que o empurra para a frente e também contra o solo. Na Figura C.7, F representa a força exercida pelo homem. Podemos decompor essa força em dois componentes. O vetor V representa o componente que aponta para baixo, e H, o componente horizontal, que é a força que move o cortador de grama para a frente. Se nós conhecermos o módulo e a orientação do vetor F, poderemos estimar os valores dos componentes a partir do diagrama vetorial.

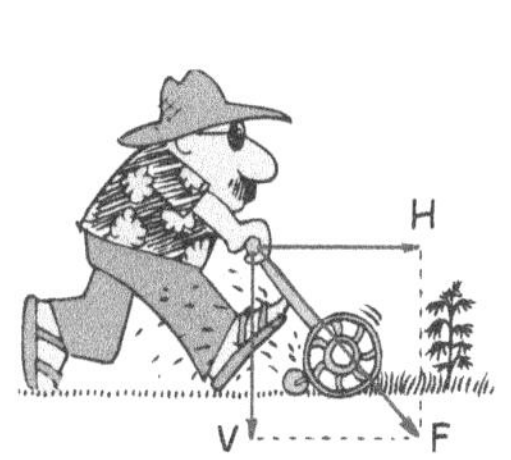
H
V
F
FIGURA C.7

2. Seria mais fácil empurrar ou puxar uma roda a fim de fazê-la subir um degrau? A Figura C.8 mostra a força exercida no centro da roda. Quando você empurra uma roda, parte da força estará orientada para baixo, o que torna mais difícil subir o degrau. Quando você a puxa, porém, parte da força estará orientada para cima,

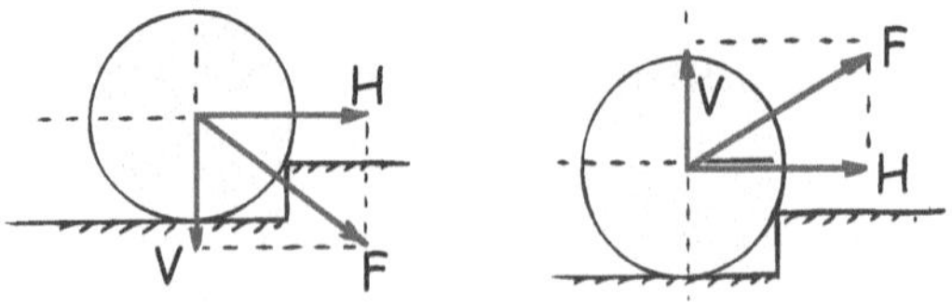
H
V
F
F
V
H

FIGURA C.8

o que ajudará a roda a subir o degrau. Note que o diagrama vetorial sugere que empurrar a roda pode não ser suficiente para fazê-la subir o degrau. Você consegue perceber que a altura do degrau, o raio da roda e o ângulo segundo o qual a força é exercida determinam se a roda poderá subir o degrau? Vemos como os vetores nos ajudam a analisar uma situação de modo que podemos visualizar exatamente qual é o problema!

3. Se considerarmos os componentes do peso de um objeto rolando para baixo sobre um plano inclinado, veremos por que sua rapidez depende do ângulo de inclinação do plano. Note que, quanto mais inclinado for o plano, maior será o componente **H**, e mais rápido o objeto rolará. Quando o plano ficar na vertical, **H** se tornará igual ao peso, e o objeto atingirá a aceleração máxima, 9,8 m/s^2. Existem mais dois vetores força que não são mostrados na figura: a força normal **N**, que é igual e oposta a **V**, e a força de atrito **f**, exercida no ponto de contato do plano com o barril da figura.

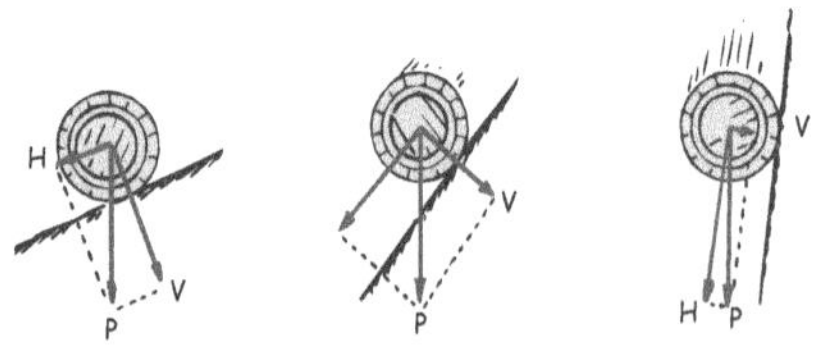
H
P
V
V
P
V
H
P

FIGURA C.9

4. Quando o ar em movimento atinge a superfície inferior da asa de um aeroplano, a força de impacto do ar na asa pode ser representada por um vetor perpendicular ao plano da asa (Figura C.10). Representamos o vetor força exercido num ponto intermediário da superfície inferior da asa, onde está marcado um ponto, apontando para a parte superior à asa a fim de indicar a direção da força resultante do impacto do vento**.** Essa força pode ser decomposta em dois componentes, um horizontal e outro que aponta verticalmente para cima. O componente vertical, V, é chamado de *sustentação*. O componente horizontal, H, é chamado de *arraste*. Se a aeronave deve voar com uma velocidade constante a uma altitude constante, então a sustentação deve ser igual ao peso da aeronave, enquanto a força gerada pelo motor do avião deve ser igual ao arraste. O valor da sustentação (e do arraste) pode ser alterado mudando-se a rapidez de vôo da aeronave ou mudando-se o ângulo formado entre a asa e a direção horizontal (chamado de *ângulo de ataque*).

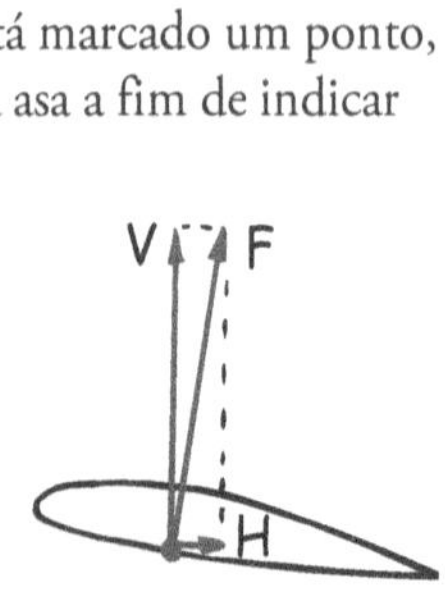
V
F
H

FIGURA C.10

5. Considere o satélite movendo-se em sentido horário na Figura C.11. Em qualquer lugar ao longo de sua órbita, a força gravitacional **F** o puxa em direção ao centro do planeta. Na posição A, vemos **F** decomposta em dois componentes: **f**, que é tangente à trajetória do satélite, e **f′**, que é perpendicular à trajetória. Os valores relativos desses componentes, comparados com o módulo de **F**, podem ser visualizados no retângulo imaginário que elas formam; **f** e **f′** são os lados, e **F** é a diagonal. Vemos que a componente **f** está ao longo da órbita, mas é oposta ao sentido de movimento do satélite. Esse componente da força reduz a rapidez de movimento do satélite. O outro componente **f′** altera a direção do movimento do satélite e contraria sua tendência de prosseguir em linha reta. Assim, a trajetória do satélite é curvada. O satélite perde velocidade até que atinja a posição B. Neste ponto mais afastado do planeta (o apogeu), a força gravitacional é mais fraca, mas é também perpendicular ao movimento do satélite, e o componente **f** é nulo. O componente **f′**, por outro lado, aumentou e, assim, agora tornou-se igual a **F**. Neste ponto, a velocidade não é suficientemente grande para que a órbita seja circular, e o satélite começa a cair em direção ao planeta. Ele torna-se mais rápido porque o componente **f** reaparece e passa a ter o mesmo sentido do movimento, como mostrado na posição C. O satélite é acelerado até que atinja a posição D (o perigeu), onde, mais uma vez, a direção do movimento é perpendicular à força gravitacional, **f′** se confunde com **F**, e **f** deixa de existir. A velocidade atingida neste ponto é maior do que a necessária para que a órbita seja circular a esta distância, e ela ultrapassa o ponto e começa a se repetir em ciclos. A velocidade perdida ao se deslocar de D para B é recuperada quando o satélite vai de B para D. Kepler descobriu que as órbitas dos planetas são elípticas, mas jamais soube a razão disso. Você sabe?

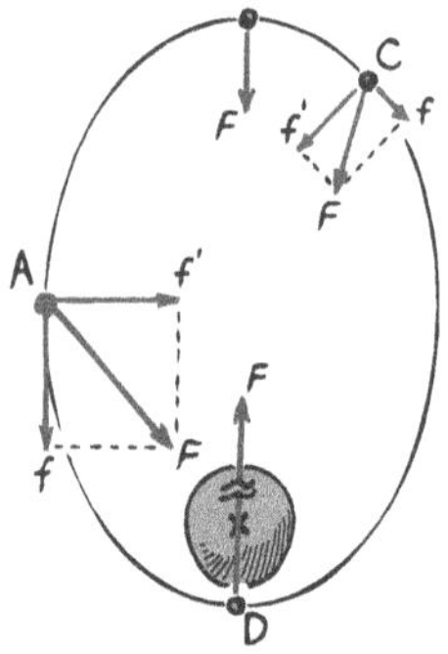
B
C
F
f
F
A
f′
F
f
F
D

FIGURA C.11

6. Vamos agora considerar os polaróides que Ludmila segura na Figura 14.50 do Capítulo 14. Na primeira imagem, (a), vemos que a luz é transmitida através do par de polaróides porque os eixos destes estão alinhados. A luz emergente pode ser representada como um vetor alinhado com o eixo de polarização do polaróide pelo qual passou. Quando os dois polaróides são cruzados (b), nenhuma luz emerge do par porque ao passar pelo primeiro polaróide ela ficou polarizada perpendicularmente ao eixo de polarização do segundo polaróide, não existindo, portanto, componente alguma da luz ao longo deste eixo. Na terceira imagem (c), vemos que a luz é transmitida quando um terceiro polaróide é colocado entre os dois polaróides cruzados. A explicação para isso é mostrada na Figura C.12.

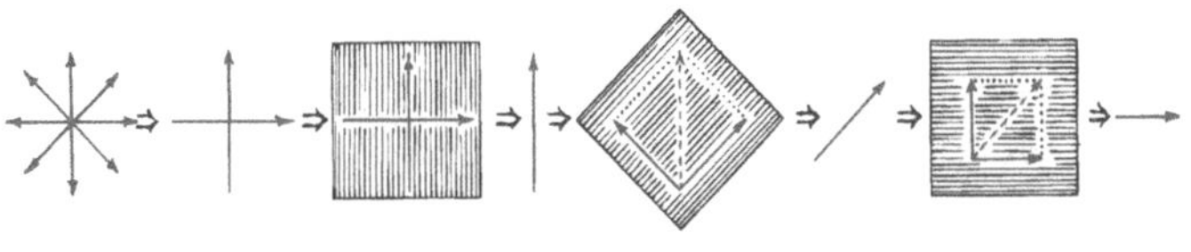

FIGURA C.12

Barcos a vela

Os velejadores sempre souberam que um barco a vela pode velejar a favor do vento, no mesmo sentido em que ele sopra. O que eles nem sempre souberam, entretanto, é que um barco a vela pode velejar contra o vento, em sentido oposto a ele. Uma razão para isso tem a ver com uma característica que é comum somente em barcos a vela recentes – uma quilha com a forma de uma barbatana de peixe, que se estende abaixo do casco do barco, garantindo que ele corte a água somente quando se move para a frente (ou para trás). Sem possuir quilha, um barco a vela poderia ser empurrado para um dos lados.

A Figura C.13 mostra um barco a vela velejando diretamente a favor do vento. A força de impacto do vento sobre a vela acelera o barco. Mesmo se o arraste gerado pela água e todas as outras forças de resistência forem desprezíveis, a velocidade máxima do barco seria igual à velocidade do próprio vento. Isso ocorre porque o vento não causará impacto algum na vela se o barco estiver se movendo tão rápido quanto ele. O vento não possuiria, então, velocidade relativa ao barco, e a vela simplesmente ficaria frouxa. Sem uma força resultante, não há aceleração. O vetor força da Figura C.13 *diminui* quando o barco se desloca mais rapidamente. O vetor força atinge seu valor máximo quando o barco se encontra em repouso e o impacto todo do vento infla a vela, enquanto seu valor mínimo corresponde à situação em que o barco se desloca tão rápido quanto o vento. Se o barco, de alguma maneira (por meio de um motor, por exemplo), for propelido com uma velocidade maior do que a do vento, a resistência do ar sobre a superfície frontal da vela produzirá um vetor força de sentido oposto ao do movimento. Essa força desacelerará o barco. Portanto, quando o barco for impulsionado apenas pelo vento, não poderá jamais se mover mais rápido do que o próprio vento.

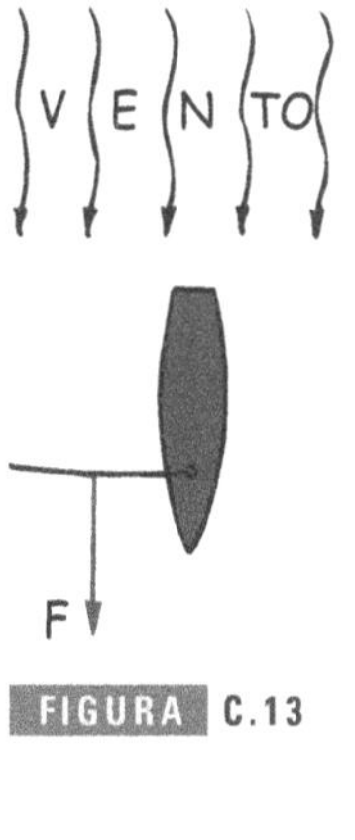
V
E
N
TO
F

FIGURA C.13

Se a vela estiver orientada formando um determinado ângulo com o vento, como mostrado na Figura C.14, o barco ainda se moverá para a frente, mas com uma aceleração menor. Existem duas razões para isso:

1. A força sobre a vela é menor porque esta não intercepta muito vento quando se encontra nesta posição angular.

2. A direção da força de impacto do vento sobre a vela não é paralela à direção de movimento do barco, mas perpendicular à superfície da vela. Generalizando, sempre que qualquer fluido (líquido ou gás) interagir com uma superfície regular, a força de interação será perpendicular à superfície[5]. O barco não se move na mesma direção da força perpendicular à vela, mas é obrigado a se mover para a frente (ou para trás), na direção de sua quilha.

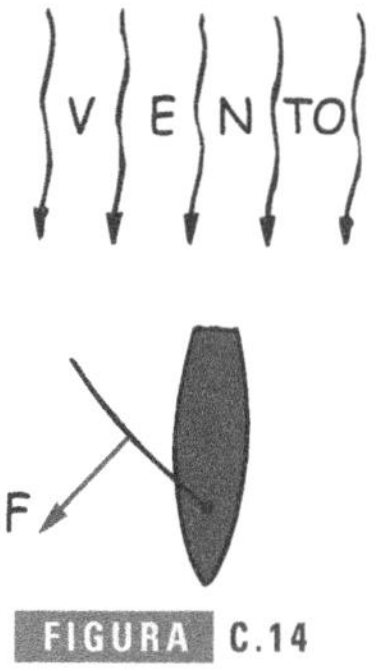
V
E
N
TO
F

FIGURA C.14

Podemos compreender melhor o movimento do barco decompondo a força de impacto do vento, **F**, em componentes ortogonais. O componente importante aqui é aquele paralelo à quilha, indicado por **Q**, sendo o outro, perpendicular à quilha, representado por **T**. Como mostrado na Figura C.15, o componente **Q** é responsável pela mo-

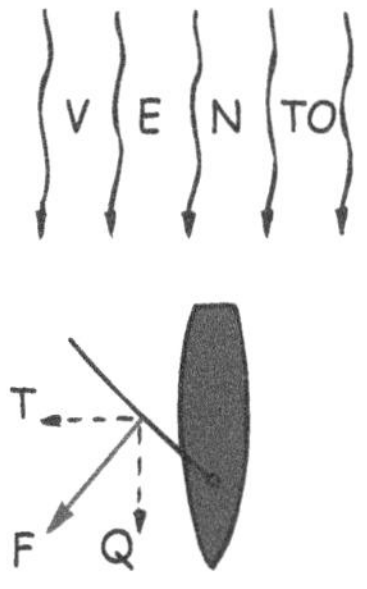
V
E
N
TO
T
F
Q

FIGURA C.15

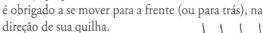

[5] Você pode realizar uma atividade simples para verificar que isso ocorre dessa maneira. Tente fazer uma moeda ricochetear em outra sobre uma superfície plana, como mostrado na figura ao lado. Note que a moeda atingida se move em ângulo reto (perpendicularmente) à borda de contato. Note também que não faz diferença se a moeda projetada se move ao longo da trajetória A ou da trajetória B. Consulte seu professor para obter uma explicação mais rigorosa, envolvendo a conservação do momentum.

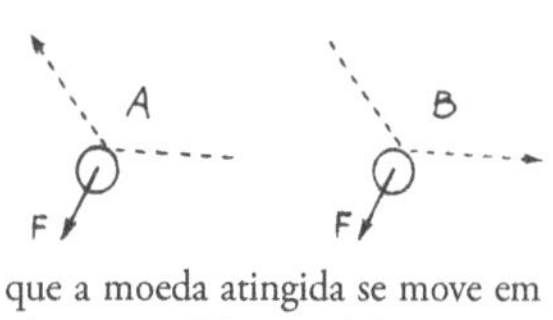
A
F
B
F

vimentação do barco para a frente. O componente **T** é uma força sem utilidade que tende a inclinar o barco e a movê-lo lateralmente. Essa força componente é compensada pela quilha profunda. Novamente, a velocidade máxima do barco jamais pode exceder a rapidez do próprio vento.

Muitos barcos a vela velejando em outras direções que não exatamente a favor do vento (Figura C.16), com suas velas apropriadamente orientadas, podem alcançar uma velocidade maior que a do próprio vento. No caso em que o barco navega cortando o vento, este pode continuar produzindo impacto na vela mesmo depois que o barco for mais rápido do que ele. De maneira análoga, um surfista ultrapassa a velocidade da onda que o impulsiona orientando sua prancha através da onda. Maiores valores de ângulo em relação ao meio impulsor (o vento para o barco a vela, a água no caso do surfista) resultam em velocidades maiores. Uma embarcação movida a vela pode velejar mais rápido cortando através do vento do que velejando a favor dele.

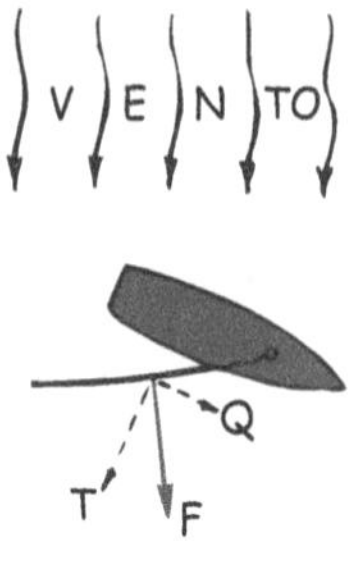
V
E
N
TO
Q
T'
F

FIGURA C.16

Embora possa parecer estranho, a velocidade máxima que a maior parte das embarcações movidas a vela atinge é quando elas se movem cortando através do vento (parcialmente contra ele), ou seja, com o barco orientado em um certo ângulo com a direção de movimento do vento! Embora um barco a vela não possa velejar exatamente contra o vento, ele pode atingir uma localização que se encontra à montante do vento navegando em ziguezague, de um lado para o outro, contra o vento. A isso se chama *bordejar.* Suponha que o barco e a vela estejam posicionados como mostrado na Figura C.17. O componente **Q** empurrará o barco para a frente, formando um determinado ângulo com o vento. Na posição mostrada, o barco pode velejar mais rápido do que o vento. Isso ocorre porque, quando ele navega mais rápido do que o vento, seu impacto contra as velas aumenta. Isso é análogo a correr numa chuva que cai formando certo ângulo. Quando você corre em direção ao aguaceiro, as gotas o atingem mais forte e mais freqüentemente; mas quando você corre tentando "fugir" do aguaceiro, as gotas não o atingem tão fortemente ou com tanta freqüência. Da mesma forma, um barco velejando contra o vento experimenta uma força maior de impacto do vento, ao passo que um barco que veleje a favor do vento experimenta uma diminuição da força de impacto do vento. Em qualquer caso, o barco atinge sua velocidade terminal quando forças opostas cancelam a força de impacto do vento. As forças opostas mencionadas consistem principalmente na força de resistência da água contra o casco da embarcação. Os cascos dos veleiros de competição possuem um formato que minimiza a força de resistência, que é o principal impedimento para altas velocidades.

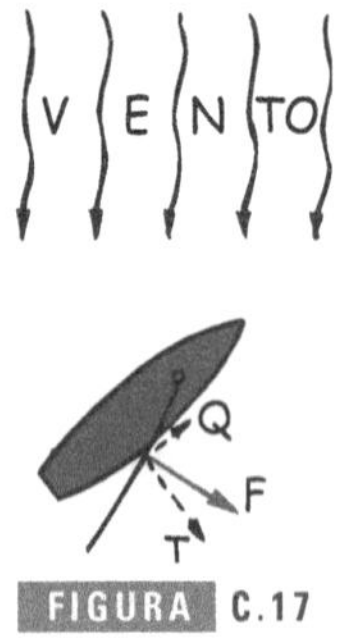
V
E
N
TO
Q
F
T

FIGURA C.17

Barcos para gelo (equipados com esquis para se deslocar sobre o gelo) não enfrentam a resistência da água e podem se deslocar com velocidades várias vezes maiores que a do vento, quando o cruzam. Embora o atrito com o gelo seja praticamente ausente, um barco desses não pode se acelerar sem limites. A velocidade terminal de uma embarcação a vela é determinada não apenas pelas forças de atrito, mas também pelas mudanças na direção relativa do vento. Quando a orientação do barco e sua velocidade forem tais que o vento pareça mudar de direção, de maneira que se mova paralelamente à vela ao invés de ir contra ela, cessará a aceleração para a frente – pelo menos no caso de uma vela plana. Na prática, as velas são curvadas para prover uma superfície aerodinâmica, que é importante tanto para um barco a vela quanto para uma aeronave, como discutido no Capítulo 7.

APÊNDICE D

CRESCIMENTO EXPONENCIAL E TEMPO DE DUPLICAÇÃO[1]

Uma das coisas mais importantes que parecemos ser incapazes de perceber é o processo de crescimento exponencial. Pensamos que compreendemos como funcionam os juros compostos, mas não conseguimos pôr em nossas mentes que um pedaço de papel fino, dobrado sobre si mesmo 50 vezes (se isso fosse possível), ficaria com espessura maior do que 20 quilômetros. Se isso fosse possível de realizar, nós poderíamos "ver" por que nossos ganhos financeiros compram somente a metade do que se comprava com eles quatro anos atrás e por que as populações e a poluição proliferam fora de controle![2]

Quando uma quantidade tal como o dinheiro guardado em um banco, a população ou a taxa de consumo de um recurso cresce constantemente a uma percentagem fixa por ano, o crescimento é exponencial. O dinheiro no banco pode crescer a 4% ao ano; a capacidade geradora de energia dos Estados Unidos cresceu cerca de 7% ao ano durante os primeiros três quartos do século XX. Um fato importante sobre o crescimento exponencial é que o tempo necessário para que a quantidade crescente dobre de tamanho (aumente em 100%) também é constante. Por exemplo, se a população de uma cidade em crescimento leva 12 anos para dobrar de 10.000 para 20.000 pessoas, e se seu crescimento se mantém constante, nos próximos 12 anos a população dobrará para 40.000, e nos 12 anos seguintes terá dobrado para 80.000 e assim por diante.

Existe uma relação importante entre a taxa de crescimento percentual e seu *tempo de duplicação*, ou seja, o tempo decorrido para que uma quantidade dobre de valor[3]:

$$\text{Tempo de duplicação} = \frac{69{,}3}{\text{crescimento percentual por unidade de tempo}}$$

$$\approx \frac{70}{\%}$$

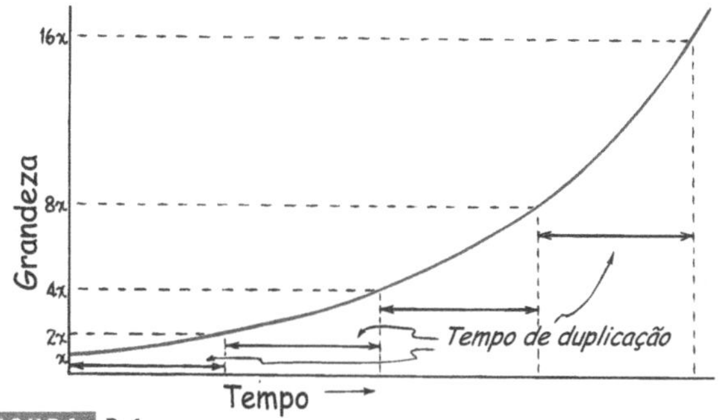

16x
8x
4x
2x
x
Grandeza
Tempo de duplicação
Tempo

FIGURA D.1

Uma curva exponencial. Note que, a cada intervalo de tempo igual e sucessivo, os intervalos de tempo registrados na escala horizontal correspondem à duplicação de uma grandeza registrada na escala vertical. Um intervalo destes é chamado de tempo de duplicação.

Assim, para estimar o tempo de duplicação de uma quantidade que cresce constantemente, devemos simplesmente dividir 70% pela taxa de crescimento percentual. Por exemplo, a taxa de crescimento de 7% ao ano da capacidade geradora de energia elétrica dos Estados Unidos significa que tal capacidade dobrará a cada 10 anos [pois (70%)/(7% por ano) = 10 anos]. Uma taxa de crescimento de 2% ao ano da população mundial significa que a população mundial dobrará de valor após 35 anos (duplicaria em 35 anos [pois (70%)/(2% por ano) = 35 anos]. A comissão de planejamento de uma cidade que aceita o que parece ser uma modesta taxa de crescimento populacional de 3,5% ao ano pode não estar percebendo que isso significa que a duplicação da população ocorrerá em 70/3,5 ou 20 anos; o que significa ter de dobrar a cada 20 anos a oferta de insumos, como água, e de serviços, como o tratamento de esgotos, além de outros serviços municipais.

O que acontece quando se estabelece um crescimento constante dentro de um meio ambiente finito? Considere o crescimento de uma população de bactérias por meio da divisão celular, de modo que uma bactéria torna-se duas, as duas se dividem e tornam-se quatro, as quatro se dividem novamente em oito e assim por diante. Suponha que o tempo em que ocorre a divisão para um determinado tipo de bactéria seja de um minuto. Isso constitui, então, um crescimento percentual constante – o número de bactérias cresce exponencialmente com um tempo de duplicação de um minuto. Além disso, suponha também que uma única bactéria seja colocada em uma garrafa às 11h da manhã e que o crescimento siga constante até que a garrafa esteja cheia de bactérias ao meio-dia. Considere seriamente a seguinte questão.

FIGURA D.2

---

[1] Este apêndice foi elaborado com base em material do professor de física Albert A. Bartlett, da Universidade do Colorado, EUA, que afirma incisivamente: "O maior defeito da raça humana é a inabilidade do homem em compreender a função exponencial". Consulte o artigo ainda atual do professor Bartlett, "Forgotten Fundamentals in the energy crisis" *(American Journal of Physics*, setembro de 1978) ou sua versão revisada (*Journal of Geological Education*, janeiro de 1980).

[2] K. C. Cole, *Sympathetic Vibrations* (New York: Morrow, 1984).

[3] Para o decaimento exponencial nós falamos em meia-vida, que é o tempo requerido para uma dada quantidade reduzir seu valor à metade. Um exemplo disso é o decaimento radioativo, abordado no Capítulo 16.

PARE E

TESTE A SI MESMO

Quando a metade da garrafa estará cheia de bactérias?

VERIFIQUE SUA RESPOSTA

Às 11h59min; pois o número de bactérias dobra a cada minuto!

É chocante notar que 2 minutos antes do meio-dia apenas ¼ da garrafa estava cheia. A Tabela D.1 resume a quantidade de espaço vazio da garrafa nos últimos minutos antes do meio-dia. Se você fosse uma bactéria comum dentro da garrafa, em que instante perceberia que está ficando sem espaço? Por exemplo, será que você se daria conta de que está em sérios apuros às 11h55min, quando apenas 3% (1/32) da garrafa estava cheia, havendo ainda 97% de espaço vazio nela (justamente esperando por desenvolvimento)? O ponto importante aqui é que não existe muito tempo entre o momento em que os efeitos do crescimento são notados e o instante em que eles se tornam intensos demais.

Suponha que às 11h58min uma bactéria previdente consiga perceber que está ficando sem espaço e que ela inicie uma procura em grande escala por novas garrafas vazias. E, além disso, suponha que as bactérias tenham boa sorte e acabem encontrando três novas garrafas vazias. Isso significa um espaço três vezes maior do que jamais dispuseram. Pode parecer a elas que seus problemas tenham sido resolvidos – e bem na hora certa.

PARE E

TESTE A SI MESMO

Se o crescimento da população de bactérias continuar na taxa inalterada, quando as três novas garrafas estarão cheias?

VERIFIQUE SUA RESPOSTA

Às 12h02min!

TABELA D.1

Os últimos minutos dentro da garrafa

Tempo	Parte cheia (%)	Parte vazia
11h54 min	1/64 (1,5%)	63/64
11h55 min	1/32 (3%)	31/32
11h56 min	1/16 (6%)	15/16
11h57 min	1/8 (12%)	7/8
11h58 min	1/4 (25%)	3/4
11h59 min	1/2 (50%)	1/2
12h00 min	cheia (100%)	nenhuma

TABELA D.2

Os efeitos da descoberta de três novas garrafas

Tempo	Parte cheia (%)
11h58 min	A parte cheia da garrafa 1 é ¼
11h59 min	A parte cheia da garrafa 1 é ½
12h00 min	A garrafa 1 está cheia
12h01 min	As garrafas 1 e 2 estão cheias
12h02 min	As garrafas 1, 2, 3 e 4 estão cheias

Da Tabela D.2, vemos que quadruplicar o recurso estende o tempo de duração do mesmo em apenas dois tempos de duplicação. Em nosso exemplo, o recurso era o espaço – mas poderia muito bem ser carvão mineral, óleo, urânio ou qualquer outro recurso não-renovável.

O crescimento contínuo e a seqüência de duplicações decorrentes levam a números enormes. Em dois tempos de duplicação, o valor da quantidade duplicará duas vezes ($2^2 = 4$, o quádruplo); em três tempos de duplicação, seu valor crescerá oito vezes ($2^3 = 8$); em quatro tempos de duplicação, ele terá crescido dezesseis vezes ($2^4 = 16$) e assim por diante.

Isso é bem-ilustrado pela história do matemático da corte na Índia que séculos atrás inventou o jogo de xadrez para seu rei. O soberano ficou tão contente com o jogo inventado que ofereceu-se para pagar o matemático, cujo pedido pareceu ao rei bastante modesto. O matemático pediu em pagamento um simples grão de trigo para o primeiro quadrado do tabuleiro de xadrez, dois grãos para o segundo quadrado, quatro para o terceiro e assim por diante, duplicando o número de grãos sobre cada quadrado sucessivo, até que todos os quadrados tivessem sido usados. A esta taxa, haveria 2^{63} grãos de trigo apenas sobre o sexagésimo quarto quadrado do tabuleiro. O rei logo percebeu que não poderia atender aquele pedido "modesto", o qual somaria mais trigo do que jamais havia sido colhido na história inteira da Terra!

É interessante e importante notar que sobre qualquer dos quadrados existe um grão a mais do que a soma de grãos

FIGURA D.3

Um único grão de cereal colocado no primeiro quadrado de um tabuleiro de xadrez é duplicado no segundo quadrado, e este número é duplicado no terceiro quadrado e assim sucessivamente, supostamente até o último quadrado. Note que cada quadrado contém um grão a mais do que o total de grãos contidos em todos os quadrados precedentes. Será que existe cereal suficiente no mundo para preencher os 64 quadrados desta maneira?

TABELA D.3

Preenchendo os quadrados do tabuleiro de xadrez

Número do quadrado	Grãos sobre o quadrado	Total de grãos até aqui
1	1	1
2	2	3
3	4	7
4	8	15
5	18	31
6	32	63
7	64	127
.	.	.
.	.	.
.	.	.
64	2^{63}	$2^{64} - 1$

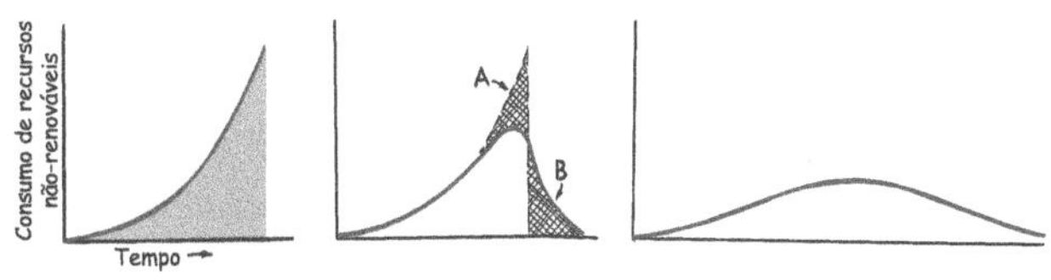
Consumo de recursos não-renováveis
Tempo
A
B

(a) (b) (c)

FIGURA D.4

(a) Se a taxa exponencial de consumo de uma fonte não-renovável prossegue até que ela fique empobrecida, o consumo cai abruptamente a zero. A área sombreada representa a reserva total da fonte. (b) Na prática, a taxa de consumo eleva-se e depois vai a zero menos abruptamente. Note que a área quadriculada A é igual à área quadriculada B. Por quê? (c) A taxas de consumo mais baixas, a mesma reserva de recursos dura um tempo muito maior.

dos quadrados precedentes. Isso é verdadeiro para qualquer dos quadrados do tabuleiro. Da Tabela D.3, observe que quando oito grãos são colocados sobre o quarto quadrado, este número corresponde a um grão a mais do que o total de sete grãos previamente colocados sobre o tabuleiro. Ou que os 32 grãos colocados sobre o sexto quadrado contêm um grão a mais do que os 31 previamente colocados no tabuleiro. Assim, vemos que em um tempo de duplicação usamos mais do que tudo que havíamos usado durante todo o crescimento anterior!

Logo, quando se fala em duplicação do consumo de energia nos próximos, e talvez numerosos, anos, tenha em mente que isso significa que nestes anos futuros consumiremos mais energia do que o total de energia consumida até agora, ou seja, durante o período inteiro de crescimento constante. E se a geração de energia continuar se baseando principalmente na queima de combustíveis fósseis, então, exceto por algumas melhorias na eficiência, queimaríamos durante o próximo tempo de duplicação uma quantidade de carvão mineral, de petróleo e de gás natural maior do que a que já foi consumida até agora; e exceto por alguns aperfeiçoamentos no controle de poluição, descarregaríamos no meio ambiente ainda mais lixo tóxico do que os milhões e milhões de toneladas já descarregadas durante todos os anos anteriores da civilização industrial. Também o ecossistema da Terra teria de absorver mais calorias de calor produzido pelo homem do que ele absorveu no passado inteiro! Com a taxa anterior de 7% de crescimento anual da geração de energia, tudo isso ocorrerá em um tempo de duplicação de uma única década. Se nos próximos anos a taxa de crescimento anual se mantiver na metade deste valor, isto é, em 3,5%, tudo isso ocorrerá em um tempo de duplicação de duas décadas. Claramente, isto não pode continuar!

O consumo de fontes não-renováveis não pode crescer exponencialmente por um período de tempo indefinido, pois as fontes são finitas e seus recursos acabarão. A maneira mais drástica de como isso poderia acontecer está ilustrada na Figura D.4(a), onde a taxa de consumo, tal como o de barris de petróleo por ano, está plotada em função do tempo, expresso, digamos, em anos. Em um gráfico deste tipo, a área abaixo da curva representa a reserva de uma fonte. Vemos que, quando a reserva está exaurida, o consumo também cessa. Esta mudança abrupta raramente ocorre de fato, pois a taxa de extração do recurso cai quando este se torna mais escasso. Isso está mostrado na Figura D.4(b). Note que a área abaixo da curva é igual à área da curva em (a). Por quê? Porque a reserva total é a mesma nos dois casos. A principal diferença está no tempo que leva para o recurso finalmente acabar. A história nos mostra que a taxa de produção de uma fonte não-renovável eleva-se e cai de uma maneira aproximadamente simétrica, como mostrado em (c). O tempo durante o qual a taxa de produção se eleva é aproximadamente igual ao tempo durante o qual ela cai a zero ou a aproximadamente este valor.

As taxas de produção de todos os recursos não-renováveis mais cedo ou mais tarde diminuem. Apenas as taxas de produção de fontes renováveis, tais como as da agricultura ou as dos produtos florestais, podem ser mantidas em níveis estáveis por longos períodos de tempo (Figura D.5), desde que a produção de fato não dependa de recursos não-renováveis cuja produção está em declínio, como o petróleo. Gran-

FIGURA D.5

Curva que mostra a taxa de consumo de um recurso renovável, tal como um produto agrícola ou florestal, em que taxas constantes de produção e de consumo podem ser mantidas por um longo período, desde que tal produção não dependa do uso de um recurso não-renovável cuja produção esteja em declínio.

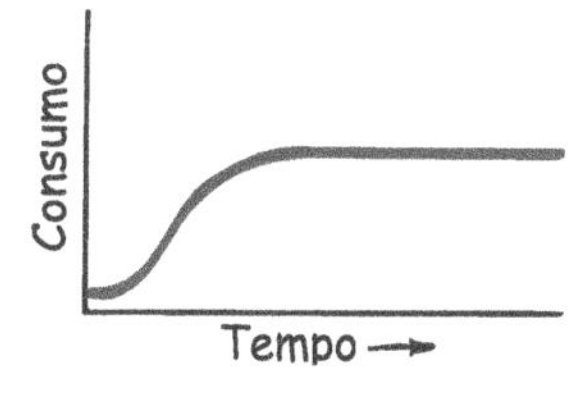
Consumo
Tempo

de parte da agricultura de hoje depende tanto do petróleo que se pode dizer que a agricultura moderna é simplesmente o processo pelo qual o solo é usado para converter petróleo em alimentos. A implicação da escassez de petróleo vai além do racionamento de gasolina para automóveis ou de óleo combustível para o aquecimento das casas.

As conseqüências do crescimento exponencial descontrolado são estarrecedoras. Torna-se importante indagar: o crescimento é realmente bom? Ao responder a esta questão, tenha em mente que o crescimento humano é uma fase inicial da vida que prossegue normalmente pela adolescência. O crescimento físico cessa quando se alcança a maturidade física. O que dizer do crescimento que prosseguisse pelo período de maturidade física? Para nós, tal crescimento é a obesidade – ou pior, o câncer.

QUESTÕES PARA REFLETIR

1. De acordo com um enigma francês, uma lagoa com lírios inicia com uma única folha. A cada dia o número de folhas dobra de valor, até que a lagoa fica completamente cheia no trigésimo dia. Em que dia a lagoa estava com uma metade coberta de folhas? Ou com um quarto de sua superfície coberta?
2. Numa economia que possui uma taxa de inflação constante de 7% ao ano, em quantos anos a moeda do país perde metade de seu valor?
3. A uma taxa de inflação constante de 7% ao ano, qual será o preço a cada 10 anos, pelos próximos 50 anos, de um ingresso para o teatro que agora custa R$ 40,00? E de um paletó que agora custa R$ 400,00? De um carro que agora custa R$ 40.000,00? De uma casa que agora custa R$ 300.000,00?
4. Se a usina de tratamento de esgotos de uma cidade está no limite de sua capacidade de processamento, quantas usinas de tratamento de esgoto serão necessárias 42 anos mais tarde, se a cidade cresce constantemente a uma taxa anual de 5%?
5. Se a população mundial dobra a cada 40 anos, e se a produção mundial de alimentos também dobra a cada 40 anos, quantas pessoas estarão passando fome a cada ano futuro comparado com agora?
6. Suponha que você consiga que um empregador previdente concorde em contratar seus serviços pelo pagamento de um único centavo no primeiro dia, 2 centavos no segundo dia, dobrando de valor daí em diante a cada dia decorrido. Se o empregador mantém sua concordância durante um mês, qual será seu pagamento total por este período de tempo?
7. Na questão anterior, como seu pagamento pelo trigésimo dia se comparará com o pagamento total referente aos 29 primeiros dias?
8. Se hoje dominássemos a geração de energia por fusão, a energia abundante resultante provavelmente sustentaria, e até mesmo encorajaria ainda mais, nosso apetite por consumo contínuo de energia, e no tempo correspondente a alguns poucos tempos de duplicação produziríamos, por fusão, uma fração apreciável da energia que a Terra recebe do Sol. Formule um argumento para que o atual atraso no domínio da geração de energia por fusão seja encarado como uma bênção para a raça humana.

APÊNDICE E

Algumas datas significativas da história da Física

c. 320 a.C.	**Aristóteles** descreve o movimento em termos de tendências naturais.
c. 250 a.C.	**Arquimedes** descobre o princípio do empuxo.
c. 150 d.C.	**Ptolomeu** aperfeiçoa o sistema geocêntrico.
1543	**Copérnico** publica seu sistema heliocêntrico.
1575-1596	**Brahe** mede com precisão as posições dos planetas no céu.
1609	**Galileu** usa o telescópio pela primeira vez como um instrumento astronômico.
1609-1619	**Kepler** publica as três leis do movimento planetário.
1634	**Galileu** avança na compreensão do movimento acelerado.
1661	**Boyle** relaciona a pressão e o volume de gases mantidos a uma temperatura constante.
1676	**Roemer** demonstra que a luz tem velocidade finita.
1678	**Huygens** desenvolve a teoria ondulatória da luz.
1687	**Newton** apresenta a teoria da mecânica em seu *Principia*.
1738	**Bernoulli** explica o comportamento dos gases em termos de movimentos moleculares.
1747	**Franklin** sugere a conservação do "fogo" elétrico (carga elétrica).
1780	**Galvani** descobre a " eletricidade animal".
1785	**Coulomb** determina precisamente a lei da força elétrica.
1795	**Cavendish** mede a constante gravitacional G.
1798	**Rumford** argumenta que o calor é uma forma de movimento.
1800	**Volta** inventa a pilha elétrica.
1802	**Young** usa a teoria ondulatória para explicar a interferência.
1811	**Avogadro** sugere que nas mesmas temperatura e pressão, todos os gases possuem o mesmo número de moléculas por unidade de volume.
1815-1820	**Young** e outros apresentam evidência em favor da natureza ondulatória da luz.
1820	**Oersted** descobre o efeito magnético de uma corrente elétrica.
1820	**Ampère** estabelece a lei de força entre fios percorridos por correntes elétricas.
1821	**Fraunhofer** inventa a rede de difração.
1824	**Carnot** estabelece que o calor não pode ser transformado totalmente em trabalho.
1831	**Faraday** e **Henry** descobrem a indução eletromagnética.
1842-1843	**Mayer** e **Joule** sugerem uma lei geral de conservação da energia.
1846	**Adams** e **Leverrier** predizem a existência do novo planeta Netuno.
1865	**Maxwell** formula a teoria eletromagnética da luz.
1869	**Mendeleev** organiza os elementos em uma tabela periódica.
1877	**Boltzmann** relaciona entropia com probabilidade.
1885	**Balmer** descobre regularidades numéricas no espectro do hidrogênio.
1887	**Michelson** e **Morley** não conseguem detectar o éter luminífero.
1888	**Hertz** gera e detecta ondas de rádio.
1895	**Roentgen** descobre os raios X.
1896	**Bequerel** descobre a radioatividade.
1897	**Thomson** identifica os raios catódicos como corpúsculos negativamente carregados (elétrons).
1900	**Planck** introduz a idéia do quantum.
1905	**Einstein** introduz o conceito de corpúsculo de luz (fóton).
1905	**Einstein** apresenta a teoria especial da relatividade.
1911	**Rutherford** revela a existência do núcleo atômico.

1913	**Bohr** formula uma teoria quântica do átomo de hidrogênio.
1915	**Einstein** apresenta a teoria geral da relatividade.
1923	**Compton** confirma a existência do fóton através de experimento.
1924	**de Broglie** introduz a teoria ondulatória da matéria.
1925	**Goudsmit** e **Uhlenbeck** introduzem o "spin" do elétron.
1925	**Pauli** enuncia o princípio da exclusão.
1926	**Schrödinger** desenvolve a teoria ondulatória da mecânica quântica.
1927	**Davisson, Germer** e **Thomson** comprovam a natureza ondulatória dos elétrons.
1927	**Heisenberg** propõe o princípio da incerteza.
1928	**Dirac** mistura a relatividade e a mecânica quântica em uma teoria para os elétrons.
1929	**Hubble** descobre a expansão do universo.
1932	**Anderson** descobre a antimatéria na forma de pósitrons.
1932	**Chadwick** descobre o nêutron.
1932	**Heisenberg** apresenta a explicação nêutron-próton para a estrutura nuclear.
1934	**Fermi** propõe uma teoria de criação e aniquilação de matéria.
1938	**Meitner** e **Frisch** interpretam como fissão nuclear os resultados de **Hahn** e **Strassmann**.
1939	**Bohr** e **Wheeler** apresentam uma teoria detalhada da fissão nuclear.
1942	**Fermi** constrói e opera o primeiro reator nuclear.
1945	**Oppenheimer** e sua equipe em Los Álamos realizam uma explosão nuclear.
1947	**Bardeen** e **Brattain** e **Shockley** desenvolvem o transistor.
1956	**Reines** e **Cowan** identificam o antineutrino.
1957	**Feynman** e **Gell-Mann** explicam todas as interações fracas com um neutrino "levógiro".
1960	**Maiman** inventa o laser.
1965	**Penzias** e **Wilson** descobrem a radiação de fundo no universo, emitida durante o "Big Bang".
1967	**Bell** e **Hewish** descobrem os pulsars, que são estrelas de nêutrons.
1968	**Wheeler** inventa o termo "buraco negro".
1969	**Gell-Mann** propõe os "quarks" como os blocos de construção dos núcleons.
1977	**Lederman** e sua equipe descobrem o quark "bottom".
1981	**Binning** e **Rohrer** inventam o microscópio eletrônico de varredura por tunelamento.
1987	**Bednorz** e **Müller** descobrem a supercondutividade a alta temperatura.
1995	**Cornell** e **Wieman** criam um "condensado de Bose-Einstein" a 20 bilionésimos de grau.
2000	**Pogge** e **Martini** apresentam evidência da existência de buraco negros supermaciços em outras galáxias.
2001	**David Smith** e colegas criam materiais com índices de refração negativos.
2002	**Rolf Landau** e colegas criam átomos de anti-hidrogênio.
2003	**Charles Bennett** e colegas estabelecem que a idade do universo é 13,7 bilhões de anos e que a fração de energia na forma de matéria ordinária representa apenas 4% do total.
2006	**Angelika Drees** e colegas encontram evidência da existência de um "líquido" quark-glúon.

GLOSSÁRIO

A (a) Abreviatura para *ampère*. (b) Quando em minúscula e em itálico, *a*, trata-se do símbolo da *aceleração*.

aberração Distorção em uma imagem produzida por lente ou espelho, causada pelas limitações inerentes, em algum grau, a todos os sistemas ópticos. Veja *aberração esférica* e *aberração cromática*.

aberração cromática Distorção de uma imagem originada quando luzes de cores diferentes (e, assim, com diferentes velocidades e índices de refrações), após atravessar uma lente, convergem para pontos diferentes. Lentes acromáticas corrigem este defeito combinando diversas lentes simples feitas com tipos diversos de vidro.

aberração esférica Distorção de uma imagem produzida quando a luz que passa pelas bordas de uma lente é focada para pontos diferentes daquele para o qual é focada a luz que passa pelas partes centrais da lente. Também ocorre em espelhos esféricos.

aceleração(a) Taxa de variação da velocidade de um objeto com o tempo; a variação da velocidade pode ocorrer no módulo (rapidez ou velocidade escalar), na orientação ou em ambos.

$$\text{aceleração} = \frac{\text{variação de velocidade}}{\text{intervalo de tempo}}$$

aceleração da gravidade (g) A aceleração de um objeto em queda livre. Seu valor nas proximidades da superfície terrestre é cerca de 9,8 metros por segundo a cada segundo.

acústica Estudo das propriedades do som, especialmente sua transmissão.

adesão Atração molecular entre duas superfícies em contato.

adiabática Termo aplicado à expansão ou à compressão de um gás que ocorre sem perda ou ganho de calor.

água pesada Água (H_2O) que contém o isótopo deutério mais pesado do hidrogênio.

alavanca Máquina simples formada por uma barra que pode girar em torno de um ponto fixo, chamado fulcro.

alquimista Praticante de uma forma primitiva de química, chamada de alquimia, associada à magia. O objetivo da alquimia era transformar metais ordinários em ouro e descobrir uma poção que possibilitasse a juventude eterna.

altura Termo referente à nossa impressão subjetiva de "alto" (agudo) e "baixo" (grave) acerca de um tom, relacionado com a freqüência do tom. Uma fonte vibratória de alta freqüência produz um som muito agudo; uma fonte vibratória de baixa freqüência produz um som muito grave.

AM Abreviatura para *modulação em amplitude* (do inglês *amplitude modulation*).

ampère (A) Unidade do SI para corrente elétrica. Um ampère é um fluxo de um coulomb de carga por segundo – ou seja, de $6{,}25 \times 10^{18}$ elétrons (ou prótons) por segundo.

amperímetro Aparelho que mede corrente. Veja *galvanômetro*.

amplitude Para uma onda ou vibração, o deslocamento máximo para qualquer dos lados de uma posição de equilíbrio (ponto médio).

análise de Fourier Método matemático que decompõe qualquer forma de onda periódica em uma combinação de ondas senoidais simples.

ângulo crítico Ângulo de incidência mínimo para o qual um raio luminoso é totalmente refletido no interior de um meio. No Brasil, também chamado de ângulo limite.

ângulo de incidência Ângulo entre um raio incidente e a direção normal à superfície em que ele incide.

ângulo de reflexão Ângulo entre um raio refletido e a direção normal à superfície de reflexão.

ângulo de refração Ângulo entre um raio refratado e a direção normal à superfície em que ele é refratado.

ano-luz A distância que a luz percorre no vácuo durante um ano: $9{,}46 \times 10^{12}$ km.

antimatéria Matéria composta de átomos com núcleos negativos e elétrons positivos.

antinodo Qualquer parte de uma onda estacionária onde são máximos o deslocamento e a energia.

antipartícula Partícula com a mesma massa que uma partícula normal, mas com carga de sinal oposto. A antipartícula do elétron é o pósitron.

antipróton Antipartícula do próton; um próton carregado negativamente.

apogeu Numa órbita elíptica, o ponto mais afastado do foco em torno do qual a órbita é descrita. Veja também *perigeu*.

aquecimento global Veja *efeito estufa*.

astigmatismo Defeito do olho devido à córnea ser mais curvada em uma determinada direção do que em outra.

aterramento Quando se permite que as cargas movam-se livremente para o solo através de um condutor.

átomo A menor partícula de um elemento que possui todas as propriedades químicas do mesmo. Consiste de prótons e nêutrons em um núcleo, circundado por elétrons.

atrito Força que oferece resistência ao movimento relativo (ou a uma tentativa de movimentação) de objetos ou de materiais em contato.

atrito de escorregamento Força de contato que surge da fricção entre a superfície de um objeto sólido em movimento e o material sólido sobre o qual ele desliza.

atrito estático Força entre dois objetos em repouso relativo devido ao contato mútuo, que apresenta a tendência de se opor ao escorregamento do objeto.

áudio digital Sistema de reprodução sonora que usa o código binário para gravação e reprodução de sons.

auto-indução Indução de um campo elétrico no interior de uma mesma bobina, causada pela interação entre suas próprias espiras. Esta voltagem auto-induzida está sempre orientada de modo a se opor à variação de voltagem que a produziu, e é costumeiramente chamada de força contra-eletromotriz ou contra fem.

barômetro Aparelho usado para medir a pressão atmosférica.

barômetro aneróide Instrumento usado para medir pressão atmosférica; baseado no movimento da tampa de uma caixa metálica, em vez de no movimento de um líquido.

barreira do som O amontoamento de ondas sonoras na frente de uma nave próxima de atingir a velocidade do som, e que nos primórdios da aviação a jato se acreditava criar uma barreira de som que o avião deveria romper a fim de ultrapassar a velocidade do som. A barreira do som de fato não existe.

bastonetes Veja *retina.*

batimentos Superposição de duas ondas de freqüências diferentes que resulta em um som pulsante ouvido como uma seqüência de reforços e enfraquecimentos.

Big Bang Explosão primordial que presumivelmente resultou na criação do nosso universo em expansão.

bioluminescência Luz emitida por certas formas de vida que possuem a habilidade de excitar quimicamente moléculas em seus corpos; essas moléculas excitadas, então, emitem luz visível.

biomagnetismo Material magnético localizado em organismos vivos, que os ajudam a navegar e a localizar comida e que afetam outros comportamentos.

bomba térmica Dispositivo que transfere calor para fora de um ambiente frio e para dentro de um ambiente quente.

braço de alavanca Distância perpendicular entre um eixo e a linha de ação de uma força que tende a produzir rotação em torno daquele eixo.

BTU Abreviatura para unidade térmica britânica (do inglês *British Thermal Unit*).

buraco negro Concentração de massa resultante de um colapso gravitacional, próximo ao qual a gravidade é tão forte que nem mesmo a luz pode escapar.

C Abreviatura de *coulomb.*

ca Abreviatura para *corrente alternada* (do inglês *alternating current*)

cal Abreviatura de *caloria.*

calor Energia que flui de um objeto para outro em virtude de uma diferença de temperatura entre eles. Medido em *calorias* ou em *joules.*

calor de fusão Quantidade de energia a ser adicionada a um quilograma de um sólido (já em seu ponto de fusão) a fim de derretê-lo.

calor de vaporização Quantidade de energia a ser adicionada a um quilograma de um líquido (já em seu ponto de ebulição) a fim de vaporizá-lo.

calor latente de fusão A quantidade de energia requerida para fazer uma unidade de massa de uma substância passar do estado sólido para o estado líquido (e vice-versa).

calor latente de vaporização A quantidade de energia requerida para fazer uma unidade de massa de uma substância passar do estado líquido para o estado gasoso (e vice-versa).

caloria (cal) Unidade de calor. Uma caloria é o calor requerido para elevar a temperatura de um grama de água em 1 grau Celsius. Uma Caloria (com C maiúsculo) é igual a mil calorias, sendo esta a unidade usada para medir a energia disponível nos alimentos; também chamada de quilocaloria (kcal).

$$1 \text{ cal} = 4{,}184 \text{ J, ou } 1 \text{ J} = 0{,}24 \text{ cal}$$

campo de força Aquilo que existe no espaço ao redor de uma massa, uma carga elétrica ou um ímã, de modo que outra massa, carga ou ímã experimenta uma força quando colocada nesta região. Exemplos de campos de força são os campos gravitacional, elétrico e magnético.

campo elétrico Campo de força que permeia o espaço ao redor de cada carga elétrica ou de um grupo de cargas. É medido em força por unidade de carga (newtons/coulomb).

campo gravitacional Campo de força existente no espaço ao redor de cada massa ou grupo de massas no qual outros corpos experimentam atração gravitacional; é medido em newtons por quilograma.

campo magnético Região de influência magnética ao redor de um pólo magnético ou de uma partícula carregada em movimento.

capacidade calorífica específica Quantidade de calor requerida para elevar a temperatura de uma unidade de massa de uma substância em um grau Celsius (ou, de forma equivalente, em um kelvin). Mais freqüentemente chamada simplesmente de calor específico.

capacidade térmica Veja *calor específico.*

capacitor Em circuitos elétricos, dispositivo usado para armazenar carga elétrica.

carga Veja *carga elétrica.*

carga elétrica Propriedade elétrica fundamental, responsável pela atração ou pela repulsão mútua entre prótons ou elétrons.

cc Abreviatura para *corrente contínua.*

célula combustível Dispositivo que converte energia química em energia elétrica, mas, diferentemente de uma bateria, é continuamente alimentado com combustível, normalmente o hidrogênio.

centro de gravidade (CG) Ponto no centro da distribuição de peso de um objeto no qual se pode considerar que a força da gravidade seja exercida.

centro de massa Ponto no centro da distribuição de massa de um objeto no qual se pode considerar que esteja concentrada toda a sua massa. Nas condições cotidianas, o mesmo que centro de gravidade.

CG Abreviatura de *centro de gravidade.*

chinuque Vento seco e morno que sopra pelas grandes planícies norte-americanas a partir do leste, descendo das Montanhas Rochosas.

cíclotron Acelerador de partículas que fornece altas energias para partículas carregadas tais como prótons, dêuterons e íons de hélio.

cinturões de radiação de Van Allen Cinturões de radiação, na forma de rosca, que envolvem a Terra.

circuito Qualquer caminho completo pelo qual cargas elétricas podem fluir. Veja também *circuito em série* e *circuito em paralelo.*

circuito em paralelo Circuito elétrico com dois ou mais dispositivos ligados de tal modo que, através de cada um deles, a mesma voltagem é aplicada, e no qual cada dispositivo permite que se complete o circuito independentemente dos demais. Veja também *em paralelo.*

circuito em série Circuito elétrico em que os dispositivos são ligados de maneira que uma mesma corrente elétrica circula em todos. Veja também *em série.*

colisão elástica Colisão em que os objetos envolvidos ricocheteiam uns nos outros sem que ocorram deformações permanentes ou geração de calor.

colisão inelástica Colisão em que os objetos envolvidos ficam distorcidos e/ou produzem calor durante a mesma, possivelmente fundindo-se.

complementaridade Princípio enunciado por Niels Bohr, estabelecendo que os aspectos ondulatório e corpuscular, tanto da matéria quanto da radiação, são partes necessárias e complementares do todo. Qual parte será realçada dependerá de que experimento é realizado (ou seja, do que se indaga sobre a natureza).

componente de freqüência Um dos muitos tons que compõem um som musical. Cada tom individual (ou parcial) possui apenas uma freqüência. O componente de freqüência mais baixa de um som musical é chamado de freqüência fundamental. Qualquer componente cuja freqüência é um múltiplo da freqüência fundamental é chamado de harmônico. A freqüência fundamental também é chamada de primeiro harmônico. O segundo harmônico tem o dobro da freqüência fundamental; o terceiro harmônico, o triplo e assim por diante.

componentes As partes em que um vetor pode ser decomposto, as quais são exercidas em direções diferentes. Veja *resultante.*

composto Substância química constituída por átomos de dois ou mais elementos químicos combinados em uma proporção fixa.

compressão (a) Em mecânica, o ato de esmagar o material e de reduzir seu volume. (b) Em acústica, a região de pressão mais alta de uma onda longitudinal.

comprimento de onda Distância entre cristas, entre ventres ou entre partes idênticas sucessivas de uma onda.

condensação Mudança de fase de gás para líquido; o contrário de evaporação.

condição de equilíbrio $\Sigma F = 0$. Para um objeto ou sistema de objetos em equilíbrio mecânico, a soma das forças é nula. E também $\Sigma \tau = 0$; ou seja, a soma dos torques é nula.

condução (a) Em termodinâmica, transferência de energia de partícula para partícula no interior de certos materiais, ou de um material para outro quando os dois estão em contato direto. (b) Em eletricidade, o fluxo de carga elétrica através de um condutor.

condutor (a) Material através do qual se pode transferir calor. (b) Material, normalmente um metal, através do qual pode fluir carga elétrica. Bons condutores de calor são geralmente bons condutores de carga elétrica.

cones Veja *retina*

congelamento Mudança de fase de líquido para sólido; o contrário de fusão.

conservação da carga Princípio segundo o qual uma carga elétrica não pode ser criada ou destruída, mas apenas transferida de um material para outro.

conservação da energia Princípio segundo o qual a energia não pode ser criada ou destruída. Ela pode apenas ser transformada de uma forma em outra, mas a quantidade total de energia jamais muda.

conservação de energia para máquinas O trabalho realizado por uma máquina qualquer nunca pode exceder o trabalho que lhe foi fornecido.

conservação do momentum Na ausência de força externa resultante, o momentum de um objeto ou sistema de objetos não sofre alteração.

$$mv_{(\text{antes do evento})} = mv_{(\text{depois do evento})}$$

conservação do momentum angular Quando nenhum torque externo é exercido sobre um objeto ou sistema de objetos, nenhuma mudança ocorre no momentum angular. Portanto, o momentum angular anterior a um evento que envolve apenas torques internos é igual ao momentum angular posterior ao evento.

conservada Termo aplicado a qualquer grandeza física, como momentum, energia ou carga elétrica, que permanece inalterada durante as interações.

constante da gravitação universal A constante de proporcionalidade *G* que expressa a intensidade da gravidade na equação para a lei de Newton da gravitação universal.

$$F = G\frac{m_1 m_2}{d^2}$$

constante de Planck (*h*) Constante fundamental da teoria quântica que determina a escala do mundo microscópico. A constante de Planck, multiplicada pela freqüência da radiação, fornece a energia de um fóton daquela radiação.

$$E = hf, \text{ onde } h = 6{,}6 \times 10^{-34} \text{ joule-segundo}$$

constante solar Quantidade igual a 1.400 J/m^2, recebida do Sol a cada segundo no topo da atmosfera da Terra; expresso em termos de potência, é igual a 1,4 kW/m^2.

contato térmico Estado de dois ou mais corpos ou substâncias em contato no qual o calor pode fluir de um objeto ou de uma substância para outra.

contraparte de Maxwell à lei de Faraday Um campo magnético é criado em qualquer região do espaço onde um campo elétrico estiver variando com o tempo. A intensidade do campo magnético induzido é proporcional à taxa com que o campo elétrico varia. A direção do campo magnético induzido forma um ângulo reto com o campo elétrico variável.

convecção Forma de transferência de calor pela movimentação da própria substância, como no caso de correntes em um fluido.

cores complementares Quaisquer duas cores de luz que, quando adicionadas, produzem luz branca.

cores primárias aditivas Três cores de luz – vermelha, azul e verde – que, quando adicionadas em certas proporções, produzem qualquer cor do espectro.

cores subtrativas primárias As três cores de pigmentos absorvedores de luz – magenta, amarelo e ciano – que, quando misturados em certas proporções, refletem qualquer cor do espectro.

córnea Cobertura transparente existente sobre o globo ocular, que ajuda a focar a luz incidente.

corrente alternada (ca) Corrente elétrica que inverte rapidamente seu sentido. As cargas elétricas vibram em torno de posições relativas fixas, normalmente a uma taxa de 60 hertz.

corrente contínua (cc) Corrente elétrica cujo fluxo de carga se dá em apenas um sentido.

corrente elétrica Fluxo de carga elétrica que transporta energia de um lugar a outro. É medida em ampères, onde um ampère é o fluxo de $6{,}25 \times 10^{18}$ elétrons (ou de prótons) por segundo.

cosmologia O estudo da origem e da evolução do universo como um todo.

coulomb (C) Unidade do SI para carga elétrica. Um coulomb é igual à carga total de $6{,}25 \times 10^{18}$ elétrons.

crista A parte mais alta de uma onda ou onde a perturbação é máxima no sentido contrário ao de um ventre. Veja também *ventre.*

cristal Forma geométrica regular encontrada em sólidos na qual as partículas componentes se encontram dispostas formando um padrão tridimensional ordenado e periódico.

cristal birrefringente Cristal que divide a luz não-polarizada em dois feixes internos polarizados segundo ângulos retos e que absorve fortemente um feixe enquanto transmite o outro.

curto-circuito Interrupção de um circuito elétrico devido ao fluxo de carga através de um caminho de baixa resistência entre dois pontos, que não deveriam estar diretamente conectados, desviando assim a corrente de seu caminho correto; um efetivo "encurtamento do circuito".

curva de radiação da luz solar Veja *curva de radiação solar.*

curva de radiação solar Gráfico do brilho ou intensidade em função da freqüência (ou do comprimento de onda) da luz solar.

curva senoidal Curva cuja forma representa as cristas e ventres de uma onda, como a que é traçada pela trilha de areia que cai de um pêndulo que balança sobre uma esteira de transporte em movimento.

datação pelo carbono Processo para determinar o tempo decorrido desde a morte de um organismo, por meio de medição da radioatividade dos isótopos remanescentes de carbono-14.

declinação magnética Discrepância entre a orientação que uma bússola indica para o norte magnético e a orientação do verdadeiro norte geográfico.

densidade Massa de uma dada substância por unidade de volume. O peso específico é o peso por unidade de volume. Em geral, qualquer quantidade por unidade de espaço (por exemplo, o número de pontos por área).

$$\text{densidade} = \frac{\text{massa}}{\text{volume}}$$

$$\text{peso específico} = \frac{\text{peso}}{\text{volume}}$$

deslocamento para o vermelho Diminuição da freqüência da luz (ou de outra radiação) emitida por uma fonte que está se afastando do observador; chamada de *deslocamento para o vermelho* porque a diminuição se dá na direção do vermelho, que é a extremidade de mais baixa freqüência do espectro de cores. Veja também *efeito Doppler.*

desvio gravitacional para o vermelho Desvio para a extremidade vermelha do espectro no comprimento de onda da luz que deixa a superfície de um objeto maciço, como previsto pela teoria geral da relatividade.

desvio para o azul Aumento da freqüência medida da luz para uma fonte que está se aproximando do observador; chamado de desvio para o azul devido ao aumento aparente da freqüência na direção do azul, na parte final do espectro de cores. Ocorre também quando um observador está se aproximando da fonte. Veja também *efeito Doppler.*

deutério Isótopo do hidrogênio cujo átomo possui um próton, um nêutron e um elétron. O isótopo comum de hidrogênio possui apenas um próton e um elétron; o deutério tem maior massa, portanto.

dêuteron Núcleo de um átomo de deutério; possui um próton e um nêutron.

diferença de potencial Diferença no potencial elétrico (voltagem) entre dois pontos. As cargas livres fluem quando existe uma diferença de potencial, e assim continuam a fazer até que os dois pontos atinjam o mesmo potencial.

difração Encurvamento da luz ao passar próximo de um obstáculo ou através de uma fenda estreita, fazendo a luz se espalhar e produzindo faixas iluminadas e escuras.

diodo Dispositivo eletrônico que permite a passagem da corrente em um único sentido num circuito elétrico; dispositivo que transforma corrente alternada em contínua.

dipolo elétrico Molécula na qual a distribuição de carga é assimétrica, resultando em cargas ligeiramente opostas em lados opostos da molécula.

dispersão Decomposição da luz em cores dispostas de acordo com sua freqüência, pela interação com um prisma ou com uma rede de difração, por exemplo.

distância focal Distância entre o centro de uma lente e qualquer um dos seus pontos focais; distância de um espelho até seu ponto focal.

domínio magnético Aglomerado microscópico de átomos que estão com seus campos magnéticos alinhados.

$$E = hf, \text{ onde } h = 6{,}6 \times 10^{-34} \text{ joule-segundo}$$

ebulição Mudança de líquido para gás que ocorre abaixo da superfície do líquido. O líquido perde energia; o gás, ganha.

EC Abreviatura para *energia cinética.*

eclipse lunar Evento no qual a Lua inteira passa por dentro da sombra da Terra.

eclipse solar Evento no qual a Lua bloqueia a luz solar e sua sombra cai sobre parte da Terra.

eco Reflexão do som.

efeito Doppler Alteração da freqüência de uma onda sonora ou luminosa devido ao movimento da fonte ou do receptor. Veja também *desvio para o vermelho* e *desvio para o azul.*

efeito estufa Efeito de aquecimento provocado pela energia radiante emitida pelo Sol com comprimento de onda curto, que penetra facilmente na atmosfera e é absorvida pela Terra, mas, quando irradiada em comprimento de ondas maiores, não consegue escapar facilmente da atmosfera terrestre.

efeito fotoelétrico Emissão de elétrons por certos metais quando expostos à luz de determinadas freqüências.

eixo (a) Linha reta em torno da qual se dá a rotação. (b) Em um gráfico, as linhas retas de referência, sendo normalmente usado o eixo x para medir o deslocamento horizontal, e o eixo y para o deslocamento vertical.

eixo principal Segmento de reta que une os centros de curvatura das superfícies de uma lente. Segmento de reta que une o centro de curvatura e o foco de um espelho.

elasticidade Propriedade de um sólido pela qual uma força exercida sobre ele produz uma alteração em sua forma, havendo retorno à forma original depois que a força deformadora é removida.

elemento Substância composta de átomos que têm todos o mesmo número atômico e, portanto, as mesmas propriedades químicas.

elemento transurânico Elemento com número atômico maior do que 92, o número atômico do urânio.

eletricamente polarizado Termo aplicado a um átomo ou molécula em que o alinhamento das cargas é tal que um lado é ligeiramente mais positivo ou negativo do que o lado oposto.

eletricidade Termo gerérico aplicado a fenômenos elétricos, da mesma forma que gravidade se refere a fenômenos gravitacionais ou que sociologia, a fenômenos sociais.

eletrização por contato Transferência de carga elétrica entre objetos por atrito ou por simples contato.

eletrização por indução Redistribuição de cargas elétricas dentro de objetos e também sobre eles, devido à influência elétrica de um objeto eletrizado próximo, mas que não está em contato com o primeiro.

eletrodo Terminal, de uma bateria, por exemplo, pelo qual a corrente elétrica pode passar.

eletroímã Ímã cujas propriedades magnéticas são produzidas por uma corrente elétrica.

elétron Partícula negativa em uma camada atômica.

elétron-volt (eV) Quantidade de energia igual àquela que um elétron adquire ao se acelerar sob uma diferença de potencial de 1 volt.

elétrons de condução Elétrons que se movem livremente em um metal e transportam carga elétrica.

eletrostática Estudo das cargas elétricas em repouso, em oposição à eletrodinâmica.

elipse Curva fechada de forma oval na qual é constante a soma das distâncias de um ponto qualquer da curva até os dois pontos focais internos.

em fase Termo aplicado a duas ou mais ondas cujas cristas (e ventres) chegam a um lugar simultaneamente, de maneira que seus efeitos se reforcem.

em paralelo Termo aplicado a partes de um circuito elétrico que são conectadas a dois pontos e que provêm caminhos alternativos para a corrente entre aqueles dois pontos.

em série Termo aplicado a partes de um circuito elétrico que são conectadas em fila, de maneira que a corrente que passa através de uma obrigatoriamente deve passar pelas demais.

empuxo Perda aparente de peso de um objeto imerso ou submerso em um fluido.

energia Normalmente definida como a capacidade de realização de trabalho, apresenta-se em diversas formas e é conservada (sua quantidade total não muda jamais). A energia *não* é uma substância material.

energia cinética (EC) Energia de movimento, igual (não-relativisticamente) à metade da massa vezes o quadrado da velocidade do movimento.

$$\text{EC} = \tfrac{1}{2}mv^2$$

energia de repouso A "energia de existência", dada pela equação $E = mc^2$.

energia do ponto-zero Quantidade extremamente pequena de energia cinética que as moléculas ou os átomos possuem mesmo quando a temperatura do material é de zero absoluto.

energia interna A energia total armazenada nos átomos e nas moléculas de uma substância. As variações da energia interna constituem um dos principais interesses da termodinâmica.

energia mecânica Energia devido à posição ou ao movimento de algo; energia potencial ou cinética (ou uma combinação das duas).

energia potencial (EP) Energia de posição, geralmente relacionada à posição relativa de duas coisas, como uma pedra e a Terra (EP gravitacional) ou um elétron e um núcleo (EP elétrica).

energia potencial elétrica Energia que uma carga possui devido à sua localização em um campo elétrico.

energia potencial gravitacional Energia que um corpo possui devido à sua posição em um campo gravitacional. Sobre a Terra, a energia potencial (EP) é igual ao produto da massa (m) pela aceleração da gravidade (g) e pela altura (h) em relação a um nível de referência, tal como a superfície da Terra.

$$\text{EP} = mgh$$

energia radiante Qualquer energia, incluindo calor, luz e raios X, transmitida por radiação. Ocorre na forma de ondas eletromagnéticas.

entropia Uma medida do grau de desordem de um sistema. Sempre que a energia transforma-se espontaneamente de uma forma em outra, o sentido da transformação é para o estado de maior desordem e, portanto, de maior entropia.

EP Abreviatura de *energia potencial.*

equação de onda de Schrödinger Equação fundamental da mecânica quântica que expressa a natureza ondulatória de partículas materiais em termos de amplitudes de ondas de probabilidade. Ela é tão básica para a mecânica quântica como as leis de Newton do movimento o são para a mecânica clássica.

equilíbrio Em geral, um estado balanceado. No caso de equilíbrio mecânico, um estado em que nenhuma força resultante e nenhum torque resultante são exercidos. Em líquidos, o estado em que a evaporação se iguala à condensação. Mais genericamente, o estado em que não ocorre qualquer troca líquida de energia.

equilíbrio estável Estado de equilíbrio de um objeto em que qualquer pequeno deslocamento, ou rotação, causa a elevação de seu centro de gravidade.

equilíbrio instável Estado de um objeto em equilíbrio para o qual qualquer pequeno deslocamento, ou rotação, abaixa o centro de gravidade.

equilíbrio mecânico Estado de um objeto ou sistema de objetos no qual se cancelam todas as forças, não ocorre aceleração alguma e não existe um torque resultante exercido. Ou seja, $\sum F = 0$, e $\sum \tau = 0$.

equilíbrio térmico Estado em que dois ou mais objetos ou substâncias em contato térmico já alcançaram uma temperatura comum.

equivalência massa-energia A relação entre massa e energia dada pela equação

$$E = mc^2$$

onde c é o valor da velocidade de propagação da luz.

escala Em música, uma sucessão de notas de freqüências que estão em uma razão simples umas com as outras.

escala Celsius Escala de temperatura que assinala 0 para o ponto de congelamento da água e 100 para o ponto de ebulição da água na pressão padrão (uma atmosfera ao nível do mar).

escala Fahrenheit Escala de temperatura de uso comum nos EUA. O número 32 é assinalado ao ponto de fusão da água, e o número 212, ao ponto de ebulição da água sob a pressão normal (uma atmosfera, ao nível do mar).

escala Kelvin Escala de temperatura medida em kelvins, K, cujo zero (chamado zero absoluto) é a temperatura na qual é impossível extrair mais energia interna de um material. 0 K = – 273,15 ^{0}C. Não existem temperaturas negativas nesta escala.

espaço-tempo Contínuo tetradimensional onde acontecem todos os eventos e onde todas as coisas existem: três dimensões são espaciais, e a quarta é o tempo.

espalhamento Desvio da luz em direções aleatórias quando ela encontra uma partícula com dimensões menores do que o seu comprimento de onda; ocorre mais freqüentemente para comprimentos de onda curtos (azul) do que para comprimentos de onda longos (vermelho).

espalhar Absorver o som ou a luz e reemiti-lo(a) em todas as direções.

espectômetro de massa Dispositivo que separa magneticamente íons carregados de acordo com suas massas.

espectro Para luz solar ou outra luz branca qualquer, é o espalhamento de cores visto depois da luz atravessar um prisma ou uma rede de difração. As cores do espectro, ordenadas a partir da freqüência mais baixa (com maior comprimento de onda) para a mais alta (com menor comprimento de onda), são: vermelha, laranja, amarela, verde, azul, azul escuro e violeta. Veja também *espectro de absorção*, *espectro eletromagnético*, *espectro de emissão* e *prisma*.

espectro de absorção Espectro contínuo, como o gerado pela luz branca, interrompido por linhas ou bandas escuras, resultantes da absorção da luz de certas freqüências quando a luz atravessa uma determinada substância.

espectro de emissão Distribuição de comprimentos de onda na luz emitida por uma fonte luminosa.

espectro de linhas Padrão de linhas coloridas distintas, correspondentes a comprimentos de onda particulares, que se vê quando um gás quente é observado por meio de um espectrômetro. Cada elemento tem um padrão único de linhas.

espectro eletromagnético Faixa de freqüências com as quais se propaga a radiação eletromagnética. As freqüências mais baixas estão associadas às ondas de rádio; as microondas possuem freqüências mais altas, seguidas pelas ondas infravermelhas, pela luz, pela radiação ultravioleta, pelos raios X e, na seqüência, pelos raios gama.

espectro visível Veja *espectro eletromagnético.*

espectrômetro Veja *espectroscópio.*

espectroscópio Um instrumento ótico que separa a luz em seus componentes de freqüência ou de comprimentos de onda, na forma de linhas espectrais. O *espectrômetro* é um instrumento capaz de medir também as freqüências ou os comprimentos de onda.

espelho côncavo Espelho que se curva para dentro, como uma "cova".

espelho convexo Espelho curvado para fora. A imagem virtual formada é menor, e mais próxima do espelho, do que o objeto. Veja também *espelho côncavo.*

espelho plano Um espelho cuja superfície é plana.

estado metaestável Estado excitado de um átomo, caracterizado por um atraso prolongado da relaxação.

estrela de nêutrons Estrela que sofreu um colapso gravitacional no qual os elétrons foram comprimidos contra os prótons, dando origem a nêutrons.

estrondo sônico Som ruidoso resultante da incidência de uma onda de choque.

éter Meio hipotético invisível que antigamente se pensava ser necessário existir para haver a propagação de ondas eletromagnéticas e que preencheria todo o espaço do universo.

eV Abreviatura para *elétron-volt.*

evaporação Mudança de fase de líquido para gás que ocorre na superfície de um líquido. O contrário de condensação.

excitação Processo em que um ou mais elétrons passam de um nível para outro de energia mais alta. Em um estado excitado, um átomo geralmente decai rapidamente (relaxa) para um estado de energia mais baixa, junto com a emissão de radiação. A freqüência e a energia da radiação emitida estão relacionadas por

$$E = hf$$

excitado Veja *excitação.*

fase (a) Uma das quatro formas da matéria: sólida, líquida, gasosa e plasma. Freqüentemente chamada de *estado.* (b) A fração de um ciclo com a qual uma onda está avançada em um instante qualquer. Veja também *em fase* e *fora de fase.*

fato Estreita concordância entre observadores competentes a respeito de uma série de observações sobre um mesmo fenômeno.

fem Abreviatura para *força eletromotriz.*

fibra ótica Fibra transparente, normalmente feita de vidro ou de plástico, capaz de transmitir a luz ao longo de seu comprimento por meio de reflexões internas totais.

física quântica Ramo da física que estuda, de forma geral, o mundo microscópico dos fótons, dos átomos e dos núcleos.

fissão nuclear Fragmentação de um núcleo atômico, particularmente de um núcleo pesado como o do urânio-235, em dois elementos mais leves, acompanhada da liberação de muita energia.

fluido Meio capaz de escoar ou fluir; em particular, qualquer líquido ou gás.

fluorescência Propriedade que determinadas substâncias possuem de absorver radiação com uma freqüência e de reemiti-la em outra freqüência mais baixa.

flutuação Veja *princípio da flutuação.*

FM Abreviatura para *modulação em freqüência.*

foco (a) Para uma elipse, um dos dois pontos para os quais a soma de suas distâncias até um ponto qualquer da curva é uma constante. Um satélite orbitando a Terra move-se em uma elipse que tem a Terra como um dos focos. (b) Em óptica, um ponto focal.

fonte de voltagem Dispositivo, tal como uma pilha seca, uma bateria ou um gerador, capaz de fornecer uma diferença de potencial entre seus terminais.

fora de fase Termo aplicado a duas ondas para as quais a crista de uma coincide com o ventre da outra. Seus efeitos tendem a se cancelar.

força Qualquer influência que tende a acelerar ou a deformar um objeto; um empurrão ou um puxão; no SI, é medida em newtons. A força é uma quantidade vetorial.

força centrífuga Para um corpo em rotação ou girando, a força aparente dirigida para fora.

força centrípeta Força dirigida para o centro, a qual faz com que um objeto descreva uma trajetória circular ou curvilínea.

força de ação Uma das forças que formam um par de forças descrito na terceira lei de Newton do movimento. Veja também *Leis de Newton do movimento, Lei 3.*

força de apoio Força dirigida para cima que equilibra o peso de um objeto colocado sobre uma superfície.

força de empuxo Força total que um fluido exerce verticalmente, de baixo para cima, sobre um objeto nele imerso ou submerso.

força de reação Força mesma intensidade e direção à força de ação, mas com sentido contrário a esta, exercida simultaneamente com qualquer que seja a força de ação exercida. Veja também *Leis de Newton do movimento, Lei 3.*

força elétrica Força que uma carga elétrica exerce sobre outra. Quando as cargas são de mesmo sinal, repelem-se; quando são opostas, atraem-se.

força eletromotriz (fem) Qualquer voltagem que dá origem a uma corrente elétrica. Uma bateria ou gerador é uma fonte de fem.

força fraca Também chamada de interação fraca. É a força que atua no interior dos núcleos e que é responsável pela emissão beta (elétrons). Veja também *força nuclear.*

força magnética (a) Entre ímãs, é a atração mútua entre pólos magnéticos diferentes e a repulsão mútua entre pólos magnéticos idênticos. (b) Entre um campo magnético e uma partícula em movimento, é a força defletora devido ao movimento da partícula: a força é perpendicular às linhas de campo magnético e à direção do movimento. Ela é máxima quando a partícula carregada se move perpendicularmente às linhas de campo, e mínima (nula), quando a partícula se move paralelamente às linhas de campo.

força normal Componente da força de apoio que é perpendicular a uma superfície de sustentação. Para um objeto em repouso sobre uma superfície horizontal, é a força orientada de baixo para cima que equilibra o peso do objeto.

força nuclear Força atrativa no interior do núcleo que mantém juntos prótons e nêutrons. Parte da força nuclear é chamada de interação forte. A interação forte é uma força atrativa entre prótons, nêutrons e mésons (outra partícula nuclear); ela atua, entretanto, apenas a curtas distâncias (10^{-15} metros). A interação fraca é a outra força nuclear, responsável pelo decaimento beta (emissão de elétrons).

força resultante A combinação de todas as forças exercidas sobre um objeto.

fórmula química Descrição que usa números e símbolos de elementos para informar as proporções dos mesmos em um composto ou em uma reação.

fosforescência Tipo de emissão de luz igual à fluorescência exceto por um retardo entre a excitação e o retorno ao estado não-excitado, do que resulta um brilho prolongado. O retardo é causado por átomos que foram excitados para níveis de energia dos quais não decaem imediatamente. O brilho prolongado pode durar de frações de segundo a horas, ou mesmo dias, dependendo de fatores como o tipo de material e sua temperatura.

fósforo Material na forma de pó igual ao que é aplicado na superfície interna de um tubo de luz fosforescente, que absorve fótons de ultravioleta e, depois, emite luz visível.

fóton Corpúsculo de radiação eletromagnética localizada cuja energia é proporcional à freqüência da radiação: $E \sim f$, ou $E = hf$, onde h é a constante de Planck.

fóvea Área da retina que é o centro do campo de visão; região onde a visão é mais nítida.

frente de onda Crista, ventre ou qualquer porção contínua de uma onda bidimensional ou tridimensional em que as vibrações são idênticas em um instante qualquer.

freqüência Para um corpo ou meio vibrante, o número de vibrações por unidade de tempo. Para uma onda, o número de cristas que passam por um determinado ponto por unidade de tempo. A freqüência é medida em hertz.

freqüência de rotação Número de rotações ou de revoluções efetuadas por unidade de tempo; medida normalmente em rotações ou revoluções por segundo ou por minuto.

freqüência fundamental Veja *componente de freqüência.*

freqüência natural Freqüência com a qual um objeto elástico vibra espontaneamente se for perturbado e, em seguida, a força perturbadora for removida.

fulcro O pivô de uma alavanca.

fusão Mudança de fase de sólido para líquido; o contrário de congelamento. A fusão é um processo diferente da dissolução, na qual um sólido é adicionado a um líquido e nele se dissolve.

fusão nuclear Combinação de núcleos atômicos leves, como os do hidrogênio, em núcleos mais pesados, acompanhada da liberação de muita energia. Veja também *fusão termonuclear.*

fusão termonuclear Fusão nuclear induzida por temperaturas extremamente altas; em outras palavras, o amálgama de núcleos atômicos devido à alta temperatura

fusível Dispositivo de um circuito elétrico que interrompe a corrente quando ela atinge um valor suficientemente alto para haver risco de incêndio.

g (a) Abreviatura para *grama.* (b) Quando escrito com minúscula e em itálico, *g*, trata-se do símbolo para a aceleração devido à gravidade (na superfície da Terra, igual a 9,8 m/s^2). (c) Quando escrita com minúscula e em negrito, **g**, representa o vetor campo gravitacional da Terra (na superfície terrestre, igual a 9,8 N/Kg). (d) Quando escrito com maiúscula e em itálico, *G*, trata-se do símbolo da *constante universal da gravitação* (igual a $6{,}67 \times 10^{-11}$ N m^2 / kg^2).

galvanômetro Instrumento usado para detectar corrente elétrica. Com uma combinação apropriada de resistores, pode ser transformado em um amperímetro ou em um voltímetro. Um amperímetro é calibrado para medir corrente elétrica. Um voltímetro é calibrado para medir potencial elétrico.

gás Fase da matéria além da fase líquida, em que as moléculas preenchem completamente o espaço disponível sem adquirir uma forma definitiva.

geodésica O caminho mais curto entre dois pontos de qualquer superfície.

gerador Máquina que produz corrente elétrica, geralmente pela rotação de uma bobina dentro de um campo magnético estacionário.

gerador magnetohidrodinâmico (MHD) Dispositivo que gera energia elétrica por meio da interação de um plasma com um campo magnético.

grama (g) Uma unidade métrica de massa. Corresponde a um milésimo de um quilograma.

grandeza escalar Em física, grandezas tais como massa, volume e tempo, que podem ser completamente especificadas por seu valor ou magnitude, mas que não possuem direção e sentido.

grandeza vetorial Em física, uma grandeza que possui tanto módulo quanto orientação. Alguns exemplos são: força, velocidade, aceleração, torque, campo elétrico e campo magnético.

gravitação Atração entre objetos devido às suas massas. Veja também *lei da gravitação universal* e *constante da gravitação universal.*

grupo Os elementos de uma mesma coluna da tabela periódica.

h (a) Abreviatura para hora. (b) Quando escrito em itálico, *h*, é o símbolo da *constante de Planck.*

hádron Partícula elementar que pode participar de interações nucleares fortes.

harmônico Veja *componente de freqüência.*

hertz (Hz) Unidade de freqüência do SI. Um hertz corresponde a uma vibração por segundo.

hipótese Uma hipótese culta; uma explicação razoável para uma observação ou um resultado experimental que não é aceito como factual até que seja testado inúmeras vezes em experimentos.

holograma Padrão de interferência microscópica bidimensional que mostra imagens óticas tridimensionais.

Hz Abreviatura para *hertz.*

ímã Qualquer objeto que possua propriedades magnéticas, que é a habilidade de atrair objetos feitos de ferro e outras substâncias magnéticas. Veja também *eletroímã* e *força magnética.*

imagem real Imagem formada por raios de luz que convergem para a localização da imagem. Diferentemente de uma imagem virtual, uma imagem real pode ser projetada sobre uma tela.

imagem virtual Imagem formada por raios de luz que, de fato, não convergem para a localização da imagem. Espelhos, lentes convergentes usadas como lentes de aumento e lentes divergentes, todos produzem imagens virtuais. A imagem virtual pode ser vista por um observador, mas não pode ser projetada sobre uma tela.

imponderabilidade Condição de queda livre em direção ao centro da Terra ou ao seu redor, em que um objeto não experimenta força de sustentação (e não exerce força alguma sobre uma balança).

impulso Produto da força pelo intervalo de tempo durante o qual ela é exercida. O impulso produz uma variação no momentum.

$$\text{Impulso} = F\,t = \Delta(mv)$$

incandescência Estado de brilho em altas temperaturas, causado pelos elétrons que se agitam com amplitudes maiores do que os tamanhos dos átomos, emitindo energia radiante no processo. A freqüência de pico para a energia radiante é proporcional à temperatura absoluta da substância aquecida:

$$\bar{f} \sim T$$

índice de refração (n) A razão entre o valor da velocidade de propagação da luz no vácuo e o de sua velocidade de propagação em um determinado meio material.

$$n = \frac{\text{velocidade da luz no vácuo}}{\text{velocidade da luz no material}}$$

indução Eletrização de um objeto sem haver contato direto. Veja também *indução eletromagnética.*

indução eletromagnética Fenômeno de indução de uma voltagem em um condutor por meio de variações do campo magnético próximo ao mesmo. Se, por uma razão qualquer, o campo magnético dentro de um caminho fechado for alterado, uma voltagem será induzida ao longo do caminho. A indução da voltagem é resultado de um fenômeno mais fundamental: a indução de um campo elétrico. Veja também *lei de Faraday.*

induzido (a) Termo aplicado à carga elétrica que é redistribuída sobre um objeto devido à aproximação de um objeto eletrizado. (b) Termo aplicado a uma voltagem, a um campo elétrico ou a um campo magnético criado pela variação de um campo elétrico ou magnético, respectivamente, ou pela movimentação através deste.

inelástico Termo aplicado a um material que não retorna à sua forma original depois de esticado ou comprimido.

inércia Espécie de relutância, ou resistência aparente, que um objeto oferece a alterações em seu estado de movimento. A massa é a medida da inércia.

inércia rotacional Relutância ou resistência aparente de um objeto a mudanças em seu estado de rotação, determinada pela distribuição de massa do objeto e pela localização do eixo de rotação ou de revolução.

infra-sônico Termo aplicado ao som de freqüência inferior a 20 hertz, que é o limite inferior normal de audibilidade humana.

infravermelho Ondas eletromagnéticas de freqüências mais baixas do que as da luz vermelha visível.

intensidade Potência por metro quadrado de uma onda sonora, freqüentemente medida em decibéis.

interação forte Força com que os núcleons se atraem no interior de um núcleo; uma força que é muito forte a curtas distâncias, mas que decresce rapidamente com o aumento da distância. Veja também *força nuclear.*

interação fraca Veja *força nuclear e força fraca.*

interferência O resultado da superposição de diferentes ondas, geralmente de mesmo comprimento de onda. A interferência construtiva resulta do reforço crista a crista; a interferência destrutiva resulta do cancelamento crista com ventre. A interferência entre comprimentos de onda selecionados de luz produz cores conhecidas como cores de interferência. Veja também *interferência construtiva, interferência destrutiva, padrão de interferência* e *onda estacionária.*

interferência construtiva Combinação em que duas ou mais ondas se superpõem para produzir uma onda com amplitude maior. Veja também *interferência.*

interferência destrutiva Combinação de ondas na qual as cristas de uma onda se superpõem aos ventres da outra, resultando uma onda com pequena amplitude. Veja também *interferência.*

interruptor de circuito Num circuito elétrico, dispositivo que interrompe o circuito quando a corrente se torna alta o suficiente para causar incêndios.

inversamente Quando duas grandezas variam em direções opostas, de forma que se uma aumenta, a outra diminui pela mesma quantidade, elas são ditas ser inversamente proporcionais entre si.

inversão dos pólos magnéticos Quando o campo magnético de um corpo celeste inverte seus pólos, isto é, no local onde havia um pólo magnético norte passa a existir um pólo magnético sul, e vice-versa.

inversão térmica Condição na qual a convecção ascendente do ar é interrompida, às vezes por causa de uma região superior da atmosfera que está mais quente que a região abaixo dela.

íon Átomo (ou grupo de átomos ligados entre si) com uma carga elétrica líquida, devido à perda ou ao ganho de elétrons. Um íon positivo tem uma carga líquida positiva. Um íon negativo, uma carga líquida negativa.

ionização Processo de agregar ou remover elétrons de um átomo.

iridescência Fenômeno em que a interferência de ondas luminosas de freqüências mistas, refletidas entre as partes inferior e superior de uma película delgada, produz uma miríade de cores.

íris Parte colorida do olho que rodeia a abertura escura pela qual passa a luz. A íris controla a quantidade de luz que entra no olho.

isolante (a) Material através do qual é difícil haver condução de calor, tornando lenta a transferência de calor. (b) Material através do qual é difícil haver condução de eletricidade.

isótopos Átomos cujos núcleos possuem o mesmo número de prótons, mas diferentes números de nêutrons.

J Abreviatura de *joule.*

Joule (J) Unidade de trabalho e de todas as formas de energia do SI. Realiza-se um joule de trabalho quando se exerce uma força de um newton sobre um objeto que se desloca um metro no sentido da força.

K (a) Abreviatura para kelvin. (b) Quando em minúscula, k, trata-se da abreviatura para o prefixo quilo-. (c) Quando em minúscula e em itálico, *k*, trata-se do símbolo da constante eletrostática de proporcionalidade na lei de Coulomb, que vale aproximadamente 9×10^9 N.m^2/C^2. (d) Quando em minúscula e em itálico, *k*, trata-se do símbolo da constante elástica na lei de Hooke.

kcal Abreviatura para *quilocaloria.*

kelvin Unidade de temperatura do SI. Uma temperatura medida em kelvins (símbolo K) indica o número de unidades acima do zero absoluto. As divisões das escalas Kelvin e Celsius são de mesmo tamanho, de modo que uma variação térmica de um kelvin é igual a uma variação térmica de um grau Celsius.

kg Abreviatura de *quilograma.*

km Abreviatura de *quilômetro.*

kPa Abreviatura de *quilopascal.* Veja *pascal.*

kWh Abreviatura de *quilowatt-hora.*

L Abreviatura de *litro.* (Em alguns livros didáticos se usa a letra minúscula l.)

lâmina bimetálica Duas lâminas de metais diferentes, soldadas ou rebitadas juntas. Uma vez que as duas substâncias se expandem a taxas diferentes quando aquecidas ou resfriadas, a fita se dobra; usada em termostatos.

laser Instrumento ótico que produz um feixe de luz coerente – isto é, luz formada por ondas de mesma freqüência, mesma fase e mesma direção. A palavra é uma sigla para *light amplification by stimulated emission of radiation* (amplificação da luz por emissão estimulada de radiação).

lei Uma hipótese ou afirmação geral acerca da relação entre grandezas naturais que tem sido testada muitas e muitas vezes, sem nunca ter sido contradita. Também conhecida como *princípio.*

lei da gravitação universal Para qualquer par de partículas, cada uma delas atrai a outra com uma força diretamente proporcional ao produto de suas massas e inversamente proporcional ao quadrado da distância entre elas (ou entre seus centros de massa, se forem objetos esféricos), onde F é a força, m é a massa, d é a distância e G é a constante universal da gravitação:

$$F \sim \frac{m_1 m_2}{d^2} \quad ou \quad F = G\frac{m_1 m_2}{d^2}$$

lei da inércia Veja *leis de Newton do movimento, Lei 1.*

lei da reflexão O ângulo de incidência de uma onda sobre uma superfície é sempre igual ao ângulo de reflexão. Isto é verdadeiro para ondas parcialmente refletidas e totalmente refletidas. Veja também *ângulo de incidência* e *ângulo de reflexão.*

lei de Boyle Para uma determinada massa de gás confinado e mantido a uma temperatura fixa, o produto da pressão e do volume é uma constante, independentemente das mudanças que ocorrem individualmente na pressão e no volume.

$$P_1V_1 = P_2V_2$$

lei de Coulomb Relação entre a força elétrica, as cargas e a distância entre elas: a força elétrica entre duas cargas varia diretamente com o produto das cargas (q), e inversamente com o quadrado da distância entre as mesmas. (k é a constante de proporcionalidade, igual a 9×10^9 N.m^2/C^2) Se as cargas são de mesmo sinal, a força é repulsiva; se as cargas têm sinais opostos, a força é atrativa.

$$F = k\frac{q_1 q_2}{d^2}$$

lei de Faraday A voltagem induzida em uma bobina é proporcional ao número de espiras da mesma e à taxa segundo a qual varia o campo magnético, em função do tempo, no interior das espiras. Em geral, um campo elétrico é induzido em qualquer região do espaço onde o campo magnético esteja variando com o tempo. A intensidade do campo elétrico induzido é proporcional à taxa com a qual varia o campo magnético. Veja também *contraparte de Maxwell à lei de Faraday.*

$$\text{voltagem induzida} \sim \text{número de espiras} \times \frac{\text{variação do campo magnético}}{\text{intervalo de tempo}}$$

lei de Hooke A distância segundo a qual um material elástico é esticado ou esmagado (tensionado ou comprimido) é diretamente proporcional à força exercida. Se Δx representa a variação no comprimento, e k é a constante elástica da mola, então

$$F = k\,\Delta x$$

lei de Newton do resfriamento A taxa de resfriamento de um objeto – seja por condução, por convecção ou por irradiação – é aproximadamente proporcional à diferença de temperatura entre o objeto e sua vizinhança.

lei de Ohm Em um circuito, a corrente é diretamente proporcional à voltagem aplicada através do mesmo e inversamente proporcional à resistência do circuito.

$$\text{Corrente} = \frac{\text{voltagem}}{\text{resistência}}$$

lei do inverso do quadrado A lei que relaciona a intensidade de um efeito com o inverso da distância ao quadrado. Gravidade, eletricidade, magnetismo, luz, som e fenômenos radiantes seguem a lei do inverso do quadrado.

$$\text{intensidade} \sim \frac{1}{\text{distância}^2}$$

leis de Kepler

Lei 1: Cada planeta se move em uma órbita elíptica, tendo o Sol como um dos focos.

Lei 2: O segmento de reta que vai do Sol até cada planeta descreve áreas iguais em intervalos de tempo iguais.

Lei 3: Os quadrados dos tempos de revolução dos planetas são proporcionais aos cubos de suas distâncias médias até o Sol ($T^2 \sim R^3$ para todos os planetas).

leis de Newton do movimento

Lei 1: Todo corpo se mantém em seu estado de repouso ou de movimento em linha reta com rapidez constante, a menos que seja forçado a mudar este estado por uma força resultante exercida sobre si. Também conhecida como lei da inércia.

Lei 2: A aceleração produzida pela força resultante exercida sobre um corpo é diretamente proporcional ao módulo da força resultante, possui a mesma orientação e sentido dela e é inversamente proporcional à massa do objeto.

Lei 3: Sempre que um corpo exercer uma força sobre um segundo corpo, este exercerá uma força de mesmo módulo, mas de orientação contrária, sobre o primeiro.

lente Pedaço de vidro ou de outro material transparente capaz de direcionar a luz para um foco.

lente convergente Lente que é mais espessa em sua parte central do que nas bordas e que desvia raios paralelos de luz para o seu foco. Veja também *lente divergente.*

lente divergente Lente mais estreita no meio do que nas bordas, fazendo com que raios de luz paralelos, ao atravessarem-na, se tornem divergentes, como se tivessem vindo de um mesmo ponto. Veja também *lente convergente.*

lente objetiva Em um dispositivo ótico que usa lentes como componentes, trata-se da lente mais próxima ao objeto observado.

lentes acromáticas Veja *aberração cromática.*

lépton Classe de partículas elementares que não estão envolvidas com a força nuclear. Ela inclui o elétron e seu neutrino, o múon e seu neutrino e o tau e seu neutrino.

liga Mistura sólida composta de dois ou mais metais ou de um metal com um não-metal.

ligação atômica O vínculo entre os átomos que formam estruturas maiores, tais como moléculas e sólidos.

limite elástico Distância de distensão ou de compressão além da qual um material elástico não mais retorna ao seu estado original.

linha de corrente Trajetória suave de uma pequena porção de um fluido em escoamento estacionário.

linhas de absorção Linhas escuras que aparecem em um espectro de absorção. O padrão formado pelas linhas é único para cada elemento.

linhas de campo magnético Linhas que revelam a forma do campo magnético. Uma bússola colocada sobre essa linha girará até que sua agulha fique paralela à linha.

linhas de Fraunhofer Linhas escuras visíveis no espectro do Sol ou de uma estrela.

linhas espectrais Linhas coloridas que se formam quando a luz atravessa uma fenda, e, logo após, um prisma ou uma rede de difração, geralmente no interior de um espectroscópio. O padrão de linhas é único para cada elemento.

líquido Fase da matéria intermediária às fases sólida e gasosa, na qual a matéria possui um volume definido, mas não uma forma definida: ela adquire a forma de seu recipiente.

litro (L) Unidade métrica de volume. Um litro é igual a 1000 cm^3.

logarítmico Exponencial.

luz Parte visível do espectro eletromagnético.

luz branca Luz, como a do Sol, que é uma combinação de todas as cores. Sob luz branca, os objetos brancos aparecem como brancos, e os coloridos aparecem com suas próprias cores.

luz coerente Luz de uma única freqüência em que todos os fótons estão exatamente em fase e movendo-se no mesmo sentido. Lasers produzem luz coerente. Veja também *luz incoerente* e *laser.*

luz incoerente Luz formada por uma mistura de ondas de freqüências diferentes, fases diferentes e, possivelmente, direções também diferentes. Veja também *luz coerente* e *laser*.

luz monocromática Luz de uma única cor, formada somente por ondas de mesmo comprimento de onda e, portanto, de mesma freqüência.

luz visível A parte do espectro eletromagnético que o olho humano pode enxergar.

m (a) Abreviatura de *metro*. (b) Quando em itálico, *m*, abreviatura de *massa*.

magnetismo Propriedade de ser capaz de atrair objetos feitos de ferro, aço ou magnetita. Veja também *eletroímã* e *força magnética*.

máquina Dispositivo para aumentar (ou diminuir) uma força, ou para simplesmente mudar sua direção.

máquina térmica Dispositivo que usa calor como entrada e fornece trabalho mecânico como saída, ou que usa trabalho como entrada e transfere calor "para cima", ou seja, de uma região mais fria para outra mais quente.

maré de quadratura Maré que ocorre quando a Lua está a meio caminho entre a lua nova e a lua cheia, nas duas posições possíveis. As marés devido à Lua e ao Sol cancelam-se parcialmente, de modo que a preamar resultante será mais baixa do que a média, e a baixa-mar será maior do que a média. Veja também *maré de sizígia.*

maré de sizígia Preamar ou baixa-mar que ocorre quando o Sol, a Terra e a Lua estão alinhados, de modo que as marés produzidas pela Lua e pelo Sol coincidem, resultando em preamares mais altas do que a média, e em baixa-mares mais baixas do que a média. Veja também *maré de quadratura.*

massa (*m*) Quantidade de matéria de um objeto; a medida da inércia ou resistência que um objeto oferece a qualquer esforço realizado para iniciar seu movimento, ou para pará-lo ou para alterar, de uma maneira qualquer, seu estado de movimento; uma forma de energia.

massa crítica Massa mínima de material físsil capaz de sustentar uma reação nuclear em um reator ou em uma bomba nuclear. Uma massa subcrítica é aquela para a qual a reação em cadeia se extingue. Uma massa supercrítica é aquela para a qual a reação em cadeia evolui explosivamente.

massa subcrítica Veja *massa crítica.*

massa supercrítica Veja *massa crítica.*

matéria escura Matéria invisível e não-identificada, evidenciada pela sua atração gravitacional sobre as estrelas nas galáxias – e que abrange talvez 90% da massa do universo.

mecânica quântica Ramo da física relacionado ao submundo atômico baseado em funções de onda e probabilidades, introduzido por Max Planck (1900) e desenvolvido por Werner Heisenberg (1925), Erwin Schrödinger (1926) e outros.

mega- Prefixo que significa milhão, como em megahertz ou megajoule.

meia-vida Tempo necessário para que a metade dos átomos de um isótopo de um elemento radioativo sofra decaimento. Este termo também é usado para descrever processos de decaimento em geral.

méson Partícula elementar com peso atômico nulo; participa da interação forte.

método científico Método sistemático para obter, organizar e aplicar novos conhecimentos.

metro (m) Unidade padrão de comprimento do SI (igual a 3,28 pés).

MeV Abreviatura para milhão de elétron-volts; trata-se de uma unidade de energia ou, de forma equivalente, de massa.

MHD Abreviatura de *magnetohidrodinâmica*.

mi Abreviatura de milha.

microondas Ondas eletromagnéticas de freqüências maiores do que as das ondas de rádio, porém menores do que as das ondas infravermelhas.

microscópio Instrumento ótico que forma imagens ampliadas de objetos muito pequenos.

min Abreviatura de minuto.

miragem Falsa imagem que aparece à distância devido à refração da luz na atmosfera terrestre.

mistura Substâncias misturadas sem que se combinem quimicamente.

MJ Abreviatura de megajoules; um milhão de *joules*.

modelo Representação de uma idéia, criado para torná-la mais compreensível.

modelo de camadas do átomo Modelo em que os elétrons de um átomo são visualizados como agrupados em camadas concêntricas ao redor do núcleo.

modulação Imprimir um sinal ondulatório a uma onda portadora de freqüência mais alta, sendo modulação em amplitude (AM) quando o sinal modifica a amplitude dos sinais, e modulação em freqüência (FM) quando o sinal modifica a freqüência dos sinais.

modulação em amplitude (AM) Tipo de modulação em que a amplitude da onda portadora varia acima ou abaixo de seu valor normal por uma quantidade que é proporcional à amplitude do sinal aplicado.

modulação em freqüência (FM) Tipo de modulação em que a freqüência da onda portadora varia acima ou abaixo de seu valor normal proporcionalmente à amplitude do sinal aplicado. Neste caso, a amplitude da onda portadora modulada mantém-se constante.

molécula Dois ou mais átomos de elementos idênticos ou diferentes ligados entre si para formar uma partícula maior.

momentum Inércia em movimento. É o produto da massa pela velocidade de um objeto (desde que o valor de sua velocidade seja muito menor do que o da velocidade de propagação da luz). Possui módulo e orientação, sendo, portanto, uma grandeza vetorial. Também chamado de momentum linear, é abreviado por p.

$$p = mv$$

momentum angular Produto da inércia de rotação de um corpo por sua velocidade de rotação em torno de um determinado eixo. Para um corpo cujo tamanho é pequeno comparado com a distância radial até o eixo, é igual ao produto da massa pela velocidade e pela distância até o eixo de rotação.

$$\text{momentum angular} = mvr$$

momentum linear Produto da massa pela velocidade de um objeto. Também chamado de momentum. (Essa definição se aplica para velocidades muito menores que a da luz.)

monopolo magnético Partícula hipotética possuidora de um único pólo magnético, norte ou sul, análoga a uma carga elétrica negativa ou positiva.

movimento browniano Movimento aleatório de minúsculas partículas em suspensão em um gás ou um líquido, resultante do bombardeio das partículas pelas moléculas do gás ou líquido, que se movem rapidamente.

movimento harmônico simples Movimento vibratório e periódico, como o de um pêndulo, em que a força exercida sobre o corpo vibrante é proporcional ao afastamento em relação à sua posição central de equilíbrio, o qual aponta sempre para essa posição central de equilíbrio.

movimento linear Movimento ao longo de uma linha reta.

movimento não-linear Qualquer movimento que não ocorre sobre uma linha reta.

movimento oscilatório Movimento vibratório de vai-e-vem, como o de um pêndulo.

mudança de escala Estudo de como o tamanho afeta o relacionamento entre peso, resistência e área superficial.

múon Partícula elementar da classe dos léptons. Tem uma vida curta e uma massa 207 vezes maior do que a do elétron; pode ser positiva ou negativamente carregada.

música Cientificamente falando, o som de tons periódicos, que aparece num osciloscópio como um padrão regular.

N Abreviatura de *newton*

nanômetro Unidade métrica de comprimento que vale 10^{-9} metros (um bilionésimo de metro)

neutrino Partícula elementar da classe dos léptons. Ela é neutra e quase sem massa; há três tipos de neutrinos – o neutrino do elétron, o do múon e o da partícula tau, que são o tipo mais comum de partículas relativísticas no universo. A cada segundo, mais de um bilhão de neutrinos passam despercebidas através de uma pessoa.

nêutron Partícula elementar neutra, um dos dois tipos de núcleons que formam um núcleo atômico.

newton (N) Unidade do SI para força. Um newton é a força aplicada a um quilograma de massa que produz uma aceleração de um metro por segundo a cada segundo.

nó (ou nodo) Qualquer parte de uma onda estacionária que permanece em repouso; uma região de energia mínima ou nula.

normal Em ângulo reto ou perpendicular. Uma força normal aparece formando um ângulo reto com a superfície sobre a qual ela é exercida. Em ótica, uma normal define a linha perpendicular à superfície de incidência, em relação à qual são medidos os ângulos de um raio de luz.

núcleo Centro positivamente carregado de um átomo, contendo prótons e nêutrons e quase toda a massa do átomo, mas que ocupa somente uma pequena fração de seu volume.

núcleon Principal bloco constituinte dos núcleos. Um nêutron ou um próton; trata-se, portanto, de um nome coletivo para ambos.

número atômico Número associado a cada átomo, igual ao número de prótons no núcleo ou, de forma equivalente, ao número de elétrons na nuvem eletrônica de um átomo neutro.

número de avogadro Número igual a $6{,}02 \times 10^{23}$ moléculas.

número de Mach Razão entre o valor da velocidade de um objeto e o valor da velocidade de propagação do som naquele meio. Por exemplo, uma nave que se mova com a velocidade do som é classificada como Mach 1,0; com *duas* vezes a velocidade do som, Mach 2,0.

número de massa atômica Número associado com um átomo, igual ao número de núcleons (prótons mais nêutrons) existentes no núcleo.

ocular Lente do telescópio que fica localizada mais próxima ao olho; ela amplia a imagem real formada pela primeira lente.

ohm (Ω) Unidade do SI para resistência elétrica. Um ohm é a resistência de um dispositivo que é percorrido por uma corrente de um ampère quando a voltagem aplicada através dele é igual a um volt.

oitava Em música, o oitavo tom abaixo ou acima de um certo tom. O tom uma oitava acima efetua duas vezes mais vibrações por segundo que o tom original; o tom uma oitava abaixo efetua duas vezes menos vibrações por segundo que o original.

onda Uma "ondulação no espaço e no tempo"; uma perturbação que se repete regularmente no espaço e no tempo, transmitida de um lugar a outro sem que haja transporte líquido de matéria.

onda de choque Onda com a forma de um cone produzida por um objeto que se move com velocidade supersônica através de um fluido.

onda de proa Onda em forma de V, produzida na superfície de um líquido por um objeto que se move mais rápido do que a própria onda ao se propagar no líquido.

onda eletromagnética Onda portadora de energia emitida por cargas oscilantes (normalmente elétrons), composta por um campo elétrico e um campo magnético oscilantes em que um gera o outro. Ondas de rádio, microondas, radiação infravermelha, luz, radiação ultravioleta, raios X e raios gama são todos compostos por ondas eletromagnéticas.

onda estacionária Padrão de onda estacionária formado em um meio quando duas ondas idênticas o atravessam em sentidos opostos. A onda resultante parece não estar se propagando.

onda gravitacional Perturbação gravitacional produzida por um objeto móvel que se propaga pelo espaço-tempo (ainda não detectada até este momento).

onda longitudinal Onda para a qual as partículas individuais do meio vibram para a frente e para trás ao longo da direção de propagação da onda – por exemplo, o som.

onda plano-polarizada Uma onda cujas vibrações sempre ocorrem em um mesmo plano.

onda portadora Onda de rádio de alta freqüência modificada por uma onda de baixa freqüência.

onda senoidal A mais simples das ondas, de uma única freqüência e com a forma de uma curva senoidal.

onda transversal Onda em que a vibração acontece numa direção perpendicular à direção de propagação da onda. A luz consiste de ondas transversais.

ondas de calor Veja *ondas infravermelhas.*

ondas de rádio Ondas eletromagnéticas de freqüências mais baixas.

ondas infravermelhas Ondas eletromagnéticas de freqüências mais baixas do que as da luz vermelha visível.

ondas materiais de de Broglie Todas as partículas possuem propriedades ondulatórias; na equação de de Broglie, o produto do momentum pelo comprimento de onda da onda material é igual à constante de Planck.

opaco Termo aplicado a materiais que absorvem luz sem reemiti-la, conseqüentemente impedindo a luz de atravessá-los.

órbita geoestacionária Órbita na qual um satélite orbita a Terra uma vez a cada dia. Quando se move para o oeste, o satélite permanece em um ponto fixo acima da superfície da Terra (a aproximadamente 42.000 Km de altura).

oscilação O mesmo que vibração: um movimento repetitivo de vai-e-vem em torno de uma posição de equilíbrio. Tanto vibração quanto oscilação se referem a um movimento periódico, isto é, um movimento que se repete.

oxidação Processo químico no qual um elemento ou molécula perde um ou mais elétrons.

ozônio Gás composto de moléculas formadas por três átomos de oxigênio, encontrado em uma fina camada da atmosfera superior. O oxigênio gasoso atmosférico é composto por moléculas de dois átomos de oxigênio.

Pa Abreviatura da unidade do SI *pascal.*

padrão de interferência Padrão formado pela superposição de duas ou mais ondas que chegam simultaneamente a uma região.

parábola Trajetória curva descrita por um projétil sobre o qual a única força exercida é a da gravidade.

paralaxe Deslocamento aparente de um objeto quando observado a partir de duas posições diferentes; muito usado para calcular as distâncias de estrelas.

partícula alfa Núcleo de um átomo de hélio, formado por dois nêutrons e dois prótons, ejetado por determinados núcleos radioativos.

partícula beta Elétron (ou pósitron) emitido durante o decaimento radioativo de certos núcleos.

partículas elementares Partículas subatômicas. São os blocos constituintes básicos de toda matéria, consistindo de duas classes de partículas, os quarks e os léptons.

pascal (Pa) Unidade do SI para pressão. Um pascal é a pressão exercida por uma força perpendicular de um newton sobre um metro quadrado. Um quilopascal (kPa) equivale a 1.000 pascais.

penumbra Sombra parcial numa região onde parte da luz incidente é bloqueada e parte consegue atingi-la. Veja também *sombra.*

percussão Para instrumentos musicais, a batida de um objeto contra outro.

perigeu O ponto de uma órbita elíptica que se encontra mais próximo do foco em torno do qual a órbita é descrita. Veja também *apogeu.*

período Em geral, o tempo requerido para completar um único ciclo. (a) Para um movimento orbital, o tempo requerido para completar uma órbita. (b) Para vibrações ou ondas, o tempo requerido para completar um ciclo, igual a 1/freqüência.

perturbação Desvio de um objeto orbitante (um planeta, por exemplo) de sua trajetória em torno de um centro de força (o Sol, por exemplo) devido à influência de um centro de força adicional (um outro planeta, por exemplo).

peso A força que um objeto exerce sobre a superfície que o sustenta (ou, se ele está suspenso, na corda de sustentação) – geralmente, mas nem sempre, devido à força da gravidade.

peso específico Veja *densidade.*

pigmento Partículas diminutas que absorvem seletivamente a luz de certas freqüências, enquanto transmitem outras.

plano focal Plano perpendicular ao eixo principal e que passa através de um ponto focal da lente ou do espelho. Para uma lente convergente ou para um espelho côncavo, quaisquer raios de luz paralelos incidentes convergem para um ponto localizado em algum lugar de um plano focal. Para uma lente divergente ou para um espelho convexo, os raios parecem provir de um ponto localizado sobre o plano focal.

plasma A quarta fase da matéria, além das fases sólida, líquida e gasosa. Na fase de plasma, existente principalmente a altas temperaturas, a matéria consiste de elétrons livres e de íons positivamente carregados.

polarização Alinhamento das vibrações de uma onda transversal, geralmente obtido por meio da eliminação das ondas que vibram em outras direções. Veja também *onda plano-polarizada* e *cristal birrefringente.*

polia Roda que atua como uma alavanca, usada para mudar a direção de uma força. Uma polia ou sistema de polias pode também amplificar forças.

polida Termo que descreve uma superfície tão lisa que a distância entre suas elevações sucessivas são menores do que aproximadamente um oitavo do comprimento de onda da luz ou de outra onda incidente de interesse. Como resultado, ocorre muito pouca reflexão difusa.

pólo magnético Uma das regiões de um ímã que produz forças magnéticas.

poluição térmica Calor indesejável expelido por uma máquina térmica ou por outra fonte qualquer.

ponto cego Área da retina onde todos os nervos que carregam informação visual deixam o olho e se dirigem para o cérebro; esta é uma região onde não há visão.

ponto focal Para uma lente convergente ou para um espelho côncavo, o ponto para o qual convergem raios de luz paralelos ao eixo principal. Para uma lente divergente ou para um espelho convexo, o ponto a partir do qual os raios parecem provir.

pósitron Anti partícula do elétron; um elétron carregado positivamente.

potência Taxa de realização de trabalho ou de transformação de energia, igual ao trabalho realizado ou à energia transformada, dividido pelo tempo; medida em watts.

$$\text{potência} = \frac{\text{trabalho}}{\text{tempo}}$$

potência elétrica Taxa de transferência de energia elétrica ou taxa de realização de trabalho, que pode ser medida pelo produto da voltagem pela corrente.

$$\text{potência} = \text{corrente} \times \text{voltagem}$$

potência solar Energia por unidade de tempo proveniente do Sol. Veja também *constante solar.*

potencial elétrico Energia potencial elétrica (em joules) por unidade de carga (em coulomb) em uma dada localização dentro de um campo elétrico; é medido em volts e freqüentemente chamado de voltagem.

$$\text{voltagem} = \frac{\text{energia elétrica}}{\text{carga}} = \frac{\text{joules}}{\text{coulomb}}$$

pressão Força por área superficial, em que a força é normal (perpendicular) à superfície; medida em pascals. Veja também *pressão atmosférica.*

$$\text{pressão} = \frac{\text{força}}{\text{área}}$$

pressão atmosférica Pressão exercida sobre corpos imersos na atmosfera, resultante do peso do ar que pressiona de cima para baixo. Ao nível do mar a pressão atmosférica vale aproximadamente 101 kPa.

princípio Hipótese geral ou afirmação sobre a relação entre quantidades naturais, já testada inúmeras vezes sem ter sido negada; também conhecido como lei.

princípio da combinação de Ritz Para um determinado elemento químico, as freqüências de algumas linhas espectrais são iguais à soma ou à diferença das freqüências de duas outras linhas do espectro do elemento.

princípio da correspondência Se uma nova teoria é válida, ela deve explicar os resultados comprovados de uma teoria mais antiga, no domínio em que as duas teorias se aplicam.

princípio da flutuação Um objeto flutuante desloca uma quantidade de fluido cujo peso é igual ao próprio peso do objeto.

princípio da incerteza Princípio formulado por Heisenberg, segundo o qual a constante de Planck, *h*, estabelece um limite à precisão das medidas realizadas ao nível atômico. De acordo com o princípio da incerteza, não é possível medir exatamente a posição e o momentum de uma partícula simultaneamente, nem a energia e o tempo associado com a partícula simultaneamente.

princípio da superposição Numa situação em que mais de uma onda ocupa o mesmo espaço no mesmo tempo, os deslocamentos se adicionam em cada ponto.

princípio de Arquimedes A relação entre o empuxo e o fluido deslocado: um objeto imerso flutua devido a uma força igual ao peso do fluido que ele desloca.

princípio de avogadro Volumes iguais de gases na mesma temperatura e na mesma pressão contêm o mesmo número de moléculas, $6{,}02 \times 10^{23}$, em cada mol (cuja massa, em gramas, é numericamente igual à massa molecular da substância expressa em unidades de massa atômica).

princípio de Bernoulli Quando a velocidade de um fluido aumenta, a pressão do mesmo diminui.

princípio de conversação do momentum Na ausência de uma força externa resultante, o momentum de um sistema mantém-se constante. Logo, o momentum anterior a um evento envolvendo somente forças internas é igual ao momentum posterior ao evento:

$$mv_{(\text{antes})} = mv_{(\text{após})}$$

princípio de Huygens As ondas de luz emitidas por uma fonte luminosa se espalham como se fossem formadas por uma superposição de minúsculas ondulações secundárias.

princípio de Pascal A variação de pressão em qualquer ponto de um fluido em repouso em um recipiente fechado é transmitida integralmente a todos os outros pontos e em todas direções do fluido.

prisma Sólido triangular feito de material transparente, tal como vidro, que decompõe a luz incidente por refração em suas cores componentes. O conjunto dessas cores componentes geralmente é chamado de espectro.

processo adiabático Processo, geralmente uma expansão ou uma compressão rápida, no qual nenhum calor entra ou sai de um sistema. Como resultado, um líquido ou um gás se resfria ao sofrer expansão e se aquece ao sofrer compressão.

projétil Qualquer objeto que se move através do ar ou do espaço sob influência apenas da gravidade (e da resistência do ar, se esta for considerada).

próton Partícula positivamente carregada que é um dos dois tipos de núcleons existentes no núcleo de um átomo.

pseudociência Falsa ciência que finge ser ciência verdadeira

pupila Abertura do globo ocular pela qual a luz entra no olho.

quantum (plural: quanta) Da palavra latina *quantus*, que significa "quanto", um quantum é a menor unidade elementar de uma quantidade, a menor quantidade discreta de alguma coisa. Um quantum de energia eletromagnética é chamado de fóton. Veja também *mecânica quântica* e *teoria quântica*.

quark Uma das duas classes de partículas elementares (a outra é a dos léptons). Dois dos seis quarks (*up e down*) são os blocos fundamentais de construção dos núcleons (prótons e nêutrons).

queda livre Movimento sob influência apenas da gravidade.

quilo- Prefixo que significa um milhar, como em quilowatt ou quilograma.

quilocaloria (kcal) Unidade de calor. Uma quilocaloria equivale a 1.000 calorias, ou a quantidade de calor requerida para aumentar em 1^0C a temperatura de um quilograma de água. Equivale a uma Caloria de alimento.

quilograma (kg) Unidade fundamental do SI para massa. É igual a 1.000 gramas. Um quilograma é, muito aproximadamente, a quantidade de massa existente em um litro de água a 4^0C.

quilômetro (km) Mil *metros*.

quilowatt (kW) Mil *watts*.

quilowatt-hora (kWh) Quantidade de energia consumida durante uma hora a uma taxa de 1 quilowatt.

rad Unidade usada para medir uma dose de radiação; a quantidade de energia (em centésimos de joule) de radiação ionizante absorvida por quilograma do material exposto.

radiação (a) Energia transmitida por ondas eletromagnéticas. (b) Partículas ejetadas por núcleos radioativos, como os do urânio. Não confundir radiação com radioatividade.

radiação alfa Feixe de partículas alfa (núcleos de hélio) ejetado por determinados núcleos radioativos.

radiação beta Feixe de partículas beta (elétrons ou pósitrons) emitido por certos núcleos radioativos.

radiação eletromagnética Transferência de energia por meio de oscilações rápidas de campos eletromagnéticos, que se propagam na forma de ondas denominadas ondas eletromagnéticas.

radiação terrestre Energia radiante emitida pela Terra.

radical livre Átomo ou fragmento molecular eletricamente neutro, não-ligado e quimicamente muito ativo.

radioatividade Processo em que núcleos atômicos emitem partículas energéticas. Veja *radiação*.

radioativo Termo aplicado a um átomo cujo núcleo é instável, que pode emitir espontaneamente uma partícula e tornar-se um núcleo de outro elemento.

radioterapia Uso de radiação como tratamento para destruir células cancerosas.

raio Feixe estreito de luz. Em diagramas óticos, também pode se referir às linhas traçadas para representar as trajetórias seguidas pela luz.

raio cósmico Uma das várias partículas que viajam em alta velocidade através do universo, originada em eventos violentos em estrelas.

raio gama Radiação eletromagnética de alta freqüência emitida por núcleos atômicos.

raios X Radiação eletromagnética, de freqüência maior do que a do ultravioleta, emitida por átomos nos quais elétrons de orbitais mais intsernos foram excitados.

rapidez Quão rapidamente algo se move; a distância que um objeto percorre por unidade de tempo; o valor absoluto ou módulo da velocidade. Veja também *rapidez média*, *rapidez linear* e *rapidez tangencial*.

$$\text{rapidez} = \frac{\text{distância}}{\text{tempo}}$$

rapidez da onda Rapidez com a qual uma onda atravessa um ponto dado.

$$\text{rapidez da onda} = \text{comprimento de onda} \times \text{freqüência}$$

rapidez instantânea A rapidez em cada instante.*

rapidez linear Distância percorrida sobre a trajetória por unidade de tempo. Também chamada simplesmente de rapidez ou velocidade escalar.

rapidez média Distância percorrida dividida pelo intervalo de tempo.

$$\text{rapidez média} = \frac{\text{distância total percorrida}}{\text{intervalo de tempo}}$$

rapidez tangencial Rapidez linear ao longo de uma trajetória curva.

rapidez terminal Rapidez atingida por um objeto na qual as forças de resistência, geralmente a resistência do ar, contrabalança as forças motrizes de modo que o movimento ocorre sem aceleração.

rarefação Região de uma onda longitudinal onde a pressão é reduzida.

reação em cadeia Reação auto-sustentada que, uma vez iniciada, fornece constantemente a energia e a matéria necessárias para manter a reação.

reação química Processo de redistribuição de átomos que transforma uma molécula em outra.

reator nuclear Aparato onde ocorrem reações nucleares controladas de fusão ou de fissão.

reator regenerador Reator nuclear de fissão que produz não apenas energia, mas também mais combustível nuclear do que

* N. de T.: Também muito conhecida no Brasil como velocidade escalar instantânea.

consome, convertendo um isótopo não-físsil de urânio em um isótopo físsil de plutônio. Veja também *reator nuclear.*

rede de difração Série de fendas ou sulcos paralelos e muito próximos entre si, usada para decompor as cores da luz por meio da interferência.

reflexão Retorno dos raios de luz a partir de uma superfície de modo que o ângulo em que um dado raio retorna é igual ao ângulo com que ele incide na superfície. Quando a superfície refletora é irregular, a luz retorna em direções irregulares; trata-se da *reflexão difusa.* Em geral, o ricochetear de uma partícula ou onda que vai de encontro à fronteira entre dois meios.

reflexão difusa Reflexão de uma onda em muitas direções a partir de uma superfície rugosa. Veja também *polida.*

reflexão interna total Reflexão de 100% (sem qualquer transmissão) da luz que incide na fronteira entre dois meios com um ângulo maior do que o ângulo crítico.

refração Desvio de um raio de luz oblíquo ao passar de um meio transparente para outro. É causado pela diferença entre os valores de velocidade da luz em um meio transparente e no outro. Em geral, a mudança de direção de uma onda ao atravessar a fronteira entre dois meios nos quais os valores da velocidade de propagação da onda não são os mesmos.

regelo Processo de fusão sob pressão e subseqüente recongelamento quando a pressão é removida.

relação entre impulso e momentum O impulso é igual à variação do momentum de um objeto sobre o qual o impulso é exercido. Em notação matemática,

$$Ft = \Delta\, mv$$

relativo Considerado em relação a alguma outra coisa; que depende do ponto de vista ou do sistema de referência considerado. Algumas vezes substituído por "com respeito a".

relaxação Veja *excitação.*

rem Sigla para ***r**oentgen **e**quivalent **m**an,* é uma unidade usada para medir o efeito da radiação ionizante sobre os seres humanos.

rendimento Para uma máquina, a razão entre a quantidade de energia útil por ela fornecida na saída e o total de energia que lhe foi fornecida na entrada, ou o percentual do trabalho fornecido a ela que é convertido em trabalho útil na saída.

$$\text{Rendimento} = \frac{\text{energia útil fornecida}}{\text{energia útil consumida}}$$

rendimento ideal Limite superior de eficiência para todas as máquinas térmicas; depende da diferença de temperatura entre as fontes quente e fria.

$$\text{rendimento ideal} = \frac{T_{\text{quente}}\ T_{\text{frio}}}{T_{\text{quente}}}$$

resistência do ar Atrito, ou arraste, exercido sobre algo que se move através do ar.

resistência elétrica Resistência que um material oferece ao fluxo de carga elétrica; é medida em ohms (símbolo Ω).

resistor Num circuito elétrico, um dispositivo projetado para oferecer resistência ao fluxo de carga.

resolução (a) Método de decompor um vetor em suas partes componentes. (b) Capacidade de um sistema óptico tornar nítidas ou distinguir as diversas partes de um objeto visualizado.

ressonância Fenômeno que ocorre quando a freqüência das vibrações forçadas de um objeto é igual à freqüência natural do mesmo, do que resulta um crescimento significativo da amplitude.

resultante O resultado líquido de uma combinação de dois ou mais vetores.

retina Camada de tecido sensível à luz que reveste a parte interna posterior do olho, formada por pequenas antenas sensíveis à luz, chamadas de cones e de bastonetes. Os bastonetes são sensíveis à luz e à escuridão, e os cones, às cores.

reverberação Persistência de um som, como em um eco, devido a múltiplas reflexões por ele sofridas.

revolução Movimento de um objeto em torno de um eixo situado fora do objeto.

rotação Movimento giratório que ocorre quando um objeto gira ao redor de um eixo localizado no interior do objeto (geralmente um eixo que passa pelo seu centro de massa).

rotor Parte de um motor ou gerador elétrico onde é produzida uma força eletromotriz. Normalmente uma parte que pode girar.

RPM Abreviatura de rotações ou revoluções por minuto

ruído Cientificamente falando, o som correspondente a uma vibração irregular do tímpano, produzido por alguma vibração irregular, que aparece no osciloscópio como um padrão irregular.

s Abreviatura de segundo.

satélite Projétil ou corpo celeste que orbita um corpo celeste maior.

saturado Termo aplicado a uma substância, tal como o ar, que contém a máxima quantidade possível de outra substância, tal como vapor dágua, a uma dada temperatura e pressão.

semicondutor Dispositivo feito de material que não apenas possui propriedades intermediárias entre um condutor e um isolante, mas uma resistência que muda abruptamente quando outras condições se alteram, tais como temperatura, a voltagem e o campo elétrico ou magnético.

SI Abreviatura de Sistema Internacional, um sistema internacional de unidades métricas de medidas aceito e usado por cientistas através do mundo. Veja o Apêndice A para mais detalhes.

sinal analógico Sinal baseado em uma variável contínua, em oposição a um sinal digital constituído de valores discretos.

sinal digital Sinal formado por grandezas ou sinais discretos, em oposição a um sinal analógico baseado em um sinal contínuo.

sistema de referência inercial Ponto de vista não-acelerado em relação ao qual as leis de Newton se aplicam exatamente.

sistema de referência Ponto de vista (geralmente um conjunto de eixos de coordenadas) em relação ao qual se pode descrever a posição ou o movimento.

sobretom Termo musical onde o primeiro sobretom é o segundo harmônico. Veja também *componente de freqüência.*

sólida Fase da matéria caracterizada por forma e volume bem-definidos.

solidificação Tornar-se sólido, como no congelamento ou no endurecimento do concreto.

som Fenômeno ondulatório longitudinal que consiste em sucessivas compressões e rarefações do meio através do qual a onda se propaga.

sombra Região escura que surge quando os raios de luz são bloqueados por um objeto.

sublimação Passagem direta de uma substância do estado sólido para o de vapor, ou vice-versa, sem passar pelo estado líquido.

supercondutor Material condutor perfeito que apresenta resistência nula ao fluxo de carga elétrica.

supersônico Que viaja com velocidade maior que a do som.

sustentação Em aplicações do princípio de Bernoulli, a força resultante ascendente, produzida pela diferença entre as pressões acima e abaixo de um corpo. Quando a sustentação se iguala ao peso, torna-se possível o vôo horizontal.

tabela periódica Tabela que dispõe os elementos de acordo com seus números atômicos e com suas distribuições eletrônicas, de modo que os elementos com propriedades químicas semelhantes fiquem em uma mesma coluna (grupo). Veja Figura 2.9, página 35.

tangente Linha que toca uma curva em apenas um ponto, e que é paralela à curva naquele ponto.

taxa A rapidez com que algo acontece, ou a variação de alguma coisa por unidade de tempo; a variação de uma quantidade dividida pelo tempo decorrido para sua ocorrência.

tecnologia Método ou meio de resolver problemas práticos através da aplicação de descobertas científicas.

telescópio Instrumento ótico que forma imagens de objetos muito distantes.

temperatura Uma medida da energia cinética média de translação por molécula de uma substância, expressa em kelvins, graus Celsius ou graus Fahrenheit.

tensão superficiasl Tendência da superfície de um líquido em contrair sua área e, assim, comportar-se como se fosse uma membrana elástica esticada.

teorema trabalho-energia O trabalho total realizado sobre um objeto é igual ao ganho de energia cinética pelo objeto.

$$\text{trabalho total} = \text{variação em energia, ou } T = \Delta(\text{EC})$$

teoria Síntese de um grande corpo de informações, englobando hipóteses bem-testadas e verificadas acerca de aspectos do mundo natural.

teoria geral da relatividade Generalização da teoria especial da relatividade de Einstein, que trata do movimento acelerado e de aspectos geométricos da gravitação.

teoria quântica Teoria que descreve o mundo microscópico, onde muitas grandezas são granulares (em unidades chamadas quanta) ao invés de contínuas, e onde partículas de luz (fótons) e partículas de matéria (tais como elétrons) exibem tanto propriedades ondulatórias quanto corpusculares.

termodinâmica Estudo do calor e de sua transformação em energia mecânica, caracterizada por duas leis principais:

Primeira Lei: Uma reelaboração da lei da conservação da energia que se aplica a sistemas envolvidos em mudanças de temperatura: sempre que calor é adicionado a um sistema, ele se transforma em igual quantidade de alguma outra forma de energia.

Segunda Lei: O calor não pode ser transferido de um objeto mais frio para outro mais quente sem que algum agente externo realize trabalho.

termômetro Dispositivo usado para medir temperaturas, geralmente em graus Celsius, graus Fahrenheit ou kelvins.

termostato Tipo de válvula ou chave que responde a variações de temperatura, usada para controlar a temperatura de algo.

timbre Sonoridade característica de um som musical, determinada pelo número e pelas intensidades relativas de seus componentes de freqüência.

torque Produto da força pelo comprimento do braço de alavanca, que tende a produzir aceleração angular.

$$\text{torque} = \text{comprimento do braço de alavanca} \times \text{força}$$

trabalho (*T*) Produto da força sobre um objeto pela distância através da qual ele se move (desde que a força seja constante, e o movimento seja retilíneo e na mesma direção e sentido da força); medido em joules.

$$\text{trabalho} = \text{força} \times \text{distância}$$

transformador Dispositivo para aumentar ou diminuir a voltagem, ou para transferir potência elétrica de uma bobina para outra, por meio da indução eletromagnética.

transístor Veja *semicondutor.*

transmutação Conversão do núcleo atômico de um elemento no núcleo atômico de um outro elemento pela perda ou pelo ganho de prótons.

transparente Termo aplicado a materiais que permitem que a luz os atravesse em linha reta.

trítio Isótopo instável e radioativo do hidrogênio, cujo átomo possui um próton, dois nêutrons e um elétron.

turbina Roda com pás acionada por vapor, água, etc., usada para realizar trabalho.

turbogerador Gerador alimentado por uma turbina.

u Abreviatura para *unidade de massa atômica.*

ultra-sônico Termo aplicado ao som de freqüência maior que 20.000 hertz, o limite superior do ouvido humano normal.

ultravioleta (UV) Ondas eletromagnéticas de freqüências maiores que as da luz violeta.

umbra A parte mais escura de uma sombra, onde a luz é totalmente bloqueada. Veja também *penumbra.*

umidade Medida da quantidade de vapor d'água existente no ar. A umidade absoluta é a massa de vapor por volume de ar. A umidade relativa é a umidade absoluta a uma certa temperatura, dividida pela máxima umidade possível, geralmente expressa em percentagem.

umidade relativa Razão entre a quantidade de vapor d'água existente no ar e a quantidade máxima de vapor d'água que poderia existir neste meio, a uma mesma temperatura.

unidade de massa atômica (u) Unidade padrão de massa atômica. É baseada na massa do átomo de carbono comum, ao qual é atribuído arbitrariamente o valor exatamente igual a 12. Uma *u* de algo é igual a um doze avos da massa deste átomo de carbono comum.

unidade térmica britânica (BTU) Quantidade de calor requerida para mudar a temperatura de uma libra de água em 1 grau Fahrenheit

UV Abreviatura de *ultravioleta*.

V (a) Em minúscula e em itálico, *v*, trata-se do símbolo para *rapidez* ou *velocidade*. (b) Em maiúscula, V, é a abreviatura de *voltagem*.

vácuo Ausência de matéria; o vazio.

vantagem mecânica Para uma máquina, a razão entre a força na saída e a força na entrada.

vaporização Processo de mudança de fase líquida para vapor; evaporação.

velocidade Rapidez de um objeto juntamente com a orientação de seu movimento; trata-se uma quantidade vetorial.

velocidade da onda A rapidez da onda juntamente com a orientação de sua propagação.

velocidade de escape Velocidade que um projétil, nave espacial, etc., deve alcançar a fim de escapar da influência gravitacional da Terra ou do corpo celeste pelo qual é atraído.

velocidade de rotação A freqüência de rotação juntamente com uma direção e um sentido para o eixo de rotação ou de revolução.

velocidade tangencial Componente da velocidade tangente à trajetória de um projétil.

velocidade terminal Rapidez terminal juntamente com a orientação do movimento (descendente para objetos em queda).

ventre Um dos lugares de uma onda onde ela é mais baixa, ou onde a perturbação é menor, em oposição a uma crista. Veja também *crista*.

vetor Seta cujo comprimento representa o valor de uma grandeza, e cuja orientação representa a direção e o sentido associados à mesma.

vibração Oscilação; um repetido vai-e-vem em torno de uma posição de equilíbrio – uma ondulação em função do tempo.

vibração forçada Vibração de um objeto causada pela vibração de outro objeto próximo. A tampa de um instrumento musical amplifica o som por meio de vibrações forçadas.

volt (V) Unidade do SI para potencial elétrico. Um volt é a diferença de potencial elétrico através da qual um coulomb de carga ganha ou perde um joule de energia. 1 V = 1 J/C.

voltagem Uma espécie de "pressão" elétrica, ou uma medida de diferença de potencial elétrico.

$$\text{voltagem} = \frac{\text{energia potencial elétrica}}{\text{unidade de carga}}$$

voltímetro Veja *galvanômetro*.

volume Quantidade de espaço ocupada por um determinado objeto.

volume do som Sensação fisiológica diretamente relacionada à intensidade ou volume do som. O volume relativo do som, ou nível de som, é medido em decibéis.

vórtice Trajetória inconstante de um fluido em forma de redemoinho, em um escoamento turbulento.

W (a) Abreviatura de *watt*. (b) Quando em itálico, *W*, é a abreviatura de *trabalho*.

watt Unidade do SI para potência. Um watt é gasto quando um joule de trabalho é realizado por segundo. 1 W = 1 J/s.

zero absoluto O valor mais baixo de temperatura que qualquer substância pode atingir; a temperatura na qual os átomos de uma substância atingem sua energia cinética mínima. A temperatura do zero absoluto corresponde a –273,15°C, equivalente a –459,7°F e 0 kelvin.

CRÉDITOS DAS FOTOS

Foto de Abertura dos Prefácios: p xv Lillian Lee Hewitt

Aberturas de Partes: Parte 1 p. 47 John Suchocki; **Parte 2 p. 177** Paul G. Hewitt; **Parte 3 p. 217** Paul G. Hewitt; **Parte 4 p. 263** Paul G. Hewitt; **Parte 5 p. 337** Paul G. Hewitt

Capítulo 1: Foto de abertura Paul G. Hewitt; **1.2** Corbis Los Angeles; **1.3** Jay M. Pasachoff

Capítulo 2: Foto de abertura Paul G. Hewitt; **2.4** The Enrico Fermi Institute; **2.5** IBM Corporate Archives; **2.8** Paul G. Hewitt

Capítulo 3: Foto de abertura Paul G. Hewitt; **História da Ciência p. 49** Corbis Los Angeles; **História da Ciência p. 51** Art Resource, N.Y.; **3.11** Paul G. Hewitt; **3.17** Animals Animals/ Earth Scenes; **3.18** Addison Wesley Logman, Inc./ San Francisco; **Aplicações Cotidianas p. 64** Getty Images

Capítulo 4: Foto de abertura Exploratorium; **p. 71** Art Resource, N. Y.; **4.14** Photo Researches, Inc.; **4.15** Fundamental Photographs, NYC; **4.30 Animals** Animals/Earth Scenes; **4.31** Paul G. Hewitt; **História da Ciência p. 89** Giraudon/Art Resource. Artista: Godfrey Kneller; **p. 93-94** Paul G. Hewitt

Capítulo 5: Foto de abertura Paul G. Hewitt; **5.4** The Harold D. Edgerton Trust/Palm Press; **5.7** Paul G. Hewitt; **5.8** Paul G. Hewitt; **5.14** Paul G. Hewitt; **5.15** AP Wide World Photos; **5.20** Paul G. Hewitt; **5.23** Paul G. Hewitt; **5.24** Paul G. Hewitt; **5.26** NASA/Goddard Institute for Space Studies; **p. 120** Collection of Paul G. Hewitt

Capítulo 6: Foto de abertura Paul G. Hewitt; **6.11** NASA Earth Observing System; **6.16** Fundamental Photographs, NYC; **6.23** Getty Images; **Aplicações Cotidianas p. 136** Getty Images **6.36** Fundamental Photographs, NYC; **6.43** NASA/Doddard Space Flight Center; **6.44** NASA Earth Observing System

Capítulo 7: Foto de abertura Paul G. Hewitt; **7.3** (**topo** e **base**) Paul G. Hewitt; **7.4** Paul G. Hewitt; **7.5** Paul G. Hewitt; **7.18** Paul G. Hewitt; **7.21** The Granger Collection; **7.28** Paul G. Hewitt; **7.34** Construction Photography.com; **7.39** Paul G. Hewitt; **7.42** Corbis Los Angeles; **p. 173** Paul G. Hewitt

Capítulo 8: Foto de abertura Paul G. Hewitt; **8.2** Kasai Werel; **8.9** Paul G. Hewitt; **8.10** Paul G. Hewitt; **8.14** AP/Wide World Photos; **8.15** Paul G. Hewitt; **8.16** Meidor Hu; **8.20** Nuridsany et Perennov/Photo Researcers, Inc; **p. 193** Ed Young/Photo Researchers, Inc; **p. 194** Paul G. Hewitt

Capítulo 9: Foto de abertura Tracy Suchocki; **9.3** Paul G. Hewitt; **9.4** Don Hynek/Wisconsin Division of Labor; **9.6** Nancy Rogers; **9.7** Paul G. Hewitt; **9.8** Paul G. Hewitt; **9.17** (**esquerda, direita**) Robert D. Carey; **9.20** Paul G. Hewitt; **9.21** Tammy Tunison; **9.22** Lillian Lee Hewitt; **9.24** Paul G. Hewitt; **9.27** Dennis Wong; **9.32** Nicole Minor/Exploratorium; **Aplicações Cotidianas p. 207** (**esquerda, direita, centro**) Paul G. Hewitt; **9.35** Lillian Lee Hewitt; **9.36** Paul G. Hewitt

Capítulo 10: Foto de abertura Howard Lukefahr; **10.10** Princeton University, Palmer Physical Laboratory; **10.11** Evan Jones; **10.16** Paul G. Hewitt; **10.18** Animals Animals/ San Francisco; **10.19** Addison Wesley Longman, Inc./San Francisco; **10.24** Paul G. Hewitt; **10.27** Paul G. Hewitt; **10.28** Addison Wesley Longman, Inc./San Francisco; **10.29** Addison Wesley Longman, Inc./San Francisco; **10.30** Paul G. Hewitt; **10.34** Addison Wesley Longman, Inc./San Francisco; **10.35** Katia Chrchourova

Capítulo 11: Foto de abertura Fred Myers; **11.3** Richard Megna/Fundamental Photographs, NYC; **11.5a** Fundamental Photographs, NYC; **11.5b** Richard Megna; **11.9** Paul G. Hewitt; **p. 247** Fundamental Photographs, NYC; **11.12a,b** Fundamentals Photographs, NYC; **11.12c** Peter Arnold, Inc.; **11.13** AP Wide World Photos; **11.14** John Suchoki; **11.20** (**esquerda, direita**) Addison Wesley Longman, Inc./ San Francisco; **11.26** Paul G. Hewitt; **11.27** Paul G. Hewitt; **11.33** Lillian Lee Hewitt; **11.34** Lillian Lee Hewitt; **11.36** Lillian Lee Hewitt; **p. 261** Lillian Lee Hewitt

Capítulo 12: Foto de abertura Dave Eddy; **12.3** Corbis Los Angeles; **12.10** Paul G. Hewitt; **12.12** Terrence MaCarthy/ San Francisco Symphony; **12.14** Getty Images Inc./Stone Allstock; **12.15** Laura Pike & Steve Eggen; **12.17** Paul G. Hewitt; **12.18** (**esquerda, direita**) AP Wide World Photos; **12.18** (**centro**) Corbis Los Angeles; **12.20a** Paul G. Hewitt; **12.20b** Fundamentals Photographs, NYC; **12.24** Paul G. Hewitt; **12.32** U.S. Navy News Photo; **12.35** The Harold E. Edgerton Trust/Palm Press; **12.39** Paul G. Hewitt; **12.45** Meidor Hut; **p. 287** Paul G. Hewitt

Capítulo 13: Foto de abertura Udo Von Mulert; **13.7** Paul G. Hewitt; **13.9** Paul G. Hewitt; **13.17** Paul G. Hewitt; **13.18** Paul G. Hewitt; **13.19a-f** Paul G. Hewitt; **13.21** Paul G. Hewitt; **13.23** Meidor Hu; **13.25** Getty Images/Retrofile; **13.26** Don King/Getty Images Inc.-Image Bank; **13.28a,b,c** Education Development Center, Inc.; **13.30** Ken Kay/Fundamentals Photographs, NYC; **13.38** Paul G. Hewitt; **p. 310** Paul G. Hewitt

Capítulo 14: Foto de abertura Paul G. Hewitt; **14.3** Paul G. Hewitt; **14.6** David Nunek/Photo Researchers, Inc.; **14.7** Institute of Paper Science & Technology; **14.14** Ted Mathiue; **14.16** Robert Greenler; **14.22** Paul G. Hewitt; **14.31** Photo Researchers, Inc.; **14.40** Paul G. Hewitt; **14.48** Fundamentals Photographs, NYC/Diane Schiumo; **14.50a,b,c** Paul G. Hewitt; **p. 333** (**topo**) Armstrong Roberts; **p. 333** (**base**) Barbara Thomas; **p. 334** Milo Patterson

Capítulo 15: Foto de abertura Mary Murphy Waldorf; **p. 339** Corbis Los Angeles; **15.3** Neil Chapman, Collection of Paul G. Hewitt; **15.5** Lillian Lee Hewitt; **15.6** Sargent-Welch/VWR International; **15.14** Aaron Haupt/SPL/Photo Researchers, Inc.; **15.15** Mark A. Schneider/Visuals Unlimited; **15.22a-f** Albert Rose; **15.24** Elisha Huggins; **15.25** AIP Niels Bohr Library; **p. 351** Meggers Gallery/American Institute of Physics/SPL/Photo Researchers; **15.26a,b** H. Raether Elecktrointerferenzen, Handbuck der Physic, Vol. 32, 1957, Springer-Verlag, Berline-Heidelberg, NY; **15.27** Lawrence Migdale/Photol Researchers, Inc.; **15.28** Tony Brain/SPL/Photo Researchers, Inc.; **15.29** American Association of Teachers; **p. 353** Bettman/Corbis; **p. 355** Archives for the History of Quantum, AIP Niels Bohr Library

Capítulo 16: Foto de abertura Dean Zollman; **16.5** International Atomic Energy Agency; **16.6** Richard Megna/Fundamentals Photographs, NYC; **16.7** Larry Mulvehill/Photo Researchers, Inc.; **16.8** Jerry Nulk e Joshua Baker; **16.10** Chris Priest/Photo Researchers, Inc.; **16.16a,b** Saint-Gobain Crystals & Detectors; **16.19** Lillian Lee Hewitt.; **16.20** Lawrence Berkeley National Laboratory; **16.28** Comstock Images

Apêndice A Paul G. Hewitt

Apêndice B Paul G. Hewitt

Capa Getty Images/Photonica Amana America, Inc.

ÍNDICE

Um número de página seguido por "n" indica uma referência a nota de rodapé.

J

L

M

N

O

P

Q

R